EDA 工程技术丛书

Altium Designer 22
PCB设计官方手册 （操作技巧）

Authoritative Guide for PCB Design
Based on Altium Designer 22
(Operation Skills)

Altium中国技术支持中心◎编著
Altium China Technical Support Center

清華大学出版社
北京

内 容 简 介

本书以Altium Designer 22为基础，兼容Altium Designer 09、17、19等版本，通过大量的实战演示，总结了项目设计过程中设计者可能遇到的软件使用的难点与重点，详细讲解了多达400个问题的解决方法及软件操作技巧，以便为读者提供PCB设计一站式解决方案。Altium Designer 22利用Windows平台的优势，具有更好的稳定性、增强的图形功能及超强的用户界面，设计者可以选择最优的软件设计方法，实现高效率的工作。

本书适合作为从事电子、电气、自动化设计工作的工程师的学习和参考用书，也可作为高校相关专业本科生和研究生的参考用书。

图书在版编目（CIP）数据

Altium Designer 22 PCB设计官方手册：操作技巧 / Altium中国技术支持中心编著. —北京：清华大学出版社，2023.1（2023.12 重印）
（EDA工程技术丛书）
ISBN 978-7-302-61529-3

Ⅰ. ①A … Ⅱ. ①A… Ⅲ. ①印刷电路—计算机辅助设计—应用软件 Ⅳ. ①TN410.2

中国版本图书馆CIP数据核字（2022）第144891号

策划编辑：盛东亮
责任编辑：钟志芳
封面设计：李召霞
责任校对：李建庄
责任印制：沈　露

出版发行：清华大学出版社
网　　址：https://www.tup.com.cn, https://www.wqxuetang.com
地　　址：北京清华大学学研大厦A座　　**邮　　编**：100084
社 总 机：010-83470000　　**邮　　购**：010-62786544
投稿与读者服务：010-62776969，c-service@tup.tsinghua.edu.cn
质 量 反 馈：010-62772015，zhiliang@tup.tsinghua.edu.cn
课 件 下 载：https://www.tup.com.cn，010-83470236
印 装 者：三河市龙大印装有限公司
经　　销：全国新华书店
开　　本：203mm×260mm　　**印　　张**：29.5　　**字　　数**：847千字
版　　次：2023年1月第1版　　**印　　次**：2023年12月第2次印刷
印　　数：2501～3500
定　　价：99.00元

产品编号：097757-01

序言

FOREWORD

Altium 公司一直致力于为每个电子设计工程师提供最好的设计技术和解决方案。三十多年来，我们一直将其作为 Altium 公司的核心使命。

这期间，我们看到了电子设计行业的巨大变化。虽然设计在本质上变得越来越复杂，但获得设计和生产复杂 PCB 的能力已经变得越来越容易。

中国正在从世界电子制造强国向电子设计强国转型，拥有巨大的市场潜力。专注于创新，提升设计能力和有效性，中国将有机会使这种潜力变为现实。Altium 公司看到这样的转变，一直在中国的电子设计行业投入巨资。

我很高兴这本书将出版。学习我们的设计系统是非常实用和有效的，将使任何电子设计工程师在职业生涯中受益。

Altium 公司新的一体化设计方式取代了原来的设计工具，让创新设计变得更为容易，并可以避免高成本的设计流程、错误和产品的延迟。随着互联设备和物联网的兴起，成功、快速地将设计推向市场是每个公司成功的必由之路。

希望您在使用 Altium Designer 的过程中，将设计应用到现实生活中，并祝愿您事业有成。

Altium 大中华区总经理 David Read

序言

FOREWORD

At Altium we always have been passionate about putting the best available design technology into the hands of every electronics designer and engineer. We have made it our core mission at Altium for more than 30 years.

Over this time we have seen much change in the electronics design industry. While designs have become more and more complex in their nature, the ability to design and produce a complex PCB has become more and more accessible.

China has a great opportunity ahead, to move from being the world's electronics manufacturing power house, to become the world's electronics design power house. That opportunity will come from a focus on innovation and raising the power and effectiveness of the electronics designer. Seeing this transformation take place, Altium has been investing heavily in the design industry in China.

To that end, I am delighted to see this book. It is an extremely practical and useful approach to learning our design system that will surely benefit any electronics designer's career.

Our approach to unified design approach replaces the previous ad-hoc collection of design tools, making it easier to innovate and allows you to avoid being bogged down in costly processes, mistakes or delays. With the rise of connected devices and IoT bringing designs to market successfully and quickly is imperative of every successful company.

I wish you the best of success in using Altium Designer to bring your designs to life and advance your career.

General Manager, China

前言

PREFACE

在写本书之前，我们编写了一套《Altium Designer 21 PCB 设计官方指南》基础和高级实战书籍，分别适用于初学者和有一定高速设计经验的工程师，这套书得到很多读者的支持与认可。在 Altium Designer 22 发布后，基于该软件强大的功能和深厚的工程应用底蕴，我们力图编写一本全面描述 Altium Designer 22 在实际工程应用中出现的问题并加以规范解答的书籍。针对电子工程专业和行业需要，将 Altium Designer 22 知识脉络作为导向，以实例作为切入点，帮助读者快速掌握工程设计中的基本技能和操作技巧。

本书以 Altium Designer 22 为平台，通过大量的实战演示来详细讲解多达 400 个问题的解决方法及软件操作技巧。全书共分为 21 章。第 1 章：软件安装，内容包括软件安装可能遇到的问题、插件安装等；第 2 章：软件界面设置，内容包括汉化方法、UI 界面颜色设置、关闭 Home 界面等；第 3 章：系统参数与工程管理，内容包括系统参数的导入导出、工程中文件的添加或移除等；第 4 章：原理图库，内容包括捕捉栅格的设置、含子部件的元器件创建、引脚属性修改、库的加载和移除等；第 5 章：PCB 封装库，内容包括封装制作、导入 3D 模型、异形焊盘的创建等；第 6 章：原理图器件放置与连接，内容包括器件查找及放置旋转、各种连接命令的使用等；第 7 章：原理图常规设置，内容包括图纸大小的设置、栅格和节点的设置、元器件位号的相关设置等；第 8 章：原理图编译，内容主要为原理图编译过程中可能遇到的问题及解决方式；第 9 章：原理图同步更新到 PCB，内容主要为更新过程中可能遇到的问题及解决方式；第 10 章：PCB 板框结构，内容包括板框定义、结构导入、板框开槽、放置螺丝孔等；第 11 章：PCB 规则设置，内容主要为基本规则的设置及针对性较高的规则设置；第 12 章：PCB 常用器件设置，内容包括器件位置互换、交互布局、区域内排列、器件换层等；第 13 章：PCB 常见设计，内容包括类的添加、全局修改、露铜等设计中常见的操作；第 14 章：PCB 视图与叠层设置，内容包括层颜色设置、设计对象的透明度设置、层添加、电源分割等；第 15 章：PCB 的过孔与焊盘设置，内容主要为设计中涉及的过孔和焊盘的尺寸定义及修改；第 16 章：PCB 的布线设置，内容主要为设计过程中的各种基本的布线操作或者解决常见的布线疑问；第 17 章：PCB 铺铜设置，内容主要为铺铜的基本操作及铺铜过程中常遇到的问题解答；第 18 章：DRC 检查，内容主要为常见的 DRC 报错及修改建议；第 19 章：Logo 与文件输出，内容包括 Logo 的导入及调整，输出用于生产的相关文件等；第 20 章：高级技巧及应用，内容包括模块复用、引脚交换、多通道应用、拼板等操作技巧；第 21 章：不同软件之间文件的相互互转，内容主要是 Protel 99、Altium、PADS、Cadence 四种 EDA 软件之间的文件互转，一定程度上实现设计的互通性。全书内容由浅入深、通俗易懂、规范严谨，并结合作者多年高速 PCB 设计培训的经验，总结了项目设计过程中遇到的难点与重点，提出了快速解决问题的方法，进而提高工程师的设计效率。

本书由 Altium 中国技术支持中心组织编写，由李崇伟、苏海慧、潘杨鑫、高夏英等结合多年的高速 PCB 设计相关实际工作及培训经验编写而成。

在此特别感谢 Altium 中国市场部经理凌燕女士对本书的编写、整理和出版进行牵头、组织并给予支持。感谢 Altium 中国技术支持部经理胡庆翰团队的张志俊、清华大学出版社的盛东亮老师和钟志芳老师协助审稿并提出宝贵意见。

由于编者水平有限，书中难免有不足之处，敬请读者批评指正，欢迎读者咨询 Altium Designer 的售后使用及维保、续保问题。

Altium 中国技术支持中心
2022 年 10 月

目录

CONTENTS

第 1 章 软件安装

CHAPTER 1

1.1 安装 Altium Designer 22 时，提示 Program files location is not empty…，如何解决

安装 Altium Designer 22 软件时，软件安装向导出现 Program files location is not empty…警告，无法单击 Next 按钮继续安装，如图 1-1 所示。

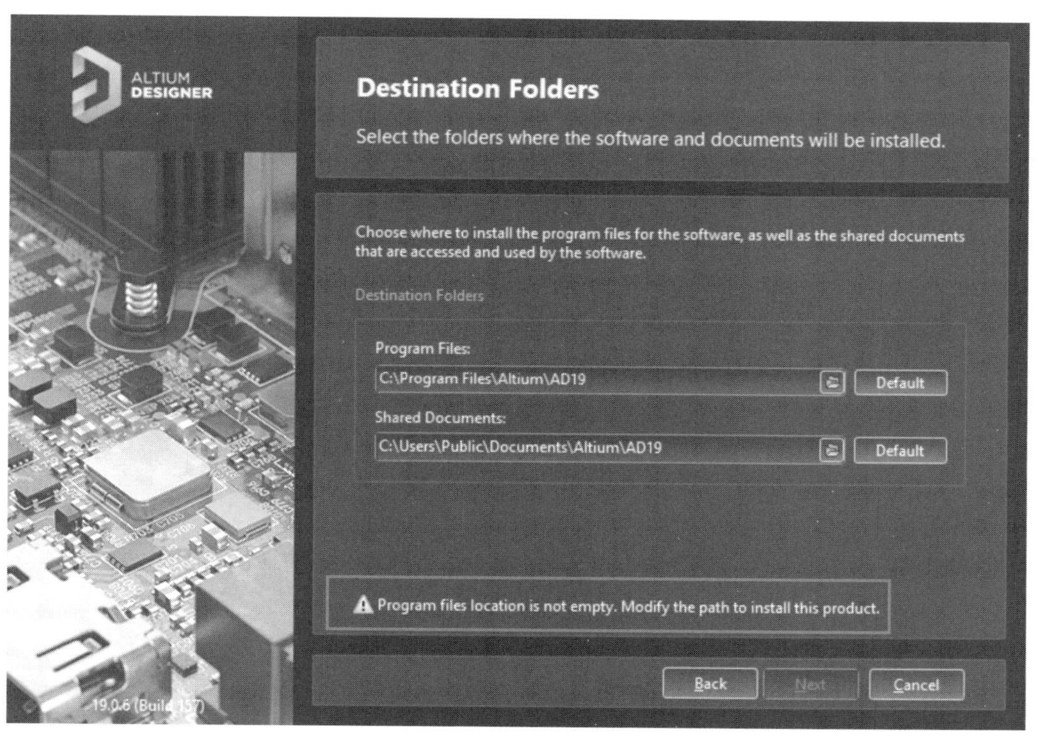

图 1-1　软件安装向导

解决方法如下：

这是由于安装软件时，安装路径下的文件夹被占用或未清空所致。重新选择安装路径或者将文件夹下的文件清空即可继续安装软件。

1.2 安装软件时，提示 This Windows version not supported，如何解决

安装 Altium Designer 22 时，计算机提示 This Windows version not supported，如图 1-2 所示。

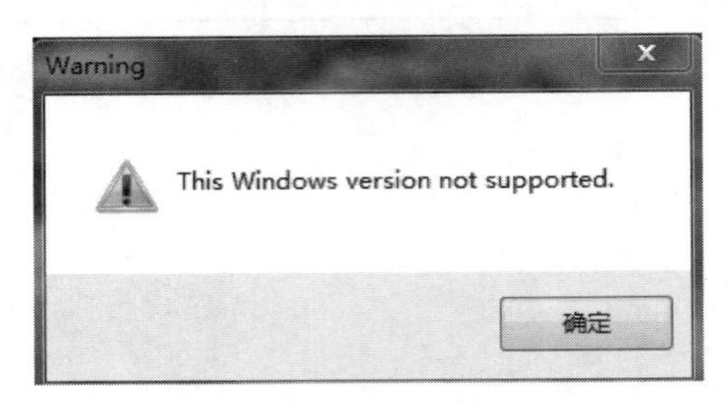

图 1-2 提示 This Windows version not supported

解决方法如下：

这是因为计算机操作系统不支持 Altium Designer 18 及以上的版本，升级成 Windows 7 以上 64 位的操作系统即可。

1.3 安装 Altium Designer 22 时出现 Account Log In 对话框，如何解决

软件安装过程中出现如图 1-3 所示的 Account Log In（账户登录）对话框。

图 1-3 Account Log In 对话框

解决方法如下：

在线安装时会跳出此对话框，需要输入 AltiumLive 账户和密码；如果是离线安装，则不会跳出相关界面。

1.4 安装好软件后，无法新建工程，应用图标不可操作，如何解决

解决方法如下：

没有激活软件，安装完后需要添加 license.alf 文件进行激活。加载成功后，菜单栏中的各项命令才可以使用。

1.5　Altium Designer 重装后，相关文件的显示图标变成白板，如何解决

如图 1-4 所示，Altium Designer 软件重装后，文件的图标显示都变成了白板样式，无法快速分辨文件格式，直接使用 Altium Designer 打开文件，依然无法解决。

解决方法如下：

这种情况一般是文件关联有问题。

KEYBORD.SchDoc　pcb.PrjPcb　按键板1PCB.PcbDoc

图 1-4　白板样式图标

（1）按快捷键 O+P 打开“优选项”对话框，在 System→File Types 页面中单击“所有的打开”按钮，将所有文件关联即可，如图 1-5 所示。

（2）按上述步骤设置后，回到相应文件位置就可以看到正确的图标。若图标依然无法正确显示，在打开文件时选中“始终使用此应用打开.SchDoc 文件”复选框即可，如图 1-6 所示。

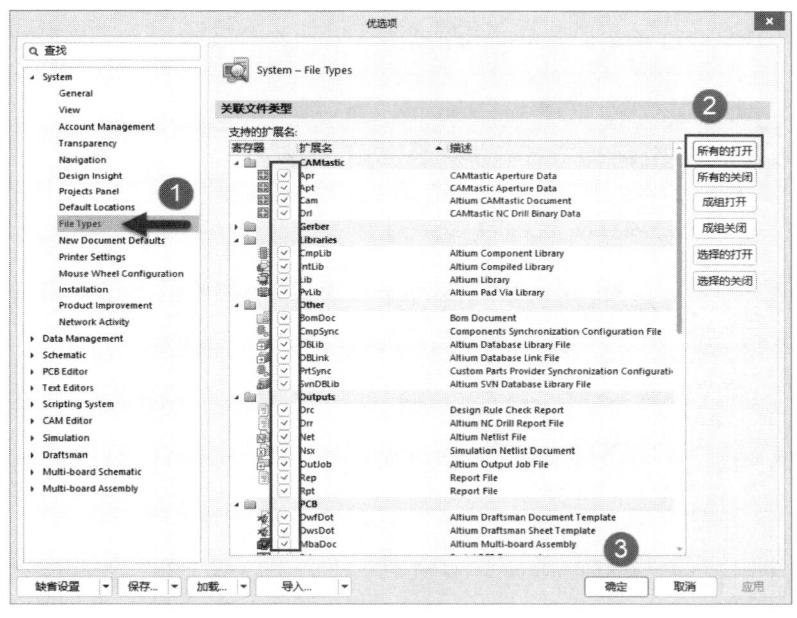

图 1-5　关联所有文件

图 1-6　打开文件

1.6　使用 Altium Designer 时经常弹出 Your license is already…的提示，如何解决

使用软件的过程中，经常弹出和 license 相关的提示，如图 1-7 所示。

图 1-7　和 license 相关的提示

解决方法如下：

这是使用的 license 和同一局域网内其他人使用的 license 相同造成的冲突。将当前的 license 移除，然后运行局域网防冲突文件（patch.exe），再添加另外的 license 即可。

1.7 Altium Designer 软件每次启动都会弹出 Network activity…的警告，如何解决

如图 1-8 所示，每次运行软件都会弹出 Network activity…相关的警告。

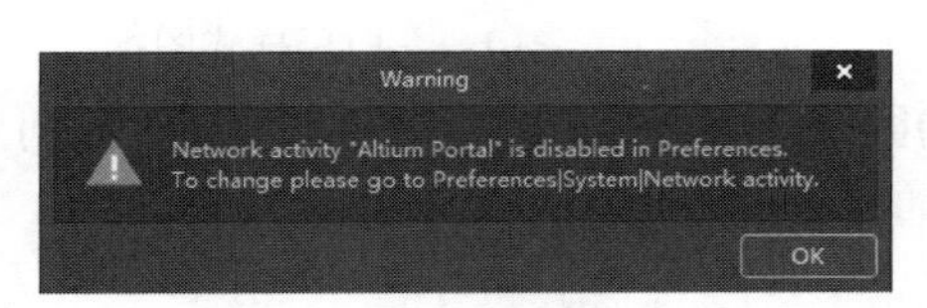

图 1-8　Network activity…相关的警告

解决方法如下：

Network Activity…相关的警告将影响用户登录软件账户，同时意味着用户无法连接到 DigiPCBA。按快捷键 O+P 打开系统优选项，在 System→Network Activity 页面中选中 Altium Portal 复选框即可解决，如图 1-9 所示。

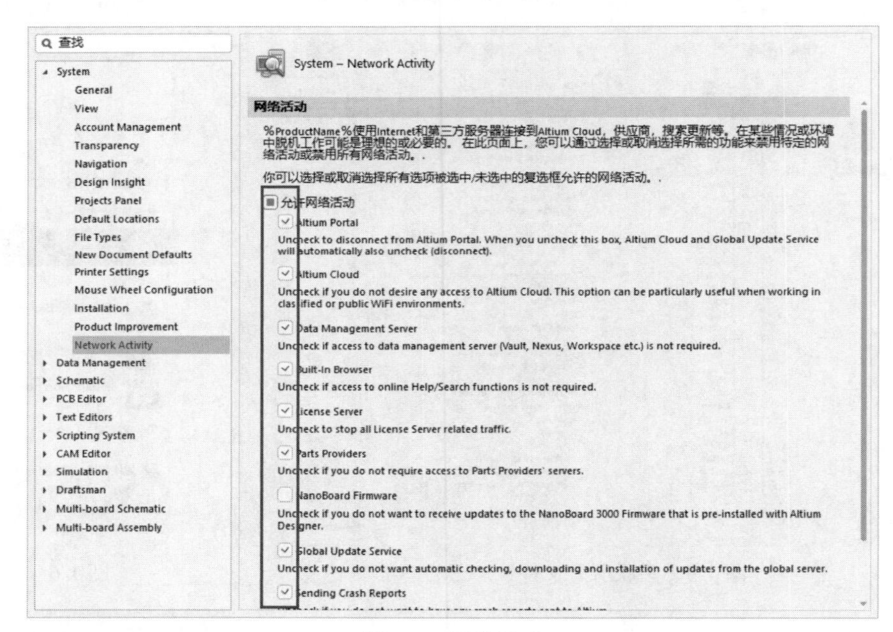

图 1-9　网络活动

1.8 启动软件出现 Could not start Vault Explorer 的提示，如何解决

启动 Altium Designer 软件会弹出 Could not start Vault Explorer 的提示，如图 1-10 所示，无法正常运行软件。

解决方法如下：

出错是因为应用启动程序文件与 config 文件前缀不一致。如图 1-11 所示，程序启动文件 X2.EXE 中的 X2 与 X2.exe.config 前缀 X2 是一样的，这样才能正常运行软件。

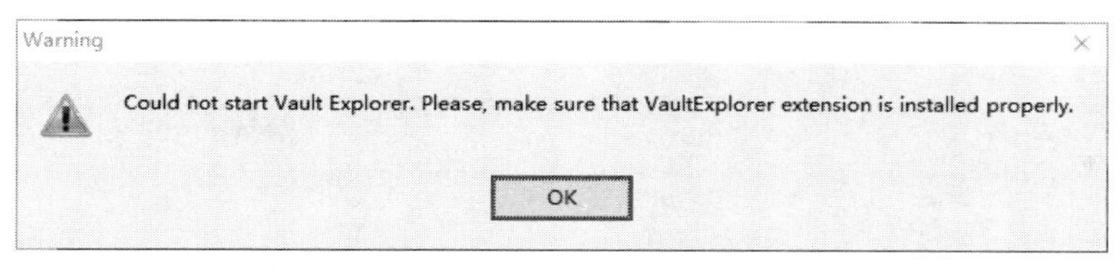

图 1-10　Could not start Vault Explorer 提示

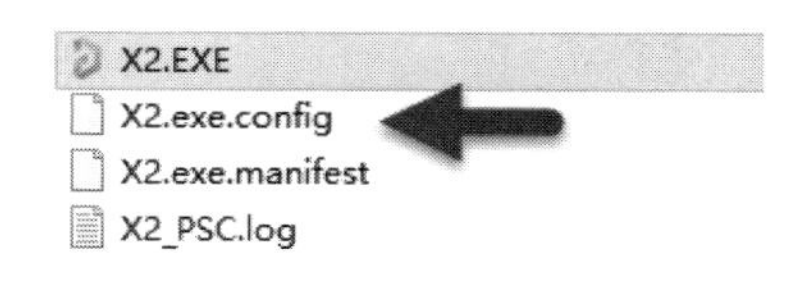

图 1-11　文件前缀一致

X2.exe.config 文件可以重命名，但必须与应用启动程序的前缀保持一致。建议保持默认，防止产生未知错误。

若上述方法依然无法解决问题，建议换个版本重装。

1.9　软件在使用过程中出现“STG：docfile 已被损坏”的错误提示，如何解决

如图 1-12 所示，使用 Altium Designer 过程中出现“STG：docfile 已被损坏”的提示。

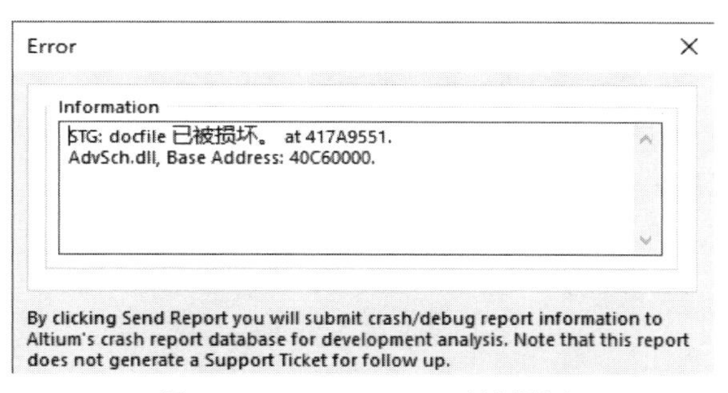

图 1-12　STG：docfile 已被损坏

解决方法如下：

这是因为软件添加的元器件库出了问题。移除已经添加的元器件库，将需要添加的元器件库重新选择一个存放路径，不要放置在 Altium Designer 软件的安装路径下，再重新添加元器件库即可解决。

1.10　Altium Designer 插件的安装方法

首先说明一下插件的作用。插件就是 Altium 公司为了扩展 Altium Designer 软件功能所提供的一些小工具，最常用的有导入与导出工具，可以导入其他 PCB 设计软件创建的 PCB 文件或者导入低版本的 DXP（如 Protel 99）PCB 文件。如果没有这些插件，将无法打开这些 PCB 文件。插件的安装步骤如下：

（1）进入插件安装主页。图 1-13 所示为 Altium Designer 22 和 Altium Designer 17 进入插件安装主页的方法。

（2）在弹出的插件安装主页中选择 Installed 选项并单击 Configure 按钮，如图 1-14 所示。

（3）在弹出的插件选项对话框中选择需要安装的插件，其中 Importers\Exporters 选项组中的复选框建议全部选中，其他复选框根据需求选中。选择好需要安装的插件之后，单击 Apply 按钮，如图 1-15 所示。

（4）在弹出的 Confirm 对话框中单击 OK 按钮，如图 1-16 所示。

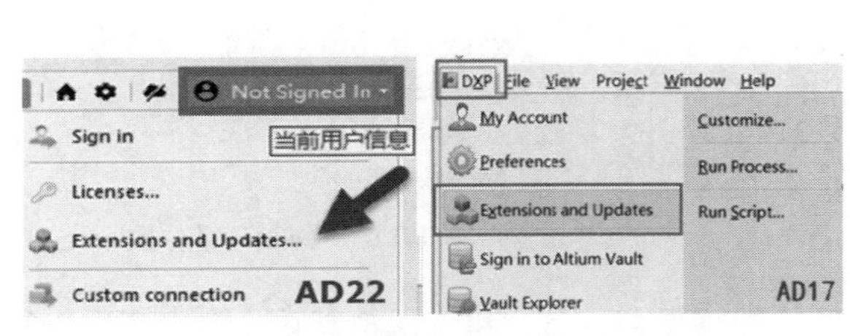

图 1-13　进入插件安装主页

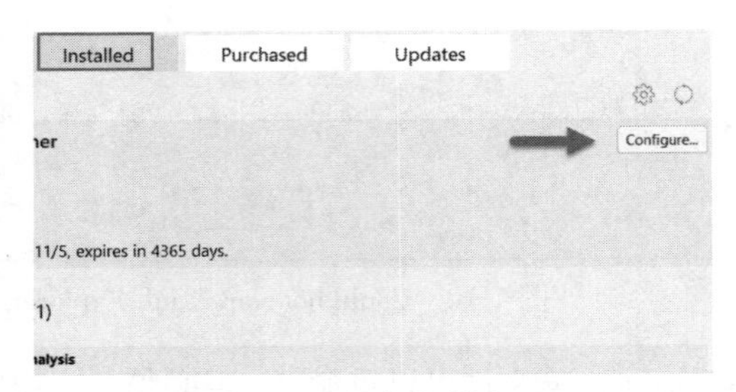

图 1-14　插件安装主页

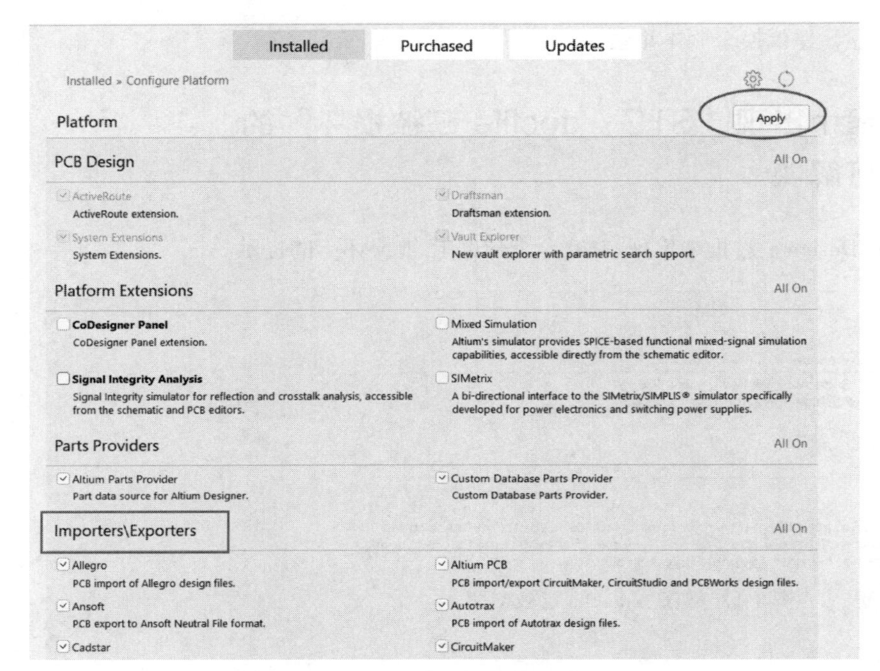

图 1-15　选择需要安装的插件

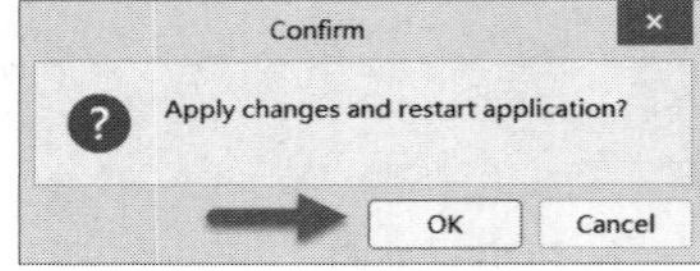

图 1-16　执行插件安装

（5）等待软件自动安装完插件即可。

1.11　Altium Designer 高低版本中的文件兼容问题

从 Altium Designer 18 版本开始，Altium Designer 18 以上的高版本及以下的低版本之间偶尔会存在版本兼容问题，其中出现较多的问题是低版本无法向上兼容。

以 Altium Designer 22 和 Altium Designer 17 为例，Altium Designer 22 新建的工程文件在 Altium Designer 17 无法识别，会弹出如图 1-17 所示的未识别的项目文件警告。

图 1-17　未识别的项目文件

单击 OK 按钮，工程文件将在工作区显示，但工程中的子文件不在工程中，如图 1-18 所示。

只需要在工程面板中右击，在弹出的快捷菜单中选择“添加现有的文件到工程”命令，整体保存一下，即可打开高版本创建的所有子文件，如图 1-19 所示。

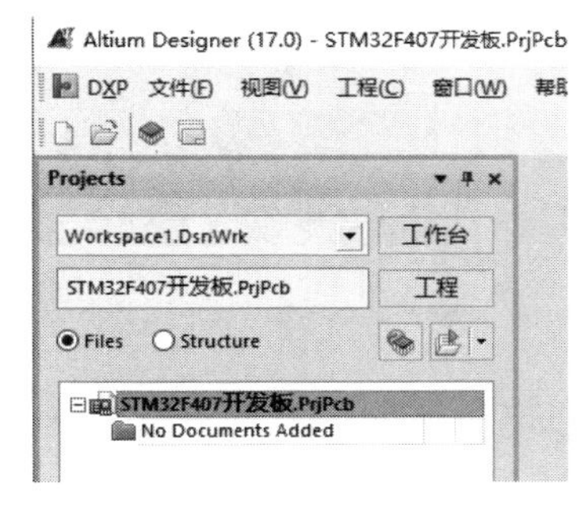

图 1-18　子文件不在工程中

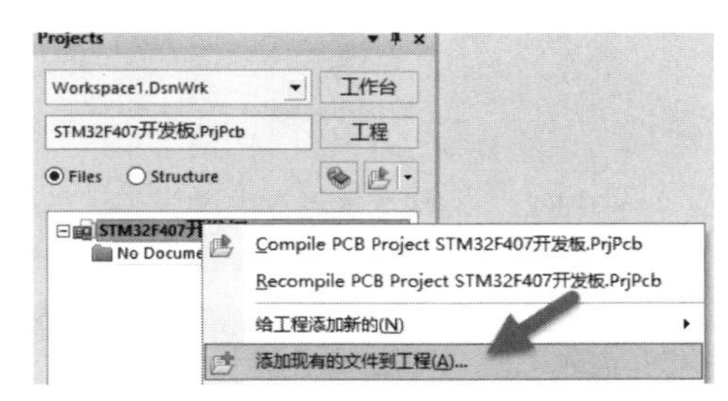

图 1-19　添加文档

1.12　添加美式键盘的方法

Altium Designer 22 的快捷键操作在英文输入法状态下才能执行。如遇到快捷键无法使用，应检查使用的是否为搜狗输入法或其他输入法的英文状态。最好的方法是添加一个美式键盘的输入法，在使用软件时切换为美式键盘。添加美式键盘的步骤如下。

（1）选择“开始”→“设置”→“Windows 设置”→“时间和语言”→“区域和语言”选项，如图 1-20 所示。

（2）单击“添加语言”按钮，选择 English（United States），如图 1-21 所示。

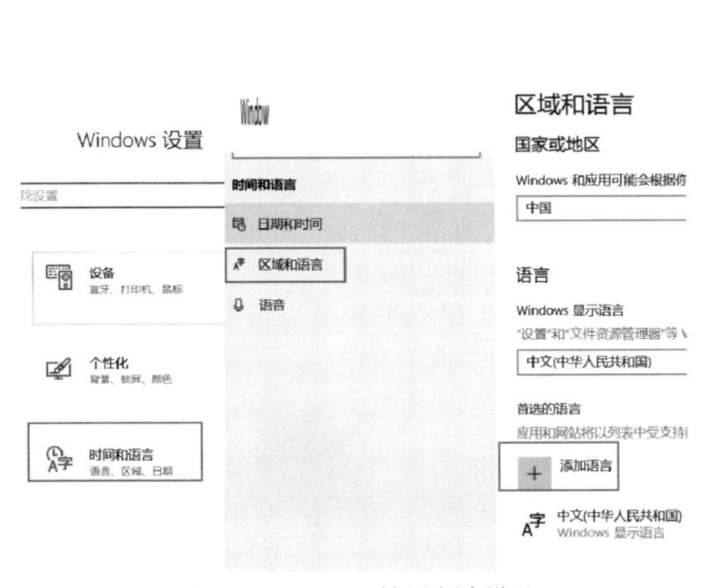

图 1-20　Windows 时间和语言设置

图 1-21　选择需要添加的语言

（3）单击“下一步”按钮，继续完成语言安装，安装好的美式键盘如图 1-22 所示。

（4）当使用 Altium Designer 软件时，切换成美式键盘输入法即可（Windows 10 系统按 Windows+空格组合键切换输入法），如图 1-23 所示。

图 1-22　完成美式键盘的添加

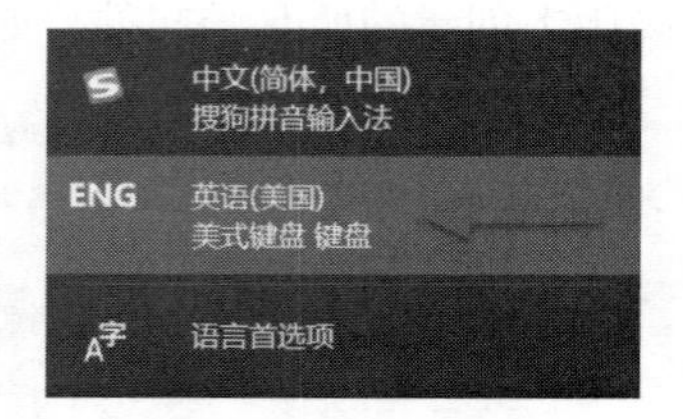

图 1-23　切换美式键盘

1.13　Altium Designer 常用快捷键列表汇总

Altium Designer 自带很多快捷键，下面列出常用的快捷键。表 1-1 为原理图编辑器与 PCB 编辑器通用的快捷键。

表 1-1　原理图编辑器与PCB编辑器通用的快捷键

快 捷 键	相 关 操 作
Shift	当自动平移时，加速平移
Y	放置元器件时，上下翻转
X	放置元器件时，左右翻转
Shift+↑（↓、←、→）	在箭头方向以10个栅格为增量移动光标
↑、↓、←、→	在箭头方向以1个栅格为增量移动光标
Esc	退出当前命令
End	刷新屏幕
Home	以光标为中心刷新屏幕
PageDown或Ctrl+鼠标滑轮向下	以光标为中心缩小画面
PageUp或Ctrl+鼠标滑轮向上	以光标为中心放大画面
鼠标滑轮	上下移动画面
Shift+鼠标滑轮	左右移动画面
Ctrl+Z	撤销上一次操作
Ctrl+Y	重复上一次操作
Ctrl+A	选择全部
Ctrl+S	存储当前文件
Ctrl+C	复制
Ctrl+X	剪切
Ctrl+V	粘贴
Ctrl+R	复制并重复粘贴选中的对象
Delete	删除
V+D	显示整个文档
V+F	显示所有选中的对象

续表

快 捷 键	相 关 操 作
Tab	编辑正在放置的元器件属性
Shift+C	取消过滤
Shift+F	查找相似对象
F11	打开或关闭Inspector面板
F12	打开或关闭Sch Filter面板
H	打开Help菜单
F1	打开Knowledge center菜单
W	打开Window菜单
R	打开Report菜单
T	打开Tools菜单
P	打开Place菜单
D	打开Design菜单
C	打开Project菜单
Shift+F4	将所有打开的窗口平均平铺在工作区内
Ctrl+Alt+O	选择需要打开的文件
Alt+F5	全屏显示工作区
Ctrl+Home	跳转到绝对坐标原点
Ctrl+End	跳转到当前坐标原点
左击	选择文档
双击	编辑文档
右击	显示相关的快捷菜单
Ctrl + F4	关闭当前文档
Ctrl + Tab	循环切换所打开的文档
Alt + F4	关闭设计浏览器DXP

原理图编辑器快捷键如表 1-2 所示。

表 1-2 原理图编辑器快捷键

快 捷 键	相 关 操 作
Alt	在水平和垂直线上限制
Space	将正在移动的物体旋转90°
Shift+Space	在放置导线、总线和多边形填充时，设置放置拐角模式
Backspace	在放置导线、总线和多边形填充时，移除最后一个顶点
J+C	跳转到器件
T+G	打开封装管理器
Ctrl+F	查询
T+C	查询原理图对应PCB元器件位置

续表

快　捷　键	相 关 操 作
T+O	查找元器件
P+P	放置元器件
P+W	放置导线
P+O	放置电源端口
P+N	放置网络标签

PCB 编辑器快捷键如表 1-3 所示。

表 1-3　PCB编辑器快捷键

快　捷　键	相 关 操 作
V+C+S	显示网络连接
V+C+H	隐藏网络连接
Tab	对象属性面板
P+V	放置过孔
P+L	画线
D+S+D	定义板框
P+P	放置焊盘
P+T	布线
P+I	差分布线
P+G	铺铜
Ctrl+A	选择所有信号
Ctrl+B	选择网络信号
Shift+S	单层显示
D+K	打开层叠管理器
E+A	特殊粘贴
Ctrl+D	视图配置显示和隐藏
T+E	添加泪滴
P+C	放置元器件
M+S	移动选中的对象
R+B	查看PCB信息
Shift+E	热点捕捉
J+L	定位到指定的坐标位置
J+C	定位到指定的元器件处
R+L	查看信号线长度
T+C	交叉探针
G+G	设置网格距离

第 2 章 软件界面设置

CHAPTER 2

2.1 软件汉化的方法

Altium Designer 软件语言本地化功能支持中文简体、中文繁体、日文、德文、法语、韩语、俄语和英文等操作系统语言体系。

打开 Altium Designer 22 软件，单击工作区右上角的（设置系统参数）按钮，打开“优选项”(Preferences)对话框，如图 2-1 所示。

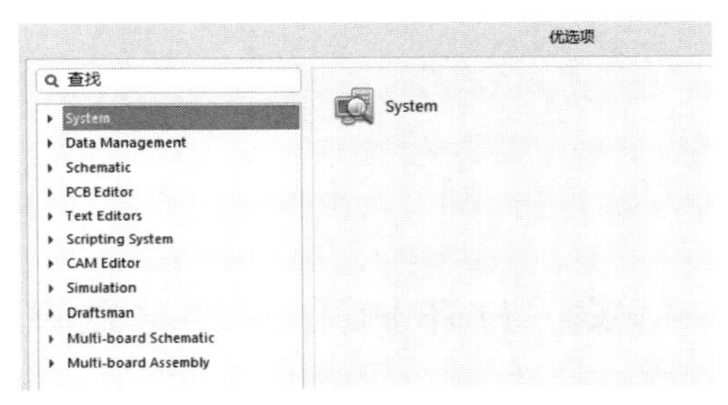

图 2-1 “优选项”(Preferences)对话框

展开 System 选项，单击 General 选项，勾选 Use localized resources 复选框，然后单击 Apply 按钮再单击 OK 按钮，如图 2-2 所示，关闭软件后再重新打开，即可完成软件的操作界面本地语言格式转换。

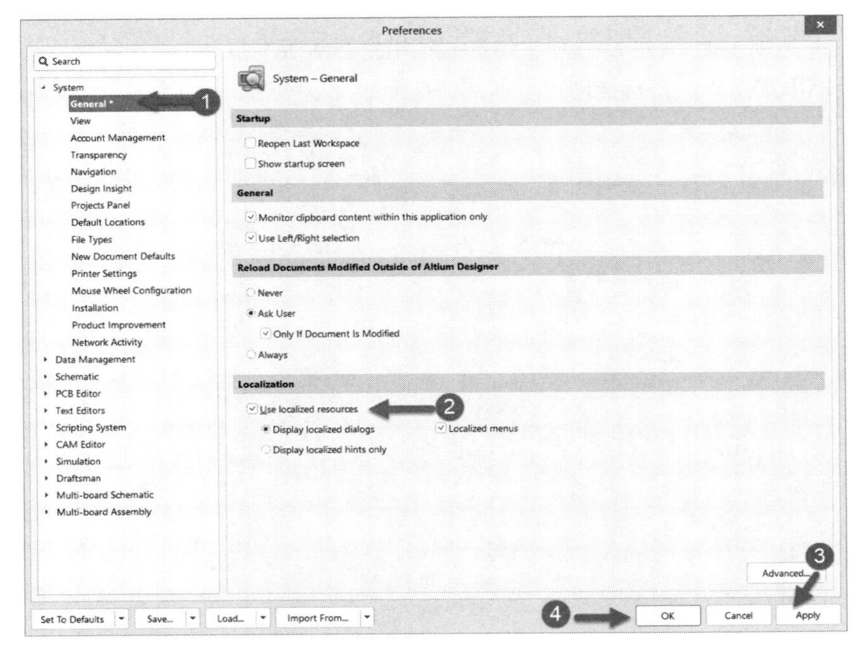

图 2-2 软件汉化

2.2 如何避免软件在启动时自动弹出主页

如图 2-3 所示，每次启动软件时，都会自动弹出主页（Home Page）。

解决方法如下：

打开“优选项”对话框，在 System 选项下的 General 选项中取消勾选“开始时打开主页”复选框，如图 2-4 所示。

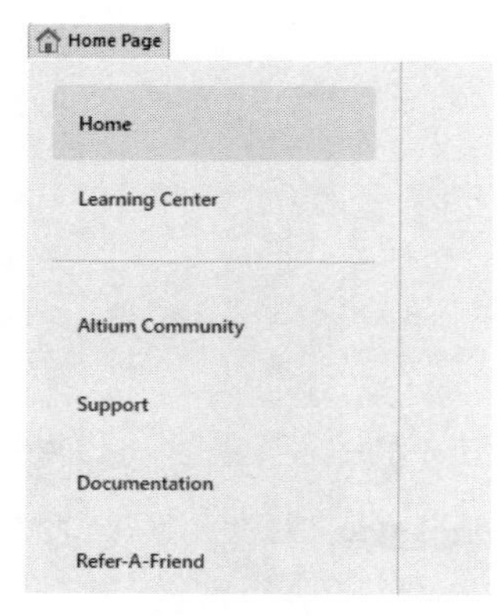

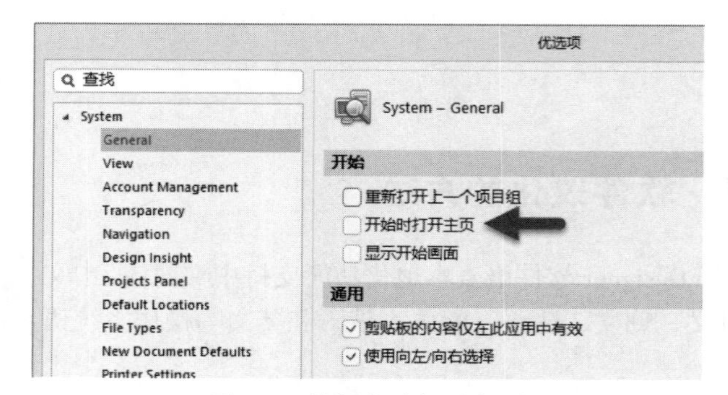

图 2-3　主页　　　　图 2-4　关闭自动打开主页

2.3 打开 PCB 文件总是弹出.htm 文件，如何设置让它不提示

如图 2-5 所示，每次打开 PCB 文件时，总弹出一个扩展名为.htm 的报告文件。

解决方法如下：

单击工作区右上角的⚙（设置系统参数）按钮，打开“优选项”对话框，在 PCB Editor 选项下的 General 选项中勾选“禁用打开新版本报告”和“禁用打开旧版本报告”复选框即可，如图 2-6 所示。

图 2-5　扩展名为.htm 的报告文件

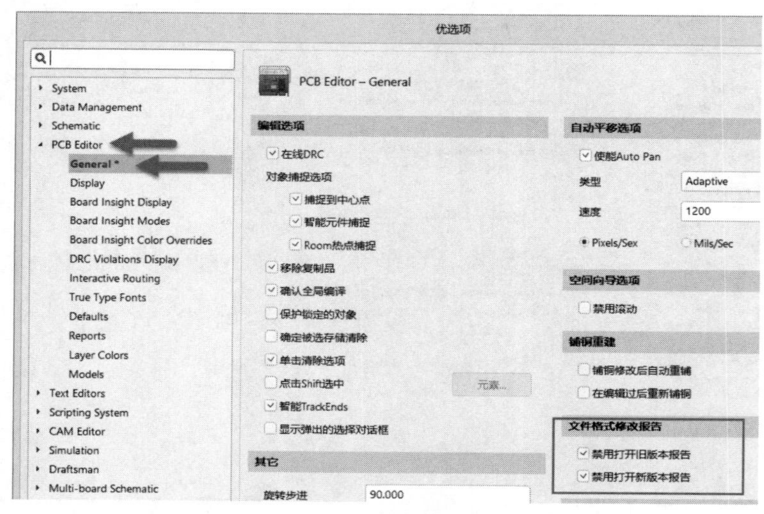

图 2-6　禁用打开新/旧版本报告

2.4　避免软件启动时自动打开项目的方法

每次启动软件时，都会自动打开上一次的项目，如图 2-7 所示。如何设置让软件不自动打开前面的项目呢？

解决方法如下：

打开“优选项”对话框，在 System 选项下的 General 选项中取消勾选“重新打开上一个项目组”复选框，如图 2-8 所示。

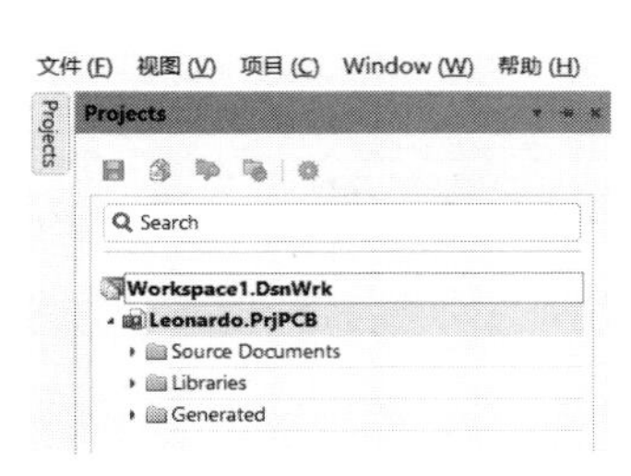

图 2-7　软件启动时自动打开项目

图 2-8　关闭“重新打开上一个项目组”

2.5　用户界面（UI）主题颜色的切换

Altium Designer 22 支持在默认的深色 Altium Dark Gray 用户界面主题与浅色 Altium Light Gray 主题之间进行切换。单击菜单栏右侧的 ✿（设置系统参数）按钮，打开“优选项”对话框，在 System→View 页面中 UI Theme 选项组的 Current 下拉列表框中进行主题的切换，如图 2-9 所示。设置完毕后重启 Altium Designer 软件，更改即可生效。

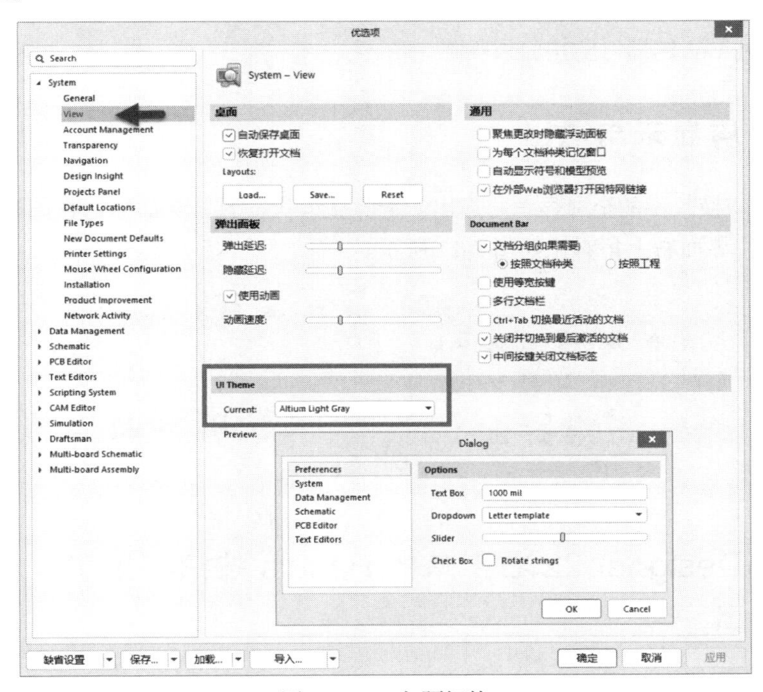

图 2-9　UI 主题切换

2.6 工作区移动面板时，如何防止面板吸附

如图 2-10 所示，在工作区移动面板，如何防止面板与其他面板吸附？

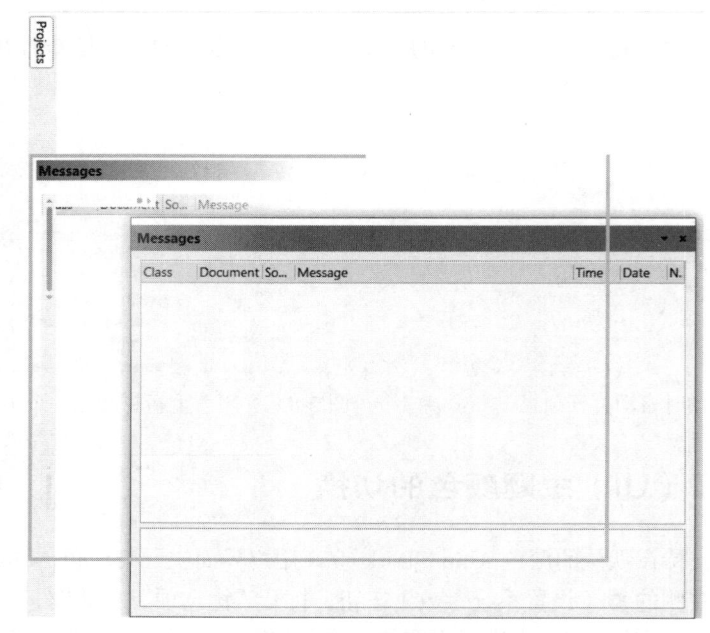

图 2-10 移动面板

解决方法如下：

在移动过程中按住 Ctrl 键即可防止面板吸附。

2.7 软件全屏显示与退出

按快捷键 Alt+F5 切换软件的全屏显示与退出。全屏显示状态下，界面右上角关闭按钮将被隐藏。在正常界面与全屏界面下，界面右上角对比如图 2-11 所示。

图 2-11 界面右上角对比

2.8 Altium Designer 22 右下角的 Panels 按钮不见了，如何调出

软件的各个操作面板基本都是通过右下角的状态栏选择使用。设计过程中，经常发现状态栏因误操作

被隐藏，如图 2-12 所示。勾选“视图”菜单栏下的“状态栏”复选框即可解决，如图 2-13 所示。

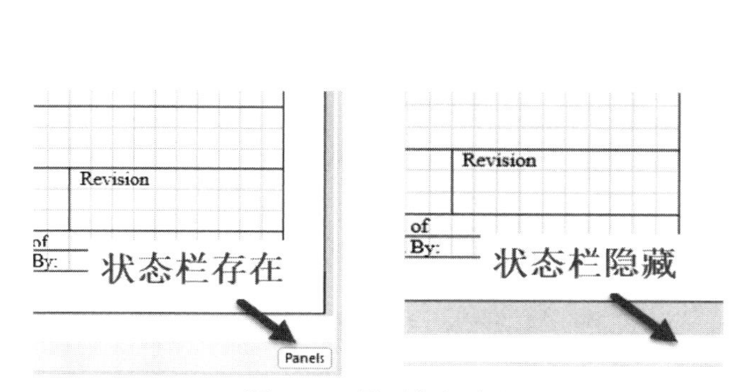

图 2-12　界面状态对比

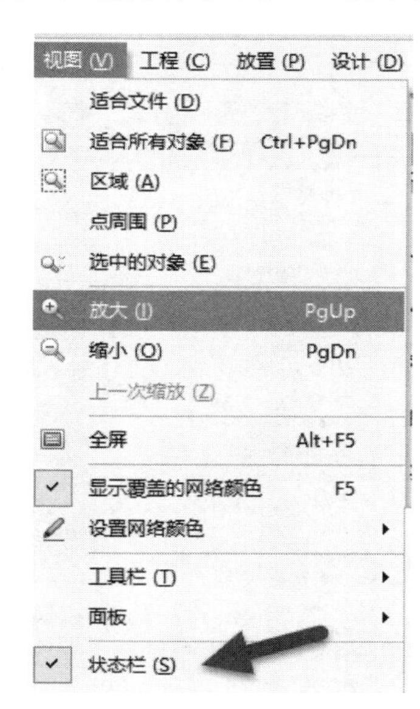

图 2-13　勾选“状态栏”复选框

2.9　软件自动保存界面工具栏的设置

在 Altium Designer 的编辑界面打开了工具栏的一些选项，但是每次关闭软件后再重新打开时，之前打开的一些工具栏等没有显示，如图 2-14 所示，如何解决？

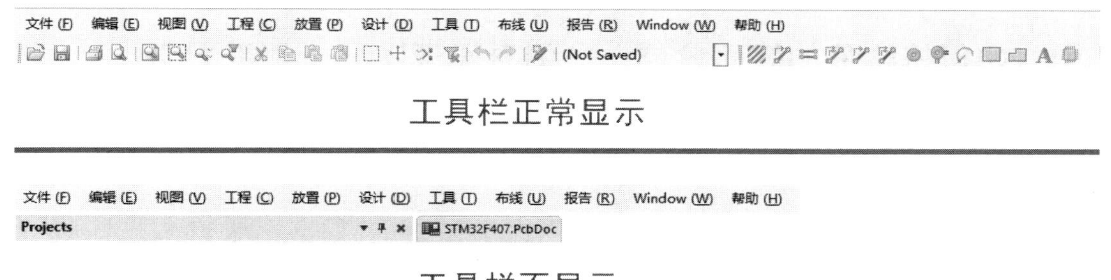

图 2-14　工具栏状态对比

解决方法如下：

（1）在编辑界面的工具栏空白区域右击，然后在弹出的快捷菜单中选中需要显示的工具栏，如图 2-15 所示。打开的工具栏可以按使用习惯拖动放置。

（2）按快捷键 O+P 打开“优选项”对话框，在 System→View 选项中勾选“自动保存桌面”复选框，如图 2-16 所示。此选项可在关闭时自动保存文档窗口设置的位置和大小，包括面板和工具栏的位置和可见性。

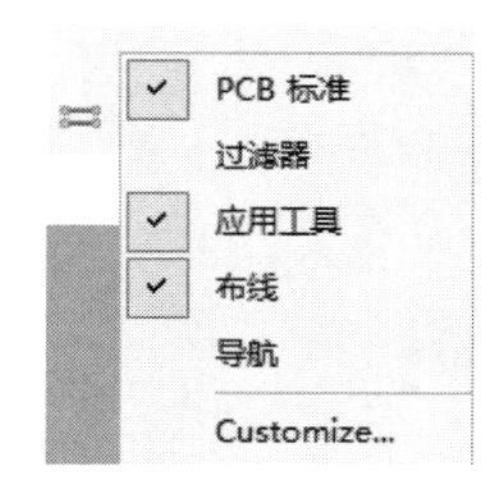

图 2-15　勾选工具栏

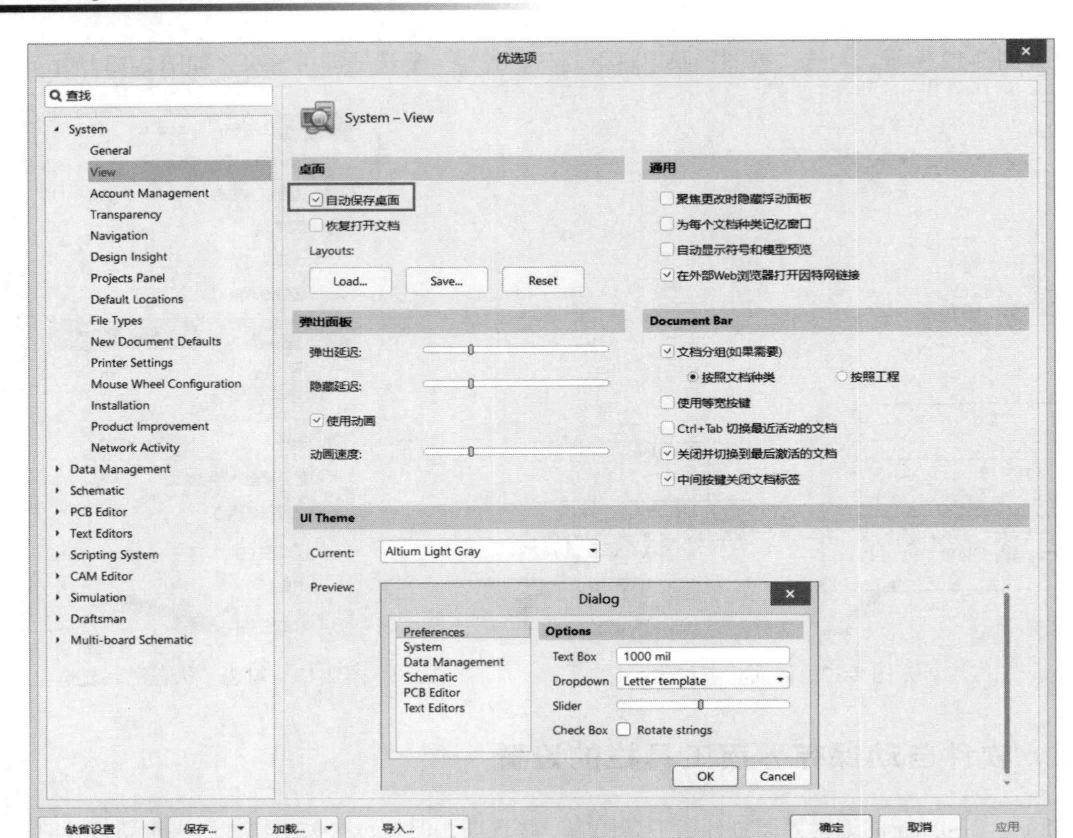

图 2-16　自动保存桌面设置

2.10　如何将软件的界面分屏，一侧看原理图，一侧看 PCB

在需要进行分割的文件名称上或旁边空白位置右击，在弹出的快捷菜单中执行“垂直分割”命令，即可完成左右分割的操作，如图 2-17 所示。

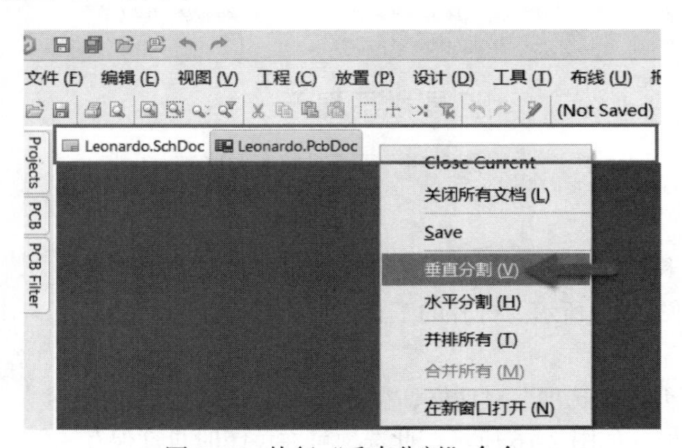

图 2-17　执行“垂直分割”命令

分割后的效果如图 2-18 所示，这样方便用户进行交互式布局布线。

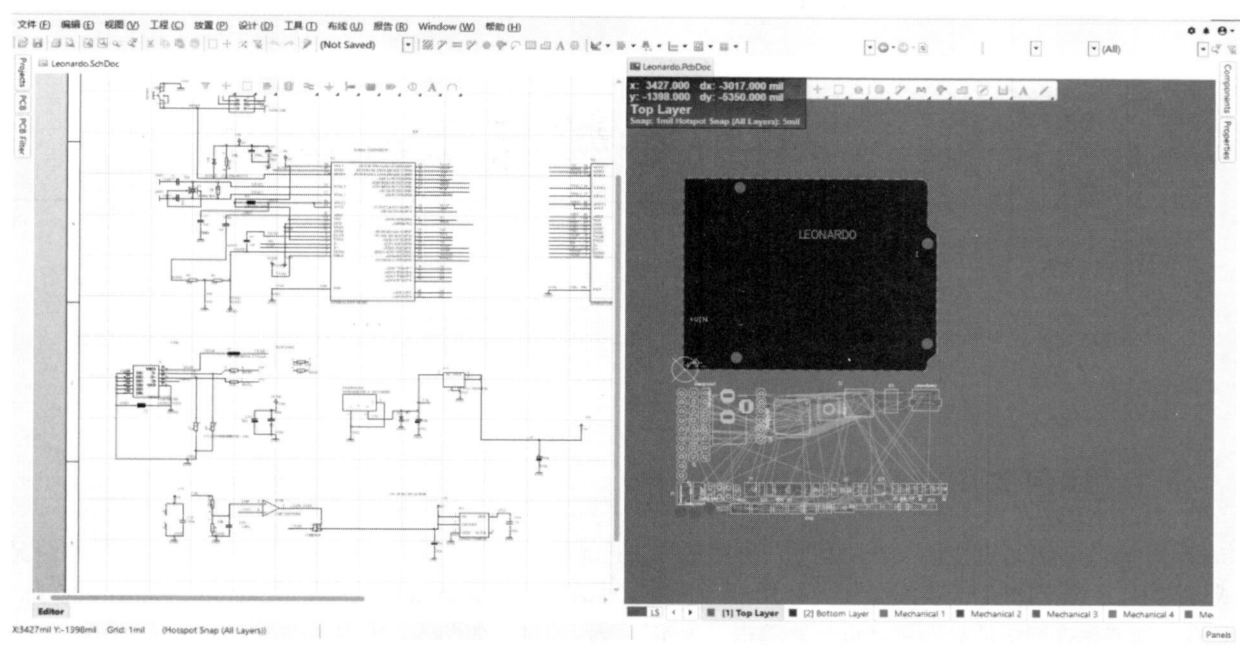

图 2-18　分屏效果图

若希望重新合并，直接将其中一个界面拖动到另一个界面形成重叠效果即可，或按图 2-17 所示执行“合并所有”命令。

2.11　调用面板 Components 弹出“调用退出异常”提示，如何解决

调用面板 Components 会弹出“调用退出异常”提示，无法添加及调用库，如图 2-19 所示。

解决方法如下：

（1）尝试在 Preference→Data Management→File-based library 路径下把所有的库移除，确定是否为某个库文件导致的问题。

（2）若不是库的问题，再尝试清除历史记录，删除 Appdata 和 Program data 下的 Altium Designer 文件夹。

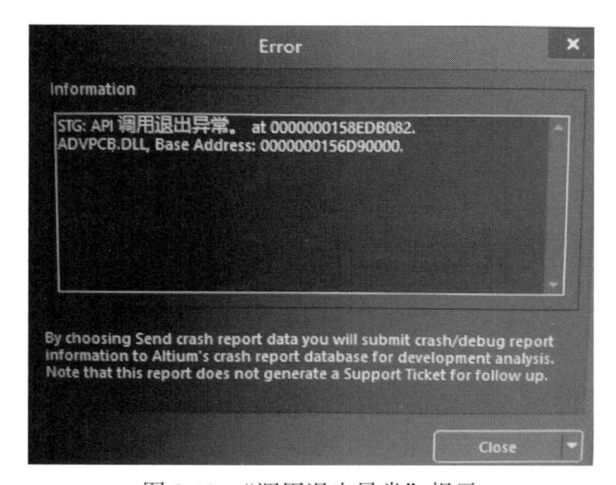

图 2-19　“调用退出异常”提示

第 3 章 系统参数与工程管理

CHAPTER 3

3.1 如何关闭软件联网功能

Altium 设计者可以使用互联网和第三方服务器连接到 Altium 云、供应商，也可寻找更新。在某些情况或环境中，用户可能需要离线工作。打开“优选项”对话框，单击 System 选项下的 Network Activity 选项，取消勾选“允许网络活动”复选框，并单击“确定”按钮即可，如图 3-1 所示。

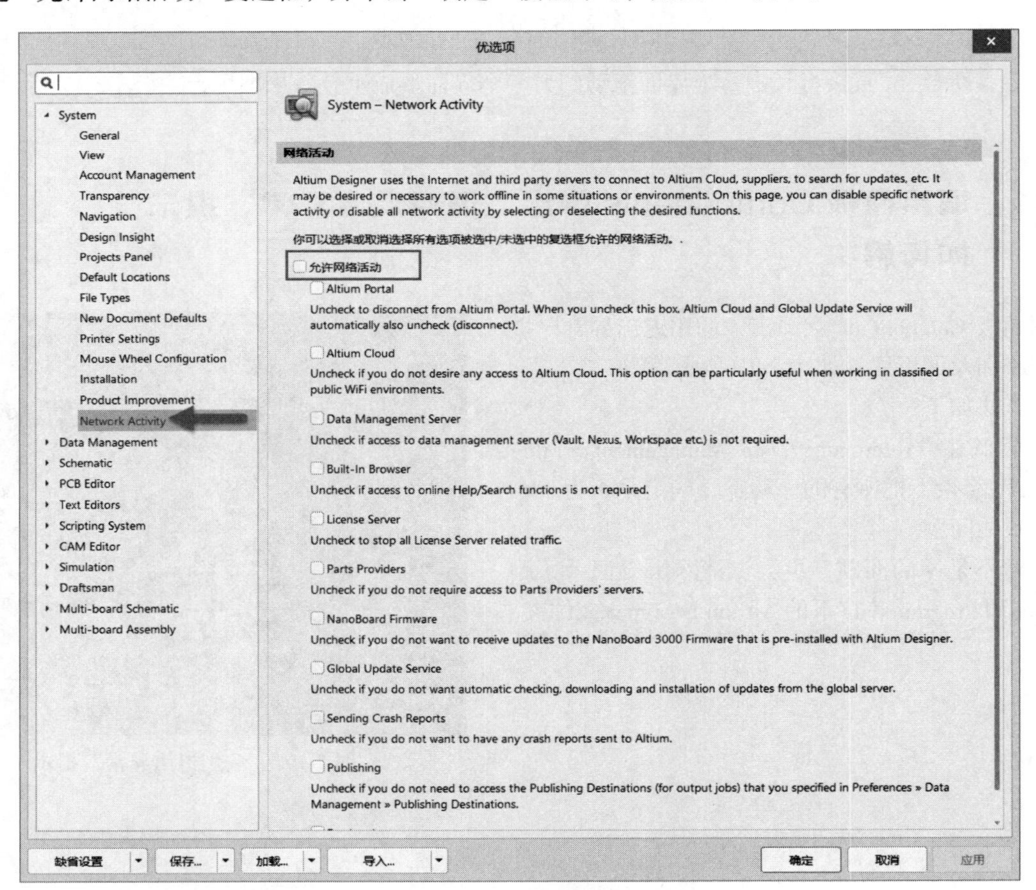

图 3-1 关闭软件联网功能

3.2　系统参数的导出与导入

1. 系统参数的导出

Altium Designer 22 是一款很强大的 PCB 图纸绘制软件，在做 PCB 设计之前，需要对软件的环境做一些常规设置。为了方便下次调用设置好的系统参数，首先需要将设置好的系统参数导出，即另存到指定的路径下。下面介绍详细的导出步骤。

（1）单击工作区右上角的 （设置系统参数）按钮，打开“优选项”对话框。

（2）单击“优选项”对话框左下角的“保存”按钮，打开“保存优选项”对话框，选择好保存路径并输入文件名，如图 3-2 所示。

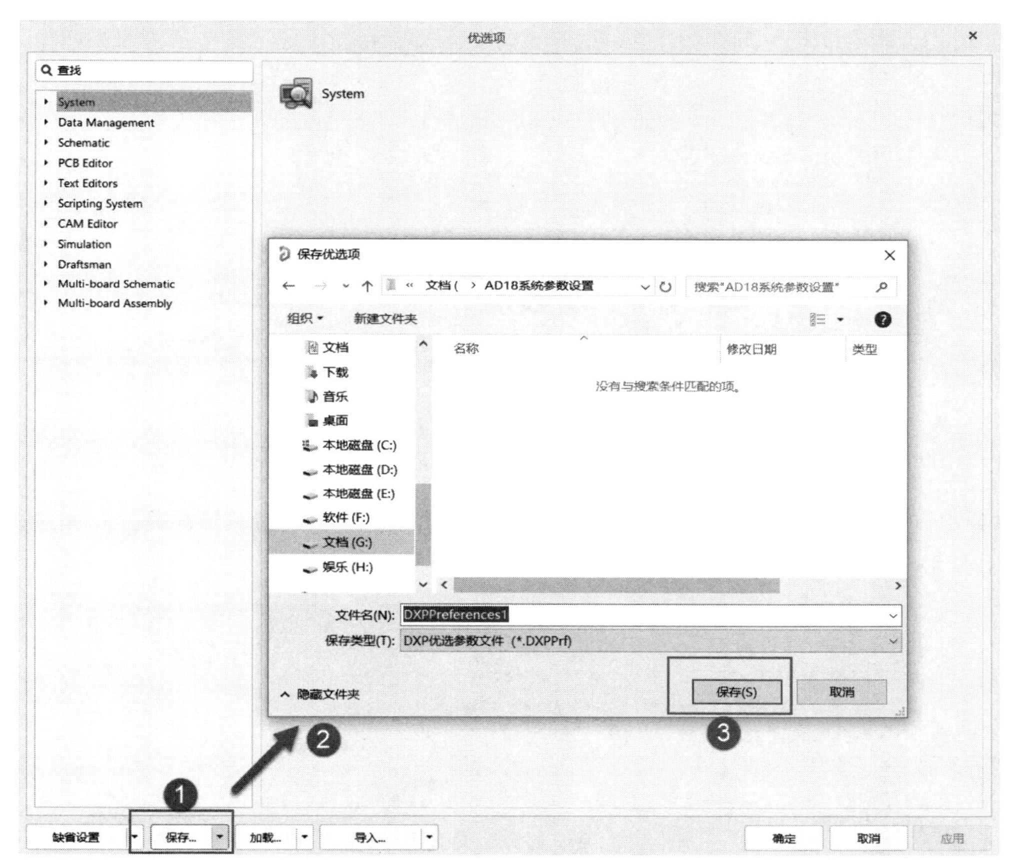

图 3-2　常用系统参数导出

（3）确定路径选择无误以后，单击“保存”按钮，等待软件将系统参数导出，导出结果如图 3-3 所示。

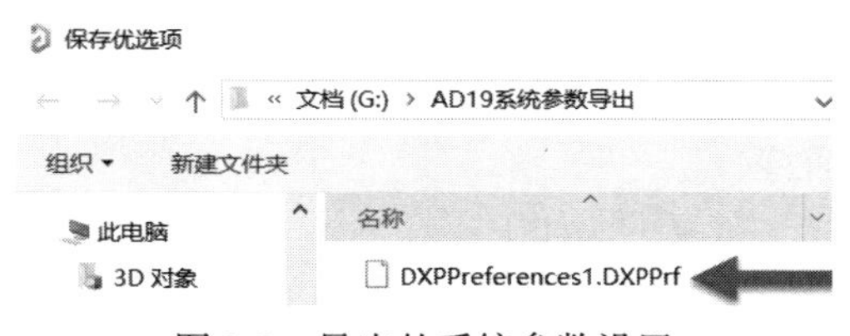

图 3-3　导出的系统参数设置

2. 系统参数的导入

有时因计算机系统故障或 Altium Designer 软件的重装等原因，用户设置的系统参数可能会丢失；有时新装的软件希望沿用旧版的常规设置，这时可以导入之前的.DXPPrf 文件，恢复原先设置好的系统参数。导入步骤如下。

（1）打开软件，在 PCB（SCH）编辑界面按快捷键 O+P 打开“优选项”对话框。

（2）单击“优选项”对话框左下角的“加载”按钮，在弹出的“加载优选项”对话框中选择对应的 DXP 优选参数文件，并单击“打开”按钮，如图 3-4 所示。

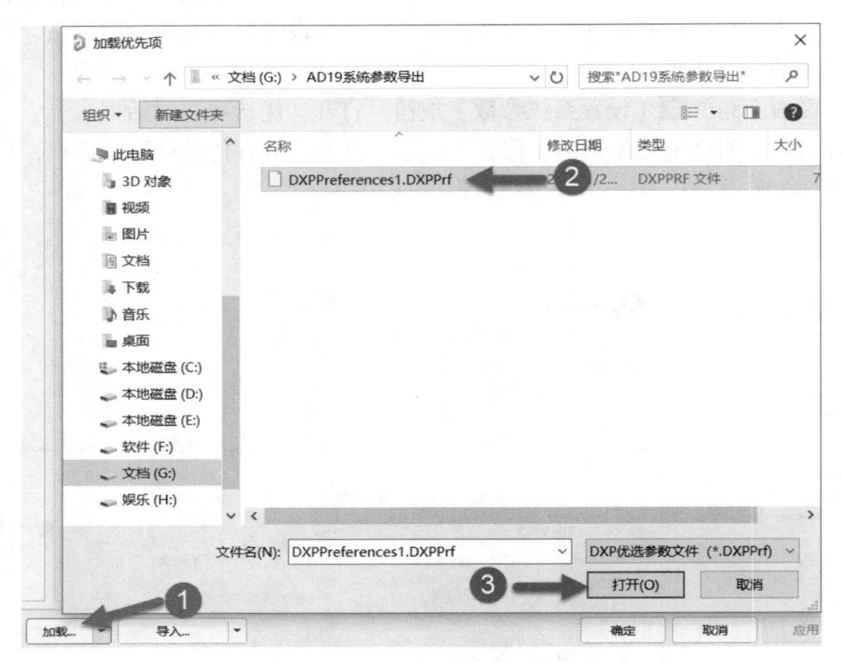

图 3-4　常用系统参数的导入

（3）在弹出的 Load preferences from file 对话框中，单击“确定”按钮，等待软件导入完成即可，如图 3-5 所示。

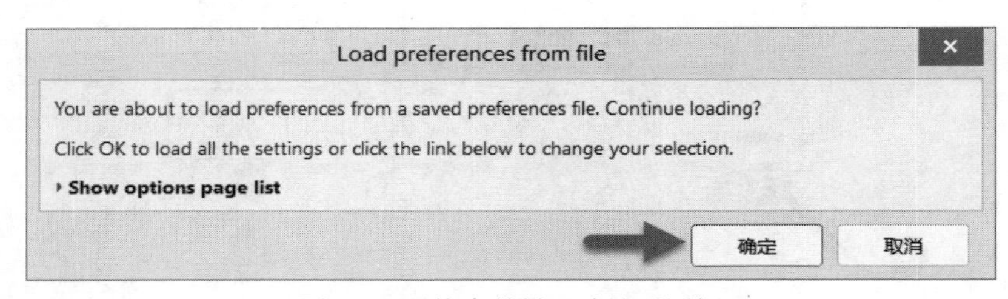

图 3-5　系统参数导入确认对话框

3.3　恢复软件默认设置的方法

有时在使用 Altium 软件的过程中，不小心把软件的一些参数设置改变了，如何恢复软件刚安装时的设置呢？

恢复方法如下：

（1）单击工作区右上角的⚙（设置系统参数）按钮，打开“优选项”对话框。

（2）单击“优选项”对话框左下角的“缺省设置”按钮，单击“缺省（All）”选项，如图 3-6 所示。

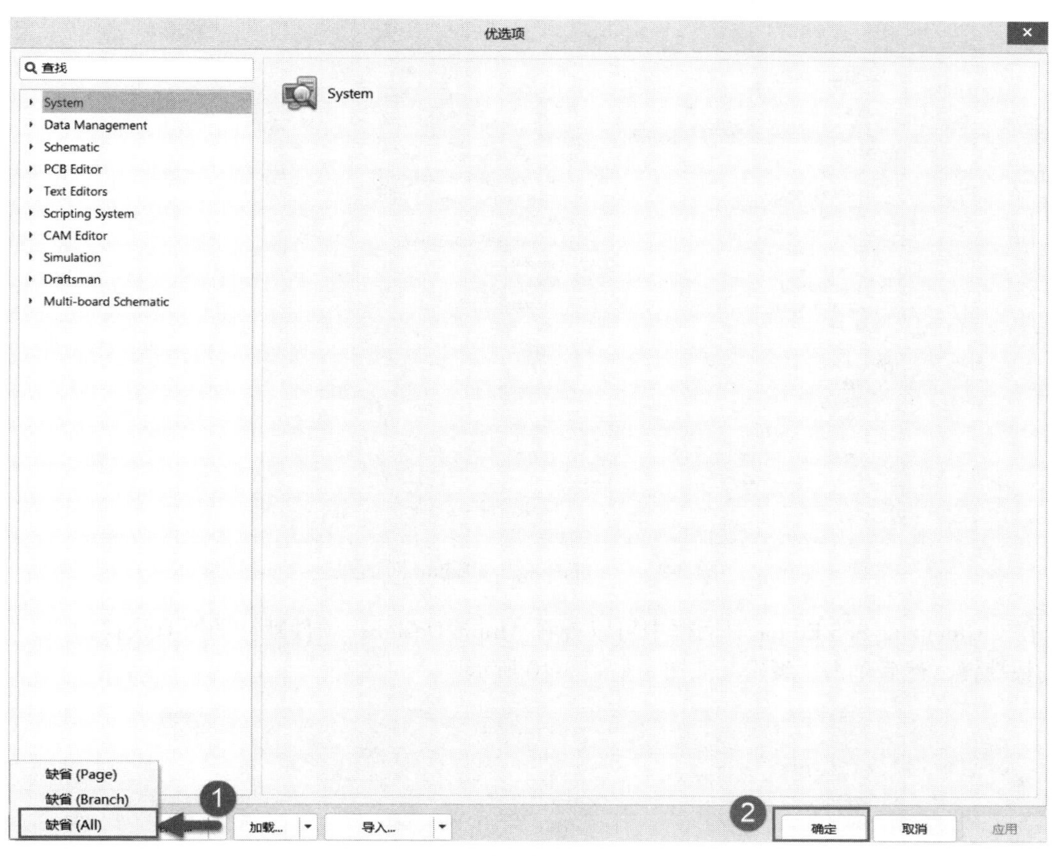

图 3-6　默认设置

（3）在弹出的 Confirm 对话框单击 Yes 按钮，如图 3-7 所示。

（4）在弹出的 Warning 对话框中单击 OK 按钮并重启软件使更改生效，即可恢复软件默认设置，如图 3-8 所示。

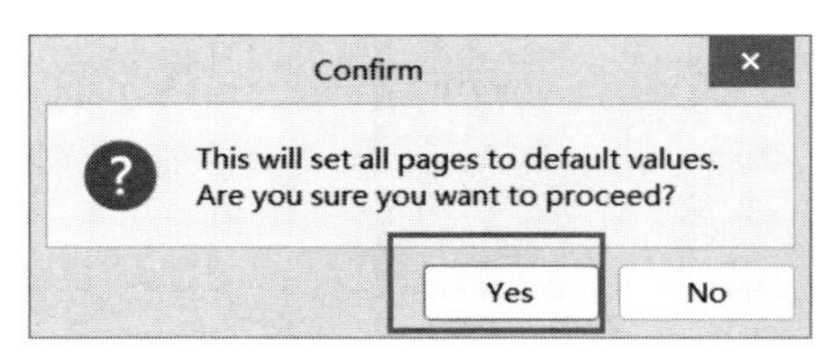

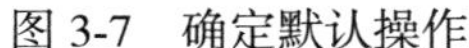

图 3-7　确定默认操作

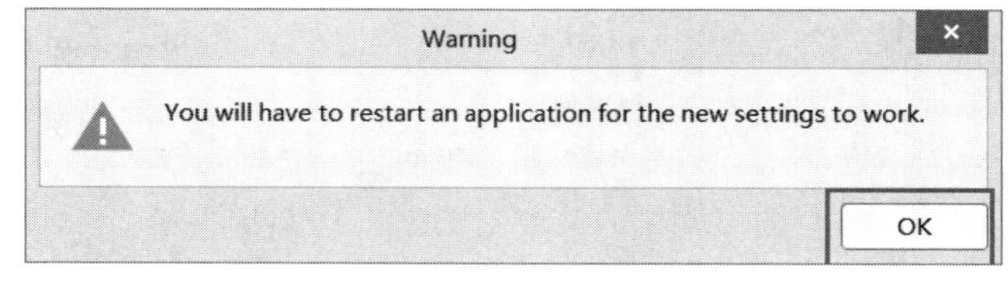

图 3-8　生效更改

3.4　自定义快捷键的方法

Altium Designer 软件提供了多种操作的快捷键，熟练使用快捷键进行 PCB 设计可以提高设计效率。用户可以根据自己的设计习惯自定义快捷键。

（1）打开 Altium Designer 22 软件，双击菜单栏的空白位置，打开 Customizing Sch Editor（自定义快捷键）对话框，如图 3-9 所示。

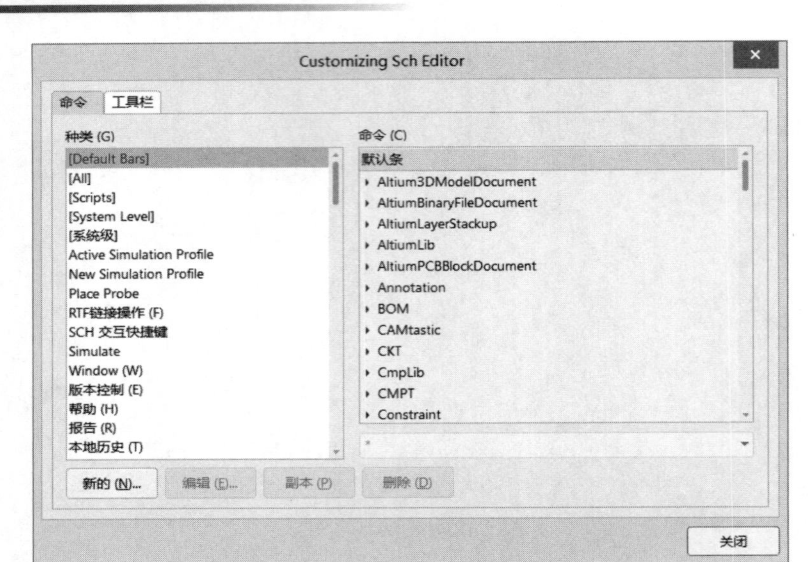

图 3-9　Customizing Sch Editor 对话框

（2）在 Customizing Sch Editor 对话框中可以查看 Altium Designer 软件默认的所有快捷键组合。选择想要更改的快捷键，然后单击“编辑”按钮，如图 3-10 所示。

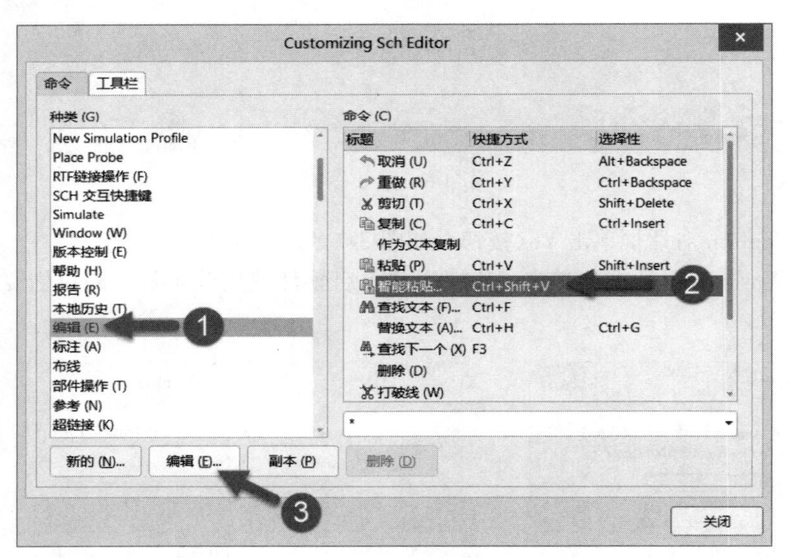

图 3-10　编辑快捷键

（3）将弹出 Edit Command 对话框。在“可选的”下拉列表框中自定义快捷键（“主要的”快捷键为系统设置的快捷键），单击“确定”按钮，如图 3-11 所示。

（4）还可以通过 Ctrl+单击对应的命令图标设置快捷键，更为快捷方便。具体实现方法为：按住 Ctrl 键，单击工具栏中的按钮或者菜单栏中的命令，即可在弹出的如图 3-11 所示的 Edit Command 对话框中设置快捷键。

（5）当前设置的快捷键与之前设置的快捷键冲突时，可以将之前设置的快捷键重置为 None，如图 3-12 所示。

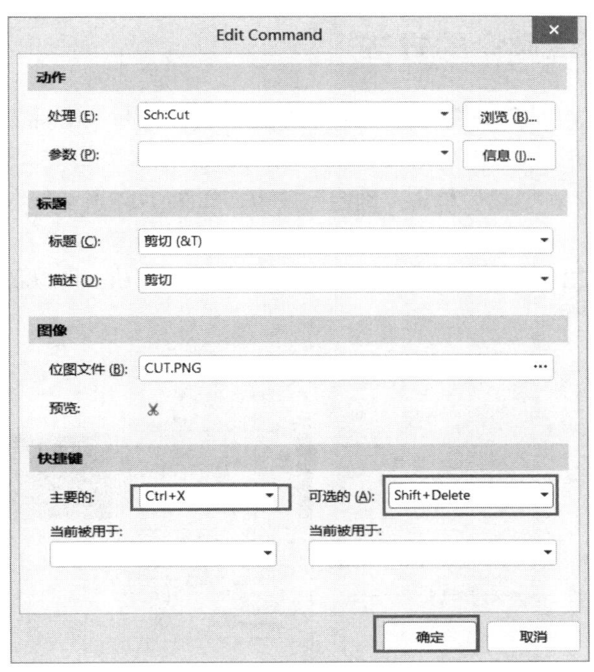

图 3-11　自定义快捷键

提示：自定义快捷键时，需注意不要与系统设置的快捷键冲突，如图 3-13 所示。设置快捷键时可以选择键盘上的功能键 F2～F12 及数字键。

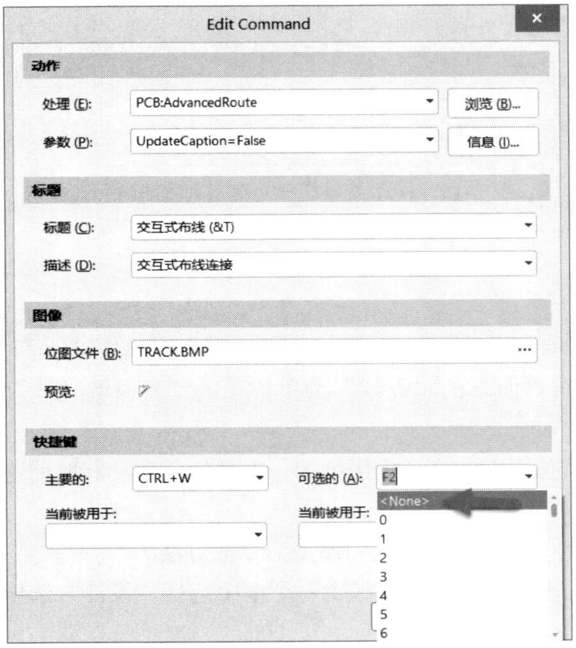

图 3-12　快捷键重置

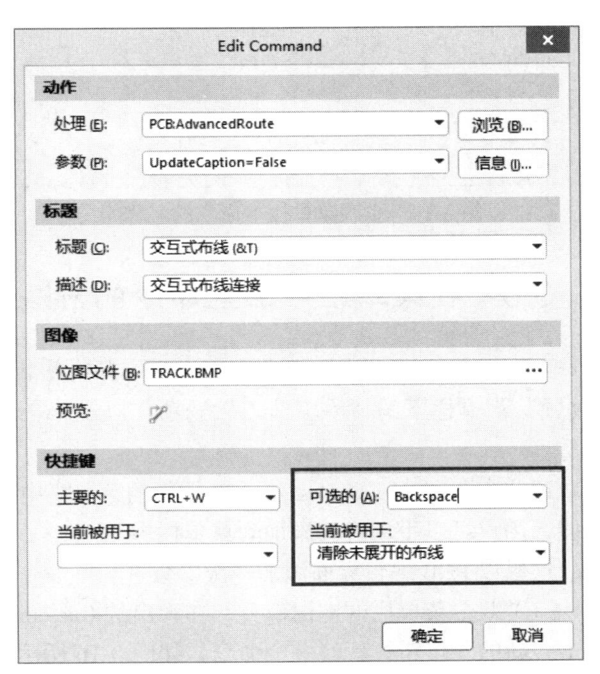

图 3-13　快捷键冲突

3.5 自定义菜单栏命令的方法

按照上文中自定义快捷键的操作，双击菜单栏的空白位置，打开 Customizing Sch Editor 对话框，选择某个命令并单击“编辑”按钮，在弹出的 Edit Command 对话框中的“标题”下拉列表框中将菜单栏下的某个命令的名称更改成想要的名称，然后单击“确定”按钮，如图 3-14 所示。在菜单栏中就可以看到更改后的名称了。

此外，在 Customizing PCB Editor 对话框中，选中某个命令并拖动，可以将其移动到其他菜单栏下，如图 3-15 所示。

图 3-14 更改菜单栏下命令的名称

图 3-15 移动菜单栏命令到其他菜单栏下

3.6 在菜单栏中添加命令的方法

Altium Designer 的新版本更新以后，有些低版本的一些菜单栏命令没有了，如原理图编辑界面下的“放置”菜单栏下的“手工节点”选项，以及 PCB 编辑界面下的“设计”菜单栏下的“板参数选项”命令等。

这些命令在 Altium Designer 22 软件的菜单栏中默认是没有相应命令图标的，但是软件并没有取消这些功能，用户可以手动将其添加到菜单栏中。

这里以 PCB 编辑界面添加“板参数选项”命令为例，介绍在菜单栏中添加命令的方法。

（1）双击菜单栏的空白位置，在弹出的 Customizing PCB Editor 命令编辑对话框中选择“设计”选项，单击“新的”按钮，新建一个命令，如图 3-16 所示。

（2）此时将弹出 Edit Command 对话框，如图 3-17 所示，在其中可输入相应的命令。如不清楚“板参数选项”对应的命令，可到低版本的 Altium Designer 软件中找到这一命令，单击“编辑”按钮，查看相应的命令（处理、标题、描述等），如图 3-18 所示。

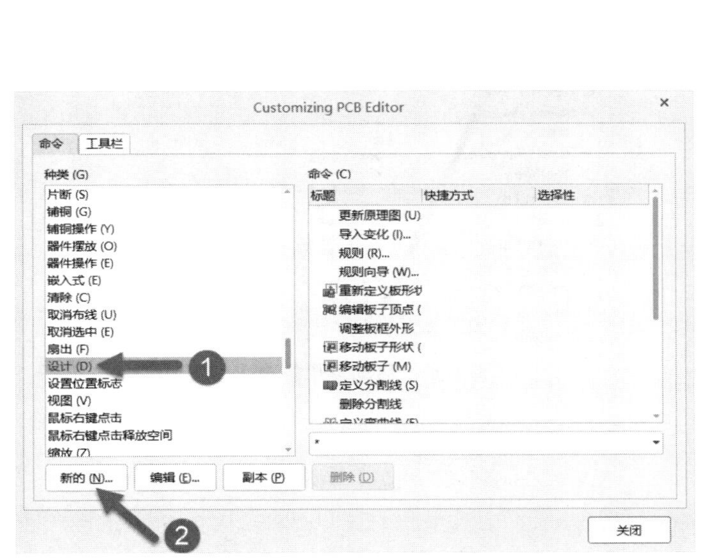

图 3-16　新建菜单栏命令

图 3-17　Edit Command 对话框

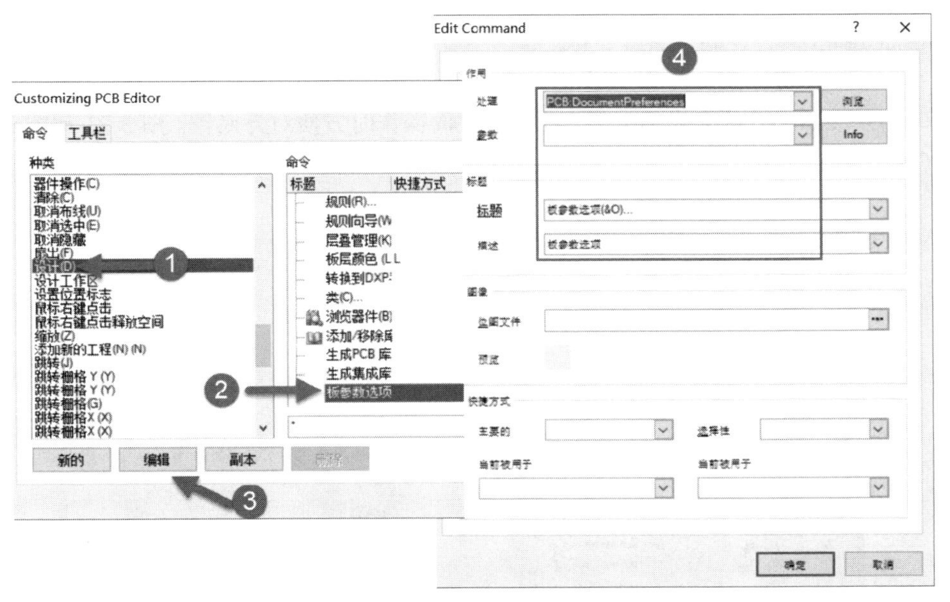

图 3-18　在低版本 Altium Designer 软件中复制命令

（3）将对应的命令粘贴到 Altium Designer 22 的 Edit Command 对话框中，得到“板参数选项”命令编辑对话框，如图 3-19 所示。

（4）单击“确定”按钮即完成菜单栏命令的添加。选中添加的“板参数选项”命令，将其拖动放置在任意一个菜单下，如图 3-20 所示。利用该方法可以添加其他菜单栏命令到相应的菜单栏中，并确定命令在相应的 Altium Designer 版本中是否有效。

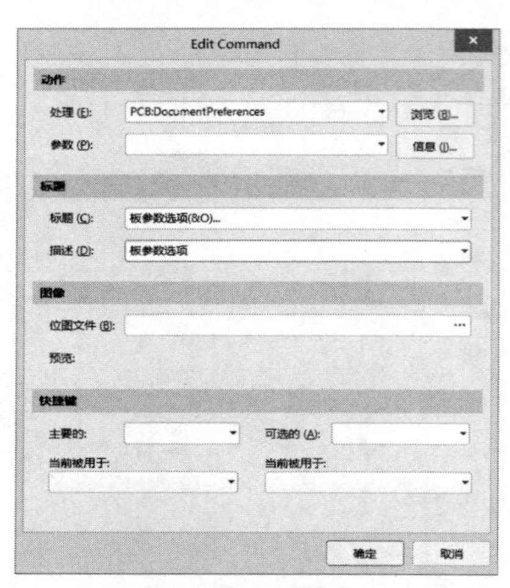

图 3-19 “板参数选项”命令编辑对话框

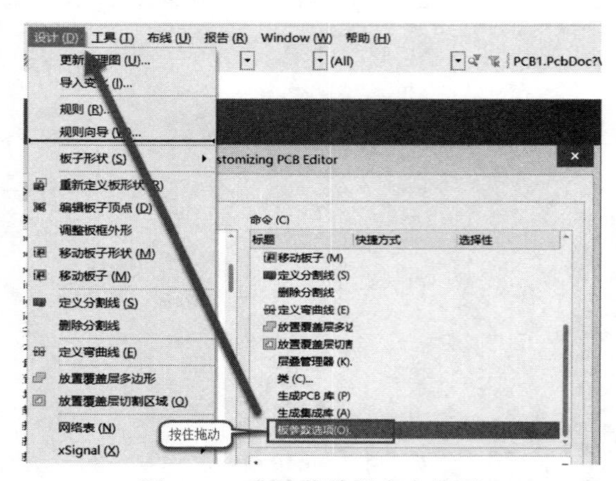

图 3-20 移动菜单栏命令位置

3.7 鼠标光标的设置

Altium Designer 系统提供了 4 种光标显示模式。

（1）Large Cursor 90：大型 90° 十字光标。

（2）Small Cursor 90：小型 90° 十字光标。

（3）Small Cursor 45：小型 45° 斜线光标。

（4）Tiny Cursor 45：极小型 45° 斜线光标。

建议选择 Large Cursor 90 的大光标类型，在编辑界面操作时方便对齐操作。图 3-21 和图 3-22 所示分别为原理图和 PCB 中光标的设置。

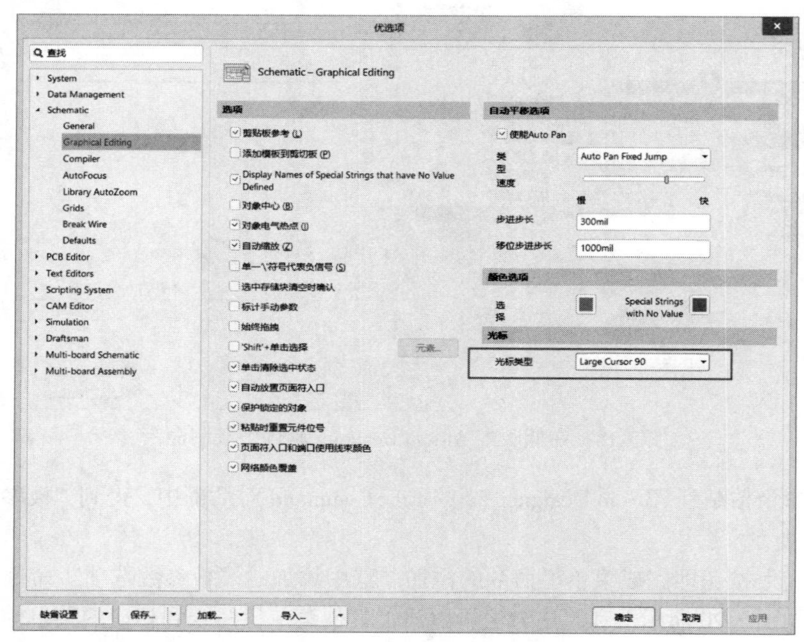

图 3-21 原理图光标设置

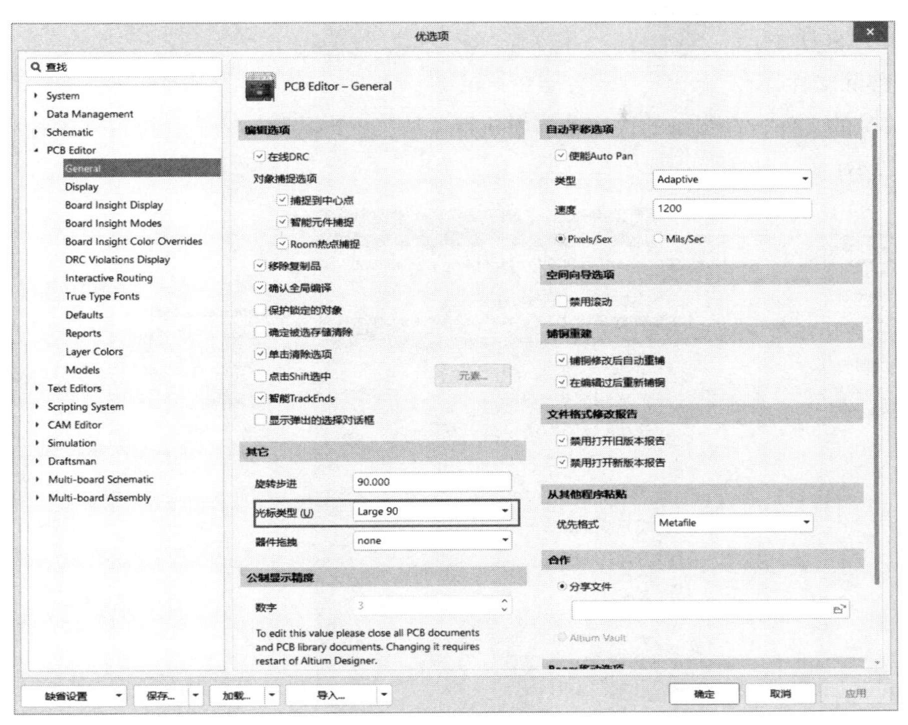

图 3-22　PCB 光标设置

3.8　快速查询文件保存路径

在工程文件上右击，在弹出的快捷菜单中执行“浏览”命令，即可浏览工程文件所在的路径，快速找到文件的存放位置，如图 3-23 所示。

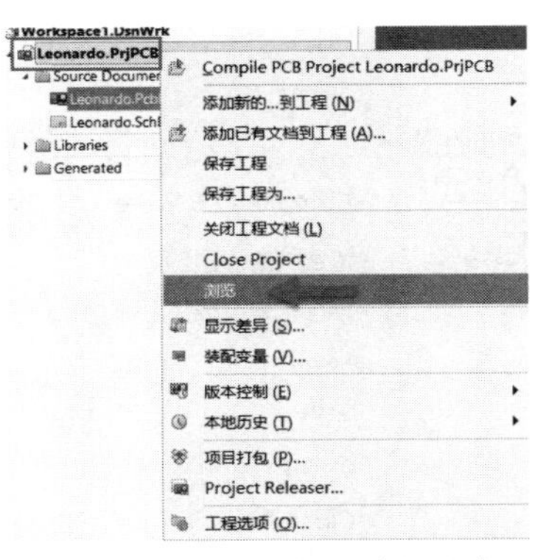

图 3-23　工程文件的路径查询

3.9　为工程添加或移除文件的方法

1. 为工程添加文件

在工程文件上右击，在弹出的快捷菜单中执行“添加已有文档到工程”命令，选择需要添加到工程的文件即可，如图 3-24 所示。

2. 为工程移除文件

右击将要移除的文件，在弹出的快捷菜单中执行“从工程中移除”命令，即可从工程中移除相应的文件，如图 3-25 所示。

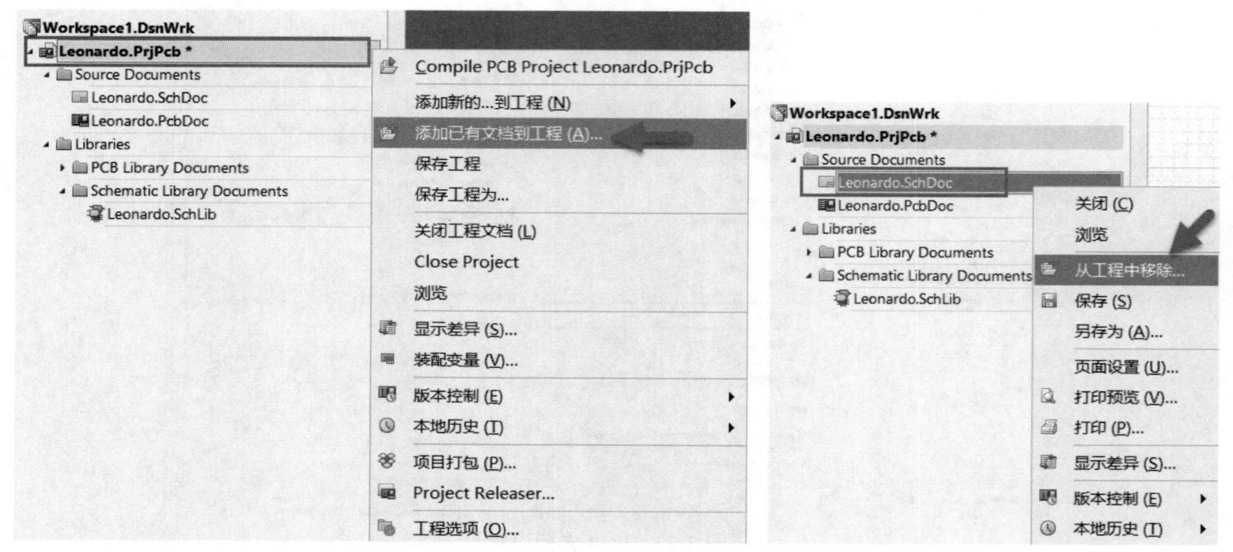

图 3-24　为工程添加文件　　　　图 3-25　从工程中移除文件

3.10　如何修改（重命名）工程中子文件的名称

在 Altium Designer 中为工程的原理图或者 PCB 文件修改名称的方法如下：

（1）在工程目录上右击，在弹出的菜单中执行“浏览”命令，即可打开工程文件所在路径，如图 3-26 所示。

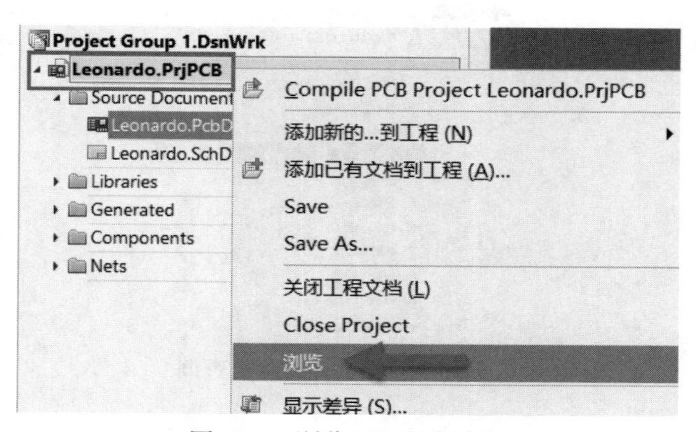

图 3-26　浏览工程所在路径

（2）在工程保存路径下修改原理图或者 PCB 文件名，如图 3-27 所示。

（3）这时工程中还保留原有的原理图文件，选中该原理图文件并右击，在弹出的快捷菜单中执行“从工程中移除”命令，即可完成原理图或者 PCB 文件的重命名，如图 3-28 所示。

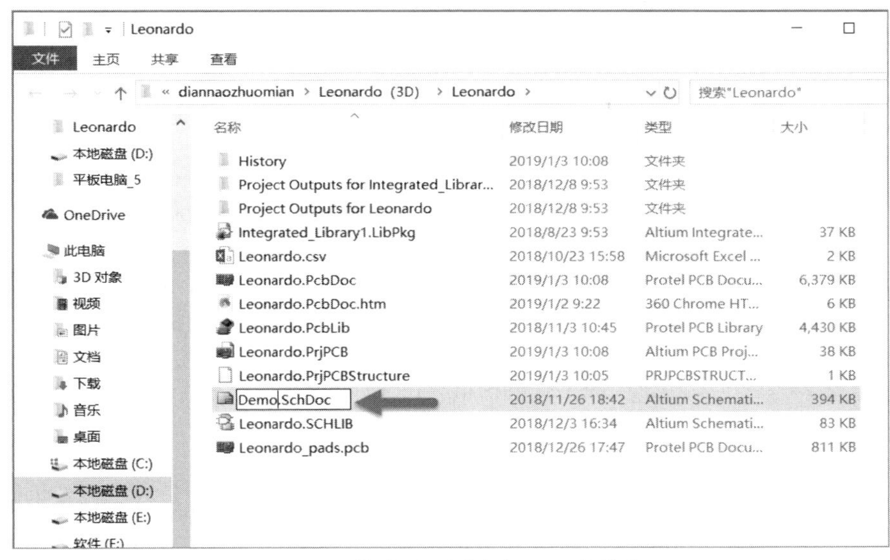

图 3-27　修改原理图或者 PCB 文件名

（4）将修改完毕的文件添加到工程中，回到 Altium Designer 软件，在工程文件上右击，在弹出的快捷菜单中执行“添加已有文档到工程”命令，如图 3-29 所示。

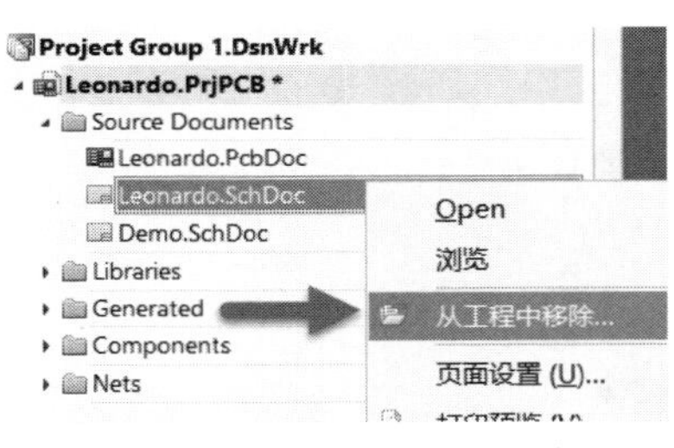

图 3-28　从工程中移除文件

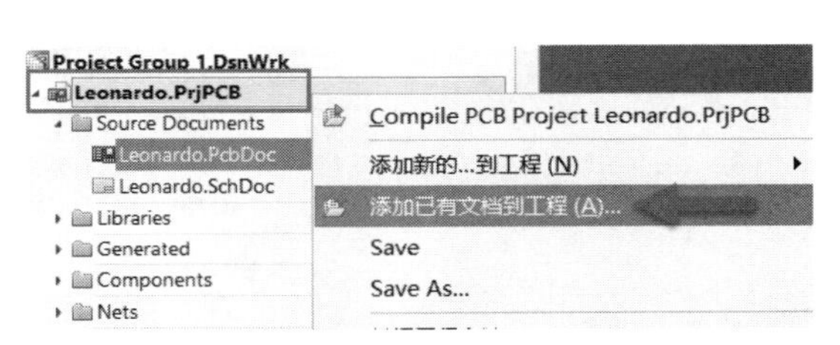

图 3-29　添加已有文档到工程

（5）Altium Designer 21 及以上版本支持在 Project 面板中直接对文件重命名，避免在文件夹中命名导致文件脱离工程的管理。在工程目录上右击，在弹出的快捷菜单中执行“重命名”命令，即可直接修改文件名称，如图 3-30 所示。

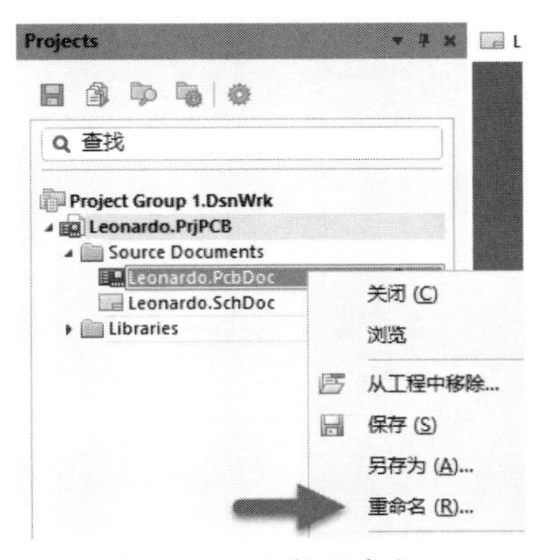

图 3-30　文件重命名

3.11 保存文件时提示 File Save Failed，如何解决

Altium Designer 22 软件在保存文件时，提示 File Save Failed（保存文件失败），这时可以执行菜单栏中的“文件”→“另存为”命令，然后将另存的文件添加到工程中即可，如图 3-31 所示。

图 3-31　添加已有文档到工程

3.12 为什么工程里有的文件显示了快捷箭头

如图 3-32 所示，名为 ZB_STM32_CORE_V1.PcbLib 的封装库文件图标左下角有一个快捷箭头。

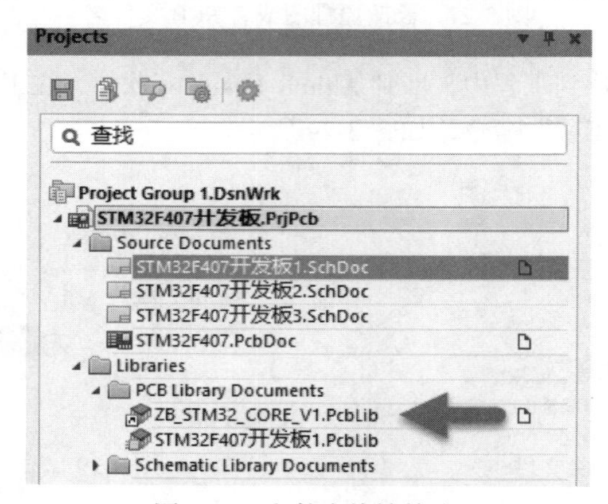

图 3-32　文件有快捷箭头

解决方法如下：

这是 ZB_STM32_CORE_V1.PcbLib 与工程.PrjPcb 文件不在同一个保存路径下所致，将工程中所有文件都保存在同一文件夹中就不会出现这种快捷箭头。

第4章 原理图库

CHAPTER 4

4.1 原理图库捕捉栅格的设置

捕捉栅格（Snap）的作用是控制光标每次移动的距离，设置合适大小的捕捉栅格可以更加方便地实现捕捉和对齐。

例如：如果捕捉栅格设定值是10mil，拖动零件引脚，距离可视栅格在10mil范围之内时，零件引脚将自动准确跳到附近可视栅格上。捕捉栅格也叫跳转栅格，捕捉栅格是看不到的。

在原理图库编辑界面按快捷键G，可在10mil/50mil/100mil之间循环切换捕捉栅格。建议使用50mil，在绘制原理图时也对应使用50mil，避免连接不到位的情况。

4.2 制作元器件符号时，如何修改引脚的长度

如图4-1所示，在原理图库中绘制元器件符号时，会出现引脚过长或者过短的情况。

解决方法如下：

在原理图库编辑界面双击需要设置的引脚，或者在放置引脚的状态下按Tab键，在弹出的Properties面板中修改引脚的长度，如图4-2所示。

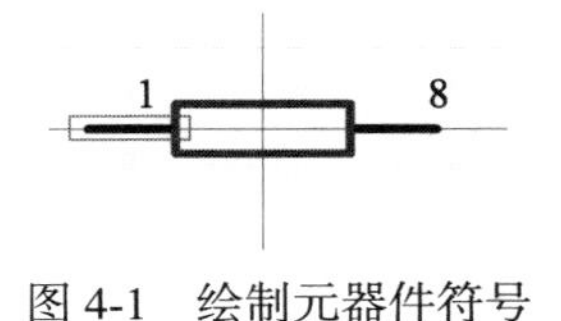

图4-1 绘制元器件符号

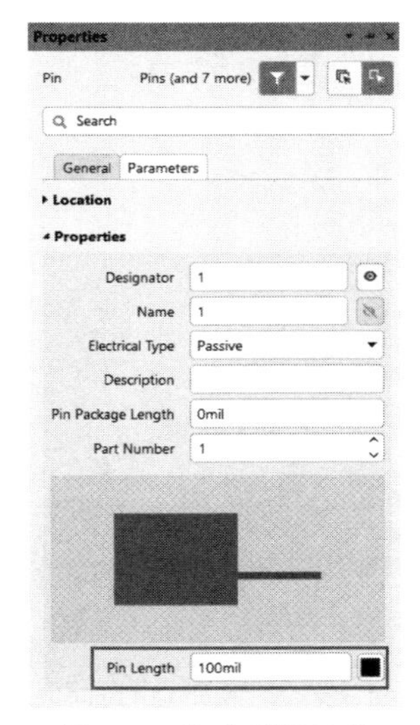

图4-2 修改引脚长度

4.3 如何批量修改元器件符号的引脚长度

如图 4-3 所示，对于已经绘制好的元器件符号，如何批量修改其引脚长度？

解决方法如下：

（1）任意选中一个引脚右击，在弹出的快捷菜单中执行“查找相似对象”命令，如图 4-4 所示。

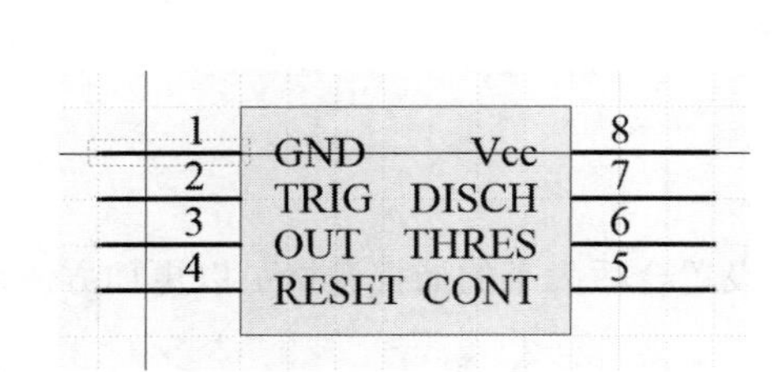

图 4-3 已经绘制好的元器件符号

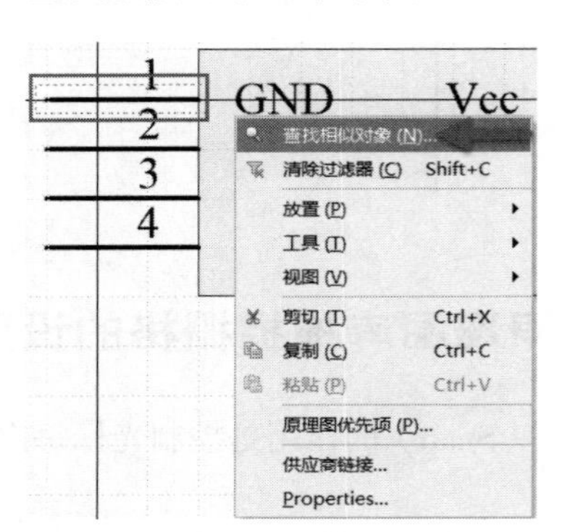

图 4-4 执行“查找相似对象”命令

（2）在弹出的“查找相似对象”对话框选择 All Components 选项，并单击“确定”按钮，如图 4-5 所示。

（3）在弹出的 Properties 对话框 Pin Length 文本框中修改参数即可批量修改所有的引脚长度，如图 4-6 所示。

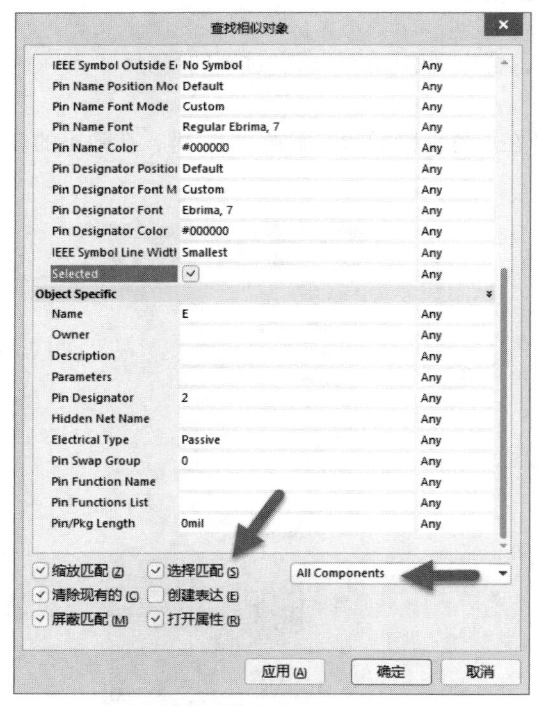

图 4-5 “查找相似对象”对话框

图 4-6 批量修改引脚长度

4.4　如何修改引脚标识（或名称）的位置和字体大小

在原理图库编辑界面双击需要设置的引脚，或者在放置引脚的状态下按 Tab 键，在弹出的 Pin 面板中设置引脚的参数，修改引脚标识（Designator），如图 4-7 所示。

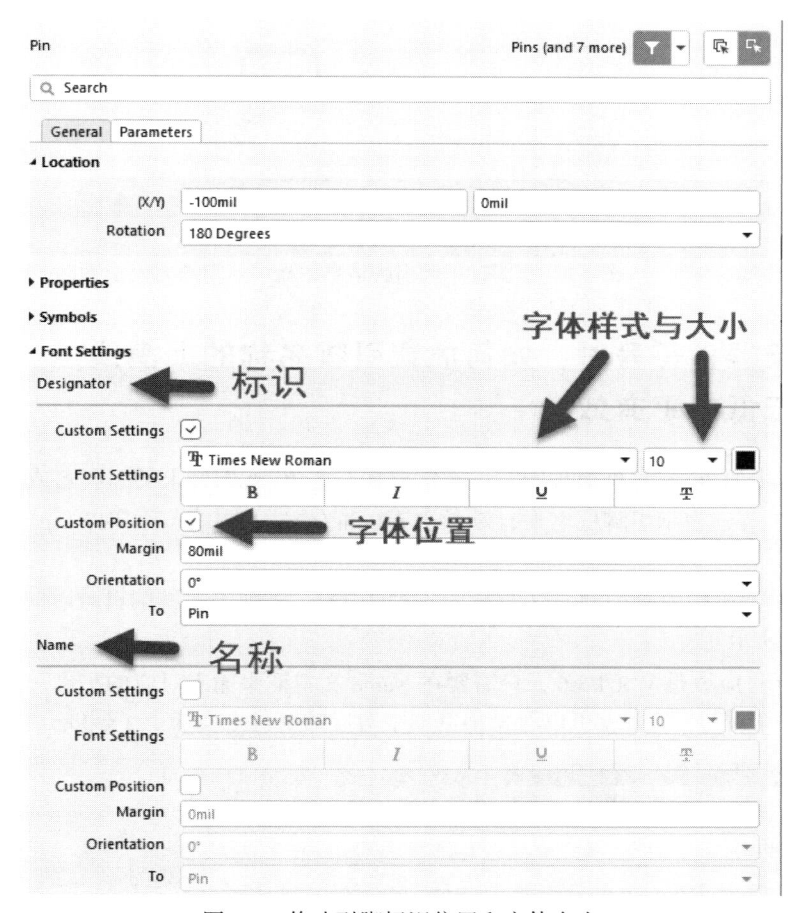

图 4-7　修改引脚标识位置和字体大小

（1）勾选 Custom Settings 复选框并在下方的 Font Settings 中设置标识的字体和大小。

（2）勾选 Custom Position 复选框并在下方的 Margin 文本框中输入数值以设置字体在引脚上的位置。

（3）修改引脚名称（Name）的属性与修改标识的方法一致。

4.5　元器件符号引脚标识（或名称）的显示与隐藏

绘制元器件符号时，可以设置元器件符号引脚标识和引脚信息的显示与隐藏，设置方法如图 4-8 所示。

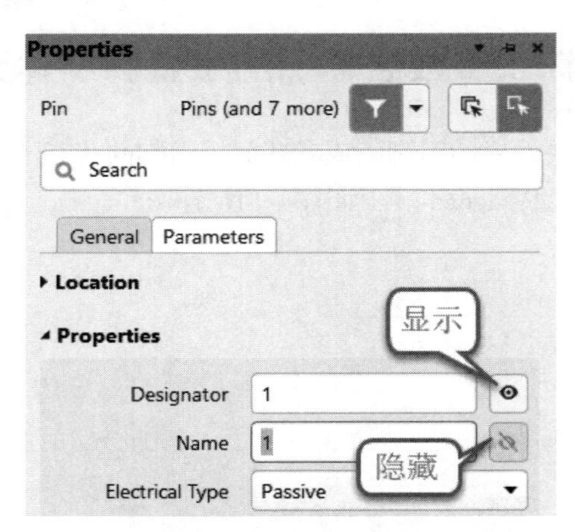

图 4-8 引脚标识和引脚信息的显示与隐藏

4.6 绘制元器件符号时，如何放置引脚名称的上横线，以表示低电平有效

在绘制电子系统中的 IC 元器件原理图时，经常要在一些 IC 元器件上的引脚名或者网络标签的字母上方画横线，如 $\overline{\mathrm{RESET}}$ 等，表示引脚低电平有效，在 Altium Designer 中如何实现？

实现方法如下：

（1）以绘制 51 单片机的引脚为例，双击需要编辑的引脚，将弹出引脚编辑对话框，在对话框中可编辑引脚信息，如图 4-9 所示。

（2）16 引脚的标号应该是 $\overline{\mathrm{WR}}$/P3.6，只需要在 Name 文本框中输入对应的字母，并在每个需要加上横线的字母后面加上一个符号“\”，就可以看见预览框中对应的字母上面加上了横线，如图 4-10 所示。

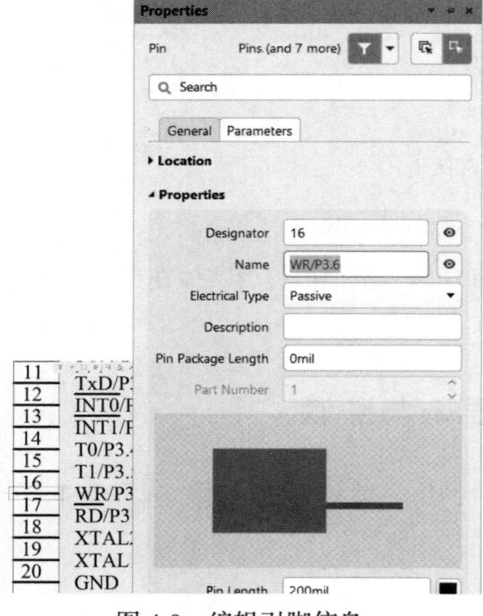

图 4-9 编辑引脚信息

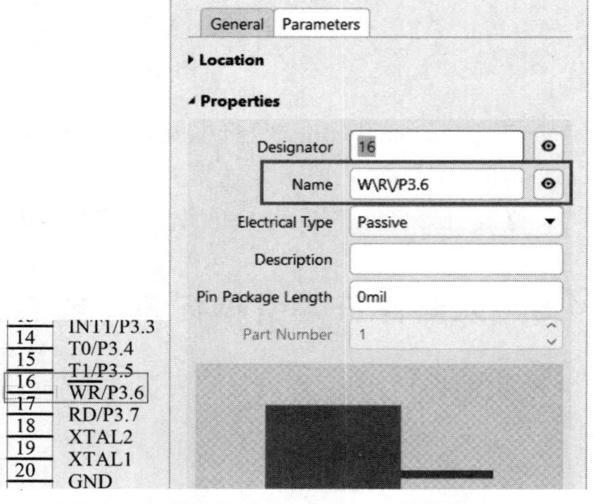

图 4-10 引脚信息名称添加上横线的方法

4.7　绘制元器件符号时，放置的矩形等遮盖住引脚信息的解决方法

如图 4-11 所示，在绘制元器件符号时，先放置引脚再放置多边形，会把引脚的名称遮盖住，如何解决？

解决方法如下：

（1）框选所有引脚，按快捷键 CTRL+X 剪切再粘贴即可。

（2）或者双击已经放置的矩形框，在弹出的对话框中勾选 Transparent 复选框，将矩形框设置为透明，如图 4-12 所示。修改效果如图 4-13 所示。

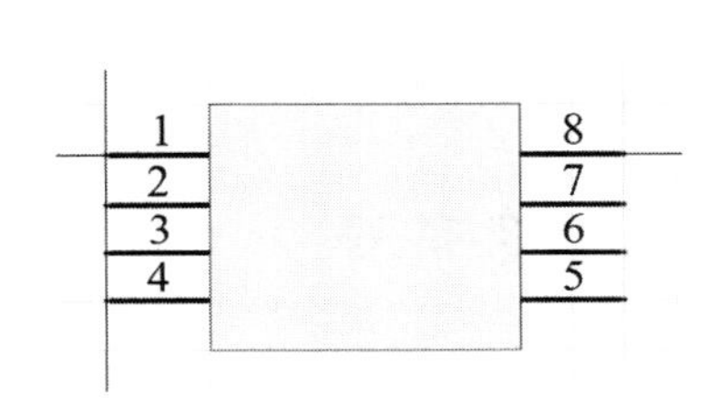

图 4-11　矩形框遮盖住引脚名称

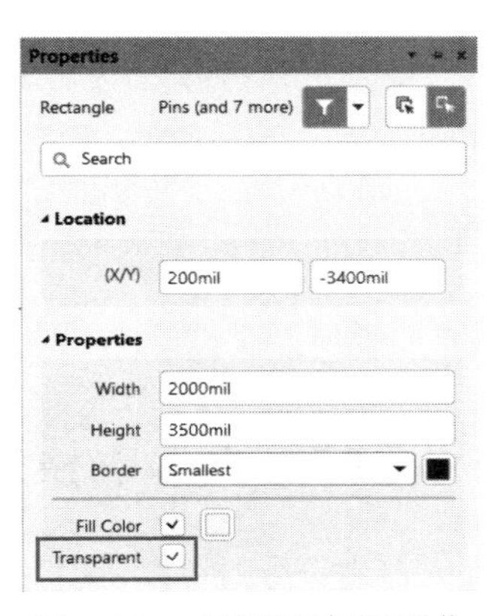

图 4-12　设置矩形框透明化

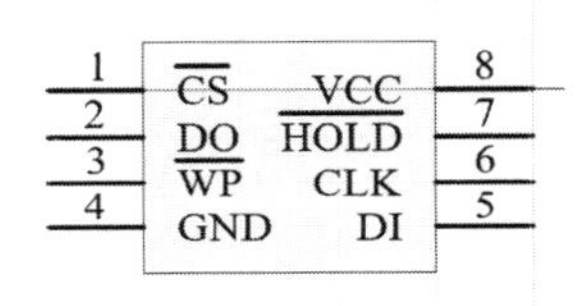

图 4-13　矩形框透明效果

4.8　绘制含有子部件的元器件符号

在原理图库编辑界面中可以利用相应的库元器件管理命令，绘制一个含有子部件的库元器件 LMV358。

1. 绘制库元器件的第一个部件

（1）执行菜单栏中的“工具”→“新器件”命令，创建一个新的原理图库元器件，并为该元器件重新命名，如图 4-14 所示。

（2）执行菜单栏中的“工具”→“新部件”命令，为该元器件添加两个新的部件，如图 4-15 所示。

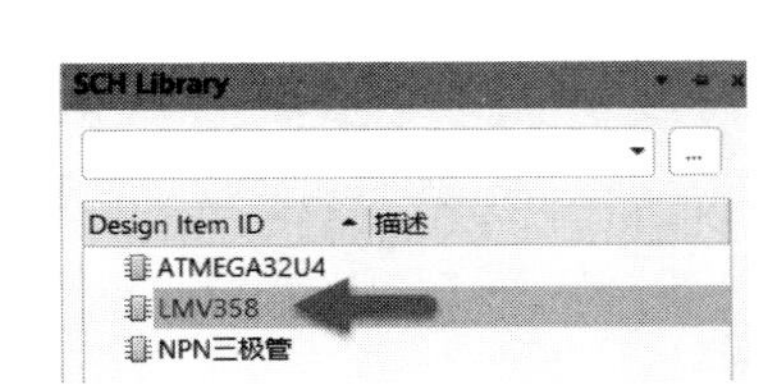

图 4-14　创建新的原理图库元器件

图 4-15　为库元器件创建子部件

（3）先在 Part A 中绘制第一个部件，单击原理图绘制工具栏中的 多边形（放置多边形）按钮，光标将变成十字形，在原理图编辑界面中心位置绘制一个三角形的运算放大器符号。

（4）放置引脚，单击工具栏中 （放置引脚）按钮，光标将变成十字形，并附有一个引脚符号。移动

该引脚到多边形边框处，单击完成放置。同样的方法，放置其他引脚在运算放大器三角形符号上，并设置好每一个引脚的属性，如图 4-16 所示。这样就完成了第一个部件的绘制。

其中，引脚 1 为输出引脚 OUT1，引脚 2、引脚 3 为输入引脚 IN1−和 IN1+，引脚 4、引脚 8 则为公共的电源引脚 VCC 和 GND。

2. 创建库元器件的第二个子部件

按照 Part A 中元器件符号的绘制方法，在 Part B 中绘制第二个子部件的元器件符号，这样就完成了含有两个子部件的元器件符号的绘制，如图 4-17 所示。使用同样的方法，在原理图库中可以创建含有多于两个子部件的元器件符号。

图 4-16　Part A　　　　图 4-17　Part B

4.9　利用 Symbol Wizard（符号向导）快速创建元器件符号

创建 Altium Designer 22 的原理图库元器件符号时可以使用其辅助工具 Symbol Wizard 快速创建，该方法特别适合集成 IC 等元器件的创建，如一个芯片有几十个乃至几百个引脚。

这里以 ATMEGA32U4 原理图元器件为例详细介绍使用 Symbol Wizard 来制作元器件符号的方法。

（1）在原理图库编辑界面下，执行菜单栏中的“工具”→“新器件”命令，新建一个元器件并重新命名，这里命名为 ATMEGA32U4。

（2）执行菜单栏中的“工具”→Symbol Wizard 命令，打开 Symbol Wizard 向导设置对话框，如图 4-18 所示。在对话框中输入需要的信息。可以将这些引脚信息从器件规格书或者别的地方复制过来，不需要逐个手动填写，手动填写耗时费力且容易出错。

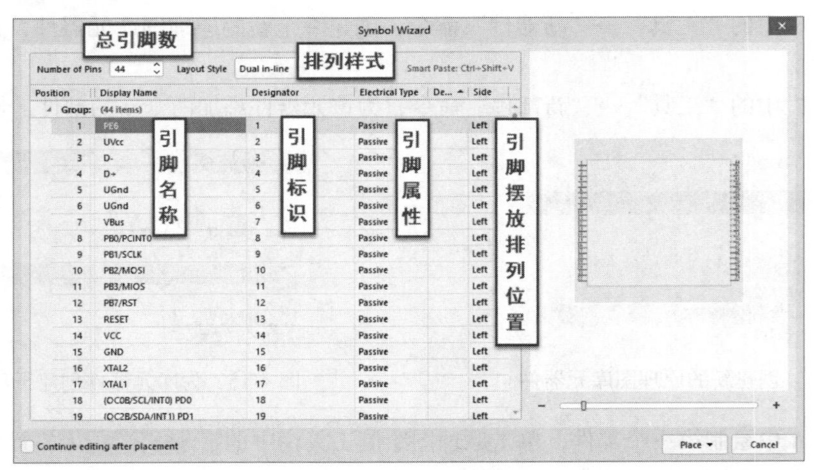

图 4-18　在 Symbol Wizard 对话框中输入引脚信息

（3）引脚信息输入完成后，单击 Symbol Wizard 对话框右下角的 Place 按钮，执行 Place Symbol 命令，即可将元器件符号放置在原理图库编辑界面中。这样就画好了 ATMEGA32U4 元器件符号，速度很快且不容易出错，效果如图 4-19 所示。

1	PE6	VSS	44
2	UVcc	GND	43
3	D-	AREF	42
4	D+	PF0 (ADC0)	41
5	UGnd	PF1 (ADC1)	40
6	UGnd	PF4 (ADC4/TCK)	39
7	VBus	PF5 (ADC5/TMS)	38
8	PB0/PCINT0	PF6 (ADC6/TDO)	37
9	PB1/SCLK	PF7 (ADC7/TDI)	36
10	PB2/MOSI	GND	35
11	PB3/MIOS	VCC	34
12	PB7/RST	PE2 (HWB)	33
13	RESET	PC7 (ICP3/CLK0/OC4A)	32
14	VCC	PC6 (OC3A/OC4A)	31
15	GND	PB6 (PCINT6/OC1B/OC4B/ADC13)	30
16	XTAL2	PB5 (PCINT5/OC1A/OC4B/ADC12)	29
17	XTAL1	PB4 (PCINT4/OC2A/ADC11)	28
18	(OC0B/SCL/INT0) PD0	PD7 (T0/OC4D/ADC10)	27
19	(OC2B/SDA/INT1) PD1	PD6 (T1/OC4D/ADC9)	26
20	(RXD1/INT2) PD2	PD4 (ICP1/ADC8)	25
21	(TXD1/INT3) PD3	AVCC	24
22	(XCK1/CTS) PD5	GND	23

图 4-19　用 Symbol Wizard 制作的元器件符号

4.10　利用 Excel 表格智能创建元器件符号

以前绘制原理图库的元器件符号时，引脚的名称只能逐个输入，现在可以利用 Excel 表格结合 Altium Designer 的 SCHLIB List 快捷面板一次输入。首先把芯片的 datasheet 文档或者其他文档中的引脚信息复制到 Excel 表格中，然后利用 SCHLIB List 面板快速完成元器件引脚的放置。详细步骤如下：

（1）利用 Excel 智能创建原理图符号之前，首先需要新建一个 Excel 表格，表格中包括的信息主要有 Object kind、X 轴、Y 轴、Orientation、Name、Pin Designator 等，如图 4-20 所示。

	A	B	C	D	E	F
1	Object kind	X1	Y1	Orientation	Name	Pin Designator
2	Pin	200	0	180 Degrees	GND	1
3	Pin	200	-100	180 Degrees	TRIG	2
4	Pin	200	-200	180 Degrees	OUT	3
5	Pin	200	-300	180 Degrees	RESET	4
6	Pin	900	-300	0 Degrees	CONT	5
7	Pin	900	-200	0 Degrees	THRES	6
8	Pin	900	-100	0 Degrees	DISCH	7
9	Pin	900	0	0 Degrees	Vcc	8

图 4-20　包含引脚信息的 Excel 表格

（2）全选表格内容并复制，然后在新建的原理图库编辑界面中打开 SCHLIB List 面板，如图 4-21 所示。

（3）打开 SCHLIB List 面板后，注意左上角圆圈标记的信息，如果是 View，要更改为 Edit，然后在空白区域内右击，在弹出的快捷菜单中执行“智能栅格插入”命令，把刚刚复制的 Excel 信息粘贴到 SCHLIB

List 中，如图 4-22 所示。

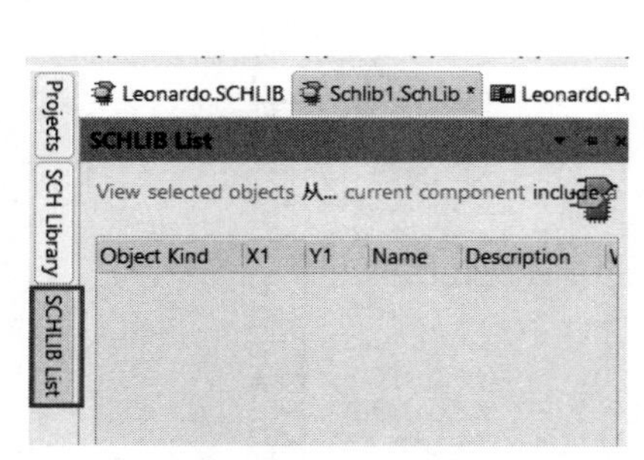

图 4-21　SCHLIB List 面板

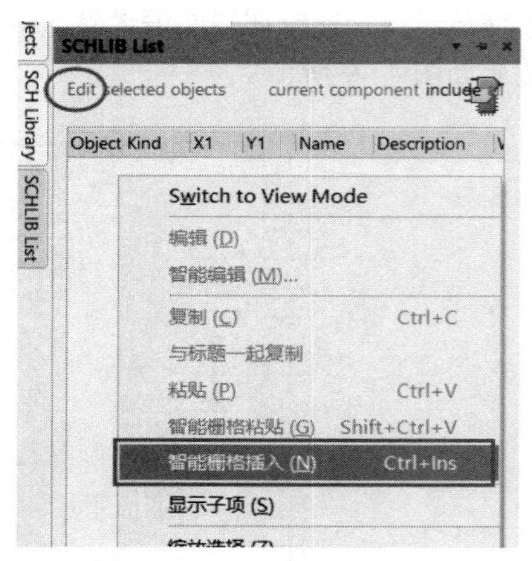

图 4-22　执行“智能栅格插入”命令

（4）执行“智能栅格插入”命令后，将弹出如图 4-23 所示的对话框。对话框分为上下两部分，上方是从 Excel 中复制的信息，下方的表格是将要制作原理图符号的信息。单击 Automatically Determine Paste 按钮，将上方的信息自动复制到下方表格中。

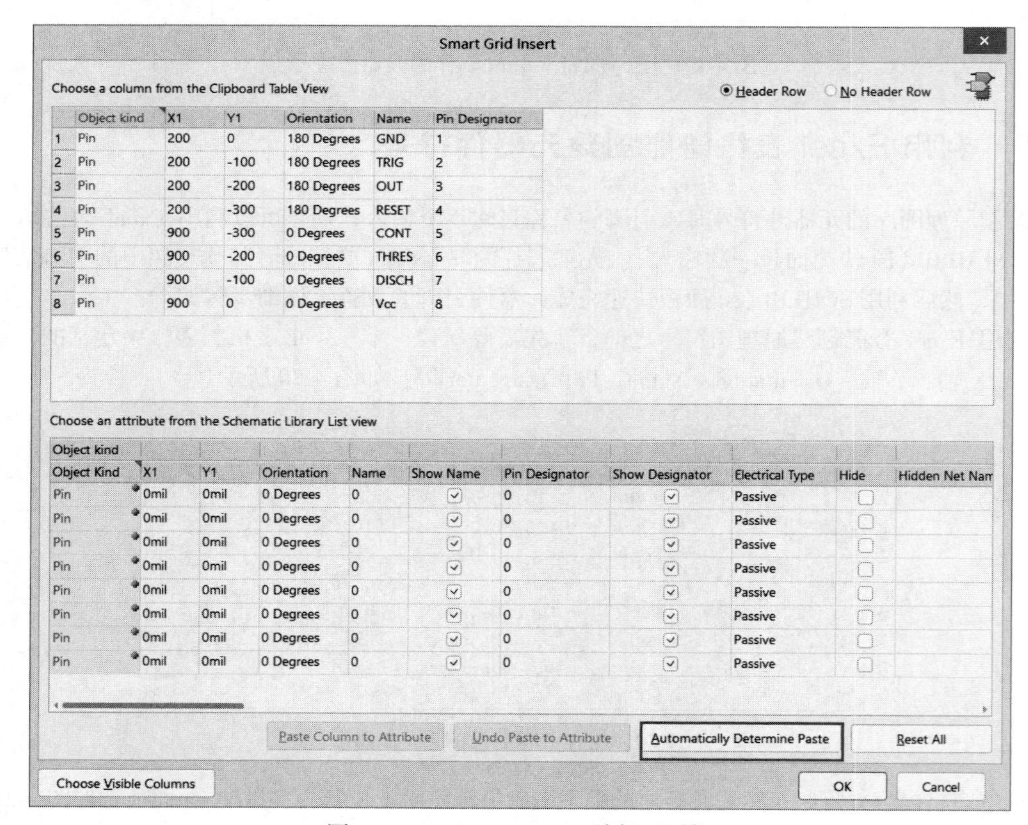

	Object kind	X1	Y1	Orientation	Name	Pin Designator
1	Pin	200	0	180 Degrees	GND	1
2	Pin	200	-100	180 Degrees	TRIG	2
3	Pin	200	-200	180 Degrees	OUT	3
4	Pin	200	-300	180 Degrees	RESET	4
5	Pin	900	-300	0 Degrees	CONT	5
6	Pin	900	-200	0 Degrees	THRES	6
7	Pin	900	-100	0 Degrees	DISCH	7
8	Pin	900	0	0 Degrees	Vcc	8

Object Kind	X1	Y1	Orientation	Name	Show Name	Pin Designator	Show Designator	Electrical Type	Hide	Hidden Net Nam
Pin	0mil	0mil	0 Degrees	0	☑	0	☑	Passive	☐	
Pin	0mil	0mil	0 Degrees	0	☑	0	☑	Passive	☐	
Pin	0mil	0mil	0 Degrees	0	☑	0	☑	Passive	☐	
Pin	0mil	0mil	0 Degrees	0	☑	0	☑	Passive	☐	
Pin	0mil	0mil	0 Degrees	0	☑	0	☑	Passive	☐	
Pin	0mil	0mil	0 Degrees	0	☑	0	☑	Passive	☐	
Pin	0mil	0mil	0 Degrees	0	☑	0	☑	Passive	☐	
Pin	0mil	0mil	0 Degrees	0	☑	0	☑	Passive	☐	

图 4-23　Smart Grid Insert 编辑对话框

（5）粘贴好的引脚信息状态如图 4-24 所示。

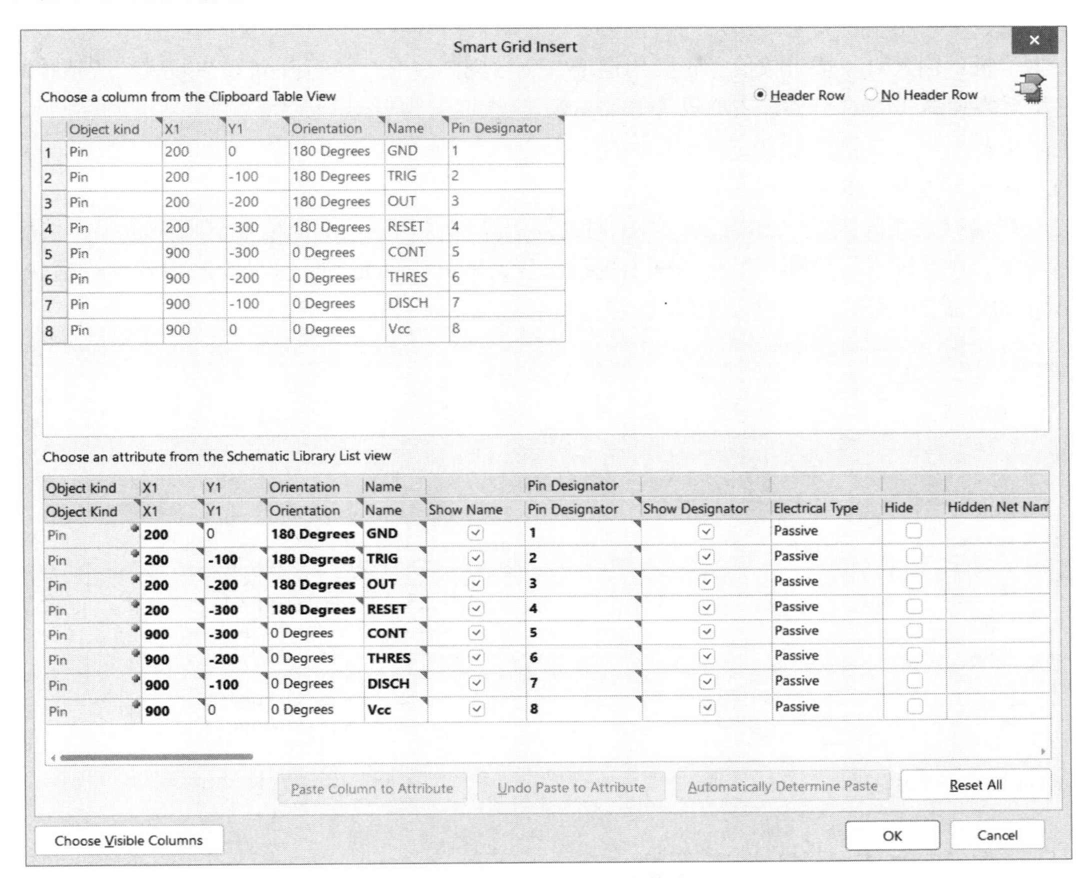

图 4-24　粘贴好的引脚信息

（6）单击 OK 按钮，原理图符号的引脚已经全部放置好，最后在引脚上放置一个矩形框即可。创建的元器件符号如图 4-25 所示。

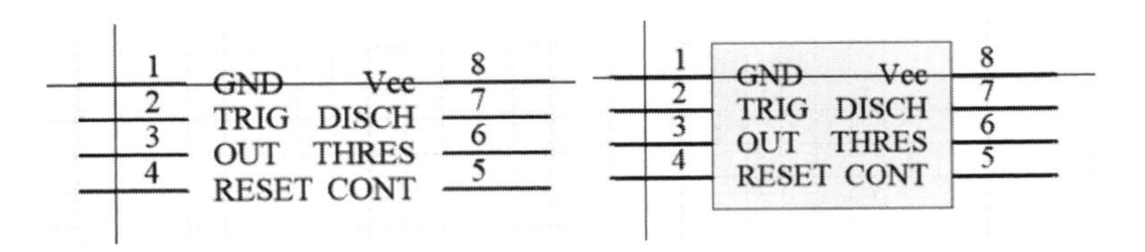

图 4-25　利用 Excel 表格快速创建的元器件符号

4.11　元器件符号绘制中阵列式粘贴的使用

阵列式粘贴是指将同一对象按照指定的间距和数量粘贴到图纸上。

执行菜单栏中的“编辑”→“阵列式粘贴”命令，或按快捷键 E+Y，打开“设置粘贴阵列”对话框，如图 4-26 所示。

对话框中的参数意义如下。

（1）对象数量：用于设置所要粘贴的对象个数。

（2）主增量：输入对象增量数值，正数为递增，负数则为递减。执行阵列式粘贴后，所粘贴的对象将按顺序递增或者递减（针对引脚，主增量为 Designator，次增量为 Name）。

（3）间距：用于设置粘贴对象的水平和垂直间距。

阵列式粘贴具体操作步骤如下。

首先，在每次使用阵列式粘贴前，必须先通过复制操作将选取的对象复制到剪贴板中，然后执行阵列式粘贴命令，在“设置粘贴阵列”对话框中进行设置，即可实现元器件符号绘制中阵列式粘贴的使用。图 4-27 所示为放置的一组阵列式粘贴引脚。

图 4-26 “设置粘贴阵列”对话框

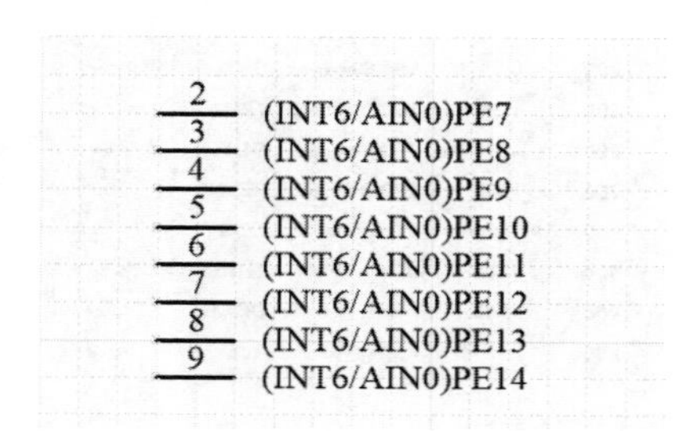

图 4-27 阵列式粘贴引脚

4.12 如何在库中搜索元器件

Altium Designer 初学者经常碰到的问题就是：不知道元器件放在库中的哪个位置。这时可以在库中搜索元器件，只需在 Library 中选择相应库文件，输入元器件全称或者部分名称即可筛选出对应的元器件，如图 4-28 所示。

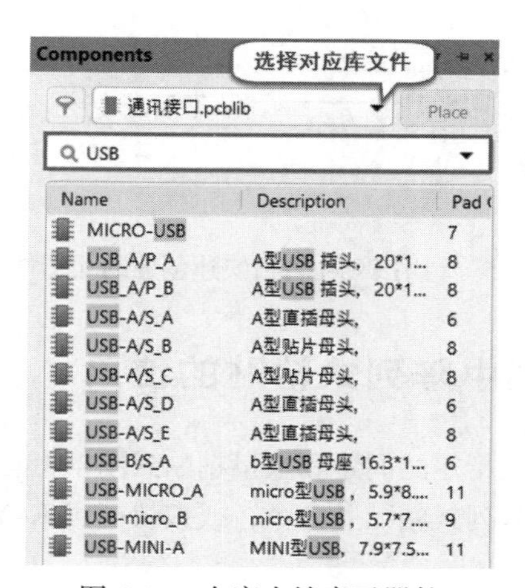

图 4-28 在库中搜索元器件

4.13 Altium Designer 库的加载与移除

设计过程中有时会发现打开工程文件后，想要的库文件不在工程中。如何快速进行库的调用呢？这就涉及库的加载了，只要将库文件加载到软件中，所有的工程文件都可以使用。

单击界面右下角的 Panels 按钮，选择 Components，然后在弹出的 Components 面板中单击☰（Operations）按钮，按图 4-29 所示操作。

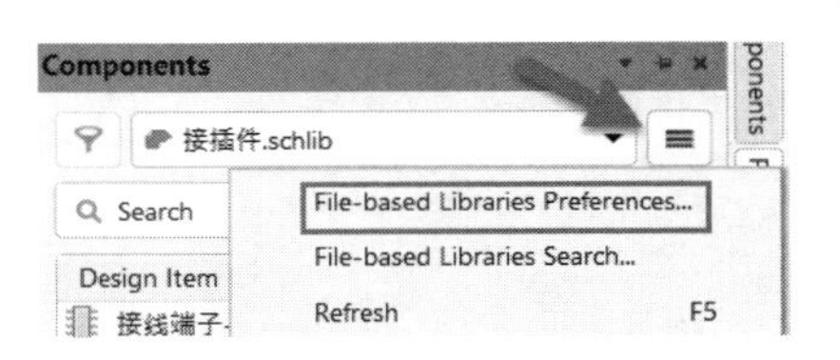

图 4-29 添加库步骤 1

有些版本是单击原理图或者 PCB 编辑界面侧边栏的 Components 按钮，在弹出的任意一个库列表中右击，在弹出的快捷菜单中执行 Add or Remove Libraries 命令，如图 4-30 所示。

将弹出“可用库”对话框。单击“安装”按钮，执行“从文件中安装”命令，如图 4-31 所示。选择库路径文件夹中的一个或者多个元器件库，单击“打开”按钮，即可完成库的加载，如图 4-32 所示。

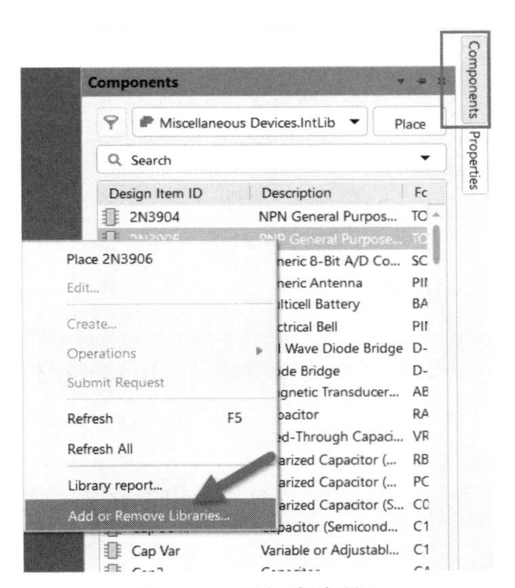

图 4-30 添加库步骤 2

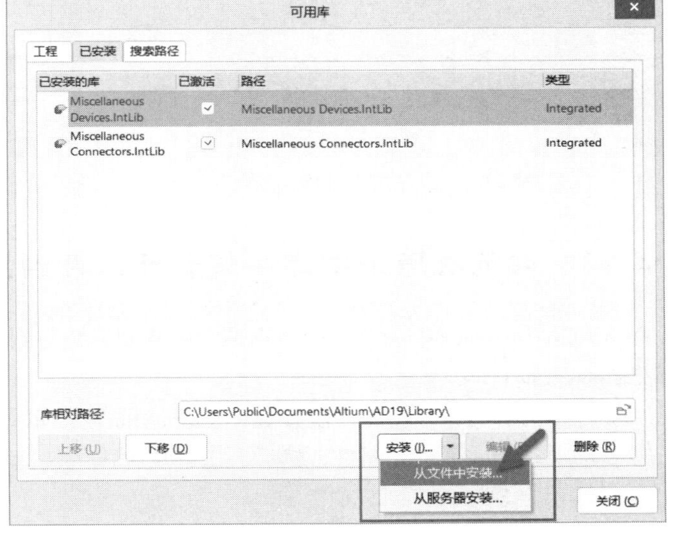

图 4-31 添加元器件库

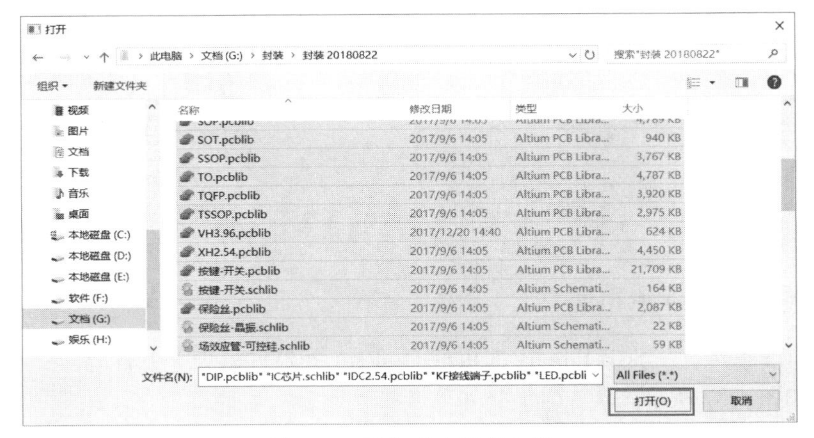

图 4-32 添加对应的库文件

成功加载后可在“可用库”对话框中看到添加进来的元器件库，如图 4-33 所示。单击“关闭”按钮退出添加库界面。

如果需要从库中移除元器件库，在“可用库”对话框中选中需要移除的元器件库，然后单击右下角的“删除”按钮即可，如图 4-34 所示。

图 4-33　添加进来的库文件　　　　图 4-34　移除元器件库

4.14　如何在原理图库中复制元器件到另一个库中

在 Altium Designer 中从已有的原理图库中复制元器件到另外一个新的原理图库中是经常用到的操作，具体操作步骤如下：

（1）打开已有的原理图库，展开 SCH Library 面板，如图 4-35 所示。

（2）选中一个或多个元器件，然后右击，从弹出的快捷菜单中执行“复制”命令，如图 4-36 所示。

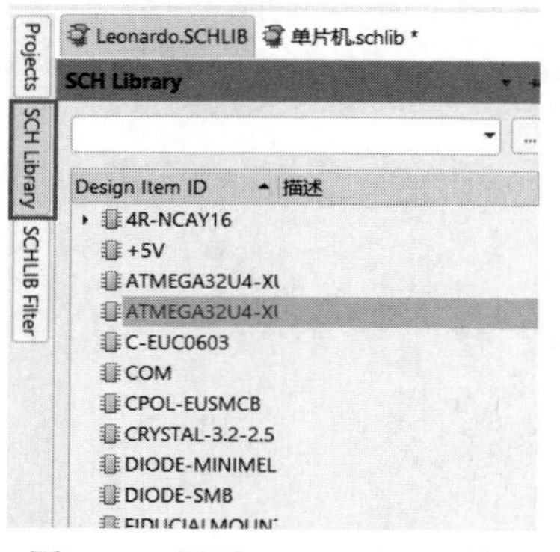

图 4-35　展开 SCH Library 面板

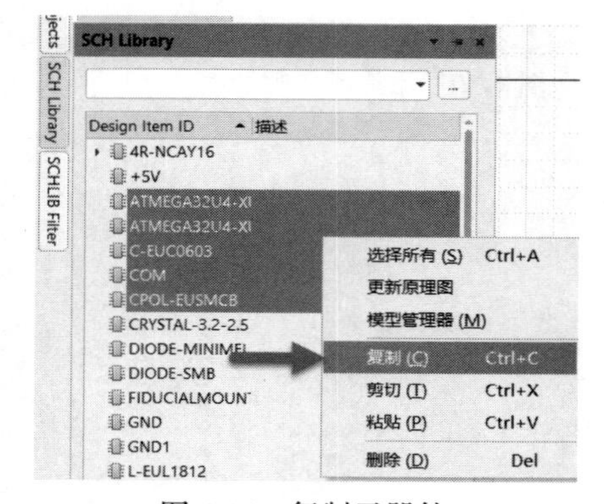

图 4-36　复制元器件

（3）打开目标原理图库，在 SCH Library 面板的 Design（元器件列表）中右击，在弹出的快捷菜单中执行“粘贴”命令，如图 4-37 所示。

这样即可在新的原理图库列表中看到粘贴进来的库元器件，如图 4-38 所示。

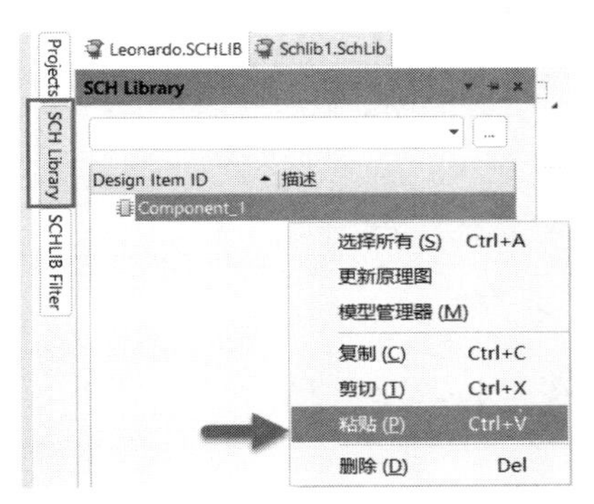

图 4-37　粘贴库元器件

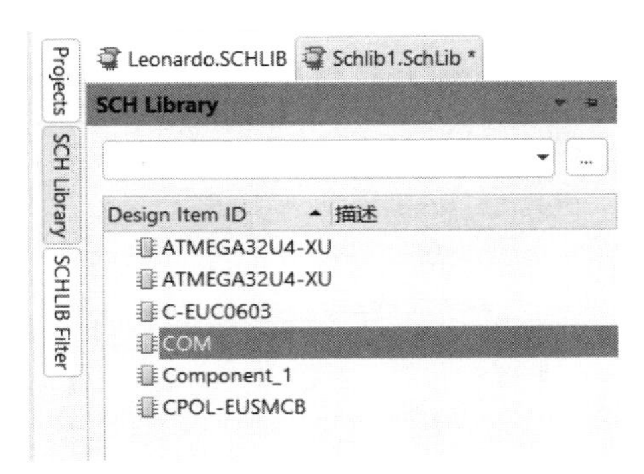

图 4-38　完成库元器件的移动

4.15　在原理图库中修改了元器件符号，如何更新到原理图中

在 PCB 设计过程中，有时需要修改一些元器件的参数，如绘制原理图时发现元器件符号的引脚参数有误，这时就需要返回原理图库中进行修改。元器件符号修改后需手动更新到原理图。

解决方法如下：

在 SCH Library 列表中找到修改的元器件，右击元器件名称，在弹出的快捷菜单中执行“更新原理图”命令，如图 4-39 所示。

在弹出的对话框中单击 OK 按钮，即可将修改信息更新到原理图中，如图 4-40 所示。

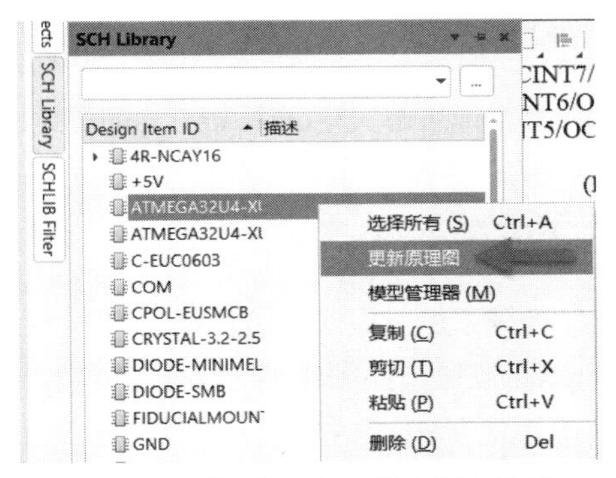

图 4-39　将原理图库更新到原理图

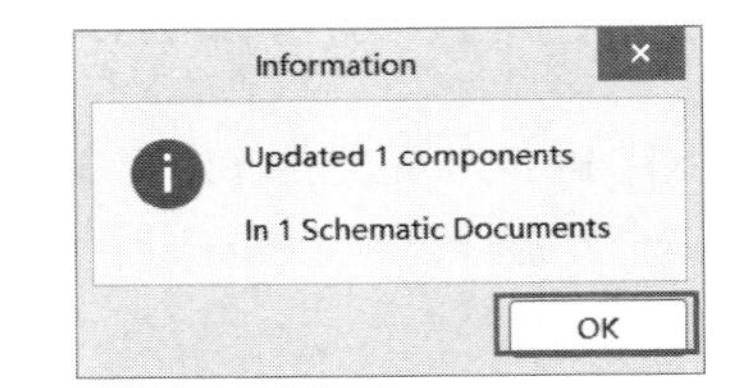

图 4-40　完成原理图库并更新到原理图

4.16　在 Altium Designer 中进行原理图绘制或者库编辑时，双击器件库出现“IntegratedLibrary.DLL”的错误提示，如何解决

有时打开 Altium Designer 软件，双击元器件库时会出现如图 4-41 所示的提示，无法进行元器件的放置。

图 4-41　元器件库报错

解决方法如下：

这是库路径位置不对导致的错误。首先找到 Altium Designer 软件的库文件安装路径，检查库文件是否直接放到安装库的文件夹中，如图 4-42 所示，如是，要剪切出来。

图 4-42　库文件安装路径

可新建一个文件夹存放自己的库文件，然后重新添加库路径即可解决“IntegratedLibrary.DLL”报错问题。

4.17　为元器件符号添加对应封装的方法

有了原理图库和 PCB 元器件库之后，就可以为元器件符号添加对应的封装模型。打开 SCH Library 面板，选择其中一个元器件，在 Editor 一栏中单击 Add Footprint 按钮，如图 4-43 所示。

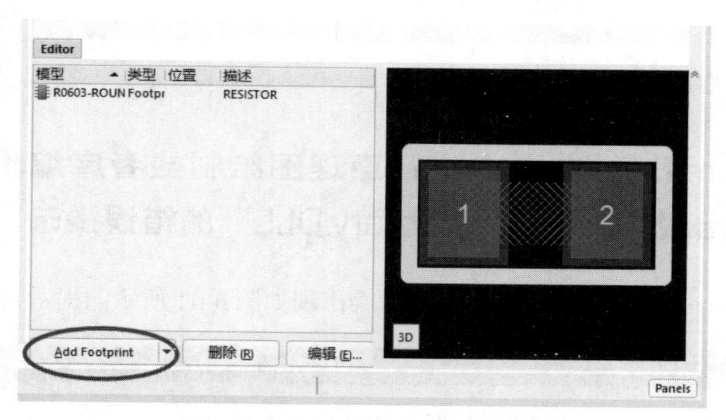

图 4-43　为元器件添加封装模型

在弹出的添加 PCB 模型对话框中，单击“浏览”按钮找到对应的封装库添加相应的封装，即可完成元器件与封装的关联，如图 4-44 所示。

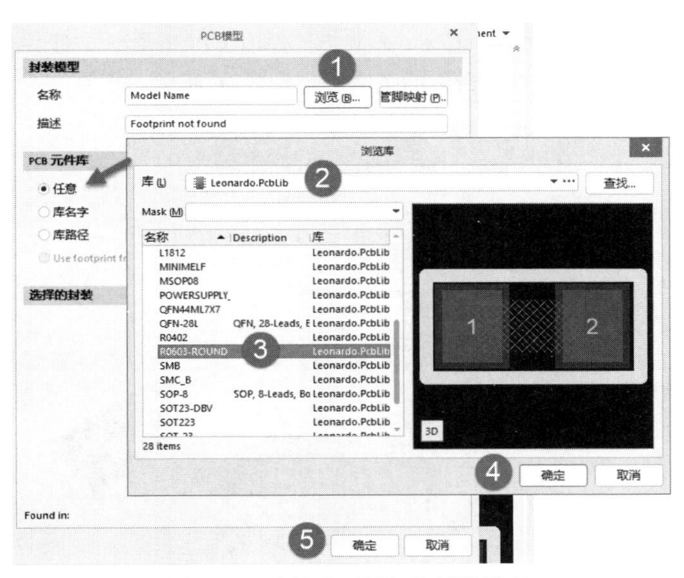

图 4-44　选择需要添加的封装模型

4.18　利用符号管理器为元器件符号批量添加对应封装的方法

在 SCH Library 面板中的 Editor 操作是单个元器件添加封装模型的方法，下面介绍使用“符号管理器”的方法为所有元器件库符号添加封装模型。

（1）执行菜单栏中的“工具”→“符号管理器”命令或者单击工具栏中的 （符号管理器）按钮。

（2）弹出的“模型管理器”对话框如图 4-45 所示，在其中可以实现元器件符号模型与封装模型统一管理。左侧栏列出元器件列表，右侧的 Add Footprint 按钮用于为元器件添加对应的封装。

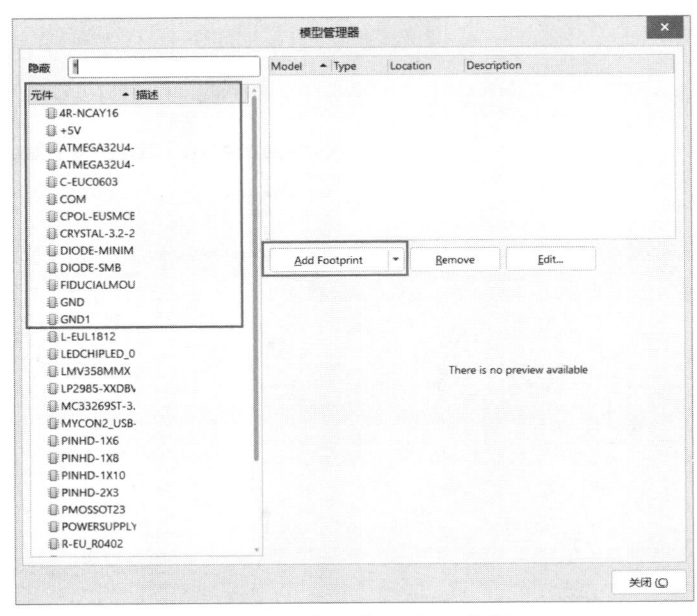

图 4-45　“模型管理器”对话框

（3）单击 Add Footprint 按钮，选择 Footprint 选项，将弹出“PCB 模型”对话框，在该对话框中为元器件选择对应的封装即可完成元器件符号与封装的关联，如图 4-46 所示。

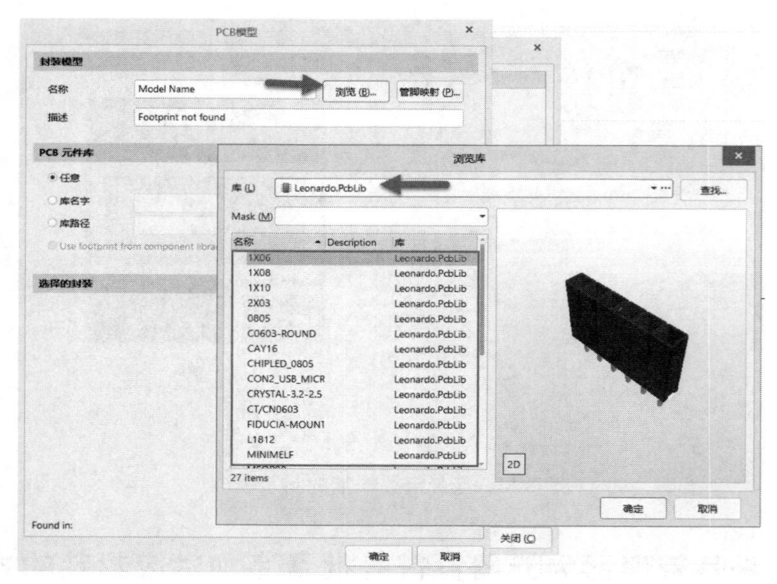

图 4-46　添加封装模型

4.19　原理图库报告的使用

在原理图库编辑界面执行菜单栏中的“报告”→“库报告”命令，将弹出“库报告设置”对话框，如图 4-47 所示。

在库报告设置对话框中设置报告所包含的参数，然后单击“确定”按钮，即可得到一份原理图库报告文件，如图 4-48 所示。

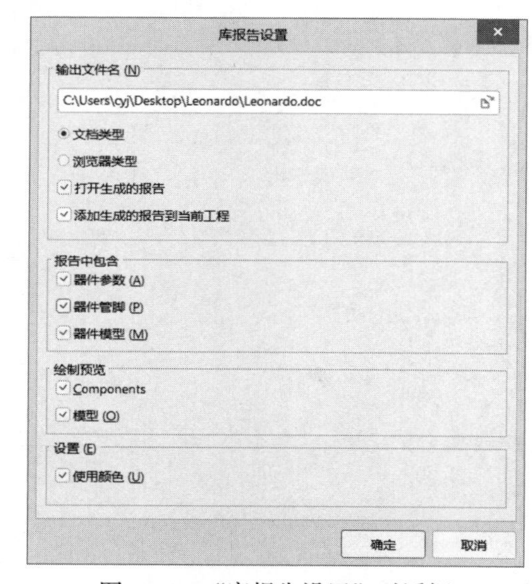

图 4-47　“库报告设置”对话框

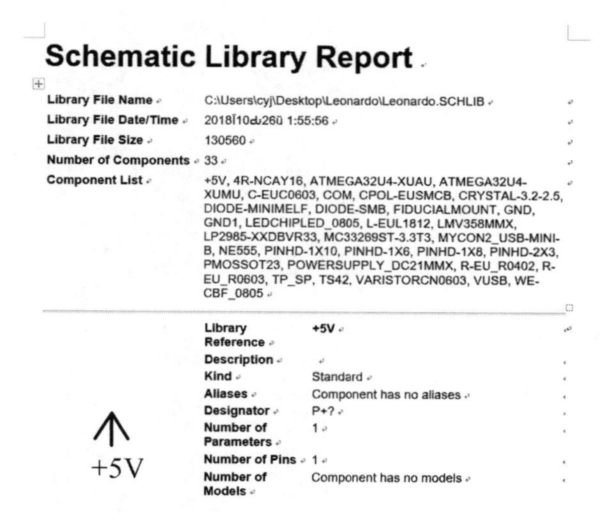

Schematic Library Report

Library File Name	C:\Users\cyj\Desktop\Leonardo\Leonardo.SCHLIB
Library File Date/Time	2018年10月26日 1:55:56
Library File Size	130560
Number of Components	33
Component List	+5V, 4R-NCAY16, ATMEGA32U4-XUAU, ATMEGA32U4-XUMU, C-EUC0603, COM, CPOL-EUSMCB, CRYSTAL-3.2-2.5, DIODE-MINIMELF, DIODE-SMB, FIDUCIALMOUNT, GND, GND1, LEDCHIPLED_0805, L-EUL1812, LMV358MMX, LP2985-XXDBVR33, MC33269ST-3.3T3, MYCON2_USB-MINI-B, NE555, PINHD-1X10, PINHD-1X6, PINHD-1X8, PINHD-2X3, PMOSSOT23, POWERSUPPLY_DC21MMX, R-EU_R0402, R-EU_R0603, TP_SP, TS42, VARISTORCN0603, VUSB, WE-CBF_0805

Library Reference	+5V
Description	
Kind	Standard
Aliases	Component has no aliases
Designator	P+?
Number of Parameters	1
Number of Pins	1
Number of Models	Component has no models

图 4-48　原理图库报告文件

4.20　下载的元器件符号或封装，使用 Altium Designer 18 以上版本打开时，页面是空白的，如何解决

有可能是下载的文件类型与 Altium Designer 18 以上的版本存在兼容问题，需要在低版本中打开以后才能在高版本中显示。

在执行“保存”命令时，都会弹出“&文件格式”对话框，如图 4-49 所示。

直接单击“&文件格式”对话框中的“确定”按钮，即可解决格式问题。也可在工程面板中右击，在弹出的快捷菜单中执行“保存为”命令，在弹出的对话框中将文件保存为.SchDoc 格式，如图 4-50 所示。

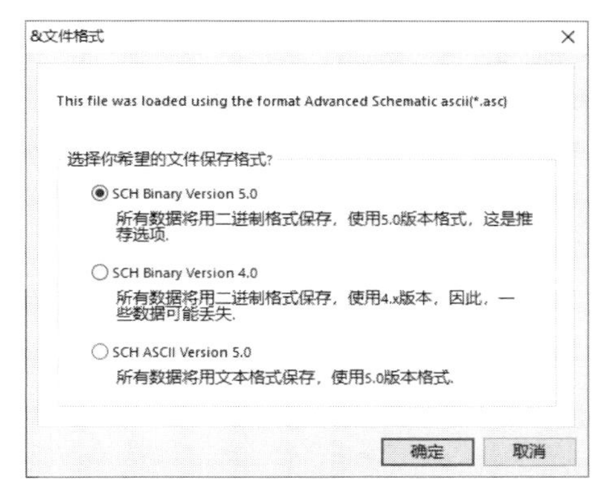

图 4-49　“&文件格式”报告

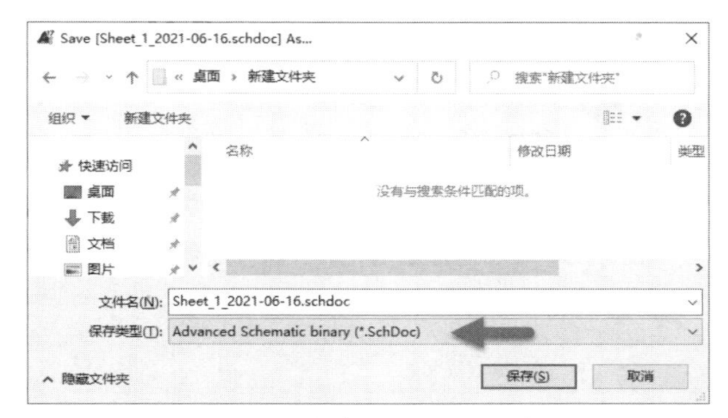

图 4-50　保存为.SchDoc 格式

4.21　从原理图中提取元器件库的方法

Altium Designer 可以从现有的原理图中直接生成原理图库，方便用户提取原理图中需要的元器件符号。

实现方法如下：

（1）打开一份已经绘制好的原理图，执行菜单栏中的“设计”→“生成原理图库”命令，如图 4-51 所示。

（2）在弹出的“重复的元器件”对话框中选择对所提取的原理图中重复的元器件的处理方式，一般仅处理第一个，忽略其他，如图 4-52 所示。

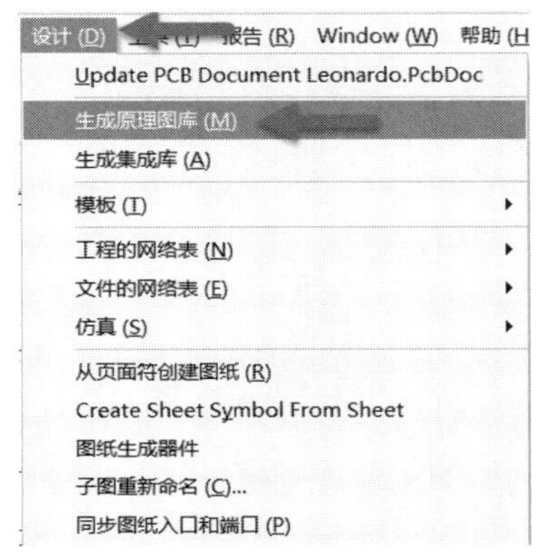

图 4-51　执行“生成原理图库”命令

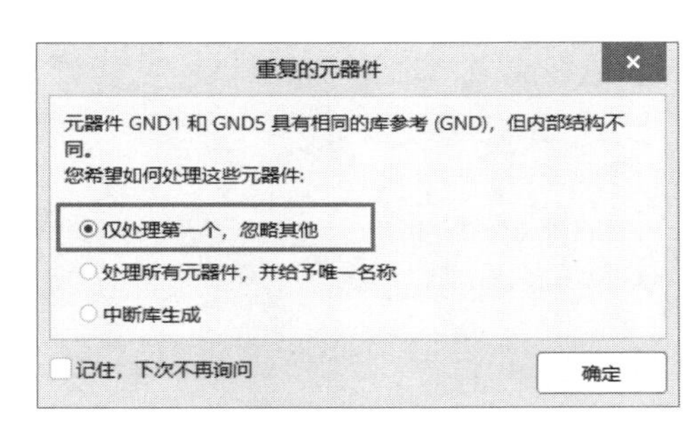

图 4-52　选择对重复元器件的处理方式

（3）单击“确定”按钮，待软件自动生成原理图库后会弹出一个对话框，显示所提取的元器件符号的数量，如图 4-53 所示。

（4）单击 OK 按钮，即可完成原理图中元器件符号的提取，在 Projects 中可看到所生成的原理图库，如图 4-54 所示。在 SCH Library 面板中可查看原理图库中所有的元器件。

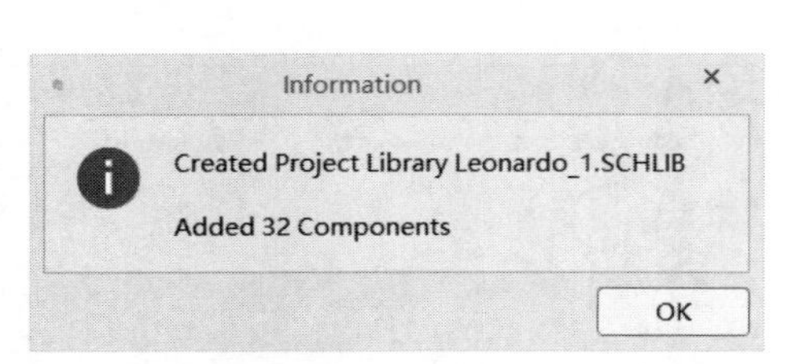

图 4-53　显示所提取的元器件符号的数量

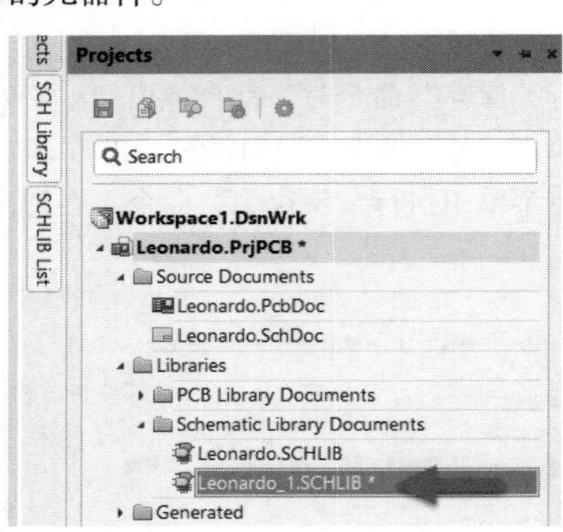

图 4-54　生成的原理图库

第 5 章 PCB 封装库

CHAPTER 5

5.1 封装库编辑界面的栅格设置

单击工具栏中的 ▦ ▾（栅格）按钮（或按 G 键）可打开栅格设置对话框，如图 5-1 所示。连续按两次 G 键可以自定义捕捉栅格大小，设置合适的捕捉栅格方便实现对象的移动或对齐等操作。

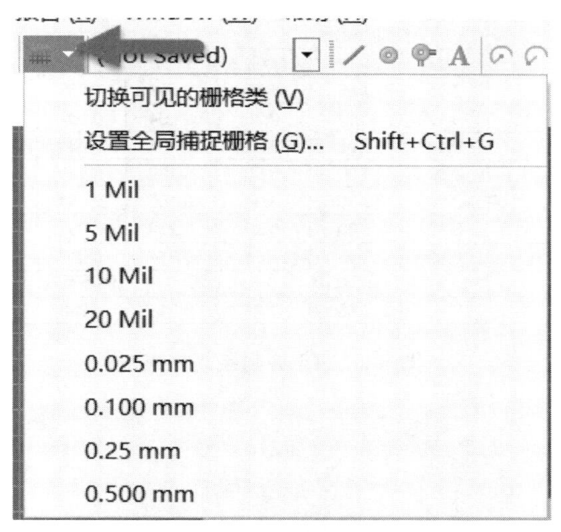

图 5-1 单击工具栏中的 ▦ ▾（栅格）按钮

5.2 利用 IPC Compliant Footprint Wizard 命令制作封装的方法

利用 PCB 元器件库编辑器的 IPC Compliant Footprint Wizard 命令，可以根据元器件数据手册填入封装参数，快速准确的创建一个元器件封装。此处以一个 SOP-8 封装为例详细介绍 IPC Compliant Footprint Wizard 制作封装的步骤。

SOP-8 封装规格书如图 5-2 所示。

（1）在 PCB 元器件库编辑界面执行菜单栏中的“工具”→“IPC Compliant Footprint Wizard”命令，打开 PCB 元器件库向导，如图 5-3 所示。

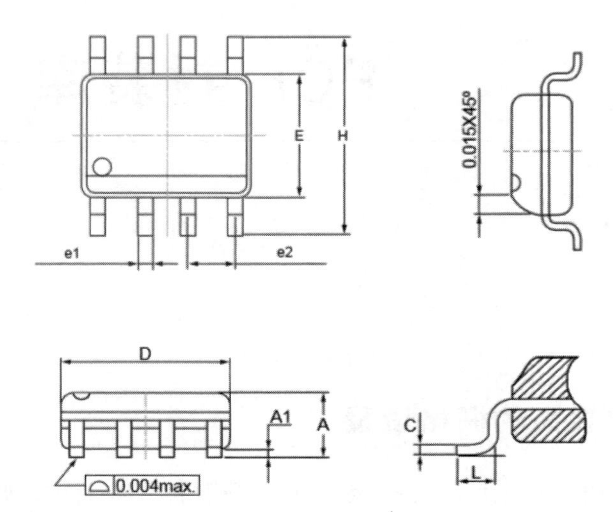

SYMBOLS	Millimeters			Inches		
	MIN.	Nom.	MAX.	MIN.	Nom.	MAX.
A	1.35	1.55	1.75	0.053	0.061	0.069
A1	0.10	0.17	0.25	0.004	0.007	0.010
C	0.18	0.22	0.25	0.007	0.009	0.010
D	4.80	4.90	5.00	0.189	0.193	0.197
E	3.80	3.90	4.00	0.150	0.154	0.158
H	5.80	6.00	6.20	0.229	0.236	0.244
e1	0.35	0.43	0.56	0.014	0.017	0.022
e2	1.27BSC			0.05BSC		
L	0.40	0.65	1.27	0.016	0.026	0.050

图 5-2　SOP-8 封装规格书

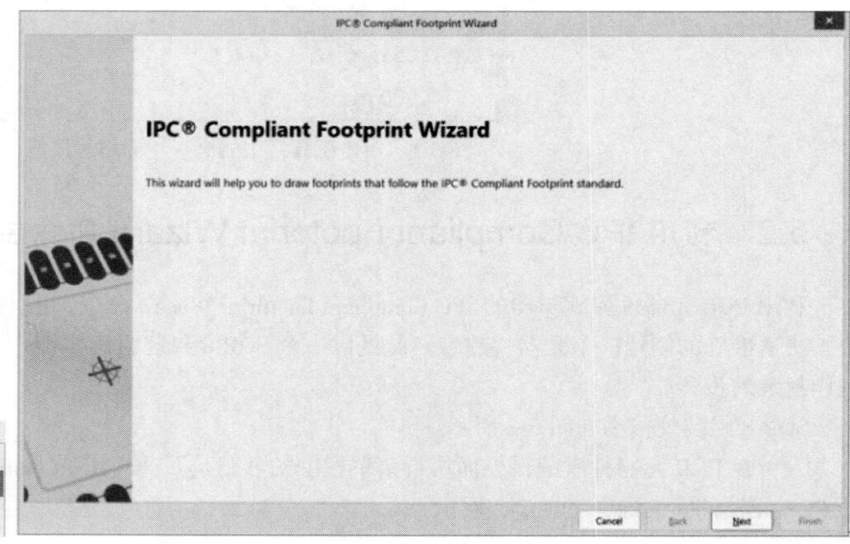

图 5-3　执行 IPC Compliant Footprint Wizard 命令

（2）单击 Next 按钮，根据所绘制的封装选择相对应的封装类型，这里选择 SOP 系列，如图 5-4 所示。

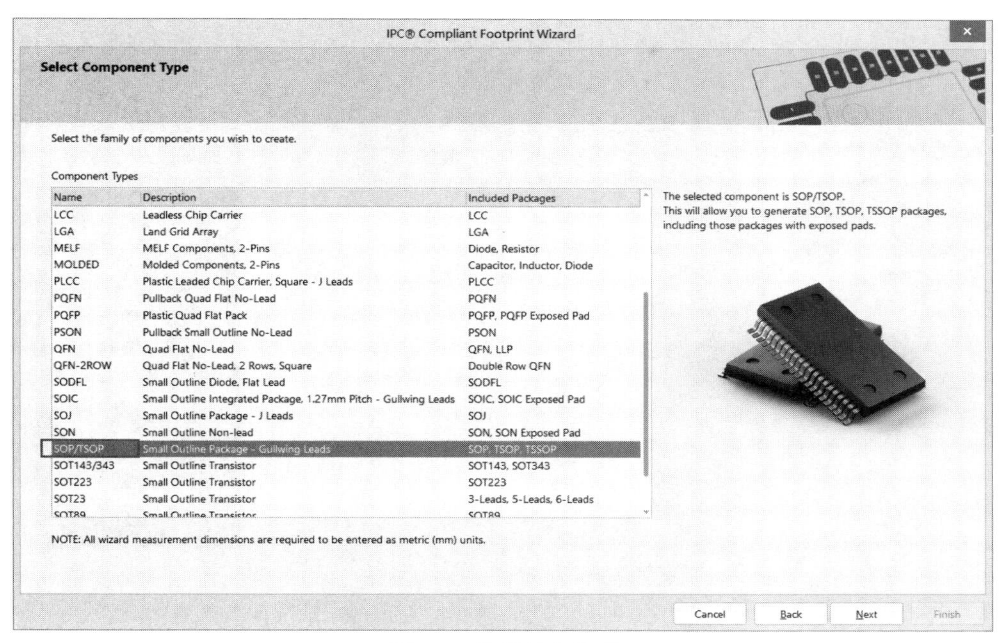

图 5-4　选择封装类型

（3）选择好封装类型之后，单击 Next 按钮，在 Overall Dimensions（整体尺寸）选项组中根据图 5-2 所示的芯片规格书输入对应的参数，如图 5-5 所示。建议选中对话框左下角的 Generate STEP Model Preview 复选框，以使得到的 3D 模型更逼真。

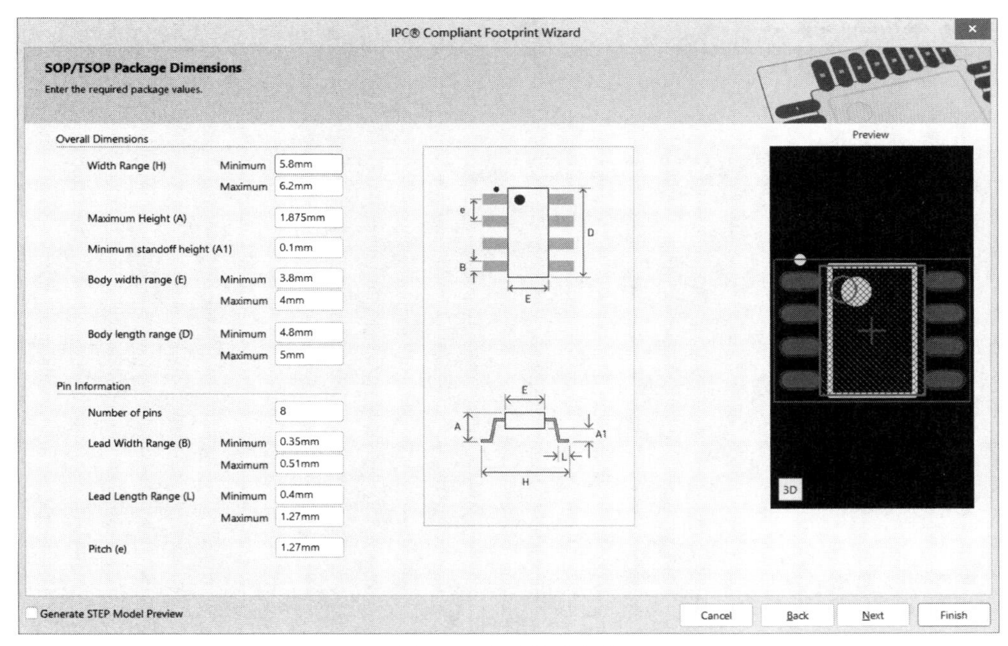

图 5-5　输入芯片参数

（4）参数输入完成后，一直单击 Next 按钮，其间的参数使用默认值，不用修改。到焊盘外形选择这一步可以选择焊盘的形状，如图 5-6 所示。

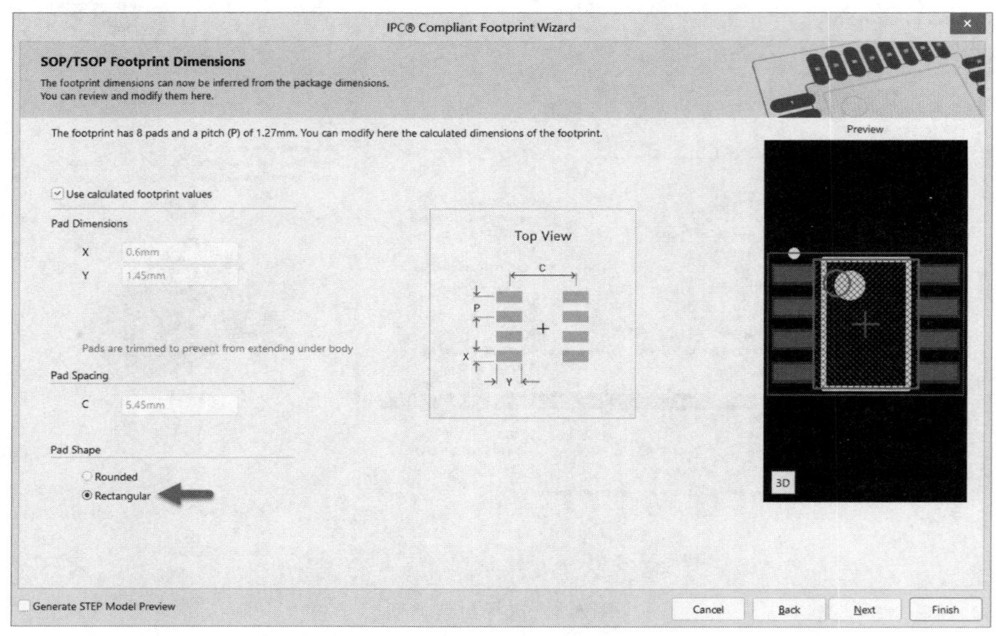

图 5-6　选择焊盘外形

（5）单击 Next 按钮，直到最后一步，编辑封装信息，如图 5-7 所示。

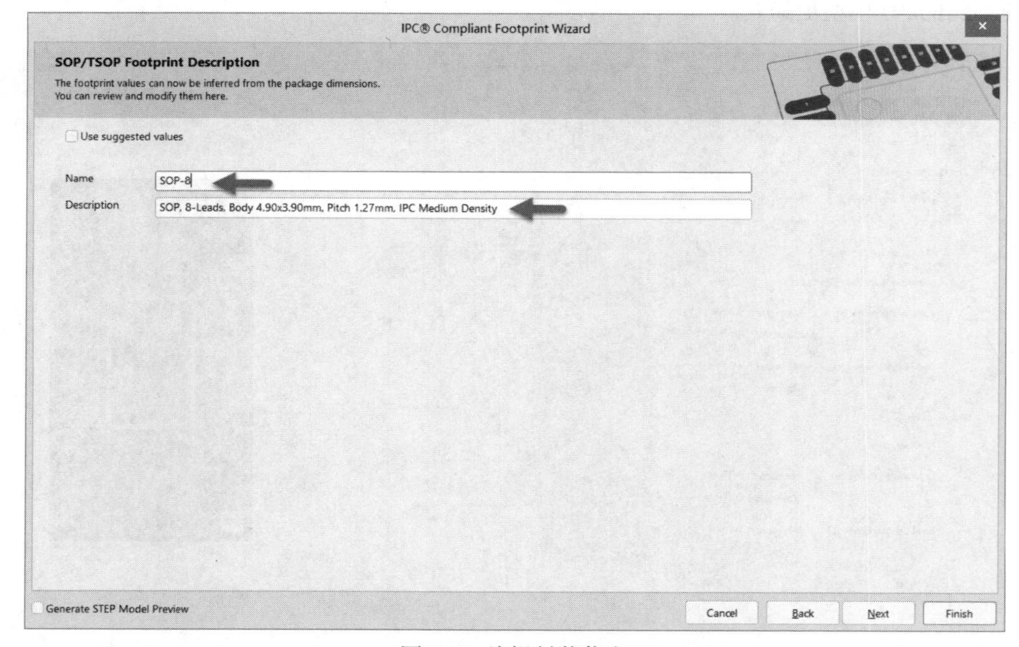

图 5-7　编辑封装信息

（6）单击 Finish 按钮，完成封装的制作，效果如图 5-8 所示。

图 5-8　创建好的 SOP-8 封装

5.3　焊盘如何制作成矩形

Altium Designer 制作封装时，焊盘的形状是可以选择的。双击需要修改形状的焊盘，在弹出的焊盘属性编辑对话框中设置焊盘的外形，如图 5-9 所示。

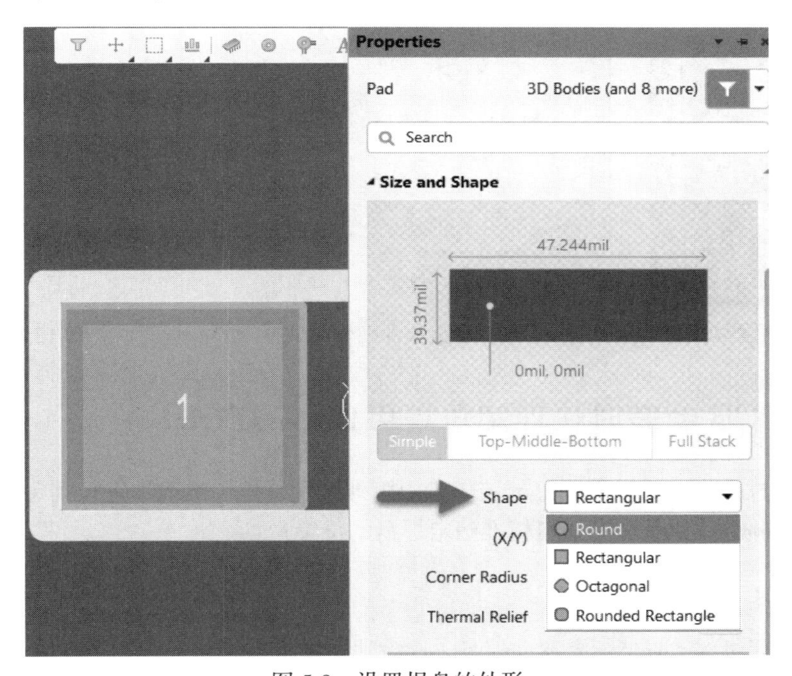

图 5-9　设置焊盘的外形

对话框中的参数含义如下：

（1）Round：圆形。

（2）Rectangular：矩形。

（3）Octagonal：八角形。

（4）Rounded Rectangle：圆角矩形。

5.4 PCB 封装槽型通孔焊盘的设置方法

在 PCB 封装绘制中，如何设置如图 5-10 所示的槽型通孔焊盘？

实现方法如下。

（1）双击通孔焊盘，将弹出焊盘属性编辑对话框，如图 5-11 所示。

（2）在焊盘属性编辑对话框中的 Hole information 选项组中选择 Slot（槽）选项，然后设置槽的参数即可，如图 5-12 所示。

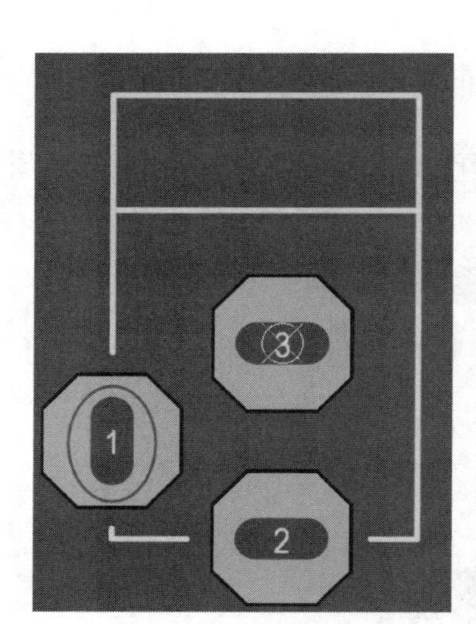

图 5-10 槽型通孔焊盘

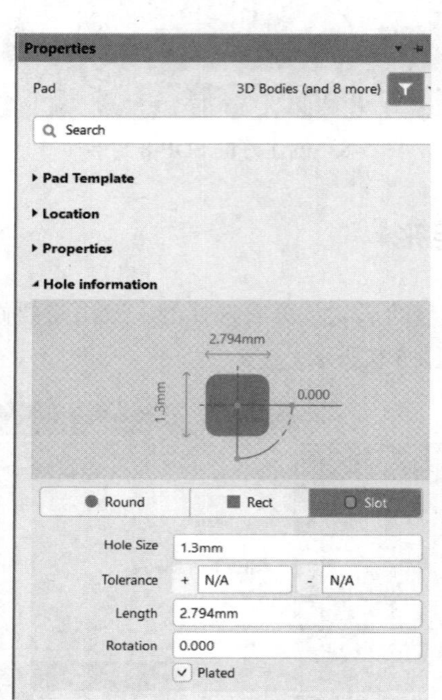

图 5-11 焊盘属性编辑对话框

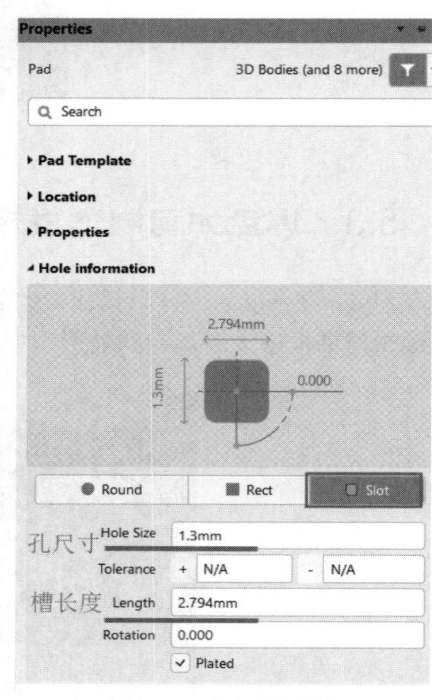

图 5-12 设置槽参数

5.5 绘制 PCB 封装时快速定位焊盘位置的方法

手动绘制封装的过程中，除了要画好封装焊盘引脚外形尺寸外，准确地定位到每个焊盘所在的位置更为关键，那么在 Altium Designer 里面如何精准确定焊盘的位置？

解决方法如下：

方法 1：

（1）双击焊盘，通过 X、Y 坐标来移动焊盘（该方法需要将参考位置设为原点）。先放置第一个焊盘，然后将焊盘中心设置为原点（执行“编辑”→“设置参考”命令），如图 5-13 所示。

（2）将第二个焊盘重叠放置在第一个焊盘上，双击第二个焊盘，在坐标输入框输入要移动的距离，即可精准定位第二个焊盘的位置。如图 5-14 所示的设置表示焊盘 1 和焊盘 2 中心距为 2.2mm。

方法 2：

（1）输入 X，Y 偏移量移动选中对象命令。将两焊盘重叠，选中其中一个焊盘，按 M 键，在弹出的快捷菜单中执行“通过 X，Y 移动选中对象”命令，如图 5-15 所示。

（2）在弹出的“获得 X/Y 偏移量”对话框中输入相对应的移动距离，即可精准移动焊盘位置，如图 5-16 所示。

图 5-13　放置焊盘并设置原点

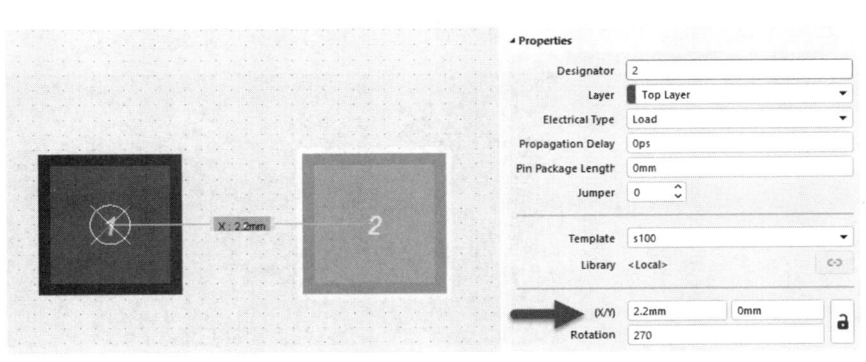

图 5-14　通过 X/Y 坐标定位焊盘位置

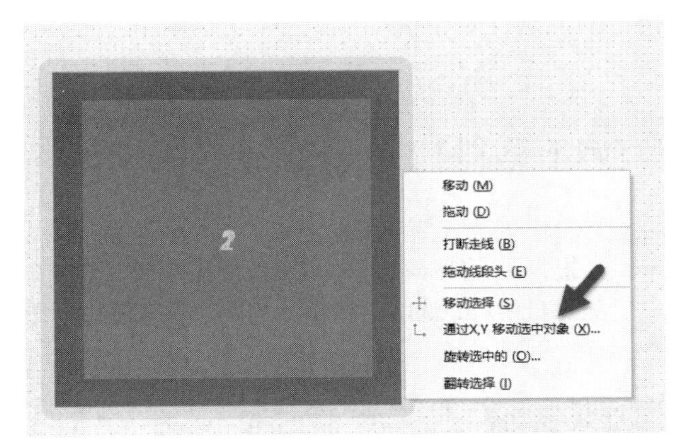

图 5-15　“通过 X，Y 移动选中对象”命令

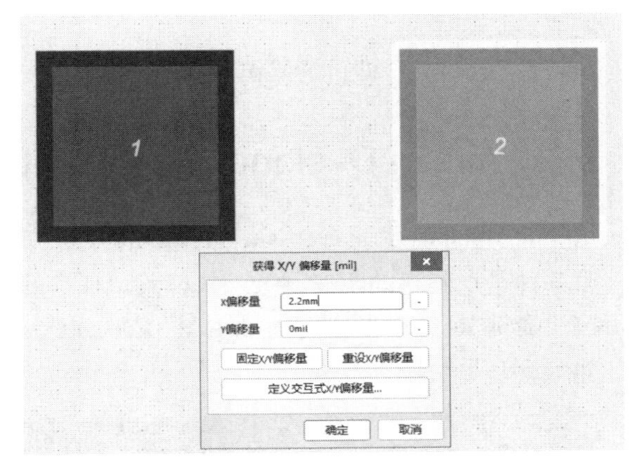

图 5-16　通过获得 X/Y 偏移量移动选中对象

5.6　测量距离命令的使用

在 PCB 元器件库中如需测量两个对象之间的距离，可执行菜单栏中的“报告”→“测量距离”命令（如图 5-17 所示），或者按快捷键 Ctrl+M 测量距离。

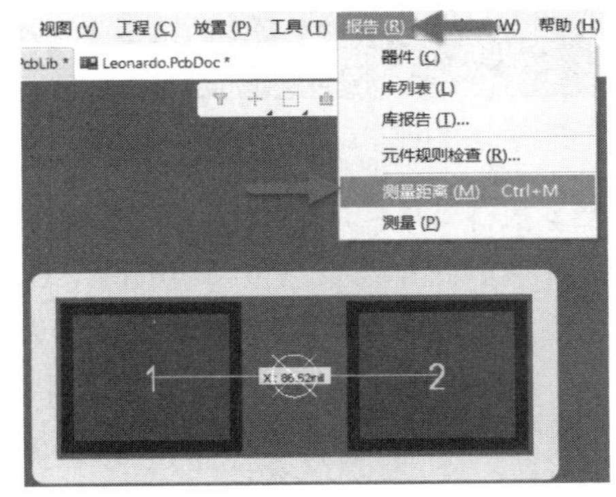

图 5-17　测量距离命令的使用

5.7 PCB 中测量距离后产生报告信息如何去掉

如图 5-18 所示，PCB 中测量距离后产生了报告信息（黄色长度报告线段）。

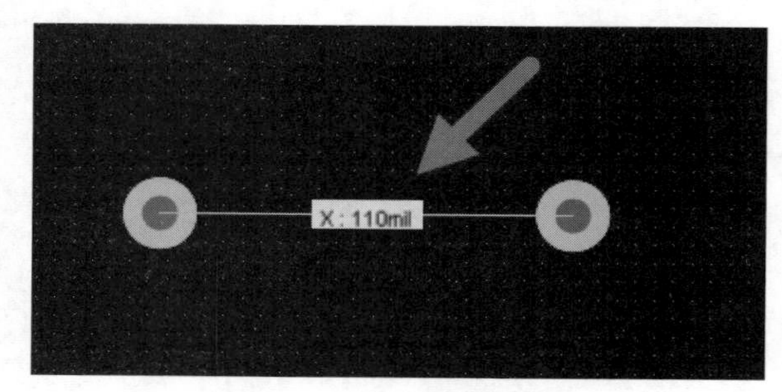

图 5-18 测量距离报告信息

解决方法如下：

按快捷键 Shift+C 即可清除测量报告信息。

5.8 Altium Designer 3 种测量距离方式的区别

Altium Designer 主要有 3 种测量距离的方式。

第一种是点到点的距离测量。执行菜单栏中的 Reports（报告）→Measure Distance（测量距离）命令，也可按快捷键 R+M 或者快捷键 Ctrl+M。依次点选两个电阻的焊盘中心，就可以测量出这两个焊盘的中心距离，如图 5-19 所示。

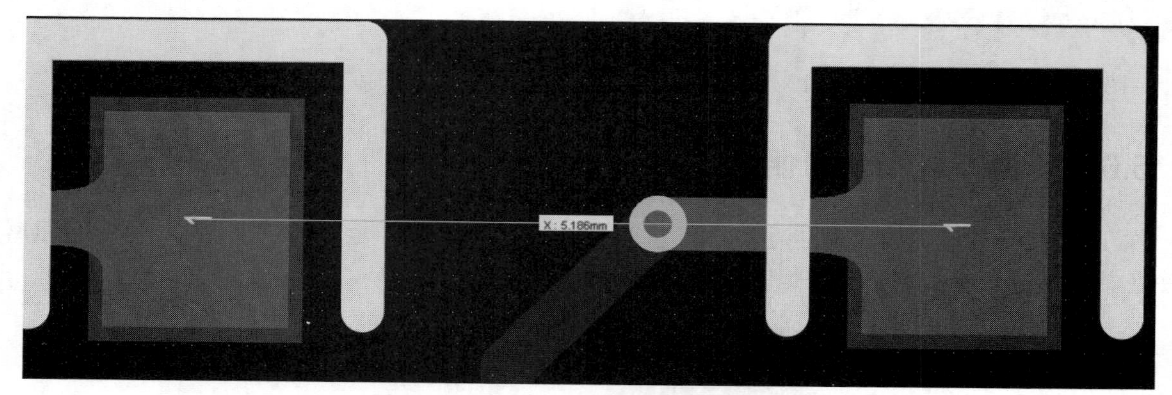

图 5-19 点到点测量距离

第二种是边缘到边缘的距离测量。执行菜单栏中的 Reports（报告）→Measure Primitives（测量）命令，或者按快捷键 R+P。当光标变成十字形时，选中需要测量距离的两个对象，软件会计算两个对象之间的最短距离。图 5-20 所示为执行测量命令，依次选中两个焊盘后得到焊盘边缘到边缘的距离。

第三种主要用于测量线的总长度。首先选中要测量的线（可包含圆弧等曲线），执行菜单栏中的 Reports（报告）→Measure Selected Objects（测量选中的对象）命令，或者按快捷键 R+S，可得到线的总长度，如图 5-21 所示。这个功能还可以用于测量等长走线的总长度。

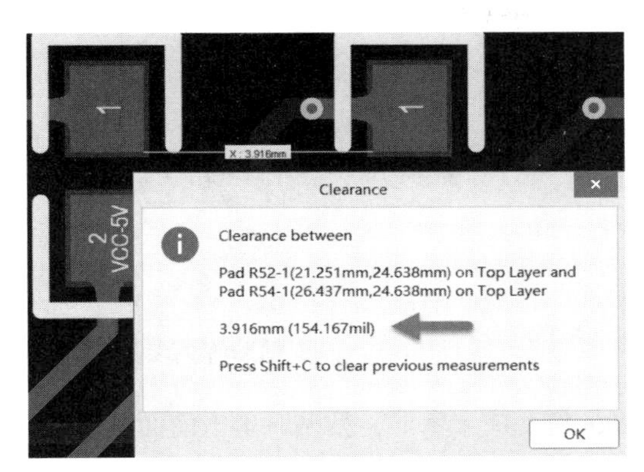

图 5-20　测量边缘到边缘的距离

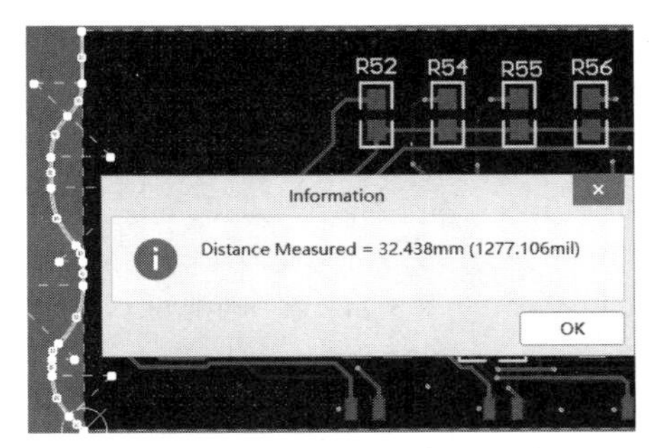

图 5-21　测量选中对象的长度

5.9　PCB 封装库中特殊粘贴的使用

在绘制引脚排列有规律的封装（如 TQFP44 封装，如图 5-22 所示）时，可以通过特殊粘贴的方式快速完成引脚的放置。

实现方法如下：

（1）首先放置一个焊盘，然后选中该焊盘并执行“复制”命令，以该焊盘中心点为复制参考点，如图 5-23 所示。

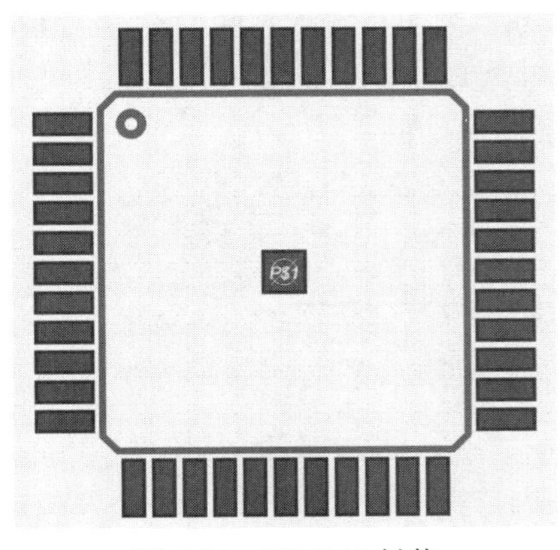

图 5-22　TQFP44 封装

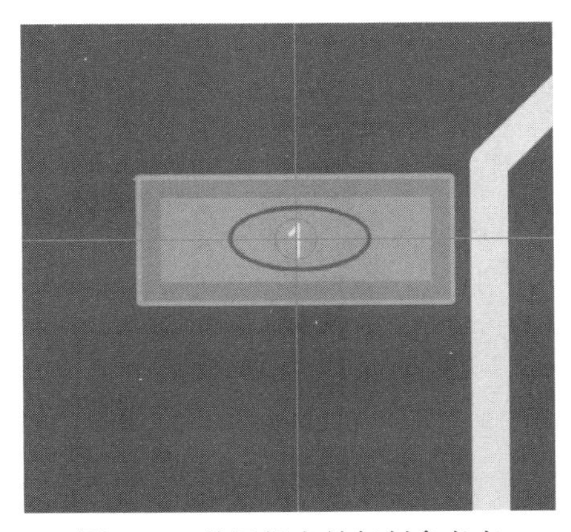

图 5-23　放置焊盘并复制参考点

（2）执行菜单栏中的“编辑”→“特殊粘贴”命令，或者按快捷键 E+A，在弹出的“选择性粘贴”对话框中勾选“粘贴到当前层”复选框并单击“粘贴阵列”按钮，如图 5-24 所示。

（3）将弹出“设置粘贴阵列”对话框，在对话框中可按照焊盘的排列方式设置相应的参数。如这里所绘制的焊盘数量为 11，所以在“对象数量”文本框中输入 11，焊盘引脚标号为递增的形式，因此“文本增量”文本框中输入 1，阵列类型选择“线性”，“线性阵列”中设置焊盘水平排列或者垂直排列，设置好的参数如图 5-25 所示。

提示：在“文本增量”文本框中输入正数表示递增，负数表示递减，在“线性阵列”下的文本框中输入正数表示往 X/Y 轴的正方向，负数表示往 X/Y 轴的负方向。

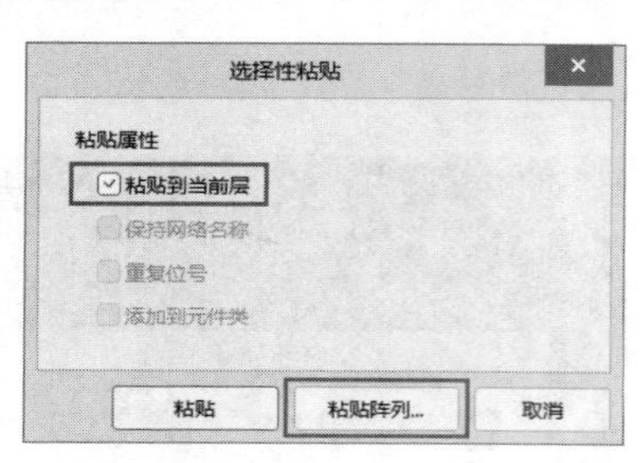

图 5-24 选择性粘贴

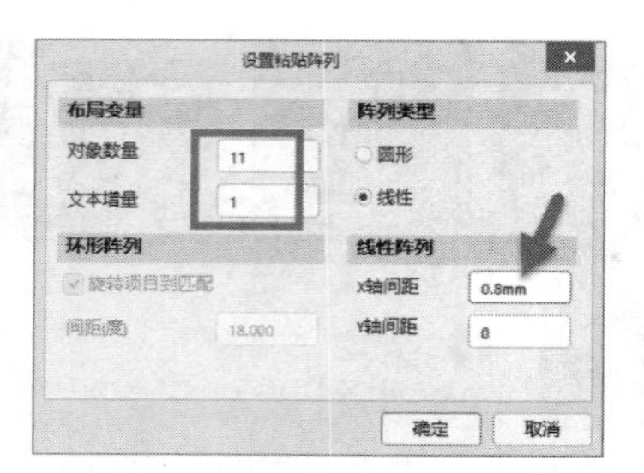

图 5-25 设置粘贴阵列参数

（4）设置好粘贴阵列参数后，单击“确定”按钮，光标将变成十字形，粘贴时单击前面复制时选择的参考点，即焊盘 1 的中心点，即可完成焊盘的阵列粘贴，焊盘 1 会有重复，删掉其中一个即可，如图 5-26 所示。

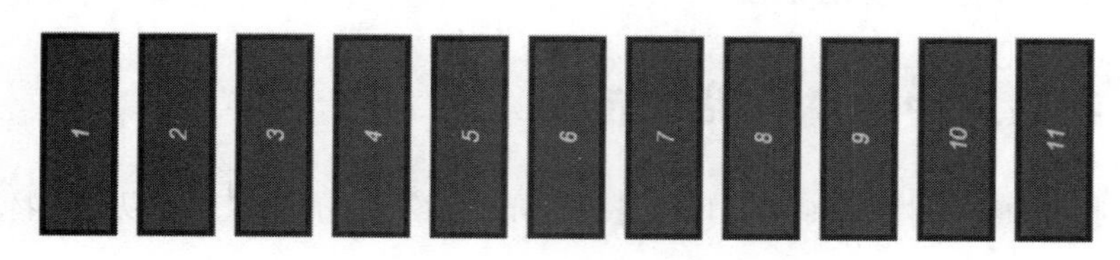

图 5-26 特殊粘贴的使用

5.10 绘制封装丝印轮廓时如何画出指定长度的线条

在丝印层绘制线时，可以任意放置一根线条，直接在 Length 文本框中输入长度。低版本 Altium Designer 可以通过修改 Start（X/Y）和 End（X/Y）的数值来得到这根线条的长度，如图 5-27 所示。

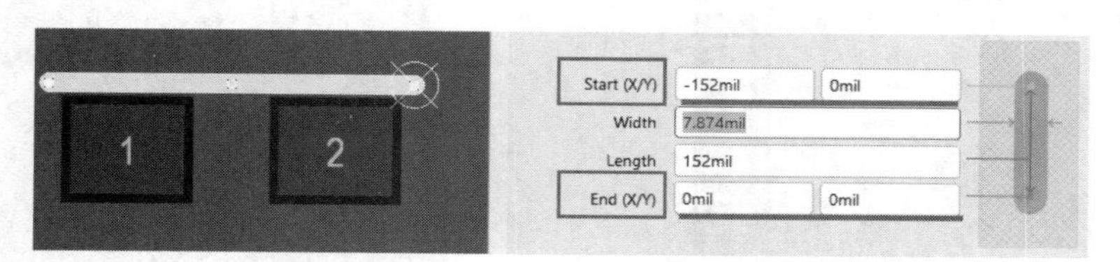

图 5-27 修改 Start（X/Y）和 End（X/Y）得到线条长度

5.11 制作封装时如何在丝印层画曲线

在丝印层绘制丝印框时画曲线可通过按快捷键 Shift+空格键切换走线模式实现，如图 5-28 所示。

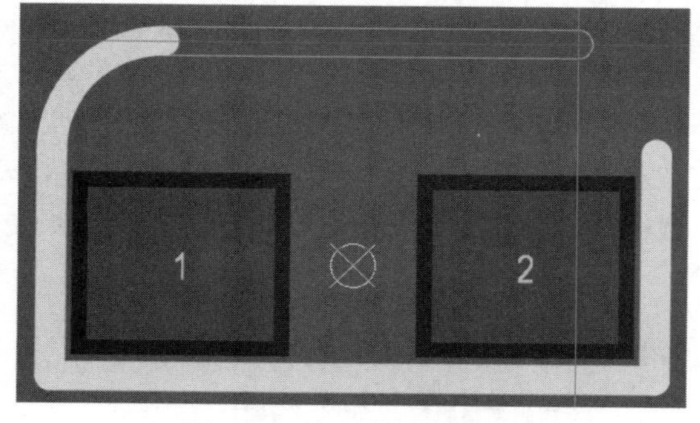

图 5-28 在丝印层画曲线

提示：切换走线模式快捷键须使用美式键盘输入法才有效。

5.12　PCB 封装参考点的设置

参考点即每一个 PCB 封装所单独设置的几何原点，选中或移动某个元器件时，光标会自动跳转到参考点的位置，方便移动和对齐元器件。

在绘制完 PCB 封装后一般要设置参考点，执行菜单栏中的“编辑”→“设置参考”命令，可将参考点设置在封装的 1 脚、中心及任意位置，如图 5-29 所示。

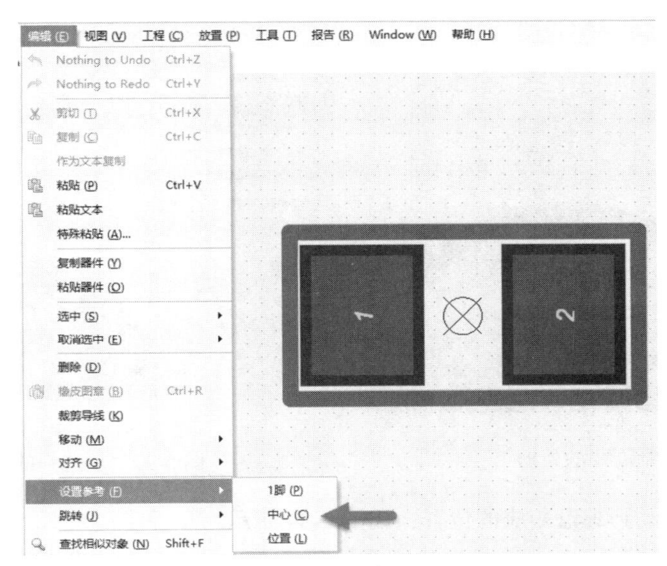

图 5-29　PCB 封装参考点的设置

贴片器件参考点一般设置在中心，直插器件一般设置在 1 脚。

5.13　创建异形焊盘的方法

常规的焊盘都是规则的，不规则的焊盘称为异形焊盘，如典型的金手指等。

下面以创建如图 5-30 所示的异形焊盘为例来介绍异形焊盘的制作过程。

（1）放置常规的焊盘，如图 5-31 所示。

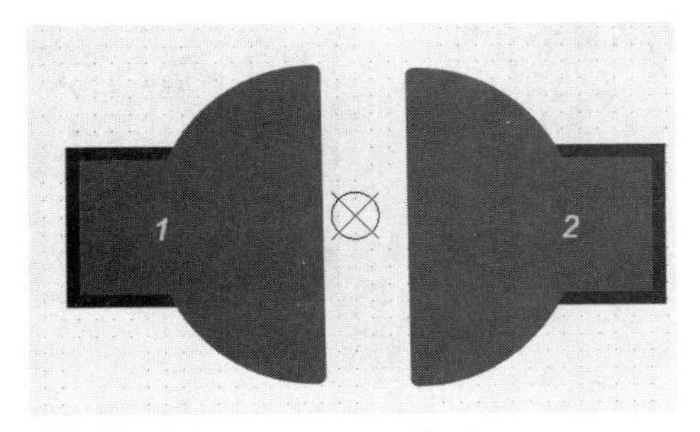

图 5-30　异形焊盘

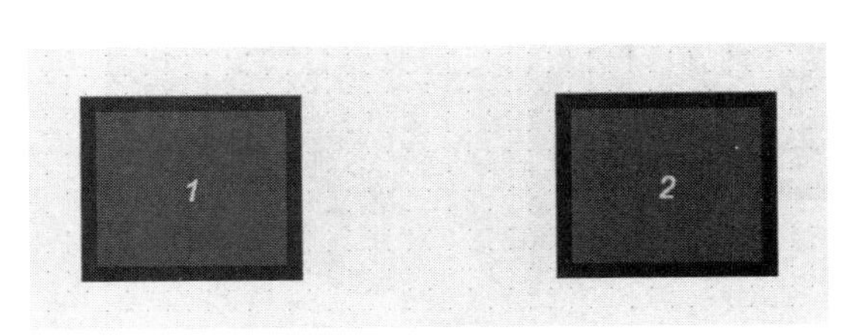

图 5-31　放置常规焊盘

（2）用绘图工具按要求绘制出相应的外形，如图 5-32 所示。

（3）选中绘制的外形，执行“工具”→“转换”→“从选择的元素创建区域”命令，将外形转换为填充区域，得到的填充区域如图 5-33 所示。

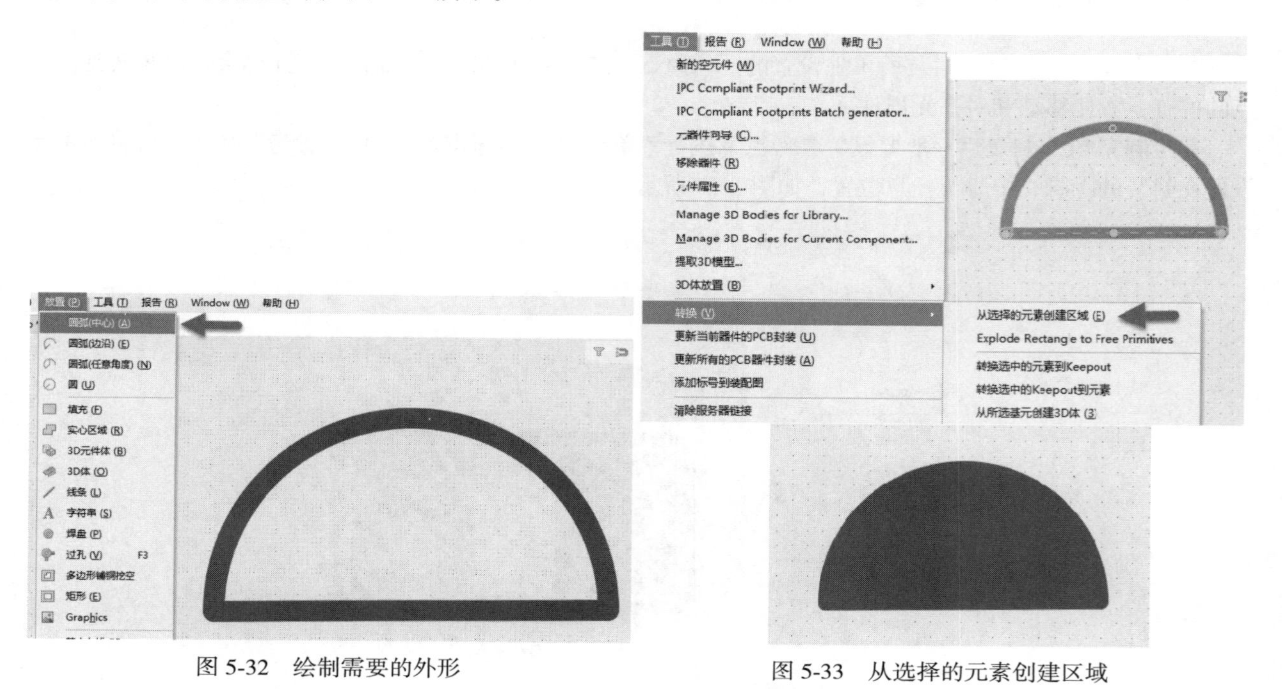

图 5-32　绘制需要的外形　　　　图 5-33　从选择的元素创建区域

（4）将该填充区域移动到焊盘相应的位置，如图 5-34 所示。

（5）放置 Top Solder 和 Top Paste，按照规则默认值 Solder 层要比焊盘外扩 4mil 左右，按照上述方法在 Solder 层放置一个比顶层的异形焊盘外扩 4mil 的多边形，然后再利用转换工具将其转换成填充区域，如图 5-35 所示（若不方便外扩，可保持和焊盘一样的大小）。Paste 层和焊盘的大小一致，所以可以直接选中焊盘，按快捷键 E+A，执行“粘贴到当前层”命令将顶层的焊盘粘贴到 Paste 层，如图 5-36 所示。

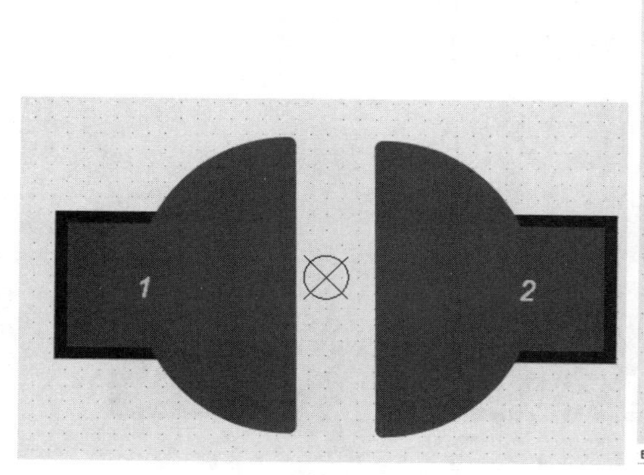

图 5-34　在焊盘上放置填充区域

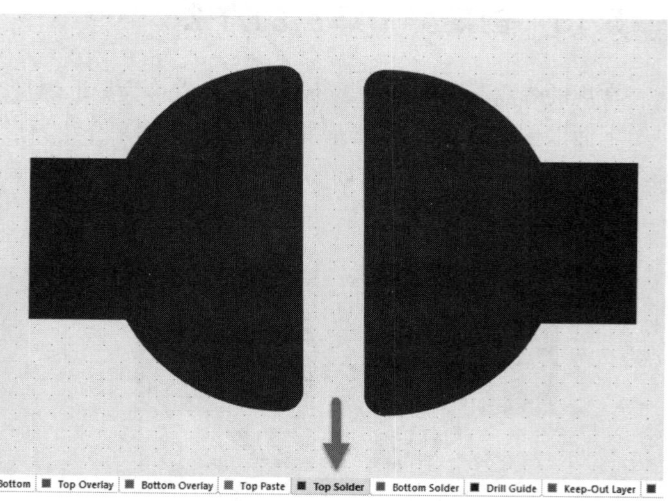

图 5-35　Top Solder 的放置

（6）设置好焊盘的原点，即可完成异形焊盘的绘制，如图 5-37 所示。

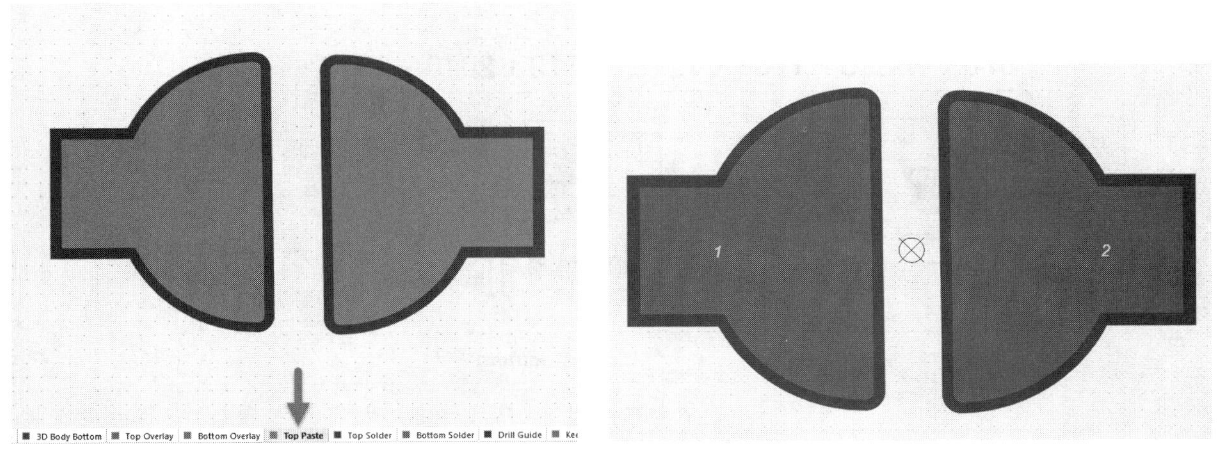

图 5-36　Top Paste 的放置

图 5-37　绘制好的异形焊盘

5.14　手动绘制 3D 元器件体的方法

Altium Designer 自带的 3D 元器件体绘制功能，可以绘制简单的 3D 元器件体模型。下面以 0603R 为例绘制简单的 0603 封装的 3D 模型。

（1）打开封装库，在 PCB Library 列表中选择 0603R 封装（C0603–ROUND），如图 5-38 所示。

（2）执行菜单中的“放置”→“3D 元器件体”命令，软件会自动跳到 Mechanical 层并出现一个十字形光标。按 Tab 键，将弹出如图 5-39 所示的模型选择及参数设置面板。

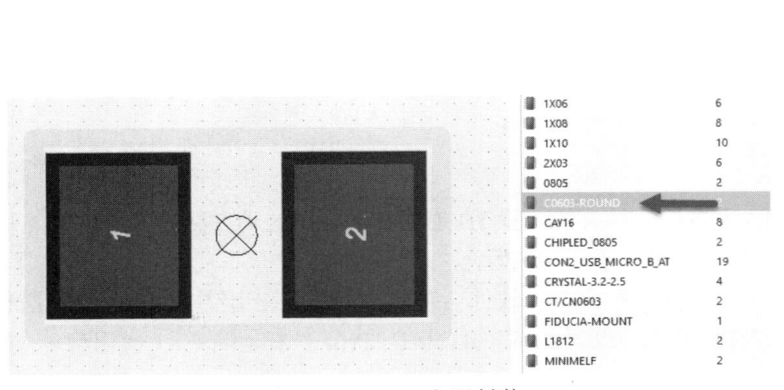

图 5-38　0603R 电阻封装

图 5-39　模型选择及参数设置面板

（3）在 3D Model Type 选项组中选择 Extruded（挤压型），并按照如图 5-40 所示的 0603R 封装尺寸输入参数，一般只需要设置 3D 模型高度即可。

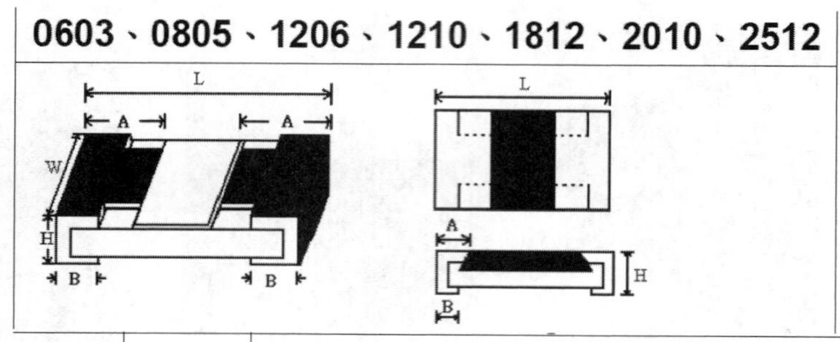

Type	70℃ Power	Dimension(mm)				
		L	W	H	A	B
01005	1/32W	0.40±0.02	0.20±0.02	0.13±0.02	0.10±0.05	0.10±0.03
0603	1/10W	1.60±0.10	0.80±0.10	0.45±0.10	0.30±0.20	0.30±0.20

图 5-40　0603R 封装尺寸

（4）设置好参数后，按照实际尺寸绘制 3D 元器件体，绘制好的网状区域即 0603R 的实际尺寸，如图 5-41 所示。

（5）按数字键 3，查看 3D 效果，如图 5-42 所示。

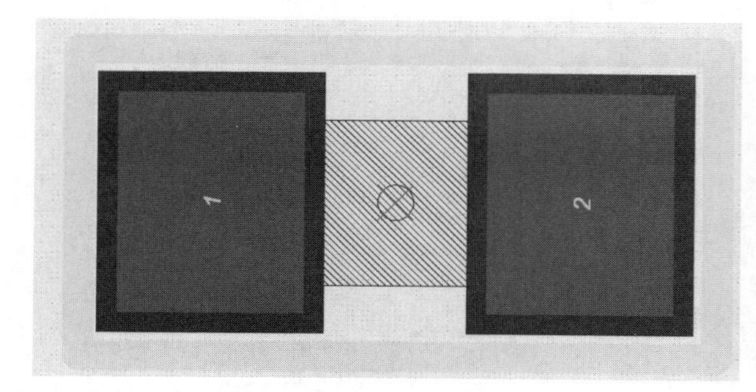

图 5-41　绘制好的 3D 模型

图 5-42　0603R 3D 效果图

5.15　导入 3D 模型的方法

对一些复杂元器件，可以通过导入 3D 元器件体的方式放置 3D 模型。下面对这种方法进行介绍。

（1）打开封装库，找到 0603R 封装，步骤同手工绘制 3D 模型。

（2）选择菜单栏中的“放置”→“3D 元器件体”命令，软件会跳到 Mechanical 层并出现一个十字光标。按 Tab 键，将弹出如图 5-43 所示模型选择及参数设置面板。3D Model Type 选择 Generic（通用型），单击 Choose 按钮选择 3D 模型文件，扩展名为.STEP 或.STP。

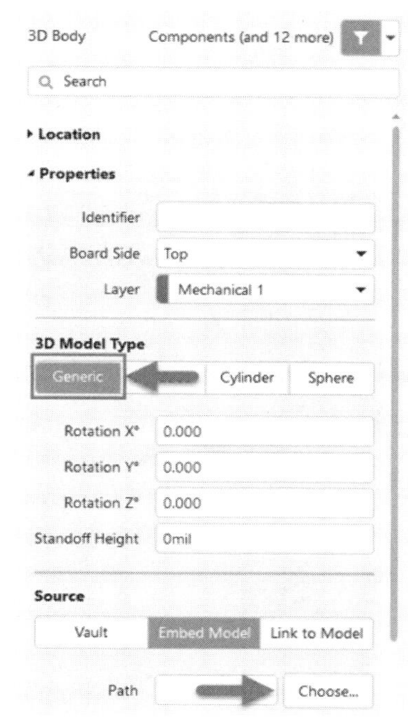

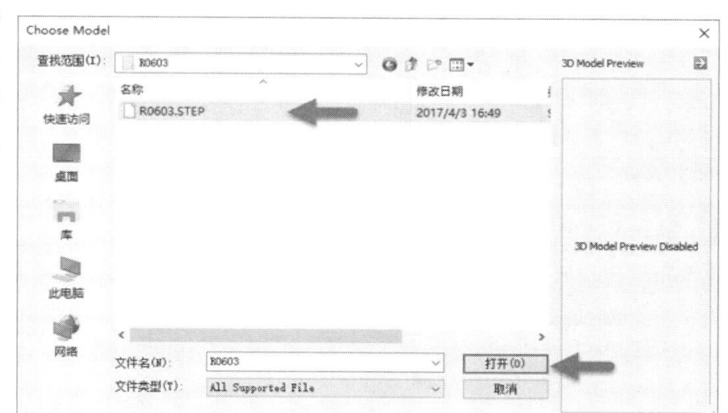

图 5-43　选择 3D 模型

（3）打开选中的 3D 模型，并放到相应的焊盘位置，如图 5-44 所示。

切换到 3D 视图，查看效果，如图 5-45 所示。

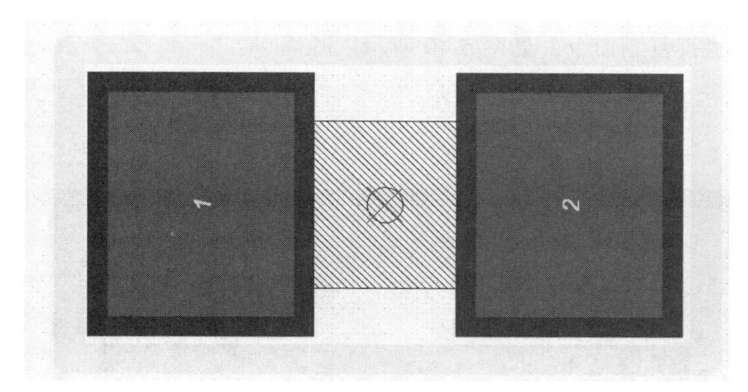

图 5-44　放置导入的 3D 模型

图 5-45　导入的 3D 模型

5.16　放置 3D 体时提示 Extruded Height=0，如何解决

绘制封装过程中，放置 3D 体时提示 Extruded Height=0，如图 5-46 所示。

解决方法如下:

3D 体必须有足够的高度才能体现出效果，所以放置 3D 体时，Extruded Height（突出高度）应根据规格书设置，如图 5-47 所示。

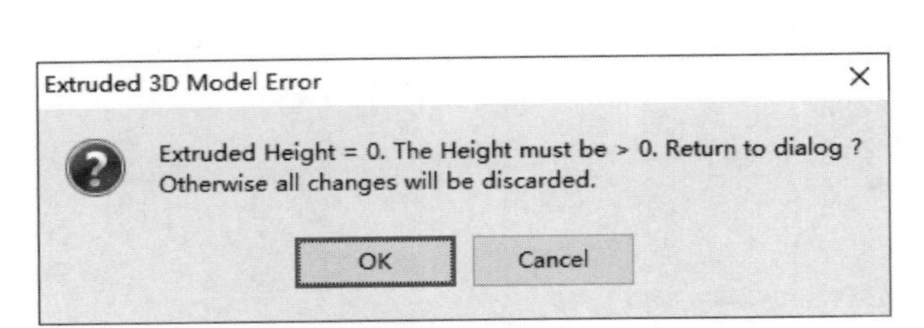

图 5-46　挤压高度警告

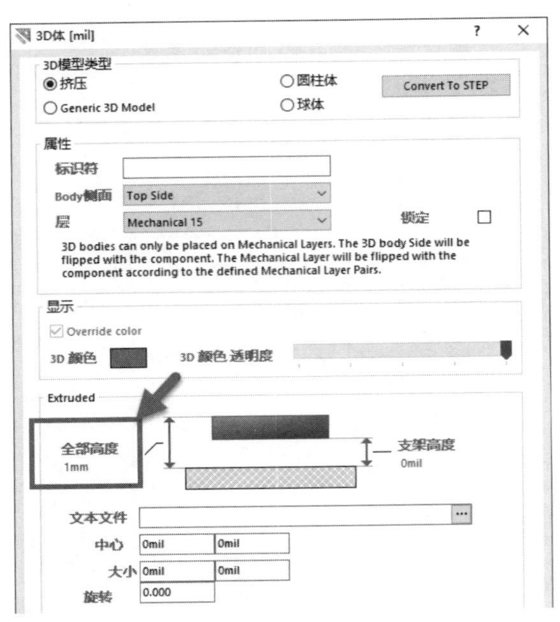

图 5-47　设置 3D 体高度

5.17　从现有的封装库中提取 3D 模型的方法

如图 5-48 所示，这个 0805 封装有 3D 模型，如何提取这个 3D 模型呢？

解决方法如下：

（1）在 2D 模式下，选中该 3D 元器件体，执行复制命令，如图 5-49 所示。

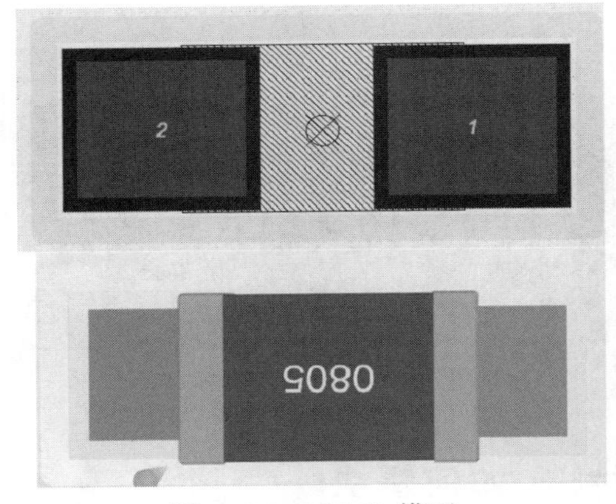

图 5-48　0805 3D 模型

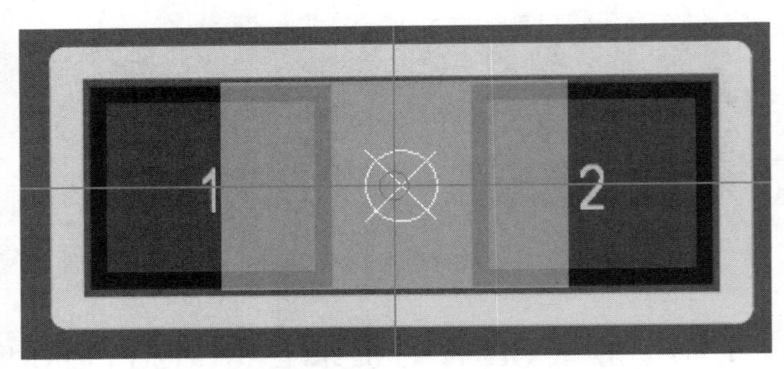

图 5-49　复制 3D 元器件体

（2）打开另外一个需要用到该 3D 元器件体的封装库，将复制的 3D 元器件体粘贴过去即可。

5.18　如何在 PCB 封装库中将封装复制到另一个库

在 Altium Designer 中从已有的封装库中复制封装模型到另外一个新的 PCB 元器件库中，是常用的操作，具体操作步骤如下。

（1）打开源 PCB 元器件库，打开 PCB Library 面板，如图 5-50 所示。

（2）选中需要复制的一个或多个元器件，然后右击，在弹出的快捷菜单中执行 Copy 命令，如图 5-51 所示。

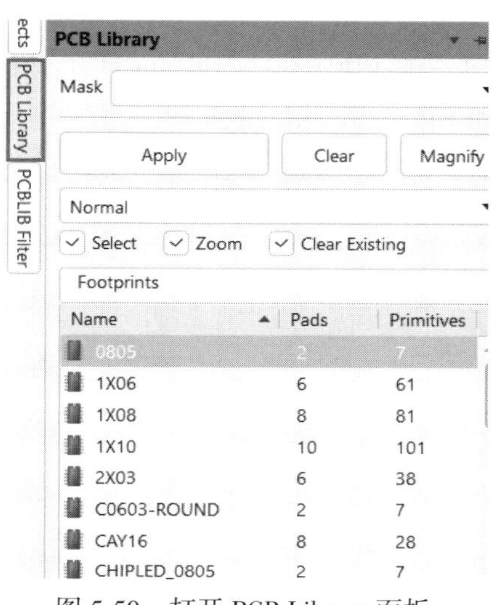

图 5-50　打开 PCB Library 面板

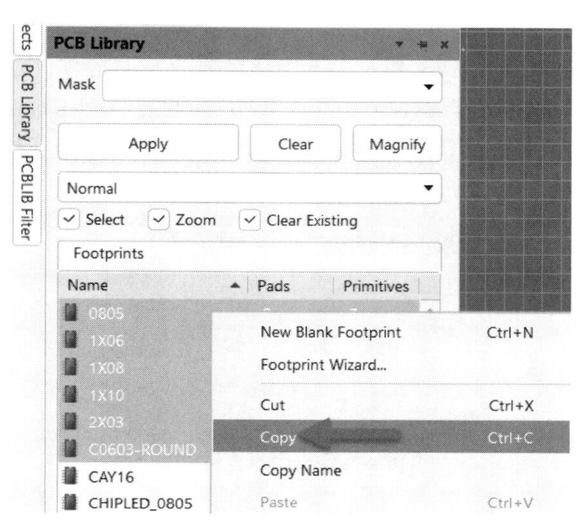

图 5-51　复制库元器件

（3）打开目标 PCB 元器件库，在 PCB Library 面板的元器件列表中右击，在弹出的快捷菜单中执行 Paste 6 Components 命令粘贴库元器件，即可完成库元器件的移动，如图 5-52 所示。

这样即可在新的 PCB 元器件库列表中看到粘贴进来的库元器件，如图 5-53 所示。

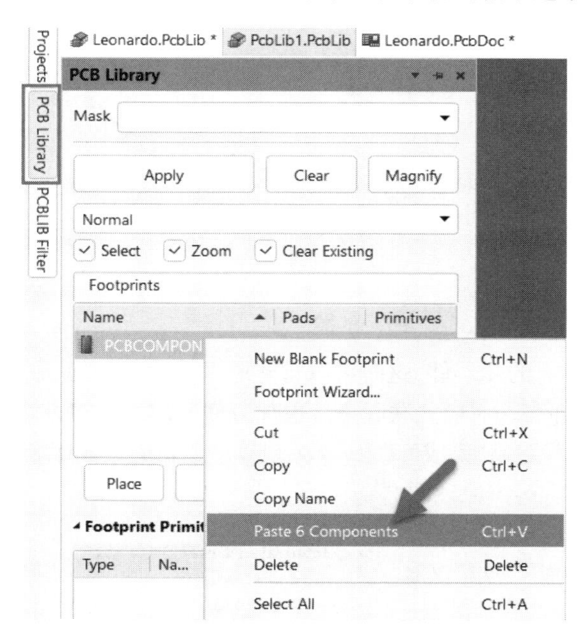

图 5-52　粘贴库元器件

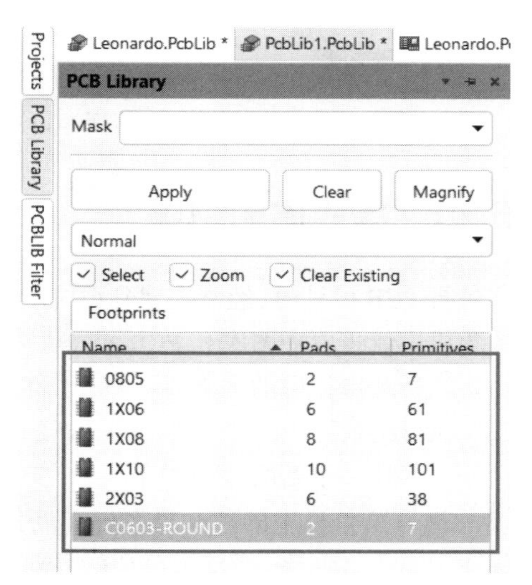

图 5-53　完成库元器件的移动

5.19 在封装库中修改封装后，如何更新到 PCB 中

在 PCB 设计过程中，有时需要修改一些 PCB 封装的参数，如绘制 PCB 时发现焊盘有误，这时就需要返回 PCB 元器件库中进行修改。那么修改好后如何将修改信息更新到 PCB 中呢?

解决方法如下。

在 PCB Library 列表中选中已经修改好的封装，右击，在弹出的快捷菜单中执行 Update PCB With…命令；如需将所有封装更新到 PCB 中，则须执行 Update PCB With All 命令，如图 5-54 所示。

在弹出的“元器件更新选项”对话框中选择全部参数，单击“确定”按钮，即可将修改信息更新到 PCB 中，如图 5-55 所示。

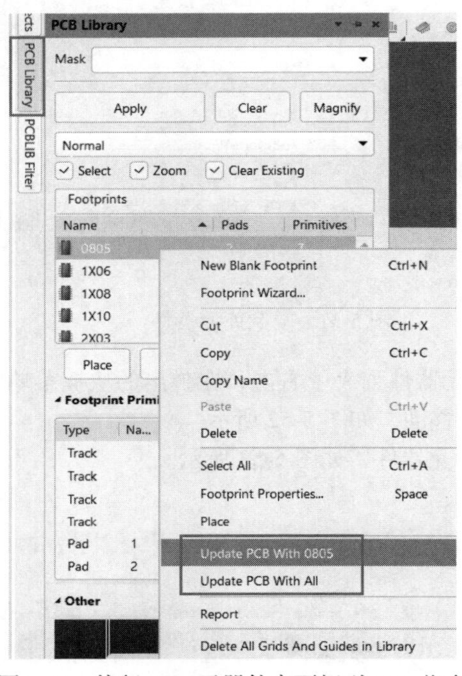

图 5-54 执行 PCB 元器件库更新到 PCB 指令

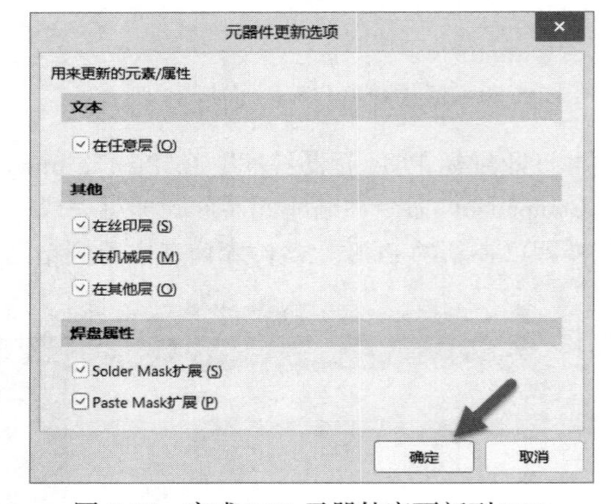

图 5-55 完成 PCB 元器件库更新到 PCB

5.20 集成库的创建

在进行 PCB 设计时，经常会遇到系统库中没有所需的元器件，这时可以自建原理图库和 PCB 元器件库。而创建集成库能将原理图库和 PCB 元器件库的元器件一一对应关联起来，更加方便使用。创建方法如下：

（1）执行菜单栏中的“文件”→“新的”→“库”→“集成库”命令，创建一个新的集成库。

（2）执行菜单栏中的“文件”→“新的”→“库”→“原理图库”命令，创建一个新的原理图库。

（3）执行菜单栏中的“文件”→“新的”→“库”→“PCB 元器件库”命令，创建一个新的 PCB 元器件库。

保存新建的集成库文件，即将上述 3 个文件保存在同一路径下，如图 5-56 所示。

图 5-56 创建集成库文件

（4）为集成库中的原理图库和 PCB 元器件库添加元器件和封装，此处复制已制作好的原理图库和 PCB 元器件库，并将它们关联起来，即为原理图库元器件匹配相应的 PCB 封装。原理图中匹配封装如图 5-57 所示，元器件库中匹配封装如图 5-58 所示。

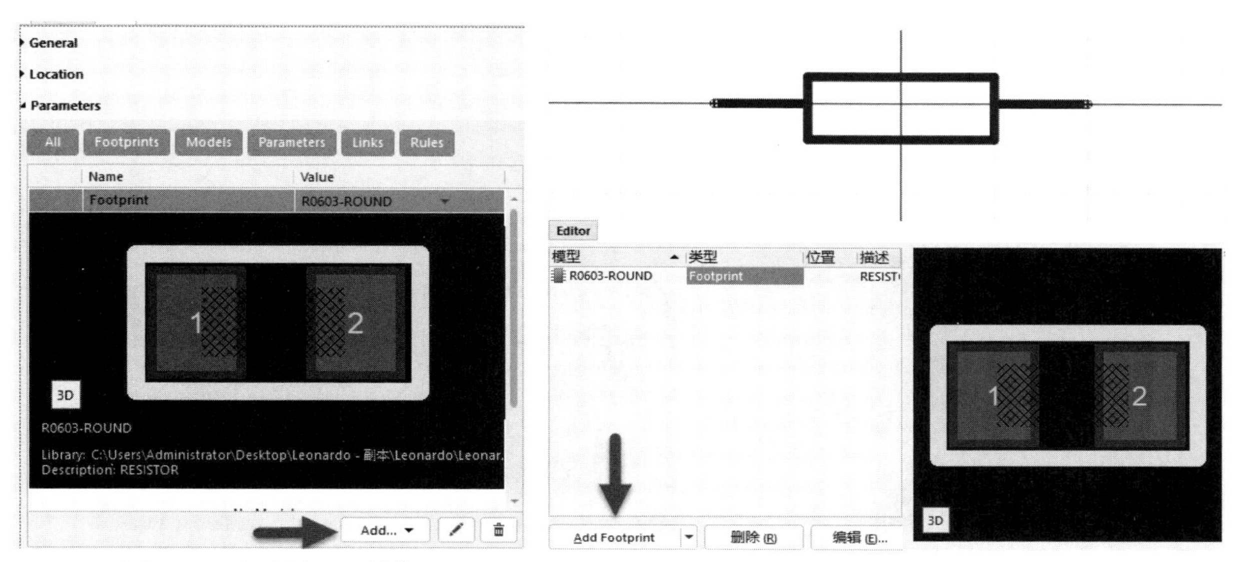

图 5-57　原理图中匹配封装

图 5-58　元器件库中匹配封装

（5）所有器件都关联好后，在工作区将鼠标指针移动到 Integrated_Library1.LibPkg 位置处，右击，在弹出的快捷菜单中执行 Compile Integrated Library Integrated_Library1. LibPkg 命令，即可编译集成库，如图 5-59 所示。

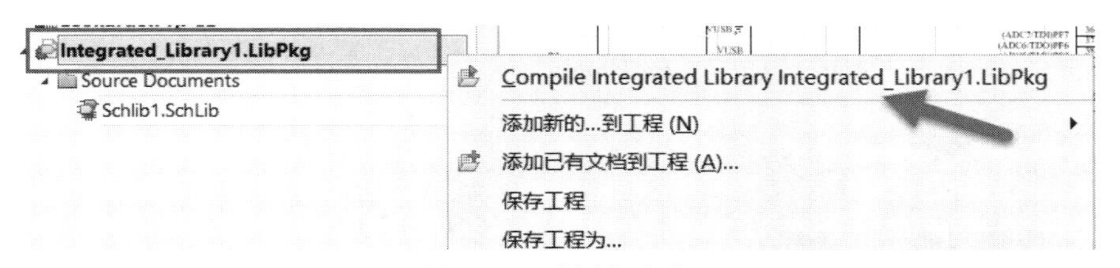

图 5-59　编译集成库

（6）执行编译集成库步骤之后，在集成库保存路径下的 Project Outputs for Integrated_Library1 文件夹中得到集成库文件 Integrated_Library1.IntLib，如图 5-60 所示。

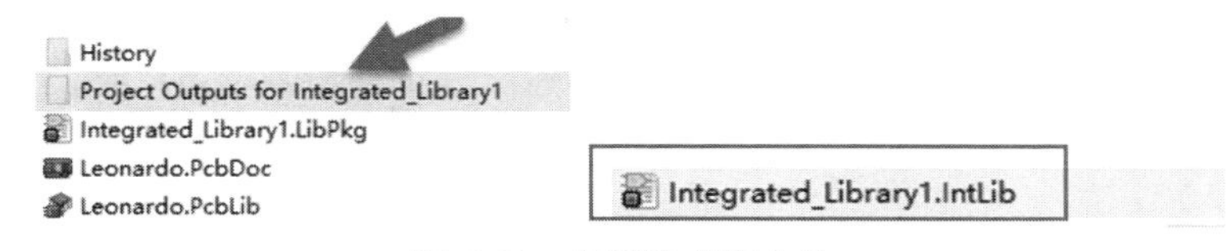

图 5-60　得到集成库文件

注： 集成库不支持直接修改，若需要修改，应在元器件库或封装库修改好后重新编译。

5.21 制作封装时如何在封装中放置禁止铺铜区域

封装放置禁止铺铜区域，可以避免画板后期铺地铜时铜皮灌进器件焊盘间隙。实现方法如下：

（1）打开需要放置禁止铺铜区域的 PCB 封装，执行菜单栏中的“放置”→“多边形铺铜挖空”命令，如图 5-61 所示。

（2）在需要的位置放置多边形铺铜挖空区域即可，如图 5-62 所示。

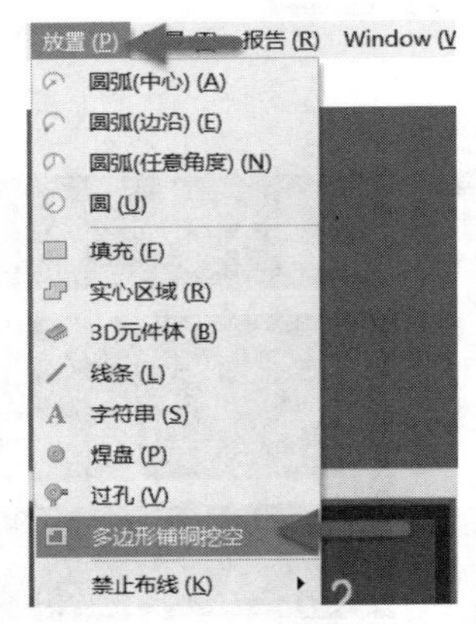

图 5-61 放置多边形铺铜挖空区域

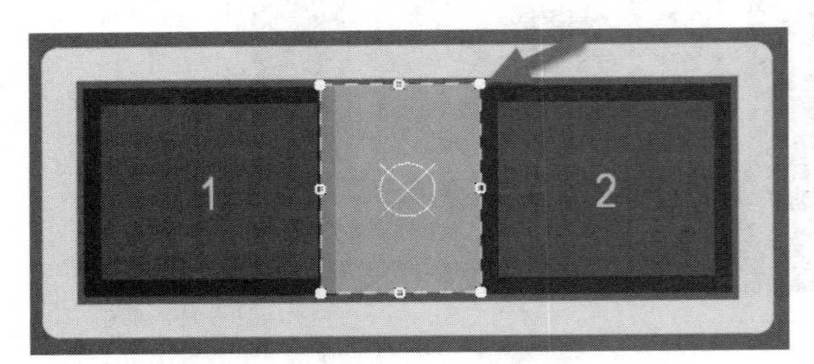

图 5-62 在需要的位置放置多边形铺铜挖空区域

5.22 如何将通孔焊盘顶层做成方形、底层做成圆形

双击已经放置的焊盘，或在焊盘放置过程中按 Tab 键，打开焊盘属性编辑对话框，在 Size and Shape 选项组中修改 Top Layer 和 Bottom Layer 的焊盘外形即可，如图 5-63 所示。

也可以在 Full Stack 状态下修改，如图 5-64 所示。

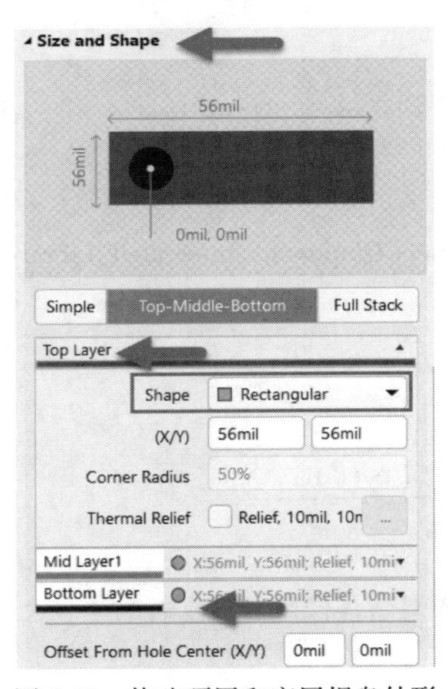

图 5-63 修改顶层和底层焊盘外形

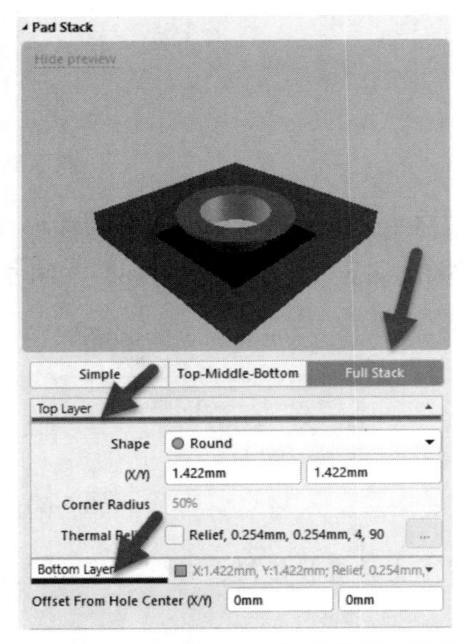

图 5-64 在 Full Stack 状态下修改焊盘

5.23　如何在 Altium Designer 中做极坐标焊盘元器件封装

有些元器件的焊盘是按照极坐标的形式圆形排列的，放置焊盘时如果计算每个焊盘坐标依次放置，操作将非常烦琐。在 Altium Designer 的封装库编辑器中实现圆形排列的焊盘放置常用的有两种方法：一种是使用阵列粘贴，另外一种是使用极坐标栅格。

1. 阵列粘贴实现圆形排列焊盘的放置方法

（1）进入 PCB 封装库编辑界面，新建一个元器件，然后放置一个焊盘（焊盘形状根据实际情况设定）。选中该焊盘，按快捷键 Ctrl+X，以焊盘的中心为剪切的参考点剪切该焊盘，如图 5-65 所示。

（2）执行菜单栏中的“编辑”→“特殊粘贴”命令，或按快捷键 E+A，将弹出“选择性粘贴”对话框，如图 5-66 所示。

（3）单击“粘贴阵列”按钮，将弹出“设置粘贴阵列”对话框，如图 5-67 所示。选择“圆形”阵列类型，“对象数量”和“间距（度）”的乘积必须为 360 度，焊盘才能均匀分布。如此处粘贴的对象数量为 20 个，间距（度）则需设置为 18 度。单击“确定”按钮完成设置。

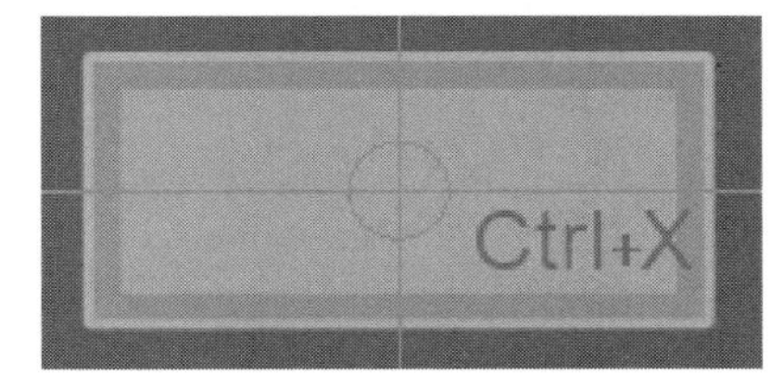

图 5-65　剪切焊盘

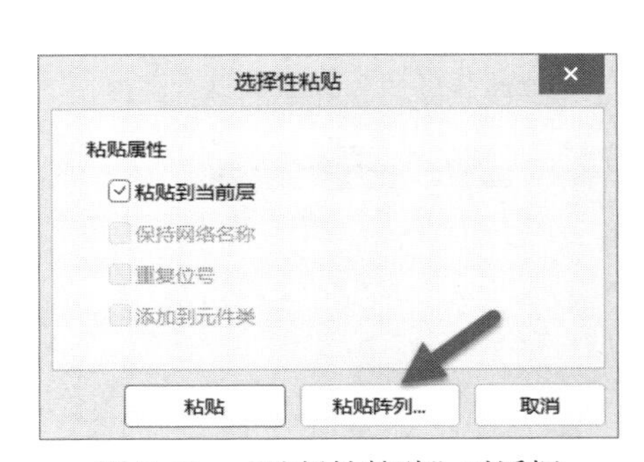

图 5-66　“选择性粘贴”对话框

图 5-67　设置粘贴阵列

（4）完成阵列粘贴设置后，光标将变成十字形，在封装库编辑区域选择两个点，第一个是圆形阵列粘贴的中心点，第二个是圆形阵列粘贴的半径，分别单击两个点，完成圆形阵列的粘贴，即可实现圆形排列焊盘的放置，如图 5-68 所示。

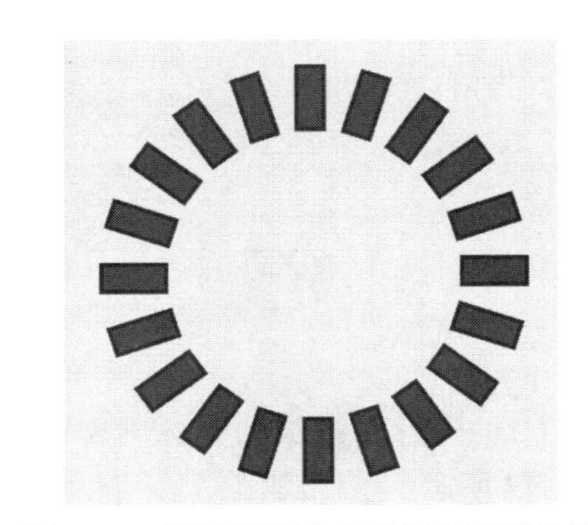
图 5-68　用阵列粘贴实现焊盘圆形放置

2. 极坐标栅格实现焊盘圆形放置的方法

（1）如果是 Altium Designer 18 以上版本，需在 Properties 面板中找到 Grid Manager（栅格管理器）选项组，单击 Add 按钮，执行 Add Polar Grid（添加极坐标网格）命令，如图 5-69 所示。

如果是 Altium Designer 18 以下版本（须支持极坐标功能），则执行菜单栏中的“设计”→“板参数选项”命令，或者按快捷键 D+O，打开“板级选项[mil]”（1mil=0.0254mm）对话框，如图 5-70 所示。

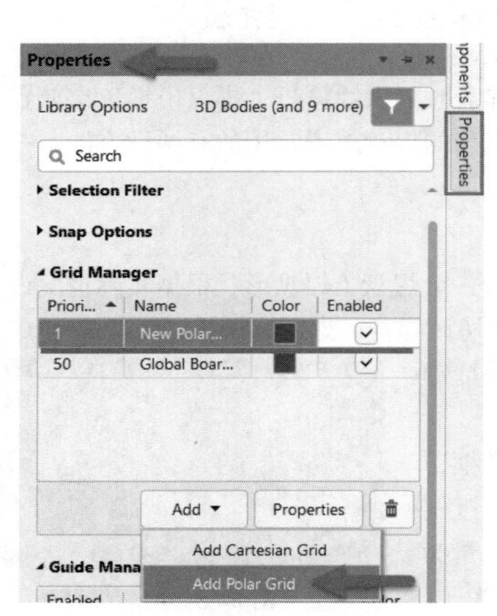

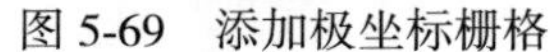
图 5-69　添加极坐标栅格

图 5-70　“板级选项”对话框

单击对话框左下角的“栅格”按钮，将弹出“网格管理器”对话框，单击对话框左下角的“菜单”按钮或在对话框空白位置右击，在弹出的快捷菜单中执行“添加极坐标网格”命令，如图 5-71 所示。

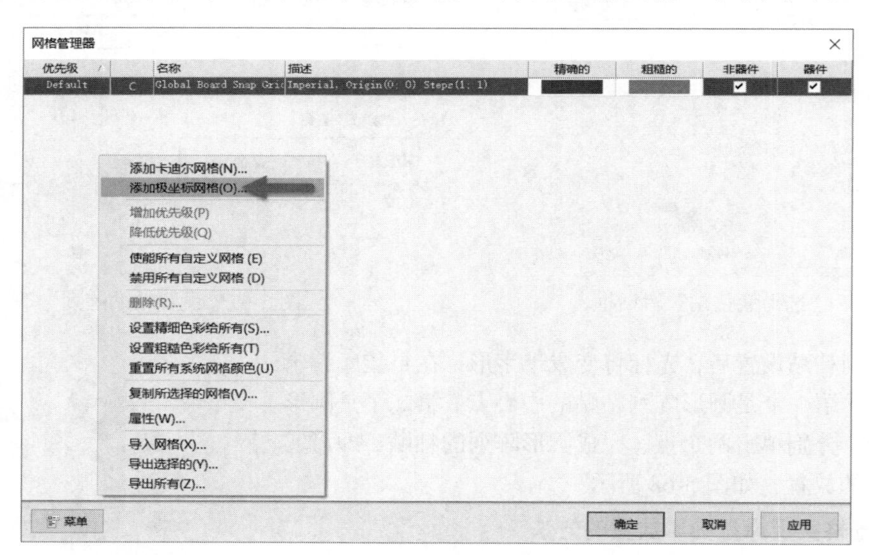

图 5-71　添加极坐标栅格

（2）执行“添加极坐标网格”命令后，栅格管理器中会出现一个 New Polar Grid（新的栅格），如图 5-72 所示。

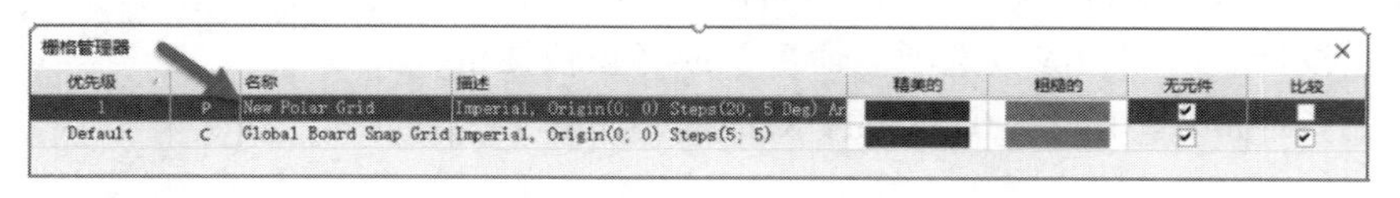

图 5-72　New Polar Grid

（3）双击新增的 New Polar Grid，进入极坐标设置对话框，详细设置及说明如图 5-73 所示。

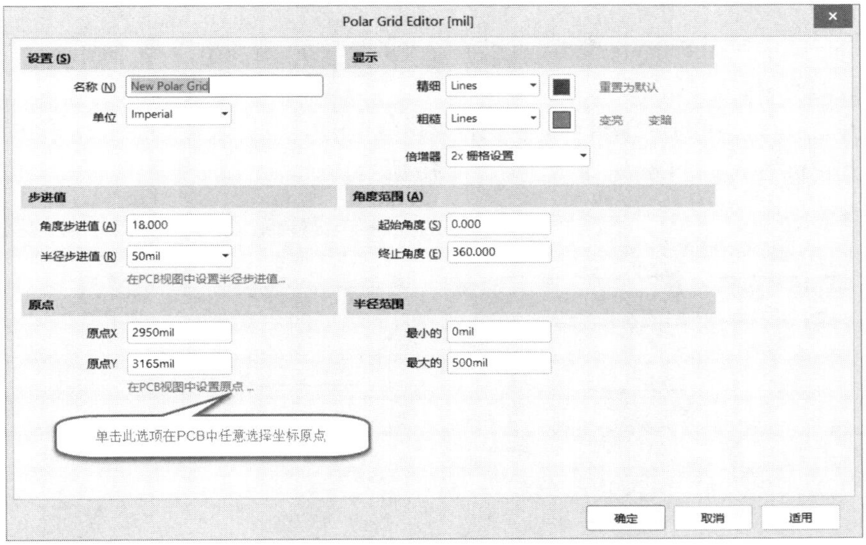

图 5-73　设置极坐标参数

这里需要说明的是："角度步进值（A）"与需要放置的对象数量的乘积必须能被"终止角度（E）"整除，否则最终得到的极坐标会出现"不均等分"的现象。这就需要根据放置数量来确定角度步进值，如这里放置 20 个焊盘，那么 360/20=18，所以"角度步进值"需设置为 18。

（4）完成设置后，单击"确定"按钮或按 Enter 键得到极坐标栅格，并在极坐标上放置焊盘，即可实现焊盘的圆形排列，效果如图 5-74 所示。

提示：如放置的焊盘为矩形焊盘，在极坐标上放置过程中不好确定焊盘的旋转角度时，可在优选项中将"旋转步进"设置为与极坐标的"角度步进值"一致，即可准确地调整焊盘位置，如图 5-75 所示。

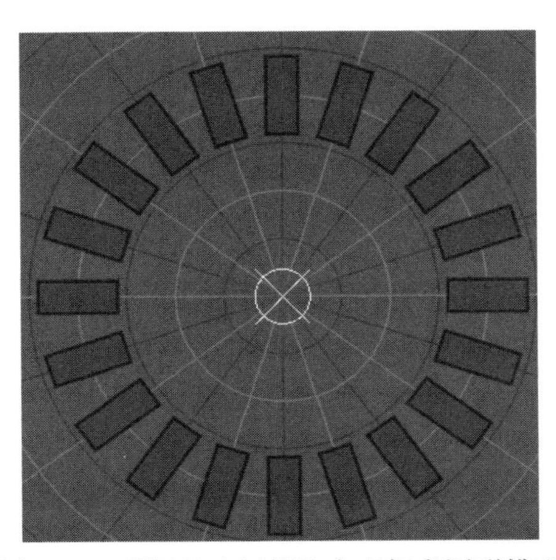

图 5-74　利用极坐标栅格实现焊盘圆形排列

图 5-75　修改旋转步进值

5.24 Pad/Via 模板的使用

在 Altium Designer 中使用 Pad/Via 模板，可以节省大量的时间，避免出错。下面详解介绍 Altium Designer 22 中 Pad/Via 模板的使用。

（1）创建焊盘过孔库。在 PCB 编辑环境下执行菜单栏中的“文件”→“新的”→“库”→“焊盘过孔库”命令，将弹出 Pad Template Editor 界面，如图 5-76 所示。

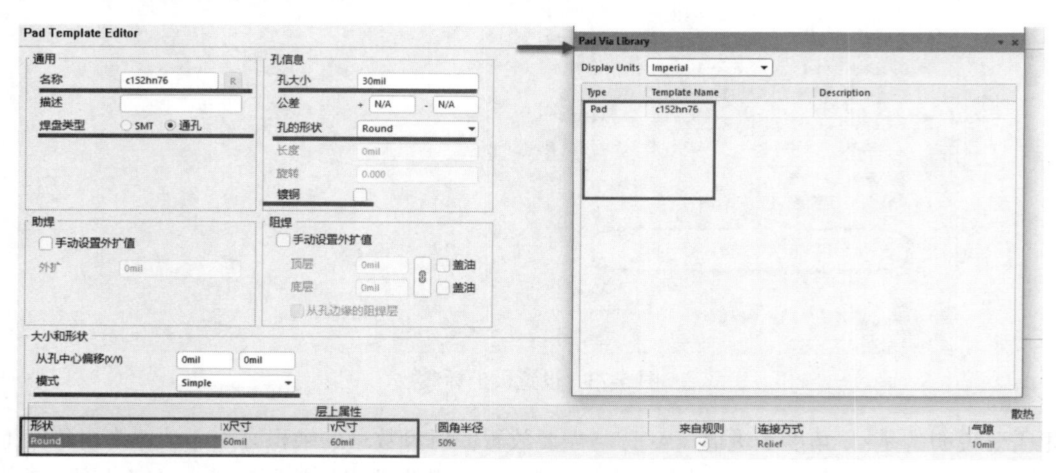

图 5-76　Pad Template Editor 界面

界面各部分参数含义如下。

①“通用”选项组。

名称：设置焊盘模板的名称，可随意命名。

焊盘类型：设置焊盘类型，SMT 焊盘或通孔焊盘。

②“助焊”/“阻焊”选项组。

用于设置焊盘助焊和阻焊外扩值，勾选“手动设置外扩值”复选框即可修改焊盘助焊和阻焊外扩值。

③“大小和形状”选项组。

模式：如果当前设置的焊盘模板为通孔焊盘，在模式下拉列表框中可以设置焊盘的外形，还可以针对不同层设置不同的焊盘外形。

④“层上属性”选项组。

形状：设置焊盘外形，有 Round（圆形）、Rectangular（矩形）、Octagonal（八角形）、Rounded Rectangle（圆角矩形）4 种外形。

X 尺寸/Y 尺寸：设置焊盘外形尺寸。

⑤“孔信息”选项组。

孔大小：设置焊盘内径。

孔的形状：设置焊盘孔的形状。

镀铜：勾选该复选框以设置焊盘内壁是否沉铜。

⑥ Pad Via Library 对话框。

该对话框列出当前焊盘过孔库模板的列表。新建焊盘过孔库时，默认为焊盘模板。

⑦ Display Units 下拉选项框。

设置单位，Metric（公制）或 Imperial（英制）。

（2）添加需要的焊盘过孔模板。在 Pad Via Library 对话框的焊盘过孔模板列表中右击，在弹出的快捷菜单中可以添加焊盘模板或过孔模板，以及删除列表中的模板，如图 5-77 所示。例如添加常用的焊盘过孔模板，如图 5-78 所示。

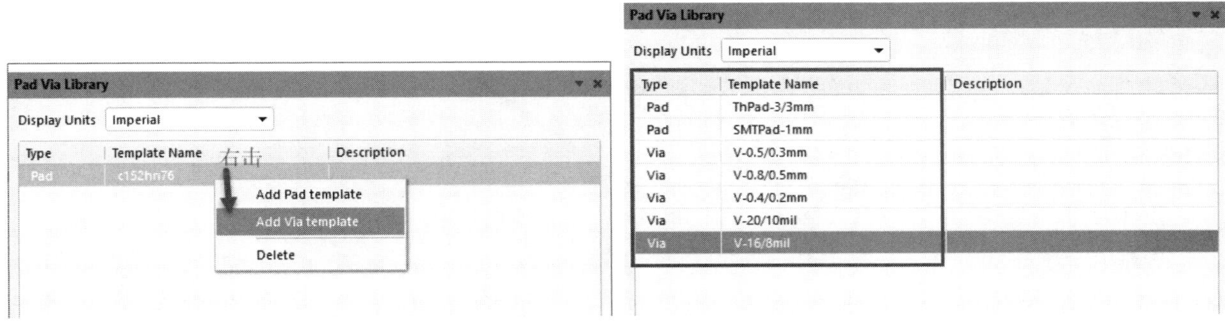

图 5-77　添加焊盘模板或过孔模板　　图 5-78　添加常用焊盘扩孔模板

（3）保存 Pad Via Library。单击菜单栏左上角的（保存）按钮，或按快捷键 Ctrl+S 保存创建的焊盘过孔库，如图 5-79 所示。

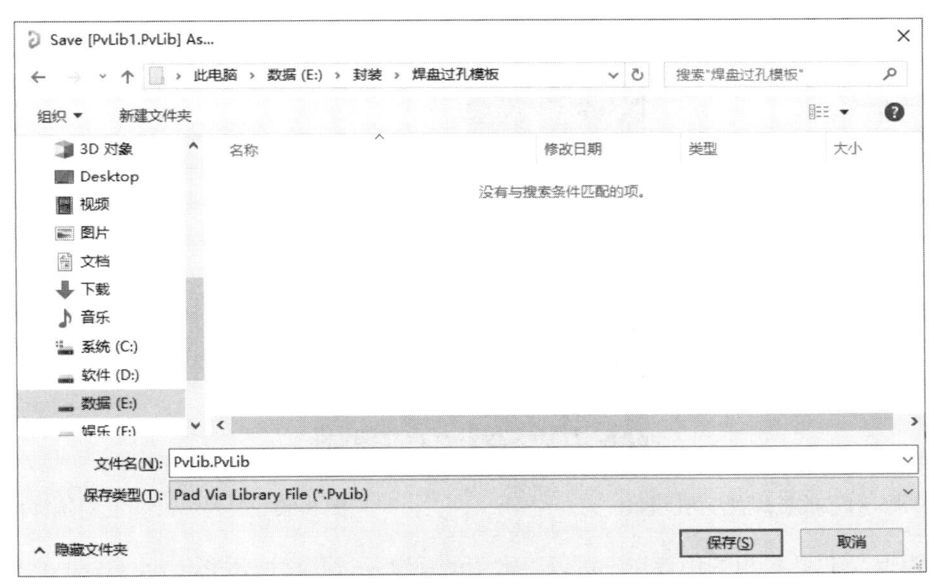

图 5-79　保存焊盘过孔库

（4）将 Pad Via Library 添加到 Altium Designer 软件中。在 PCB 编辑环境下打开 PCB Pad Via Templates 面板（如找不到该面板，可在右下角的 Panels 选项中找到），按照图 5-80 所示添加焊盘过孔模板库。

（5）放置焊盘过孔。在 PCB Pad Via Templates 面板中可放置前面添加的焊盘过孔模板，可以直接拖动焊盘或过孔模板放置在 PCB 中，也可以右击，在弹出的快捷菜单中执行 Place 命令放置，如图 5-81 所示。

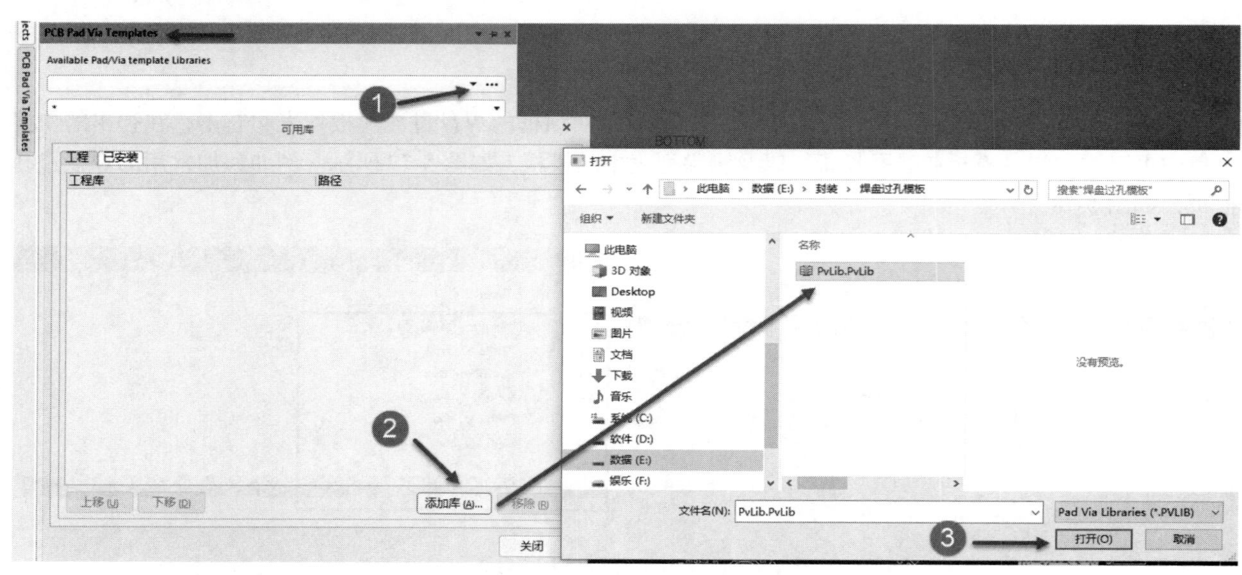

图 5-80　添加焊盘过孔模板库

（6）已经放置过的焊盘或过孔模板，会自动添加到焊盘/过孔属性面板的模板列表中，在 PCB 中按照常规方法添加焊盘/过孔时可在 Properties（属性）面板中的模板下拉列表框中选择已经放置过的焊盘/过孔模板，如图 5-82 所示。

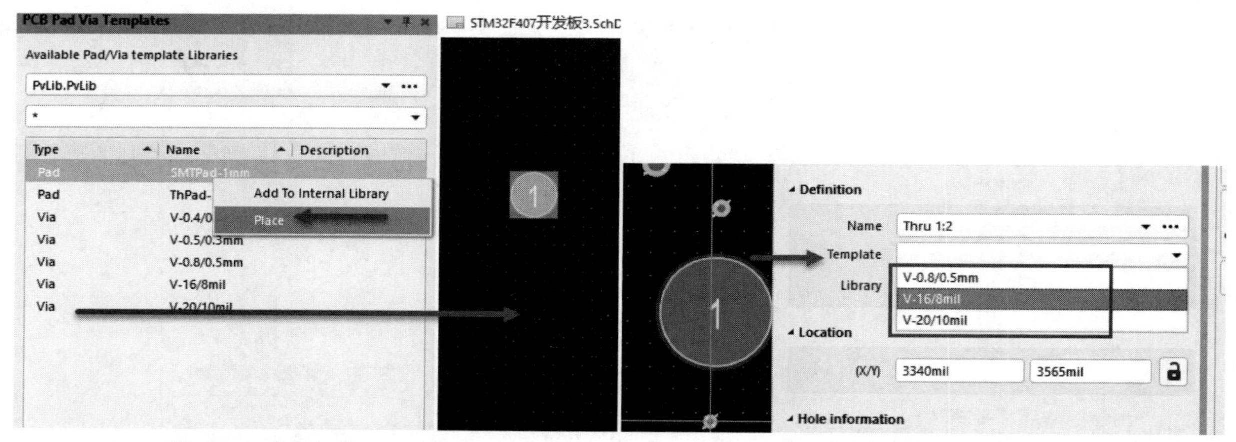

图 5-81　放置焊盘/过孔模板　　　　图 5-82　放置焊盘/过孔时选择模板

总之，使用焊盘/过孔模板的优势在于可以将常用的焊盘及过孔添加到 Pad Via Library 中，这样在不同的工程项目中都能便捷使用这些焊盘过孔尺寸。

5.25　在库列表中复制粘贴库元器件时，如何去掉重复的器件

（1）打开需要提取封装的库列表，选择需要复制的封装，右击，在弹出的快捷菜单中执行 Copy 命令，如图 5-83 所示。

（2）打开自建的封装库并打开 PCB Library 列表，右击，在弹出的快捷菜单中执行 Paste 命令，将之前

复制的封装粘贴进来，如图 5-84 所示。

（3）粘贴过来的封装如果有重复的，软件会在重复的封装加上 DUPLICATE 后缀，如图 5-85 所示，选中该重复的封装将其删除即可。

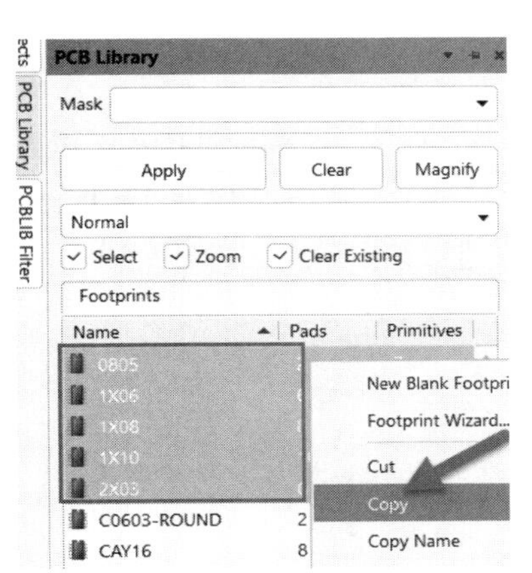

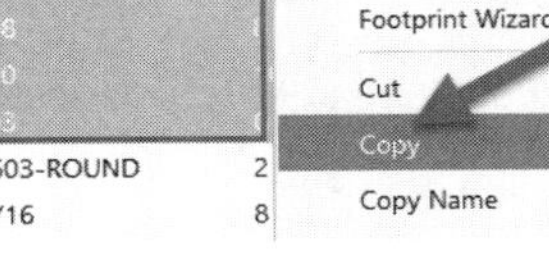

图 5-83　复制封装

图 5-84　粘贴封装

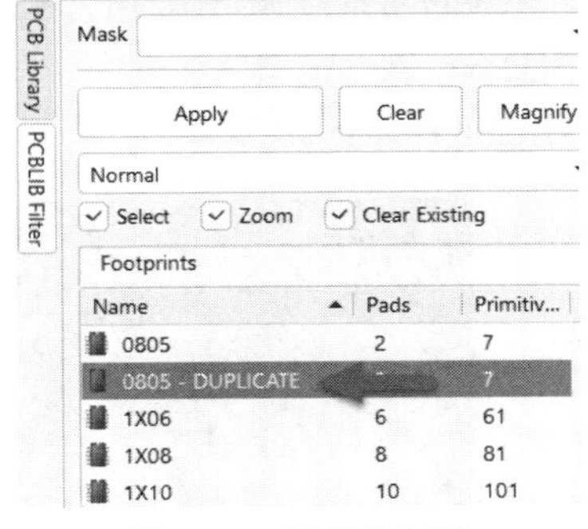

图 5-85　重复的封装

5.26　PCB 封装库报告的使用

在 PCB 元器件库编辑界面执行菜单栏中的“报告”→“库报告”命令，将弹出“库报告设置”对话框，如图 5-86 所示。

在库报告设置对话框中设置报告所包含的参数，然后单击“确定”按钮，即可得到一份 PCB 封装库报告，可以查看元器件的一些参数，如图 5-87 所示。

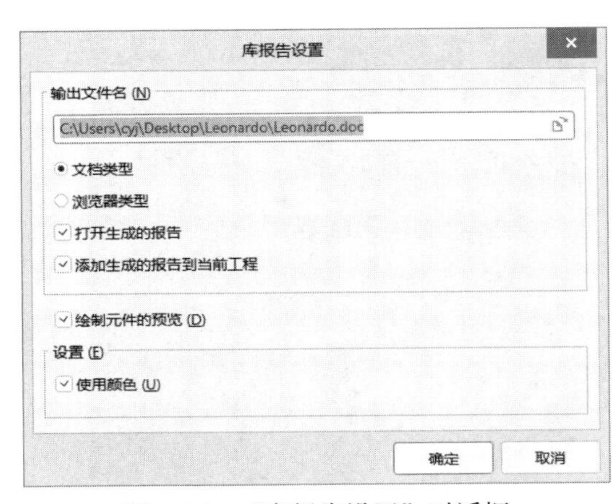

图 5-86　“库报告设置”对话框

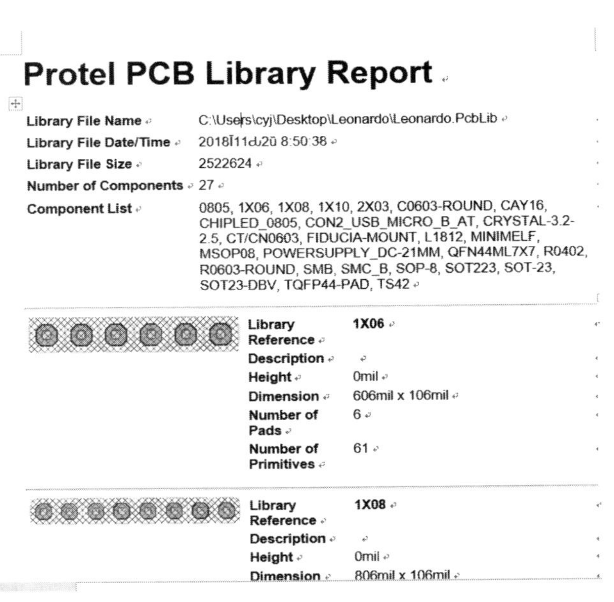

Protel PCB Library Report

Library File Name	C:\Users\cyj\Desktop\Leonardo\Leonardo.PcbLib
Library File Date/Time	2018Ī11ď2ū 8:50:38
Library File Size	2522624
Number of Components	27
Component List	0805, 1X06, 1X08, 1X10, 2X03, C0603-ROUND, CAY16, CHIPLED_0805, CON2_USB_MICRO_B_AT, CRYSTAL-3.2-2.5, CT/CN0603, FIDUCIA-MOUNT, L1812, MINIMELF, MSOP08, POWERSUPPLY_DC-21MM, QFN44ML7X7, R0402, R0603-ROUND, SMB, SMC_B, SOP-8, SOT223, SOT-23, SOT23-DBV, TQFP44-PAD, TS42

Library Reference	1X06
Description	
Height	0mil
Dimension	606mil x 106mil
Number of Pads	6
Number of Primitives	61

Library Reference	1X08
Description	
Height	0mil
Dimension	806mil x 106mil

图 5-87　PCB 封装库报告

5.27 创建环状 3D 元器件体的方法

在 Altium Designer 的 PCB 元器件库中手动创建 3D 元器件体，结合基本的挤压体、圆柱体和球体等形状进行组合，可以创建较为复杂的 3D 模型。下面介绍如何利用 Altium Designer 软件创建一个如图 5-88 所示的类似“甜甜圈”形状的中空环状 3D 元器件体。

（1）在打开的.PCBDoc 或者.PcbLib 文件中，将捕捉栅格设置为一个合适的尺寸（按快捷键 G+G 根据实际情况设置捕捉栅格）。执行菜单栏中的“放置”→“3D 元器件体”命令，启动 3D 元器件体绘图模式。在 3D Body 属性编辑对话框中，将 3D Model Type 设置为 Extruded（挤压体）。该层应该是任何可见的机械层，在 Overall Height 文本框中设置 3D 元器件体高度，按 Enter 键关闭对话框并进入绘图模式，如图 5-89 所示。

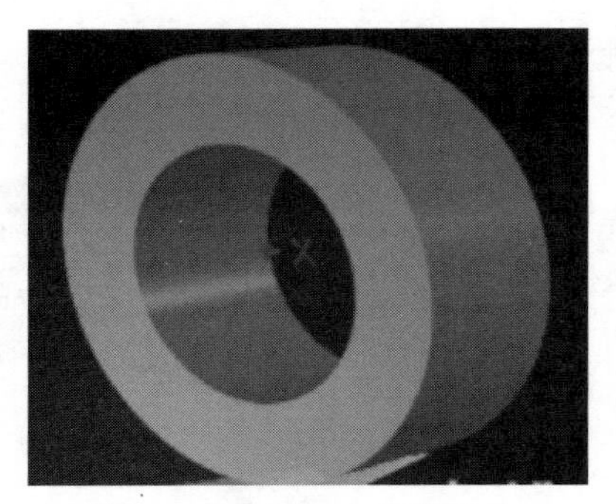

图 5-88 环状 3D 元器件体

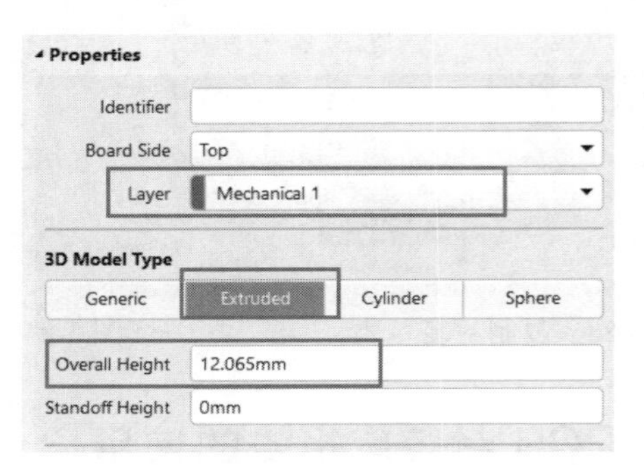

图 5-89 设置 3D 元器件体参数

（2）设置坐标原点（0，0）点作为参考，从原点位置开始绘制以便在抬头显示中看到对应的数值。按快捷键 Shift +空格键切换绘图模式，直到抬头显示中显示 Line 90/90 Vertical Start With Arc（Radius:xxxmm）模式。按空格键可切换圆弧的方向；绘制形状时，按 < 或 > 键可以减小或增加圆弧半径。

（3）这里以绘制一个外径为 500mil、内径为 300mil 的环状 3D 元器件体为例演示。按快捷键 G+G，将捕捉栅格设置为 50mil。观察窗口左上方显示并将光标向下移至（250，–250），长按 > 键改变圆弧半径，然后单击以锁定第一个弧。如图 5-90 所示，在 Altium Designer 中绘制第一段圆弧。

（4）继续移动光标到坐标位置（500，0）添加下一个弧段。如图 5-91 所示，在 Altium Designer 中添加第二段圆弧。

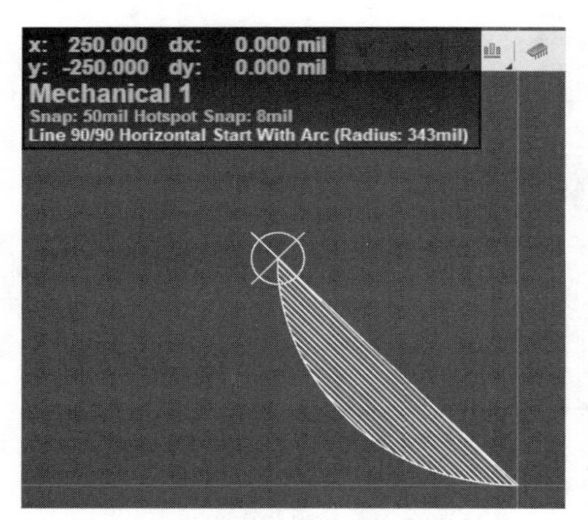

图 5-90 绘制圆环外径第一段圆弧

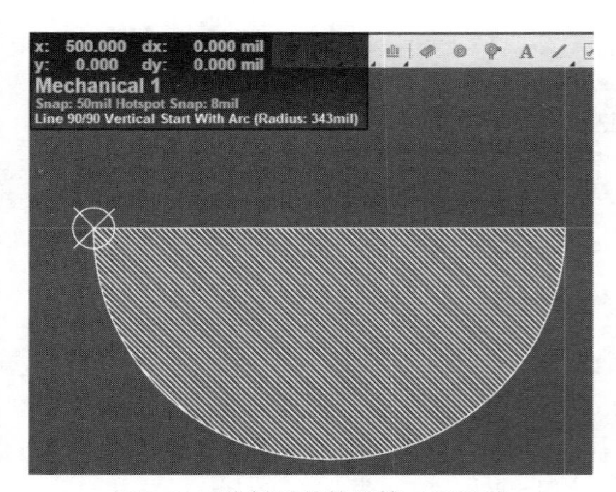

图 5-91 绘制圆环外径第二段圆弧

（5）继续按照 250mil 的半径完成外环的绘制。切记此时不要结束绘图模式。如图 5-92 所示，圆环外径已完成，且保持绘图模式。

（6）继续进行绘制步骤，由于圆环状 3D 体的外径和内径分别为 500mil 和 300mil，故环形体的宽度为 (500−300) / 2 = 100mil。因此将光标向内移动 100mil，开始绘制内径，如图 5-93 所示，定位光标绘制内径。

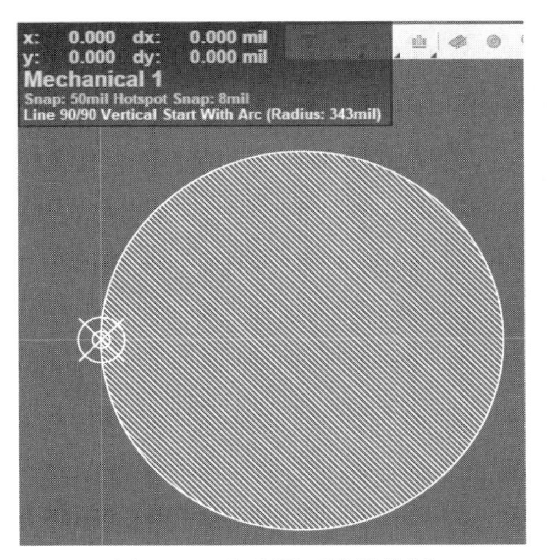

图 5-92　完成圆环外径绘制

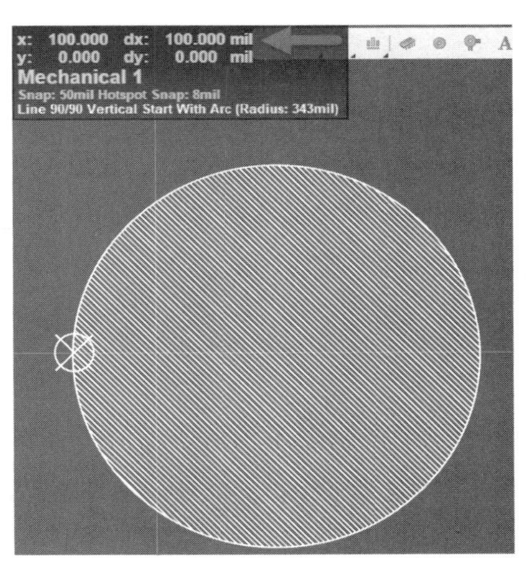

图 5-93　开始绘制圆环内径

（7）现在以 150mil 为半径绘制环状 3D 元器件体的内径。将光标沿着用于外部圆的相同路径绘制。如果画的时候发现方向不一致，可按空格键切换圆弧的方向。内圈的半径为 150mil，所以注意观察显示器窗口左上角抬头显示中的坐标值，以 150，150 增量添加圆弧段。如图 5-94 所示，开始添加圆弧段。

（8）继续绘制圆弧段，直到内圈完成。如图 5-95 所示为绘制完成的内径和外径。

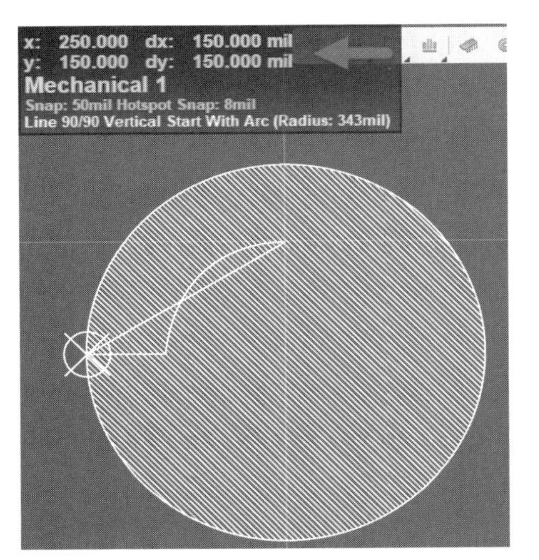

图 5-94　绘制圆环内径第一段圆弧

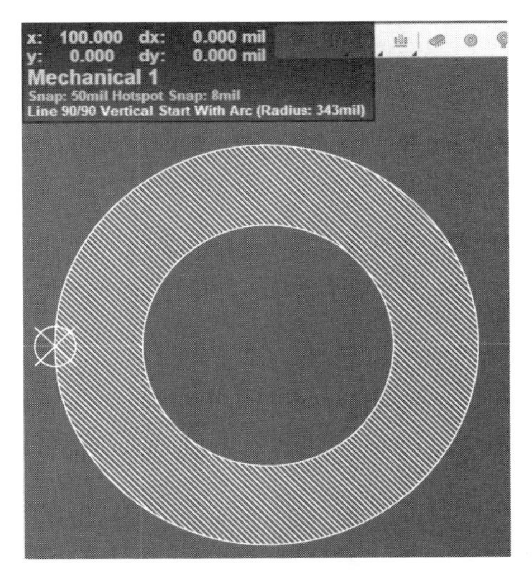

图 5-95　完成圆环外径和内径的绘制

（9）右击完成环形 3D 元器件体绘制。如图 5-96 所示为 2D 视图下完成的环状体。

（10）切换到 3D 模式（按快捷键 3）查看结果。如图 5-97 所示为 3D 模式下显示的环状 3D 元器件体。

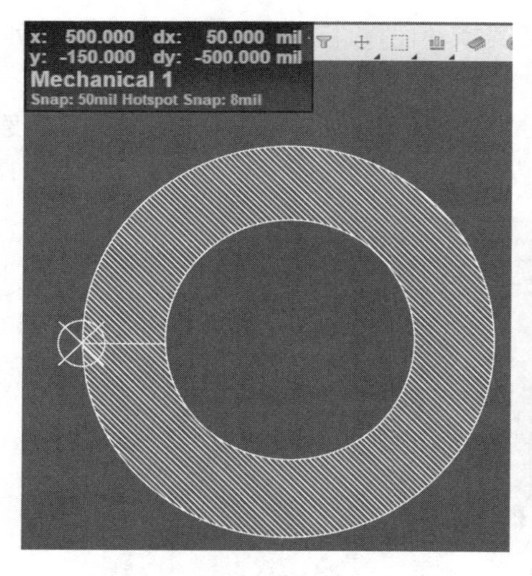

图 5-96　2D 视图下的环状元器件体

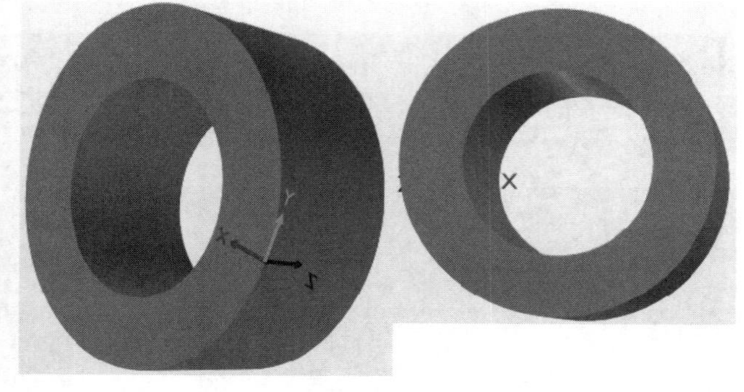

图 5-97　3D 视图下的环状元器件体

5.28　从现有的 PCB 文件中提取封装的方法

使用 Altium Designer 时，可以从 PCB 中生成封装库，用于提取 PCB 文件中的封装。

（1）打开 Altium Designer 软件，然后打开需要导出封装库的 PCB 文件，执行菜单栏中的“设计”→“生成 PCB 库”命令，或按快捷键 D+P，如图 5-98 所示。

（2）可以看到生成了一个和工程同名的封装库文件，切换到 PCB Library 面板可以查看生成的封装库，如图 5-99 所示。

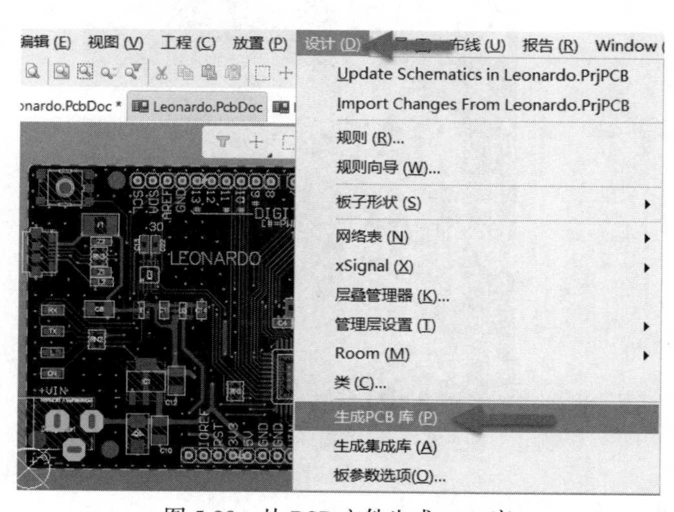

图 5-98　从 PCB 文件生成 PCB 库

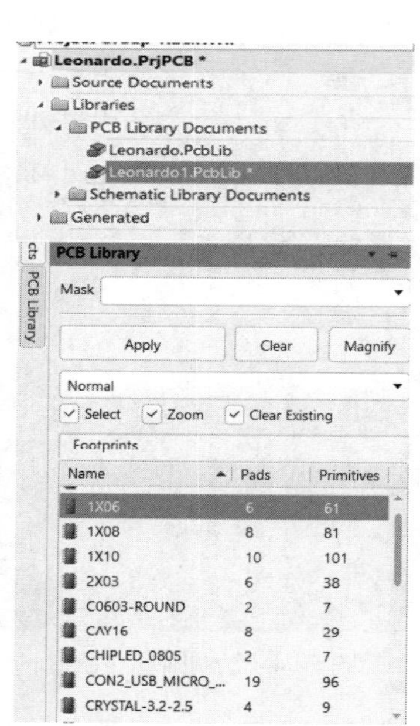

图 5-99　生成的 PCB 封装库

第6章 原理图器件放置与连接

CHAPTER 6

6.1 查找与替换操作

查找与替换文本方法如下。

（1）查找文本。用于在电路图中查找指定的文本，通过此命令可以迅速找到包含某一文字标识的元器件。

① 执行菜单栏中的“编辑”→“查找文本”命令，或者按快捷键 Ctrl+F，将弹出如图 6-1 所示的“查找文本”对话框。

② 输入想要查找的文本，如这里输入 U1，单击“确定”按钮开始查找，将弹出“发现文本–跳转”对话框，在该对话框中可以查看与所查找文本对应的所有对象，如图 6-2 所示。

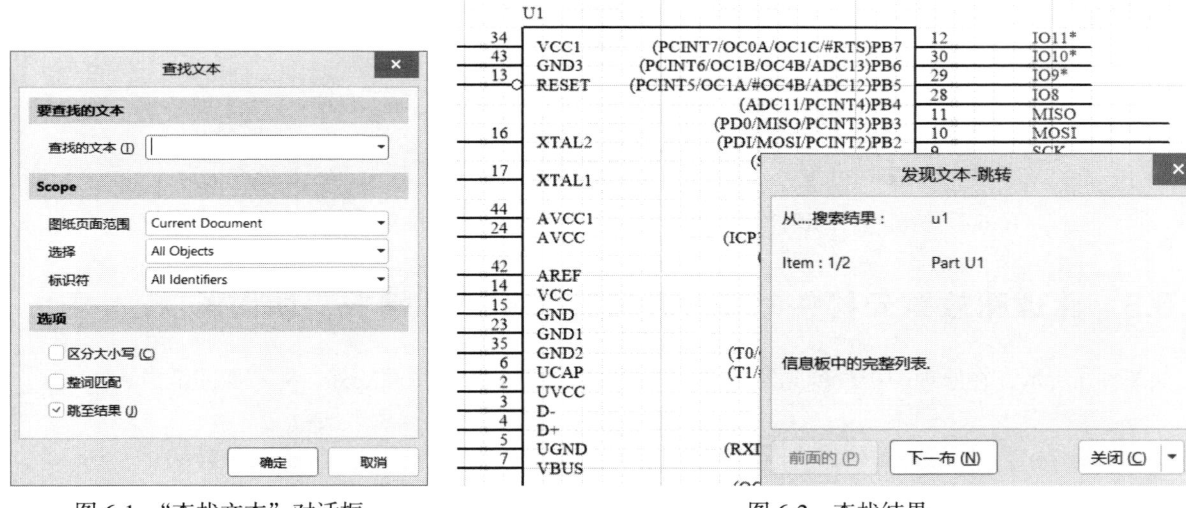

图 6-1 “查找文本”对话框　　图 6-2 查找结果

（2）替换文本。用新的文本替换电路图中的指定文本，在需要将多处相同文本修改成另一文本时非常有用。如将原理图中 1k 的电阻值全部修改为 100k，就可以使用替换文本操作来快速实现。

① 执行菜单栏中的“编辑”→“替换文本”命令，或按快捷键 Ctrl+H，将弹出如图 6-3 所示的“查找并替换文本”对话框。

图 6-3 “查找并替换文本”对话框

② 在“查找文本”文本框中输入原文本，在“用...替换”文本框中输入替换原文本的新文本，单击“确定”按钮即可完成文本的替换。

6.2 原理图中如何快速查找元器件位置

Altium Designer 在原理图中想要快速找到某一个元器件，可以按快捷键 J，然后在弹出的快捷菜单中执行“跳转到器件”命令，如图 6-4 所示，或者直接按快捷键 J+C。

在弹出的对话框中输入所要查找的元器件位号，单击“确定”按钮即可跳转到元器件所在的位置，如图 6-5 所示。

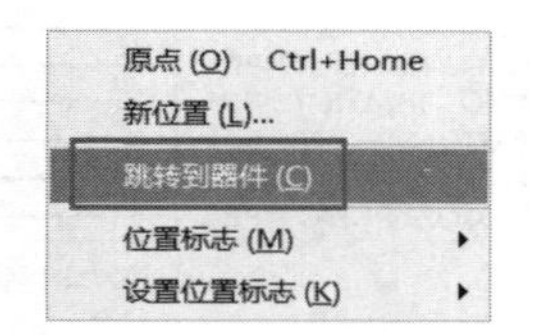

图 6-4 执行跳转到器件命令

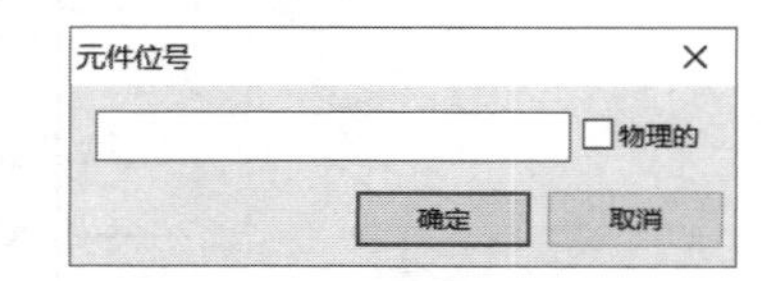

图 6-5 输入位号跳转到元器件所在位置

6.3 原理图放置元器件时元器件放到图纸外的情况，如何解决

如图 6-6 所示，在原理图中放置元器件时，元器件被放置在原理图图纸外，拖不回图纸内。

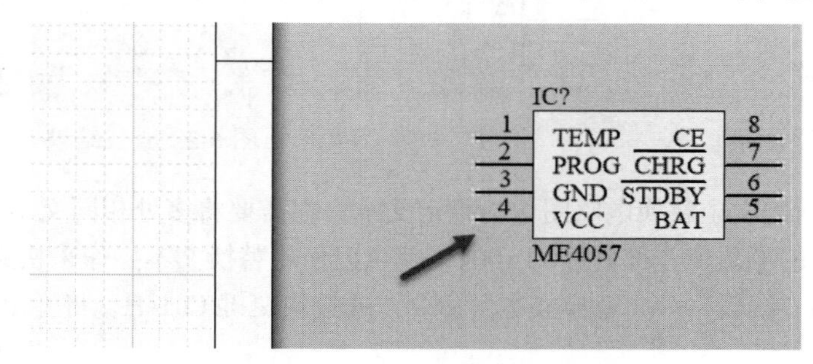

图 6-6 元器件放到图纸外

解决方法如下：

（1）执行菜单栏中的“编辑”→“选中”→“区域外部”命令，或者按快捷键 S+O，光标将变成十字形，框选图纸内的所有内容，软件会选中所框选区域外部的所有对象，如图 6-7 所示。

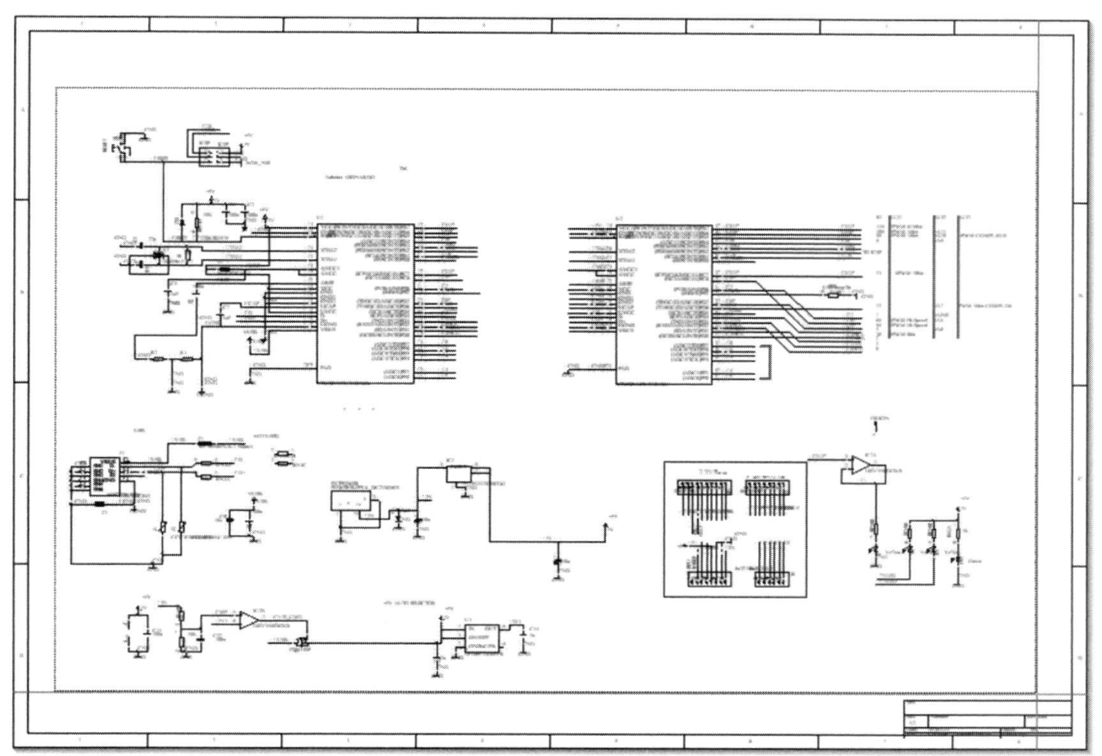

图 6-7　选择区域外部的对象

（2）选中图纸外的元器件后，按快捷键 M+S，移动元器件到图纸内即可，如图 6-8 所示。

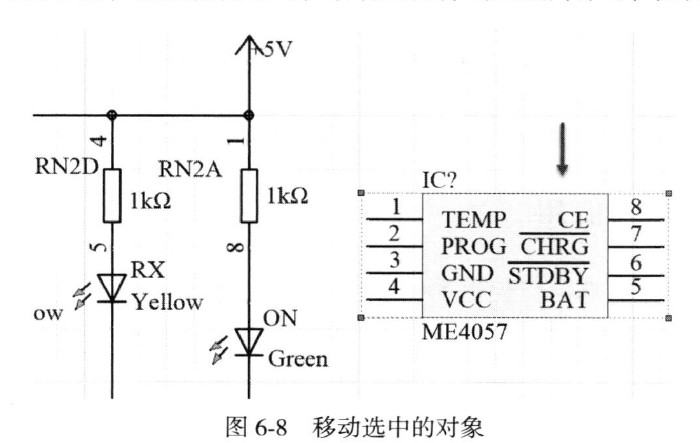

图 6-8　移动选中的对象

6.4 原理图放置元器件时按空格键无法旋转，如何解决

在 Altium Designer 原理图绘制过程中，经常有初学者遇到放置或选中元器件时按空格键无法旋转元器件，这是为什么呢？

解决方法如下：

可以尝试按快捷键 O+P，打开“优选项”对话框，在 Schematic 选项下的 Graphical Editing 参数选项中取消勾选“始终拖拽”复选框即可，如图 6-9 所示。

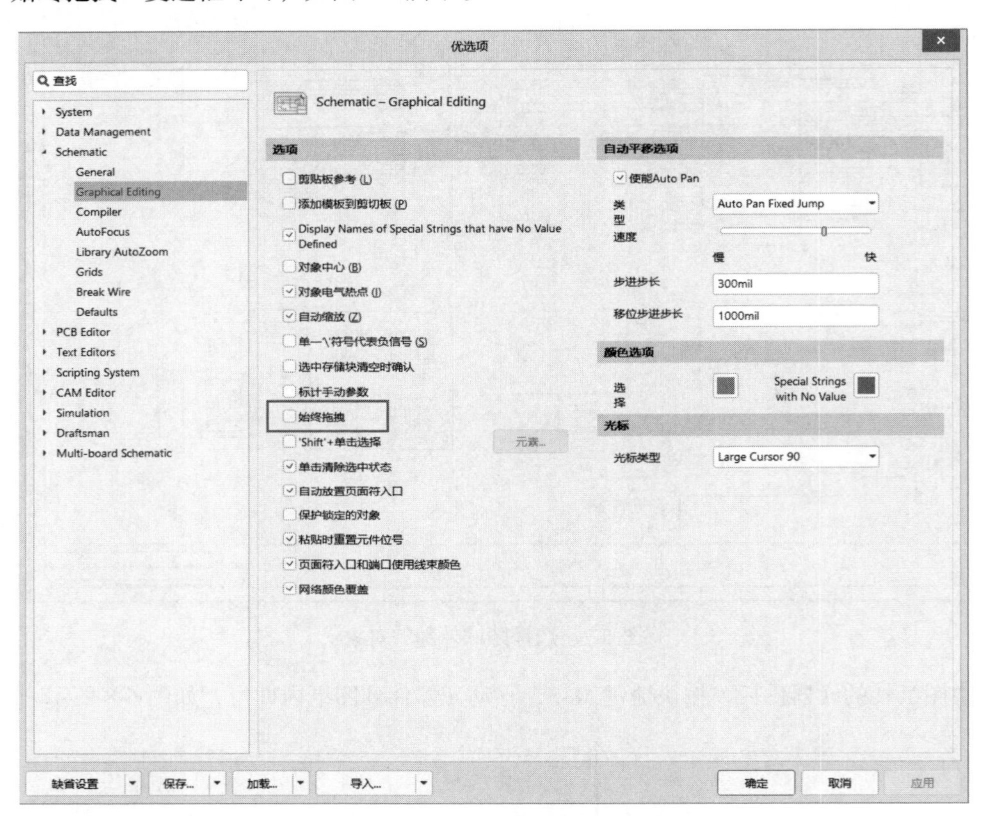

图 6-9　Schematic 参数设置

6.5 离图连接器的使用

在原理图编辑环境下，离图连接器（Off Sheet Connector）的作用与端口（Port）基本一致，只不过“离图连接器”通常用于同一工程内平坦式不同页原理图中相同电气网络属性之间的连接。离图连接器的使用方法如下：

（1）执行菜单栏中的“放置”→“离图连接器”命令或按快捷键 P+C。

（2）双击已经放置的离图连接器，或者在放置的过程中按 Tab 键修改离图连接器的网络名。

（3）在离图连接器上放置一段导线，并在导线上放置相应的网络标签，这样才算是一个完整的离图连接器的使用，如图 6-10 所示。

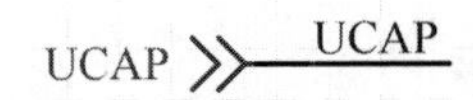

图 6-10　完整的离图连接器的使用

6.6　网络标签的使用

在原理图绘制过程中，元器件之间的电气连接除了使用导线外，还可以通过放置网络标签来实现。网络标签实际上就是一个具有电气属性的网络名，具有相同网络标签的导线或总线表示电气网络相连。在连接线路较远或走线复杂时，使用网络标签代替实际走线可使电路简化、美观，如图 6-11 所示。

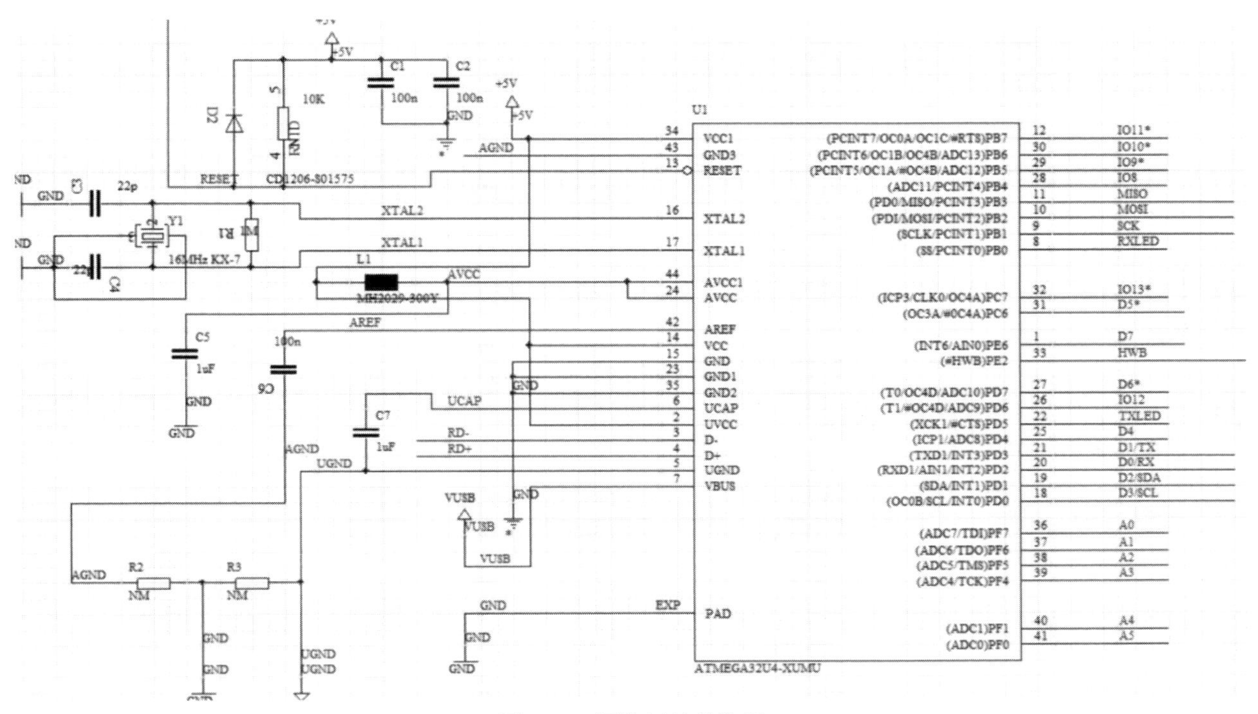

图 6-11　网络标签的使用

放置网络标签的方法有 4 种：

（1）执行菜单栏中“放置”→“网络标签”命令。

（2）单击布线工具栏中的 Net（放置网络标签）按钮。

（3）在原理图图纸空白区域右击，在弹出的快捷菜单中执行“放置”→“网络标签”命令。

（4）按快捷键 P+N。

放置网络标签的具体步骤如下：

① 启动放置网络标签的命令后，光标变成十字形，将光标移动到放置网络标签的位置（导线或总线），光标上出现红色的 ×，此时单击即可放置一个网络标签。但是一般情况下，为了避免后续修改网络标签的麻烦，在放置网络标签前，需要设置网络标签的属性。按 Tab 键打开网络标签属性编辑对话框，如图 6-12 所示。

② 移动光标到其他位置继续放置网络标签。一般情况下，放置完第一个网络标签后，如果网络标签的末尾是数字，那么后面放置的

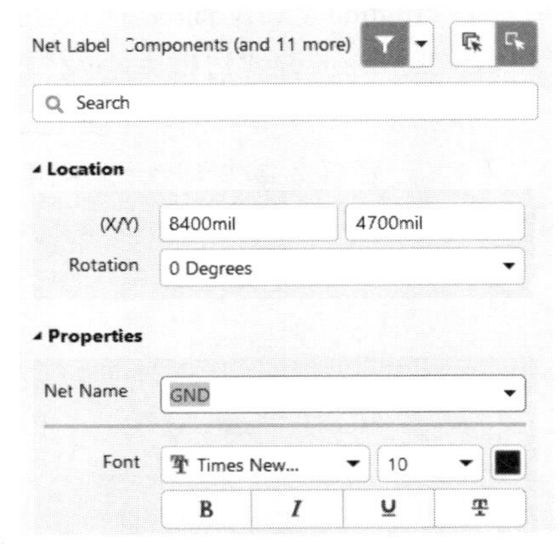

图 6-12　网络标签属性编辑对话框

网络标签的数字会递增。

③ 右击或按 Esc 键退出放置网络标签状态。

6.7 端口的应用

原理图的网络电气连接有 3 种形式，第一种是直接通过导线连接，第二种是通过放置相同的网络标号来实现，第三种是放置相同网络名称的输入输出端口。端口实现了从一个原理图到另一个原理图的连接，通常用于层次原理图。

端口放置的步骤如下：

（1）执行菜单栏中的“放置”→“端口”命令或按快捷键 P+R，或单击工具栏中的 （放置端口）按钮，光标上会附带一个端口符号。

（2）将光标移动到合适的位置单击，确定端口其中一端的位置，按空格键可进行旋转。再次移动光标确定端口另一端的位置，单击确定端口的位置。

（3）设置端口属性。双击已放置好的端口，或在放置状态时按 Tab 键，将弹出端口属性设置面板，如图 6-13 所示。

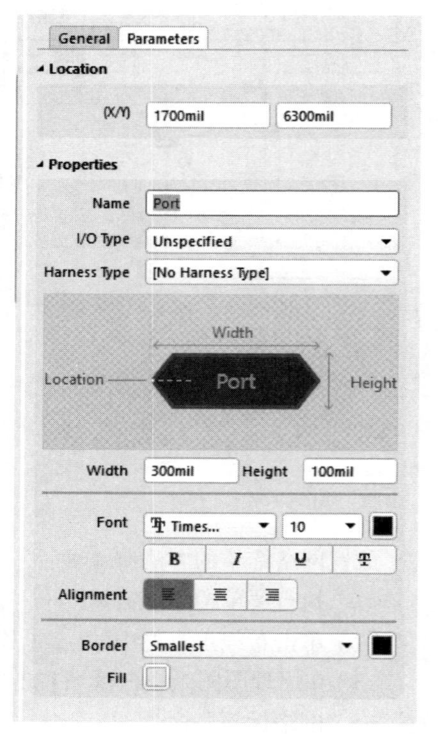

图 6-13 端口属性设置面板

属性设置面板中各参数含义如下：

① Location：端口在原理图上的坐标位置，一般不进行设置。

② Name：端口名称，最重要的属性之一，相同名称的端口存在电气连接关系。

③ I/O Type：端口的电气特性，为系统的电气规则检查提供依据。包含 4 种类型：Unspecified（未确定类型）、Output（输出端口）、Input（输入端口）、Bidirectional（双向端口）。若不清楚具体 I/O 类型，建议选择 Unspecified。

④ Width：设置端口宽度。

⑤ Height：设置端口高度。

⑥ Font：设置字体的类型、大小、颜色等。

⑦ Alignment：设置端口的名称位置，包括靠左、居中、靠右。

⑧ Border：设置边框大小及颜色。

⑨ Fill：设置端口内填充颜色。

（4）设置好后的端口如图 6-14 所示。

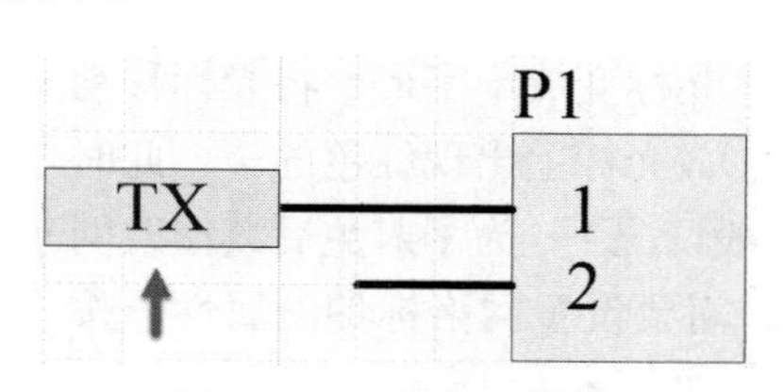

图 6-14 放置好的端口

6.8　总线的使用

一般画原理图时为了提高画图效率都采取少画总线的原则，但是总线的画法还是要掌握，毕竟工程实践中还会经常用到。下面介绍总线的绘制方法及注意事项。

（1）打开原理图，找到或放置两个需要用总线连接的元器件，如图 6-15 所示。

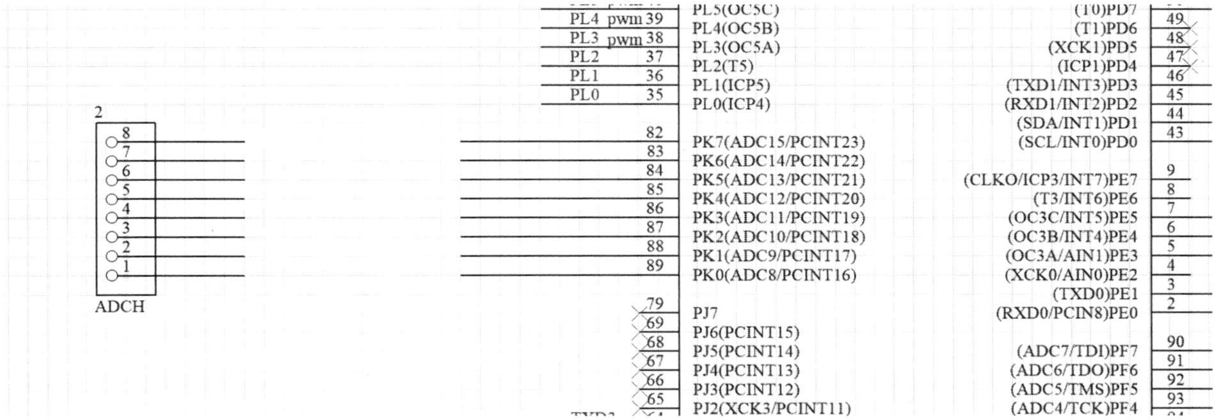

图 6-15　找到需要放置总线的对象

（2）在元器件上放置延长导线（注意是具有电气属性的线）并放置好相应的网络标签，如图 6-16 所示。

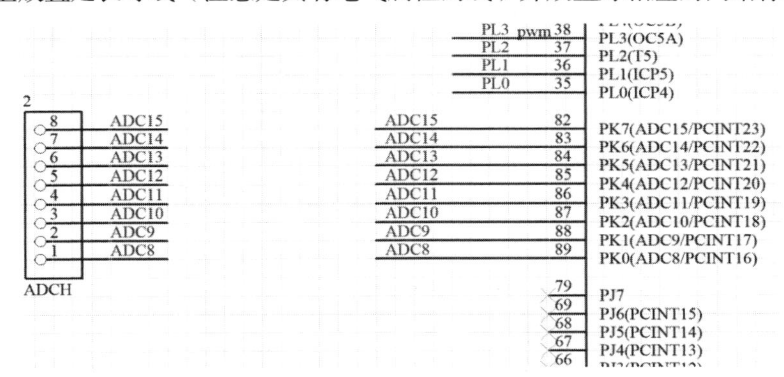

图 6-16　放置导线及网络标签

（3）放置总线，执行菜单栏中的“放置”→“总线”命令，或按快捷键 P+B，如图 6-17 所示。

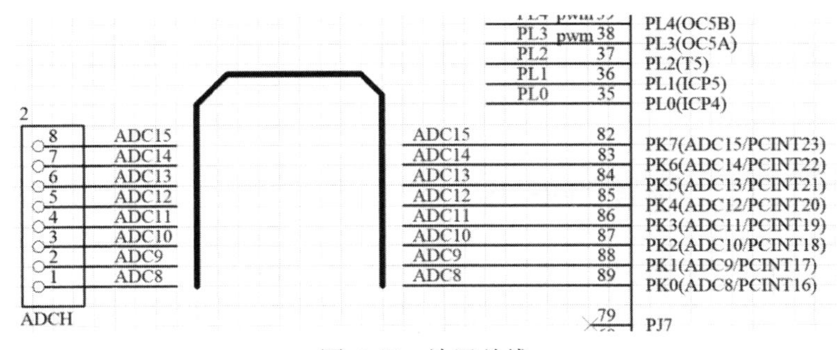

图 6-17　放置总线

（4）放置总线入口，执行菜单栏中的“放置”→“总线入口”命令，或按快捷键 P+U。将总线入口的一端与总线连接，另一端与元器件延长导线连接，如图 6-18 所示。

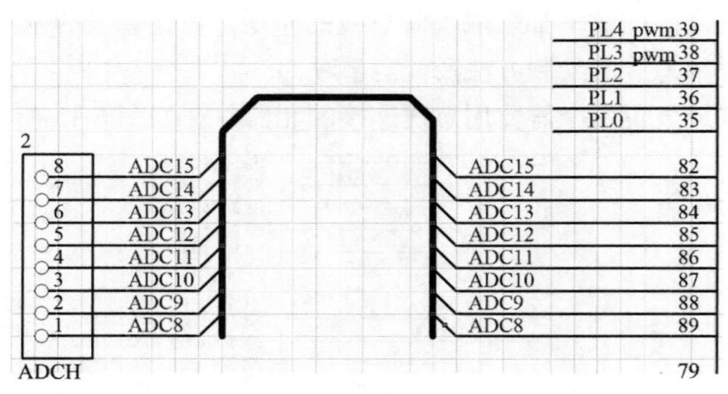

图 6-18　放置总线入口

提示：必须先放总线再放总线入口，否则会出现总线和总线入口未连接的情况，如图 6-19 所示。

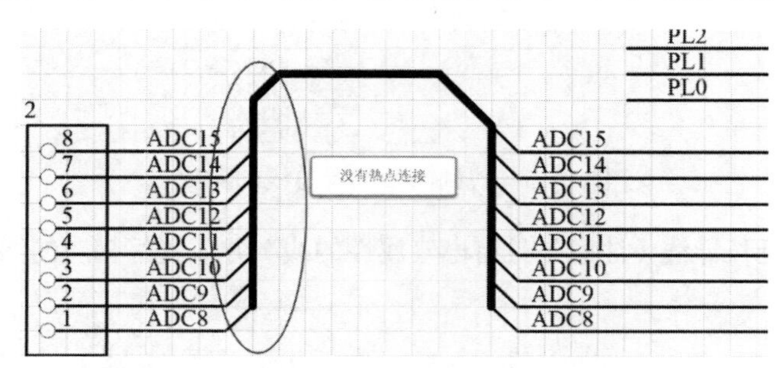

图 6-19　总线和总线入口未连接

（5）最后，在总线上放置网络标签，命名方式为 XXX[X..X]，如此处命名为 ADC[8..15]，如图 6-20 所示。至此，一个完整的总线绘制流程就结束了。

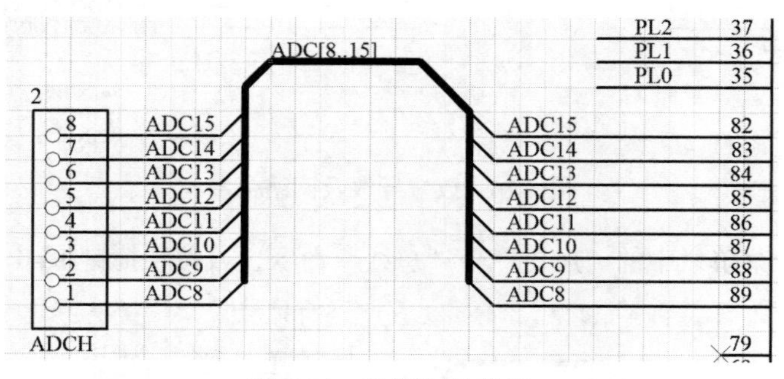

图 6-20　绘制好的总线

6.9　通用 No ERC 标号的使用

在 PCB 设计的过程中，系统进行原理图的电气规则检查（ERC）时，有时会产生一些可忽略的错误报告。例如出于电路设计的需要，一些元器件的个别引脚可能被空置，但在默认情况下，所有的引脚都必须进行连接，这样在 ERC 检查时，系统会默认为空置的引脚使用错误，并在引脚处出现一个错误标记。

为了避免 ERC 检测这种“错误”而浪费时间，可以放置通用 NO ERC 标号，让系统忽略对此处的 ERC 检测，不再产生错误报告。

放置通用 NO ERC 标号的具体步骤如下。

（1）执行菜单栏中的“放置”→“指示”→“通用 NO ERC 标号”命令，或单击工具栏中的×（放置通用 NO ERC）按钮，也可以按快捷键 P+V+N，光标将变成十字形，并带有一个红色的×（通用 NO ERC 标号）。

（2）将光标移动到需要放置 NO ERC 标号的位置，单击即可完成放置，如图 6-21 所示。

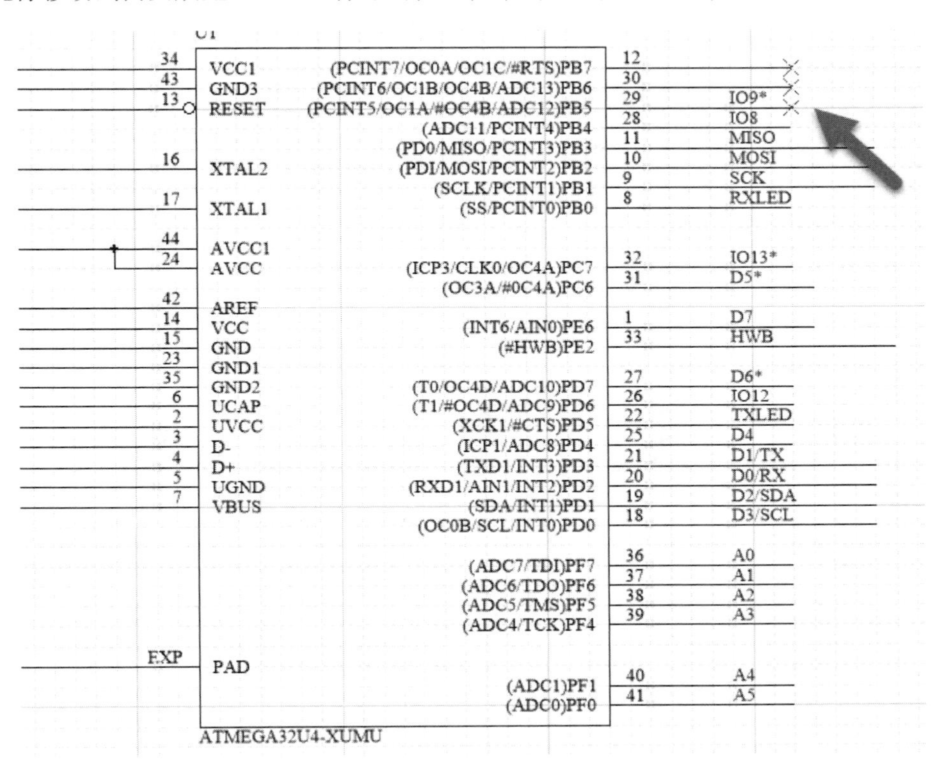

图 6-21　通用 NO ERC 标号的放置

6.10　自动为端口添加页码

设计层次原理图过程中，或在打印原理图之后，有时希望知道某一个网络分布在哪些页面上，以方便查看网络连接情况。Altium Designer 22 为网络端口添加网络标号指示页的方法如下：

（1）为每个原理图页面进行编码，执行菜单栏中的“工具”→“标注”→“图纸编号”命令，或按快捷键 T+A+T，打开页面编码对话框，如图 6-22 所示。

（2）设置页面编码对话框中的参数，依次单击“自动图纸编号”“自动文档编号”和“更新原理图数量”按钮，也可单击相应的文本框修改编号，通过上下移动确定编号的先后位置，然后单击“确定”按钮完成，如图 6-23 所示。

（3）设置网络识别符的作用范围。执行菜单栏中的“工程”→“工程选项”命令，在工程选项设置对话框中选择 Options 选项卡，将网络识别符范围设置为 Flat（Only ports global），如图 6-24 所示。

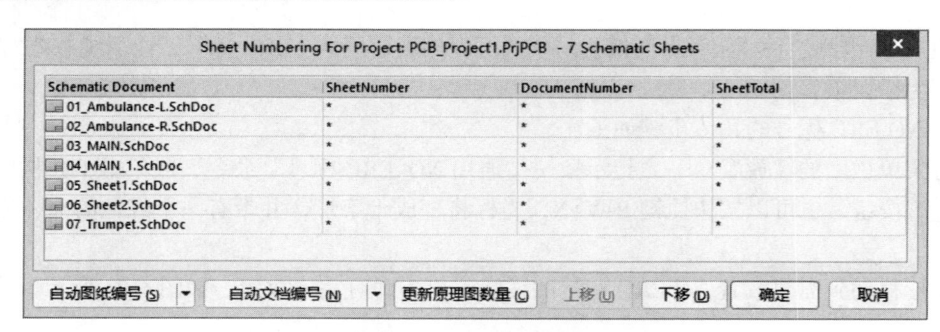

图 6-22　页面编码对话框

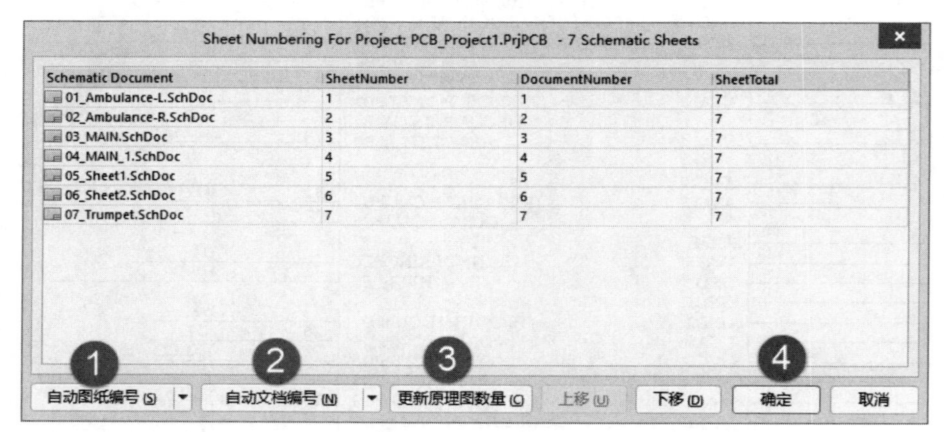

图 6-23　设置编号

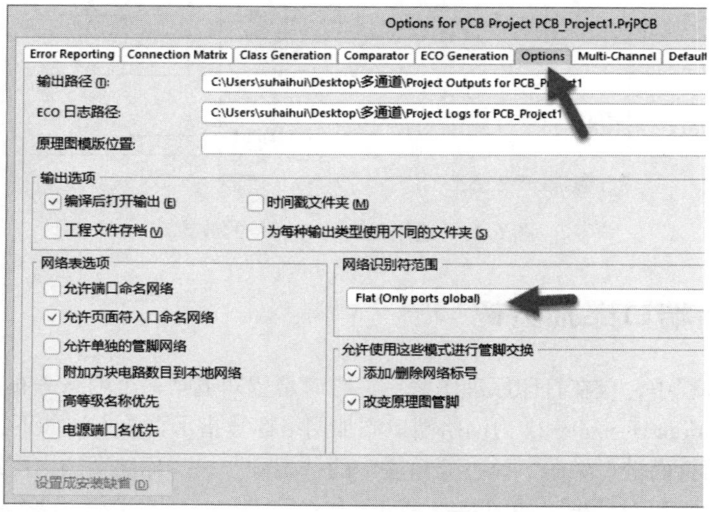

图 6-24　工程选项设置对话框

（4）设置原理图图纸和位置的显示类型。按快捷键 O+P 打开“优选项”对话框，在 Schematic–General 页面中的“端口交叉参考”选项组中进行设置，如图 6-25 所示。

（5）给工程添加交叉端口。执行菜单栏中的“报告”→“端口交叉参考”→“添加到工程”命令，如图 6-26 所示。可以看到端口旁边已经带上原理图的相应编号，如图 6-27 所示。

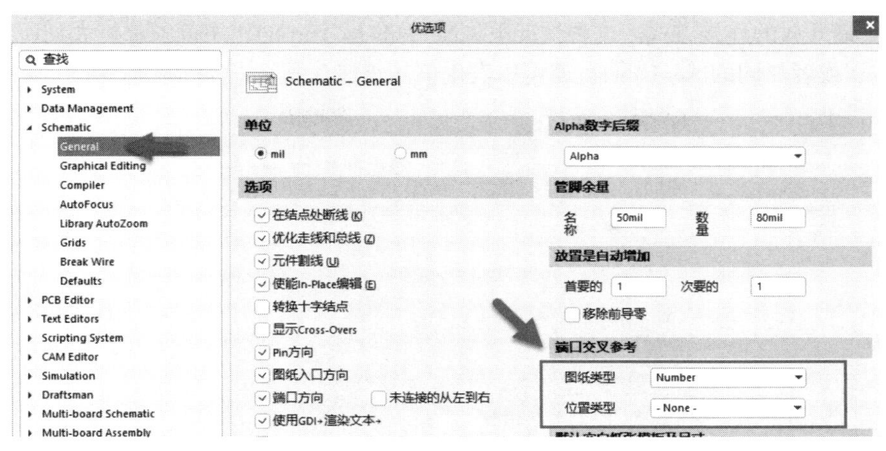

图 6-25　设置端口交叉类型

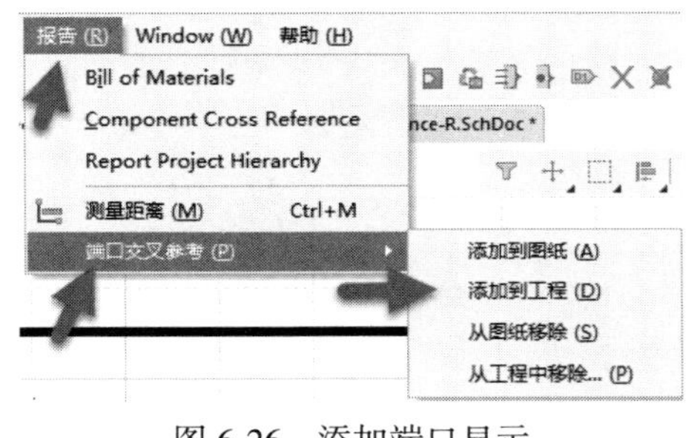

图 6-26　添加端口显示

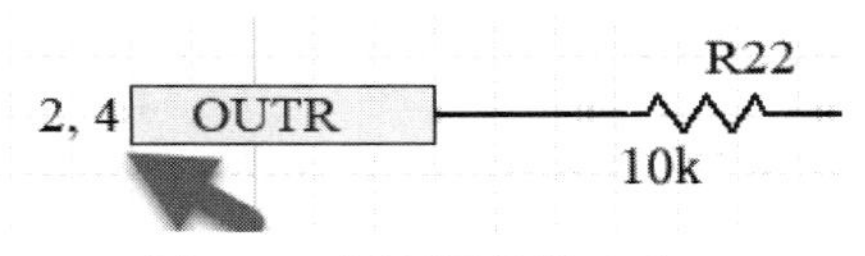

图 6-27　原理图编号显示

6.11　网络标签作用范围的设置

在同一工程下有多页原理图时，不同页原理图之间可以通过 Net Label（网络标签）进行连接，而 Altium Designer 默认的 Net Label 作用范围为 Automatic，即当原理图中有 Sheet Entry（图纸入口）或 Port（端口）时，Net Label 的作用范围为单张图纸。在实际设计中，由于存在 Port，又要求 Net Label 作用范围为全局，因此需要修改 Net Label 的作用范围。下面介绍详细的设置方法。

执行菜单栏中的“工程”→“工程参数”命令，在工程参数设置对话框中选择 Options 选项卡，将“网络识别符范围”（Net Identifier Scope）设置为 Global（Netlabels and ports global），单击“确定”按钮完成，如图 6-28 所示。

Net Label 的作用范围有以下 4 种：

（1）Automatic：默认选项，表示系统会检测项目图纸内容，从而自动调整网络标识的范围。检测及自动调整的过程如下：如果原理图里有 Sheet Entry 标识，则网络标识的范围调整为 Hierarchical；如果原理图里没有 Sheet Entry 标识，但是有 Port 标识，则网络标识的范围调整为 Flat；如果原理图里既没有 Sheet Entry 标识，又没有 Port 标识，则 Net Label 的范围调整为 Global。

（2）Flat：代表扁平式图纸结构。这种情况下，Net Label 的作用范围仍是单张图纸以内，而 Port 的作用范围扩大到所有图纸，各图纸只要有相同的 Port 名，就可以实现信号传递。

（3）Hierarchical：代表层次式结构。这种情况下，Net Label、Port 的作用范围是单张图纸以内。当然，Port 可以与上层的 Sheet Entry 连接，以纵向方式在图纸之间传递信号。

（4）Global：最开放的连接方式。这种情况下，Net Label、Port 的作用范围都扩大到所有图纸。各图纸只要有相同的 Port 或者相同的 Net Label，就可以发生信号传递。

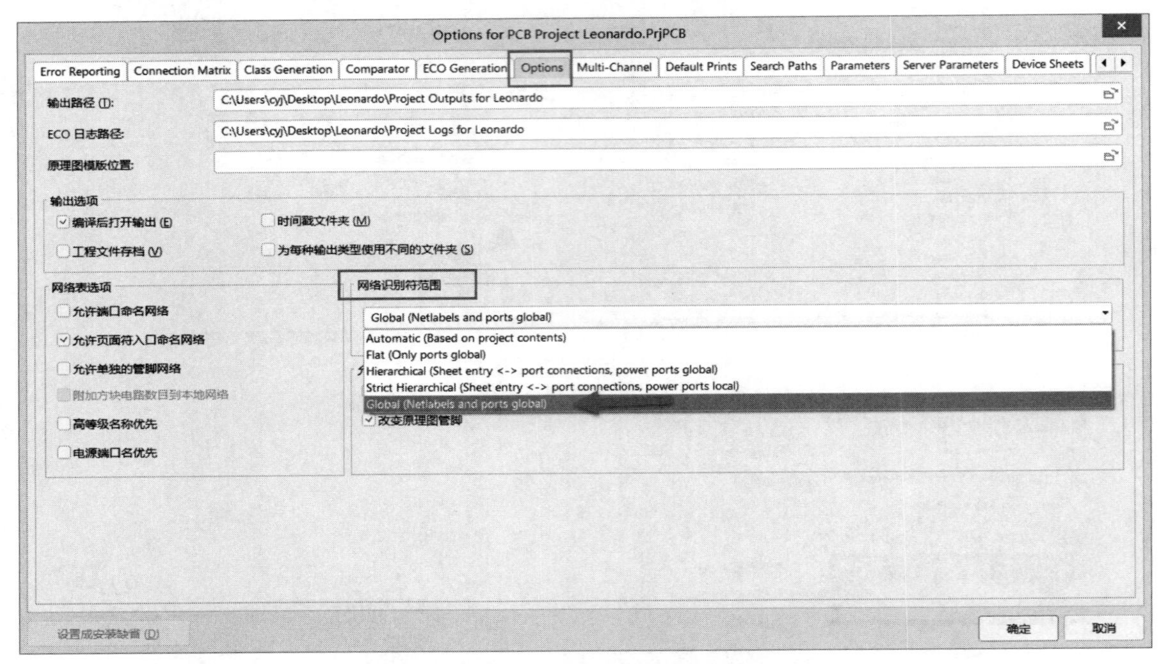

图 6-28　修改网络识别符作用范围

6.12　原理图中设置差分对

原理图中设置差分对信号步骤如下。

（1）执行菜单栏中的“放置”→“指示”→“差分对”命令，如图 6-29 所示。也可按快捷键 P+V+F。

（2）将光标移动到需要放置差分对标号的位置，单击即可完成放置，如图 6-30 所示。

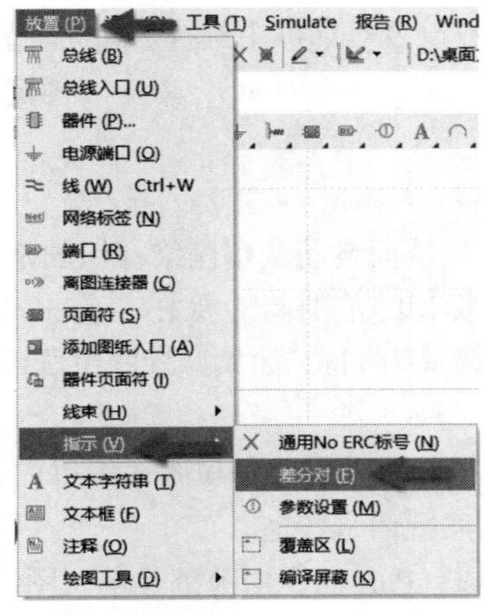

图 6-29　放置差分对指示

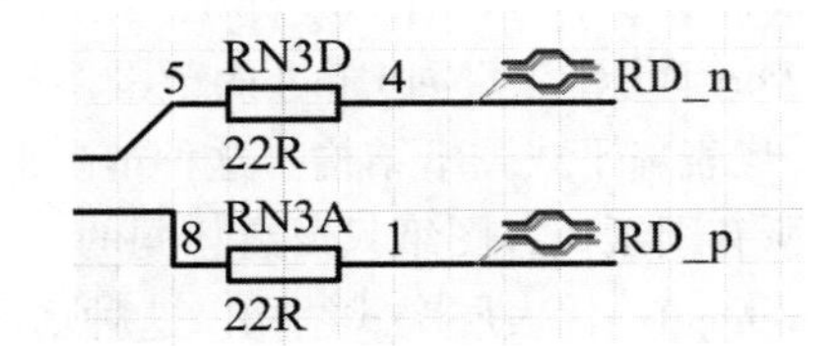

图 6-30　差分对指示的放置

网络名称后缀必须为_n/_p，如 RD_n、RD_p。原理图更新到 PCB 后，即可通过差分对布线命令连接差分信号。

6.13　端口（Port）与对应的网络未连接，如何解决

Altium Designer 软件中相同网络的端口与网络标签无法认定为连接。如需使端口与网络标签相连，需要放置端口后，再在端口上放置一个 Netlabel（网络标签），如图 6-31 所示，否则端口就是一个单端网络。

图 6-31　端口的正确使用

6.14　原理图中切断已连导线的操作

如果希望切断原理图中已经连接好的导线，可执行菜单栏中的“编辑”→“打破线”命令，或者按快捷键 E+W，光标将变成打破线的图标。将光标移动到需要切断导线的位置并单击，即可完成切断导线的操作，如图 6-32 所示。

切断后的导线效果如图 6-33 所示。

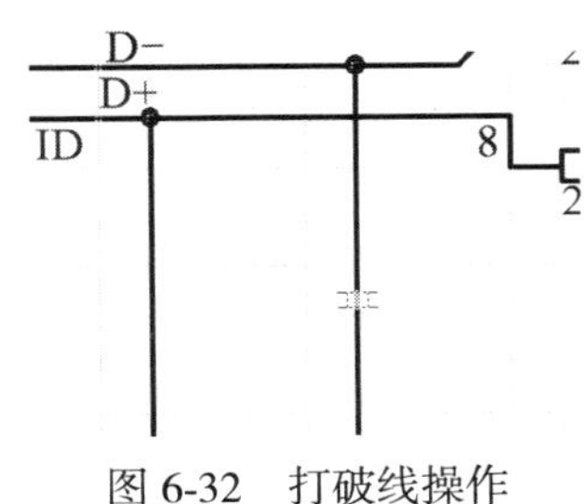

图 6-32　打破线操作

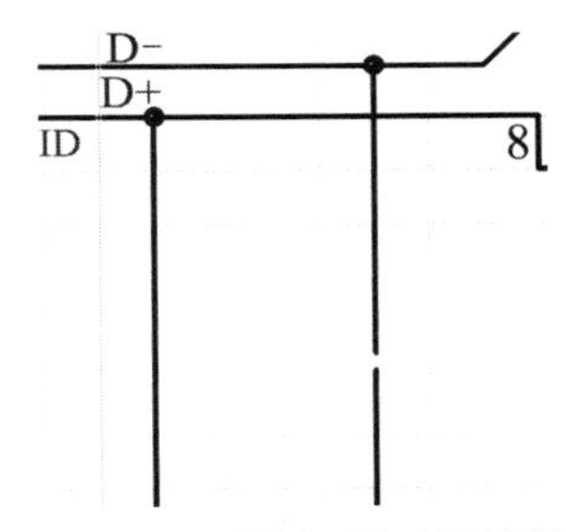

图 6-33　导线切断后的效果

提示：在打破线的状态下按空格键可切换切刀的宽度。

6.15　绘制原理图时导线交叉处不产生节点的连线方式

Altium Designer 原理图中绘制导线时，如果两根导线有交叉，又不希望交叉处产生节点，如何操作？

解决方法如下：

连线的过程中遇到不希望产生节点的交叉处可直接穿过，不在导线上单击即不会自动产生节点，如图 6-34 所示。

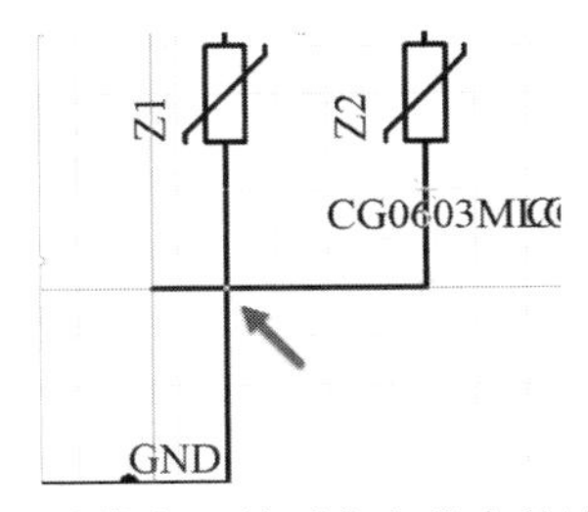

图 6-34　导线交叉处不产生节点的连线方式

6.16 原理图如何切换走线拐角方式

在原理图中连接导线时，可以通过按快捷键 Shift+空格键来切换导线的拐角方式，如图 6-35 所示。

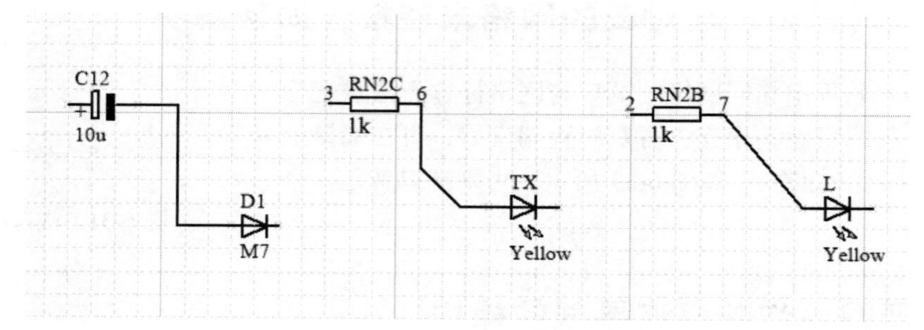

图 6-35 导线的 3 种拐角方式

6.17 原理图放置元器件时切断线导线并且自动连接好的设置

Altium Designer 原理图绘制中放置元器件时，如果希望在已经连接好的导线中间放置元器件，如何设置让元器件自动切断导线并将导线连接在元器件引脚两端？

实现方法如下：

按快捷键 O+P 打开“优选项”对话框，在 Schematic 选项下的 General 选项中勾选“元件割线”复选框即可，如图 6-36 所示。

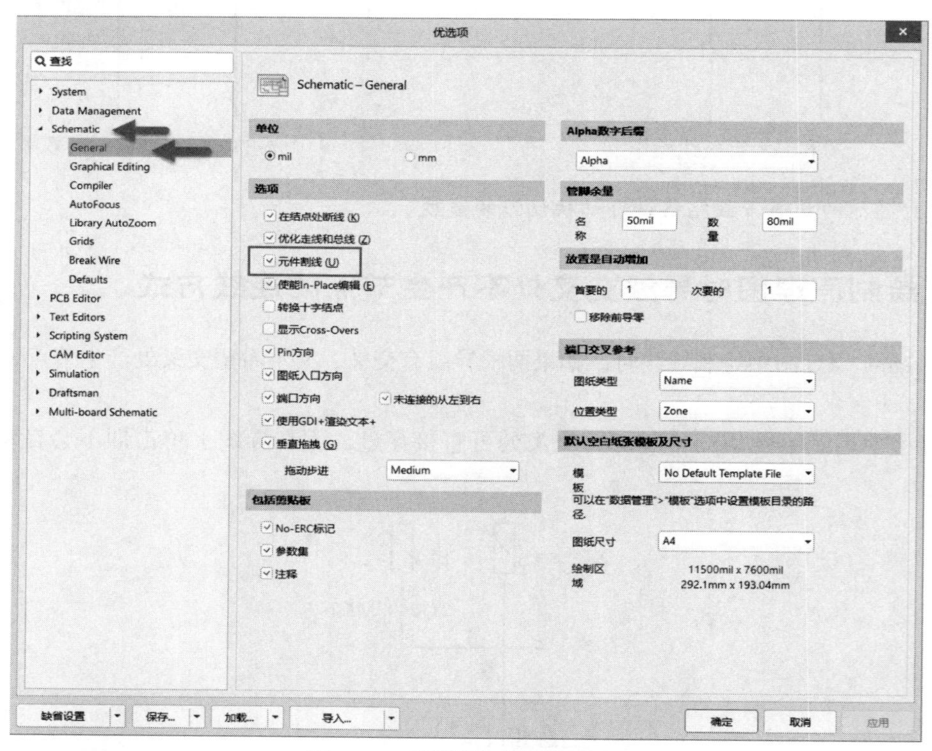

图 6-36 元器件切割导线设置

6.18　如何在原理图中批量修改名称相同的网络标签、批量修改元器件参数

1. 批量修改网络标签

（1）选中其中一个网络标签，右击，在弹出的快捷菜单中执行“查找相似对象”命令，如图 6-37 所示。

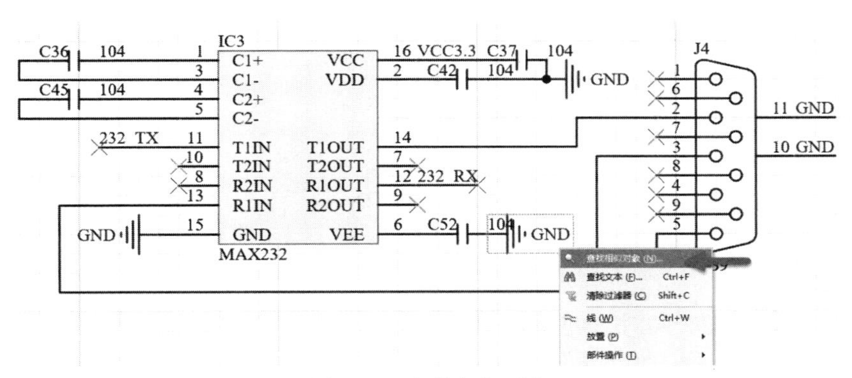

图 6-37　查找相似对象

（2）在弹出的“查找相似对象”对话框中将该网络标签的查找范围设置为 Same，然后单击“确定”按钮，如图 6-38 所示。

（3）将弹出 Properties 面板，直接在 Net Name 文本框中修改网络标签，如图 6-39 所示。效果如图 6-40 所示（因为选择的对象是 GND 电源端口，所以 GND 网络标签没有变化）。

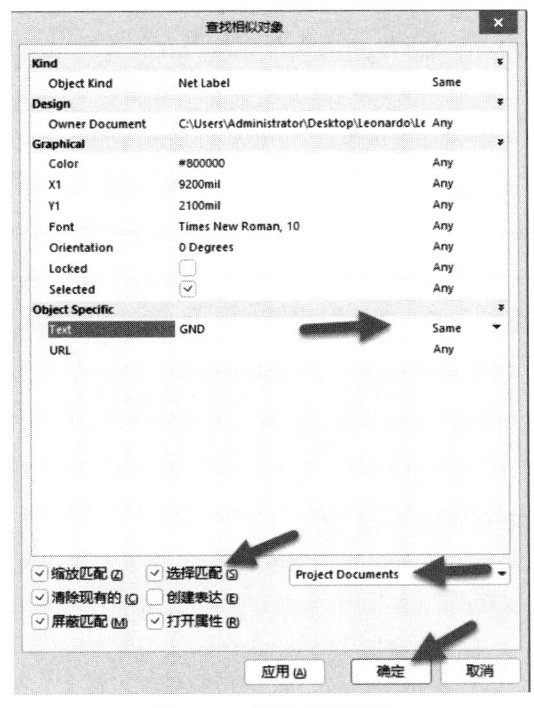

图 6-38　设置查找范围

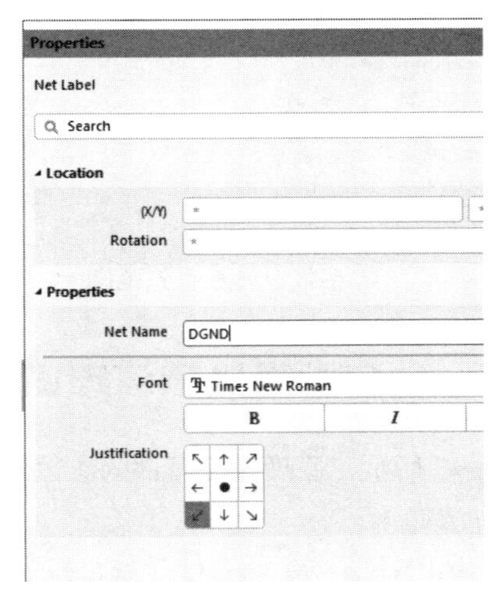

图 6-39　全局修改网络标签

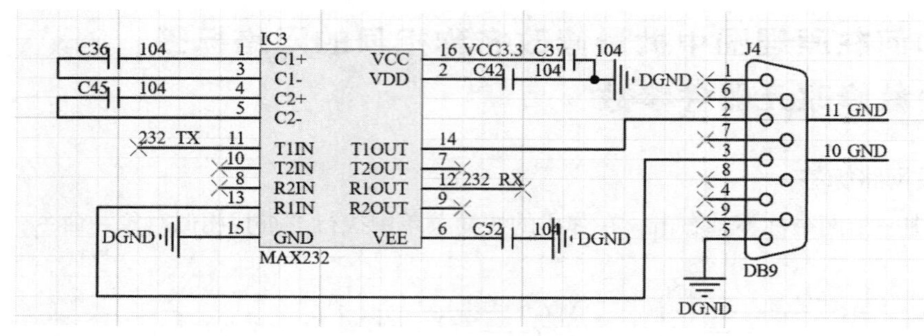

图 6-40　修改效果

2. 批量修改元器件参数

（1）这里以修改元器件阻值为例，先选中其中一个阻值，然后右击，在弹出的快捷菜单中执行“查找相似对象”命令，在弹出的“查找相似对象”对话框中将该阻值的查找范围设置为 Same，然后单击“确定”按钮，如图 6-41 所示。

（2）将弹出 Properties 面板，直接在 Value 文本框中修改阻值，如图 6-42 所示。

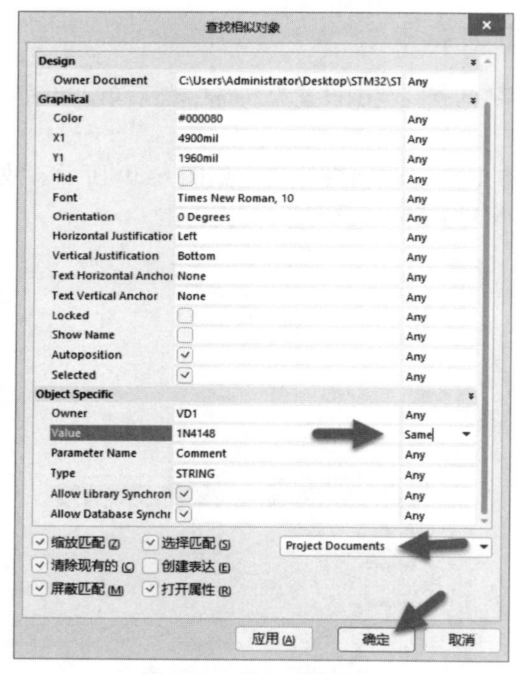

图 6-41　设置查找范围

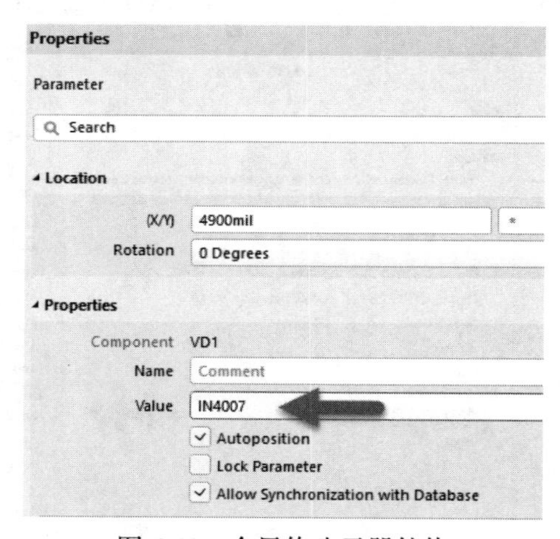

图 6-42　全局修改元器件值

6.19　如何批量隐藏原理图中的元器件参数信息

如图 6-43 所示，原理图元器件的参数信息如何批量隐藏？

实现方法如下：

（1）先选中任意一个元器件参数，右击，在弹出的快捷菜单中执行“查找相似对象”命令，如图 6-44 所示。

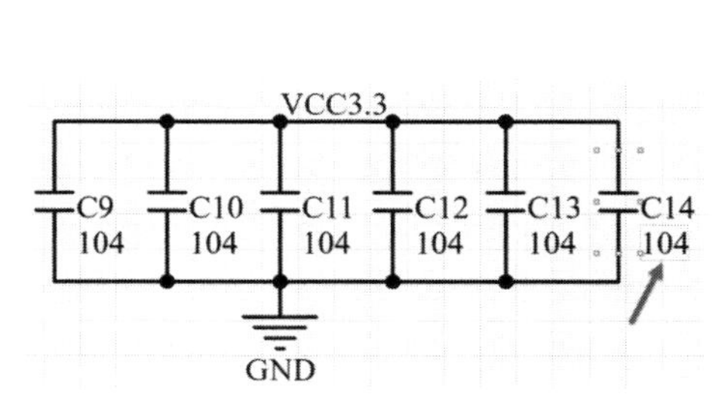

图 6-43　原理图元器件参数

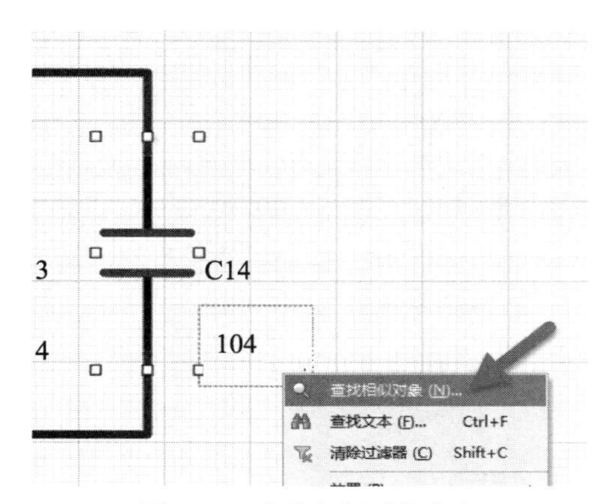

图 6-44　查找相似对象命令

（2）在弹出的如图 6-45 所示的 Design 对话框中进行设置。

（3）单击“确定”按钮，在弹出的 Properties 面板中批量隐藏元器件参数，如图 6-46 所示。

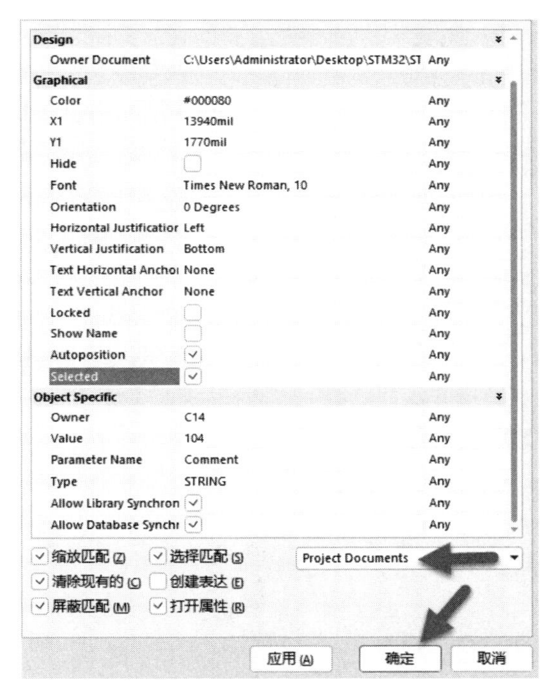

图 6-45　Design 对话框

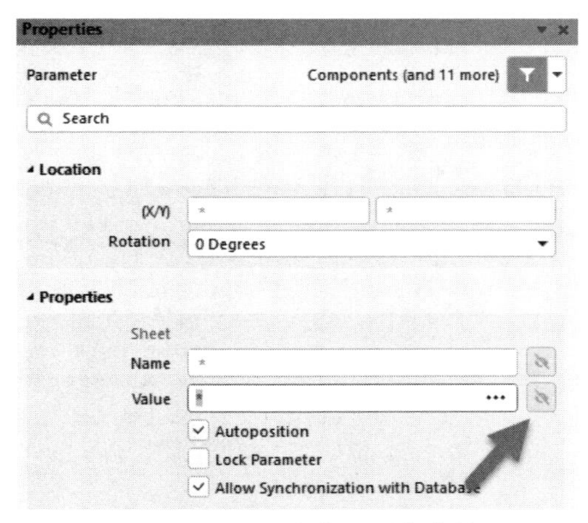

图 6-46　批量隐藏元器件参数

6.20　原理图编辑界面高亮网络时显示图中连接关系的设置

如图 6-47 所示，高亮原理图时有飞线连接显示图中的连接关系，如何设置？

设置方法如下：

按快捷键 O+P 打开优选项，在 System 选项下的 Navigation 选项中勾选“连接图”复选框即可，如图 6-48 所示。

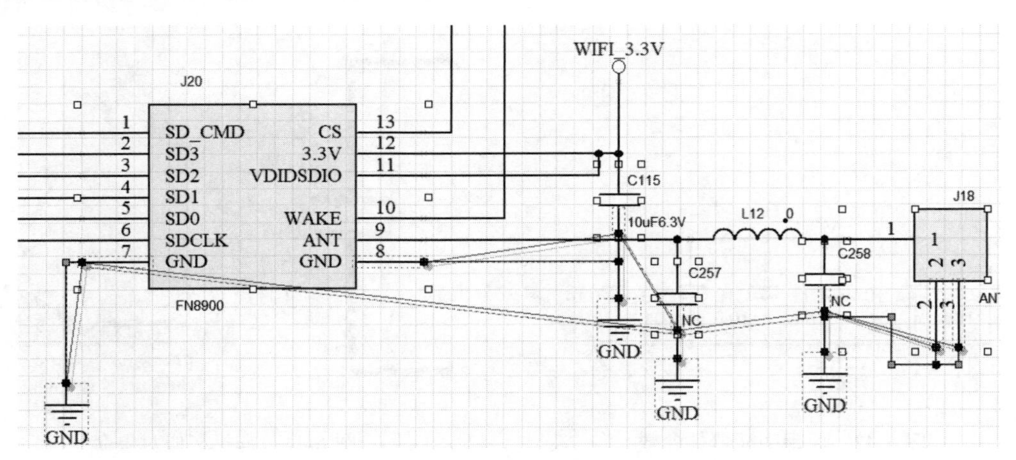

图 6-47 高亮原理图网络时显示图中连接关系

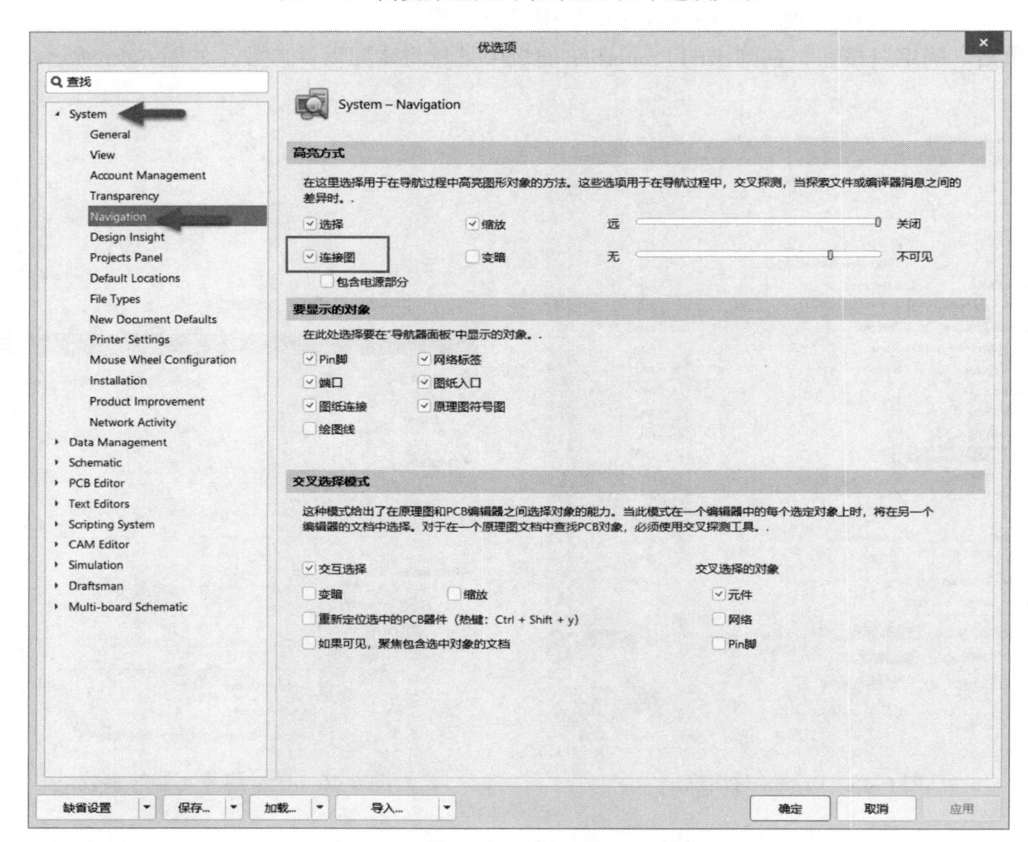

图 6-48 原理图高亮网络时显示图中连接关系设置

第 7 章 原理图常规设置

CHAPTER 7

7.1 原理图图纸大小的设置

Altium Designer 在绘制原理图时，经常需要修改原理图的大小。

修改方法如下：

在原理图图纸框外任意空白位置双击，在弹出的设置面板的 Sheet Size 下拉列表框中可以修改原理图图纸的大小，如图 7-1 所示。

如果是低版本的 Altium Designer 软件，修改界面如图 7-2 所示。

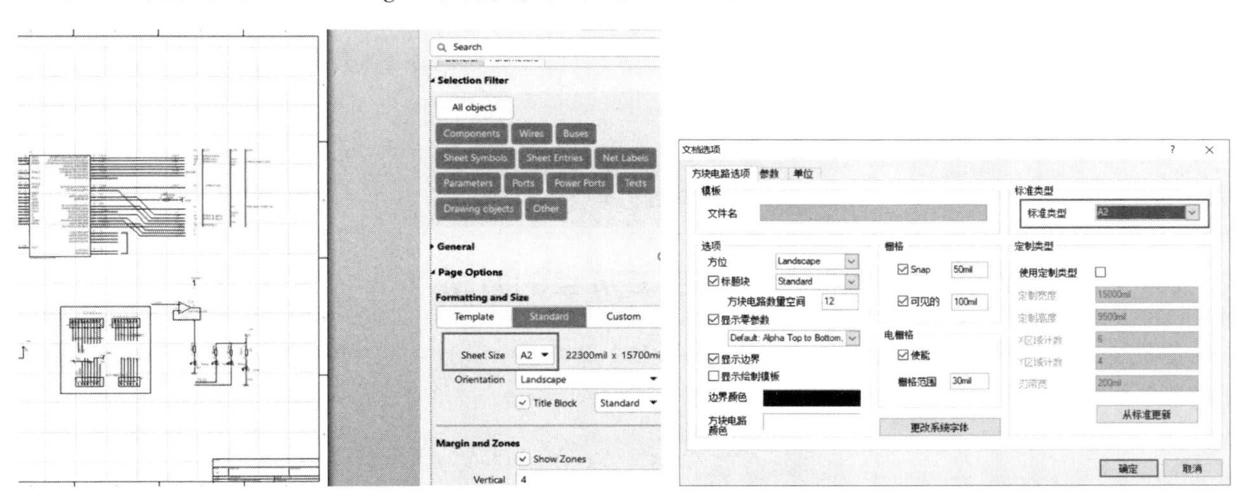

图 7-1　修改原理图图纸大小

图 7-2　低版本 Altium Designer 软件中修改原理图图纸大小

7.2 原理图编辑界面的栅格设置

原理图编辑界面可以按快捷键 G 在 10\50\100mil 之间切换单位，也可单击工具栏中的 ▦ ▾（栅格）按钮，进行栅格的设置，如图 7-3 所示。

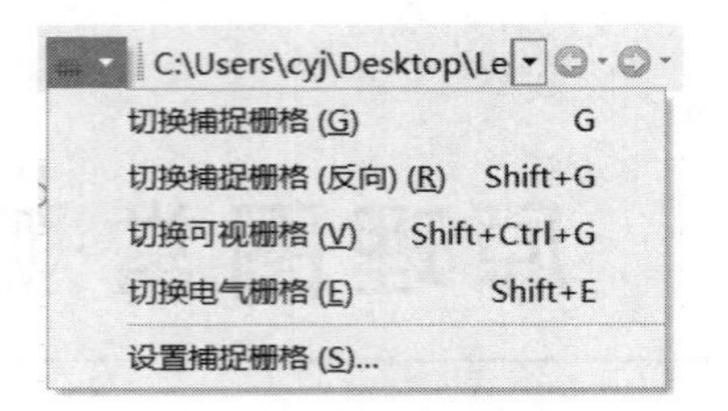

图 7-3 单击 ▦ ▾按钮进行栅格设置

7.3 原理图栅格类型及栅格颜色的修改

按快捷键 O+P 打开“优选项”对话框，在 Schematic 选项下的 Grids 选项中修改栅格类型及栅格颜色，如图 7-4 所示。

图 7-4 修改栅格类型及栅格颜色

7.4 Altium Designer 22 放置手工节点的方法

按照 3.6 节的方法在 Altium Designer 22 的“放置”菜单栏中添加一个“手工节点”命令。添加好命令后的菜单如图 7-5 所示，此时即可放置手工节点。

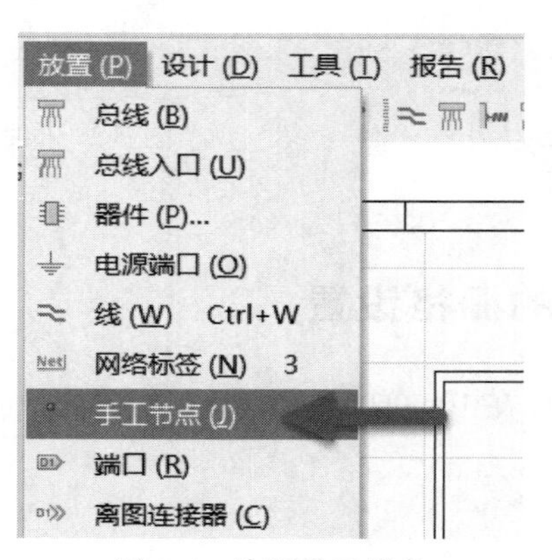

图 7-5 放置手工节点

7.5　原理图中节点的颜色更改

如图 7-6 所示，在 Altium Designer 的原理图界面，导线连接的交叉节点显示为红色，怎样更换其交叉节点的颜色？

（1）打开“优选项”对话框，在 Schematic 选项下选择 Compiler，如图 7-7 所示。

（2）双击“自动节点”选项组“颜色”后面的色块，将弹出如图 7-8 所示的“选择颜色”对话框，可在其中任意更改节点颜色。

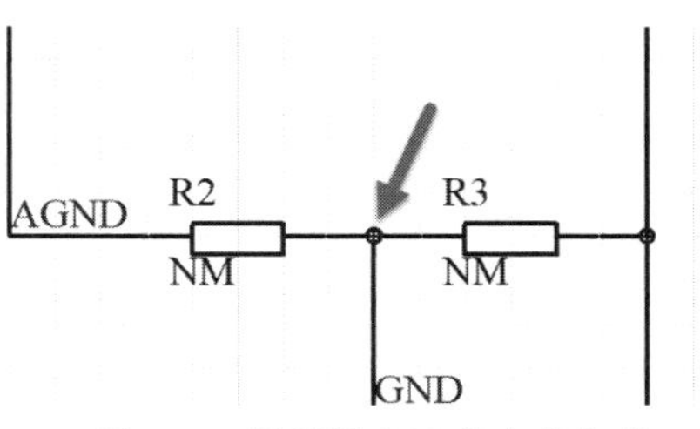

图 7-6　原理图交叉节点为红色

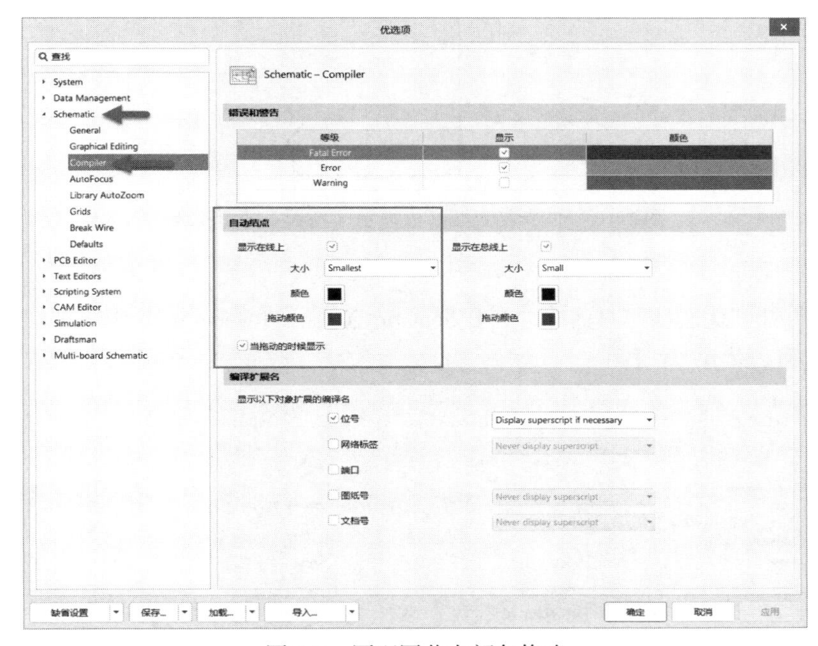

图 7-7　原理图节点颜色修改

（3）选择颜色完成后，单击“确定”按钮，退出对话框，可以看到原理图中交叉节点的颜色已被修改了，如图 7-9 所示。

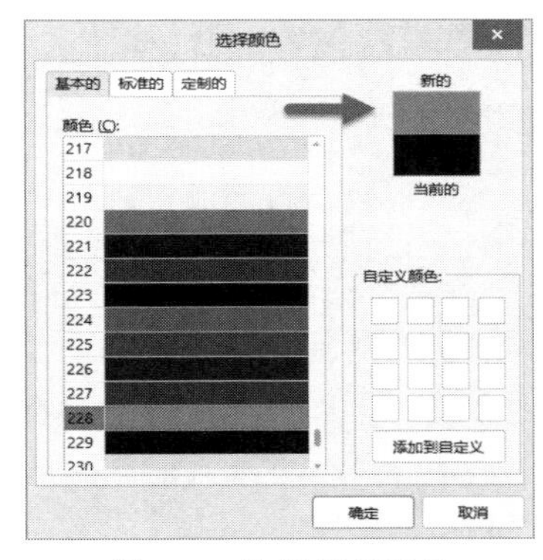

图 7-8　选择节点颜色

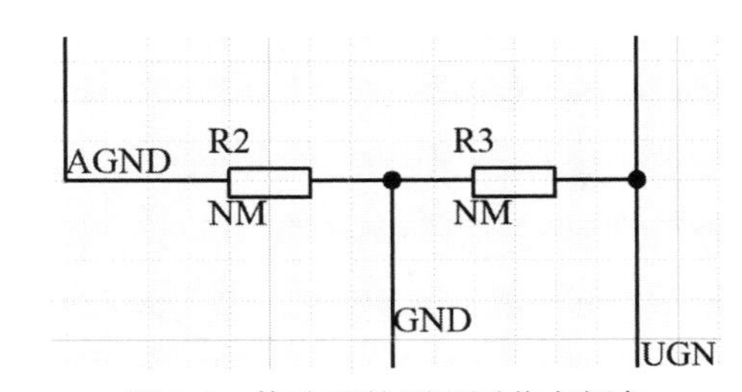

图 7-9　修改后的原理图节点颜色

7.6 原理图连接导线时非节点交叉部分显示“桥梁”横跨效果的设置

如图 7-10 所示，原理图连接导线时非节点交叉部分显示“桥梁”横跨效果，如何实现？

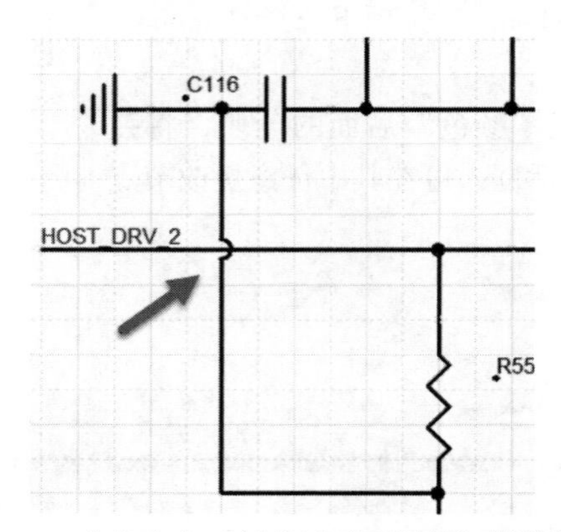

图 7-10 非节点交叉部分显示“桥梁”横跨效果

实现方法如下：

按快捷键 O+P 打开“优选项”对话框，在 Schematic 选项下的 General 选项中勾选“显示 Cross-Overs”复选框即可，如图 7-11 所示。

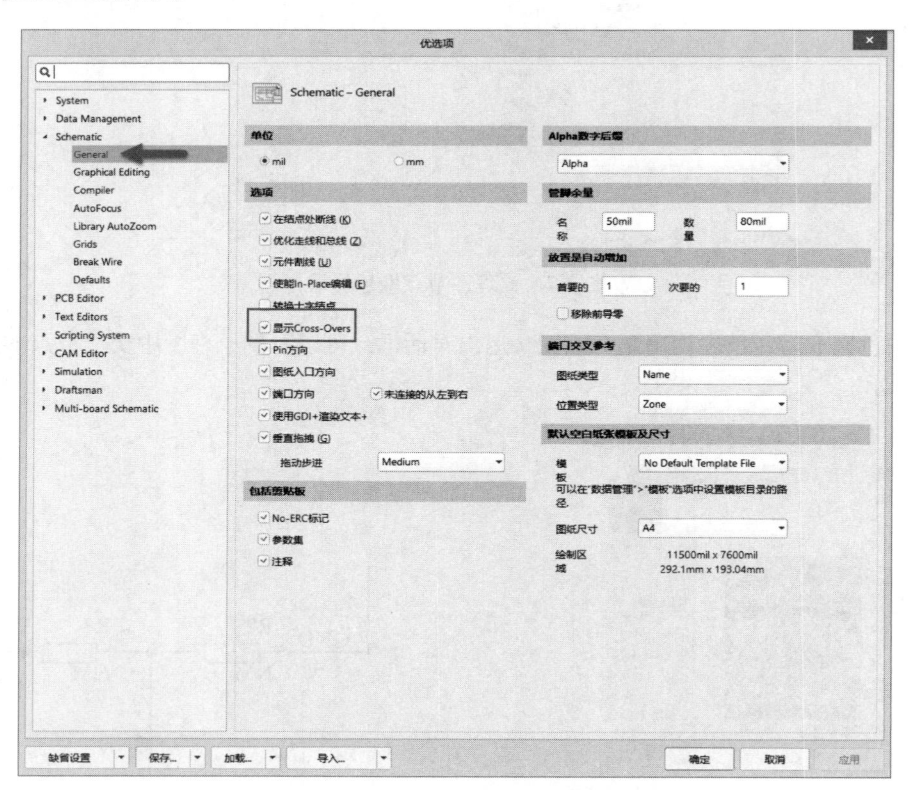

图 7-11 显示 Cross-Overs

7.7　原理图中橡皮图章的使用

在 Altium Designer 的原理图中使用橡皮图章可以一次性实现复制与粘贴的功能，具体的操作方法如下：先选中需要复制的对象，执行菜单栏中的“编辑”→“橡皮图章”命令，或者按快捷键 Ctrl+R 即可。

7.8　原理图中智能粘贴的使用

元器件的智能粘贴是指一次性按照指定的间距将多个相同的元器件重复粘贴到图纸上。

首先选中需要复制的对象并执行复制命令，然后执行菜单栏中的“编辑”→“智能粘贴”命令，或者按快捷键 Ctrl+Shift+V，将弹出“智能粘贴”对话框，如图 7-12 所示。

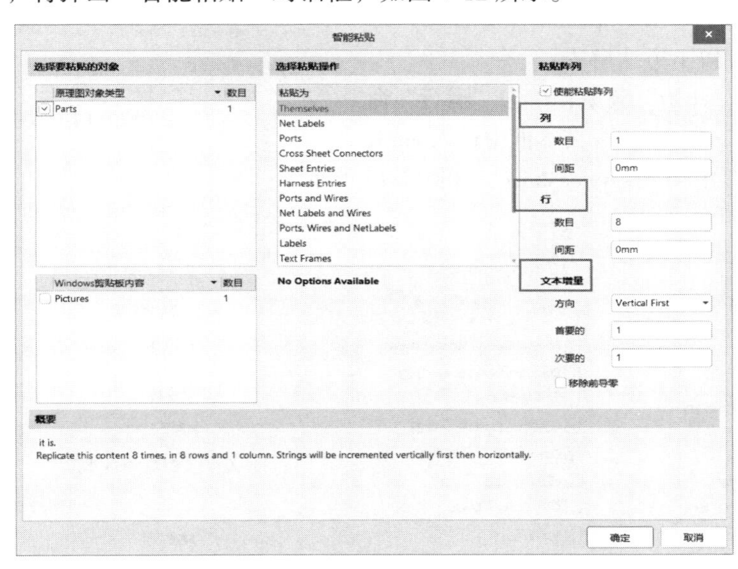

图 7-12　“智能粘贴”对话框

对话框中重要的选项组功能如下：

（1）“列”选项组：用于设置列参数。“数目”用于设置每一列中所要粘贴的元器件个数，“间距”用于设置每一列中两个元器件的垂直间距。

（2）“行”选项组：用于设置行参数。“数目”用于设置每一行中所要粘贴的元器件个数，“间距”用于设置每一行中两个元器件的水平间距。

（3）“文本增量”选项组：用于设置使用智能粘贴后元器件的位号的文本增量，在“首要的”文本框中输入文本增量数值，正数为递增，负数则为递减。执行智能粘贴命令后，所粘贴的元器件位号将按顺序递增或者递减。

智能粘贴具体操作步骤如下。

首先，在每次使用智能粘贴前，必须先通过复制操作将选取的元器件复制到剪贴板中。然后执行智能粘贴命令，设置智能粘贴对话框，即可实现选定元器件的智能粘贴。图 7-13 所示为放置的一组 4×4 的智能粘贴电容。

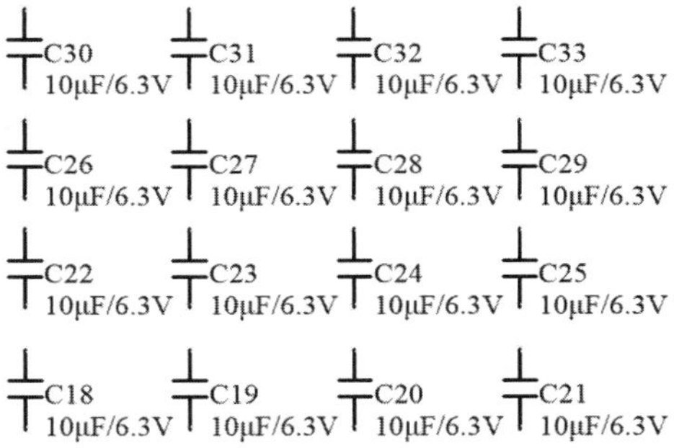

C30 10μF/6.3V　C31 10μF/6.3V　C32 10μF/6.3V　C33 10μF/6.3V
C26 10μF/6.3V　C27 10μF/6.3V　C28 10μF/6.3V　C29 10μF/6.3V
C22 10μF/6.3V　C23 10μF/6.3V　C24 10μF/6.3V　C25 10μF/6.3V
C18 10μF/6.3V　C19 10μF/6.3V　C20 10μF/6.3V　C21 10μF/6.3V

图 7-13　4×4 智能粘贴电容

7.9 在原理图中复制不成功，提示 Exception Occurred In Copy，如何解决

如图 7-14 所示，原理图中复制时会提示 Exception Occurred In Copy（复制时发生异常）。

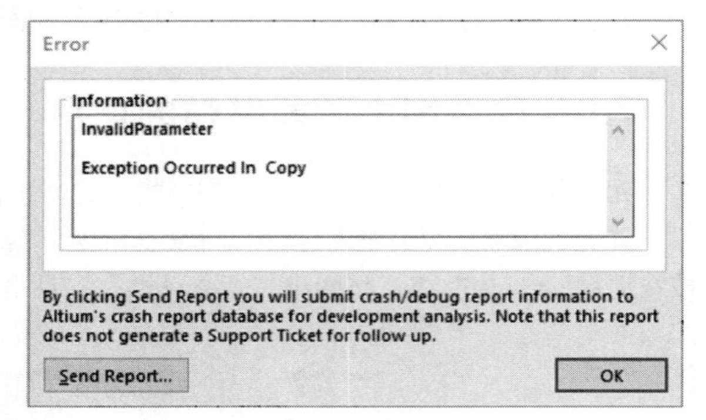

图 7-14 复制异常

可能有效的 3 种解决方法分别如下：

（1）低版本 Altium Designer 中，取消勾选“优选项”对话框 Schematic–General 中的“使用 GDI+渲染文本+”复选框，如图 7-15 所示。

（2）计算机系统中的 Print Spooler 服务被禁用导致的复制不成功，可用以下方法解决：

① 打开 Windows“开始”菜单，单击“运行”命令打开“运行”对话框，在“打开”文本框中输入 cmd，打开 cmd 窗口，在窗口中输入 services.msc，如图 7-16 所示。

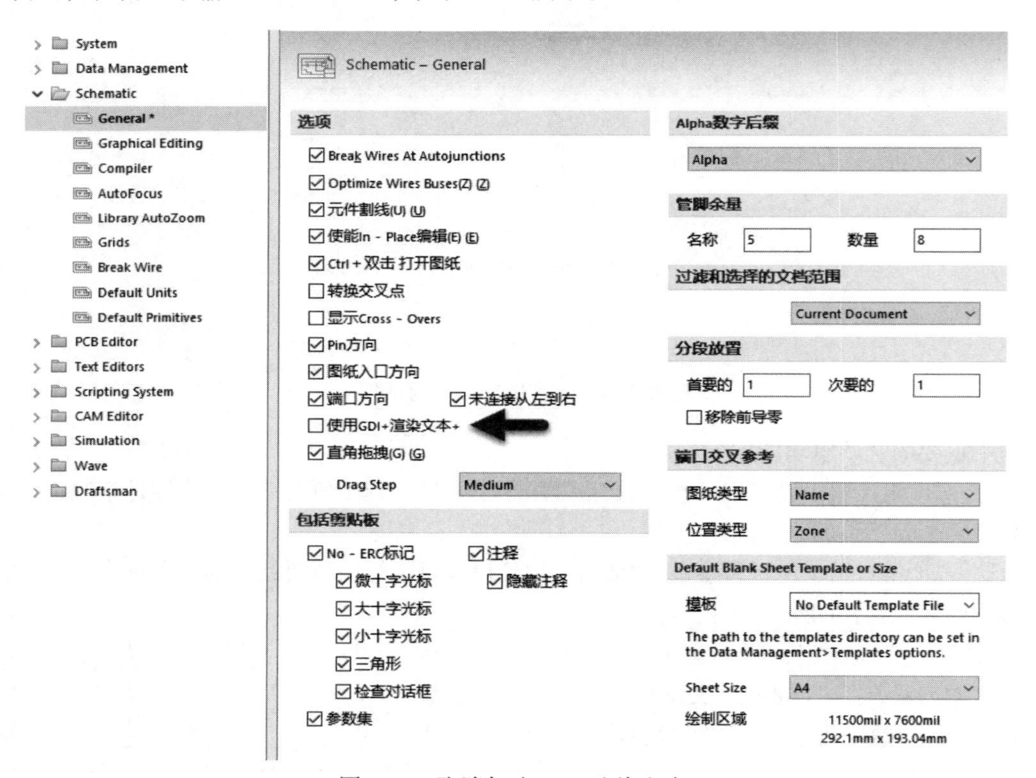

图 7-15 取消勾选 GDI+渲染文本

② 按 Enter 键，将自动弹出“服务”窗口，如图 7-17 所示，双击 Print Spooler，将启动类型改为“自动”即可解除服务禁用。

（3）下载一个虚拟打印机，然后重启软件。

C:\Windows\System32\cmd.exe

```
Microsoft Windows [版本 10.0.19042.508]
(c) 2020 Microsoft Corporation. 保留所有权利。

C:\Windows\system32>services.msc
```

图 7-16　Windows 命令提示符

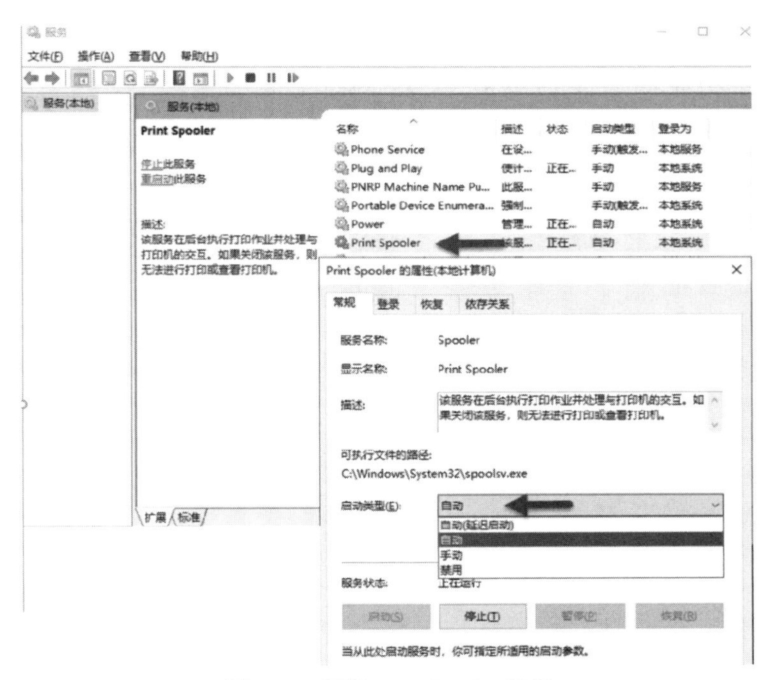

图 7-17　解除 Print Spooler 禁用

7.10　原理图中如何屏蔽部分电路

如何在原理图上把不用的元器件或电路以阴影的方式显示，即屏蔽这一部分元器件或者电路？

实现方法如下：

（1）执行菜单栏中的“放置”→“指示”→“编译屏蔽”命令，如图 7-18 所示。

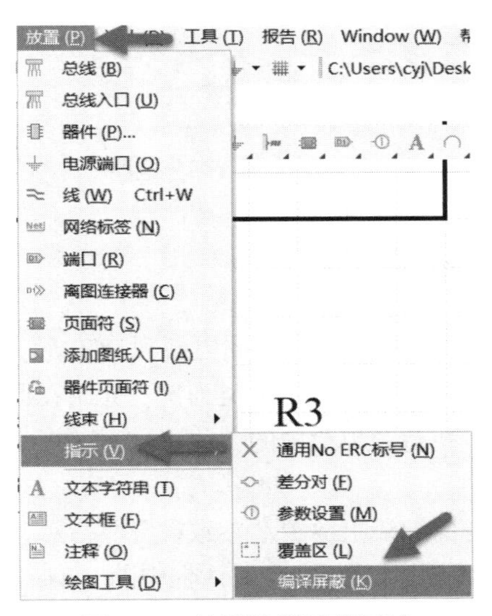

图 7-18　放置编译屏蔽区域

（2）光标将变成十字形，在原理图中绘制屏蔽区域，将原理图中不需要的元器件或电路进行屏蔽处理，如图 7-19 所示。灰色区域内的元器件或者电路将不起作用，编译或更新到 PCB 时也不会起作用。如需激活此部分原理图，只需要将屏蔽区域删除即可。

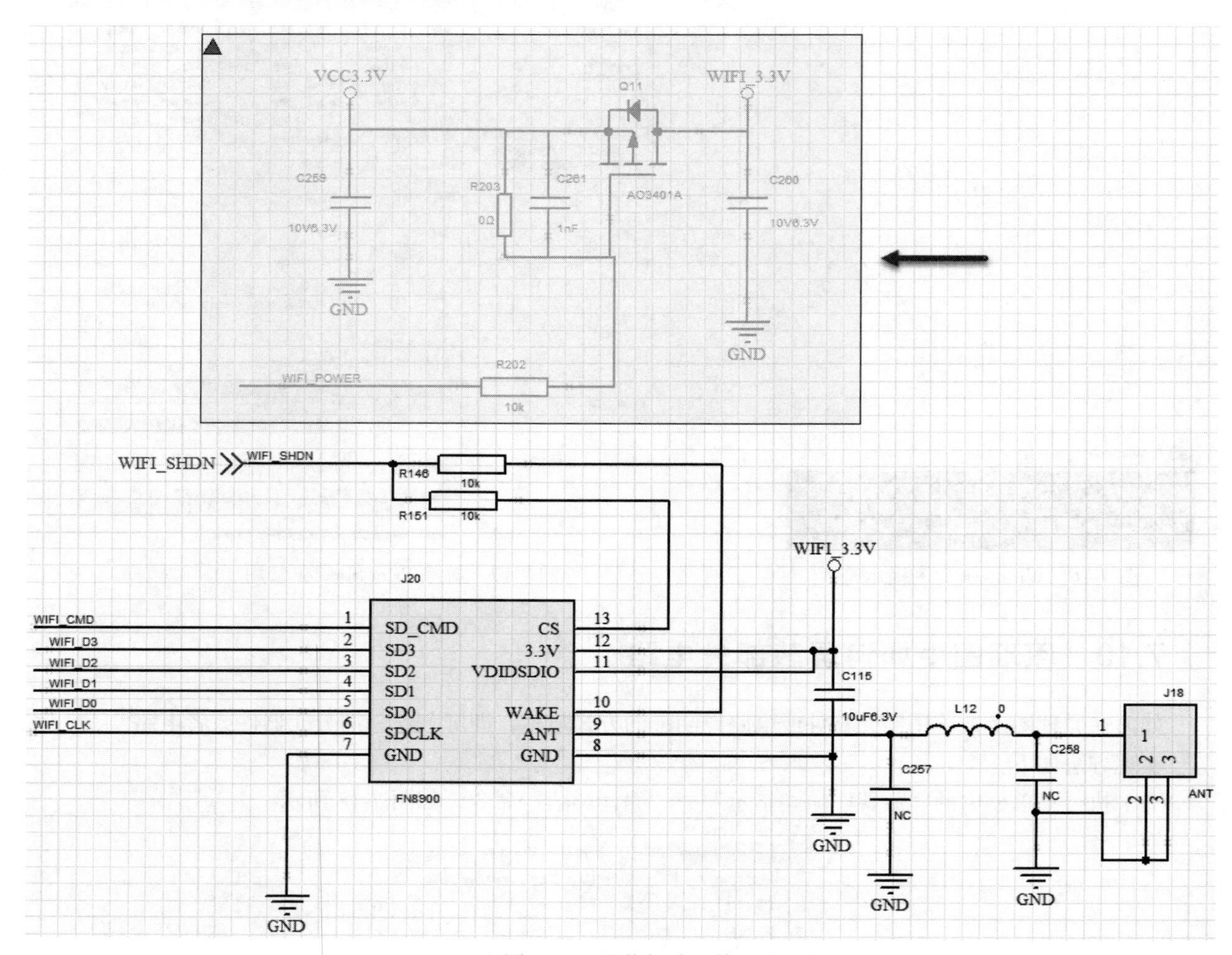

图 7-19　屏蔽部分电路

7.11　如何在原理图中创建类

Altium Designer 支持在原理图中创建类，待原理图更新到 PCB 后，PCB 中会自动生成原理图中创建好的类，使用起来十分方便。这里以创建最常用的网络类为例，介绍在原理图中创建类的方法。

（1）打开已经绘制好的原理图，执行菜单栏中的“放置”→“指示”→“参数设置”命令，如图 7-20 所示。

（2）在原理图中需要创建网络类的导线上放置“参数设置”指示，在放置前按 Tab 键，或者双击已经放置的“参数设置”指示，打开属性编辑对话框。在对话框中的 Classes 选项区域单击 Add 按钮，添加一个网络类，并将其命名，例如这里命名为 PWR，如图 7-21 所示。待原理图更新到 PCB 后，会自动生成一个名为 PWR 的网络类。

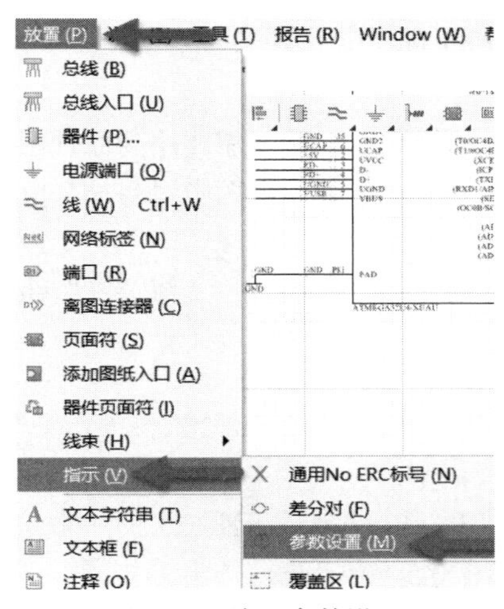

图 7-20　放置参数设置

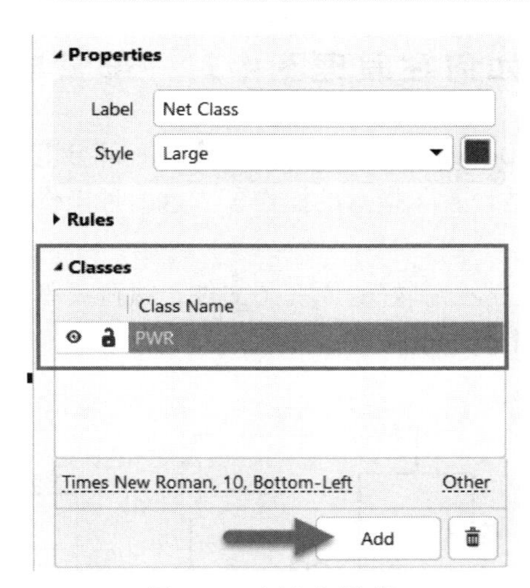

图 7-21　添加网络类

（3）设置好需要添加的网络类后，在原理图中需要归为一类的网络导线上放置该“参数设置”指示，如图 7-22 所示。相同网络名的导线上只需放置一个“参数设置”指示即可，不必重复放置。

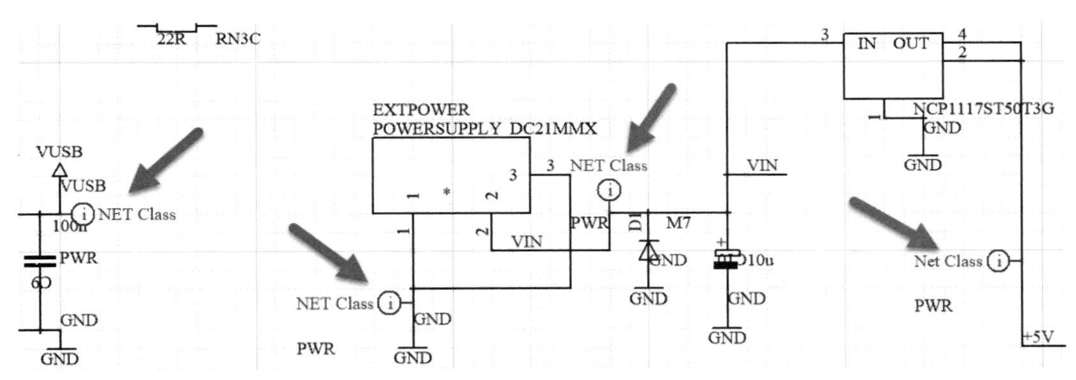

图 7-22　在原理图中放置“参数设置”指示

（4）执行原理图更新到 PCB 的操作，在 PCB 中打开对象类浏览器即可看到创建好的名为 PWR 的网络类，如图 7-23 所示。

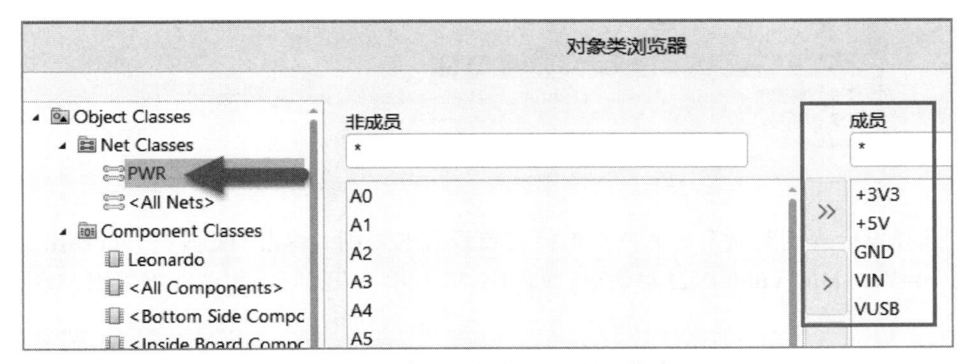

图 7-23　建好的名为 PWR 的网络类

7.12 如何在原理图中对一部分电路设置规则

在 Altium Designer 的原理图中可以对一部分电路设置单独的规则，这里就需要用到原理图中放置“覆盖区”和“参数设置”指示的操作了。这两种操作结合可以很方便地实现原理图中对一部分电路设置约束规则。

（1）打开已经绘制好的原理图文件，执行菜单栏中的“放置”→“指示”→“覆盖区”命令，在需要设置规则电路中放置覆盖区，如图 7-24 所示。

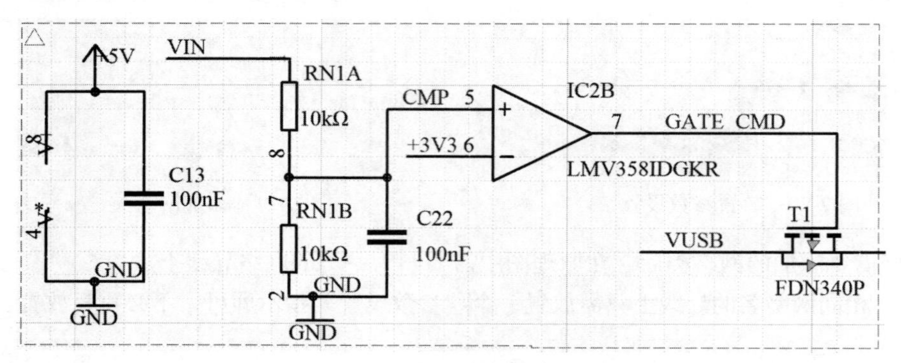

图 7-24 放置覆盖区

（2）在覆盖区上放置“参数设置”指示。在放置前按 Tab 键打开属性编辑对话框，在 Rules 选项区域单击 Add 按钮新增一个规则。这里以添加一个线宽规则为例，如图 7-25 所示。

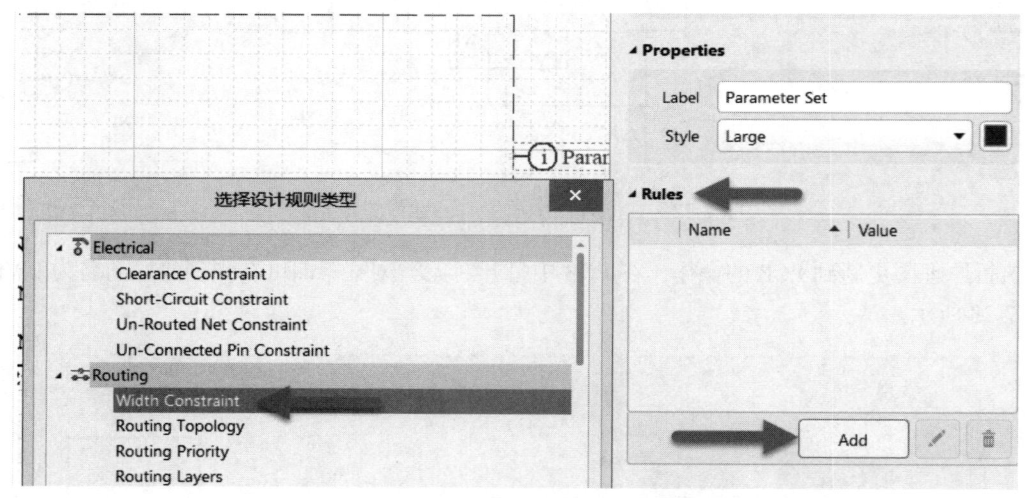

图 7-25 在“参数设置”指示中设置线宽规则

（3）在“选择设计规则类型”对话框中选择需要设置的规则，单击 OK 按钮，将弹出 Edit PCB Rule (From Schematic)-Max-Min Width Rule 对话框，如图 7-26 所示。设置好需要的线宽规则，单击“确定”按钮完成。

（4）设置完成后在原理图中即可看到添加的线宽规则，执行原理图更新到 PCB 操作后，在 PCB 中打开“PCB 规则及约束编辑器[mil]”对话框即可看到生成的规则，如图 7-27 所示。

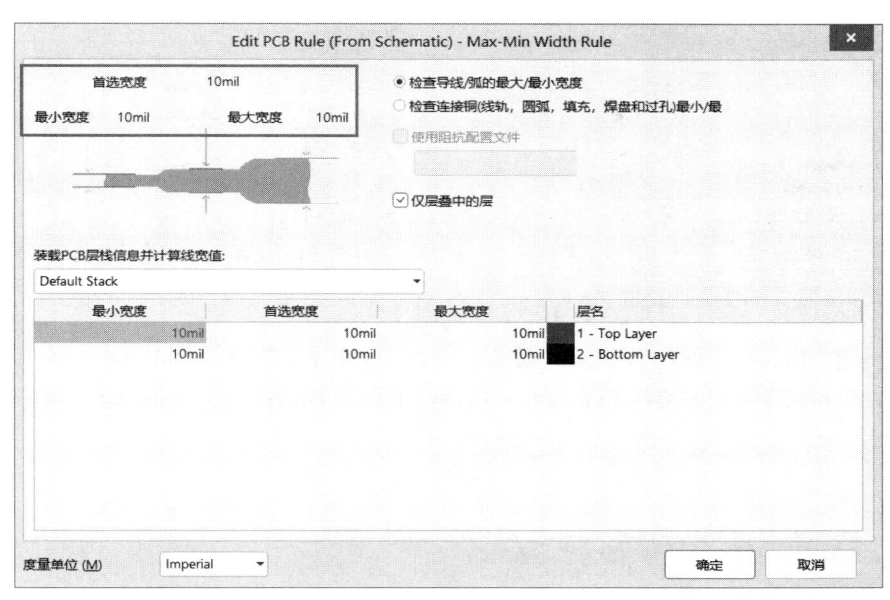

图 7-26　在原理图中设置线宽规则

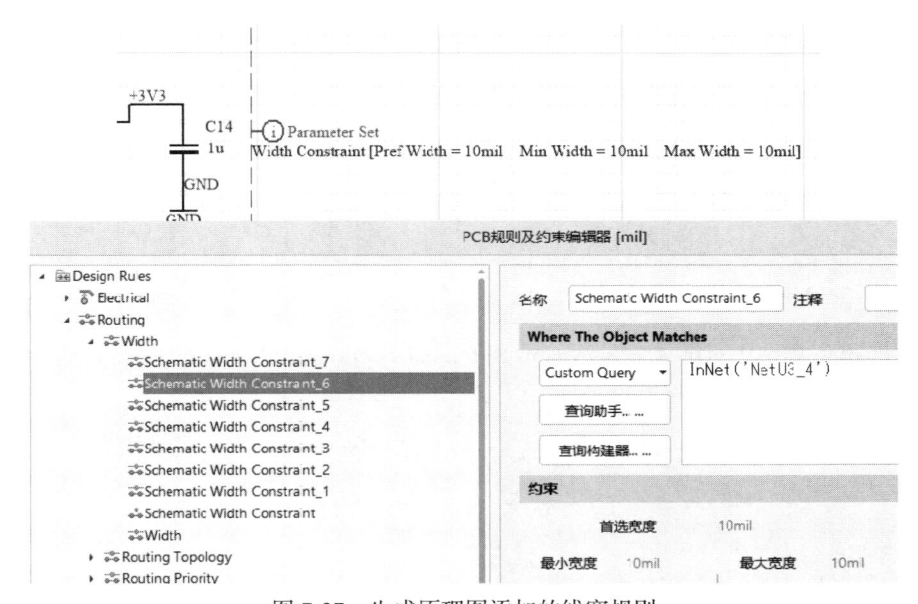

图 7-27　生成原理图添加的线宽规则

7.13　如何将原理图与网络表进行比对

在 Altium Designer 中可以将原理图文件和网络表文件进行比对，并查看比对结果。

（1）新建一个工程文件，将需要比对的原理图文件和网表文件添加到同一工程，如图 7-28 所示。

（2）右击工作区的工程文件，在弹出的快捷菜单中执行“显示差异”命令，如图 7-29 所示。

（3）将弹出“选择比较文档”对话框。勾选对话框左下角的“高级模式”复选框，选择需要比对的文档，一个在左侧列表，一个在右侧列表，如图 7-30 所示。

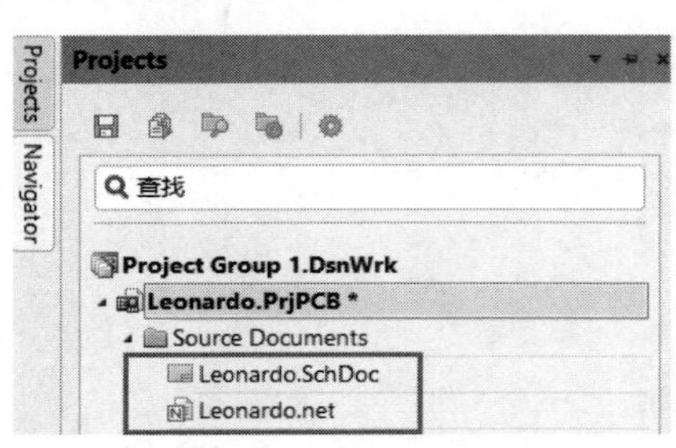

图 7-28 添加原理图和网表文件到同一工程

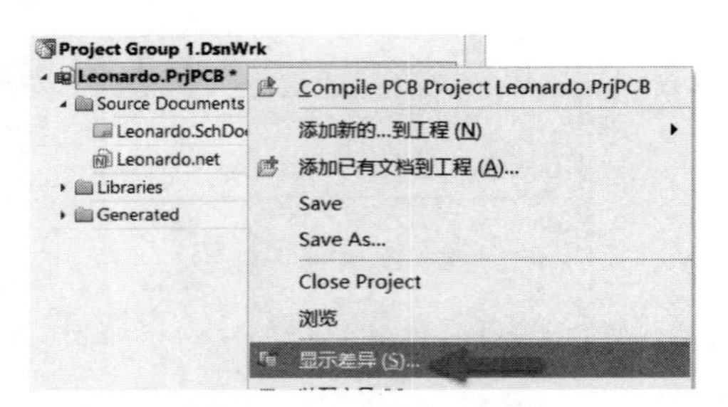

图 7-29 显示差异命令

（4）单击“确定”按钮，将弹出 Component Links 对话框，单击选择 Automatically Create Component Links 选项，如图 7-31 所示。随后在弹出的 Information 对话框中单击 OK 按钮。

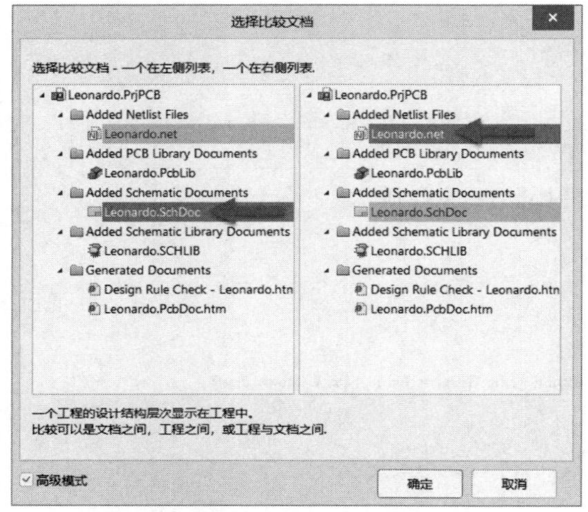

图 7-30 选择需要比对的文件

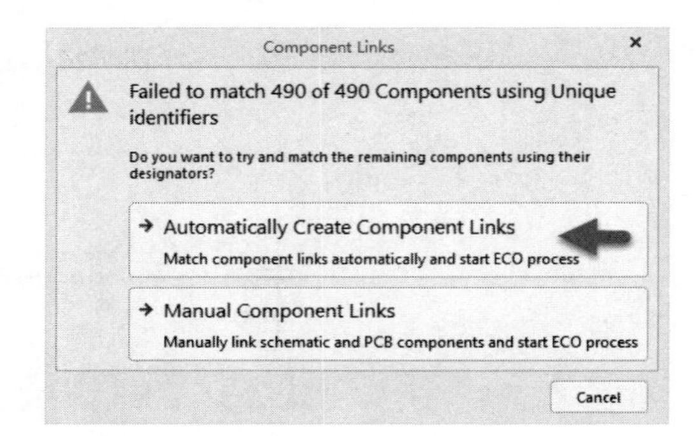

图 7-31 Component Links 对话框

（5）这样就能得到文件比对结果，显示差异 Differences between Schematic Document [Leonardo. SchDoc] and Netlist File [Leonardo. net]如图 7-32 所示。

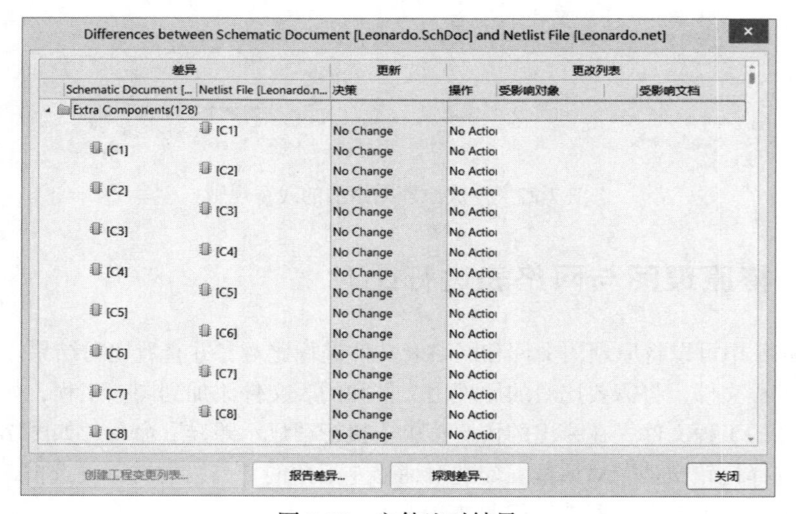

图 7-32 文件比对结果

7.14　从原理图导出网络表的方法

在 Altium Designer 中，原理图是直接更新到 PCB 中完成原理图与 PCB 的数据同步的，但是有时需要将 Altium Designer 的原理图导出一个网络表文件，然后将这个网络表文件用在其他软件上。

网络表的导出方法如下：

（1）打开绘制好的原理图文件，在原理图编辑界面执行菜单栏中的“文件”→“导出”→Netlist Schematic 命令（或其他类型的网络表），如图 7-33 所示。

（2）将弹出文件保存对话框。为导出的网络表选择保存路径，然后单击“保存”按钮，如图 7-34 所示。

（3）将弹出如图 7-35 所示的 Export NetList 对话框。选择网络表的导出类型，并选择需要导出的文件格式，单击 OK 按钮，即可完成网络表的导出。

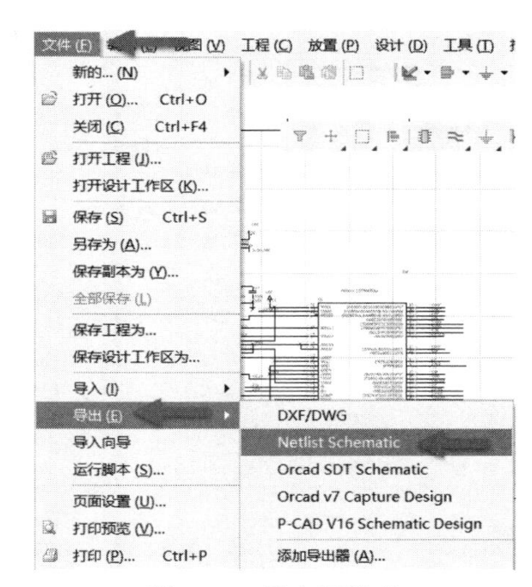

图 7-33　导出网络表

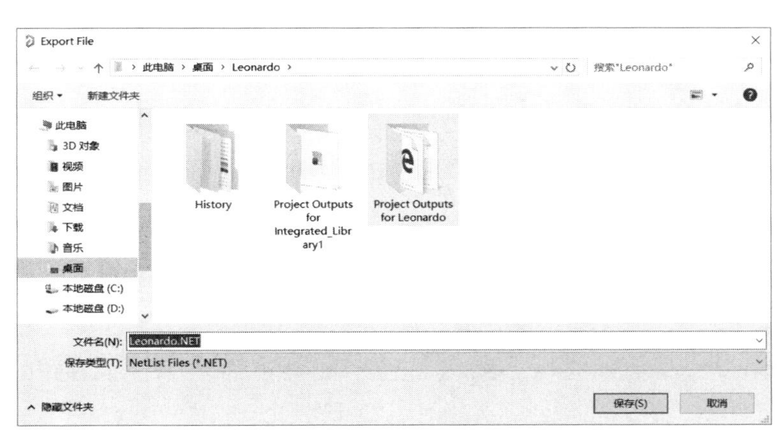

图 7-34　选择网络表保存路径

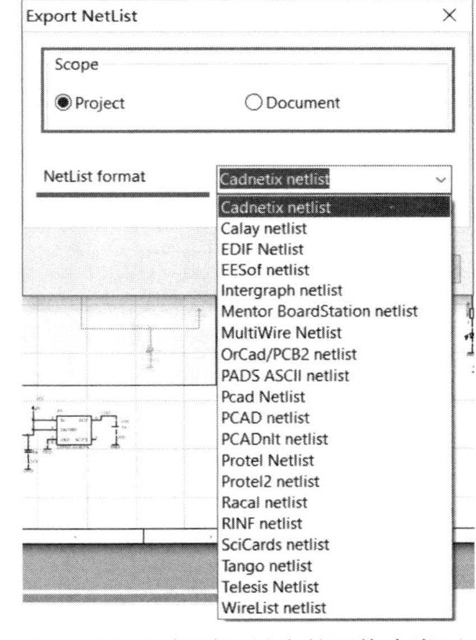

图 7-35　选择需要导出的网络表类型

7.15　在原理图中为原理图符号链接帮助文件的方法

Altium Designer 允许在原理图中为原理图符号链接帮助文件，文件的类型有 PDF、HTML、WORD 和 TXT 等。

（1）打开原理图，双击要链接帮助文件的原理图符号，在弹出的元器件属性编辑对话框中选择 Parameters 选项卡，如图 7-36 所示。

如果是低版本的 Altium Designer 软件，则双击原理图符号后将弹出如图 7-37 所示的对话框。

图 7-36 元器件属性编辑对话框

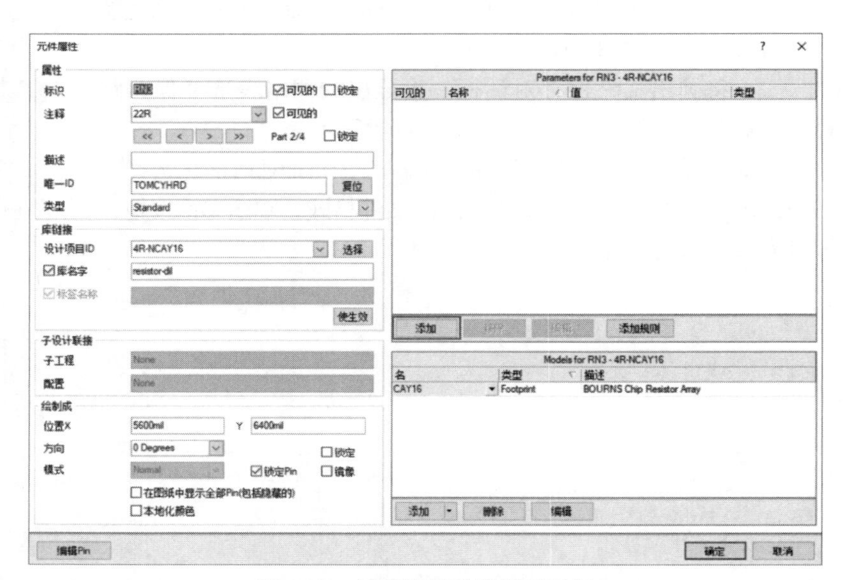

图 7-37 元器件属性编辑对话框

（2）单击 Add（添加）按钮，将弹出如图 7-38 所示的对话框。

（3）在 Parameters 选项卡下的 Name 文本框中输入关键字 helpURL，然后在 Value 文本框中输入需要关联的文件的绝对路径、文件名和文件扩展名，如图 7-39 所示。

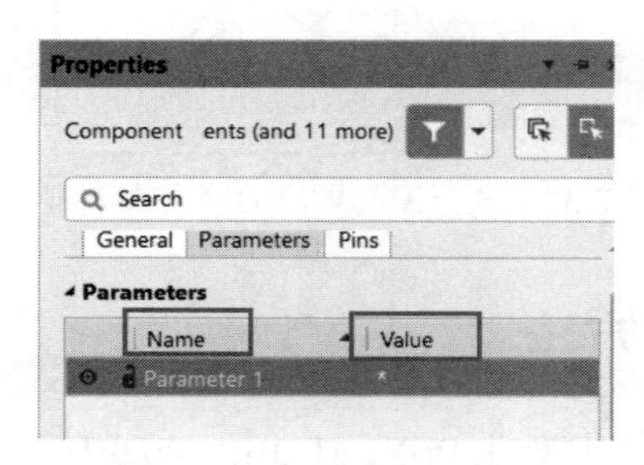

图 7-38 新增 Parameters

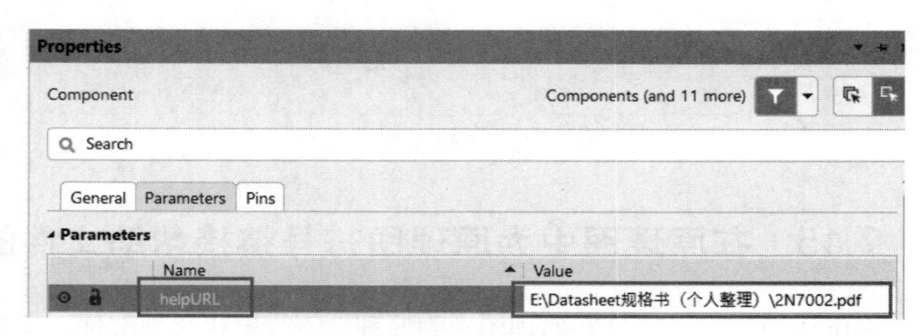

图 7-39 添加链接文档

（4）关键信息输入完成后按 Enter 键，完成文档的链接。在原理图编辑界面下，选中链接了帮助文档的原理图符号后按 F1 键，即可打开链接的帮助文档，如图 7-40 所示。

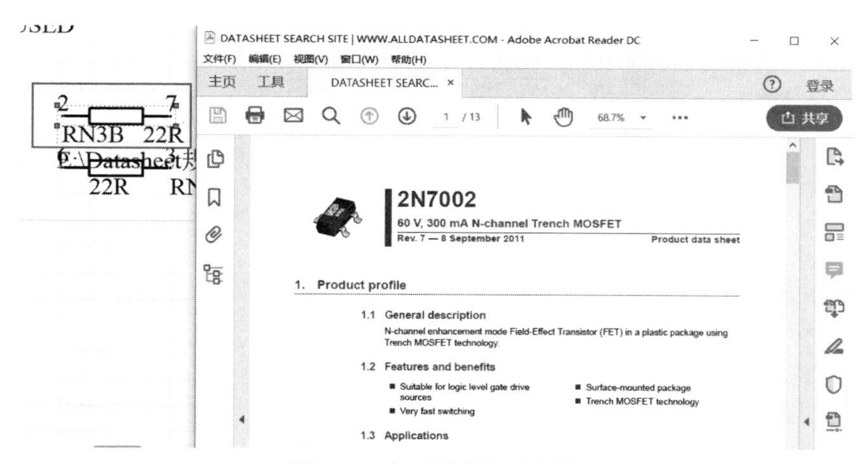

图 7-40　打开链接帮助文档

7.16　在原理图中插入图片的方法

Altium Designer 允许在原理图中插入图片，用户可以在原理图中插入图片以增加原理图的可读性。

实现方法如下：

（1）打开原理图，执行菜单栏中的“放置”→“绘图工具”→“图像”命令，如图 7-41 所示。也可按快捷键 P+D+G。

（2）光标将变成十字形，在图纸上不同位置单击两次选择放置图片的位置和所占的面积大小，将弹出一个选择图片路径的对话框，如图 7-42 所示。

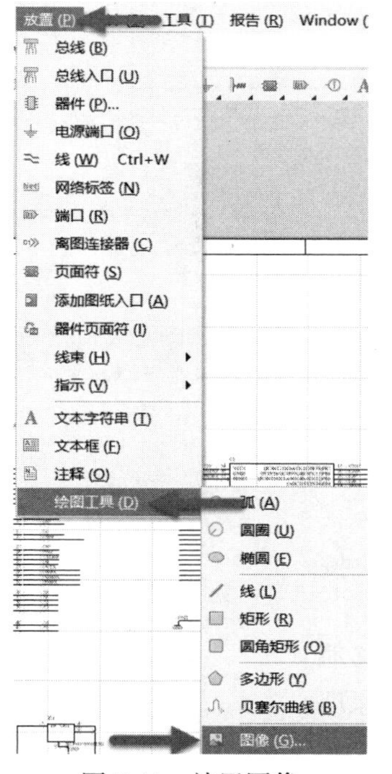

图 7-41　放置图像

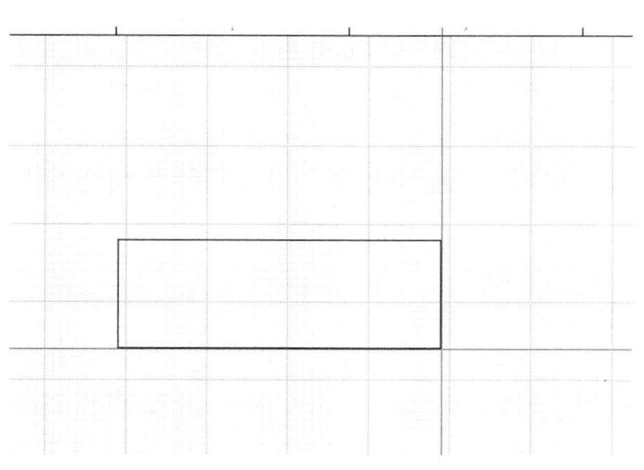

图 7-42　绘制图片插入区域

（3）选择需要插入的图片，单击“打开”按钮，即可将图片放置到原理图中，如图 7-43 所示。

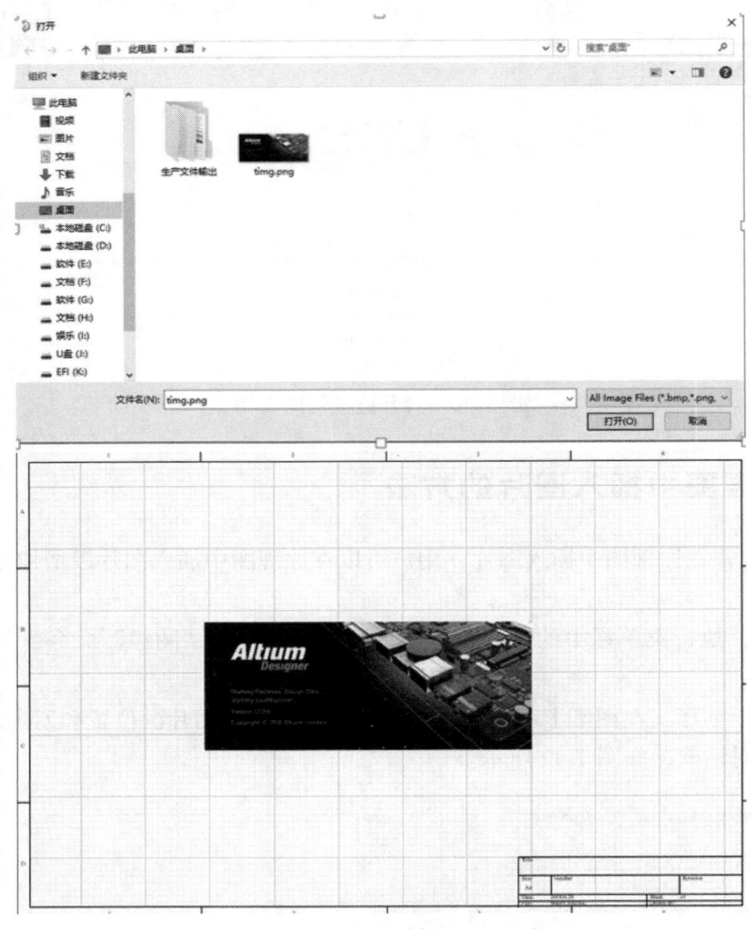

图 7-43　选择图片插入原理图

7.17　为原理图添加网络颜色的方法

Altium Designer 软件随着版本的升级，功能也越来越强大，但是快捷键以及常用设置等与低版本的使用相差不多。在原理图的使用过程中，需要更清楚地查看原理图网络、修改网络等，Altium Designer 软件为此提供了一个添加网络颜色功能，添加网络颜色功能设置方法如下：

（1）打开原理图编辑界面，在工具栏中单击（网络颜色）按钮，将弹出一个颜色列表，如图 7-44 所示。

（2）单击选择需要添加的颜色，光标将变成十字形。将光标移动到需要添加颜色的网络线上并单击，即可完成网络颜色的添加。原理图中具有相同网络属性的导线会显示同一个颜色，效果如图 7-45 所示。

图 7-44　选择需要覆盖的网络颜色

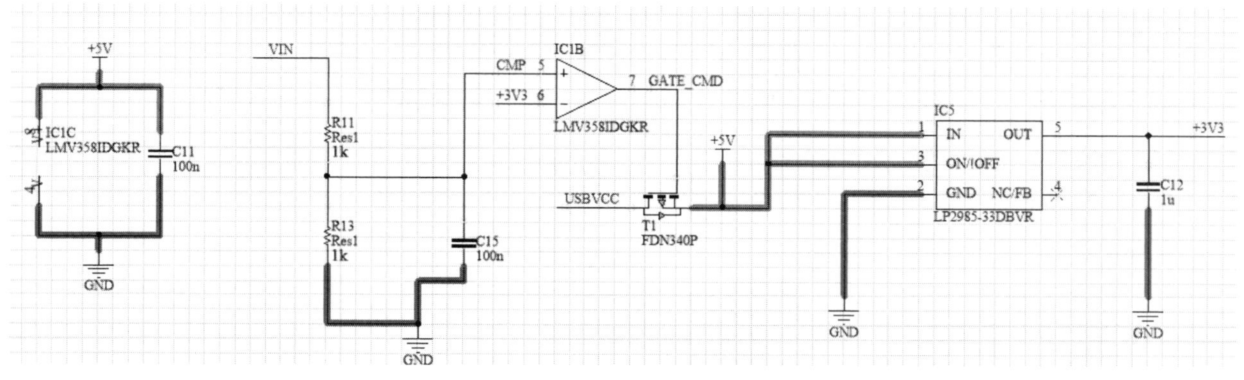

图 7-45　原理图添加网络颜色

（3）如需清除网络颜色，执行“清除所有网络颜色”命令即可，如图 7-46 所示。

图 7-46　清除网络颜色

7.18　原理图中自动标注元器件位号的方法

在 Altium Designer 中，如果原理图的元器件位号尚未标注或存在重复，编译时会报错，最简单的方法就是为其统一命名。

（1）打开已经绘制好的原理图，执行菜单栏中的“工具”→“标注”→“原理图标注”命令，如图 7-47 所示，也可按快捷键 T+A+A。

（2）将弹出原理图统一标注对话框，如图 7-48 所示。对话框的左上角是命名的控制栏，命名顺序包括 Z 字形、N 字形、反 Z 字形和反 N 字形等，用户可以根据自己的需要进行选择；左下角是对应的原理图，如果有多页原理图，可以选择需要进行标注的原理图。

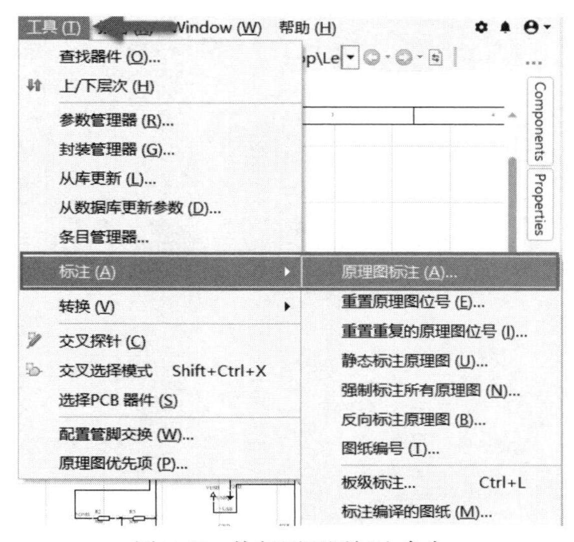

图 7-47　执行原理图标注命令

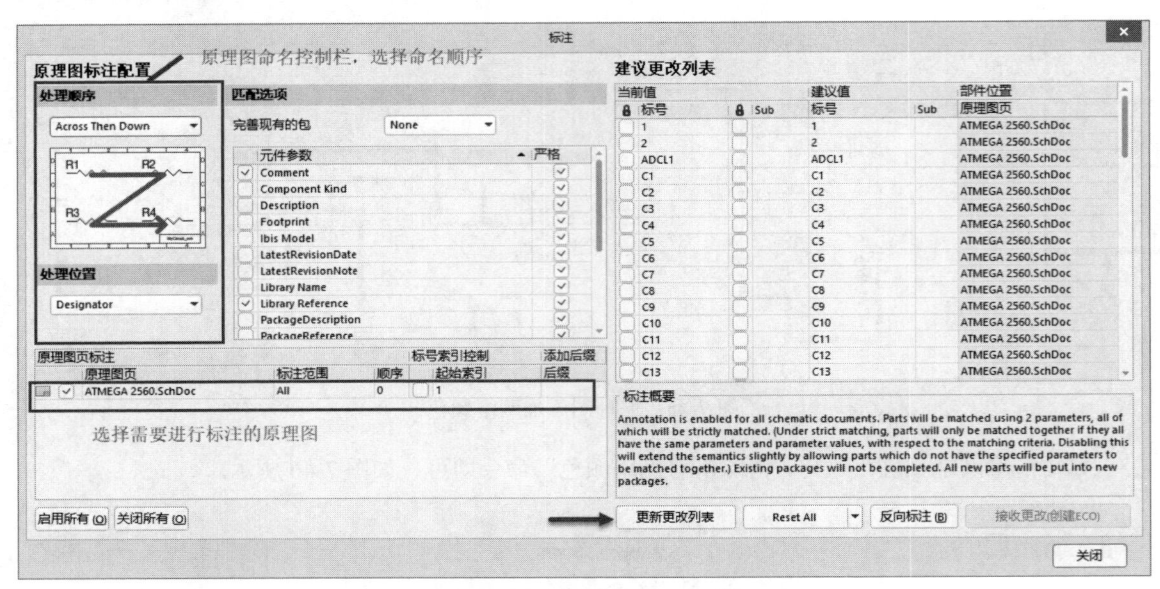

图 7-48　原理图统一标注对话框

（3）单击“更新更改列表”按钮，将弹出信息提示对话框。单击 OK 按钮，如图 7-49 所示。

（4）然后单击原理图统一标注对话框中的“接收更改（创建 ECO）”按钮，如图 7-50 所示。

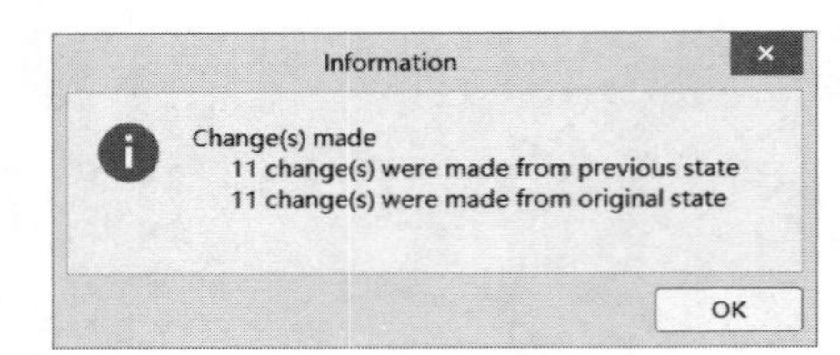

图 7-49　更改信息提示框

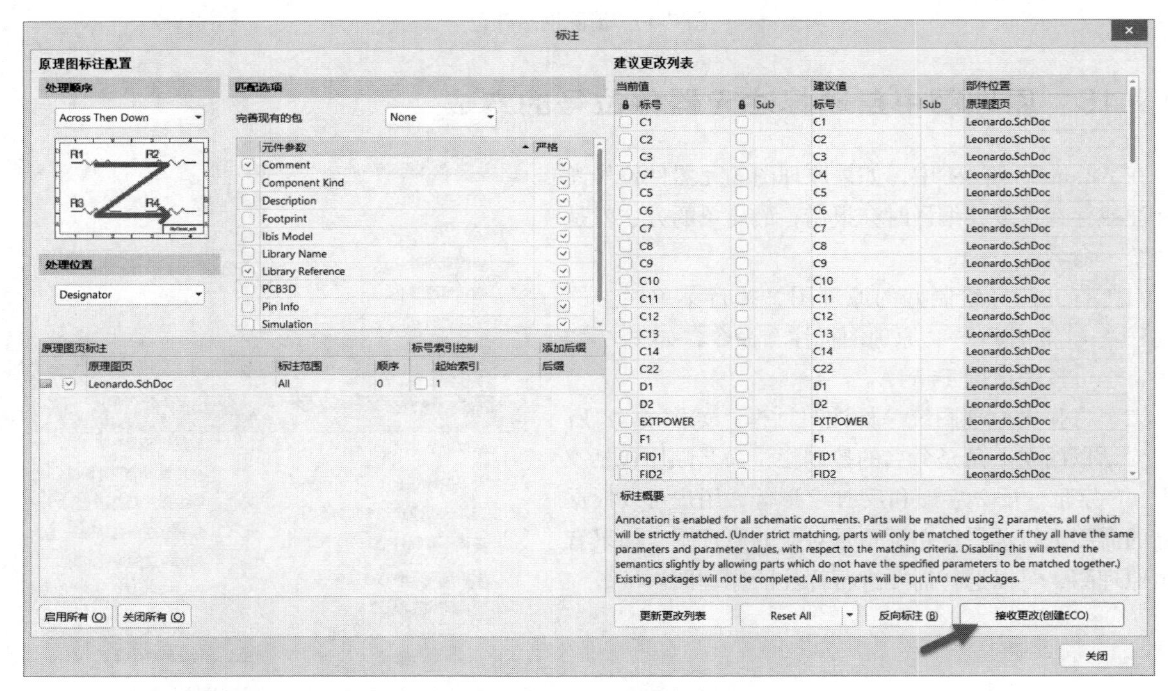

图 7-50　接收更改（创建 ECO）

（5）将弹出工程变更指令对话框。先单击“执行变更”按钮，然后单击“关闭”按钮，即可完成原理图的标注，如图 7-51 所示。

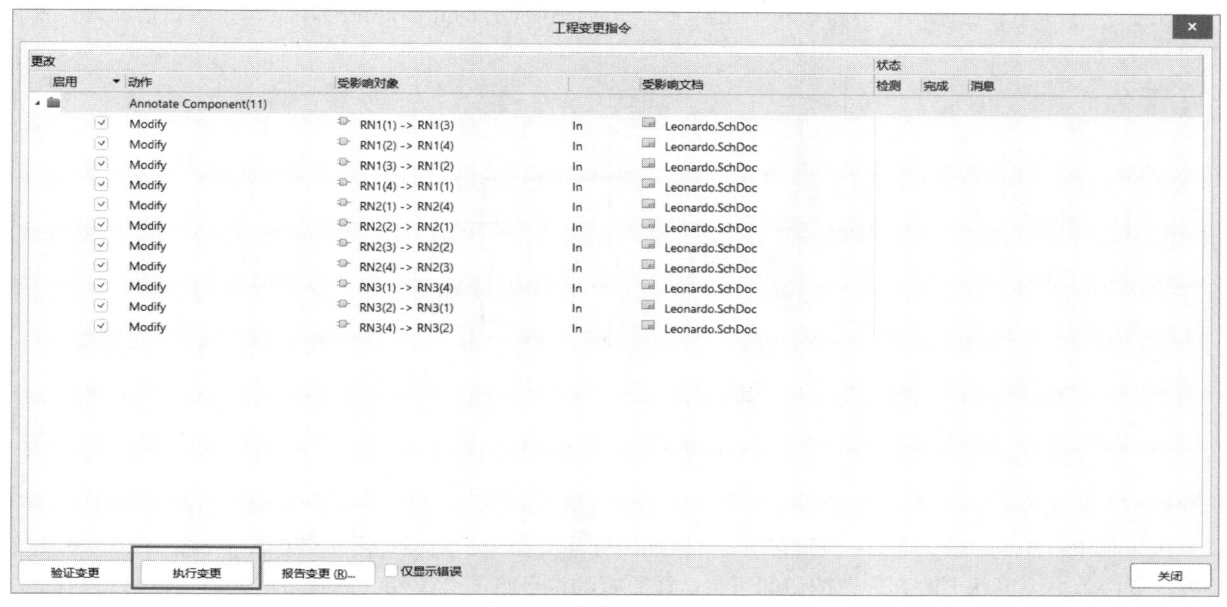

图 7-51　完成原理图的标注

如需重新编号，执行菜单栏中的“工具”→“标注”→“重置原理图位号”命令，即可完成原理图位号重置，如图 7-52 所示。

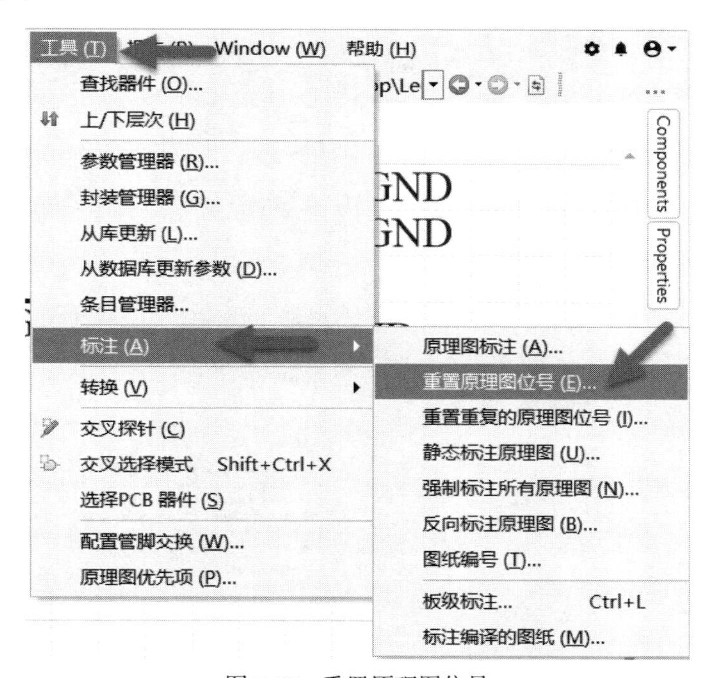

图 7-52　重置原理图位号

7.19 原理图中为新增的元器件标注，原有位号不变，如何实现

如图 7-53 所示，在原理图中新增几个元器件，如何保持原有的元器件位号不变，只为新增的元器件标注呢？

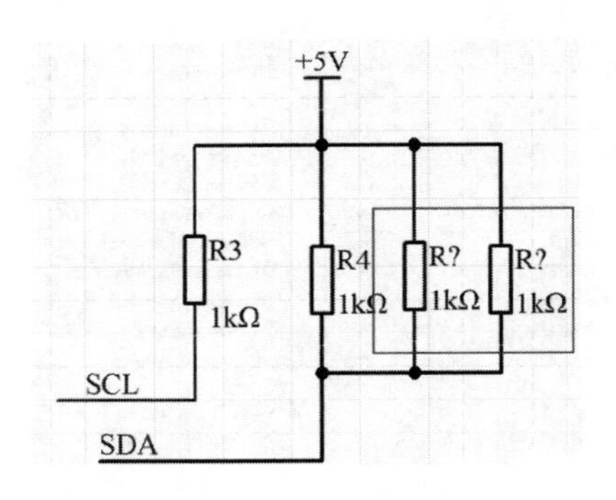

图 7-53 新增元器件

解决方法如下：

执行菜单栏中的“工具”→“标注”→“原理图标注”命令，对原理图重新标注。注意不要修改其他参数，直接单击“更新更改列表”按钮即可，这样原有的位号将不会改变，只对新增元器件位号重新标注，如图 7-54 所示。

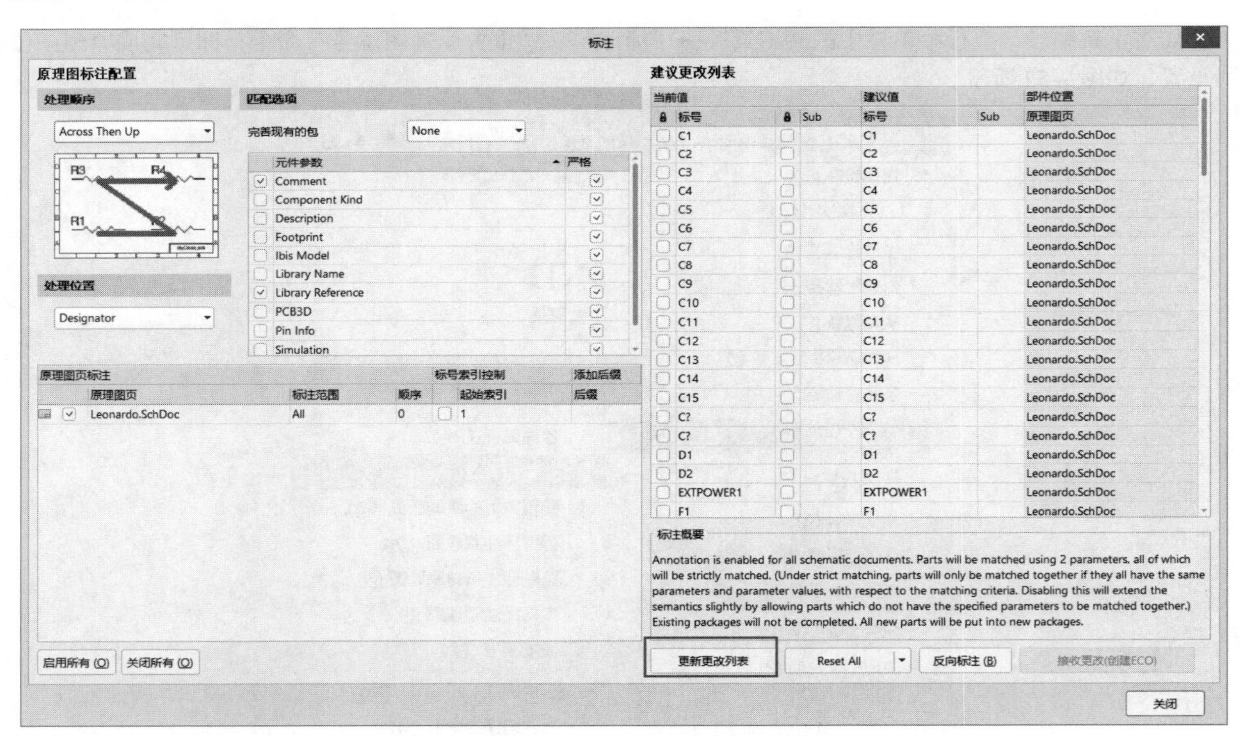

图 7-54 原理图位号标注

7.20　如何在原理图中为不同的网络导线添加颜色

如何在原理图中为不同的网络导线添加不同颜色呢？

实现方法如下：

先选中某一颜色，然后在原理图中单击某一网络导线，该网络导线将显示为选中的颜色。如果系统提供的颜色不够用，可以执行颜色下方的“自定义”命令选择更多颜色，如图 7-55 所示。

Altium Designer 有些版本（如 Altium Designer 09）在放置网络颜色的状态下，按空格键可以切换不同的放置颜色，如图 7-56 所示。

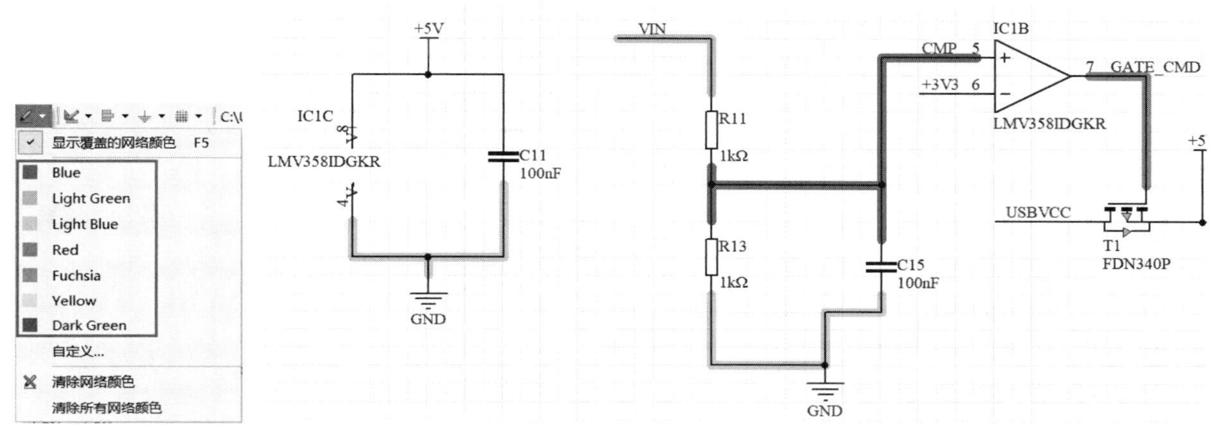

图 7-55　选择颜色为原理图网络添加颜色

图 7-56　为不同网络添加不同颜色

7.21　原理图命名元器件位号后，新位号之后带有一个小括号，括号中有原来的位号如何解决

原理图位号重新命名后，在新命名的位号旁残留有一个灰色的原位号名，如图 7-57 所示。

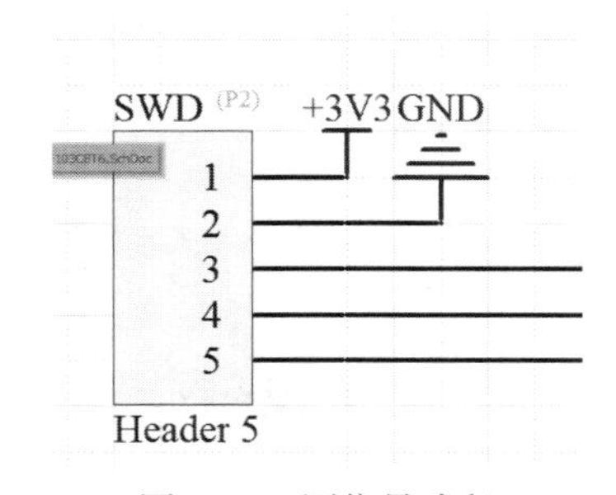

图 7-57　原位号残留

解决方法如下：

灰色括号中是修改之前的位号，把原理图保存一下，关闭后再打开就没有了。

7.22　如何在原理图中批量添加封装

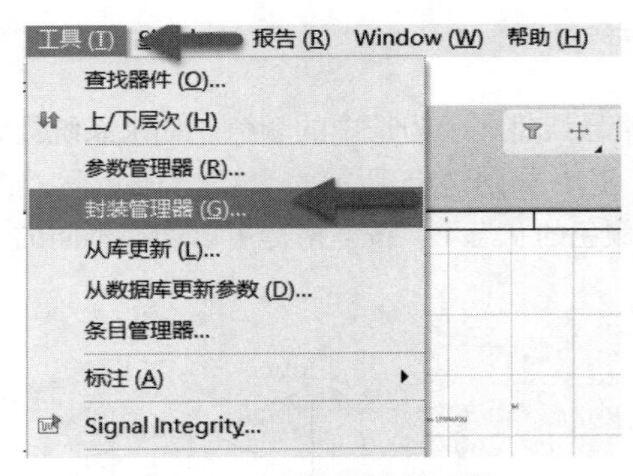

图 7-58　打开封装管理器

在 Altium Designer 中绘制完原理图后，需要检查原理图中的元器件是否都有封装，这时可以使用封装管理器实现批量添加封装的操作。具体实现方法如下：

（1）在原理图编辑界面执行菜单栏中的“工具”→“封装管理器”命令，如图 7-58 所示，也可按快捷键 T+G，打开封装管理器，在封装管理器中可以查看原理图所有元器件对应的封装模型。

（2）如图 7-59 所示，封装管理器元器件列表中 Current Footprint 展示的是元器件当前的封装，若元器件没有封装则对应的 Current Footprint 一栏为空，可单击右侧的“添加”按钮添加新的封装。

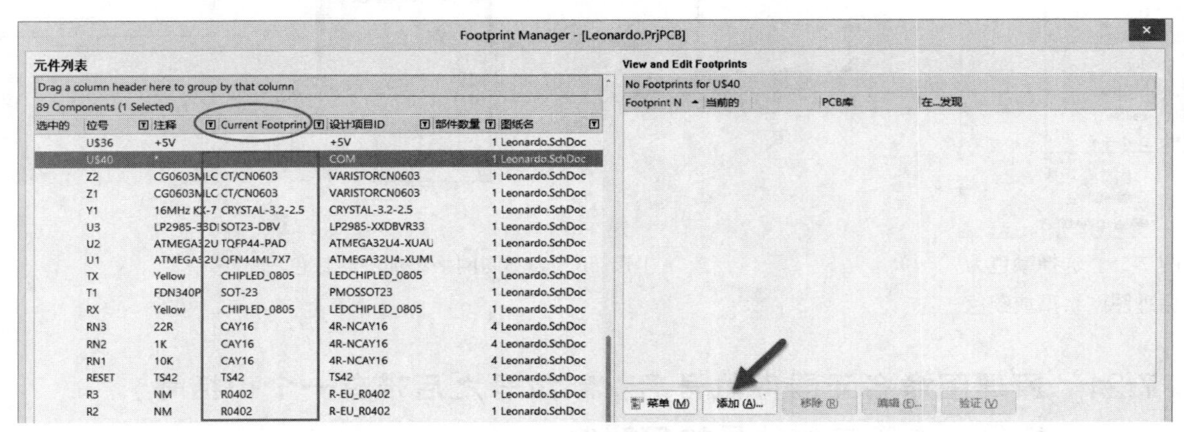

图 7-59　封装管理器

（3）利用封装管理器不仅可以对单个元器件添加封装，还可以同时对多个元器件进行封装的添加、删除、编辑等操作，同时还可以通过“注释”等值筛选，局部或全局更改封装名，如图 7-60 所示。

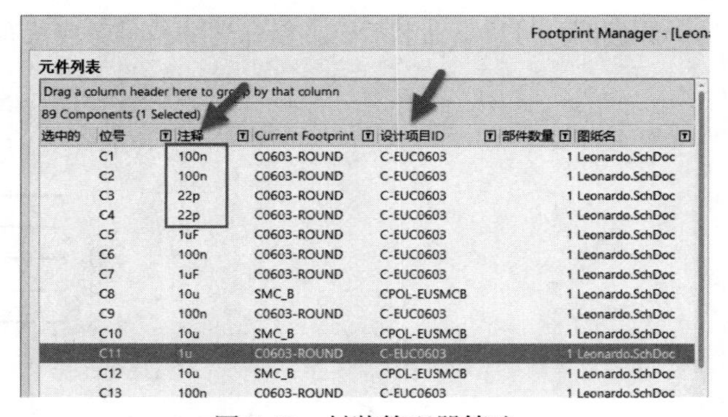

图 7-60　封装管理器筛选

（4）单击封装管理器右侧的“添加”按钮，单击“浏览”按钮，选择对应的封装库并选中需要添加的封装，单击“确定”按钮完成封装的添加，如图 7-61 所示。

（5）封装添加完毕后，单击“接受变化（创建 ECO）”按钮，如图 7-62 所示。

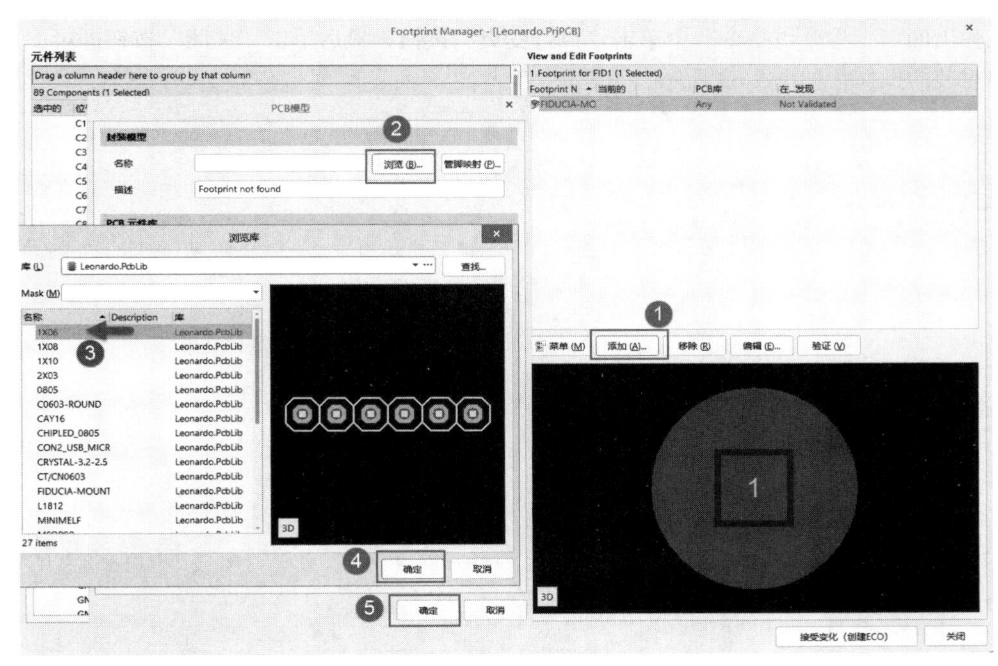

图 7-61　使用封装管理器添加封装

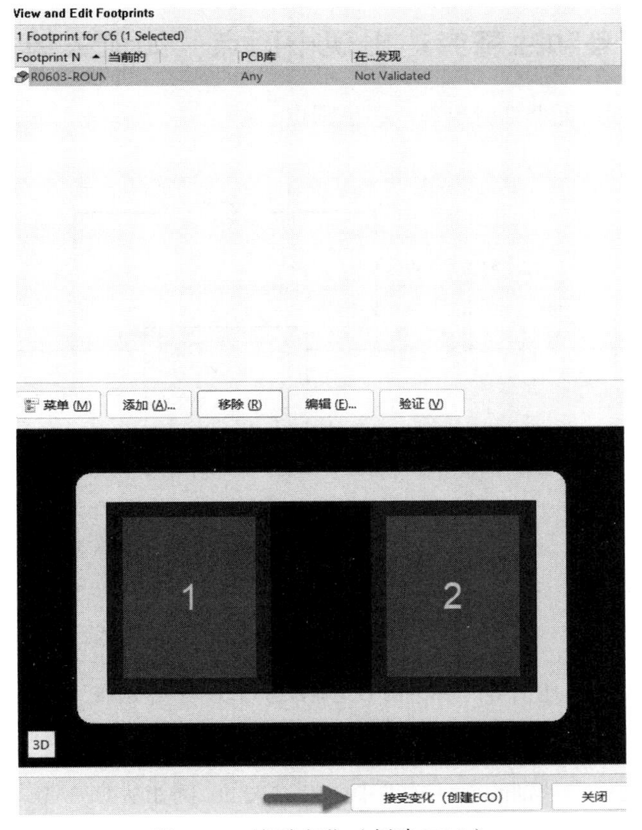

图 7-62　接受变化（创建 ECO）

（6）在弹出的“工程变更指令”中单击“执行变更”按钮，最后单击“关闭”按钮即可完成在封装管理器中添加封装的操作，如图 7-63 所示。

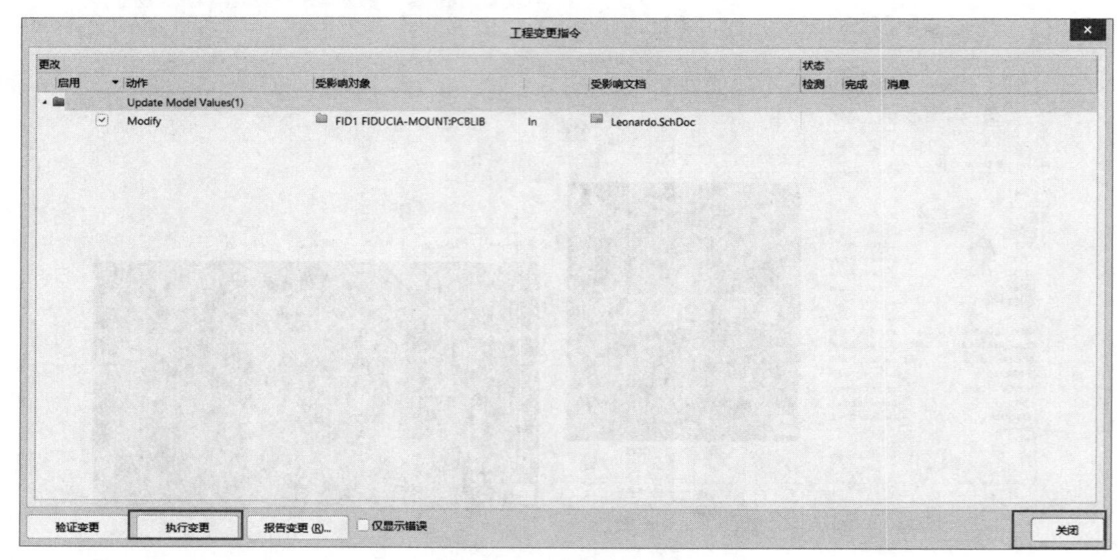

图 7-63　工程变更指令

7.23　原理图位号和注释旁边出现小圆点，如何去掉

如图 7-64 所示，原理图中元器件旁出现一些小圆点。

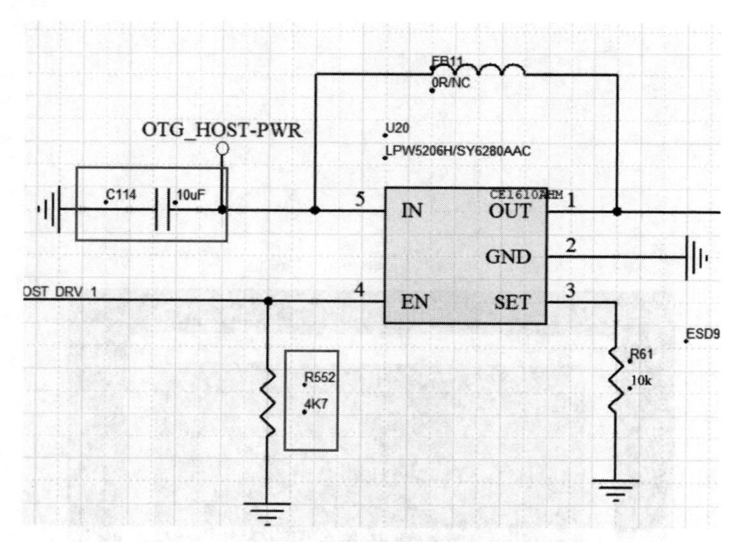

图 7-64　原理图中元器件旁出现一些小圆点

解决方法如下：

这可能是由于原理图文件是从别的设计软件中转换过来的，例如从 OrCAD 转换过来的原理图就可能出现这样的情况。下面介绍如何去掉这些小圆点。

（1）先选中其中任意一个位号，然后右击，在弹出的快捷菜单中执行“查找相似对象”命令，如图 7-65 所示。然后在弹出的“发现相似目标”对话框中单击“确定”按钮，将弹出如图 7-66 所示的对话框，在该对话框中勾选 Autoposition 复选框（如需全局修改所有位号，需按快捷键 Ctrl+A 全选位号，再勾选复选框），即可去掉位号旁边的小圆点。

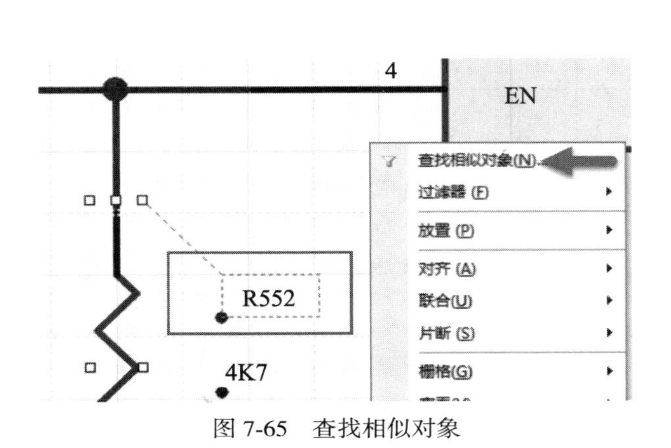

图 7-65　查找相似对象

图 7-66　勾选 Autoposition 复选框

（2）取消元器件阻值旁小圆点的操作和取消元器件位号旁小圆点的操作方法一致，这里不再赘述。

（3）如希望维持参数 Autoposition 的定位行为，可在“优选项”对话框中取消勾选 Schematic-Graphical Editing 选项中的 Mark Manual Parameters（标记手动参数）复选框去除定位点。

7.24　Altium Designer 原理图如何一次性隐藏全部元器件的位号或阻值

选择其中任意一个位号或阻值，右击，在弹出的快捷菜单中执行“查找相似对象”命令，然后在弹出的“发现相似目标”对话框中单击“确定”按钮，将弹出全局修改对话框，先按快捷键 Ctrl+A 全选，然后在对话框中勾选 Hide 复选框即可全部隐藏元器件的位号或阻值，如图 7-67 所示。

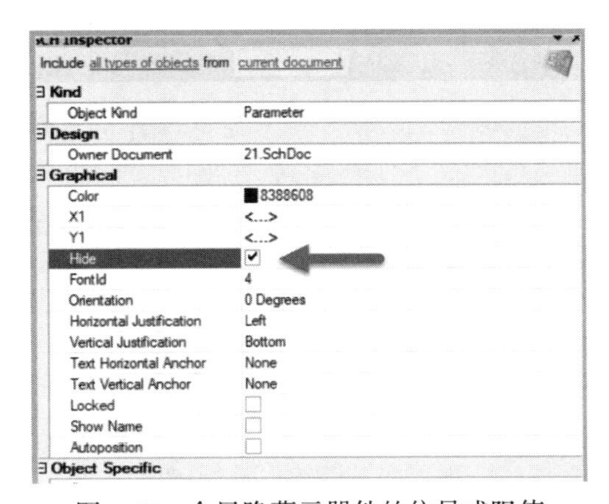

图 7-67　全局隐藏元器件的位号或阻值

7.25 原理图放置元器件时如何设置元器件位号为递增或递减的形式

Altium Designer 原理图中放置元器件时，按 Tab 键修改元器件位号后，后续放置元器件时，其位号可以递增或递减。打开“优选项”对话框，在 Schematic 选项下的 General 选项中将“放置时是否自动增加”选项组中“首要的”设置为 1，如图 7-68 所示，那么放置元器件时位号将为递增的形式。

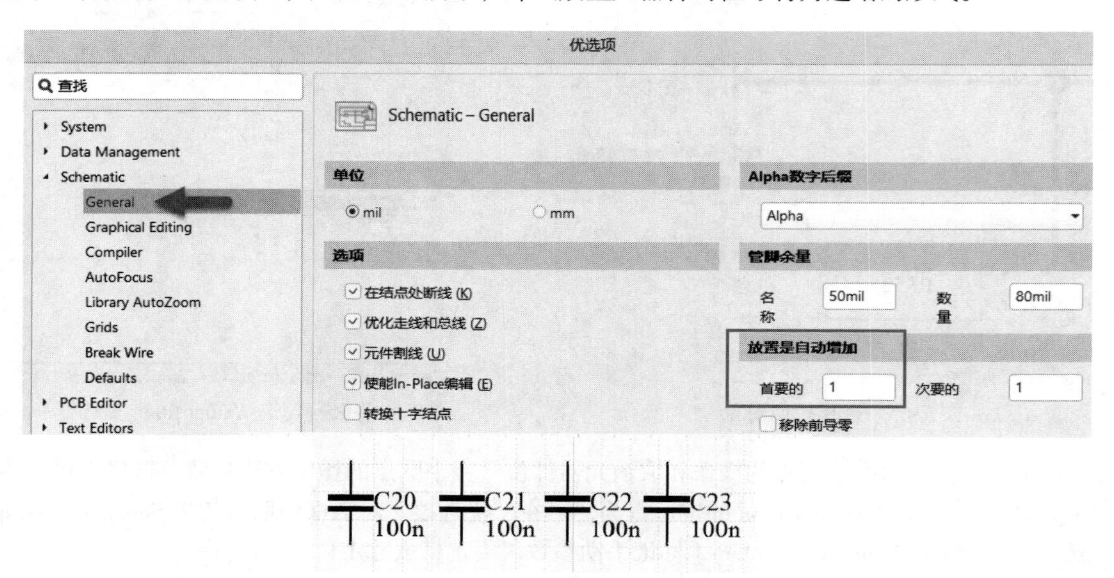

图 7-68　放置时递增设置

在 Schematic 选项下的 General 选项中将“放置是自动增加”选项组中“首要的”设置为-1，如图 7-69 所示，那么放置元器件时位号将为递减的形式。

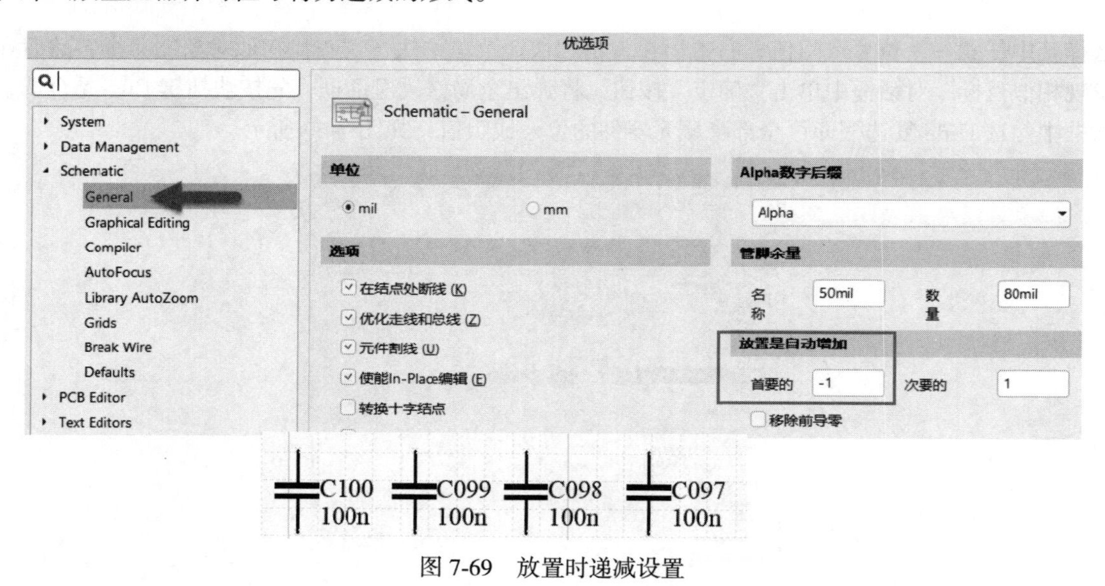

图 7-69　放置时递减设置

7.26　在原理图中设置 PCB 规则的方法

Altium Designer 提供了在原理图中设置 PCB 布线规则的功能，为工程师在交互式设计上提供了更加便利的设计环境。具体设置方法如下：

（1）打开一份绘制好的原理图，在原理图编辑界面执行菜单栏中的“放置”→“指示”→“参数设置”命令，如图 7-70 所示。也可按快捷键 P+V+M。

（2）将 Parameter Set（参数设置）标记放在与原理图中的网络连接的导线上，如放在电源网络上，表示对该网络设置 PCB 布线规则，如图 7-71 所示。

（3）双击原理图中的参数设置标记，在弹出的对话框中展开 Rules 选项组，并单击 Add 按钮添加规则，如图 7-72 所示。

（4）将弹出“选择设计规则类型”对话框，如图 7-73 所示。

（5）“选择设计规则类型”对话框中是相应的 PCB 规则，选中需要设定的规则。比如需要定义电源网络的间距时，则单击选择 Clearance Constraint，如图 7-74 所示。

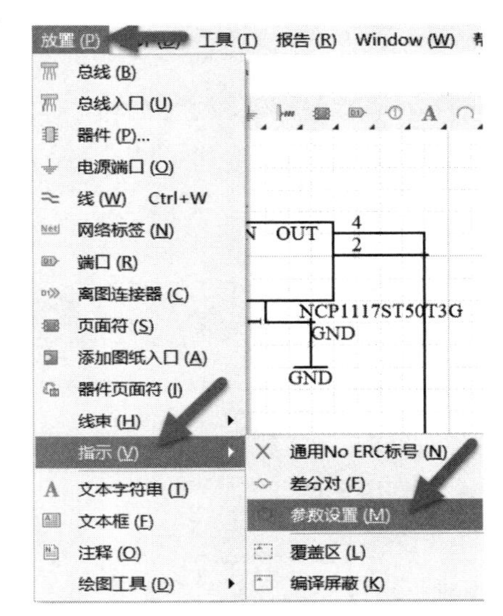

图 7-70　放置参数设置指示

在弹出的 Edit PCB Rule(From Schematic)–Clearance Rule 对话框中设定网络安全间距，单击“确定”按钮完成，如图 7-75 所示。

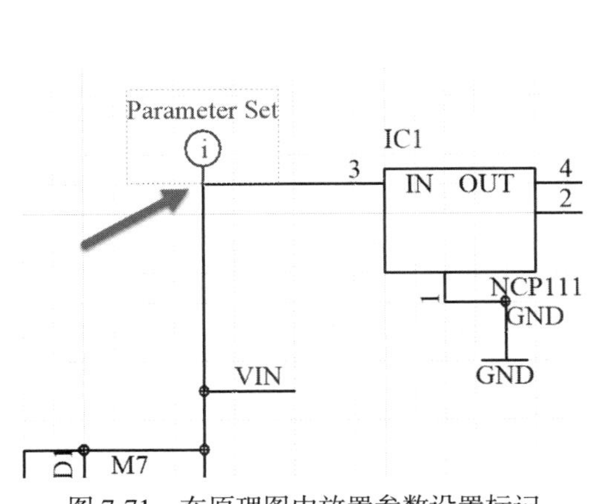

图 7-71　在原理图中放置参数设置标记

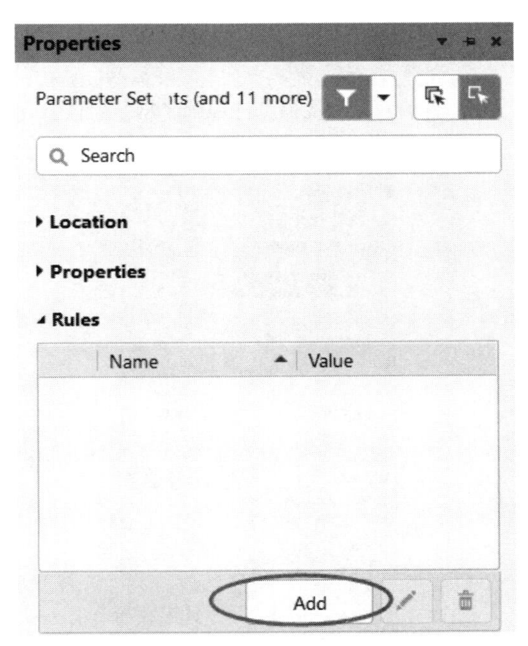

图 7-72　添加规则

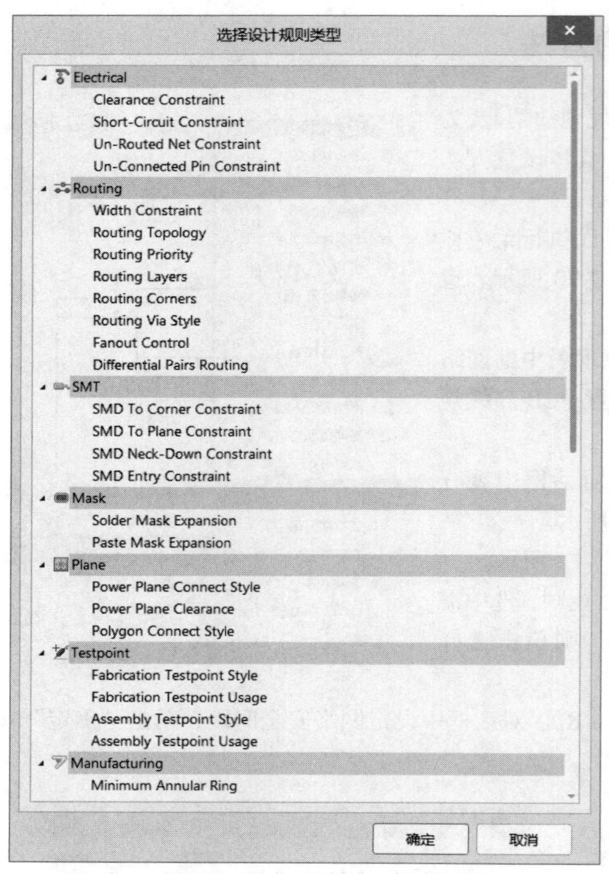

图 7-73 “选择设计规则类型”对话框

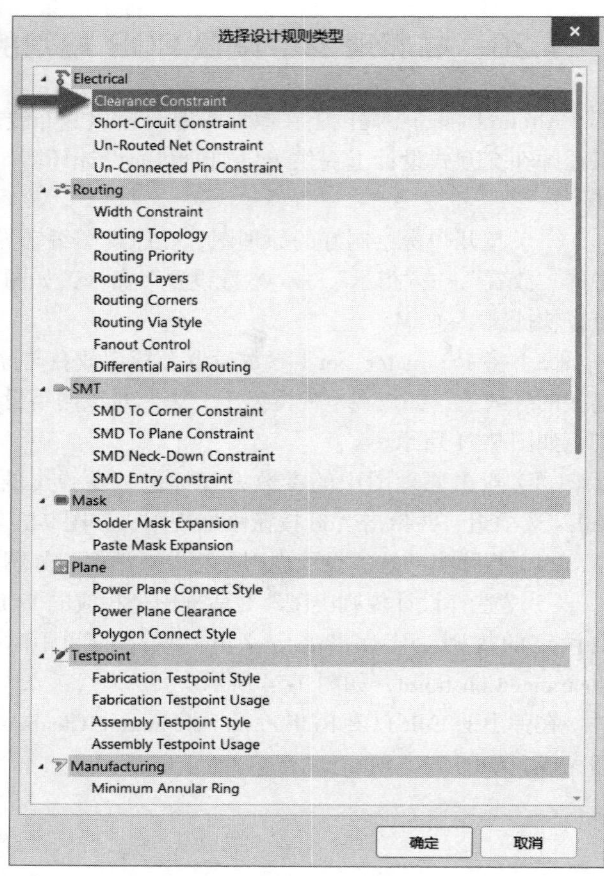

图 7-74 选择需要设置的规则

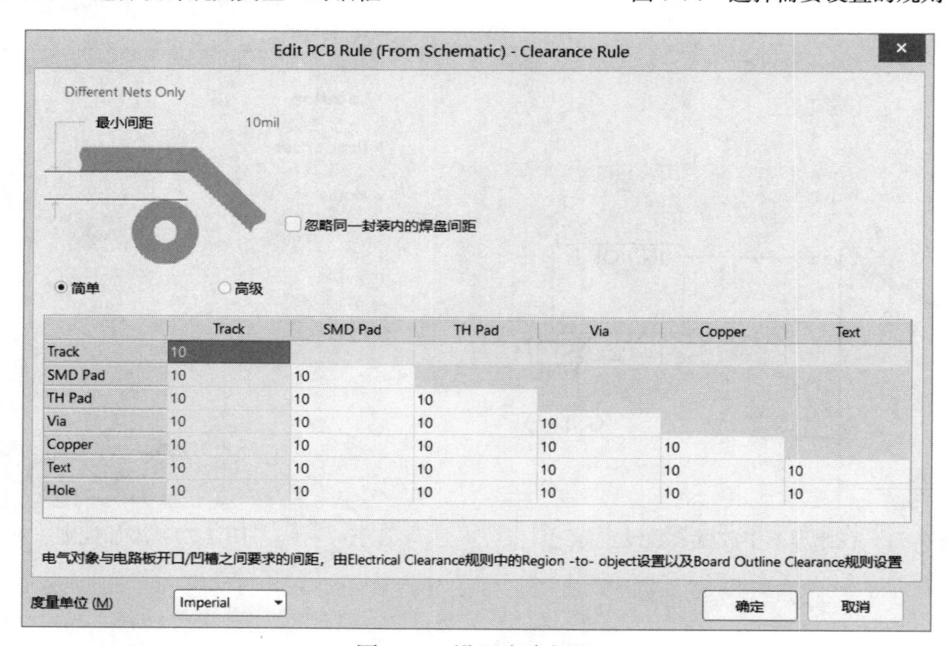

	Track	SMD Pad	TH Pad	Via	Copper	Text
Track	10					
SMD Pad	10	10				
TH Pad	10	10	10			
Via	10	10	10	10		
Copper	10	10	10	10	10	
Text	10	10	10	10	10	10
Hole	10	10	10	10	10	10

图 7-75 设置安全间距

（6）这样，就在原理图中设置好了 PCB 规则，如图 7-76 所示，更新到 PCB 后就有了相对应的规则。

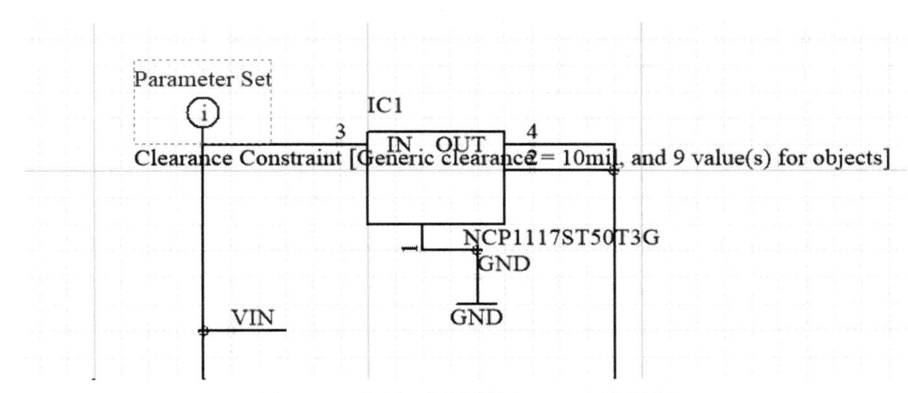

图 7-76　在原理图中设置 PCB 布线规则

7.27　如何在多页原理图中高亮指定网络，并显示在哪几页中使用了该网络

如图 7-77 所示，在 Altium Designer 的工程中有多页原理图时，在其中一页原理图选择某一网络，要快速查看哪几页原理图使用了该网络（逐页查看很慢），如何实现？

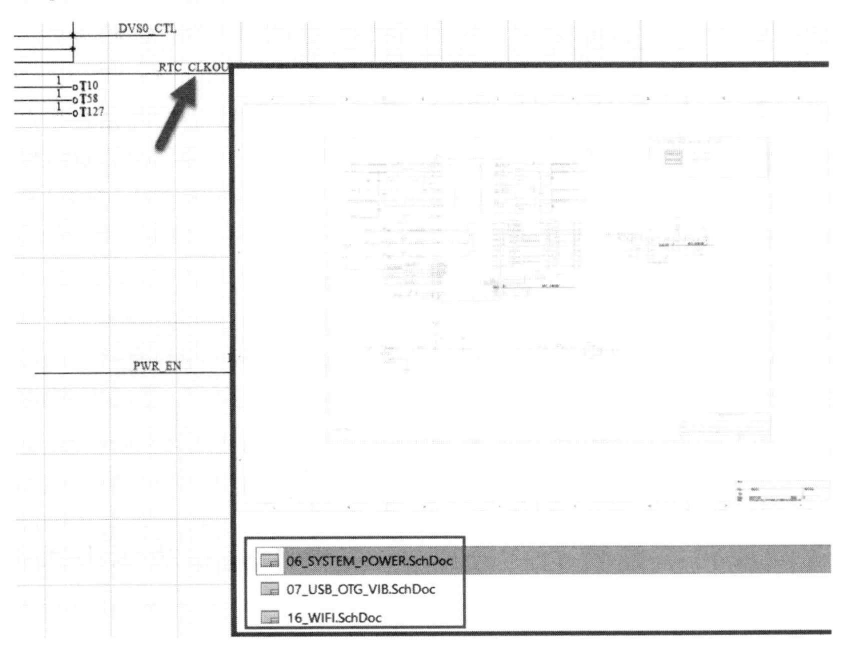

图 7-77　快速查看原理图网络

实现方法如下：

（1）按快捷键 O+P，打开“优选项”对话框，在 System 选项下的 Design Insight（设计检视）选项中勾选“使能连接检视”复选框，然后在下方的启动风格选项组中勾选需要的启动风格，可以选择鼠标悬停和 Alt+Double Click，如图 7-78 所示。

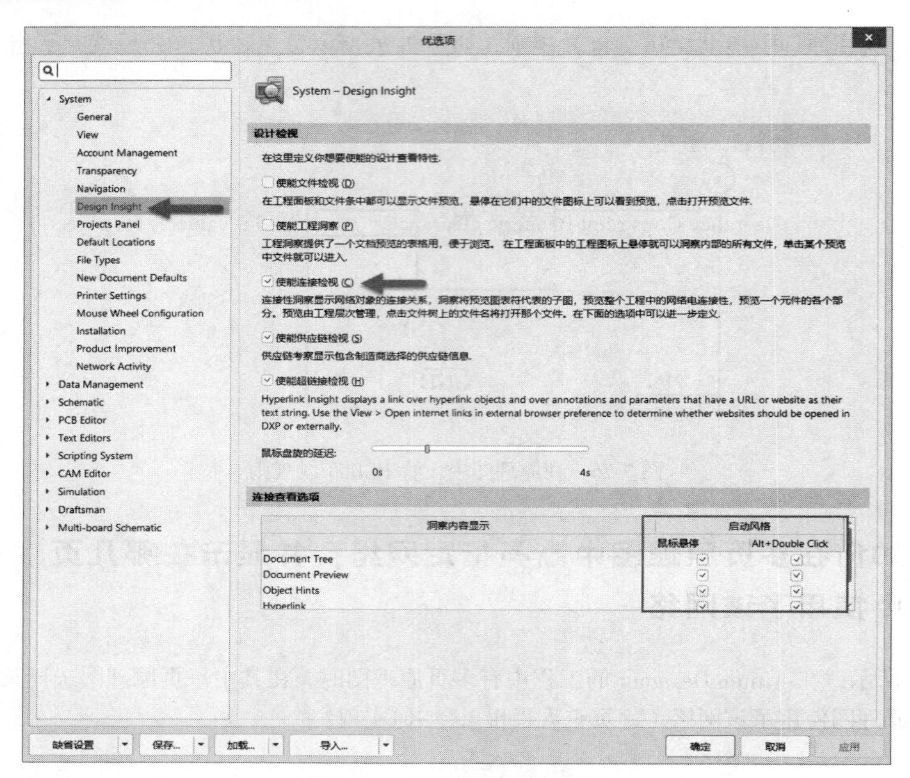

图 7-78　打开使能连接检视

（2）打开使能连接检视后，回到原理图中，先编译原理图（注意，一定要先编译原理图，才能使用连接检视功能），然后鼠标指针悬停在网络上或按住 Alt 键并双击网络即可查看哪几页原理图使用了该网络，如图 7-79 所示。

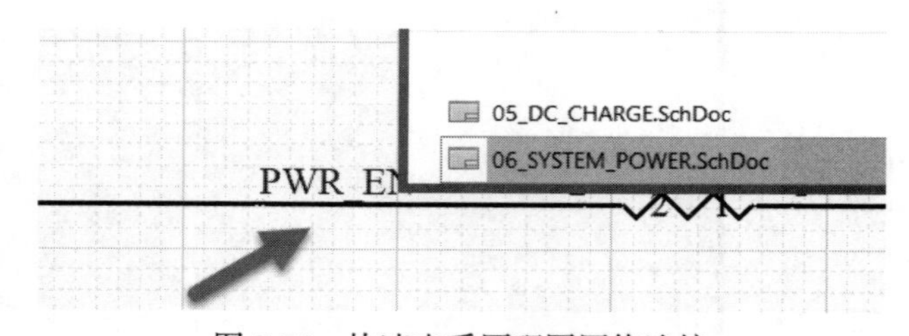

图 7-79　快速查看原理图网络连接

7.28　原理图属性被设置为“只读”，无法编辑修改图中内容，如何解决

原理图属性被设置为“只读”，无法编辑修改图中内容，如何设置才能支持编辑内容？

解决方法如下：

若工程中包含“器件页面符”，可能无法编辑的原理图被设置成了“器件页面符”，以便后期的重复调用。可尝试通过取消勾选“优选项”对话框 Device Sheets 选项中的“设定项目里的器件页面符为只读”复选框解决该问题，如图 7-80 所示。

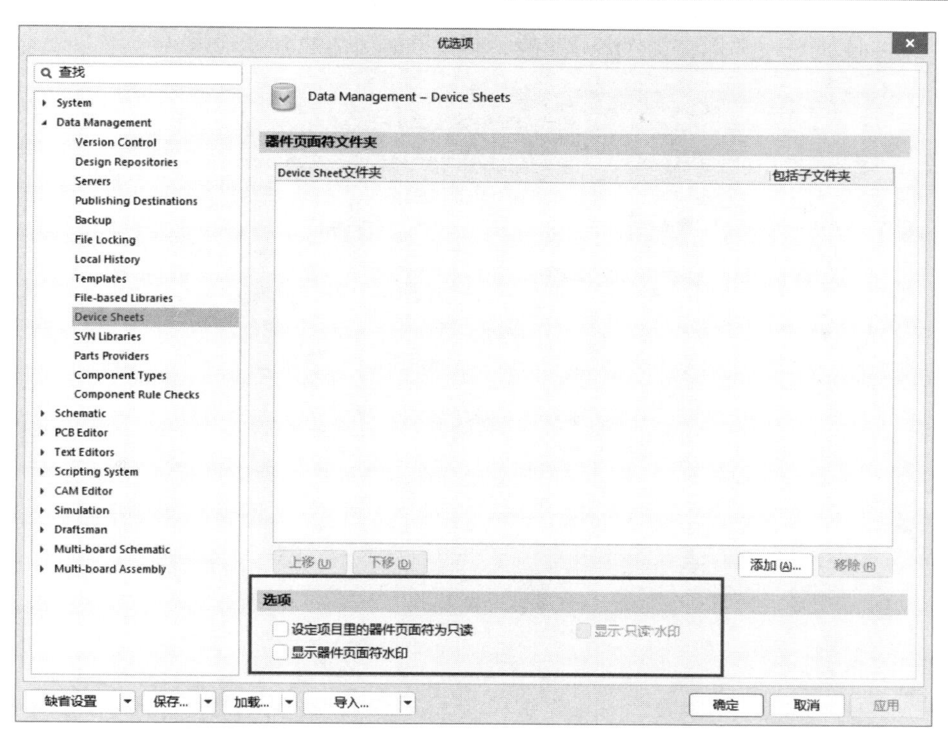

图 7-80　取消勾选“设定项目里的器件页面符为只读”复选框

7.29　原理图图纸自动编号

Altium Designer 22 支持为原理图图纸自动编号。在原理图编辑界面执行菜单栏中的“工程”→“工程选型”命令，进入 Options for PCB Project…对话框，选择 Options 选项卡并勾选“自动图纸编号”复选框，如图 7-81 所示。

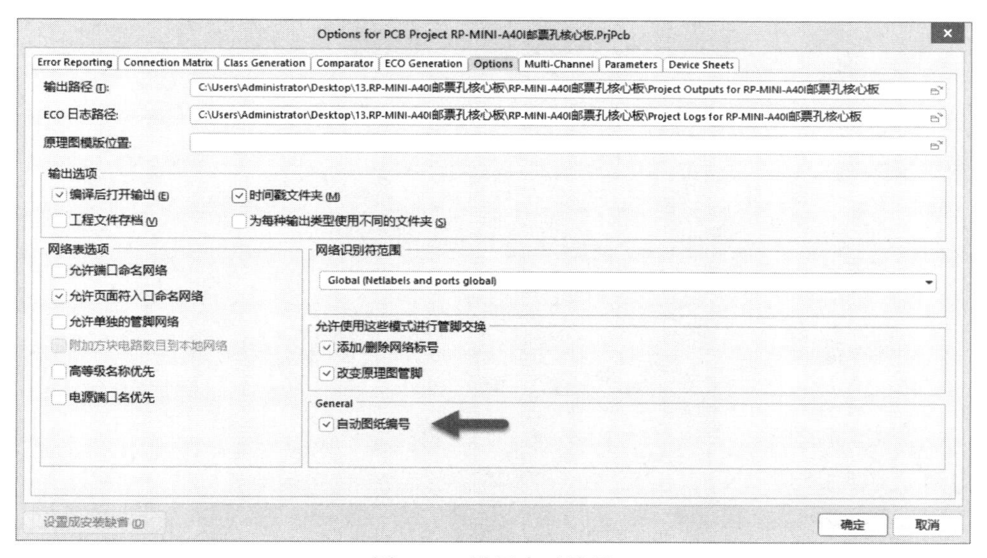

图 7-81　设置自动编号

编号将在 Projects 面板中显示，文件名称不变，其效果如图 7-82 所示。

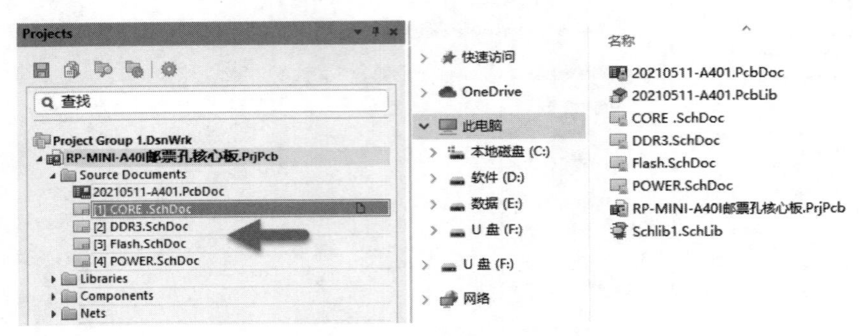

图 7-82　编号显示效果

第 8 章 原理图编译

CHAPTER 8

8.1 进行原理图编译时，编译命令用不了，如何解决

如图 8-1 所示，原理图文件不能进行编译。

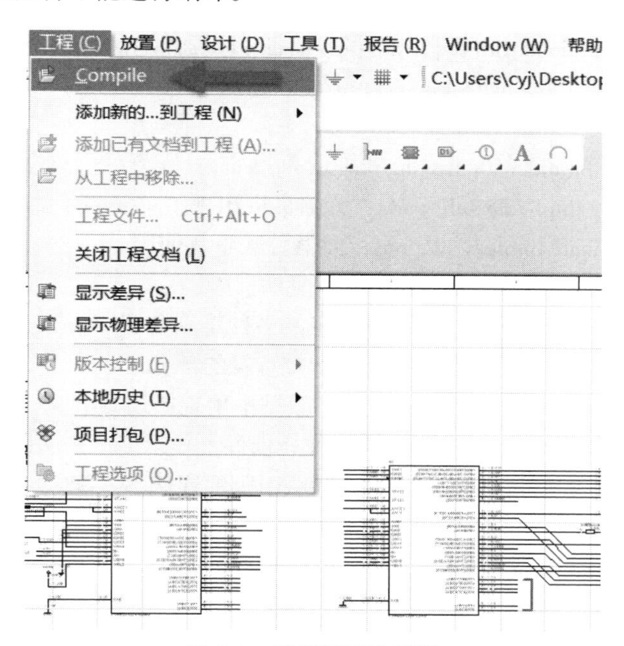

图 8-1 原理图无法编译

解决方法如下：

这是由于原理图文件是一个单独的 Free Document（空闲文档），即原理图文件不在工程文件中。将原理图文件添加到工程中即可正常编译。

8.2 Altium Designer 原理图编译报告中英文对照

在绘制好原理图后对其进行编译检查时，可能出现各种错误，下面列出常见错误的中英文对照。

Error Reporting 错误报告选项卡共有 6 类。

1. Violations Associated with Buses：与总线有关的错误（共12项）

（1）Bus indices out of range：总线分支索引超出范围。

（2）Bus range syntax errors：总线范围的语法错误。

（3）Illegal bus range values：非法的总线范围值。

（4）Illegal bus definitions：定义的总线非法。

（5）Mismatched bus label ordering：总线分支网络标签错误排序。

（6）Mismatched bus/wire object on wire/bus：总线/导线错误的连接导线/总线。

（7）Mismatched Bus widths：总线宽度错误。

（8）Mismatched Bus section index ordering：总线范围值表达错误。

（9）Mismatched electrical types on bus：总线上错误的电气类型。

（10）Mismatched Generics on bus (first index)：总线范围值的首位错误。

（11）Mismatched Generics on bus (second index)：总线范围值末位错误。

（12）Mixed generics and numeric bus labeling：总线命名规则错误。

2. Violations Associated Components：有关元器件符号的电气错误（共20项）

（1）Component Implementations with duplicate pins usage：元器件引脚在原理图中被重复使用。

（2）Component Implementations with invalid pin mappings：元器件引脚在应用中和 PCB 封装中的焊盘不符。

（3）Component Implementations with missing pins in sequence：元器件引脚序号丢失。

（4）Component containing duplicate sub-parts：元器件中出现了重复的子部分。

（5）Component with duplicate implementations：元器件被重复使用。

（6）Component with duplicate pins：元器件中有重复的引脚。

（7）Duplicate component models：一个元器件被定义多种重复模型。

（8）Duplicate part designators：元器件中出现标示号重复的部分。

（9）Errors in component model parameters：元器件模型中出现错误参数。

（10）Extra pin found in component display mode：在元器件上显示多余的引脚。

（11）Mismatched hidden pin component：元器件隐藏引脚的连接不匹配。

（12）Mismatched pin visibility：引脚的可视性不匹配。

（13）Missing component model parameters：元器件模型参数丢失。

（14）Missing component models：元器件模型丢失。

（15）Missing component models in model files：元器件模型从模型文件中丢失。

（16）Missing pin found in component display mode：在元器件显示方式中发现引脚缺失。

（17）Models found in different model locations：在不同的模型位置发现模型。

（18）Sheet symbol with duplicate entries：原理图符号重复。

（19）Un-designated parts requiring annotation：未标记部分需要注释。

（20）Unused sub-part in component：元器件中某个部分未使用。

3. Violations Associated with Document：文档相关的错误（共10项）

（1）Conflicting constraints：冲突的约束。

（2）Duplicate sheet symbol names：原理图名称重复。

（3）Duplicate sheet numbers：原理图图纸序号重复。

（4）Missing child sheet for sheet symbol：图纸符号缺少子图纸。

（5）Missing configuration target：缺少配置对象。

（6）Missing sub-project sheet for component：元器件缺少分项目表。

（7）Multiple configuration targets：多个配置对象。

（8）Multiple top-level document：多个顶层文件。

（9）Port not linked to parent sheet symbol：子原理图中的端口没有对应总原理图上的端口。

（10）Sheet enter not linked to child sheet：原理图上的端口在对应子原理图中没有对应端口。

4. Violations Associated With Nets：有关网络电气错误（共19项）

（1）Adding hidden net to sheet：给图表添加隐藏网络。

（2）Adding Items from hidden net to net：从隐藏网络添加对象到已有网络。

（3）Auto-assigned ports to device pins：自动分配端口到设备引脚。

（4）Duplicate nets：原理图中出现重复网络。

（5）Floating net labels：原理图中有悬空的网络标签。

（6）Global power-objects scope changes：全局的电源符号错误。

（7）Net parameters with no name：网络属性中缺少名称。

（8）Net parameters with no value：网络属性中缺少赋值。

（9）Nets containing floating input pins：网络包括悬空的输入引脚。

（10）Nets with multiple names：同一个网络被附加多个网络名。

（11）Nets with no driving source：网络中没有驱动。

（12）Nets with only one pin：网络只连接一个引脚。

（13）Nets with possible connection problems：网络可能有连接错误。

（14）Same Net used in multiple Differential Pairs：同一网络用于多差分。

（15）Sheets containing duplicate ports：原理图中包含重复的端口。

（16）Signals with no drivers：信号无驱动。

（17）Signals with no load：信号无负载。

（18）Unconnected objects in net：网络中的元器件出现未连接对象。

（19）Unconnected wires：原理图中未连接的导线。

5. Violations Associated With Others：有关原理图的各种类型的错误（3项）

（1）No Error：无错误。

（2）Object not completely within sheet boundaries：原理图的对象超出了图纸边框。

（3）Off-grid object：原理图中的对象不在格点位置。

6. Violations associated with parameters：有关参数错误的各种类型（2项）

（1）Same parameter containing different types：相同的参数出现在不同的模型中。

（2）Same parameter containing different values：相同的参数出现了不同的取值。

8.3 原理图编译时，提示 Off grid Pin…，如何解决

Altium Designer 软件在原理图编译中出现 Off grid Pin…的警告，并不是原理图电气连接出现了问题，而是元器件或元器件的 Pin 脚没有和栅格对齐造成的。

解决方法如下：

（1）选中出现 Off grid Pin…警告的元器件，右击，在弹出的对话框中执行“对齐”→“对齐到栅格上”命令即可将元器件对齐到栅格上。

（2）如果出现 Off grid Pin…警告的元器件数量较多，因为该警告可以忽略，故可以在工程参数中将其编译报告格式设置为不报告。

执行菜单栏中的“工程”→“工程选项”命令，如图 8-2 所示。

在工程参数中将 Off grid object 这一项报告格式设置为不报告即可，如图 8-3 所示。

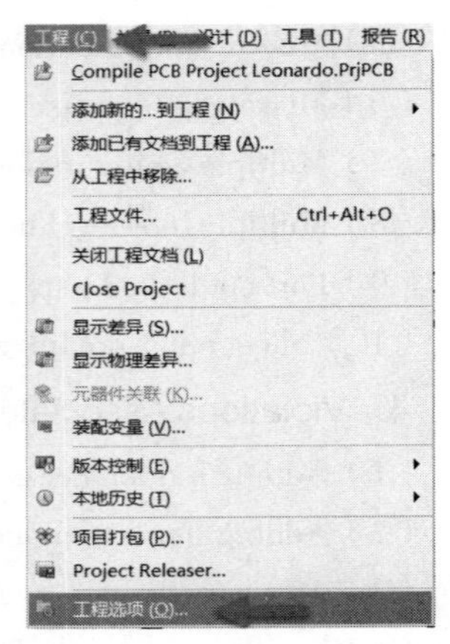

图 8-2 “工程选项”命令

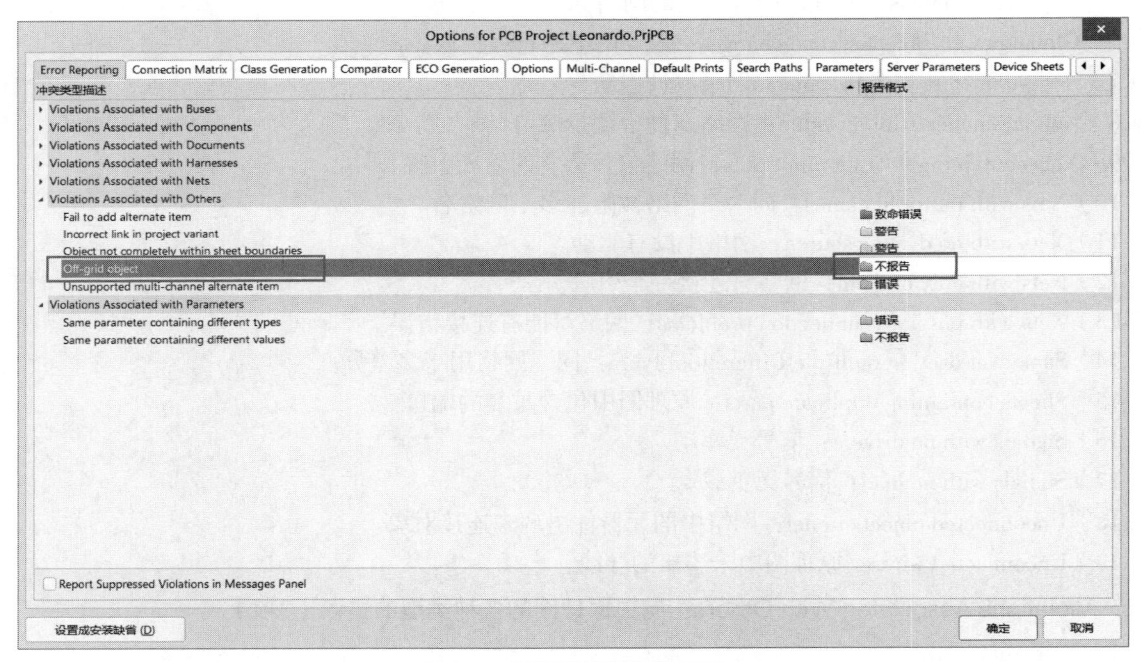

图 8-3 原理图编译报告设置

8.4 原理图编译时，提示 has no driving source，如何解决

在进行原理图编译时出现警告：Net has no driving source，如图 8-4 所示。

解决方法如下：

这是提示引脚无驱动源，原因是芯片引脚属性设置了电气属性，有以下几种解决方法：

（1）这种警告并不影响原理图正常的电气连接关系，如果不进行仿真可以忽略。

（2）在原理图库中将相对应报错的引脚电气属性修改为 Passive 即可，如图 8-5 所示。

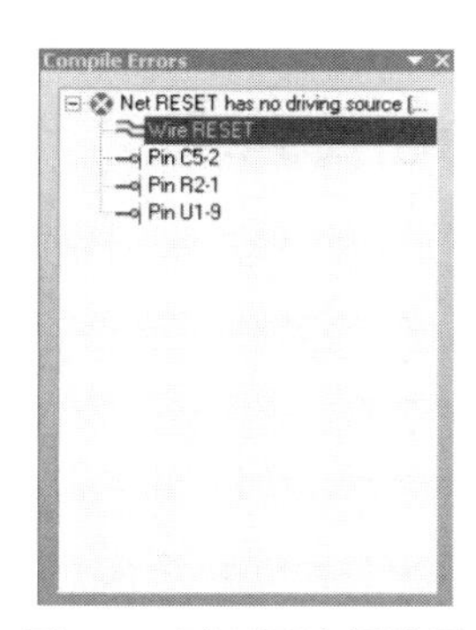

图 8-4　原理图编译错误

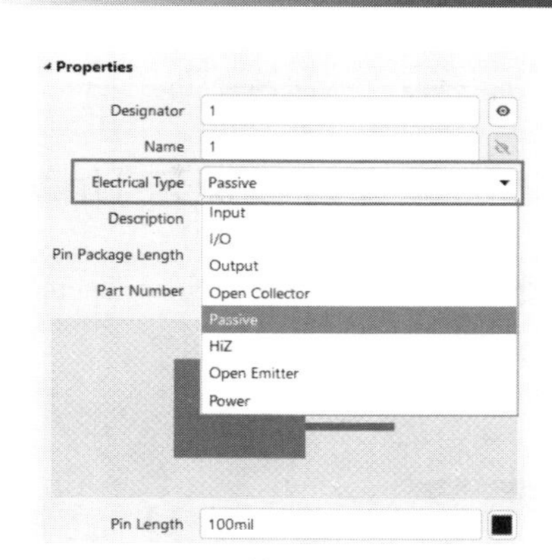

图 8-5　修改引脚属性

（3）打开工程参数选项对话框，选择 Error Reporting 选项卡，将 Nets with no driving source 报告格式设置为不报告即可，如图 8-6 所示。

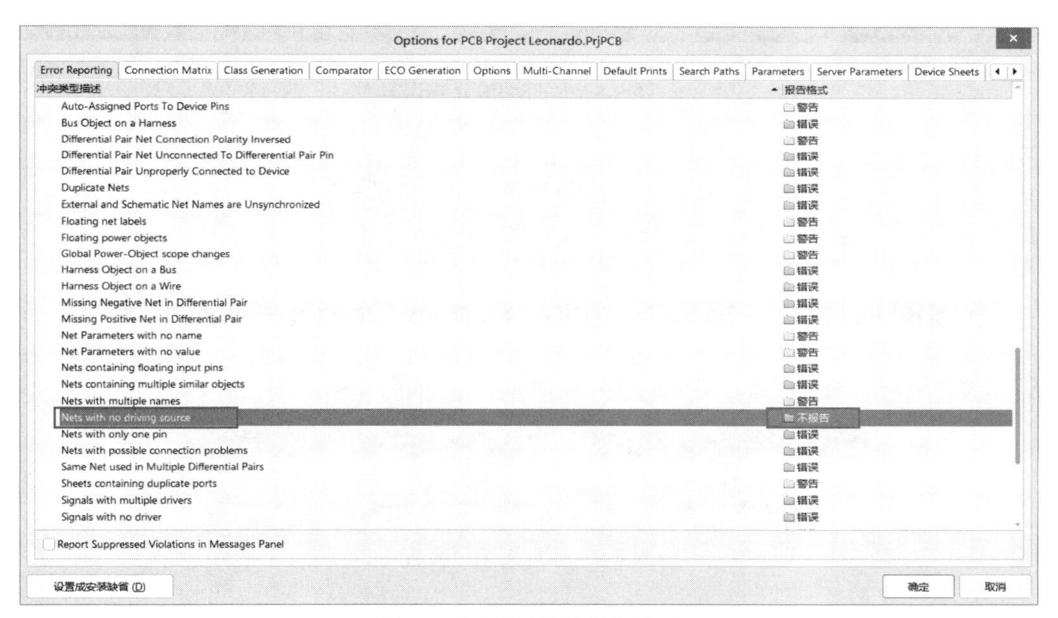

图 8-6　原理图编译报告设置

8.5　原理图编译时，提示 Floating Net Label…，如何解决

在进行原理图编译时出现警告：Floating Net Label…，如图 8-7 所示。

图 8-7　原理图编译警告

解决方法如下：

这是由于某个网络标签悬空（本应放置在引脚热点或导线上），重新将悬空的网络标签放置在导线上即

可。当光标捕捉到导线时，光标显示网络标签，此时单击即可正确放置网络标签于引脚热点或导线上。

8.6 原理图编译时，提示 Unconnected line，如何解决

在进行原理图编译时提示错误：Unconnected line，如图 8-8 所示。

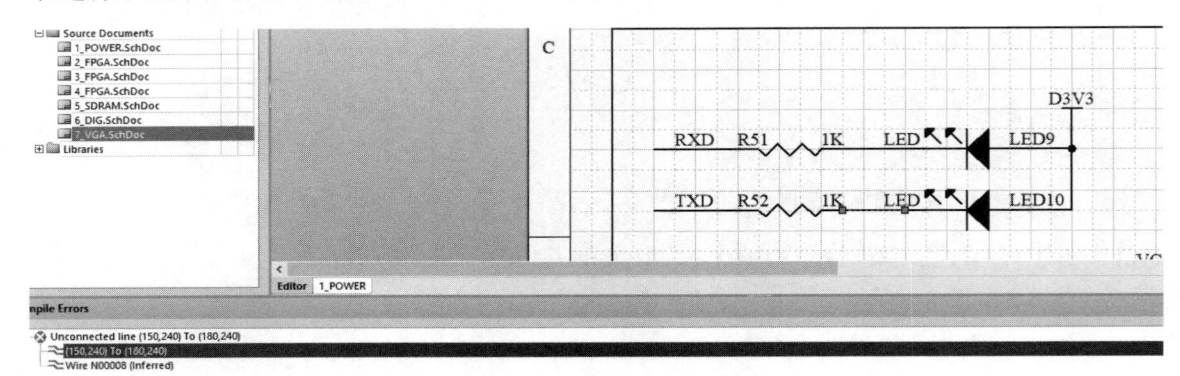

图 8-8 原理图编译错误

解决方法如下：

这是该位置没有连接好造成的，通常是导线和元器件的引脚没有连接上，或者用的是不具有电气属性的线进行原理图的连线。重新用具有电气属性的导线将未连接好的位置连接上即可。

8.7 原理图编译时，提示 Floating Power Object…，如何解决

在进行原理图编译时提示警告：Floating Power Object…，如图 8-9 所示。

图 8-9 原理图编译警告

解决方法如下：

这是原理图放置的电源端口悬空所致，按照提示找到对应的错误项，将其放置在对应的导线上即可。

8.8 原理图编译时，提示 Object not completely within，如何解决

这是原理图的对象超出了图纸边框导致的问题，根据提示找到对应的错误项，将其放回原理图图纸内即可。

8.9 原理图编译时，提示 Unique Identifiers Errors，如何解决

在 Altium Designer 的原理图中，当所有元器件的设计电路从一个原理图文件复制到另一个原理图文件时，就会出现这个问题。因为新建一个原理图文件并编译后，元器件的 Unique Identifiers（唯一标识符）是

确定的，当再次新建一个原理图文件，并将原来的电路图复制到这个新建的原理图文件时，元器件的 Unique Identifiers 属性将保持，这样，在不同的原理图文件中便会出现相同的 Unique Identifiers，Altium Designer 在后期将原理图更新到 PCB 文件时，会验证 Unique Identifiers，原理图和 PCB 是一一对应的关系，当一个 Unique Identifiers 对应两个元器件，就会导致导入 PCB 出现元器件丢失等问题。

解决方法如下：

如果 Unique Identifiers 大量重复，在原理图编辑界面中执行菜单栏中的“工具”→“转换”→“重置元器件 Unique ID”命令，即可解决这个问题。

8.10　原理图编译时，提示 Extra Pin…in Normal of Part…，如何解决

在原理图编译后，出现 Extra Pin…in Normal of Part…的警告，如图 8-10 所示。

解决方法如下：

这是因为原理图库中的元器件符号有多个模式（Mode），选择不同模式的元器件符号会有不同的视图，而不同模式元器件符号的引脚数量可能不同，所以编译原理图时会报错。打开原理图库，找到编译报错的元器件，双击元器件打开属性编辑对话框，可以看到该元器件符号有 3 种模式，如图 8-11 所示。

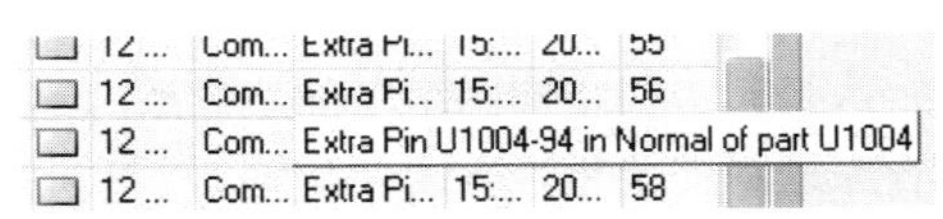

图 8-10　Extra Pin…in Normal of Part…

需要将多余的模式删除，只保留 Normal（正常）模式。在原理图库中的 SCH Library 列表中找到报错的元器件符号，执行菜单栏中的“工具”→“模式”命令，先选中除 Normal 外的模式，然后再次打开“工具”菜单执行“模式”→“移除”命令，将多余的模式删除，如图 8-12 所示。

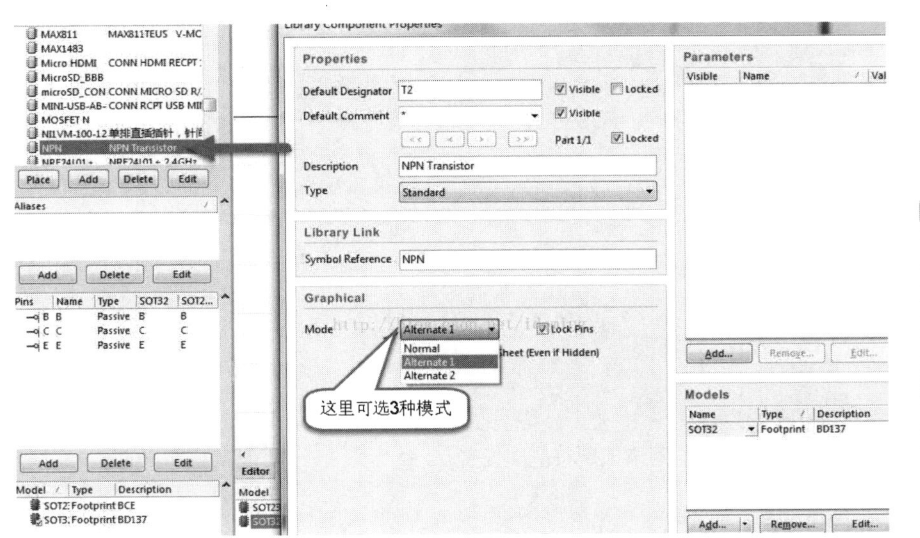

图 8-11　元器件符号具有不同的模式

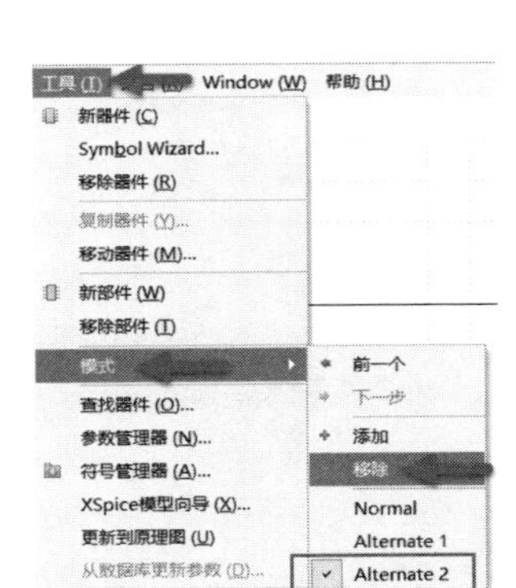

图 8-12　删除多余模式

将修改信息更新到原理图中，再编译原理图工程，问题就能得到解决。

8.11 原理图编译时，提示 Duplicate Net Names Wire…，如何解决

如图 8-13 所示，原理图编译时，出现 Duplicate Net Names Wire…的错误提示。

Messages

Class	Document	Source	Message	Time
[Error]	Sheet1.SchDoc	Compiler	Duplicate Net Names Wire Net4.7k_1	23:03:30
[Error]	Sheet1.SchDoc	Compiler	Duplicate Net Names Wire Net4.7k_1	23:03:30
[Error]	Sheet1.SchDoc	Compiler	Duplicate Net Names Wire Net4.7k_2	23:03:30
[Error]	Sheet1.SchDoc	Compiler	Duplicate Net Names Wire Net4.7k_2	23:03:30
[Error]	Sheet1.SchDoc	Compiler	Duplicate Net Names Wire Net4.7k_2	23:03:30

Details

Wire Net4.7k_2

图 8-13　Duplicate Net Names Wire…

解决方法如下：

这是有多根相同网络名的线导致。这个错误一般出现在有多页原理图且使用了端口和网络标签。首先检查原理图连接是否有误，如连接没有问题，可以执行菜单栏中的“工程”→“工程参数”命令，选择 Options 选项卡，在网络识别符范围（Net Identifier Scope）下拉列表框中选择 Global（Netlabels and ports global）选项，然后单击“确定”按钮，如图 8-14 所示。返回原理图中重新编译即可解决这个问题。

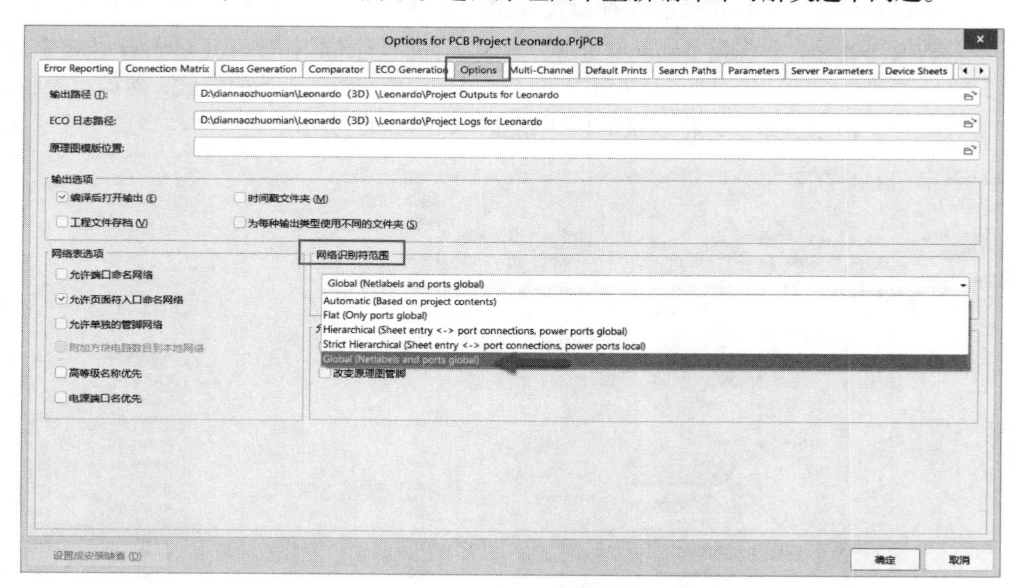

图 8-14　网络识别符范围设置

8.12 原理图编译时，提示 Nets Wire…has multiple names…，如何解决

如图 8-15 所示，原理图编译时，出现 Nets Wire…has multiple names…的错误提示。

Messages

Class	Document	Sou...	Message	Tim
[Wa	Leonardo.S	Comp	Nets Wire +5V has multiple names (Net Label +5V	11:

图 8-15　Nets Wire…has multiple names

解决方法如下：

这是由于网络线上有多个网络名称，如图 8-16 所示。检查原理图是否连接有误，如没有，可忽略该警告。更多关于原理图编译错误报告信息请看 8.2 节的 Altium Designer 原理图编译报告中英文对照。

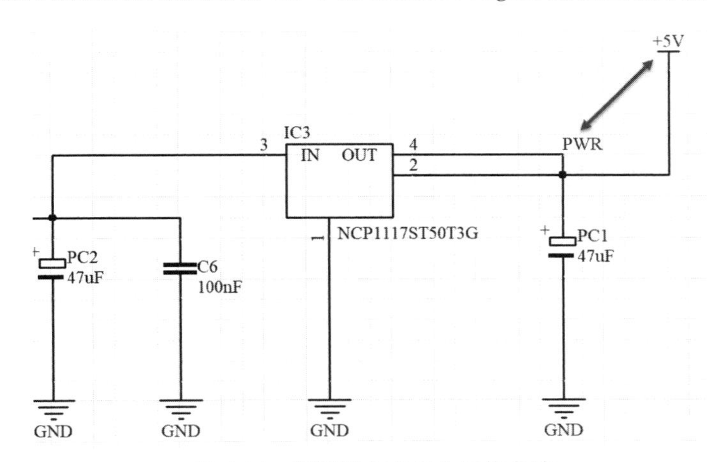

图 8-16　网络线上有多个网络名称

8.13　原理图元器件附近出现波浪线的提示，如何解决

如图 8-17 所示，原理图中的元器件旁出现很多波浪线的提示。

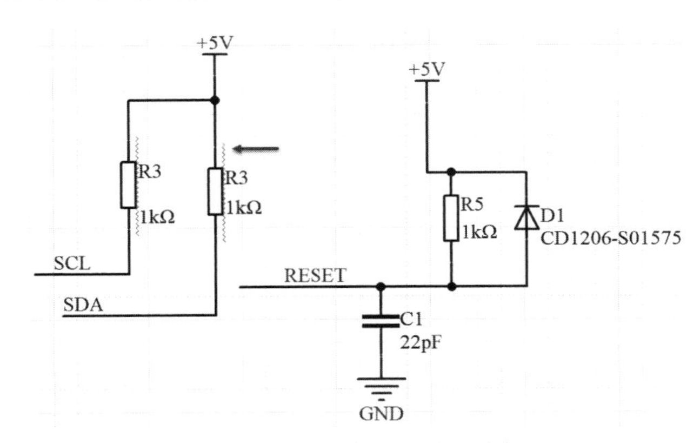

图 8-17　元器件旁出现波浪线提示

解决方法如下：

波浪线是报错提示，器件旁有波浪线大部分是由于原理图的元器件位号尚未命名或存在重复命名，将原理图位号重新标注即可。也有可能是其他方面的报错，需要编译原理图，查看编译报告。

第 9 章 原理图同步更新到 PCB

CHAPTER 9

9.1　原理图更新到 PCB 提示 Footprint Not Found…，如何解决

如图 9-1 所示，从原理图更新到 PCB 时，工程变更指令中出现 Footprint Not Found…的错误提示。

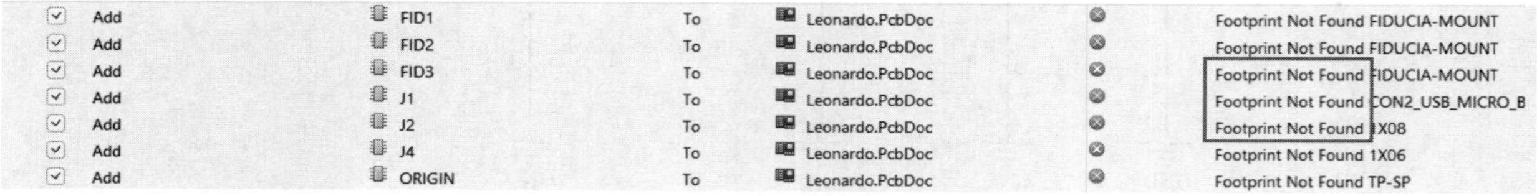

Add	FID1	To	Leonardo.PcbDoc	⊗	Footprint Not Found FIDUCIA-MOUNT
Add	FID2	To	Leonardo.PcbDoc	⊗	Footprint Not Found FIDUCIA-MOUNT
Add	FID3	To	Leonardo.PcbDoc	⊗	Footprint Not Found FIDUCIA-MOUNT
Add	J1	To	Leonardo.PcbDoc	⊗	Footprint Not Found CON2_USB_MICRO_B
Add	J2	To	Leonardo.PcbDoc	⊗	Footprint Not Found 1X08
Add	J4	To	Leonardo.PcbDoc	⊗	Footprint Not Found 1X06
Add	ORIGIN	To	Leonardo.PcbDoc	⊗	Footprint Not Found TP-SP

图 9-1　Footprint Not Found…

解决方法如下：

这是原理图中的元器件没有对应的封装导致的错误，需返回原理图中根据错误报告为对应的元器件添加相应的封装即可。

9.2　原理图更新到 PCB 时，提示 Unknown Pin…，如何解决

如图 9-2 所示，从原理图更新到 PCB 时，工程变更指令中出现 Unknown Pin…的错误提示。

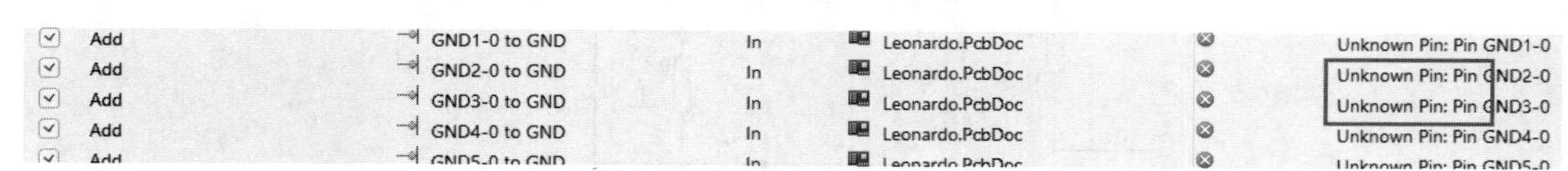

图 9-2　Unknown Pin…

解决方法如下：

这是原理图中的元器件没有对应的封装或原理图元器件引脚标识和 PCB 封装引脚标识不一致导致的错误，如图 9-3 所示，原理图元器件引脚标识为 A、K，而对应的 PCB 封装引脚标识却是 1、2。如果是缺少封装，返回原理图中根据错误报告为对应的元器件添加相应的封装即可。如

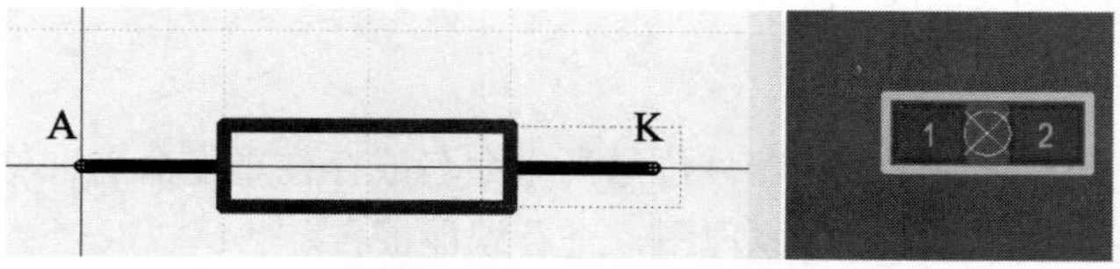

图 9-3　原理图元器件引脚标识和 PCB 封装引脚标识不一致

果是原理图元器件引脚标识和 PCB 封装引脚标识不一致，返回原理图库或 PCB 元器件库将原理图元器件引脚标识和 PCB 封装引脚标识一一对应即可。

9.3　原理图更新到 PCB 时，提示 Comparing Documents，如何解决

如图 9-4 所示，原理图更新到 PCB 时，提示 Comparing Documents。

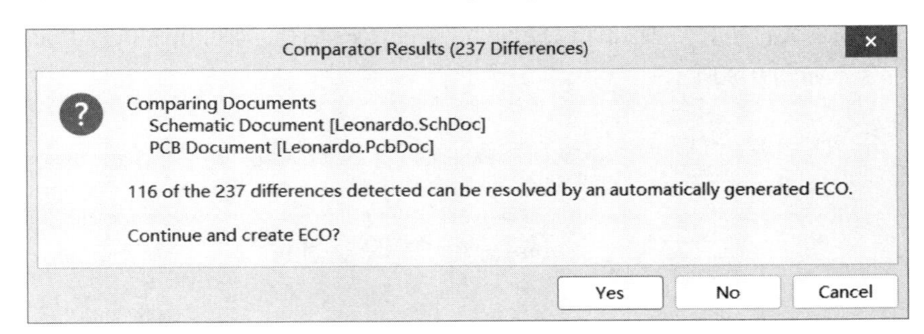

图 9-4　原理图更新到 PCB 提示 Comparing Documents

解决方法如下：
这会在 SCH 和 PCB 存在差异时出现，按照提示单击 Yes 按钮接受自动生成的 ECO 即可。

9.4　原理图更新到 PCB 后，部分元器件焊盘无网络，如何解决

有两种可能的原因，一是原理图中元器件的引脚与导线并未完全连接上，如图 9-5 所示；二是原理图元器件引脚标识和 PCB 封装引脚标识不一致。返回原理图仔细检查并改正错误即可。

图 9-5　引脚与导线并未完全连接上

9.5　更新到 PCB 时，提示 Some nets were not able to be matched，如何解决

如图 9-6 所示，从原理图更新到 PCB 时提示 Some nets were not able to be matched. Try to match these manually。

这是原理图中该元器件的 Designator ID 和 PCB 中的 Designator ID 相同，但 Unique ID 和 PCB 中的 Unique ID 不相同所致。Unique ID 由软件随机生成，从别处复制过来的原理图则会报不匹配的错误。这时可以单击对话框中的“是”按钮，继续执行原理图更新到 PCB 的操作。也可删除 PCB 中已经导入的封装，重新从原理图更新到 PCB 即可。

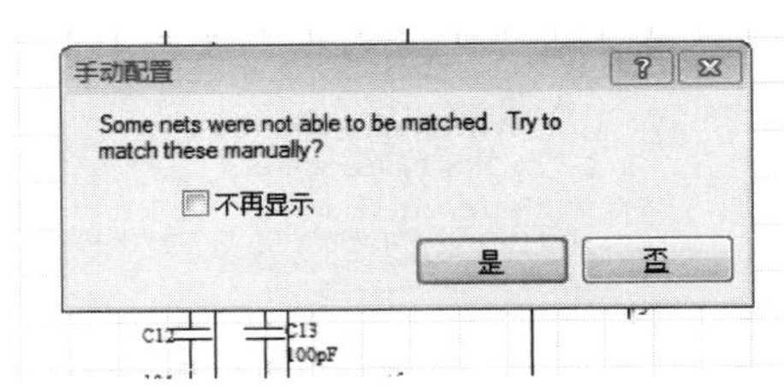

图 9-6　Some nets were not able to be matched

9.6　原理图更新到 PCB 时，没有 Update PCB Document Leonardo.PcbDoc 命令，如何解决

进行原理图更新到 PCB 的操作，发现 Altium Designer 原理图“设计”菜单中没有 Update PCB Document Leonardo.PcbDoc 命令，如图 9-7 所示。

解决方法如下：

这是由于直接打开 Sch 文件，而不是打开工程文件，或者新建的原理图文件没有添加到工程目录下。需将原理图文件放到工程文件下，同时确保已经创建了.PcbDoc 文件，即可正常执行 Update PCB Document Leonardo.PcbDoc 命令，如图 9-8 所示。

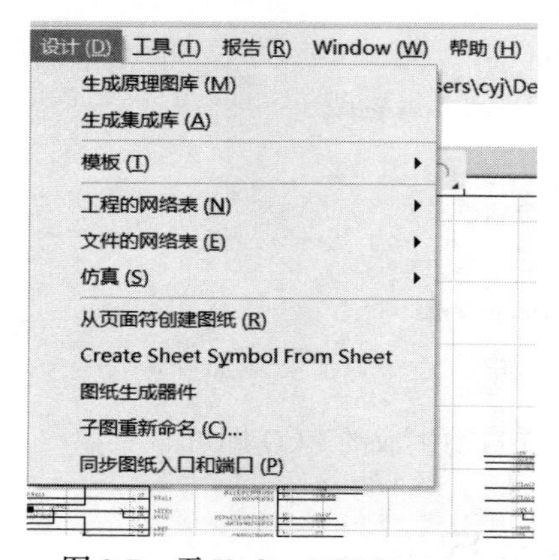

图 9-7　无 Update PCB Document Leonardo.PcbDoc 命令

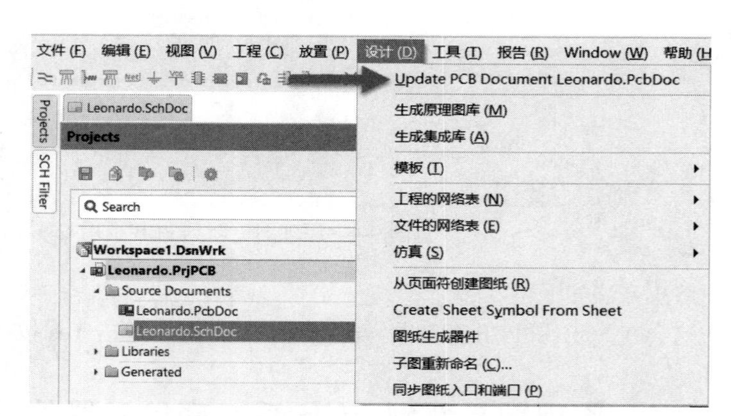

图 9-8　正常的 Update PCB Document Leonardo.PcbDoc 命令

9.7　多原理图、多 PCB 文件的更新导入处理

在 Altium Designer 中进行 PCB 工程设计时，有时一个工程中可能不止一个 PCB 文件。例如，一个设备里有主板和扩展板或按键板等，这时就需要在一个工程里添加多个原理图和 PCB 文件，如图 9-9 所示。

在 Altium Designer 中将原理图导入 PCB 通过执行原理图菜单中的设计→Update PCB Document xxx.PcbDoc 命令实现，如图 9-10 所示。

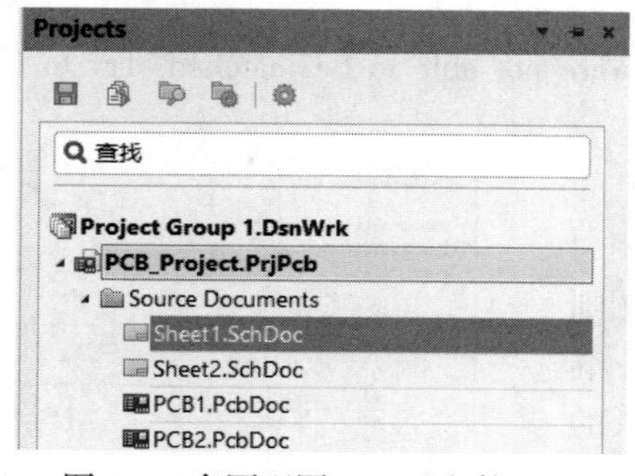

图 9-9　多原理图、PCB 文件工程

图 9-10　原理图更新到 PCB

执行原理图更新到 PCB 的操作后，虽然选择的是更新到某一个 PCB 文件，但最后所有原理图都将被导入该 PCB 文件，无法实现不同的原理图导入不同的 PCB。

实现指定原理图更新到指定 PCB 的方法如下：

（1）在原理图编辑界面执行菜单栏中的“工程”→“显示差异”命令，将弹出“选择比较文档”对话框，如图 9-11 所示。

（2）在“选择比较文档”对话框中勾选“高级模式”复选框，对话框将显示成两个专栏，如图 9-12 所示。

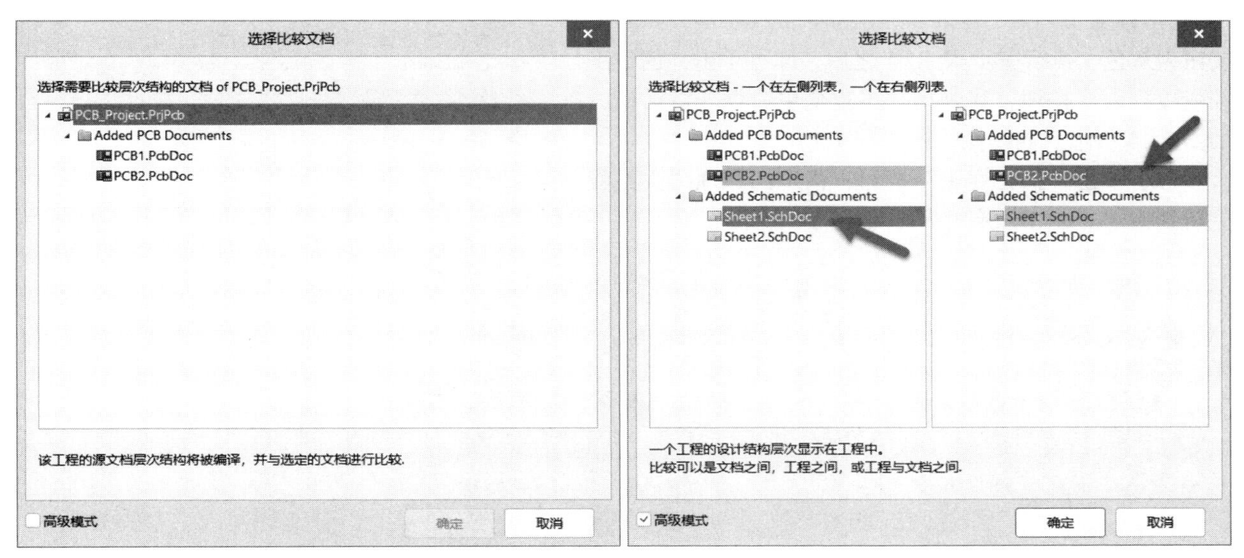

图 9-11　“选择比较文档”对话框　　　图 9-12　对话框显示成两个专栏

（3）如图 9-12 所示，在其中一栏选择 Sch 文件，并在另一栏选择对应的 PCB 文件，即选择左侧栏的 Sheet1.SchDoc 原理图文件与右侧栏的 PCB2.PcbDoc 文件，然后单击“确定”按钮。

（4）将弹出 Differences between Schematic Document [⋯] and PCB Document [⋯]对话框，如图 9-13 所示，对话框中列出了 Sch 文件和 PCB 文件的对应关系。

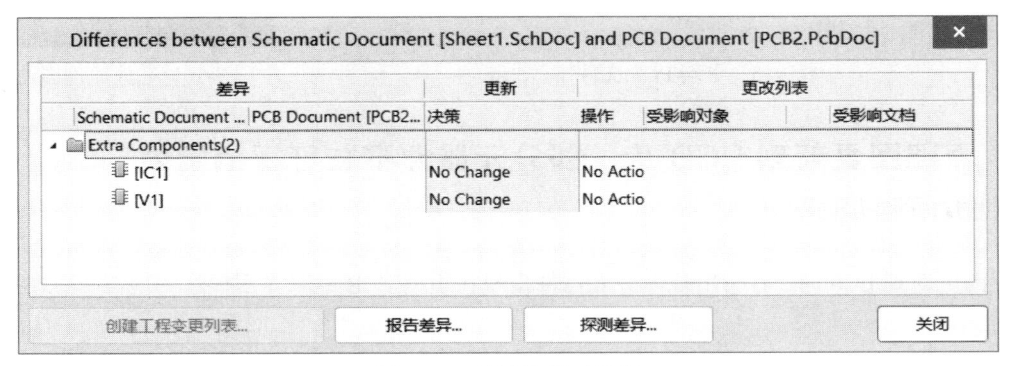

图 9-13　显示差异对话框

（5）在对话框任意空白处右击，在弹出的快捷菜单中执行 Update All in>>PCB Document[…]命令，如图 9-14 所示，将 Sheet1.SchDoc 里面的所有内容更新到 PCB2 中。

从图 9-14 中可以看到有多种导入方式，可以从 Sch 文件到 PCB 文件，也可从 PCB 文件到 Sch 文件，还可以选中某些部分进行导入。

（6）从图 9-13 可以看到在未执行步骤（5）之前，“创建工程变更列表”（Create Engineering Change Order）按钮为灰色，执行完步骤（5）之后，即可单击“创建工程变更列表”按钮，将弹出“工程变更命令”对话框，如图 9-15 所示。后续操作同步骤（5）。

（7）单击“执行变更”按钮，指定的原理图文件就更新到指定的 PCB 文件中了，如图 9-16 所示。

图 9-14　执行命令 Update All in>>PCB Document[…]

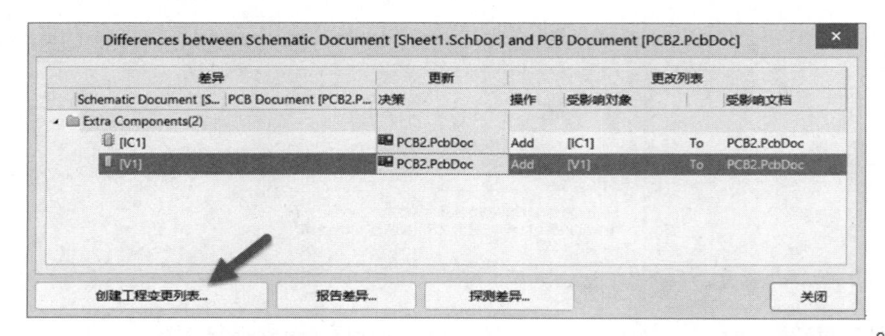

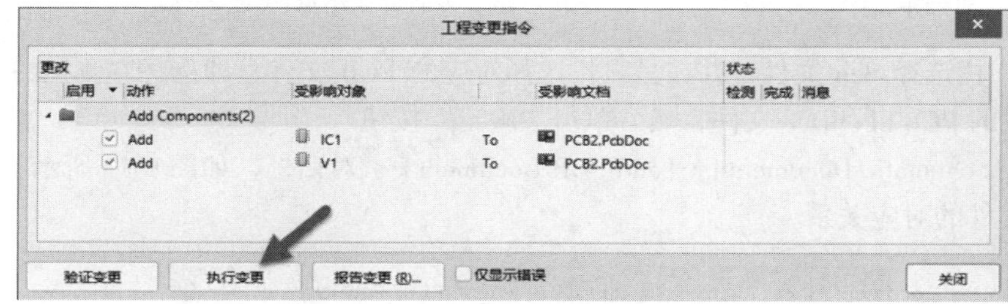

图 9-15　更新 PCB 文件

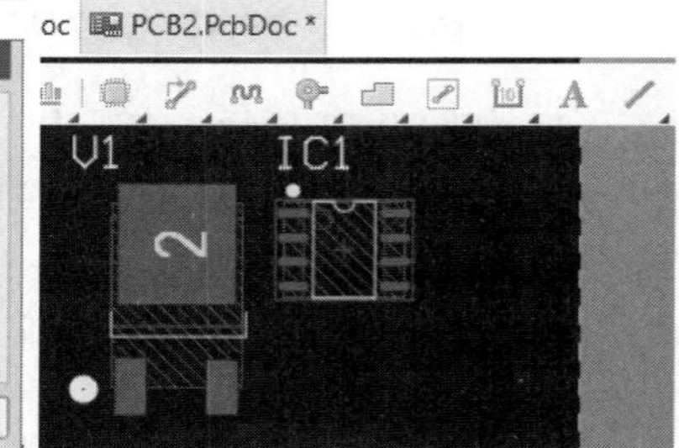

图 9-16　完成原理图更新到 PCB

9.8　原理图更新到 PCB 后，部分元器件不在可视范围内，如何移回来

在原理图更新到 PCB 时，有时出现部分元器件出现在距离 PCB 编辑界面很远的地方，很难移动回来的情况，如图 9-17 所示。

解决方法如下：

按快捷键 Ctrl+A 全选，在工具栏中单击（排列工具）按钮，执行“在区域内排列器件”命令（单击按钮），如图 9-18 所示。

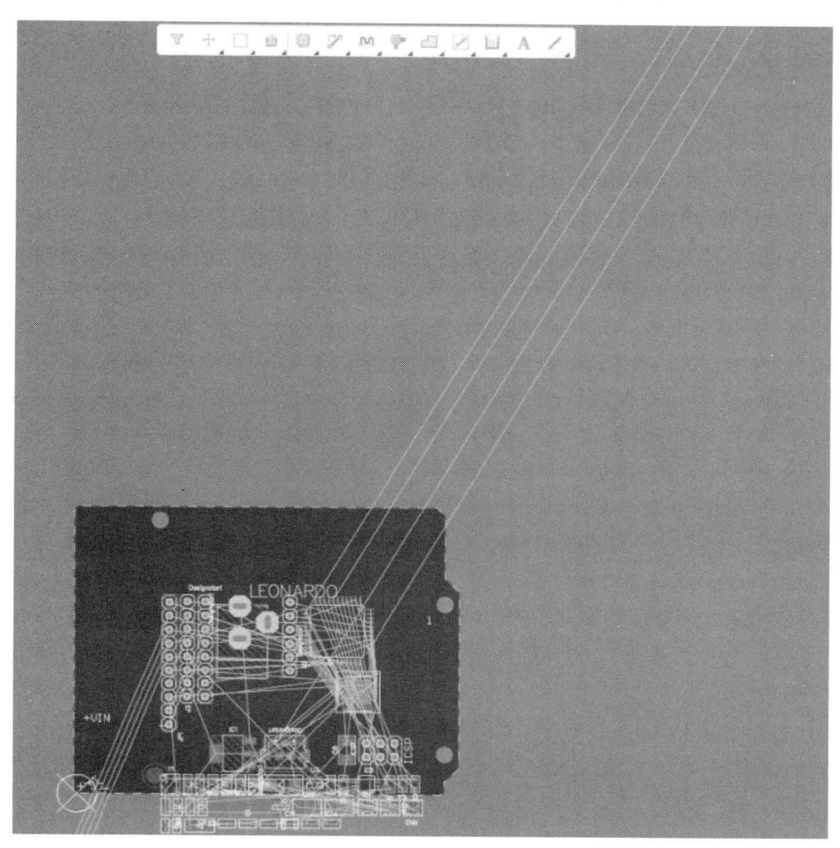

图 9-17　部分元器件不在可视范围内

然后框选一个区域，这时所有元器件将自动排列到框选区域内，如图 9-19 所示。

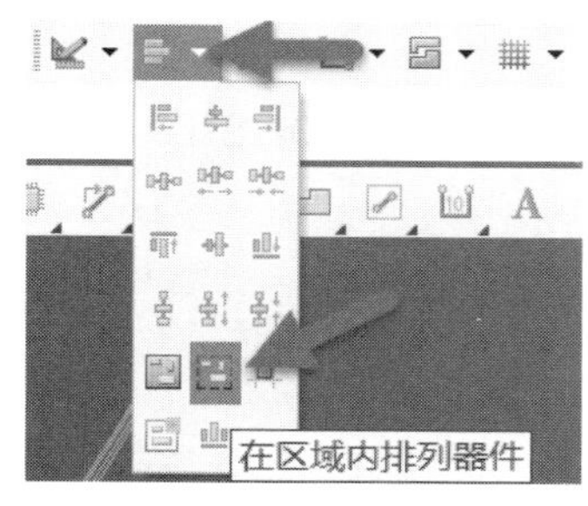

图 9-18　在区域内排列器件

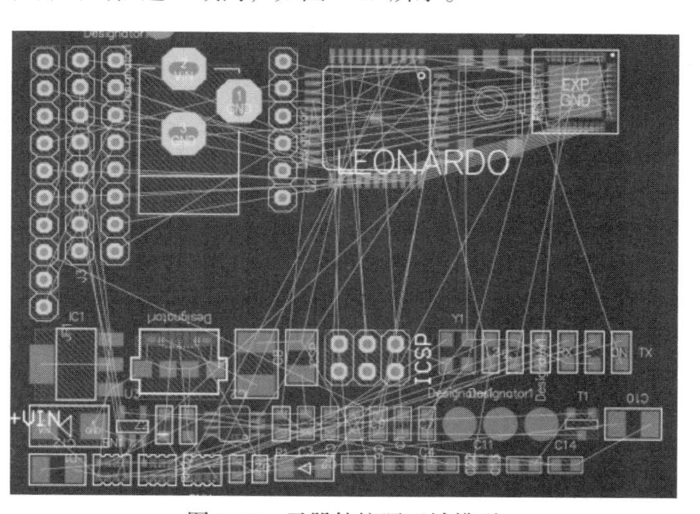

图 9-19　元器件按照区域排列

如果只希望将编辑界面外的器件移回来，而不改变其他器件的位置，可以选择区域外部的操作，按快捷键 S+O，框选一个闭合区域，软件会将该区域外的所有对象选中，然后再执行区域内排列器件操作即可。

9.9 更新到 PCB 后，提示 Room Definition Between Component on TopLayer and Rule on TopLayer，如何解决

原理图更新到 PCB 后，提示 Room Definition Between Component on TopLayer and Rule on TopLayer。这是更新到 PCB 时添加了 Room（空间）所致。解决方法有两种：

（1）删除 Room，即如图 9-20 左下角的箭头所指区域，选中后按 Delete 键直接删除即可。

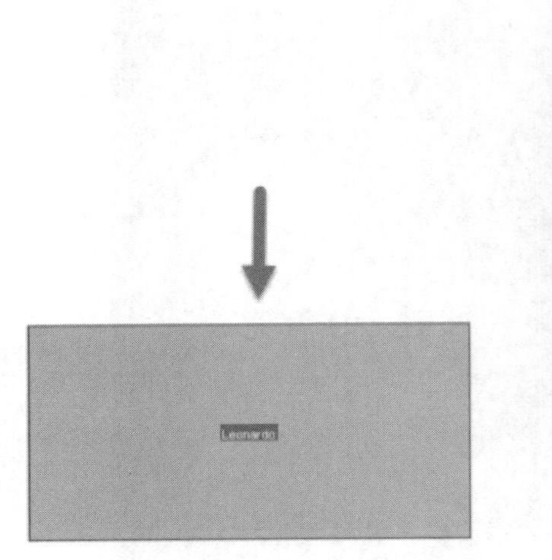

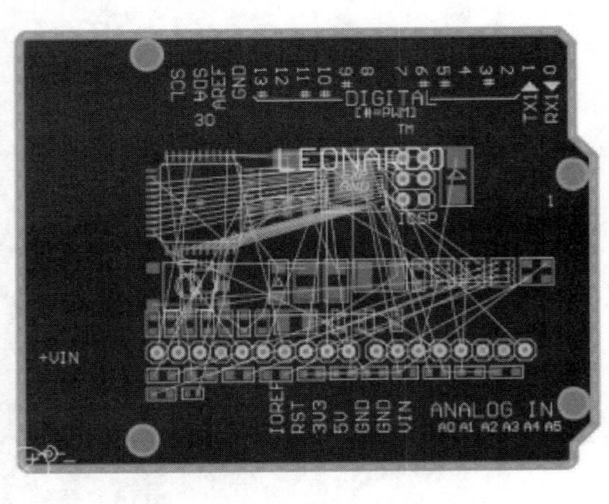

图 9-20　删除 Room

（2）在更新到 PCB 时，在工程变更命令中不勾选 Add 复选框，如图 9-21 所示。

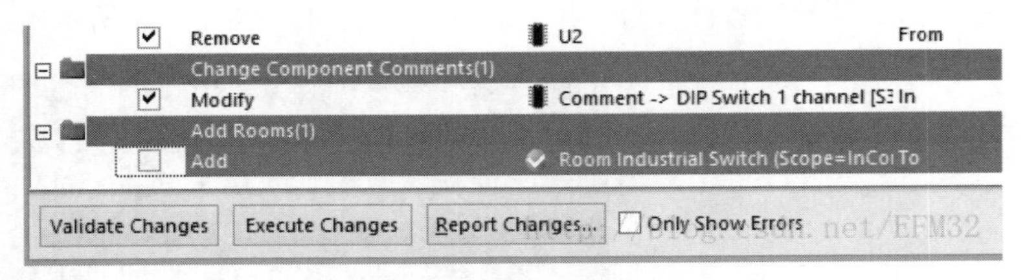

图 9-21　更新到 PCB 时不添加 Rooms

9.10 更新到 PCB 后，提示 Component Clearance Constraint··· Between Component···，如何解决

原理图更新到 PCB 后，提示 Component Clearance Constraint···Between Component···。

解决方法如下：

执行菜单栏中的“设计”→“规则”命令，或按快捷键 D+R 打开“PCB 规则及约束编辑器[mil]”对话框。在 Placement 选项下的 Component Clearance Constraint 选项中取消勾选“显示实际的冲突间距”复选框，或将规则设置成合适的值即可，如图 9-22 所示。

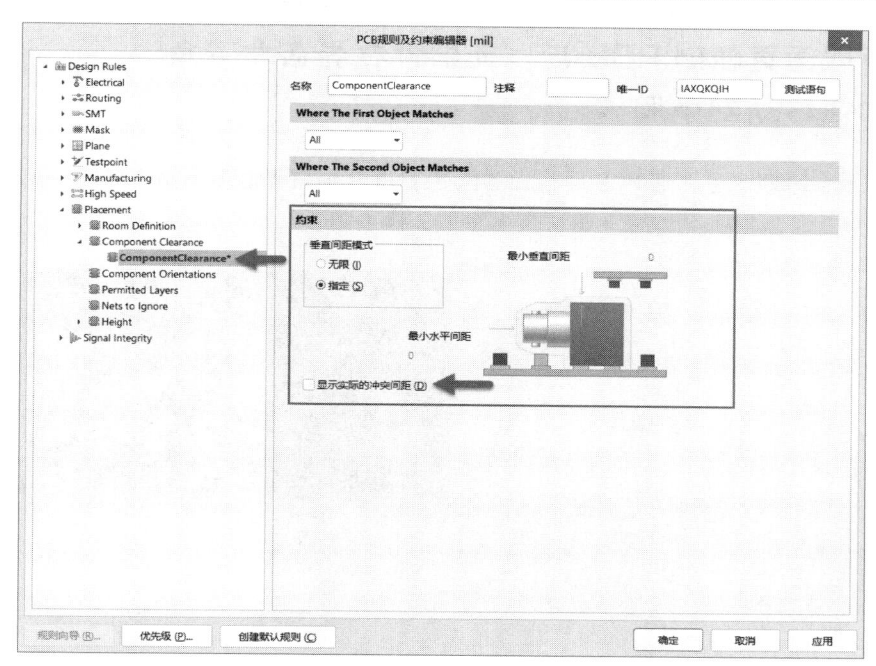

图 9-22　设置器件与器件之间的安全间距

9.11　原理图更新到 PCB 时，如何保留 PCB 中设置的 Classes 和差分对

Altium Designer 在 PCB 中设置了 Classes（分类）和差分线等，从原理图中重新更新网表到 PCB 中时，会移除原来设置的这些 Classes 和差分线，如何保留？

实现方法如下：

在原理图更新到 PCB 时，在弹出的“工程变更指令”对话框中对对应的 Classes 和差分线取消勾选 Remove 复选框，如图 9-23 所示。

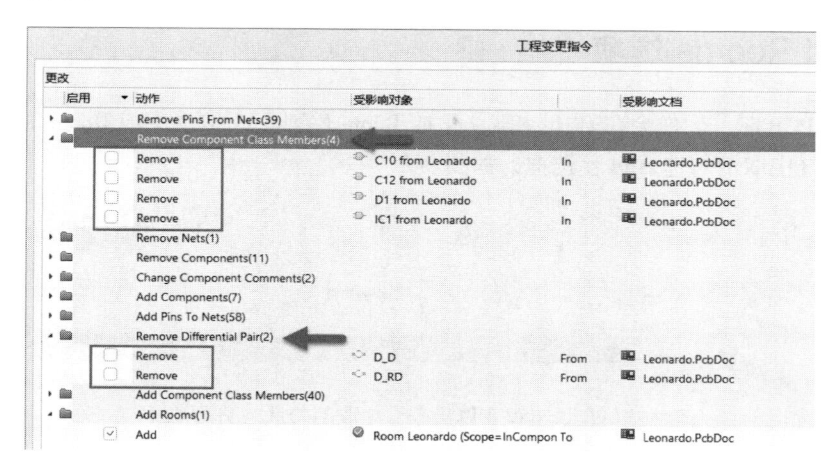

图 9-23　取消移除 Classes 和差分线

9.12 原理图更新到 PCB 后，元器件在界面左下角，如何移动到中间

如图 9-24 所示，原理图更新到 PCB 后，元器件处于 PCB 编辑界面左下角，如何将其移动到 PCB 编辑界面中间？

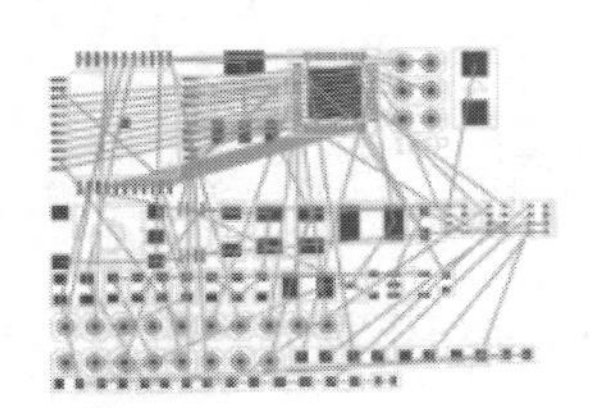

图 9-24 元器件位于编辑界面左下角

解决方法如下：

按快捷键 Ctrl+A 全选元器件，然后按快捷键 I+L（在区域内排列器件命令），光标将变成十字形，在 PCB 中心区域框选一个区域即可将元器件移动到该区域内。

9.13 原理图更新到 PCB 时，如何禁止工程变更指令中的 Add Rooms 选项

原理图更新到 PCB 时，软件会在 PCB 中默认生成 Room（空间），取消生成 Room 的常规操作是在“工程变更指令”对话框中取消勾选 Add 复选框，如图 9-25 所示。

图 9-25 在“工程变更指令”中取消勾选 Add 复选框

那么如何设置让原理图更新到 PCB 时不出现 Add Rooms 选项呢？

解决方法如下：

在原理图编辑界面执行菜单栏中的“工程”→“工程选项”命令，打开工程选项对话框，在 Class Generation 选项卡中取消勾选“生成 Room”复选框，如图 9-26 所示。这样，从原理图更新到 PCB 时就不会出现 Add Rooms 选项。

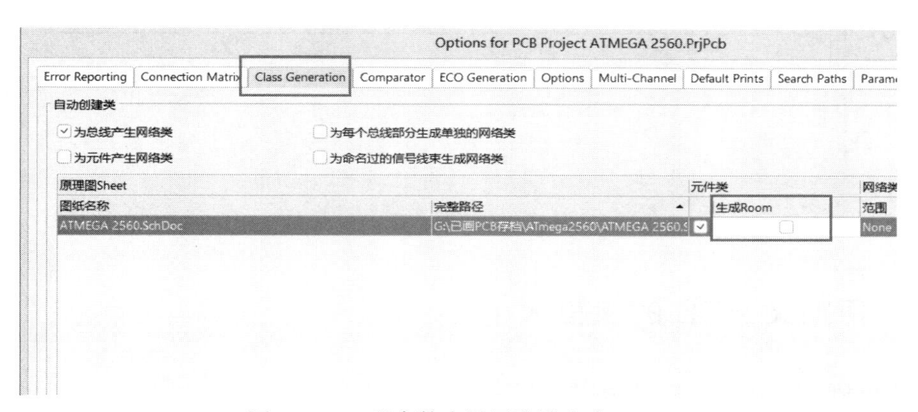

图 9-26　工程参数中设置取消生成 Room

第 10 章 PCB 板框结构

CHAPTER 10

10.1 如何定义 PCB 的板框大小

如果是 Altium Designer 09 软件，直接执行菜单栏中的“设计”→“板子形状”→“重新定义板子外形”命令，如图 10-1 所示。也可按快捷键 D+S+R。

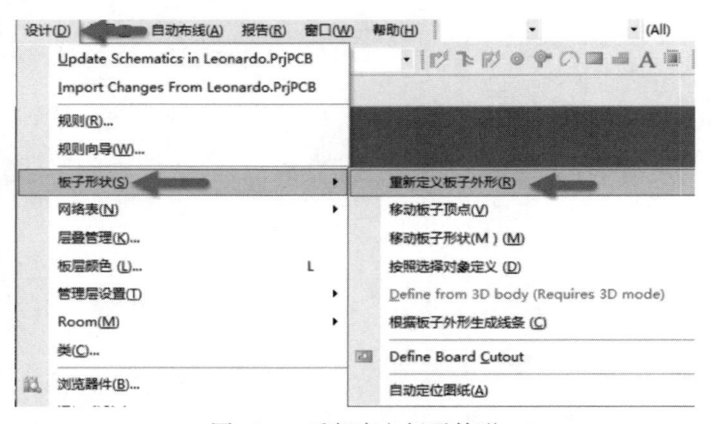

图 10-1　重新定义板子外形

这时光标变成十字形，且 PCB 编辑界面变成灰色，用光标重新绘制一个闭合区域即可调整板框大小。

如果是 Altium Designer 22 版本的软件，在 2D 模式下“设计”菜单栏下是没有“重新定义板子外形”这一选项的，需在 PCB 编辑界面按数字键 1，进入板子规划模式，然后才能调整板子外形大小。执行菜单栏中的“设计”→“重新定义板子形状”命令，或按快捷键 D+R，光标将变成十字形，重新绘制一个闭合区域即可调整板子外形大小。

10.2 PCB 进入板子规划模式，如何恢复到 2D 界面

如图 10-2 所示，在使用 Altium Designer 18 及之后的版本时，按快捷键 1，PCB 将进入板子规划模式；按快捷键 2，即可回到正常的 2D 模式。

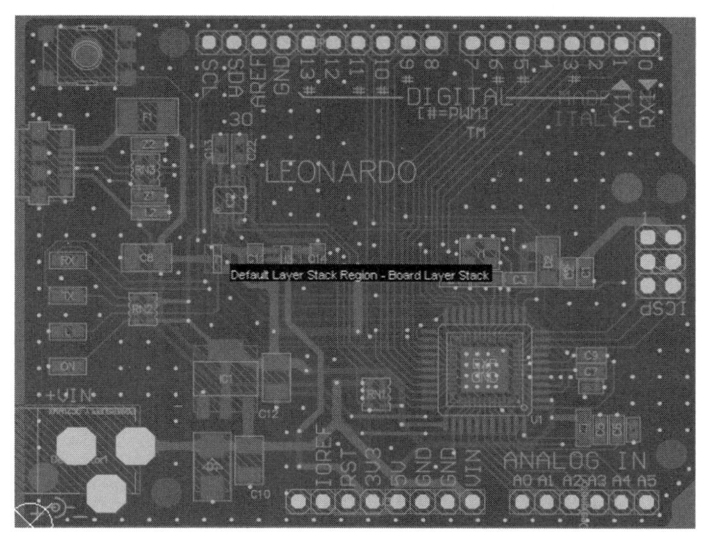

图 10-2　板子规划模式

10.3　定义 PCB 板框时，提示 Could not find board outline using…，如何解决

如图 10-3 所示，定义 PCB 板框时，出现 Could not find board outline using…的错误提示。

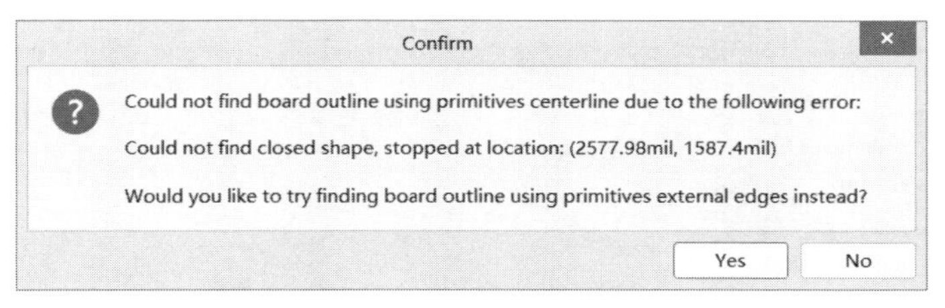

图 10-3　定义板框时报错

解决方法如下：

这是在定义板框时，所选的边框线不是一个闭合的区域所致。检查边框线是否闭合，修改后重新定义板框（选择边框线，按快捷键 D+S+D）即可。

Altium Designer 18 以上的版本，完全闭合的边框线若存在线头，也可能产生这种报错，将线头删除即可。

10.4　导入 AutoCAD 板框的方法

对于一些复杂的板框，需要导入 CAD 结构工程师绘制的板框文件，例如扩展名为.DWG 或.DXF 的文件。导入前需要确保板框文件的版本为 AutoCAD 2013 以下，以便 Altium Designer 软件能正确导入。

导入 AutoCAD 板框的步骤如下：

（1）新建一个 PCB 文件并打开，执行菜单栏中的“文件”→“导入”→DXF/DWG 命令，将弹出“选择文件导入”对话框，在对话框中可选择需要导入的.DXF 文件，如图 10-4 所示。

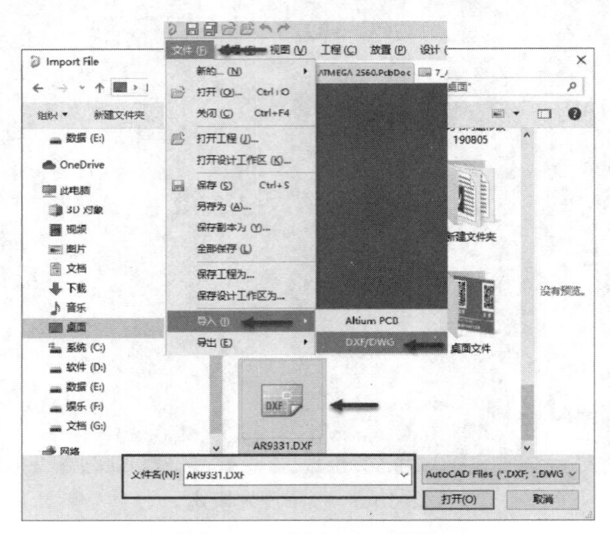

图 10-4　选择 DXF 文件

（2）导入属性设置窗口。

① 在比例选项中设置导入单位（确保与 CAD 单位保持一致，否则导入的板框尺寸有误）。

② 选择需要导入的层参数，如图 10-5 所示。为了简化导入操作，“PCB 层”这一项可以保持默认，成功导入后再修改。

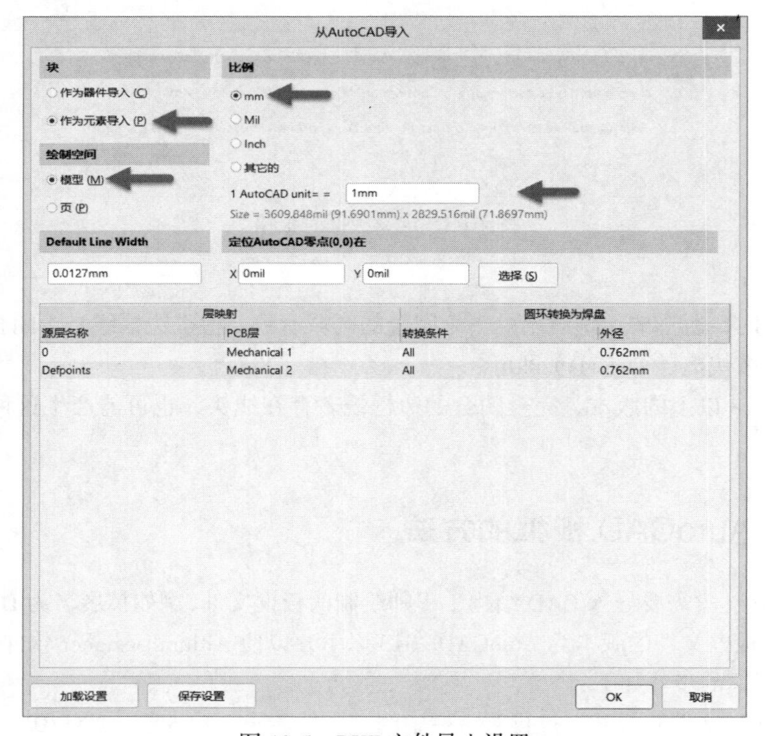

图 10-5　DXF 文件导入设置

（3）导入的板框图如图 10-6 所示。选择需要重新定义的闭合板框线，执行菜单栏中的“设计”→“板子形状”→“按照选择对象定义”命令，或者按快捷键 D+S+D，即可完成板框的定义。

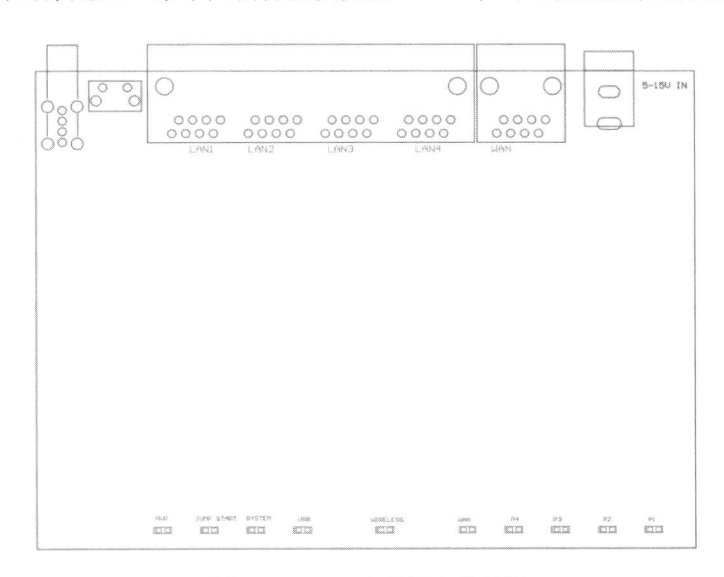

图 10-6　DXF 文件导入的板框

10.5　Keep-Out 线的绘制

Altium Designer 18 之后的版本改动较大。此前版本的 Keep-Out 线可以在 Keep-Out 层直接放置；而 Altium Designer 18 直接在 Keep-Out 层放置的线会出现在其他层，在属性中也不可以将走线所在层修改为 Keep-Out 层。

Altium Designer 18 之后的版本放置 Keep-Out 线的方法如下：

先切换到 Keep-Out 层，执行菜单栏中的“放置”→“Keepout”→“线径”命令（如图 10-7 所示），或者按快捷键 P+K+T，即可正常放置 Keep-Out 线。

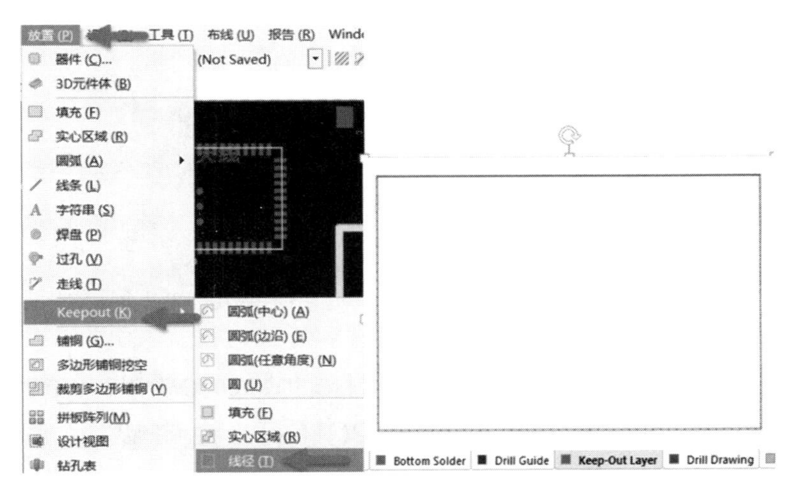

图 10-7　Keep-Out 线的绘制

10.6 导入 DWG 文件出现“没有注册类”的错误提示，如何解决

Altium Designer 导入 DWG 文件后提示“没有注册类”，如图 10-8 所示。

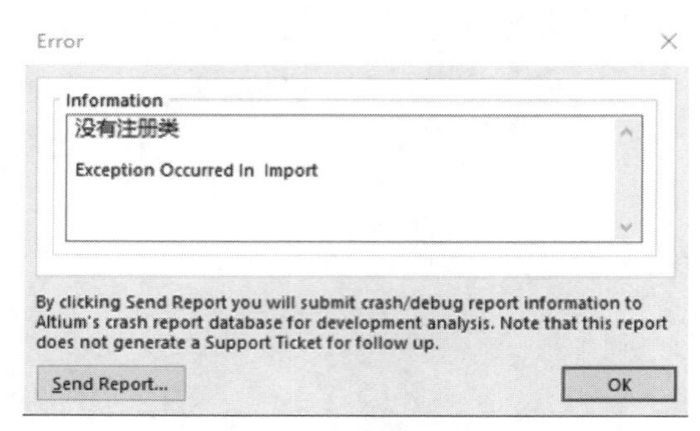

图 10-8 错误提示

解决方法如下：

可以尝试运行 C:\Program Files\Altium\AD（用户安装路径）\System\Installation\TeighaX_Setup_x64_4.0.0.msi 进行修复。

10.7 AutoCAD 导入结构到 PCB 后，文字变成乱码，如何解决

如图 10-9 所示，AutoCAD 导入结构 PCB 后，里边的一些文字变成乱码。

解决方法如下：

这是字体类型选择不正确所致。双击乱码的文本，将字体类型修改为 TrueType 即可，如图 10-10 所示。

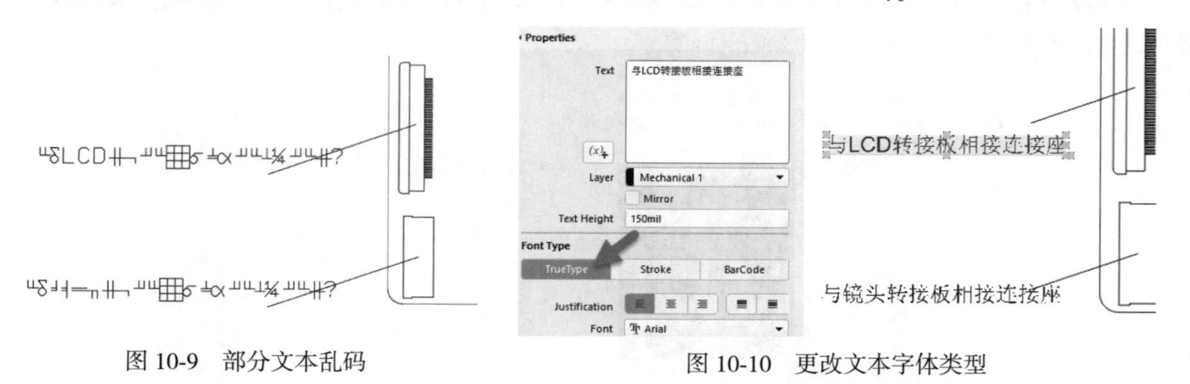

图 10-9 部分文本乱码

图 10-10 更改文本字体类型

10.8 AutoCAD 导入结构后，提示 The imported file was not wholly contained in the valid PCB…，如何解决

这是导入的文件不能完全在 PCB 文件中显示所致，需要对比源 AutoCAD 文件，查看丢失了哪些内容，

若不影响正常使用，可直接忽略该警告。

10.9　AutoCAD 导入结构后，提示 Default line width should be greater than 0，如何解决

这是导入 AutoCAD 结构文件时，默认线宽设置太小所致，在 Default Line Width 中将线宽设置为大于 0 即可，如图 10-11 所示。

图 10-11　默认线宽设置

10.10　导入 DXF 文件时，板框出现在 PCB 编辑界面左下角，如何将其移动到 PCB 编辑界面中间位置

如图 10-12 所示，DXF 板框导入后，出现在 PCB 编辑界面的左下角或其他位置，不方便编辑，如何使其位于 PCB 编辑界面中间位置呢？

解决方法如下：

按快捷键 Ctrl+A 全选，然后按快捷键 M+S 将选中的对象移动到 PCB 编辑界面中间位置即可。

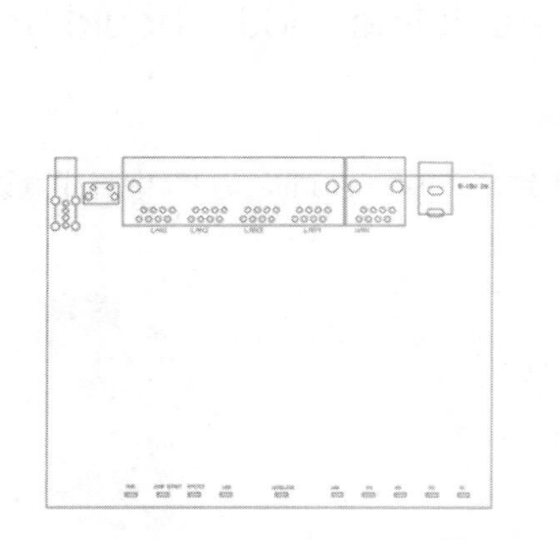

图 10-12　导入的板框文件

10.11　PCB 文件导出 DXF 文件

打开需要导出 DXF 文件的 PCB 文件，执行菜单栏中的“文件”→“导出”→“DXF/DWG”命令，选择导出文件的保存路径，将弹出“输出到 AutoCAD”对话框，如图 10-13 所示。选择需要导出的 DXF 文件参数，单击“确定”按钮，即可将 PCB 文件导出为 DXF 文件。

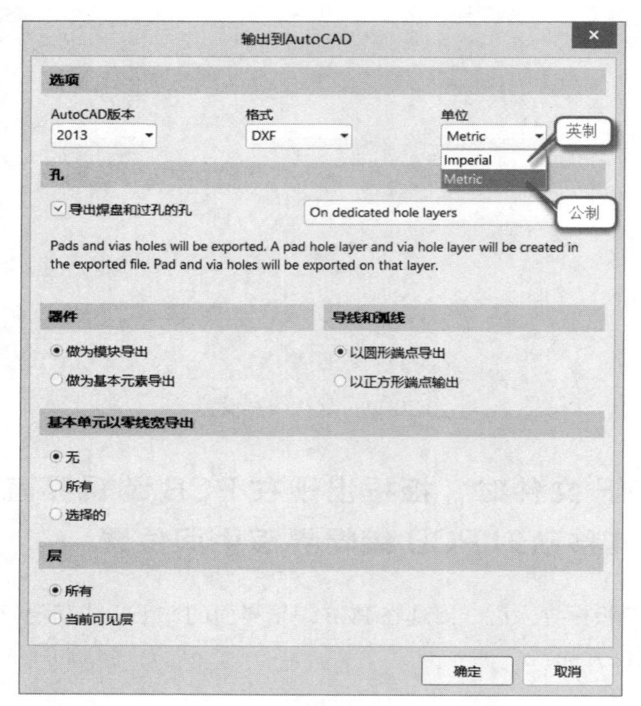

图 10-13　“输出到 AutoCAD”对话框

10.12　如何在 PCB 中开槽

使用 Altium Designer 设计 PCB 时，如何在板子上开一个槽或挖一个孔？正确的做法是使用“板子切割”（Board Cutout）方法：

在任意一个层上画出需要挖槽孔的形状，然后选中这个形状的所有线条，执行菜单栏中的“工具”（Tools）→“转换”（Convert）→“以选中的元素创建板切割槽”命令，即可完成 PCB 的开槽操作。可以在 3D 预览中查看效果，如图 10-14 所示。

图 10-14　创建板切割槽

10.13　PCB 导出.DWG 文件时，如何导出底层丝印的正视图

实现方法如下：

在 PCB 文件中将底层的器件丝印做镜像处理，或者在导出的 DXF 文件时做镜像处理。

10.14　如何放置螺丝孔

螺丝孔的放置方式有以下两种：

（1）通过命令或快捷键放置焊盘，然后按 Tab 键，在弹出的焊盘属性编辑对话框中设置焊盘尺寸，如图 10-15 所示。

注意孔径尽量不要和螺丝的直径一致，尽量将孔径加大 0.1mm（主要取决于 PCB 生产商制板偏差及螺丝孔直径公差），否则加工出来的孔可能放不进螺丝。

（2）在板框层绘制一个圆，选中需要转换的圆，然后执行菜单栏中的“工具”→“转换”→“将选中的对象转换为切割槽”命令，或者按快捷键 T+V+B，将圆转换成螺丝孔。

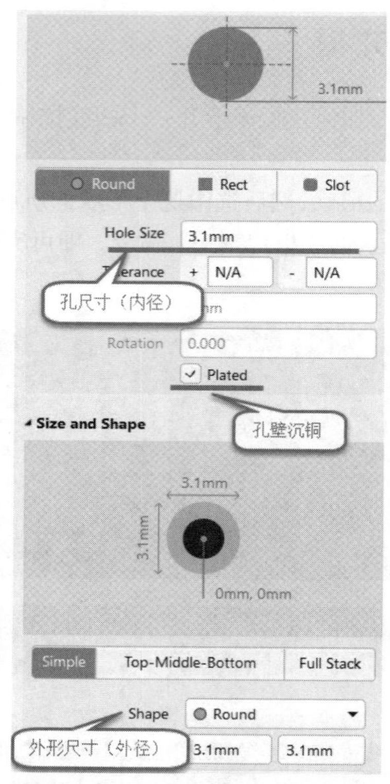

图 10-15　通过焊盘设置螺丝孔

10.15　PCB 布局时元器件如何与板框对应的结构位置准确重合

在 PCB 布局时，元器件与板框结构位置有时不重合，如图 10-16 所示。

解决方法如下：

选中元器件，然后按快捷键 M+S，选择元器件的边角作为捕捉点，然后移动元器件至结构相应的位置处，待光标变成捕捉到中心点的显示效果时即可精准放置元器件至结构位置，如图 10-17 所示。提示：如果软件不能进行捕捉，需要按快捷键 Shift+E 打开捕捉栅格（电气栅格）功能。

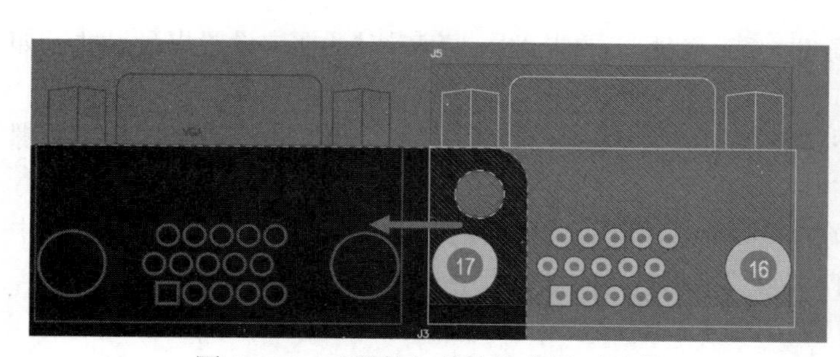

图 10-16　元器件与其结构位置不重合

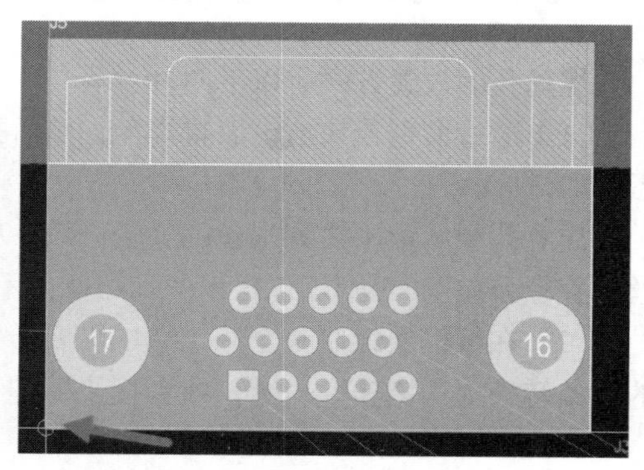

图 10-17　精准放置元器件至结构位置

10.16　Mark 点的作用及放置方法

Mark（标记）点用于锡膏印刷和元器件贴片时的光学定位。根据 Mark 点在 PCB 上的作用，可将其分为拼板 Mark 点、单板 Mark 点、局部 Mark 点（又称元器件级 Mark 点）。

放置 Mark 点的 3 个基本要素如下：

（1）Mark 点形状：Mark 点的优选形状为直径为 1mm（±0.2mm）的实心圆，材料为裸铜（可以有清澈的防氧化涂层保护）、镀锡或镀镍，需注意平整度，边缘光滑、齐整，颜色与周围的背景色有明显差别。

（2）空旷区：Mark 点周围应有圆形的空旷区（空旷区的中心放置 Mark 点），空旷区的直径是 Mark 点直径的 3 倍。为了保证印刷设备和贴片设备的识别效果，Mark 点空旷区应无其他走线、丝印、焊盘等。

（3）Mark 点位置：PCB 每个表贴面至少有一对 Mark 点位于 PCB 的对角线方向上，相对距离尽可能远，且关于中心不对称。Mark 点边缘与 PCB 边距离至少 3.5mm（圆心距板边至少 4mm）。即，以两个 Mark 点为对角线顶点的矩形，所包含的元器件越多越好（建议矩形边框距板边 5mm 以上）。

在 Altium Designer 中放置 Mark 点的方法如下：

（1）在 PCB 合适的位置放置焊盘，放置前按 Tab 键修改焊盘属性。以放置一个直径为 1mm 的 Mark 点为例，具体设置方法如图 10-18 所示。

（2）得到的 Mark 点效果如图 10-19 所示。

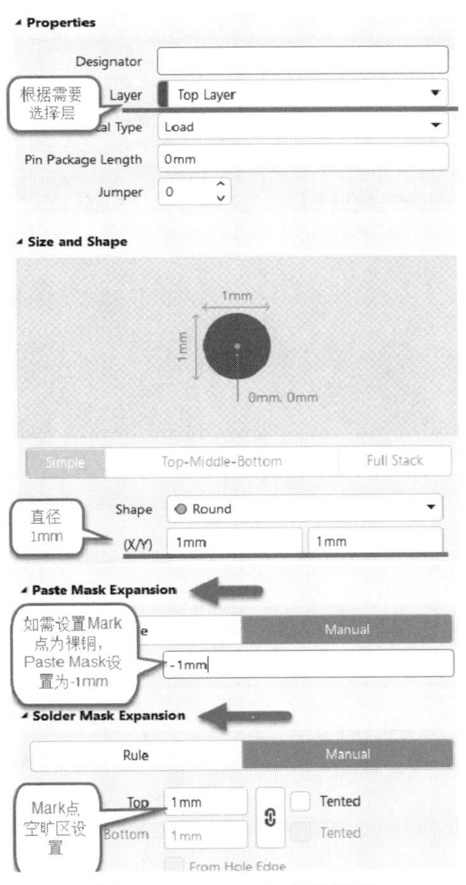

图 10-18　Mark 点参数设置

图 10-19　Mark 点

（3）3D 视图下的 Mark 点效果如图 10-20 所示。

提示：如果 Mark 点放在 PCB 铺铜区域内，需要在 Mark 点上放置一个多边形铺铜挖空区域，防止铜皮铺到 Mark 点内。可放置一个圆，然后通过转换工具将其转换成圆形的铺铜挖空区域，如图 10-21 所示。

图 10-20　3D 视图下的 Mark 点效果

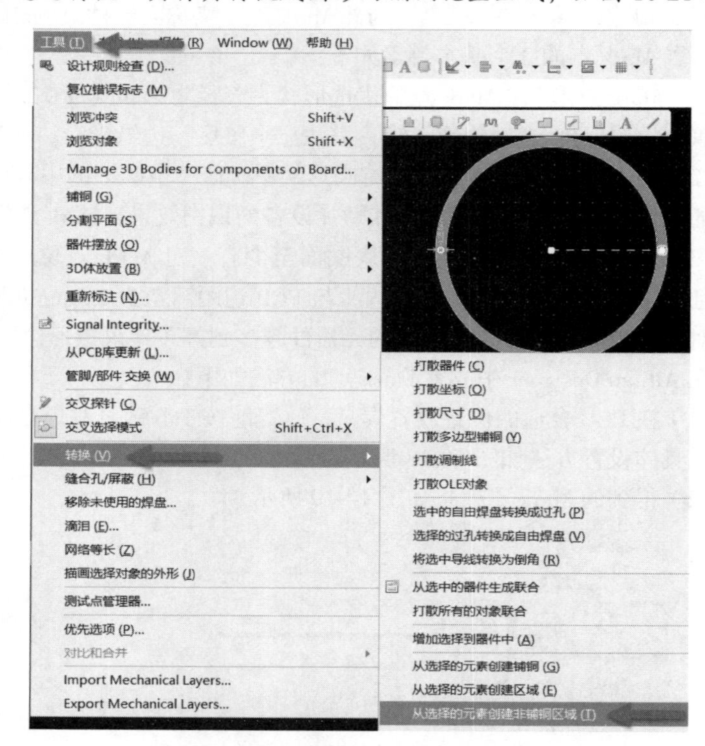

图 10-21　从选择的元素创建非铺铜区域

第 11 章 PCB 规则设置

CHAPTER 11

11.1 原理图更新到 PCB 后，元器件引脚报错，如何解决

如图 11-1 所示，原理图更新到 PCB 之后，元器件引脚安全间距报错。

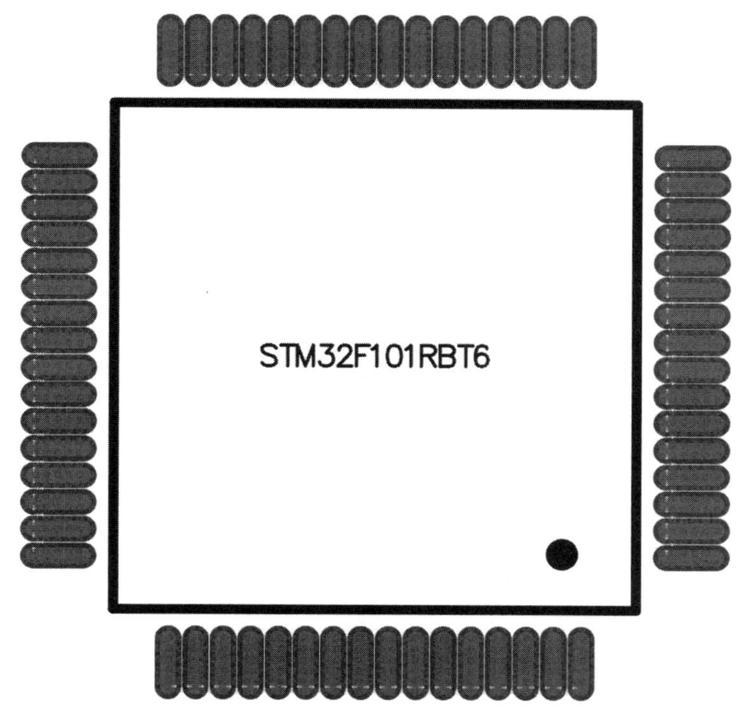

图 11-1 元器件引脚安全间距报错

解决方法如下：

这是元器件引脚之间的间距小于 PCB 整板设定的安全间距所致。进入 PCB 规则编辑器，将安全间距缩小即可，如图 11-2 所示。

对于有安全间距要求、整板的安全间距不允许修改的项目，可以新建一个规则，单独对该元器件设置安全间距，具体实现方法如图 11-3 所示。

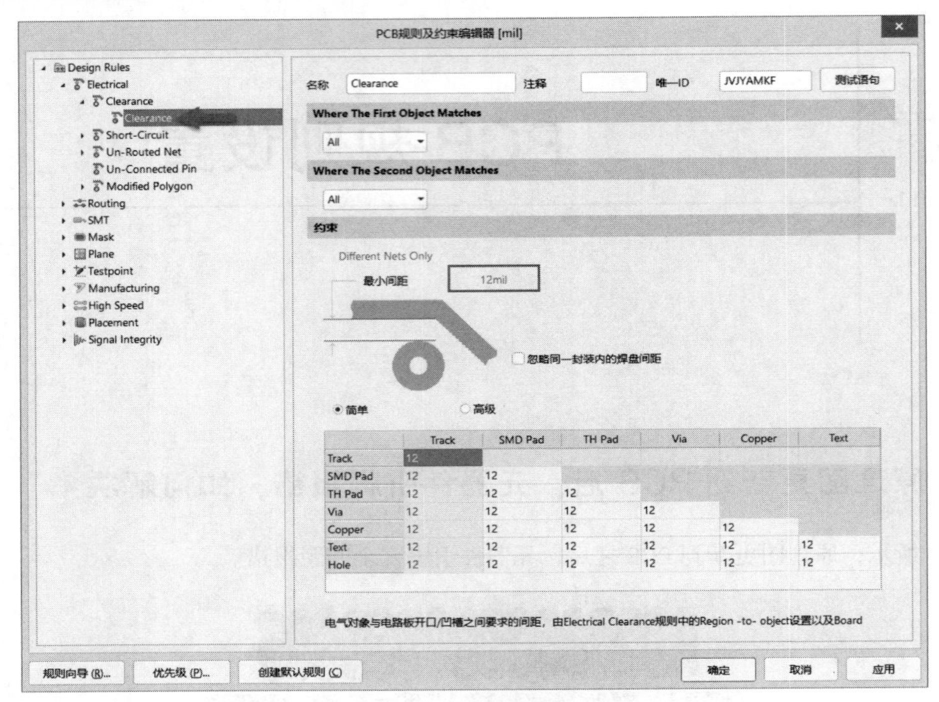

图 11-2　修改整板安全间距

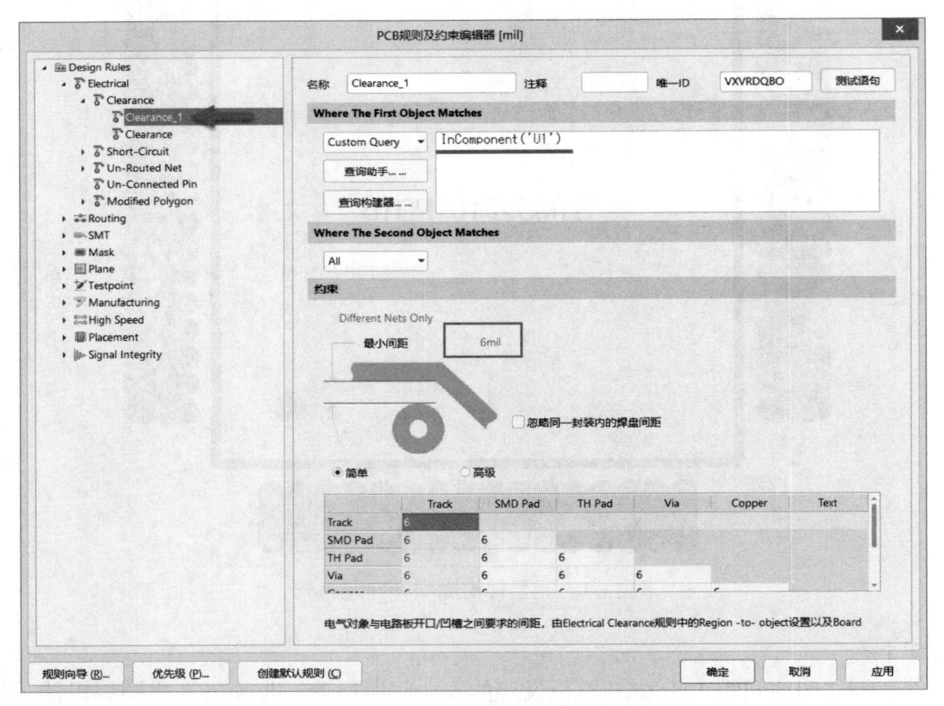

图 11-3　单独对某个元器件设置安全间距

如果使用高本版的 Altium Designer 软件，如 Altium Designer 18 或 Altium Designer 19，还可以直接在安全间距规则中勾选“忽略同一封装内的焊盘间距”复选框，如图 11-4 所示，这样元器件引脚就不会报错了。

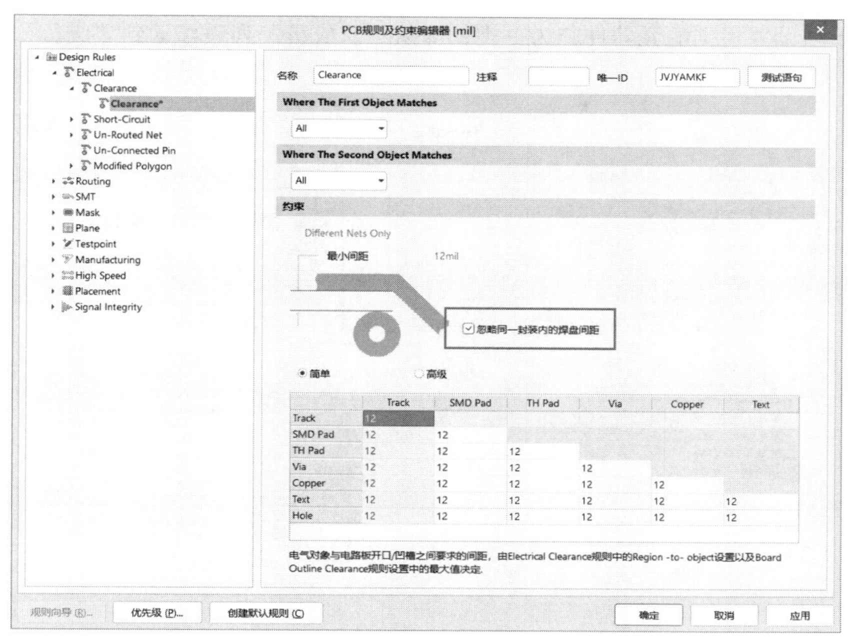

图 11-4　忽略同一封装内焊盘间距

11.2　PCB 中如何对指定元器件设置规则

Altium Designer 可以单独对一部分元器件设置约束规则，下面以单独对一部分元器件设置安全间距为例介绍具体的实现方法。

（1）执行菜单栏中的“设计”→“类”命令，或者按快捷键 D+C，新建一个器件类（Component Classes），并命名为 Clearance，如图 11-5 所示。

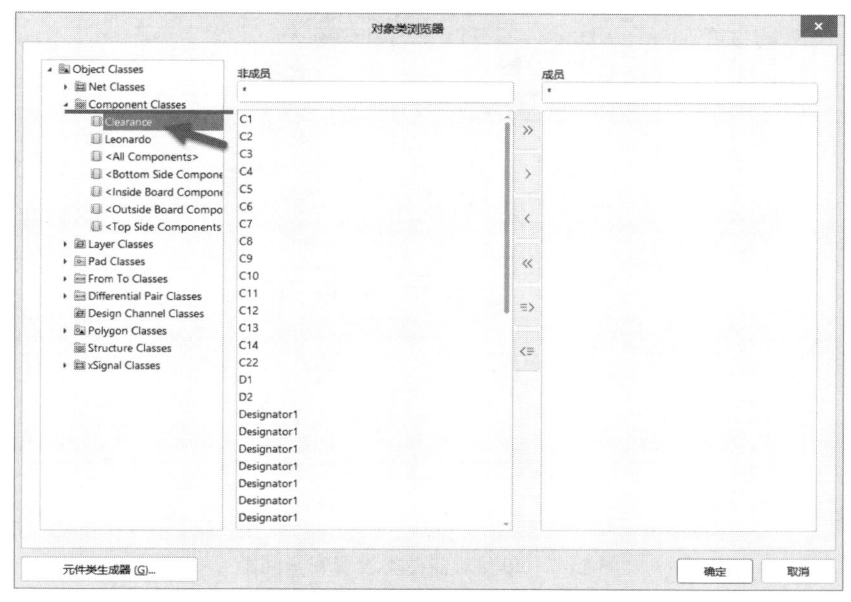

图 11-5　新建器件类

（2）将需要单独设置规则的元器件归为一类，即从“非成员”列表移动到“成员”列表，如图 11-6 所示。

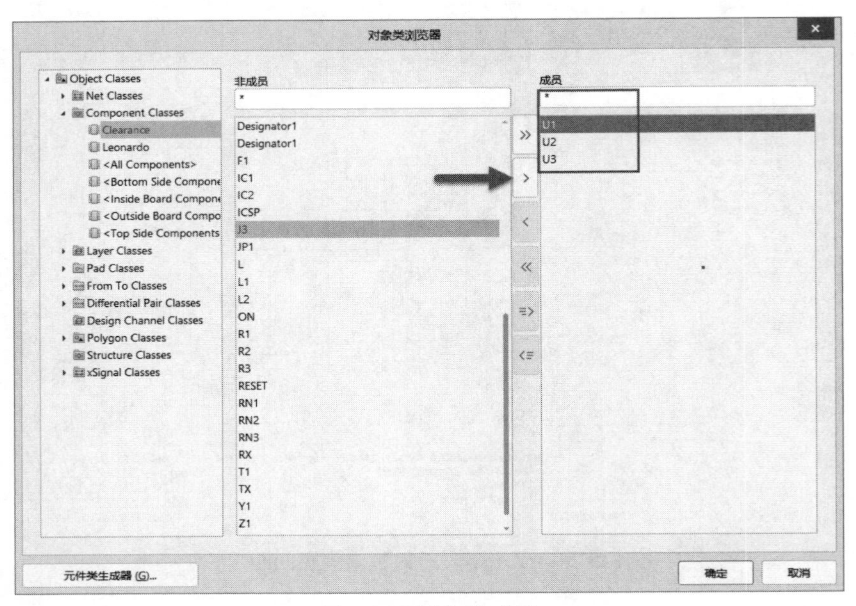

图 11-6　添加类成员

（3）打开“PCB 规则及约束编辑器[mil]”对话框，在安全间距规则栏新建一个规则，单独对前面设置的器件类设置安全间距，具体实现方法如图 11-7 所示。

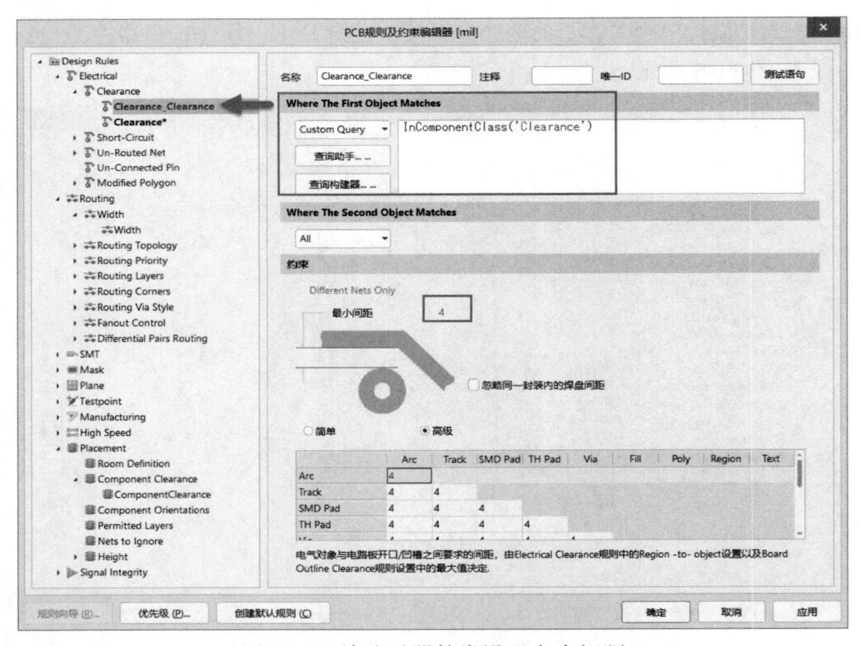

图 11-7　单独对器件类设置安全间距

利用创建类的方法还可以对创建的类设置线宽等其他约束规则。

11.3　PCB 中添加差分对并设置规则

1. 添加差分对

差分一般有 90OM 差分和 100OM 差分。添加差分对之前需要在类管理器中添加差分类名称，然后在差分编辑器中进行差分网络的添加。

（1）首先创建差分类，按快捷键 D+C 进入类管理器，选中 Differential Pair Classes。

（2）在 Differential Pair Classes 上右击，添加两个类，分别命名为“90OM”和“100OM”，如图 11-8 所示。

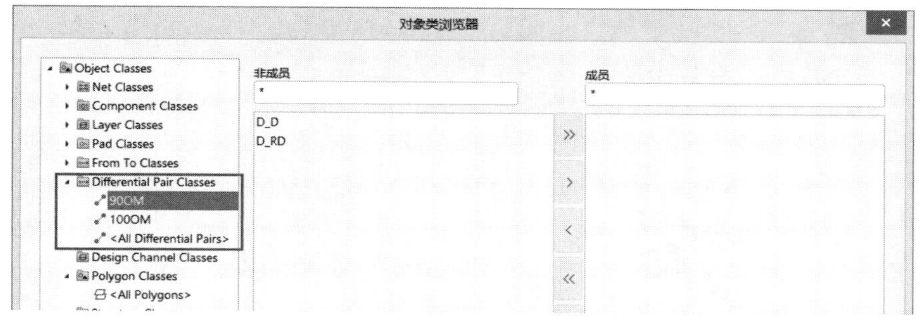

图 11-8　差分类的添加

（3）打开 PCB 面板，在下拉列表框中选择 Differential Pair Editor 选项，进入差分对编辑器，如图 11-9 所示，可以看到这里共有 3 个差分类：

① All Differential Pairs：PCB 中设置的所有差分对；

② 90OM：类管理器中添加的 90OM 差分类；

③ 100OM：类管理器中添加的 100OM 差分类。

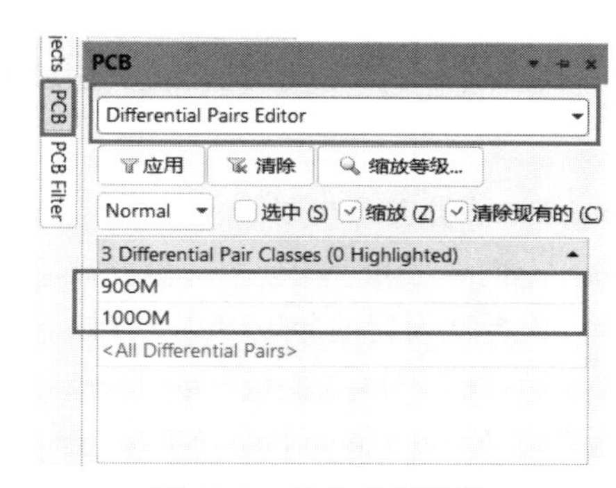

图 11-9　差分对编辑器

（4）需要添加 90OM 的差分对时，先选中“90OM”类别，单击“添加”按钮，手动添加差分对。如图 11-10 所示，在“正网络”（Positive Net）栏中添加差分“+”网络，在“负网络”（Negative Net）中添加差分“-”网络，并在名称（Name）中更改差分对名称，方便识别。

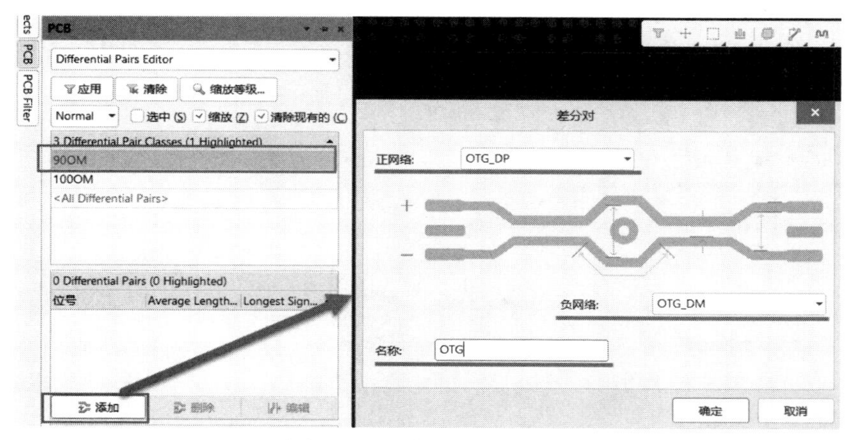

图 11-10　手动添加差分对

此外，还可以通过网络匹配从网络中创建差分对，从网络创建差分对如图 11-11 所示。单击“从网络创建”按钮，进入从网络创建差分对界面。选择需要添加差分对的差分类，在匹配栏中填入匹配符（常用的匹配符有+、-、P、N、P、M），下方列表中会显示符合匹配条件的差分网络，然后勾选待添加的网络（如果已勾选的差分网络不符合匹配条件，取消勾选即可）。选择好差分对后单击“执行”按钮，完成匹配添加。

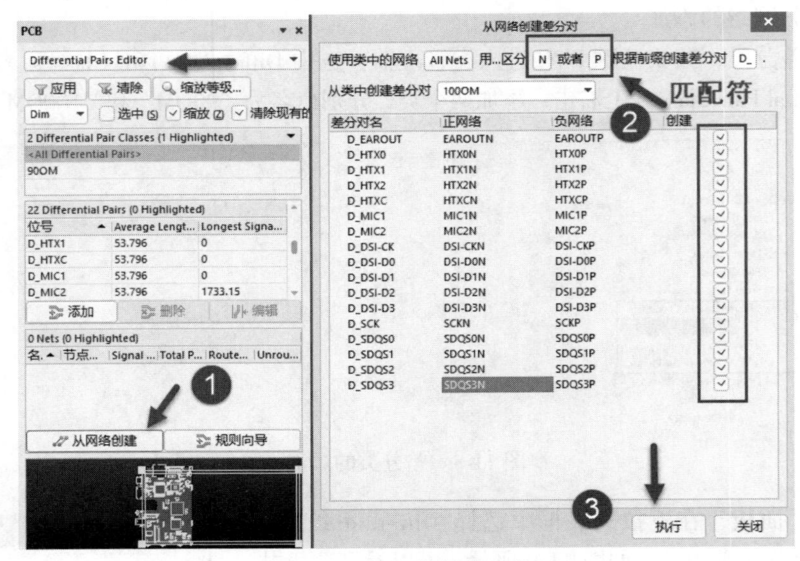

图 11-11　从网络创建差分对

2. 设置差分规则

有向导法和手动创建两种方式。

向导法设置差分规则的步骤如下：

（1）打开 PCB 面板，展开 PCB 对象编辑页面，在下拉列表框中选择 Differential Pairs Editor，进入差分对编辑器，如图 11-12 所示。

（2）单击需要设置规则的差分类，如 90OM，单击“规则向导”按钮，进入规则向导界面，如图 11-13 所示，根据向导填写相关设置参数。

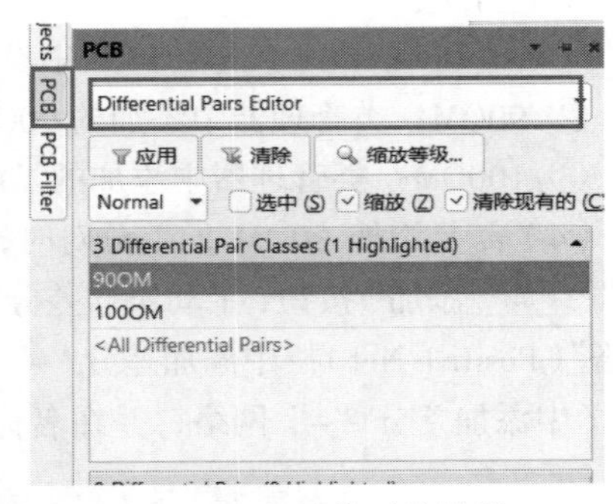

图 11-12　差分对编辑器

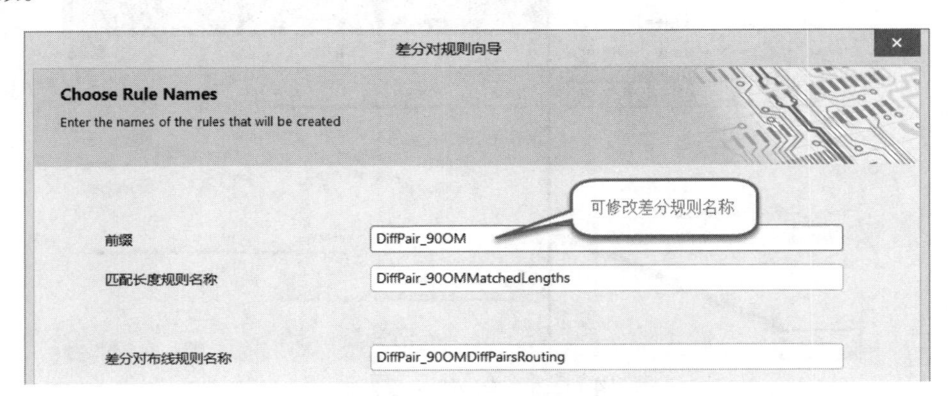

图 11-13　设置差分规则名称

（3）单击 Next 按钮，设置 DiffPair_MatchedLengths 标签下的差分对误差（公差），公差要求以组为单位进行设置，如果差分阻抗误差要求严格，可以减小其填入的值；在要求不严格的情况下可以采取默认值 1000mil，如图 11-14 所示。

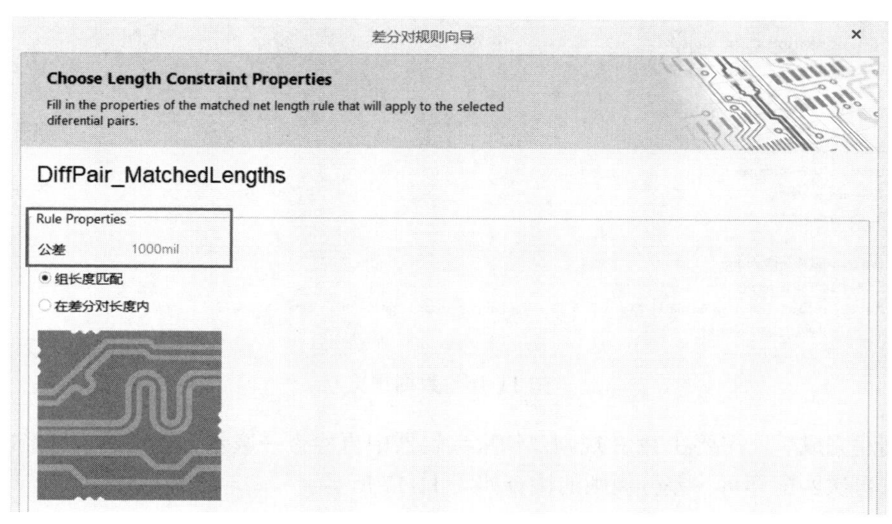

图 11-14 设置差分对误差

（4）设置阻抗线宽和间距：根据阻抗设计要求，在不同的层输入对应的线宽和间距值，如图 11-15 所示。这里建议将最大宽度填写成相同的值、优选宽度填写成相同的值、最小宽度填写成相同的值，最小间隙、优选间隙、最大间隙也填写成相同的值，不要填写一个范围，否则在差分对布线时可能改变差分对的线宽或间距，造成阻抗不连续。

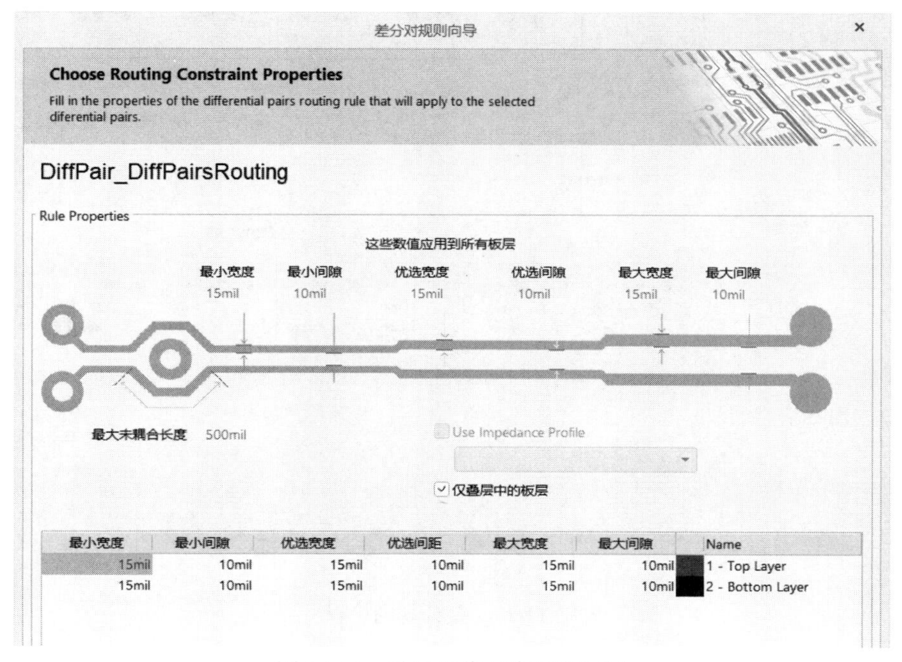

最小宽度	最小间隙	优选宽度	优选间距	最大宽度	最大间隙	Name
15mil	10mil	15mil	10mil	15mil	10mil	1 - Top Layer
15mil	10mil	15mil	10mil	15mil	10mil	2 - Bottom Layer

图 11-15 设置差分对线宽和间距

（5）规则创建完成，会提示创建的数据预览，如图 11-16 所示，方便核对确认。确认相关信息无误后，单击“完成”按钮，完成规则的创建。

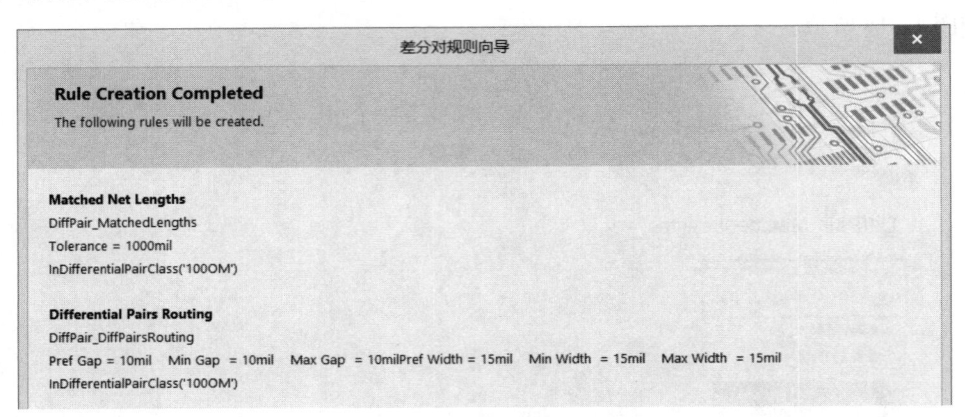

图 11-16 数据预览

（6）规则创建完成后，需要在 PCB 规则及约束编辑器中再检查一遍差分规则是否已经匹配上，如未匹配上，用手动法再次匹配即可。差分规则的检查如图 11-17 所示。

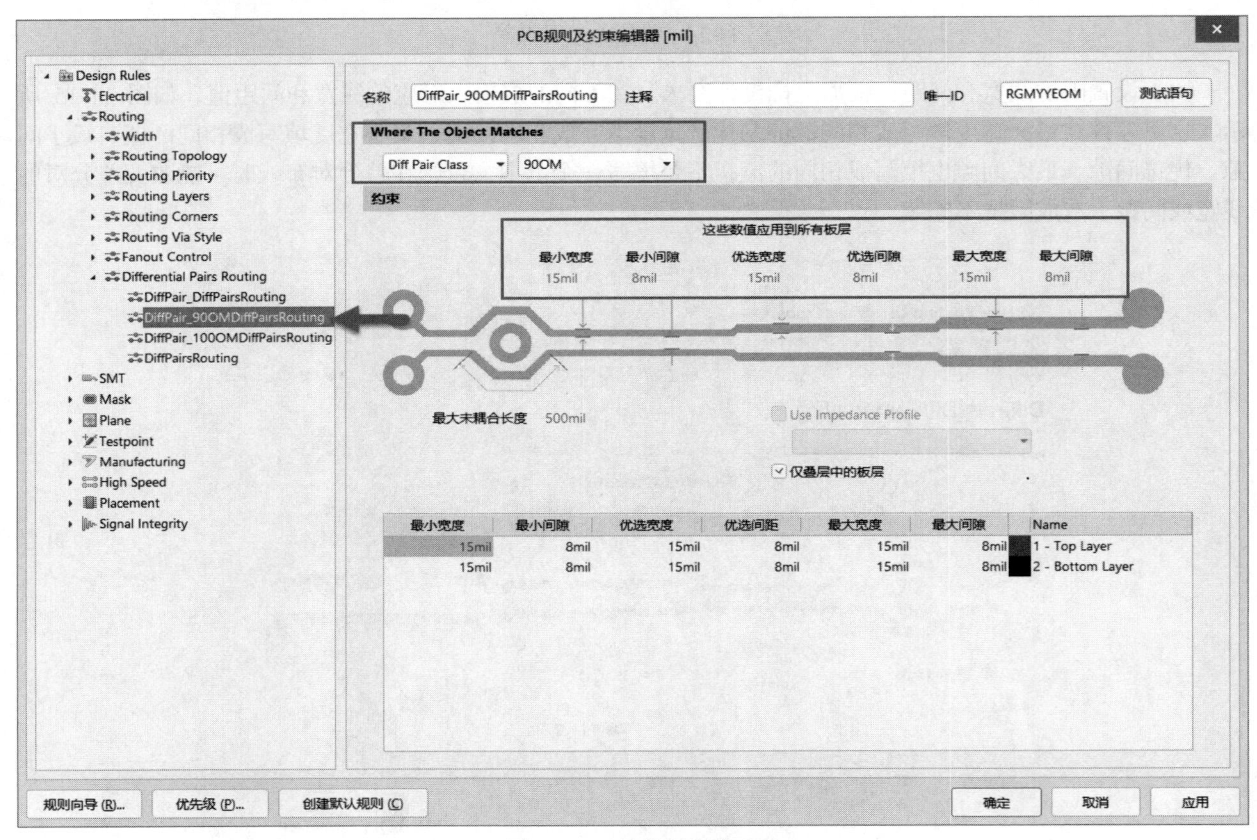

图 11-17 差分规则检查

手动创建差分规则的步骤如下：

（1）执行菜单栏中的“设计”→“规则”命令，或者按快捷键 D+R，打开“PCB 规则及约束编辑器[mil]”对话框。

（2）在 Differential Pairs Routing 上右击，在弹出的快捷菜单中执行“新规则”命令。这里以创建一个 100OM 差分规则为例介绍相关参数。

（3）填写相关参数。

① 名称（Name）：填写差分规则的名称，如 100OM。

② Where The Object Matches：选择规则应用范围。类别选择“差分类”（Diff Pair Class），然后选择创建好的差分类为 100OM。

③ 约束：根据要求输入差分线宽和间距。

（4）差分规则设置完成后，单击 Apply 按钮，完成手动创建差分规则，如图 11-18 所示。

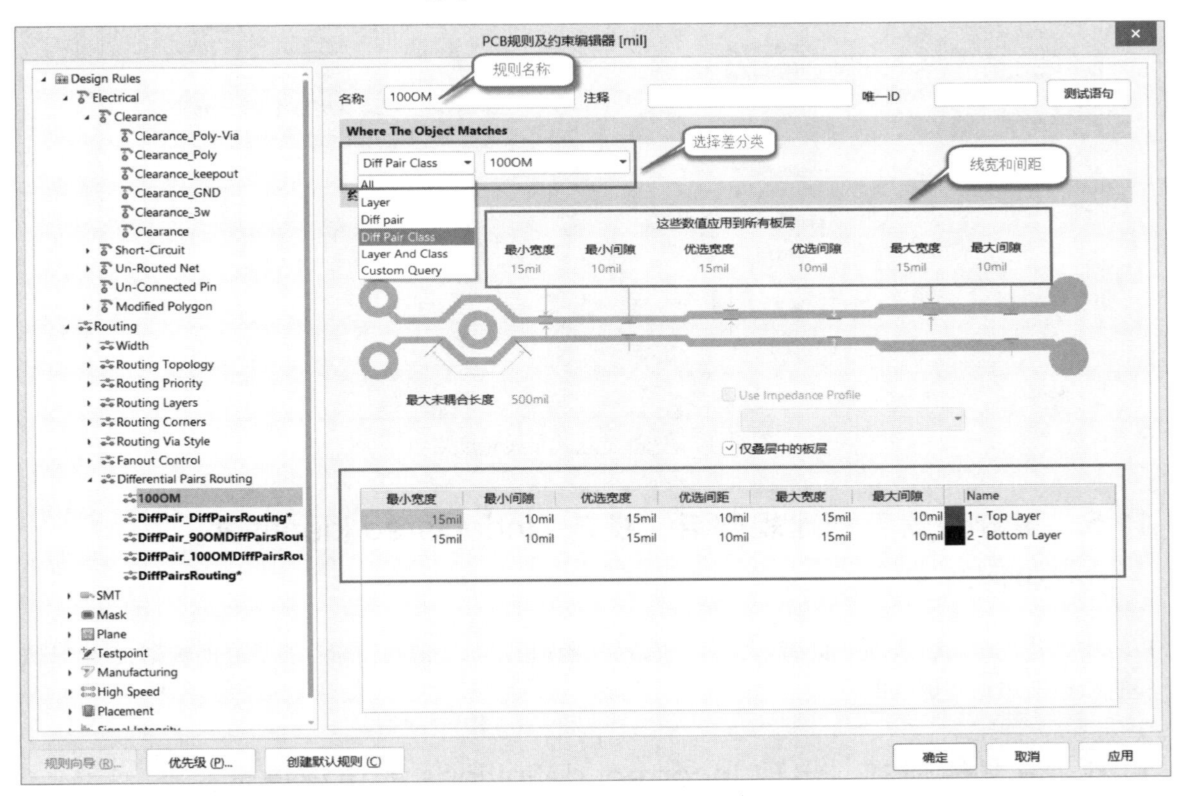

最小宽度	最小间隙	优选宽度	优选间距	最大宽度	最大间隙	Name
15mil	10mil	15mil	10mil	15mil	10mil	1 - Top Layer
15mil	10mil	15mil	10mil	15mil	10mil	2 - Bottom Layer

图 11-18　手动创建差分规则

11.4　PCB 布线时线宽大小与规则设置的线宽不一致，如何解决

规则中明明设置好了优选的布线线宽规则，布线时却没有采用规则设置的线宽大小。

解决方法如下：

这是优选项中的 PCB 交互式布线宽度来源选择不一致所致。打开“优选项”对话框，选择相应的模式即可，如图 11-19 所示。

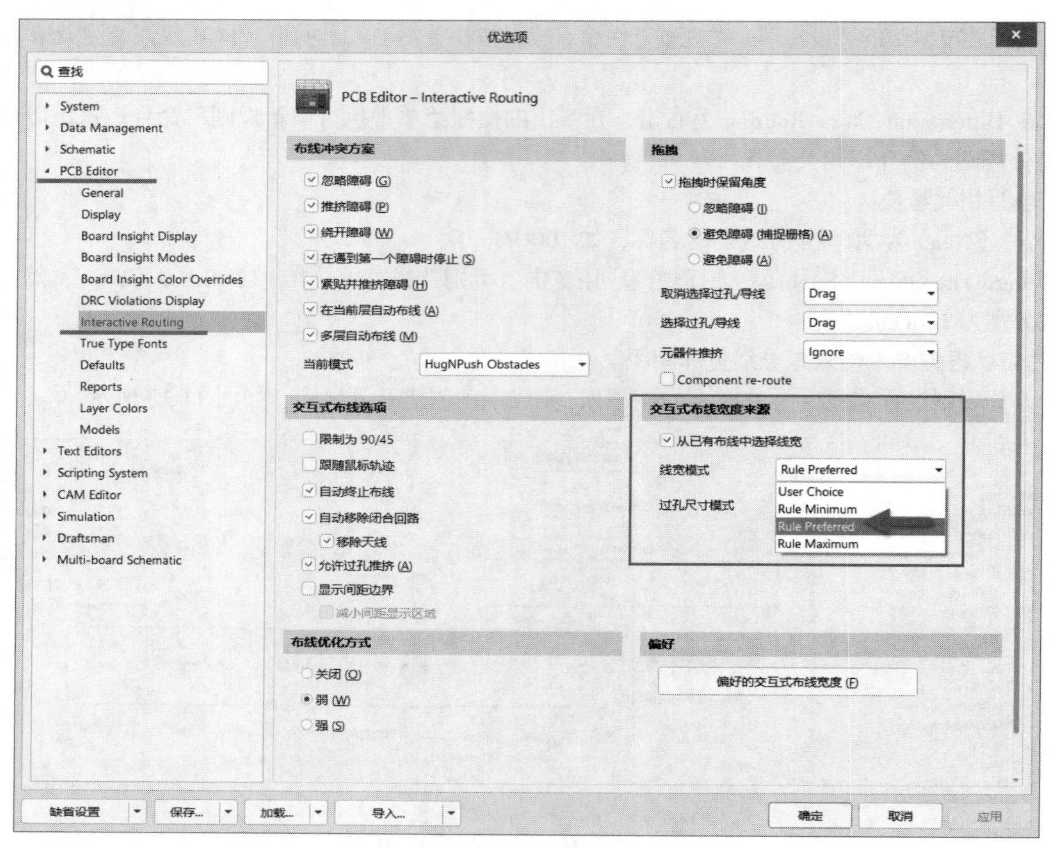

图 11-19 选择交互式布线宽度来源

11.5 用查询助手创建规则后，提示 Undeclared identifier，如何解决

PCB 中创建规则后，出现 Undeclared identifier 的错误提示。一般是由于存在重复的规则或规则设置有误，检查报错的规则并更正即可。

11.6 设置规则时，出现 Incorrect definitions 的错误提示，如何解决

设置规则出现如图 11-20 所示的提示，一般是规则未定义正确所致，可能是数据错误，也可能是语法错误，如线宽最大宽度小于最小宽度等。需仔细检查规则设置的正确性，或者直接删除出错的规则（规则会变红），再重新设置。

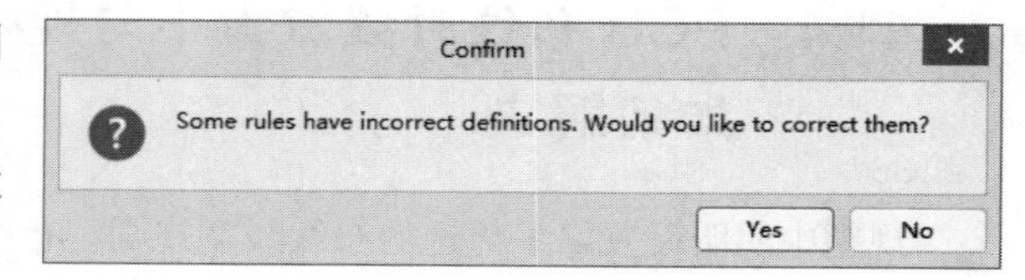

图 11-20 规则未正确定义

11.7 如何为不同的网络设置不同的线宽规则

如何为不同的网络设置不同的线宽规则？

实现方法如下：

（1）执行菜单栏中的“设计”→“规则”命令，或者按快捷键 D+R，打开“PCB 规则及约束编辑器[mil]”对话框。

（2）右击 Width 选项，在弹出的快捷菜单中执行“新规则”命令，新建一个线宽规则。

（3）新建的规则如图 11-21 所示。在右侧的匹配项内可以按网络、类、层及其他选项设置需要的条件。例如：可选中某个网络，然后在下方“约束”选项组中修改线宽即可。

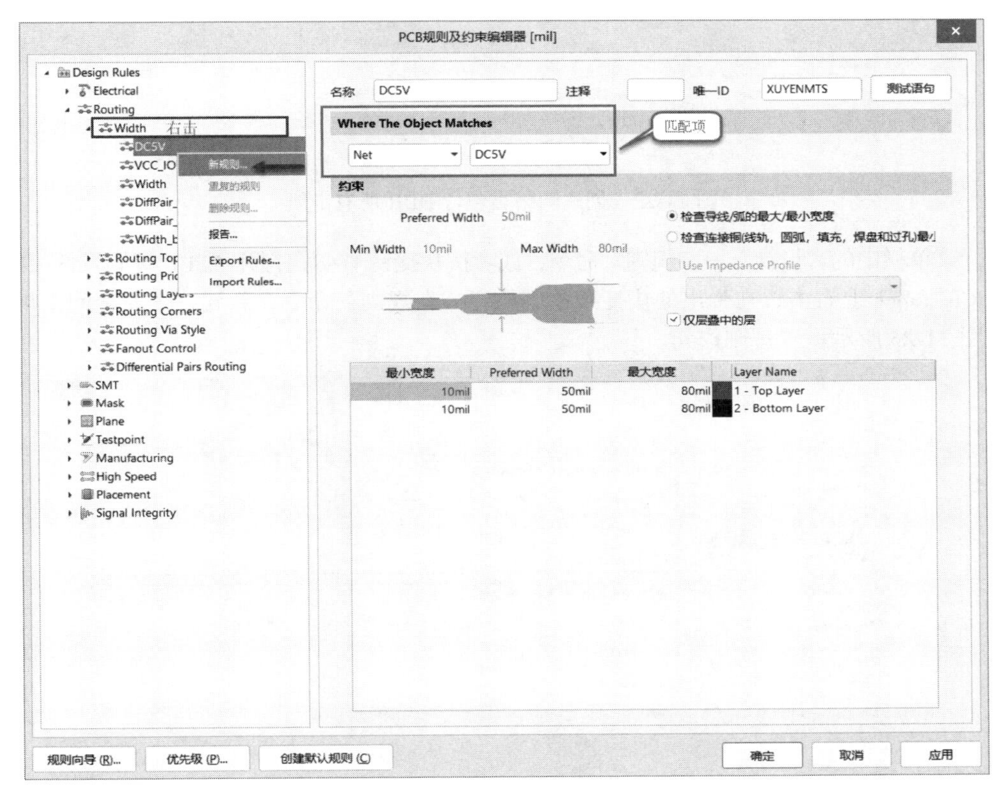

图 11-21 针对不同网络设置线宽

11.8 如何设置规则，让特定走线满足 3W 原则

为了抑制电磁干扰，走线间距应尽量满足 3W 原则，即线与线（中心到中心）之间保持 3 倍线宽的距离。以 DDR 为例，DDR 的走线需要严格满足 3W 原则，那么如何设置规则，让 DDR 中的所有走线都满足 3W 原则？

实现方法如下：

（1）新建一个网络类（Net Classes），并命名为 DDR-ALL，将 DDR 所有走线归为一类，如图 11-22 所示。

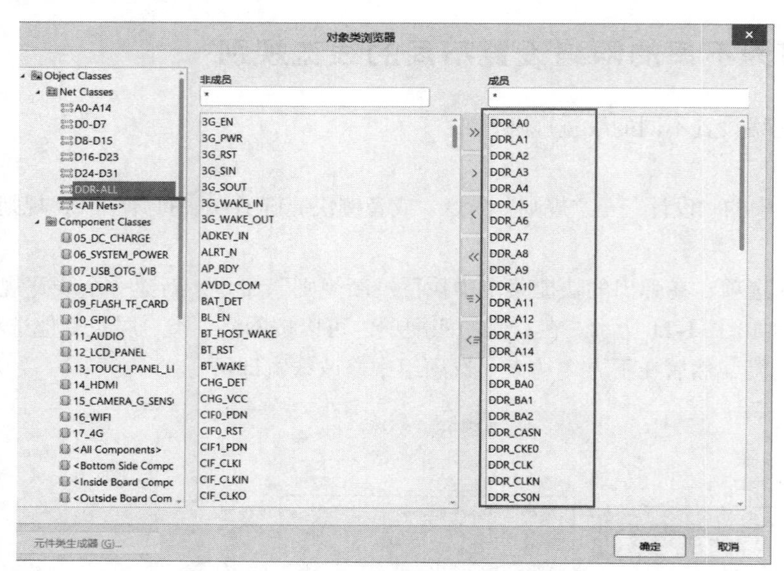

图 11-22　创建网络类包含 DDR 所有走线

（2）执行菜单栏中的“设计”→“规则”命令，或者按快捷键 D+R，打开“PCB 规则及约束编辑器[mil]”对话框。在 Clearance 上右击，在弹出的快捷菜单中执行“新规则”命令，新建一个安全间距规则。

（3）如图 11-23 所示设置规则语句。

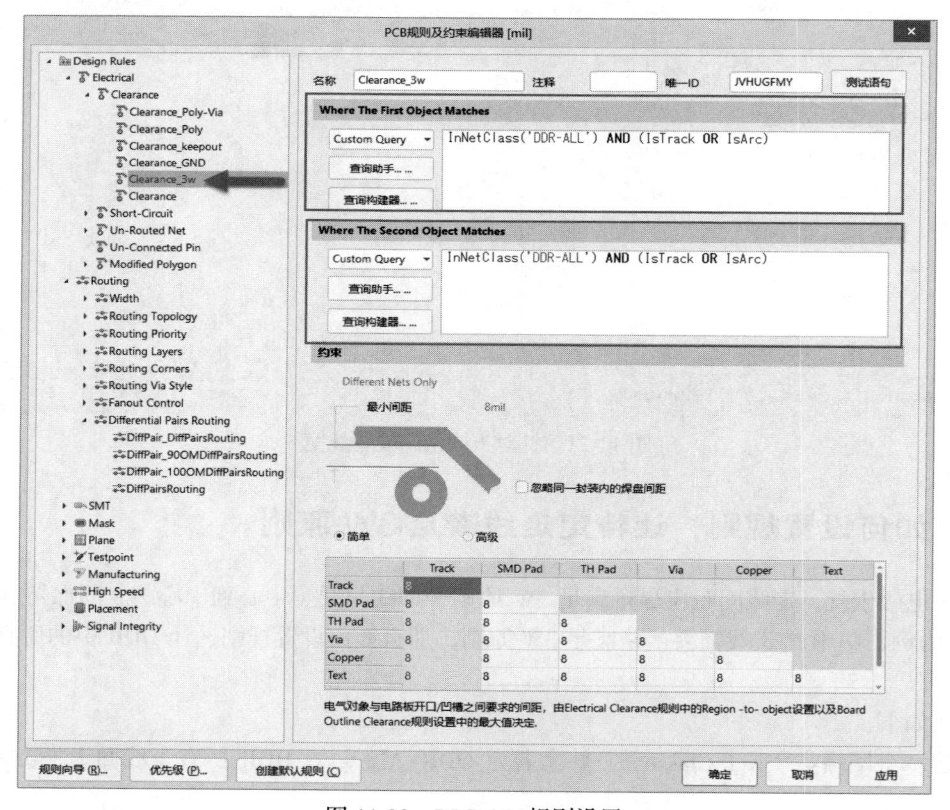

图 11-23　DDR 3W 规则设置

11.9 如何单独设置铺铜间距规则

实现方法如下：

（1）执行菜单栏中的“设计”→“规则”命令，或者按快捷键 D+R，打开“PCB 规则及约束编辑器[mil]”对话框。

（2）右击 Clearance 选项，在弹出的快捷菜单中执行“新规则”命令，新建一个安全间距规则。

（3）在新建规则界面右侧的 Where The First Object Matches 选项组中的下拉列表框内选择 Custom Query，然后手动输入 InPoly 或单击“查询助手”按钮设置需要的条件，然后在下方“约束”选项组中改变间距即可。以设置铺铜间距为 12mil 为例，界面如图 11-24 所示。

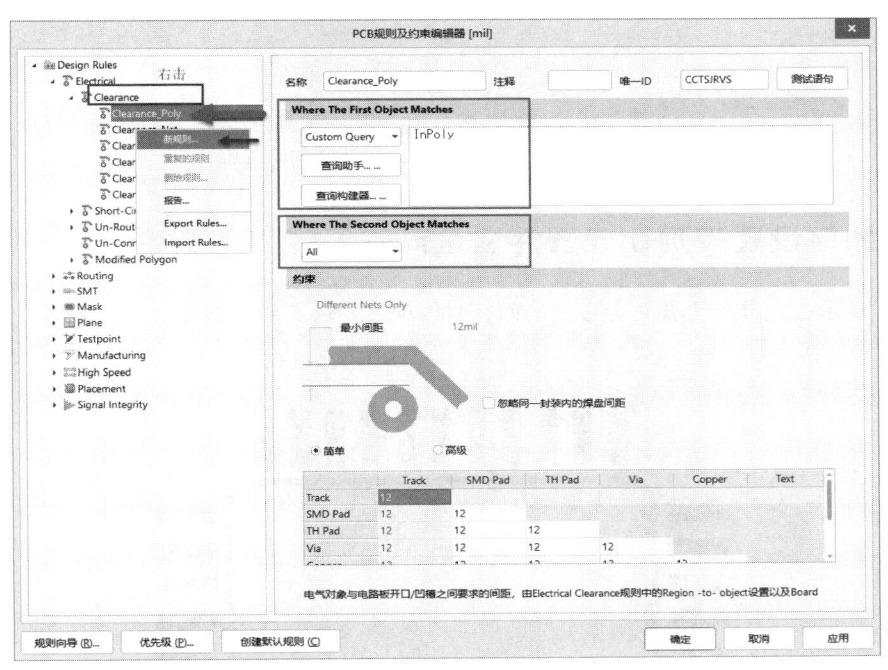

图 11-24 单独设置铺铜间距规则

11.10 如何设置规则使走线或铺铜与 Keep-Out 线保持一定的间距

实现方法如下：

（1）执行菜单栏中的“设计”→“规则”命令，或者按快捷键 D+R，打开“PCB 规则及约束编辑器[mil]”对话框。

（2）在 Clearance 选项上右击，在弹出的快捷菜单中执行“新规则”命令，新建一个安全间距规则。

（3）在新建规则界面右侧的 Where The First Object Matches 选项组中的下拉列表框内选择 Custom Query，手动输入 InPoly；在 Where The Second Object Matches 选项组中的下拉列表框内选择 Layer→Keep-Out Layer，然后在下方“约束”选项组中改变间距即可。以设置铺铜与 Keep-Out 线保持 20mil 的间距为例，界面如图 11-25 所示。

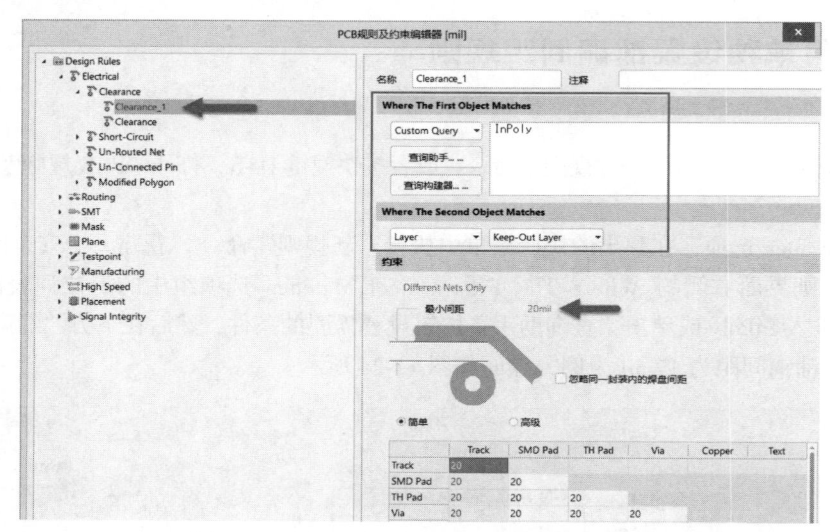

图 11-25　设置铺铜与 Keep-Out 线间距规则

11.11　如何设置规则让元器件重叠而不报错

如图 11-26 所示，元器件重叠时会报错，而有时因项目要求需要元器件重叠，如何设置规则使其不报错呢？

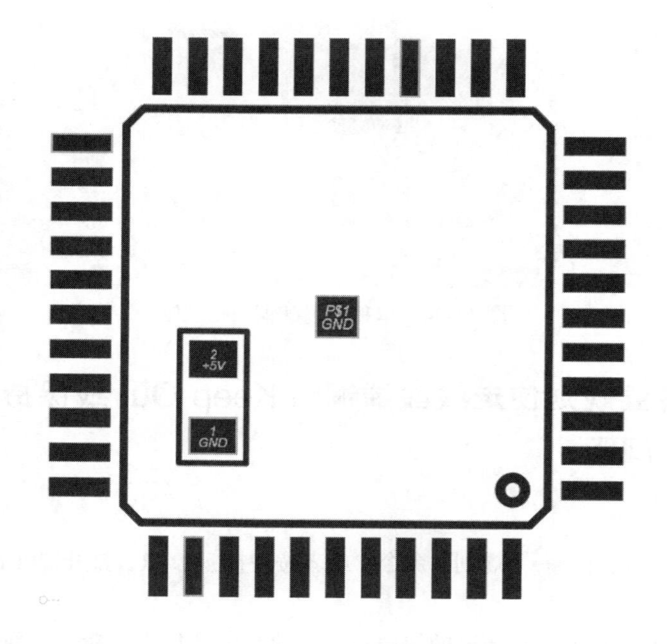

图 11-26　元器件重叠报错

实现方法如下：

按快捷键 D+R，打开“PCB 规则及约束编辑器[mil]”对话框，在 Placement 选项中将 ComponentClearance 的最小水平间距和最小垂直间距均设为 0mil 即可，如图 11-27 所示。

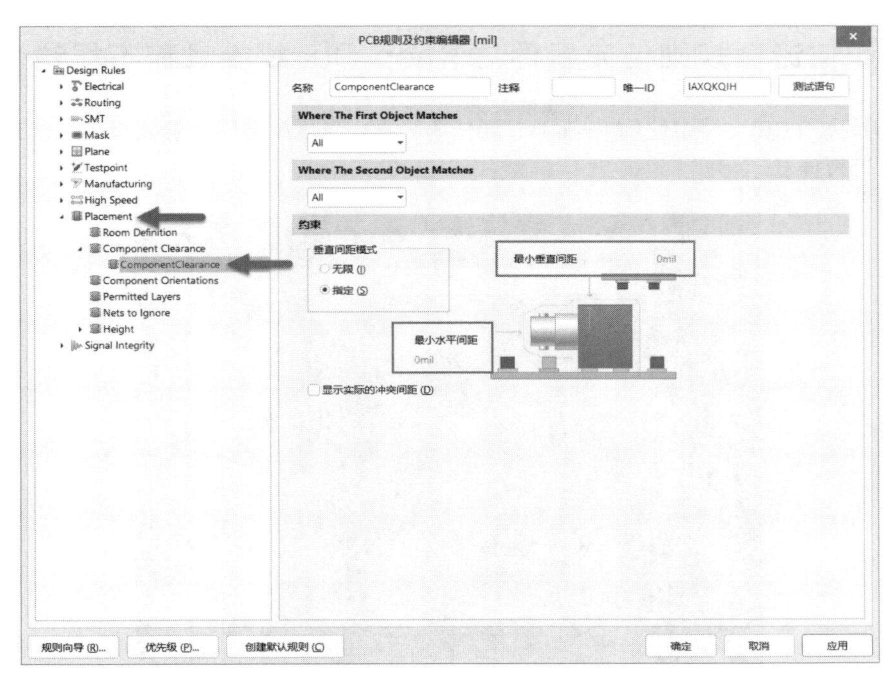

图 11-27 ComponentClearance 设置

11.12 Solder 层的外扩距离缩小的设置方法

如图 11-28 所示，元器件的引脚 Solder 层（阻焊层）外扩距离较大，如何缩小元器件的引脚 Solder 层外扩距离呢？

实现方法如下：

按快捷键 D+R，打开“PCB 规则及约束编辑器[mil]”对话框，在 Mask 选项下的 SolderMaskExpansion 选项中修改顶层外扩和底层外扩值即可，如图 11-29 所示。

修改后的效果如图 11-30 所示。

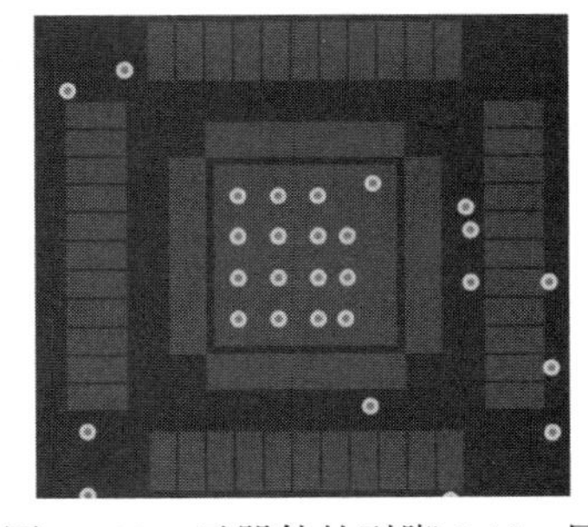

图 11-28 元器件的引脚 Solder 层

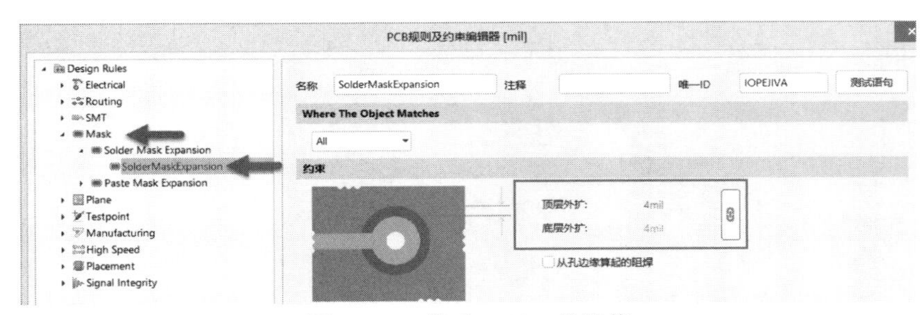

图 11-29 修改 Solder 外扩值

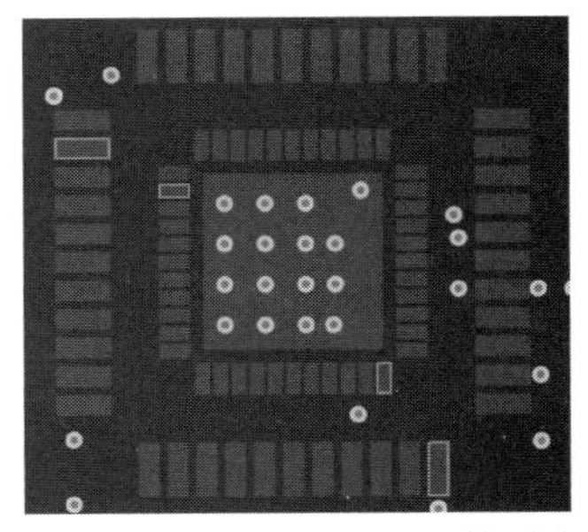

图 11-30 修改后的元器件引脚 Solder 层

11.13 如何设置规则使元器件与 Keep-Out 线接触而不报错

如图 11-31 所示，PCB 文件中使用 Keep-Out 层作为板框，当接口器件放置到板边与 Keep-Out 线接触时就会报错，如何设置使其不报错？

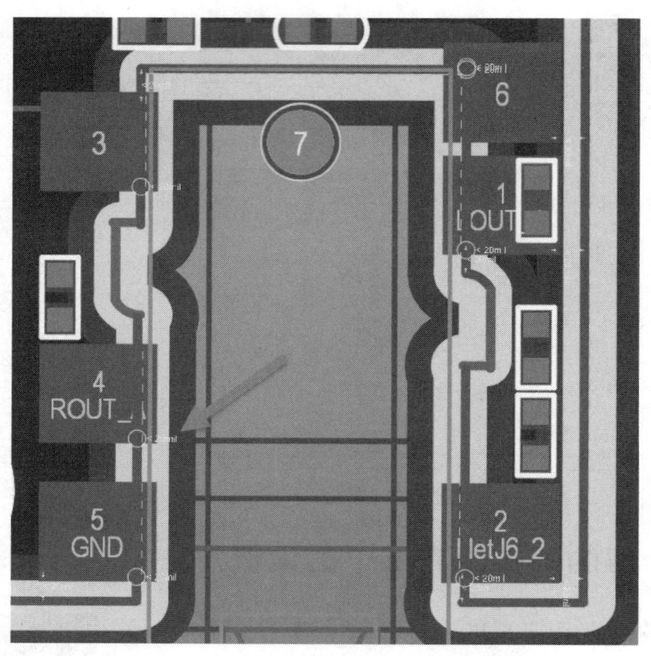

图 11-31 元器件与 Keep-Out 线间距报错

解决方法如下：

（1）首先新建一个器件类（Component Classes）。执行菜单栏中的“设计”→“类”命令，或者按快捷键 D+C，打开“对象类浏览器”对话框，在对话框中右击 Component Classes 选项，在弹出的快捷菜单中执行“添加类”命令，新建一个元器件类。如这里新建一个名为 KEEP 的元器件类，并将与 Keep-Out 线冲突的元器件归为一类，如图 11-32 所示。

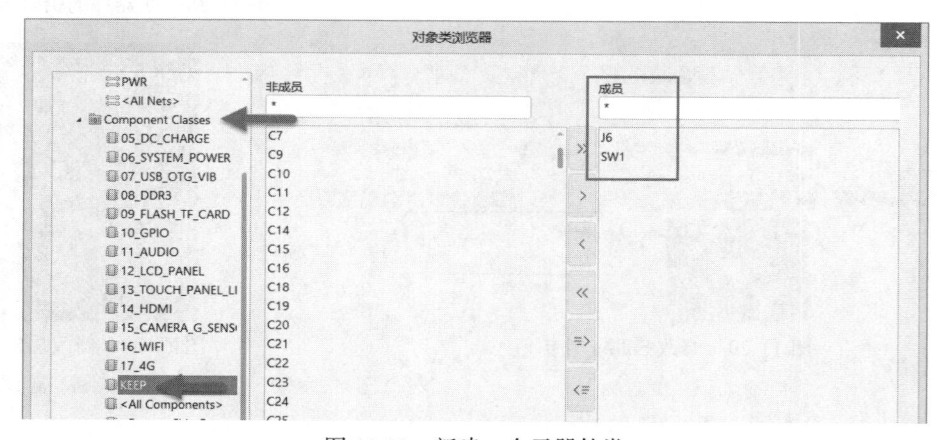

图 11-32 新建一个元器件类

（2）按快捷键 D+R，打开“PCB 规则及约束编辑器[mil]”对话框。在 Electrical 电气规则中的 Clearance 规则中新建一个规则并命名，然后设置约束项，将安全间距设置为 0mil 即可，如图 11-33 所示。

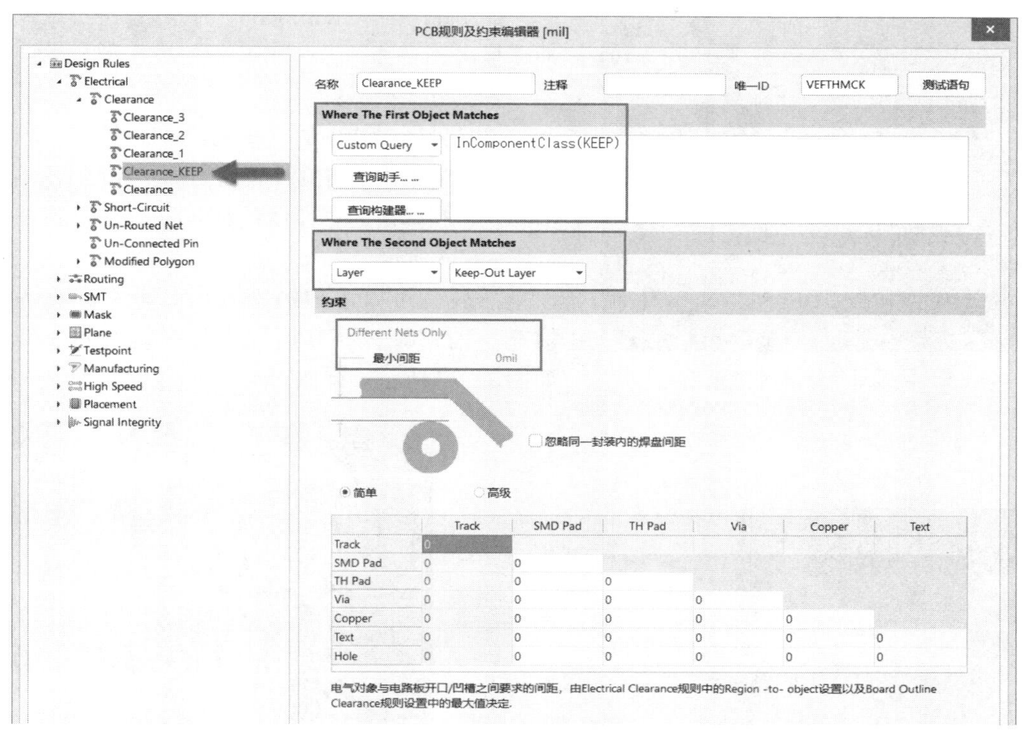

图 11-33　设置元器件类与 Keep-Out 层的安全间距

（3）保存设置的规则，这样器件与 Keep-Out 线就不会报错了，如图 11-34 所示。

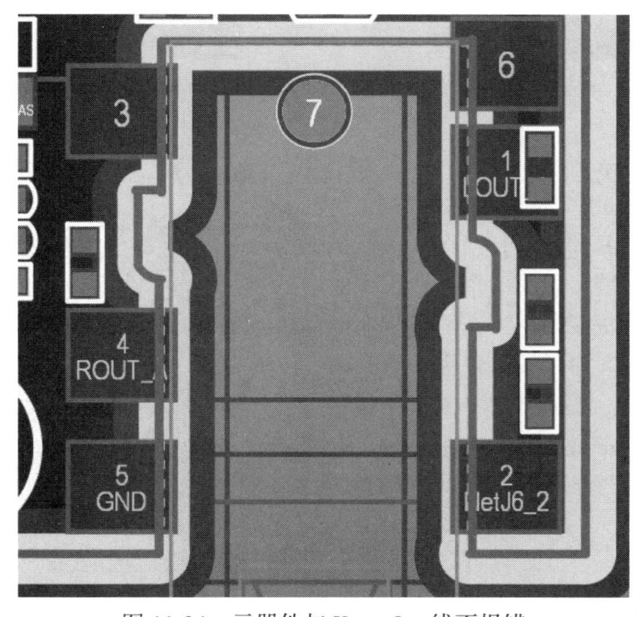

图 11-34　元器件与 Keep-Out 线不报错

11.14 PCB 中的异形封装中出现焊盘冲突的报错，如何解决

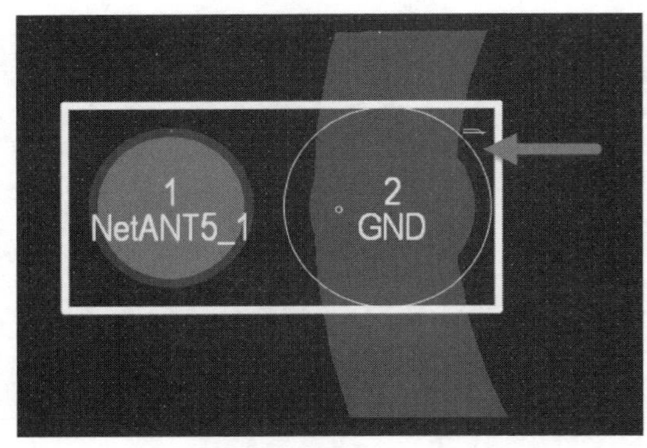

图 11-35 异形封装焊盘冲突报错

如图 11-35 所示，PCB 中的异形封装中出现某些焊盘冲突报错。

解决方法如下：

这是异形封装中的一些元素（如填充、铺铜等）没有网络导致的错误，将其设置为与焊盘相同的网络即可。双击封装，在弹出的属性设置对话框中将 Primitives 解锁，如图 11-36 所示。

然后就可以单独选中异形封装中的单一元素，如填充、铺铜等，将其设置为与焊盘相同的网络即可，如图 11-37 所示。添加完网络后，再将 Primitives 锁定。

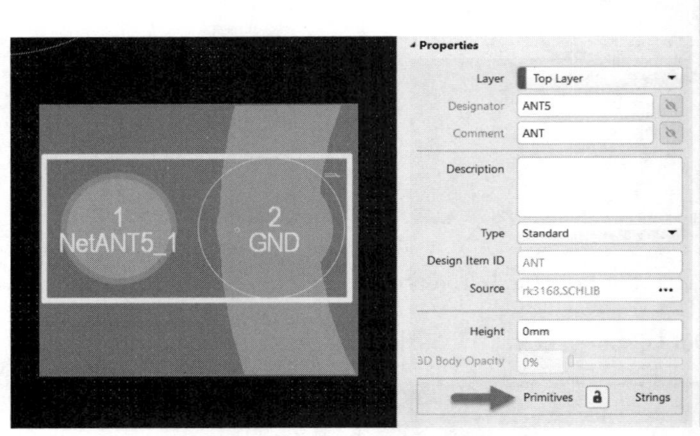

图 11-36 解锁 Primitives

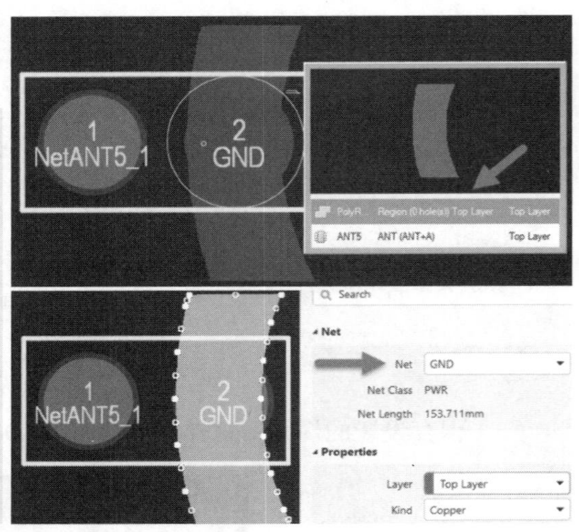

图 11-37 为异形封装中无网络的对象设置网络

11.15 PCB 布线出现“天线”图标，如何解决

如图 11-38 所示，在 PCB 布线时，当存在未连接好的网络时，在该走线的末端会出现一个类似天线的图标提示，如何设置使其不提示？

执行菜单栏中的“工具”→“设计规则检查”命令，或按快捷键 T+D，打开“设计规则检查器[mil]”对话框。在检查项中找到 Manufacturing 这一选项，取消勾选 Net Antennae 右侧的“在线”复选框，如图 11-39 所示。

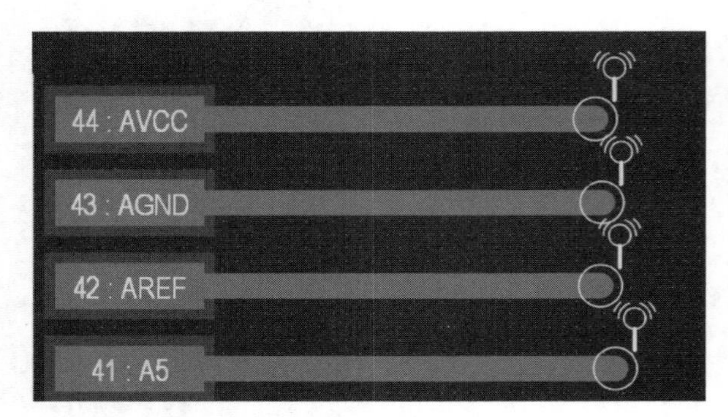

图 11-38 “天线”图标

图 11-39　取消 Net Antennae 在线检查

11.16　PCB 违反规则报错提示不明显，如何解决

如图 11-40 所示，图中的 GND 网络和 XTAL2 网络存在短路和违反安全间距的错误，但是软件只提示短路的标识，而违反安全间距这一项并未显示。

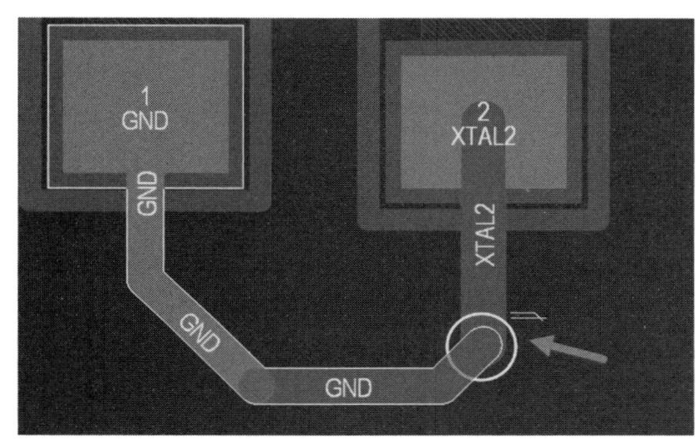

图 11-40　PCB 违反规则报错提示不明显

解决方法如下：

这是 DRC 显示样式没有勾选所致。按快捷键 O+P，打开“优选项”对话框，在 PCB Editor 选项下的 DRC Violations Display 选项中勾选对应规则项右侧的“冲突细节”复选框即可，如图 11-41 所示。

图 11-41　设置冲突细节

设置好以后，DRC 违反规则报错的效果如图 11-42 所示。

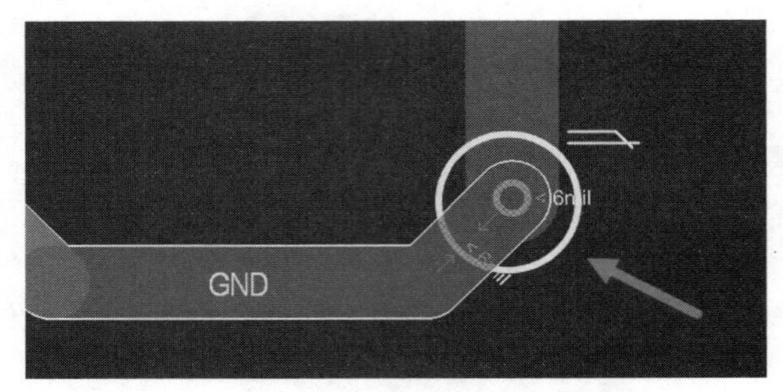

图 11-42　正常的 PCB 违反规则报错提示

11.17　PCB 中 Room 规则的使用

Room 是在 PCB 上划分出的一个空间，用于把整体电路中的一部分（子电路）布局在 Room 内，使这部分电路元器件限定在 Room 内布局，可以对 Room 内的电路设置专门的布线规则。在 PCB 编辑器上放置 Room，特别适用于多通道电路，可达到简化 PCB 设计的目的。

这里以在 Room 中设置单独的线宽为例，介绍 Room 的使用。

（1）首先放置 Room。执行菜单栏中的“设计”→Room 命令，手动放置 Room。还可以从选择的器件中自动创建 Room。

（2）放置 Room 到需要的位置，如这里在 BGA 上放置一个 Room，并命名为 Room1，如图 11-43 所示。

图 11-43　放置 Room

（3）按快捷键 D+R，打开“PCB 规则及约束编辑器[mil]”对话框，新建一个线宽规则，并为刚刚放置的 Room 设置约束条件。Room 中的对象设置规则语法是 WithinRoom(‘Room 名称’)。如图 11-44 所示，将 Room 中的线宽设置为 4mil。

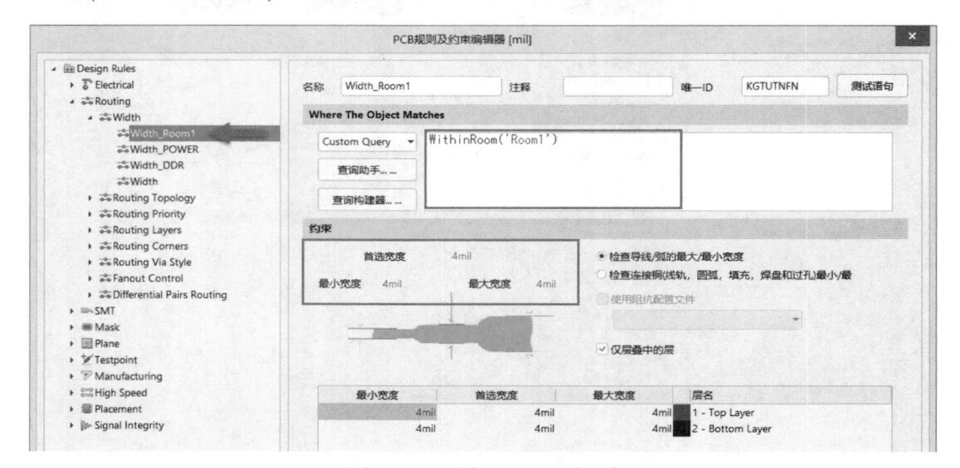

图 11-44　设置 Room 规则

（4）这样即可确保 Room 区域内的线宽为 4mil，Room 区域外的线宽为整板设置的线宽，如图 11-45 所示。

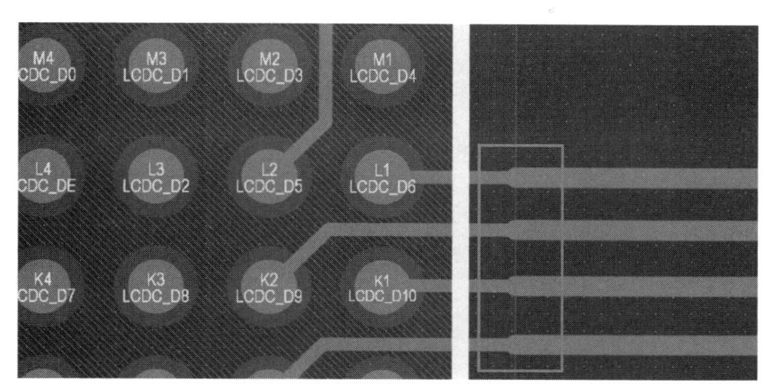

图 11-45　使用 Room 设置单独的线宽

此外，在 Room 内框选出一定区域后，不仅可以为其单独设置线宽规则，还可以为其设置 PCB 规则定义页上的任意规则。

11.18　设置指定器件的铺铜间距规则

按快捷键 D+R 打开“PCB 规则及约束编辑器[mil]”对话框，在 Clearance 选项中新建一个规则，自定义 Custom Query 查询语句，可单独设置某个器件的铺铜间距，如图 11-46 所示。

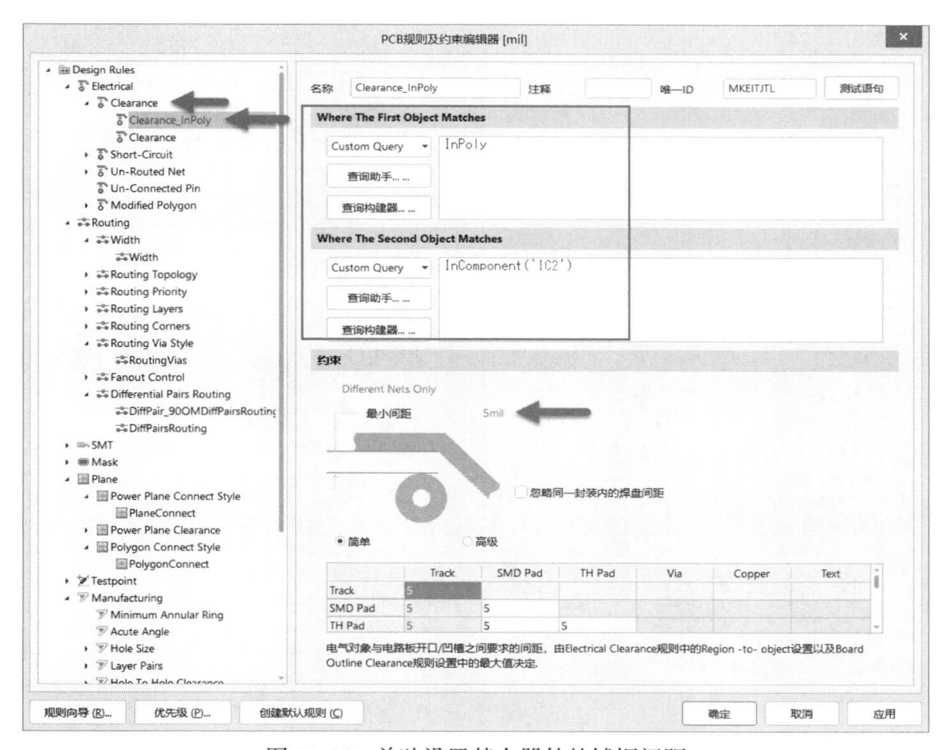

图 11-46　单独设置某个器件的铺铜间距

11.19 PCB 设计规则的导入导出方法

有时设置的规则可能适用于其他项目，这时候就要用到规则的导入与导出。

（1）打开“PCB 规则及约束编辑器[mil]”对话框，在左侧规则项区域右击，在弹出的快捷菜单中执行 Export Rules 命令，如图 11-47 所示。

（2）在弹出的“选择设计规则类型”对话框中选择需要导出的规则项。一般选择全部导出，按快捷键 Ctrl+A 全选，如图 11-48 所示。

图 11-47 规则的导出

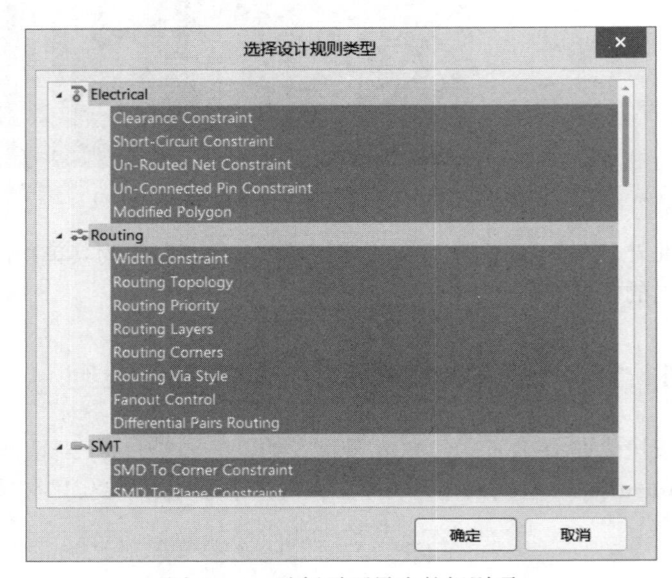

图 11-48 选择需要导出的规则项

（3）单击“确定”按钮，将生成一个扩展名为.rul 的文件，这个文件就是导出的规则文件，选择路径保存即可，如图 11-49 所示。

图 11-49 保存导出的规则

（4）打开另一个需要导入规则的 PCB 文件，按快捷键 D+R，打开“PCB 规则及约束编辑器[mil]”对话框，在左侧规则项区域右击，在弹出的快捷菜单中执行 Import Rules 命令，如图 11-50 所示。

（5）在弹出的“选择设计规则类型”对话框中选择需要导入的规则，一般也是全选，如图 11-51 所示。

图 11-50　规则的导入

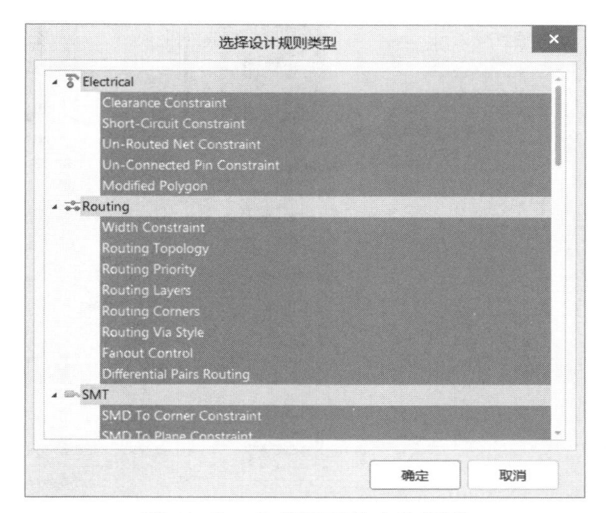

图 11-51　选择需要导入的规则

（6）选择之前导出的规则文件导入即可。

11.20　PCB 中存在违反规则的地方，软件却没有报错，如何解决

PCB 中违反规则却不报错，基本都是 DRC 检查项设置问题所致，一般从以下 3 方面检查。

（1）按快捷键 O+P 打开“优选项”对话框，检查“在线 DRC”选项是否打开，如图 11-52 所示。

（2）按快捷键 T+D 打开“设计规则检查器[mil]”对话框，查看对应的在线检查项是否被打开，如图 11-53 所示。

（3）按快捷键 O+P 打开“优选项”对话框，在 PCB Editor 选项下的 DRC Violations Display 选项中检查对应的“冲突细节”和“冲突 Overlay”是否打开，如图 11-54 所示。

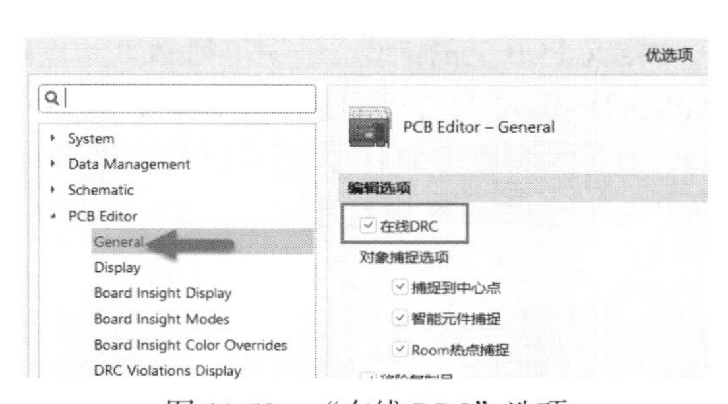

图 11-52　“在线 DRC”选项

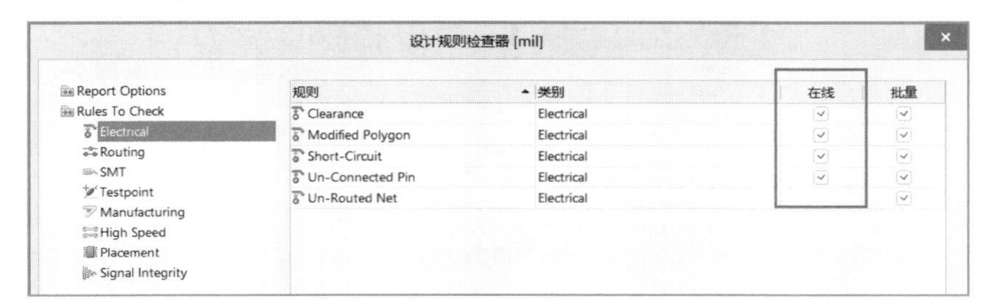

图 11-53　在线 DRC 检查项

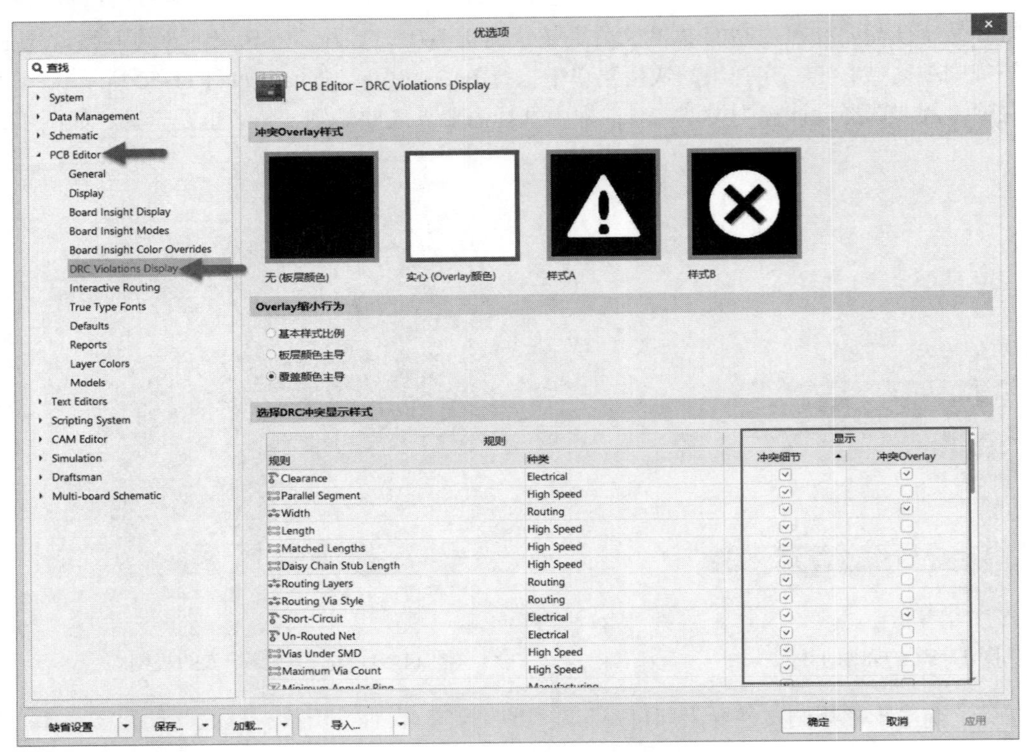

图 11-54　选择 DRC 冲突显示样式

11.21　Altium Designer 设置板边间距规则

定义 PCB 上的走线、铺铜等到 PCB 边的距离，除了可以按照前文介绍的方法设定查询语句规则外，在 Altium Designer 22 中还可以直接设定 PCB 边间距规则，使用起来更加方便快捷。

（1）按快捷键 D+R 打开“PCB 规则及约束编辑器[mil]”对话框，在 Manufacturing 选项下的 Board Outline Clearance 规则就是定义板边间距的规则，如图 11-55 所示。

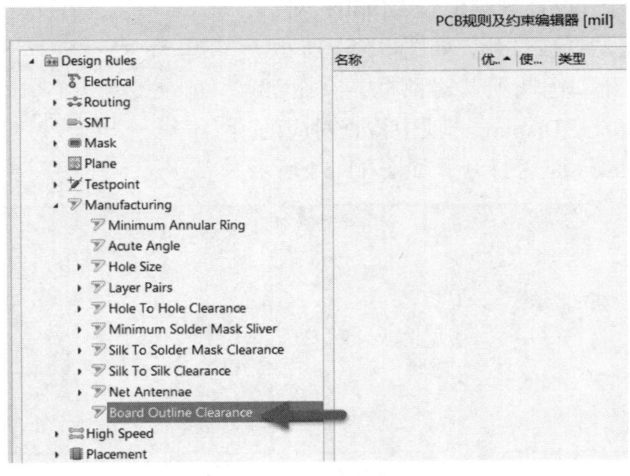

图 11-55　Board Outline Clearance

（2）在 Board Outline Clearance 上右击，在弹出的快捷菜单中执行“新建规则”命令，可以看到规则中可以定义各对象到板边的距离。为方便演示，这里将所有对象到板边的距离设定为 20mil，如图 11-56 所示。

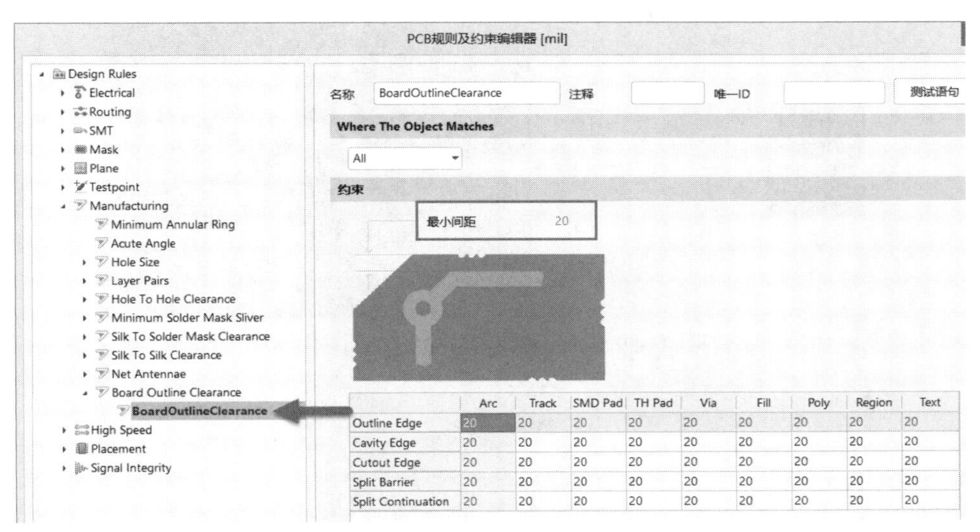

图 11-56　设定板边间距

（3）规则设定好之后，在 PCB 中走线与板边的间距如果小于 20mil 的规则设定值，将出现 DRC 报错，如图 11-57 所示。

（4）在 PCB 中铺铜，铜皮也将按照 20mil 的板边间距内缩，如图 11-58 所示。

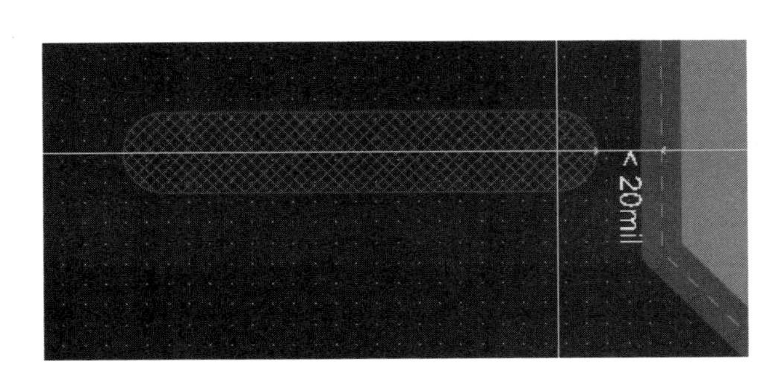

图 11-57　走线距离板边小于 20mil 报错

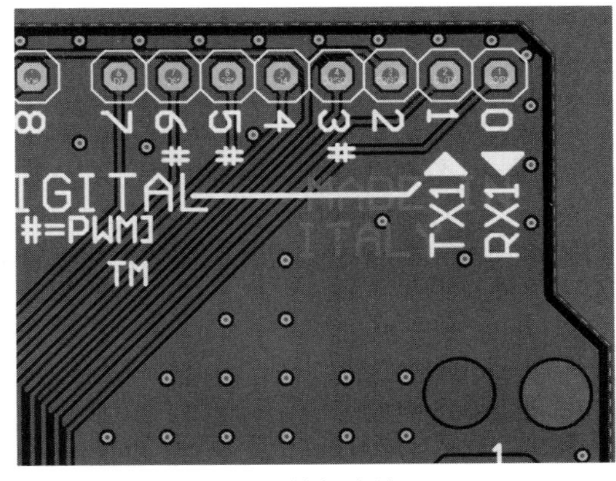

图 11-58　铺铜内缩 20mil

11.22　在进行多层板设计时，过孔和焊盘与内电层连接不上，如何解决

Altium Designer 多层板打过孔连接不上内电层，内电层也设置了相应的网络，如图 11-59 所示。

解决方法如下：

按快捷键 D+R 打开“PCB 规则及约束编辑器[mil]”对话框，检查规则中的 Plane→Power Plane Connect→

Style PlaneConnect*有没有正确设置 Power Plane（电源层）与同网络通孔的连接方式，如图 11-60 所示。如设置为 No Connect，则过孔和焊盘与内电层就会连接不上。

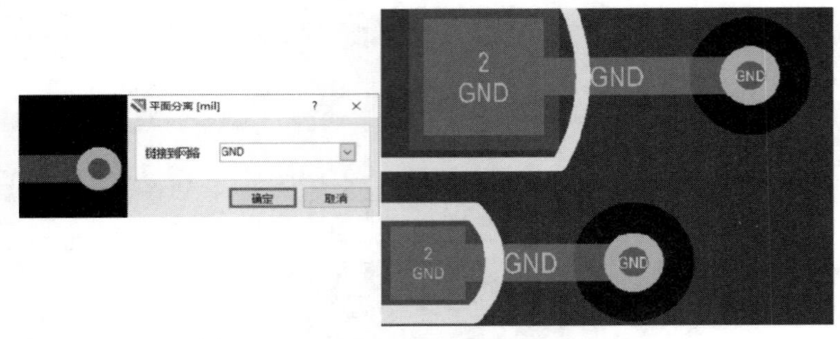

图 11-59　过孔和焊盘与内电层连接不上

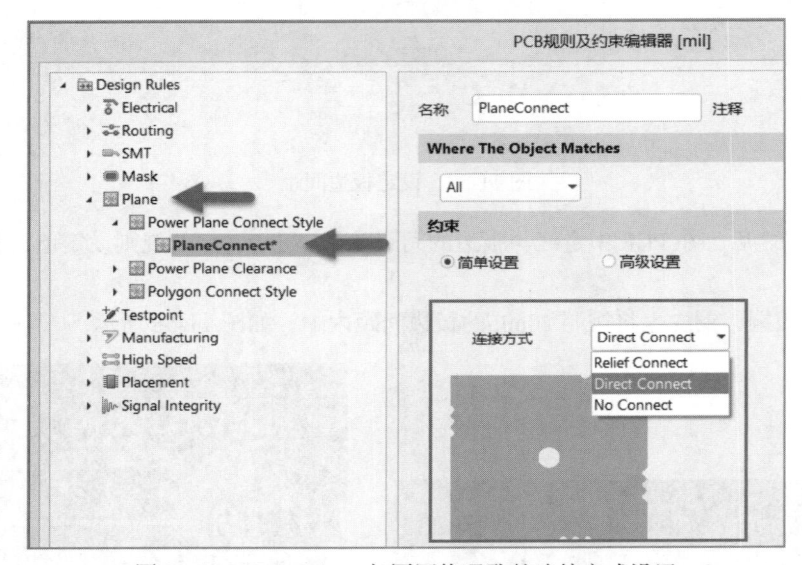

图 11-60　Power Plane 与同网络通孔的连接方式设置

第 12 章 PCB 常用器件设置

CHAPTER 12

12.1 交互式布局与模块化布局

1. 交互式布局

为了方便在布局时快速找到元器件所在的位置，需要将原理图与 PCB 对应起来，使二者之间能相互映射，简称交互。利用交互式布局可以在元器件布局时快速找到元器件所在位置，大大提升工作效率。

（1）打开交叉选择模式。在原理图编辑界面和 PCB 编辑界面均执行菜单栏中的“工具”→“交叉选择模式”命令，将交叉选择模式使能，如图 12-1 所示。

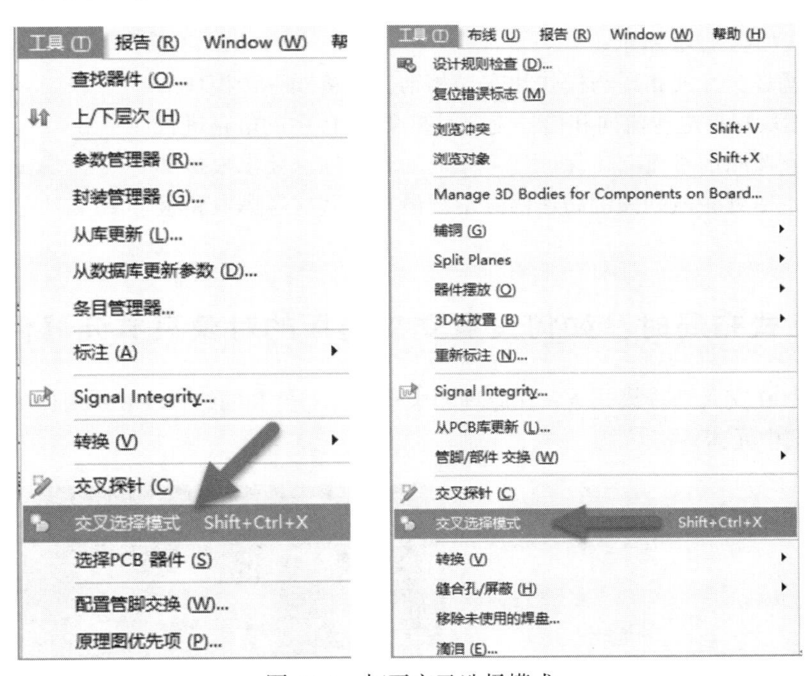

图 12-1 打开交叉选择模式

（2）打开交叉选择模式后，在原理图上选择元器件，PCB 中对应的元器件将同步被选中；反之，在 PCB 中选中器件，原理图中对应的元器件也会被同步选中，如图 12-2 所示。

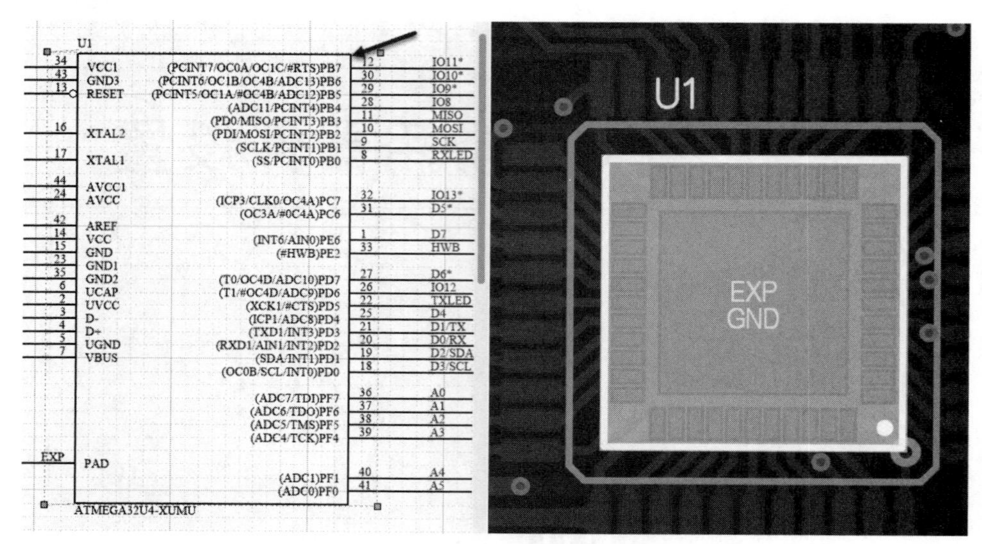

图 12-2　交叉选择模式下选中元器件

2. 模块化布局

在介绍模块化布局之前，先介绍一个区域内排列器件的功能，利用这一功能可以在预布局之前将一堆杂乱无章的器件按照模块划分并排列整齐。单击工具栏中的“排列工具”按钮，在展开的菜单中有一个“在区域内排列器件”按钮，如图 12-3 所示。

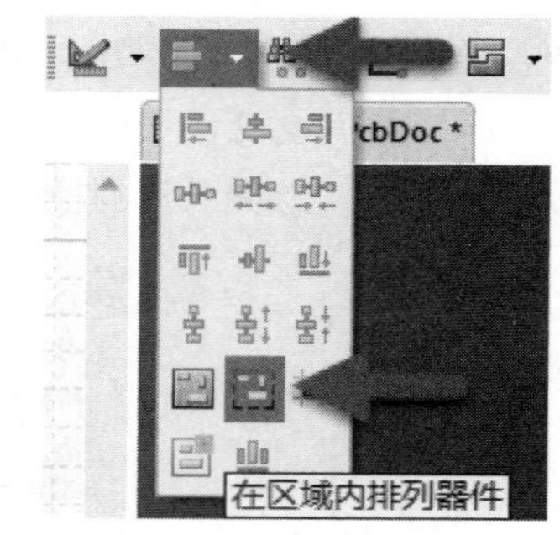

图 12-3　区域内排列器件命令

模块化布局，就是交互式布局与模块化布局相结合，将同一个模块的电路布局在一起，然后根据电源流向和信号流向对整个 PCB 中的电路进行模块划分。布局时应按照信号流向，保证整个布局的合理性，要求模拟部分和数字部分分开，尽可能做到关键高速信号走线最短，其次考虑电路板的整齐、美观。

12.2　交互式布局时，如何设置交叉选择的对象只有元器件

如图 12-4 所示，在交叉选择模式下，在原理图中选中元器件和网络，PCB 中对应的元器件和网络都会高亮，如何设置只选中元器件?

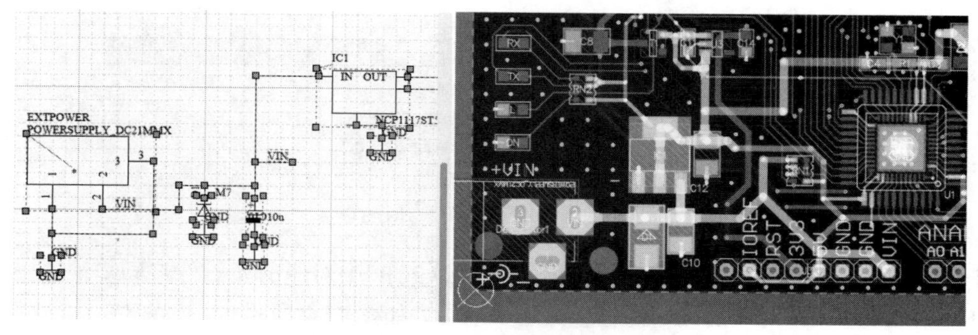

图 12-4　交叉选择对象为元器件和网络

解决方法如下：

按快捷键 O+P 打开“优选项”对话框，在 System 选项下的 Navigation 选项中将交叉选择的对象设置为“元件”即可，如图 12-5 所示。

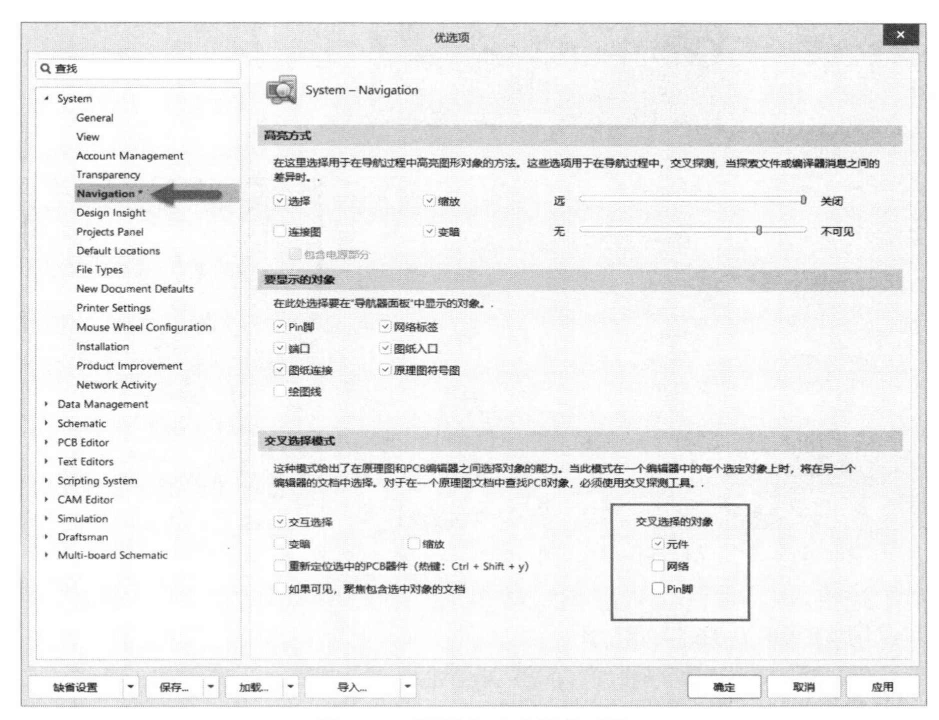

图 12-5　设置交叉选择的对象

12.3　PCB 中如何交换元器件位置

如图 12-6 所示，在 PCB 中希望交换两个元器件的位置，如何快速实现？

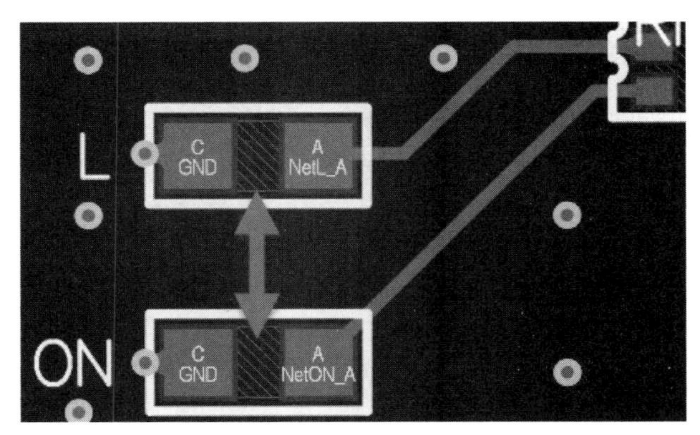

图 12-6　元器件交换位置

实现方法如下：

（1）选中两个需要交换的元器件，右击，在弹出的快捷菜单中执行“器件操作”→“交换器件”命令，如图 12-7 所示。

（2）交换位置后的效果如图 12-8 所示。

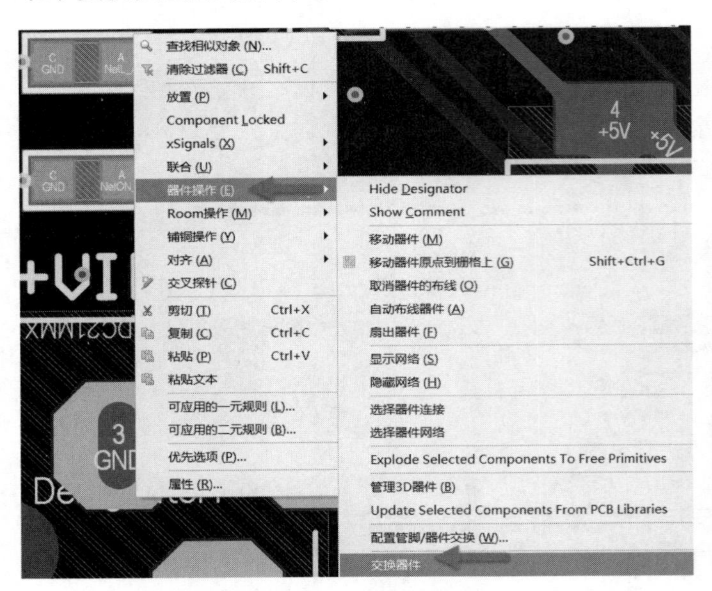

图 12-7　交换元器件位置命令

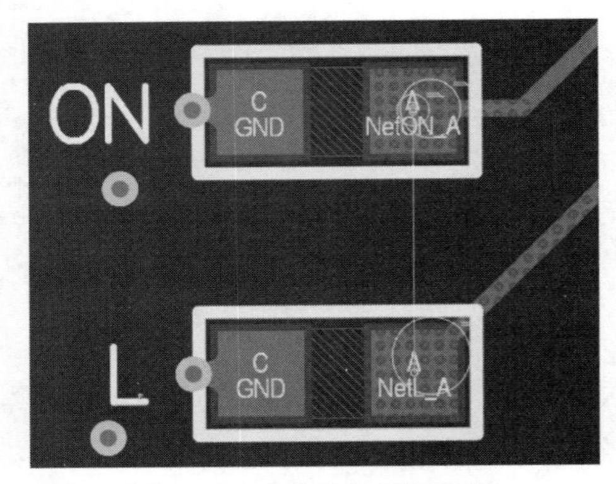

图 12-8　交换位置后的效果

12.4　PCB 排列工具的使用

在 PCB 编辑界面上的工具栏中有一个排列工具，如图 12-9 所示，可以利用该工具对元器件进行对齐等间距等操作，方便 PCB 布局。

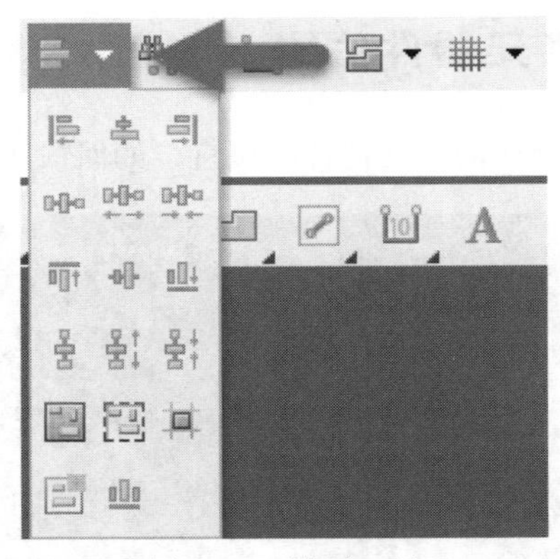

图 12-9　排列工具

还可以在按住 Ctrl 键的同时单击对应的图标设置快捷键，以实现快速对齐操作。

12.5　PCB 布局时元器件换层的方法

在 PCB 布局时拖动元器件的过程中按快捷键 L，可以快速把元器件放置到 PCB 的另一面。

12.6　从库中放置元器件到 PCB 时，元器件默认在底层，如何解决

如图 12-10 所示，从库中放置元器件到 PCB 时，元器件在底层（Bottom Layer）。

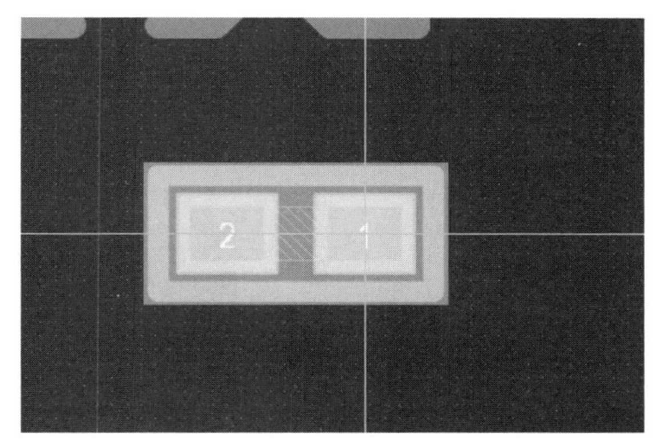

图 12-10　元器件在底层

解决方法如下：

这是元器件默认层设置的问题。按快捷键 O+P 打开“优选项”对话框，在 PCB Editor 选项下的 Defaults 选项中将元器件默认所在的层改为顶层即可，如图 12-11 所示。

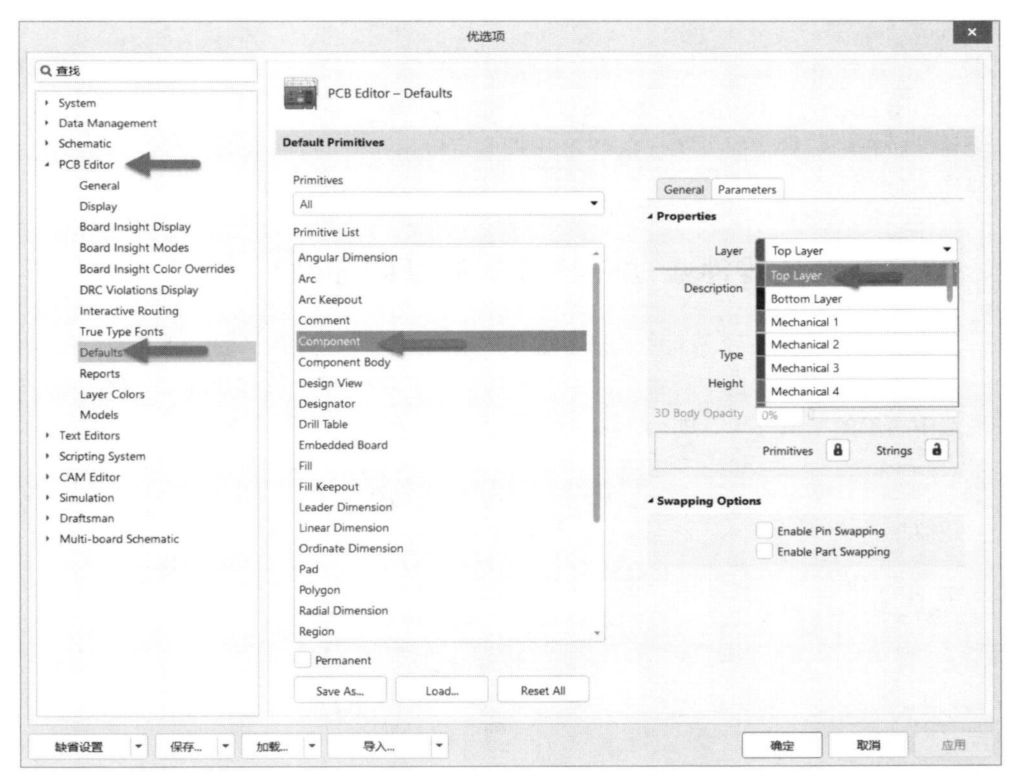

图 12-11　设置元器件默认所在层为顶层

12.7 如何在 PCB 中重新定位所选元器件

在 PCB 中选中一部分元器件，可以让它们自动吸附在光标上，然后进行重新定位。

实现方法如下：

选中需要重新定位的元器件，执行菜单栏中的“工具”→“器件摆放”→“重新定位选择的器件”命令，如图 12-12 所示。也可按快捷键 T+O+C。

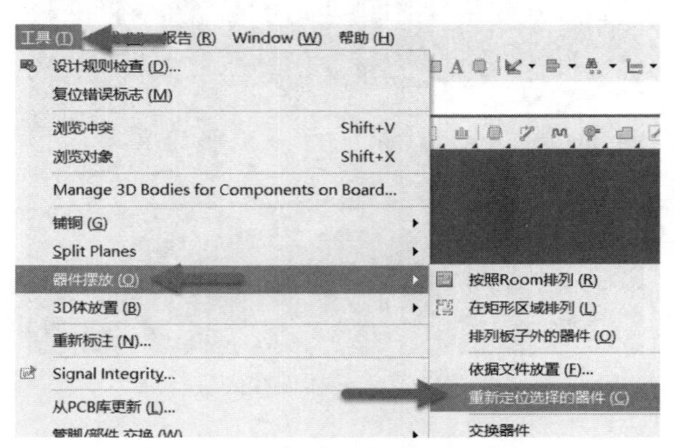

图 12-12 重新定位选择的器件

12.8 如何在 PCB 中快速查找指定元器件

按快捷键 J+C，在弹出的 Component Designator 对话框中输入元器件位号，如图 12-13 所示。单击“确定”按钮，光标会自动跳转到该元器件所在的位置，即可实现在 PCB 中搜索定位指定元器件的操作。

图 12-13 在 PCB 中搜索定位某个元器件

12.9 如何实现元器件或过孔等对象的精确移动

在 Altium Designer 的 PCB 编辑界面中，选中需要移动的元器件或过孔，按快捷键 M，然后在弹出的快捷菜单中执行“通过 X，Y 移动选中对象”命令，在弹出的“获得 X/Y 偏移量[mil]”对话框中输入偏移量数值即可实现选中对象的精确移位，如图 12-14 所示。

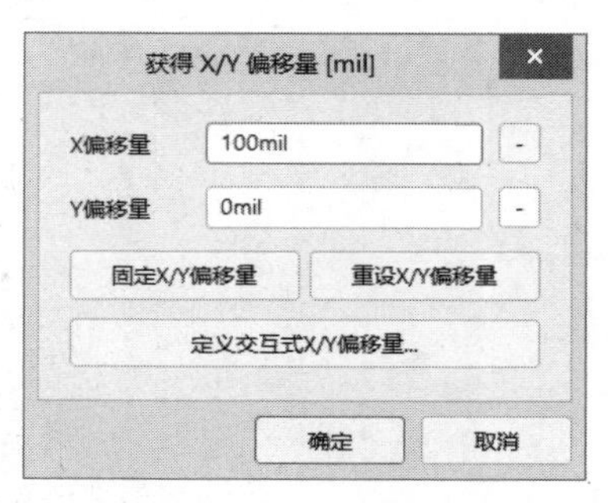

图 12-14 通过 *X*，*Y* 移动选中对象

12.10　PCB 布线时如何设置器件捕捉栅格使器件更好地移动、对齐等

利用捕捉栅格可以很方便地实现移动、对齐等操作，按快捷键 Shift+E 可以打开或关闭捕捉栅格。按快捷键 G+G 可在弹出的对话框中设置捕捉栅格的范围，如图 12-15 所示。如需更精确地移动元器件，可将捕捉栅格设置得小一些；如需更好地对齐，可将捕捉栅格设置得大一些。

同时，在 Altium 的高版本软件中，建议将 Properties 面板的 Snap Distance 和 Axis Snap Range 设置小一些，如图 12-16 所示。

图 12-15　设置捕捉栅格大小　　图 12-16　设置捕捉范围

12.11　PCB 界面中，移动元器件时，焊盘可能从元器件中脱离，如何解决

如图 12-17 所示，拖动元器件时，可能使焊盘从元器件中脱离，造成封装出错。

解决方法如下：

（1）焊盘脱离，说明整个元器件的封装并没有锁定。为防止出现这些情况，需双击元器件，在 Properties 面板中锁定 Primitives（元器件原始形态），如图 12-18 所示。

（2）若整板元器件都存在这种问题，应使用统一编辑操作。任选一个元器件，右击，在弹出的快捷菜单中选择“查找相似对象”命令。

（3）在弹出的“查找相似对象”对话框中按照如图 12-19 所示的参数进行设置，Component 选择 same，单击“确定”按钮。然后

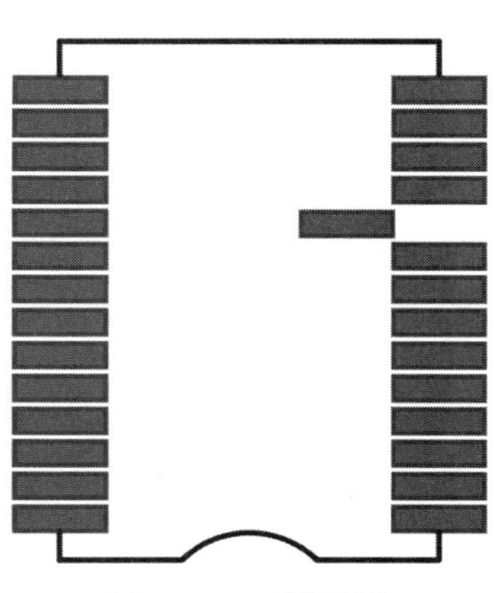

图 12-17　引脚脱离

在弹出的 Properties 面板中锁定 Primitives。

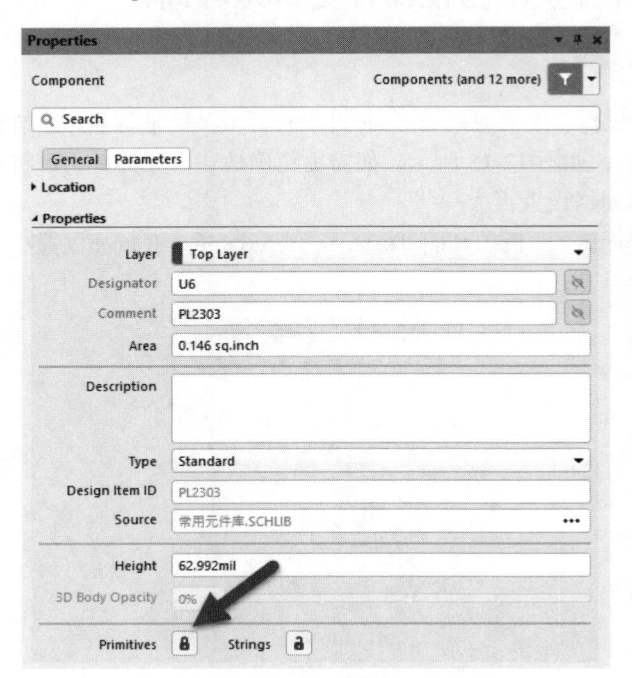

图 12-18　锁定元器件原始形态

图 12-19　查找相似对象

12.12　PCB 中如何对元器件的位号重命名

双击元器件，在弹出的 Properties 对话框中修改位号值即可，如图 12-20 所示。

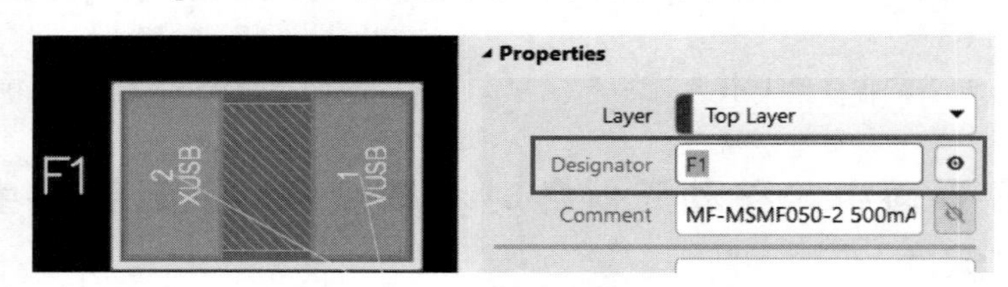

图 12-20　修改元器件位号

提示：元器件位号应尽量在原理图中修改并同步更新到 PCB。

12.13　如何让元器件以任意角度旋转

按快捷键 O+P 打开“优选项”对话框，在 PCB Editor 选项下的 General 选项中修改旋转步进值即可，如图 12-21 所示。

12.14　从封装库中直接放置元器件到 PCB 中默认为 45°倾斜，如何解决

Altium Designer 有些版本的软件在 PCB 编辑界面从封装库中直接放置元器件到 PCB 中，将默认为 45°倾斜。

解决方法如下：

按快捷键 O+P，打开“优选项”对话框，在 PCB Editor 选项下的 General 选项中修改旋转步进值，如图 12-22 所示。将元器件摆正后，再改回原来的步进值。

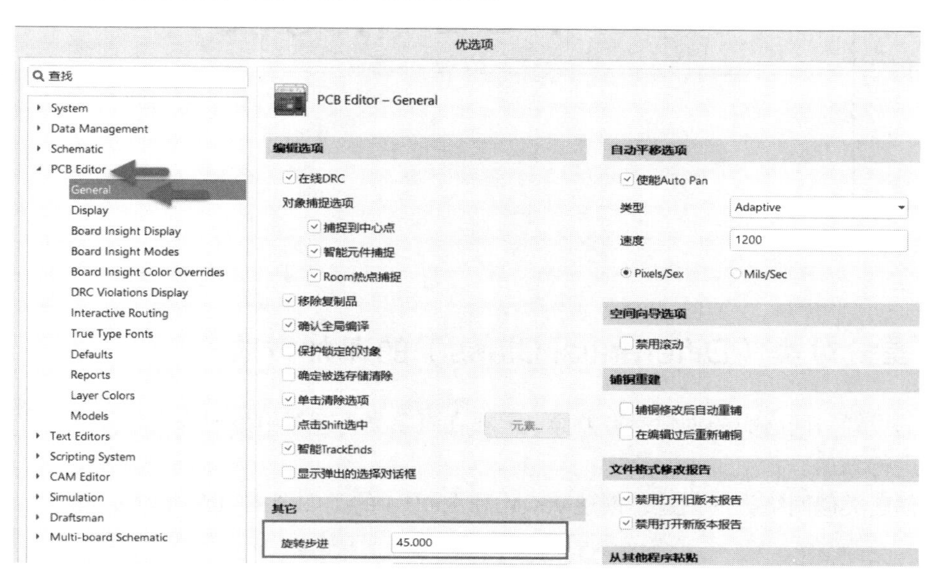

图 12-21　修改旋转步进值

图 12-22　修改旋转步进值

第 13 章 PCB 常见设计

CHAPTER 13

13.1 差分对类（Differential Class）的添加方法

差分对类的设置与网络类的创建略有差异，需要在对象类管理器中添加分类名称，然后在 PCB 面板的差分编辑器中进行添加。

差分类的创建类似网络类的创建，创建 90OM 和 100OM 的类如图 13-1 所示。

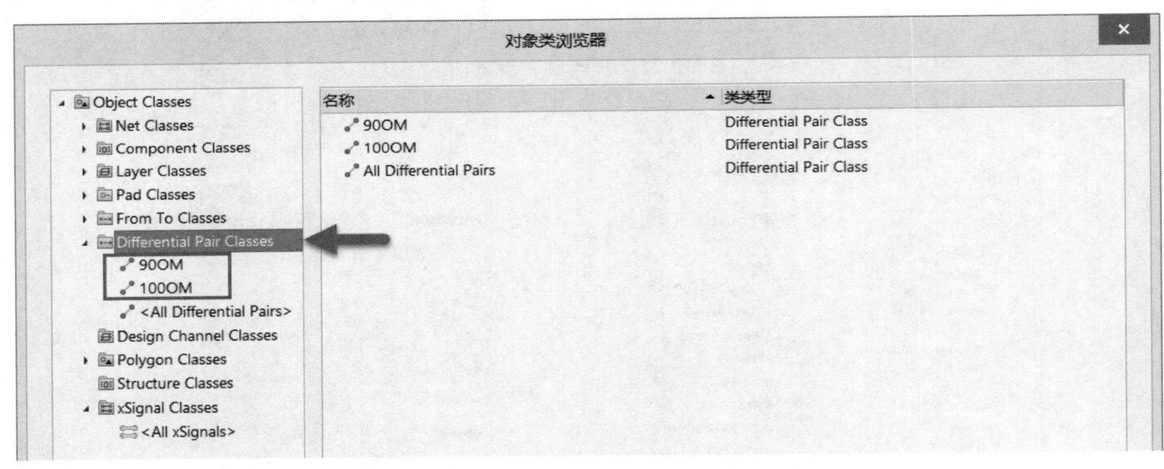

图 13-1 差分类的创建

添加差分对到对应的类中请参照前文添加差分对的方法。

13.2 PCB 中如何显示与隐藏飞线

飞线是指在 PCB 中两点之间表示连接关系的线。飞线有助于理清信号的流向，方便进行布线操作。在 PCB 布线过程中可以关闭全部飞线，也可选择性地显示与隐藏某类网络或某个网络的飞线。

在 PCB 界面的按快捷键 N，打开快捷飞线开关，选择显示连接（显示飞线）或隐藏连接（隐藏飞线），如图 13-2 所示。各选项含义如下：

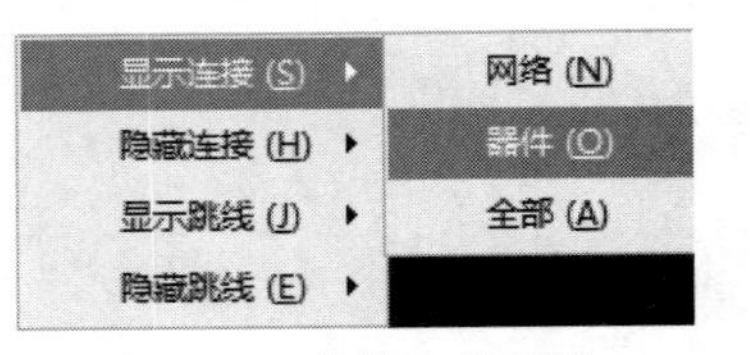

图 13-2 快捷飞线开关

① 网络：针对单个或多个网络操作；

② 器件：针对器件网络飞线操作；

③ 全部：针对全部飞线进行操作。

13.3 PCB 飞线不显示的解决方法

有时在进行了飞线打开操作之后，飞线还是无法显示，可通过以下两种方法检查。

（1）检查飞线显示是否打开。按快捷键 L，在弹出的 View Configuration 对话框中检查 System Colors 选项组中的 Connection Lines 项是否显示，如果没有请设置为显示，如图 13-3 所示。

（2）在 PCB 面板的对象选择窗口中选择 Nets，不要选择 From-To Editor，如图 13-4 所示。

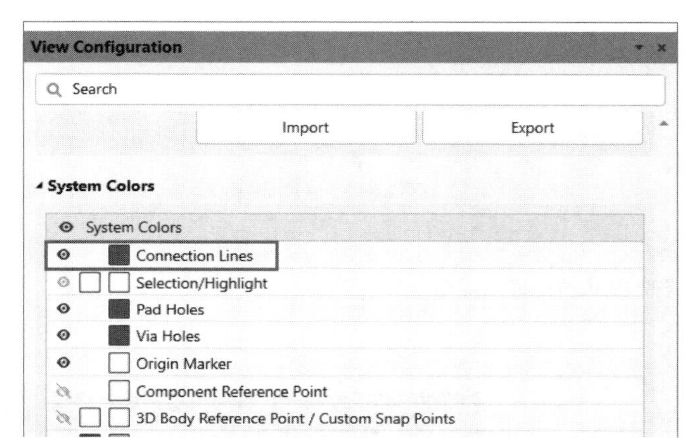

图 13-3 默认飞线的显示

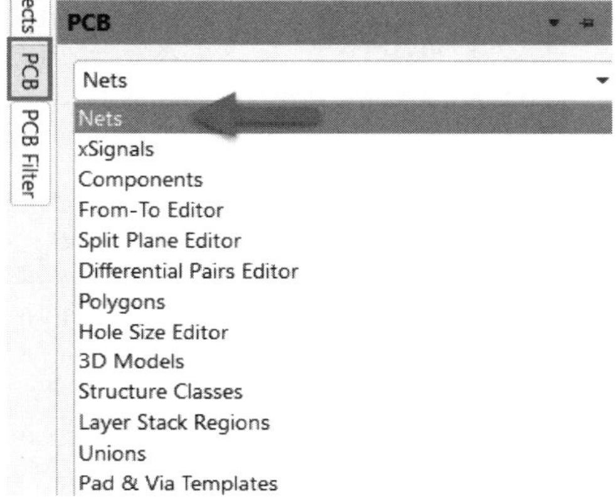

图 13-4 PCB 面板对象选择

13.4 如何将 PCB 的可视栅格由线状改为点状

使用 Altium Designer 绘制 PCB 时，可视栅格类型默认为线状栅格，如图 13-5 所示。

但是长时间看网格会产生视疲劳，改成点状可以有效缓解。那么如何修改呢？

在 PCB 编辑界面按快捷键 Ctrl+G，将弹出如图 13-6 所示的界面，在“显示”选项组中将 Lines 改为 Dots 即可。

对于低版本的 Altium Designer 软件，如 Altium Designer 09，修改方法如下：

在 PCB 空白区域右击，在弹出的快捷菜单中执行 Options→Board Options 命令，或者按快捷键 O+B，打开板选项设置对话框，修改“可视化网格”选项组中的“标记”为 Dots 类型即可，如图 13-7 所示。

改成点状栅格之后的效果如图 13-8 所示。

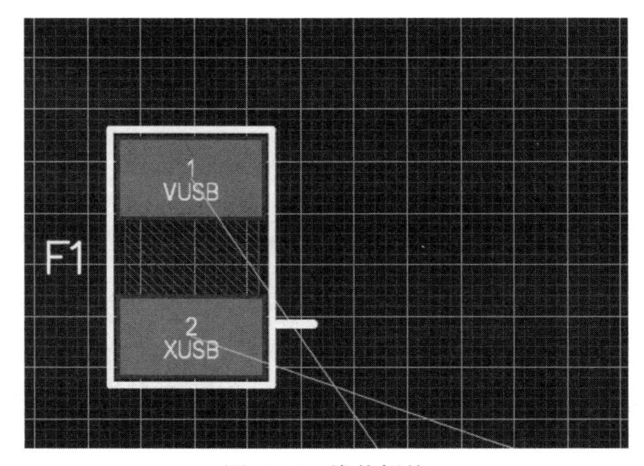

图 13-5 线状栅格

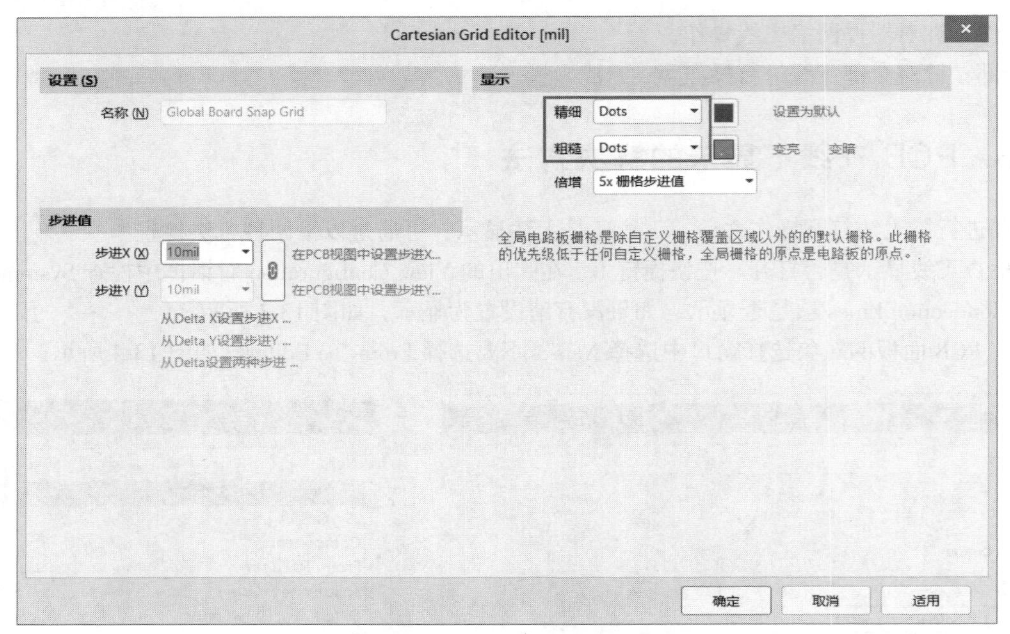

图 13-6　修改 PCB 栅格显示类型

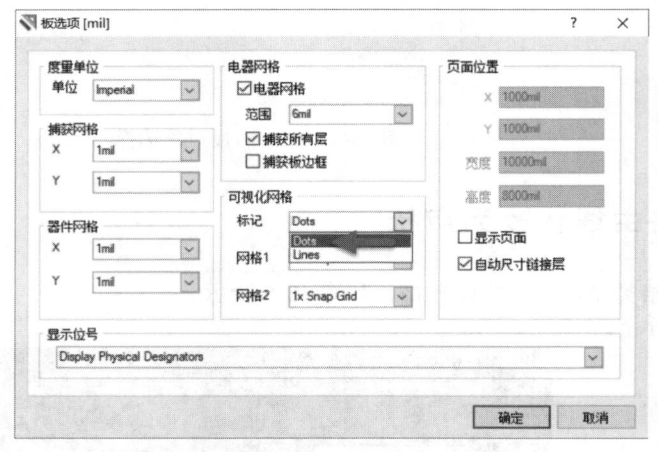

图 13-7　修改 PCB 栅格显示类型

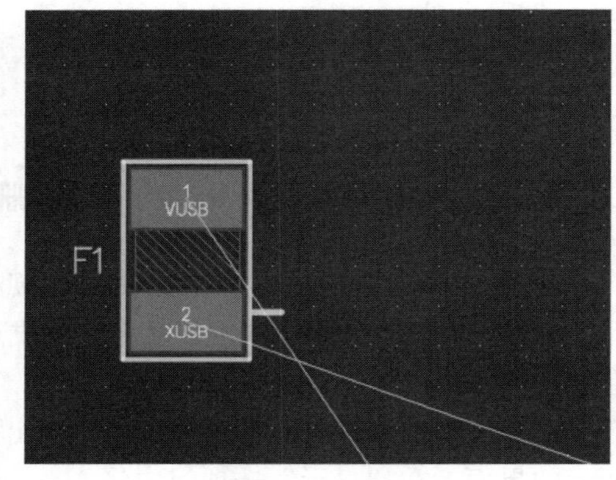

图 13-8　点状栅格

13.5　如何利用模板生成 PCB 文件

Altium Designer 利用模板创建一个包含图纸信息框的 PCB 文件，用户可以在该信息框中输入对应的尺寸大小、图纸号、版本号等信息，还可以自行添加信息框，输入需要的内容，大大增加了 PCB 文件的可读性。下面介绍 Altium Designer 09 软件利用模板创建 PCB 文件的方法。

1. 使用软件自带模板

（1）打开 Altium Designer 软件，单击打开 File 面板（如果 File 面板被关闭，可以在 PCB 编辑界面右下角的选项中打开），找到“从模板新建文件”选项，单击 PCB Templates 选项即可选择软件自带的 PCB 模板文件，如图 13-9 所示。

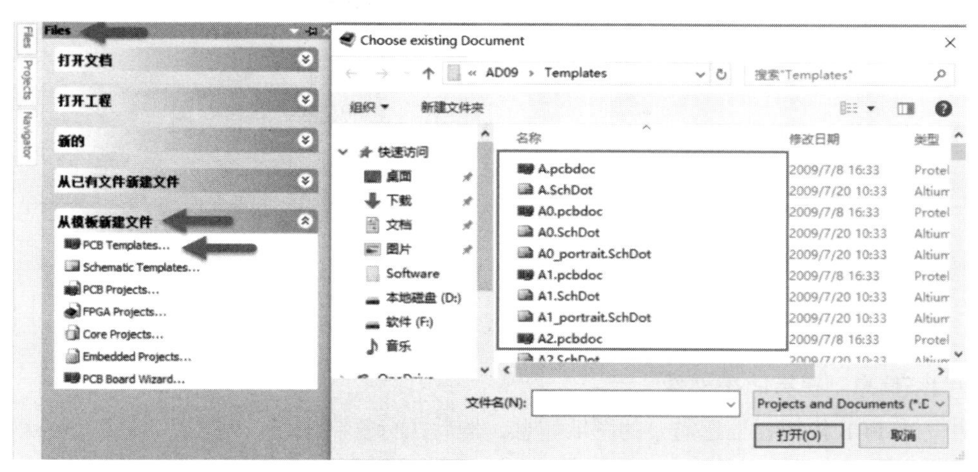

图 13-9　从 PCB 模板新建文件

（2）选择需要的模板文件，然后单击“打开”按钮，即可生成一个带图纸信息框的 PCB 文件，如图 13-10 所示。

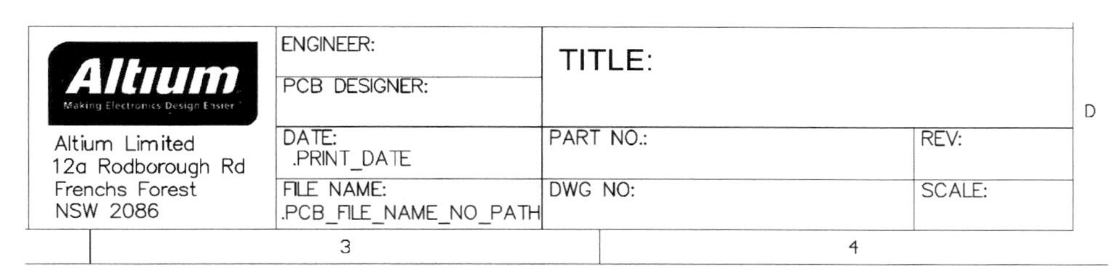

图 13-10　得到 PCB 文件

（3）如果不想要 PCB 文件的白色页面，可以执行菜单栏中的“设计”→“板参数选项”命令，或者按快捷键 D+O，在板选项对话框中取消勾选“显示页面”复选框，如图 13-11 所示。

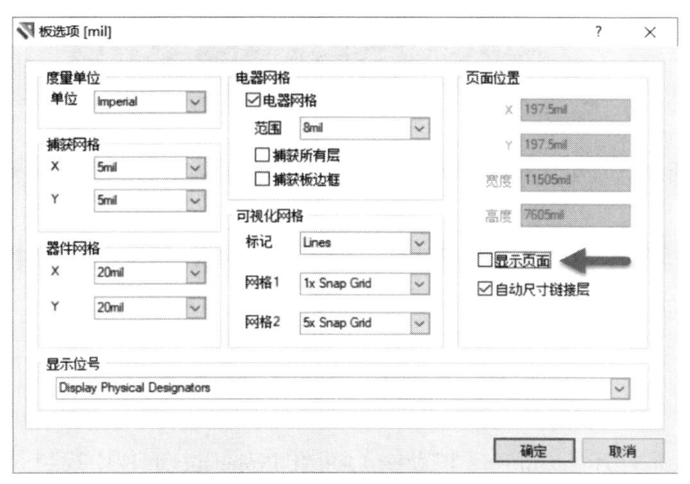

图 13-11　取消白色页面

（4）在信息框中双击任意一个对象即可打开编辑对话框输入对应的信息，还可以新增或删除信息框内容，如图 13-12 所示。

Altium Limited 12a Rodborough Rd Frenchs Forest NSW 2086	ENGINEER: PCB DESIGNER:	TITLE:志博PCB		D
	DATE: .PRINT_DATE	PART NO.:	REV:	
	FILE NAME: .PCB_FILE_NAME_NO_PATH	DWG NO:	SCALE:	
	3	4		

图 13-12　新增或删除信息框内容

2. **复制图纸信息到已有PCB文件**

（1）打开一个 PCB 模板，框选需要的图纸信息，然后执行复制操作。

（2）切换到需要添加图纸信息的 PCB 文件，设置合适的图纸大小，然后执行粘贴操作，选择合适的位置放置复制的图纸信息即可，如图 13-13 所示。

12 a Rodborough Rd Frenchs Forest NSW 2086	ENGINEER: PCB DESIGNER:	TITLE:WWW.ZBPCB.COM	
	DATE: .PRINT_DATE	PART NO:	REV:
	FILE NAME: .PCB_FILE_NAME_NO_PATH	DWG NO:	SCALE:

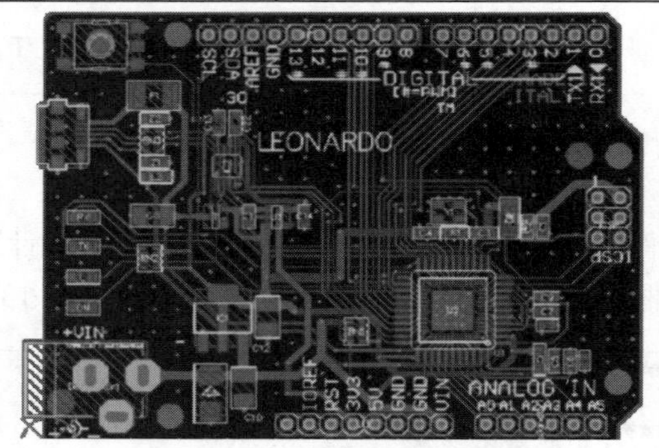

图 13-13　复制图纸信息到已有 PCB 文件

（3）复制过来的图纸信息也可以进行修改，按照之前介绍的方法进行设置即可。

13.6　PCB 编辑界面出现一根无限长的细线，无法选中删除，如何解决

PCB 编辑界面出现一根无限长的细线贯穿板子，无法选中，如图 13-14 所示。

解决方法如下：

出现这种情况，一般是打开了 Guides（辅助线）。可在 Properties 面板中找到 Guide Manager 参数，取消勾选 Vertical 复选框，或者勾选 Vertical 复选框并单击 （删除）按钮，如图 13-15 所示。

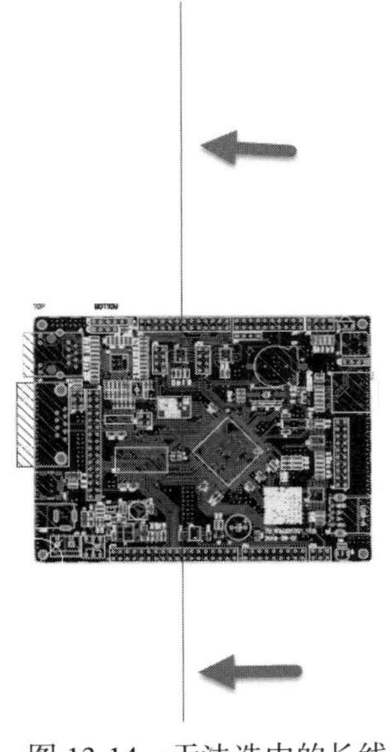

图 13-14　无法选中的长线

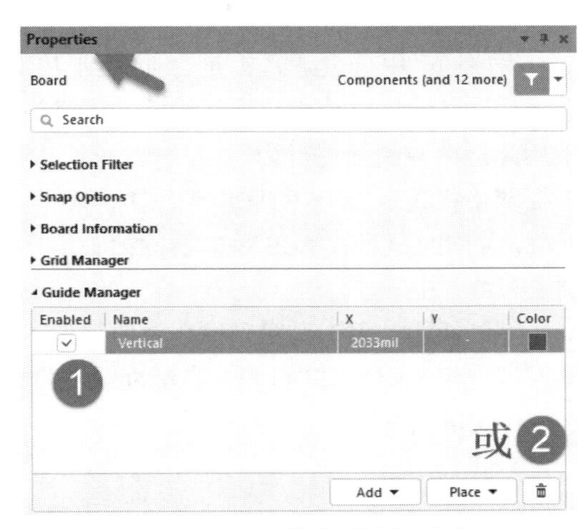

图 13-15　隐藏或删除辅助线

13.7　Altium Designer 21 中圆弧拖动时变形的解决方法

在 Altium Designer 21 中拖动圆弧时，圆弧会变形成常规的 45° 导线，如图 13-16 所示。

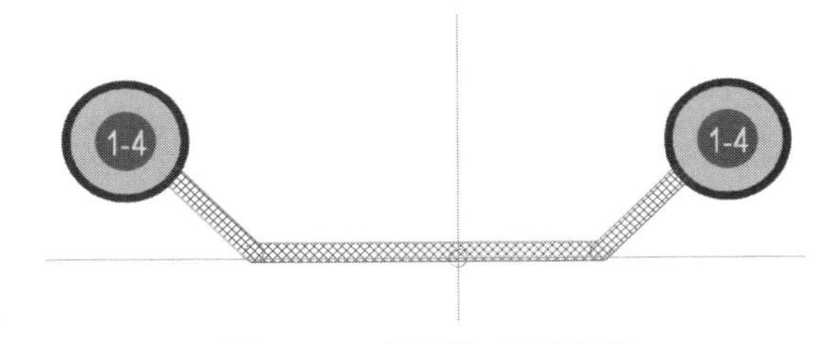

图 13-16　圆弧拖动时变形

解决方法如下：

拖动圆弧线时按 Tab 键，在弹出的 Properties 面板的 Gloss Effort(Routed)选项卡中单击 Off 按钮，即关闭走线的自动优化功能，如图 13-17 所示。设置好后拖动，圆弧线将保持圆弧形状。

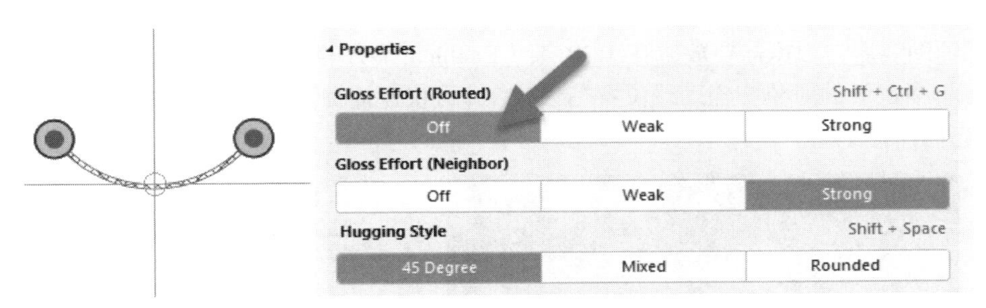

图 13-17　关闭走线自动优化

13.8　PCB 光标捕捉系统

PCB 编辑工作区是一个高精度设计环境，其中包含很多不同尺寸的设计对象，有时需要使用不同的捕捉（控制光标移动距离）行为，统一的光标捕捉系统可有效简化设计过程。Altium Designer 在放置或移动设计对象的过程中提供了多种光标捕捉，如图 13-18 所示。

Properties 对话框中各选项组功能如下。

1. Snap Options

提供确定光标捕捉的选项。

（1）Grids（网格）：用于设置光标是否捕捉到 PCB 栅格格点。启用此选项后，光标将拉动或捕捉到最近的栅格格点，大部分情况下都采用此选项控制捕捉行为。

活动的捕捉网格将显示在 PCB 编辑界面左下侧的状态栏中，如图 13-19 所示，并同时显示在 PCB 编辑器的抬头信息（按快捷键 Shift+H 切换开/关）中。

（2）Guides（辅助线）：用于设置光标是否捕捉到辅助线，即在无辅助线的区域使用 Snap Grid 行为，在辅助线上将使用 Snap Guide 行为。Snap Guide 将覆盖 Snap Grid。

辅助线设置方式如下。

① 放置辅助线。在 Guide Manager 选项区域内单击 Place 下拉按钮，在弹出的下拉列表中根据需要选择放置的辅助线类型，如图 13-20 所示。也可单击 Add 下拉按钮，在弹出的下拉列表中手动修改 X 或 Y 轴坐标。

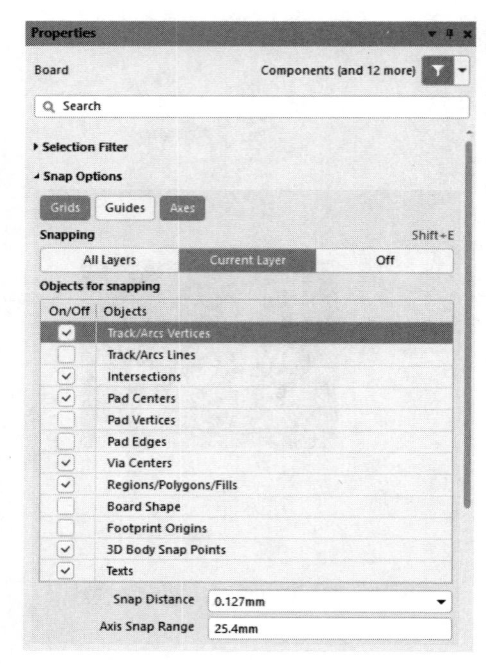

图 13-18　Properties 对话框

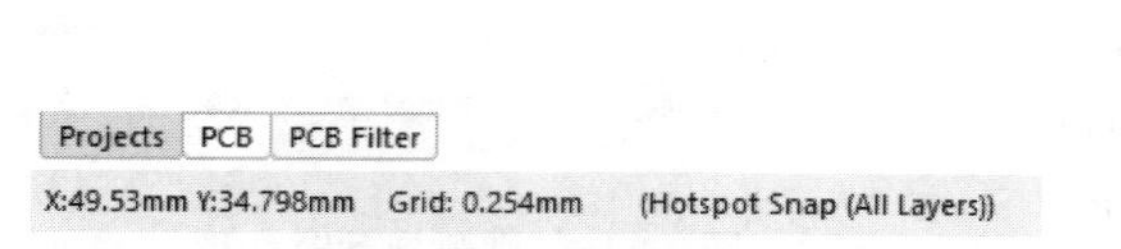

图 13-19　状态栏显示捕捉活动

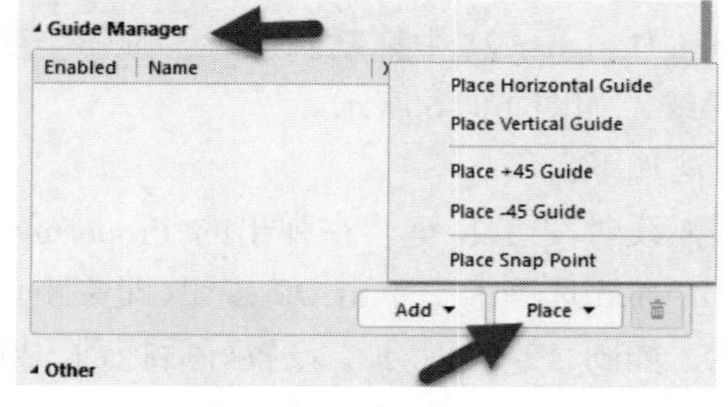

图 13-20　放置辅助线

② 添加好辅助线后，根据需要放置在 PCB 上（Enabled 下方的复选框被勾选表示对应的项已激活），如图 13-21 所示。当放置的对象与辅助线位置一致时，即可快速捕捉到相应栅格。可通过设置 Snap Distance 的数值来控制光标捕捉距离。

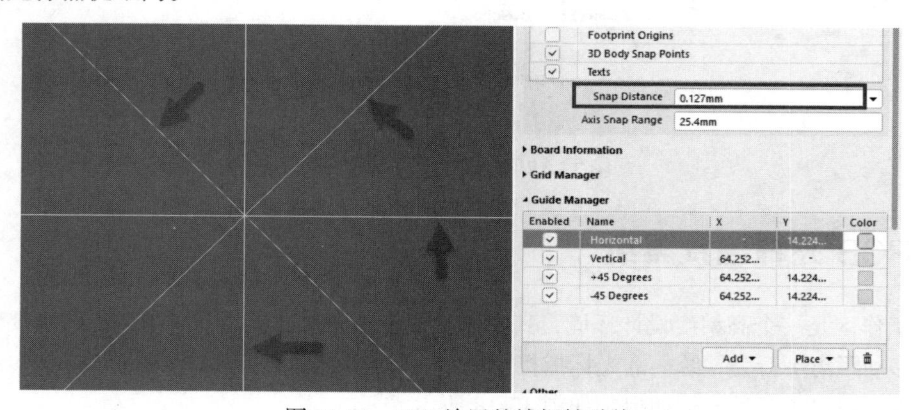

图 13-21　PCB 放置的捕捉辅助线

（3）Axes（轴线）：用于设置光标是否与设置对象轴向对齐（沿 X 或 Y 方向），如图 13-22 所示。轴线在光标类型为 Small 90 时更为明显。

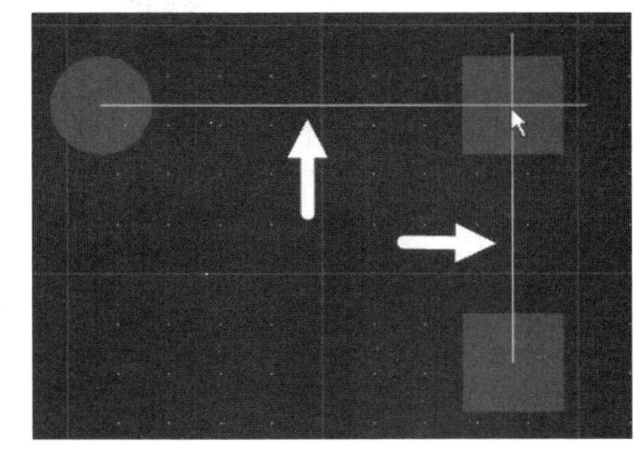

图 13-22　轴线对齐

2. Snapping

用于设置设计对象的热点捕捉启用方式，包含 All Layers（所有图层启用）、Current Layer（仅在当前图层上启用）、Off（关闭捕捉）等选项。可通过按快捷键 Shift+E 切换。

3. Objects for snapping

捕捉对象，包含走线中心、焊盘/过孔中心、圆弧顶点等多种对象。可通过按快捷键 Ctrl+E 打开/关闭捕捉选项面板。

4. 其他

对话框最下方两个参数含义如下。

（1）Snap Distance：捕捉距离。当光标与设计对象捕捉点的距离在设置距离之内（并启用 All Layers 或 Current Layer）时，光标将捕捉到该点。

可通过修改 Snap Distance 数值来更改捕捉强度，数值越大，捕捉强度越大，受到的约束力越大；若希望灵活捕捉，建议设置小一些，建议设置为 5mil。

（2）Axis Snap Range：轴对齐范围。当光标轴向对齐与对象对齐点的距离在设置距离之内（并启用 Axes）时，将显示一条动态辅助线以指示已对齐。建议设置为 10mil。

13.9　PCB 的动态 Lasso 选择

Altium Designer 22 除了常规的点选、框选的选择命令外，还提供了动态选择（Lasso Select）模式，可以进行滑动选择，将需要的对象包含在所划的区域之内。

执行菜单栏中的“编辑”→“选中”→“Lasso 选择”命令（如图 13-23 所示），或者按快捷键 E+S+E。光标将变为十字形，单击选择起始点，画完选择的区域后再次单击，即可实现选择，效果如图 13-24 所示。

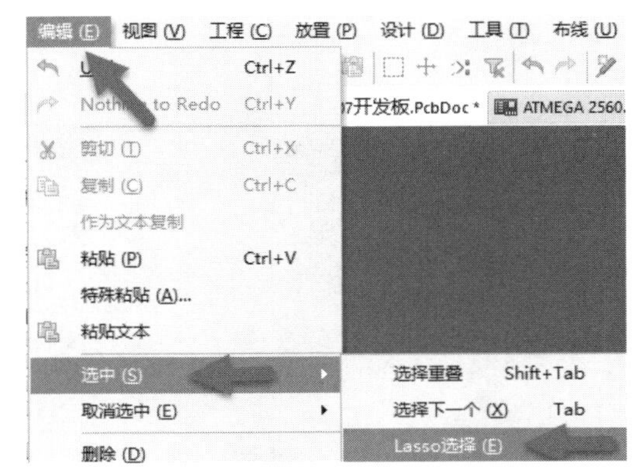

图 13-23　Lasso 选择

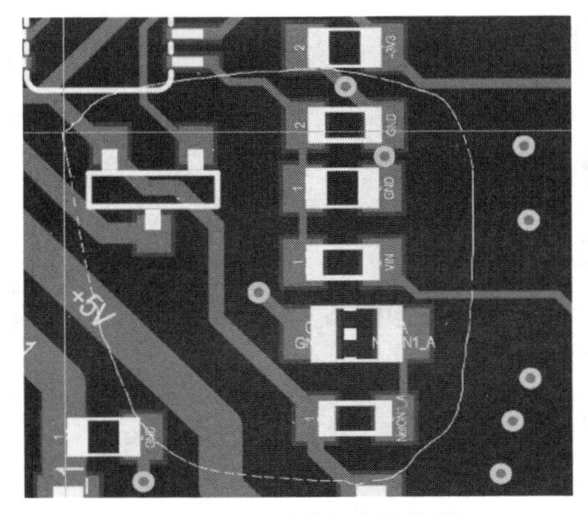

图 13-24　选择时的效果

13.10 PCB 如何线选

在 Altium Designer 中如果需要选中多个对象，除了直接框选外，还可以使用线选功能。按快捷键 S+L，光标将变成十字形，按住左键并拖动，画出一段虚线，这根线接触到的对象都会被选中，这就是 PCB 的线选功能，如图 13-25 所示。

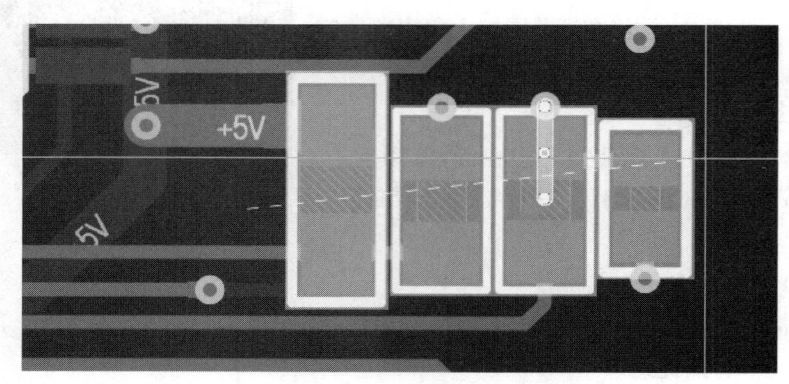

图 13-25　PCB 线选功能的使用

13.11 利用圆形阵列粘贴实现圆形布局的方法

如图 13-26 所示的圆弧形布局可通过圆形阵列粘贴的方法实现。

（1）选中需要复制的对象，按快捷键 Ctrl+C 进行复制。然后执行菜单栏中的“编辑”→“特殊粘贴”命令，或者按快捷键 E+A，将弹出如图 13-27 所示的对话框。

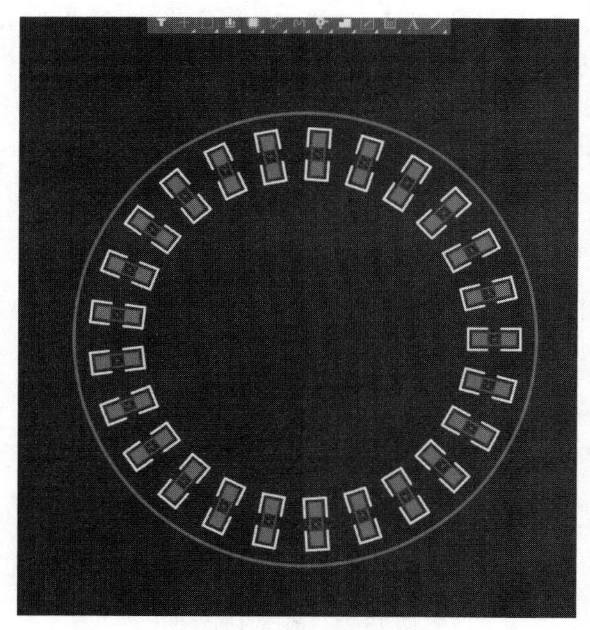

图 13-26　元器件圆形布局

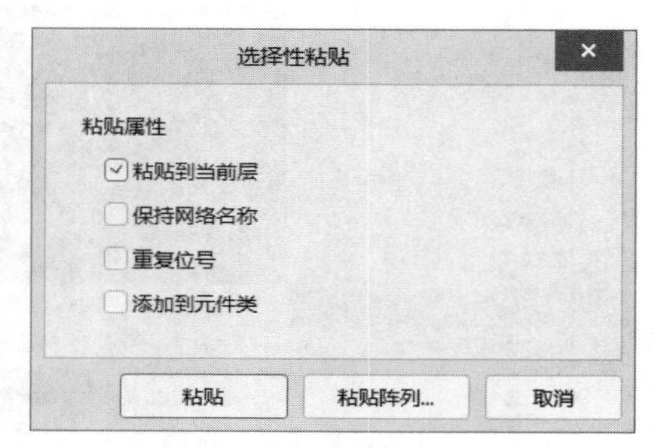

图 13-27　特殊粘贴对话框

（2）勾选“粘贴到当前层”复选框，并单击“粘贴阵列”按钮，在弹出的“设置粘贴阵列”对话框中将阵列类型设置为圆形，并填入相应的参数，如图 13-28 所示。注意：“对象数量”与“间距（度）”相乘的结果是 360° ，才能均匀圆形排列。

（3）设置好参数以后，单击“确定”按钮，光标将变成十字形，单击确定圆心的位置，再次单击确定圆形粘贴的半径，得到的效果如图 13-29 所示。

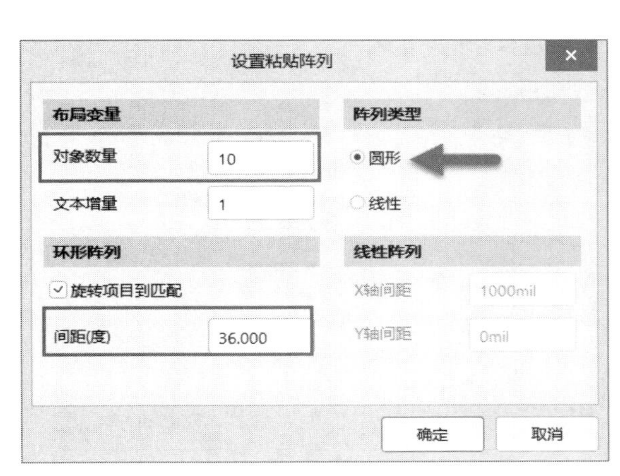

图 13-28 设置粘贴阵列

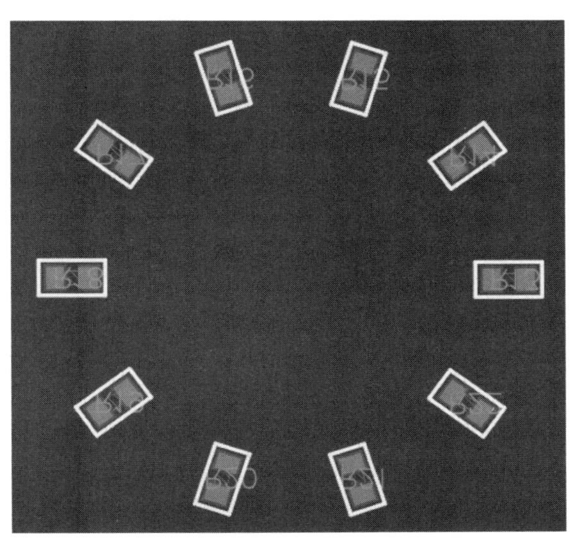

图 13-29 圆形阵列粘贴实现圆形布局

13.12 极坐标的设置及使用方法

要实现如图 13-30 所示的元器件布局效果，在 Altium Designer 软件里还可以使用极坐标的方法。

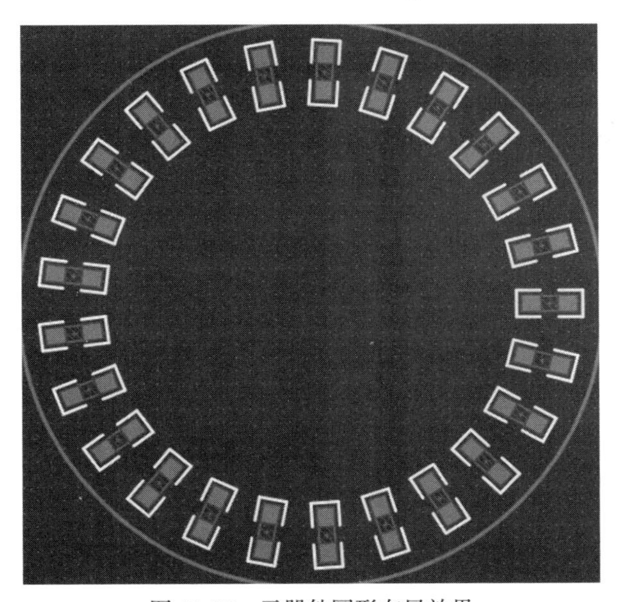

图 13-30 元器件圆形布局效果

（1）如果是 Altium Designer 18 及以上版本，需在 Properties 面板中展开 Grid Manager（栅格管理器），单击 Add 下拉按钮，在弹出的下拉列表中选择“Add Polar Grid（添加极坐标网格）”，如图 13-31 所示。

如果是 Altium Designer 18 以下版本（软件版本须支持极坐标功能），则执行菜单栏中的“设计”→“板参数选项”命令，或者按快捷键 D+O，打开“板级选项[mil]”对话框，如图 13-32 所示。

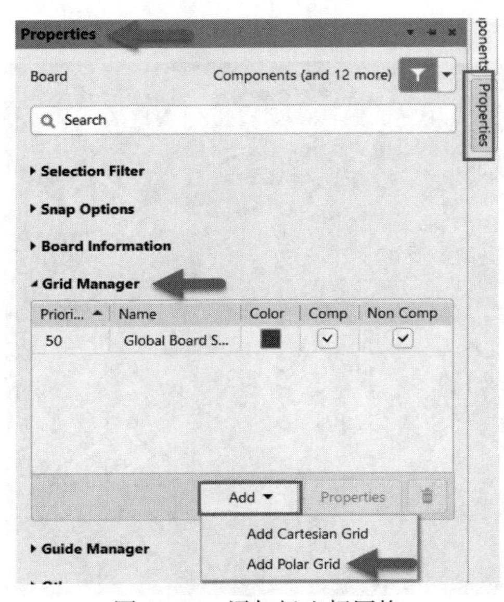

图 13-31　添加极坐标网格

图 13-32　“板级选项[mil]”对话框

单击对话框左下角的“栅格”按钮，将弹出“网格管理器”对话框。单击“网格管理器”对话框左下角的“菜单”按钮或在对话框空白位置右击，在弹出的快捷菜单中执行“添加极坐标网格”命令，如图 13-33 所示。

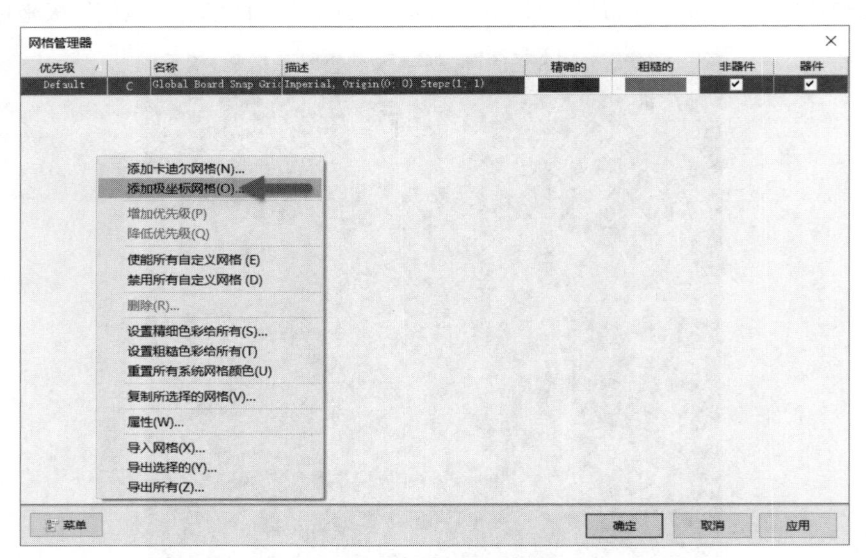

图 13-33　添加极坐标网格

（2）网格管理器中会出现一个 New Polar Grid（新的栅格），如图 13-34 所示。

（3）双击新增的 New Polar Grid，进入极坐标设置对话框，详细设置及说明如图 13-35 所示。

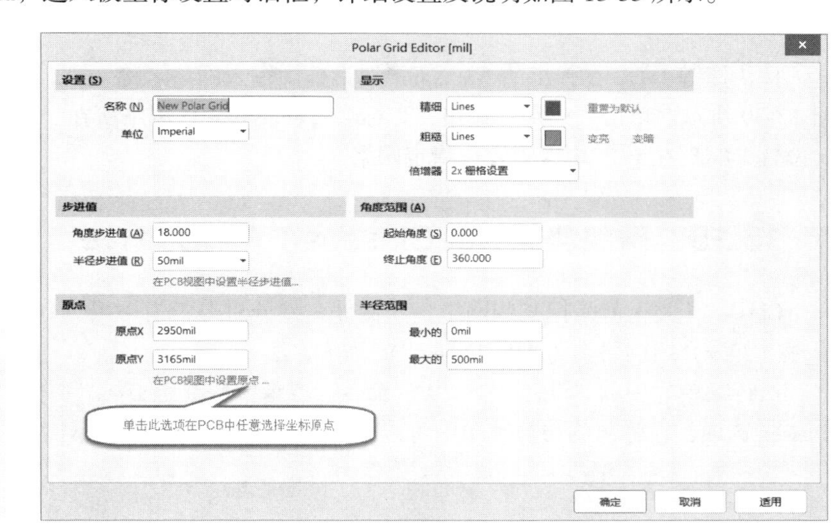

图 13-34　New Polar Grid　　　　图 13-35　设置极坐标参数

这里需要说明的是："角度步进值"（Angular step）与"倍增器"的乘积必须能被"终止角度"（End Angle）与"起始角度"（Start Angle）的差值整除，否则得到的极坐标会出现"不均等分"的现象。

（4）设置好以后单击"确定"按钮，得到极坐标栅格的效果如图 13-36 所示。

（5）在极坐标中放置元器件的效果如图 13-37 所示。

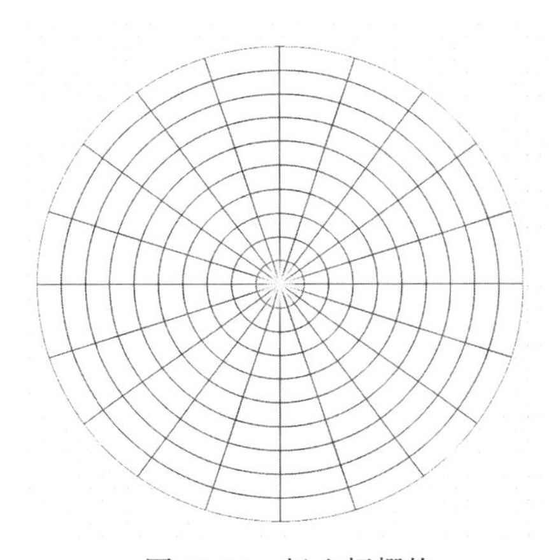

图 13-36　极坐标栅格

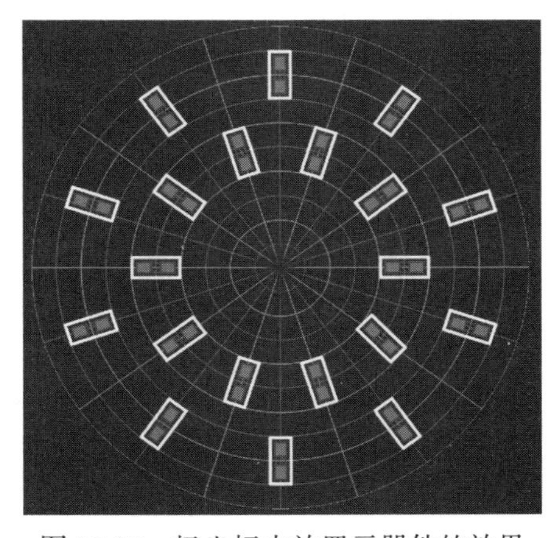

图 13-37　极坐标中放置元器件的效果

13.13　筛选器（选择过滤器）的使用

Altium Designer 22 在 PCB 编辑界面运用了全新的对象过滤器，用户可以设置哪些对象在 PCB 中可供选择。此处未被选中的对象，在 PCB 中将无法被选中。如图 13-38 所示，Components 将无法选中。

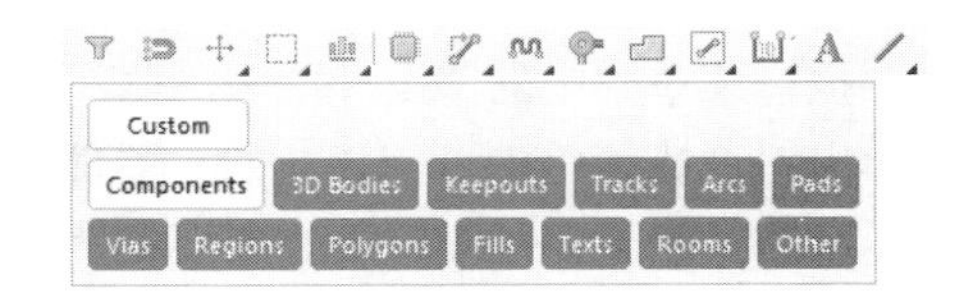

图 13-38　过滤器工具

13.14 如何在 PCB 中快速查找指定网络

按快捷键 J+C，在弹出的 Net Name 对话框中输入网络名称，如图 13-39 所示。单击“确定”按钮，光标会自动跳转到该网络所在的位置，实现在 PCB 中搜索定位指定网络。

图 13-39 在 PCB 中搜索定位网络

13.15 网络类（Net Classes）的添加方法

Classes（类）就是把某些网络、元器件、差分对等归为一组，方便后期对其进行规则设置或统一编辑管理。首先介绍网络类（Net Classes）的添加方法。

执行菜单栏中的“设计”→“类”命令，或者按快捷键 D+C，打开“对象类浏览器”对话框，右击 Net Classes 选项，在弹出的快捷菜单中可以创建新的网络类或重命名网络类，如图 13-40 所示。

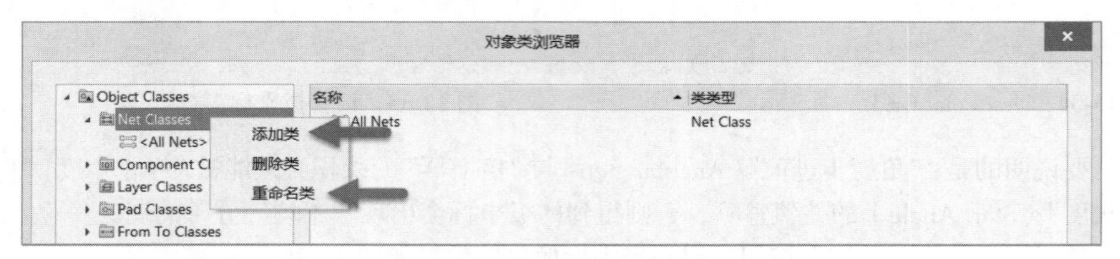

图 13-40 添加网络类与重命名网络类

新建一个网络类，并将需要归为一类的网络从“非成员”列表添加到“成员”列表完成网络的分类，如图 13-41 所示。

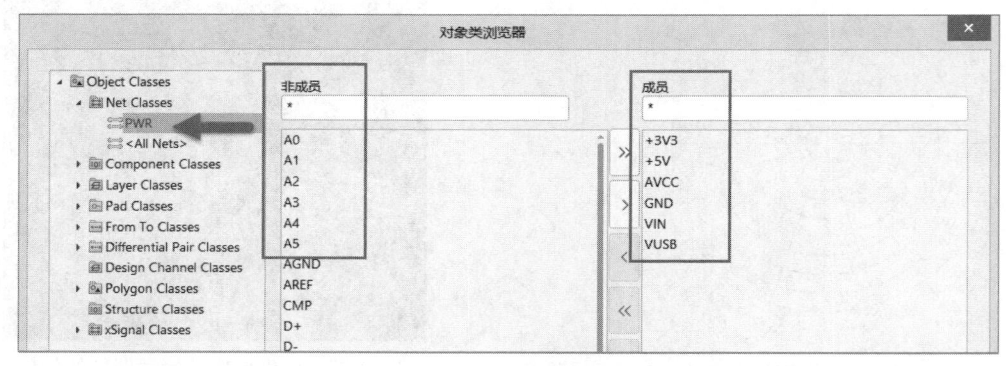

图 13-41 添加网络到类

13.16 元器件类（Component Classes）的添加方法

执行菜单栏中的“设计”→“类”命令，打开“对象类浏览器”对话框，右击 Component Classes 选项，在弹出的快捷菜单中可创建新的元器件类或重命名元器件类，如图 13-42 所示。

新建一个元器件类，并将需要归为一类的元器件从“非成员”列表添加到“成员”列表完成元器件的分类，如图 13-43 所示。

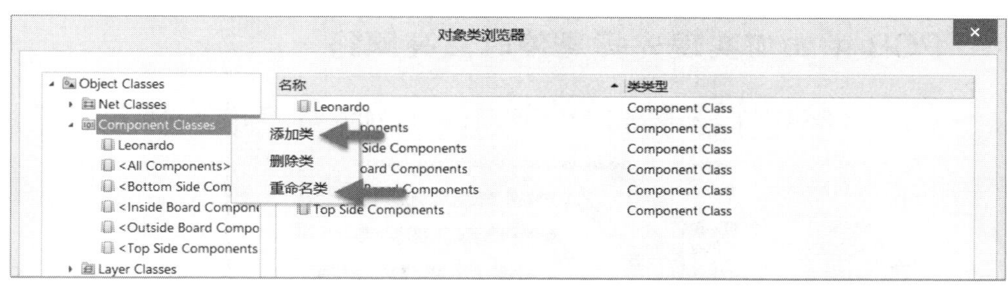

图 13-42 添加与重命名元器件类

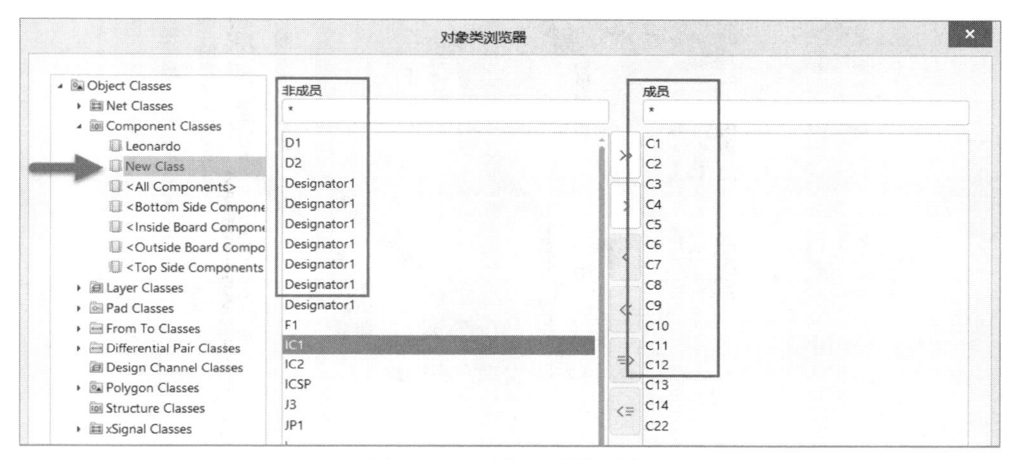

图 13-43 添加元器件到类

13.17 如何高亮网络类

Altium Designer 可以通过创建网络类来实现同一类型网络的归类，方便后期对其进行操作。那么，在 PCB 中如何高亮整个网络类呢？

打开 PCB 面板，选择 Nets 选项，单击任意一个网络类，即可高亮整个网络类，如图 13-44 所示。注意：需选择 Mask 模式才能高亮网络类。

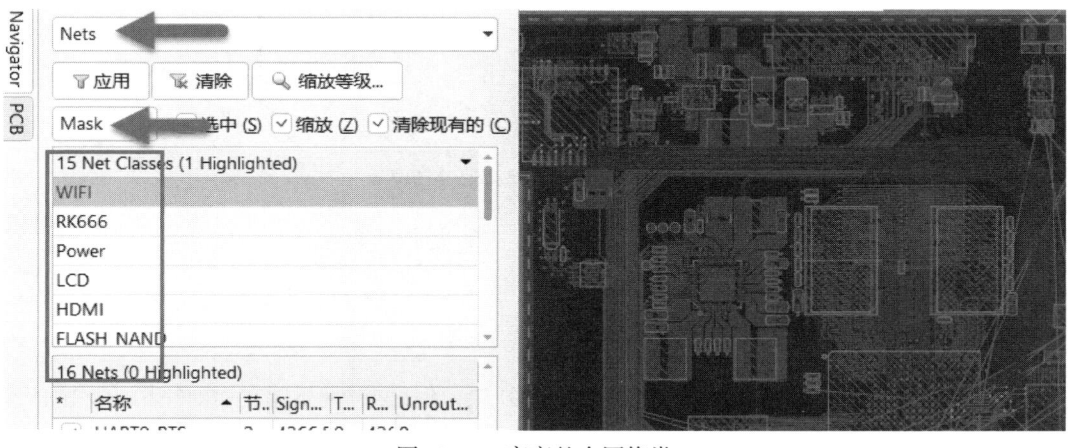

图 13-44 高亮整个网络类

13.18 PCB 中如何实现光标悬停时高亮网络

如图 13-45 所示，将光标放在某个网络上时，可以自动高亮此网络，如何实现呢？

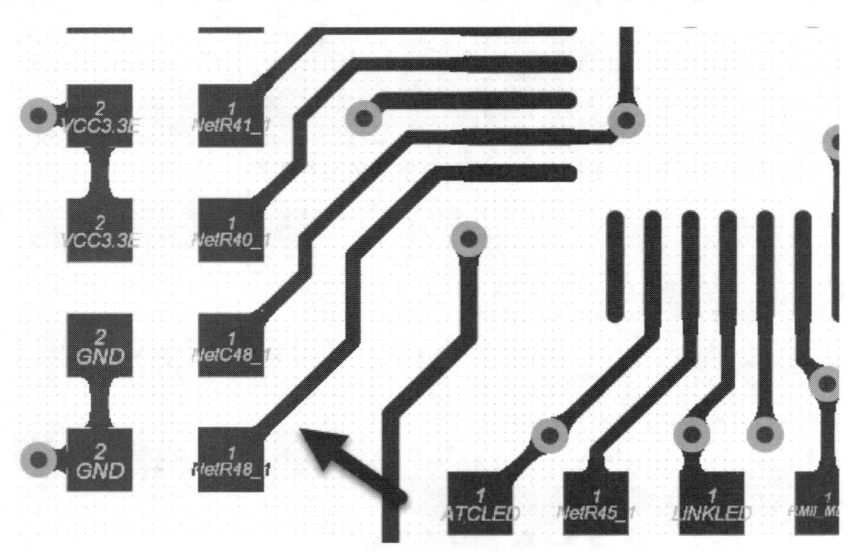

图 13-45 自动高亮网络

实现方法如下：

按快捷键 O+P 打开“优选项”对话框，在 PCB Editor 选项下的 Board Insight Display 选项中取消勾选“仅换键时实时高亮”复选框，如图 13-46 所示。可通过修改“外形颜色”来改变高亮的颜色样式。

图 13-46 光标悬停高亮设置

若按照上述方法依然无法高亮，有可能是计算机集成的显卡不支持。

13.19 PCB 中如何快速切换层

（1）Altium Designer 自带换层快捷键*，可用于切换层，但是按*键只能在当前使用的层中依次切换，即在当前的电气层之间循环切换。

（2）使用键盘右上角的+、–键可以在所有层之间循环切换。

（3）按 Ctrl+Shift 键+鼠标滚轮也可以在所有层之间循环切换。

13.20 如何补泪滴

补泪滴是指在导线连接到焊盘时逐渐加大其宽度，因为其形状像泪滴，所以称为补泪滴。采用补泪滴的最大优势是提高信号完整性，因为在导线与焊盘尺寸差距较大时，采用补泪滴连接可以使这种差距逐渐减小，减少信号损失和反射；在电路板受到巨大外力的冲撞时，还可以降低导线与焊盘或导线与过孔的接触点因外力而断裂的风险。

在 PCB 设计时，如果需要进行补泪滴操作，可以执行菜单栏中的“设计”→“泪滴”命令，在打开的“泪滴”对话框中进行泪滴的添加与删除，如图 13-47 所示。

设置完毕后单击“确定”按钮，完成对象的泪滴添加操作。补泪滴前后焊盘与导线连接的变化如图 13-48 所示。

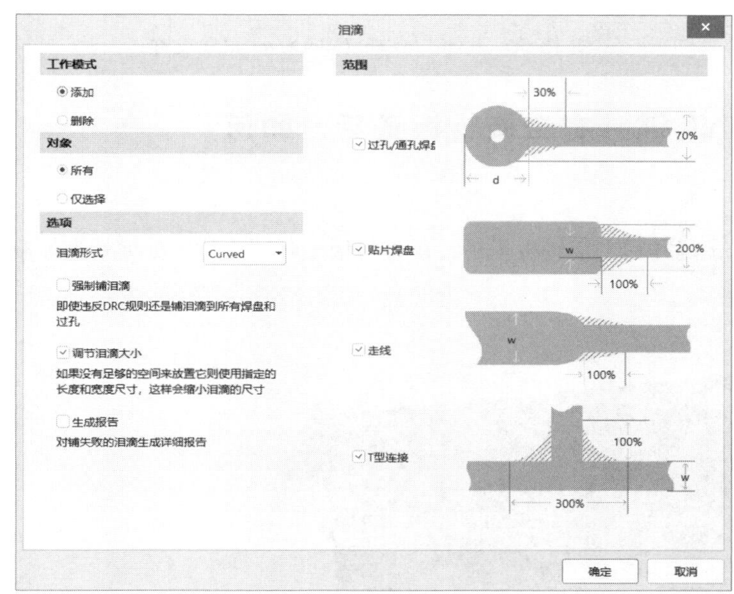

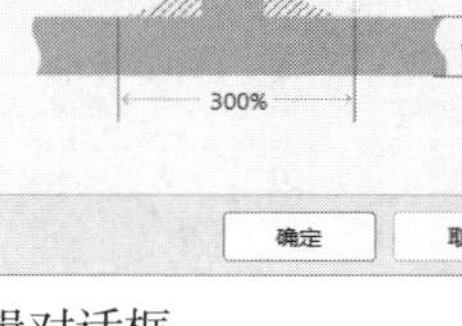

图 13-47 添加泪滴编辑对话框

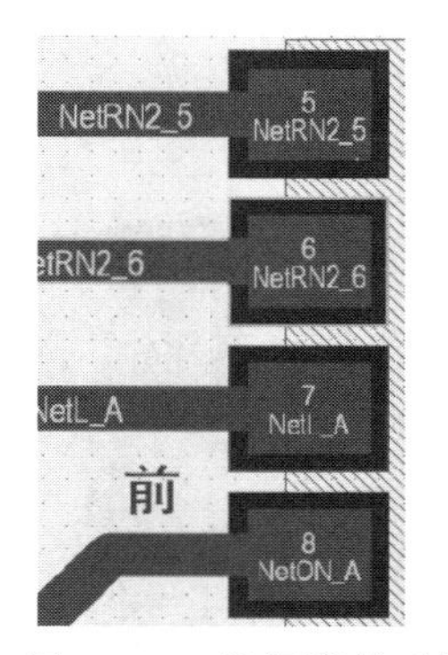

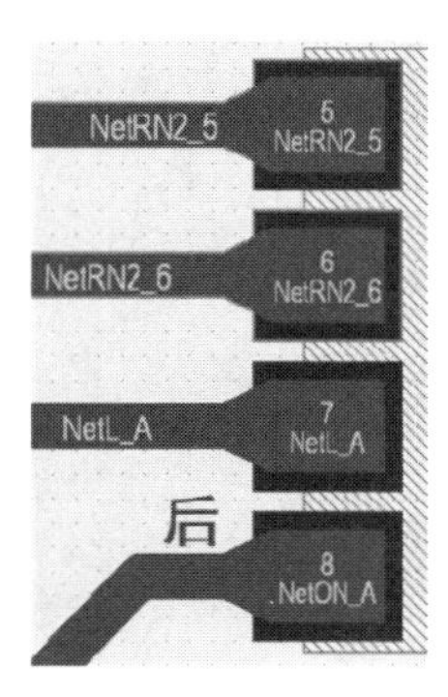

图 13-48 补泪滴前后焊盘与导线连接的变化

13.21 PCB 中所有的电源、焊盘、铺铜及导线都显示小方块，如何解决

如图 13-49 所示，PCB 中所有的电源、焊盘、铺铜及导线都显示小方块。

解决方法如下：

这是 PCB 中设置了网络颜色，并且优选项中的 Board Insight Color Overrides 显示样式设置为“棋盘”样式所致，如图 13-50 所示。将显示样式设置为“实心（覆盖颜色）”样式，可得到更佳的显示效果。

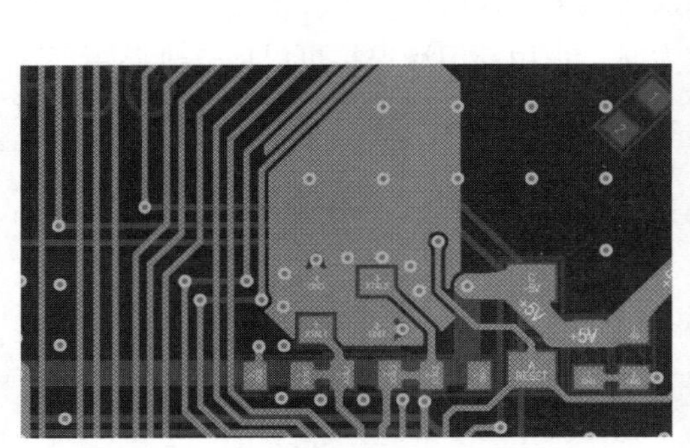

图 13-49　PCB 网络显示小方块

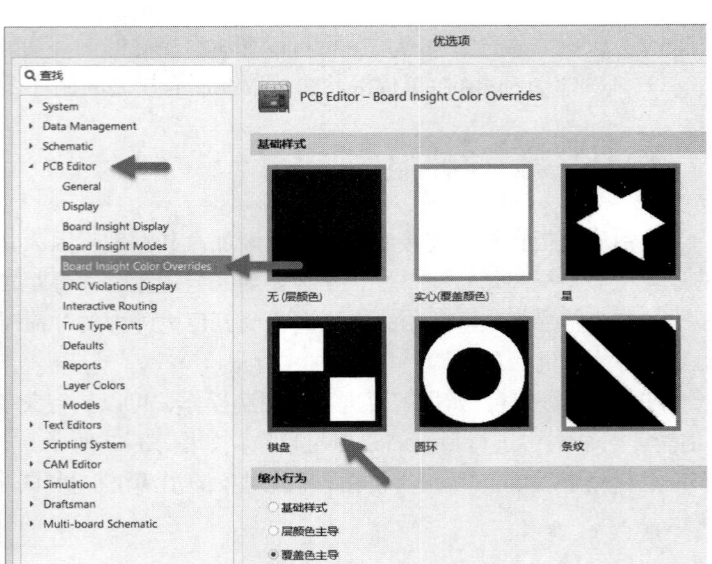

图 13-50　Board Insight Color Overrides 设置

13.22　在 3D 状态下按住 Shift 键并右击旋转板子后，如何快速恢复默认视图

如图 13-51 所示，在 3D 状态下按住 Shift 键并右击旋转板子后，很难将板子归回原位，如何快速恢复原状?

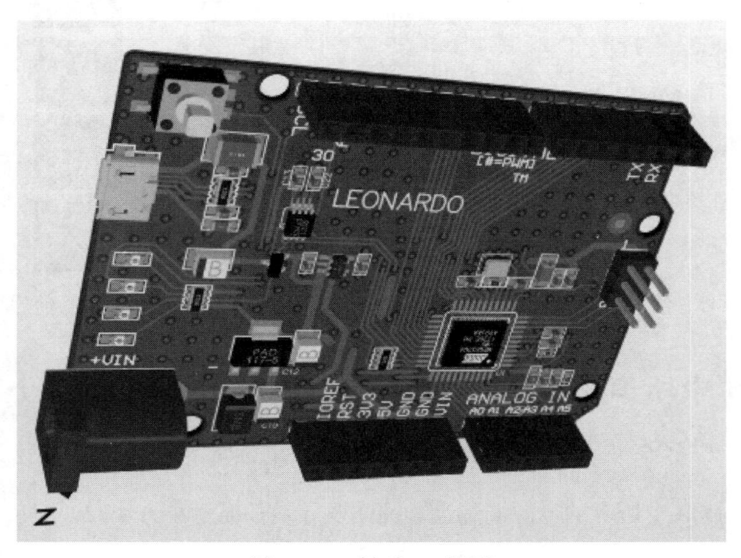

图 13-51　转动 3D 视图

解决方法如下：

按数字键 0 可以将电路板恢复为默认的零平面旋转，按数字键 9 可以将电路板调整为平面和垂直（90° 旋转）。按快捷键 Ctrl+F 可翻转板子以显示电路板的另一侧。

13.23　PCB 在 3D 状态下是裸铜显示，如何解决

PCB 在 3D 状态下是裸铜显示，整个板子没有绿油显示，如图 13-52 所示。

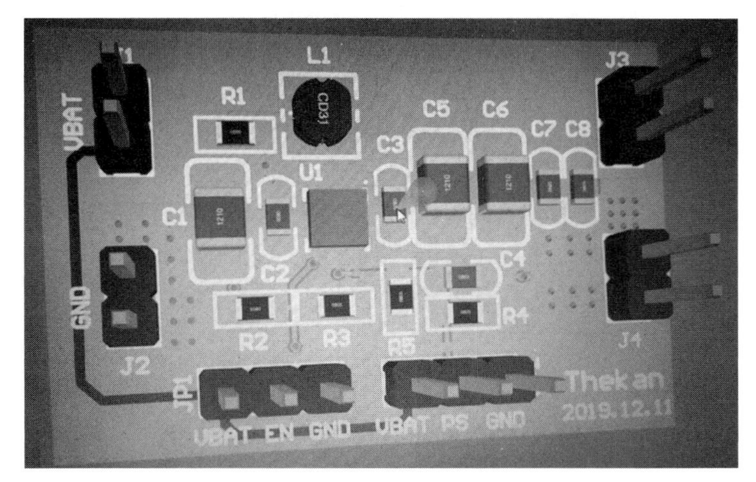

图 13-52　3D 状态下裸铜显示

解决方法如下：

这是没有定义板框所致。选中板框线，按快捷键 D+S+D 定义即可。

13.24　PCB 3D 视图翻转后镜像了，如何快速翻转回来

按快捷键 V+B 或 Ctrl+F 即可翻转板子。

13.25　PCB 3D 显示时，如何改变油墨颜色

在 3D 视图状态下，PCB 上的默认油墨颜色是可以更改的。单击工具栏上的视图切换工具，在弹出的下拉列表框中可以切换不同颜色 3D 效果，如图 13-53 所示。

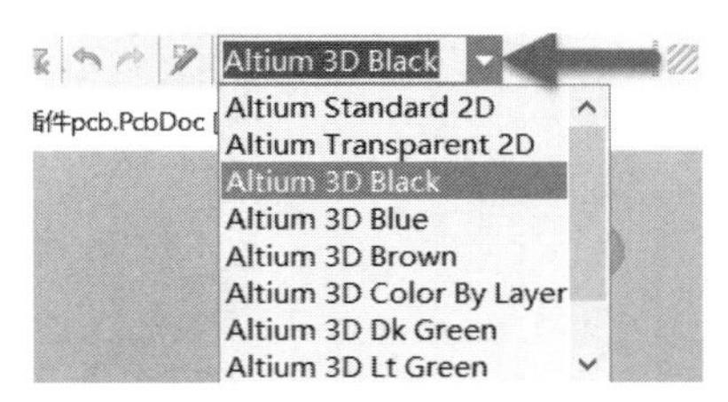

图 13-53　切换不同的 3D 效果

13.26　PCB 中的放大镜如何关闭

如图 13-54 所示，在 Altium Designer 09 或其他低版本的 Altium Designer 软件中，PCB 有一个“放大镜”功能，如何关闭？

解决方法如下：

按快捷键 Shift+M 可以打开或关闭放大镜。

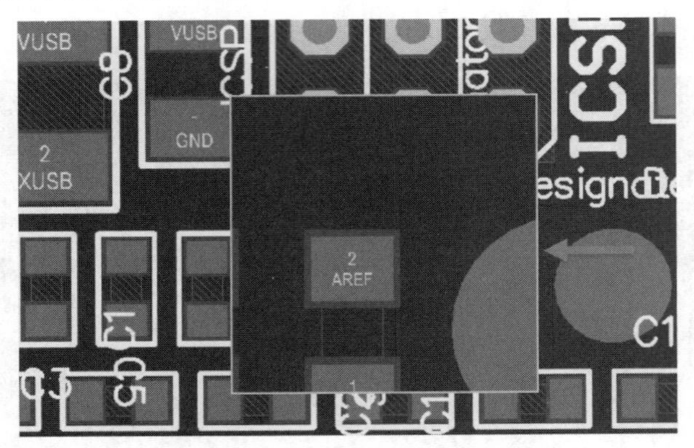

图 13-54 PCB 中放大镜显示效果

13.27 PCB 中如何进行全局修改

在电路设计过程中，往往需要修改一些参数，在相同元素数量较多的情况下，如果每个都单独修改，那么效率就会非常低，这时可以利用 Altium Designer 全局修改的方法。

（1）使用“查找相似对象”功能，实现全局修改。选中某一对象，然后右击，在弹出的快捷菜单中执行“查找相似对象”命令，如图 13-55 所示。

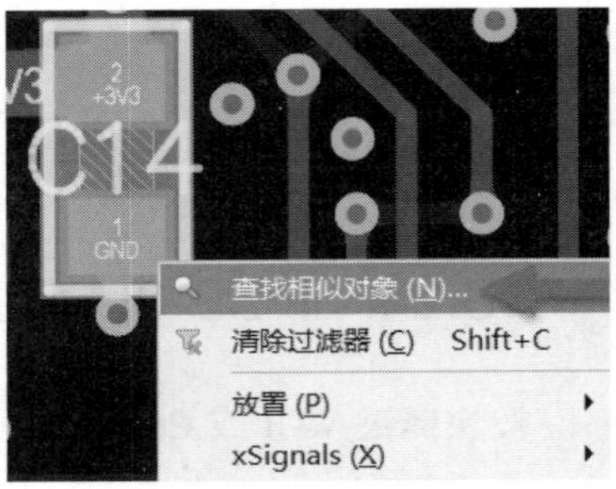

在弹出的“查找相似对象”对话框中选择需要设置的对象，将其筛选条件改为 Same，然后单击“确定”按钮，如图 13-56 所示，最后在弹出的对话框中修改其参数，即可统一修改具有相同属性的对象。

图 13-55 查找相似对象

（2）选中一部分内容，按快捷键 F11，在弹出的 Properties 对话框的 All objects 中筛选约束项，如图 13-57 所示，也能实现相似项统一修改的功能。

图 13-56 设置相似项

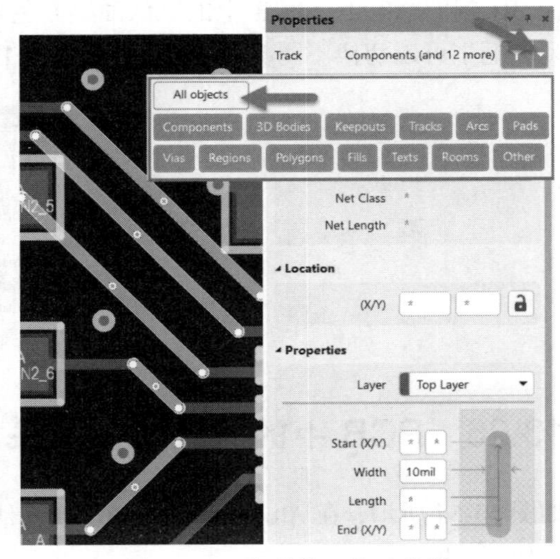

图 13-57 实现统一修改参数

13.28 在 PCB 中如何一次性修改元器件位号或阻值字体大小

这里以统一修改位号为例。在 PCB 编辑界面中，选中任意一个元器件位号，然后右击，在弹出的快捷菜单中执行“查找相似对象”命令。将弹出“查找相似对象”对话框，在 Object Specific 选项组中选择相应的对象将其筛选条件更改为 Same，如图 13-58 所示。然后单击“确定”按钮，将弹出如图 13-59 所示的对话框，在 Text Height 和 Text Width 两栏中修改为合适的参数，即可统一修改 PCB 中所有元器件位号的字体大小。

图 13-58 设置相似项

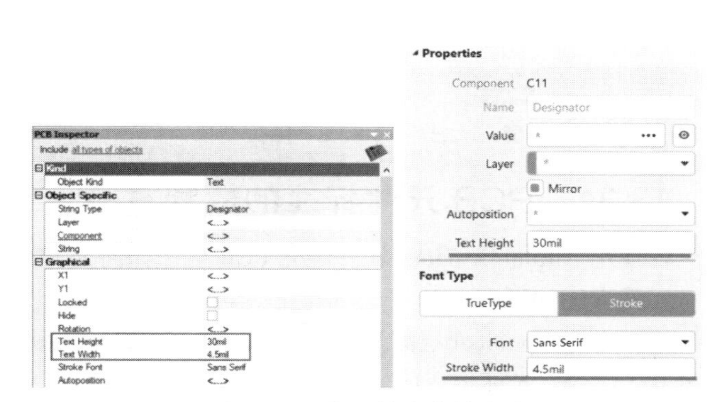

图 13-59 统一修改字体大小

13.29 快速调整丝印的方法

Altium Designer 中原理图更新到 PCB 后丝印的位置出错，除了手动逐个调整其位置外，还可以按快捷键 Ctrl+A 全选，然后按快捷键 A+P，将弹出“元器件文本位置”对话框，如图 13-60 所示。根据需要选择“标识符”（位号）或“注释”（阻值），指定位置后单击“确定”按钮，即可统一调整丝印位置。

还可以在 PCB 中选择部分元器件，然后按快捷键 A+P，在弹出的“元器件文本位置”对话框中选择位置。图 13-61 所示为将选择的元器件位号放置在元器件顶端。

单击“确定”按钮，即可快速完成位号的调整，效果如图 13-62 所示。

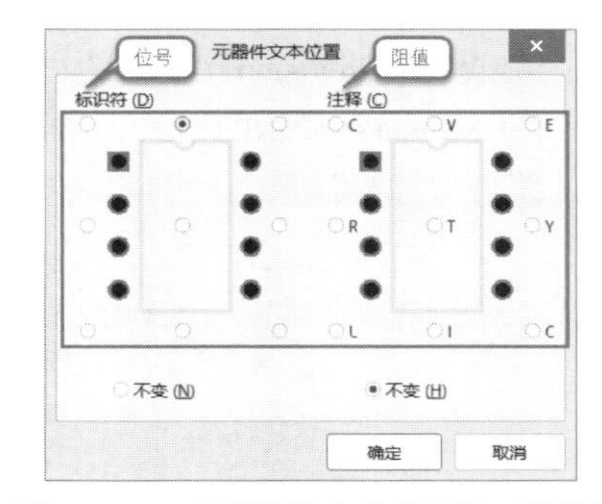

图 13-60 “元器件文本位置”对话框

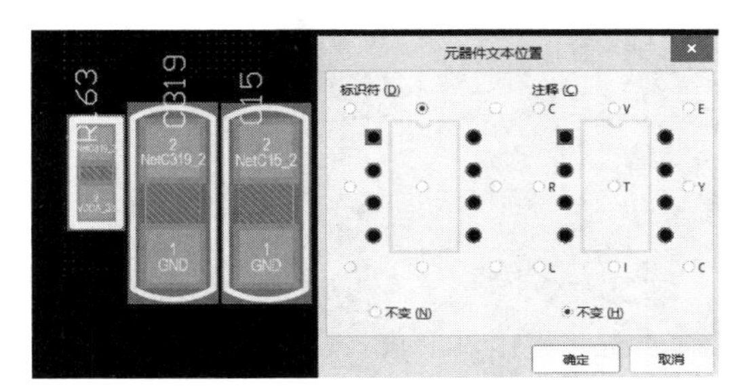

图 13-61 选择元器件并调整位号位置

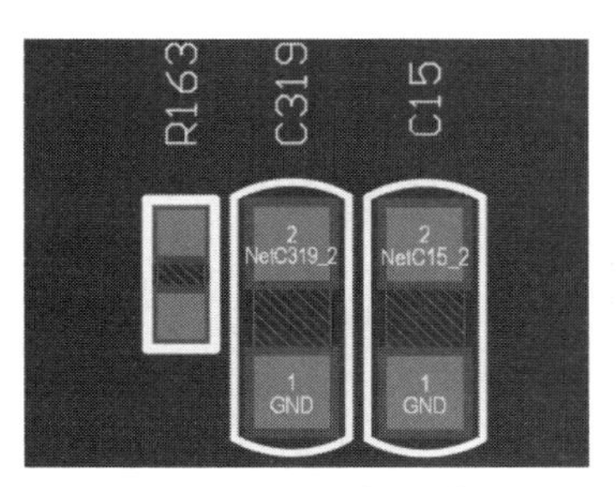

图 13-62 调整好的位号

13.30　PCB 中无法全局修改字体类型，如何解决

在 Altium Designer 中无法全局修改字体类型，如图 13-63 所示。

解决方法如下：

在下方的 Text Kind 下拉列表框中选择 Stroke Font 类型即可正常修改字体类型，如图 13-64 所示。

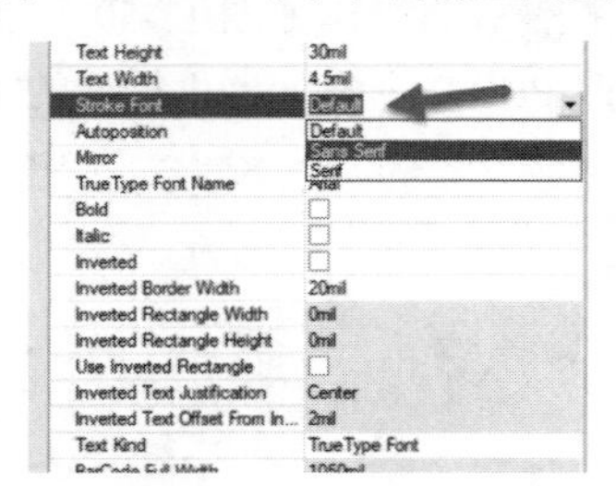

图 13-63　无法全局修改字体类型

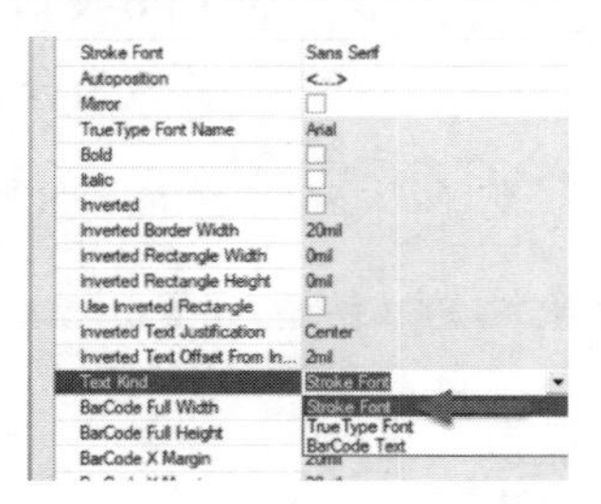

图 13-64　修改 Text Kind 类型

13.31　PCB 尺寸标注的放置方法

在使用 Altium Designer 软件画完 PCB 后，如何为 PCB 加上尺寸标注？

实现方法如下：

一般在 Mechanical 层添加标注信息，选择任意一个机械层，执行菜单栏中的“放置”→“尺寸”→“线性尺寸”命令，光标将变成十字形，选择起点和终点拖动即可。放置过程中按空格键可以改变放置的方向，按 Tab 键将弹出尺寸标注属性面板，如图 13-65 所示。

各参数含义如下：

① Layer：放置的层。

② Primary Units：显示的单位，如 mil、mm（常用）、inch。

③ Value Precision：显示的小数位后的个数。

④ Format：显示的格式，常用 mm。

线性尺寸标注放置后的效果如图 13-66 所示。

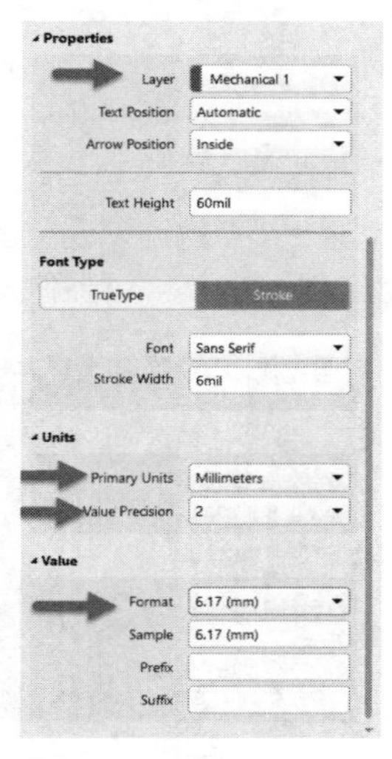

图 13-65　尺寸标注属性设置

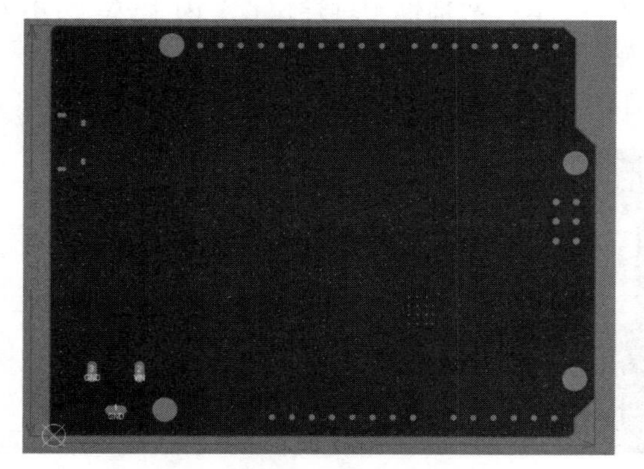

图 13-66　线性尺寸标注显示

13.32　如何隐藏 PCB 编辑界面左上角的“抬头显示”或将其固定在某个位置

Altium Designer 的 PCB 编辑界面中左上角有一个抬头显示悬浮栏，这一悬浮栏不仅可以显示坐标，单击 PCB 中某个元器件它还能显示该元器件的信息，如该元器件所在的层、位号、阻值等信息，如图 13-67 所示。

按快捷键 Shift+H，可以切换“抬头显示”的显示与隐藏。

按快捷键 Shift+G，“抬头显示”会跟着光标移动，可以将其移动到 PCB 界面的任意位置，再次按快捷键 Shift+G 即可锁定“抬头显示”的位置，如图 13-68 所示。

图 13-67　抬头显示

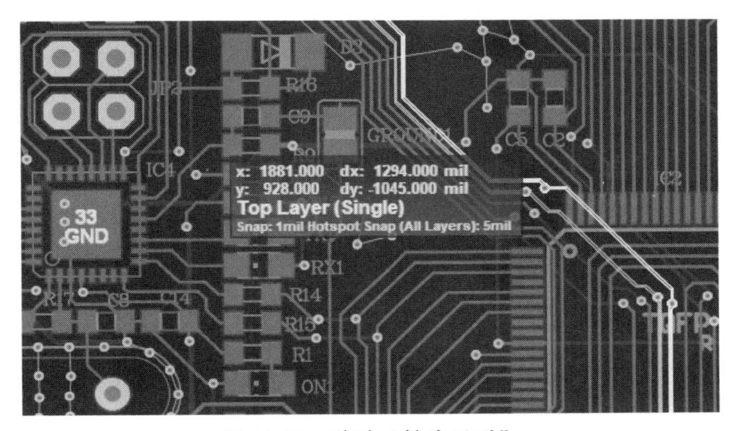

图 13-68　移动“抬头显示”

13.33　在 PCB 修改了元器件位号，如何进行反向标注

在 PCB 中对元器件重新编号后，原理图对应的元器件位号就不再与之对应，这样从原理图中重新更新到 PCB 时就会扰乱布局。那么如何从 PCB 中更新位号到原理图中对应的元器件呢?

实现方法如下：

（1）打开需要修改元器件位号的 PCB 文件，对 PCB 文件重新标注。执行菜单栏中的“工具”→“重新标注”命令，将弹出“根据位置重新标注”对话框，选择一个方向进行标注，如图 13-69 所示。

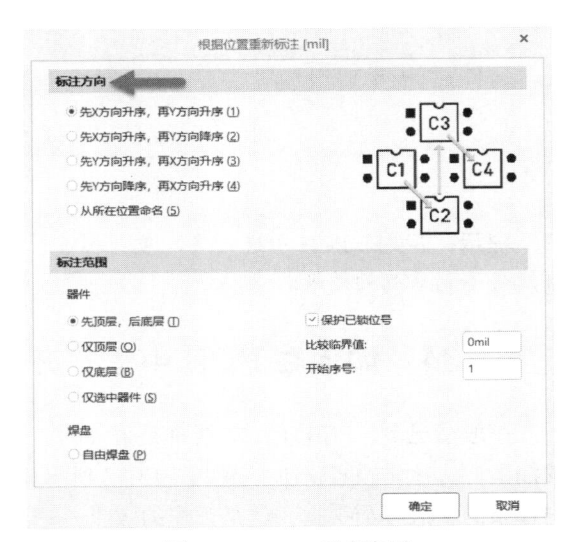

图 13-69　PCB 重新标注

（2）设置好重新标注选项后，单击“确定”按钮，执行重新标注，这时在工程目录下会生成一个.WAS 文件，如图 13-70 所示。

（3）打开 PCB 对应的原理图文件，执行菜单栏中的“工具”→“标注”→“反向标注原理图”命令，在弹出的对话框中选择 PCB 生成的.WAS 文件，如图 13-71 所示。

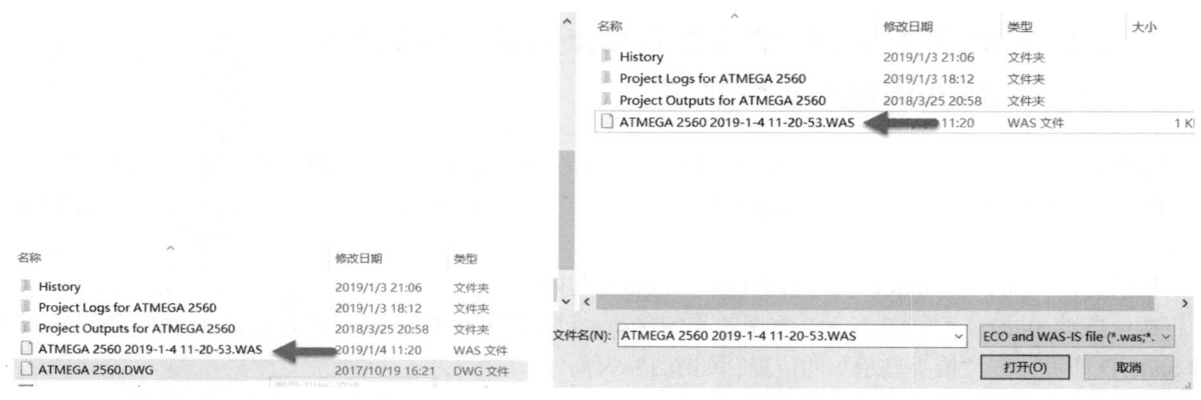

图 13-70 生成.WAS 文件　　　　图 13-71 添加.WAS 文件

（4）将弹出“工程变更指令”对话框。单击 OK 按钮，将弹出“标注”对话框。单击“接收更改（创建 ECO）”按钮，最后在“工程变更指令”对话框中单击“执行变更”按钮，即可完成 PCB 到原理图的反向标注，如图 13-72 所示。

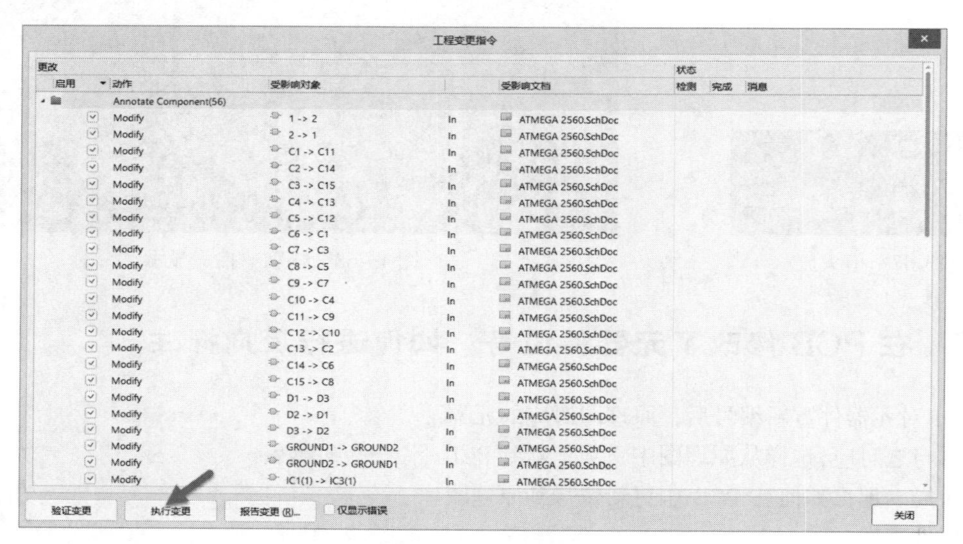

图 13-72 执行变更

提示：不要在 PCB 中进行多次重新标注，否则会生成多个.WAS 文件，在 SCH 文件中执行反向标注后可能得不到正确的结果。

13.34 如何在 PCB 中进行开窗（露铜）设置

一般情况下，PCB 上的导线都是盖油的，可以防止线路氧化和短路。所谓开窗就是去掉导线或铜皮上的油墨，让导线裸露以便上锡。图 13-73 所示就是开窗的效果。PCB 开窗并不少见，最常见的就是内存条。内存条的一边有金手指，就是开窗的效果——当然金手指表面还需要其他的处理工艺。开窗还有一个很常见的功能，如 PCB 走线开窗后可以上锡增加铜箔厚度，增加导线的载流量，这在电源板和控制板中比较常见。那么在 PCB 中如何实现开窗呢？

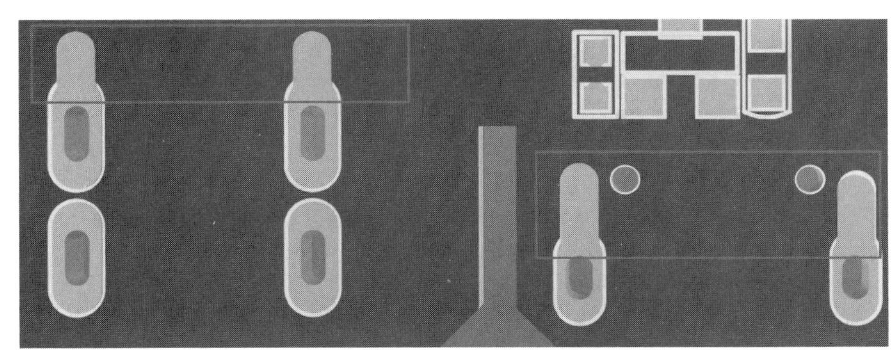

图 13-73　PCB 开窗效果图

如果需要在 Top Layer 层开窗，只需要在 Top Solder 层上放置和导线相同的 Line（线条）或填充区域即可。同样，如果在 Bottom Layer 层开窗，只需要在 Bottom Solder 层放置 Line（线条）或填充区域即可，如图 13-74 所示。

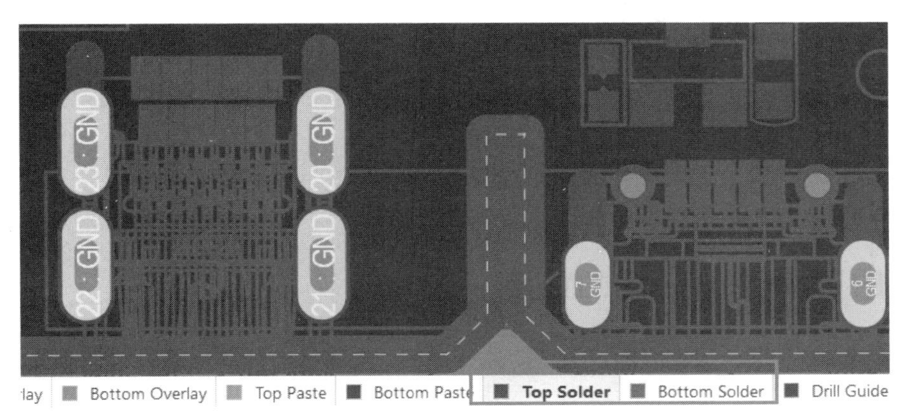

图 13-74　顶层或底层开窗设置

13.35　PCB 特殊粘贴的使用

在 Altium Designer 的 PCB 编辑环境中，有时经常需要复制粘贴过孔、导线等，如果只是简单地按快捷键 Ctrl+C 和 Ctrl+V，这样复制过来的对象并没有保留原来的网络名称，此时就需要使用“特殊粘贴”功能了。

（1）按快捷键 Ctrl+C 复制需要的对象，然后执行菜单栏中的“编辑”→“特殊粘贴”命令，或者按快捷键 E+A，将弹出“选择性粘贴”对话框。设置需要的粘贴属性，勾选“保持网络名称”复选框，单击“粘贴”按钮，即可实现智能粘贴，这样粘贴过来的对象即可保持原来的网络名称，如图 13-75 所示。

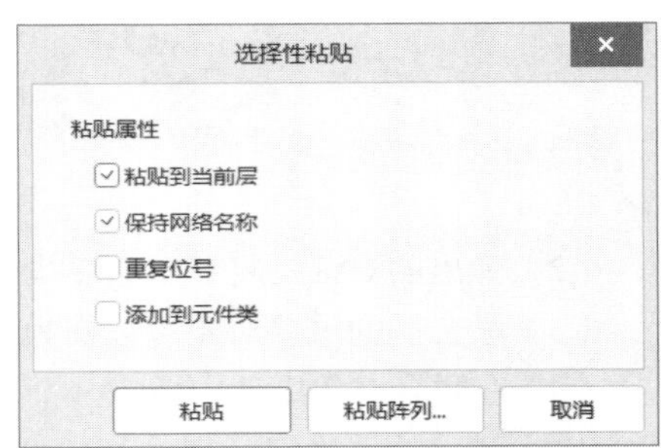

图 13-75　设置特殊粘贴的粘贴属性

（2）单击“选择性粘贴”对话框中的“粘贴阵列”按钮，将弹出“设置粘贴阵列”对话框，可以实现圆形或线性阵列粘贴。圆形阵列粘贴和线性阵列粘贴的效果分别如图 13-76 和图 13-77 所示。

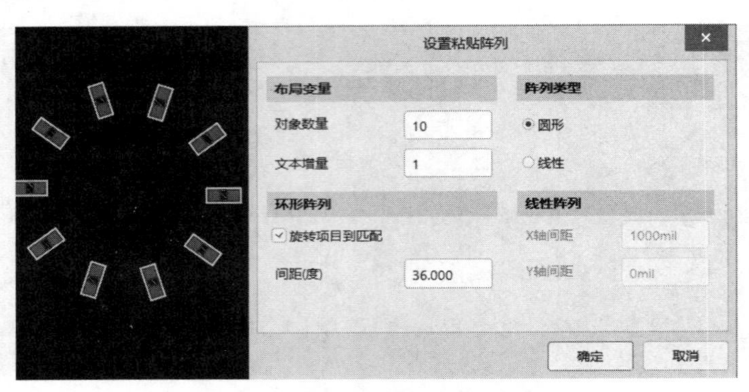

图 13-76　圆形阵列粘贴

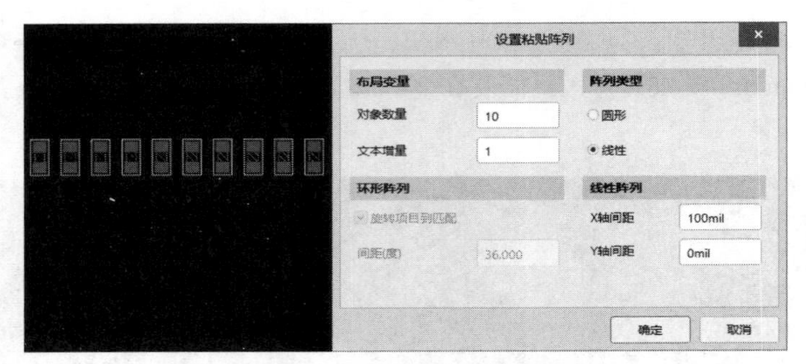

图 13-77　线性阵列粘贴

13.36　PCB 中联合功能的使用

在 Altium Designer 的 PCB 编辑界面中有一个联合功能，能将一些排版好的元器件和其他对象组合成一个整体来移动。该功能使用步骤如下：

（1）选择需要组合的元器件、走线及其他对象。在选中的组件上右击，在弹出的快捷菜单中执行“联合”→“从选中的器件生成联合”命令，如图 13-78 所示。

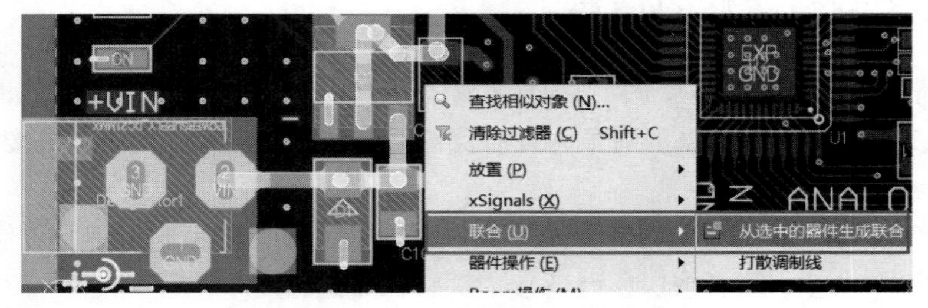

图 13-78　从选中的器件生成联合

（2）弹出的对话框将显示有多少个对象形成了联合，单击 OK 按钮即可完成联合的操作。

（3）联合后的这些对象可以作为一个整体移动，如图 13-79 所示。

（4）在联合对象中选中任意一个对象右击，在弹出的快捷菜单中执行“联合”→“从联合中打散器件”命令，在弹出的“确定分割对象 Union”对话框中单击“关闭所有”按钮，然后单击“确定”按钮即可解除联合，如图 13-80 所示。

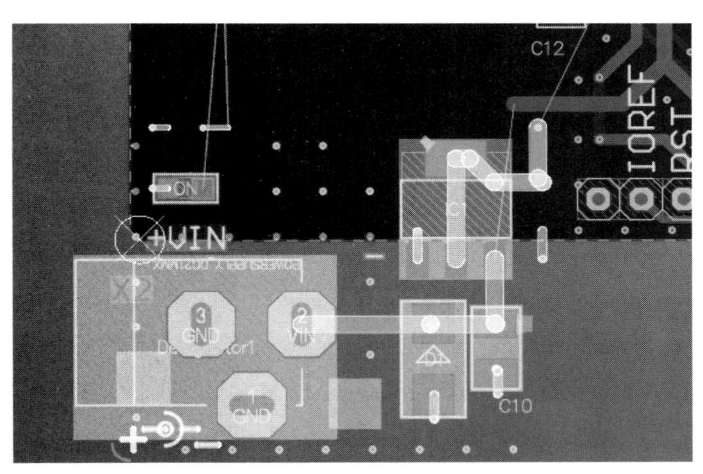

图 13-79　联合对象的整体移动

图 13-80　解除联合

13.37　Altium Designer 21 的 PCB 界面放置图形的方法

Altium Designer 21 在 PCB 编辑器中增加了放置图形功能，用户可在 PCB 上放置 JPG、BMP、PNG 或 SVG 格式的图形。

（1）执行菜单栏中的“放置”→Graphics 命令，如图 13-81 所示。

（2）将提示用户单击两次以定义要放置图像的矩形区域。区域确定后，需要在弹出的 Choose Image File 对话框中选择图形文件，选择并确定后将弹出 Import Image 对话框，在对话框中可根据需要设置参数，如图 13-82 所示。单击 OK 按钮，即可在 PCB 当前层创建图形，显示效果如图 13-83 所示。

（3）建议将图形作为 Union（联）放置，可以将其作为单个对象移动（单击并拖动）或通过调整图形大小调整联合大小。

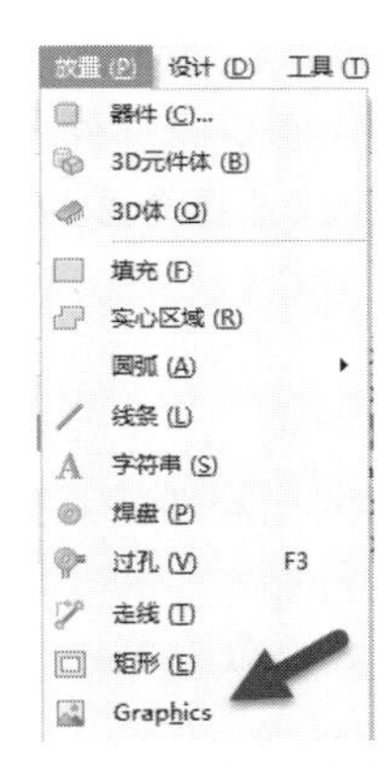

图 13-81　放置图形命令

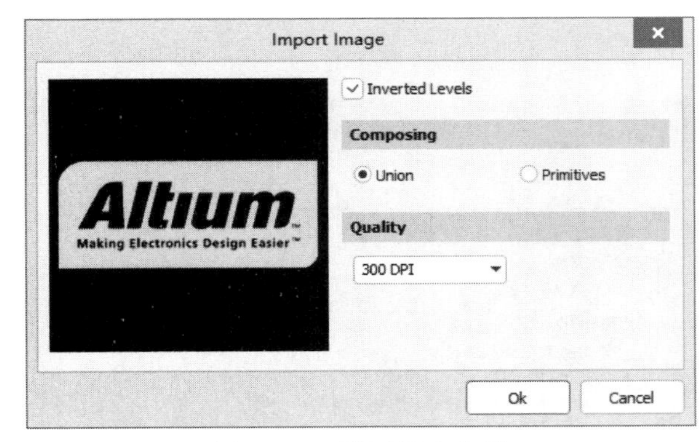

图 13-82　设置导入参数

图 13-83　显示效果

13.38 BGA 的 Fanout（扇出）方法

1. 软件的自动扇出方式

进行 PCB 设计时，常遇到 BGA 类型的封装，此类封装需要先进行扇出，然后才能进行后续 PCB 布线工作。BGA 扇出前后效果对比如图 13-84 所示。

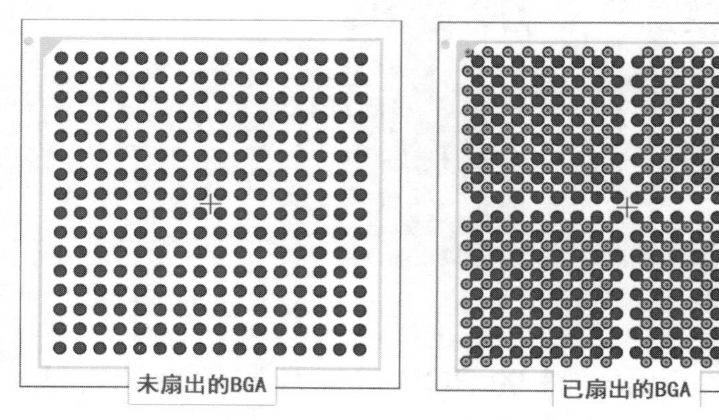

图 13-84　BGA 扇出前后效果对比图

（1）在进行软件自动扇出操作之前，需满足以下要求：

① 已选择合适的线宽及过孔大小，即已设置好线宽、间距、过孔大小等规则。

② BGA 内部没有任何元素对象，如走线或过孔等。

（2）满足上述要求之后，将光标移动到需要进行扇出的元器件处，右击，在弹出的快捷菜单中执行“器件操作”→“扇出器件”命令，如图 13-85 所示。或者执行菜单栏中的“布线”→“扇出”→“器件”命令，如图 13-86 所示。将弹出“扇出选项”对话框，如图 13-87 所示。

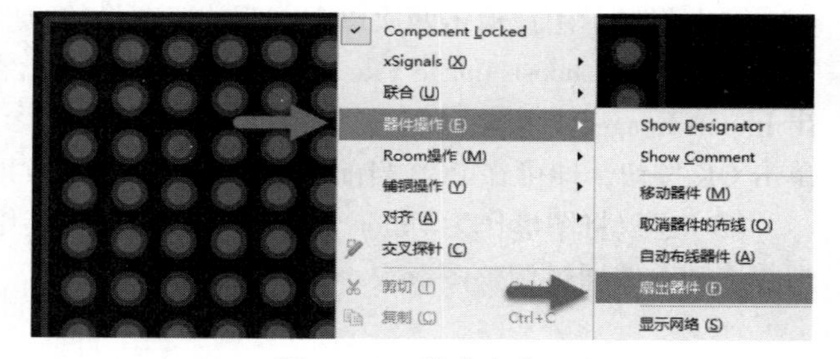

图 13-85　扇出命令 1

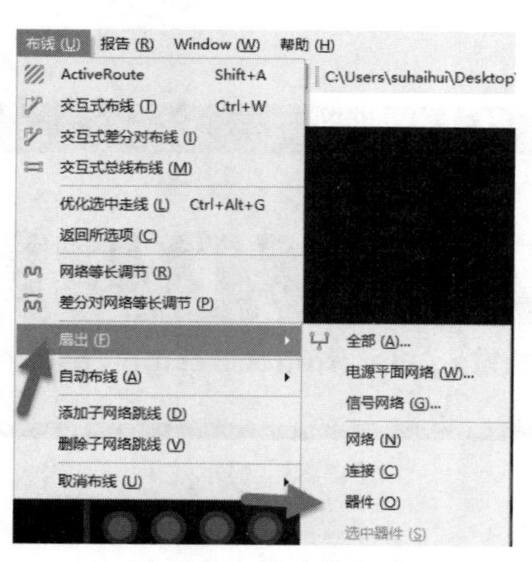

图 13-86　扇出命令 2

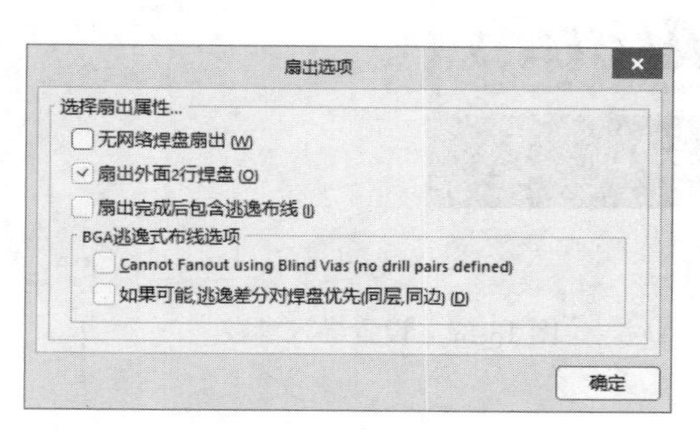

图 13-87　“扇出选项”对话框

（3）在“扇出选项”对话框中，各选项作用如下：

① 无网络焊盘扇出：勾选此复选框时，BGA 中无网络的焊盘会扇出；不勾选此复选框，BGA 中无网络的焊盘不扇出。

② 扇出外面 2 行焊盘：勾选此复选框时，BGA 最外面两行焊盘会扇出；不勾选此复选框，BGA 最外面 2 行焊盘不会扇出，BGA 外面 2 行焊盘扇出与否效果对比如图 13-88 所示。

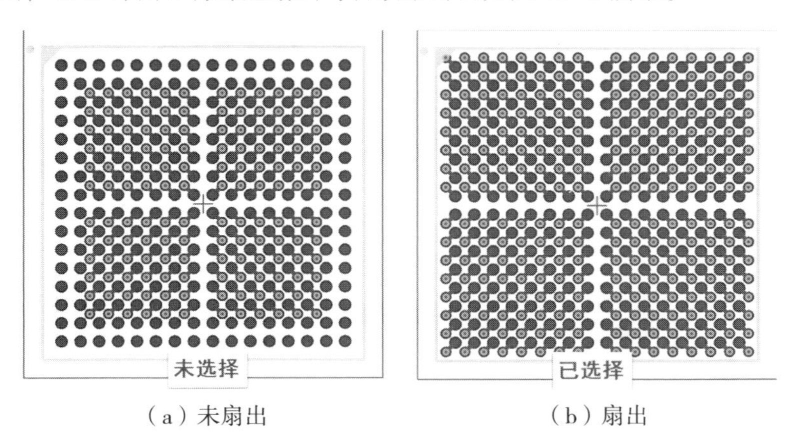

（a）未扇出　　（b）扇出

图 13-88　BGA 外面 2 行焊盘扇出与否效果对比图

③ 扇出完成后包含逃逸布线：勾选此复选框时，BGA 扇出并从焊盘引线出来，如图 13-89 所示（建议不勾选，因为 GND 和 Power 等线也会被引线出来，占据 BGA 出线空间）。

④ Cannot Fanout using Blind Vias…：无盲埋孔扇出。

2. 手动扇出方式

手动扇出 BGA 的步骤如下：

（1）测量 BGA 焊盘引脚中心间距，以确定扇出所用过孔尺寸，按快捷键 Ctrl+M 测量两个相邻焊盘引脚的中心间距，如图 13-90 所示。

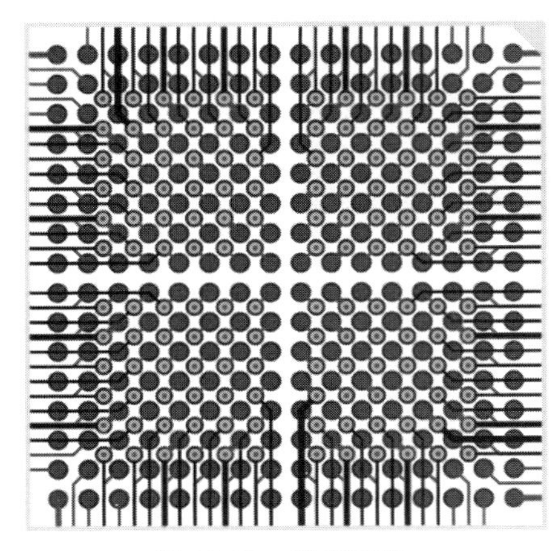

图 13-89　扇出逃逸

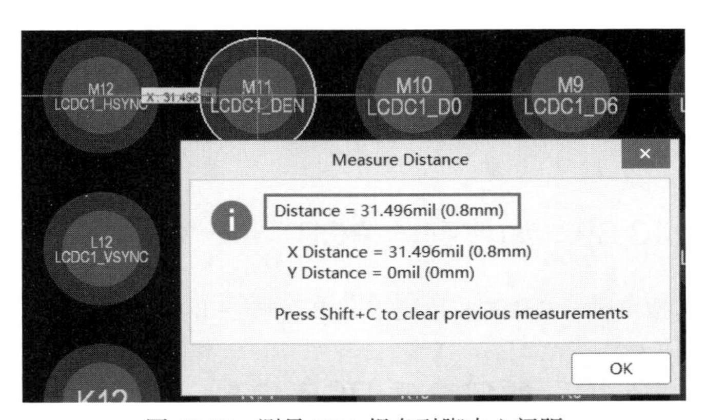

图 13-90　测量 BGA 焊盘引脚中心间距

（2）根据不同的引脚中心间距，可以参考以下标准设置过孔尺寸，如图 13-91 所示。

（3）将过孔打在其中一个焊盘中间，然后选中过孔，按快捷键 M，在弹出的快捷菜单中执行“通过 X，

Y 移动选中对象”命令，如图 13-92 所示。

引脚中心间距（mm）	扇出过孔尺寸（mm）
1.00	0.6*0.3
0.80	0.4*0.2
0.65	0.35*0.20
0.50	0.2*0.1（激光孔）

图 13-91　根据引脚中心间距确定过孔尺寸

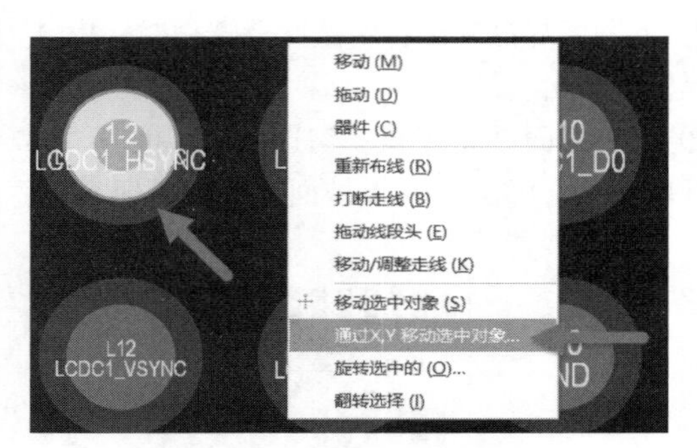

图 13-92　通过 X，Y 移动选中对象

（4）根据测量的引脚中心间距，确定 X/Y 偏移量，将过孔移动到 BGA 焊盘中间，如图 13-93 所示。

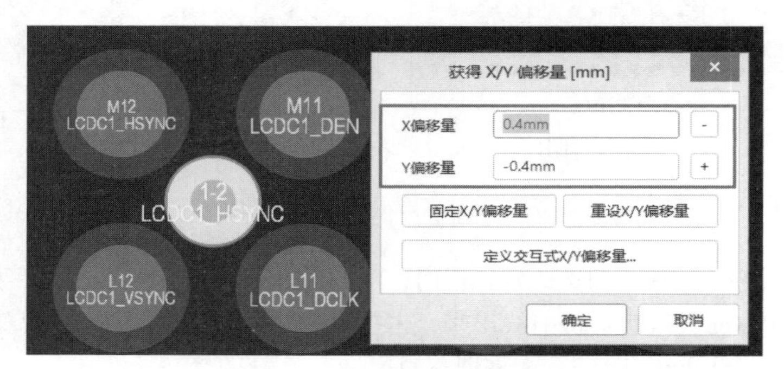

图 13-93　移动过孔到焊盘中间

（5）将过孔与焊盘用导线连接起来，然后复制粘贴完成其他焊盘的扇出即可，如图 13-94 所示。

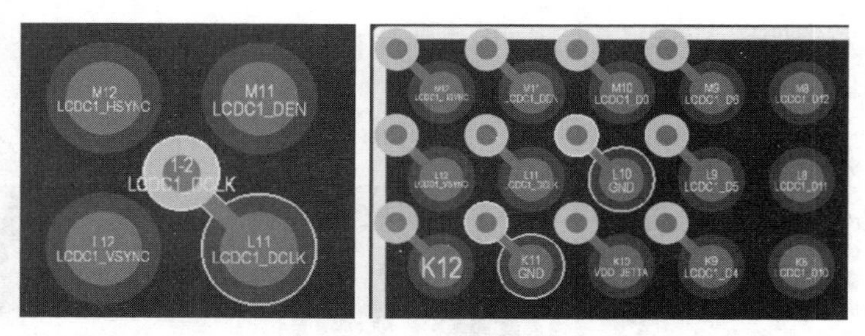

图 13-94　BGA 手动扇出

13.39　如何翻转 PCB

按快捷键 Ctrl+F 或快捷键 V+B 可将 PCB 翻转到背面。

13.40　如何查看 PCB 信息

Altium Designer 的 PCB 中的板子信息（Board Information）可以查看当前 PCB 文件的信息，如焊盘数量、过孔数量等信息。

在低版本 AD 软件中，执行菜单栏中的“报告”→“板子信息”命令，或者按快捷键 R+B，可打开“PCB 信息”对话框，查看 PCB 信息，如图 13-95 所示。

而 Altium Designer 18 及之后的版本查看板子信息的选项放到了 PCB 编辑界面右侧栏 Properties 面板的 Board Information 选项区域中，如图 13-96 所示。

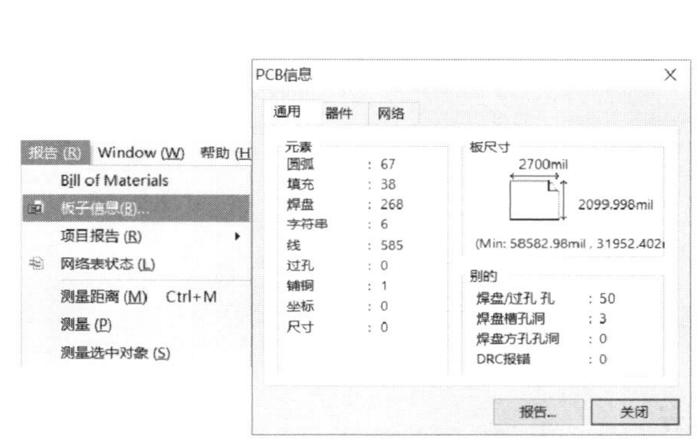

图 13-95　低版本 AD 软件 PCB 信息查看方式

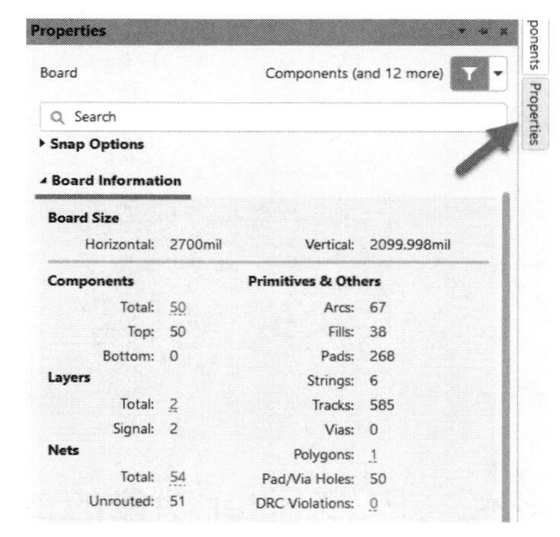

图 13-96　高版本 AD 软件板子信息查看方式

13.41　Altium Designer 中如何比对两个 PCB 文件

（1）执行菜单栏中的“工程”→“显示差异”命令，或者按快捷键 C+S，在弹出的“选择比较文档”对话框中勾选“高级模式”复选框，如图 13-97 所示。

（2）选择需要比对的两个 PCB 文件，一个在左侧列表，一个在右侧列表，然后单击“确定”按钮。在弹出的 Component Links 对话框中选择 Automatically Create Component Links 选项，如图 13-98 所示。

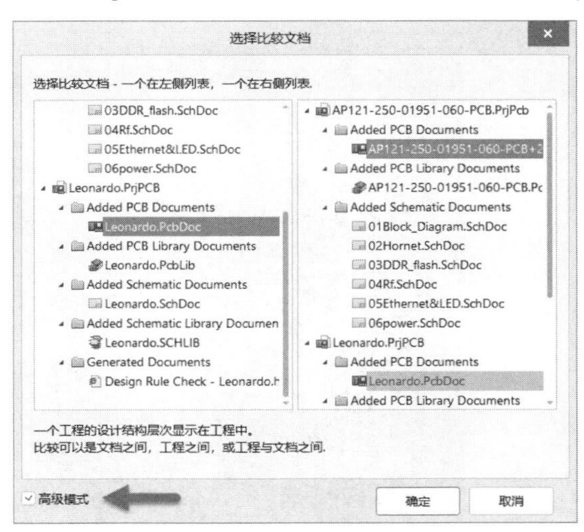

图 13-97　选择需要比较的文档

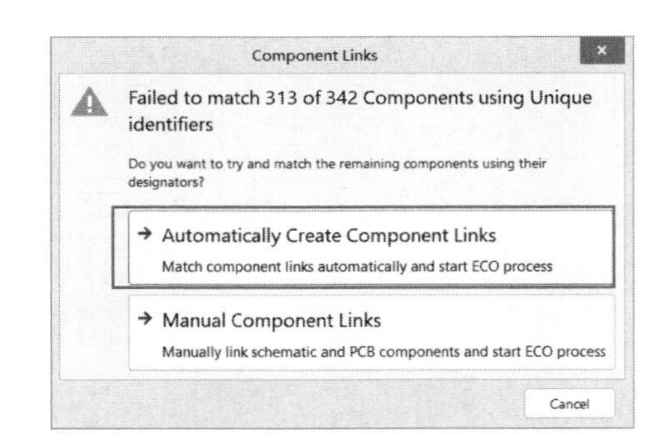

图 13-98　Component Links 对话框

（3）在弹出的对话框中单击“是”按钮，然后在弹出的 Match Nets 对话框中单击“继续”按钮，即可显示两个 PCB 文件的比对报告，如图 13-99 所示。

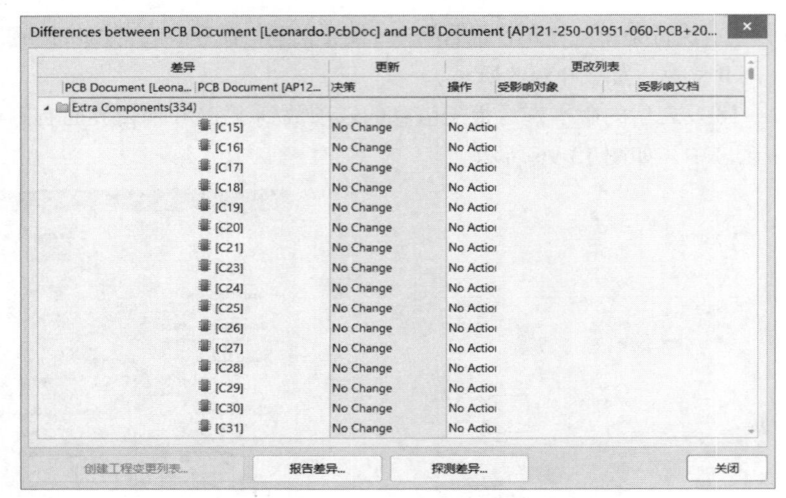

图 13-99 PCB 文件比对报告

13.42 PCB Filter 功能的使用方法

在 Altium Designer 的 PCB 编辑器中，使用 PCB Filter 面板，根据输入的查询条件，整体选中符合条件的 PCB 内对象，然后利用 PCB list 或 PCB inspector 可以整体编辑、修改选中对象的属性。图 13-100 所示为 PCB Filter 面板。

PCB 面板各部分功能如下：

（1）“选择高亮对象”选项区域：在“对象#”选项组中勾选对应的复选框，在中间“过滤”栏中将自动生成查询语句，然后单击底部的“全部应用”按钮，即可使元器件在 PCB 编辑界面显示高亮状态，如图 13-101 所示。

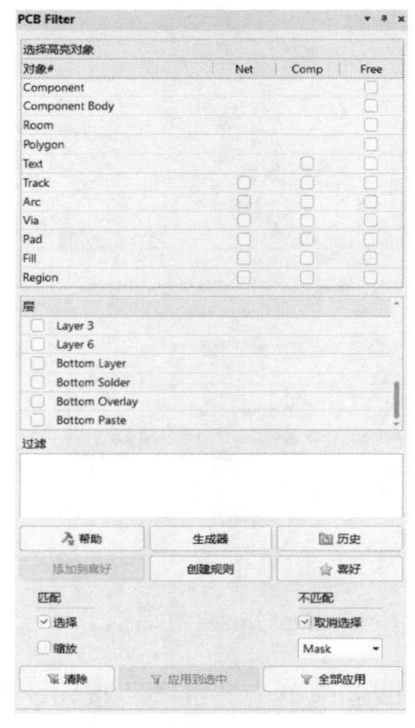

图 13-100 PCB Filter 面板

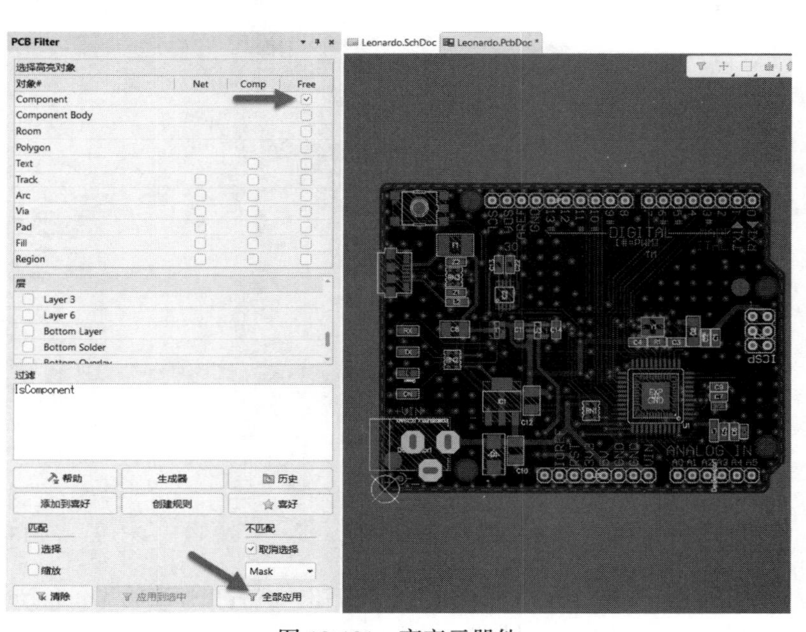

图 13-101 高亮元器件

（2）“帮助”按钮：单击“帮助”按钮将弹出查询助手对话框，如图 13-102 所示。在 Categories（类别）中选择需要的类，在列出的分类中双击需要的选项，软件会自动生成查询语句，显示在上面的 Query 栏中。单击左下角的 Check Syntax 按钮，可以检验语法是否正确，确认无误后单击 OK 按钮，运行过滤。

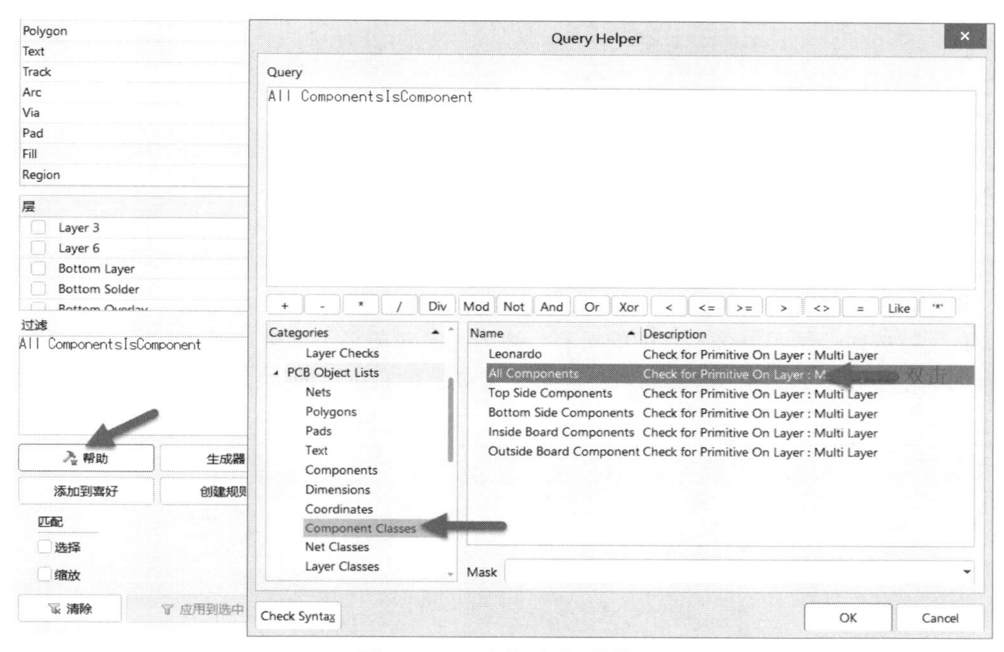

图 13-102　查询助手对话框

（3）“生成器”按钮：在条件类型/操作符下选择需要的对象，“Query 预览”栏将自动显示查询逻辑语句，如图 13-103 所示。单击“确定”按钮，即可得到相应的过滤语句。

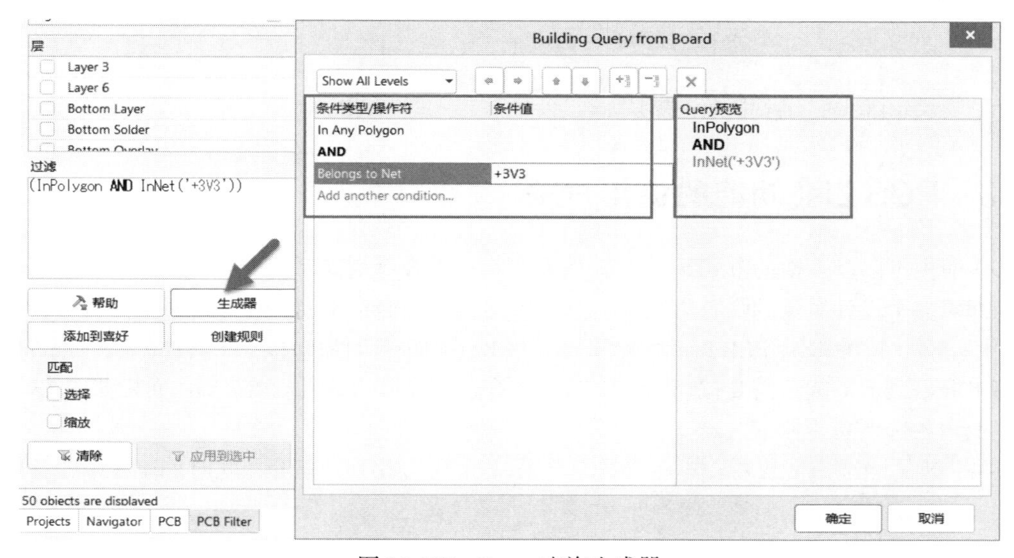

图 13-103　Query 查询生成器

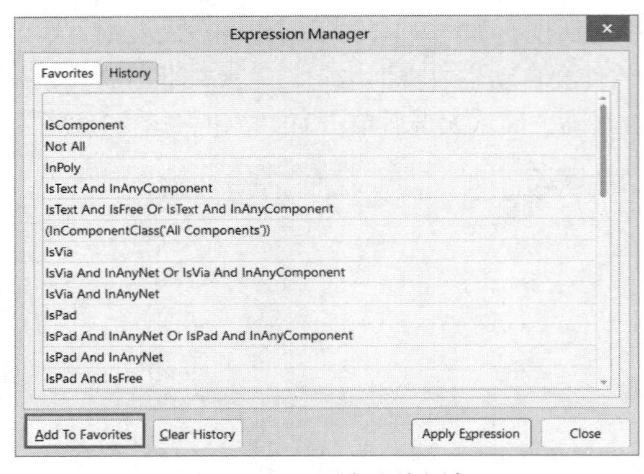

图 13-104　历史查询语句

（4）“历史”按钮：单击将弹出 Expression Manager 对话框，可以查看之前的查询语句。单击 Add To Favorites 按钮，可收藏查询语句供以后使用，如图 13-104 所示。

（5）“添加到喜好”按钮：单击可以打开收藏夹，可以使用之前收藏的查询语句，如图 13-105 所示。

（6）“创建规则”按钮：可以对查询到的网络或元器件等设计规则，如图 13-106 所示。

（7）“匹配”选项组：勾选“匹配”选项组中的“选择”或“缩放”复选框，可以将匹配到的过滤对象变成被选中的高亮状态。

（8）Mask 下拉按钮：用于屏蔽不匹配的对象，被屏蔽的对象将不能被选择和编辑。在某些场合，屏蔽的功能很有用。比如，可以先将不需要的对象屏蔽，这样就可以更快地选中需要的对象。

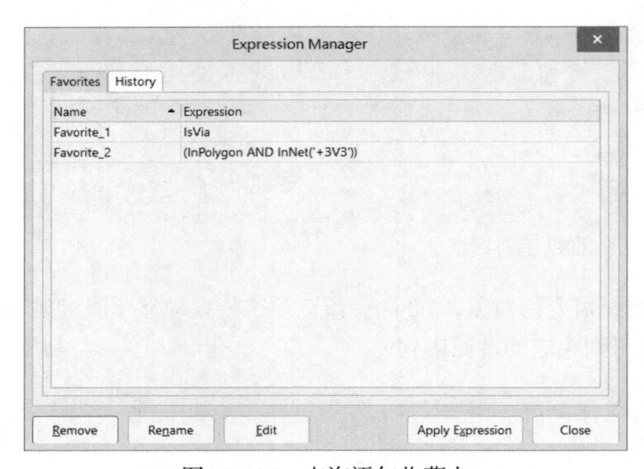

图 13-105　查询语句收藏夹

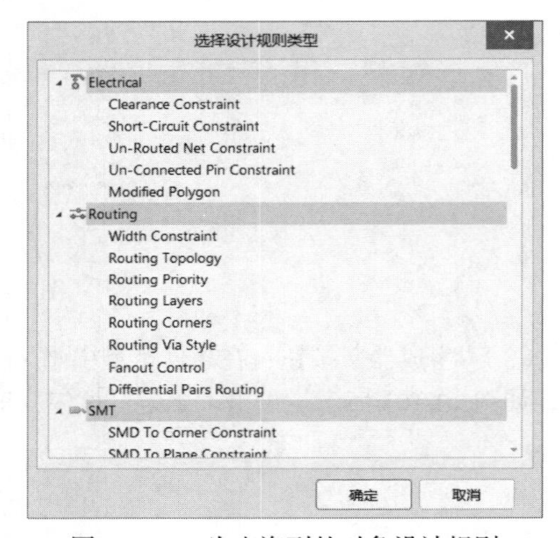

图 13-106　为查询到的对象设计规则

13.43　PCB List 功能的使用方法

PCB List 面板可以以表格的方式显示当前 PCB 文档中的设计对象，当与 PCB Filter 面板结合使用时，更是检视和编辑多个设计对象的强有力工具。与 PCB Inspector 面板不同，在 PCB List 面板中，对象不必以被选中的顺序显示（或编辑）。PCB List 面板显示了 PCB 中的全部对象，每一个对象的属性条目特别多，以至于远远超出屏幕显示范围，需要拉动水平滚动条查看超出屏幕的条目。PCB List 面板如图 13-107 所示。

面板左上角各选项功能如下：

（1）View：表示当前只能查看，不能修改。单击 View 可以切换成 Edit，此时 List 表中的各项数据可以编辑、修改。

（2）non–masked objects：显示非屏蔽对象。

（3）selected objects：显示选中的对象。

（4）all objects：显示 PCB 全部对象。

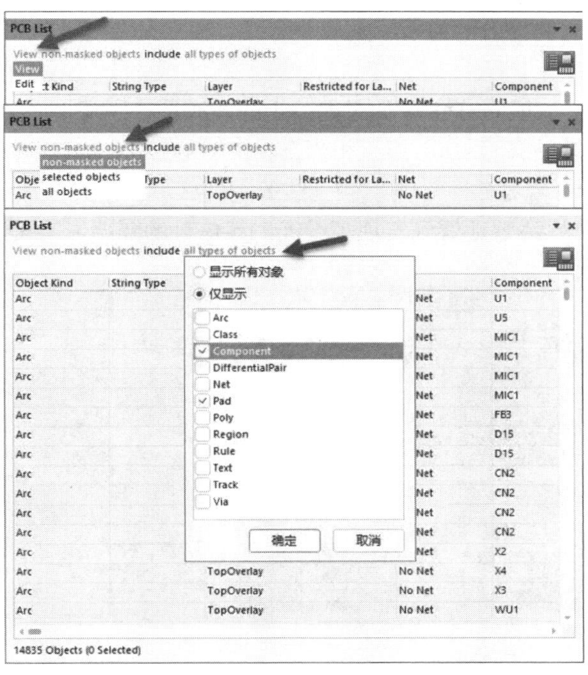

图 13-107　PCB List 面板

（5）all types of objects：显示全部对象类型，单击可以选择“仅显示”选项。切换为“仅显示”状态，勾选 Component 和 Pad 复选框，PCB List 将只显示元器件和焊盘。

PCB 内全部零件和焊盘都显示在 list 列表中，可以对任一元器件、任一焊盘的任一项参数进行修改。

在 PCB 编辑器中选中对象，相应地在表格区域的这些对象行也会处于选中状态。这些选中对象的所有单元格将使用灰色的背景色以区别于其他对象。在编辑模式下，可以在面板的相应单元格编辑对象的属性。可以单击选中单元格，然后右击选择 Edit 模式，再单击一次可以直接编辑属性值。根据不同的属性，有时需要输入数值，有时需要切换复选框的状态，有时需要从下拉菜单中确定选项。按 Enter 键或单击被编辑单元格外的任意位置可使编辑生效。

使用 PCB List 面板的一个优点是，编辑对象属性时，面板始终处于打开状态，如果需要，可以对不同属性逐个进行编辑，而不需要每次都关闭然后重新打开对象的属性对话框。

使用 PCB List 面板的另一个优点是可以在同一个地方编辑不同对象的属性，而不需要每次编辑时都打开相应对象的属性对话框。被选中的对象可以是相同或不同类型。所有这些被选中对象的共有属性会被显示在面板中。在需要修改的对象中选中需要修改的单元格，确定需要修改的共有属性，然后右击，在弹出的快捷菜单中执行 Edit 命令，或者直接按 F2 键（或空格键），对当前对象的属性进行编辑（该单元格会以虚线轮廓显示）。单击该单元格外的任意位置或按 Enter 键可使更改生效，所做的更改将立即应用到所有其他的被选中对象。

13.44　天线等射频信号隔层参考的设置方法

在多层板设计当中，天线等射频信号为了满足阻抗控制，通常都要设置隔层参考，那么在 Altium Designer 中如何实现天线射频信号的隔层参考设置呢？

（1）这里以一个六层板为例，内电层采用负片的形式。在 Top 层选中射频信号走线，执行“复制”命令，如图 13-108 所示。

（2）切换到射频走线的第二层 GND02（如果射频走线在底层，则切换到上一层），执行特殊粘贴命令，按快捷键 E+A，将射频走线粘贴到 GND02 层，相当于在 GND02 层绘制与射频走线同等宽度的分割线，这样就能将射频走线下的 GND02 层挖空一个与射频走线等宽的区域，让其参考到第三层，如图 13-109 所示。通过 3D 状态下的效果图，可以清楚地看到实现了天线射频信号的隔层参考设置。

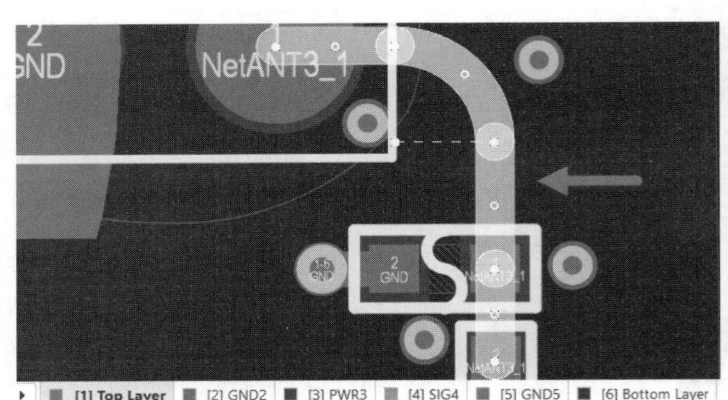

图 13-108　复制射频走线

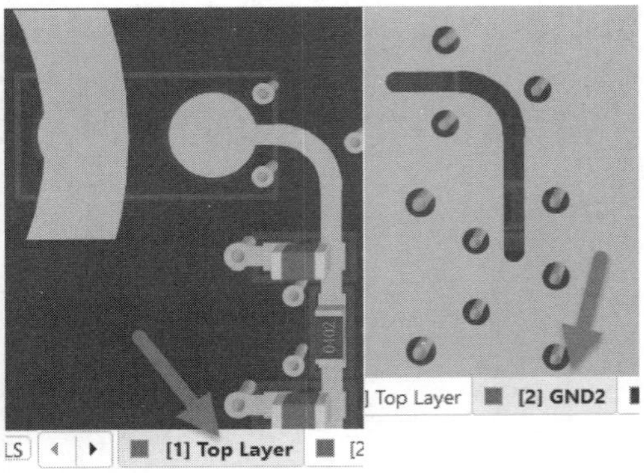

图 13-109　天线射频信号隔层参考的设置

提示： 如果内电层采用正片的形式，则需要在天线射频信号的相邻层放置“多边形铺铜挖空区域”实现隔层参考设置。

13.45　PCB 界面中直接复制粘贴具有电气属性的对象时网络丢失，如何解决

如图 13-110 所示，在 PCB 编辑界面中直接复制粘贴具有电气属性的对象（元器件、导线过孔等），这样粘贴得到的元素是没有网络的。

解决方法如下：

使用 Altium Designer 的特殊粘贴功能，选中需要复制的对象，执行“复制”命令，然后执行菜单栏中的“编辑”→“特殊粘贴”命令，或者按快捷键 E+A，将弹出如图 13-111 所示的“选择性粘贴”对话框。勾选“保持网络名称”复选框，然后单击“粘贴”按钮，这样粘贴过来的对象就能保持原有的网络名称。

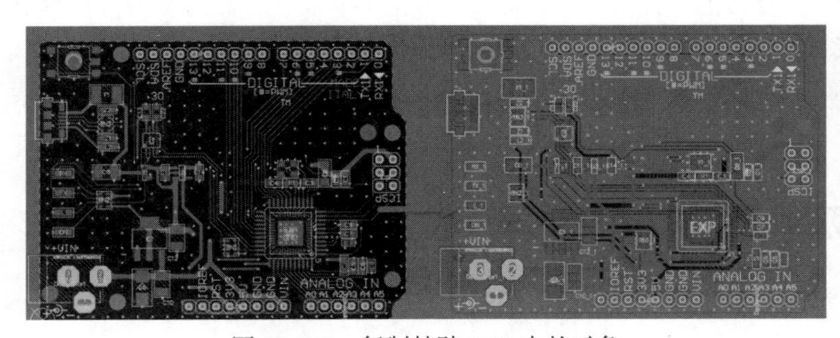

图 13-110　复制粘贴 PCB 中的对象

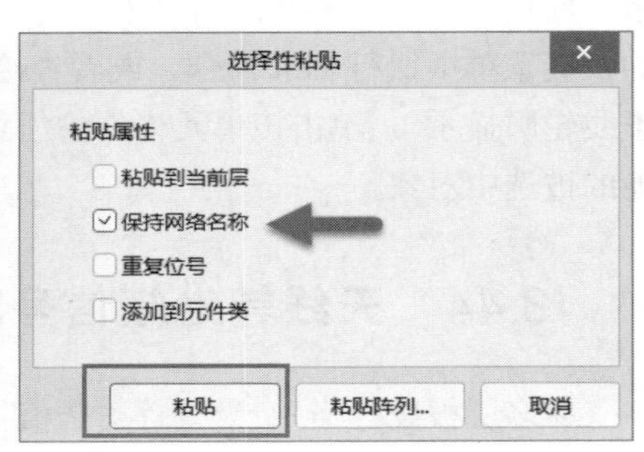

图 13-111　特殊粘贴

13.46　PCB 中元器件的位号和阻值不显示，如何解决

如图 13-112 所示，PCB 中所有元器件的位号和阻值都不显示，检查了位号和阻值的“显示/隐藏”设置按钮都处于显示状态，且对应的丝印层也是打开的，如何解决?

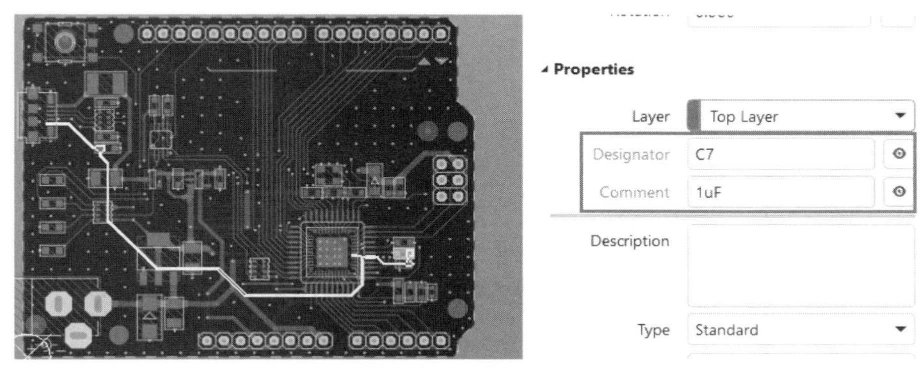

图 13-112　位号和阻值不显示

解决方法如下：

按快捷键 Ctrl+D 打开 View Configuration 对话框，选择 View Options 选项卡，查看其中的 Texts 项是不是被关闭了，如果是隐藏状态，如图 13-113 所示，PCB 上将不显示位号和阻值，勾选 Texts 复选框即可解决。

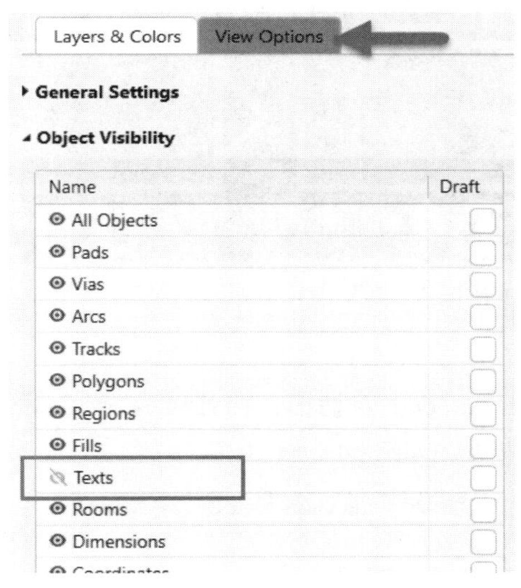

图 13-113　Texts 显示设置

第 14 章
CHAPTER 14

PCB 视图与叠层设置

14.1 PCB 中如何隐藏 3D 元器件体参考点/自定义捕捉点

如图 14-1 所示，PCB 中显示十字形的 3D 元器件体参考点/自定义捕捉点。

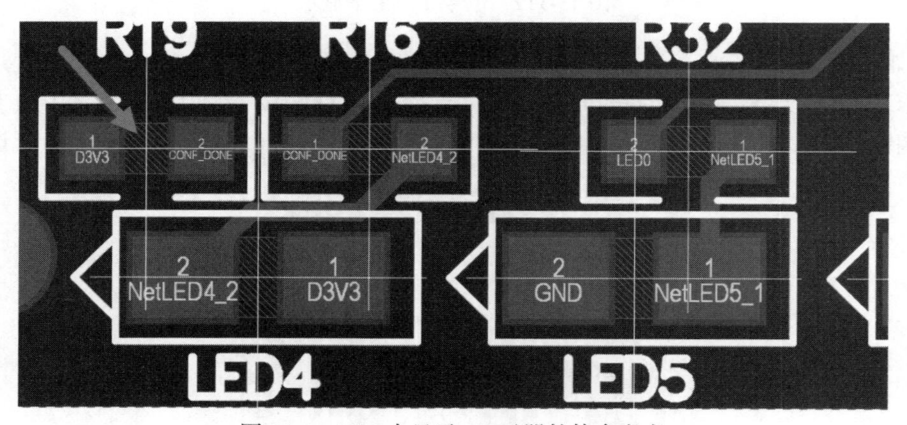

图 14-1　PCB 中显示 3D 元器件体参考点

解决方法如下：

按快捷键 L，打开 View Configuration 对话框，在 Layers & Colors 选项卡中将 3D Body Reference Point/Custom Snap Points 取消显示即可，如图 14-2 所示。

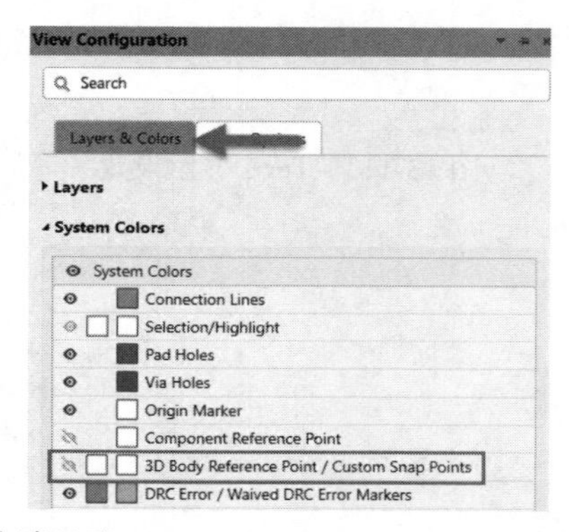

图 14-2　取消显示 3D Body Reference Point/Custom Snap Points

14.2　PCB 中如何隐藏元器件参考点

如图 14-3 所示，PCB 中的元器件显示参考点。

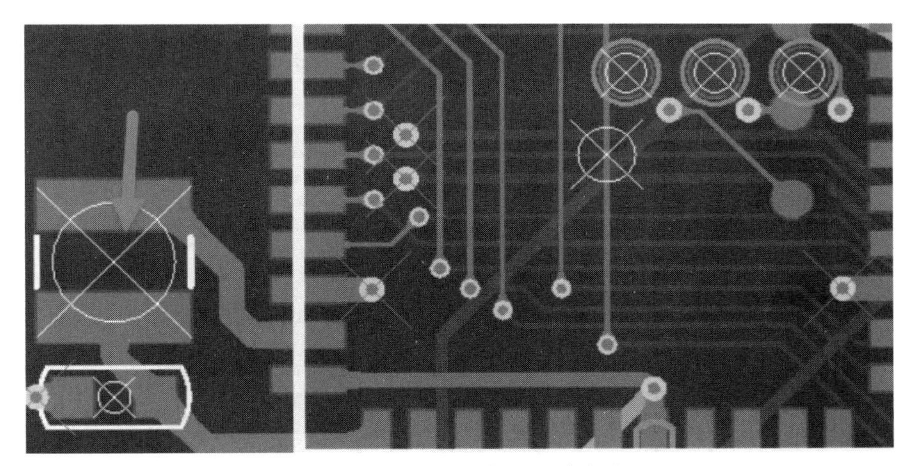

图 14-3　PCB 元器件显示参考点

解决方法如下：

按快捷键 Ctrl+D，在打开的对话框中选择“视图选项”选项卡，在“展示”选项组中取消勾选“元器件参考点”复选框即可，如图 14-4 所示。

如果是 Altium Designer 18 及之后的版本，按快捷键 L，打开 View Configuration 对话框，在 Layers & Colors 选项卡中将 Component Reference Point 取消显示即可，如图 14-5 所示。

图 14-4　取消展示元器件参考点

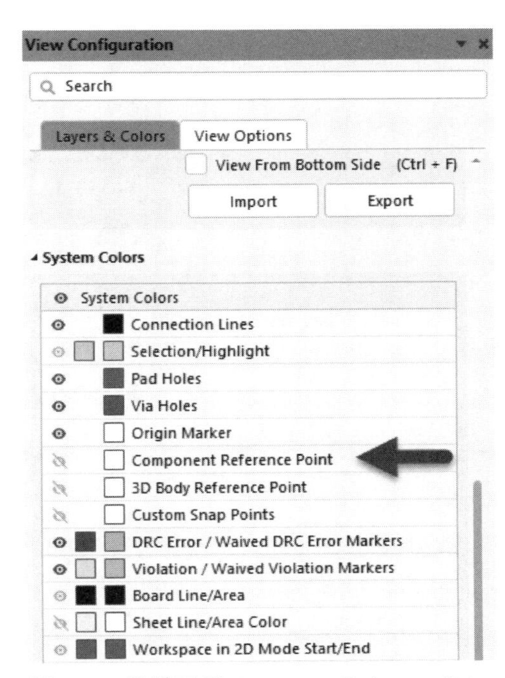

图 14-5　取消显示 Component Reference Point

14.3 如何修改 PCB 编辑界面工作区的背景颜色

Altium Designer 的 PCB 编辑界面工作区的背景颜色默认为灰色，如何修改？

按快捷键 L，打开 View Configuration 对话框，选择 Layers&Colors 选项卡，在 System Colors 选项组中的 Workspace in 2D Mode Start/End 中单击颜色图标即可修改工作区背景颜色，如图 14-6 所示。

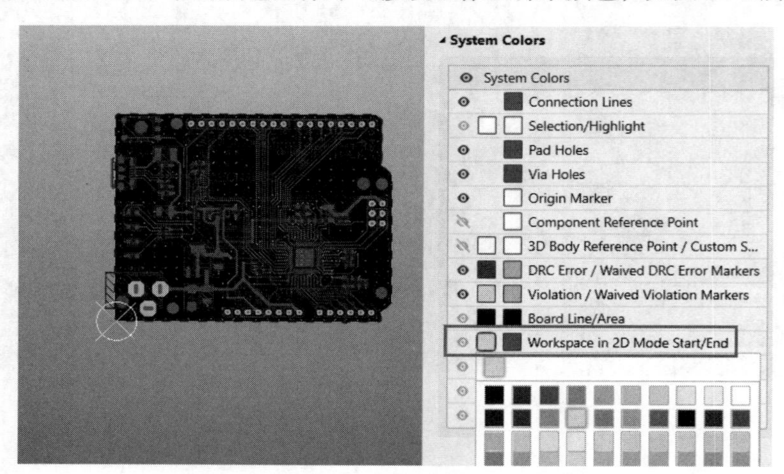

图 14-6　修改 PCB 编辑界面工作区的背景颜色

14.4 如何设置 PCB 的焊盘、铜皮等对象的透明度

在 PCB 设计界面中按快捷键 Ctrl+D，打开 View Configuration 面板，通过调节 Transparency 滑动条，可以调整各设计对象的显示透明度，如图 14-7 所示。

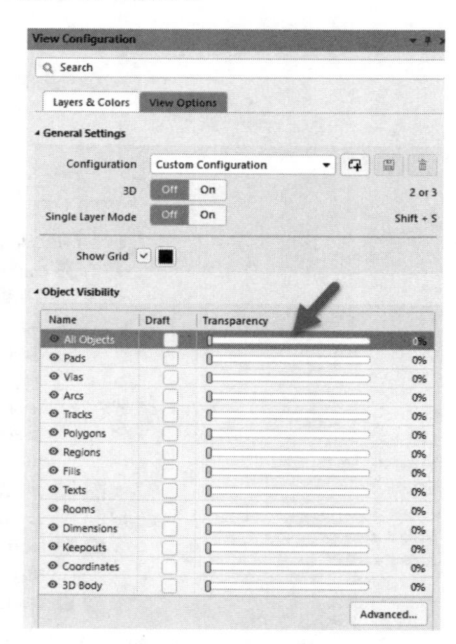

图 14-7　调节透明度

14.5　PCB 设置网络颜色的方法

通常为了方便区分不同信号的走线，可以对某个网络或网络类别进行颜色设置，以方便理清信号流向和识别网络。

（1）打开 PCB 文件，单击 PCB 编辑界面右下角的 Panels 按钮，在弹出的下拉列表中选取 PCB 项，即可打开 PCB 编辑面板。在 PCB 编辑面板上方的下拉列表框中选择 Nets，打开网络管理器。

（2）选择一个或多个网络，右击，在弹出的快捷菜单中执行 Change Net Color 命令，对单个或多个网络进行颜色更改，如图 14-8 所示。

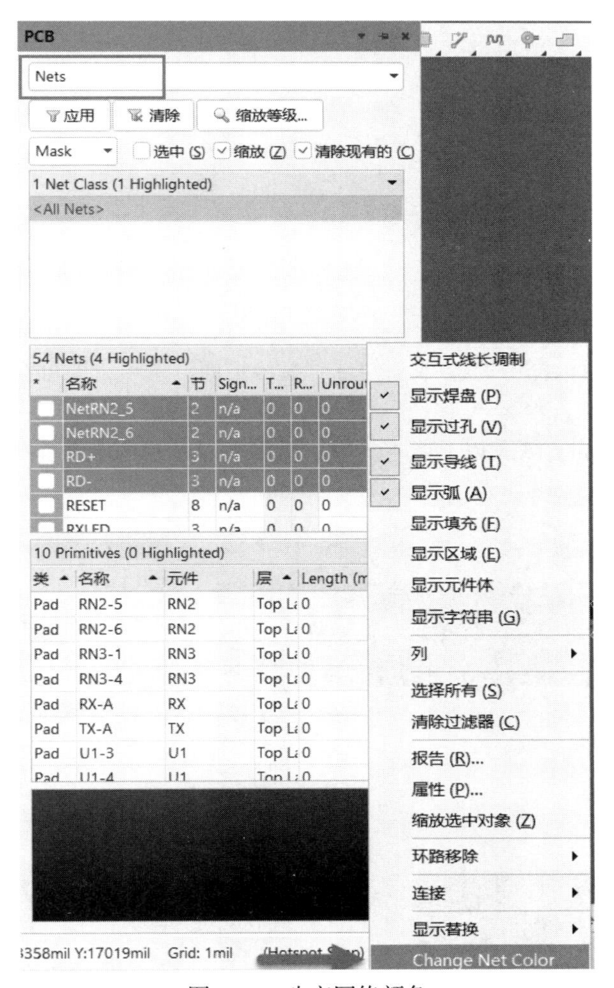

图 14-8　改变网络颜色

（3）执行改变网络颜色命令后，右击，在弹出的快捷菜单中执行“显示替换”→“选择的打开”命令，对修改过颜色的网络进行使能。

（4）到此就完成了网络颜色的修改。如果在 PCB 编辑界面看不到颜色的变化，需要按 F5 键显示网络颜色。

14.6 Altium Designer 中如何打开/关闭 PCB 白色页面

（1）如果是 Altium Designer 17 以下版本，执行菜单栏中的“设计”→“板参数选项”命令，或者按快捷键 D+O，打开“板选项[mil]”对话框，如图 14-9 所示。

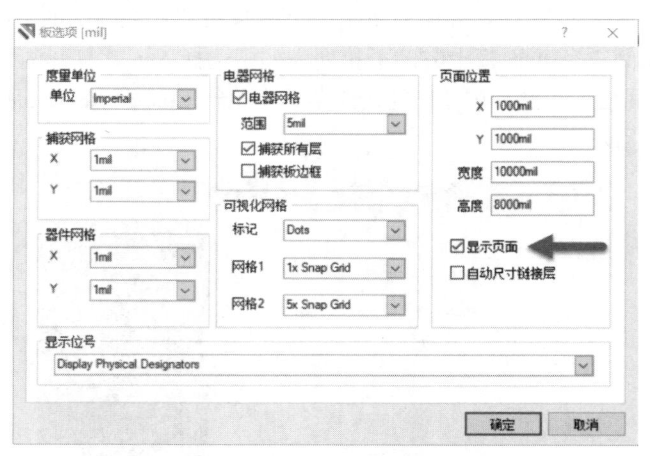

图 14-9 “板选项[mil]”对话框

（2）在“板选项[mil]”对话框中勾选/取消勾选“显示页面”选项，即可在 PCB 中打开/关闭白色页面，如图 14-10 所示。

（3）如果是 Altium Designer 18 及以上版本，按快捷键 L 打开视图配置面板，设置显示 Sheet Line/ Area Color 即可，如图 14-11 所示。

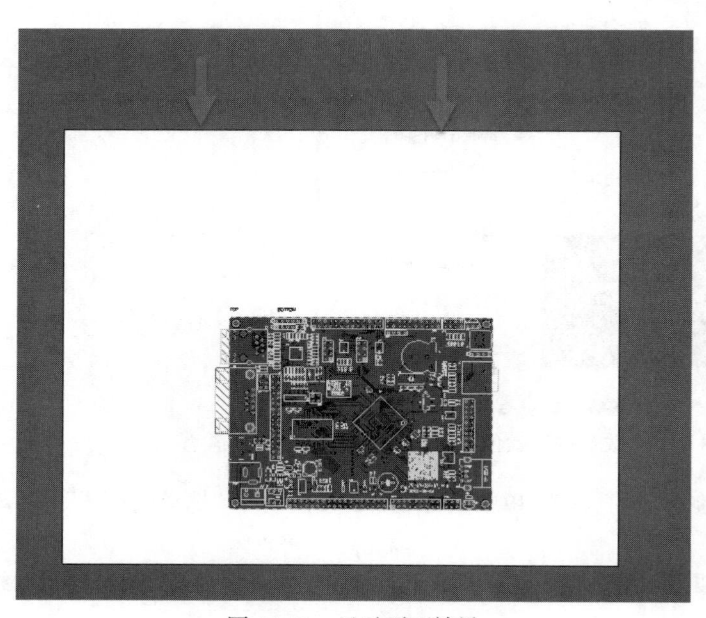

图 14-10 显示页面效果

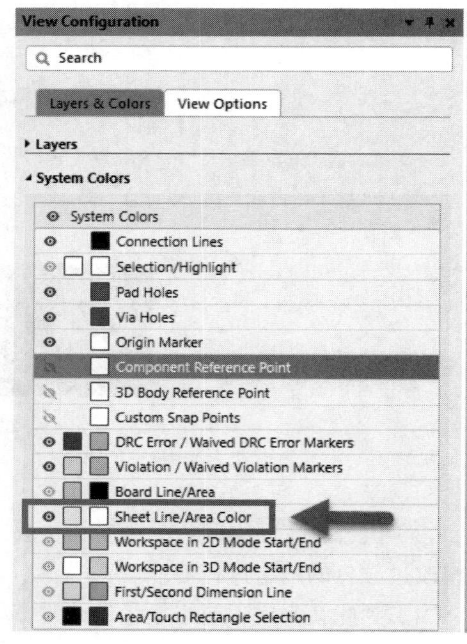

图 14-11 显示 Sheet Line

14.7　PCB 层颜色的修改方法

按快捷键 L，在弹出的 View Configuration 对话框中选择 Layers & Colors 选项卡，在 Layers 选项组中单击层名称前面的颜色按钮，选择需要更改的颜色即可，如图 14-12 所示。

图 14-12　修改层颜色

14.8　PCB 叠层的设置

通过增加叠层可实现多层板的设计。以 6 层板为例来介绍 Altium Designer 软件添加叠层的方法。

（1）在 PCB 编辑界面，执行菜单栏中的“设计”→“层叠管理器”命令，或者按快捷键 D+K，打开如图 14-13 所示的 PCB 叠层示意图。

#	Name	Type	Material	Thickness	Dk	Pullback distance	Weight	Orientation
	Top Overlay	Overlay						
	Top Solder	Solder Mask	Solder Resist	0.4mil	3.5			
1	Top Layer	Signal		1.4mil			1oz	Top
	Dielectric 1	Dielectric	FR-4	12.6mil	4.8			
2	Bottom Layer	Signal		1.4mil			1oz	Bottom
	Bottom Solder	Solder Mask	Solder Resist	0.4mil	3.5			
	Bottom Overlay	Overlay						

图 14-13　PCB 叠层示意图

提示：在最新版的 Altium Designer 22 软件中，添加叠层之前需要选择特征。单击 Features 下拉按钮，在弹出的下拉列表中选择 Printed Electronics 选项，如图 14-14 所示。

Features
Printed Electronics
Rigid/Flex
Back Drills

#	Name	Material	Type	Thickness	Weight	Dk	Df
	Top Overlay		Overlay				
	Top Solder	Solder Resist	Solder Mask	0.4mil		3.5	
1	Top Layer		Signal	1.4mil	1oz		
	Dielectric 1	FR-4	Dielectric	12.6mil		4.8	
2	Bottom Layer		Signal	1.4mil	1oz		
	Bottom Solder	Solder Resist	Solder Mask	0.4mil		3.5	
	Bottom Overlay		Overlay				

图 14-14　选择特征

再次单击 Features 下拉按钮，在弹出的下拉列表中选择 Printed Electronics 选项，如图 14-15 所示，即可正常进行叠层设置。

图 14-15　选择特征

（2）从图 14-13 中可以看出这是一个两层板的叠层结构，如需添加层，直接在层叠管理器中右击，在弹出的快捷菜单中选择添加正片或负片，层参数设置如图 14-16 所示。

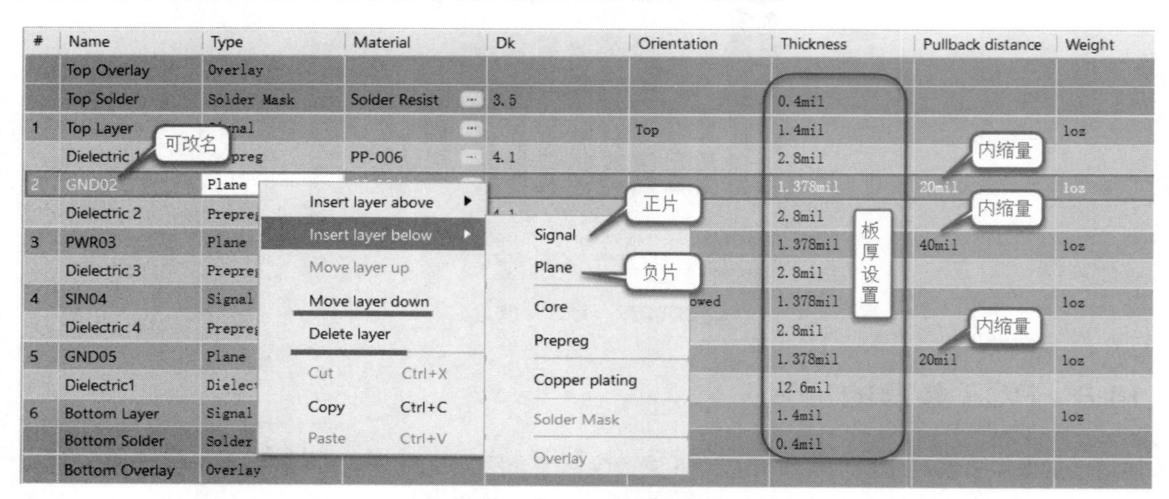

图 14-16　层叠管理器

① 选择其中一个层右击，可在其上方添加层（Insert layer above）或下方添加层（Insert layer below），可添加正片或负片。

② Move layer up 和 Move layer down 命令可用于调整层的顺序。

③ Delete layer 命令可用于删除层。

④ 双击 Name 下的某一单元格可以更改相应的层名称，方便识别。

⑤ 可根据叠层结构设置板厚。

⑥ 为了满足设计的“20H”，可以设置负片层的内缩量。

（3）按快捷键 Ctrl+S 保存叠层设置，完成叠层设置，一个六层板的叠层效果如图 14-17 所示。

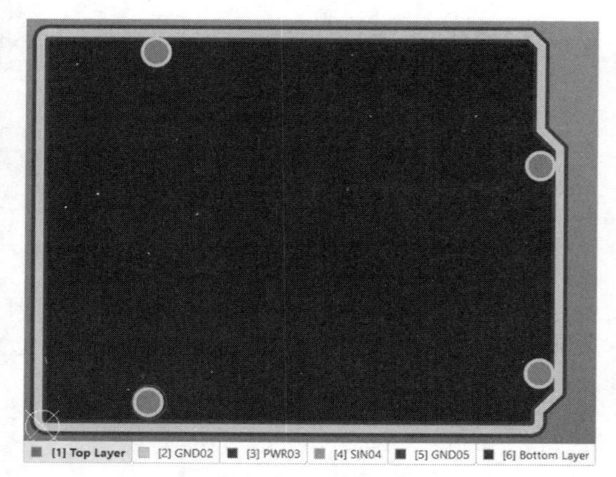

图 14-17　六层板叠层效果

提示：信号层采用“正片”，电源层和 GND 层采用“负片”的方式处理，可以很大程度上减小文件数据量，提高设计速度。

14.9　叠层的对称性

多层板设计中，设置叠层时希望达到内层有一层是正片、另一层是负片的效果，且更改一层，另一层也同时更改，如何实现？

Altium Designer 18 及以后的版本，在多层设计中引入了层叠对称的概念。使用层叠对称，以中心对称的两个层，其参数将被强制设置为相同。

解除层叠对称性的方法如下：

按快捷键 D+K 进入层叠管理器，单击界面右下角的 Panels 按钮打开 Properties 面板，取消勾选 Stack Symmetry 复选框即可，如图 14-18 所示。

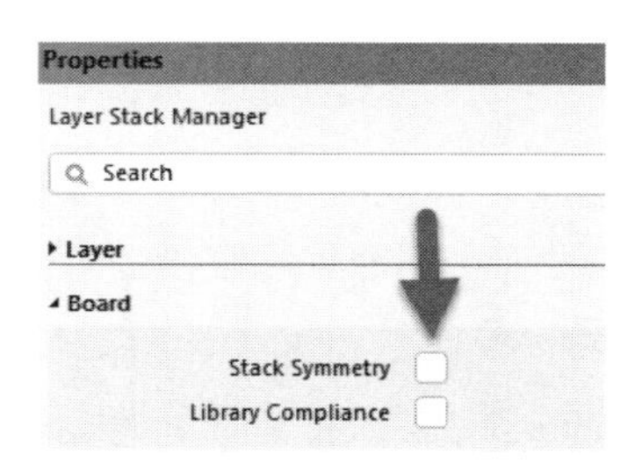

图 14-18　取消层叠对称

14.10　内电层的分割

（1）在多层板的设计中往往有多路电源，所以在 PCB 叠层设置中经常创建一个负片层作为电源层，可以通过电源层对 PCB 上面的电源进行分割，如图 14-19 所示。

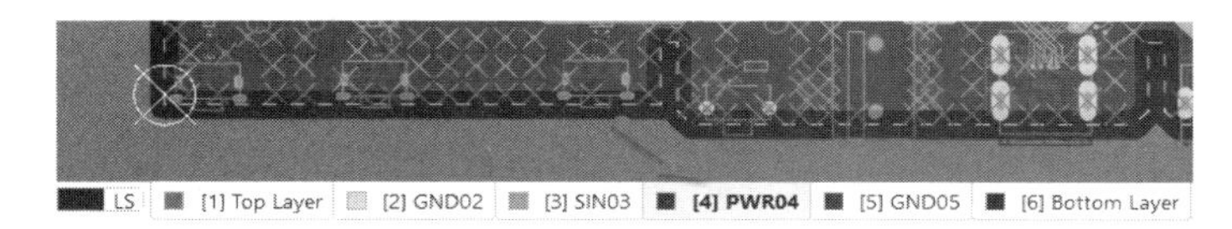

图 14-19　创建一个电源层

（2）在 PWR（电源）层中进行电源分割，在信号层高亮需要分割的电源网络，然后切换到 PWR 层，按快捷键 P+L 放置无网络属性的线条（Line），线宽设置为 10～15mil，如图 14-20 所示。画一个闭合区域，把这些高亮的点全部围起来。

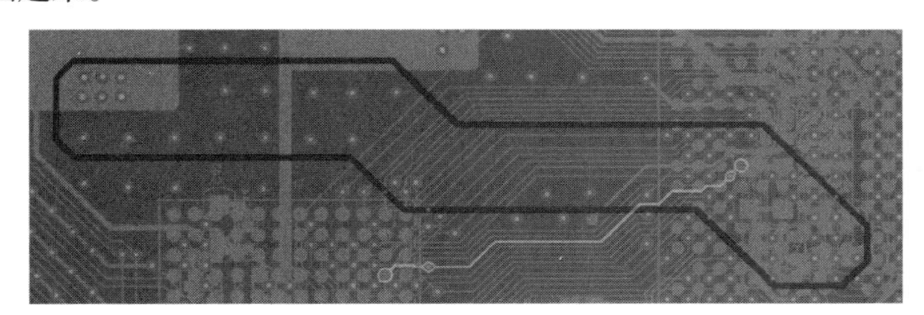

图 14-20　放置分割线

（3）双击被线条围起来的区域，就可以为这个区域添加一个网络，如图 14-21 所示。

图 14-21　为分割区域添加网络

添加网络后可以看见这个分割区域的颜色与其他区域不同，即表明电源分割已经完成，如图 14-22 所示。

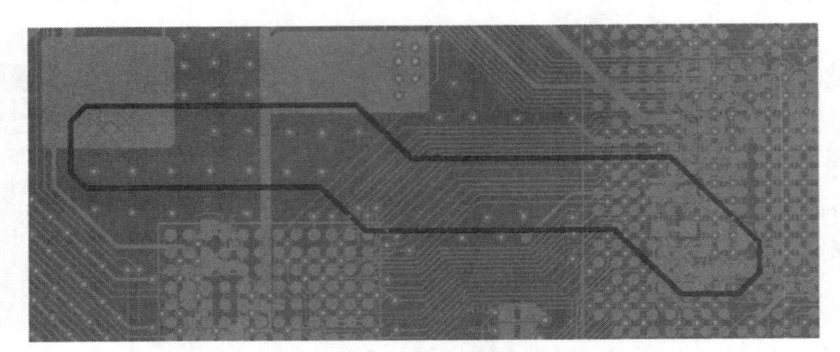

图 14-22　电源分割完毕

14.11　正片与负片的区别及优劣分析

在 Altium Designer 中经常会使用到正片与负片，下面介绍正片与负片的区别及优劣分析。

正片就是平常用于走线的信号层，走线处是铜线，未走线处是空白区域，用 Polygon Pour 进行大块铺铜填充，如图 14-23 所示。

负片与正片相反，它默认铺铜，即生成负片时就已经整层铺铜，走线处是分割线。对负片能做的就是分割铺铜，再设置分割后的铺铜的网络，常用作内电层，如图 14-24 所示。

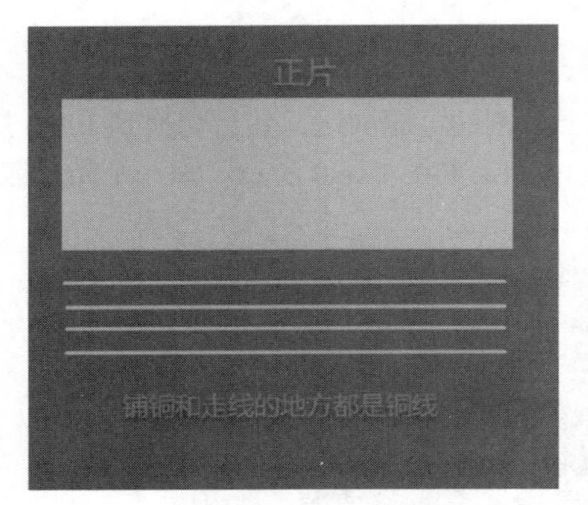

图 14-23　正片

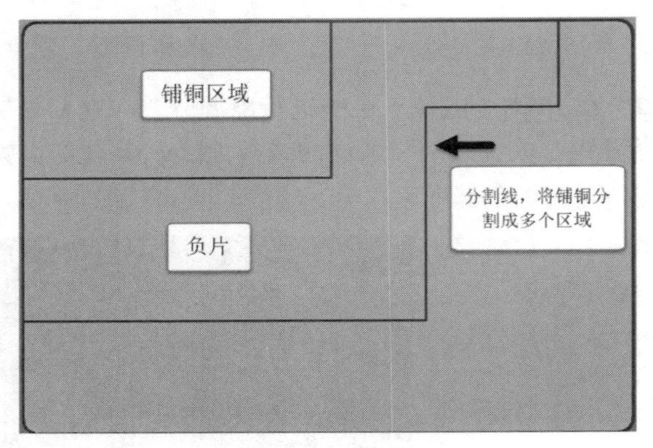

图 14-24　负片

内层负片采用放置线条（无网络特性的 Line）来分割。按快捷键 P+L 即可放置线条，分割线就相当于两块铜皮区域的间距，所以不宜太细，一般采用 12～15mil。分割铺铜时，只要用 Line 画一个闭合区域，再在分割出来的区域双击铜皮就可以为铜皮添加网络。

其实正片和负片都可以用于内电层，正片通过走线和铺铜即可用于内电层。负片的优势在于默认整板铺铜填充，在添加过孔、改变铺铜大小等操作中都不需要重新铺铜，这样就省去了很多软件重新计算铺铜的时间。中间层用于 GND 层和电源层时，层面上大多是大块铺铜，这样就体现出了使用负片的优势。

14.12　如何批量修改电源层分割线的线宽

（1）在 Altium Designer 22 版本中修改分割线线宽的方法如下：

在电源层中选中需要修改线宽的分割线，按快捷键 F11，在弹出的属性编辑对话框的右上角调出过滤器，然后只选择 Tracks 选项，如图 14-25 所示，即可打开线宽修改对话框。

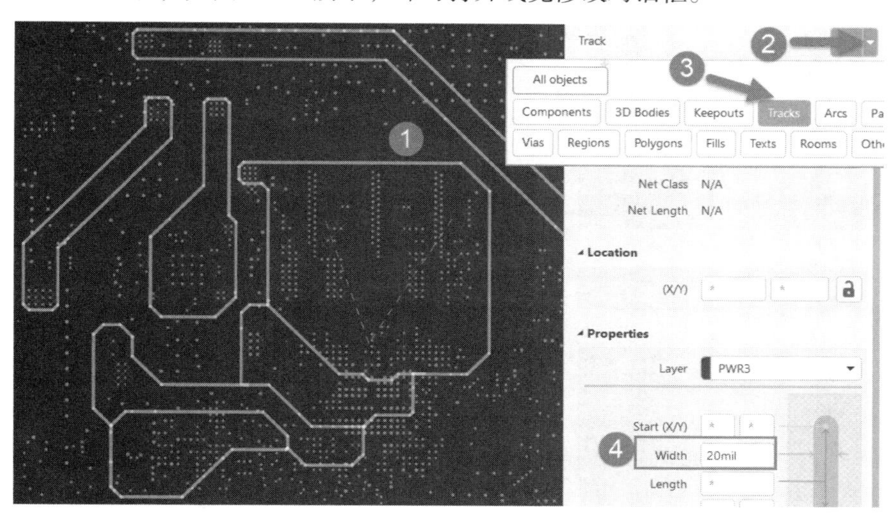

图 14-25　批量修改电源层分割线的线宽

（2）在 Altium Designer 09 版本中修改分割线线宽的方法如下：

在电源层中选中需要修改线宽的分割线，按快捷键 F11，将弹出 PCB Inspector 面板，在 Include only 中选择 Tracks，即可打开统一修改线宽的对话框，如图 14-26 所示。

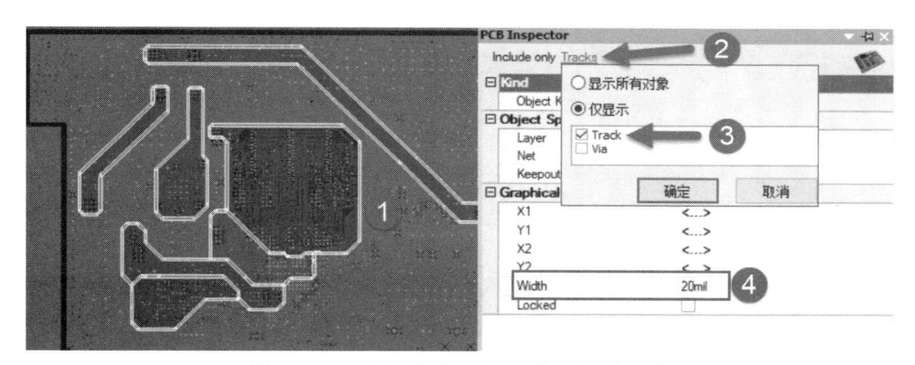

图 14-26　批量修改电源层分割线的线宽

14.13　平面（负片）的多边形设置

Altium Designer 22 支持将电源平面定义为多边形。此功能不会影响电源平面的设计方法，平面仍然定义为负片，放置对象（线、填充等）仍然会在铜中产生空隙。使用多边形的好处在于可以自动检测并清除铜岛、狭窄的颈部和死铜。

其设计步骤如下：

（1）要使用平面多边形功能，需要启用优选项 Advanced Settings 对话框中的 Legacy.PCB.SplitPlanes 选项，如图 14-27 所示。

（2）双击分割的区域，可在 Properties 面板中进行相应的多边形定义，如图 14-28 所示。常规平面与平面多边形在过孔密集处的对比如图 14-29 所示。

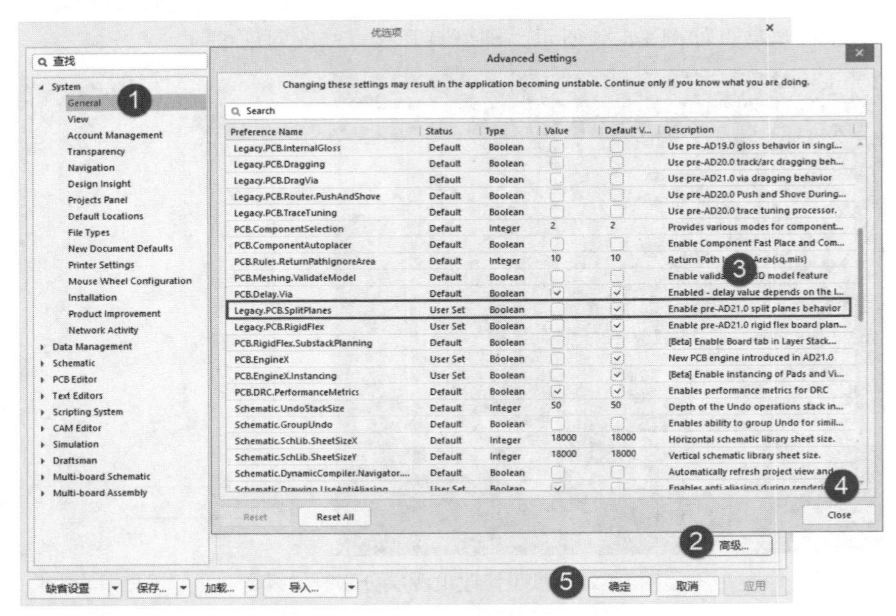

图 14-27 Advanced Settings 对话框

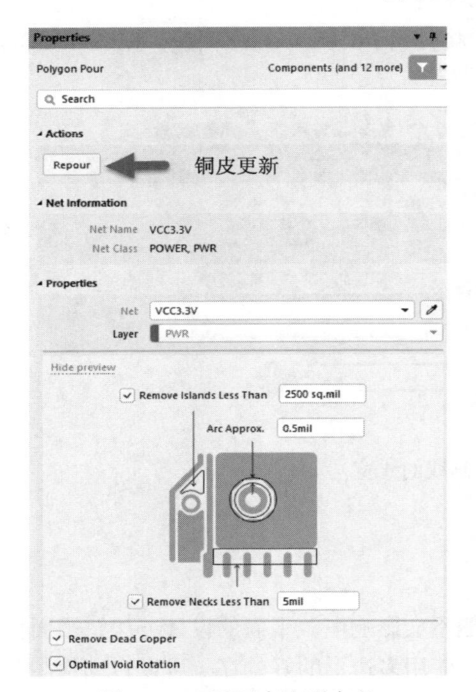

图 14-28 平面多边形定义

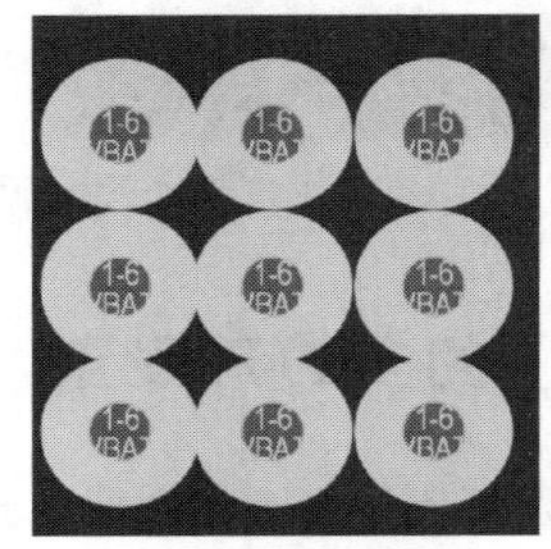
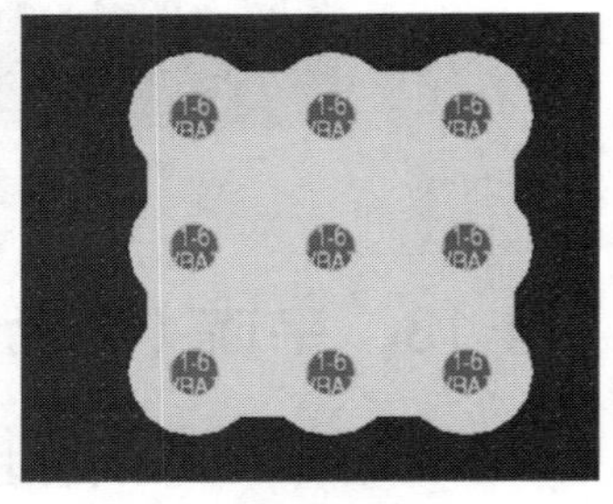
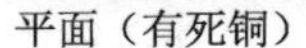

平面（有死铜） 平面多边形

图 14-29 平面与平面多边形的对比

使用平面多边形的注意事项如下：

（1）启用该功能后，需检查每个平面层，双击分割的平面并按 Repour 按钮更新铜皮。

（2）平面层的连接和间隙依然由 PlaneConnect 和 PlaneClearance 设计规则定义。

（3）修改平面（连接或间隙）设计规则后，需要双击该平面，然后按 Repour 按钮，以便更新平面的连接/间隙。

第 15 章 PCB 的过孔与焊盘设置

CHAPTER 15

15.1 如何为没有网络的过孔统一添加网络

在 PCB 编辑界面中，选中任意一个无网络的过孔，然后右击，在弹出的快捷菜单中执行“查找相似对象”命令，将弹出“查找相似对象”对话框。在 Object Specific 选项组中选择相应的对象并将其筛选条件更改为 Same，如图 15-1 所示。单击“确定”按钮，将弹出如图 15-2 所示的对话框，在 Net 选项组中选择网络即可为过孔统一添加网络。

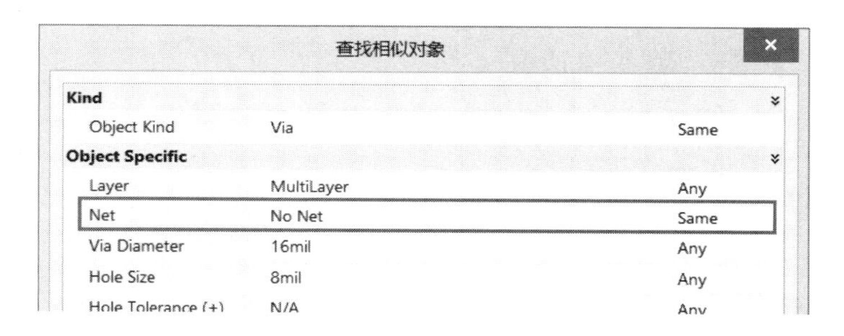

图 15-1 设置相似项

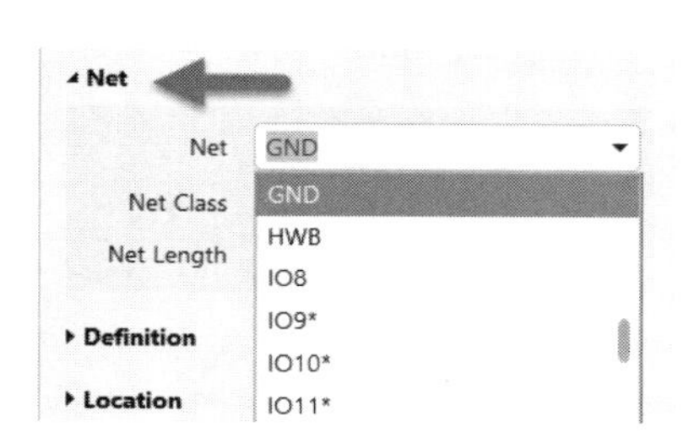

图 15-2 统一添加过孔网络

15.2 如何设置过孔的默认尺寸

首先在规则中对过孔的尺寸进行更改，再执行放置过孔命令。放置过孔前，先按 Tab 键修改默认尺寸，然后再放置过孔，这样之后每次放置的过孔都将是同样的尺寸。

15.3 PCB 布线过程中如何快速打孔，以及如何实现快速打孔并换层

在 PCB 布线过程中按数字键 2，可实现快速打孔。按 * 键可以实现快速打孔并换层，如图 15-3 所示。

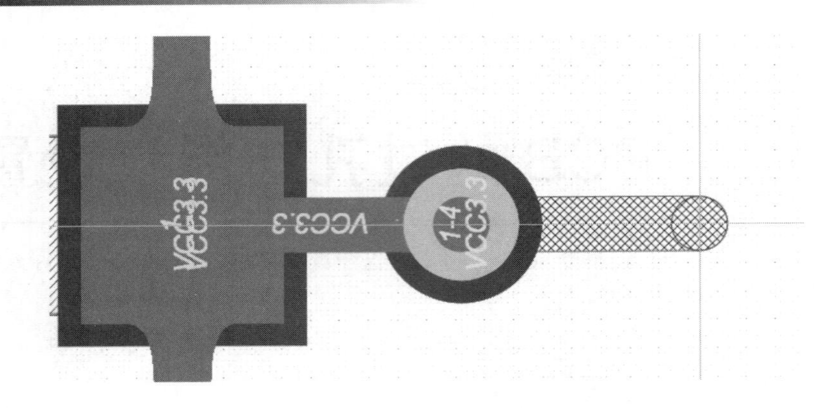

图 15-3 快速打孔并换层

15.4 如何快速为信号线添加屏蔽过孔

在信号线两边添加屏蔽过孔不比 PCB 布线轻松，有没有更好的操作方法呢？

Altium Designer 新版本中的“添加网络屏蔽”功能可以自动完成信号线两旁的打过孔工作。添加网络屏蔽的具体步骤如下：

（1）打开 PCB 编辑界面，执行菜单栏中的“工具”→“缝合孔/屏蔽”→“添加网络屏蔽”命令，打开“添加屏蔽到网络[mil]”对话框，设置相应的参数，如图 15-4 所示。

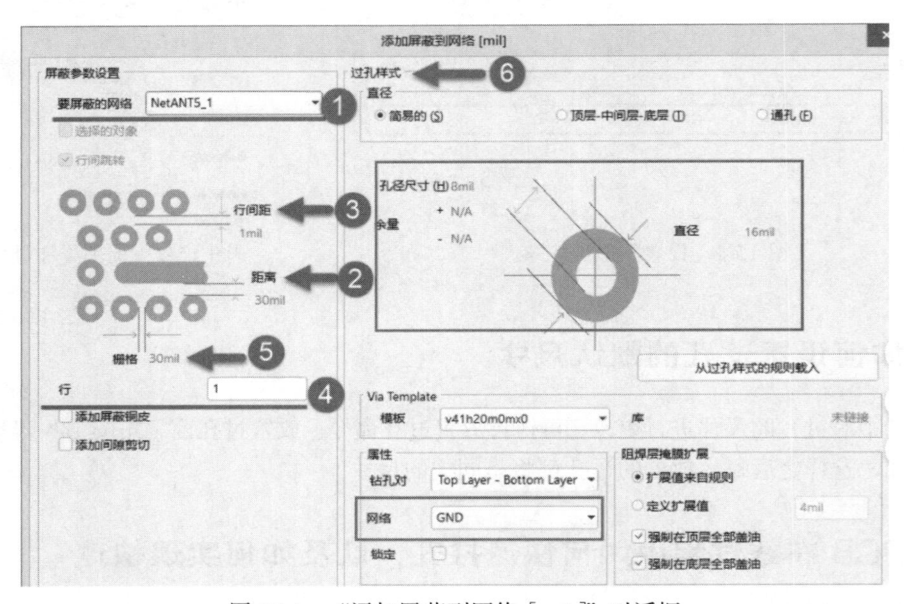

图 15-4 “添加屏蔽到网络［mil］”对话框

① 设置需要屏蔽的信号线网络（Net to shield）。此处选择要屏蔽的网络为 NetANT5_1。

② 设置过孔边缘到信号线边缘的距离（Distance）。此处设置为 30mil。

③ 设置两排过孔的行间距（Row spacing）。如果过孔行数为 1，可忽略该间距值。

④ 设置过孔行数（Rows）。

⑤ 设置过孔间距（Grid）。

⑥ 在过孔样式（Via Style）中设置过孔尺寸及过孔网络。

（2）参数设置完毕后，单击“确定”按钮，软件会自动添加屏蔽过孔，效果如图 15-5 所示。

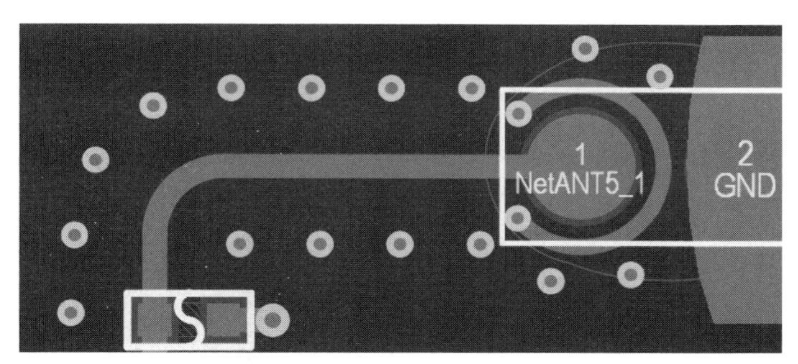

图 15-5　自动添加过孔屏蔽

15.5　如何快速为整板添加地过孔

Altium 新版本中的“给网络添加缝合孔”功能可以自动完成整板添加地过孔工作。

（1）首先打开 PCB 编辑界面，执行菜单栏中的“工具”→“缝合孔/屏蔽”→“给网络添加缝合孔”命令，或者按快捷键 T+H+A，打开“添加过孔阵列到网络［mil］”对话框，在该对话框中按照图 15-6 所示设置相应的参数。

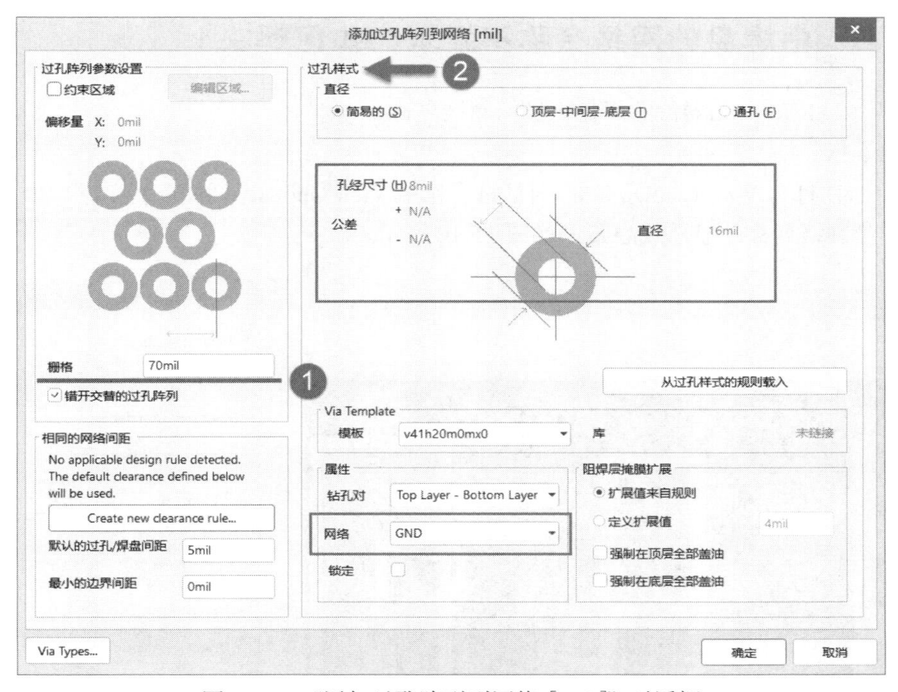

图 15-6　“添加过孔阵列到网络［mil］”对话框

① 设置过孔间距（Grid）。

② 在过孔样式（Via Style）中设置过孔尺寸及过孔网络。

需要特别提示的是，给整板添加地过孔之前，需要对 PCB 顶层和底层铺上地铜皮，否则无法自动添加地过孔，且会弹出如图 15-7 所示的信息提示。

（2）参数设置完毕后，单击“确定”按钮，等待软件完成地过孔的添加即可。添加完地过孔的效果如图 15-8 所示。

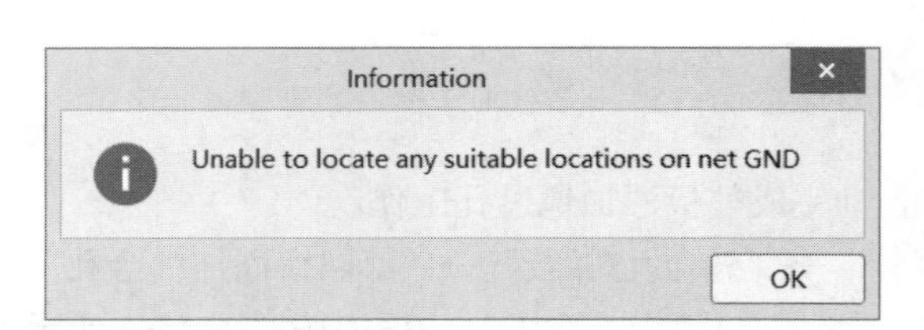

图 15-7 提示 Unable to locate any suitable locations on net GND

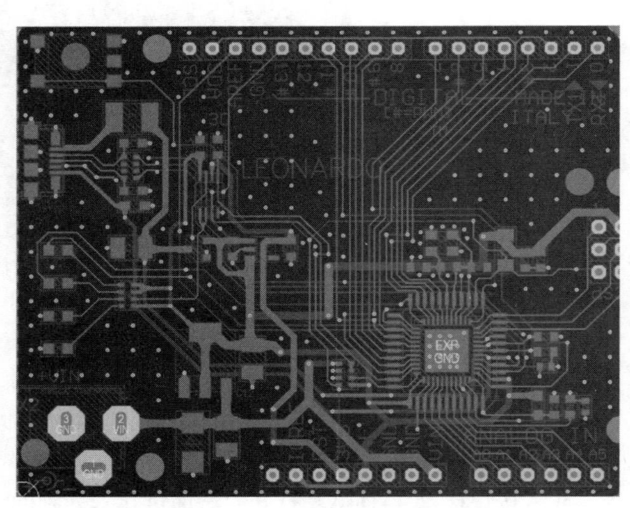

图 15-8 PCB 整板添加地过孔效果

15.6 PCB 中焊盘的网络名称不显示，如何解决

如图 15-9 所示，PCB 中元器件的焊盘不显示网络名称。

解决方法如下：

按快捷键 Ctrl+D 打开 View Configuration 对话框，选择 View Option（视图配置）选项卡，在 Pad Nets 选项中可以设置焊盘网络名称的显示或隐藏，如图 15-10 所示。

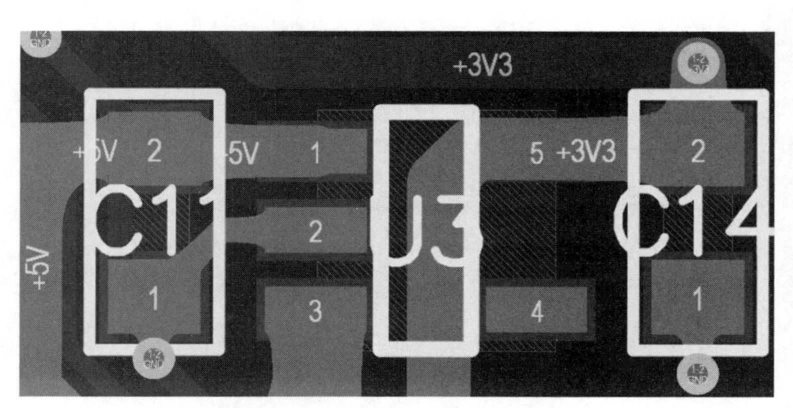

图 15-9 焊盘不显示网络名称

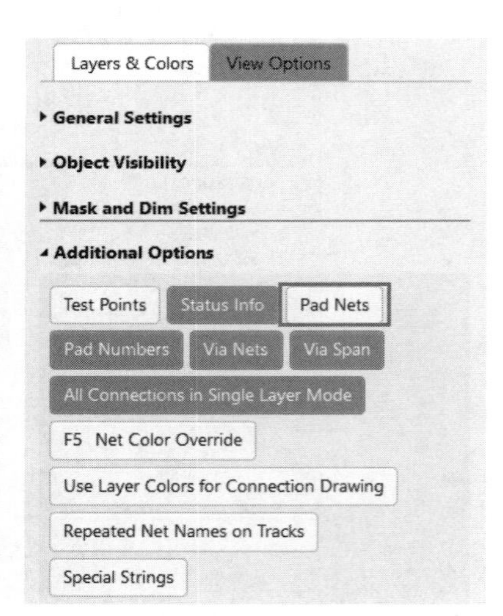

图 15-10 设置焊盘网络名称的显示与隐藏

15.7　PCB 中过孔的网络名称不显示，如何解决

如图 15-11 所示，PCB 中的过孔不显示网络名称。

解决方法如下：

按快捷键 Ctrl+D，打开“视图选项”对话框，选择 Via Nets 选项并勾选“显示过孔网络”复选框即可，如图 15-12 所示。

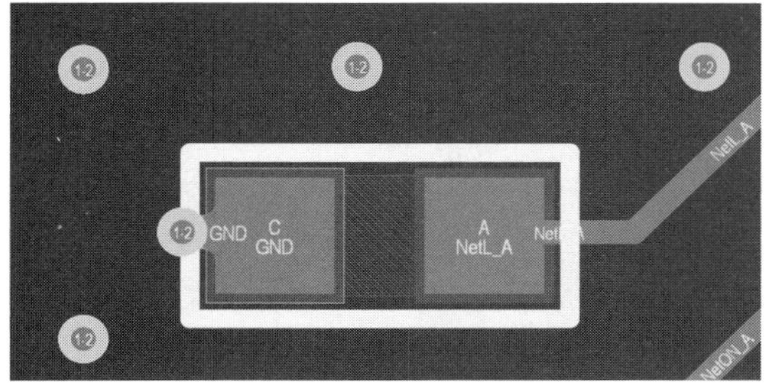

图 15-11　过孔不显示网络名称

图 15-12　显示过孔网络设置

15.8　导线与过孔、焊盘等是否连接到位的检查方法

（1）按快捷键 Ctrl+D，打开 View Configuration（视图配置）面板，在 Draft 栏勾选 Pads 和 Vias 对应的复选框将其设置为半透明状态，如图 15-13 所示。

（2）在该模式下可以清楚地看到 PCB 走线与过孔、焊盘等是否连接到位的情况，如图 15-14 所示。

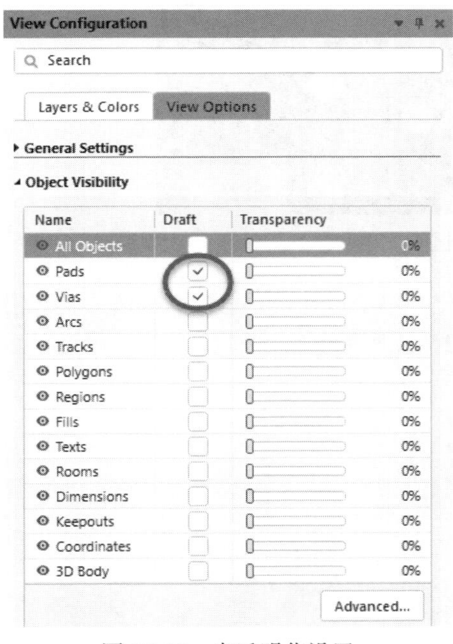

图 15-13　半透明化设置

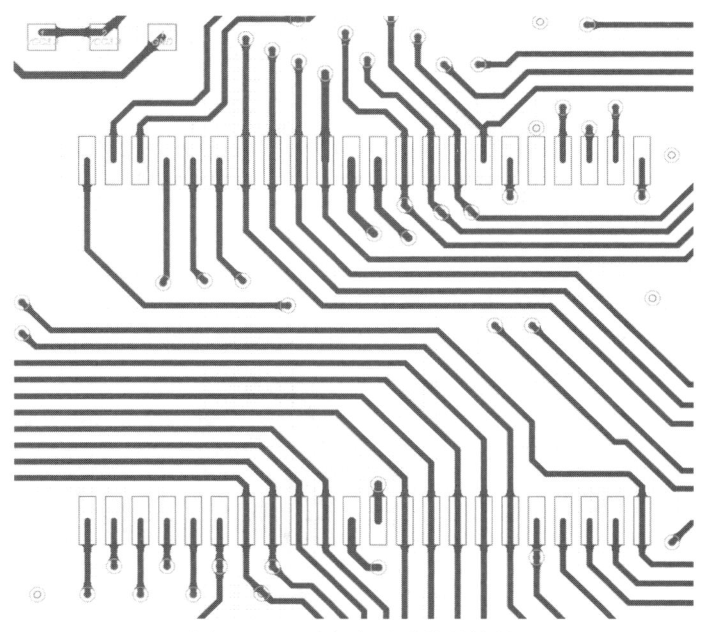

图 15-14　对象半透明化的效果

15.9 过孔中心的叉号图形（×）是什么，如何消除

放置的过孔中心有一个叉号，如图 15-15 所示。在多层板中，这代表过孔与内电层（平面）相互连接。此标记不能删除，若不习惯，可在前期的设计中先隐藏内电层。

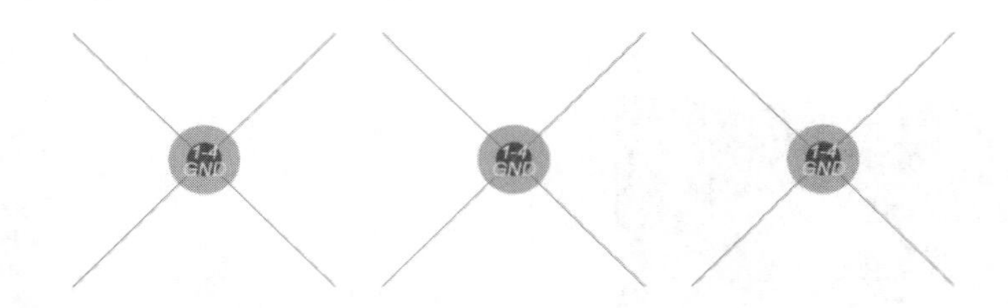

图 15-15 过孔中心叉号

15.10 过孔盖油与不盖油的设置方法

过孔不盖油是指过孔开窗，即铜箔裸露；盖油即不开窗，将过孔的铜箔用绿油盖住。二者区别如图 15-16 所示。

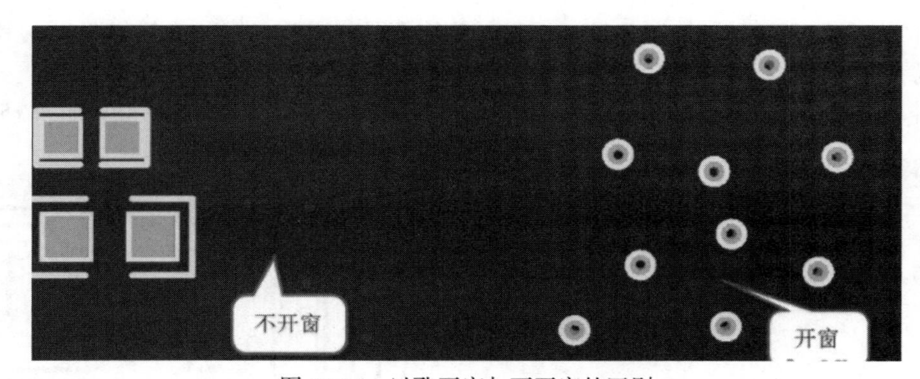

图 15-16 过孔开窗与不开窗的区别

对于普通的过孔，一般在生产时都做盖油处理，防止过孔氧化。单个过孔设置盖油的方法为：双击需要盖油的过孔，在弹出的过孔属性编辑对话框中设置盖油，如图 15-17 所示。

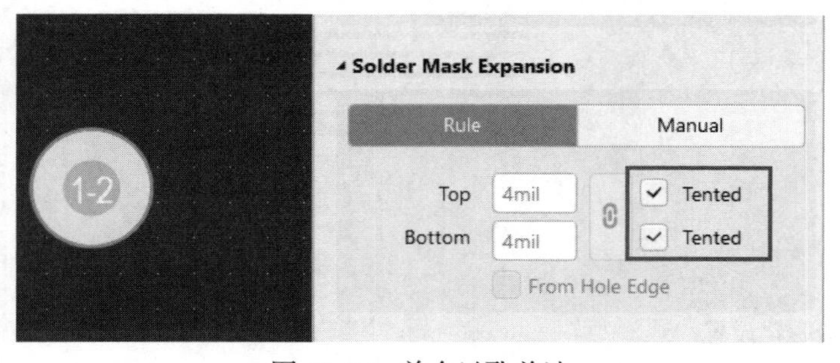

图 15-17 单个过孔盖油

对于多个需要盖油的过孔，使用全局修改来设置。右击过孔，在弹出的快捷菜单中执行“查找相似对象”命令，设置相似项，再设置盖油即可，如图 15-18 所示。

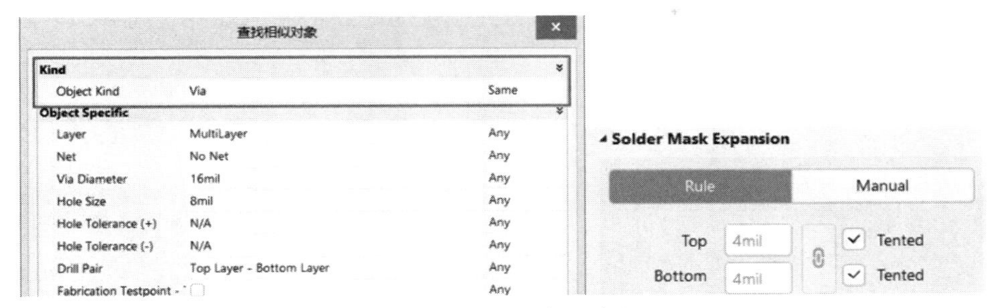

图 15-18　过孔全局盖油

15.11　过孔中间层的削盘处理

在进行 PCB 设计时，可能会遇到过孔需要削盘处理，以便空出更多的布线空间。双击过孔，将弹出过孔属性编辑对话框，选择 Top–Middle–Bottom 选项，然后选择需要削盘的层，将 Diameter 改为 0mil 即可，如图 15-19 所示。器件焊盘同样可以进行削盘，可以通过执行菜单栏中的 Tools→Remove Unused pad shapes 命令进行移除。

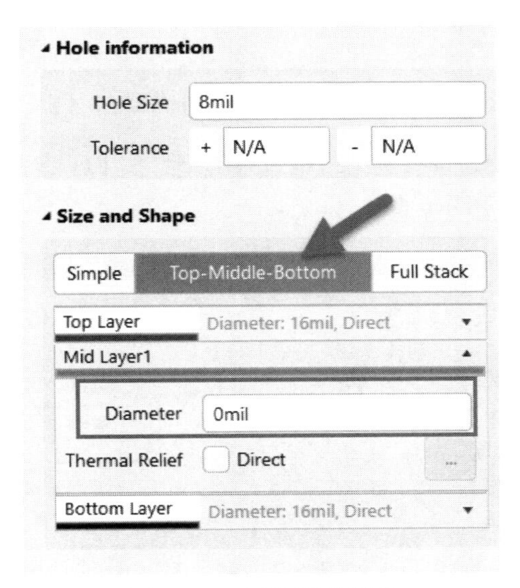

图 15-19　过孔削盘设置

15.12　Altium Designer 中盲埋孔的定义及相关设置

随着便携式产品的设计朝着小型化和高密度的方向发展，PCB 的设计难度越来越大，对 PCB 的生产工艺也提出了更高的要求。在目前大部分的便携式产品中 0.65mm 间距以下 BGA 封装均使用了盲埋孔的设计工艺。其中两个概念含义如下：

（1）盲孔（Blind Vias）：将 PCB 内层走线与 PCB 表层走线相连的过孔类型，不穿透整个板子。

（2）埋孔（Buried Vias）：只连接内层之间的走线的过孔类型，处于 PCB 内层，所以从 PCB 表面无法看出。

① 在 Altium Designer 22 中实现盲埋孔设计，首先按快捷键 D+K 进入层叠管理器，单击左下角的 Via Types 按钮，添加过孔类型，如图 15-20 所示。

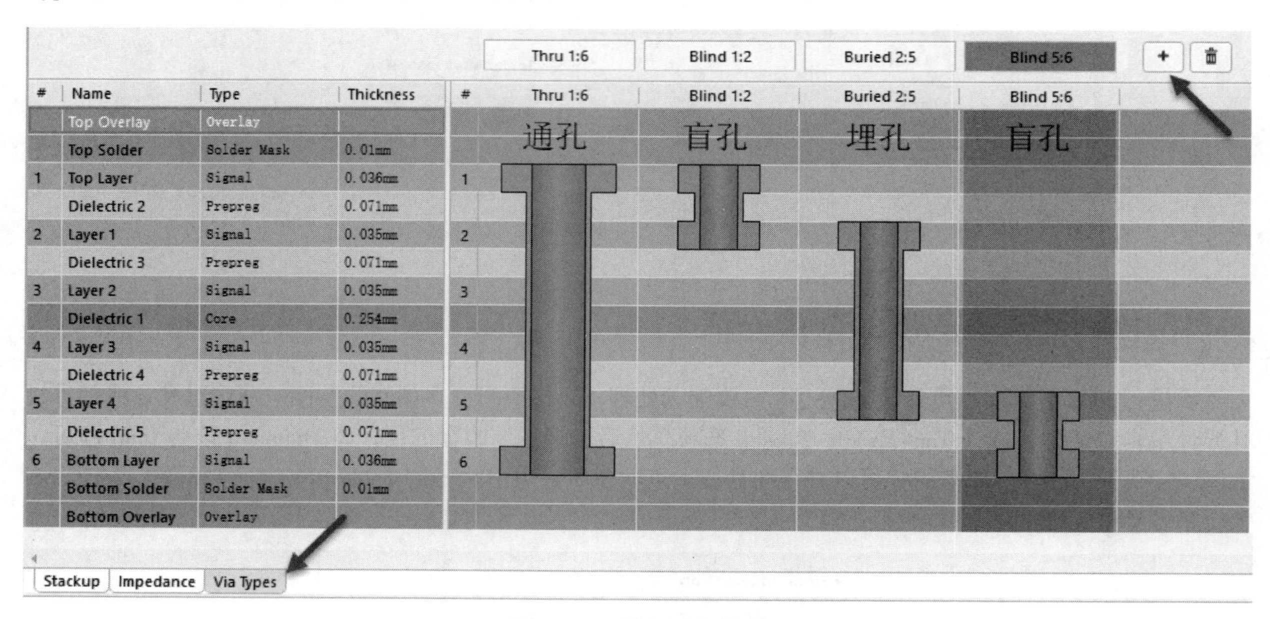

图 15-20　添加过孔类型

② 单击+按钮，增加过孔类型。选择其中一个过孔类型，按 F11 键打开 Properties 面板，设置钻孔对，可修改过孔连接的层，如图 15-21 所示。

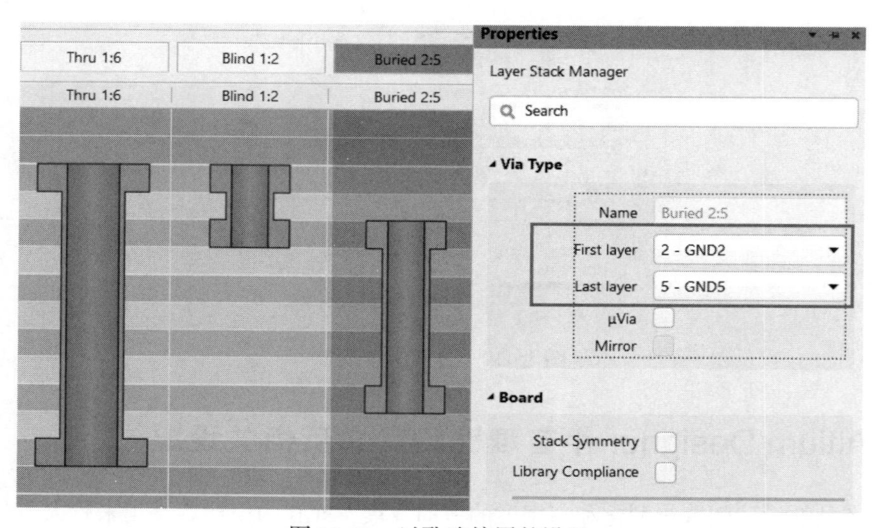

图 15-21　过孔连接层的设置

③ 在 PCB 中放置过孔时，在过孔属性编辑对话框中选择需要的过孔类型即可，如图 15-22 所示。如果是低版本的 Altium Designer 09 软件，在层叠管理器中添加钻孔对的方式如图 15-23 所示。

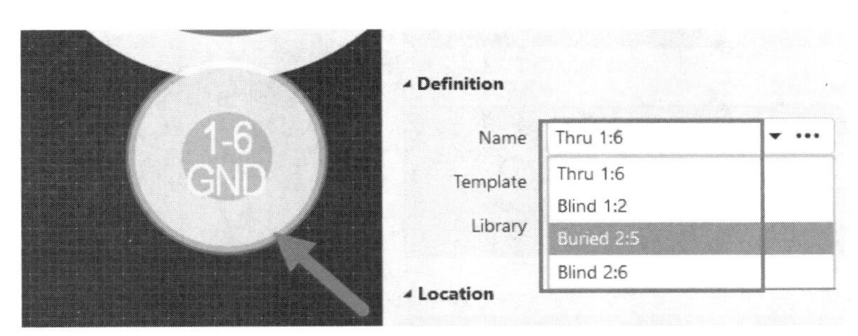

图 15-22 选择过孔类型

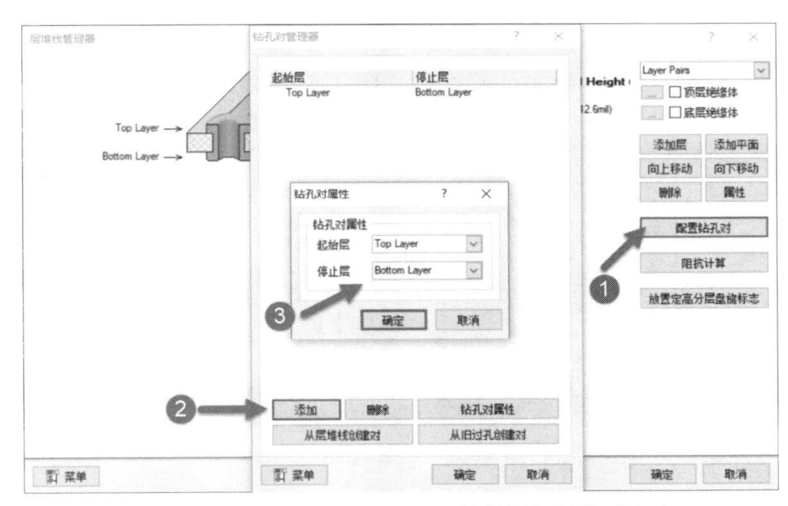

图 15-23 在 Altium Designer 09 软件添加钻孔对方法

15.13 μVia 的设置

μVias（微过孔）用于高密度互连（HDI）设计中层之间的互连，以适应高级元器件封装和电路板设计的高输入/输出（I / O）密度。顺序构建（SBU）技术用于制造 HDI 板。HDI 层通常构建在传统制造的双面核心板或多层 PCB 上。由于每个 HDI 层都建立在传统 PCB 的每一侧，因此可以使用激光钻孔、通孔形成、金属化和通孔填充的方法形成 μVias。因为孔由激光钻成，所以具有锥形形状。

如果连接需要通过多个层的路径，则原始方法是使用阶梯状模式错开一系列 μVias。现在，技术和工艺的改进使 μVias 可以直接堆叠在一起。

掩埋的 μVias 需要填充，而外部层上的盲 μVias 不需要填充。堆叠的 μVias 通常填充有电镀铜，以在多个 HDI 层之间形成电互连，并为 μVia 的外层提供结构支撑。

Altium Designer 22 支持从一层到相邻层的 μVias；支持的另一种类型的 μVias 称为 SkipμVia，此类型跳过相邻层，然后连接在下一个铜层上。根据定义的图层跨度自动检测 Via 类型，如图 15-24 所示。经过多个层时，μVias 会自动堆叠。

过孔在“层叠管理器”的“过孔类型”选项卡中定义。单击选择 Via Types 选项，单击“+Add”按钮添加新的过孔跨度定义。在 Properties（属性）面板中选择过孔要跨越的第一层和最后一层。注意，如果过孔是 μVia，则选择两个层的顺序定义钻孔方向，如图 15-24 中锥形 μVia 形状的方向所示。

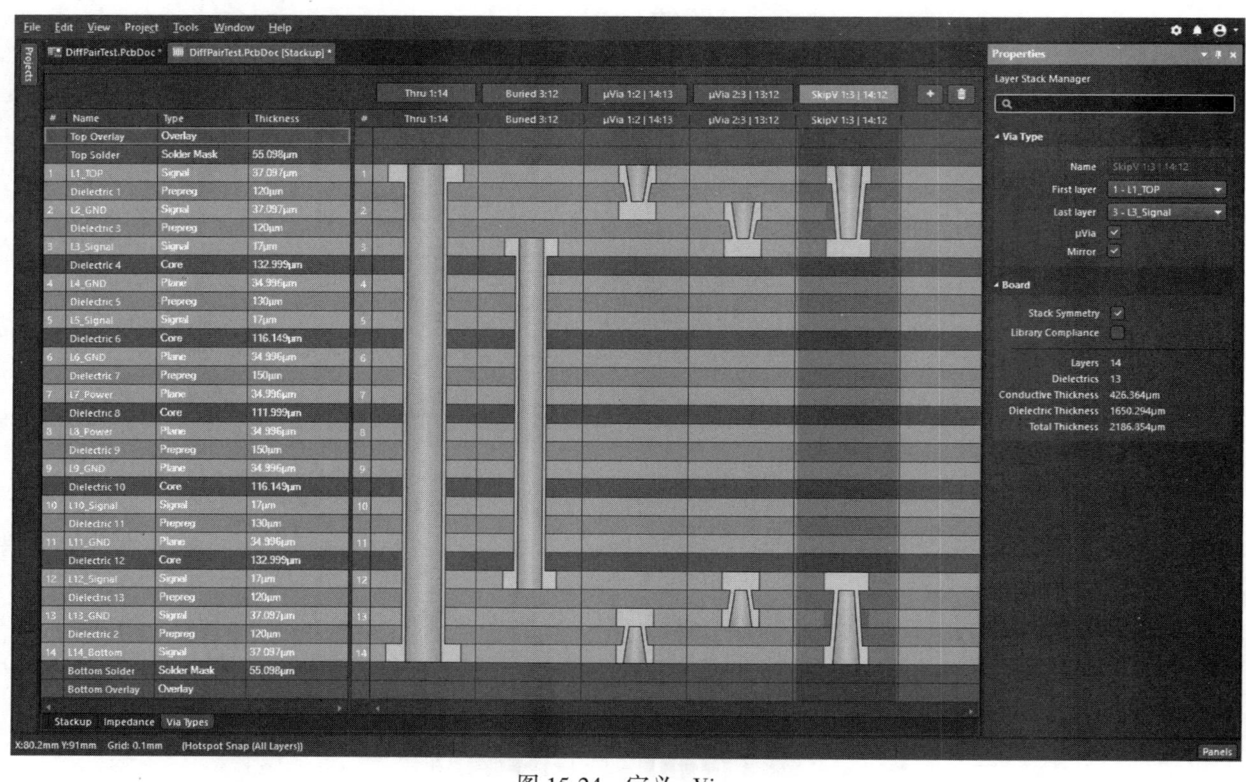

图 15-24 定义 μVias

要定义 μVia，需要勾选 μVia 复选框。当通孔跨越相邻层或相邻的+1（称为跳过通道）时，此选项可用。新的 via 定义自动命名为<Type> <FirstLayer>：<LastLayer>（如“Thru 1：2”）。根据跨越的层和 μVia 选项自动检测类型。过孔类型添加及属性设置如图 15-25 所示。

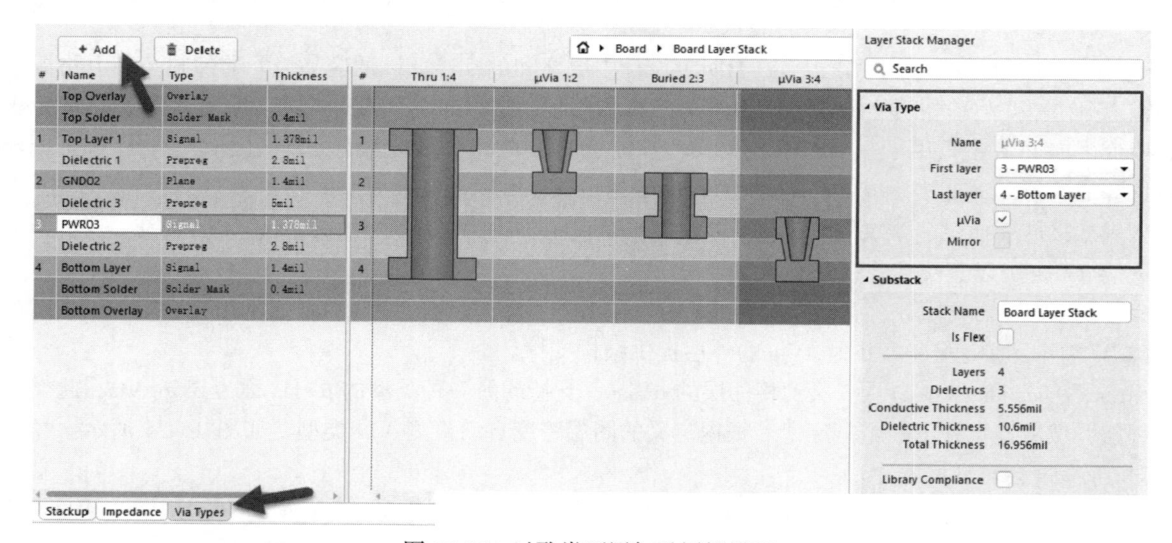

图 15-25 过孔类型添加及属性设置

在 PCB 中使用 μVias 进行设计时，放置过孔的状态下按 Tab 键可修改过孔属性，如图 15-26 所示。

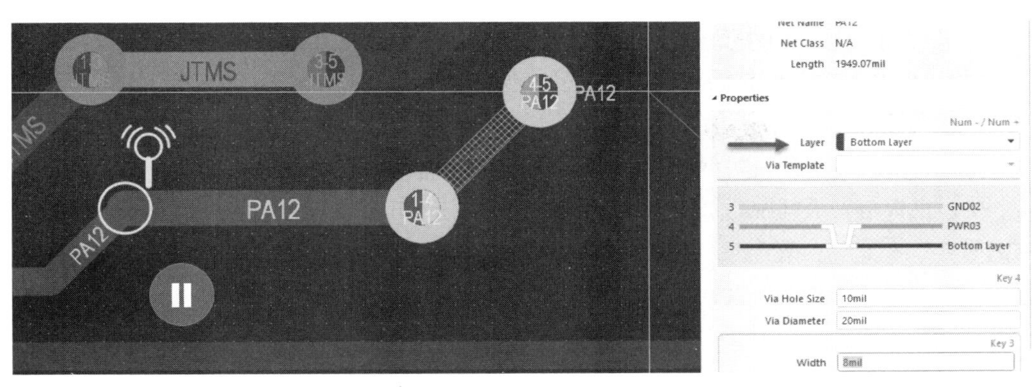

图 15-26 修改过孔属性

当更改布线图层时，将自动选择最适合该层跨度的 Via 类型。

过孔尺寸属性根据适用的 Routing Via Style 设计规则进行设计，所以需要在 PCB 设计规则及约束编辑器中定义合适的 Routing Via Style 设计规则，以确保放置的 μVias 尺寸正确。

如果有多个“通道类型”组合可用于适合跨越的图层，可以按快捷键 6 以循环显示可用组合。

15.14 过孔和焊盘的相互转换

在 Altium Designer 中可以实现过孔和焊盘的相互转换。选中需要转换的过孔或焊盘，执行菜单栏中的“工具”→“转换”→“选中的自由焊盘转换成过孔”（或“选择的过孔转换成自由焊盘”）命令，即可实现过孔和焊盘的相互转换，如图 15-27 所示。

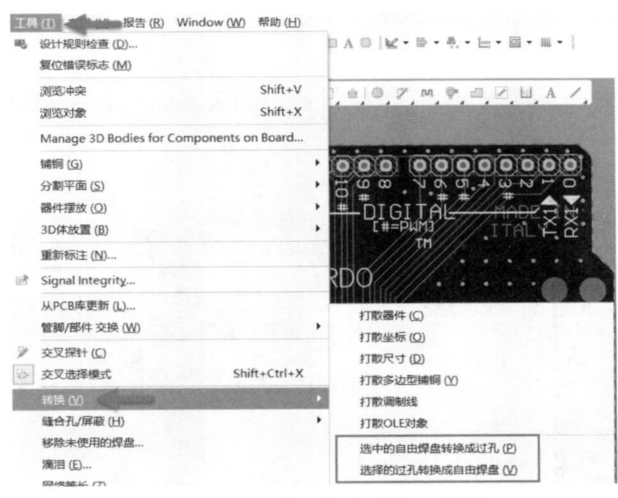

图 15-27 过孔和焊盘的相互转换

15.15 设置邮票孔

PCB 中的邮票孔一般有两种用途。（1）在拼板设计时用于主板和副板的分板，或者 L 型板子的折断。主板和副板有时需要筋连接，便于切割，在筋上会开一些小孔，类似于邮票边缘的孔，称为 PCB 拼板邮票孔。这种孔主要是为了方便 PCB 的分割。（2）用在 PCB 边，也叫 PCB 半孔。不同于拼板邮票孔，半孔主要用在核心板和模块上，用于核心板与底板的焊接或模块的焊接。

1. PCB拼板邮票孔

这种孔的做法为放置孔径（包括焊盘大小）为 0.5mm 的非金属化孔，孔中心间距为 0.8mm，每个位置放置 4～5 个孔，主板与副板间距为 2mm。邮票孔的放置效果如图 15-28 所示。

2. PCB半孔

按照图 15-29 所示的尺寸演示 PCB 半孔的设计。

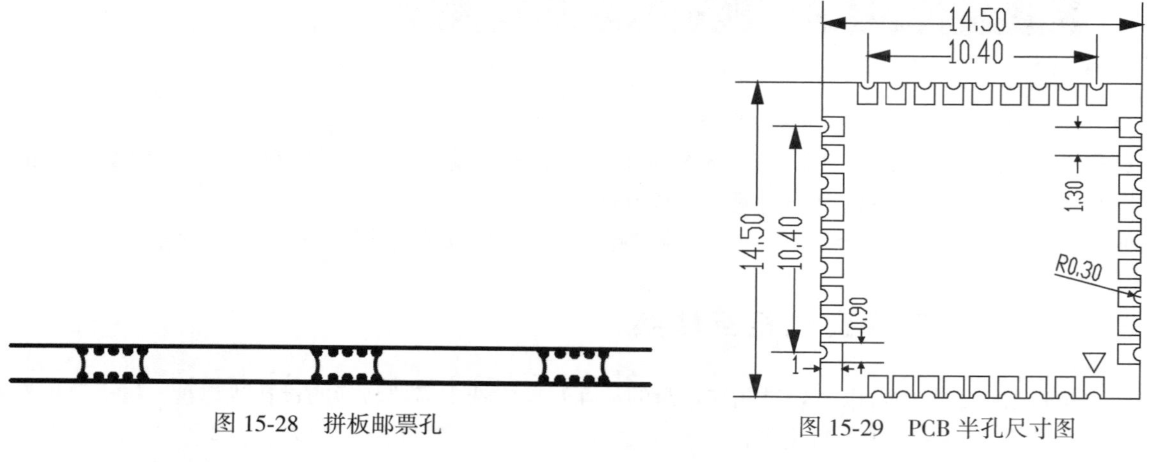

图 15-28　拼板邮票孔

图 15-29　PCB 半孔尺寸图

（1）邮票孔焊盘的制作。

从图 15-29 可以看出，焊盘的长为 1mm、宽为 0.9mm，钻孔半径为 0.3mm，在 Altium Designer 的焊盘属性编辑对话框中输入这些数据，如图 15-30 所示。

（2）焊盘的定位。焊盘的定位方法与 3.7 节绘制 PCB 封装时快速定位焊盘位置的方法一致，这里不再赘述。完成后的 PCB 半孔如图 15-31 所示。

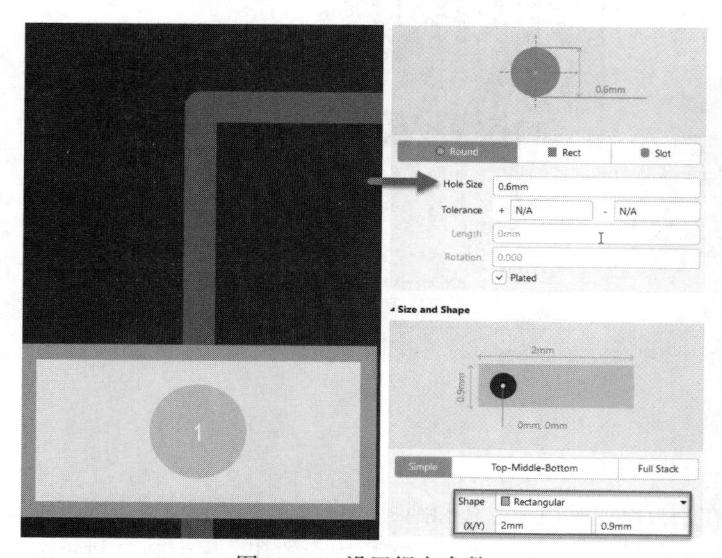

图 15-30　设置焊盘参数

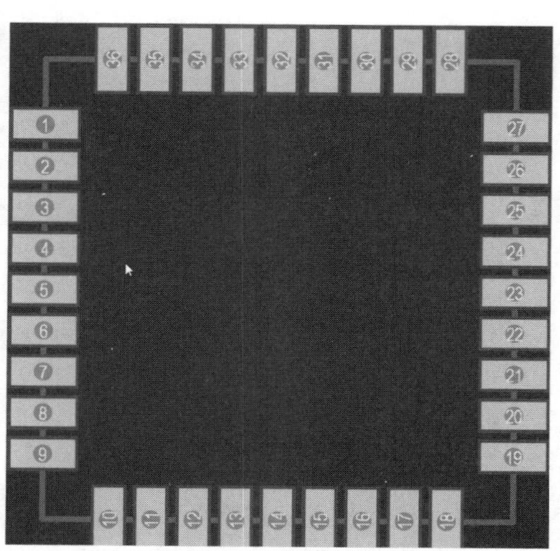

图 15-31　PCB 半孔

第 16 章 PCB 的布线设置

CHAPTER 16

16.1 PCB 布线时走线末端总会有一个线头，如何解决

如图 16-1 所示，PCB 布线时线的末端总会不可控制地遗留一个小线头。

图 16-1　PCB 布线末端遗留小线头

解决方法如下：

这是因为关闭了布线前瞻功能。在交互式布线期间，对于当前正在布线的网络，已经确定布线的轨道段显示为实心，而尚未确定布线的轨道段显示为阴影线或空心，所有阴影线段都会在下一次单击时放置。中空部分称为前瞻部分，用于布线时提前计划，考虑下一个段可能放在哪里，而不需要提交它。按数字键 1 可在布线时切换布线前瞻模式的开启与关闭（布线前瞻的功能在 PCB 布线中默认是打开的）。

16.2 PCB 布线时按 Shift+空格键，无法切换拐角模式，如何解决

Altium Designer 软件在布线时，按快捷键 Shift+空格键总是切换不了布线拐角模式。这是因为计算机使用的是搜狗输入法或其他输入法的英文状态，按 Shift+空格键可能和输入法软件的快捷键冲突，造成 Altium Designer 软件无法正常执行快捷键来切换布线拐角模式。为了解决这一问题，需要安装美式键盘。美式键

盘的添加方法在第 1 章已经介绍过。

提示：切换布线模式时，可能遇到无法画弧线的情况，此时需打开“优选项”对话框，取消勾选“限制为 90/45”复选框，如图 16-2 所示。

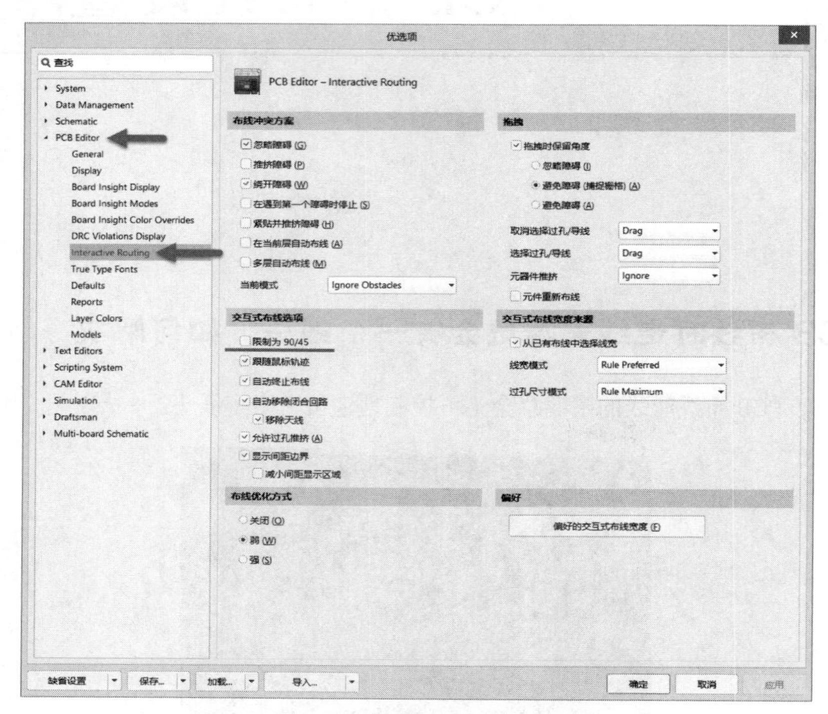

图 16-2　限制为 90/45 布线

16.3　走线过程中，出现闭合回路无法自动删除，如何解决

按快捷键 O+P 打开“优选项”对话框，在 PCB Editor 选项下的 Interactive Routing 选项中勾选“自动移除闭合回路”复选框，如图 16-3 所示。

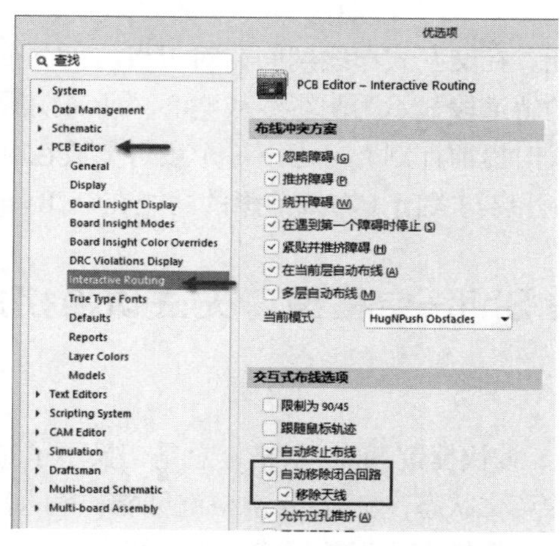

图 16-3　自动移除闭合回路设置

16.4　PCB 布线时如何设置才可以使不同网络的走线不能相交

如图 16-4 所示，PCB 布线时，不同网络的走线可以相互跨越，如何设置让其避开障碍，而不会相交？

解决方法如下：

这是 PCB 布线模式选择的问题。在 PCB 布线模式中有忽略障碍、推挤障碍、绕开障碍、在遇到第一个障碍时停止、紧贴并推挤障碍等多种 PCB 布线模式，用户可以根据需要切换不同的布线模式。按快捷键 O+P 打开“优选项”对话框，在 PCB Editor 选项下的 Interactive Routing 选项中勾选需要的 PCB 布线模式，如图 16-5 所示。

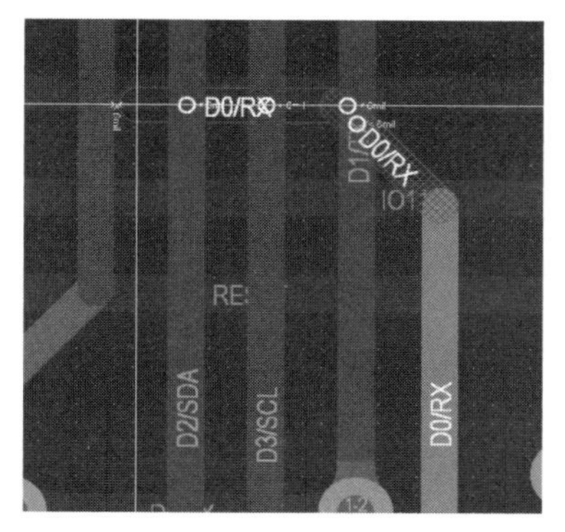

图 16-4　PCB 忽略障碍布线

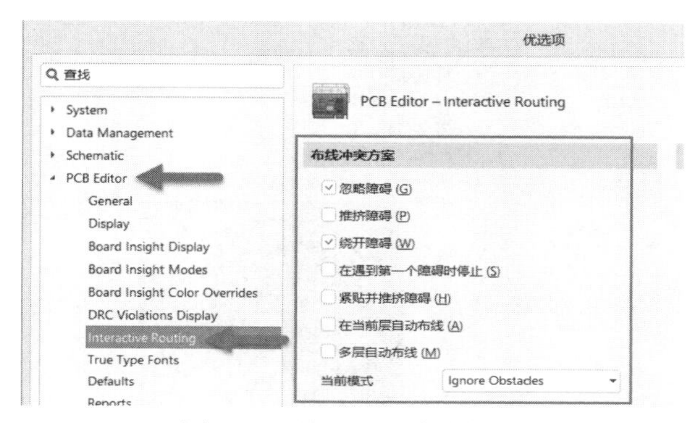

图 16-5　设置 PCB 布线模式

在 PCB 布线过程中按快捷键 Shift+R，可以快速切换 PCB 布线模式。

16.5　PCB 布线时如何实时显示走线长度（线长提示框）

在 PCB 布线状态下按快捷键 Shift+G 可以实时显示布线的总长度，如图 16-6 所示。

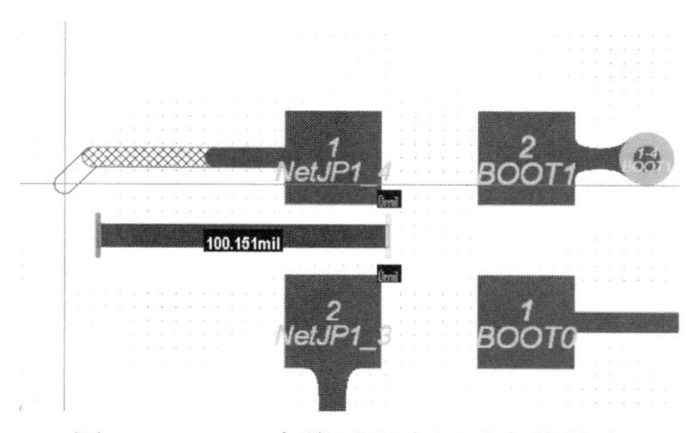

图 16-6　PCB 布线过程中显示布线长度

16.6　PCB 布线过程中如何在最小线宽、优选线宽、最大线宽之间切换

Altium Designer 在 PCB 布线的过程中按数字键 3，可在规则设置的最小线宽、优选线宽、最大线宽之间切换。

16.7 PCB 中设置了布线的优选线宽规则，但是布线时没有按照规则设置的线宽走线，如何解决

如图 16-7 所示，明明设置了 PCB 布线的优选规则，但是布线时并没有按照设置的线宽走线。

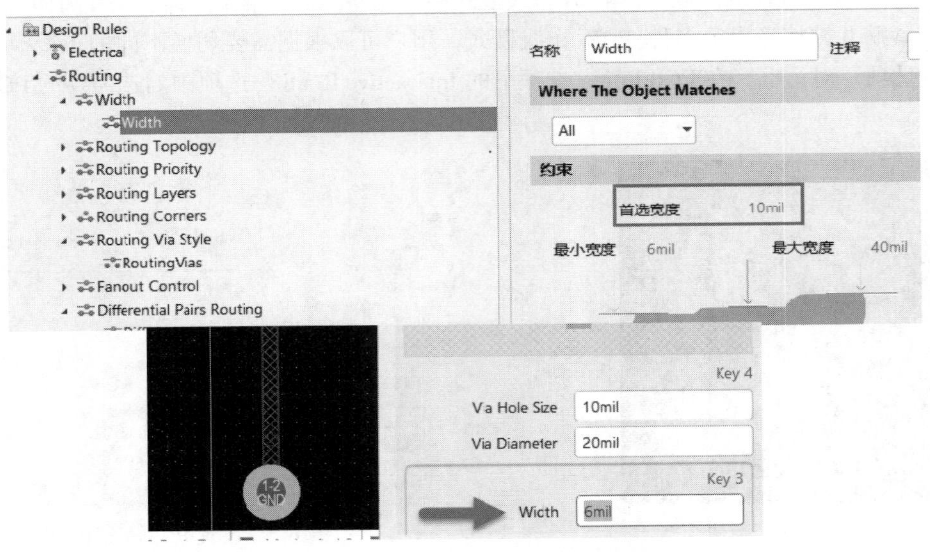

图 16-7　PCB 布线没有按照线宽规则走线

解决方法如下：

按快捷键 O+P 打开"优选项"对话框，在 PCB Editor 选项下的 Interactive Routing 选项中选择交互式布线宽度来源，如图 16-8 所示。然后即可在 PCB 中按照选择的线宽模式进行布线。

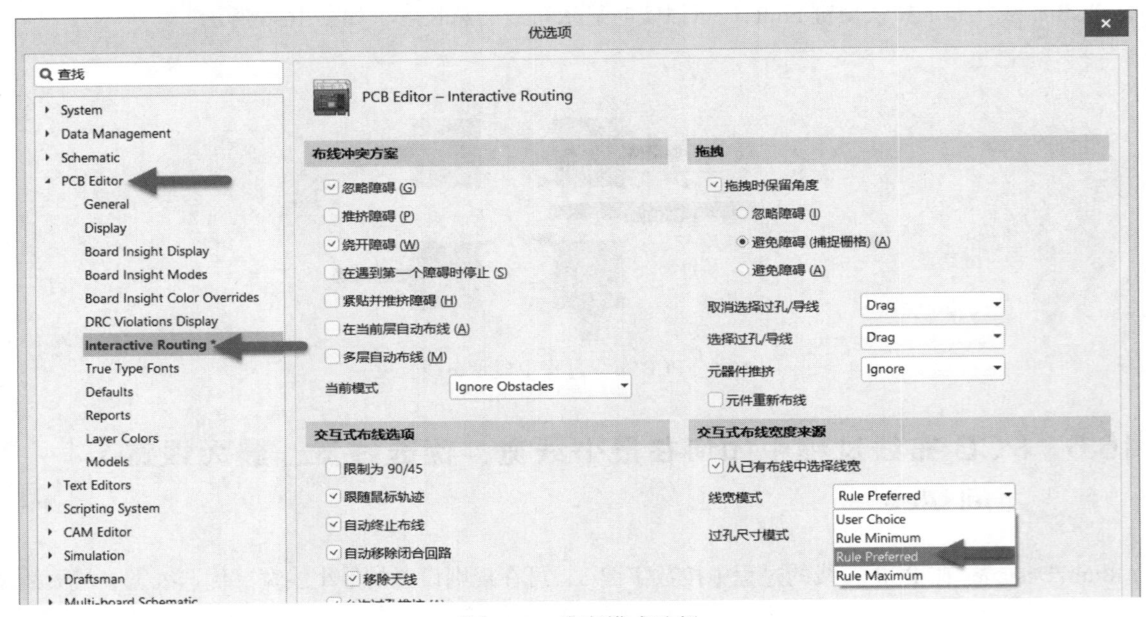

图 16-8　线宽模式选择

16.8　如何设置使移动过孔时相连的走线不移动

如图 16-9 所示，移动过孔时，相连的走线也跟着一起移动，如何设置让走线不随过孔移动？

图 16-9　移动过孔时走线随之移动

解决方法如下：

按快捷键 O+P 打开“优选项”对话框，在 PCB Editor 选项下的 Interactive Routing 选项中将拖拽模式设置为 Move，如图 16-10 所示。

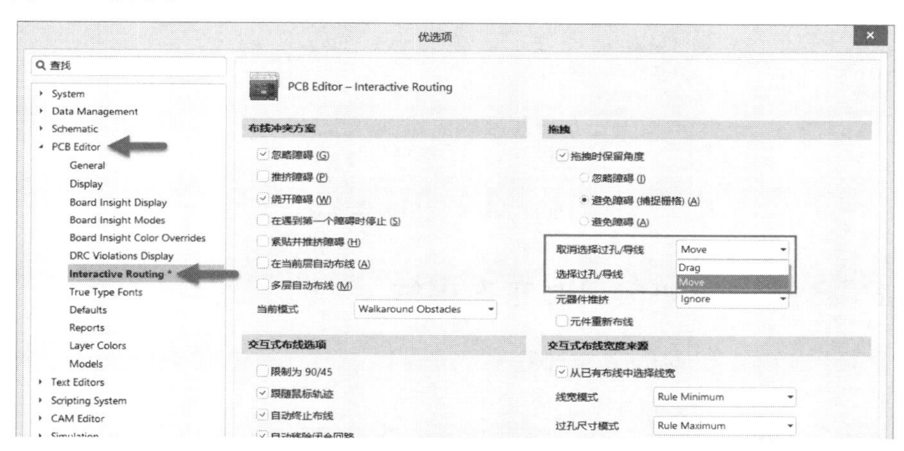

图 16-10　设置拖拽模式

16.9　PCB 布线时显示间距边界设置

如图 16-11 所示，PCB 布线时可以显示间距边界，如何设置？

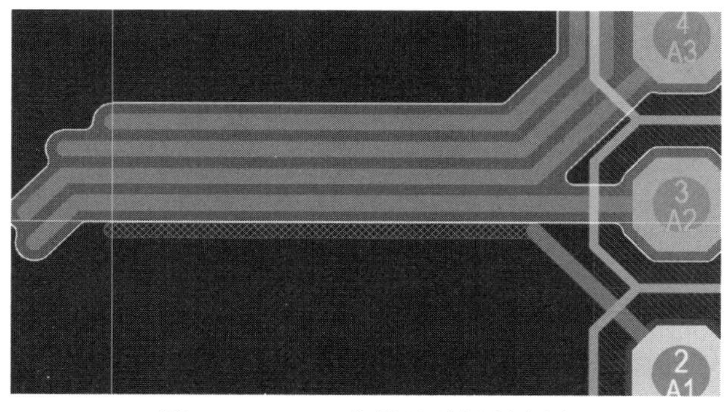

图 16-11　PCB 布线显示间距边界

实现方法如下：

按快捷键 O+P 打开“优选项”对话框，在 PCB Editor 选项下的 Interactive Routing 选项中勾选“显示间距边界”复选框即可，如图 16-12 所示。

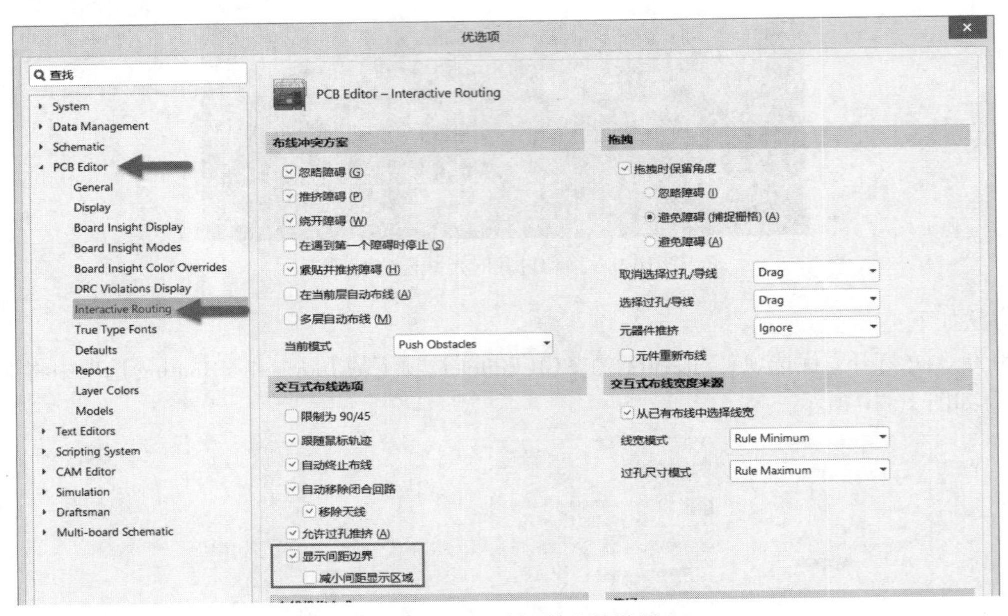

图 16-12　显示间距边界设置

16.10　PCB 布线时如何同时布多根线

如图 16-13 所示，如何做到同时布多根线？

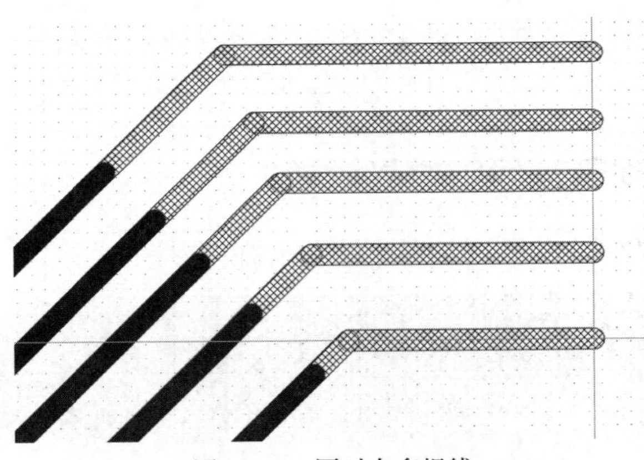
图 16-13　同时布多根线

实现方法如下：

先选中需要同时布线的网络，然后执行菜单栏中的“布线”→“交互式总线布线”命令，或单击工具栏中的 （交互式布多根线连接）按钮，即可实现同时布多根线。

多根线之间的间距可通过按快捷键 B 减小，按快捷键 Shift+B 增大。

16.11　任意角度布线

在走线的状态下按 Tab 键，在弹出的 Properties 面板中进行如图 16-14 所示的设置。其中 Routing Mode 用于设置布线模式，Corner Style 用于设置布线转角样式，Routing Gloss Effort 用于设置优化程度。面板的右侧为相关功能循环切换的快捷键。

以 BGA 出线为例，出线效果如图 16-15 所示。

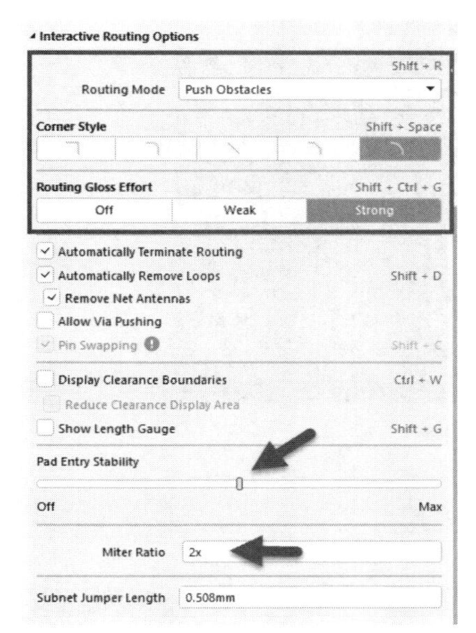

图 16-14　设置任意角度布线

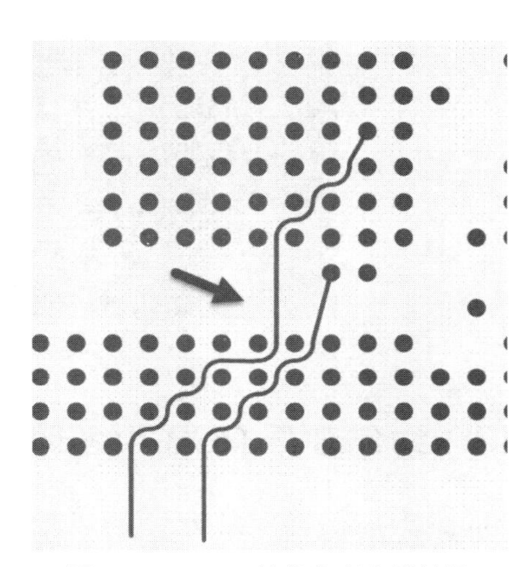

图 16-15　BGA 任意角度出线效果

16.12　PCB 自动优化走线功能的使用

Altium Designer 可以对一部分走线自动进行优化。

（1）先选中一部分要修整的线路，然后按 Tab 键，将选中全部对应的网络，如图 16-16 所示。

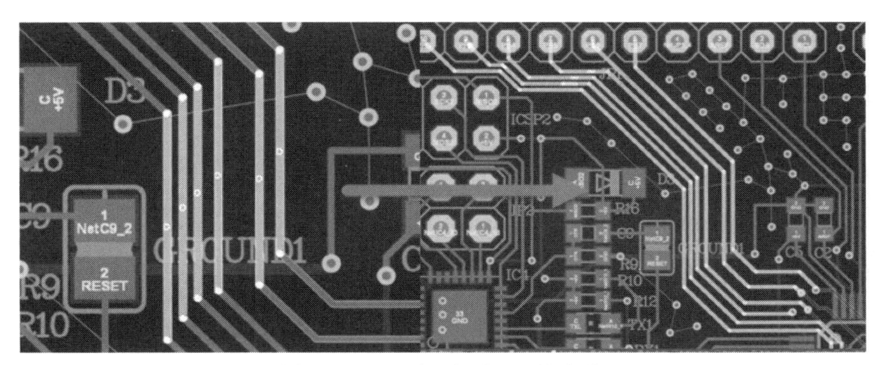

图 16-16　选择需要调整的走线

（2）执行菜单栏中的“布线”→“优化选中走线”命令或按快捷键 Ctrl+Alt+G，优化后的走线如图 16-17 所示。

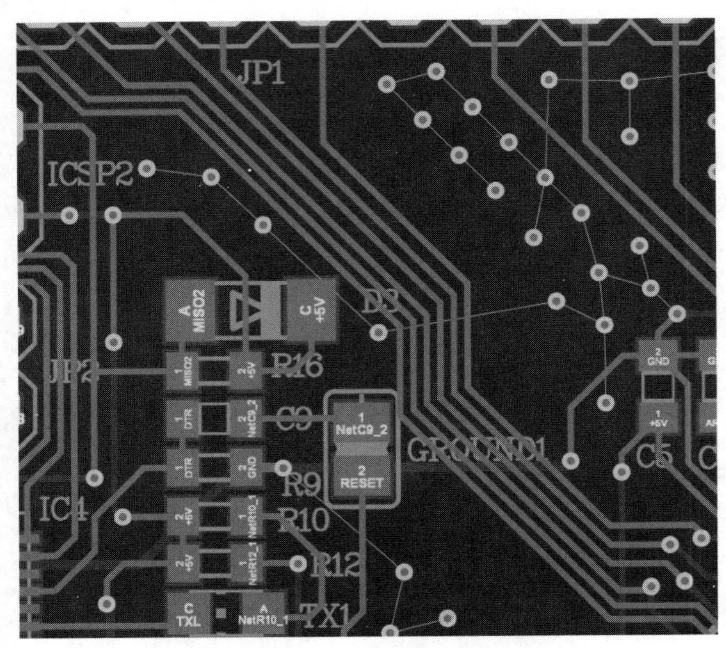

图 16-17　优化后的走线

16.13　如何查看 PCB 中各网络的布线长度

使用 Altium Designer 布线完成后，可以使用软件自带的工具查看 PCB 中各网络的布线长度。

（1）打开 PCB 面板。如 PCB 面板关闭，可在 PCB 编辑界面右下角打开，如图 16-18 所示。

（2）在 PCB 面板中选择 Nets 选项，并在下方选择“<All Nets>”选项，即可查看 PCB 中所有的网络数量及各网络的布线长度（Routed Length），如图 16-19 所示。

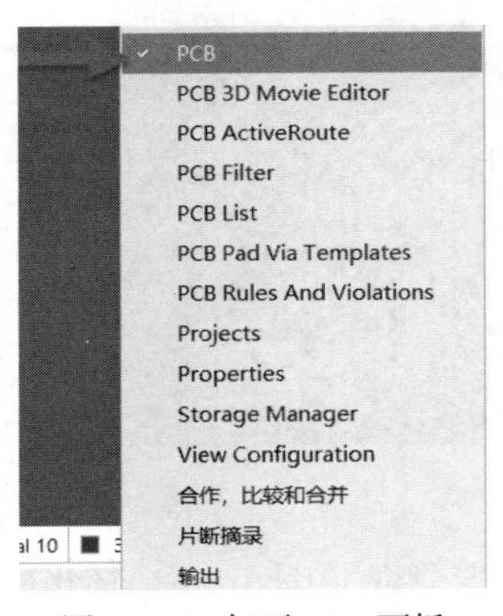

图 16-18　打开 PCB 面板

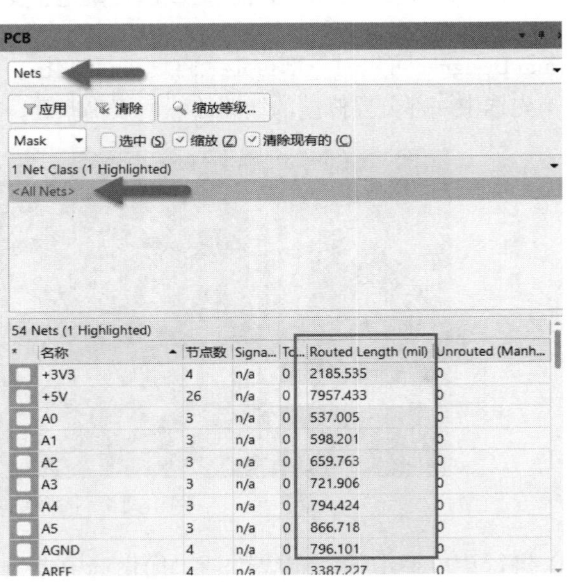

名称	节点数	Signa...	To...	Routed Length (mil)	Unrouted (Manh...
+3V3	4	n/a	0	2185.535	0
+5V	26	n/a	0	7957.433	0
A0	3	n/a	0	537.005	0
A1	3	n/a	0	598.201	0
A2	3	n/a	0	659.763	0
A3	3	n/a	0	721.906	0
A4	3	n/a	0	794.424	0
A5	3	n/a	0	866.718	0
AGND	4	n/a	0	796.101	0
AREF	4	n/a	0	3387.227	0

图 16-19　查看 PCB 布线的长度

16.14　蛇形线的等长设计

在 PCB 设计中，网络等长调节的目的是尽可能地降低信号在 PCB 上传输延迟的差异。在 Altium Designer 中实现网络等长调节的方法如下：

（1）在 Altium Designer 中网络等长调节可通过蛇形走线实现。在进行蛇形等长之前需完成 PCB 对应走线的连通，然后执行菜单栏中的“布线”→“网络等长调节”命令，或者按快捷键 U+R，单击需要等长设计的走线并按 Tab 键调出等长属性设置面板，如图 16-20 所示。

面板中重要参数功能如下：

① Target Length 提供 3 种目标长度类型：Manual，手动设置目标长度；From Net，依据网络选择目标长度；From Rules，根据规则来设置目标长度。

② Pattern 提供 3 种等长模式：Mitered Lines，斜线条模式；Mitered Arcs，斜弧模式；Rounded，半圆模式。

3 种蛇形等长模式的效果如图 16-21 所示，一般采用第二种斜弧模式。

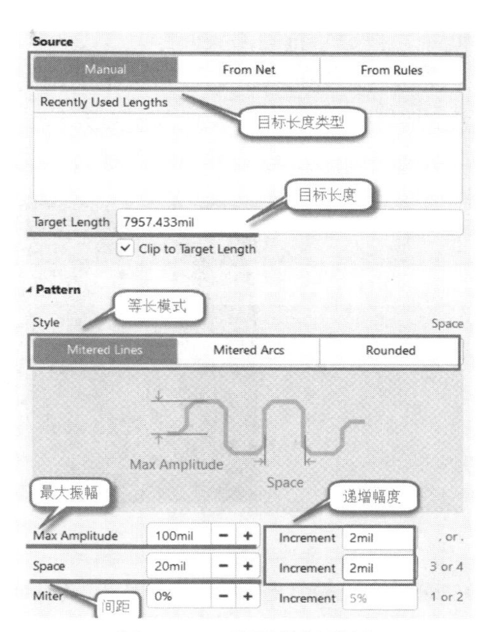

图 16-20　蛇形等长设置

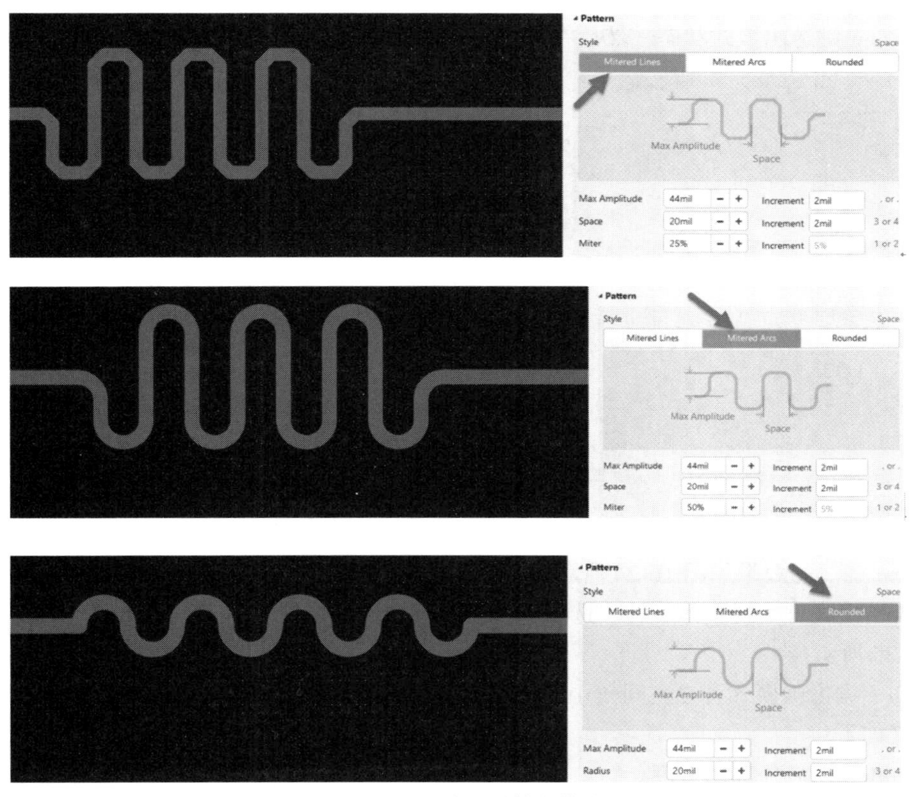

图 16-21　3 种蛇形等长模式

等长参数设置完毕后，光标在需要等长的信号线上滑动即可拉出蛇形线。在等长的状态下，按键盘上的<键和>键调整蛇形线的上下振幅，按数字键 1 减小拐角幅度，按数字键 2 增大拐角幅度，按数字键 3 减小间距，按数字键 4 增大间距。

完成一段蛇形等长后，可以拖动调制线调整蛇形线，如图 16-22 所示。调制线状态下，无法进行单个弧度的手动调整，如需手动调整蛇形线，需选中调制线，右击，在弹出的快捷菜单中执行“联合”→“打散调制线”命令，解除蛇形线的联合状态。

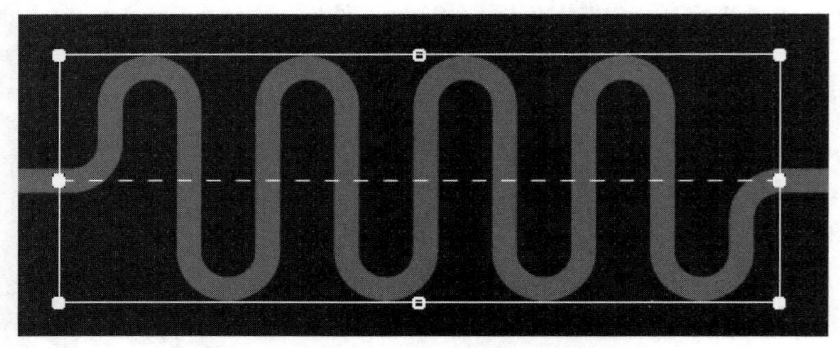

图 16-22　蛇形线的调整

蛇形线支持 3 种绕线调整模式：Trombone（长号绕线）、Accordion（折叠绕线）和 Sawtooth（锯齿绕线），简化了蛇形线移动和重塑的过程，可以沿布线路径弯折周围滑动调整模式。

首先按快捷键 U+R，接着按快捷键 Tab，在弹出的 Pattern 面板中先进行模式选择，如图 16-23 所示。设置完成后按 Enter 键退出模式状态，然后在需要等长的信号线上单击左键并拖动即可。

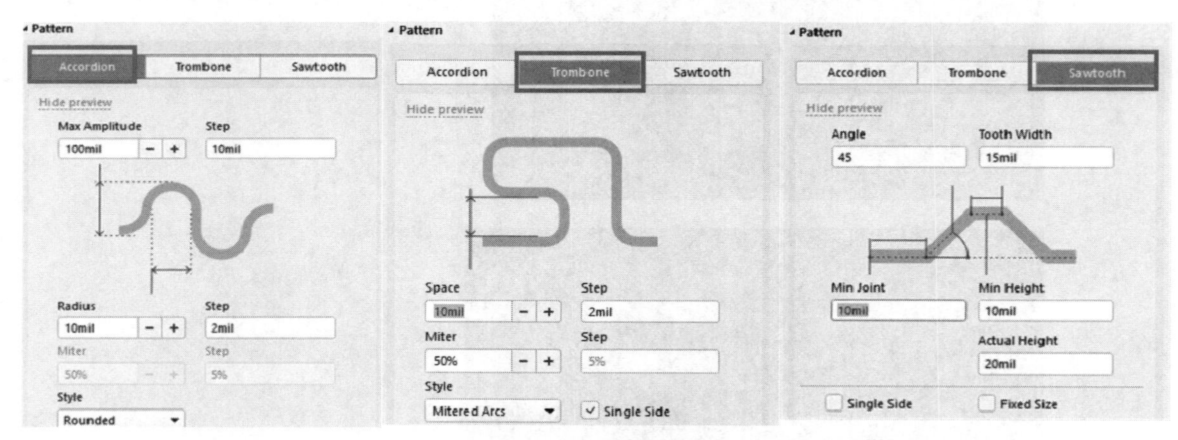

图 16-23　蛇形绕线模式选择

① Trombone 绕线的效果如图 16-24 所示。

② Accordion 模式可实现整体旋转。选中等长调制线，然后按住 Ctrl 键并拖动，可实现整个蛇形线的旋转，如图 16-25 所示。

③ Sawtooth（锯齿）模式可在空间较小的情况下使用，其设置方式如图 16-26 所示。

各参数含义如下：

- Tooth Width：锯齿顶部的宽度。
- Min Joint：最小节点，在创建第一个锯齿之前放置的第一个共线走线段的最小长度。

图 16-24　Trombone 绕线效果

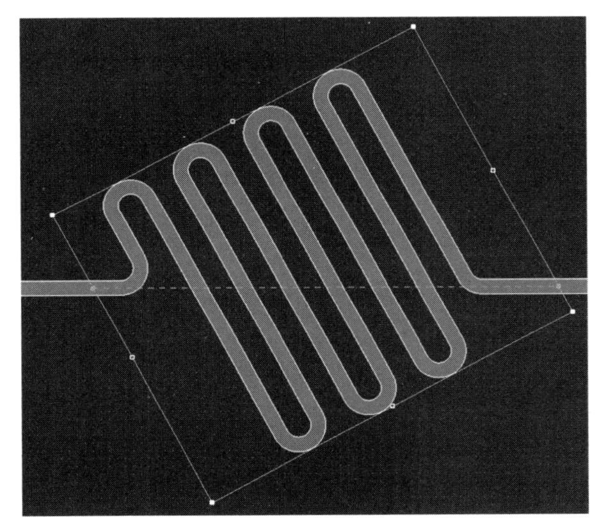

图 16-25　Accordion 绕线旋转

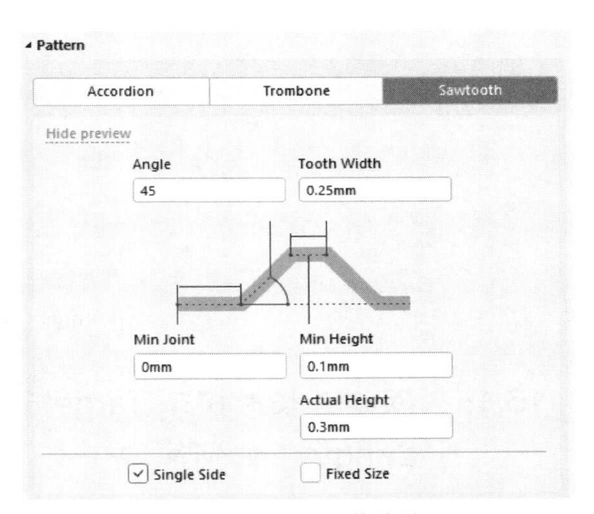

图 16-26　Sawtooth 绕线设置

- Single Side：单边，仅在线的一边突出绕线，按快捷键 S 可切换。
- Fixed Size：固定大小，将“锯齿高度”固定为当前高度，并删除任何未达到该固定大小的锯齿。

Sawtooth 绕线的效果如图 16-27 所示。

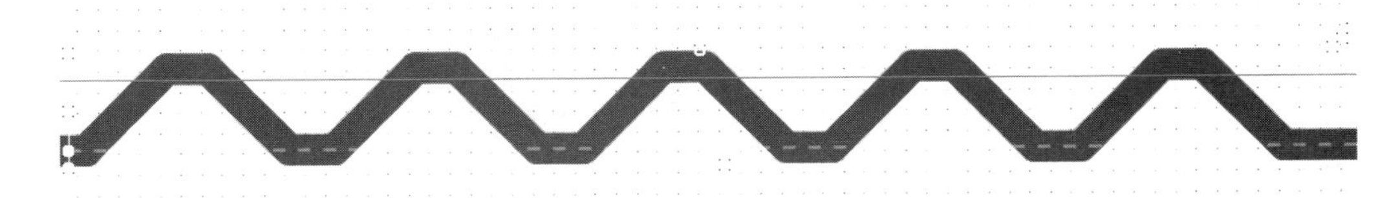

图 16-27　Sawtooth 绕线设置

（2）差分对等长类似于单端蛇形等长，执行菜单栏中的“布线”→“差分对网络等长调节”命令，或者按快捷键 U+P，单击需要等长的差分对并按 Tab 键调出差分对等长设置面板，设置相关参数，如图 16-28 所示。

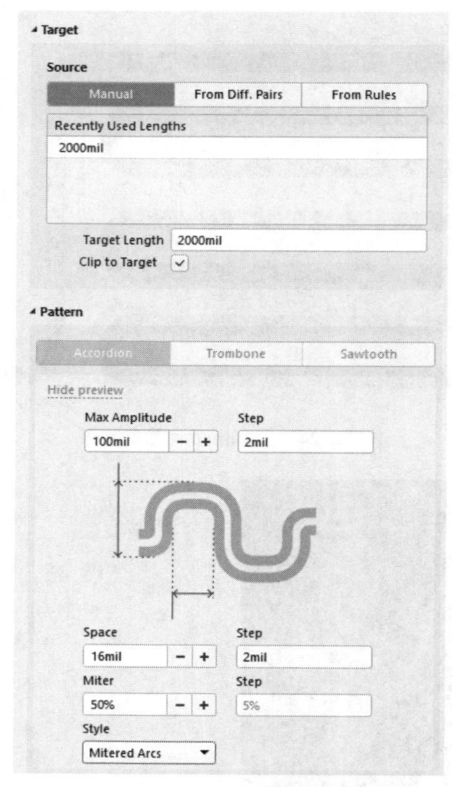

图 16-28　差分对等长设置

16.15　网络等长时提示 Target Length Shorter Than Old Length，如何解决

如图 16-29 所示，在做蛇形等长时，提示 Target Length Shorter Than Old Length。

解决方法如下：

这是等长设置的目标长度小于已有走线的长度所致。按 Tab 键，在 Target Length 中设置正确的目标长度即可，如图 16-30 所示。

图 16-29　Target Length Shorter Than Old Length

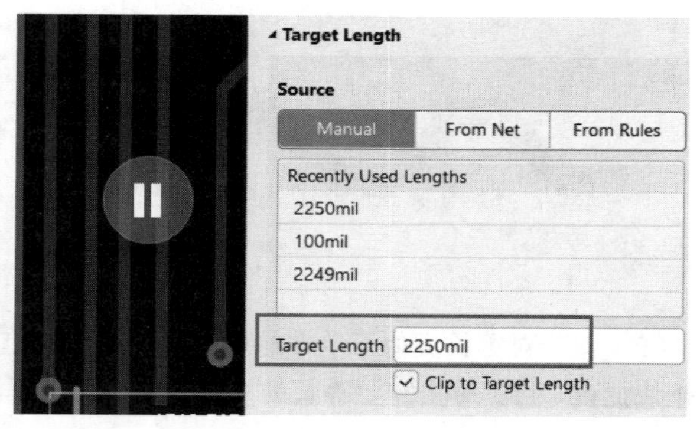

图 16-30　设置正确的目标长度

16.16 PCB 布线后走线不能被选中，如何解决

打开如图 16-31 所示的 PCB 过滤器，查看 Tracks 是否使能。未使能时（对象按钮为白色或浅灰色）无法选中相应的对象，将其使能即可。

图 16-31 PCB 过滤器

16.17 PCB 布线时，完成一段导线连接后如何自动终止布线

Altium Designer 在 PCB 布线时，完成一段导线连接后如何自动终止布线？

实现方法如下：

快捷键 O+P 打开“优选项”对话框，在 PCB Editor 选项下的 Interactive Routing 选项中勾选“自动终止布线”复选框即可，如图 16-32 所示。

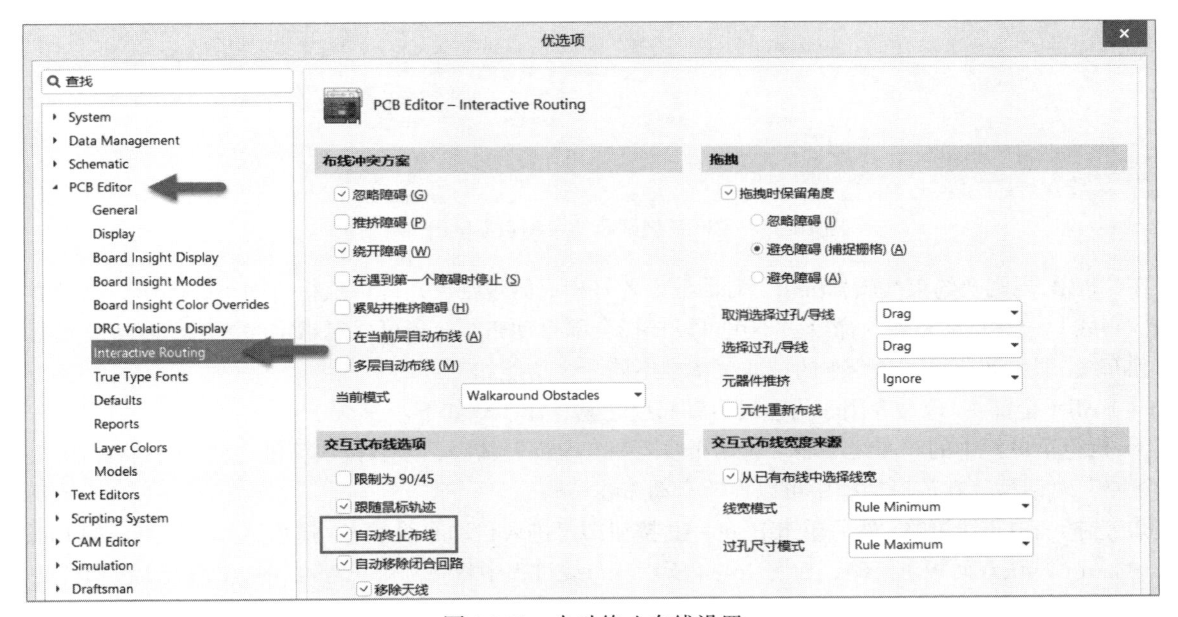

图 16-32 自动终止布线设置

16.18 Altium Designer 中如何自动布线

对于散热、电磁干扰及高频特性要求较低的电路设计，采用自动布线操作可以降低布线的工作量，并减少布线时所产生的遗漏。

在进行自动布线前，首先应对自动布线规则进行设置。执行菜单栏中的“设计”→“规则”命令，或

者按快捷键 D+R，将弹出如图 16-33 所示的“PCB 规则及约束编辑器”对话框。

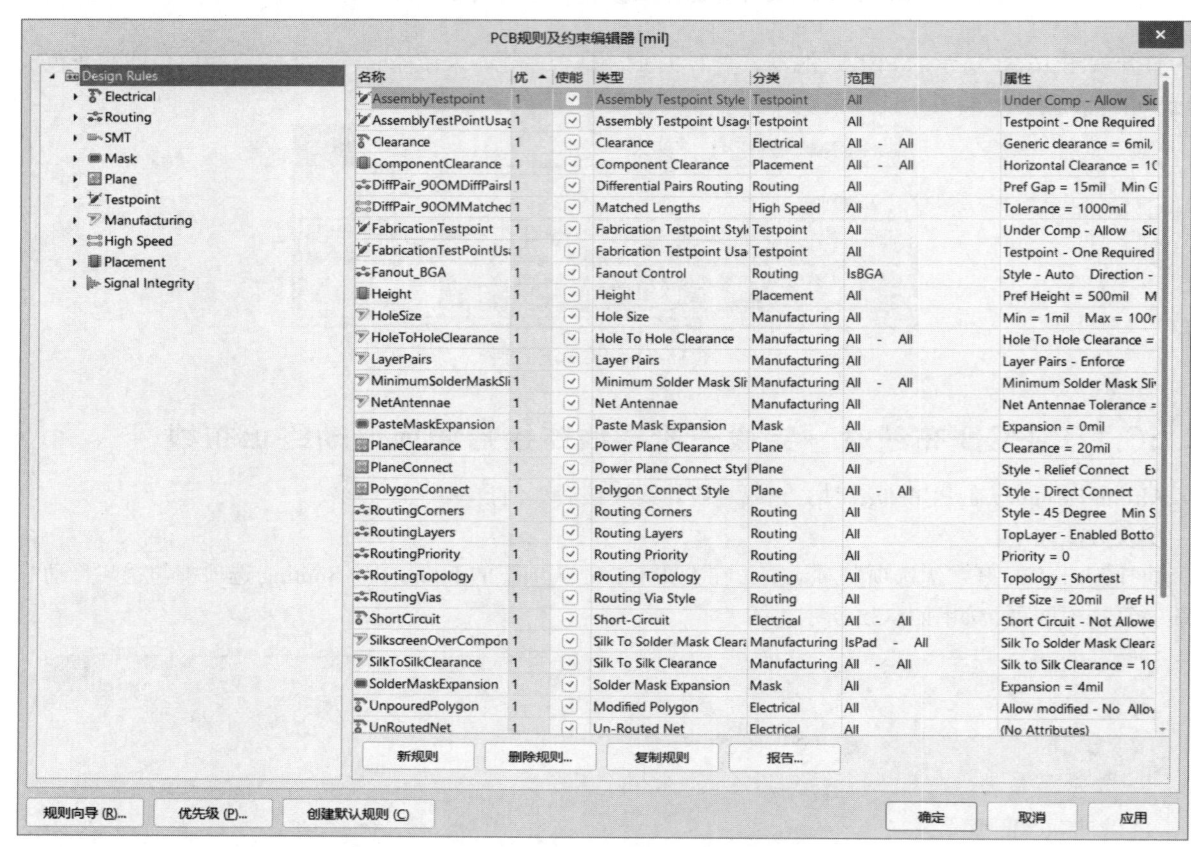

图 16-33 “PCB 规则及约束编辑器[mil]”对话框

在“PCB 规则及约束编辑器[mil]”对话框设置好相应的规则后，即可执行自动布线操作。执行菜单栏中的“布线”→“自动布线”命令。不仅可以选择全部自动布线，还可以对指定的区域、网络及元器件进行单独布线。“自动布线”命令下的级联菜单中不同命令功能如下。

（1）All（全部）：该命令用于为全局自动布线，其操作步骤如下。

① 执行菜单栏中的“布线”→“自动布线”→“全部”命令，或者按快捷键 U+A+A，将弹出“SitUS 布线策略”对话框，在该对话框中可以设置自动布线策略。

② 选择一项布线策略，然后单击 Route All 按钮即可进入自动布线状态。这里选择系统默认的 Default 2 Layer Board（默认双面板）策略，如图 16-34 所示。布线过程中将自动弹出 Messages（信息）面板，并显示自动布线的状态信息，如图 16-35 所示。

③ 当元器件布局比较密集或布线规则过于严格时，自动布线可能无法布通。即使完全布通的 PCB 电路板仍会有部分网络走线不合理，如绕线过多、走线过长等问题，此时就需要手动调整。

（2）网络：该命令用于为指定的网络进行自动布线，其操作步骤如下。

① 在规则设置中对该网络布线的线宽进行合理的设置。

② 执行菜单栏中的“布线”→“自动布线”→“网络”命令，光标将变成十字形。移动光标到该网络上的任意一个电气连接点（飞线或焊盘）处并单击，系统将对该网络进行自动布线。

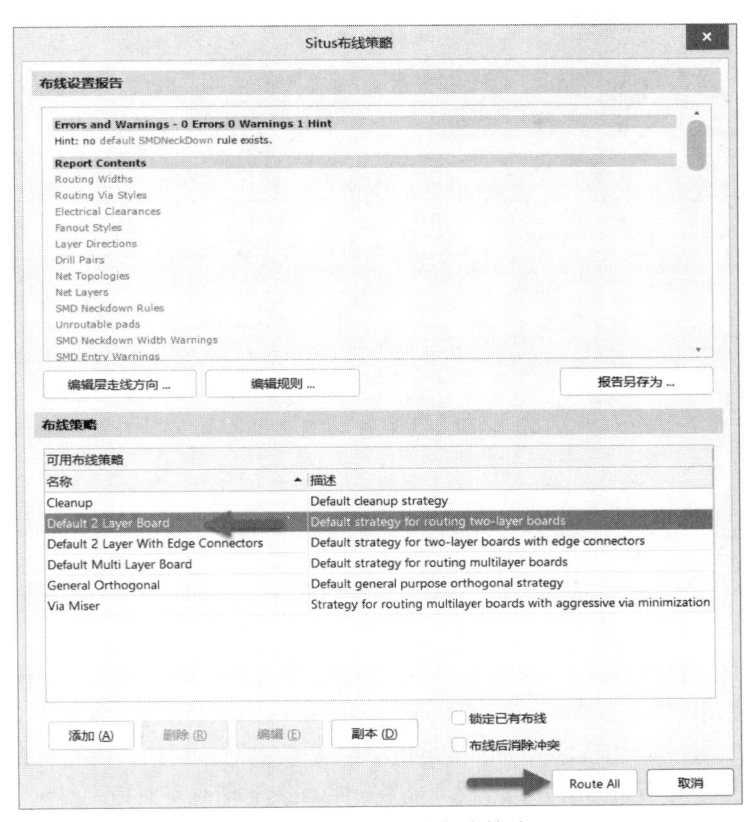

图 16-34　选择自动布线策略

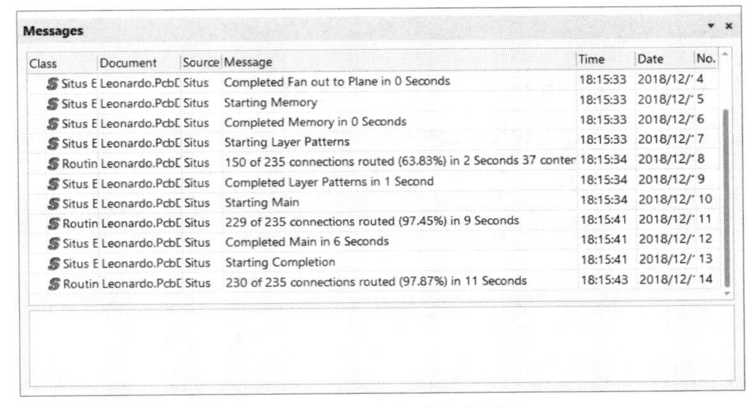

图 16-35　显示自动布线状态

③ 此时光标仍处于十字形的布线状态，可以继续对其他网络进行布线。右击或按 Esc 键即可退出布线状态。

（3）网络类：该命令用于为指定的网络类进行自动布线，其操作步骤如下。

① “网络类”是多个网络的集合，可以在“对象类浏览器”对话框中对其进行编辑管理。执行菜单栏中的“设计”→“类”命令，或者按快捷键 D+C，将弹出“对象类浏览器”对话框，如图 16-36 所示。默认存在的网络类为“所有网络”，可以自定义新的网络类，将需要归为一类的网络添加到定义好的网络类中。

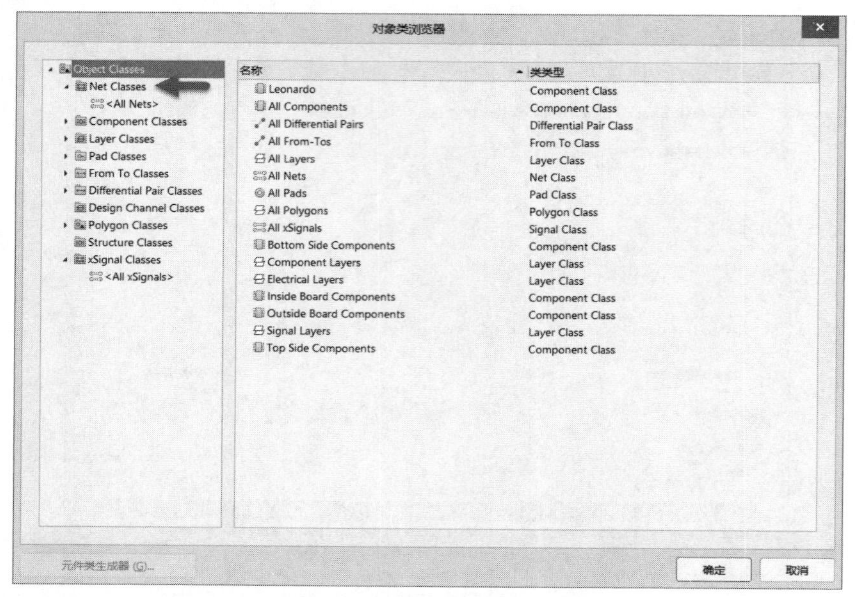

图 16-36 “对象类浏览器”对话框

② 执行菜单栏中的“布线”→“自动布线”→“网络类”命令。如果当前文件中没有自定义的网络类，将弹出提示框提示未找到网络类，否则将弹出 Choose Objects Class（选择对象类）对话框，列出当前文件中具有的网络类。在对话框列表中选择要布线的网络类，系统会对该网络类内的所有网络进行自动布线。

③ 在自动布线过程中，所有布线状态、结果将在 Messages（信息）面板中显示。右击或按 Esc 键即可退出自动布线状态。

如果自动布线不能够满足设计要求，则须手工布线进行调整。

16.19 PCB 中如何切断已经布好的走线

Altium Designer 软件自带切断走线功能。执行菜单栏中的“编辑”→“裁剪导线”命令，或者按快捷键 E+K，即可裁剪导线。在裁剪导线的状态下按 Tab 键可以更改切刀的宽度，如图 16-37 所示。切割效果如图 16-38 所示。

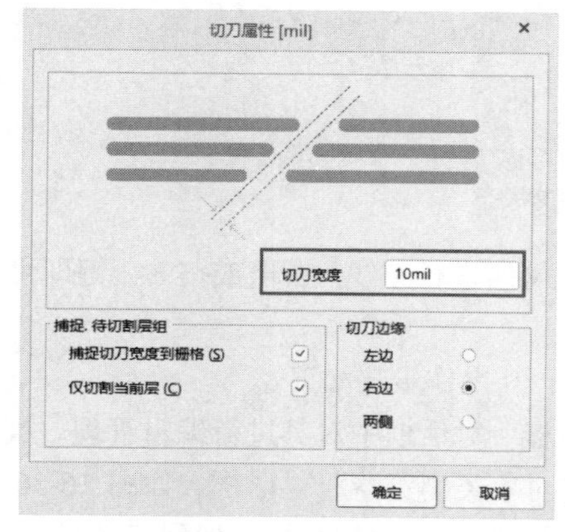

图 16-37 更改切刀宽度

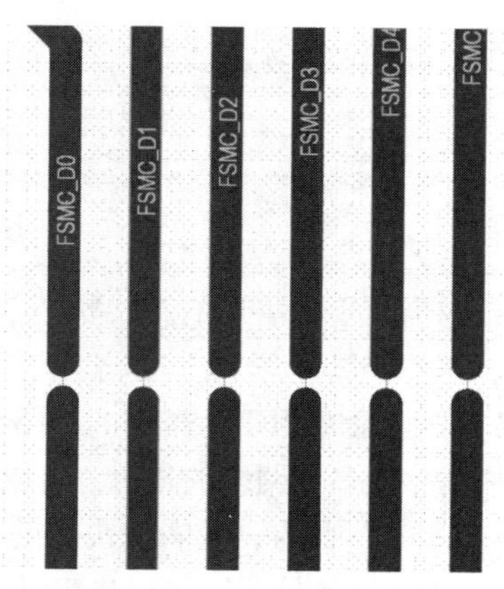

图 16-38 裁剪后的走线

16.20　PCB 中如何为导线添加新的网络

在 PCB 编辑界面中双击需要添加或修改网络的导线，将弹出导线属性编辑对话框，在 Net 选项组中可设置添加网络，如图 16-39 所示。

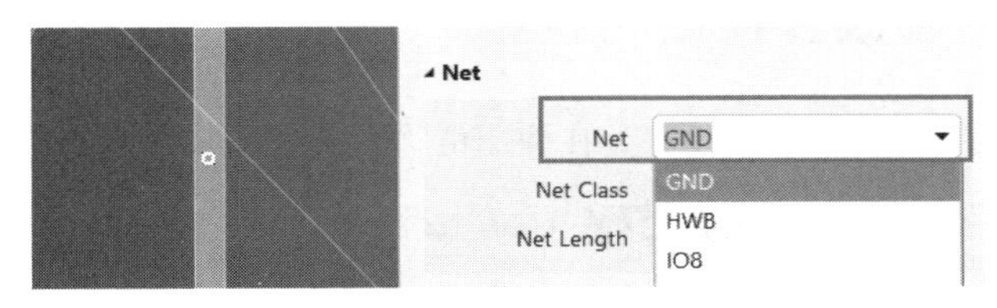

图 16-39　为导线添加网络

16.21　如何选中飞线

新版本的 Altium Designer 软件支持选中飞线功能。按下 Alt 键的同时，按下鼠标左键向左框选即可选中飞线，如图 16-40 所示。

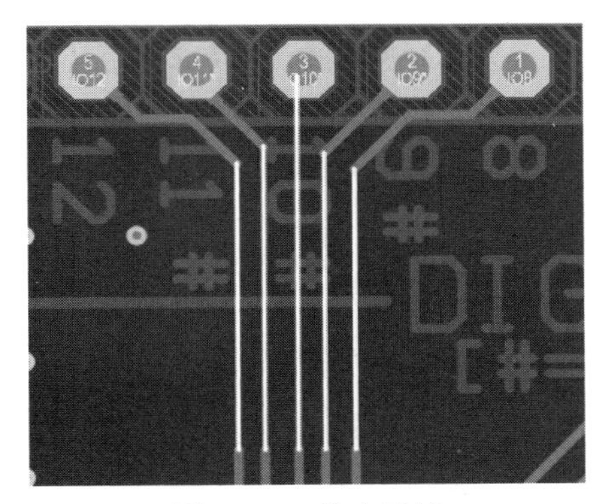

图 16-40　选中飞线

16.22　蛇形等长的拐角是直角的，如何设置成圆弧的

如图 16-41 所示，在做蛇形等长时，尽管参数设置没有问题，但是布出来的蛇形线是直角的。

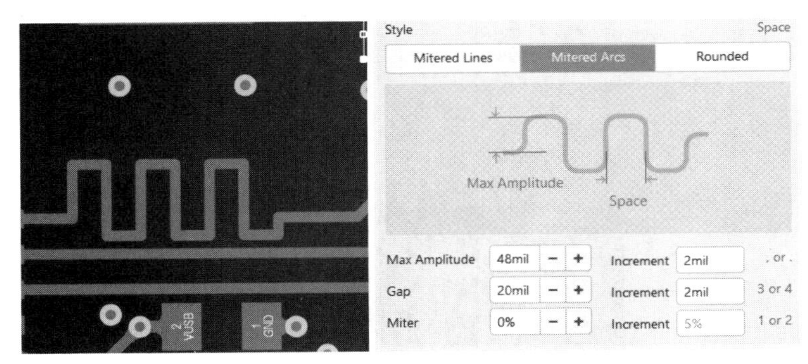

图 16-41　网络等长调节

解决方法如下：

在等长的状态下，按数字键 1 减小拐角幅度，按数字键 2 增大拐角幅度，通过这两个快捷键即可调整出合适的蛇形线拐角模式。

16.23 如何统一修改多根线的线宽

选中需要修改线宽的走线，然后按 F11 键，在弹出的设置对话框中可统一修改线宽，如图 16-42 所示。

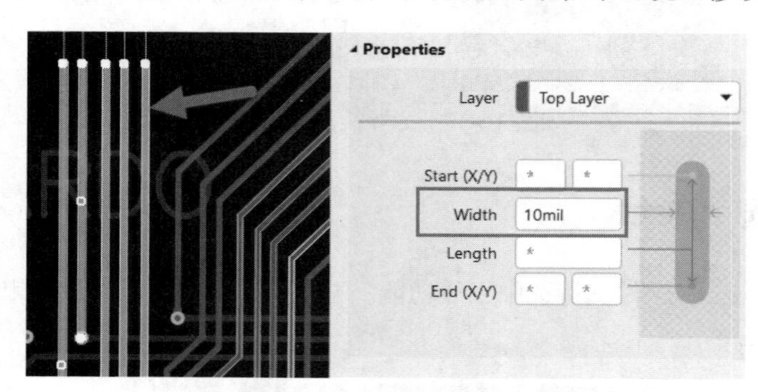

图 16-42 统一修改线宽

16.24 如何取消已经布好的所有线

PCB 设计过程中，有可能需要对一些已经布好线的地方取消布线，或者对整个 PCB 文件重新布线。Altium Designer 提供了快速取消 PCB 布线的功能。

执行菜单栏中的“布线”→“取消布线”→“全部”命令，如图 16-43 所示，或者按快捷键 U+U+A，可以一次性取消全部布线。此功能还适用于对网络、器件等取消布线。

图 16-43 取消全部布线

16.25 如何为 PCB 中没有网络的导线添加网络名称

如图 16-44 所示，直接在 PCB 中放置元器件并连线，导线和焊盘上没有网络名称。如何添加网络名称呢？

实现方法如下：

执行菜单栏中的“设计”→“网络表”→“设置物理网络”命令，或者按快捷键 D+N+G，在弹出的“配置物理网络”对话框中单击“执行”按钮，将弹出“网表更改”提示框。单击“网表更改”提示框中的“继续”按钮，然后单击“配置物理网络”对话框中的“关闭”按钮即可完成网络名称的添加，如图 16-45 所示。添加网络名称后的效果如图 16-46 所示。

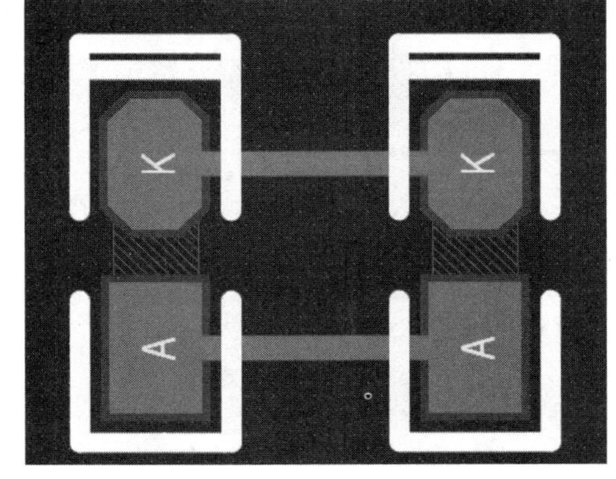

图 16-44 焊盘和导线上无网络名称

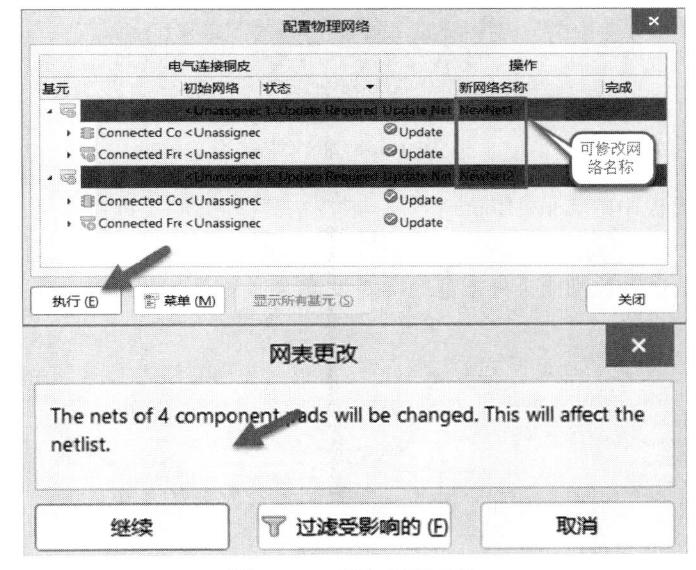

图 16-45 添加网络名称

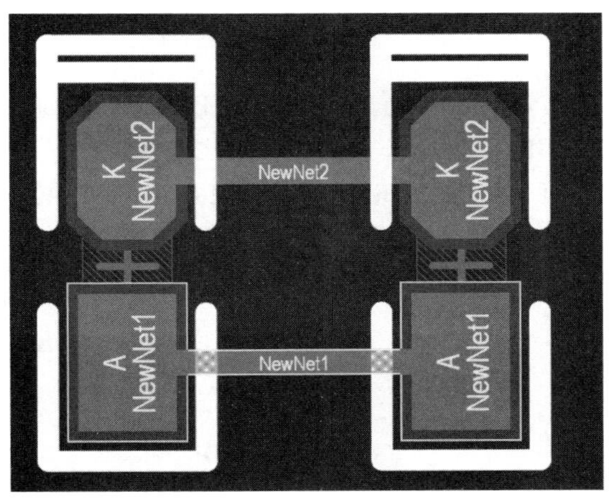

图 16-46 添加网络名称后的效果

16.26 ActiveRoute 的应用

ActiveRoute 是一种引导式布线工具，适用于指定网络的连接。ActiveRoute 允许设计人员交互式地定义路线路径或向导，然后定义网络线将沿指定路径进行连接。ActiveRoute 不等同于自动布线，不能自动放置过孔，且不包含电源布线策略。

ActiveRoute 遵循 PCB 设计规则定义的标准和限制，因此使用 ActiveRoute 只需选择指定的网络并运行命令即可。实现步骤如下：

（1）单击 PCB 编辑界面右下角的 Panels 按钮，选择打开 PCB ActiveRoute 面板。

（2）按住 Alt 键并从左向右拖动，可以选中指定的网络飞线，然后在 PCB ActiveRoute 面板中的 Layers

选项组中勾选可布线的层，单击 Route Guide 按钮，如图 16-47 所示。

（3）绘制信号的向导路径，向导宽度可在放置过程中按上下方向键调整。放置好的向导路径如图 16-48 所示。

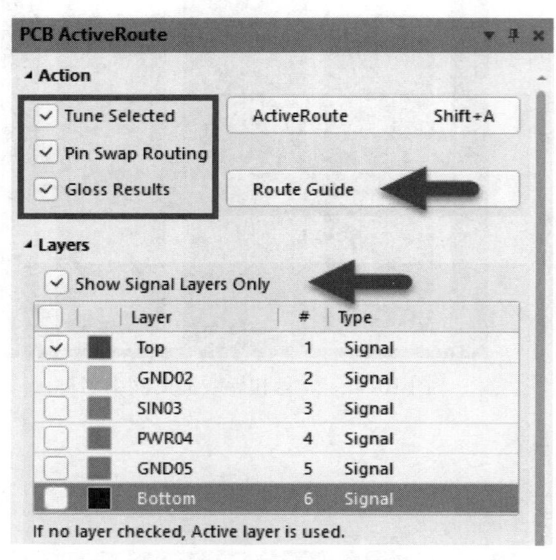

图 16-47　布线引导

图 16-48　向导路径

（4）放置好向导后，单击 PCB ActiveRoute 面板中的 ActiveRoute 按钮，或按快捷键 Shift+A 进行连接，如图 16-49 所示，然后手动优化布线。

（5）使用 ActiveRoute 功能可以对指定网络进行等长操作。将指定的网络设置为一个网络类 SEN，然后进行长度匹配的规则设置，如图 16-50 所示。

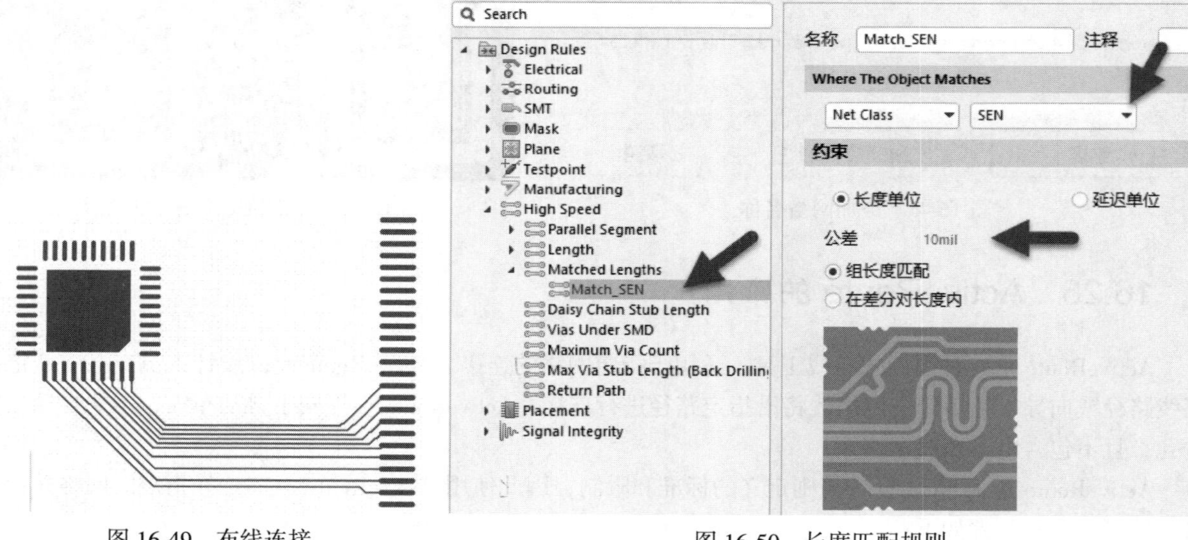

图 16-49　布线连接

图 16-50　长度匹配规则

（6）在 ActiveRoute 面板中进行等长参数设置，如图 16-51 所示，即可得到如图 16-52 所示的布线。

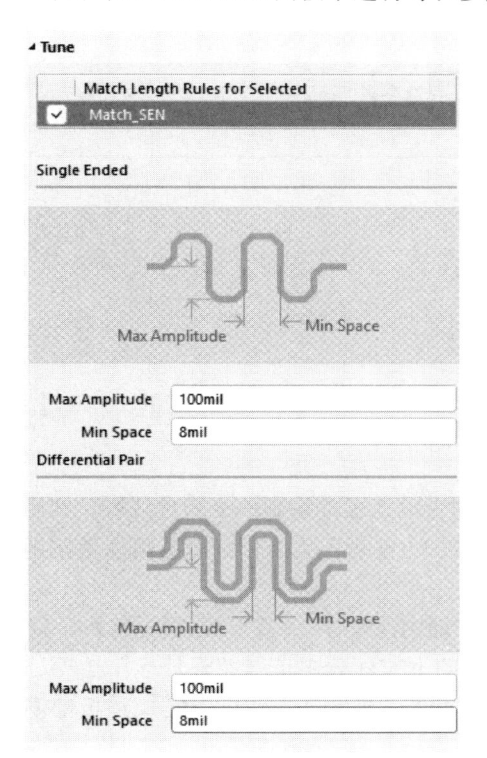

图 16-51　等长参数设置

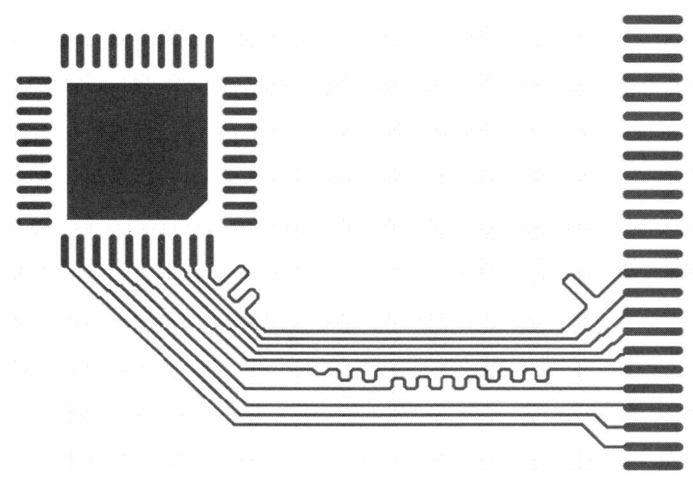

图 16-52　ActiveRoute 等长布线

第 17 章

CHAPTER 17

PCB 铺铜设置

17.1　如何利用铺铜管理器实现快速整板铺铜

在 Altium Designer 中进行大面积铺铜，常规的操作是用铺铜命令沿着板框绘制一个闭合区域，然后完成铺铜操作。但是遇到不规则的异形板框，沿着板框绘制铺铜区域的方法就不太方便，这时可以使用铺铜管理器来实现快速的整板铺铜。

（1）打开铺铜管理器。执行菜单栏中的“工具”→“铺铜”→“铺铜管理器”命令，或按快捷键 T+G+M，在弹出的铺铜管理器中单击“来自…的新多边形”按钮，在弹出的下拉列表中选择“板外形”选项，然后在右侧铺铜属性面板中设置铺铜属性。单击“应用”按钮，再单击“确定”按钮即可完成整板铺铜，如图 17-1 所示。

（2）整板铺铜后的效果如图 17-2 所示。注意检查铜皮是否有网络，如没有，双击铜皮添加网络即可。

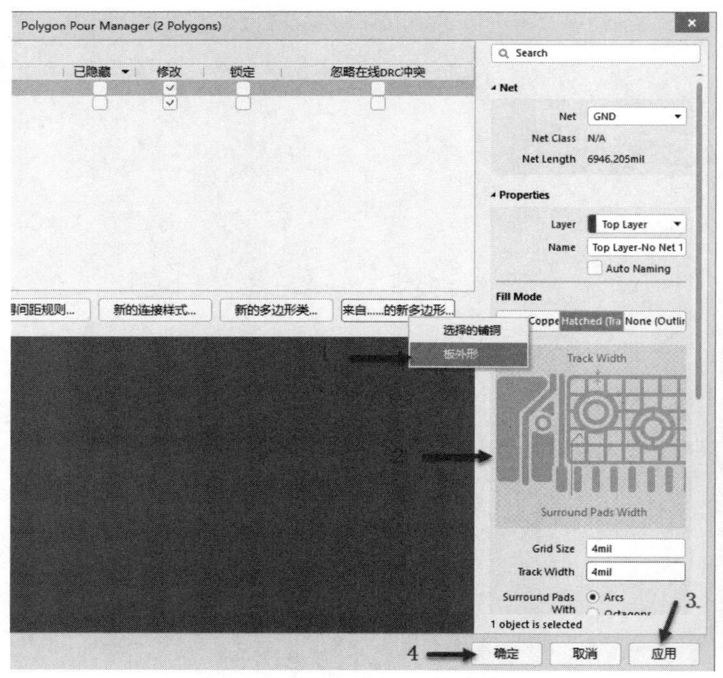

图 17-1　利用铺铜管理器进行整板快速铺铜

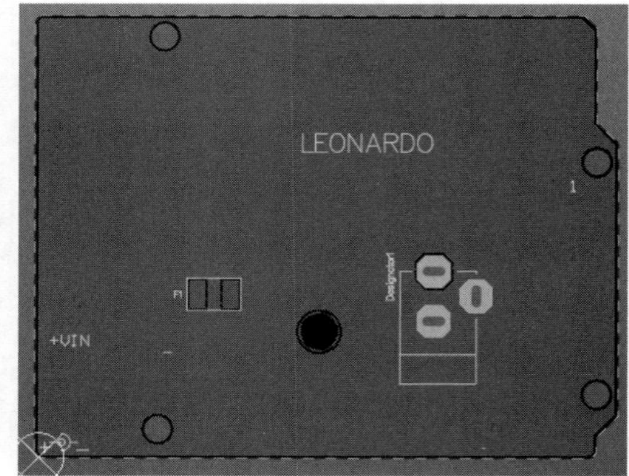

图 17-2　整板铺铜效果

17.2　异形板框的 PCB 如何快速铺铜

很多情况下 PCB 板框是一个不规则的异形板框，要创建一个和板子形状一模一样的敷铜，该如何处理呢？下面详细介绍异形敷铜的创建过程：

选中闭合的异形板框或区域，执行菜单栏中的“工具”→“转换”→“从选择的元素创建铺铜”命令，或按快捷键 T+V+G，即可创建一个与板子形状相同的铺铜，如图 17-3 所示。

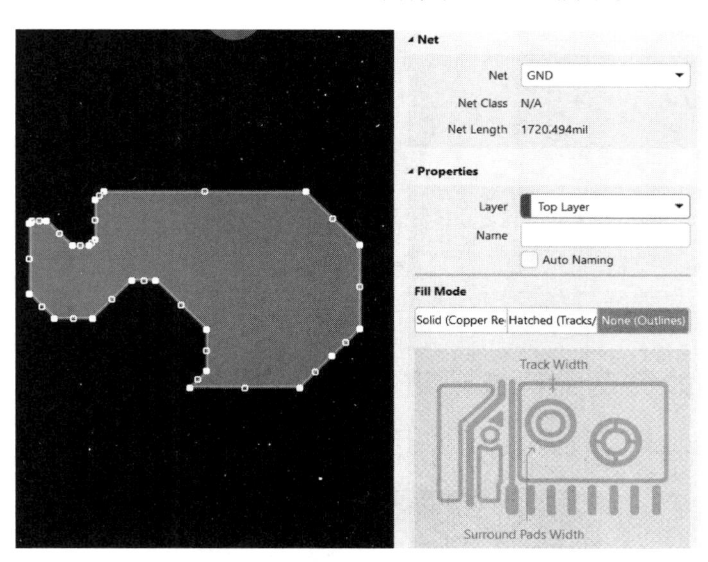

图 17-3　从选择的元素创建铺铜

双击铺铜，可更改铜皮的铺铜模式、网络及层属性等。同样的方式还可以创建其他异形铺铜。

17.3　如何把铜皮的直角改成钝角

如何把如图 17-4 所示的直角铜皮调整成钝角的形式？

实现方法如下：

选中铜皮，右击，在弹出的快捷菜单中执行“铺铜操作”→“调整铺铜边缘”命令，光标将变成十字形，在铜皮边缘直角位置绘制钝角即可，如图 17-5 所示。

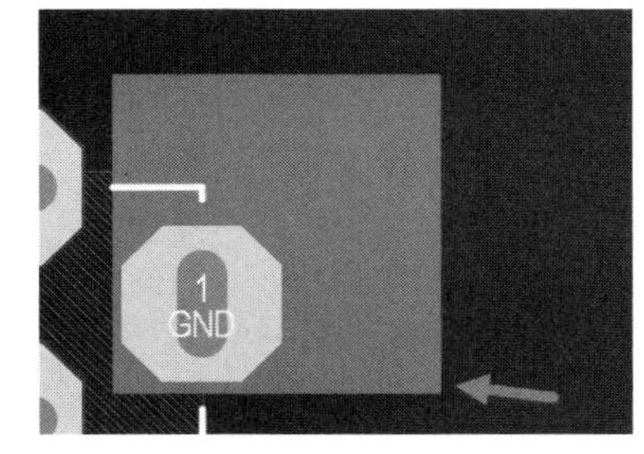

图 17-4　直角形式的铜皮

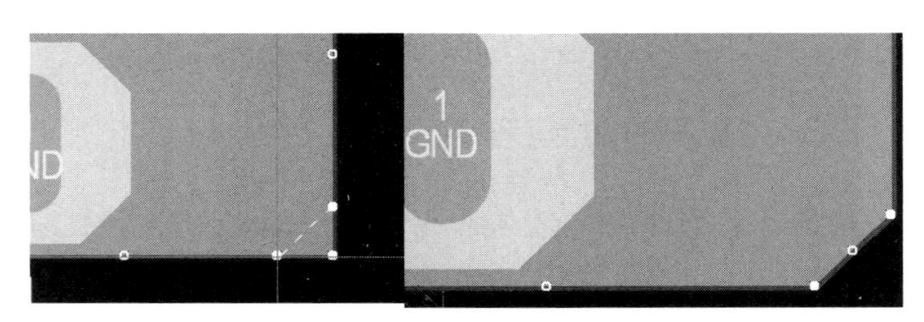

图 17-5　调整铺铜边缘

使用“调整铺铜边缘”命令不仅可以调整铺铜拐角，还可调整铺铜的大小。

17.4　铺铜时，铜皮不包含相同网络的导线，如何解决

如图 17-6 所示，铺铜时，同种网络的导线不能和铜皮重合一起。

解决方法如下：

在铺铜属性设置中选择 Pour Over All Same Net Objects 即可，如图 17-7 所示。

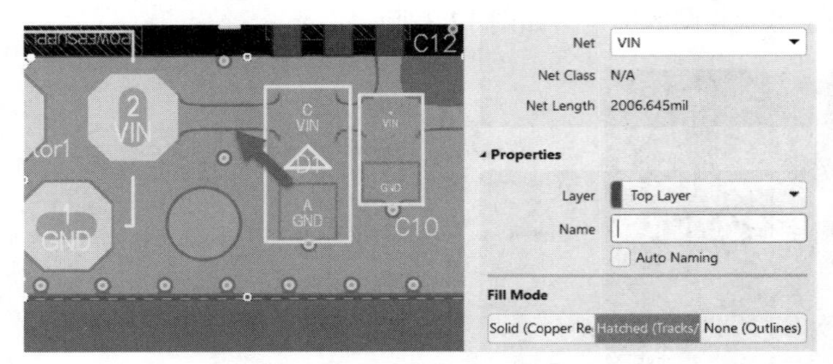

图 17-6　同网络的走线不能和铜皮重合一起

图 17-7　设置铺铜属性

17.5　铺铜时如何避免铜皮灌进元器件焊盘中间

如图 17-8 所示，铺铜时总有一些铜皮灌进元器件焊盘中间，如何避免这种情况？

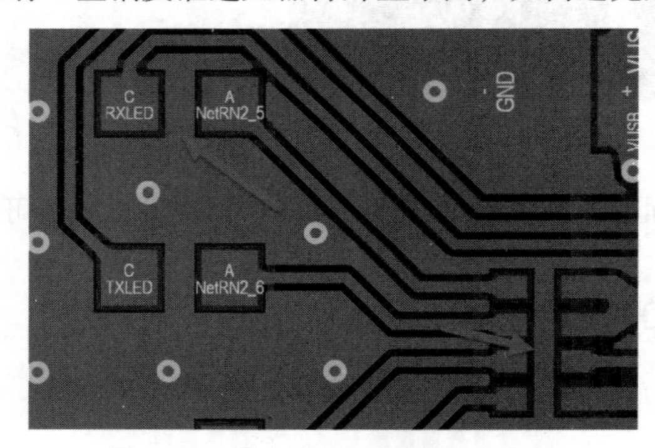

图 17-8　铜皮灌进元器件焊盘之间

解决方法如下：

（1）增大铺铜安全间距，可减少元器件中间灌进铜皮。

（2）如铺铜安全间距不可更改，可在元器件焊盘中间放置多边形铺铜挖空区域，可挖空狭长铜皮。

17.6　铺铜时如何移除死铜

在铺铜属性对话框中勾选 Remove Dead Copper 选项即可在铺铜时自动移除死铜，如图 17-9 所示。

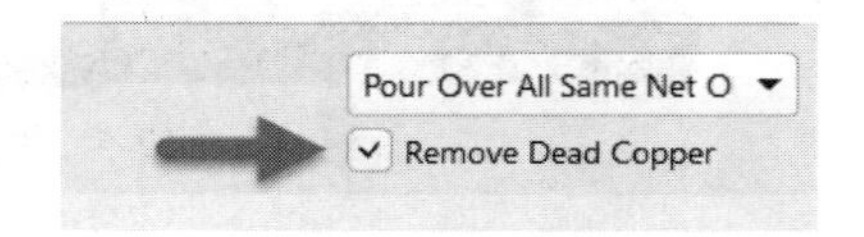

图 17-9　移除死铜设置

17.7　如何实现铺铜时，通孔焊盘采用十字连接，贴片焊盘采用全连接

如图 17-10 所示，多边形铺铜时，通孔焊盘为十字连接，贴片焊盘为全连接的形式。

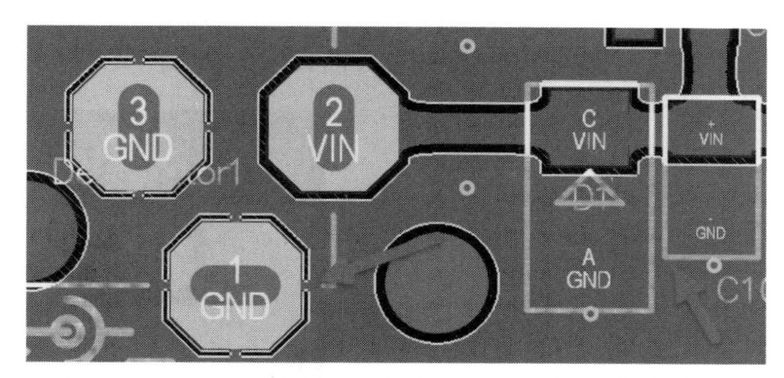

图 17-10　通孔焊盘为十字连接，贴片焊盘为全连接

实现方法如下：

按快捷键 D+R，打开“PCB 规则及约束编辑器[mil]”对话框。在 Plane 选项下的 PolygonConnect 选项中设置铺铜连接方式的约束项为“高级”，然后分别设置通孔焊盘和 SMD Pad（贴片焊盘）的铺铜连接方式，如图 17-11 所示。

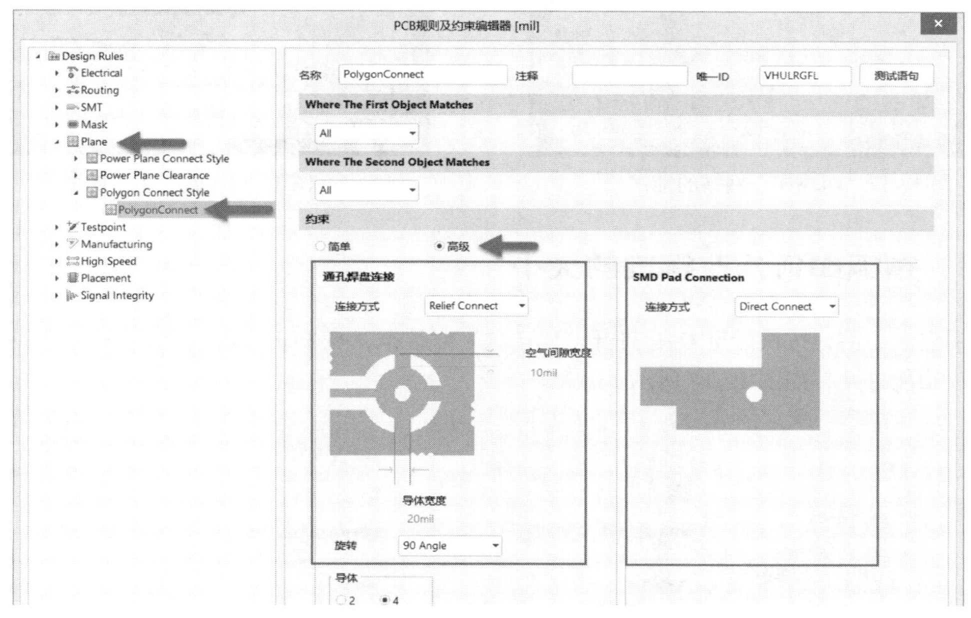

图 17-11　设置通孔焊盘和贴片焊盘的铺铜连接方式

17.8　PCB 中禁止铺铜区域的放置

执行菜单栏中的“放置”→“多边形铺铜挖空”命令，光标将变成十字形，在需要放置铺铜挖空处绘制一个闭合区域即可。

17.9 如何合并多个铺铜

铺铜时如何将如图 17-12 所示的两块同一网络的铺铜合并为一块铺铜？

实现方法如下：

选中需要合并的铺铜，右击，在弹出的快捷菜单中执行“铺铜操作”→“合并选中铺铜”命令（低版本的 Altium Designer 软件没有该功能），即可将选中的铺铜合并，如图 17-13 所示。

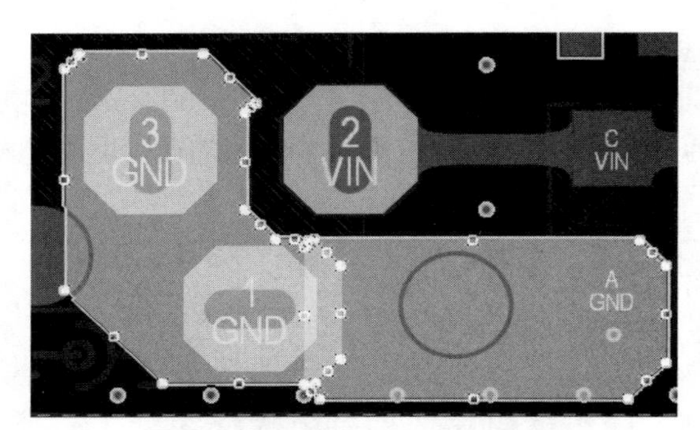

图 17-12　两块同一网络的铺铜

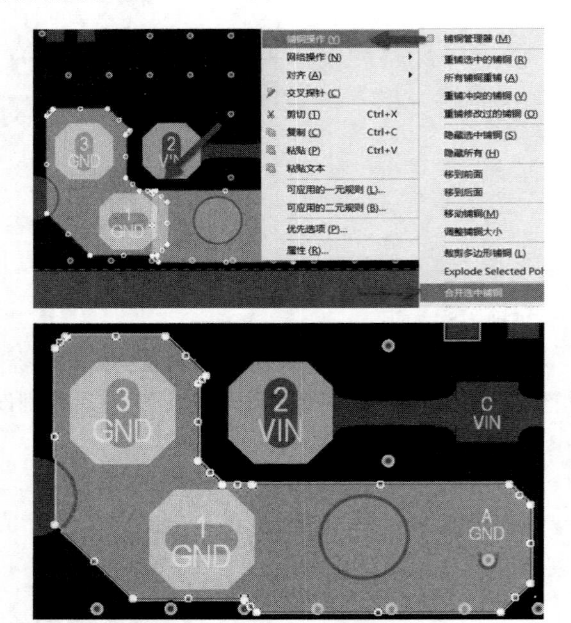

图 17-13　合并选中的铺铜

17.10 铺铜如何修改铜皮的大小

在修改铜皮大小前，按快捷键 O+P 打开“优选项”对话框，在 PCB Editor 选项下的“General*”选项中将铺铜重建功能打开，如图 17-14 所示。

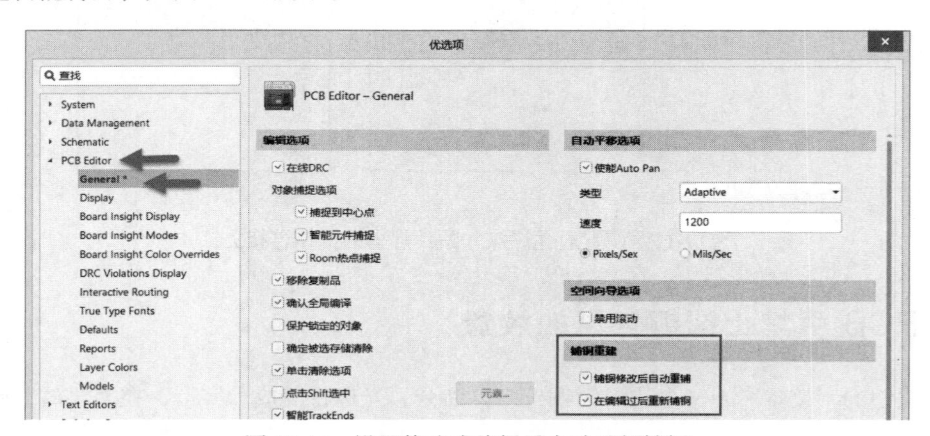

图 17-14　设置修改或编辑后自动重新铺铜

然后直接选中铺铜，将光标移动到铺铜边缘，待光标变成一个双向箭头时，即可直接拖动边缘修改铜皮的大小。

17.11 铺铜后铜皮不出现，只出现红色外框，如何解决

这是由于没有打开修改或编辑后自动重新铺铜功能，可在“优选项”对话框中打开。还可以选中铺铜，右击，在弹出的快捷菜单中执行“铺铜操作”→“重铺选中的铺铜”命令。

17.12 铺整板地铜皮时，其他网络的小铜皮消失，如何解决

铺铜过程中，常遇到两个铜皮空间重叠的情况，若没有设置好铜皮的优先级，大区域的铜皮就可能覆盖小区域铜皮，导致电路未连接。Altium Designer 默认先绘制的铜皮优先级较高。

若出现覆盖，可按快捷键 T+G+M 打开“Polygon Pour Manager（4 Polygons）”对话框，通过单击“上移”或“下移”按钮调整铜皮优先级，如图 17-15 所示。

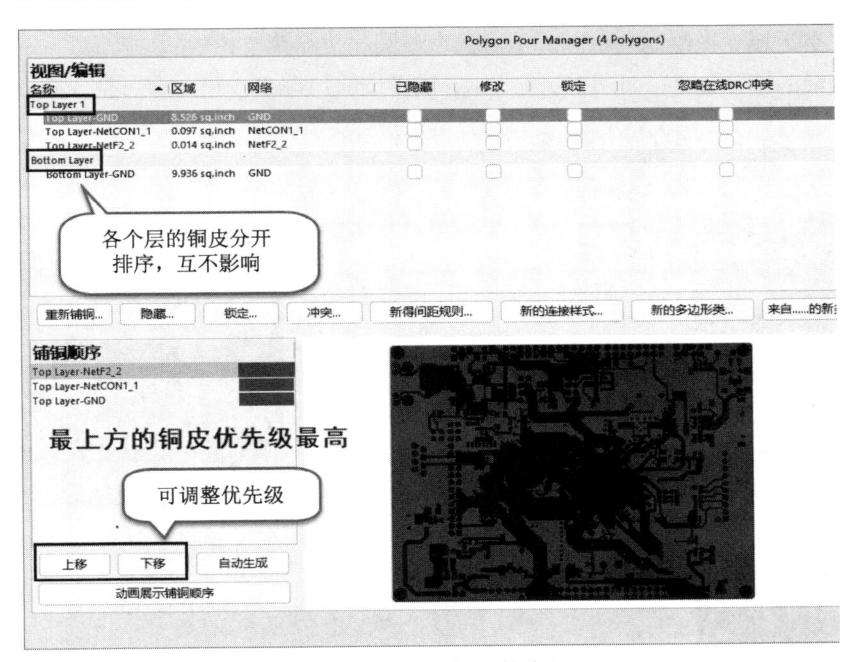

图 17-15 更改铜皮优先级

17.13 如何绘制一个圆形的铜皮

（1）先用工具栏中的绘图工具绘制一个圆，如图 17-16 所示。在圆的属性编辑对话框中可以根据需要设置圆的半径。

（2）选中绘制的圆，执行菜单栏中的“工具”→“转换”→“从选择的元素创建铺铜”命令，或者按快捷键 T+V+G，即可创建圆形的铺铜。效果如图 17-17 所示。

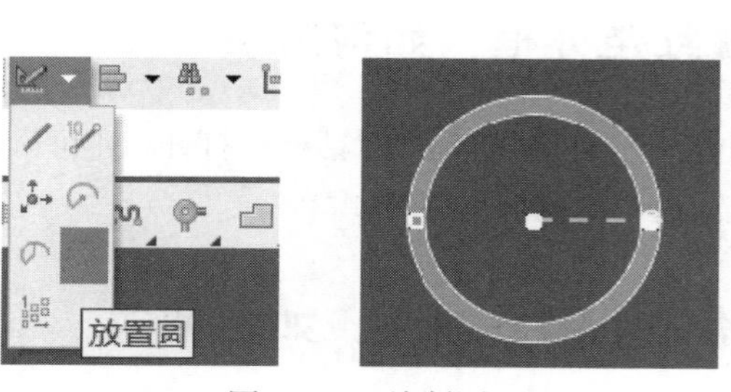

图 17-16　绘制圆

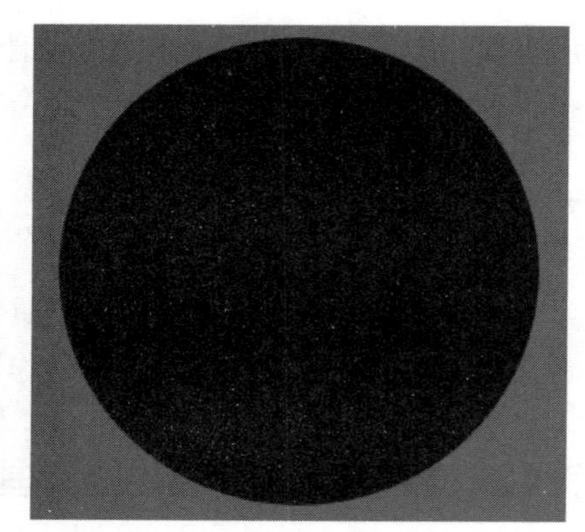

图 17-17　圆形铺铜的效果

17.14　如何快速放置圆形铺铜挖空区域

在 Altium Designer 中无法直接放置圆形铺铜挖空区域。可以借助 Altium Designer 软件自带的转换工具将圆转换成圆形挖空区域。先绘制一个圆，然后选中该圆，执行菜单栏中的“工具”→“转换”→“从选择的元素创建非铺铜区域”命令，如图 17-18 所示，或者按快捷键 T+V+T，即可生成圆形的铺铜挖空区域。

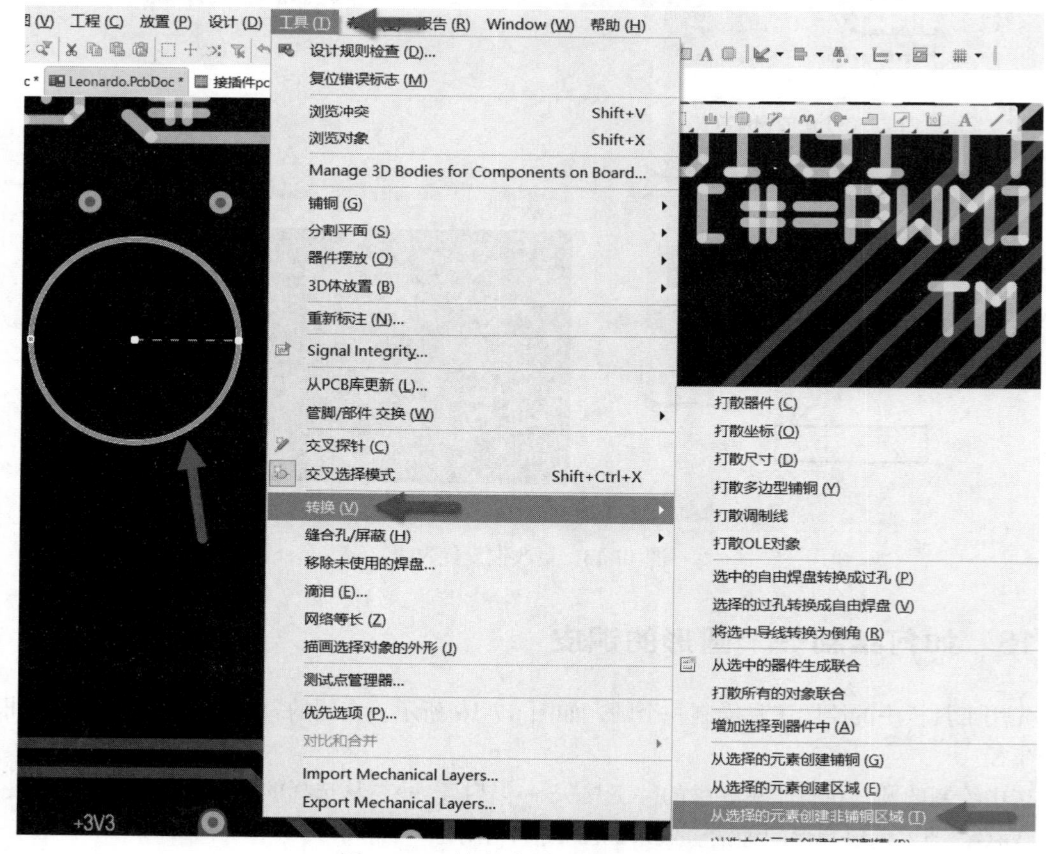

图 17-18　创建圆形的铺铜挖空区域

17.15 Fill、Polygon Pour、Solid Region、Polygon Pour Cutout 的区别

（1）Fill：填充区域。一块方形的实心铜皮，用于将区域中的所有不同网络的连线和过孔连接在一起，其形状无法任意修改。假如所绘制的区域中有 VCC 和 GND 两个网络，用 Fill 命令会把这两个网络的元素连接在一起，将出现短路。

（2）Polygon Pour：铺铜。作用与 Fill 相近，也是绘制大面积的铜皮。区别在于铺铜能主动区分铺铜区域中的过孔和焊点的网络。如果过孔与焊点同属一个网络，铺铜将根据设定好的规则将过孔、焊点和铜皮连接在一起，并自动与不同网络保持规定的安全距离。

（3）Polygon Pour Cutout：铺铜挖空，在特定的条件下对某一区域铜皮进行移除。某些重要的网络或元器件底部需要作挖空处理，如常见的 RF 信号、变压器下方区域、RJ45 下方区域通常需要作铺铜挖空处理。

（4）Solid Region：实心区域，类似于 Fill 与 Polygon Pour 的结合。可以画成任意形状。但在该区域内无法自动避开不同网络的信号，容易造成短路。

在电路板设计过程中，将这几个工具互相配合使用可大大提高设计效率。

17.16 BGA 封装为何要放置禁止铺铜区域

因为 BGA 封装的焊球间距较小，从 PCB 厂制造工艺来看，BGA 封装表面如果不放置禁止铺铜区域，容易造成 BGA 焊球短路，增加不良率；从 BGA 贴片工艺上分析，BGA 表面有铺铜也容易造成焊接短路，增加焊接难度。图 17-19 所示为 PCB 中 BGA 铺铜与铺铜挖空的效果对比。

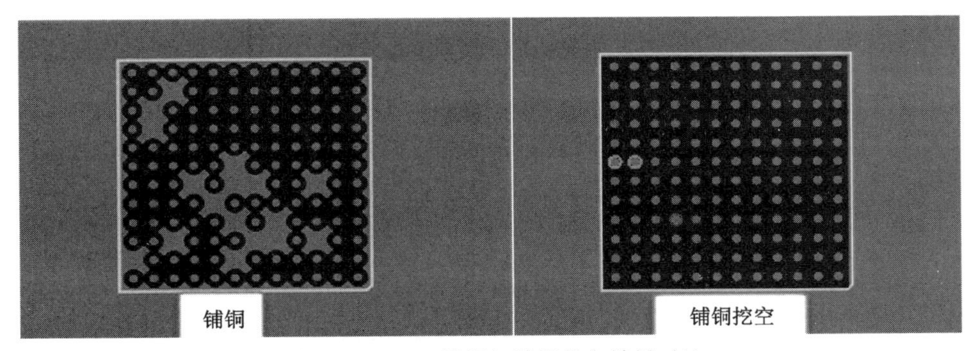

图 17-19 BGA 铺铜与铺铜挖空效果对比

第 18 章 DRC 检查

CHAPTER 18

18.1 DRC 检查时，提示 Hole Size Constraint (Min=1mil) (Max=100mil) (All)，如何解决

如图 18-1 所示，DRC 检查时，出现 Hole Size Constraint(Min=1mil) (Max=100mil) (All)的错误提示。

[Hole	Leonardo.Pcbl	Advan	Hole Size Constraint: (110mil > 100mil) Pad Designator1-1(30	10:51:1
[Hole	Leonardo.Pcbl	Advan	Hole Size Constraint: (110mil > 100mil) Pad Designator1-2(42	10:51:1
[Hole	Leonardo.Pcbl	Advan	Hole Size Constraint: (110mil > 100mil) Pad Designator1-3(18	10:51:1
[Hole	Leonardo.Pcbl	Advan	Hole Size Constraint: (125.984mil > 100mil) Pad Free-(2577.9	10:51:1

图 18-1　提示 Hole Size Constraint(Min=1mil) (Max=100mil) (All)

解决方法如下：

此为孔大小报错。孔大小参数主要影响 PCB 制板厂的钻孔工艺，对于设置太小或太大的孔，制板厂可能没有这么细的钻头或这么精准的工艺，也可能没有太大的钻头。按快捷键 D+R 打开“PCB 规则及约束编辑器[mil]”对话框，在 Manufacturing 选项下的 Hole Size 选项中修改孔径大小规则即可，如图 18-2 所示。

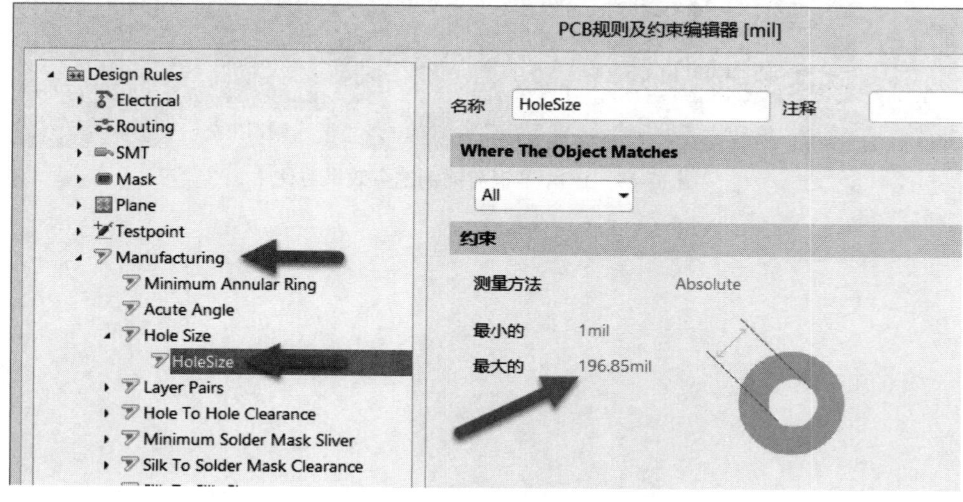

图 18-2　修改孔径大小规则

18.2　DRC 检查时，提示 Un-Routed Net Constraint，如何解决

如图 18-3 所示，DRC 检查时，出现 Un–Routed Net Constraint 的错误提示。

图 18-3　提示 Un–Routed Net Constraint

解决方法如下：

此为未布线网络报错。这是由于 PCB 中存在未布线的网络，有时 PCB 元器件数量巨大，很多网络焊盘靠得很近，肉眼无法确定是否已布线。在报告信息（Messages）中双击错误项，将自动跳转到 PCB 中对应的错误项所在的位置，检查错误并将未布线的网络连接好即可，如图 18-4 所示。

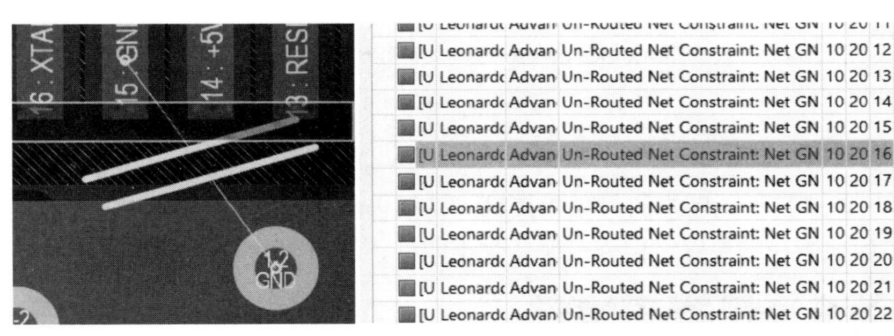

图 18-4　检查未布线网络错误

18.3　DRC 检查时，提示 Clearance Constraint，如何解决

如图 18-5 所示，DRC 检查时，出现 Clearance Constraint 的错误提示。

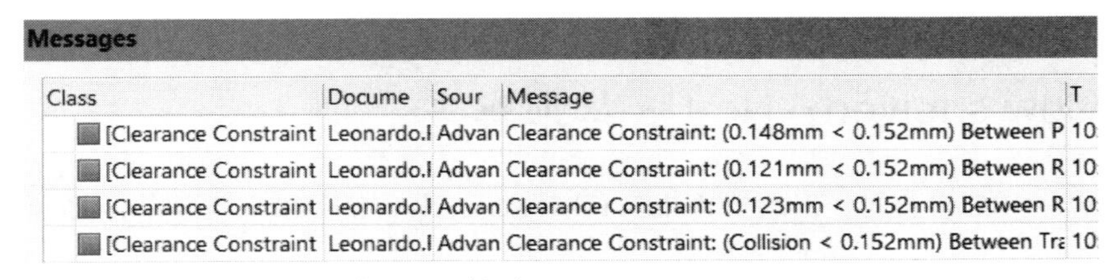

图 18-5　提示 Clearance Constraint

解决方法如下：

此为安全间距报错。即设置的 PCB 电气安全间距、PCB 中走线或焊盘等电气对象安全间距小于规则中的设定值。在报告信息（Messages）中双击错误项，将自动跳转到 PCB 中对应的错误项所在的位置，检查错误并改正即可，如图 18-6 所示。

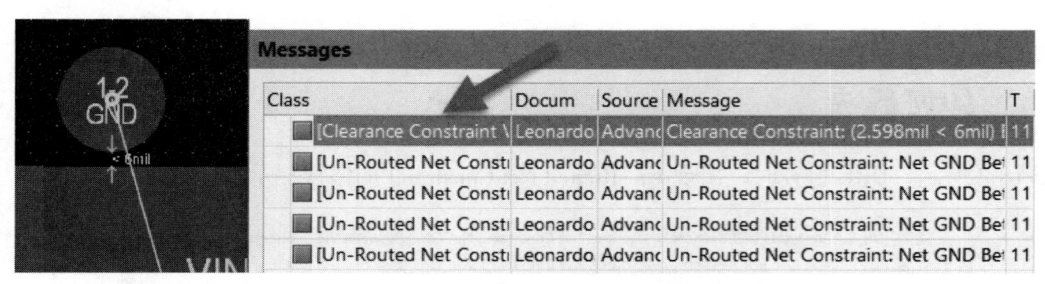

图 18-6 检查安全间距错误

18.4 DRC 检查时，提示 Short-Circuit Constraint，如何解决

如图 18-7 所示，DRC 检查时，出现 Short–Circuit Constraint 的错误提示。

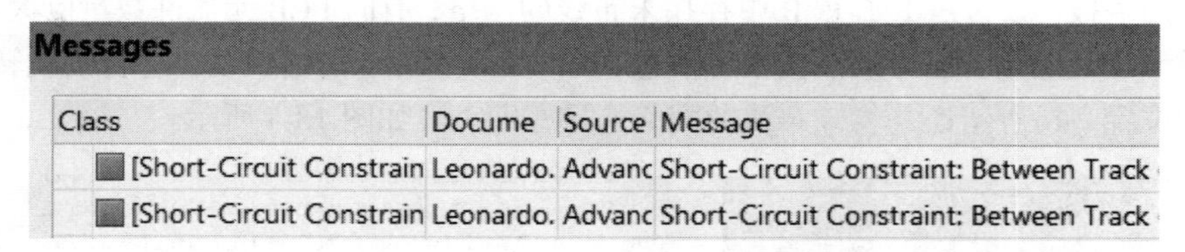

图 18-7 提示 Short–Circuit Constraint

解决方法如下：

此为短路报错，即禁止不同网络的对象相接触。在报告信息（Messages）中双击错误项，将自动跳转到 PCB 中对应的错误项所在的位置，检查错误并改正即可，如图 18-8 所示。

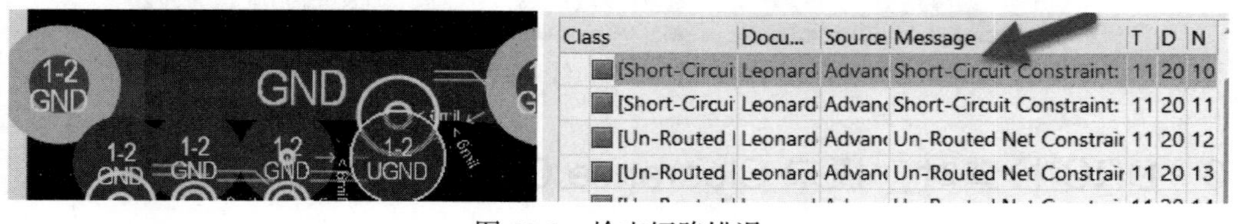

图 18-8 检查短路错误

18.5 DRC 检查时，提示“Modified Polygon（Allow Modified：No），（Allow shelved：No）”，如何解决

如图 18-9 所示，DRC 检查时，出现“Modified Polygon（Allow Modified：No），（Allow shelved：No）”的错误提示。

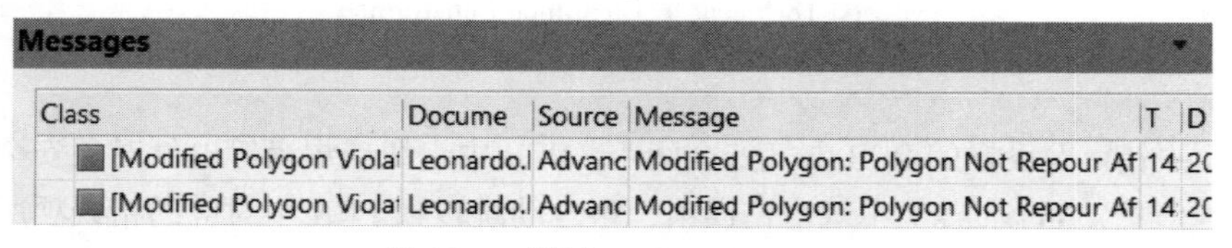

图 18-9 提示 Modified Polygon

解决方法如下：

此为多边形铺铜调整后未更新产生的报错。导致这项检查错误的原因是放置铺铜或电源分割、模拟地数字地分割时，编辑或修改了铺铜而未更新铺铜。如图 18-10 所示，手动调整了铺铜的外轮廓或者形状，而没有重新铺铜，DRC 检查时就会报错。

在报告信息（Messages）中双击错误项，将自动跳转到 PCB 中错误项所在的位置，选中报错的铺铜并右击，在弹出的快捷菜单中执行“铺铜操作”→“重铺选中的铺铜”命令，对选中的错误铺铜执行重新铺铜；或者执行“铺铜操作”→“所有铺铜重铺”命令对整个 PCB 的铺铜区域全部重新铺铜，即可消除错误项，如图 18-11 所示。

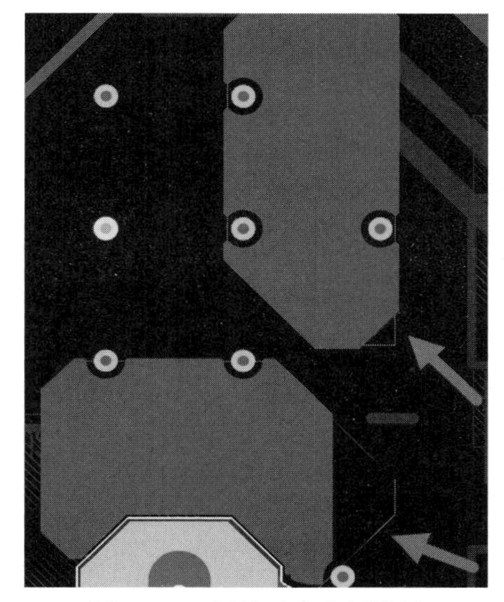

图 18-10　调整后未重新铺铜

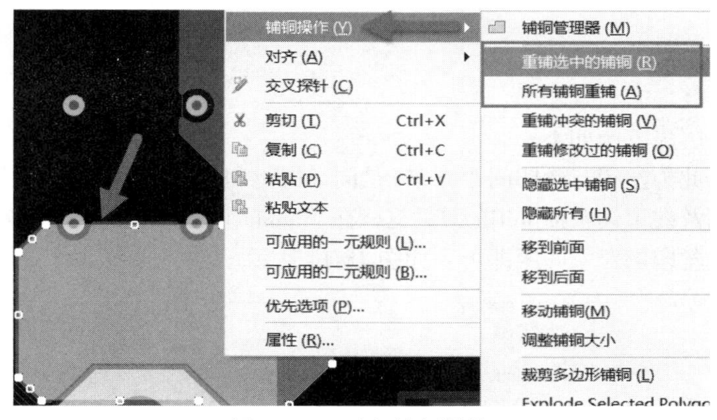

图 18-11　重新铺铜操作

18.6　DRC 检查时，提示 Width Constraint (Min=…mil) (Max=…mil) (Preferred=…mil) (All)，如何解决

如图 18-12 所示，DRC 检查时，出现 Width Constraint (Min=…mil) (Max=…mil) (Preferred=…mil) (All)的错误提示。

Messages

Class	Docume	Source	Message	T
[Width Constraint Viola	Leonardo.	Advanc	Width Constraint: Track (132.98mil,1616.	14
[Width Constraint Viola	Leonardo.	Advanc	Width Constraint: Track (133.98mil,1373.	14
[Width Constraint Viola	Leonardo.	Advanc	Width Constraint: Track (133.98mil,1421.	14
[Width Constraint Viola	Leonardo.	Advanc	Width Constraint: Track (133.98mil,1425.	14

图 18-12　提示 Width Constraint(Min=…mil) (Max=…mil) (Preferred=…mil) (All)

解决方法如下：

此为布线线宽报错。电源走线时需要考虑电流大小和 PCB 制板厂的最小线宽，此时需要做最小线宽的约束设置；而有些信号走线需要考虑阻抗要求、差分信号要求，此时需要做最大线宽的约束设置，一些 BGA 的扇出布线也需要做最大线宽的约束设置。在报告信息（Messages）中双击错误项，将自动跳转到 PCB 中错误项所在的位置，修改规则中线宽约束值或修改 PCB 中的报错的线宽使之符合规则约束的线宽即可。

18.7 DRC 检查时，提示 Silk to Silk (Clearance=5mil) (All)，(All)，如何解决

如图 18-13 所示，DRC 检查时，PCB 中显示 Silk to Silk (Clearance=5mil) (All)，(All)的安全间距报错。

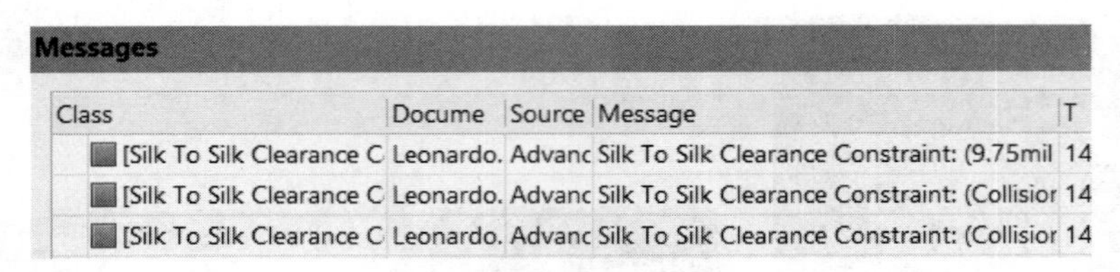

Messages

Class	Docume	Source	Message	T
[Silk To Silk Clearance C	Leonardo.	Advanc	Silk To Silk Clearance Constraint: (9.75mil	14
[Silk To Silk Clearance C	Leonardo.	Advanc	Silk To Silk Clearance Constraint: (Collisior	14
[Silk To Silk Clearance C	Leonardo.	Advanc	Silk To Silk Clearance Constraint: (Collisior	14

图 18-13 提示 Silk to Silk Clearance

解决方法如下：

此为丝印与丝印间距报错，是同一层丝印之间的距离过近，与规则冲突所致。按快捷键 D+R，打开“PCB 规则及约束编辑器[mil]”对话框。在 Manufacturing 选项下的 Silk To Silk Clearance 选项中修改丝印层文字到其他丝印层对象间距即可，如图 18-14 所示。

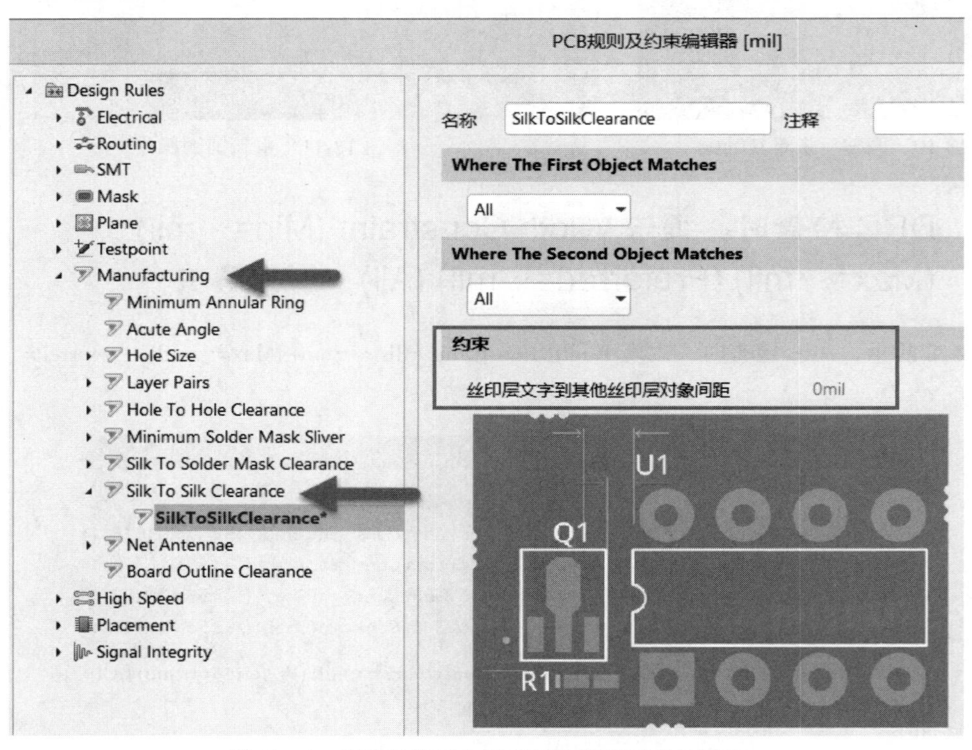

图 18-14 修改丝印层文字到其他丝印层对象间距

18.8　DRC 检查时，显示 Net Antennae（天线图标）的错误提示，如何解决

如图 18-15 所示，PCB 中出现 Net Antennae（天线图标）。

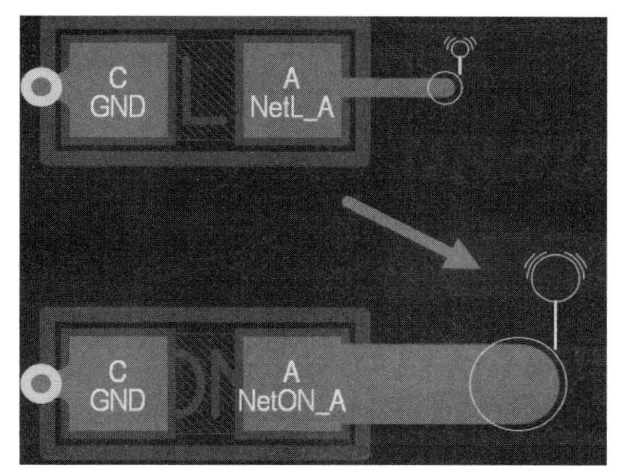

图 18-15　Net Antennae（天线图标）

解决方法如下：

此为网络天线报错。某些网络布线尚未完成，走线另一端没有与对应的网络相连接，就形成天线效应错误。按快捷键 T+D 打开“设计规则检查器[mil]”对话框，设置 Net Antennae 项为不检测即可，如图 18-16 所示。

图 18-16　设置 Net Antennae 项为不检测

18.9　DRC 检查时，提示 Power Plane Connect Rule (Relief Connect) (Expansion=20mil)，如何解决

解决方法如下：

此为电源平面连接规则报错。该规则常用于多层板项目，主要设置铺铜时铜皮和焊盘引脚连接方式、距离等参数。按快捷键 D+R，打开“PCB 规则及约束编辑器[mil]”对话框，根据相应的错误提示修改即可，如图 18-17 所示。

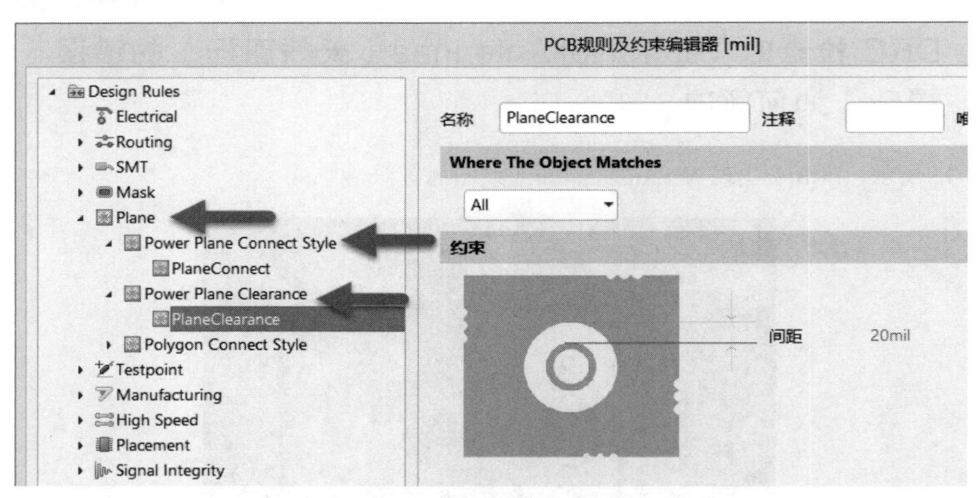

图 18-17　修改 Power Plane 连接方式与距离

18.10　DRC 检查时，提示 Hole To Hole Clearance (Gap=10mil) (All)，(All)，如何解决

解决方法如下：

此为孔间距约束规则报错。有时元器件的封装有固定孔，而与另一层的元器件的固定孔距离太近，或者两个过孔或焊盘靠得太近，就会报错。按快捷键 D+R 打开“PCB 规则及约束编辑器[mil]”对话框，修改孔间距值即可，如图 18-18 所示。

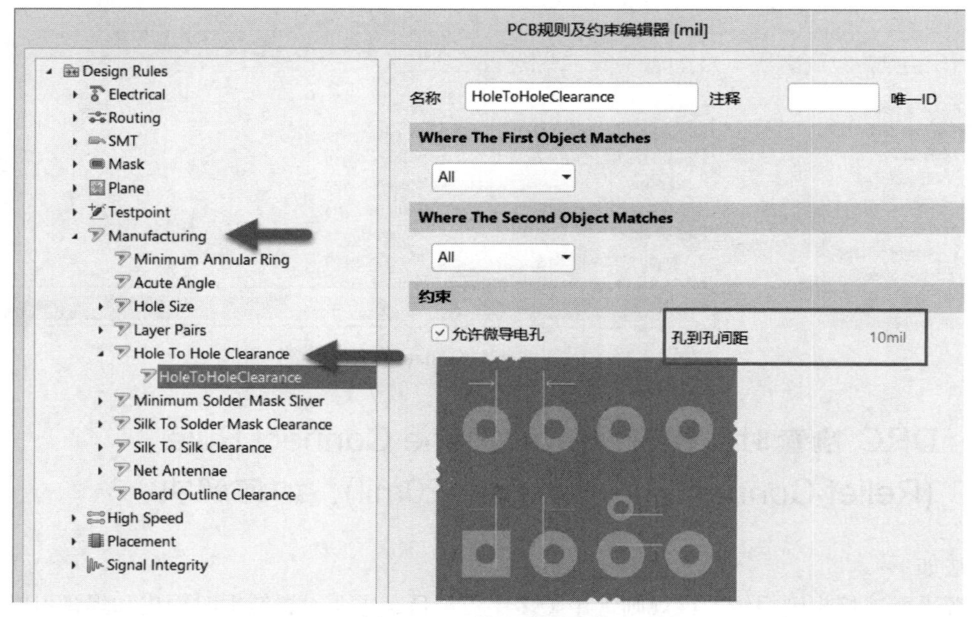

图 18-18　修改孔间距值

18.11　DRC 检查时，提示 Minimum Solder Mask Sliver (Gap=5mil) (All)，(All)，如何解决

解决方法如下：

最小阻焊间隙报错。在焊盘周围一般都会包裹阻焊层，以生成工艺中确定阻焊油、绿油的开窗范围。两个焊盘的组焊层靠得太近则会报错。按快捷键 D+R 打开“PCB 规则及约束编辑器[mil]”对话框，修改阻焊之间的间距值至合适距离即可，如图 18-19 所示。

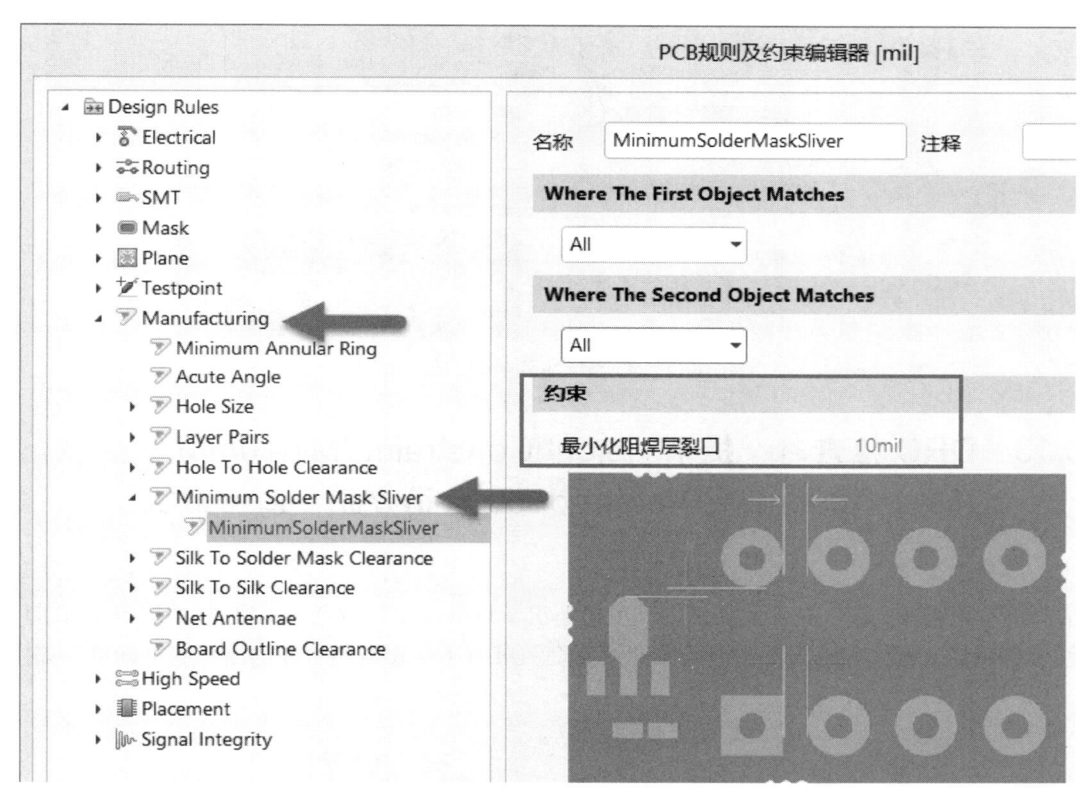

图 18-19　修改阻焊之间的间距值

18.12　DRC 检查时，提示 Silk To Solder Mask (Clearance=4mil) (IsPad)，(All)，如何解决

解决方法如下：

此为丝印到阻焊距离报错，是丝印与阻焊距离太近所致。按快捷键 D+R 打开”PCB 规则及约束编辑器[mil]”对话框，修改丝印到阻焊的最小间距即可，如图 18-20 所示。

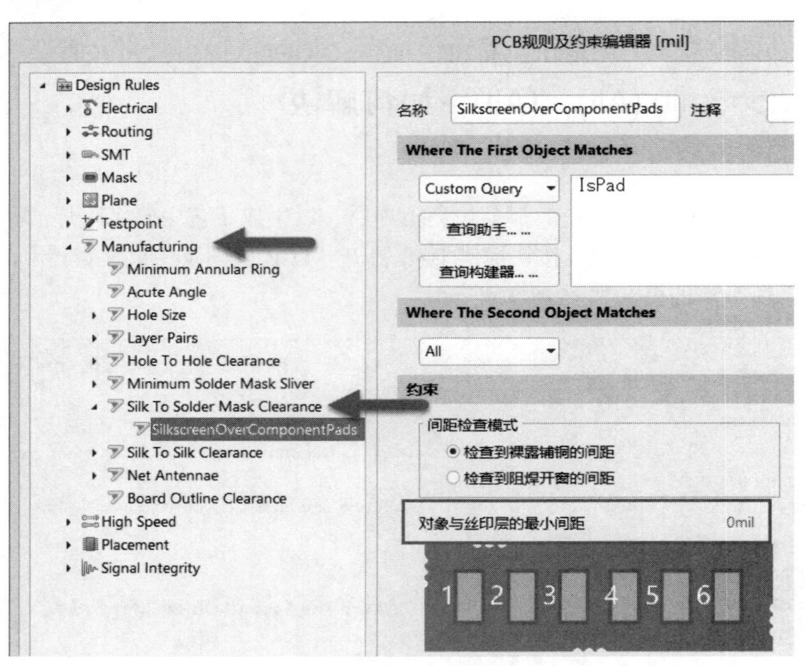

图 18-20　修改丝印到阻焊的最小间距

18.13　DRC 检查时，提示 Height Constraint (Min=0mil) (Max=1000mil) (Preferred=500mil) (All)，如何解决

解决方法如下：

此为高度约束报错，是 PCB 中元器件的高度值超出了规则设定的约束值所致。按快捷键 D+R 打开“PCB 规则及约束编辑器[mil]”对话框，设定元器件的高度约束值（从元器件所在的层算起）即可，如图 18-21 所示。

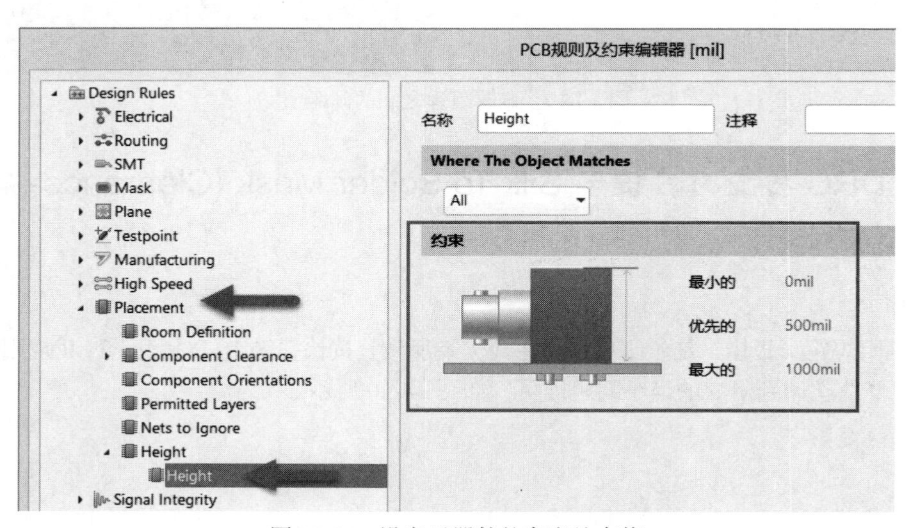

图 18-21　设定元器件的高度约束值

18.14 DRC 检查时，提示…\Templates\report_drc.xsl does not exist，如何解决

DRC 检查时弹出…\Templates\report_drc.xsl does not exist 的错误报告，如图 18-22 所示。

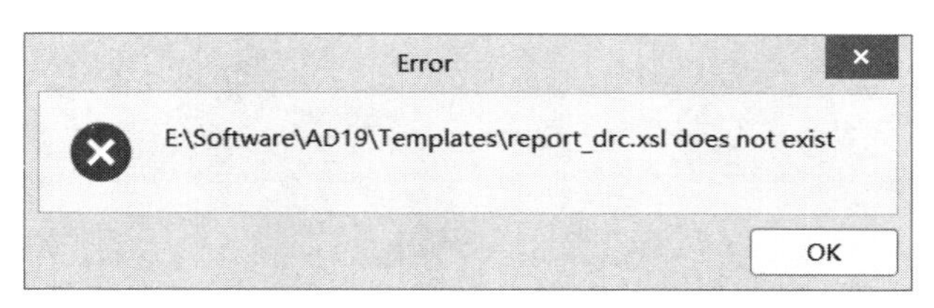

图 18-22 …\Templates\report_drc.xsl does not exist 错误报告

解决方法如下：

出现这个问题是由于 DRC 模板文件 report_drc.xsl 已经损坏或丢失，可能是非法关机或者病毒引起。从其他地方复制一个 report_drc.xsl 文件到软件安装路径下的 Templates 文件夹内即可（如果找不到该文件，可以联系笔者获取），如图 18-23 所示。

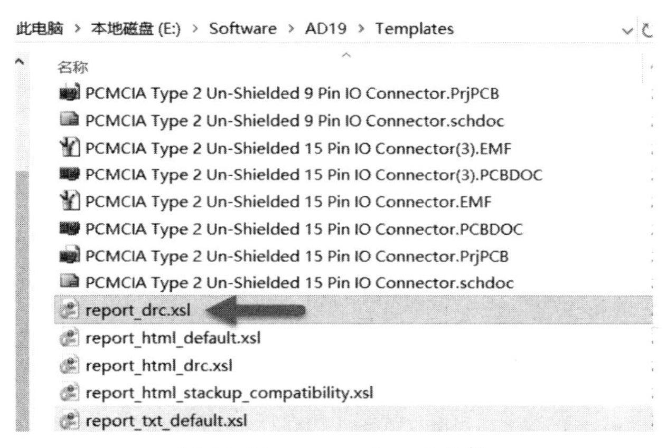

图 18-23 report_drc.xsl 文件

18.15 DRC 检查时，提示 Isolated copper，如何解决

如图 18-24 所示，DRC 检查时出现 Isolated copper 的错误提示。

Un-Routed Net Constraint ((All))

Isolated copper: Split Plane (GND) on GND2. Dead copper detected. Copper area is : 108.597 sq. mils

图 18-24 提示 Isolated copper

解决方法如下：

这是在平面中放置的多个过孔靠得过近造成的。Isolated copper 的报错被归类至 Un-Routed，可以看出这是死铜导致的未连接，如图 18-25 所示。可以从报告中定位到报错的层是在 Plane（GND）。双击报错提

示，即可定位到报错位置。

可以在平面的死铜区域放置一个填充（Fill），或者放置一个多边形挖空区域，板子空间充足时还可以将过孔距离拉开，都可以解决问题。

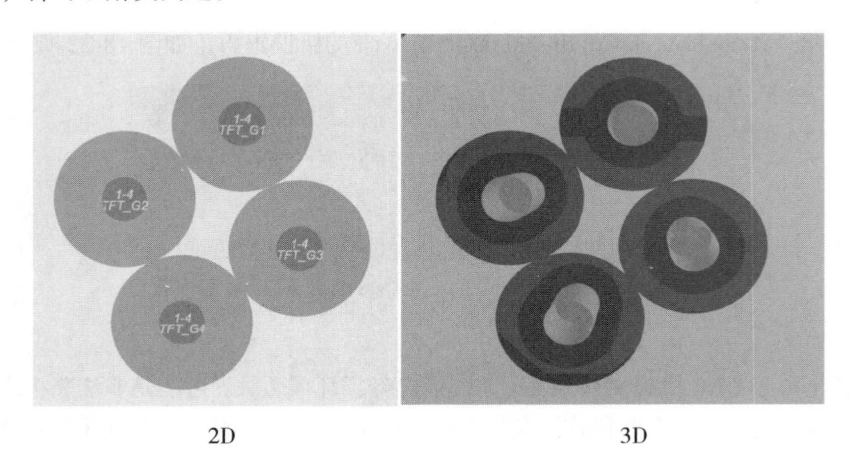

2D　　　　3D

图 18-25　平面的死铜区域

18.16　清除 DRC 检查错误标志的方法

如图 18-26 所示，在进行设计规则检查后如果 PCB 中存在较多错误，将有很多的错误标志展示在 PCB 中，如何清除这些错误标志？

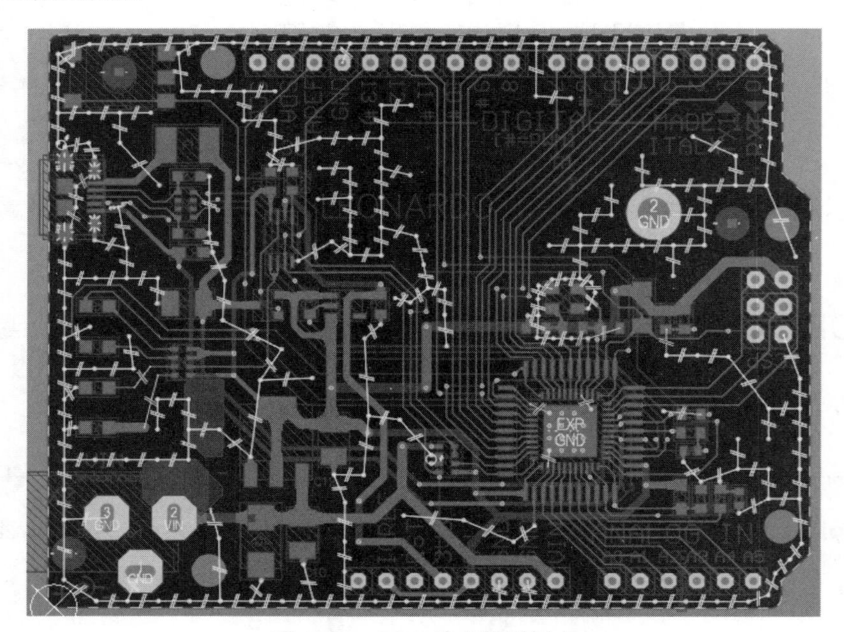

图 18-26　DRC 检查错误标志

解决方法如下：

执行菜单栏中的“工具”→“复位错误标志”命令，或者按快捷键 T+M 即可复位 DRC 错误标志。

第 19 章

CHAPTER 19

Logo 与文件输出

19.1 使用脚本程序在 PCB 中添加 Logo 及调整大小的方法

Logo（标识）具有特点鲜明、识别性强的特点，在 PCB 设计中经常要导入 Logo。下面介绍利用脚本程序添加 Logo 的方法。

（1）位图的转换。因为脚本程序只能识别 BMP 位图，所以可利用 Windows 画图工具将 Logo 图片转换成单色的 BMP 位图，如果单色位图失真，可以转换成 16 位图或其他位图。Logo 图片的像素越高，转换的位图越清晰。利用 Windows 画图工具转换位图的方法如图 19-1 所示。

图 19-1　通过“保存为”转换位图

（2）打开 Altium Designer 软件，并打开需要导入 Logo 的 PCB 文件。执行菜单栏中的“文件”→“运行脚本”命令或“DXP”→“运行脚本”命令（低版本 Altium Designer），在弹出的“选择条目运行”对话框中，单击“浏览”下拉按钮，在弹出的下拉列表中执行“来自文件”命令，选择 Logo 转换脚本文件，如图 19-2 所示。

如没有 PCB Logo 脚本文件，可以联系笔者获取，也可在志博 PCB 官方论坛（www.zbpcb.com）获取。单击加载的脚本程序，单击“确定”按钮进入 PCB Logo 导入向导，如图 19-3 所示，并对向导进行设置。

图 19-2　加载脚本程序

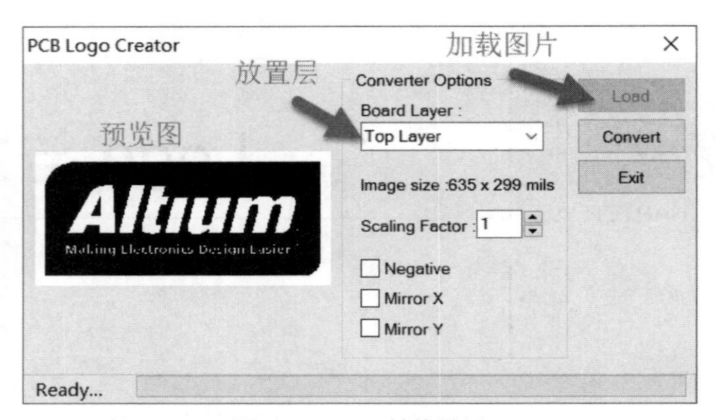

图 19-3　Logo 转换设置

相关参数含义如下：

① Load：加载转换好的位图。

② Board Layer：选择好 Logo 需要放置层，一般选择 Top Overlayer。

③ Image size：预览导入的 Logo 大小。

④ Scaling Factor：导入比例尺，可调节 Image Size（图片尺寸）。

⑤ Negative：反向设置，一般不勾选，在二维码 Logo 导入时需勾选该选项。

⑥ Mirror X：关于 X 轴镜像。

⑦ Mirror Y：关于 Y 轴镜像。

设置好参数后，单击 Convert 按钮，开始 Logo 转换，等待软件自动转换完成即可。转换好的 Logo 效果如图 19-4 所示。

如果对导入的 Logo 大小不满意，还可以通过创建“联合”的方式进行调整。

创建联合的方法如下：

框选导入的 Logo，右击，在弹出的快捷菜单中执行“联合”→“从选中的器件生成联合”命令，如图 19-5 所示。

图 19-4　转换好的 Logo 效果图

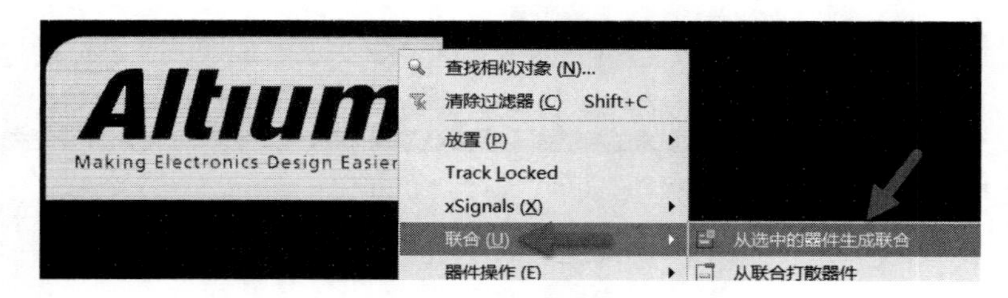

图 19-5　从选中的器件生成联合

生成联合后，在 Logo 上再次右击，在弹出的快捷菜单中执行“联合”→“调整联合的大小”命令，如图 19-6 所示。

光标将变成十字形，单击 Logo，会出现 Logo 调整大小的调整点，单击调整点并拖动即可调整 Logo 的大小。调整后的 Logo 如图 19-7 所示。

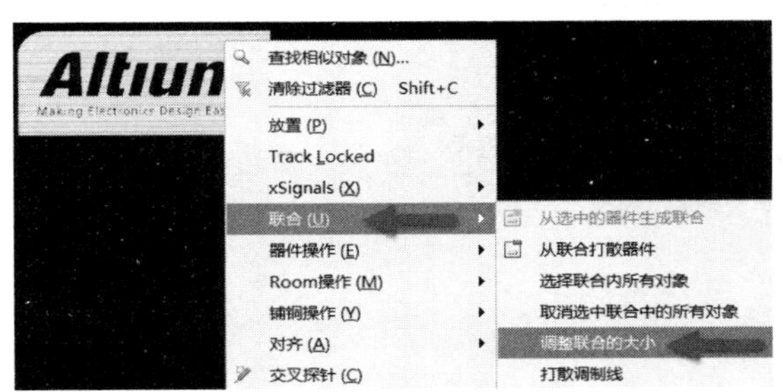

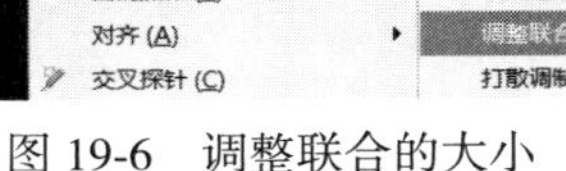

图 19-6　调整联合的大小

图 19-7　调整后的 Logo

此外，还可以将 Logo 做成封装，方便下次调用。在 PCB 元器件库中新建一个元器件并命名为 Logo，从 PCB 文件中复制 Logo，然后粘贴到 PCB 元器件库中做成封装，如图 19-8 所示，下次调用时直接放置即可。

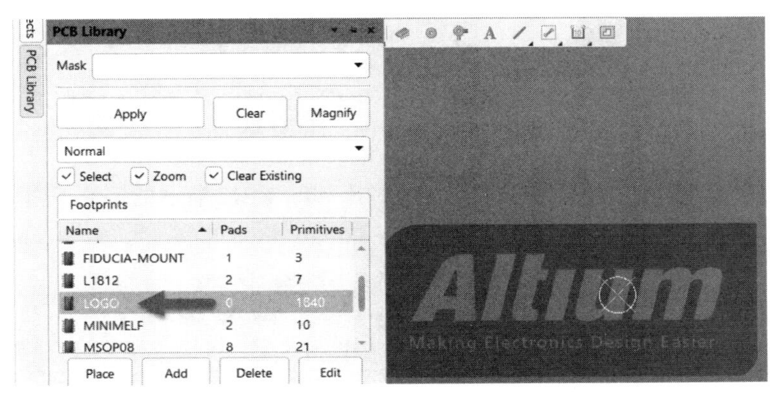

图 19-8　将 Logo 做成封装

19.2　用字库添加 Logo 的方法

还可使用字体软件 Font Creator 通过将 Logo 图片转换成字库为 PCB 添加 Logo。此方法能满足各种复杂图形的设计制作需求，制作的 Logo 可自由调整大小，使用方便快捷。

首先需要准备一个 Font Creator 字库制作软件，该软件不需要安装，直接打开运行即可。如没有该软件，可联系作者获取，或者通过志博 PCB 官方论坛（www.zbpcb.com）获取。软件文件夹打开界面如图 19-9 所示。

Kerning	2018/3/28 14:58	文件夹	
Unicode	2018/3/28 14:58	文件夹	
FCP.TIP	2004/4/4 13:13	TIP 文件	2 KB
FCP4.CNT	2003/11/30 15:59	CNT 文件	6 KB
FCP4.EXE	2004/4/5 16:46	应用程序	3,596 KB
FCP4.HLP	2003/11/30 16:02	帮助文件	4,001 KB
FCPSHL.dll	2003/12/1 16:45	应用程序扩展	158 KB
guidelines.dat	2018/12/1 12:01	DAT 文件	1 KB
History.doc	2003/11/30 14:55	Microsoft Word ...	46 KB
License.txt	2003/11/16 19:41	文本文档	8 KB
subfamily.dat	2002/12/9 16:17	DAT 文件	3 KB
TableOffsetOrder.txt	2002/9/30 18:16	文本文档	1 KB
Vendor.doc	2003/11/30 15:05	Microsoft Word ...	25 KB

图 19-9　Font Creator 字库制作软件

下面介绍使用该软件制作 Logo 字库的详细步骤：

（1）准备好需要制作成字库的 Logo 图片，如图 19-10 所示。

（2）双击 FCP4.EXE 打开软件，然后执行菜单栏中的“文件”→“新建”命令，新建一个 TTF 字体，并输入名称，这里输入字体名称为 Logo，如图 19-11 所示。

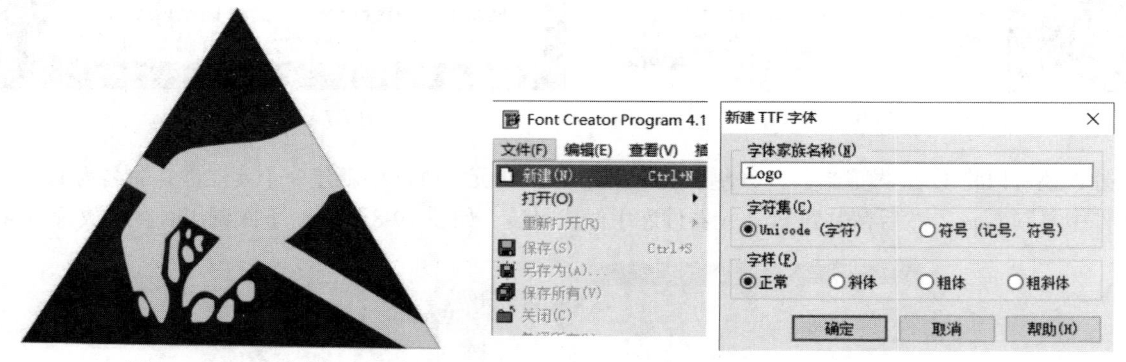

图 19-10　Logo 图片　　　　图 19-11　新建 TTF 字体

（3）其他选项保持默认，单击“确定”按钮，将弹出如图 19-12 所示的字库编辑界面。

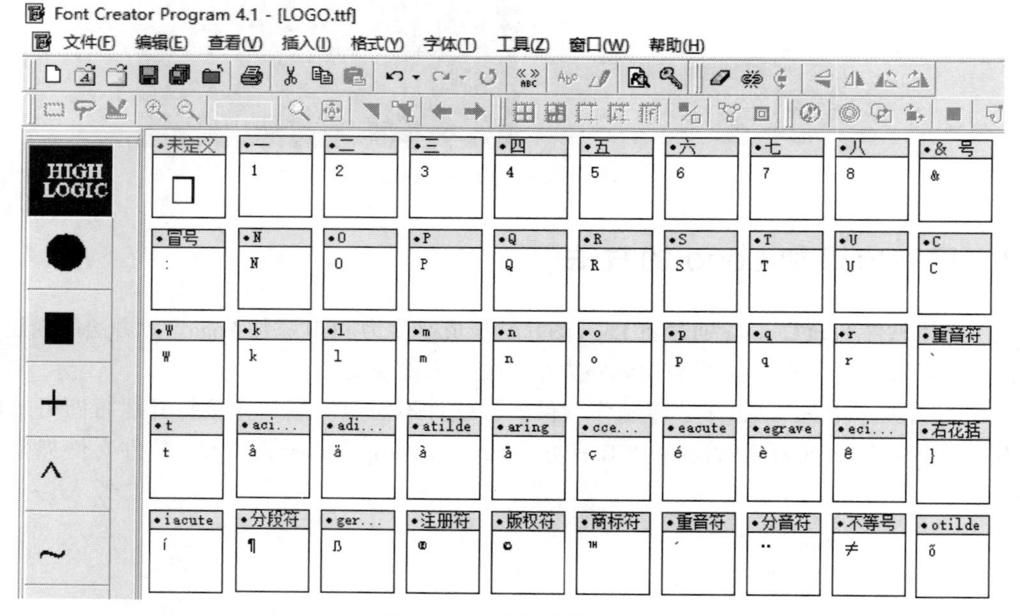

图 19-12　字库编辑界面

（4）在编辑区内可以看到字符、数字及大小写英文字母等符号，接下来需要用 Logo 图片替换掉字库里面的某个符号里面的内容。如将数字 0 替换为 Logo 图片，在 Altium Designer 中选择时，在文本框中输入数字 0，就能显示对应的 Logo 图片，这就是映射（需要注意的是，用 Logo 图片替换掉字库中的一个符号，在 Altium Designer 软件中输入该符号才能显示对应的 Logo 图片）。

（5）此处以替换字符 0 为例。双击编辑区中 0 对应的方块，如图 19-13 所示。

图 19-13　编辑符号“0”

（6）在打开的编辑界面中右击，在弹出的快捷菜单中执行“导入图像”命令，如图 19-14 所示。

（7）将弹出“导入图像”对话框。单击“载入”按钮，加载准备好的 Logo 图片，然后单击“生成”按钮，如图 19-15 所示。

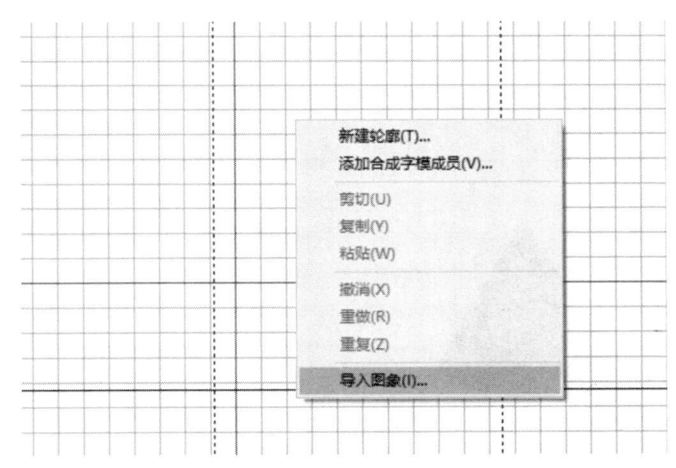

图 19-14　导入图像

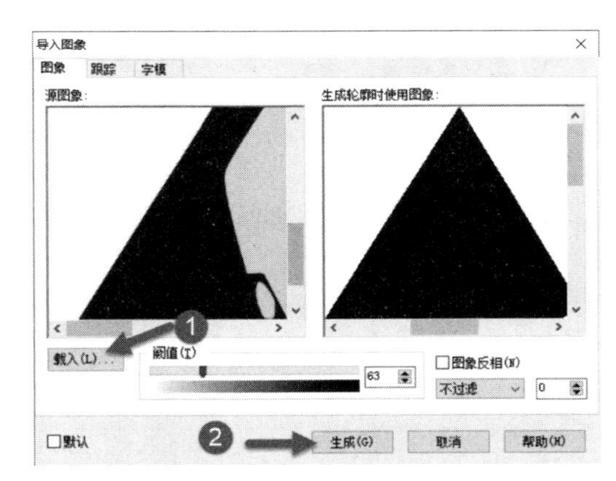

图 19-15　载入 Logo 图片

（8）阈值保持默认值，其他参数也保持默认值。单击“生成”按钮，得到的 Logo 图形效果如图 19-16 所示。此处阈值和其他参数可以根据实际情况自行调整。

注意：生成的 Logo 图形，垂直标尺上有两个黑色小三角形，代表了这个符号的宽度，如果小于实际图形，可能出现图片显示不完整的问题。此时需要拖动右侧的小三角符号直到刚好包含导入的图形，如图 19-17 所示。

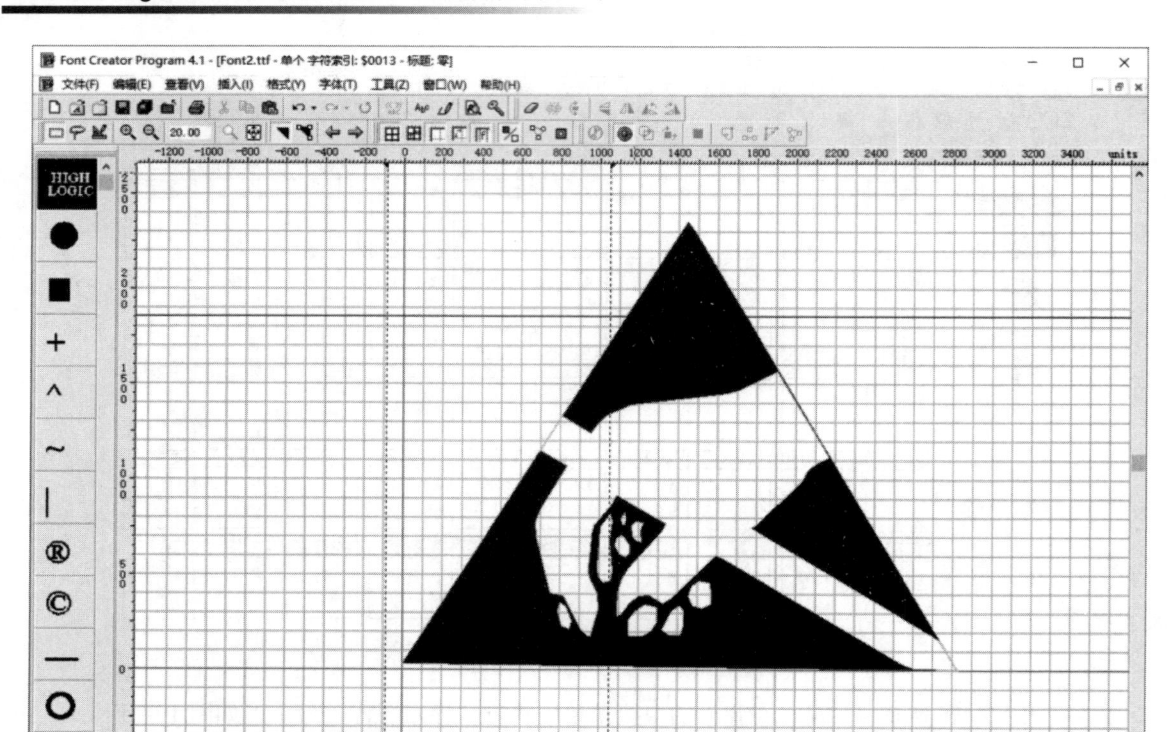

图 19-16　载入的 Logo 图形效果

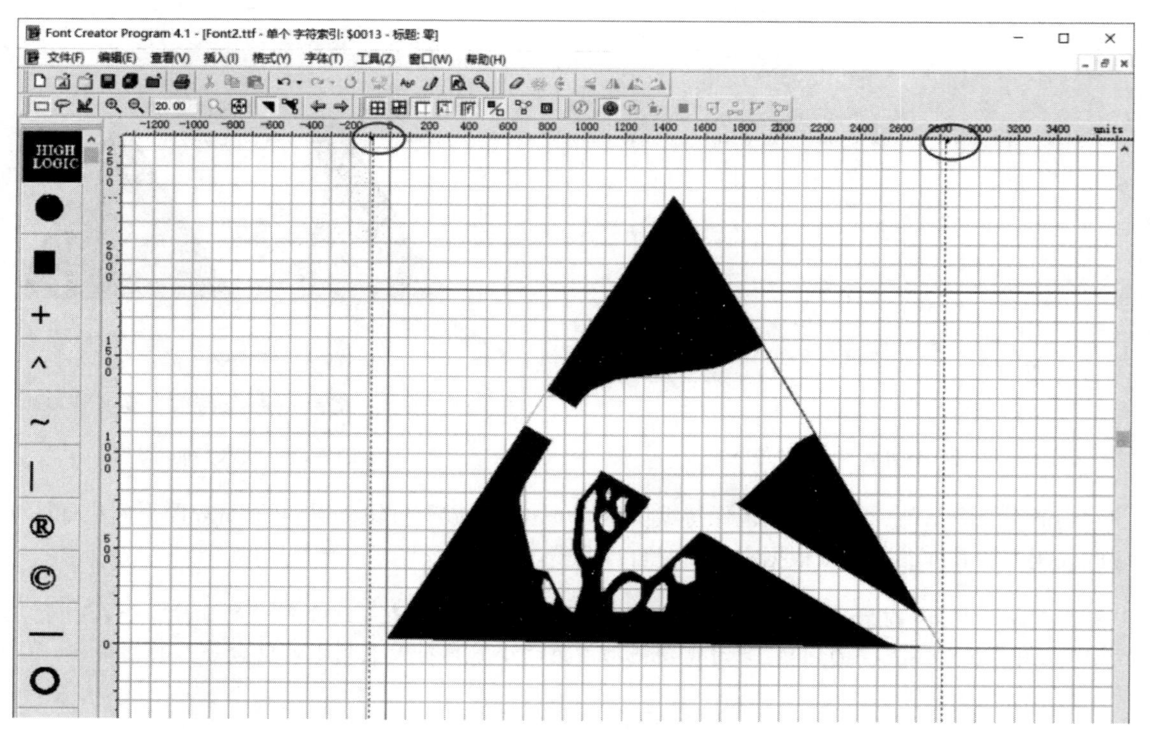

图 19-17　移动标尺包含图形

（9）这样就用一个 Logo 图片替换了字库中的字符 0。关闭该符号编辑界面（注意是关闭符号编辑界面，不要关闭软件），返回字库编辑界面，可以看到符号 0 被替换成了 Logo 图片，如图 19-18 所示。

图 19-18 Logo 图片替换字符

（10）执行“另存为”命令，选择一个路径保存修改好的字库，如图 19-19 所示。

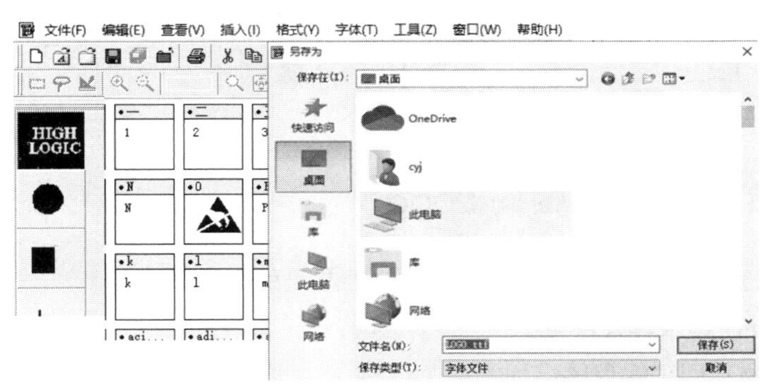

图 19-19 保存修改好的字库

（11）保存好新建的字库后，即可安装字体。找到并选中需要安装的字库，右击，在弹出的快捷菜单中执行“安装”命令，将字库安装到计算机中，如图 19-20 所示。

（12）安装完毕即可应用字库。打开 Altium Designer 软件，进入 PCB 编辑界面。选择丝印层，然后按照常规放置字符的操作，执行菜单栏中的“放置”→“字符串”命令，或者按快捷键 P+S，在 PCB 上放置一个字符串。双击该字符串，在弹出的文本属性编辑对话框中选择字体类型为 True Type，然后在 Font 下拉列表框中选择之前制作的字体 Logo，在 Text 文本框中输入字符 0（因为之前是用图片 Logo 替换了符号 0 里面的内容），这样就能在 PCB 中显示对应的 Logo。如果需要调整 Logo 的大小，只需要在文本属性编辑对话框中设置参数 Text Height 即可，如图 19-21 所示。

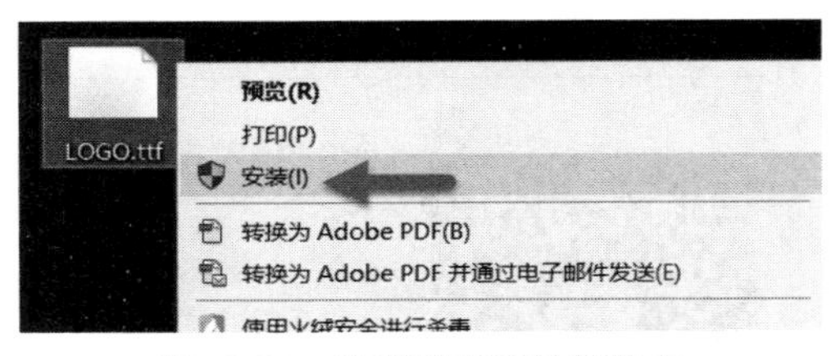

图 19-20 安装字库到计算机中

用 Font Creator 字库制作软件可以添加很多 Logo 图片到字库中。打开字库制作软件，执行菜单栏中的“文件”→“打开”→“字体文件”命令，可打开之前保存的字库文件，还可以继续编辑添加其他 Logo 图片，如图 19-22 所示。

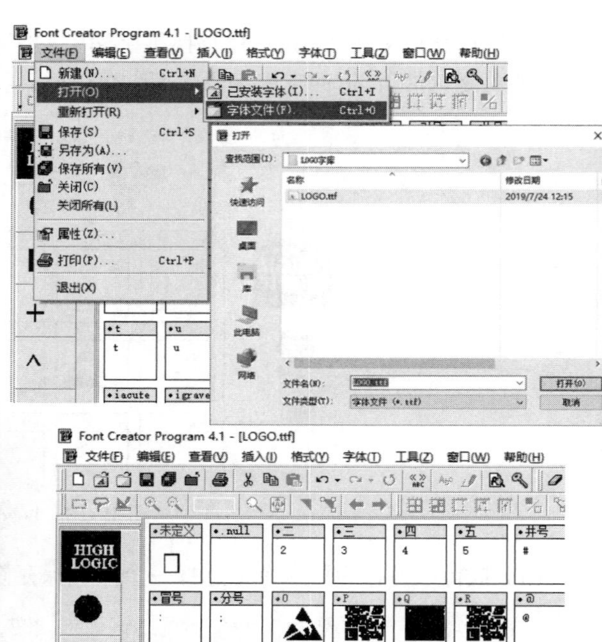

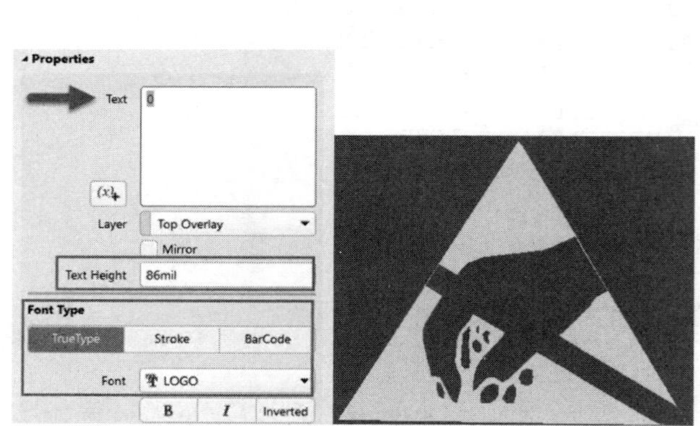

图 19-21　用字库添加 Logo

图 19-22　添加其他的 Logo 图片到字库

19.3　在 PCB 中添加二维码 Logo

在 Altium Designer 的 PCB 中添加二维码 Logo 有两种常见的方法。

1. PCB Logo Creator脚本导入法

（1）根据之前介绍的利用脚本程序添加 Logo 的方法，先将二维码 Logo 图片转换成 BMP 格式。

（2）打开需要添加二维码 Logo 的 PCB 文件，执行菜单栏中的“文件”→“脚本程序”命令，添加 PCB Logo Creator 脚本程序并运行。单击脚本程序运行界面的 Load 按钮加载二维码图片，然后勾选 Negative（反向的）复选框（注意：必须勾选 Negative 复选框，否则导入的二维码 Logo 将无法扫描），如图 19-23 所示。

（3）单击 Convert 按钮，开始导入图片，等待脚本程序导入图片即可，得到的效果如图 19-24 所示。

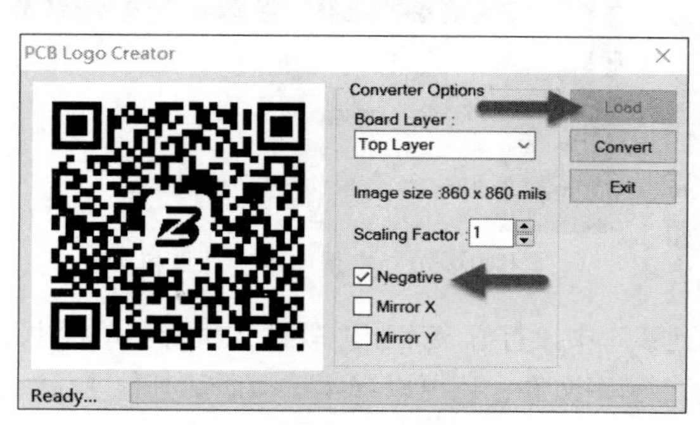

图 19-23　加载二维码图片

图 19-24　利用 PCB Logo Creator 脚本添加二维码 Logo

2. 利用字库添加二维码Logo

（1）按照前文介绍的利用字库添加 Logo 的方法，将二维码图片添加到 PCB 中，如图 19-25 所示。

（2）这时的二维码 Logo 还无法扫描，因为尚未进行反向设置。

（3）双击二维码 Logo，在弹出的文本属性编辑对话框的 Font Type（字体类型）选项组中单击 Inverted（反向的）按钮，然后在 Margin Border 文本框中设置二维码 Logo 边缘边界的宽度即可，如图 19-26 所示。

（4）这样即可得到正确的二维码 Logo，3D 状态下的效果如图 19-27 所示。

图 19-25　添加二维码图片到 PCB

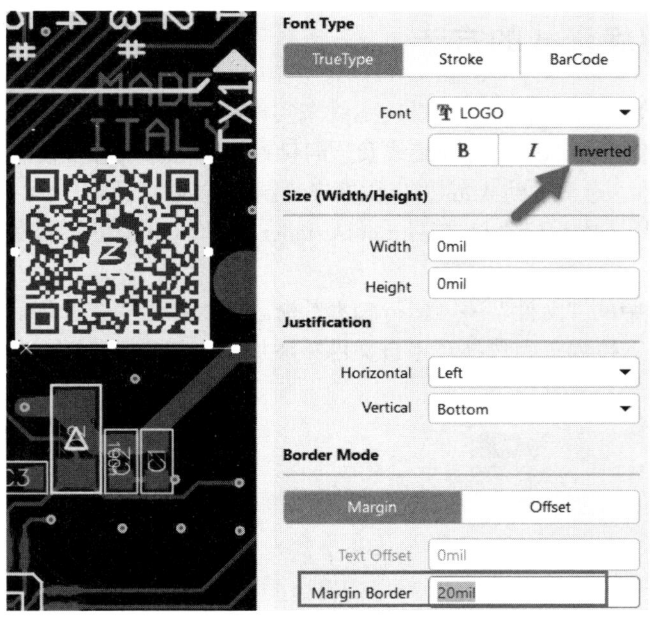

图 19-26　设置二维码 Logo 为反向的

图 19-27　3D 状态下的二维码 Logo 效果

19.4　Altium Designer 低版本打开高版本文件出现 Logo 或文本位置偏移，如何解决

如图 19-28 所示，利用 Altium Designer 09 打开 Altium Designer 19 的 PCB 文件，文件中的 Logo 发生偏移。

解决方法如下：

在 Altium Designer 09 软件中双击发生偏移的 Logo 或文本，在弹出的对话框中取消勾选“应用倒转矩形”复选框即可将 Logo 或文本恢复正常，如图 19-29 所示。

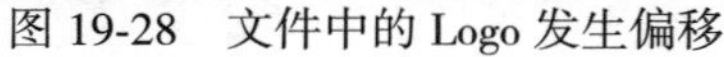
图 19-28　文件中的 Logo 发生偏移

图 19-29　取消勾选“应用倒转矩形”复选框

19.5　通过脚本程序画蚊香型螺旋走线的方法

现在很多做微波通信产品的企业，都要求在 PCB 中放置圆形的螺旋走线来实现高频天线的功能，并要求能够简便地设置螺旋走线的线宽、线距、螺旋线圈数、顺时针螺旋线及逆时针螺旋线等。实际上使用任何 EDA 软件在 PCB 上直接绘制螺旋线都非常困难，通常借助 AutoCAD 软件来绘制螺旋线，再导入 AD，虽然可以实现需求，但步骤比较烦琐。下面介绍使用脚本程序直接在 Altium Designer 的 PCB 环境下绘制螺旋线的方法。

（1）新建或打开一个 PCB 文件，执行菜单栏中的“文件”→“运行脚本”命令，将弹出“选择条目运行”对话框，单击“浏览”下拉按钮，在弹出的下拉列表中选择“来自文件”添加脚本程序，如图 19-30 所示。

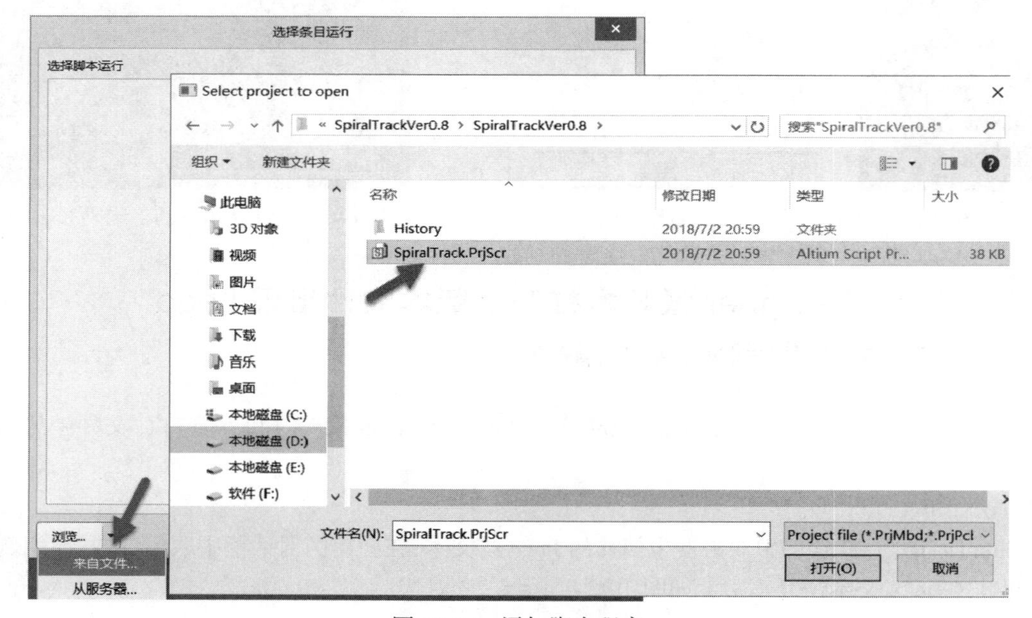

图 19-30　添加脚本程序

（2）添加的脚本程序如图 19-31 所示。双击 Main 程序，光标将变成十字形。在需要放置螺旋线的位置单击，将弹出螺旋线设置对话框，如图 19-32 所示，根据需求设置对应的参数。

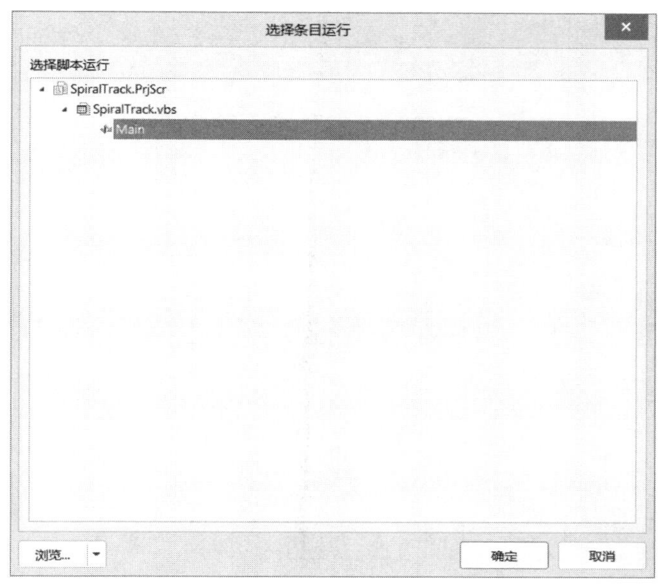

图 19-31 SpiralTrack.PrjScr 脚本程序

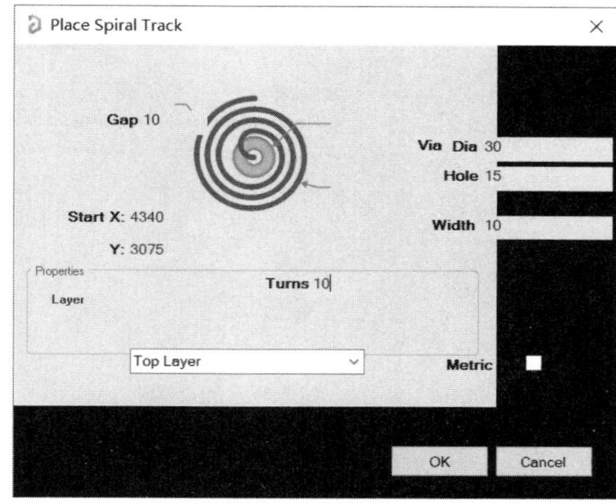

图 19-32 螺旋线设置对话框

相关参数含义如下：

① Gap：螺旋线的间距（默认单位为英制 mil，1mil=0.0254mm）。

② Via Dia：螺旋线中间过孔的外径，Hole 为过孔的内径（默认单位为英制 mil）。

③ Width：螺旋线的线宽（默认单位为英制 mil）。

④ Start X Y：PCB 中放置螺旋线的坐标。

⑤ Turns：螺旋线的圈数。

⑥ Layer：螺旋线放置的层设置。

⑦ Metric：公制单位选择，如需把以上参数单位设置为公制，需要勾选 Metric 复选框。

（3）设置完所需参数后，单击 OK 按钮，即可在 PCB 上放置需要的螺旋走线，如图 19-33 所示。

图 19-33 通过脚本程序绘制螺旋走线

19.6 输出 PDF 格式的原理图

进行原理图设计时，可能需要把原理图以 PDF 格式输出。Altium Designer 可以利用“智能 PDF”将原理图转换为 PDF 格式，实现方法如下。

（1）原理图编辑环境中，执行菜单栏中的“文件”→“智能 PDF”命令。

（2）在弹出的“智能 PDF”对话框中单击 Next 按钮。

（3）将切换到“选择导出目标”界面。选中“当前文档…”单选按钮（若有多页原理图，需要选中“当前项目…”单选按钮，从中选择需要输出的原理图）。单击 Next 按钮，如图 19-34 所示。

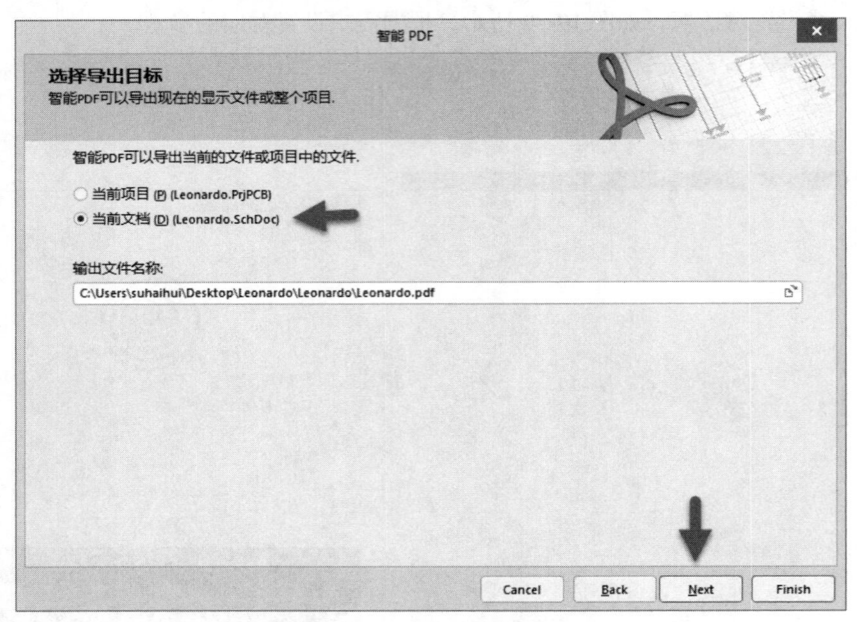

图 19-34 选择导出目标

（4）弹出的对话框中将提示是否输出 BOM 表，取消勾选“导出原材料的 BOM 表”复选框，单击 Next 按钮。

（5）将切换到“添加打印设置”界面。在“原理图颜色模式”选项组中选择原理图颜色模式，一般选择“颜色”，其他保持默认即可，如图 19-35 所示。

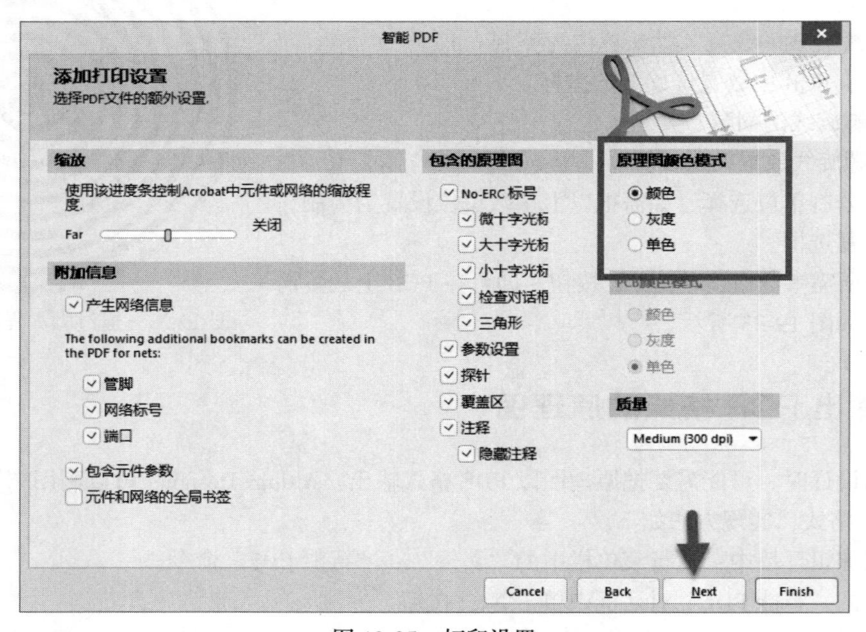

图 19-35 打印设置

（6）最后直接单击 Finish 按钮即可输出 PDF 格式的原理图，如图 19-36 所示。

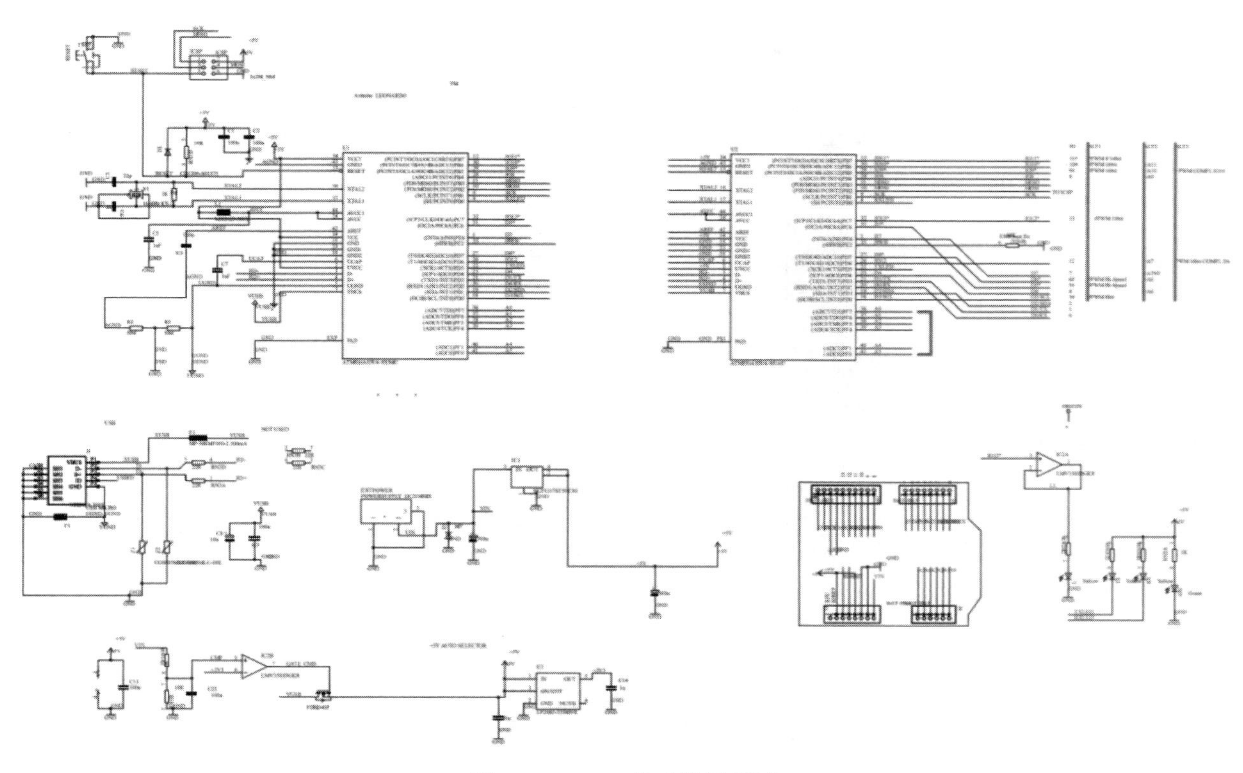

图 19-36　PDF 格式的原理图

19.7　Gerber 文件的输出方法

Gerber 文件是一种符合 EIA 标准、用于驱动光绘机的文件。该文件把 PCB 中的布线数据转换为光绘机，用于生产 1∶1 高度胶片的光绘数据，是能被光绘图机处理的文件格式。如果使用 Altium Designer 绘制好 PCB 电路图文件，需要打样制作，但又不想提供给厂家工程文件，就可以直接生成 Gerber 文件提供给 PCB 生产厂家，供其打样制作 PCB。

输出 Gerber 文件时，建议在工作区打开工程文件，生成的相关文件会自动输出到 OutPut 文件夹。

操作步骤如下：

（1）输出 Gerber 文件。

① 在 PCB 界面执行菜单栏中的“文件”→“制造输出”→Gerber Files 命令，如图 19-37 所示。

② 将弹出“Gerber 设置”对话框。选择“通用”选项卡，单位选择“英寸”，格式选择“2∶4”，如图 19-38 所示。

③ 选择“层”选项卡，单击“绘制层”下拉按钮，在弹出的下拉列表中选择“选择使用的”，并检查需要输出的层。单击“镜像层”下拉按钮，在弹出的下拉列表中选择“全部去掉”。同时勾选“包括未连接的中间层焊盘”复选框。输出设置如图 19-39 所示。输出选择如图 19-40 所示。

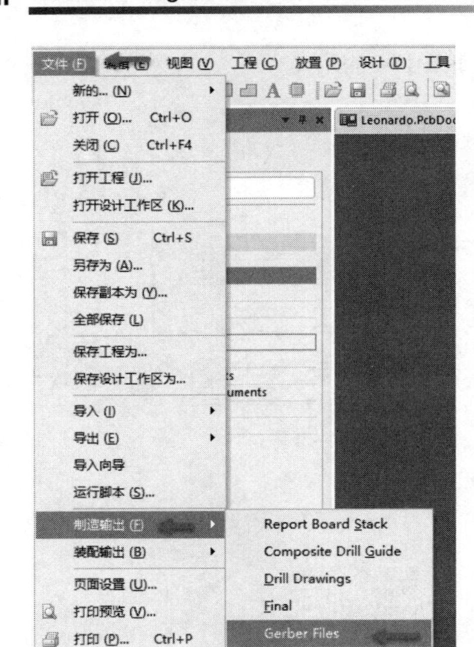

图 19-37　打开 Gerber Files 编辑面板

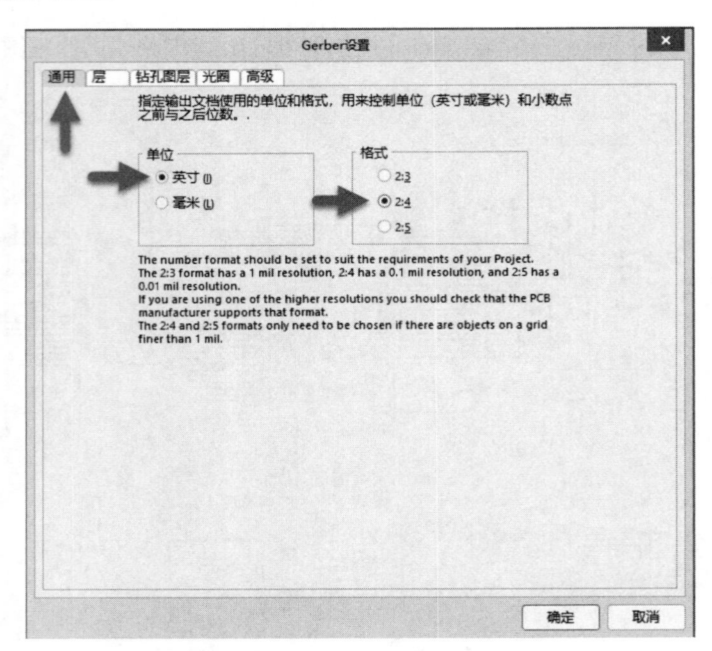

图 19-38　Gerber Files 通用设置

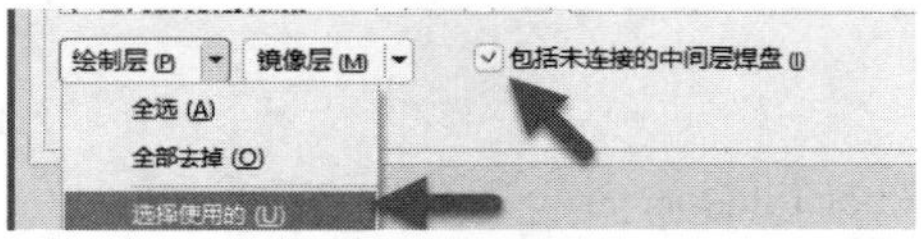

图 19-39　层的输出设置

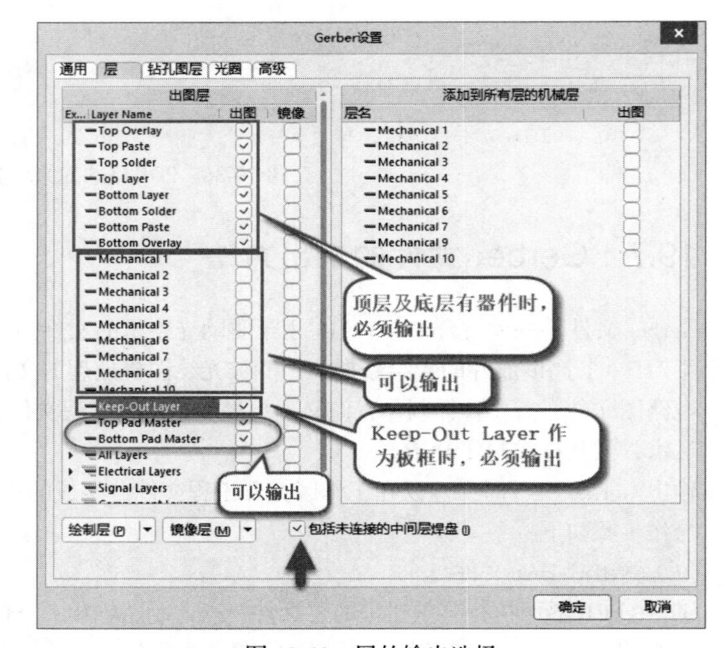

图 19-40　层的输出选择

④ 选择“钻孔图层”选项卡，选择所用到的层，如图 19-41 所示，其他设置保持默认。

⑤ 选择“光圈”选项卡，勾选“嵌入的孔径 RS274X”格式，其他保持默认，如图 19-42 所示。

⑥ 设置“高级”选项时，胶片规则相应数值如图 19-43 所示，可在末尾增加一个 0，增加文件输出面积。其他设置保持默认即可。至此，Gerber Files 的设置结束。单击“确定”按钮，输出效果如图 19-44 所示。

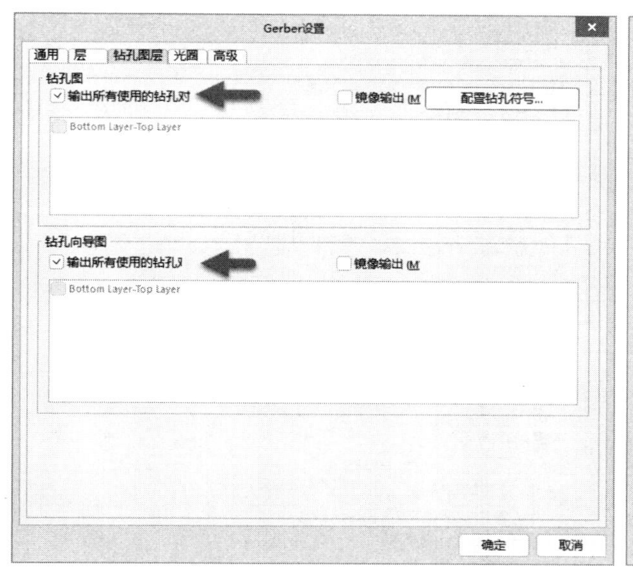

图 19-41　钻孔图层设置

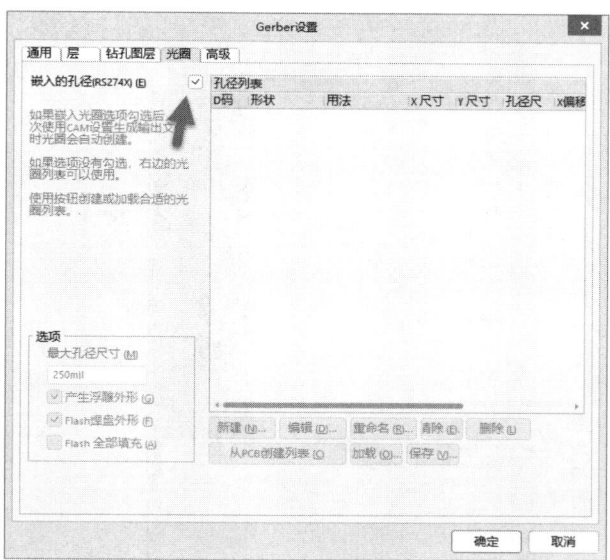

图 19-42　光圈设置

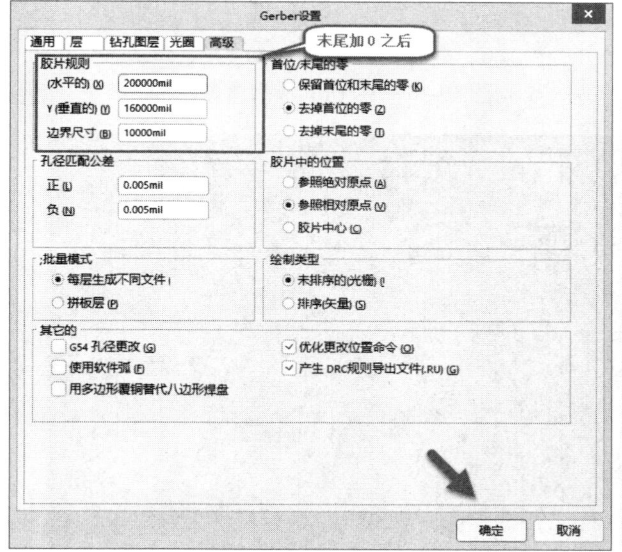

图 19-43　高级选项设置

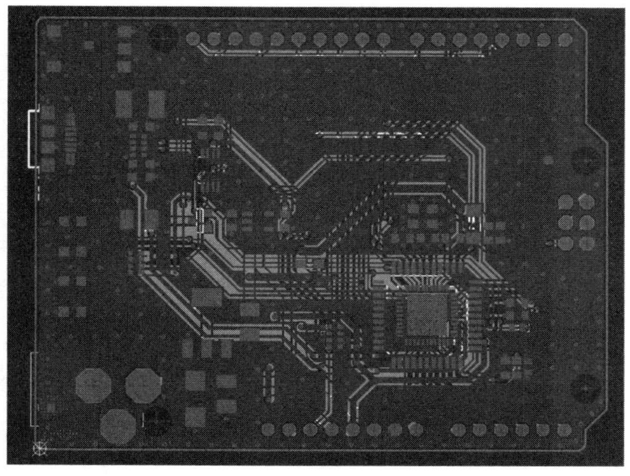

图 19-44　Gerber Files 输出预览

（2）输出 NC Drill Files（钻孔文件）。

① 切换回 PCB 编辑界面，执行菜单栏中的“文件”→“制造输出”→NC Drill Files 命令，进行过孔和安装孔的输出设置，如图 19-45 所示。

② 在弹出的“NC Drill 设置”对话框中，单位选择“英寸”，格式选择“2:5”，其他保持默认，如图 19-46 所示。

③ 单击“确定”按钮，将弹出“导入钻孔数据”对话框，直接单击“确定”按钮即可，如图 19-47 所示。输出效果如图 19-48 所示。

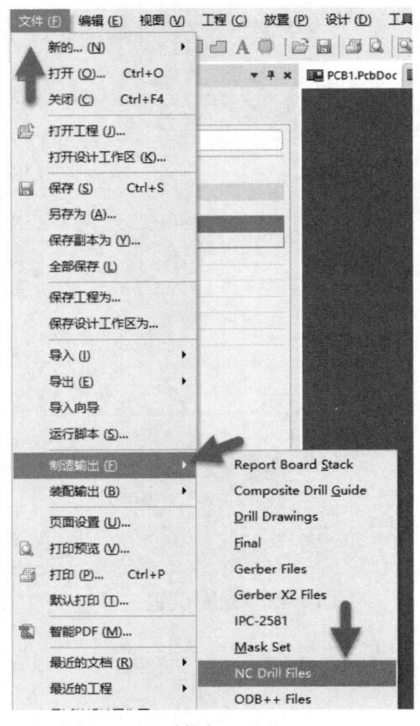

图 19-45　输出 NC Drill Files

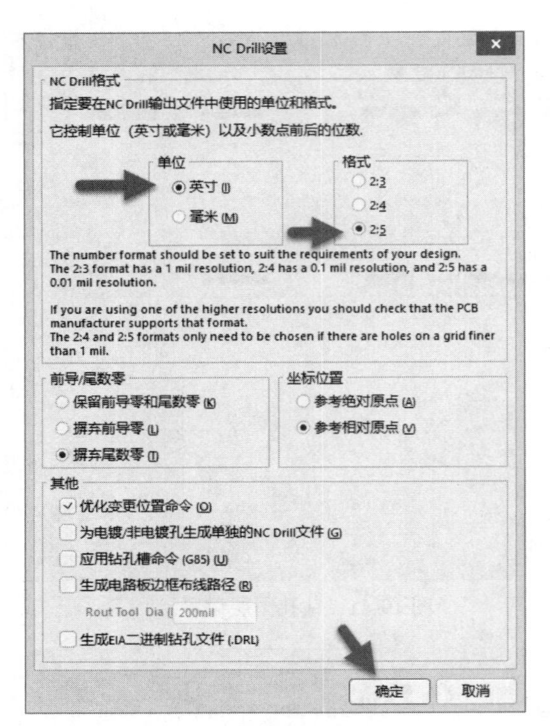

图 19-46　NC Drill 输出设置

图 19-47　“导入钻孔数据”对话框

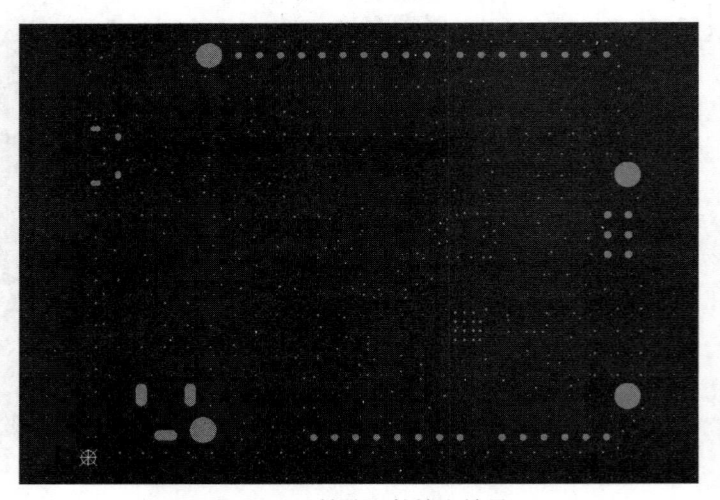

图 19-48　钻孔文件输出效果

（3）输出 Test Point Report（IPC 网表文件）。

① 切换回 PCB 编辑界面，执行菜单栏中的“文件”→“制造输出”→Test Point Report 命令，进行 IPC 网表输出，如图 19-49 所示。

② 将弹出 Fabrication Testpoint Setup 对话框，相应输出设置如图 19-50 所示。单击“确定”按钮，在弹出的对话框中直接单击“确定”按钮即可输出。

（4）输出 Generates pick and place files（坐标文件）。

① 切换回 PCB 编辑界面，执行菜单栏中的“文件”→“装配输出”→Generates pick and place files 命

令，进行元器件坐标输出，如图 19-51 所示。

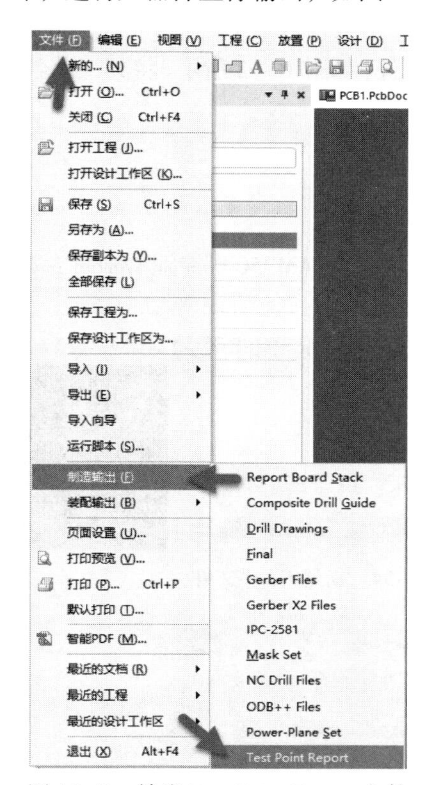

图 19-49 输出 Test Point Report 文件

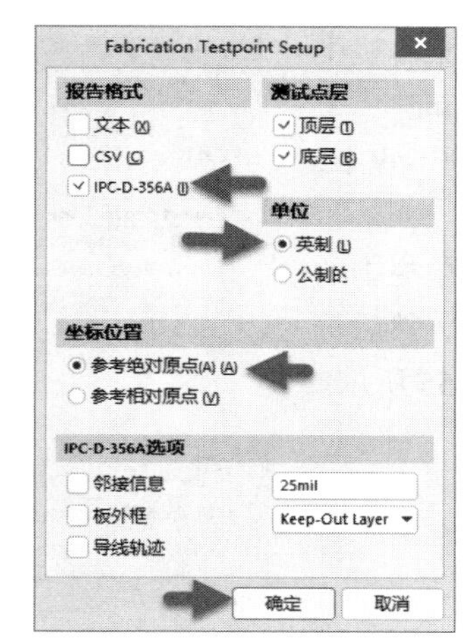

图 19-50 IPC 网表文件输出设置

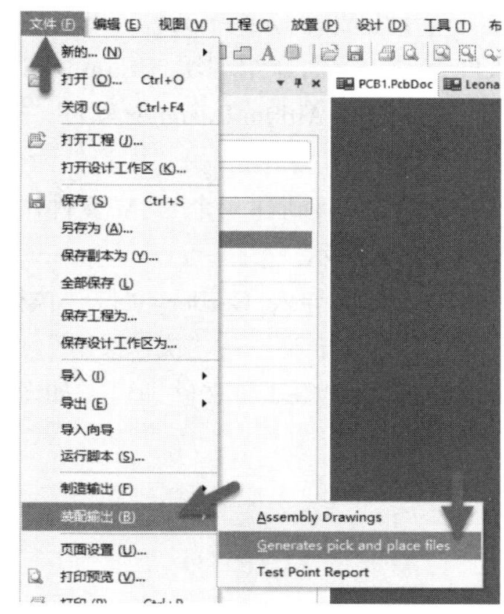

图 19-51 输出坐标文件

② 相应设置如图 19-52 所示。单击“确定”按钮即可输出坐标文件。

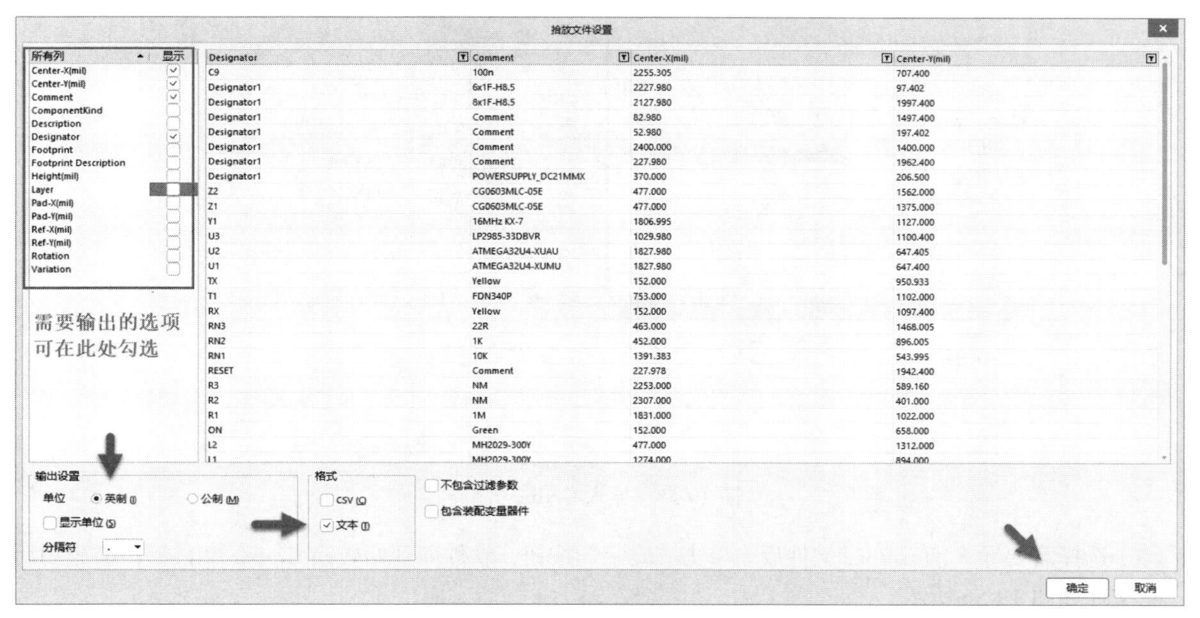

图 19-52 坐标文件输出设置

图 19-53　Gerber 文件夹

（5）至此，Gerber 文件输出完成，输出过程中产生的 3 个扩展名为.cam 文件可直接关闭不用保存。在工程目录下的 Project Outputs for…文件夹中的文件即为 Gerber 文件，如图 19-53 所示。将其重命名，打包发给 PCB 生产厂商制作即可。

19.8　Gerber 文件的检查方法

对于生成的 Gerber 文件，可以通过 Altium Designer 软件查看，还可以使用 CAM350 等专业 Gerber 编辑软件查看。下面介绍利用 Altium Designer 22 软件查看 Gerber 文件的方法。

（1）打开 Altium Designer 软件，执行菜单栏中的“文件”→“新的”→“项目”命令，新建一个 PCB 项目，并且新建一个 CAM 文件添加到工程中，如图 19-54 所示。

（2）如需导入 Gerber 文件，执行菜单栏中的“文件”→“导入”→“快速装载”命令，然后选择需要导入的 Gerber 文件即可，如图 19-55 所示。

图 19-54　新建 CAM 文件

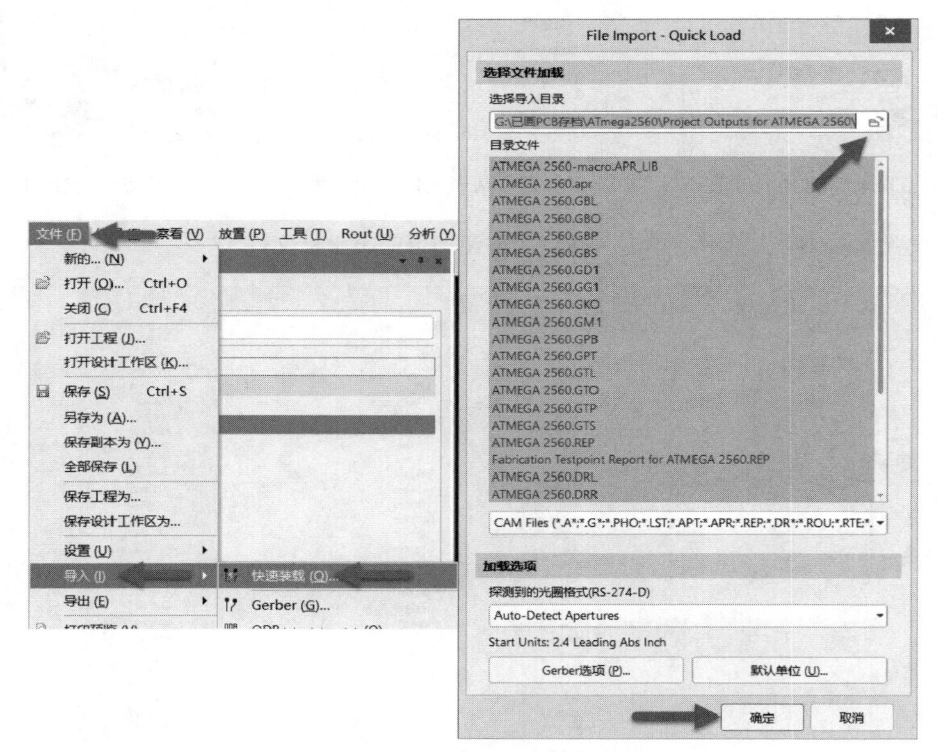

图 19-55　导入 Gerber 文件

（3）选择需要导入的 Gerber 文件后，单击“确定”按钮，软件即开始转换 Gerber 文件，转换成功后的 Gerber 文件如图 19-56 所示。

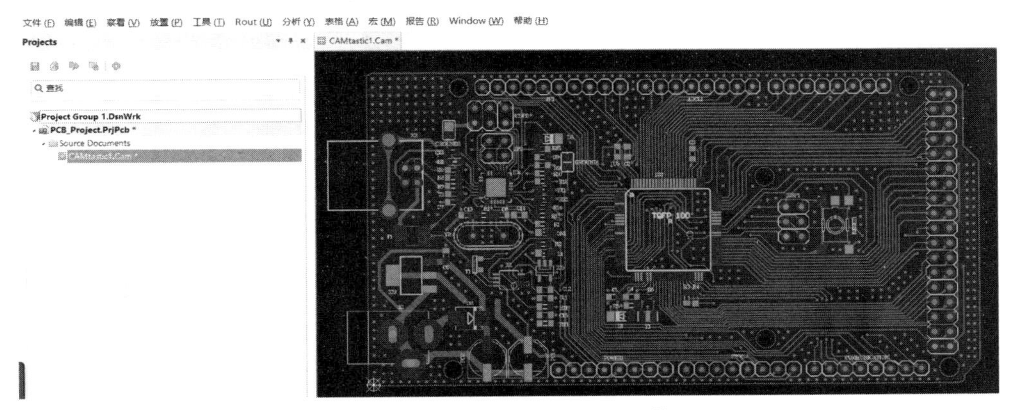

图 19-56　转换后的 Gerber 文件

19.9　Altium Designer 导入 Gerber 并转换成 PCB 的方法

Altium Designer 导入 Gerber 并转换成 PCB 的操作步骤如下：

（1）打开 Altium Designer 软件，执行菜单栏中的“文件”→“新的”→“项目”命令，新建一个 PCB 项目，并新建一个 CAM 文件添加到工程中，如图 19-57 所示。

图 19-57　新建 CAM 文件

（2）Gerber 文件的导入。有两种导入方法，一种是执行菜单栏中的“文件”→“导入”→“快速装载”命令，能直接导入 Gerber 所有文件，包括钻孔文件等；另一种是先导入 Gerber 文件，再导入钻孔文件，效果同方法一。Gerber 文件的导入如图 19-58 所示。

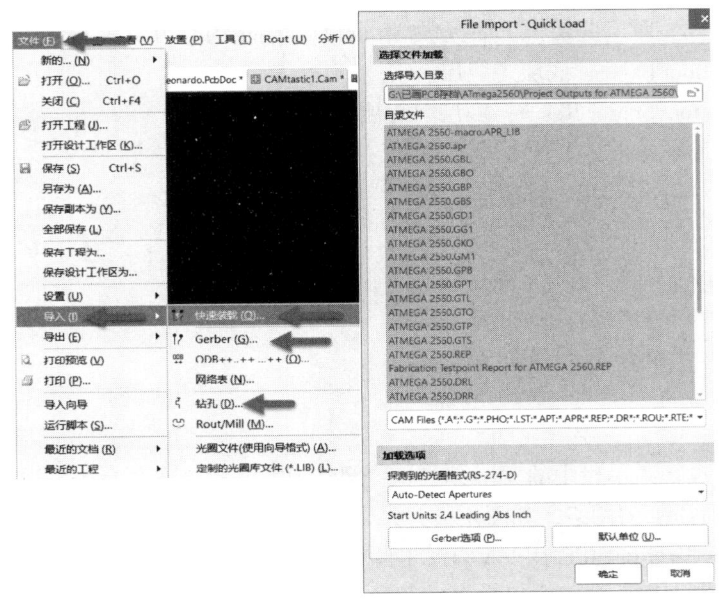

图 19-58　导入 Gerber 文件

（3）单击“确定”按钮，等待软件导入 Gerber 文件并转换，转换后的效果如图 19-59 所示。

（4）Gerber 文件导入后，核对层叠是否对应，执行菜单栏中的“表格”→“层”命令，在弹出的“层表格”对话框中设置层对应和层顺序，如图 19-60 所示。

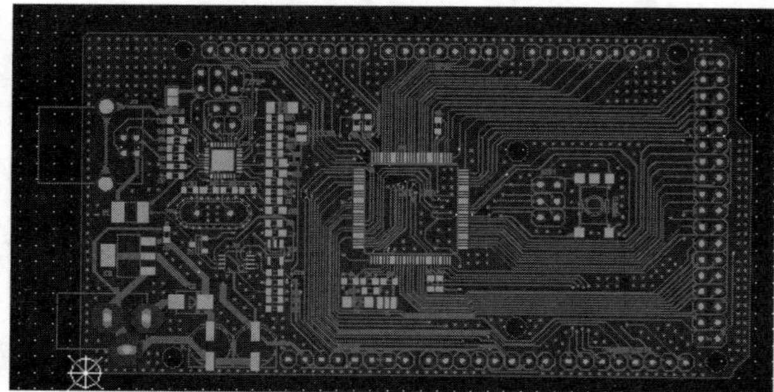

图 19-59　Gerber 导入效果

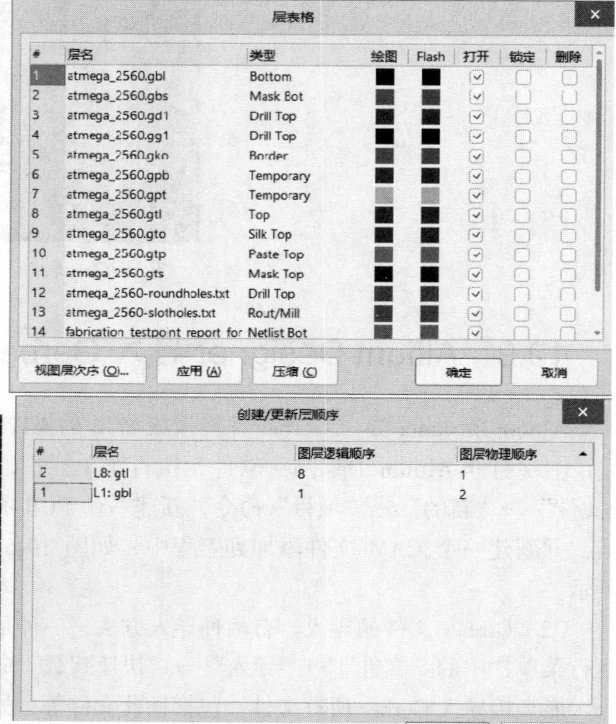

图 19-60　层叠对应设置与叠层顺序设置

为了更好地识别和设置对应叠层，下面提供 Altium Designer 的 Gerber 文件中各文件后缀名的定义。

① .gbl – Gerber Bottom Layer：底层走线层。

② .gbs – Gerber Bottom Solder Resist：底层阻焊层。

③ .gbo – Gerber Bottom Overlay：底层丝印层。

④ .gtl – Gerber Top Layer：顶层走线层。

⑤ .gts – Gerber Top Solder Resist：顶层阻焊层。

⑥ .gto – Gerber Top Overlay：顶层丝印层。

⑦ .gd1 – Gerber Drill Drawing：钻孔参考层。

⑧ .gm1 – Gerber Mechanical1：机械 1 层。

⑨ .gko – Gerber KeepOut Layer：禁止布线层。

⑩ .txt – NC Drill Files：钻孔层。

（5）提取网络表。执行菜单栏中的“工具”→“网络表”→“提取”命令，进行网络表的提取，然后即可在 CAMtastic 中查看添加的网络，如图 19-61 所示。

（6）如果 Gerber 文件中包含 IPC-D-365（IPC 网表文件），执行菜单栏中的“工具”→“网络表”→“重命名网络表”命令，可以对网络进行准确命名，若没有 IPC 网表文件则忽略这一步。

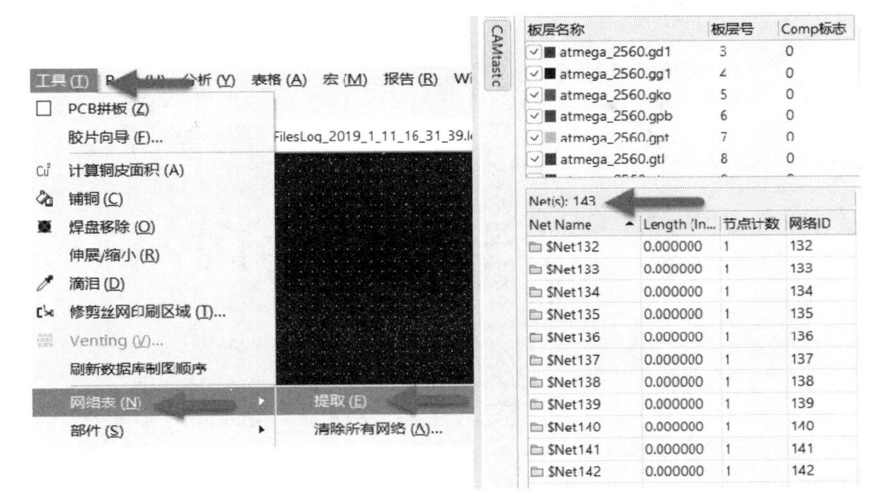

图 19-61　提取网络表

（7）最后一步，输出 PCB 文件。执行菜单栏中的“文件”→“导出”→“输出到 PCB”命令，得到 PCB 文件如图 19-62 所示。至此，Gerber 文件转换成 PCB 完成。

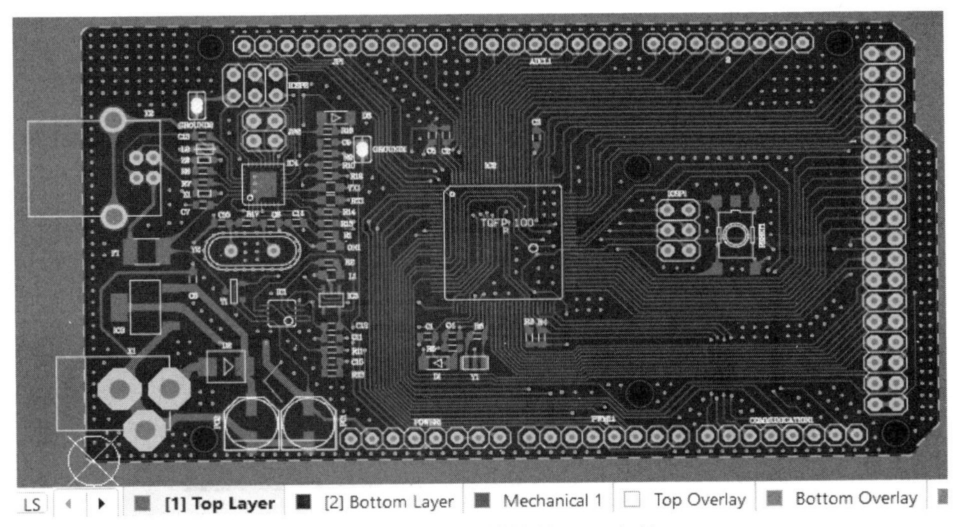

图 19-62　Gerber 转换的 PCB 文件

19.10　输出 Gerber 时提示 Gerber-Failed to Match All Shapes for…，如何解决

Altium Designer 输出 Gerber 时提示 Gerber–Failed to Match All Shapes for…，如何解决?

解决方法如下：

这是输出时 D 码格式问题所致。在 Gerber 设置界面选择“光圈”选项卡，取消勾选“嵌入的孔径（RS274X）”复选框，然后单击“从 PCB 创建列表”按钮，重新生成 D 码再进行 Gerber 输出即可，如图 19-63 所示。

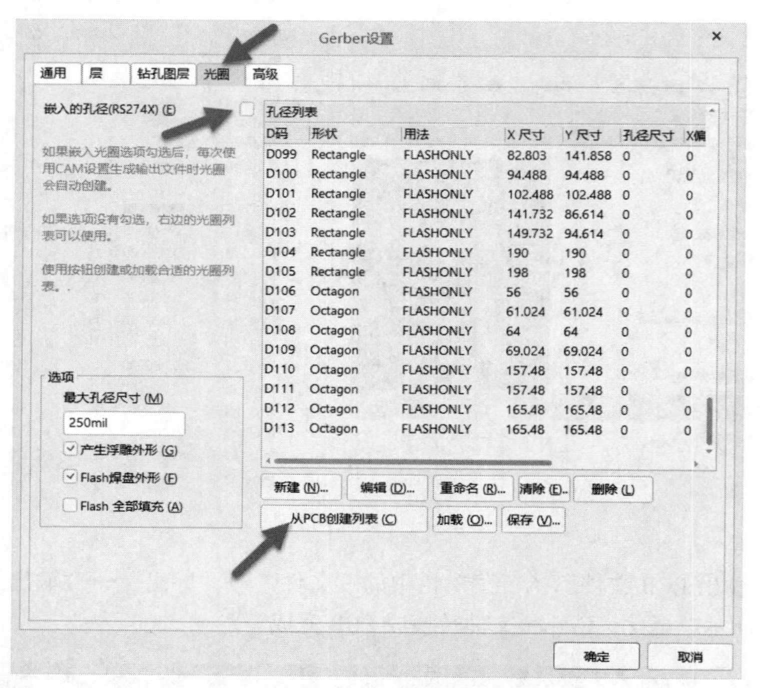

图 19-63 D 码设置

19.11 输出 Gerber 时提示 Drill Symbol limit exceeded.System will switch to letter generation，如何解决

如图 19-64 所示，输出 Gerber 时提示“Drill Symbol limit exceeded.System will switch to letter generation.”。

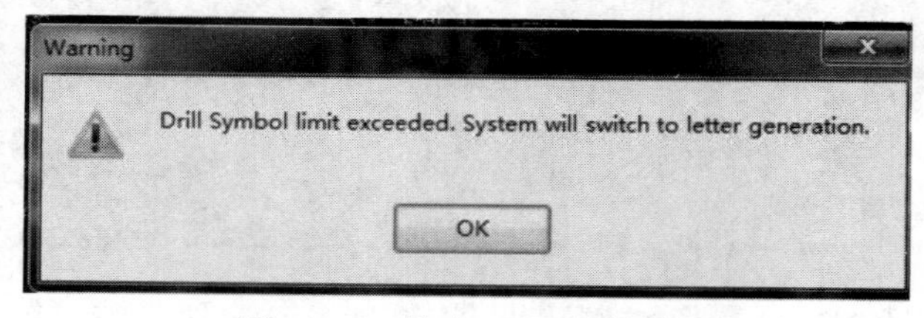

图 19-64 输出 Gerber 时报错

解决方法如下：

这是因为 PCB 中钻孔的种类太多，不能用图形方式来指示，将改为用文字方式指示。该问题不会影响 PCB 的电气特性，单击 OK 按钮，可以继续进行 Gerber 文件的输出。

19.12 PCB 文件输出 Gerber 时，边框不显示，如何解决

在 Altium Designer 中如果使用 Keep-Out Layer 作为板边框，输出的 Gerber 文件中边框将不显示。

解决方法如下：

双击 Keep-Out 线，在弹出的对话框中取消勾选“使在外”复选框即可，如图 19-65 所示。

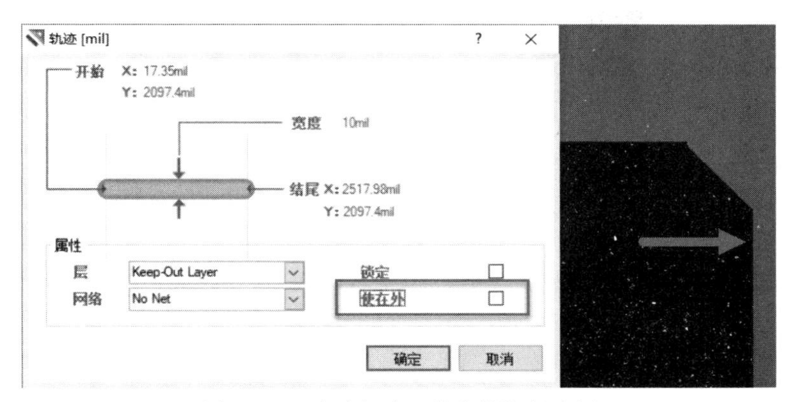

图 19-65 取消勾选“使在外”复选框

19.13 位号图的输出

在焊接电路板时，为了便于在焊接时找到元器件位置，需要生成元器件的位号图。PCB 中的位号调整好后，可使用 Altium Designer 的智能 PDF 功能输出 PDF 格式的位号图文件。

（1）执行菜单栏中的“文件”→“智能 PDF”命令，或者按快捷键 F+M，将弹出“智能 PDF”对话框，单击 Next 按钮。

（2）此处输出对象是 PCB 的位号图，故导出目标选择“当前文档…”。在“输出文件名称”中可修改文件的名称和保存的路径。单击 Next 按钮，如图 19-66 所示。

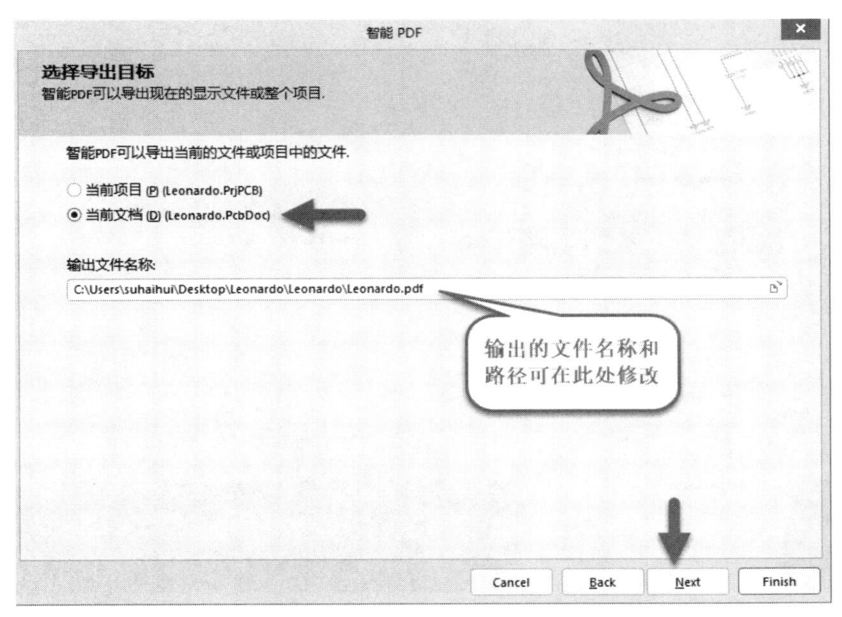

图 19-66 选择导出目标

（3）取消勾选“导出原材料的 BOM 表”复选框，单击 Next 按钮，如图 19-67 所示。

（4）将切换“PCB 打印设置”界面，右击 Printouts & Layers 设置栏中的 Multilayer Composite Print，在弹出的快捷菜单中执行 Create Assembly Drawings 命令，如图 19-68 所示。

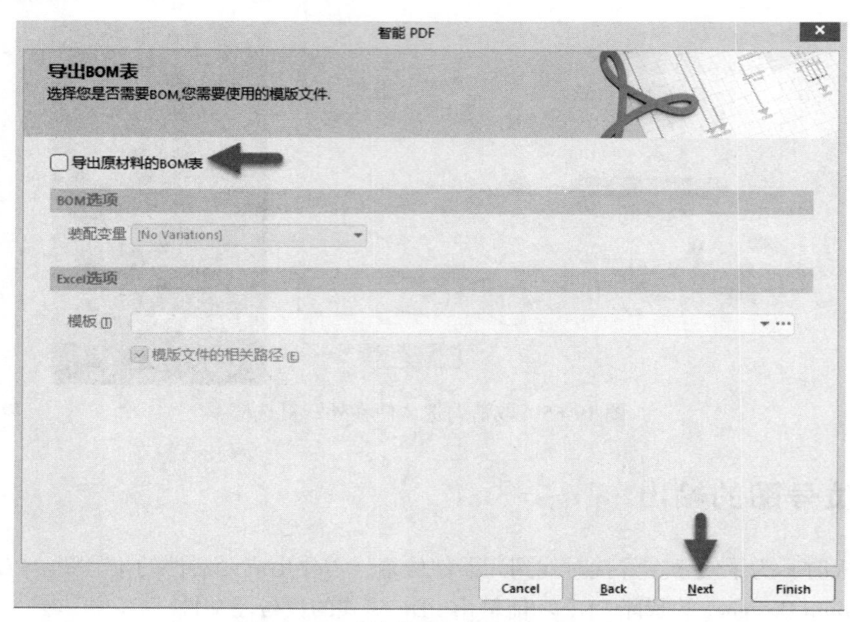

图 19-67　取消导出原材料的 BOM 表

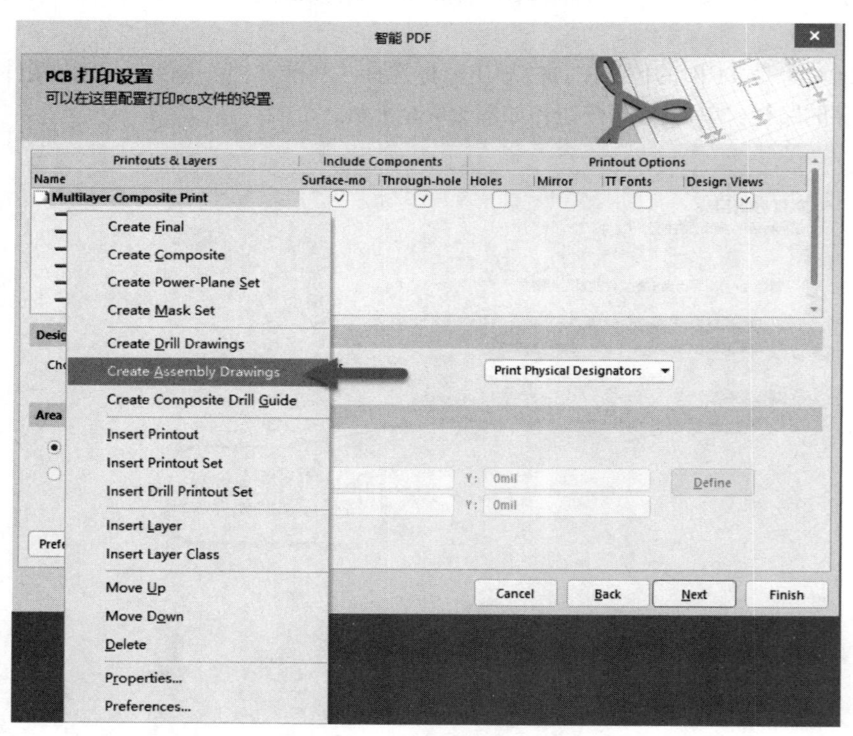

图 19-68　打印设置

设置 Top LayerAssembly Drawing 和 Bottom LayerAssembly Drawing 属性，如图 19-69 所示。

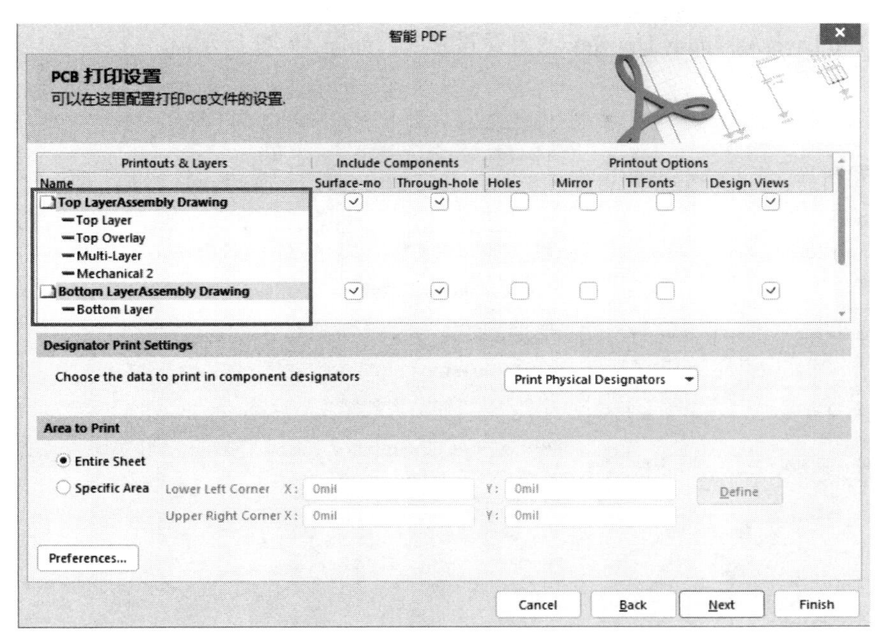

图 19-69　Top LayerAssembly Drawing 和 Bottom LayerAssembly Drawing 打印设置

（5）双击 Top LayerAssembly Drawing 左侧的□图标，右侧将弹出“打印输出特性”对话框，可以对 TOP 层进行输出层的设置。在此对话框中的“层”选项组中对要输出的层进行编辑，此处只需要输出 Top Overlay 和 Keep–Out Layer（板框层，根据自身所使用的层进行设置）即可，其他层删除，如图 19-70 所示。

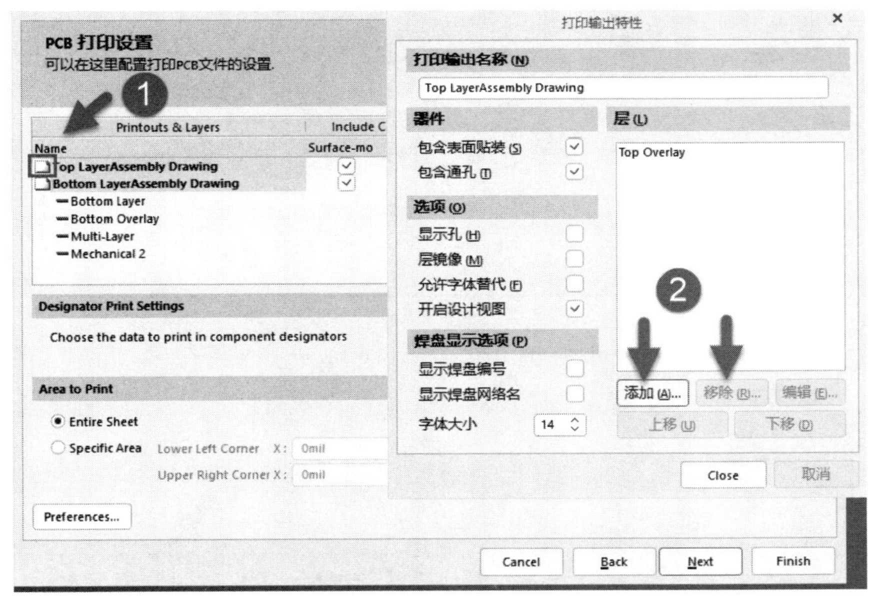

图 19-70　打印输出层设置

添加层时，在弹出的“板层属性”对话框中的“打印板层类型”下拉列表框中选择需要的层，单击“是”按钮，如图 19-71 所示。将回到“打印输出特性”对话框，单击 Close 按钮即可。

（6）至此，Top LayerAssembly Drawing 输出设置完成，如图 19-72 所示。

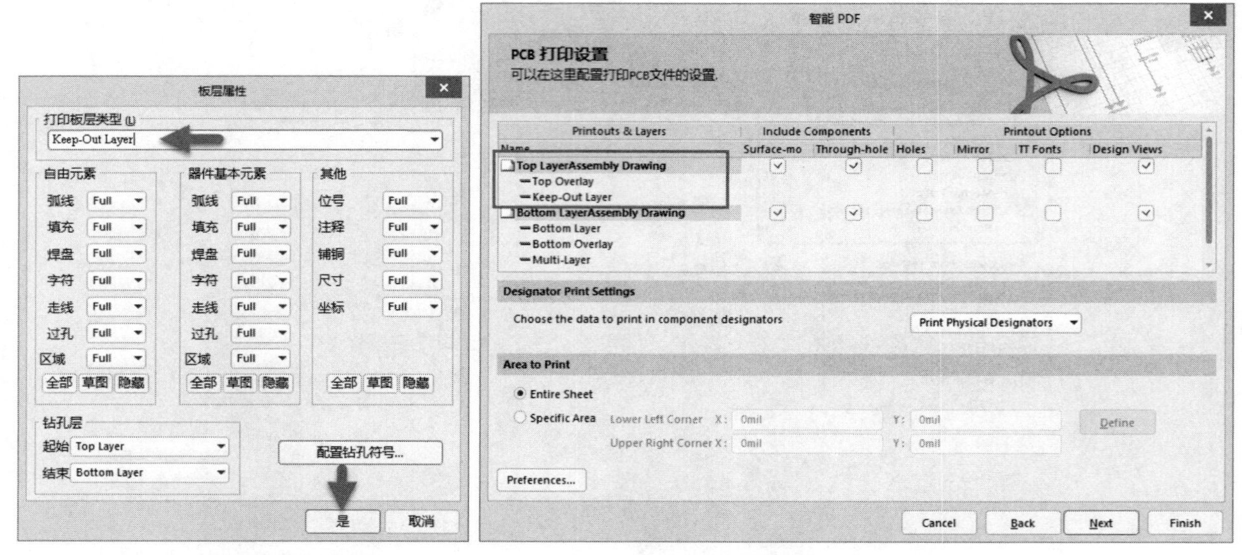

图 19-71 板层属性对话框

图 19-72 设置好的 Top LayerAssembly Drawing

（7）Bottom LayerAssembly Drawing 的设置方法与 Top LayerAssembly Drawing 一致，重复步骤（5）、（6）即可。

（8）最终的设置如图 19-73 所示。然后单击 Next 按钮。注：底层装配必须勾选 Mirror 复选框。

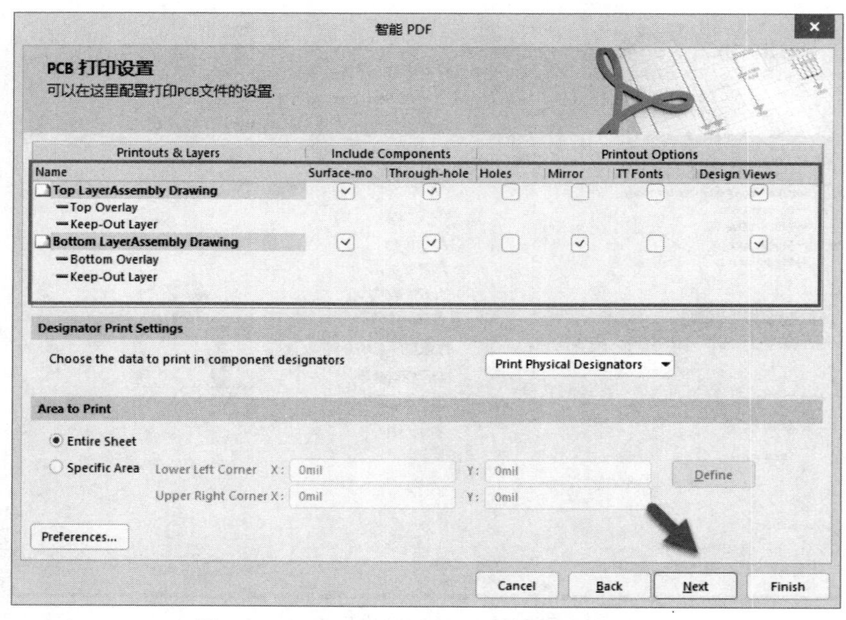

图 19-73 Printouts & Layers 最终设置效果图

（9）将 PCB 颜色模式设置为单色，单击 Next 按钮，如图 19-74 所示。

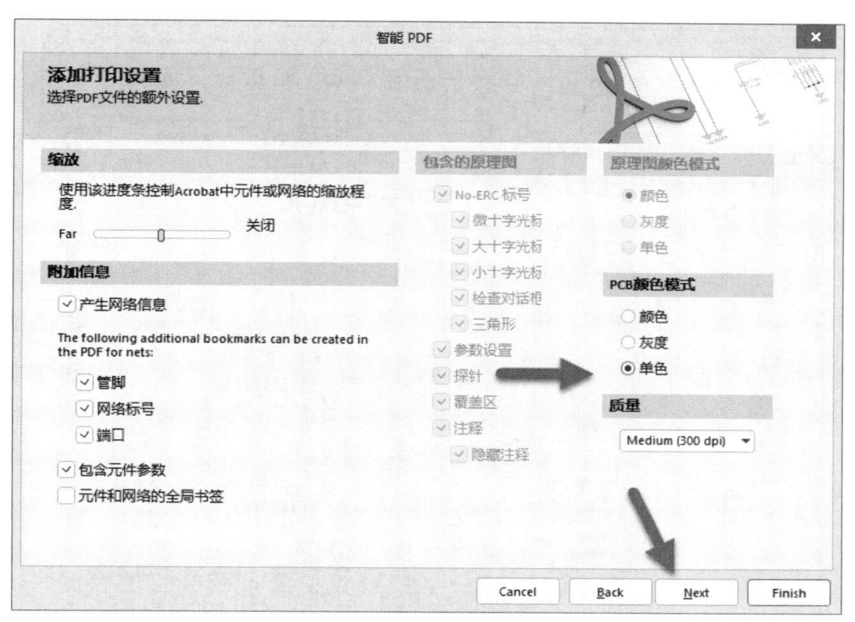

图 19-74　单色输出

（10）最后选择是否保存设置到 Output.job 文件，可保持默认，直接单击 Finish 按钮完成 PDF 文件的输出设置，如图 19-75 所示。

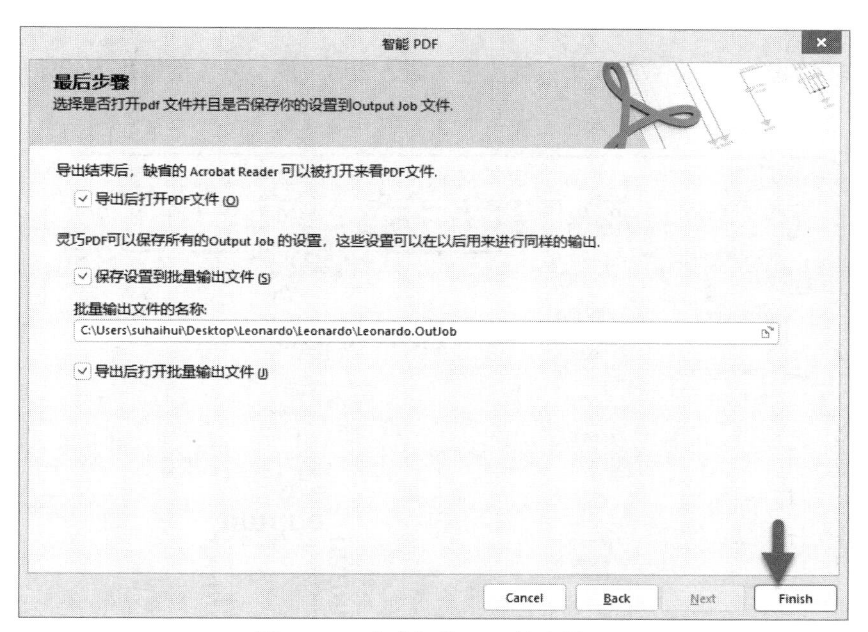

图 19-75　完成智能 PDF 输出设置

（11）最终输出如图 19-76 所示的元器件位号图。

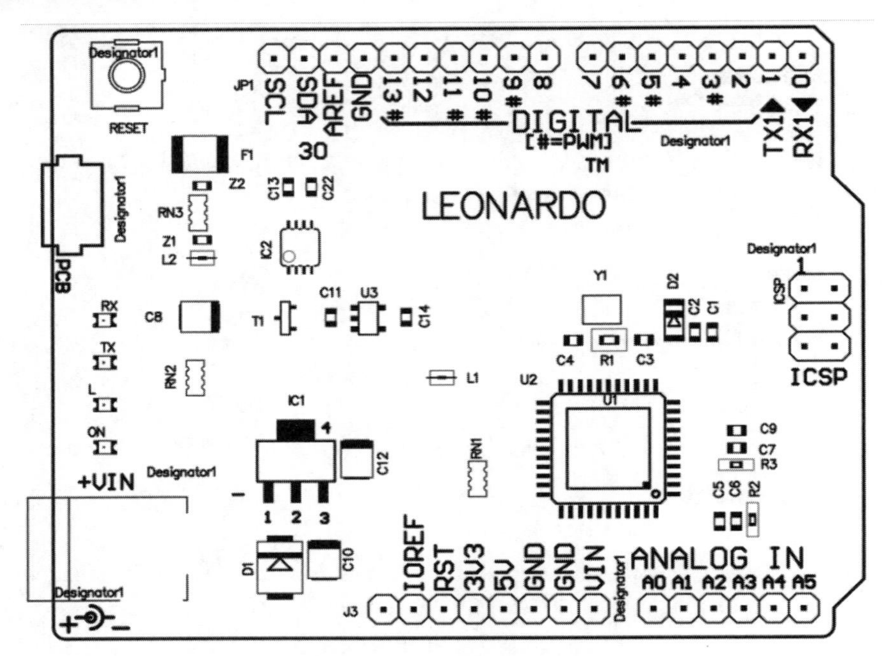

图 19-76　位号图的输出效果

19.14　阻值图的输出

调整并将元器件的阻值显示在 PCB 中，将位号隐藏，然后按照位号图的输出方式输出即可得到元器件的阻值图，如图 19-77 所示。

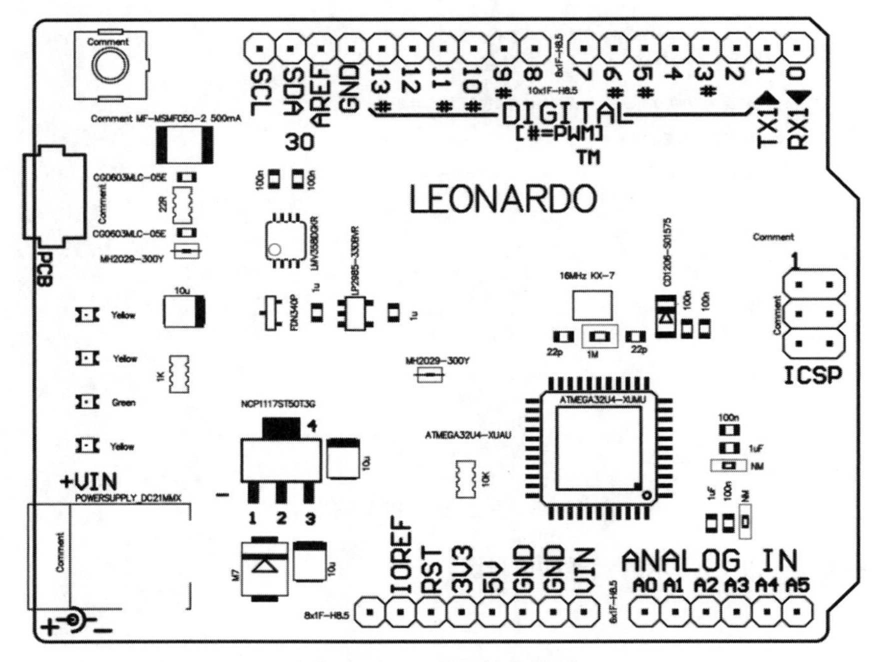

图 19-77　阻值图输出效果

19.15　输出多层 PCB 文件为 PDF 文件的方法

以四层板为例介绍输出多层 PCB 文件为 PDF 文件的方法。

（1）打开需要输出的 PCB 文件，然后执行菜单栏中的“文件”→“智能 PDF”命令，打开“智能 PDF”对话框，单击 Next 按钮，选择导出目标，在“输出文件名称”一栏更改文件名和保存路径，如图 19-78 所示。

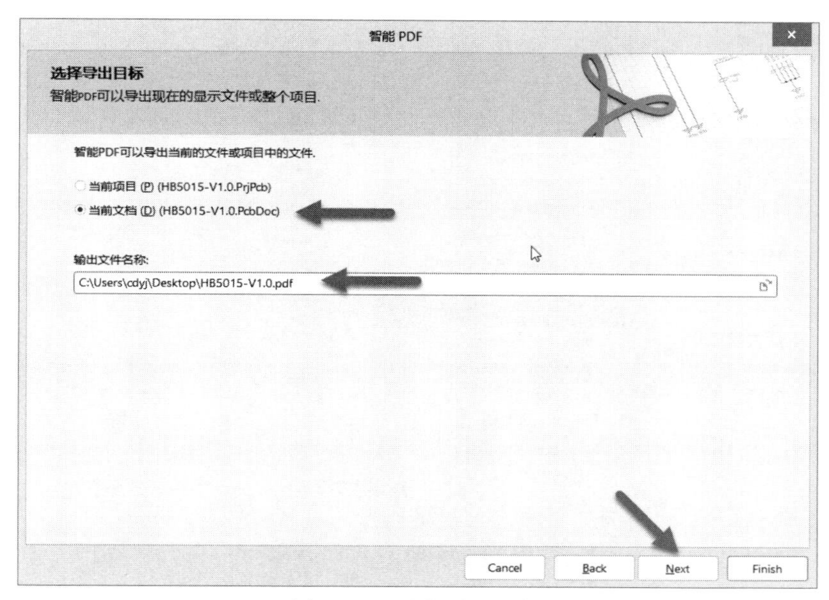

图 19-78　选择导出目标

（2）单击 Next 按钮，取消勾选“导出原材料的 BOM 表”复选框，如图 19-79 所示。

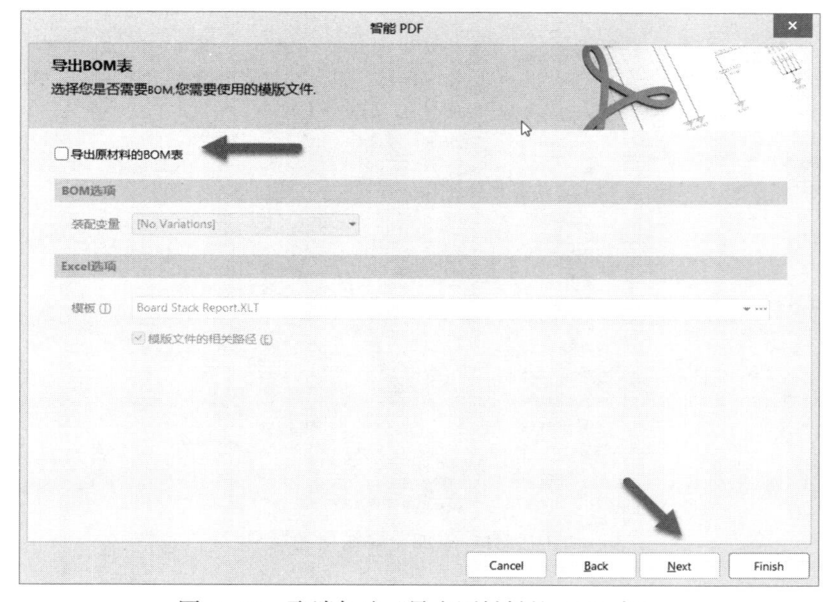

图 19-79　取消勾选“导出原材料的 BOM 表”

（3）将切换到“PCB 打印设置”界面，可以配置输出 PCB 文件的设置，如图 19-80 所示。右击 Multilayer Composite Print，在弹出的快捷菜单中执行 Insert Printout 命令，再次右击 Multilayer Composite Print，在弹出的快捷菜单中执行 Delete 命令将其删除。

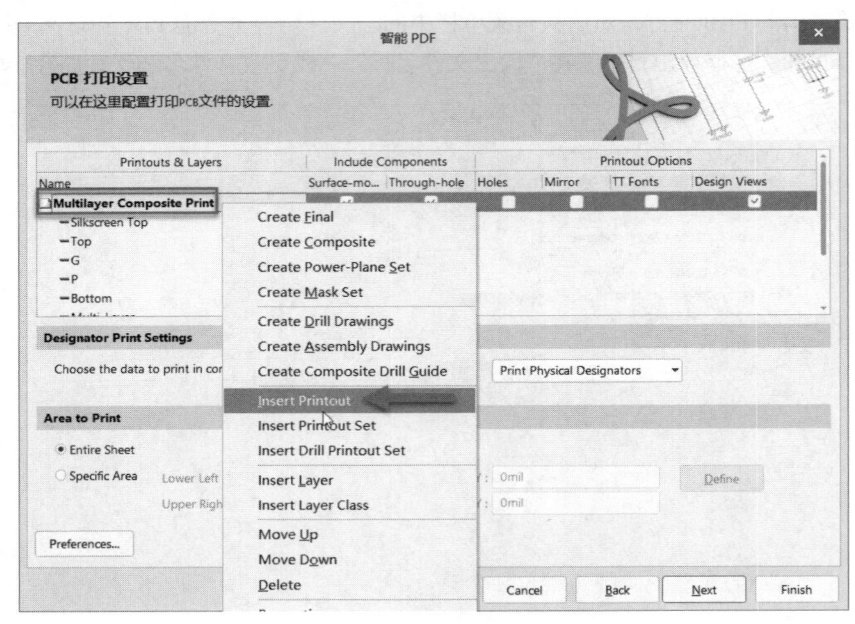

图 19-80　Insert Printout 设置

（4）经过上一步设置后，对话框界面将如图 19-81 所示。双击 Top PrintOut 1，修改“打印输出名称”（也可不改，只需能看懂是哪一层的设置即可），同时在右侧“层”选项组中单击“添加”按钮添加要输出的层。在“自由元素”选项组中可以设置对应元素的显示、隐藏或草图（半透明）。

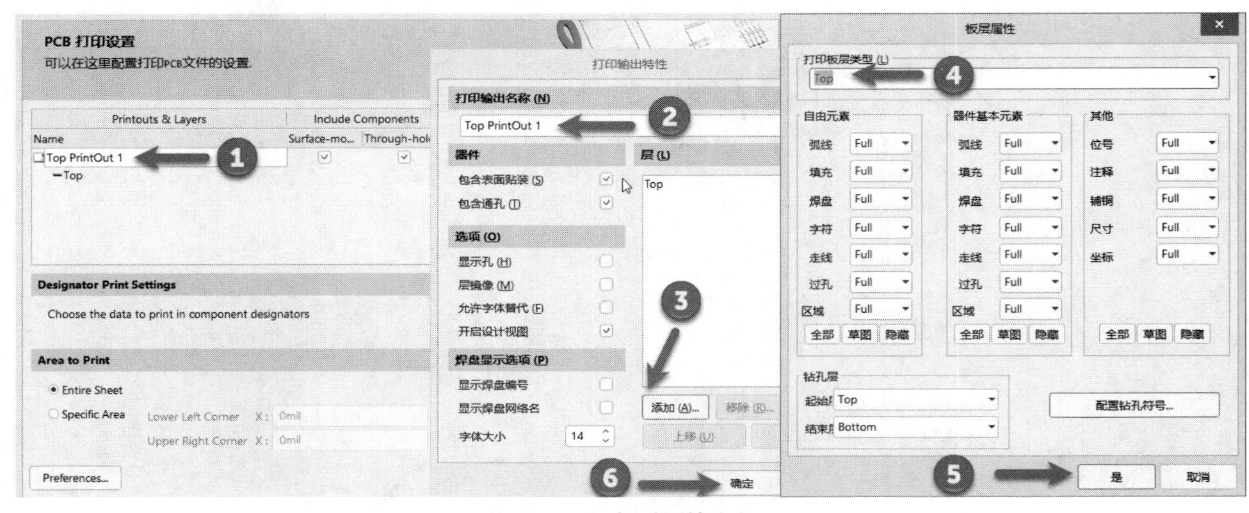

图 19-81　添加需要输出的层

（5）设置完毕后得到的效果如图 19-82 所示，根据实际情况在右侧选择相应的选项（注意，Mirror 是镜像设置，针对底层设置，其他层不需要镜像）。

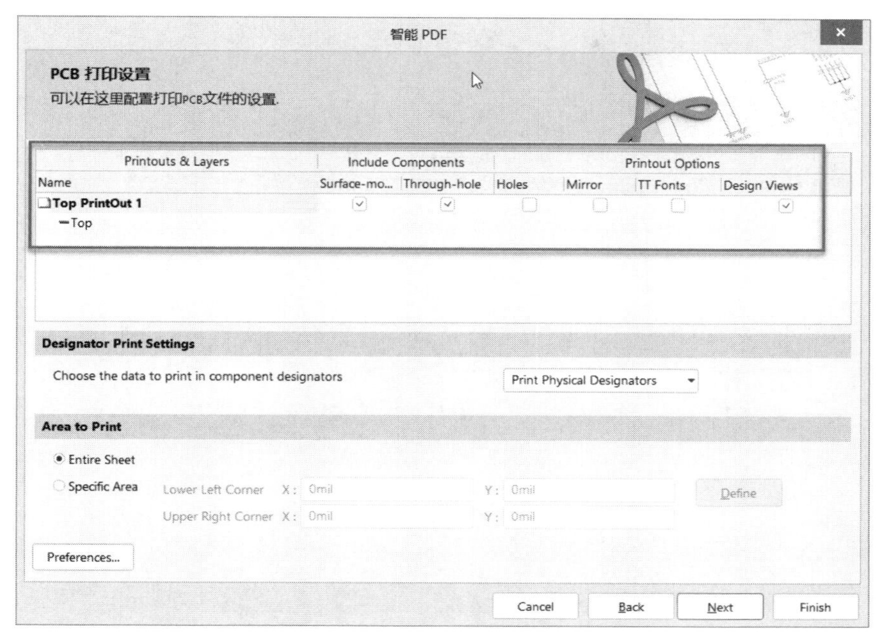

图 19-82　顶层输出设置

（6）重复步骤（3）、（4）、（5），直至添加完所有层，注意底层需要设置镜像。添加完所有层的界面如图 19-83 所示。

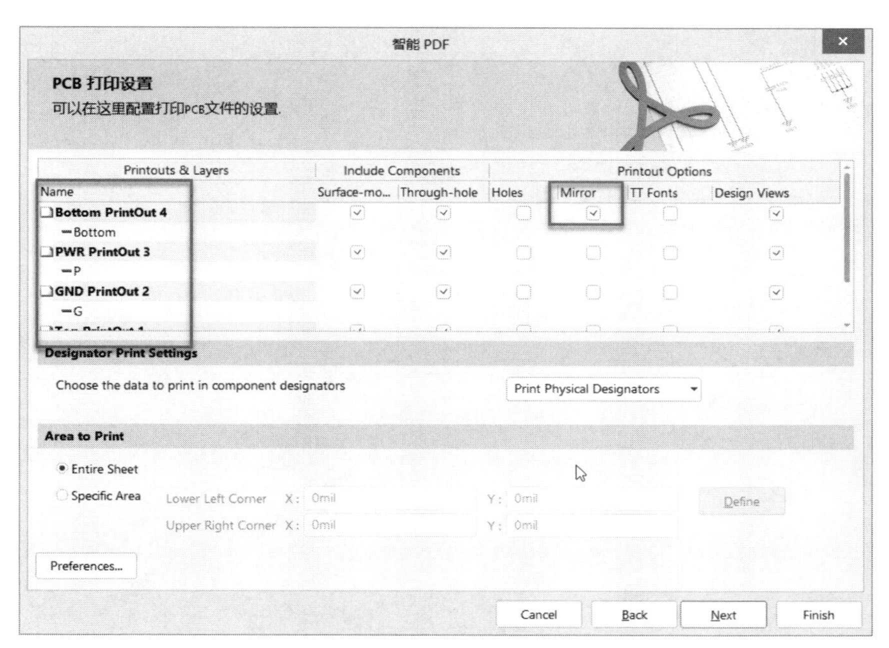

图 19-83　所有层输出设置

（7）右击需要移动的层，如 Bottom PrintOut 4，在弹出的快捷菜单中执行 Move Up、Move Down 命令来调整层输出顺序，调整好顺序的效果如图 19-84 所示。

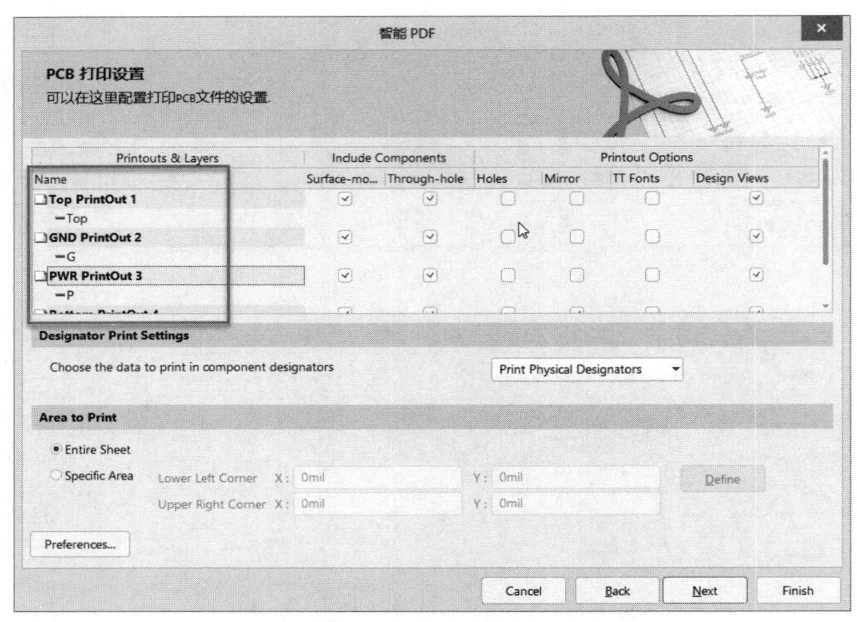

图 19-84　调整层输出顺序

（8）设置好层输出顺序后，单击 Next 按钮，进入 PDF 文件的额外设置界面，参数保持默认，单击 Next 按钮，进入智能 PDF 输出最后步骤，选择是否导出后即打开 PDF 文件及是否保存设置到批量输出文件，单击 Finish 按钮完成 PDF 文件输出，如图 19-85 所示。

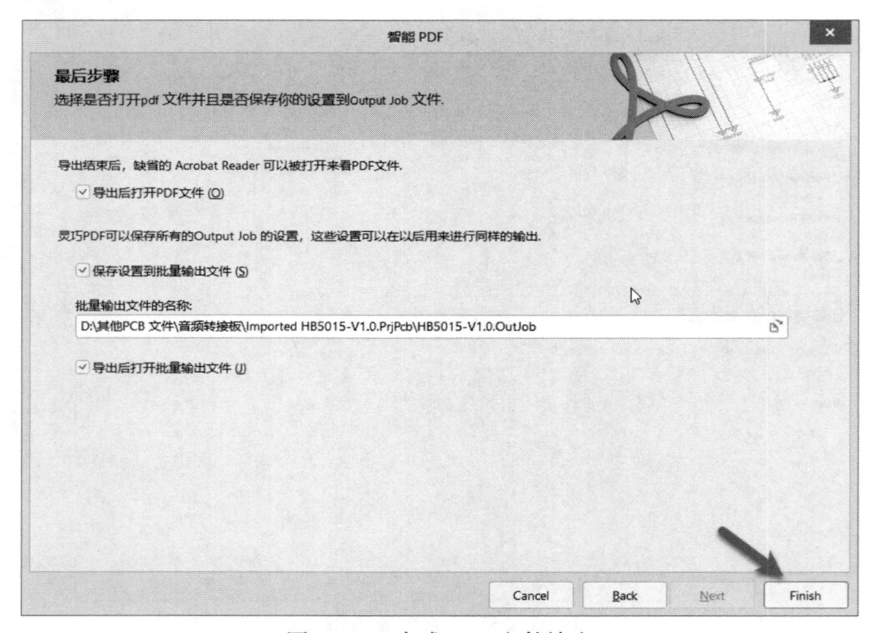

图 19-85　完成 PDF 文件输出

（9）输出效果如图 19-86 所示。

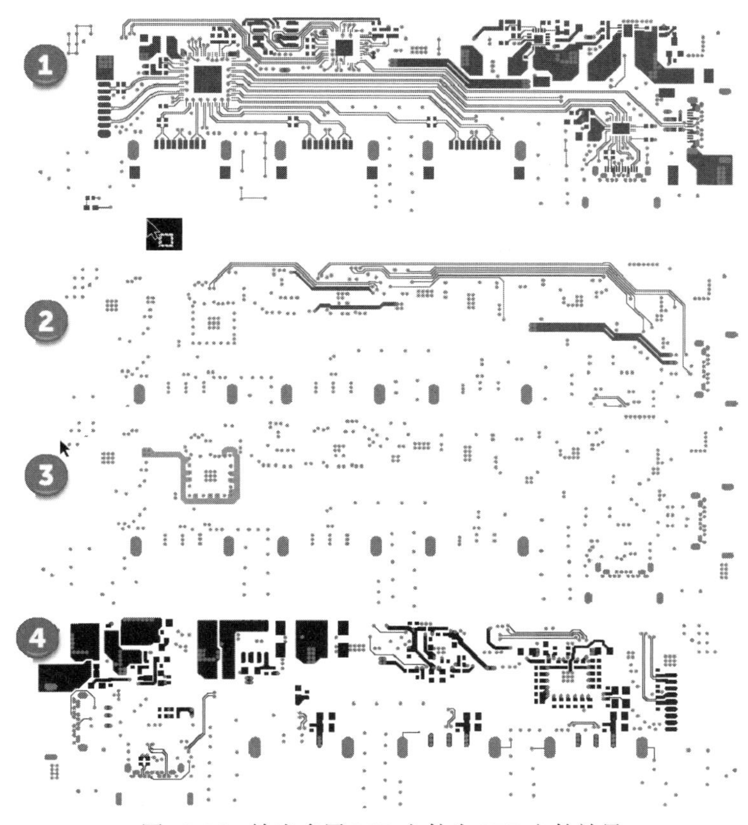

图 19-86　输出多层 PCB 文件为 PDF 文件效果

19.16　PCB 的 1∶1 打印设置

设计中经常需要设置 PCB 的 1∶1 打印，以便核对封装大小、电路板尺寸等，利用热转印制作 PCB 时也需要 1∶1 的页面设置。

（1）执行菜单栏中的“文件”→“页面设置”命令，打开 Composite Properties 对话框。

（2）如图 19-87 所示，将缩放模式设置为 Scaled Print，缩放比例设置为 1.00，校正也都设置为 1.00 即可。

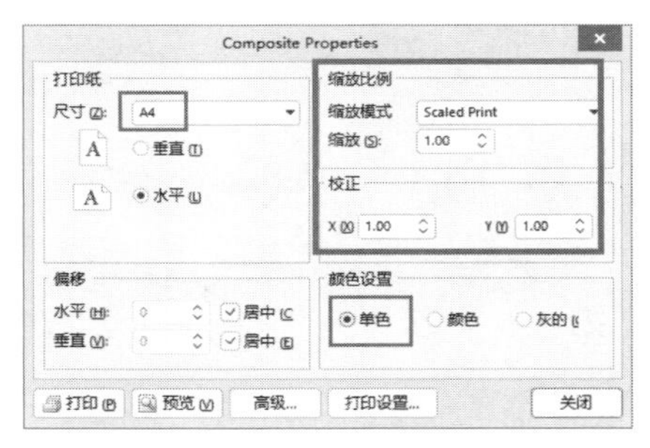

图 19-87　Composite Properties 对话框

19.17　智能 PDF 输出时只有一部分内容，如何解决

这是输出区域设置不正确所致。如图 19-88 所示，在 Area to Print 选项组选中 Entire Sheet 单选按钮即可（下方的 Specific Area 后的各文本框可以输入希望输出的范围）。

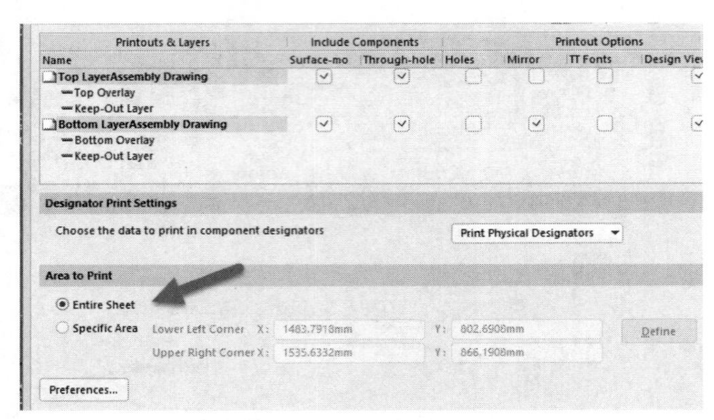

图 19-88　输出区域设置

19.18　输出 BOM

设计好一个电路后，就要开始准备购置元器件了。使用 Altium Designer 的 BOM（Bill of Materials，元器件清单）表格输出，可以方便地生成既标准又漂亮的 BOM。

（1）打开需要输出 BOM 的原理图文件，执行菜单栏中的“报告”→“Bill of Materials”命令，或者按快捷键 R+B，将弹出 BOM 对话框，如图 19-89 所示。

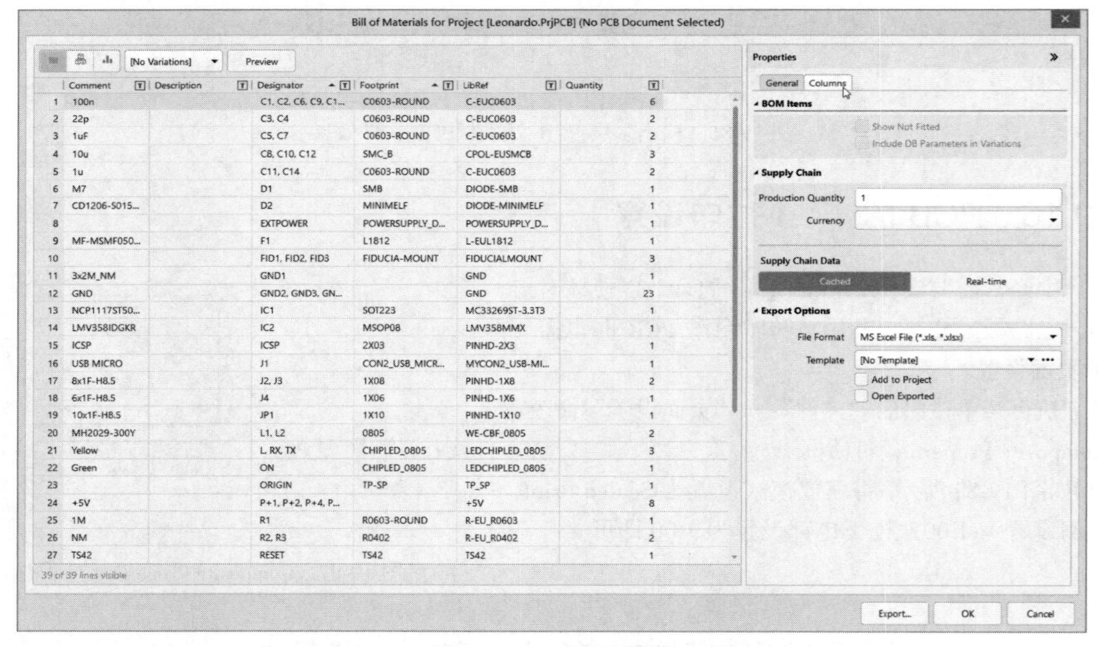

	Comment	Description	Designator	Footprint	LibRef	Quantity
1	100n		C1, C2, C6, C9, C1...	C0603-ROUND	C-EUC0603	6
2	22p		C3, C4	C0603-ROUND	C-EUC0603	2
3	1uF		C5, C7	C0603-ROUND	C-EUC0603	2
4	10u		C8, C10, C12	SMC_B	CPOL-EUSMCB	3
5	1u		C11, C14	C0603-ROUND	C-EUC0603	2
6	M7		D1	SMB	DIODE-SMB	1
7	CD1206-S015...		D2	MINIMELF	DIODE-MINIMELF	1
8			EXTPOWER	POWERSUPPLY_D...	POWERSUPPLY_D...	1
9	MF-MSMF050...		F1	L1812	L-EUL1812	1
10			FID1, FID2, FID3	FIDUCIA-MOUNT	FIDUCIALMOUNT	3
11	3x2M_NM		GND1		GND	1
12	GND		GND2, GND3, GN...		GND	23
13	NCP1117ST50...		IC1	SOT223	MC33269ST-3.3T3	1
14	LMV358IDGKR		IC2	MSOP08	LMV358MMX	1
15	ICSP		ICSP	2X03	PINHD-2X3	1
16	USB MICRO		J1	CON2_USB_MICR...	MYCON2_USB-MI...	1
17	8x1F-H8.5		J2, J3	1X08	PINHD-1X8	2
18	6x1F-H8.5		J4	1X06	PINHD-1X6	1
19	10x1F-H8.5		JP1	1X10	PINHD-1X10	1
20	MH2029-300Y		L1, L2	0805	WE-CBF_0805	2
21	Yellow		L, RX, TX	CHIPLED_0805	LEDCHIPLED_0805	3
22	Green		ON	CHIPLED_0805	LEDCHIPLED_0805	1
23			ORIGIN	TP-SP	TP_SP	1
24	+5V		P+1, P+2, P+4, P...		+5V	8
25	1M		R1	R0603-ROUND	R-EU_R0603	1
26	NM		R2, R3	R0402	R-EU_R0402	2
27	TS42		RESET	TS42	TS42	1

图 19-89　BOM 对话框

（2）单击右边栏的 Columns 选项卡，可设置需要显示在 BOM 中的选项，如图 19-90 所示。

（3）在 BOM 中可以拖动标题移动其在表格中的位置，设置好之后单击 Export 按钮，即可导出 BOM，如图 19-91 所示。

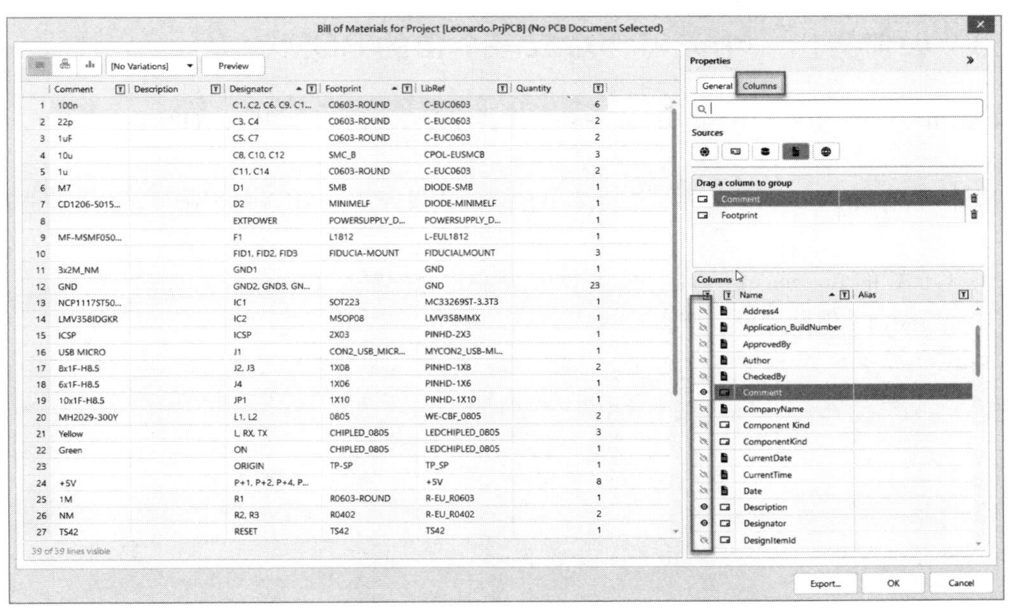

图 19-90　设置需要显示在 BOM 表中的选项

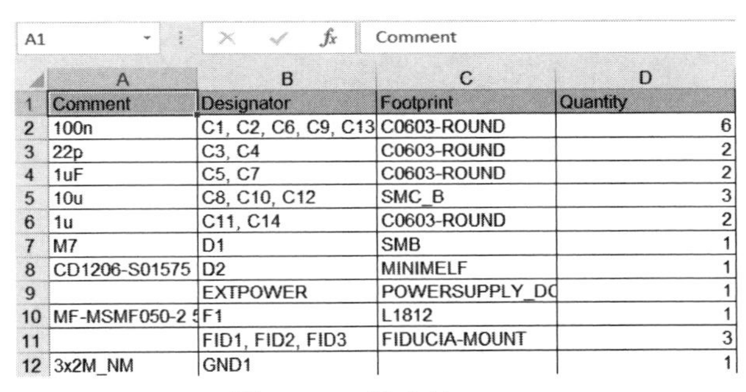

	A	B	C	D
1	Comment	Designator	Footprint	Quantity
2	100n	C1, C2, C6, C9, C13	C0603-ROUND	6
3	22p	C3, C4	C0603-ROUND	2
4	1uF	C5, C7	C0603-ROUND	2
5	10u	C8, C10, C12	SMC_B	3
6	1u	C11, C14	C0603-ROUND	2
7	M7	D1	SMB	1
8	CD1206-S01575	D2	MINIMELF	1
9		EXTPOWER	POWERSUPPLY_DC	1
10	MF-MSMF050-2 5	F1	L1812	1
11		FID1, FID2, FID3	FIDUCIA-MOUNT	3
12	3x2M_NM	GND1		1

图 19-91　导出的 BOM

19.19　BOM 无法导出，提示 Failed to open Excel template，如何解决

如图 19-92 所示，Altium Designer 输出 BOM 时，提示 Failed to open Excel template。

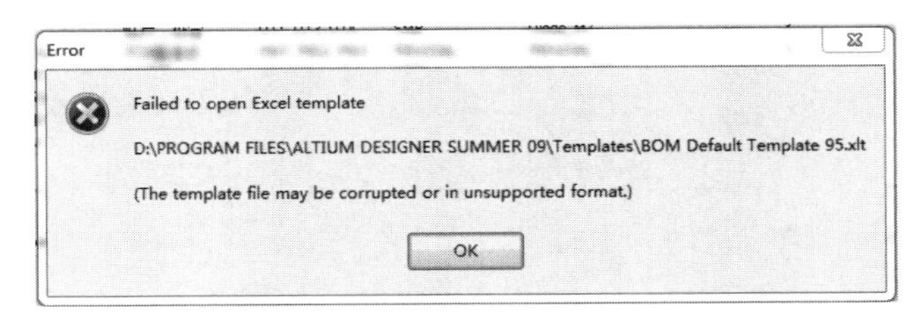

图 19-92　提示 Failed to open Excel template

解决方法如下：

这是计算机中未安装 Excel 软件所致，安装即可。

19.20 如何导出一个元器件对应一个值的 BOM

从前文输出的 BOM 中可以看出，BOM 中多个元器件位号对应一个阻值，如何输出一个元器件对应一个值的 BOM 呢？

（1）打开需要输出 BOM 的原理图，执行菜单栏中的“报告”→Bill of Materials 命令，将弹出 BOM 对话框。

（2）单击右边栏的 Columns 选项卡，可对 BOM 清单进行配置，将 Drag a column to group 选项组中的 Comment、Footprint 两项删除即可，如图 19-93 所示。

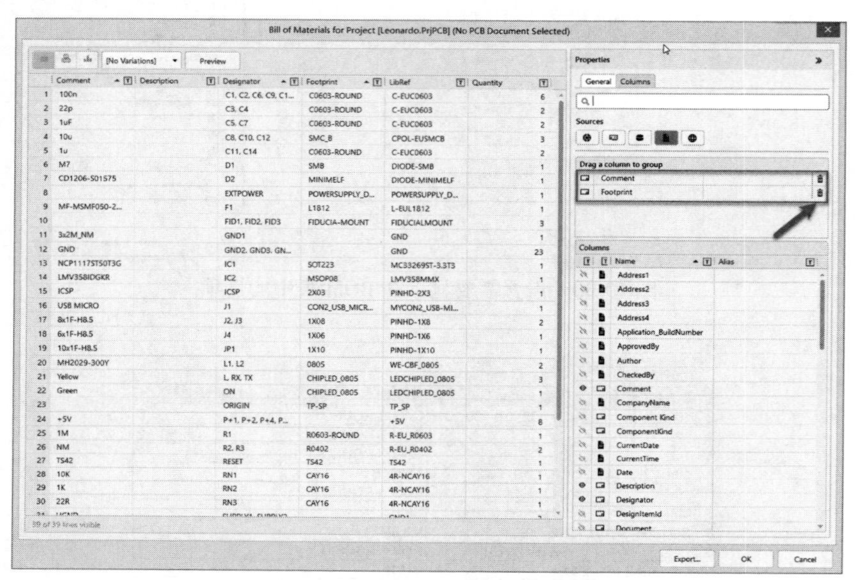

图 19-93　BOM 设置

（3）这样即可得到一个元器件对应一个值的 BOM，如图 19-94 所示。

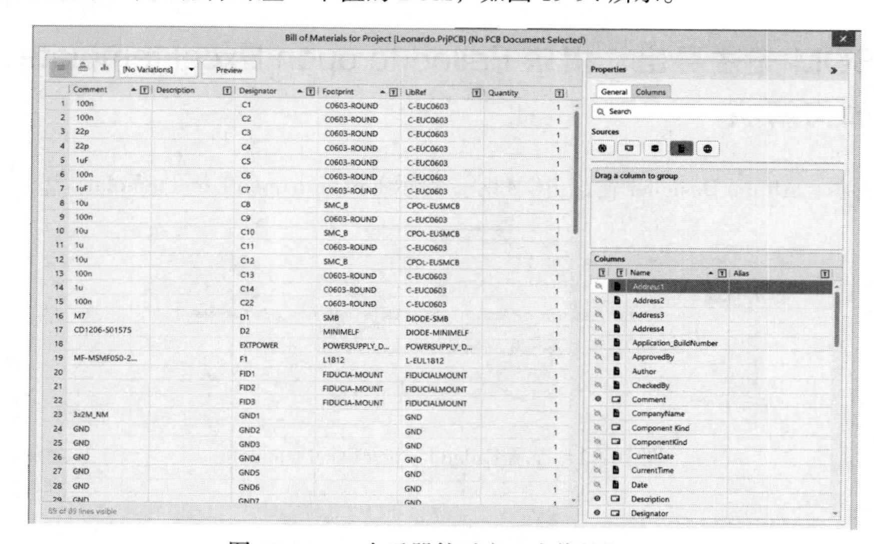

图 19-94　一个元器件对应一个值的 BOM

提示： 如果是低版本的 Altium Designer 软件，将 Comment、Footprint 这两项从“聚合的纵队”中拖动到“全部纵列”中，如图 19-95 所示，也可以得到一个元器件对应一个值的 BOM。

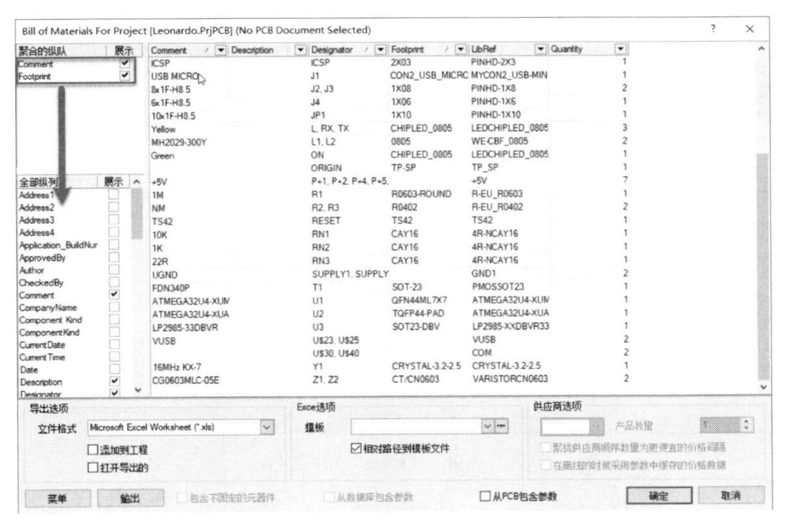

图 19-95　低版本的 Altium Designer 软件 BOM 设置

19.21　Output job 设计数据输出

在 Output Job 中准备多个输出可以为 PCB 设计生成多种输出，每种输出类型都有自己的设置。在 Altium Designer 中管理大量输出的最佳方法是使用 Output job。Output job 是一组预先配置的输出，每个输出都配置有自己的设置和输出格式，如输出到文件或打印机。Output job 非常灵活，可以根据需要包含尽可能多的输出，且任何数量的 Output job 都可以包含在 Altium Designer 项目中。最好的方法是使用一个 Output job 来配置从项目生成的每种特定输出类型所需的所有输出。例如，制造裸板所需的所有输出都放在一个 Output job 中，组装板所需的所有输出都进入第二个 Output job，以此类推。

Output job 可以进行验证类型检查，例如 ERC 和 DRC 报告。在生成输出前用于最终的检查是有用的，然后可以将这些报告保存起来。Output job 也可以在不同设计之间重复使用，只需将 Output job 从一个项目复制到下一个项目，然后根据需要重置数据源。

下面将详细介绍 Altium Designer 22 设置 Output job 的步骤。

（1）添加和定义一个 Output job。执行菜单栏中的“文件”→“新的”→“Output job 文件”，新建的 Output job 文件会添加到工程项目 Settings→Output Job Files 子文件夹中，Output job 的工作界面如图 19-96 所示。

配置 Output job 文件有 3 个基本步骤：

① 添加和配置所需的输出：将输出收集到功能类别中，例如装配输出、制造输出和报告输出。严格地说，输出本身是通过运行相关的输出生成器获得的，该输出生成器根据需要进行配置，并使用项目中的指定文档（或项目本身）作为其数据源。

② 添加和配置所需的输出格式：生成任何给定的输出类型都需要将输出映射到相应的（适用的）输出格式。它采用支持的输出容器（PDF、文件夹结构、视频）或硬拷贝（基于打印的输出）之一的形式。可以将多个输出映射到同一容器或硬拷贝，还可以控制输出的生成位置以及如何与容器/硬拷贝关联的任何与

介质相关的选项。

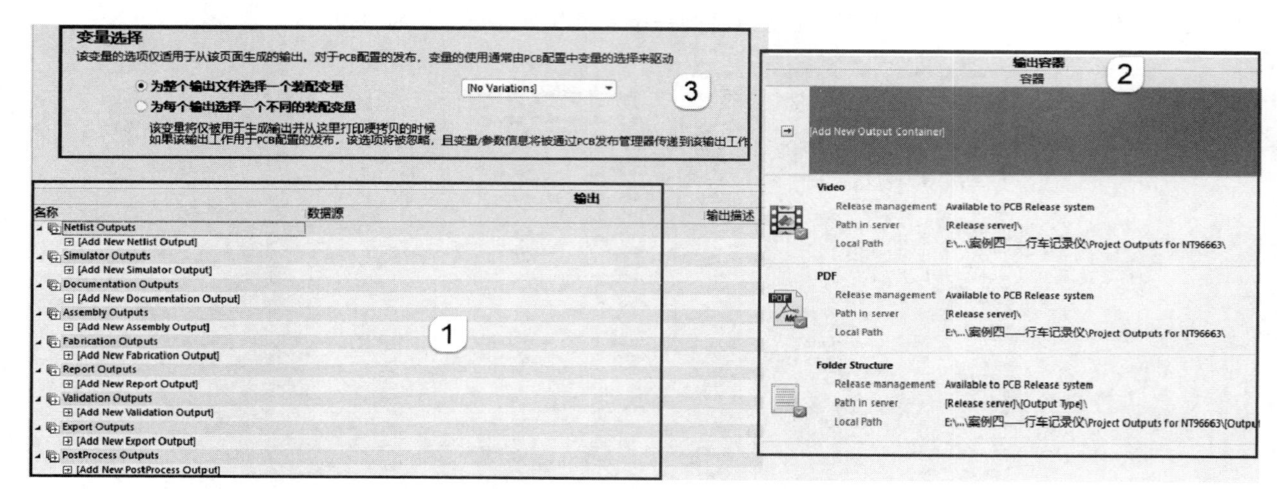

图 19-96　Output job 文件

③ 设置变量选择：Altium Designer 允许使用基础（非变化）设计驱动 PCB 项目的输出，或者通过指定使用该设计的已定义变量。选择每个适用输出的变量，或选择一个变量应用于文件中的所有适用输出。

（2）将输出内容添加到 Output job。通过单击类别底部相应的“Add New[类型] Output”选项并从弹出的下拉列表中选择所需的输出类型，添加所需类型的新输出，如图 19-97 所示。也可从“编辑”菜单中选择相关的命令。

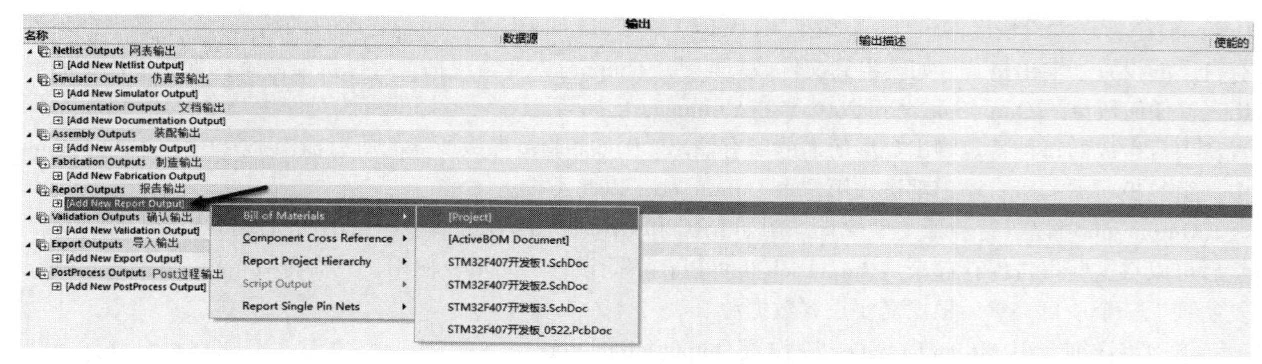

图 19-97　将需要输出的内容添加到 Output job

项目中可用的相应源数据的输出类型将列为可用，其他所有输出类型均列为不可用（显灰）。提供的二级下拉列表用于指定源数据，即输出时要使用的源文档。每个输出只能使用适用的数据源，从而减少了出错的可能。

数据源取决于希望输出的内容。与 PCB 相关的输出，如 PCB 打印、Gerber 文件和测试点报告等，将使用 PCB 设计文件作为数据源。BOM 的数据源可以是单个的特定的源原理图文档、PCB 设计文档或所有的源原理图文档。如果导出的是所有原理图的 BOM，源文件应选择[Project]。

（3）设置输出内容。前面将需要输出的内容添加到了 Output job 中，接下来对输出的内容进行配置，即输出参数的设置，如图 19-98 所示。可以通过以下方式之一对输出内容进行配置：

① 在行中直接双击输出内容打开设置对话框。

② 右键单击所需的输出，然后在弹出的菜单中执行“配置”命令。

③ 选择所需的输出，按快捷键 Alt+Enter。

④ 选择所需的输出，执行菜单栏中的“编辑”→“配置”命令。

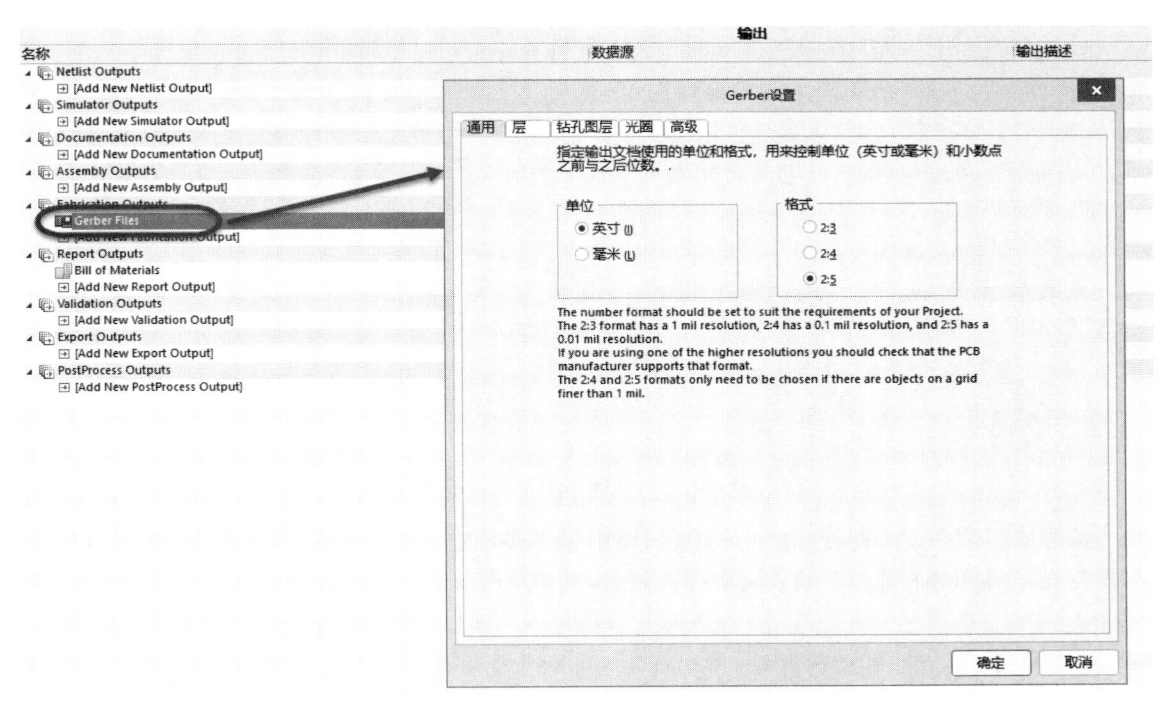

图 19-98　配置输出内容

（4）选择输出容器。输出内容配置完成后，下一步是为 Output job 添加和配置输出要生成的内容和方式。输出容器可以输出 3 种类型的文件：PDF、Video 和 Folder Structure（输出文件的特定格式，例如 Gerber 文件），如图 19-99 所示。需要根据输出文件的类型选择相应的输出容器。

可以添加任意数量的这些类型的其他容器，通过单击[Add New Output Containe]选项可以添加新的容器并编辑其名称以便于识别。

（5）设置输出容器。单击“改变”链接可以打开该特定类型输出容器的设置对话框，如图 19-100 所示。

在输出容器设置对话框中可以设置输出容器的路径、容器类型文件夹、输出文件夹/输出文件名。

① 输出容器路径设置。默认设置为[Release Managed]，这意味着 Design Data Management 系统将自动处理基本路径。可以通过切换到[手动管理]来指定路径，如图 19-101 所示。

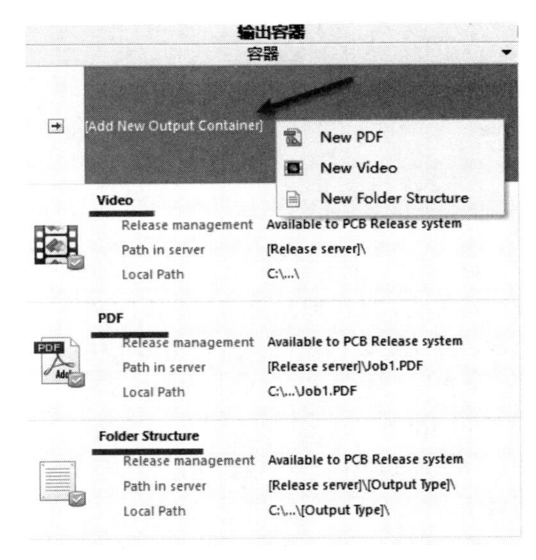

图 19-99　输出容器

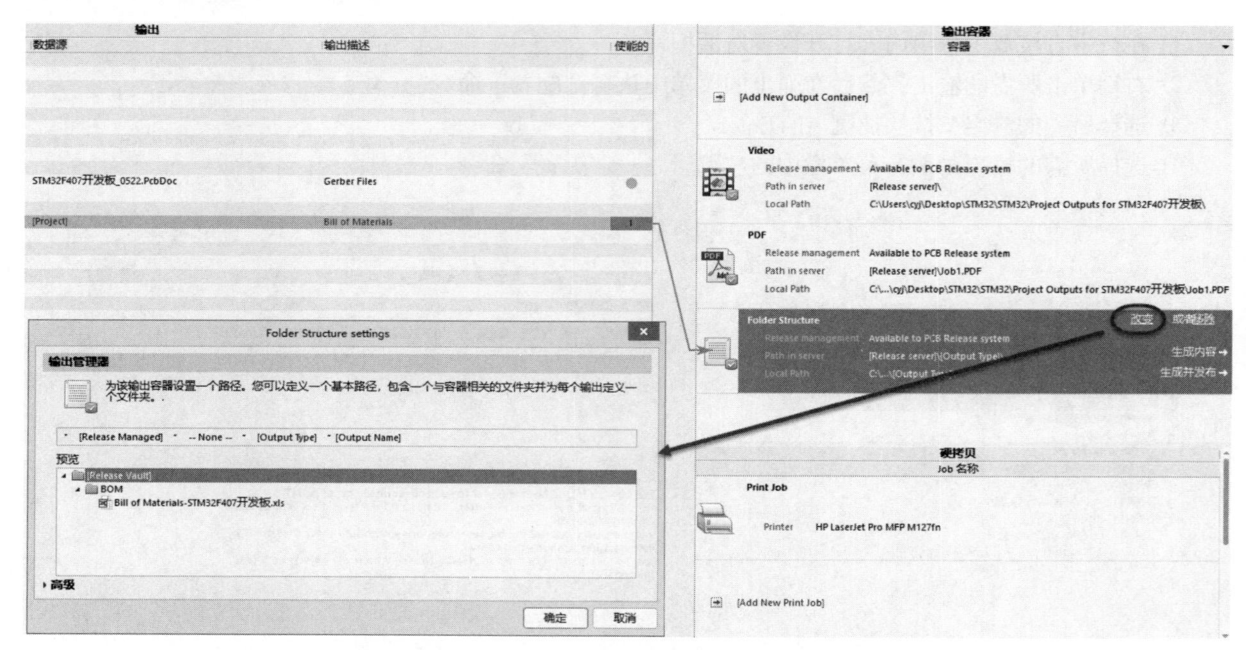

图 19-100　打开输出容器设置对话框

② 容器类型文件夹。在此处可以设置生成的媒体容器类型定义子文件夹。它可以由系统命名（使用容器名称或类型），也可以根据需要自定义名称，如图 19-102 所示。

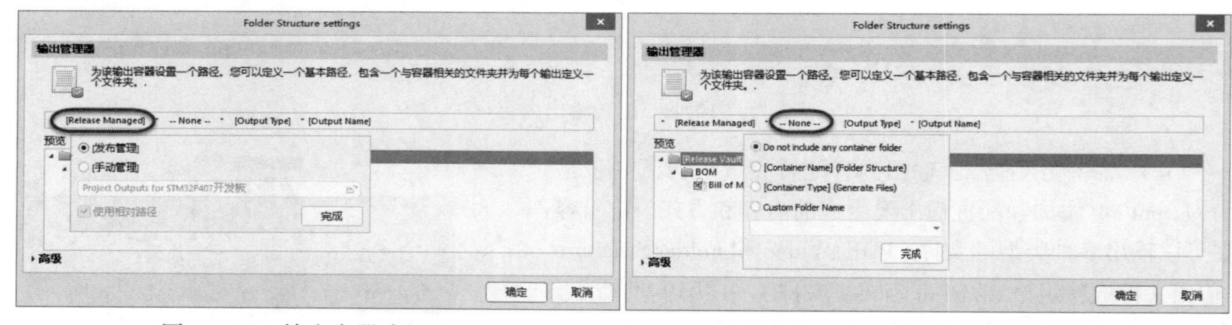

图 19-101　输出容器路径设置　　　　图 19-102　容器类型文件夹设置

③ 输出文件夹/输出文件名。此阶段的功能取决于为其指定输出位置的输出容器类型。对于 PDF 或视频容器类型，此阶段只需输入所需的文件名。在默认情况下，生成容器中的多个输出将整理到单个文件中，但设计器也可以根据需要为每个输出生成单独的文件，如图 19-103 所示。

此外，要进一步访问与生成输出到容器相关的更多高级选项，可以单击对话框底部的“高级”按钮，如图 19-104 所示。

（6）将输出内容链接到输出容器。输出内容和输出容器设置完成后，最后的步骤就是将输出内容链接到输出容器。此处以输出 Gerber 文件为例，在输出内容中设置好需要输出的内容，并设置好输出容器，勾选需要输出的内容，即可看到链接关系，如图 19-105 所示。

（7）输出生成内容。单击输出容器中的“生成内容”按钮，即可将输出内容输出到指定的路径下，如未更改输出路径，输出的内容将在工程文件路径下的 Project Outputs for…文件夹中，如图 19-106 所示。

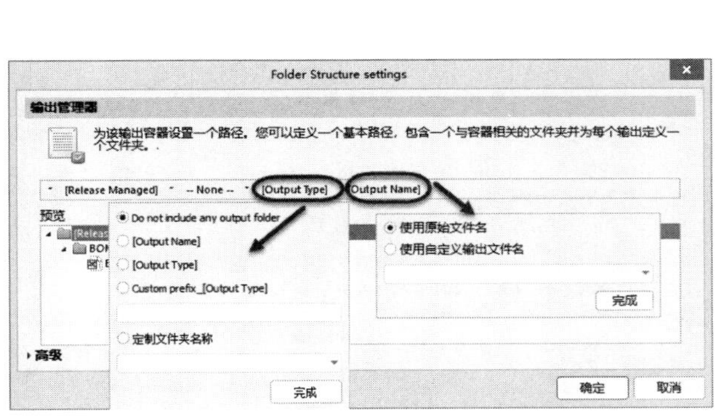

图 19-103 输出文件夹/文件名设置

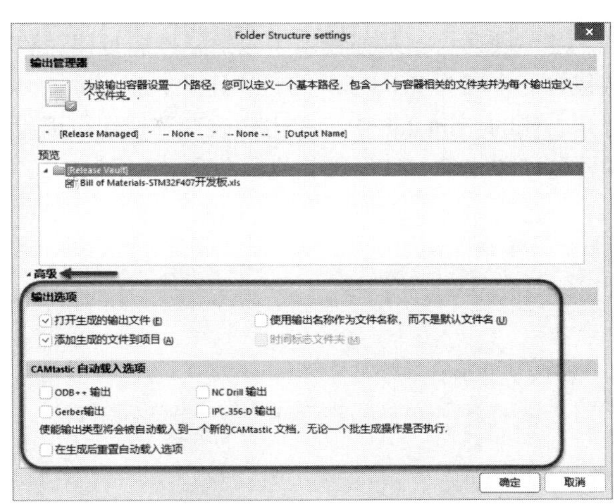

图 19-104 输出容器高级设置对话框

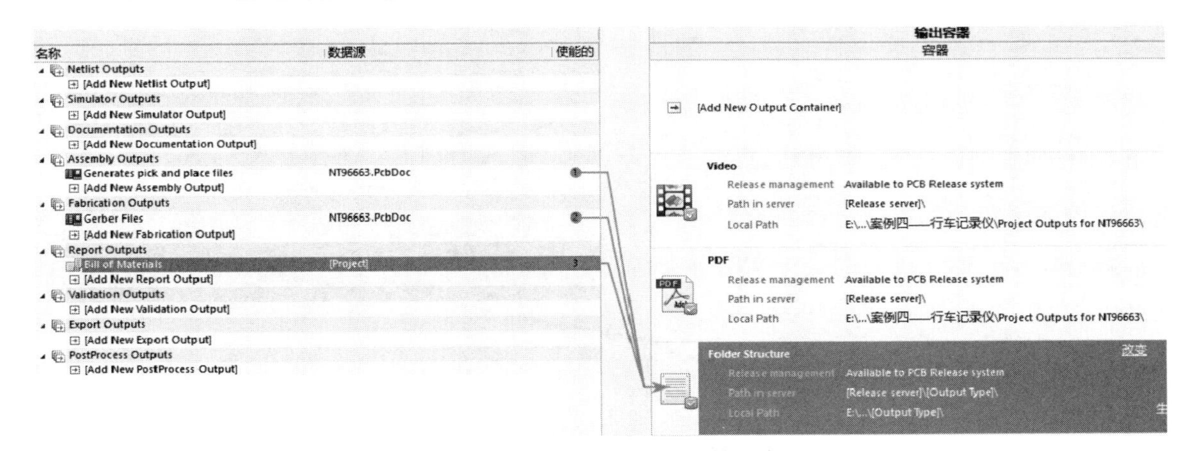

图 19-105 将输出内容链接到输出容器

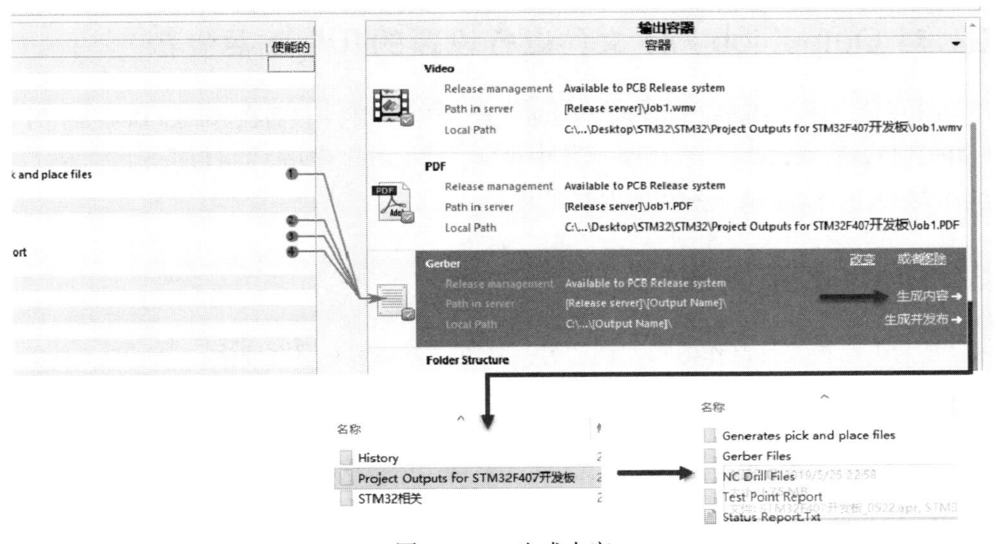

图 19-106 生成内容

（8）硬拷贝。某些输出（包括原理图打印、装配图和 BOM）也可以直接发送到硬拷贝。Output job 默认包含一个名为 Print Job 的打印作业，在 Output job 左侧的输出容器中添加和配置需要打印的文件，并指定到右侧的 Print Job 中。单击“改变”按钮可以设置打印属性，单击“预览”按钮可以查看当前文件的打印预览，单击“打印”按钮进行打印，如图 19-107 所示。

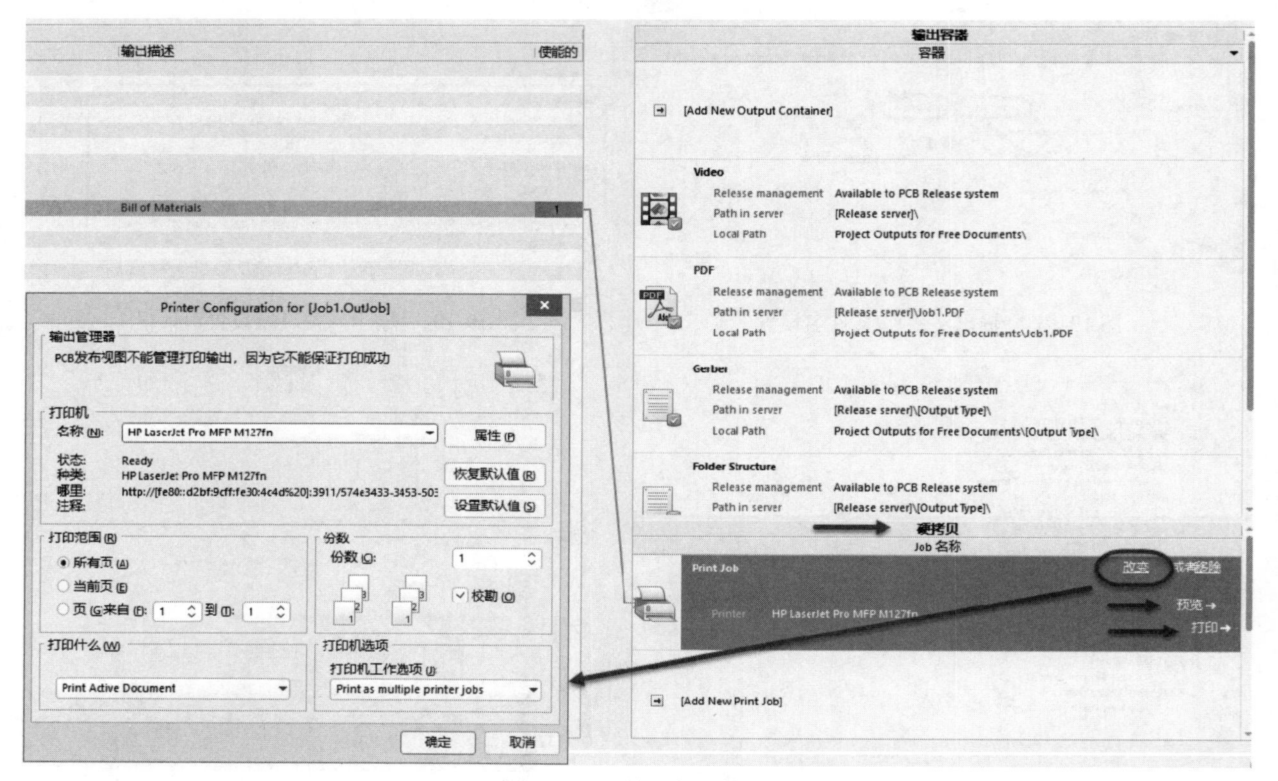

图 19-107　输出打印作业

19.22　对 Output job File 文件进行设置的几个重要步骤

Altium Designer 可以通过 Output Job File 来批量生成和输出文件，只需在 Altium Designer 的 Project 面板中选择要操作的项目，右击，在弹出的快捷菜单中执行“添加新的 Output Job file”命令，然后在该文件输出媒体（Output Media）区选择需要输出的内容即可。

19.23　Draftsman 的应用

Draftsman 是为电路板设计制作图形文档的另一种方法。基于专用文件格式和绘图工具集，Draftsman 绘图系统提供了一种交互式方法，可将制作和装配图与自定义模板、注释、尺寸、标注和注释结合在一起。

Draftsman PCB 绘图功能可以通过 Altium Designer 扩展应用程序获得，该应用程序随 Altium Designer 自动安装。可以从 Extensions＆Updates 页面手动安装/删除或更新扩展，也可单击 按钮，在弹出的下拉菜单中执行 Extensions and Updates 命令，如图 19-108 所示。

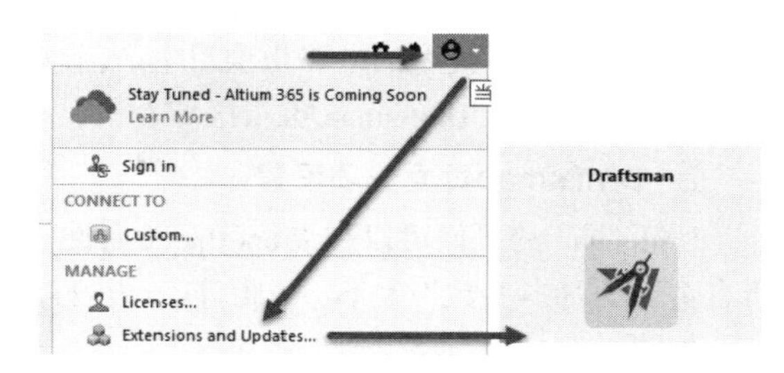

图 19-108 Draftsman 应用程序

Draftsman 有哪些特点?

（1）Draftsman 是快速简洁且不会出错的实时文档录入和出图系统。

（2）不需要导入导出设计数据，避免数据传输过程可能出现的错误。

（3）不需要额外设置机械层来记录用户的设计意图和说明信息。

（4）提供新的绘图引擎和插图工具。

（5）自动维护和遵循公司标准进行批量出图。

（6）可采用客户定制的文档录入模板。

（7）可预先设置好多张图纸规范或对单张图纸进行个性化设置。

（8）出图一致性强，每次出图采用同种方式和套路。

Draftsman 主要功能如下：

（1）从源 PCB 设计文件自动提取绘图数据。

（2）单击即可更新更改过的 PCB 数据。

（3）可实时交互式放置和布局如下内容：

① 装配视图和制造视图；

② 板级详细视图和板级剖视图；

③ 层堆栈图例；

④ 钻孔图和钻孔列表；

⑤ 物料清单（BOM）；

⑥ 标注、注释和测量尺寸。

（4）以自定制的模板自动生成图纸。

（5）支持装配变量。

（6）可用作（Output Job）输出作业文件输出。

（7）直接生成 PDF 文件或打印输出。

下面详解介绍 Draftsman 的应用。

1. 创建Draftsman文档

打开一个需要创建 Draftsman 的工程，然后执行菜单栏中的“文件”→“新的”→Draftsman Document 命令，将弹出 New Document 对话框，在该对话框中可以选择预定义的文档模板（安装时提供 3 个）或创建空白 A4 文档的[Default]选项，新建的 Draftsman Document 文件扩展名为.PCBDwf 且默认存放到工程文件路径下，如图 19-109 所示。

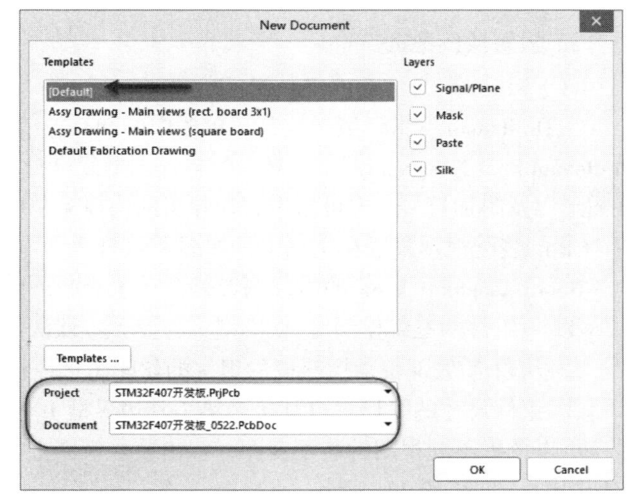

图 19-109 新建 Draftsman Document

PCB Draftsman 文件是一种多页格式，允许文档包含分配给特定类型的电路板项目生产信息的单个页面（表格）。可以执行 Tool→Add Sheet 命令添加新的页面，也可以在 Draftsman 编辑区域右击，在弹出的快捷菜单中执行 Add Sheet 命令添加新的页面。

2. Draftsman页面选项设置

Draftsman 的页面可以在 Properties（属性）面板中进行设置，在属性面板中可以设置当前页面或文档中所有页面的基本参数（大小、边距等）。也可以将页面格式定义为自定义大小，或者通过加载工作表模板文档，如图 19-110 所示。

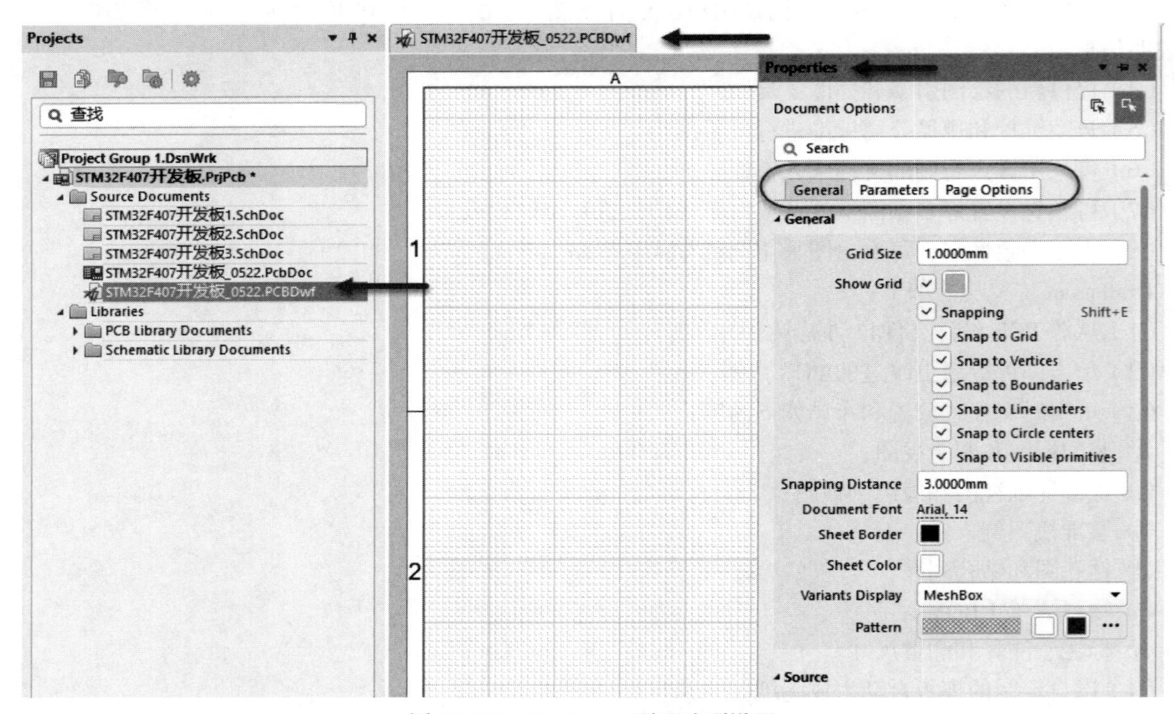

图 19-110 Draftsman 页面选项设置

3. 放置绘图数据

（1）装配图。

在 Draftsman 编辑环境中执行菜单栏中的 Place→Board Assembly View 命令即可放置 PCB 文件的装配图。Draftsman Board Assembly View 是一个自动图形复合材料，包括源 PCB 项目的电路板轮廓、切口、孔和元器件图形以及附加符号。也可右击，在弹出的快捷菜单中执行 Place→Board Assembly View 命令，将指定源项目 PCB 的装配视图放置在文档中，如图 19-111 所示。

Board Assembly View 的组件图形是自动生成的，并从多个来源优先获取数据，例如：

① 板组件的三维模型（3D 模型）的投影：默认使用。

② 从顶部/底部覆盖层获取的组件的丝印图形：在 3D 模型不可用时使用。

③ 组件尺寸的图形来自其接触垫（其边界框）：当 3D 模型和屏幕叠加都不可用时使用。

可以放置不同视图的装配视图，双击装配视图上方的 View from…打开属性面板，在 View Side 中修改装配视图，如图 19-112 所示。

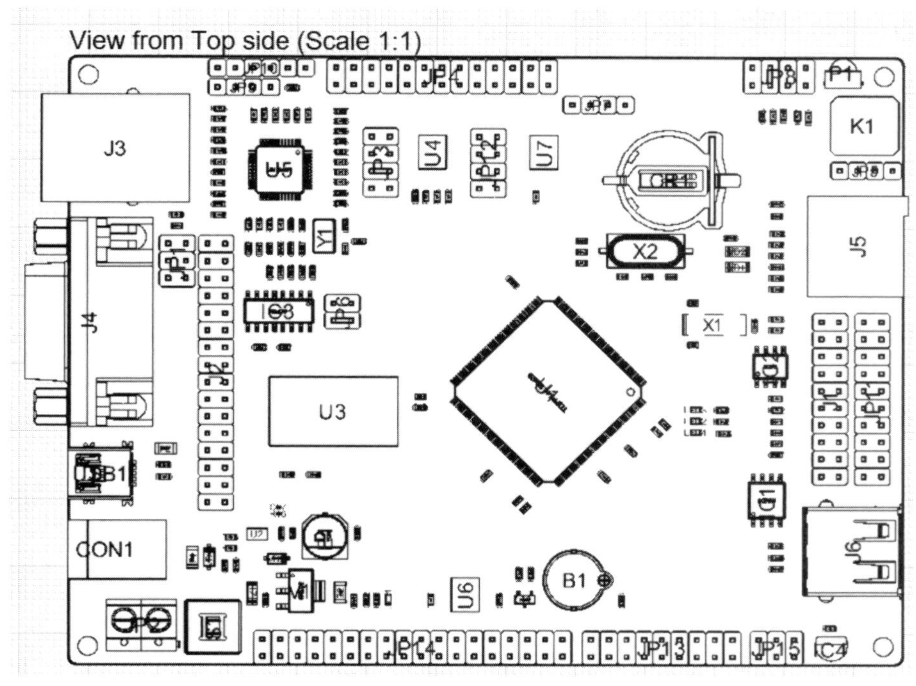

图 19-111 放置装配图

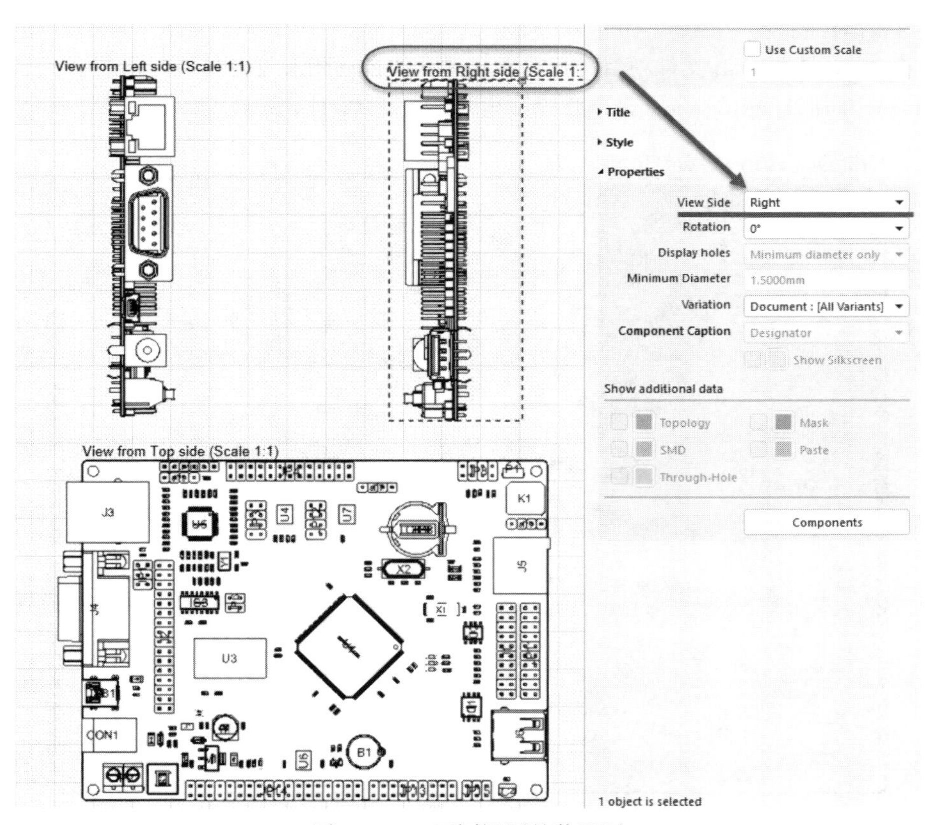

图 19-112 不同视图的装配图

（2）板制造图。

Board Fabrication View 是 PCB 裸板（未填充铜皮）视图，可从顶部或底部查看。可在菜单栏中执行 Place →Board Fabrication View 命令放置，也可单击工具栏中的 （Insert board fabrication view）按钮放置，如图 19-113 所示。

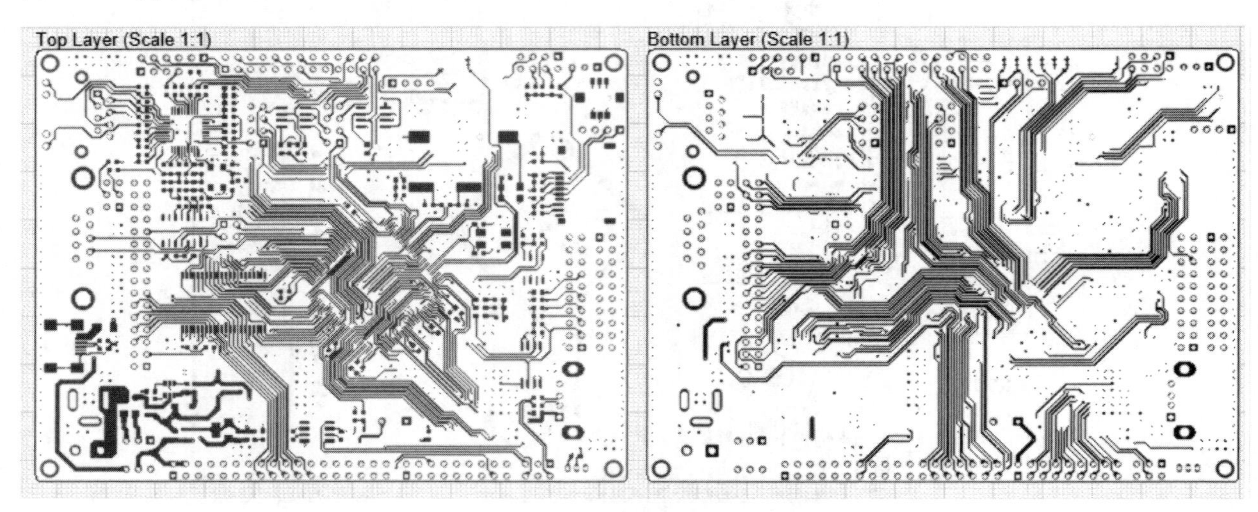

图 19-113 板制造视图

（3）钻孔图和钻孔列表。

Drill Drawing View 是源 PCB 文件项目的板轮廓和钻孔的自动图形复合材料。通过执行菜单栏中的 Place →Additional Views→Drill Drawing View 命令放置钻孔图，如图 19-114 所示。

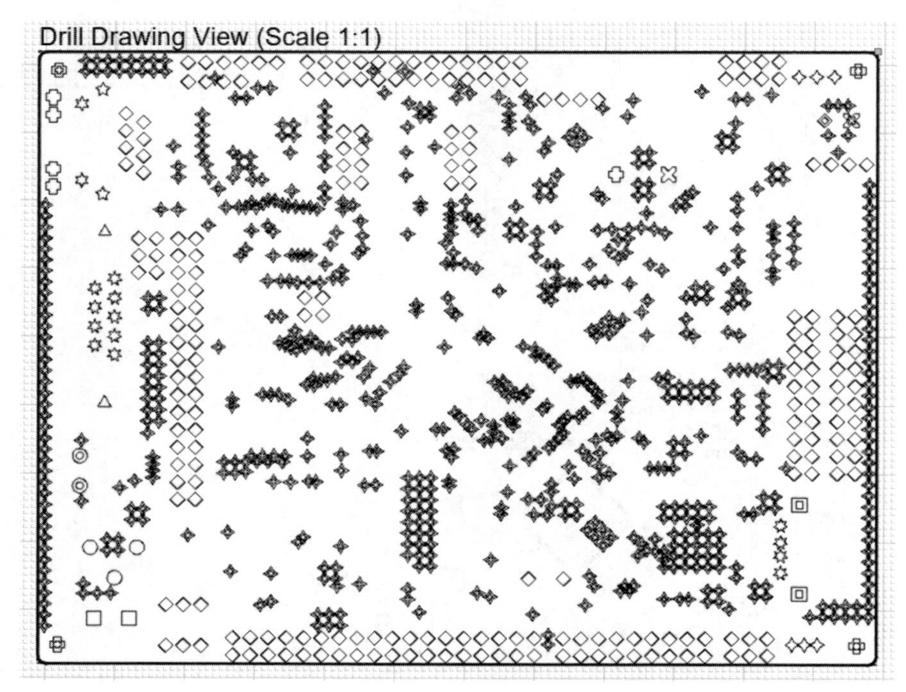

图 19-114 钻孔图

Drill Table 提供了板钻孔符号和相关数据的表格视图，其中表示指定类型钻孔的符号行可以包括一系列孔信息，例如其尺寸、电镀结构和偏差数。孔类型按 Symbol 栏中指定的符号分组。执行菜单栏中的 Place→Drill Table 命令可放置当前 PCB 钻孔表，如图 19-115 所示。

Drill Table

Symbol	Count	Hole Size	Plated	Hole Tolerance
	743	0.25mm	Plated	None
	1	0.75mm	Plated	None
	6	0.80mm	Plated	None
	226	0.90mm	Plated	None
	2	0.90mm	Non-Plated	None
	13	1.00mm	Plated	None
	1	1.05mm	Plated	None
	5	1.10mm	Plated	None
	3	1.20mm	Plated	None
	1	1.45mm	Plated	None
	2	1.50mm	Plated	None
	2	2.00mm	Plated	None
	2	2.30mm	Plated	None
	4	3.00mm	Plated	None
	2	3.25mm	Plated	None
	2	3.50mm	Plated	None
	1015 Total			

图 19-115　PCB 钻孔表

（4）图层堆栈图例。

图层堆栈图例视图以放大剖视图显示了电路板的内部结构。它包括堆栈中每个层的详细描述和信息，包括与每个层关联的 Gerber 文件。执行菜单栏中的 Place→Layer Stack Legend 命令放置图层堆栈图例，如图 19-116 所示。

默认情况下，每个图层的信息都是从“层叠管理器”（PCB 编辑器中的“设计”→“层叠管理器”）中定义的“板层堆栈”中相应属性派生而来，但是可以编辑和扩展图层描述属性。在 Draftsman 中通过 Properties 面板和“图层信息”对话框设置。

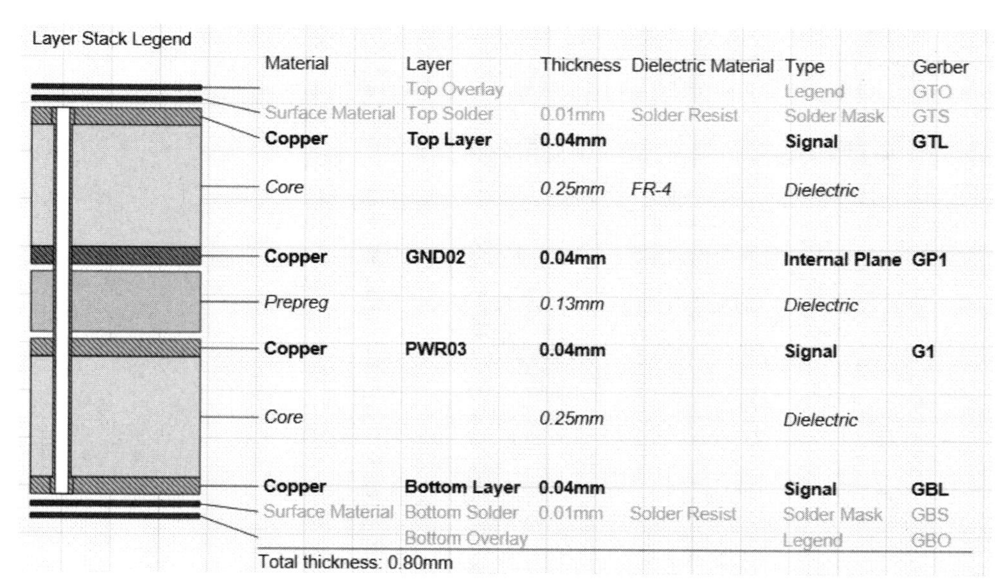

图 19-116　图层堆栈图例

（5）BOM。

物料清单（BOM）是一个自动生成的表对象，列出了 PCB 设计中的物理组件项。BOM 数据直接来自项目 PCB 文件，执行菜单栏中的 Place→Bill Of Materials 命令放置 BOM，如图 19-117 所示。

在 Properties 面板中可以对 BOM 进行属性设置，该面板提供 BOM 的大多数配置选项，包括可视属性和数据内容源等。可以设置 BOM 中显示的条目，控制 BOM 列表的可见性、文本对齐、宽度和数据排序顺序，还可以通过为表参数名称别名来更改 BOM 标题，如图 19-118 所示。

Bill Of Materials

Line #	Designator	Comment	Quantity
1	B1	BEEP	1
2	C1, C2	6P	2
3	C3, C4	20P	2
4	C5, C6	225	2
5	C7, C22, C27, C31, C43, C47, C48	106	7
6	C8, C9, C10, C11, C12, C13, C14, C15, C16, C17, C19, C20, C21, C23, C24, C25, C26, C28, C29, C30, C32, C33, C34, C35, C36, C37, C38, C39, C40, C41, C42, C44, C45, C46, C49, C50, C51, C52, C53, C54, C55, C56, C57, C58	104	44
7	C18	103	1
8	CON1	3.5*1.3	1
9	CR1	Battery	1
10	DZ1	5.0V	1
11	E1	220uF/16V	1
12	E2	10UF/16V	1
13	F1, F2	1A	2
14	IC1	W25Qxx	1
15	IC2	24Cxx	1
16	IC3	MAX232	1
17	IC4	DS18B20	1

图 19-117 Bill Of Materials

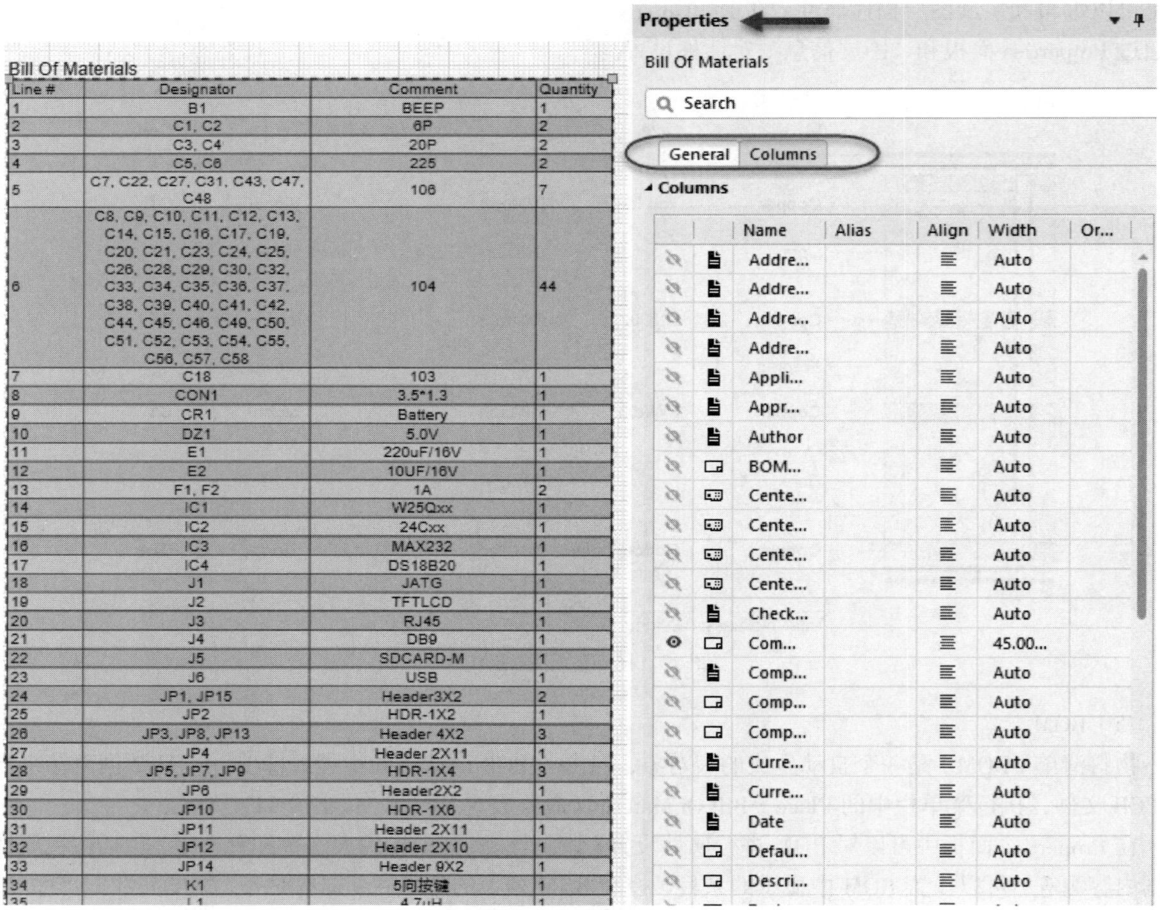

Bill Of Materials

Line #	Designator	Comment	Quantity
1	B1	BEEP	1
2	C1, C2	6P	2
3	C3, C4	20P	2
4	C5, C6	225	2
5	C7, C22, C27, C31, C43, C47, C48	106	7
6	C8, C9, C10, C11, C12, C13, C14, C15, C16, C17, C19, C20, C21, C23, C24, C25, C26, C28, C29, C30, C32, C33, C34, C35, C36, C37, C38, C39, C40, C41, C42, C44, C45, C46, C49, C50, C51, C52, C53, C54, C55, C56, C57, C58	104	44
7	C18	103	1
8	CON1	3.5*1.3	1
9	CR1	Battery	1
10	DZ1	5.0V	1
11	E1	220uF/16V	1
12	E2	10UF/16V	1
13	F1, F2	1A	2
14	IC1	W25Qxx	1
15	IC2	24Cxx	1
16	IC3	MAX232	1
17	IC4	DS18B20	1
18	J1	JATG	1
19	J2	TFTLCD	1
20	J3	RJ45	1
21	J4	DB9	1
22	J5	SDCARD-M	1
23	J6	USB	1
24	JP1, JP15	Header3X2	2
25	JP2	HDR-1X2	1
26	JP3, JP8, JP13	Header 4X2	3
27	JP4	Header 2X11	1
28	JP5, JP7, JP9	HDR-1X4	3
29	JP6	Header2X2	1
30	JP10	HDR-1X6	1
31	JP11	Header 2X11	1
32	JP12	Header 2X10	1
33	JP14	Header 9X2	1
34	K1	5向按键	1
35	L1	4.7uH	1

Properties

Bill Of Materials

Search

General Columns

Columns

Name	Alias	Align	Width	Or...
Addre...			Auto	
Addre...			Auto	
Addre...			Auto	
Addre...			Auto	
Appli...			Auto	
Appr...			Auto	
Author			Auto	
BOM...			Auto	
Cente...			Auto	
Cente...			Auto	
Cente...			Auto	
Cente...			Auto	
Check...			Auto	
Com...			45.00...	
Comp...			Auto	
Comp...			Auto	
Comp...			Auto	
Curre...			Auto	
Curre...			Auto	
Date			Auto	
Defau...			Auto	
Descri...			Auto	

图 19-118 BOM 属性设置

此外，在 Draftsman 中还可以拆分 BOM 表。大多数高级 PCB 项目的物料清单文档往往具有大量条目，这些条目很难重新创建为适合绘图文档的表格。Properties 面板中的“拆分 BOM”功能允许在多个页面显示 BOM。

要创建多个 BOM 页面，先选中已经放置的 BOM（可能超过文档工作表高度），然后在 Properties 面板的 Pages 选项组中勾选 Limit Page Height 复选框，将 BOM 的高度限制为指定的高度条目（Max Page Height，mm），从而限制 BOM 表中显示的行数，如图 19-119 所示。

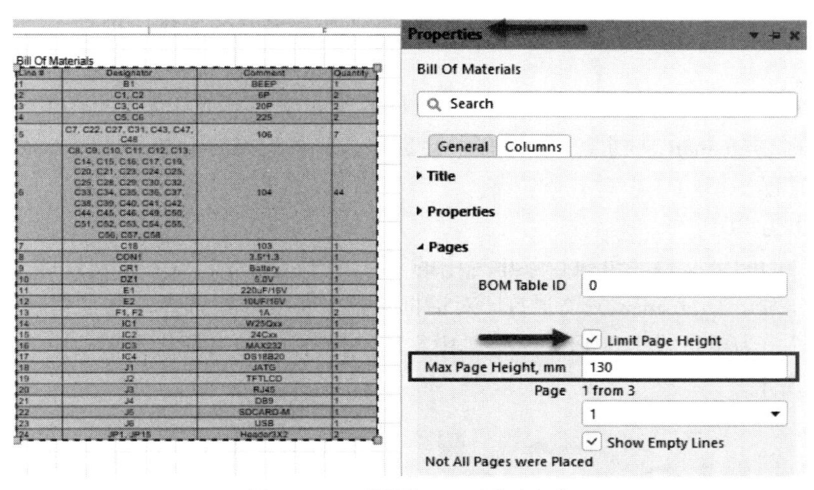

图 19-119　限制 BOM 页面高度

Draftsman 检测到整个 BOM 未完全显示，如面板页面条目所示（如 Page 1 from 3），相关的下拉列表框允许用户指定显示哪个页面。要放置为显示的 BOM，需放置另一个 BOM，并在 Properties 面板的 Page 选项组中指定 page 下的下一页，如图 19-120 所示。

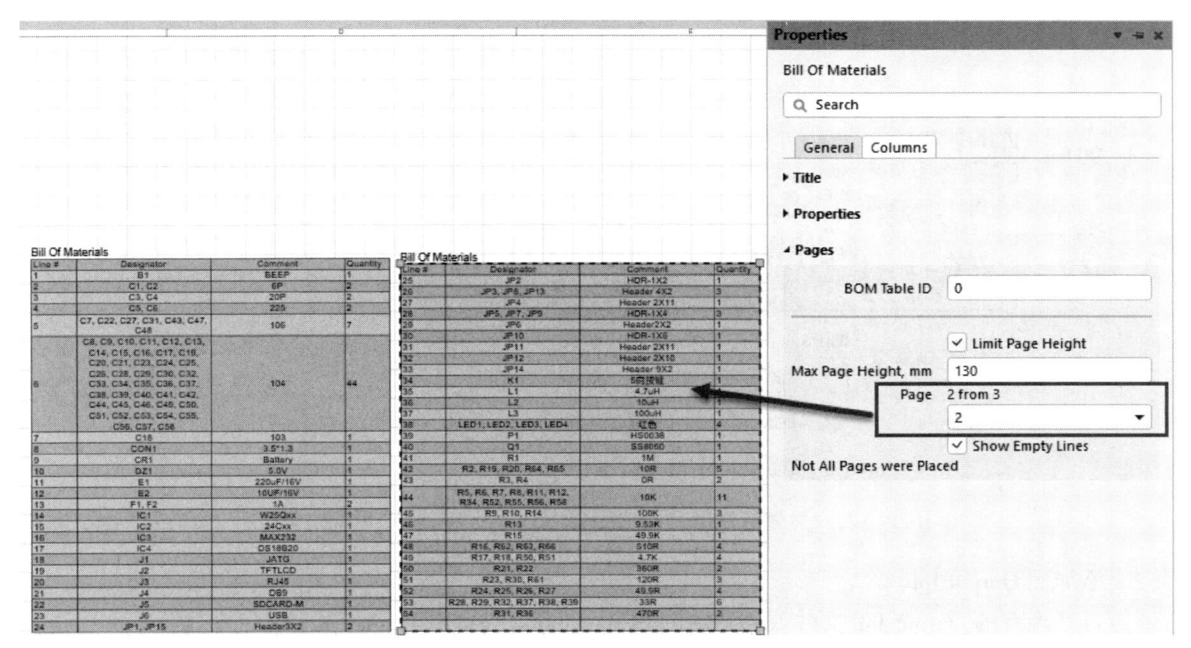

图 19-120　拆分 BOM 表

（6）标注、注释，测量尺寸。

Draftsman 支持放置行业标准几何尺寸和几何公差符号元素的功能，这些元素定义图形中包含的对象的制造属性。Draftsman 提供了一系列额外的绘图和注释工具，旨在为绘图员绘图文档添加重要信息，包括自动注释和突出显示系统及自由格式绘图功能。

可以将对象尺寸图形放置在板视图（装配、制造、部分、细节等）上以指示对象轮廓的长度，尺寸和角度，或指定的对象之间的距离。通过 Place 菜单或绘图工具栏放置这些标注信息，如图 19-121 所示。

4. 文档输出

Draftsman 文档可以与 Altium Designer（原理图、PCB 等）中的其他基于图形的文档相同的方式打印或生产输出文件。新的 Draftsman 文档（一旦保存）会自动添加到相关的 PCB 项目中，因此可用于所有正常的文档生成和打印过程。

（1）打印或导出为 PDF。

要打印当前活动的图纸文档，可执行菜单栏中的 File→Print 命令，或者按快捷键 Ctrl+P，然后以正常方式选择打印选项。对于 Draftsman 文档，打印对话框包括带页面导航选择器的可缩放打印预览。

要将图纸文档导出为单页或多页 PDF 文件（由文档结构确定），可执行菜单栏中的 File→Export to PDF 命令，如图 19-122 所示。

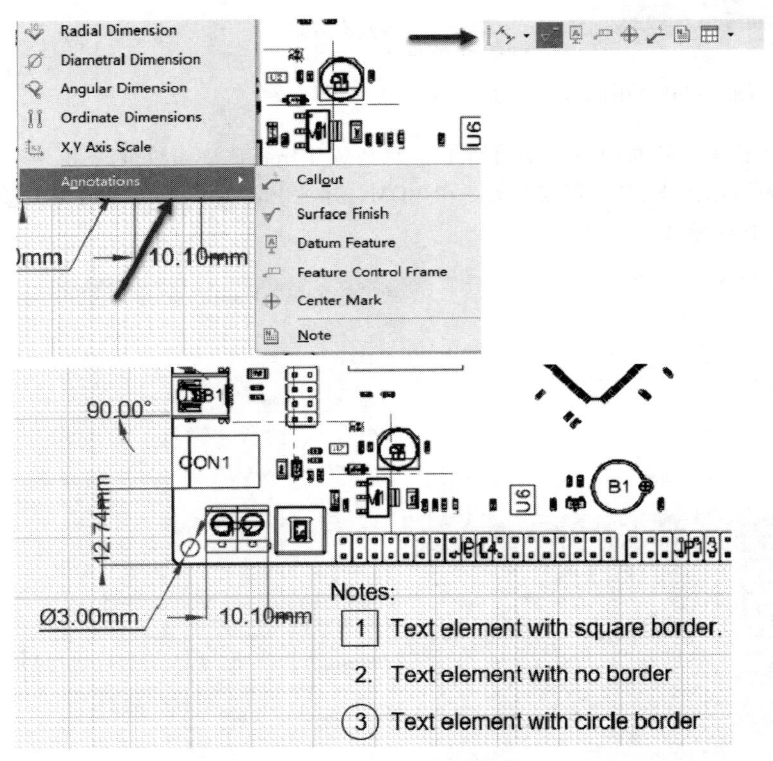

图 19-121 放置标注信息

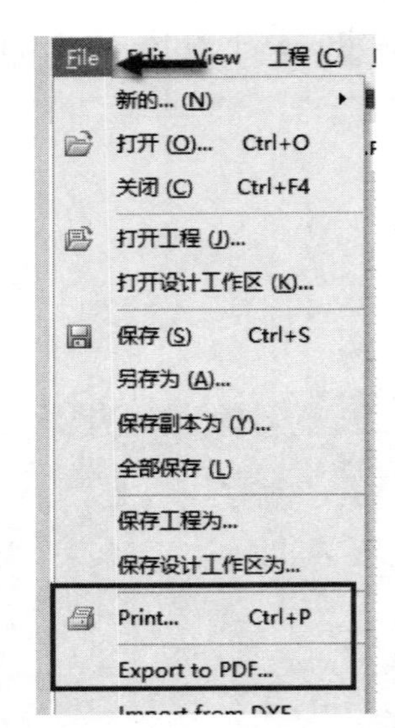

图 19-122 打印或导出为 PDF

（2）添加到 Output Job。

通过打开现有的 Output Job 文件或创建新的 Output Job 文件，将 Draftsman 文档添加到 Output Job。

要将 Draftsman 文档添加到输出作业，请选择 Documentation Outputs 选项下的[Add New Documentation

Output]选项，然后选择 Draftsman 文件（或所有可用文档）。通过选择输出容器选项，选中与 Draftsman 条目关联的 Enable（使能的）选项，将新添加的 Output Job 文件分配给 PDF 输出或打印输出，如图 19-123 所示。

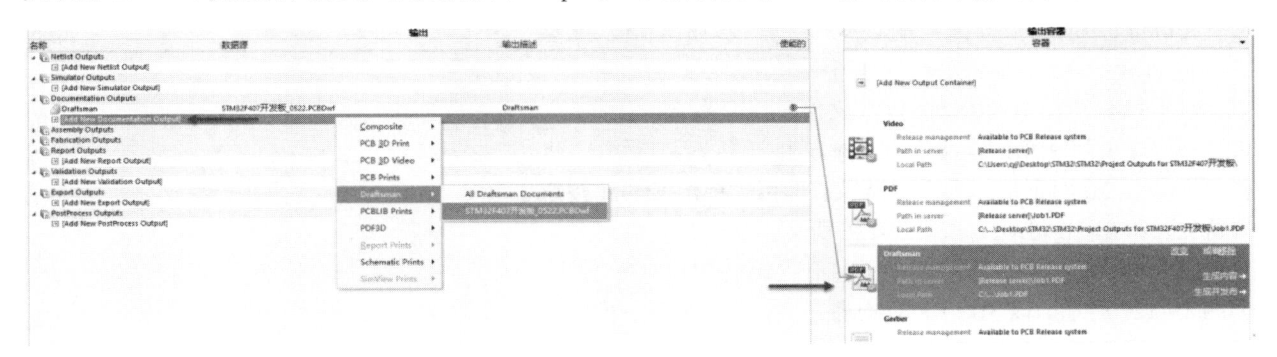

图 19-123　添加到 Output Job

19.24　PCB 导出钻孔图表

在 PCB 中导出钻孔图表的步骤如下：

（1）切换至 Drill Drawing 层，放置文本.Legend，这时软件会提示 Legend is not interpreted until output（直到输出才会解释图例），如图 19-124 所示。注:Altium Designer 09 或者其他版本可能不会有 Legend is not interpreted until output 这一提示。

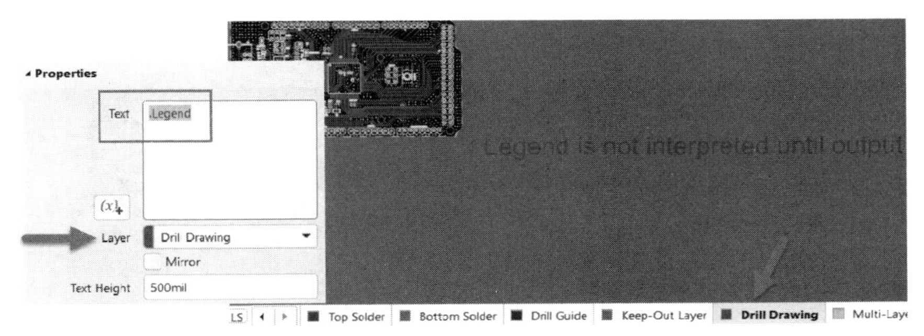

图 19-124　放置文本.Legend

（2）执行菜单栏中的“文件”→“制造输出”→Drill Drawings 命令，即可输出如图 19-125 所示的钻孔图表。图表中列出了每种钻孔分别用了几种孔径、每种钻孔的 PTH 和 NPTH 及每种钻孔的图示和数量总结表。

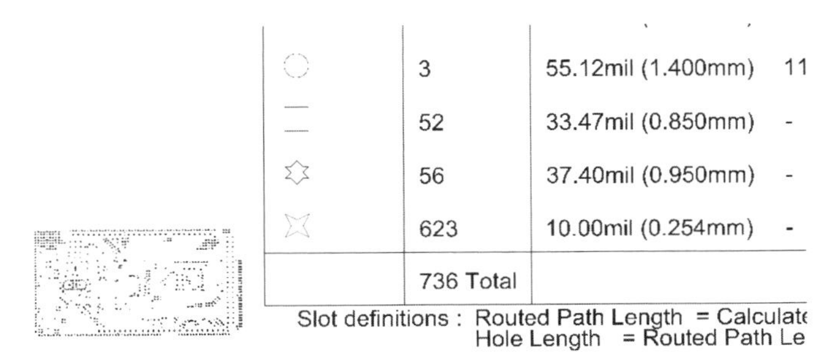

图 19-125　钻孔图表

19.25 PCB 导出 3D PDF 的方法

Altium Designer 15.1 之后的版本都带有 3D 输出功能,能够直接将 PCB 的 3D 效果输出到 PDF 中。

（1）打开带有 3D 模型的 PCB 文件，执行菜单栏中的“文件”→“导出”→PDF3D 命令，选择导出文件的保存路径，将弹出 Export 3D 对话框，参数保持默认即可，单击 Export 按钮等待软件导出 3D PDF，如图 19-126 所示。

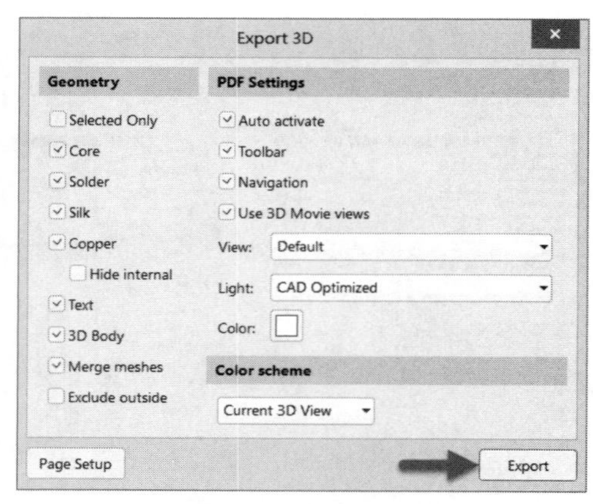

图 19-126　Export 3D 设置对话框

（2）用 Adobe Acrobat DC 软件打开导出的 3D PDF 文件，如图 19-127 所示。该 3D PDF 有物理连接，支持编辑，可以旋转角度。在导出 3D PDF 窗口的左侧可以选择需要查看的参数，如 Silk、Components 等。

提示：导出的 3D PDF 需要用能查看 3D 图片的 PDF 软件打开，否则看不到 3D 效果。

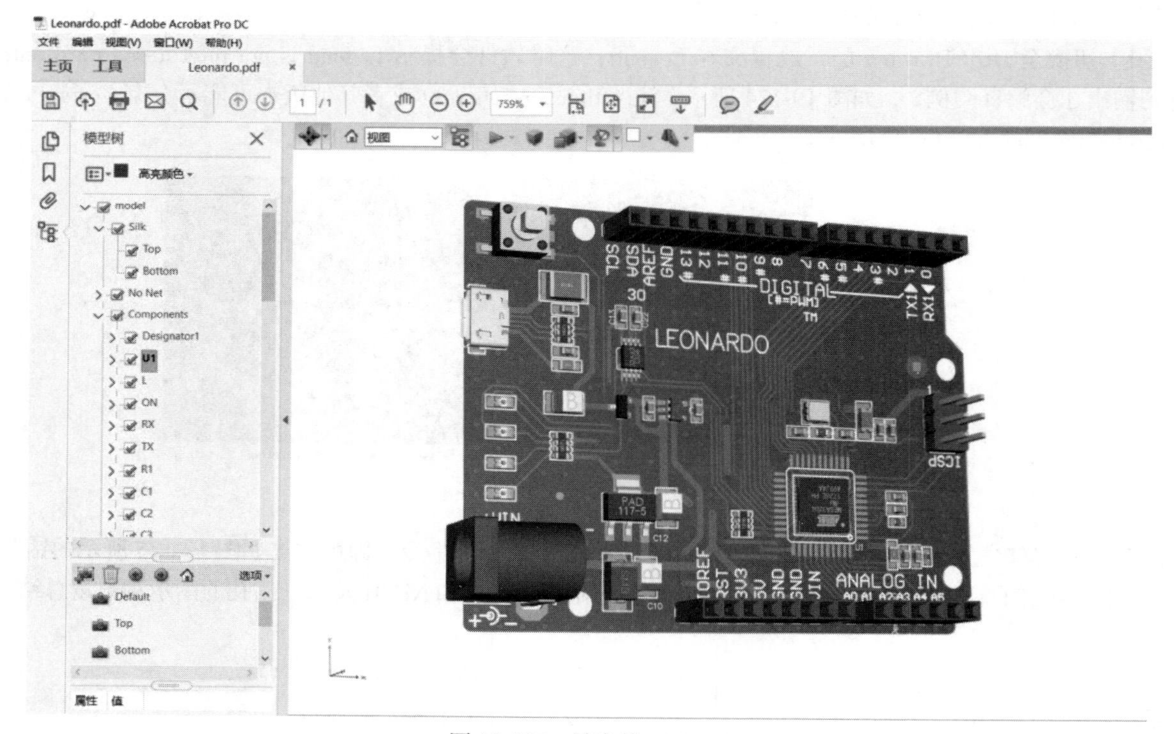

图 19-127　导出的 3D PDF

19.26 将 3D PCB 导出为图片的方法

产品设计中，有时需要 3D PCB 的图像，用于产品手册或网站。虽然可以使用 Ctrl+C 快捷键将 PCB 编辑器中的电路板图像复制到剪贴板上，但得到的图片可能不够清晰。

Altium Designer 22 支持导出 3D PCB 的图片，方法如下：

（1）执行菜单栏中的“文件”→“导出”→PCB 3D Print 命令。

（2）在弹出的 Export File 对话框中为图片选择保存路径和样式，单击“保存”按钮。

（3）接着会弹出“PCB 3D 打印设置”对话框，按照如图 19-128 所示进行设置即可。单击“确定”按钮即可输出（PCB 的顶层和底层需要分别输出，“从上面整板”输出顶层，“从下面整板”输出底层）。

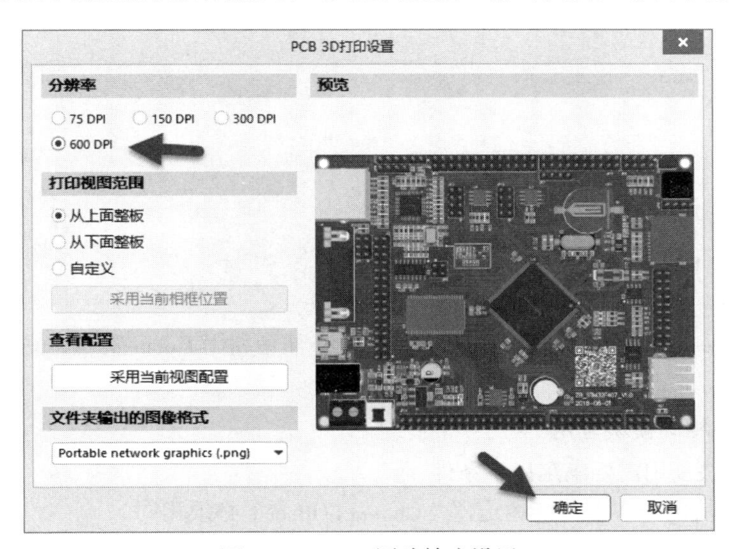

图 19-128　3D 图片输出设置

第 20 章 高级技巧及应用

CHAPTER 20

20.1 模块复用功能的使用方法

本节介绍 Altium Designer 两种常用模块复用方法：一种是利用 Room 实现，另外一种是利用复制粘贴功能实现。

1. 利用Room实现相同模块复用

利用 Room 实现模块复用需要满足以下条件：

（1）PCB 中相同模块的对应器件的通道值（Channel Offset）必须相同。

（2）器件不能锁住，否则无法进行 Room 复用。

下面详细介绍使用 Room 进行模块复用的方法：

（1）打开需要进行模块复用的原理图。在 PCB 中有两个或多个模块布局布线相同，进行模块复用可以保证每一个模块的布局布线完全相同。

（2）将原理图更新到 PCB 中，并将其中一个模块完成布局，如图 20-1 所示。

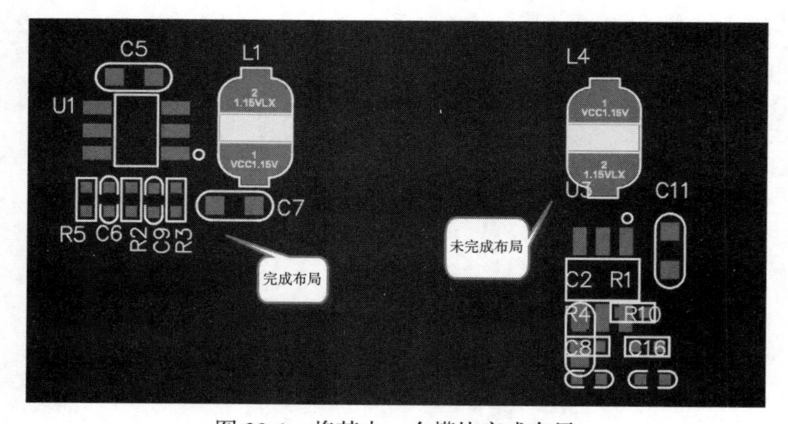

图 20-1　将其中一个模块完成布局

然后双击元器件查看其通道值（Channel Offset）与对应模块的元器件的通道值（Channel Offset）是否一致，不一致的需要手动改为一致，否则无法完成模块复用。但是从 PCB 中手动修改通道值对于元器件较多的模块来说太费时，这时可以利用 PCB List 的筛选功能来快速修改通道值，具体步骤如下所示。

① 在交叉选择模式下，从原理图中框选其中一个模块，在 PCB 编辑界面打开 PCB List 面板，将筛选

条件设置为 View selected objects include only Components，只选择显示元器件，然后找到这些元器件的通道值（图 20-2 中 Channel Offset 栏就是这些元器件的通道值）并复制，如图 20-2 所示。

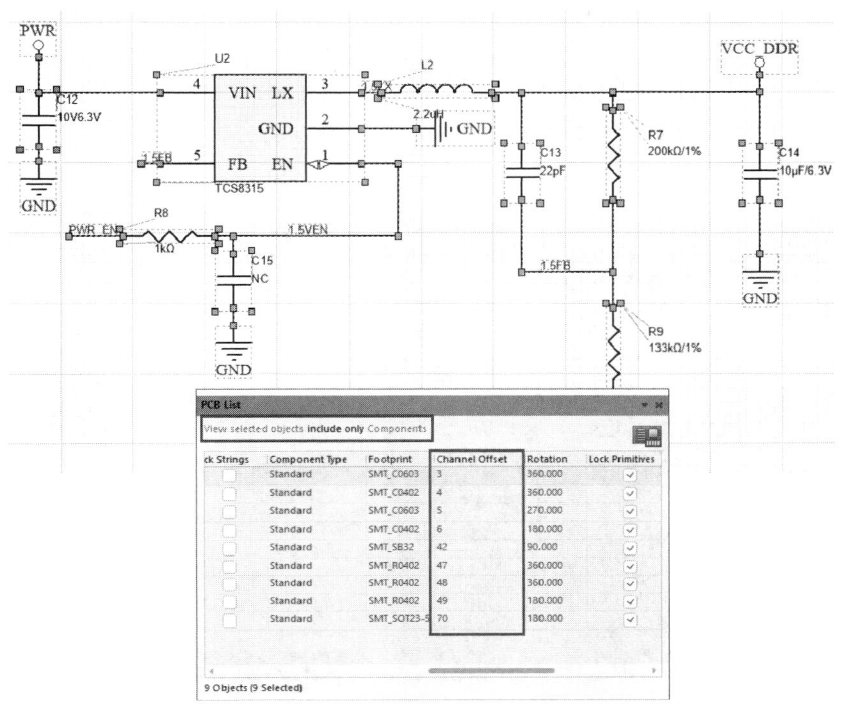

图 20-2　复制元器件的通道值

② 从原理图中框选另外一个模块，同样在 PCB 编辑界面打开 PCB List 面板，设置筛选条件为 Edit selected objects include only Components，只选择显示元器件，然后在 Channel Offset 栏粘贴步骤①复制的通道值，如图 20-3 所示。

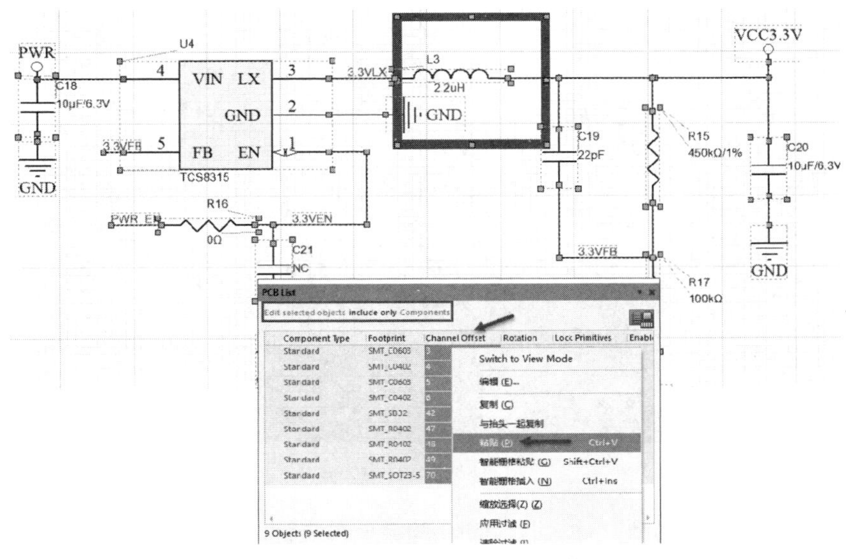

图 20-3　粘贴元器件的通道值

需要特别注意的是：相同模块通道值修改时，需打开交叉选择模式，从原理图中选择模块，这样才能在 PCB 中正确修改通道值。

③ 通道值修改好以后，就可以进行利用 Room 实现模块复用了。框选模块，执行菜单栏中的“设计”→“Room”→“从选择的器件产生矩形的 Room”命令，或者按快捷键 D+M+T，生成 Room。另一个模块的操作方法同前。这样即可得到包含元器件的 Room，如图 20-4 所示。

④ 复制 Room 格式。执行菜单栏中“设计”→Room→“拷贝 Room 格式”命令，或按快捷键 D+M+C，如图 20-5 所示。

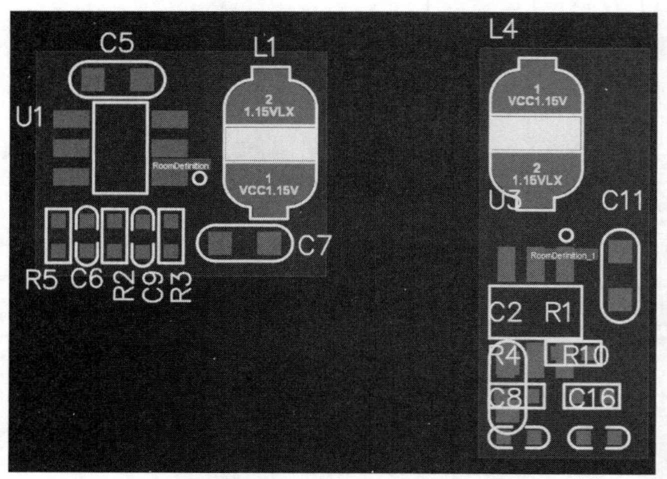

图 20-4　得到包含元器件的 Room

图 20-5　拷贝 Room 格式

⑤ 光标将变成十字形。先单击 Room1，然后单击 Room2，如图 20-6 所示。

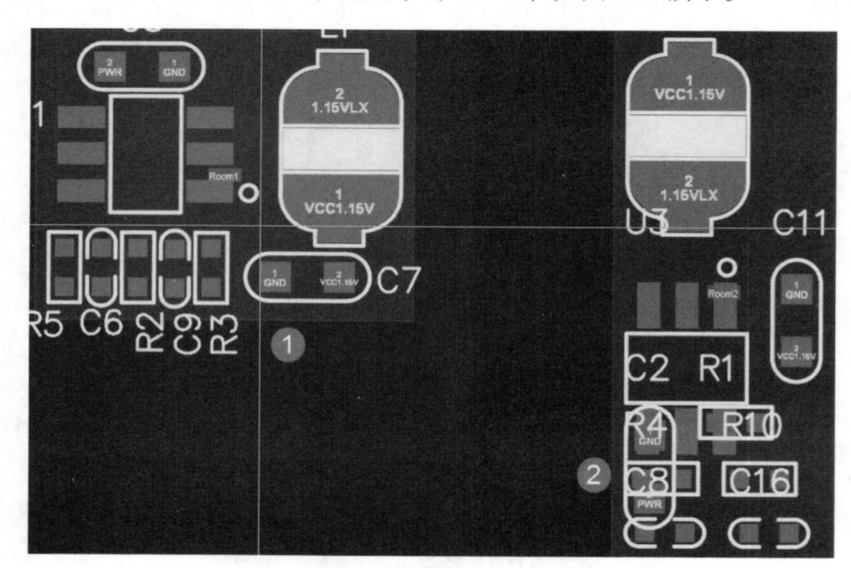

图 20-6　选择 Room

⑥ 将弹出“确认通道格式复制”对话框，按图 20-7 所示进行设置。

⑦ 参数设置完毕后，单击“确定”按钮，即可完成模块的复用，如图 20-8 所示。

图 20-7　设置 Room 通道格式复制参数

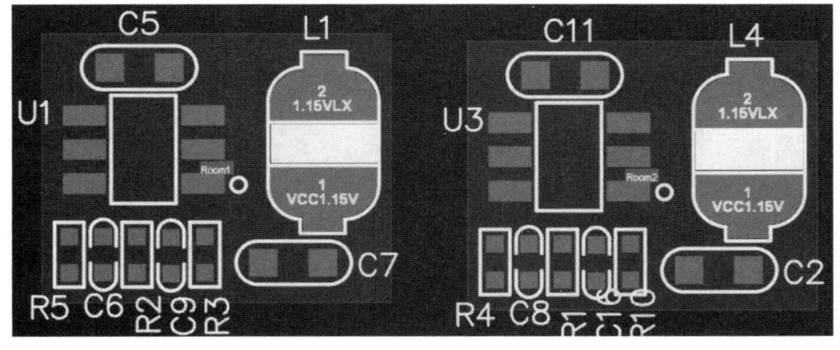

图 20-8　利用 Room 实现模块复用

2. 复制粘贴功能实现模块复用

使用图 20-8 所示的电路图来介绍利用复制粘贴功能实现模块复用的方法。

（1）复制已经布局好的模块并粘贴，粘贴过来的模块元器件位号会出现“_”标识的后缀，如图 20-9 所示。

（2）选中下方未布局的元器件，按快捷键 M+S 移动选中的对象，将元器件重叠放置在粘贴过来的模块上，如图 20-10 所示。

（3）将位号中含有“_”标识的元器件删掉，即可完成模块复用，如图 20-11 所示。

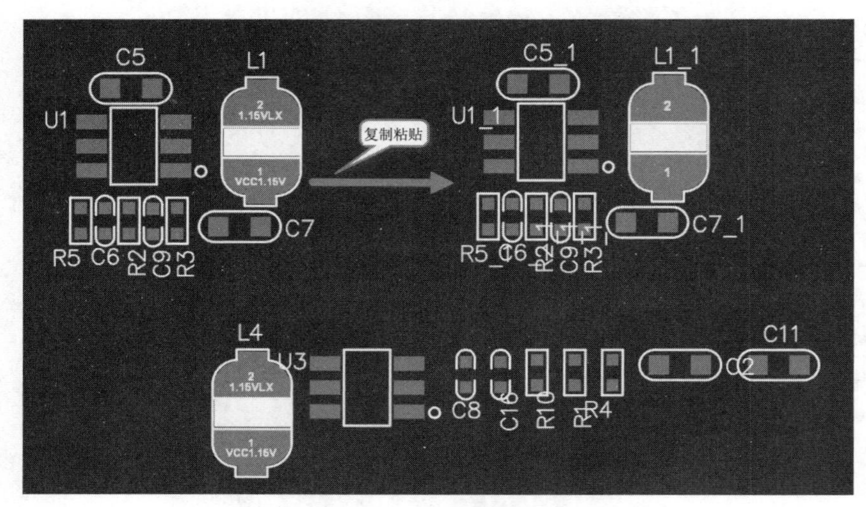

图 20-9　复制粘贴模块

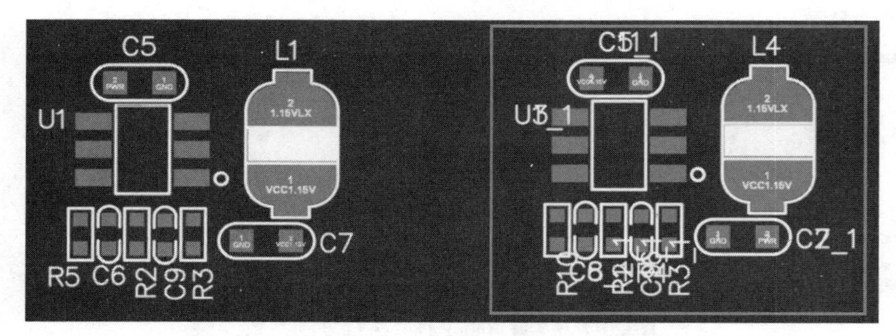

图 20-10　将元器件重叠放置在粘贴过来的模块上

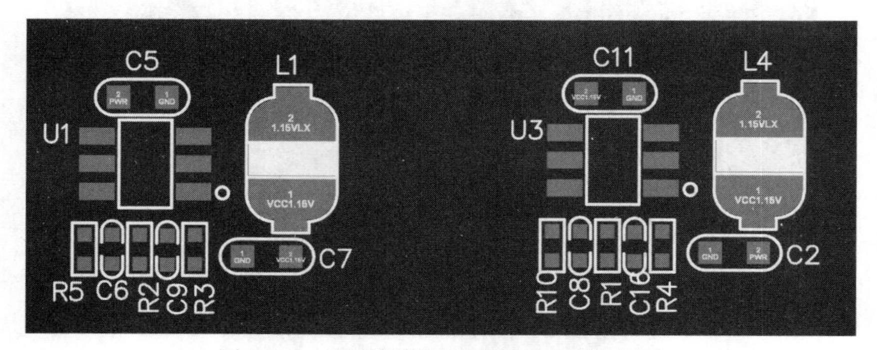

图 20-11　利用复制粘贴功能实现模块复用

20.2　Altium Designer 拼板设置

电子产品从设计完成到加工制造，最重要的一个环节就是 PCB 电路板的加工。而 PCB 加工出来的裸板绝大部分情况下都要过贴片机贴片装配。

现在的电子产品都在向小型轻便化方向发展。当设计的 PCB 特别小，PCB 加工制造这一环节基本没问题，但是到了 PCB 装配环节，面积过小无法上装配生产线。

这就需要对小块 PCB 进行拼版，拼成符合装配要求的面积，或者拼成阴阳板，便于贴片装配。一般情况下，制造板厂会提供拼板的服务，但很多时候为了能清晰地展示设计师的意图，需要自己进行拼板设计。

在介绍拼板设计之前，先了解一下关于拼板的知识，以便更好地实现拼板设计。

1. 工艺边

PCB 工艺边也叫工作边，是为了 SMT 时留出轨道传输位置、放置拼版 Mark 点而设置的长条形空白板边。工艺边一般宽 5～8mm。一般不可为了节省成本，取消工艺边或把工艺边设置得过窄。

在什么情况下可以取消工艺边呢？当 PCB 外形是规整的矩形，便于轨道传输，且板边最近的贴片元器件距离板边 5mm 以上，就可以取消工艺边。如果 PCB 是类似手机板（单片板上有数百个贴片元器件，且 PCB 是昂贵的多层板），也可以取消工艺边，让 SMT 厂一次性花几千元做治具，取代工艺边的成本支出。

PCB 工艺边一般要满足以下几个要点：

（1）宽度为 5～8mm。

（2）工艺边上放置的 Mark 点规范合理。

（3）对 PCB 的支撑连接稳固可靠，能使 PCB 在轨道上稳定传输。

2. Mark点

Mark 点也叫光学基准点，是为了补偿 PCB 制作误差及设备定位时的误差，而设定的各装配步骤共同的可测量基准点。PCB 的生产工艺决定了线路图形的精确度比外形和钻孔的精确度要高 1～2 个数量级，Mark 点本质上属于线路图形的一部分，以 Mark 点作为贴片设备的识别定位基准，就能对多种偏差自动补正，减小误差，因此，Mark 对 SMT 生产至关重要。

Mark 点形状一般是实心圆。设置方法为：设置一个元器件（把 Mark 点作为元器件的优点是，导出元器件坐标时，Mark 点坐标也同时导出——Mark 点坐标非常重要），元器件为一个实心圆的焊盘，焊盘直径为 1mm，焊盘的阻焊窗口直径为 3mm。实心圆要求表面洁净、平整，边缘光滑、齐整，颜色与周围的背景有明显区别，表面以沉金处理为佳，3mm 阻焊窗口范围内要保持空白，不允许有任何焊盘、孔、布线、阻焊油墨或丝印标识等，以使 Mark 点与 PCB 的基材之间出现高对比度。

Mark 点位于电路板或拼板工艺边上的 4 个对角，但板子四周设置的 Mark 点不能对称，以免造成机器不能识别板子放反的情况（不能防呆）。如图 20-12 所示，把 4 个 Mark 点中的一个错位 1cm 左右放置即可。

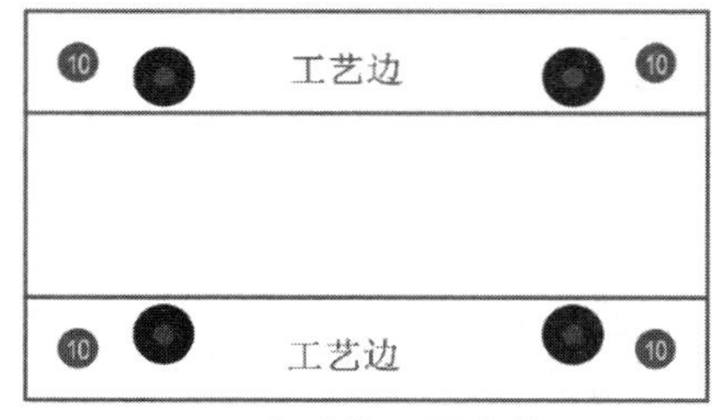

Mark点对称，不防呆

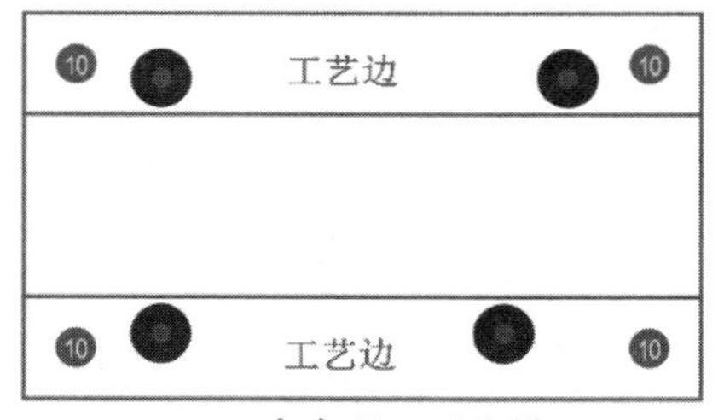

Mark点合理，可防呆

图 20-12　Mark 点不完全对称放置

Mark 点的实心圆的外缘，要保持离最外板边 2.5mm 以上的距离。如果工艺边宽 5mm，实心圆中心要

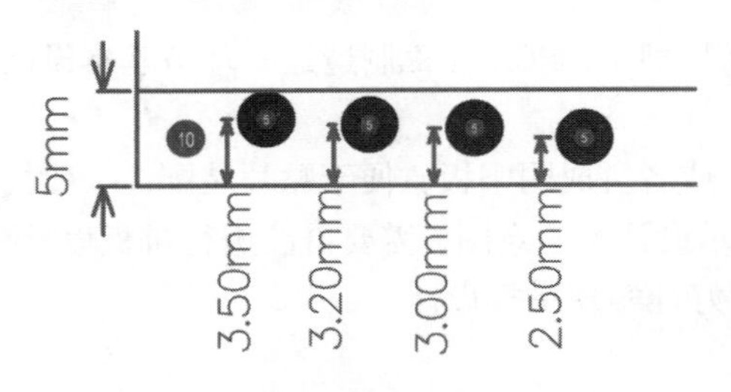

图 20-13　Mark 点放置位置的选择

放在离最外板边 3～3.5mm 的位置上，而不能居中放在 2.5mm 的位置上，如果居中放置，实心圆的外缘离板边就只有 2mm，而一般情况下，实心圆都会被贴片设备的夹持边压住一部分，使得贴片设备不能辨识这个 Mark 点，结果就会大大影响贴片装配的质量和效率。如图 20-13 所示，5mm 宽的工艺边上，4 个 Mark 点的圆心的 Y 方向位置：第一个工艺边上居中 2.50mm，不可取；其余 3.00～3.50mm 范围内皆可，第四个 3.20mm 的最佳。

3. PCB在拼板时的V-CUT和开槽是什么

（V-CUT）V 型槽和开槽都是铣外形的一种方式。在做拼板时可以很容易地将多个板子分离，避免在分离时伤害到电路板。根据拼板的单一品种的形状来确定使用哪种方式，V-CUT 需要走直线，不适合尺寸不一的板子。V-CUT 可以将几种或同一板子一起加工，加工完成后在板子间用 V-CUT 机割开一条 V-CUT。V-CUT 没有将板子完全挖空，还保留一定的厚度，可以在使用时掰开。开槽指的是在板与板之间或板子内部按需要用铣床铣空，相当于挖空。PCB 拼板方式主要有 V-CUT、桥连、桥连邮票孔这几种方式。拼板尺寸不能太大，也不能太小。

4. 在Altium Designer中如何拼板

在 Altium Designer 软件设计中进行拼板，除了能更清晰地展示设计师意图之外，还有以下优点：

（1）可以按照自己想要的方向拼板。

（2）拼板文件与源板关联，源板的改动可以更新到拼板。

（3）可以将几块不同的板拼在一起。

（4）可以拼阴阳板（正反面交替）。

根据 PCB 板外形不同，有以下两种拼板方式。

（1）常规外形 PCB 的拼板。

这里用一个例子来介绍在 Altium Designer 中利用拼板阵列实现拼板的过程和操作步骤。

① 首先测量板子的尺寸大小，可以用尺寸标注来实现。执行菜单栏中的“放置”→“尺寸”→“尺寸标注”命令。以如图 20-14 所示的 PCB 作为范例，尺寸是 98.81mm × 49.91mm，在新建的 PCB 文件中拼出 2 × 2 的 PCB 阵列。

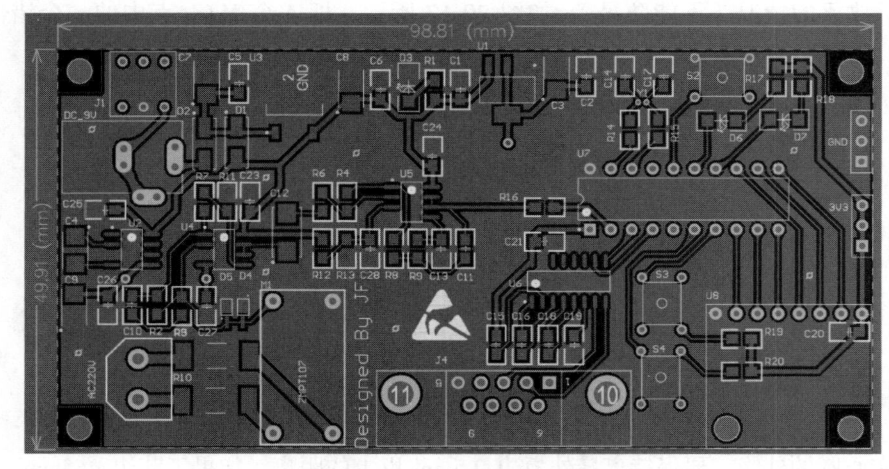

图 20-14　放置尺寸标注

② 执行菜单栏中的“文件”→“新的”→“PCB”命令，创建一个新的尺寸为 210mm×110mm 的 PCB 文件。新建的 PCB 文件用于拼板的 PCB，保存在原 PCB 文件的工程目录下，如图 20-15 所示。

③ 在新建的 PCB 文件中，执行菜单栏中的“放置”→“拼板阵列”命令，如图 20-16 所示。

图 20-15　新建 PCB 文件

④ 光标将变成十字形，并附有一个阵列图形。按 Tab 键将弹出 Properties 阵列拼板参数设置对话框，如图 20-17 所示。在 PCB Document 栏选择需要拼板的 PCB 文件，在 Column Count 和 Row Count 的输入框中输入要拼板的横排和竖排的数量，这里均输入 2。然后在 Column Margin 和 Row Margin 输入框中输入需要的参数（视需求而定），输入后 Row Spacing 和 Column Spacing 这两项会自动随之改变。

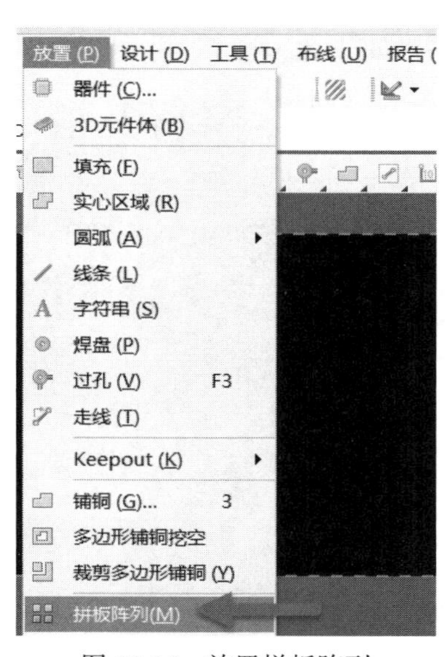

图 20-16　放置拼板阵列

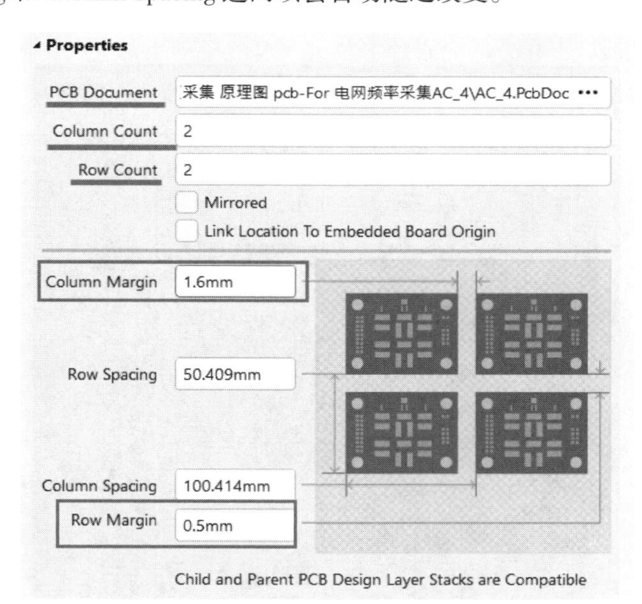

图 20-17　阵列拼板参数设置对话框

⑤ 设置好以上参数后，按 Enter 键，放置阵列拼板到 PCB 中，如图 20-18 所示。

⑥ 按快捷键 L，进入层颜色管理器，如图 20-19 所示。把 Mechanical 2 改名为 Route Cutter Tool Layer，在这个层上绘制的线定义为铣刀铣穿 PCB 的走线；把 Mechanical 5 改名为 FabNotes，在这个层上绘制的线

定义为要在 PCB 上铣出 V-Cut 的走线（放置这些标注信息的 Mechanical 层可自行选择）。

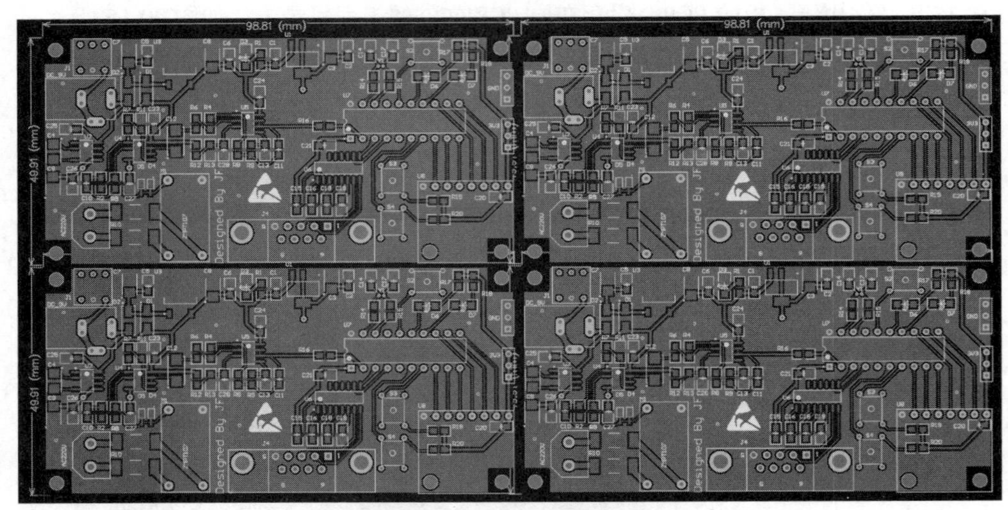

图 20-18 得到拼板阵列效果图

⑦ 如图 20-20 所示为画好细节走线的阵列拼板。

Mechanical Layers (M)	Used On
Mechanical 1	M1
Route Cutter Tool Layer	M2
Mechanical 3	M3
Mechanical 4	M4
FabNotes	M5

图 20-19 修改机械层名称

注意，在 PCB 阵列板上画出需要的 V-Cut 的走线和开槽的走线，目的是让加工板厂 CAM 图纸处理的人员明白客户具体的需求和意图，但具体要加工成 V-Cut 还是开槽，以设计人员与板厂工程师的沟通和交流为准，此处只是示意图。

最后，在合适的放置工艺边、定位孔及 Mark 点等，将 PCB 文件转换成 Gerber 文件发给 PCB 加工板厂，与板厂沟通具体工艺要求和细节。

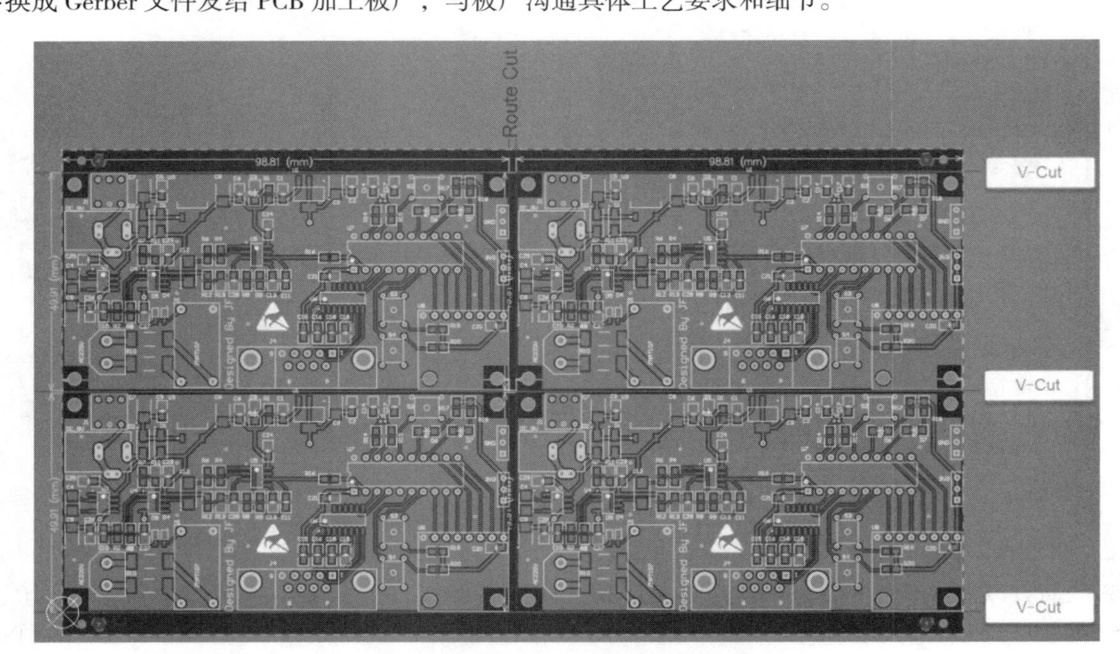

图 20-20 画好细节走线的阵列拼板

5. 拼板与源板同步更新

如果在源 PCB 上做任何改动，这些改动会在 PCB 拼板文件中一键更新。如图 20-21 所示，在源 PCB 中放置一个过孔。

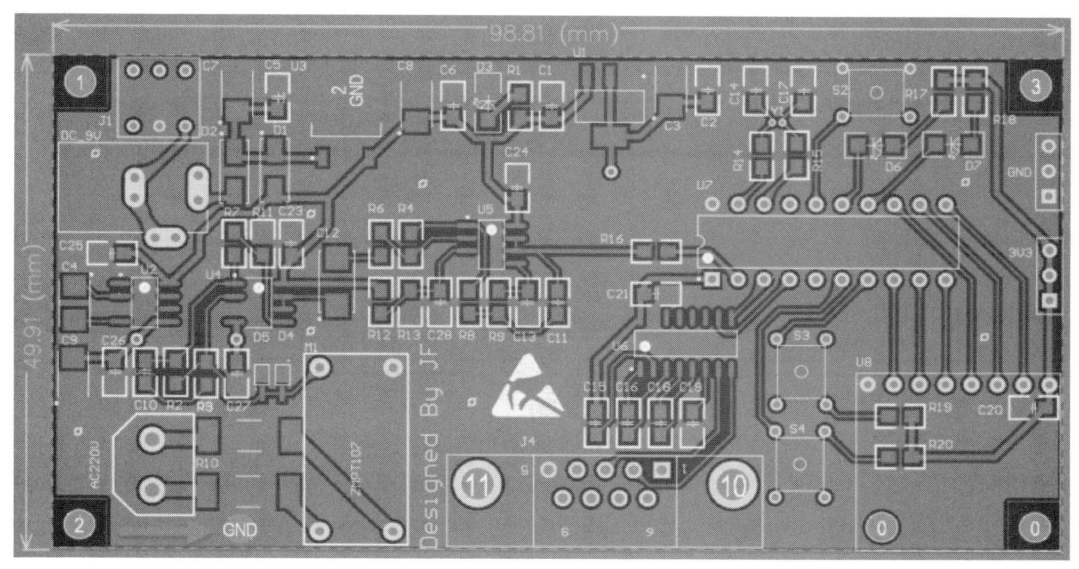

图 20-21　源板上放置一个过孔

然后回到 PCB 拼板文件，每个板子上都会多出一个这样的过孔，随源板同步更新，如图 20-22 所示。

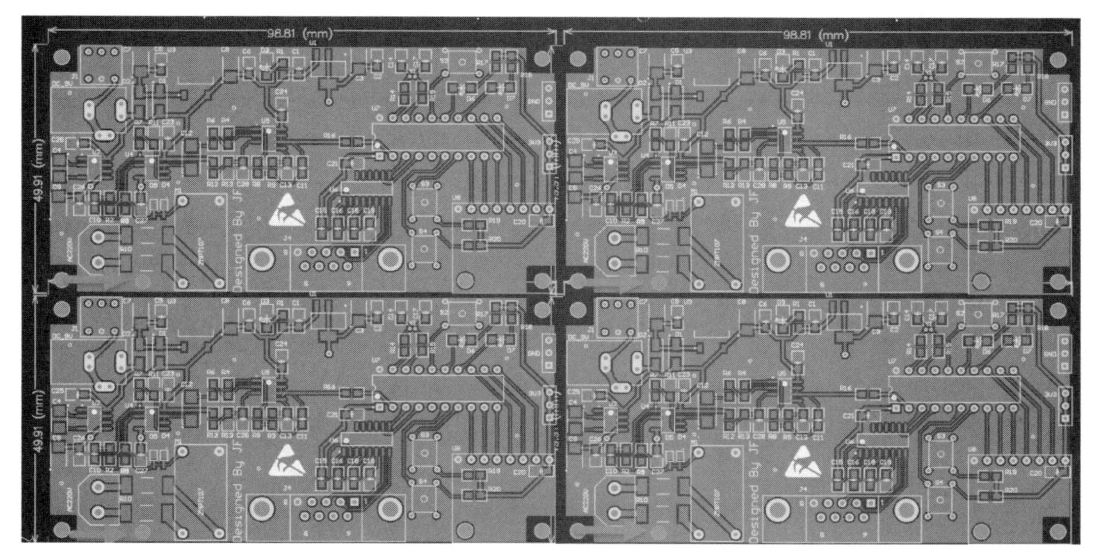

图 20-22　拼板文件随源板同步更新

6. 如何将不同的PCB拼在一起

将不同的 PCB 拼在一起，只需要选择某个 PCB 文件，拼出阵列，然后选择其他的 PCB 文件，再拼出阵列。

如要拼阴阳板，先用拼板功能放置一个拼板阵列，然后在放置另外一个拼板阵列时，勾选 Mirrored 复选框即可。此外，阴阳板一定要保证板厚都一样才能拼在一起进行加工。

常规的比较规则的 PCB 可以用阵列粘贴的方式实现拼板，而一些不规则的异形板的拼板则需要用到邮票孔拼板的方式。

邮票孔的做法为放置孔径（包括焊盘大小）为 0.3～0.5mm 的非金属化孔，邮票孔中心间距为 0.8～1.2mm，每个位置放置 4～5 个孔，主板与副板之间距离 2～4mm，邮票孔伸到板内 1/3，如板边有线需避开。邮票孔的放置效果如图 20-23 所示。

图 20-23 拼板邮票孔放置效果

根据不同的板子外形，选择不同的邮票孔连接方式，如图 20-24 所示为邮票孔拼板的示范。

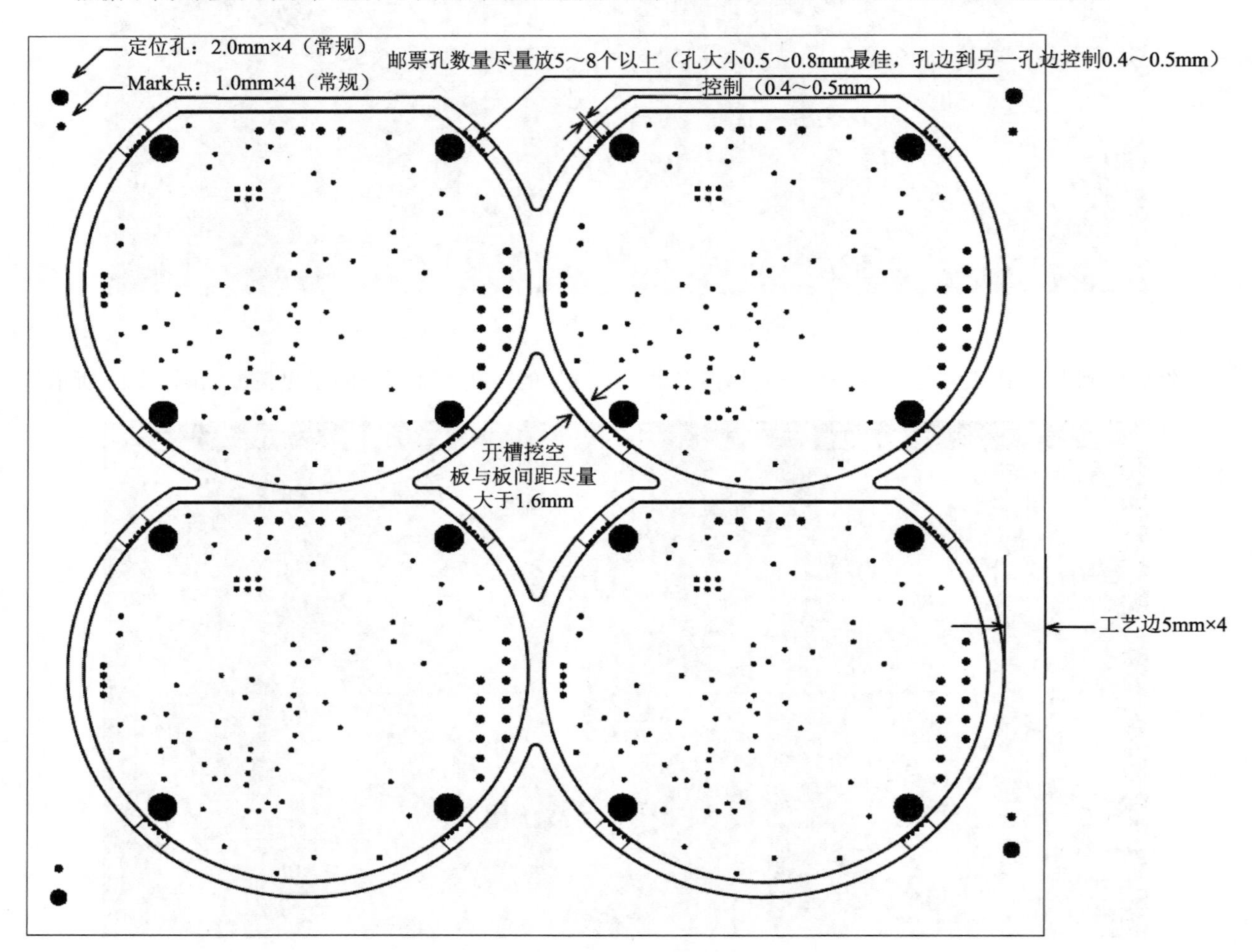

图 20-24 邮票孔拼板示范

为了方便大家理解 PCB 拼板，下面给出一些拼板示例供参考，如图 20-25 所示。

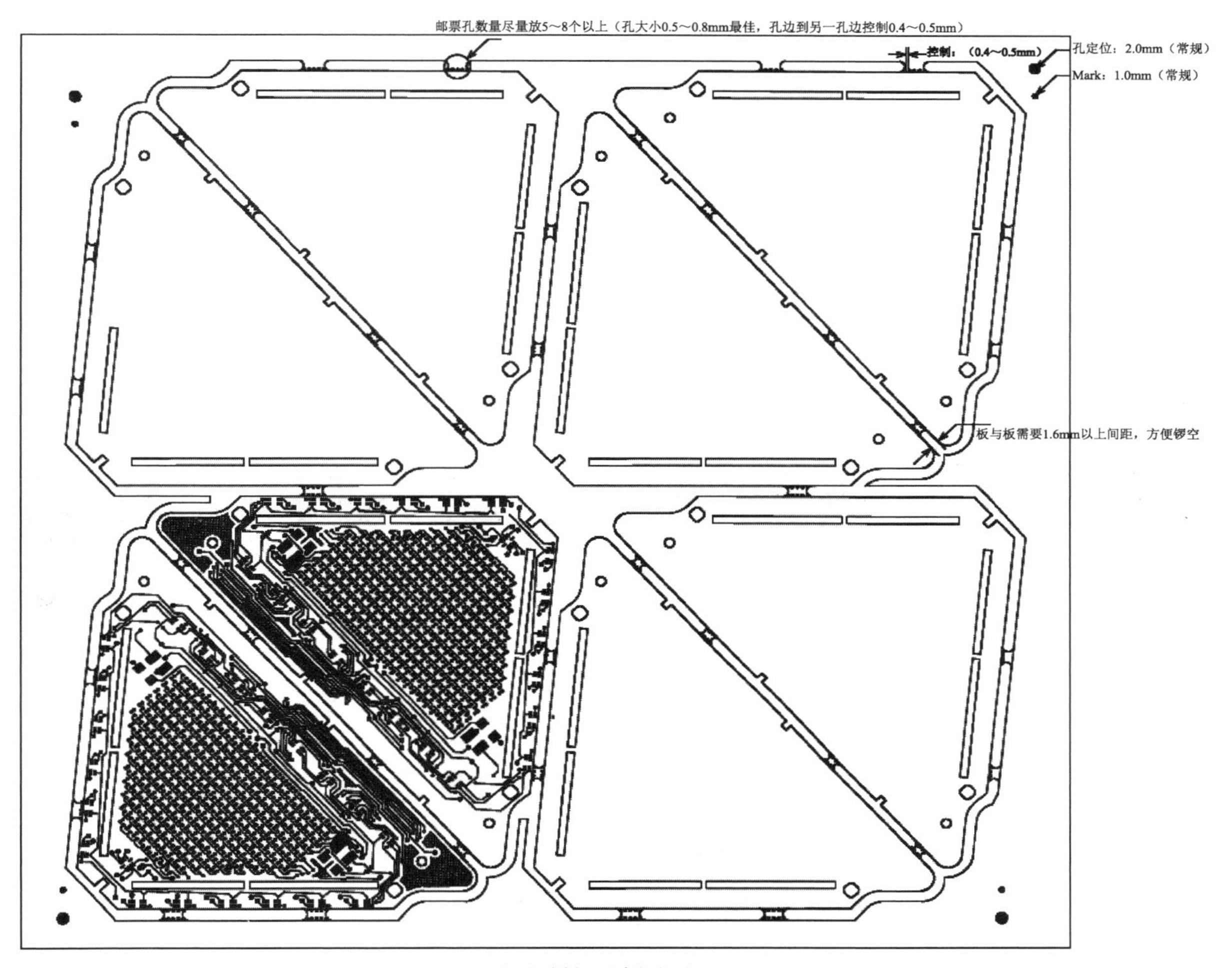

（a）拼板示例（1）

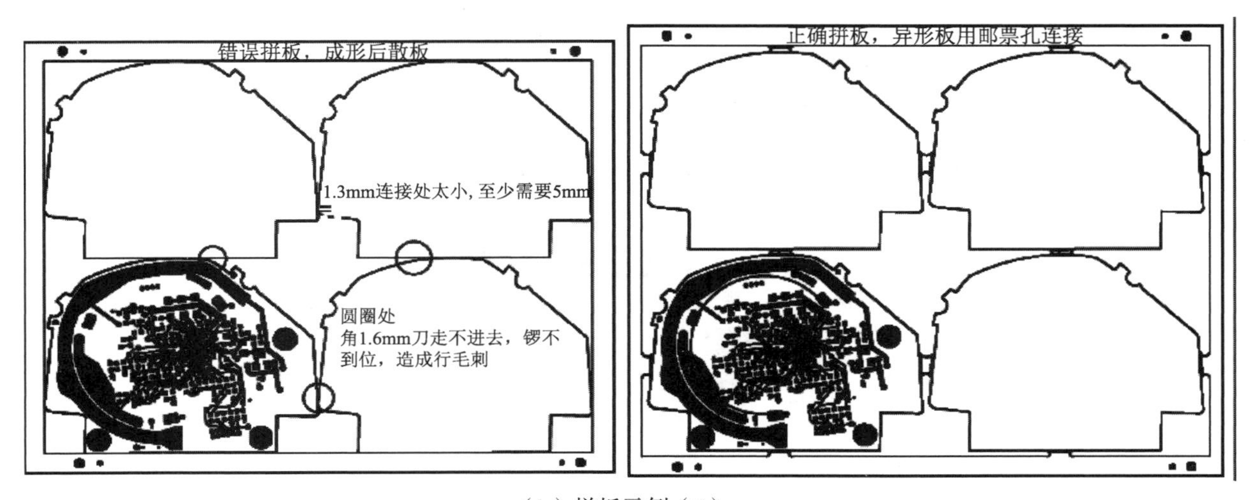

（b）拼板示例（2）

图 20-25 拼板示例样图

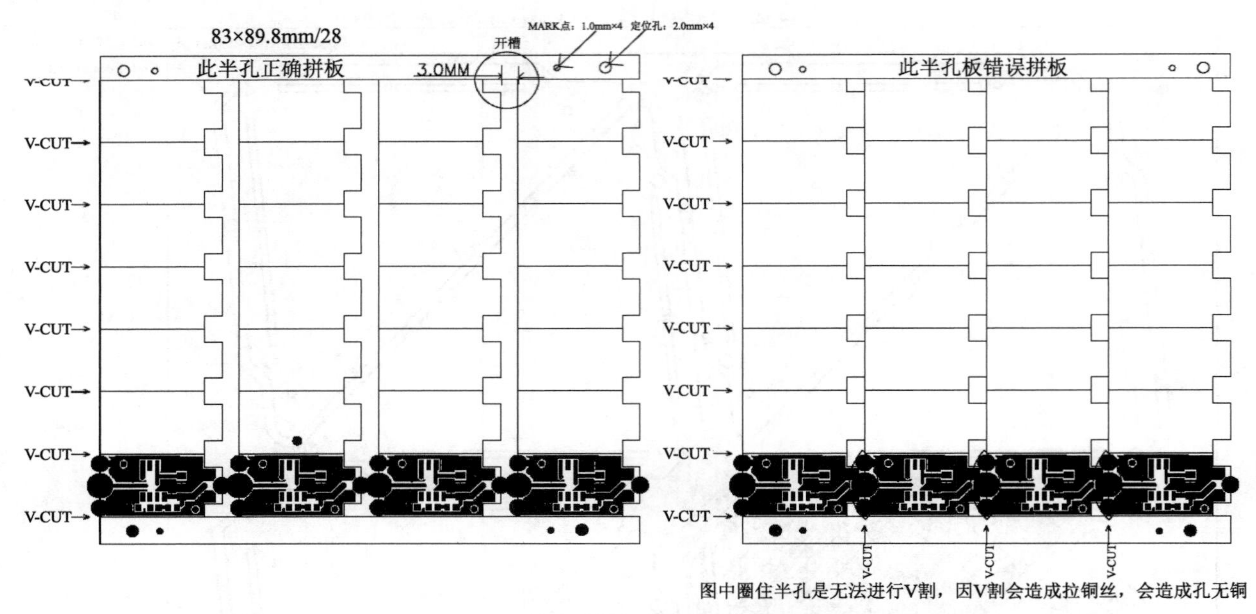

（c）拼板示例（3）

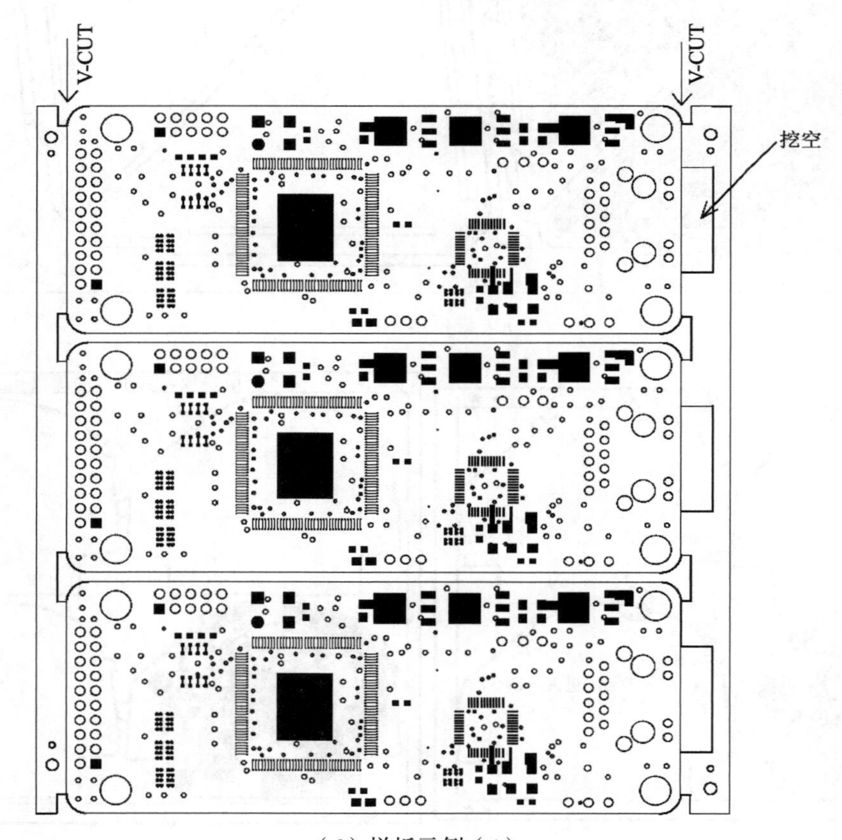

（d）拼板示例（4）

图 20-25 （续）

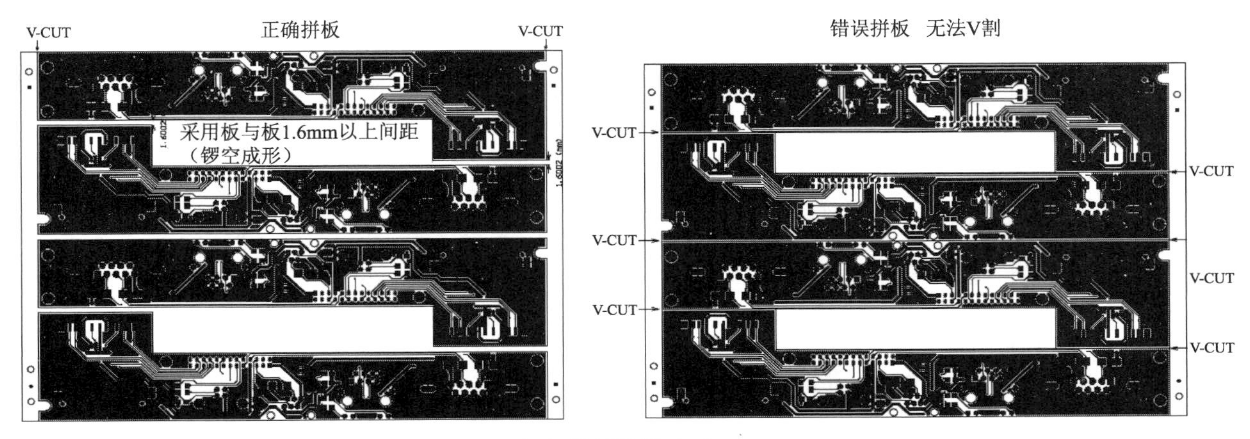

（e）拼板示例（5）

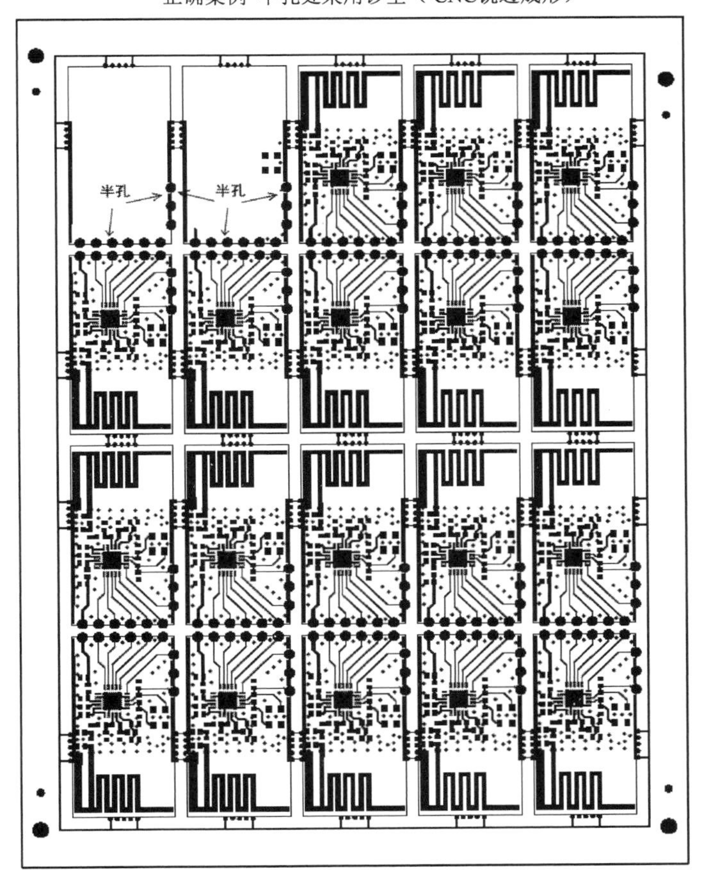

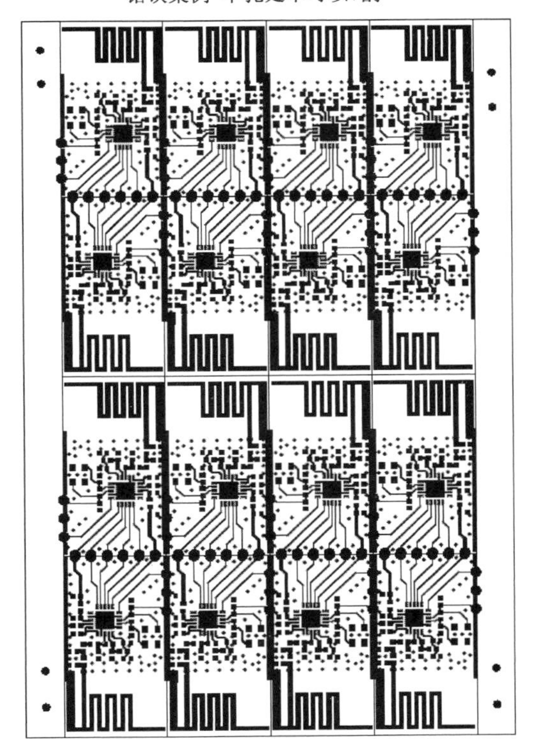

（f）拼板示例（6）

图 20-25　（续）

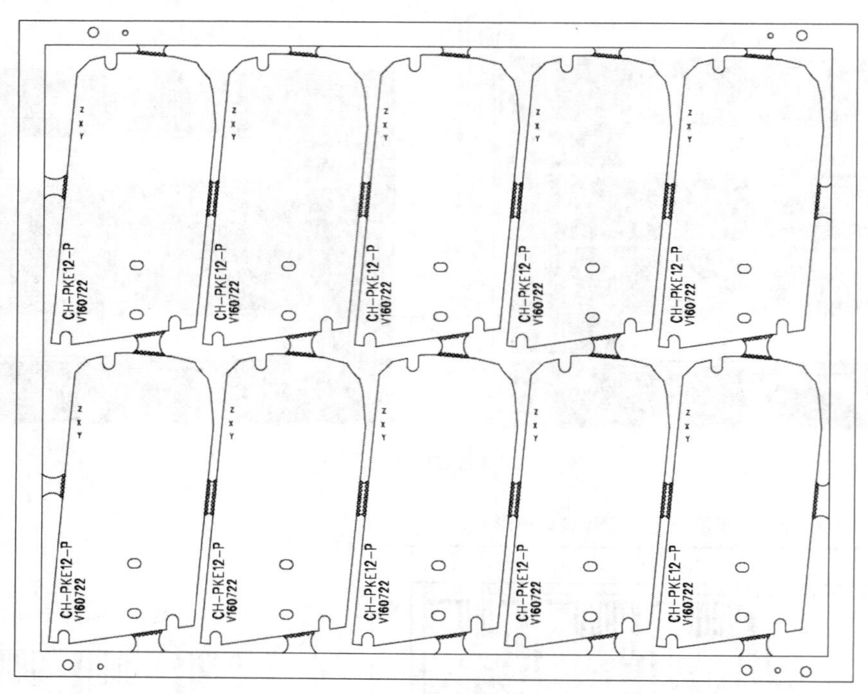

（g）拼板示例（7）

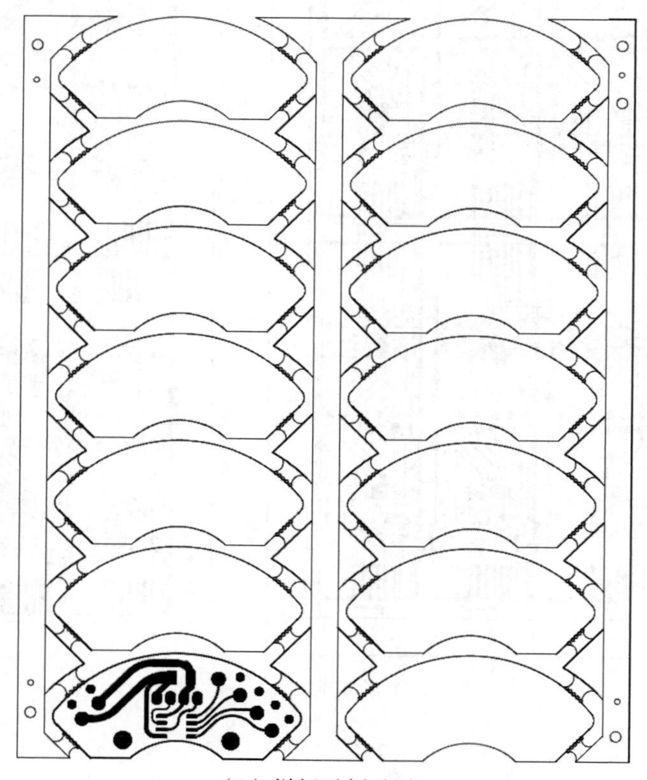

（h）拼板示例（8）

图 20-25 （续）

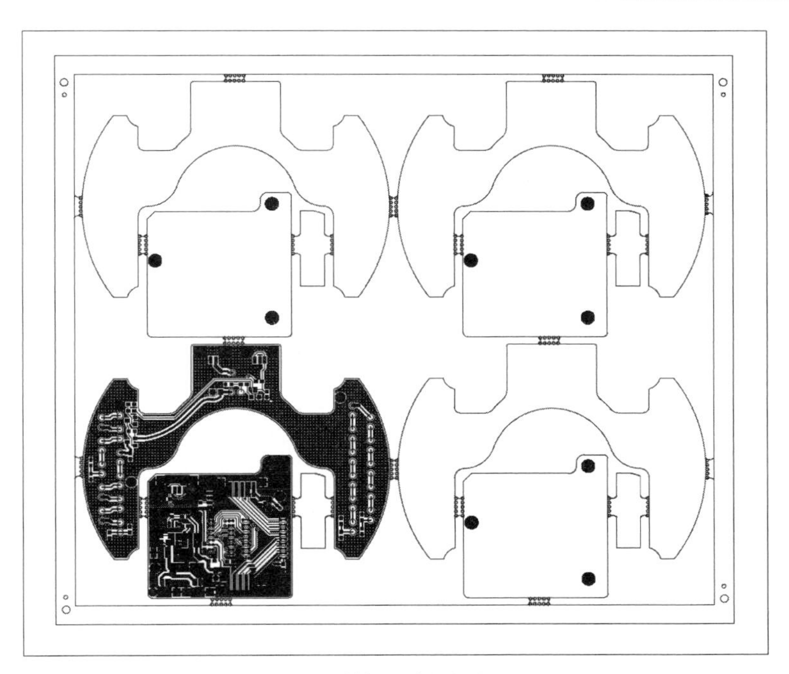

（i）拼板示例（9）

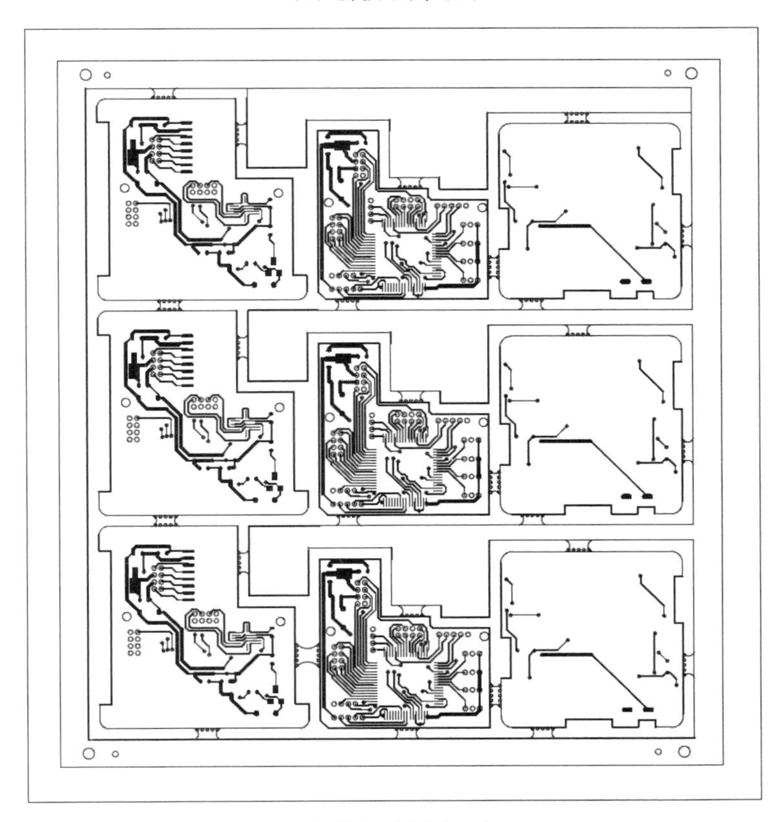

（j）拼板示例（10）

图 20-25　（续）

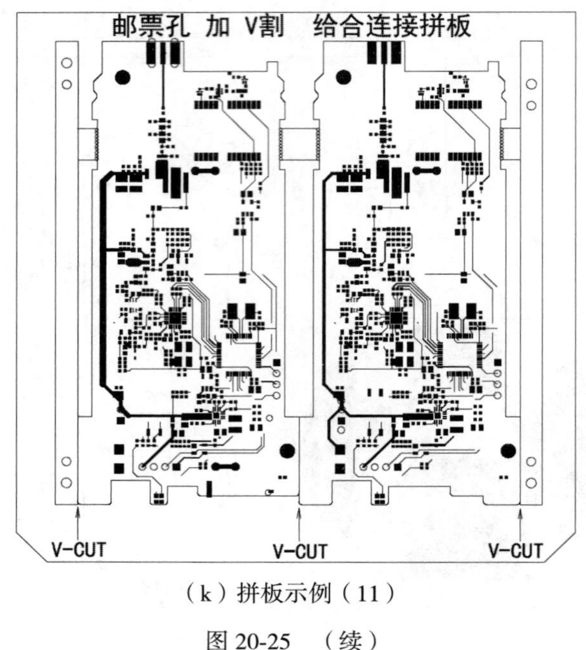

（k）拼板示例（11）

图 20-25 （续）

20.3 元器件坐标信息的导入导出及利用坐标进行布局复制的方法

元器件坐标信息可以进行导出，还可以通过导入元器件的坐标信息来实现 PCB 布局的复制，非常实用。

（1）打开需要导出坐标信息的 PCB 文件，执行菜单栏中的“文件”→“装配输出”→Generates pick and place files 命令，打开坐标文件设置对话框导出坐标文件，如图 20-26 所示。

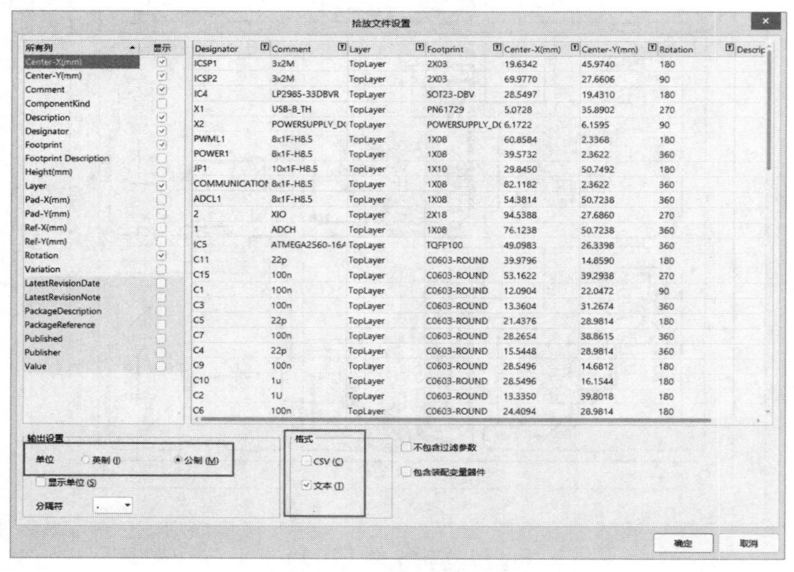

图 20-26 导出坐标文件

（2）输出的坐标文件在工程文件路径下的 Project Outputs for…文件夹中，如图 20-27 所示。

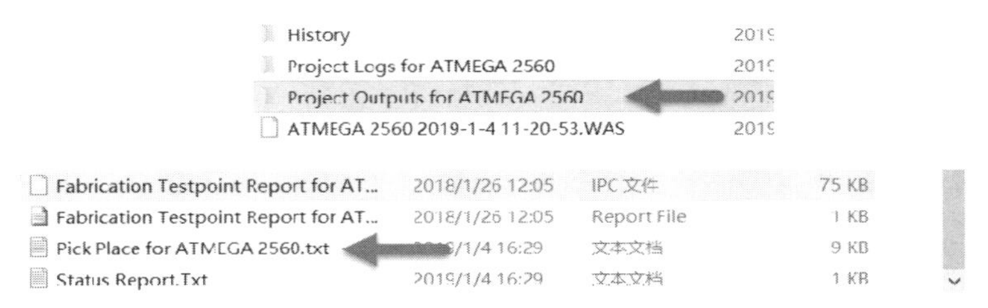

图 20-27　坐标文件

（3）将原理图文件更新到另外一个 PCB 文件中，这时所有元器件均未布局，如图 20-28 所示。

（4）在未布局的 PCB 文件中执行菜单栏中的“工具”→“器件摆放”→“依据文件放置”命令，选择之前导出的坐标文件，如图 20-29 所示。单击“打开”按钮。

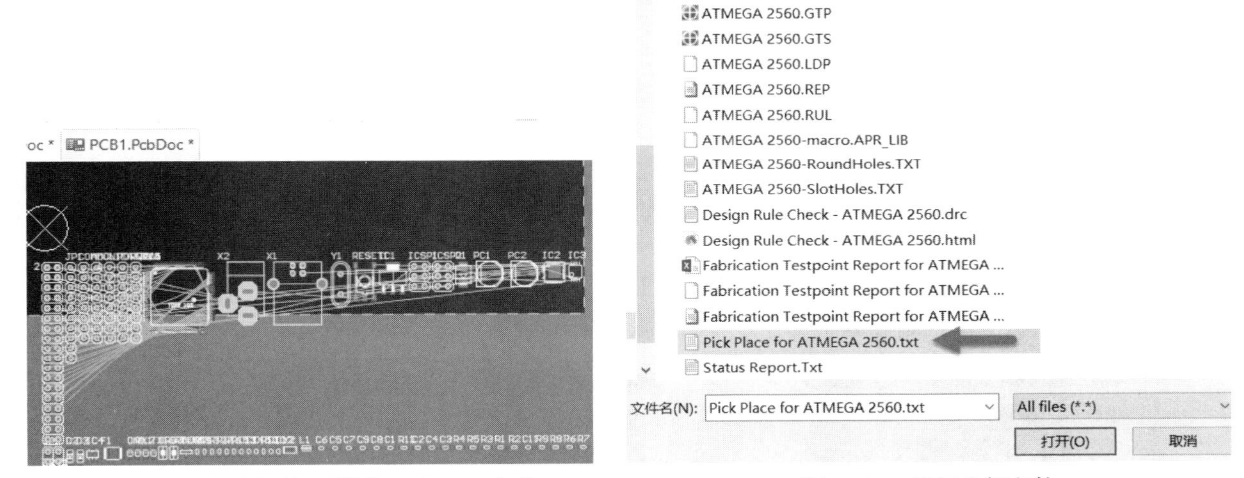

图 20-28　原理图更新到另外一个 PCB 文件　　　图 20-29　选择坐标文件

（5）即可完成元器件布局的导入或复制，如图 20-30 所示。

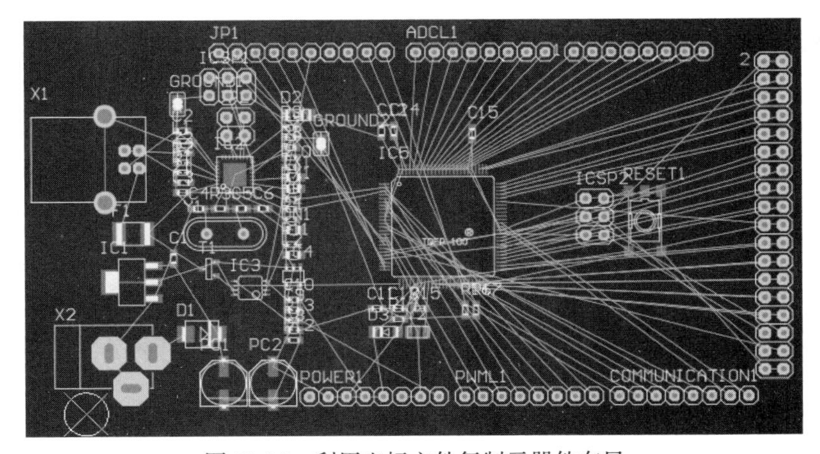

图 20-30　利用坐标文件复制元器件布局

20.4 FPGA 引脚交换的方法

高速 PCB 设计过程中，涉及的 FPGA 等可编程器件引脚繁多，导致布线烦琐困难。Altium Designer 可实现 PCB 中的引脚交换，方便走线。

1. FPGA引脚交换的要求

（1）一般情况下，相同电压的 Bank（内存库）之间可以互调。在设计过程中要结合实际，有时要求在一个 Bank 内调整，就需要在设计之前确认好。

（2）若 Bank 内的 VRN、VRP 引脚连接了上拉或下拉电阻，不可调整。

（3）全局时钟要放到全局时钟引脚的 P 端口。

（4）差分信号的 P、N 需要对应正负，相互之间不可调整。

2. FPGA引脚交换的步骤

（1）为了方便识别哪些 Bank 需要交换及调整，最好对这些 Bank 进行分类（建立 Class）。按住 Shift 键，依次单击选中高亮的引脚，右击，在弹出的快捷菜单中执行“网络操作”→“根据选择的网络创建网络类”命令，即可建立 Class，如图 20-31 所示。

（2）为网络类设置颜色，以便区分不同网络。打开 PCB 面板，在需要设置颜色的网络类上右击，在弹出的快捷菜单中执行 Change Net Color 命令，修改网络颜色，如图 20-32 所示。修改好后如需显示颜色，在网络类后右击，在弹出的快捷菜单中执行“显示替换”→“选择的打开”命令，如图 20-33 所示，然后按 F5 键即可（也可在机械层进行划分标注）。

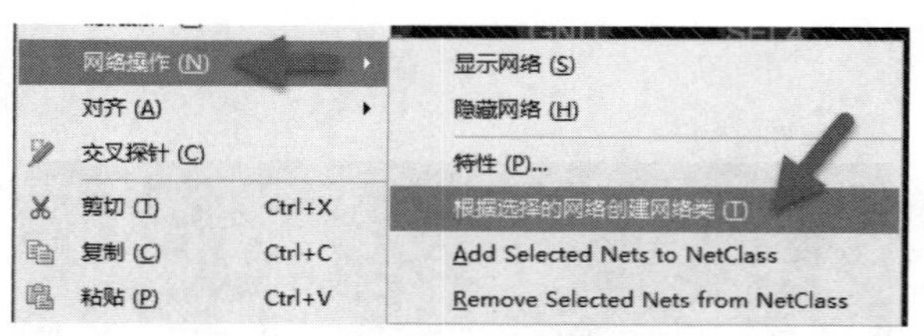

图 20-31　根据选择的网络创建网络类

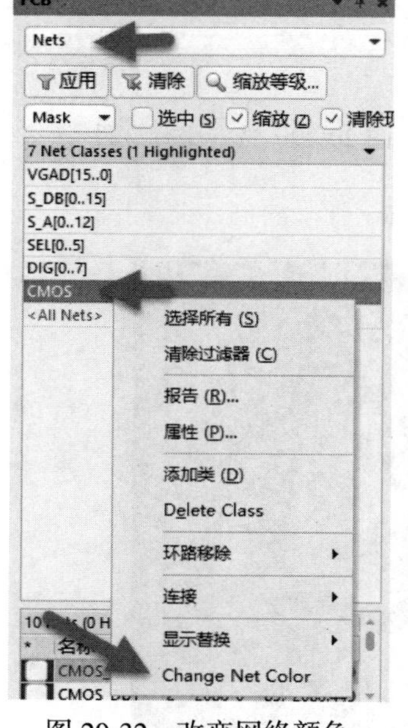

图 20-32　改变网络颜色

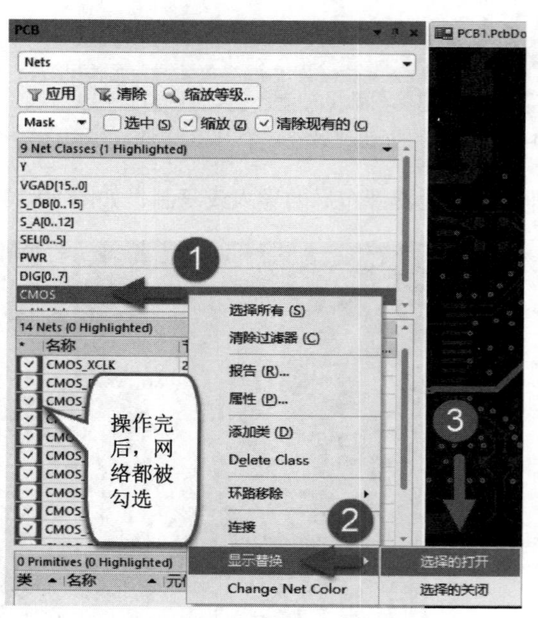

图 20-33　显示网络颜色

（3）PCB 编辑界面下，执行菜单栏中的“工程”→“元器件关联”命令，进行元器件匹配，如图 20-34 所示。

（4）在打开的匹配对话框中，将左侧两个方框的元器件通过 › 按钮全部匹配到右侧，确认左侧方框无元器件后，单击“执行更新”按钮，如图 20-35 所示。若左侧窗口存在元器件，且不可移动，代表这个元器件没有导入 PCB，需要在 PCB 编辑界面执行“设计” →Update Schematic in…命令，再次确认器件是否匹配。

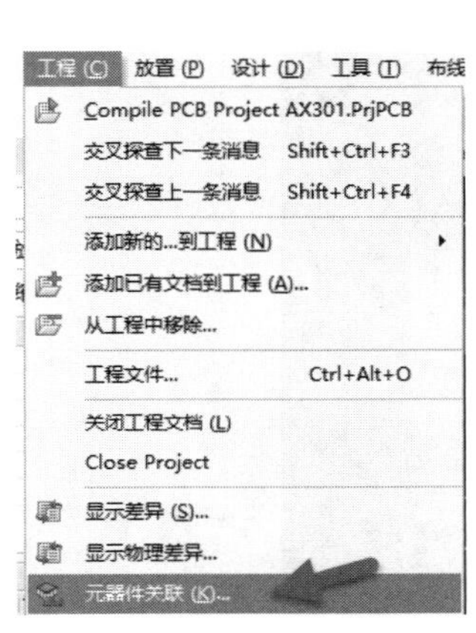

图 20-34　元器件匹配

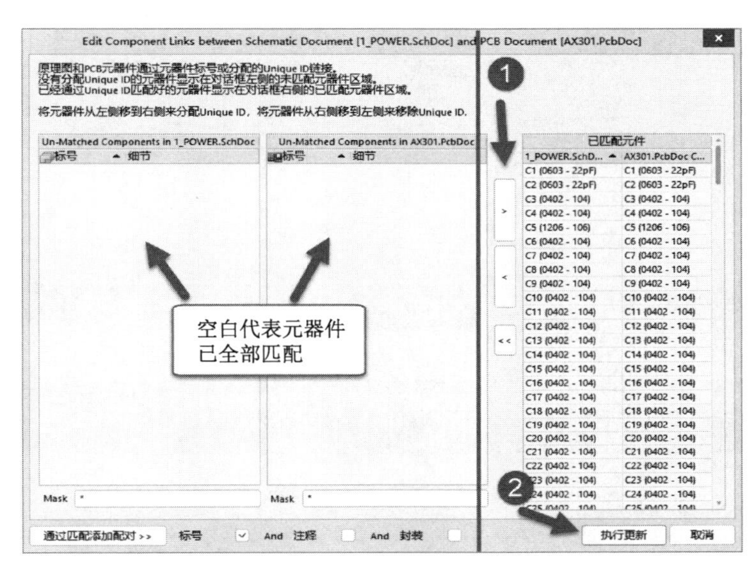

图 20-35　元器件匹配

（5）执行菜单栏中的“工具”→“管脚/部件 交换”→“配置”命令，如图 20-36 所示。

（6）在弹出的“在元器件中配置引脚交换信息”对话框中勾选需要交换的元器件，如图 20-37 所示。

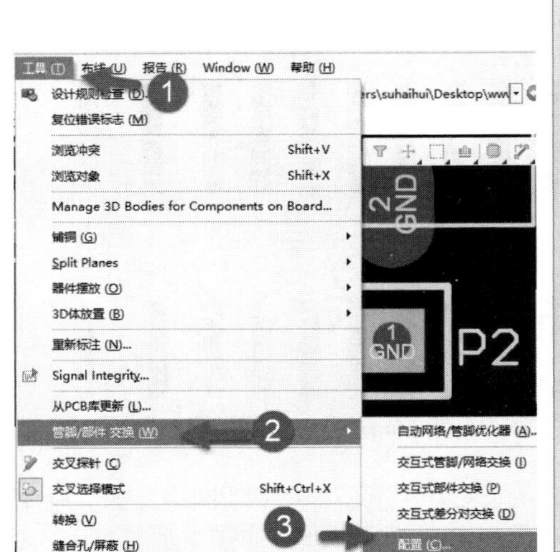

图 20-36　元器件配置指令

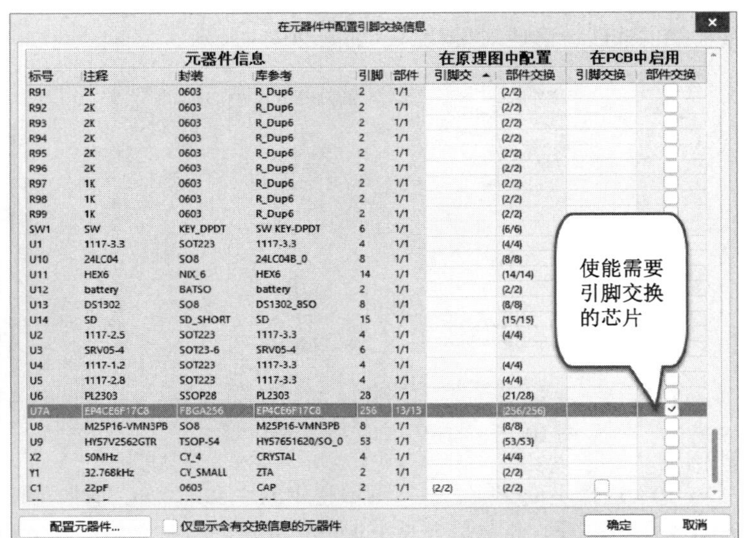

图 20-37　勾选需要引脚交换的元器件

（7）双击该元器件（如本例的 U7A），将弹出 Configure Pin Swapping For…对话框，将需要的引脚选中（也可以全选），右击，在弹出的快捷菜单中执行“添加到引脚交换群组”→New 命令将它们归为一组，然后单击“确定”按钮，如图 20-38 所示。

（8）添加好群组后，对应引脚的“引脚群组”会出现一个 1。如果还有另一个组，数字会依次增加（添加到群组中的引脚同样可以移除），如图 20-39 所示。

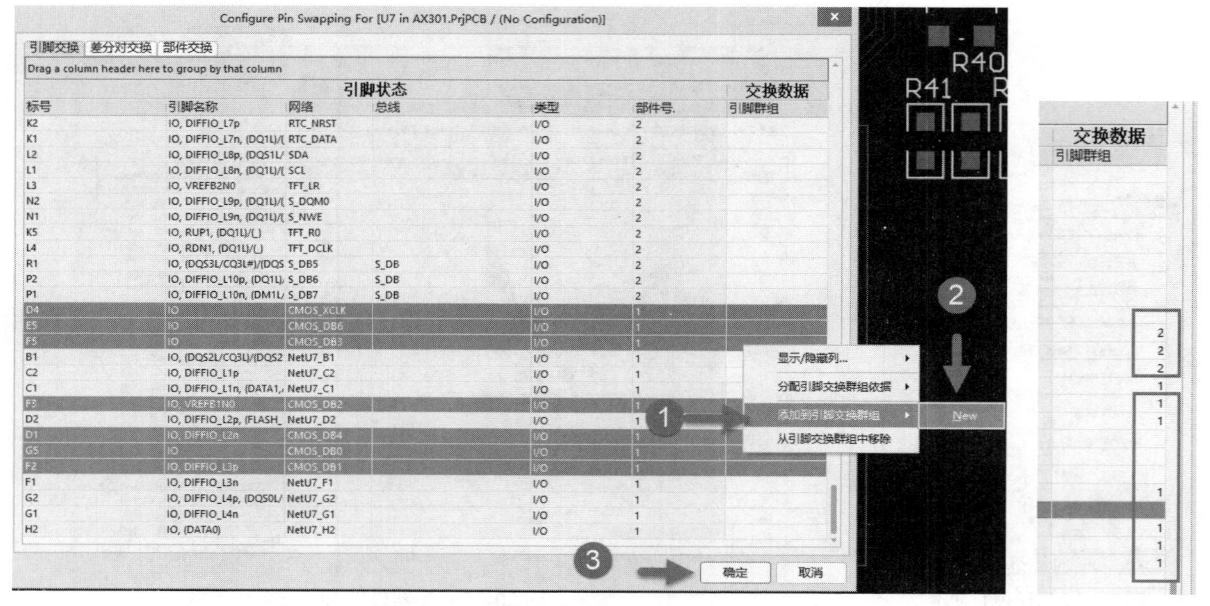

图 20-38 使能交换的引脚

图 20-39 引脚群组

（9）回到 Configure Pin Swapping For…对话框，选择需要引脚交换的元器件勾选“引脚交换”复选框，单击“确定”按钮即可进行引脚交换，如图 20-40 所示。按正常出线方式引出 BGA 中的走线，并引出接口或模块的连线，形成对接状态，如图 20-41 所示。

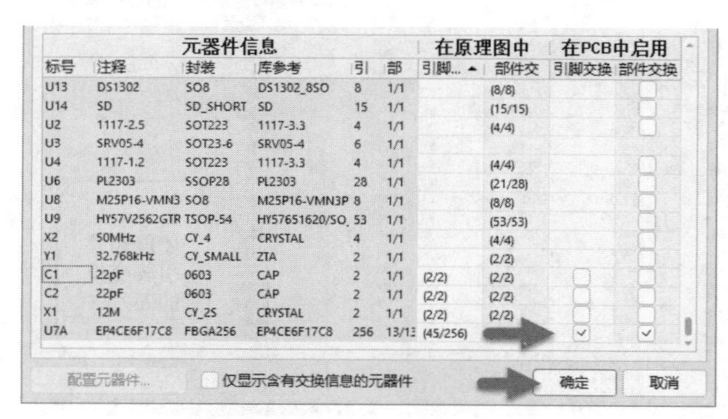

图 20-40 勾选引脚交换复选框

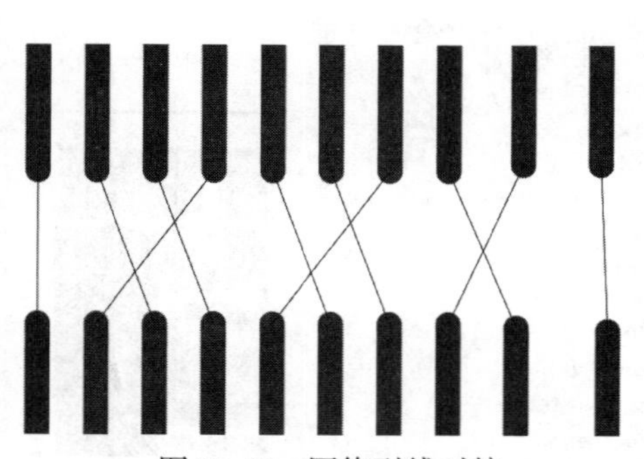

图 20-41 网络引线对接

（10）选择手动交换，执行菜单栏中的“工具”→“管脚/部件 交换”→“交互式管脚/网络交换”命令，如图 20-42 所示。光标将变为十字形，分组的引脚高亮，在需要进行相互交换的两根导线上连续单击，就可以实现交换，如图 20-43 所示。

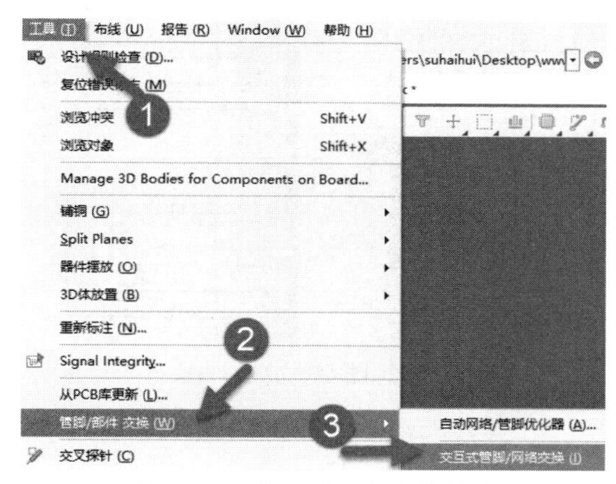

图 20-42　交互式引脚交换指令

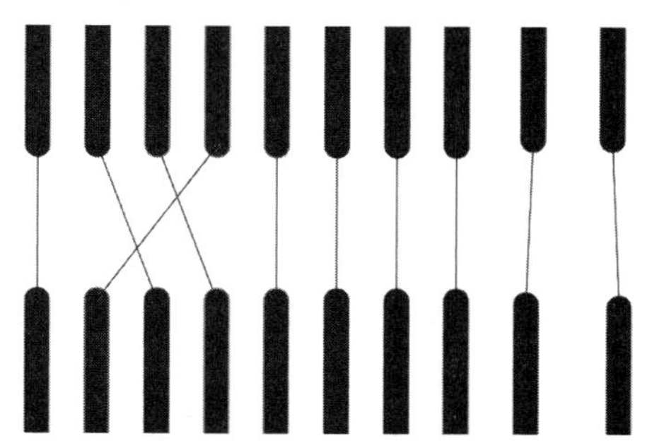

图 20-43　交换后的引脚

（11）也可以选择自动交换。执行菜单栏中的“工具”→“管脚/部件 交换”→“自动网络/管脚优化器”命令，如图 20-44 所示。自动交换后的引脚连接如图 20-45 所示。从图中箭头处可看出，虽然大部分能够交换好，但也可能存在一些问题，因此，建议选择手动交换。

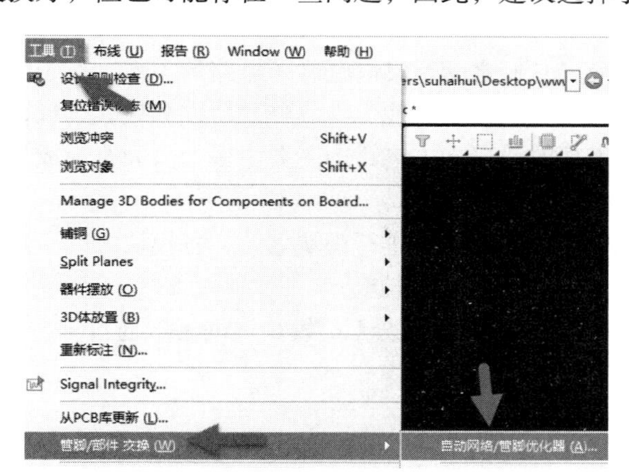

图 20-44　自动网格/引脚优化器

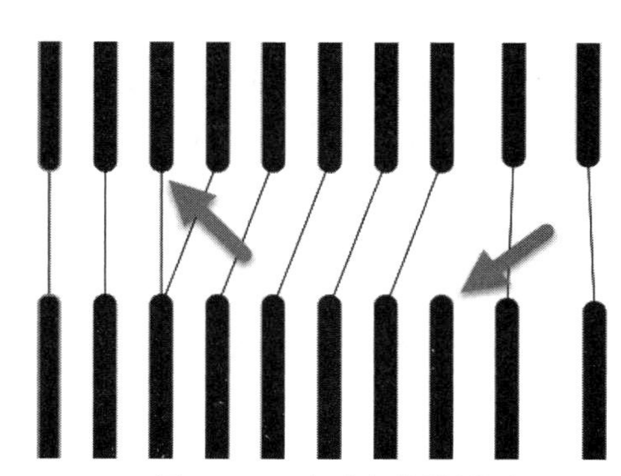

图 20-45　自动交换效果图

（12）引脚交换完成后，需要对原理图进行同步更新。执行菜单栏中的“工程”→“工程选项”命令，在弹出的 Options for PCB Project AX301.Prj Pcb 对话框中选择 Options 选项卡，勾选“改变原理图管脚”复选框，如图 20-46 所示。在 PCB 编辑界面执行“设计”→Update Schematic in…命令，如图 20-47 所示，将弹出“工程变更指令”对话框。单击“执行变更”按钮，再单击“确定”按钮即可完成原理图的同步更新。变更前后的原理图对比如图 20-48 所示（注：有时反导操作可能不完全，所以变更后需通过正向的导入方式进行核对）。

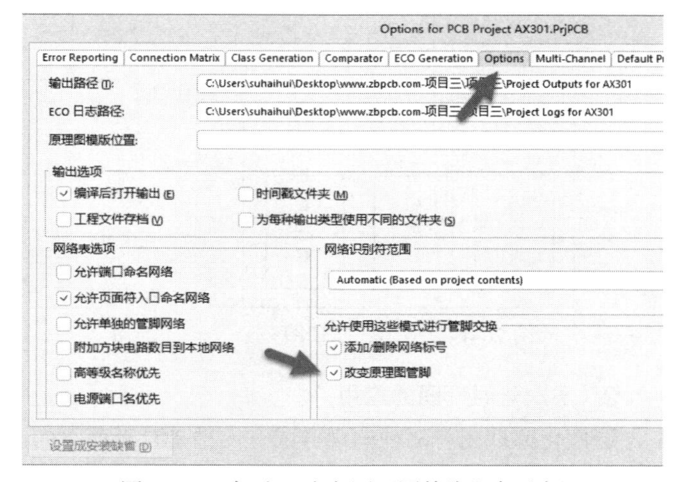

图 20-46　勾选“改变原理图管脚”复选框

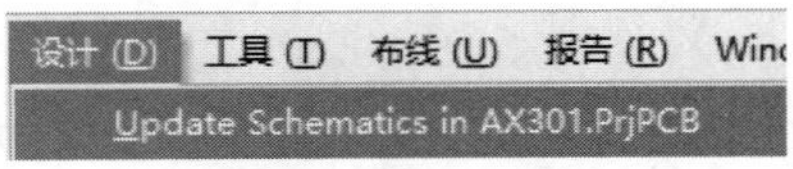

图 20-47　反导命令

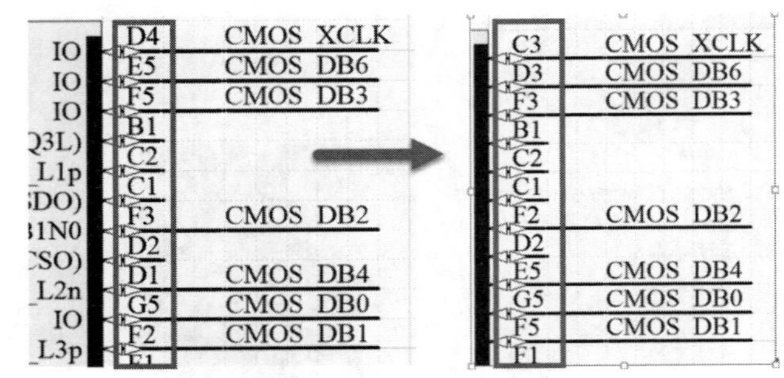

图 20-48　原理图变更前后对比

20.5　层次式原理图设计

对于大规模的电路系统，需要将其按功能分解为若干电路模块。可以单独绘制各功能模块，再将它们组合起来继续处理，最终完成整体电路的连接。这样处理的电路结构清晰，便于多人协同操作，可加快工作进程。

1. 层次化原理图和平坦式原理图的概念与区别

层次化原理图主要包括主电路图和子电路图两大部分。它们之间是父电路与子电路的关系，在子电路图中仍可包含下一级子电路。子电路图用于描述某一电路模块的具体功能，由各种元器件和导线构成，增加了一些端口，作为与主电路图和其他电路图之间进行连接的接口。主电路图主要由多个页面符组成，用于展示各电路模块之间的系统连接关系，描述整体电路的功能结构。

平坦式原理图采用水平方向分割，如图 20-49 所示。将总体的电路进行模块划分，各模块之间一般通过《OffSheet（离图连接器）或具有全局连接属性的网络标号来完成电气连接。

层次化原理图采用垂直方向分割，如图 20-50 所示。总电路以模块划分后，模块之间一般通过 D1（端口）、（页面符）、（图纸入口）来实现电气连接。

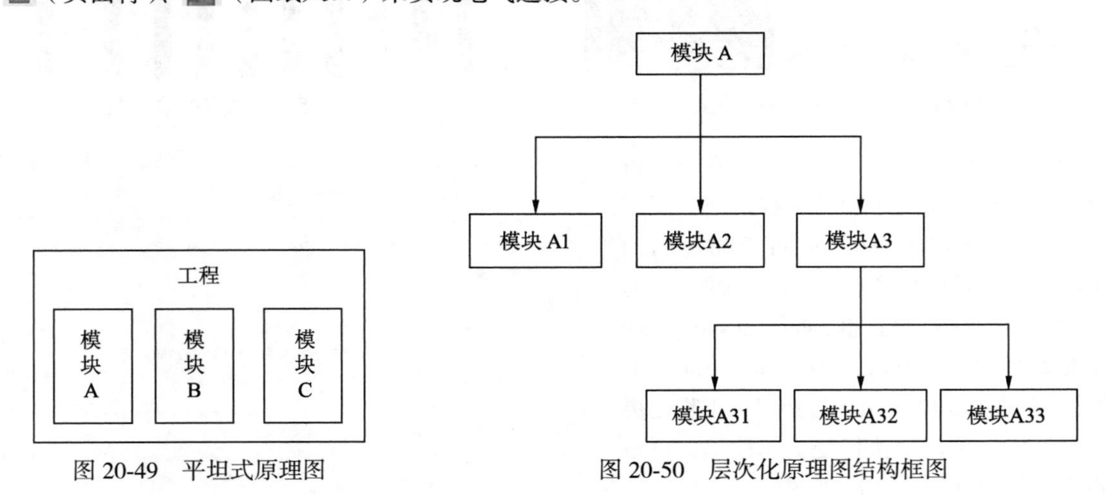

图 20-49　平坦式原理图　　图 20-50　层次化原理图结构框图

2. 层次化原理图的应用

层次化原理图有两种体现方式，一种是自上而下的设计方式，另一种是自下而上的设计方式。

1）自上而下的层次化原理图

自上而下的设计理念是把整个电路分为多个功能模块，确定每个模块的内容，再对这些模块进行详细设计。这种方法要求用户对设计有整体的把握，对模块划分比较清楚。

本节以“1969 功放”电路设计为例，演示自上而下的层次化原理图的具体实现步骤。本电路划分为 3 个电路模块：喇叭保护 Trumpet 模块和 2 路功放模块 Ambulance-L、Ambulance-R。

（1）建立工程文件。建立一个名为“1969 功放.PrjPCB”的工程文件，并添加一个名为 Main.SchDoc 的原理图文件，将其作为层次化原理图的主电路图，如图 20-51 所示。

（2）放置页面符，并设置相关参数。

① 执行菜单栏中的“放置”→“页面符”命令，如图 20-52 所示，也可按快捷键 P+S，或者单击工具栏的图标，光标将附带一个页面符标识。

② 将页面符放到合适的位置，单击确定页面符的一个顶点，移动光标到合适的位置再次单击确定其对角顶点位置，即可得到大小适宜的页面符，如图 20-53 所示。

图 20-51　建立工程文件

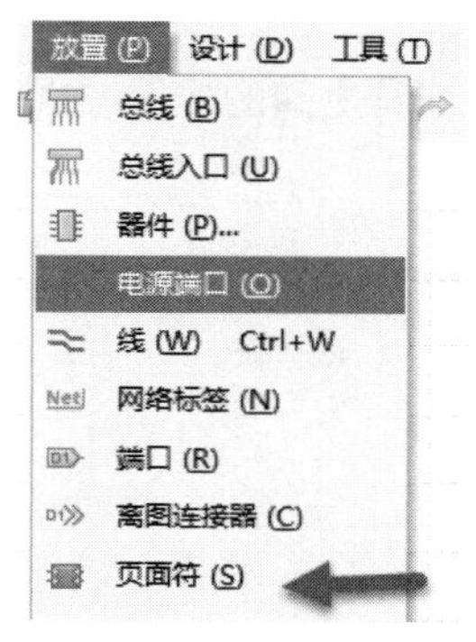

图 20-52　放置页面符指令

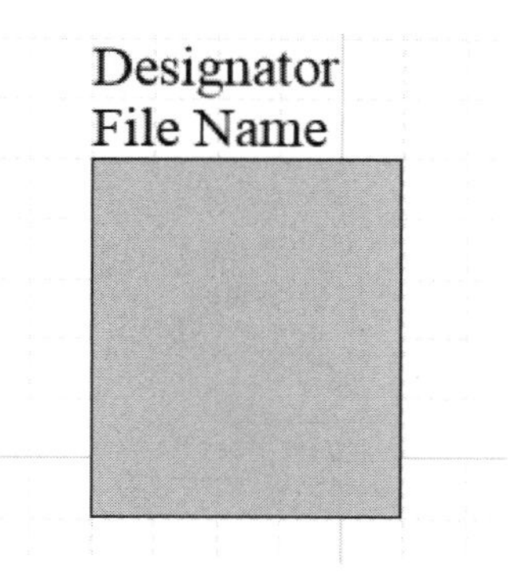

图 20-53　放置页面符

③ 设置页面符属性。双击页面符，打开属性面板，进行相应的参数设置，如图 20-54 所示。

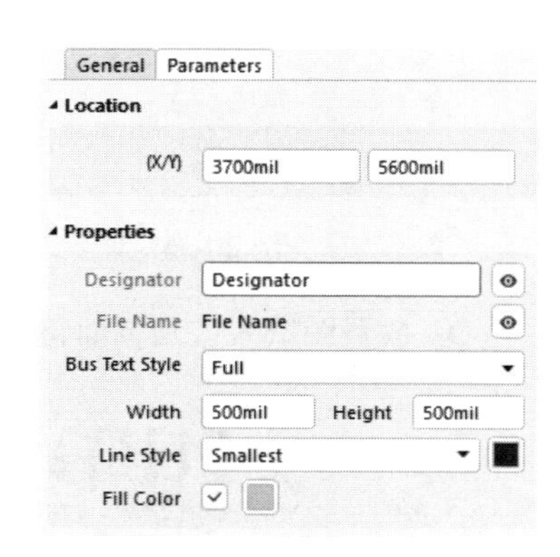

图 20-54　页面符属性面板

页面符属性面板中相关参数含义如下：

- Location：页面符在原理图上的坐标位置，根据页面符的移动自动设置，一般不需要设置。
- Designator：用于输入相应页面符的名称，本质与元器件标识符类似，不同的页面符要有不同的标识。
- File Name：用于输入页面符所代表的下层子原理图的文件名。
- Width、Height：页面符的宽度和高度，可设置。
- Line Style：用于设置页面符的边框大小，包含 Smallest（最细）、Small（细）、Medium（中等）和 Large（粗）。
- Fill Color：用于设置填充颜色。

设置好参数的页面符如图 20-55 所示。

（3）重复步骤（2），设置另外两个模块的页面符 U_Ambulance-L 和 U_Ambulance-R，页面符的个数与子原理图（模块）数相符，如图 20-56 所示。

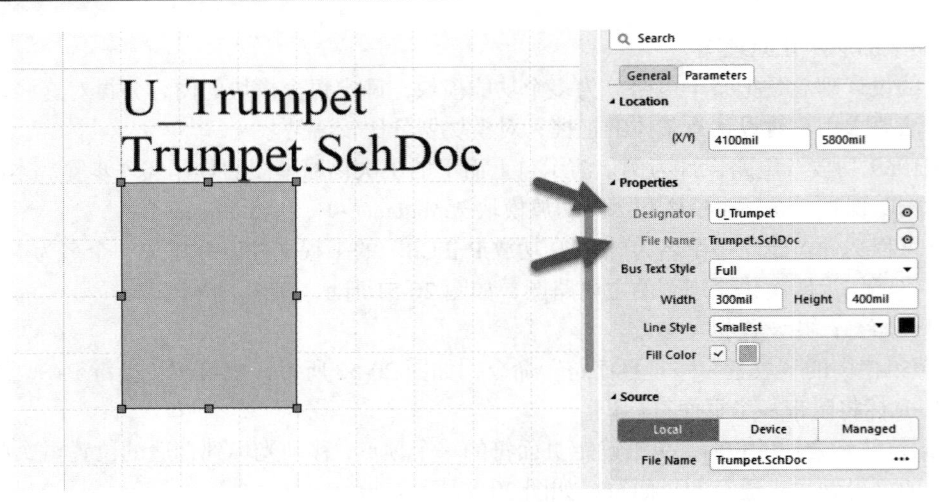

图 20-55　设置好的页面符

（4）放置图纸入口，用于后期页面符之间的连接。执行菜单栏中的“放置”→“添加图纸入口”命令，如图 20-57 所示，也可按快捷键 P+A。

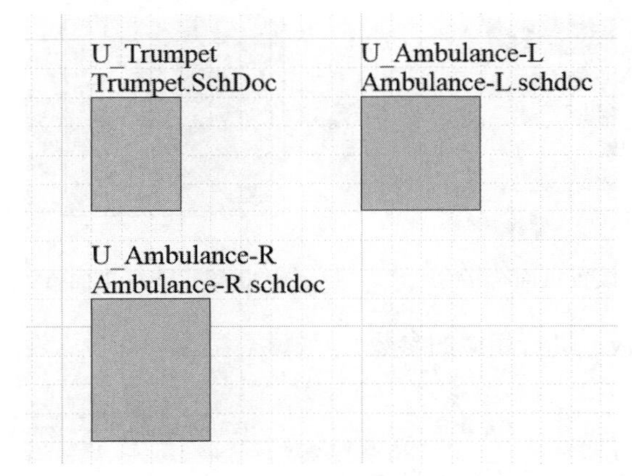

图 20-56　设置好的 3 个页面符

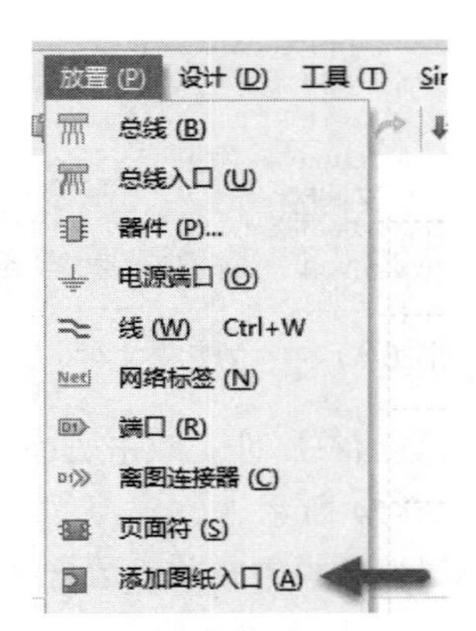

图 20-57　放置图纸入口指令

① 放置图纸入口到页面符内部。图纸入口只能在页面符的内部边框放置，如图 20-58 所示。

图 20-58　图纸入口及其参数

② 设置图纸入口属性。相关参数含义如下：

● Name：图纸入口名称，需与子图中的端口名称对应，才能完成电气连接。

● I/O Type：图纸入口的电气特性，重要属性之一。若不清楚具体 I/O 类型，建议选择 Unspecified。设置好的图纸入口如图 20-59 所示。

③ 放置并设置好其他页面符的图纸入口，如图 20-60 所示。

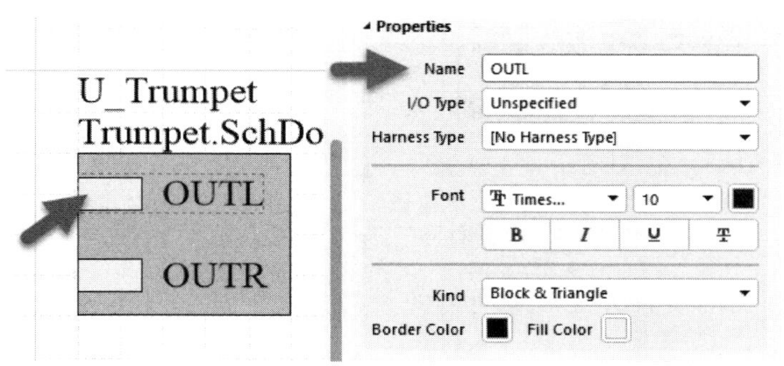

图 20-59 图纸入口

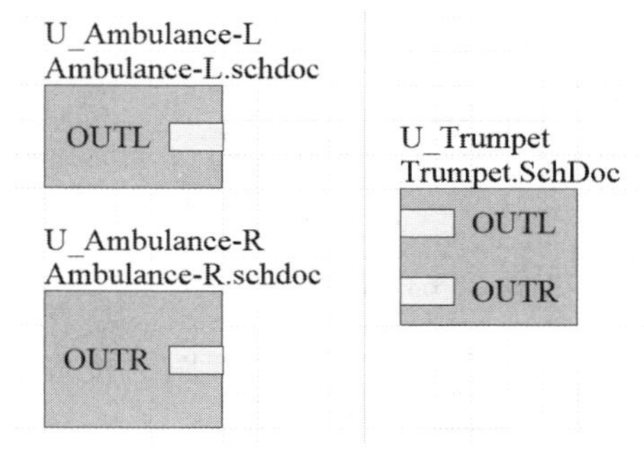

图 20-60 设置好的图纸入口

（5）通过导线完成页面符之间的连接。将相同的图纸入口用导线连接起来，完成主电路图 Main.SchDoc 的绘制，如图 20-61 所示。

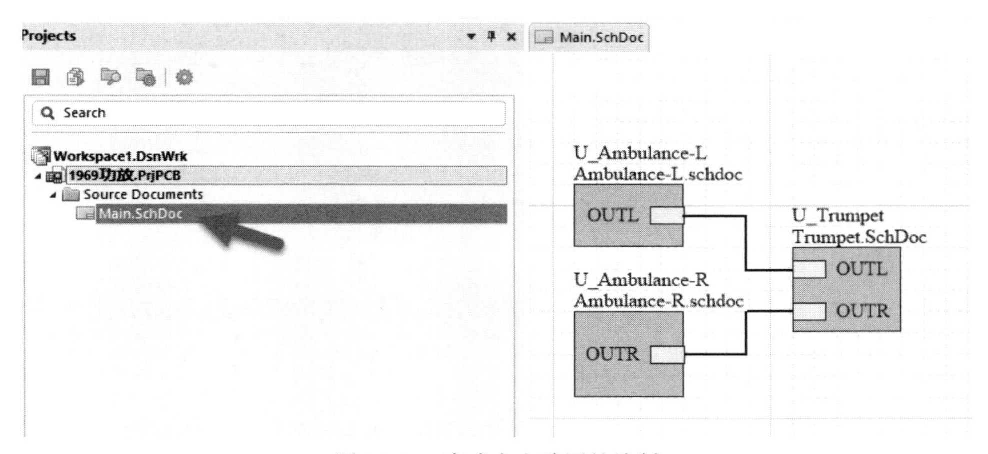

图 20-61 完成主电路图的绘制

注意：GND 端口和电源端口具有全局连接的属性，所以不需要额外放置相应的图纸入口或端口。

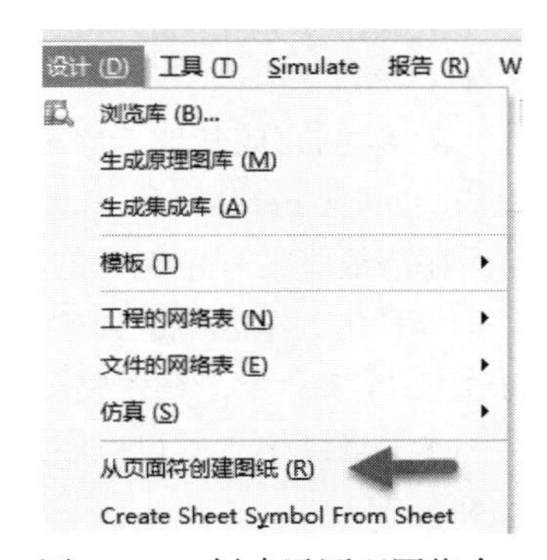

图 20-62 创建子原理图指令 1

（6）绘制子原理图（模块原理图）。根据主原理图的页面符绘制与之对应的子原理图。

① 执行菜单栏中的“设计”→“从页面符创建图纸”命令，如图 20-62 所示，或者按快捷键 D+R。也可在页面符上单击右键，执行“页面符操作”→“从页面符创建图纸”命令，如图 20-63 所示。

② 若采用第一种指令，则光标变为十字形，单击页面符将弹出对应的子原理图；若采用第二种指令，则将直接弹出对应的子原理图。弹出的子原

理图如图 20-64 所示。可以看到，在弹出的子原理图中已经自动生成相应的端口。

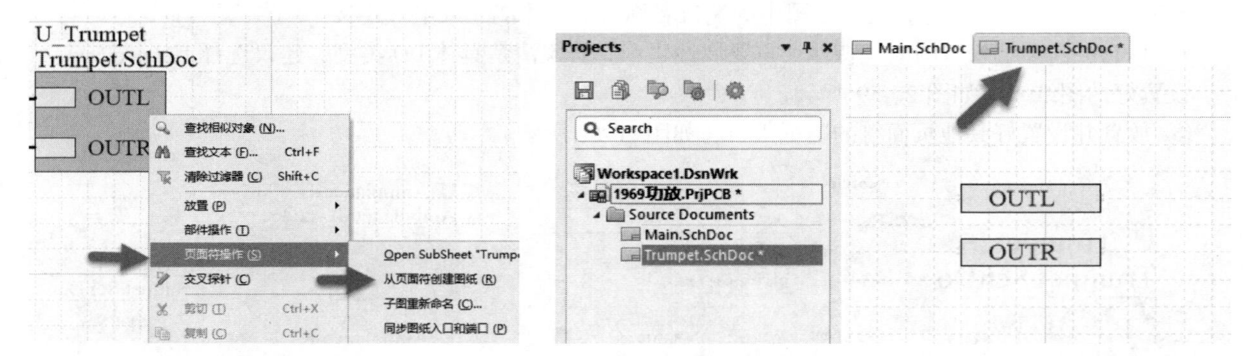

图 20-63 创建子原理图指令 2　　　　图 20-64 由页面符 U_Trumpet 生成的子原理图

③ 保存弹出的子原理图，按普通原理图的设置方法放置所需的元器件并进行电气连接，完成 Trumpet.SchDoc，如图 20-65 所示。

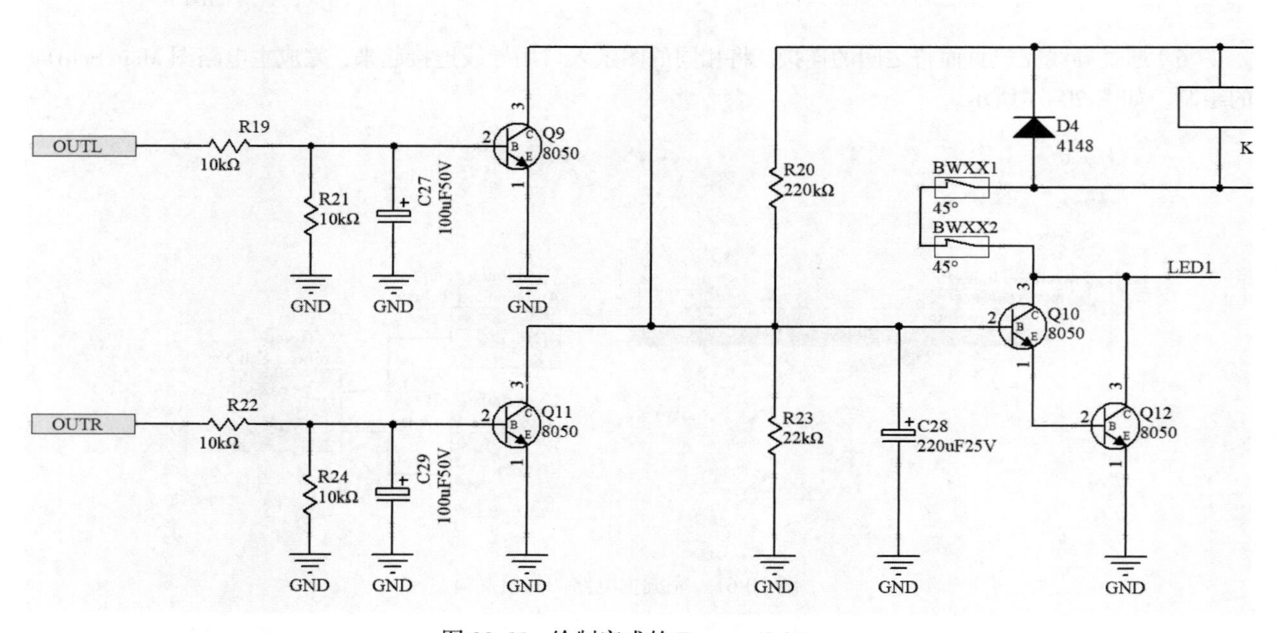

图 20-65 绘制完成的 Trumpet.SchDoc

④ 绘制完成其他子原理图，由主电路图的另外两个页面符 U_Ambulance-L 和 U_Ambulance-R 创建 Ambulance-L.SchDoc 和 Ambulance-R.SchDoc，完成子电路的绘制。绘制完成后，对整个工程进行位号标注并保存。最终工程中包含的文件如图 20-66 所示。

（7）在工作区中选择 “1969 功放.PrjPCB”，右击，在弹出的快捷菜单中执行 Compile PCB Project 1969 功放.PrjPCB 命令，编译整个工程，如图 20-67 所示。通过 Messages 面板查看是否存在错误，有则修改。

（8）编译之后，可以发现整个工程呈现出层次的关系，如图 20-68 所示。自此，自上而下的层次化原理图绘制完成。

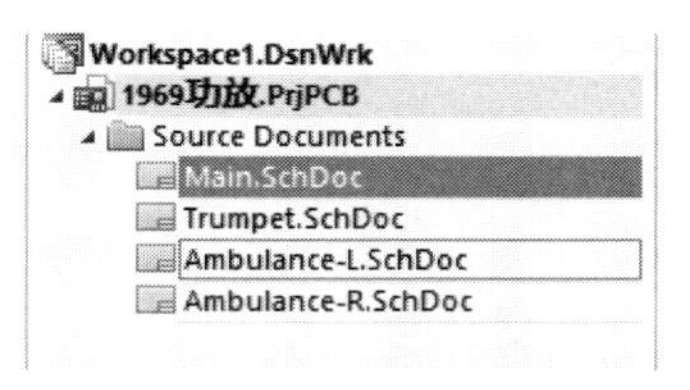

图 20-66　绘制完成的各个原理图

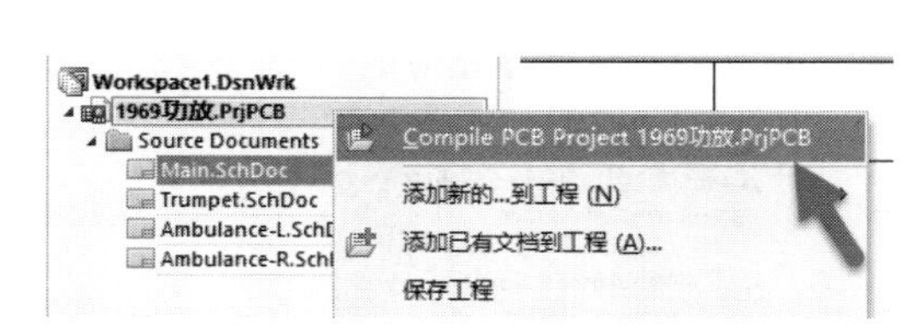

图 20-67　编译工程

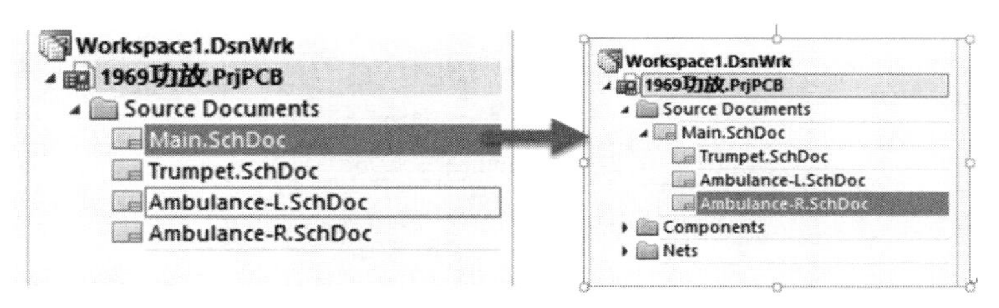

图 20-68　编译之后的结构变化

2）自下而上的层次化原理图

自下而上的层次化原理图的设计理念是先绘制原理图子图，再根据原理图子图生成页面符，进而生成主原理图，达到整个设计要求。这种方法比较适合对整体设计不太熟悉的用户，对初学者也是一个很好的选择。

依旧以“1969 功放”电路设计为例，演示自下而上的层次化原理图的具体实现步骤。本电路划分为 3 个电路模块：喇叭保护 Trumpet 模块和 2 路功放模块 Ambulance−L、Ambulance−R。

（1）新建一个工程，绘制好每一个子电路，需要进行跨页连接的网络用端口连上（这里直接复制上一个工程绘制好的原理图），如图 20-69 所示。

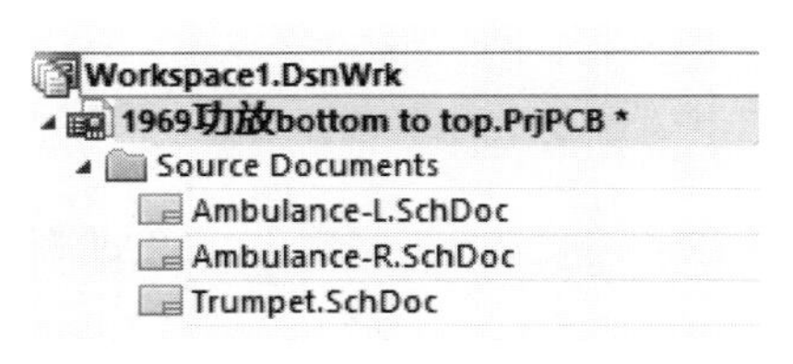

图 20-69　绘制好的各个子原理图

（2）给工程添加一个主原理图 main.SchDoc。在原理图空白处右击，执行“图纸操作”→Create Sheet Symbol From Sheet 命令，如图 20-70 所示。随之弹出选择文件对话框，如图 20-71 所示。

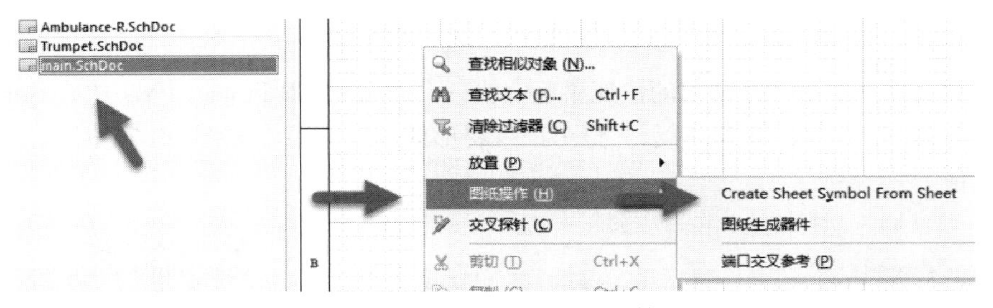

图 20-70　从图纸生成页面符

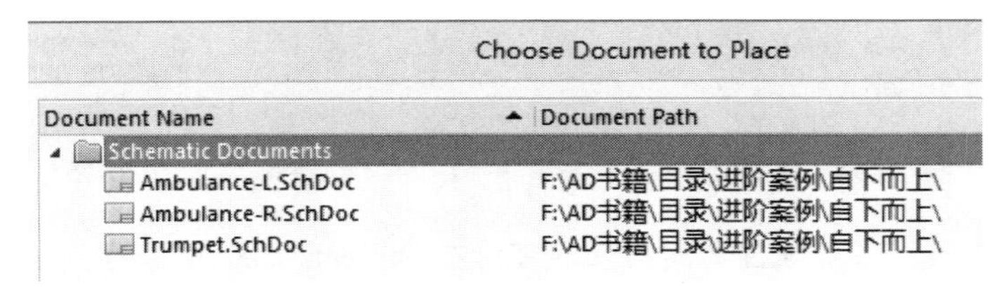

图 20-71　选择文件放置对话框

（3）依次单击将子原理图相应的页面符生成，最终如图 20-72 所示。

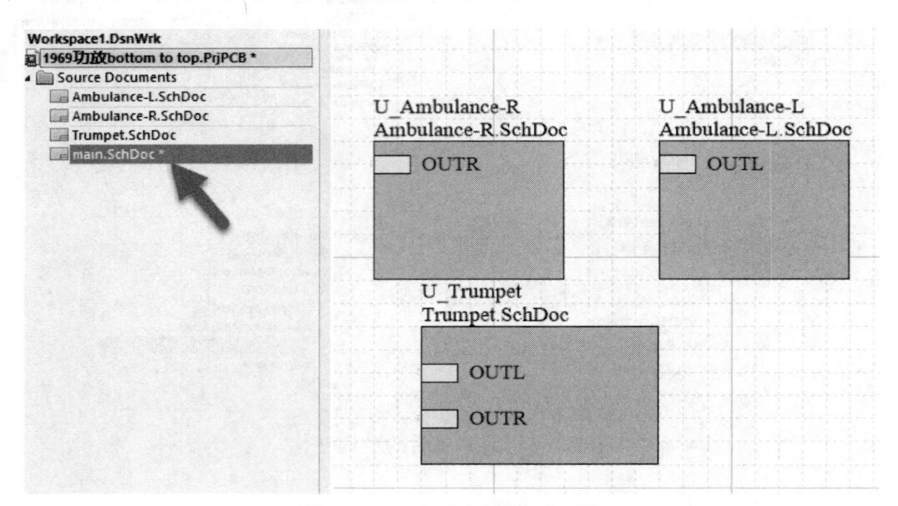

图 20-72　生成各模块页面符

（4）用导线连接各页面符。页面符可以移动，内部图纸入口也可以移动，以便于连接。连接之后如图 20-73 所示。

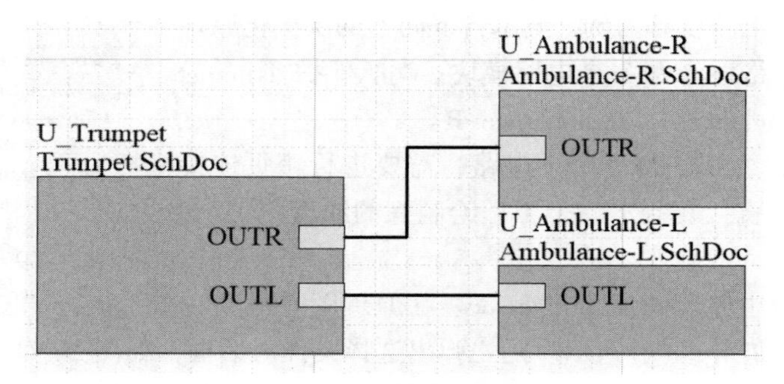

图 20-73　连接好的页面符

（5）选中工程文件并右击，在弹出的快捷菜单中执行 Compile PCB Project 1969 功放 bottom to top.PrjPCB 命令，编译整个原理图，如图 20-74 所示。整个工程将形成层次关系，如图 20-75 所示。至此，自下而上的原理图绘制完成。

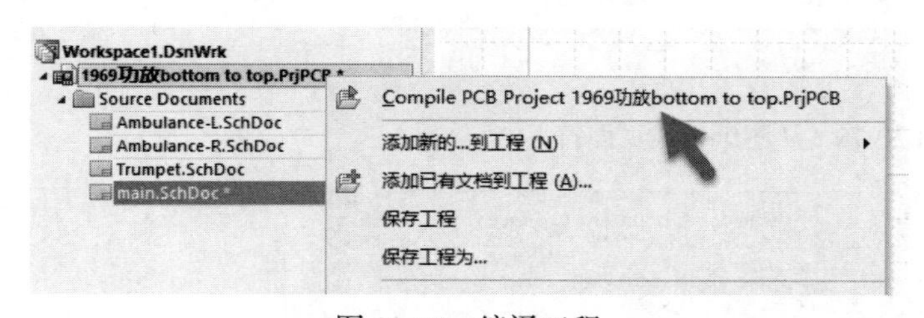

图 20-74　编译工程

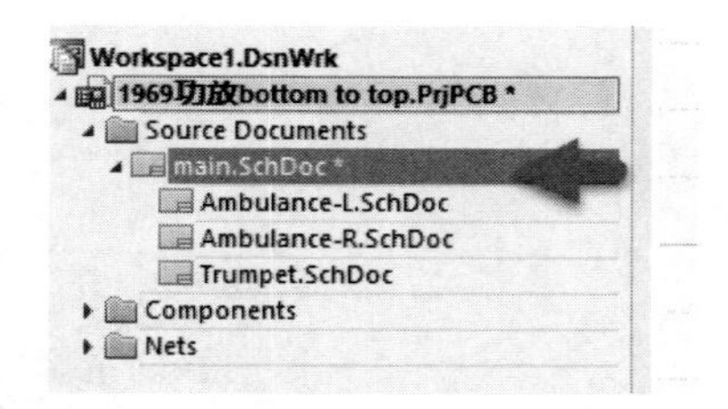

图 20-75　编译之后的层次结构

注意：层次化原理图设计各原理图之间的切换可以在 Projects 面板中操作，也可以使用 ⇅（上下层）功能，光标将变成十字形，单击端口或页面符，即可进行向上层或下层的切换。

3）生成层次设计表

设计的层次原理图在层次较少的情况下，结构相对简单，能很快理解。但是对于层次较多的电路图，其层次关系复杂，不容易看懂。Altium Designer 软件提供了层次设计表的功能，作为辅助查看复杂层次关系的工具。借助层次设计表，可以清晰地把握层次结构，进一步明确设计内容。

建立层次设计表的步骤如下：

（1）执行菜单栏中的“报告”→Report Project Hierarchy 命令，如图 20-76 所示，即可生成相关的层次设计表。

（2）层次设计表会添加到工程下的 Generated→Text Documents 文件夹中，后缀为.REP。位置如图 20-77 所示，内容如图 20-78 所示。

图 20-76　生成设计表命令

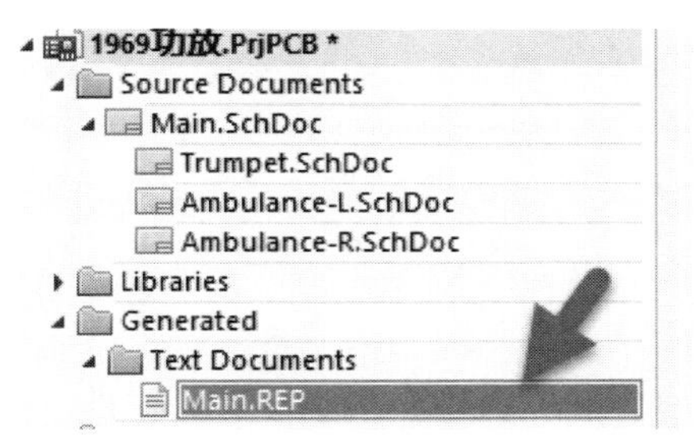

图 20-77　层次设计表的位置

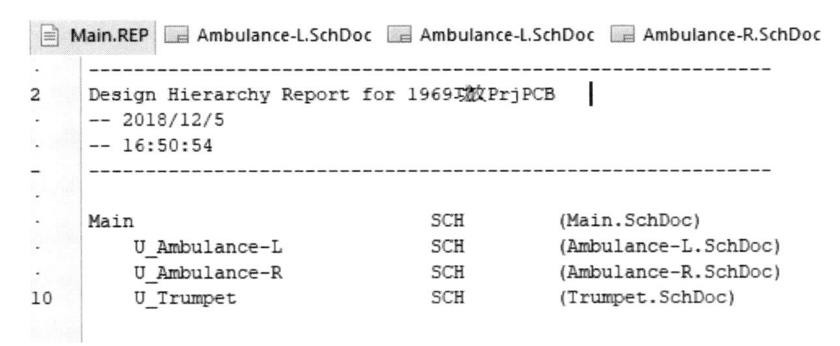

图 20-78　层次设计表的内容

20.6　原理图多通道的应用

在大型的设计过程中，可能需要重复使用某个图纸，使用常规的复制粘贴操作虽然可以达到设计要求，但原理图的数量将会变得庞大。

Altium Designer 支持多通道设计。多通道设计是指在层次原理图中有一个或多个通道（原理图）会被重复调用，可根据需要多次使用层次原理图中的任意一个子图，从而避免重复绘制相同的原理图。

本节以“STM32F407 开发板”为例，对其中的蜂鸣器模块重复调用，以演示多通道层次原理图的设计过程（用户可使用任意电路中的某一模块练习）。

（1）新建一个名称为 Buzzer 的工程，将蜂鸣器模块绘制于 Buzzer.SchDoc 中，如图 20-79 所示。需要进行页面外连接的信号用端口表示，如 BEED。此处需要注意：电源和地的网络连接建议使用软件提供的电源端口类型，即 ⏚ 和 Vcc，具有全局连接属性，这样后续生成的页面符就不需要放置这些电源端口，可以减少一部分操作。

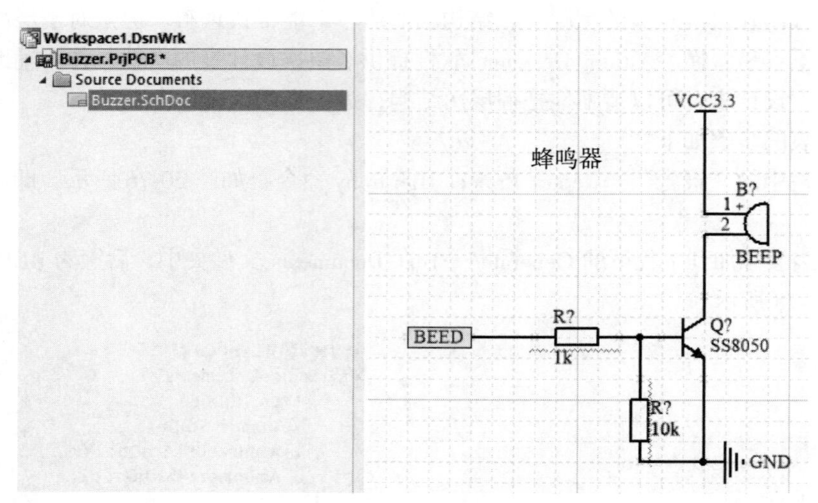

图 20-79　蜂鸣器模块

（2）新建一个 Main.SchDoc 文件，在此文件下执行菜单栏中的“设计”→Create Sheet Symbol From Sheet 命令，如图 20-80 所示。或者在原理图空白处右击，在弹出的快捷键菜单中执行“图纸操作”→Create Sheet Symbol From Sheet 命令，如图 20-81 所示。

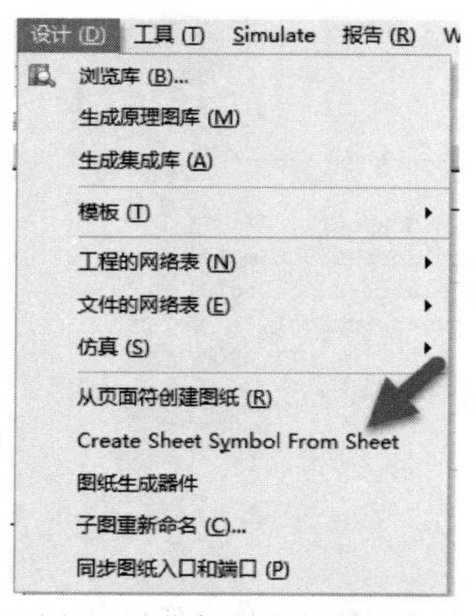

图 20-80　建立页面符指令 1

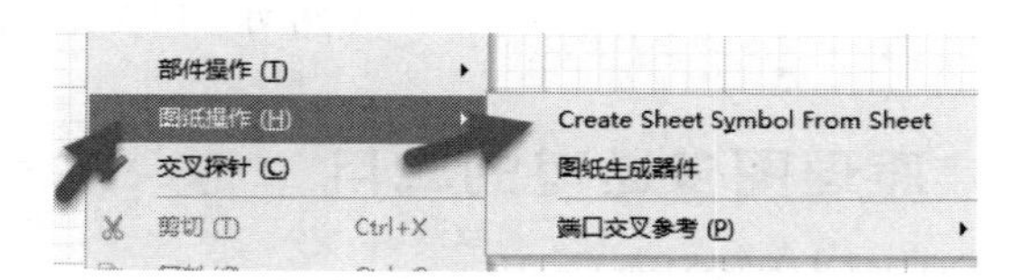

图 20-81　建立页面符指令 2

（3）在弹出的 Choose Document to Place 对话框中选择需要调用的原理图，如图 20-82 所示。选中后单击 OK 按钮，可得到如图 20-83 所示的页面符。

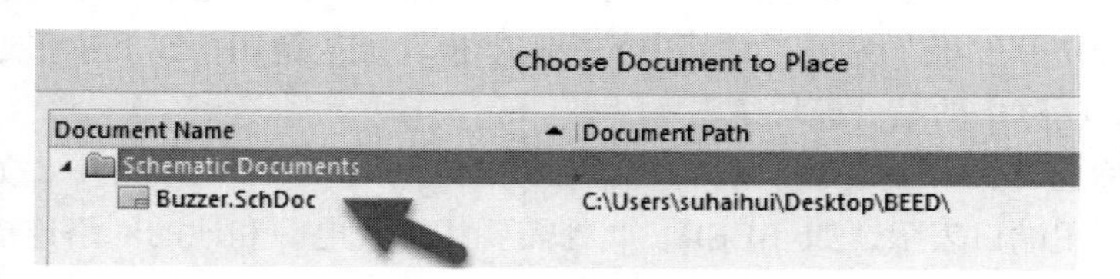

图 20-82　Choose Document to Place 对话框

图 20-83　Buzzer 页面符

（4）在 Main.SchDoc 中建立多通道设置，进行其他器件的连接。以建立 4 个通道为例，多通道设置有两种方式：

① 在层次原理图中每建立一个通道就调用一次子图，如图 20-84 所示。

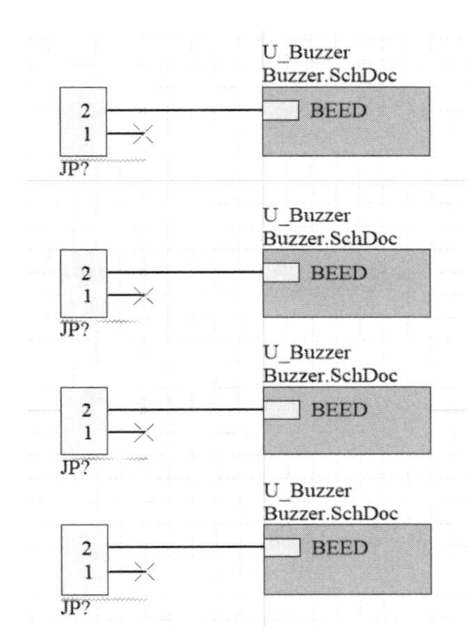

图 20-84　调用子原理图

② 使用 Repeat 语句创建多通道原理图。

使用 Repeat 关键字时，Designator 字段的语法为 Repeat(<ChannelIdentifier>，<ChannelIndex_1>，<LastChannelIndex_n>)。其中，ChannelIdentifier 表示子原理图的文件名称，ChannelIndex_1 表示通道开始值（注意：此处必须从 1 开始）；LastChannelIndex_n 表示通道的终止值，代表有几个通道。

若有重复使用的信号，则其图纸入口的 Name 改为 Repeat（信号名）。

双击 Buzzer 页面符的 Designator 和重复信号的图纸入口，将 Name 语句改为 Repeat 语句，如图 20-85 所示。

上述修改完成后，将其他元器件利用导线进行连接。绘制好的原理图如图 20-86 所示。

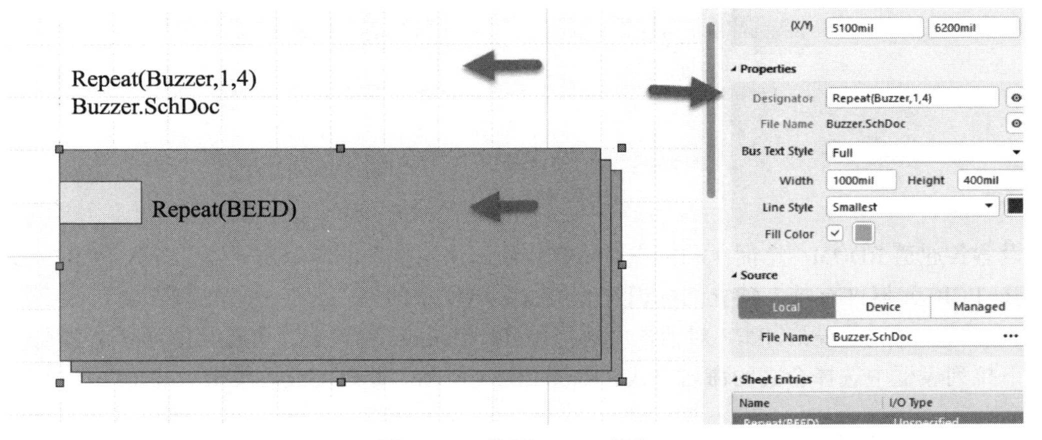

图 20-85　使用 Repeat 语句

（5）对元器件标识符（位号）进行标注。执行菜单栏中的“工具”→“标注”→“原理图标注”命令，如图 20-87 所示。在“标注”设置对话框中单击“更新更改列表”按钮，再单击“接受更改（创建 ECO）”按钮，如图 20-88 所示。

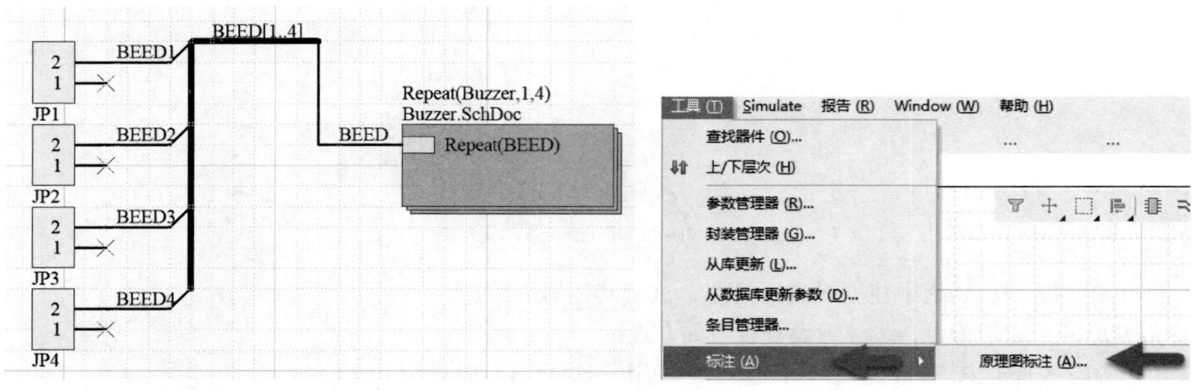

图 20-86　使用 Repeat 语句创建的原理图　　　　图 20-87　元器件位号标注

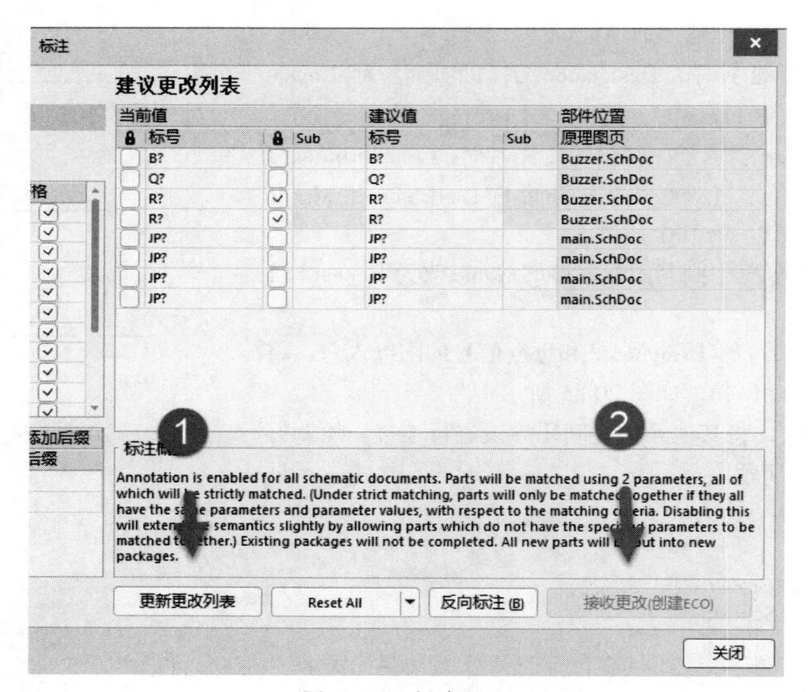

图 20-88　创建 ECO

（6）设置各通道 ROOM（空间）和标识符格式，便于从原理图的单个逻辑器件导入 PCB 的多个物理元器件，即让 PCB 元器件有唯一独立的标识符。执行菜单栏中的“工程”→“工程选项”命令，在弹出的 Options for PCB Project Buzzer.PrjPCB 对话框中选择 Multi-Channel 选项卡，可在“ROOM 命名类型”或“位号格式”下拉列表框中选择合适的命名方式，如图 20-89 所示。修改完成后单击“确定”按钮即可。

注意：关于位号的命名格式，可自行使用可用关键词进行组合命名（$Component、$ChannelAlpha、$RoomName、$ChannelIndex 等软件组合所包含的词）。

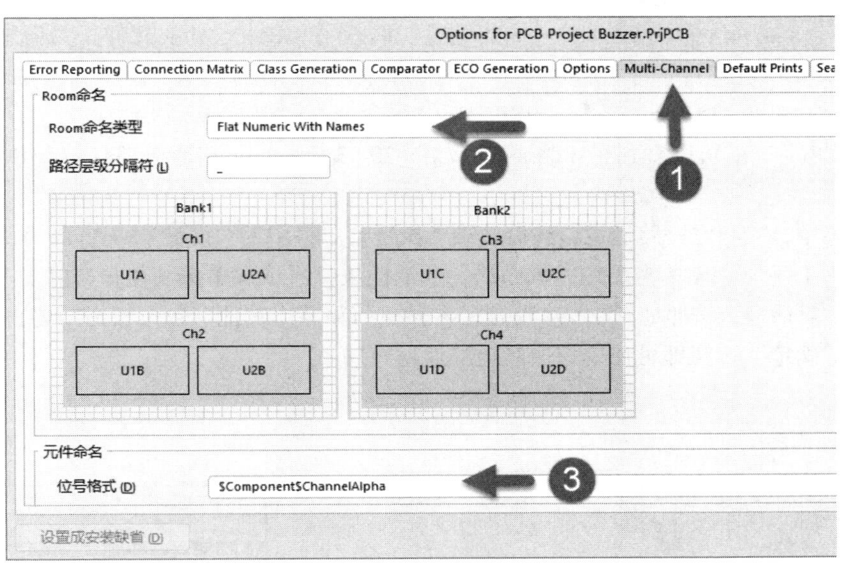

图 20-89 修改 Room 和位号格式

（7）对工程进行编译，确保建立的层次原理图形成层次关系，所修改的 Room 名称和位号格式改变有效。执行“工程”→Compile PCB Project …命令编译工程，如图 20-90 所示。编译完成后，在子原理图下方（本例的 Buzzer.SchDoc）将出现几个标签，一个标签对应一个通道，如图 20-91 所示。

图 20-90 编译工程

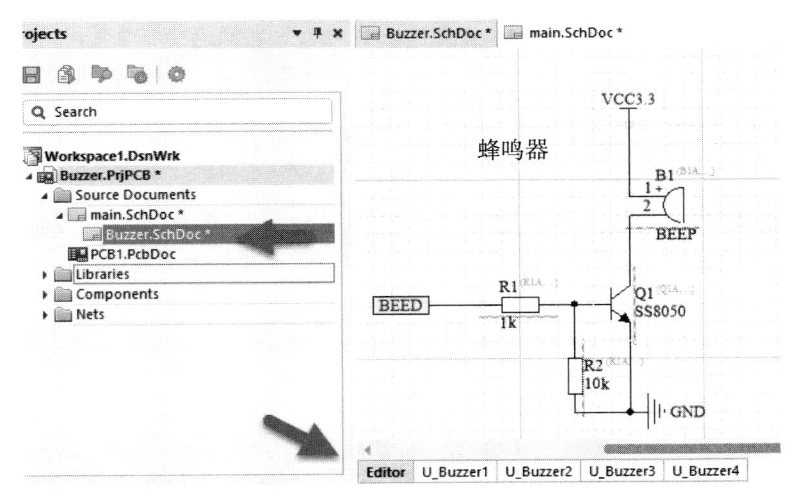

图 20-91 编译后生成的标签

（8）编译之后，Messages 面板会出现“多个网络名称”的错误提示，这是用多通道的特性形成的。解决这个错误提示的方法有两种：

① 执行菜单栏中的“工程”→“工程选项”→Error Reporting→Nets with multiple names 命令将其设置为“不报告”。这不是首选的解决方法，因为它会忽略整个设计中对此类错误的所有检查。

② 在受影响的网络上放置一个 No ERC 标记✕。

（9）建立一个 PCB1.PcbDoc 文件，为原理图器件添加封装匹配。执行菜单栏中的“设计”→Update PCB Document PCB1.PcbDoc 命令，如图 20-92 所示。

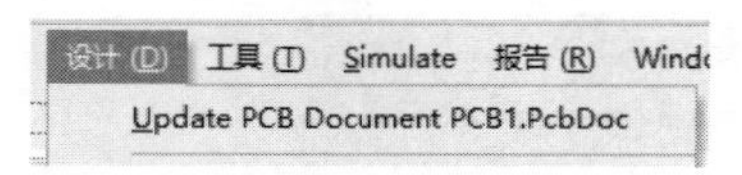

图 20-92　原理图更新到 PCB

（10）导入 PCB 后，就可以看到有 4 路通道，如图 20-93 所示，每路通道都有一个 Room 区域，这个区域不能删除。

在后面的布局中，先布好一路通道，然后选中，执行菜单栏中的“设计”→Room→“拷贝 Room 格式”命令，光标将变为十字形，先单击已经完成布局的通道模块，再依次单击其他未布好的通道，将弹出“确认通道格式复制”对话框，按照如图 20-94 所示的参数进行设置（其他参数可根据需要自行设置）。参数设置完毕后，单击“确定”按钮即可快速完成其他的通道布局。

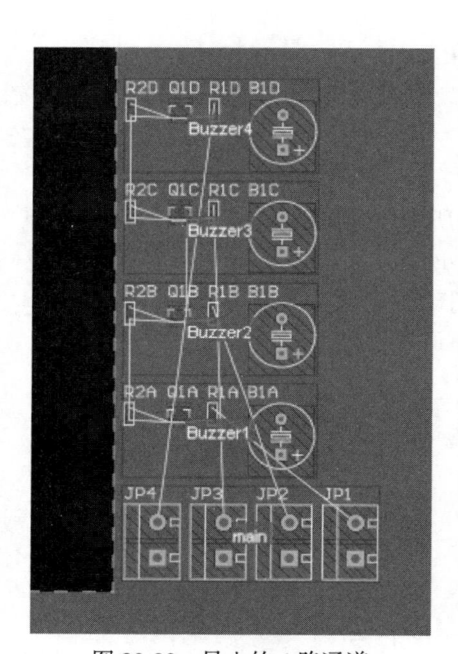

图 20-93　导入的 4 路通道

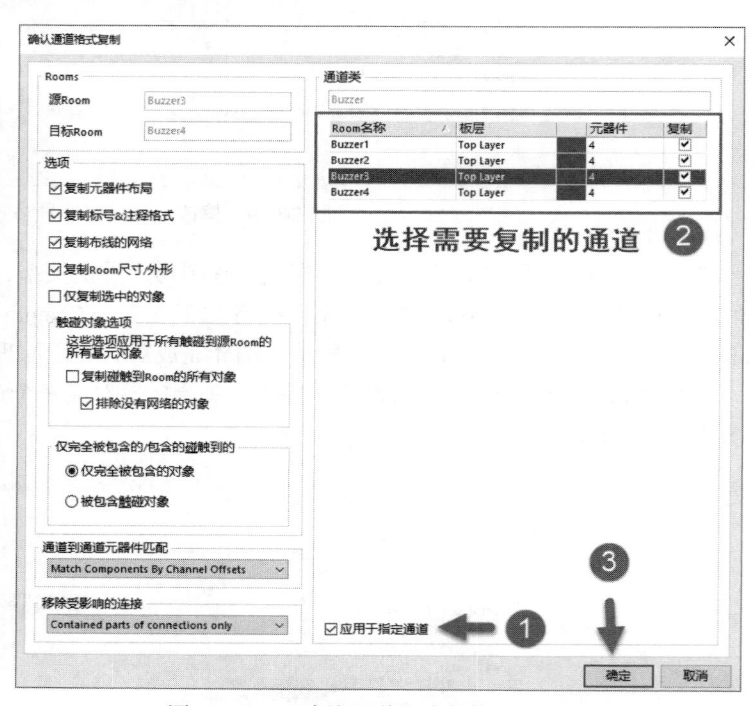

图 20-94　“确认通道格式复制”对话框

至此，多通道设计完成。

20.7　创建原理图模板的方法

Altium Designer 软件支持用户在原理图中创建自己的模板，可以在图纸的右下角绘制一个表格用于显示图纸的一些参数，例如文件名、作者、修改时间、审核者、公司信息、图纸总数及图纸编号等信息。可以按照需求自定义模板风格，还可以根据需要显示内容的多少来添加或减少表格的数量。创建原理图模板的步骤如下：

（1）在 Altium Designer 原理图编辑界面中，新建一个自由原理图文件，如图 20-95 所示。

（2）设置原理图。进入空白原理图文档后，打开 Properties 面板，在 Page Options 选项区域中的 Formatting and Size 选项组中选择 Standard 标签，取消勾选 Title Block 复选框，将原理图右下角的标题区块取消，用户可以重新设计一个与本公司相符的图纸模板，如图 20-96 所示。

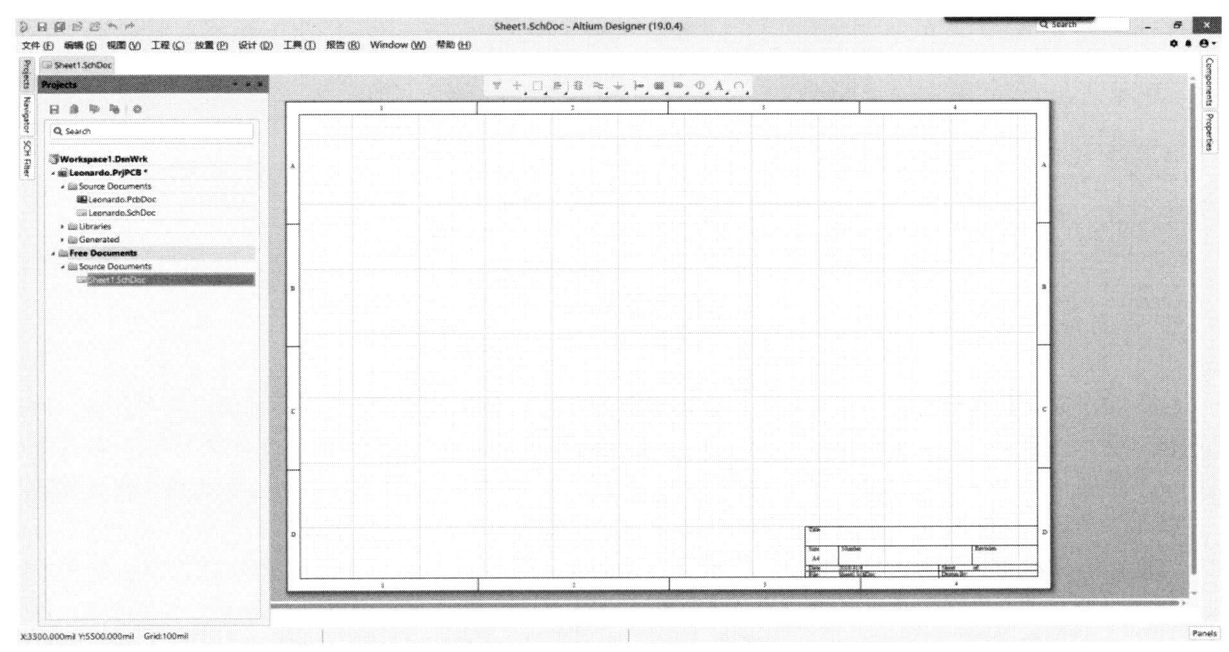

图 20-95　新建原理图文件

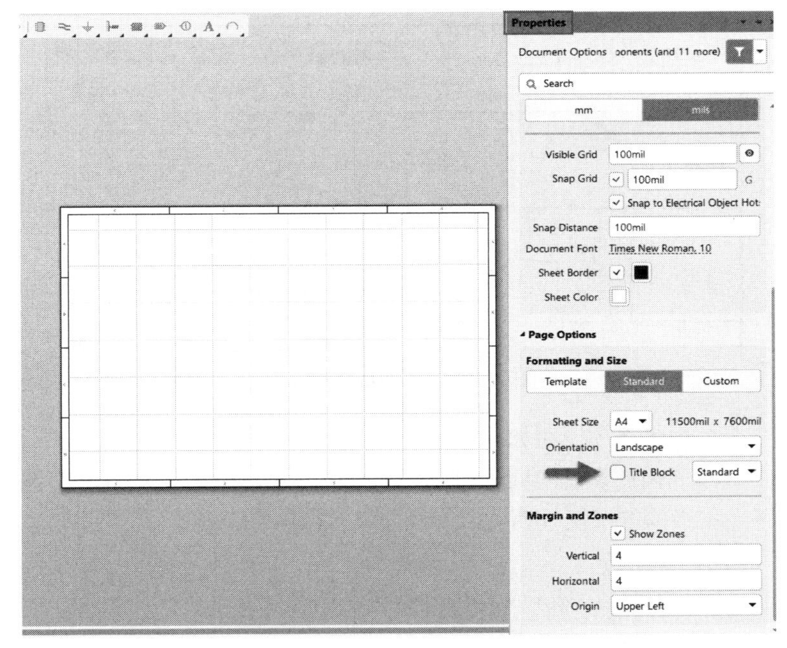

图 20-96　Title Block 标题区块

（3）设计模板。使用绘图工具开始描绘图纸信息栏图框（具体图框风格根据自己公司的要求进行设计），单击应用工具栏中的（放置线）按钮，开始描绘图框（注意：不能使用带有网络属性的 Wire 线绘制），建议将线型修改为 Samllest，颜色修改为黑色进行描画。图 20-97 所示为绘制好的信息栏图框。

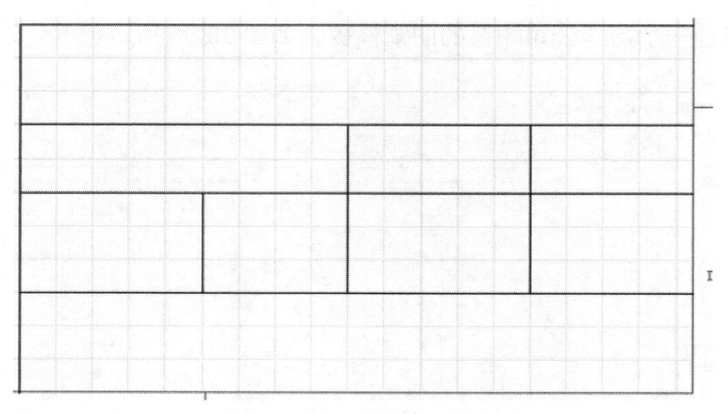

图 20-97 绘制好的信息栏图框

（4）接下来就是在信息栏中添加各类信息。这里放置的文本有两种类型，一种是固定文本，另一种是动态信息文本。固定文本一般为标题文本。例如，在第一个框中要放置固定文本“文件名”，可以执行菜单栏中的“放置”→“文本字符串”命令，待光标变成十字形并带有一个本字符串 Text 标志后，将其移到第一个框中，单击即可放置文本字符串；单击文本字符串，将其内容改为“文档名”。

（5）动态文本的放置方法同固定文本，只不过动态文本需要在 Text 下拉列表框中选择对应的文本属性。例如，要在“文档名”后面放置动态文本，可在加入另一个文本字符串后，双击该文本字符串，打开 Properties 面板，在 Text 下拉列表框中选择“=DocumentName”选项，按 Enter 键后，在图纸上会自动显示当前文档的完整文件名，如图 20-98 所示。

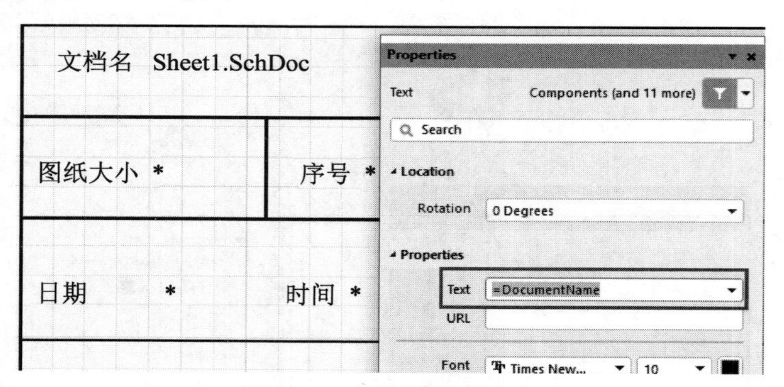

图 20-98 添加信息栏信息

Text 文本框下拉列表框中各选项说明如下：

① =CurrentTime：显示当前的系统时间。

② =CurrentDate：显示当前的系统日期。

③ =Date：显示文档创建日期。

④ =DocumentFullPathAndName：显示文档的完整保存路径。

⑤ =DocumentName：显示当前文档的完整文档名。

⑥ =ModifiedDate：显示最后修改的日期。

⑦ =ApprovedBy：图纸审核人。

⑧ =CheckedBy：图纸检验人。

⑨ =Author：图纸作者。

⑩ =CompanyName：公司名称。
⑪ =DrawnBy：绘图者。
⑫ =Engineer：工程师，需在文档选项中预设数值才能正确显示。
⑬ =Organization：显示组织/机构。
⑭ =Address1/2/3/4：显示地址 1/2/3/4。
⑮ =Title：显示标题。
⑯ =DocumentNumber：文档编号。
⑰ =Revision：显示版本号。
⑱ =SheetNumber：图纸编号。
⑲ =SheetTotal：图纸总页数。
⑳ =ImagePath：图像路径。
㉑ =Rule：规则，需要在文档选项中预设值。
图 20-99 所示为已经创建好的 A4 模板。

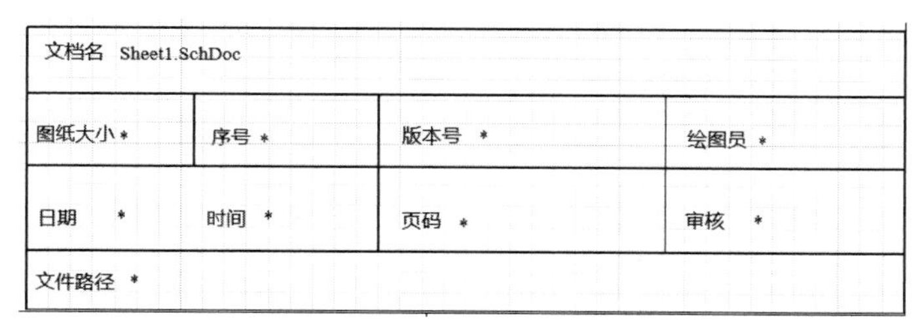

图 20-99　创建好的 A4 模板

（6）创建好模板后，执行菜单栏中的“文件”→“另存为”命令，保存创建好的模板文件，保存文件的类型为 Advanced Schematic template(*. SchDot)，文件扩展名为.SchDot。此处可以改变模板的名称，如图 20-100 所示。

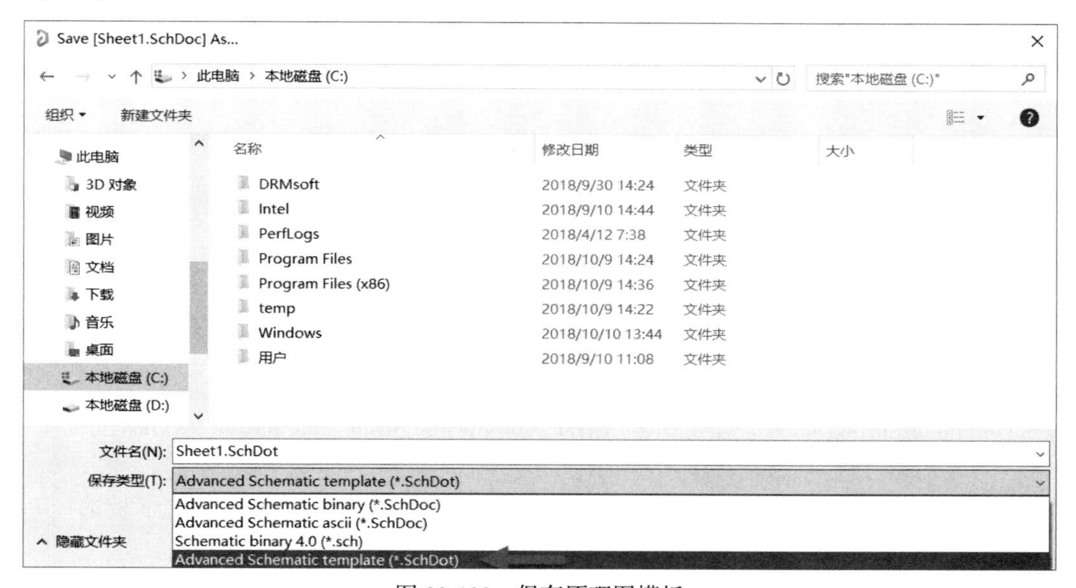

图 20-100　保存原理图模板

20.8 调用自建的原理图模板

创建好原理图模板后，如何在设计原理图时调用自己创建的模板？

实现方法如下：

（1）打开“优选项”对话框，在 Schematic 选项下的 General 选项中选择默认空白纸张模板。在“模板”下拉列表框中选择之前创建好的模板，如图 20-101 所示。下次新建原理图文件时软件就会调用自己建立的文档模板（注意：要先设置好模板再新建原理图，系统才会调用自己建立的模板文件，否则将调用默认的原理图模板）。

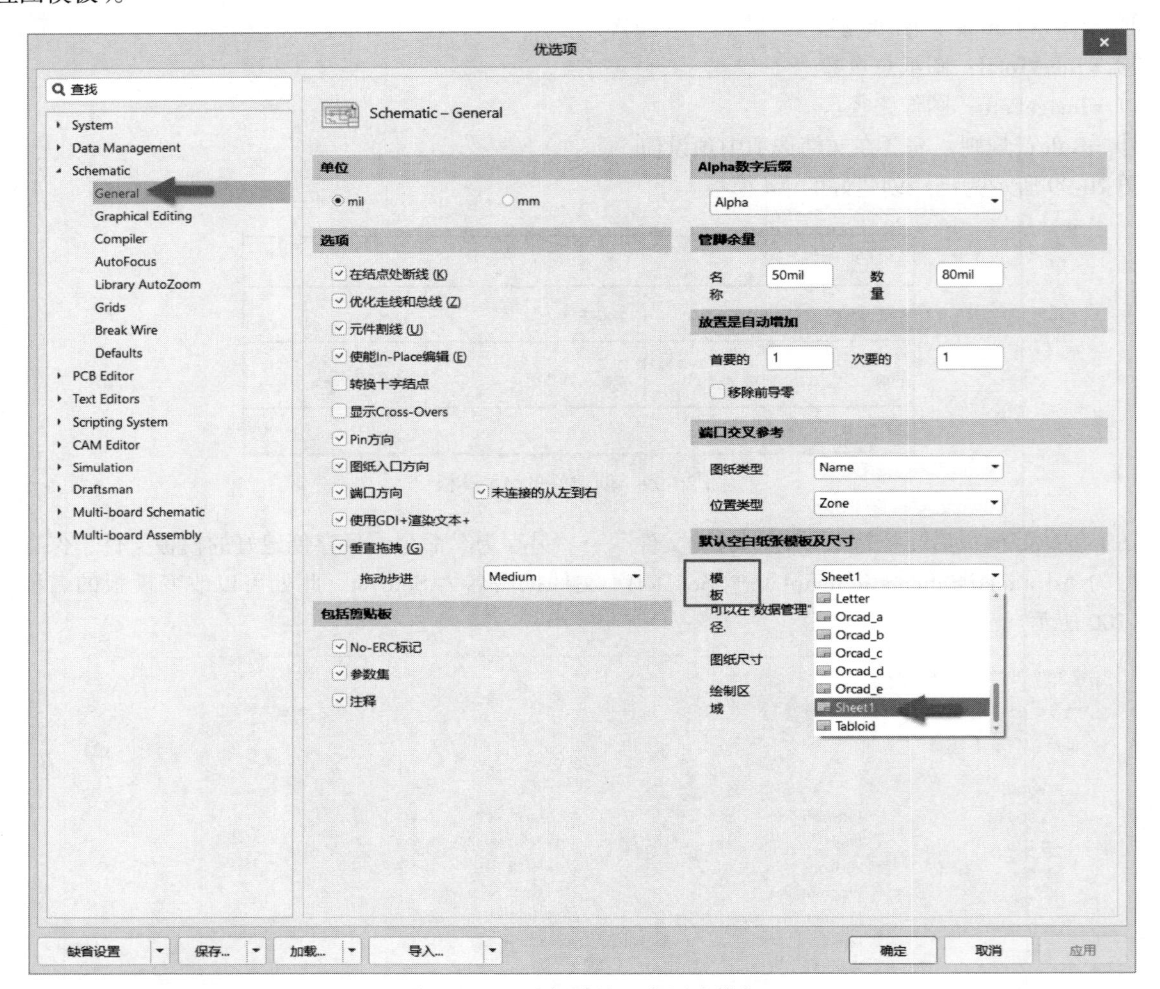

图 20-101　选择默认空白纸张模板

（2）在 Graphical Editing 选项中勾选 Display Names of Special Strings that have No Value Defined 复选框，否则特殊字符将不能正常转换，如图 20-102 所示。

（3）在将模板应用到原理图后，要将特殊字符修改成需要的值，需在 Properties 面板选择 Parameters 选项卡，找到特殊字符，将其 Value 值改成需要的即可，如图 20-103 所示。

图 20-102　勾选转换特殊字符项

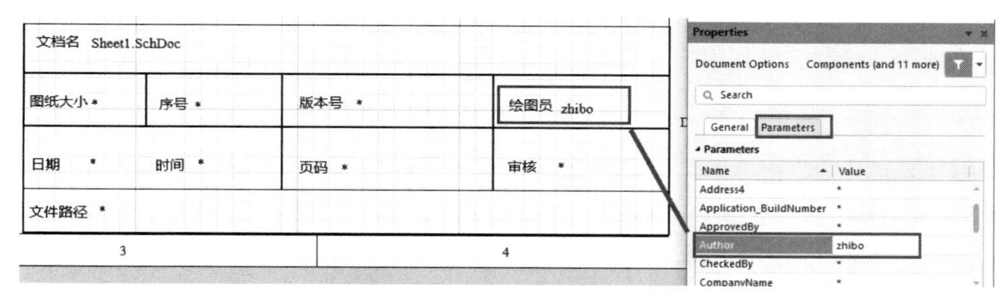

图 20-103　修改对话框相应值

（4）除了调用用户自己创建的模板以外，还可以调用 Altium Designer 软件自带的模板。调用模板及修改对应数值的方法同前。

20.9　器件页面符的应用

在使用 Altium Designer 进行电路原理图设计时，经常会遇到功能模块复用的问题，例如常用的 DC-DC 转换电路在很多 PCB 设计中都会用到，利用 Altium Designer 的器件页面符进行功能模块的复用可以提高设计效率。其使用方法如下：

（1）设置“器件页面符文件夹”路径。首先在硬盘上建立存储功能模块的路径（可以含有分类模块的子路径），然后在 Altium Designer 的“优选项”对话框中进行器件页面符文件夹路径设置，如图 20-104 所示。

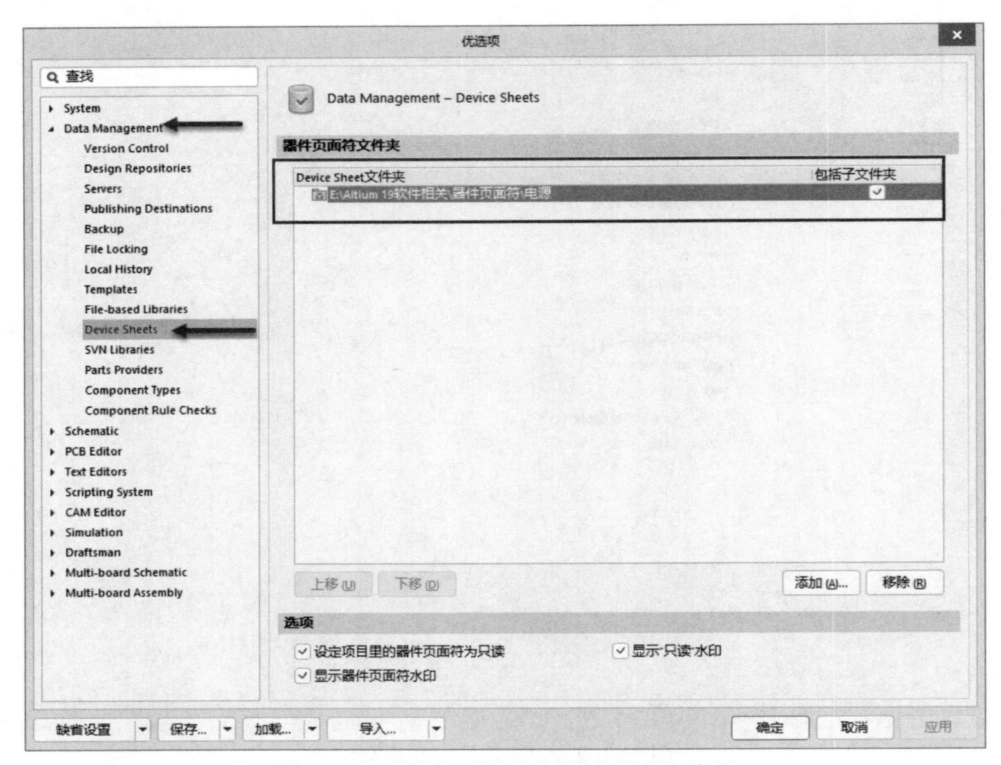

图 20-104 设置“器件页面符文件夹”路径

（2）打开原理图，绘制需要复用的功能模块原理图（以 DC-DC 电路为例），如图 20-105 所示。

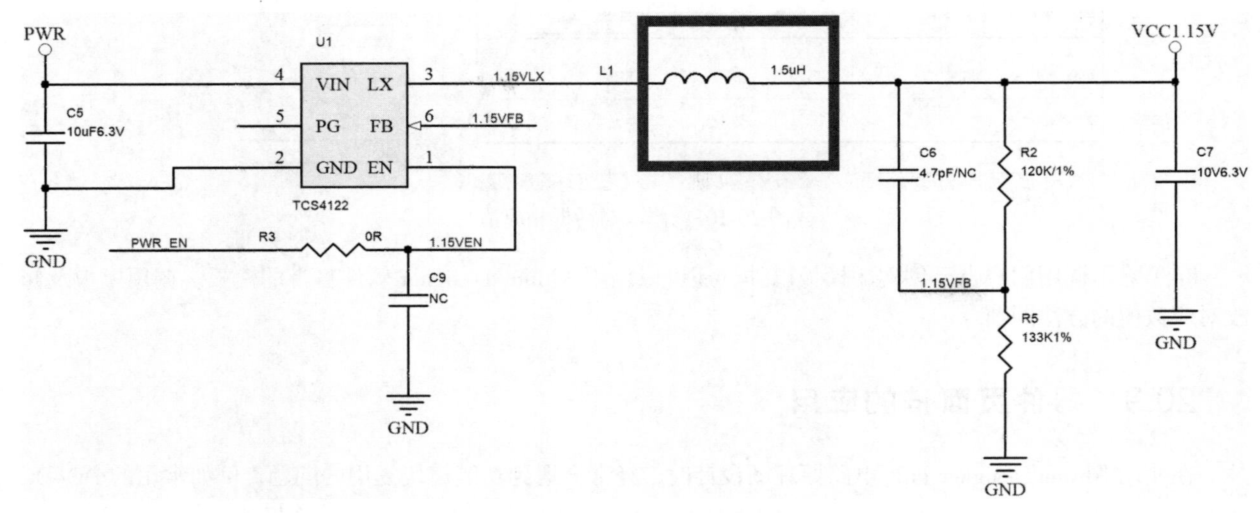

图 20-105 绘制原理图

（3）绘制功能模块 PCB，可以包含相应的连线，如图 20-106 所示。

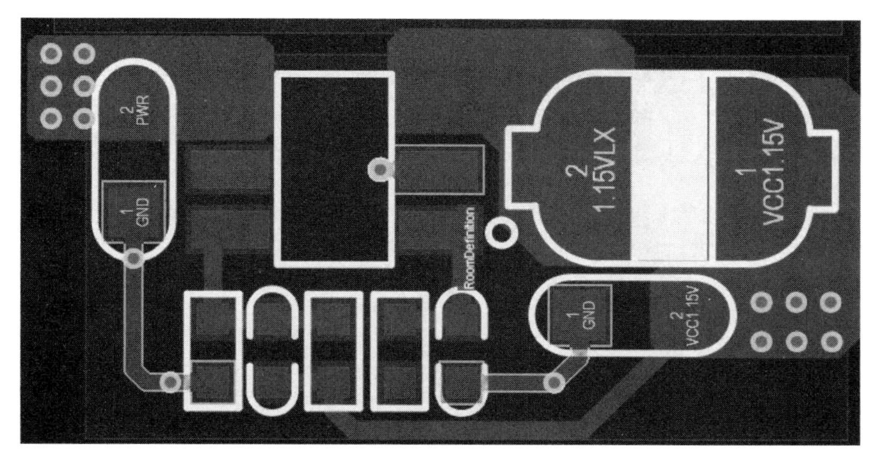

图 20-106 绘制功能模块 PCB

（4）建立原理图片段。选择原理图中需要复用的功能模块，右击，在弹出的快捷菜单中执行“片段”→“从选择的对象创建片段”命令，在弹出的对话框中输入功能模块的名称，并建立相应的分类子目录，如图 20-107 所示。

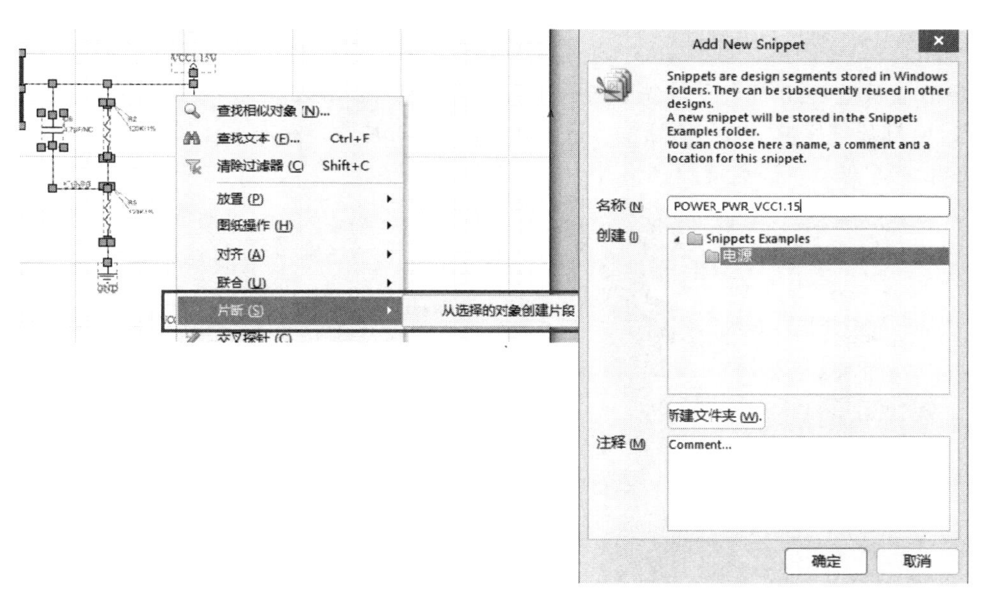

图 20-107 建立原理图片段

（5）建立 PCB 片段。选中 PCB 中相应的功能模块的全部器件（包括布线和铺铜等），右击，在弹出的快捷菜单中执行“片段”→“以选中的对象创建片段”命令，在弹出的对话框中输入功能模块的名称，并建立相应的分类子目录（注意原理图片段和 PCB 片段名称的差别），如图 20-108 所示。

（6）在原理图中放置器件页面符。经过上述创建片段的过程，可以在任意原理图中引入创建好的原理图片段。具体方法是：打开任意一个需要放置原理图片段的原理图文件，执行菜单栏中的“放置”→“器件页面符”命令，然后选择相应的片段，如图 20-109 所示。

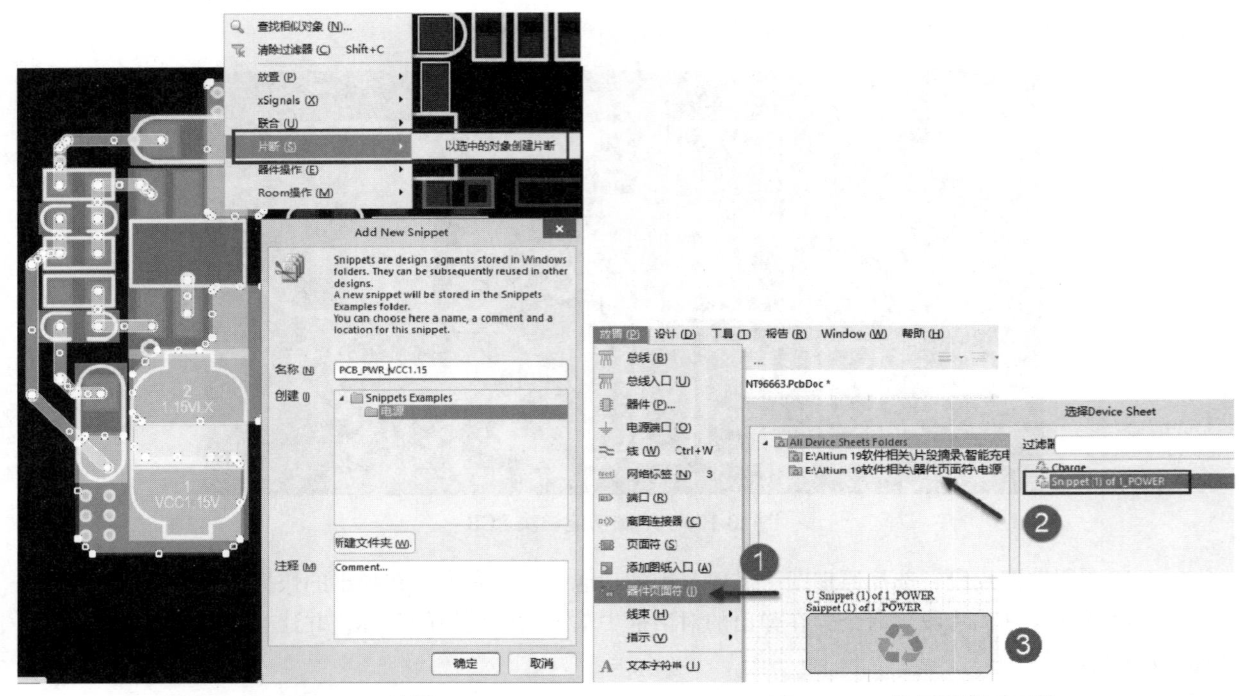

图 20-108　建立 PCB 片段　　　　图 20-109　放置器件页面符

（7）在 PCB 中放置 PCB 片段。首先单击 PCB 编辑界面右下角的 Panels 按钮，在弹出的下拉列表中选择“片段摘录”，打开“片段摘录”对话框，选中相应的 PCB 片段，右击，在弹出的快捷菜单中执行“放置片段摘录”命令将 PCB 片段放置到 PCB 中，如图 20-110 所示。

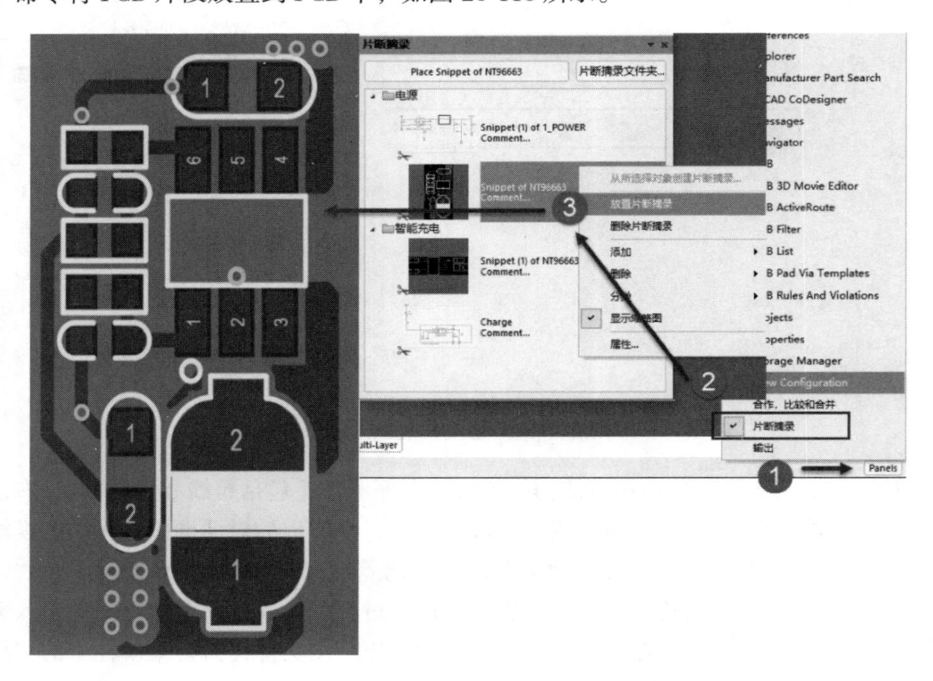

图 20-110　放置 PCB 片段

（8）从图 20-110 可以看到，从片段中放置的 PCB 电路是没有网络的，这时需要执行更新原理图信息到 PCB 的命令。按照常规的方法将原理图更新到 PCB，相应的网络即可更新到 PCB 中，如图 20-111 所示。

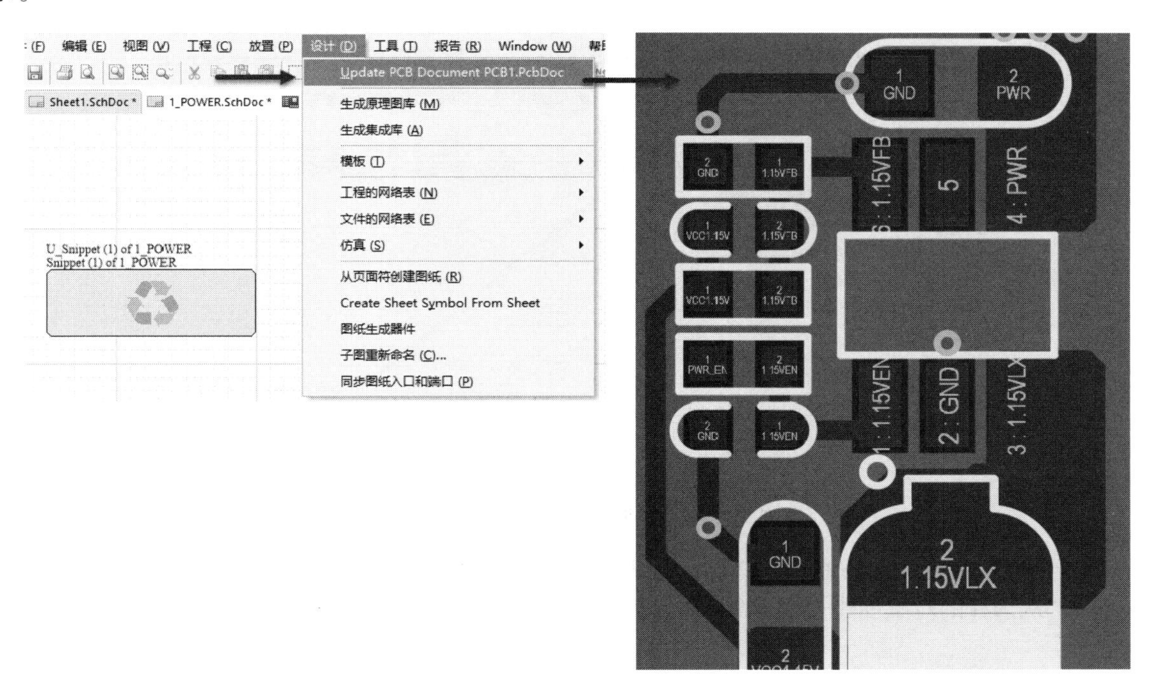

图 20-111　更新原理图信息到 PCB

后续步骤同普通的 PCB 绘制。

20.10 原理图设计片段的使用

Altium Designer 的片段功能可以让用户很方便地重复使用一些单元模块，包括原理图的电路模块、PCB（包括布线）和代码模块。例如在工程中需要设计电源模块，而别的工程中又恰好有比较完善的电源模块，这时就可以通过片段功能直接使用完善的电源模块，减少工作量。在原理图中使用片段的步骤如下：

（1）由于片段是独立的文件，需要在计算机硬盘中创建一个文件夹专门存放片段文件。然后在 Altium Designer 中单击右下角的 Panels 按钮，在弹出的下拉列表中选择“片断摘录”选项，打开“片段摘录”面板，如图 20-112 所示。

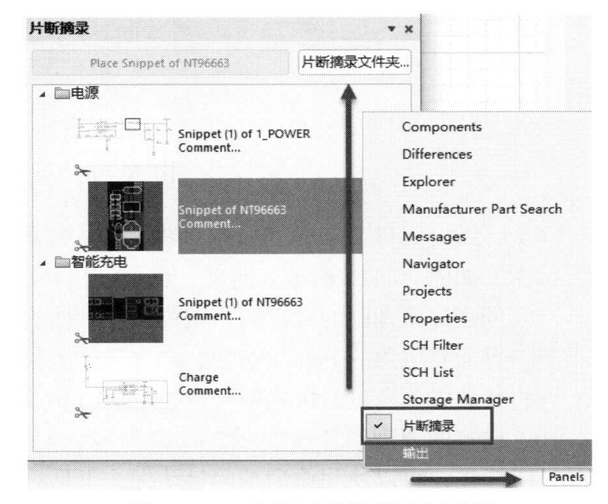

图 20-112　打开“片段摘录”面板

（2）单击“片段摘录”面板中的“片段摘录文件夹”按钮，添加创建好的用于存放片段的文件夹，如图 20-113 所示。

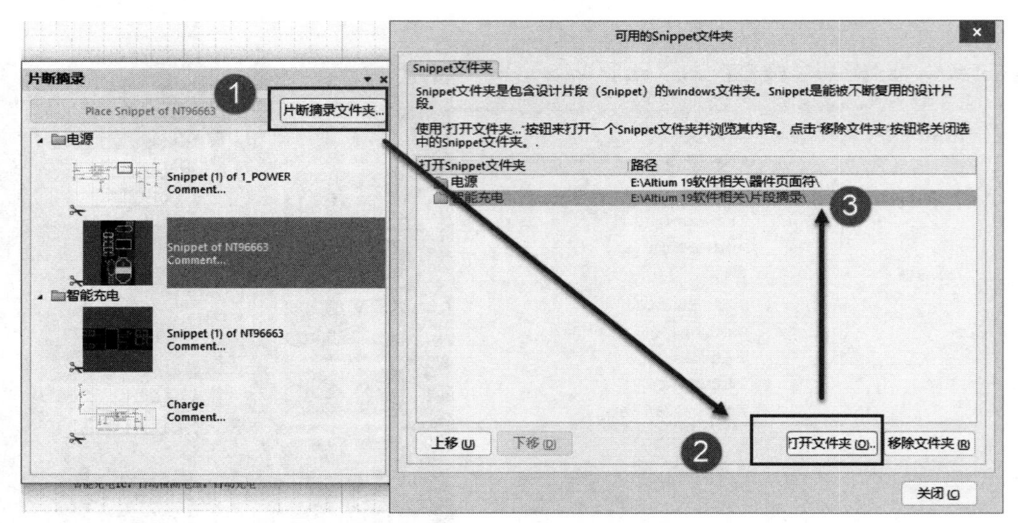

图 20-113　添加用于存放片段的文件夹

（3）打开需要创建片段的原理图文件，选中将要用到的电路模块，右击，在弹出的快捷菜单中执行“片段”→“从选择的对象创建片段”命令，如图 20-114 所示。

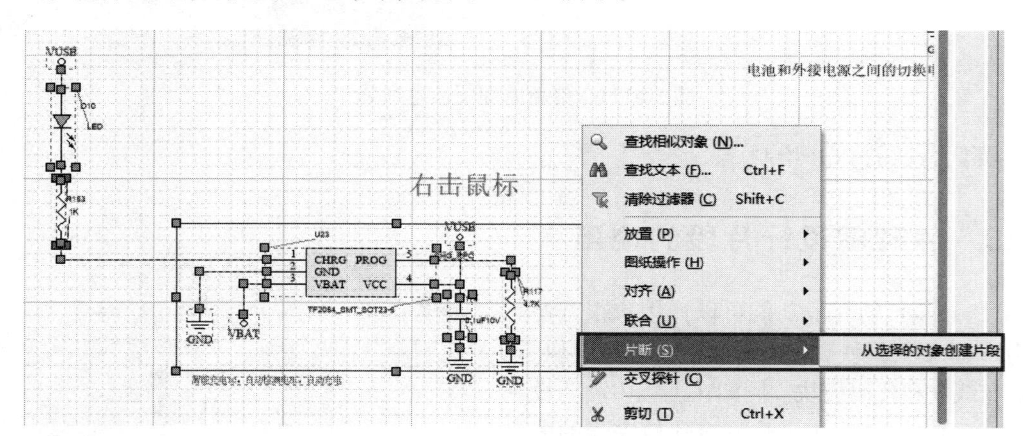

图 20-114　从选择的对象创建片段

（4）将弹出 Add New Snippet 对话框。输入片段名称和注释，并选择存放片段的文件夹，然后单击“确定”按钮，如图 20-115 所示。同理，也可以在 PCB 文件中选中需要的电路模块来创建片段。

（5）创建好原理图的片段后，就可以在其他的工程中使用这些片段了。打开需要用到片段的原理图文件，单击界面右下角的 Panels 按钮，在弹出的下拉列表中选择“放置片断摘录”选项，选择相应的原理图模块，将其放置到合适的位置即可，如图 20-116 所示。

（6）放置的原理图片段如图 20-117 所示，与原来的原理图模块完全一样。若原理图模块中的元器件位号还未标注，可以使用原理图的自动标注工具对其进行标注。

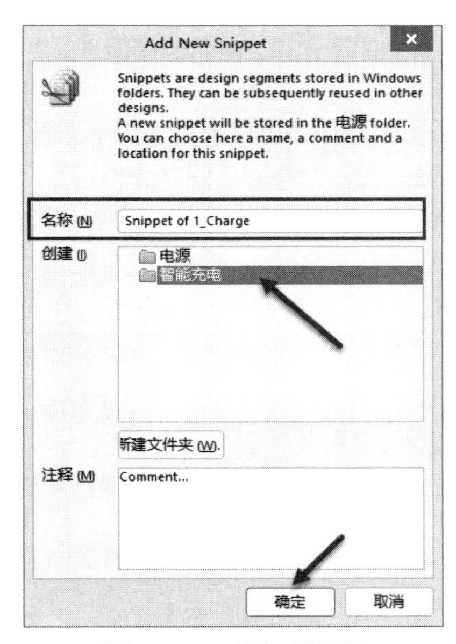

图 20-115　添加新片段

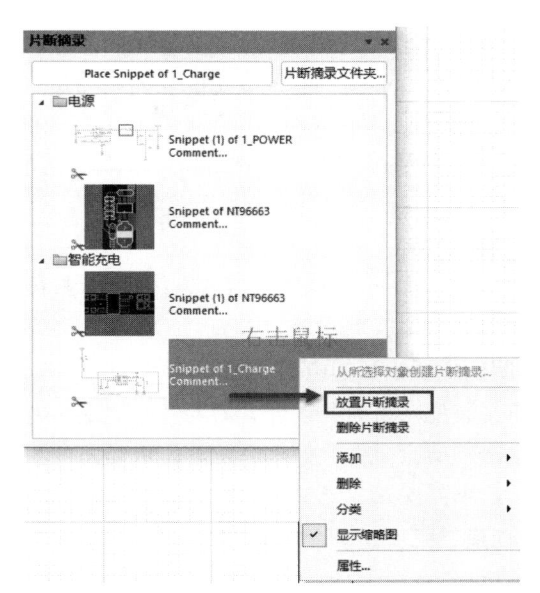

图 20-116　放置片段摘录

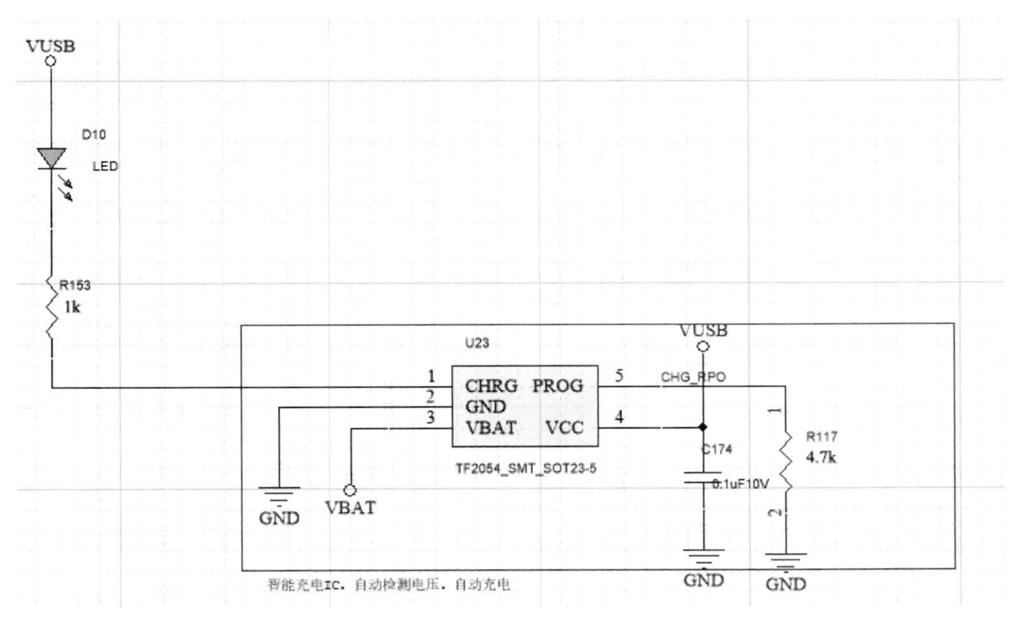

图 20-117　放置的原理图片段

（7）在需要用到 PCB 片段的 PCB 文件中，也可以按照此方法进行片段的放置。最后回到原理图中，执行 Design→Update PCB Document PCB.PcbDoc 命令，即可正常使用此 PCB 模块。

20.11　装配变量

在不同型号的产品中，经常会用到同一个电路板，可能安装不同的特定组件，满足不同的市场需求，例如基本功能款和豪华款。传统的方法是根据不同的硬件要求设计不同的 PCB，并改变参数信息以满足市场需求。但这种方法将延迟产品上市时间，并将增加成本。

Altium Designer 提供装配变量的功能以满足这些变量需求，可以设置任意数量的变体，装配变量的不同版本信息也会同步到 BOM，用于制造和装配文件。PCB 上的每个元器件都可以配置为以下 3 种状态：

（1）Fitted：装配器件（软件对器件的默认设置），可用于设置一个元器件的不同参数值。

（2）Not Fitted：不安装。在此配置状态下，对应的元器件在原理图和 PCB 中会出现抹除标记，同时不会在 BOM 中输出。

（3）Alternate Part：替代元器件，使用不同封装或不同型号的元器件完全替代原元器件。

下面简单介绍装配变量的用法。

1. 明确主要设计的电路版图

在定义装配变量前，设计者需要开始“主”电路板设计，包括需要安装在电路板上的所有组件。如果装配的需求是完全装载的豪华版以及部分装载的基本版，则需要完成完全装载的豪华版设计。

2. 创建装配变量

（1）执行菜单栏中的“工程”→“装配变量”命令，如图 20-118 所示。也可在 Projects 面板中右击工程名称，在弹出的快捷菜单中选择“装配变量”命令。

（2）进入“装配变量管理器”对话框，如图 20-119 所示，可在此对话框中设置不同的元器件变体。单击对话框左下方的“添加变量”按钮，在弹出的“编辑工程装配变量”对话框中设置变量名称。

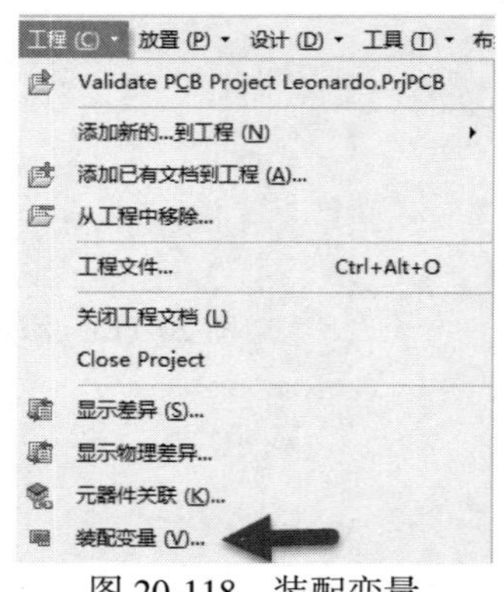

图 20-118 装配变量

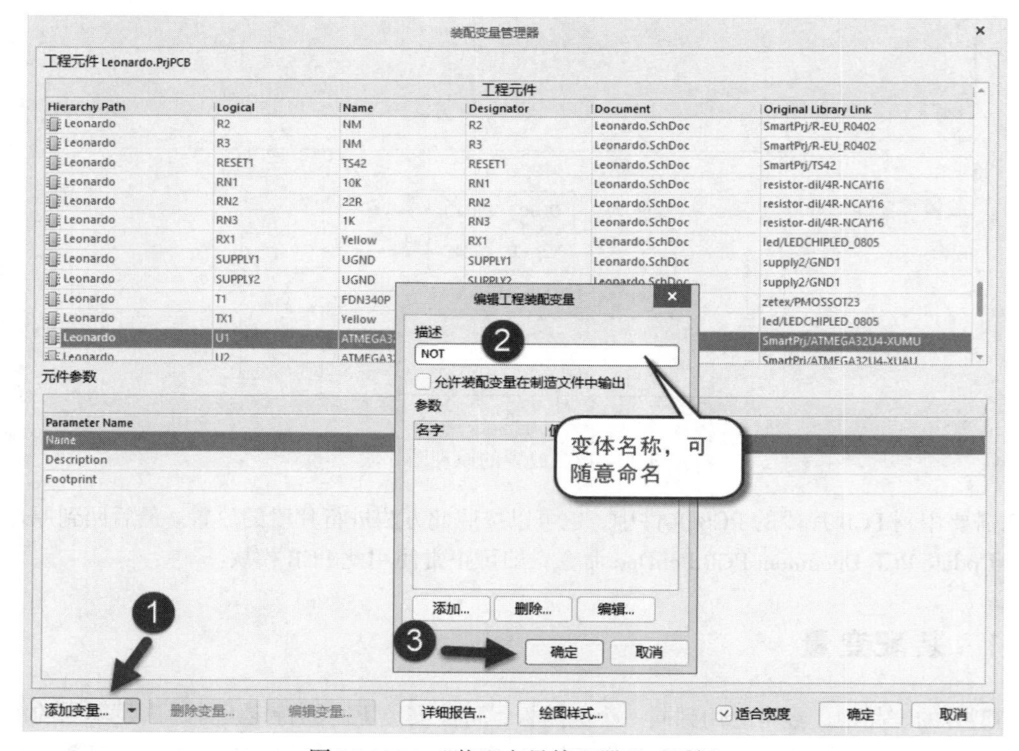

图 20-119 “装配变量管理器”对话框

（3）添加好的变量如图 20-120 所示，在对话框中“工程元件…”选项组右侧将出现用户自定义的变量。

（4）变量添加完成后，Projects 面板中的项目工程中就增加了变量文件，如图 20-121 所示。

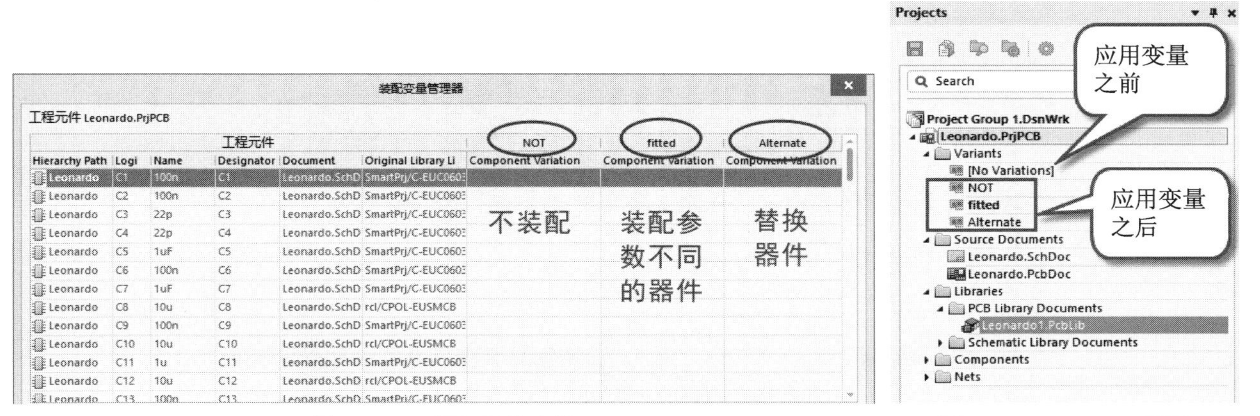

图 20-120　添加好的变量　　　　图 20-121　Projects 面板

3. 设置元件变量(以任意元件示例)

（1）以 U1 为例，将其设置为不装配的元件。如图 20-122 所示，单击要设置的元件 U1，然后在对应的 NOT 变量中单击…按钮，在弹出的 Edit Component Variation 对话框设置器件的变体类型（包含 Fitted、Not Fitted、Alternate Part 3 种），单击 Not Fitted 按钮，最后单击 OK 按钮，即可看到 U1 的变量为 Not Fitted，同时在“元件参数”选项组可发现 Not Fitted 变量下没有任何参数。

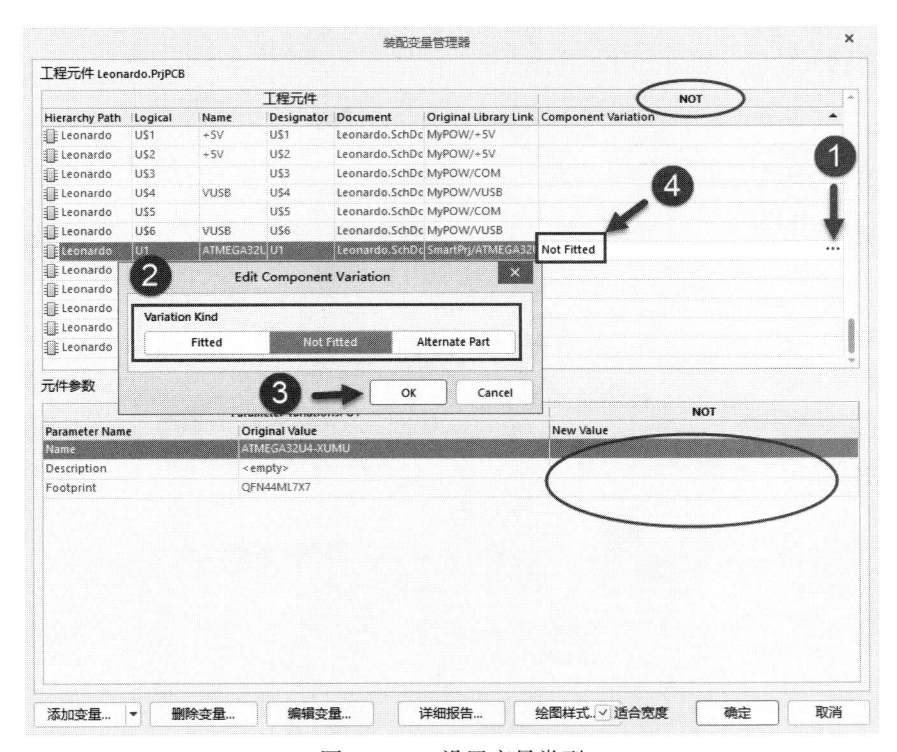

图 20-122　设置变量类型

（2）以 C14 为例，将其设置为需装配但容量值不同的元件。将变体类型设置为 Fitted，然后在“元件参数”选项组中修改参数，如图 20-123 所示。

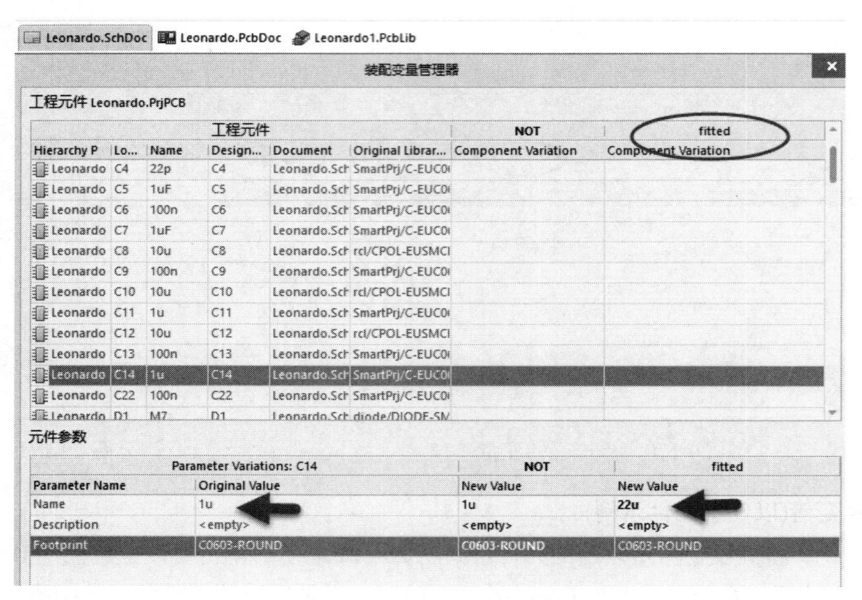

图 20-123 修改元件参数

（3）以 IC2 为例，将其设置为需替换的元件。将变体类型设置为 Alternate Part，然后单击 Replace Component 按钮，在弹出的 Replace LMV358MMX 对话框中单击原理图库，选择要替换的元件，如图 20-124 所示。可看到替换的元件信息如图 20-125 所示。

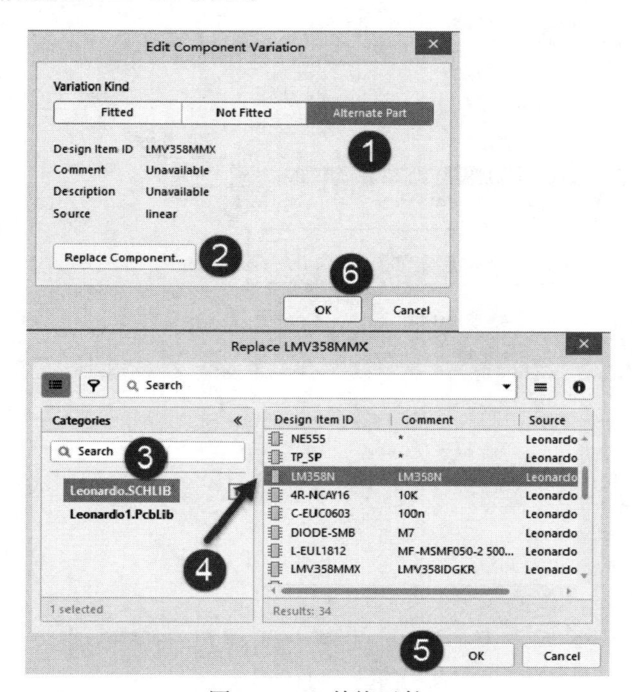

图 20-124 替换元件

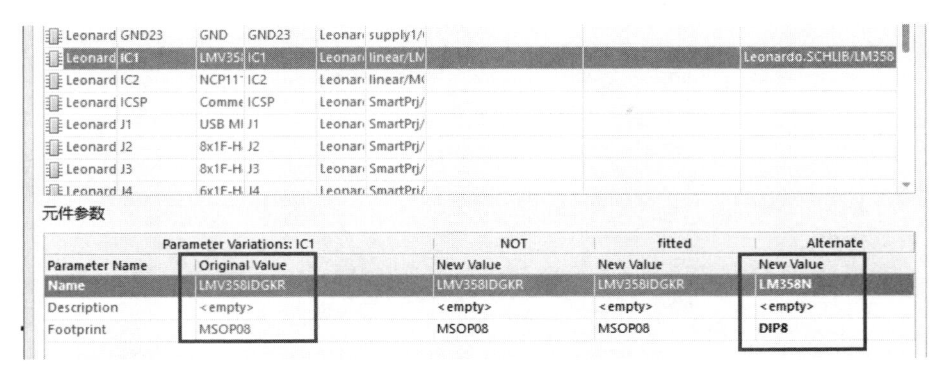

图 20-125　替换的元件参数信息

4. 查看变量体的显示情况

（1）在查看变量体之前，可对变量体进行显示的样式设置。在“装配变量管理器”对话框中，单击下方的“绘图样式”按钮，在弹出的“变量选项”对话框中自行设置变量体显示效果，如图 20-126 所示。

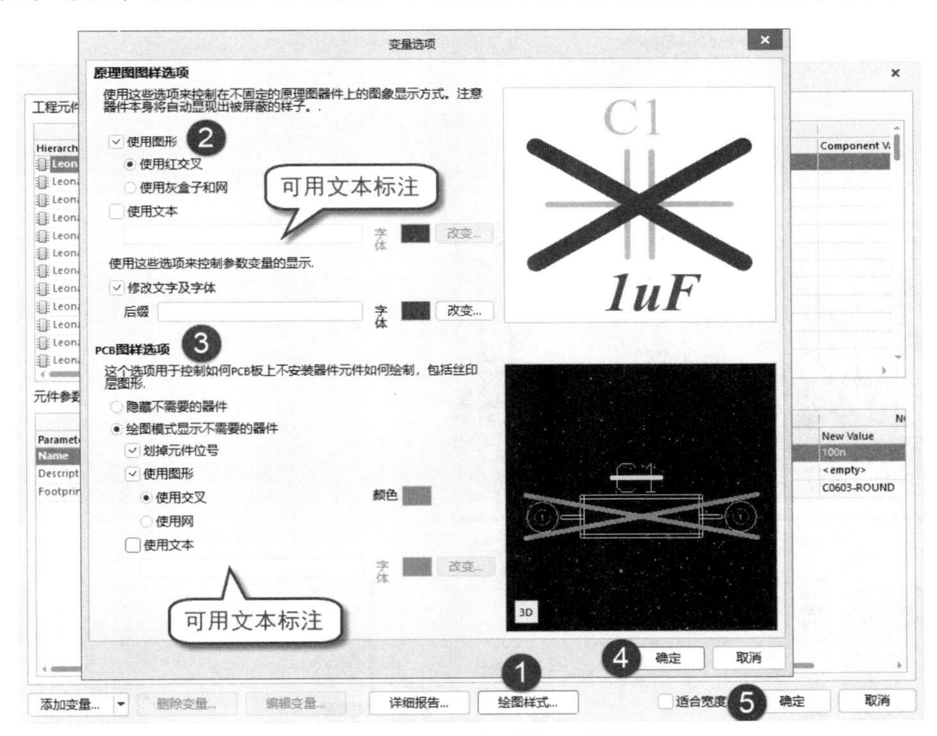

图 20-126　设置变量体显示效果

（2）查看 Not Fitted 变量。

① 在 Projects 面板中双击 NOT 选项切换到该变量，然后在原理图编辑区单击左下角的 Leonardo 按钮，即可看到原理图中 U1 被红色交叉划掉，如图 20-127 所示。

② 导入 PCB 后，PCB 编辑区依然会看到 U1，其显示在 3D 视图（对应元器件有 3D 模型）和装配图中才能明显区分。如图 20-128 所示，3D 视图下变量体的 3D 模型将被删除，装配图中变量体被绿色交叉线划掉。

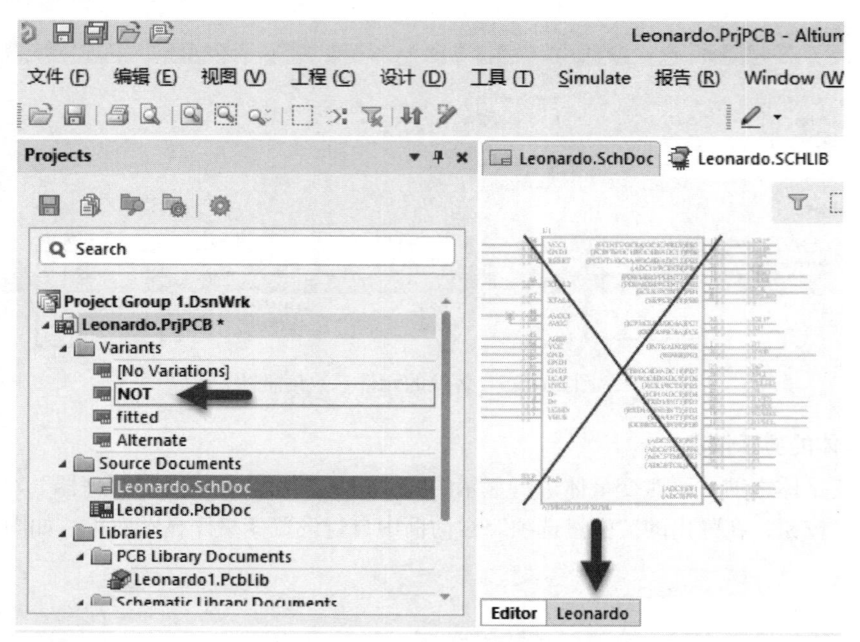

图 20-127　变量体在原理图的显示

（3）查看 Fitted 变量。原理图上的显示效果如图 20-129 所示，PCB 中无明显区别。

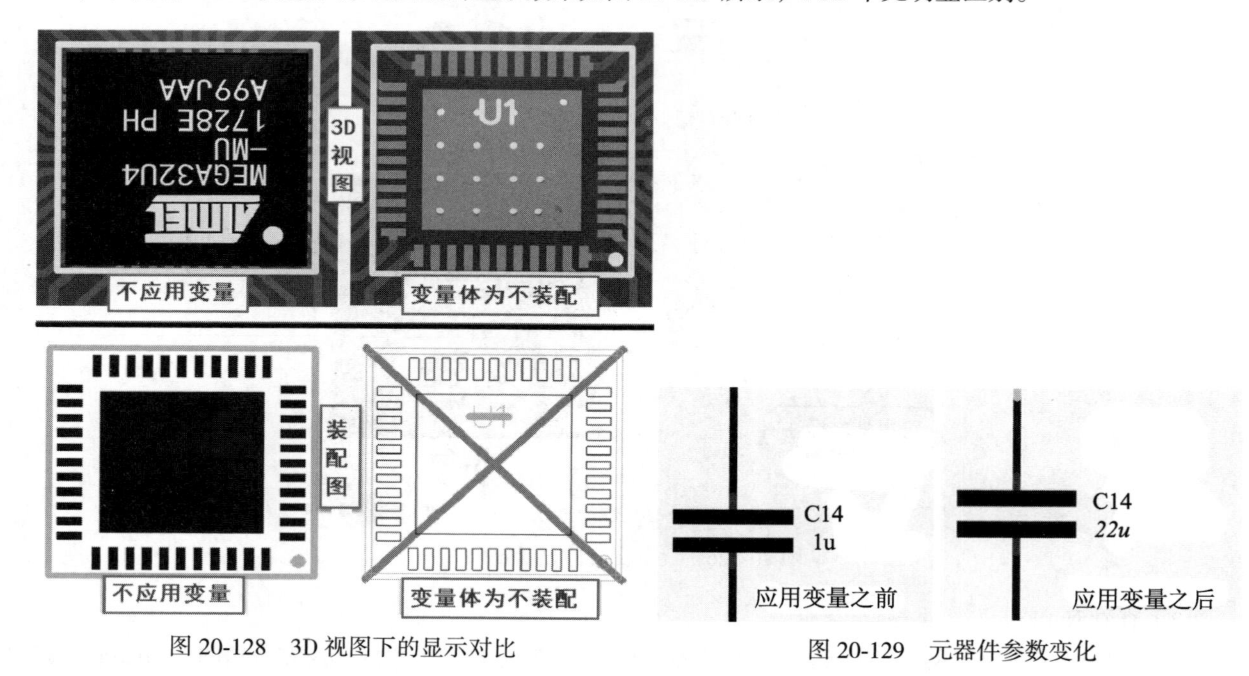

图 20-128　3D 视图下的显示对比

图 20-129　元器件参数变化

（4）查看 Alternate Part 变量。

① 原理图上的显示效果如图 20-130 所示。

② PCB 上会同时存在两个元器件的封装，如图 20-131 所示。

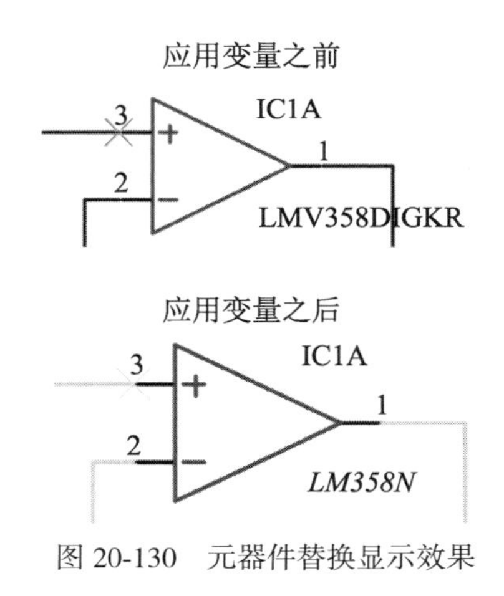

图 20-130　元器件替换显示效果

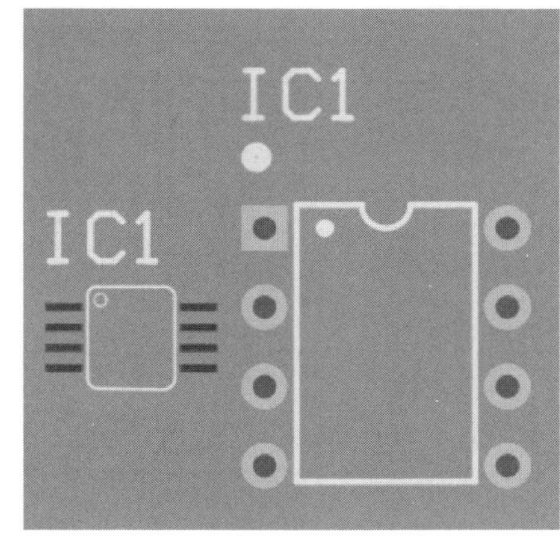

图 20-131　两个封装同时存在

20.12　PCB 多板互连装配设计

许多产品包括多个互连的印制电路板，将这些电路板放在外壳内并确保它们正确连接是产品开发过程中的一个具有挑战性的阶段。是否已在每个连接器上正确分配网络？连接器是否正确定位？插件板是否装在一起？所有连接的电路板是否都适合机箱？产品开发周期后期的错误将使成本高昂，无论是重新设计的成本还是推迟上市的成本。

为了解决这一问题，需要一个支持系统级设计的设计环境。理想情况下，这将是一个设计空间，可以在其中定义功能或逻辑系统，还可以将各种板插在一起并验证它们在逻辑上和物理上都能正确连接。

Altium Designer 22 为电子产品开发过程带来了系统级设计。整个系统设计在 Altium Designer 中作为多板项目创建。在该项目中，逻辑系统设计通过将模块放置在多板原理图上来制定，其中系统中的每个物理板由模块表示。每个模块都参考各个模块中的 PCB 和原理图。

一旦模块在多板原理图上相互连接，就可以验证板到板的连接。这将检测网络到引脚分配错误和引脚到引脚的互连布线错误。可以解决这些错误并将修改信息更新到对应的 PCB 中，或者重新更新到源系统原理图。

印制电路板不是孤立存在的，它们通常与其他板组装在一起，且板的组件容纳在壳体或外壳内。Altium Designer 的多板装配功能有助于完成设计过程的这一阶段。多板装配编辑器允许单独的板旋转，对齐并相互插入，还允许将其他零件（包括其他板、组件或 STEP 格式 MCAD 模型）导入并定位到装配中。

下面通过一个案例来演示在 Altium Designer 22 中如何实现多板装配。

（1）首先创建多板项目（*.PrjMbd）。打开 Altium Designer 软件，执行菜单栏中的“文件”→“项目”→Multiboard 命令，新建一个多板项目并选择一个项目的存放路径，单击 Create 按钮即可创建一个多板项目，如图 20-132 所示。

（2）添加需要装配的子项目到多板项目中。打开 Projects 面板，在新建的 MultiBoard.PrjMbd 工程文件上右击，在弹出的快捷菜单中执行“添加已有文档到工程”命令，添加需要的多板子项目到多板工程中，如图 20-133 所示。

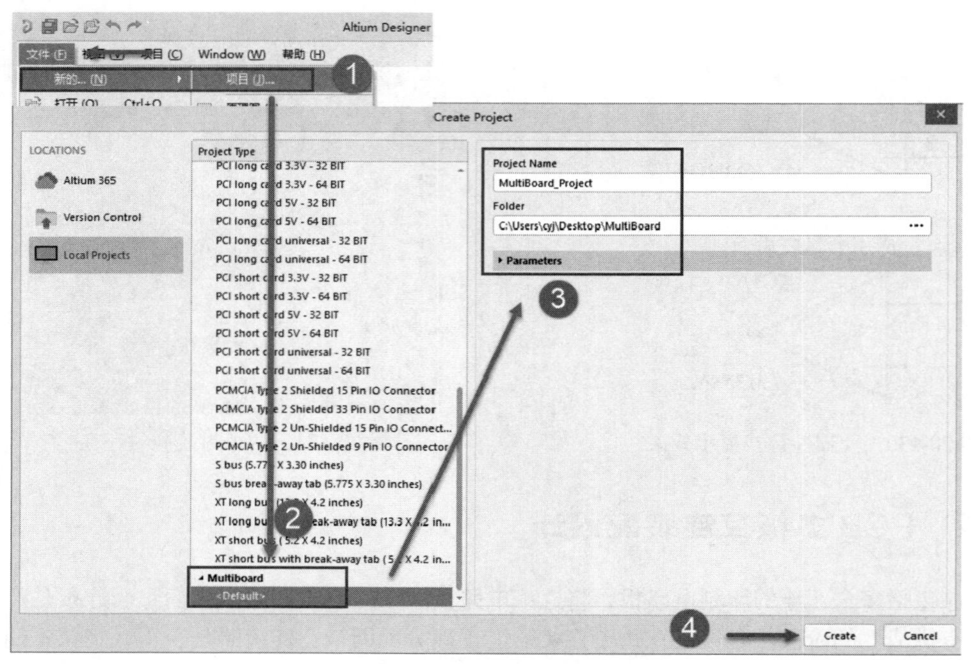

图 20-132 创建多板项目

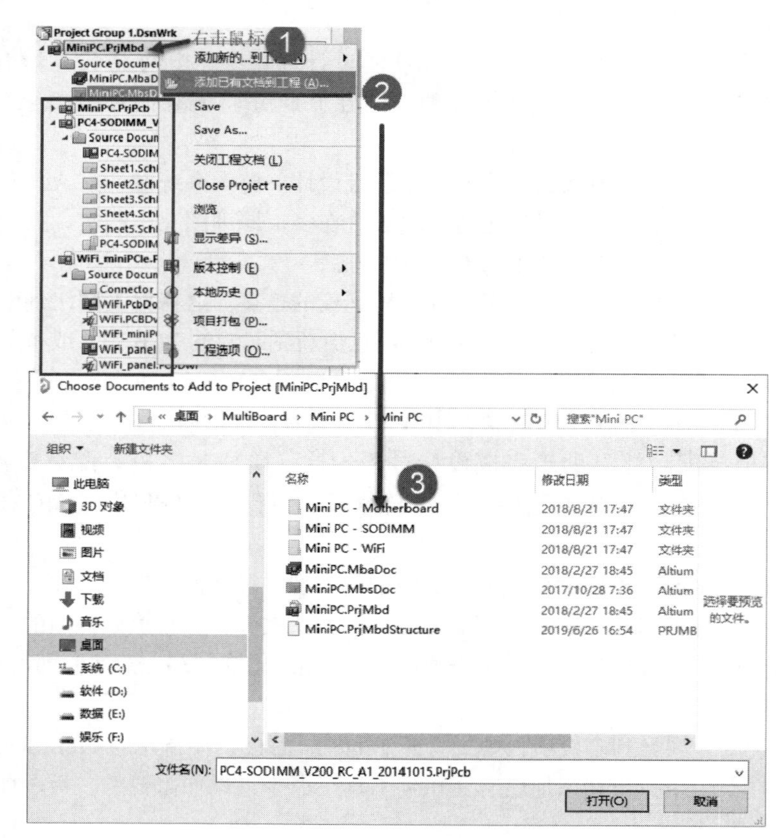

图 20-133 添加多板子项目

（3）创建多板原理图。构成多板系统设计的 PCB 项目之间的连接是通过在多板原理图上放置模块，并使用虚拟连线/线缆/线束将各模块连接在一起来建立的。新建多板原理图的方法如图 20-134 所示，多板原理图文件扩展名为.MbsDoc。

图 20-134 新建多板原理图

（4）放置代表子 PCB 项目设计的模块。代表子 PCB 项目设计的模块通过执行“放置”→“模块”命令放置在工作区中，或者在编辑器的 Active Bar 中单击（Module）按钮，并在弹出的下拉列表中选择相应的模块放置如图 20-135 所示。

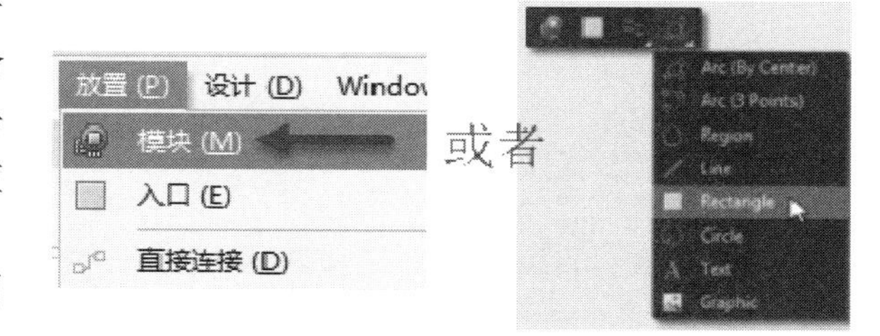

图 20-135 放置模块

（5）设置模块参数。选择放置的模块，并使用 Properties（属性）面板定义其 Designator（指示符）、Title（标题）及模块链接到的源 PCB 设计项目，该源项目可以设置为本地文件（即之前需要装配的多板子项目）或基于服务器的管理项目，如图 20-136 所示。

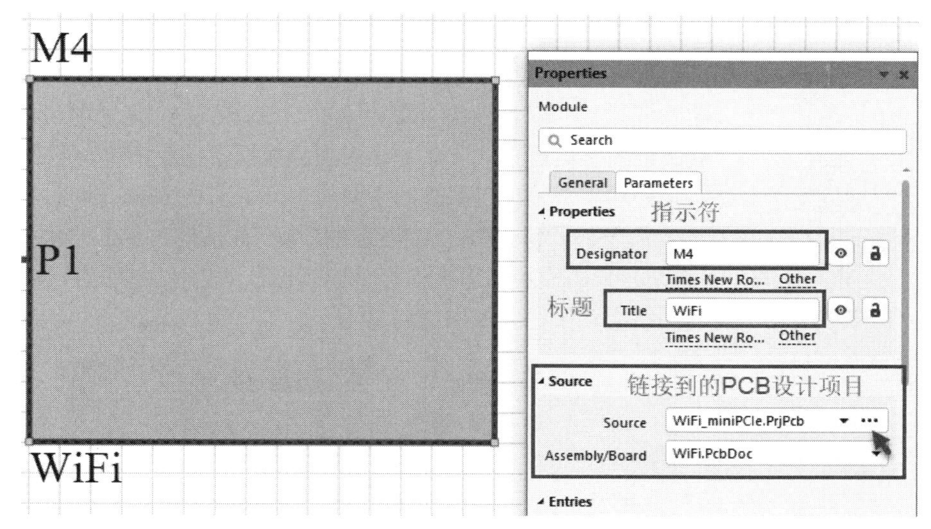

图 20-136 设置模块参数

（6）设置多板子项目源原理图文件的连接关系。代表多板系统设计中的子板设计的 Altium Designer PCB 项目将包含特定连接，例如边缘连接器或插头插座/插座，作为系统设计中其他 PCB 的电气和物理接口。这些连接及其相关的网络需要通过多板原理图（逻辑）设计文档进行检测和处理，以在系统级设计中建立板间连接。

通过在源 PCB 项目的原理图中设置特定元器件的参数来建立板间连接，对于多板装配设计中具有连接关系的每个连接器，需要在源 PCB 项目中的原理图中选择相应的连接器部件，然后在 Properties（属性）面板的 Parameters（参数）选项组中添加特殊的参数值，如图 20-137 所示。

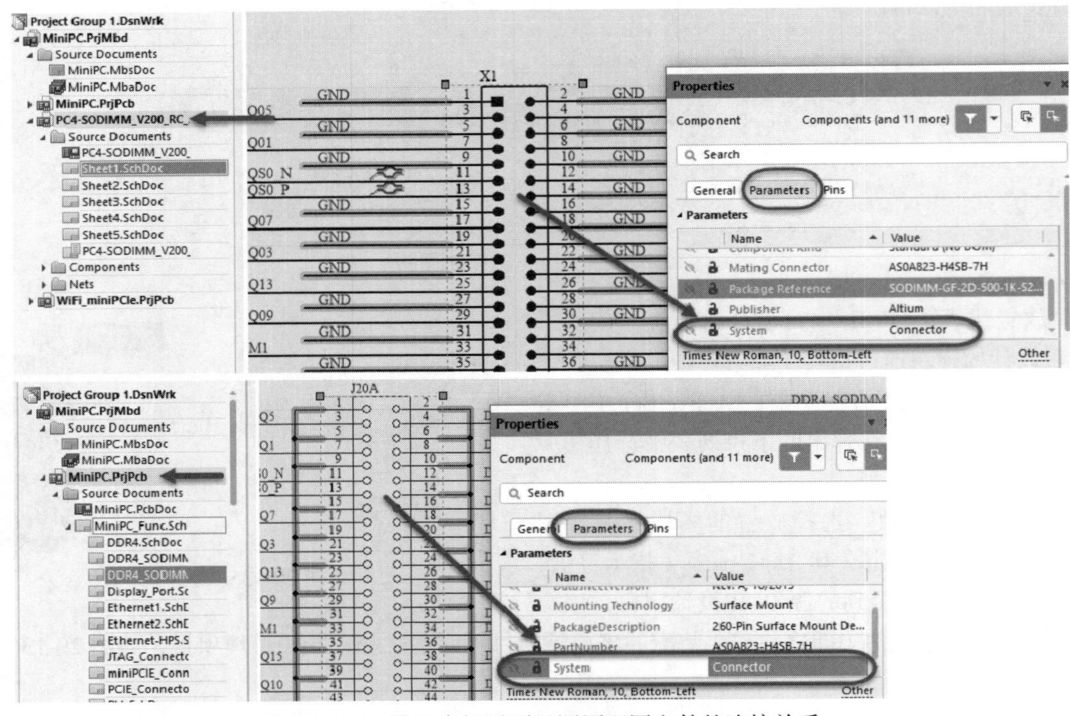

图 20-137　设置多板子项目源原理图文件的连接关系

（7）导入子项目数据。准备工作完成后，通过执行菜单栏中的“设计”→“从子项目导入”命令，或者执行菜单栏中的“设计”→“从选定的子项目导入”命令导入项目数据。模块中包含了其链接的 PCB 项目设计中设计数据。最重要的是，它处理来自子项目原理图中具有 System：Connector 附加特殊参数的每个连接器的 Pin 和 Net 数据。执行导入命令后，将弹出“工程变更指令”对话框，单击“执行变更”按钮，如图 20-138 所示。导入完成后，将在各自的模块图形上为每个连接器自动创建模块连接器（Entry）。连接器与子项目中的连接器上的引脚和网络主动关联，如图 20-139 所示。

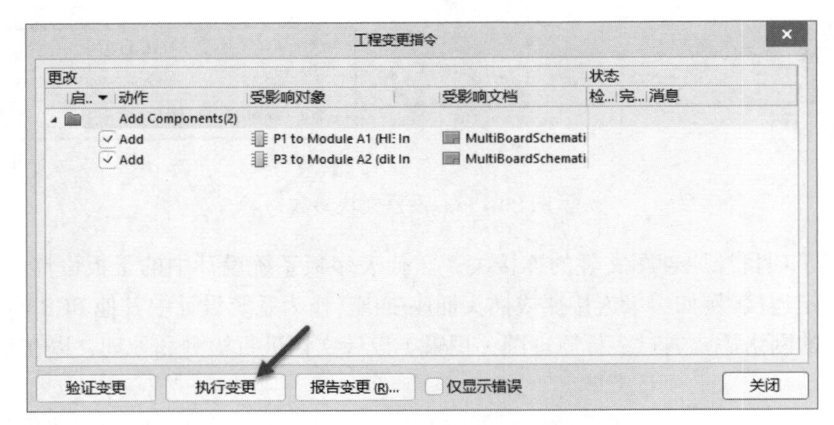

图 20-138　“工程变更指令”对话框

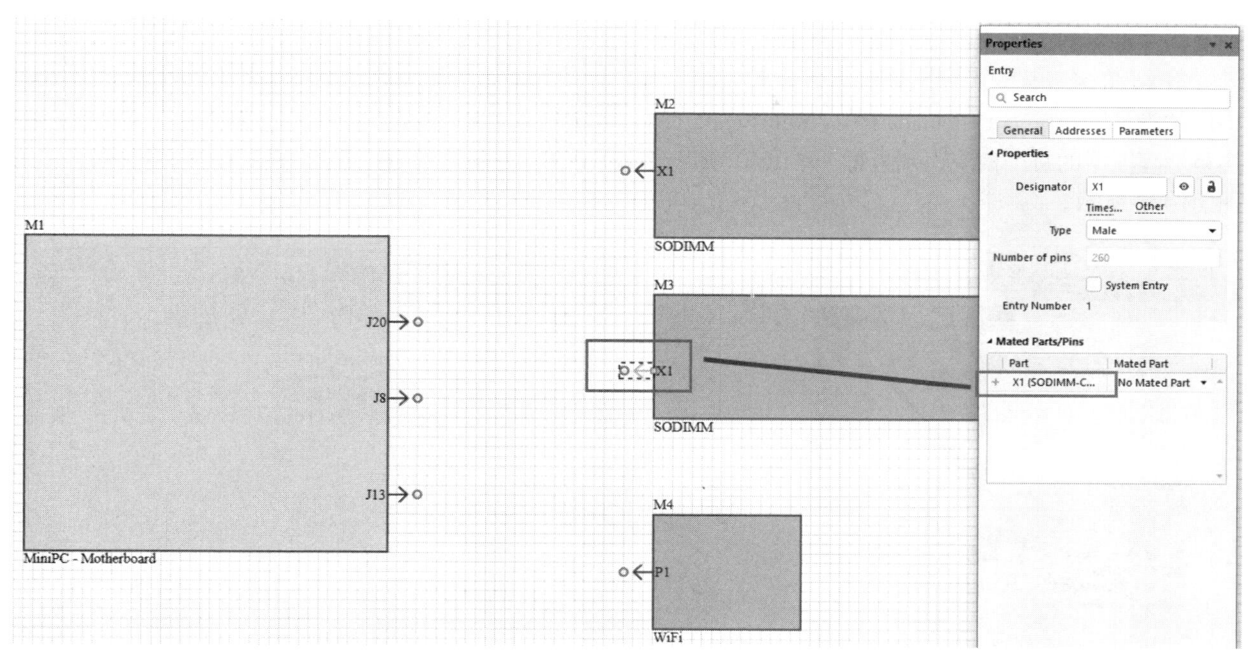

图 20-139　导入子项目数据

（8）连接模块。要完成创建和连接子项目模块，需要在模块之间放置逻辑连接。多板原理图编辑器的“放置”菜单提供了一系列连接类型，执行菜单栏中的“放置”→“直接连接”命令，单击并拖动“模块入口”点之间的连线以创建逻辑连接。此外，多板原理图编辑器中的所有元素（包括连接器对象）都可以拖动到新位置，如图 20-140 所示。

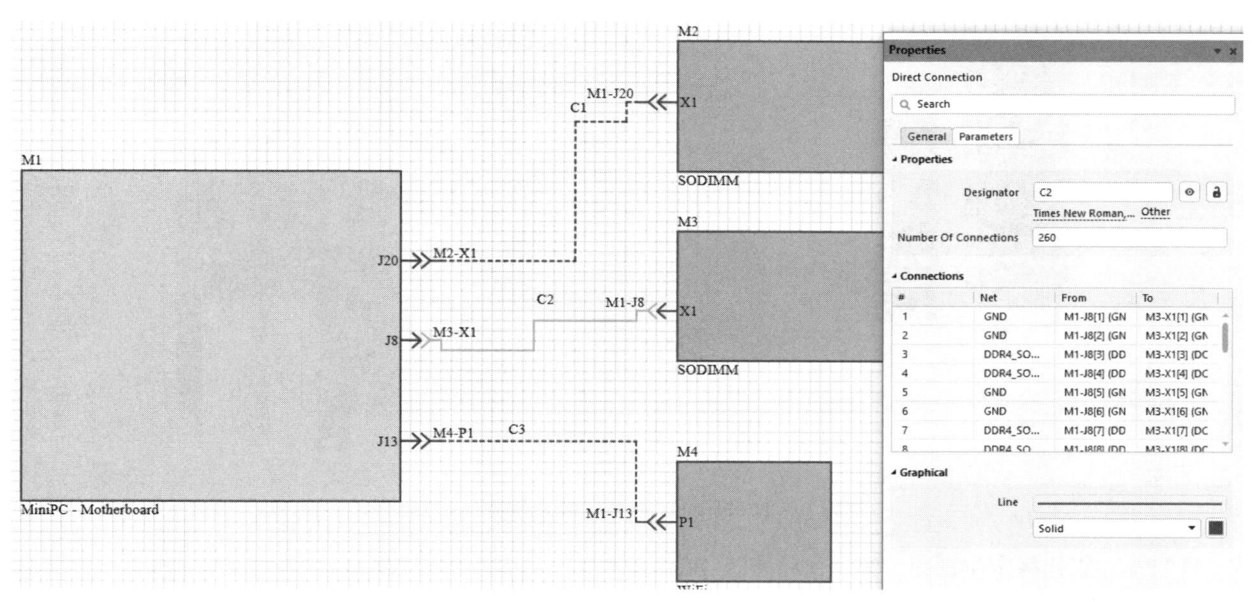

图 20-140　连接模块

（9）新建多板装配文档。执行菜单栏中的“文件”→“新的”→“多板装配”命令，新建一个多板装配文档并保存到多板项目中，如图 20-141 所示。

（10）将多板装配设计更新到多板装配文档。打开新建的多板装配文档，在其编辑环境下执行菜单栏中的“设计”→Import Changes From MultiBoard_Project.PrjMbd 命令，将弹出“工程变更指令”对话框，将多板原理图中的每个模块识别为每个子 PCB 项目选择的 PCB，并显示将每个板添加到所需的修改列表，如图 20-142 所示。

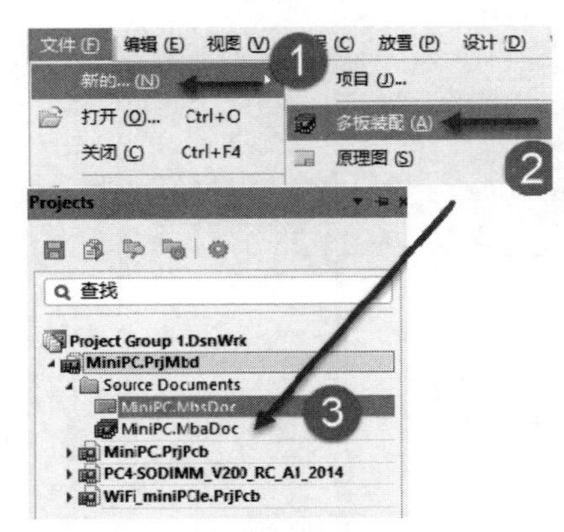

图 20-141 新建多板装配图

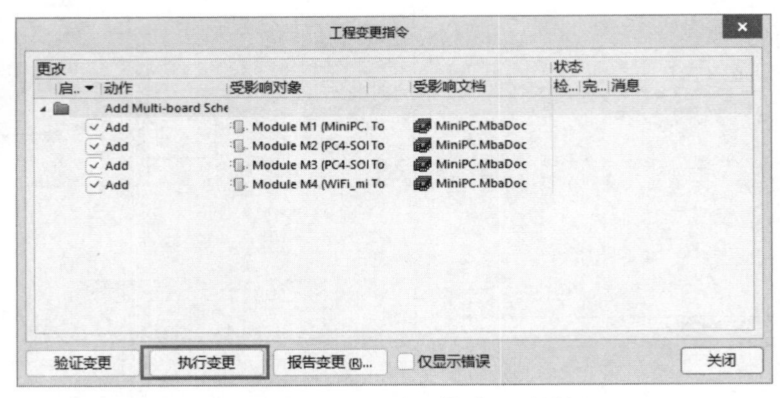

图 20-142 “工程变更指令”对话框

单击“执行变更”按钮，多板 PCB 将加载到多板装配编辑器，每块电路板都放置在工作空间中，如图 20-143 所示。

图 20-143 多板装配电路板

（11）在工作区定位视图。第一次将多板 PCB 加载到多板装配编辑器中时，它们整齐地放在同一平面上，可以将它们想象成在虚拟桌面上彼此相邻布局。接下来的装配步骤需要移动 PCB，这时就会发现一个问题：在多板装配过程中，需要移动、旋转、拉近板子，最终可能不确定板子往哪个方向移动了。因此，需要掌握视图的定位。

在多板装配编辑器工作区左下方是红色/绿色/蓝色轴标记，称为工作区 Gizmo。当选择一个板子时，会出现另一个 Gizmo，称为对象 Gizmo。使用 Gizmos（彩色箭头/平面/圆弧）控制工作区的视图及工作区内对象的方向，如图 20-144 所示。

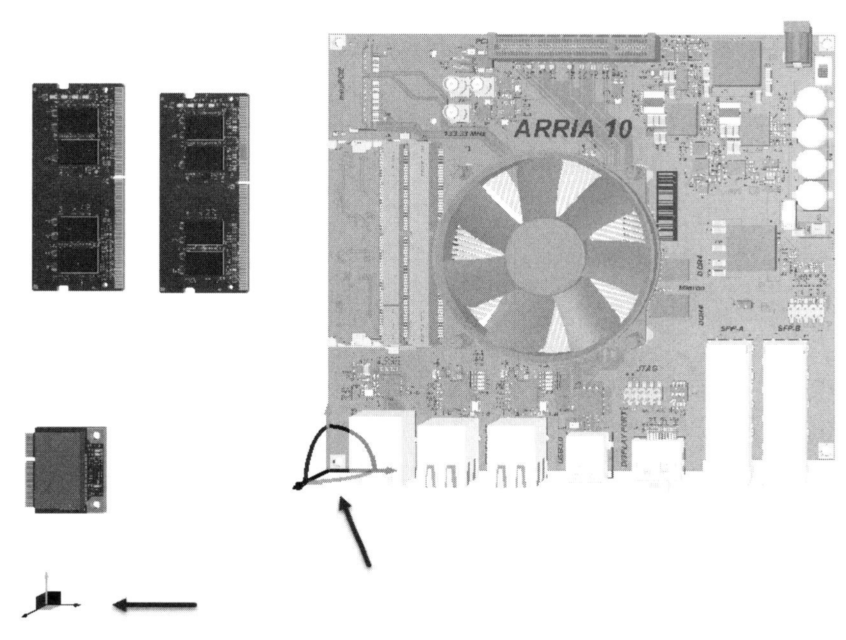

图 20-144　红色/绿色/蓝色轴标记

① 工作区 Gizmo 用于将视图的方向更改为工作区。

每个工作空间轴及其对应的平面都分配了一种颜色：

- 蓝色箭头为 Z 轴，可在 XY 平面中查看。可以将其视为顶视图或底视图。
- 红色箭头为 X 轴，查看 YZ 平面。可以将其视为前视图或后视图。
- 绿色箭头为 Y 轴，查看 XZ 平面。可以将其视为左视图或右视图。

按快捷键 Z，或单击工作区 Gizmo 上的蓝色，将视图重新定向为俯视 Z 轴，直接接入 XY 平面。再次单击蓝色或使用快捷键 Shift+Z，可从相反方向查看。

按快捷键 X，或单击工作区 Gizmo 上的红色，将视图重新定向为俯视 X 轴，直接进入 YZ 平面。再次单击红色或使用快捷键 Shift + X，可从相反方向查看。

按快捷键 Y，或单击工作区 Gizmo 上的绿色，将视图重新定向为俯视 Y 轴，直接进入 XZ 平面。再次单击绿色或使用快捷键 Shift + Y，可从相反方向查看。

② 对象 Gizmo 用于调整 PCB 方向和位置。

单击其中一块 PCB 时，该 PCB 将以选择颜色突出显示（默认为绿色），并出现彩色方向线和弧，如图 20-145 所示。这些彩色线条和弧线统称为对象 Gizmo，可以单击并拖动以移动或重新定向该板。

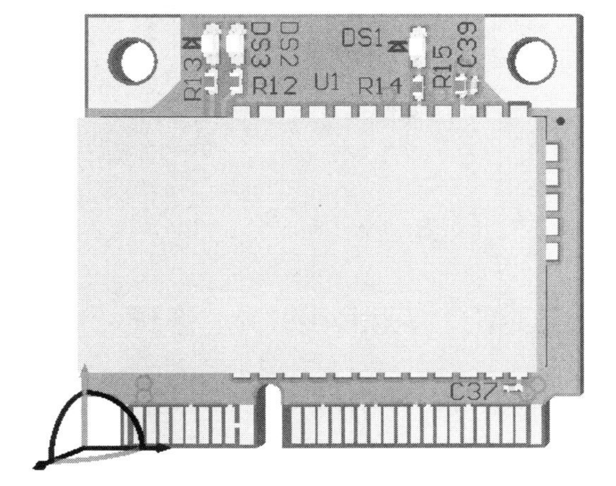

图 20-145　对象 Gizmo

显示“对象 Gizmo”时，单击并按住不同对象的作用如下：

- 对象 Gizmo 箭头：沿对象轴移动对象。
- 对象 Gizmo Arc：围绕该对象轴旋转对象。在旋转期间，只要对象轴与工作空间轴对齐，就会有轻微的黏性。
- 选定对象：在当前视图平面上移动对象。由于当前视图平面是由当前具有面向视图的方式定义的，因此使用此技术移动对象时，将很难预测对象在三维空间中的位置。

（12）进行多板装配。利用前文介绍的在工作区定位 PCB 视图的方法装配多板 PCB。装配完成后的效果如图 20-146 所示。

（13）将其他对象添加到多板装配中。除了多板原理图中引用的 PCB 之外，还可以将其他对象加载到多板组件中。通过“设计”菜单栏中的命令，可以将另一块 PCB 插入此组件，或者将另一个多板组件插入此组件，还可以将 STEP 格式机械模型插入此装配，如图 20-147 所示。

图 20-146 完成多板 PCB 装配后的效果图

图 20-147 将其他对象添加到多板装配中

20.13 ActiveBOM 管理

选择良好的元器件是每个电子产品成功的基础，应如何选择最合适的元器件？

选择的元器件不仅需要满足必要的技术要求，工程师还必须考虑价格、是否有货、交货时间及装配和测试阶段对该元器件的要求。选择错误的元器件可能代价高昂：不仅将增加最后的单价，还可能影响产品的交付计划，甚至导致产品在市场上的最终失败。

ActiveBOM 是功能强大的物料清单管理编辑器，它将全面的 BOM 管理工具与 Altium Designer 强大的部件信息聚合技术结合在一起，帮助用户应对元器件选择带来的挑战。无论如何，最终设计中使用的每个元器件必须具有详细的供应链信息。以前，工程师不得不在创建元器件库或原理图设计过程中将供应链信息添加到每个元器件中，或者对其设计 BOM 进行后处理，以便随后添加供应链信息。在最新发布的 ActiveBOM 版本中，此约束已不复存在。目前，工程师可以在设计期间随时将供应链信息添加到元器件，还可直接将供应链信息输入 BOM 而非原理图元器件。

这种将供应链详细信息直接输入 BOM 的功能改变了 BOM 文档在 PCB 项目中的作用。不再只是简单的输出文件，ActiveBOM 提供了元器件管理过程，使其与原理图设计和 PCB 设计过程同时进行，其中 ActiveBOM 的 BOM 文档成为了 PCB 项目所有 BOM 数据的来源并应用于所有 BOM 类型的输出。

除了布局在原理图中的元器件，其他元器件和特定的 BOM 数据也可直接添加到 ActiveBOM 中，例如待详细说明的元器件、紧固件、空白板或安装胶水。也可以添加自定义列，包括特定的“行”号列，支持自动和人工编号，具有全文复制/粘贴功能。

对于包含制造商信息的设计元器件，ActiveBOM 可通过 Altium Cloud Services 访问详细和最新的供应链信息。本功能不仅支持来自托管内容服务器的元器件，还支持“链接供应商”的元器件，以及在参数中已有合适的制造商详细信息的元器件。ActiveBOM 在界面上半部分列出 BOM 中的“条目”列表，而所选“条目”的供应链状态显示在下半部分，如图 20-148 所示。

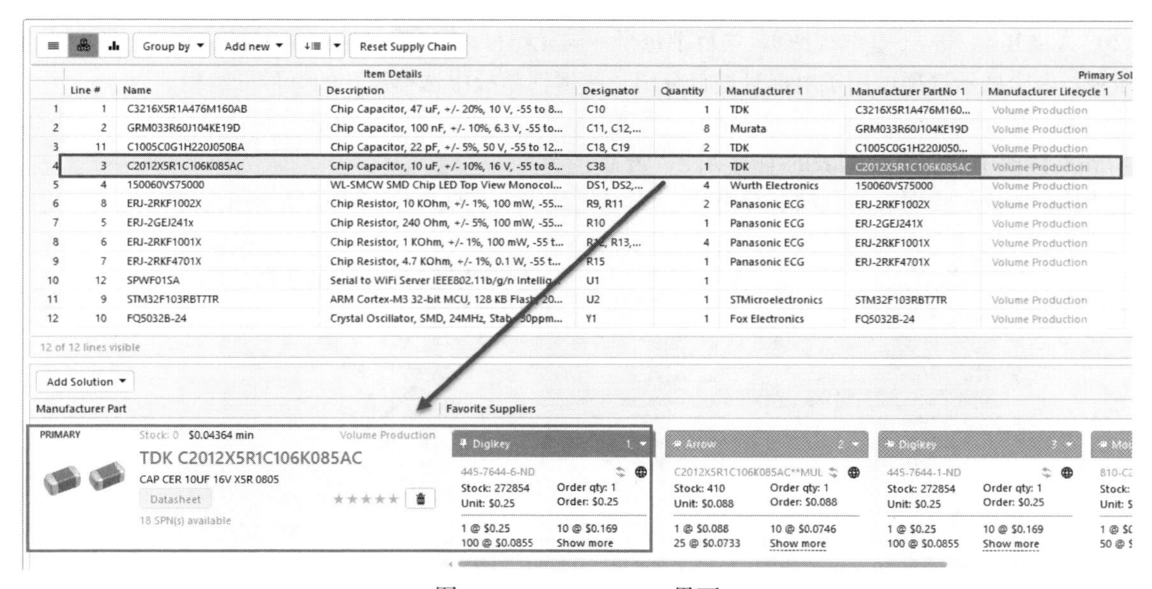

图 20-148　ActiveBOM 界面

下面介绍在 Altium Designer 22 中使用 ActiveBOM 进行 BOM 管理的方法。

1）创建 BOM 文档

用于 ActiveBOM 的 BOM 文档也称为 BomDoc。执行菜单栏中的“文件”→“新的”→ActiveBOM Document 命令，或者在 Projects 面板中右击所选的项目，在弹出的快捷菜单栏中执行“添加新的…到工程”→ActiveBOM Document 命令，将新的 BOM 添加到该项目。注意，每个 PCB 项目只能包含一个 BomDoc。

将新的 BomDoc 添加到项目时，原理图将自动编译，且现有的元器件将会被列入 BomDoc 中。如果有可用的供应链数据，合适的制造商元器件将详述于界面下方区域。如果有另外的元器件被放在原理图上，这些元器件将自动添加到 BomDoc 中。通过单击位于元器件列表上方的 Add new 按钮，还可直接将其他 BOM 条目和其他参数手动添加到 ActiveBOM 中。

2）BOM 条目列表

BomDoc 的上方区域是一张表格列表，其中包括在 PCB 设计项目中检测到的所有元器件及直接添加到此 BomDoc 中的所有其他 BOM 条目。此区域也称为 BOM 条目列表，如图 20-149 所示。

Group by ▾ | Add new ▾ | Reset Supply Chain

	Item Details					Primary Solution				
	Line #	Name	Description	Designator	Quantity	Manufacturer 1	Manufacturer PartNo 1	Manufacturer Lifecycle 1	Supplier 1	Supplier PartNo 1
1	1	C3216X5R1A476M160AB	Chip Capacitor, 47 uF, +/- 20%, 10 V, -55 to 8...	C10	1	TDK	C3216X5R1A476M160...	Volume Production	Arrow	C3216X5R1A476...
2	2	GRM033R60J104KE19D	Chip Capacitor, 100 nF, +/- 10%, 6.3 V, -55 to...	C11, C12,...	8	Murata	GRM033R60J104KE19D	Volume Production	Arrow	GRM033R60J10...
3	11	C1005C0G1H220J050BA	Chip Capacitor, 22 pF, +/- 5%, 50 V, -55 to 12...	C18, C19	2	TDK	C1005C0G1H220J050...	Volume Production	Newark	55T0064
4	3	C2012X5R1C106K085AC	Chip Capacitor, 10 uF, +/- 10%, 16 V, -55 to 8...	C38	1	TDK	C2012X5R1C106K085AC	Volume Production	Digikey	445-7644-6-ND
5	4	150060VS75000	WL-SMCW SMD Chip LED Top View Monocol...	DS1, DS2,...	4	Wurth Electronics	150060VS75000	Volume Production	Digikey	732-4980-1-ND
6	8	ERJ-2RKF1002X	Chip Resistor, 10 KOhm, +/- 1%, 100 mW, -55...	R9, R11	2	Panasonic ECG	ERJ-2RKF1002X	Volume Production	Avnet	ERJ-2RKF1002X
7	5	ERJ-2GEJ241x	Chip Resistor, 240 Ohm, +/- 5%, 100 mW, -55...	R10	1	Panasonic ECG	ERJ-2GEJ241X	Volume Production	Arrow	ERJ-2GEJ241X**...
8	6	ERJ-2RKF1001X	Chip Resistor, 1 KOhm, +/- 1%, 100 mW, -55 t...	R12, R13,...	4	Panasonic ECG	ERJ-2RKF1001X	Volume Production	Digikey	P1.00KLCT-ND
9	7	ERJ-2RKF4701X	Chip Resistor, 4.7 KOhm, +/- 1%, 0.1 W, -55 t...	R15	1	Panasonic ECG	ERJ-2RKF4701X	Volume Production	Arrow	ERJ-2RKF4701X*...
10	12	SPWF01SA	Serial to WiFi Server IEEE802.11b/g/n Intellig...	U1	1					
11	9	STM32F103RBT7TR	ARM Cortex-M3 32-bit MCU, 128 KB Flash, 20...	U2	1	STMicroelectronics	STM32F103RBT7TR	Volume Production	Arrow	STM32F103RBT7...
12	10	FQ5032B-24	Crystal Oscillator, SMD, 24MHz, Stab=30ppm...	Y1	1	Fox Electronics	FQ5032B-24	Volume Production	Mouser	559-FQ5032B-24

图 20-149　显示在“基本”视图中的 BOM 条目列表

有 3 种视图模式可用于展示 BOM 条目，使用表格中的按钮选择所需的模式：

（1）≡：Flat view（平面视图）。每个元器件占一行。

（2）品：Base view（基本视图）。项目中每个不同元器件占一行，Designator 列列出了此类型所有元器件的标号。多个展示选项可用于对标号进行分组，在属性面板中选择需要的标号分组模式。

（3）ılı：Consolidated view（综合视图）。当项目包含变量时，使用该视图显示所有变量的合并 BOM。

BOM 支持多个类似于数据表的编辑功能，包括：

① 使用 Properties 面板的栏制表符来显示/隐藏栏并定义该栏的别名，如图 20-150 所示。

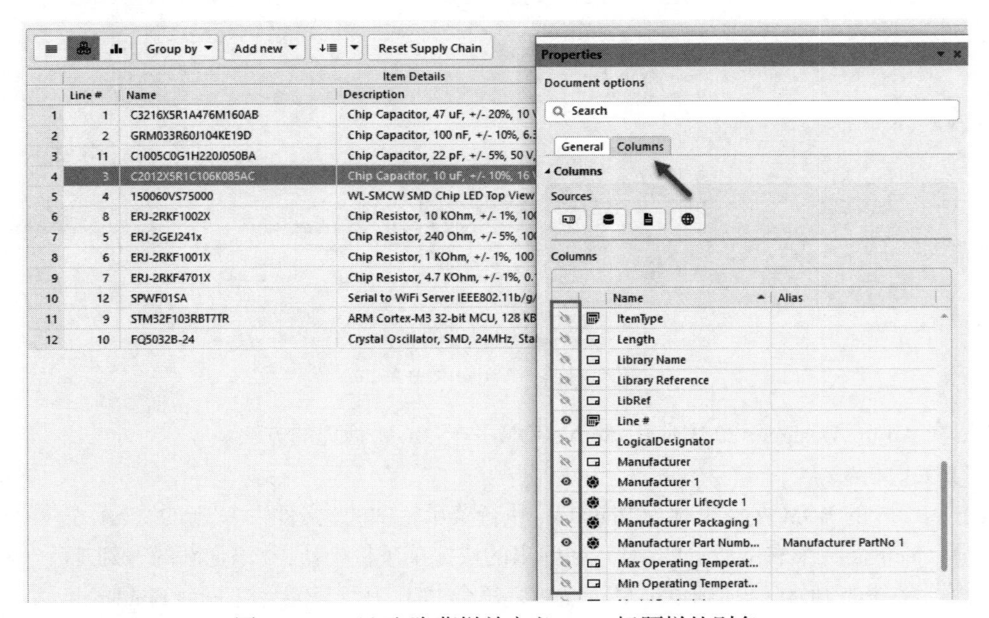

图 20-150　显示/隐藏栏并定义 BOM 标题栏的别名

② 拖动或下拉，以更改栏的顺序。

③ 按照任一栏分类，按住 Shift 键，在其后的栏进行再次分类。

④ 使用标准 Windows 选择方法选择单元格。

⑤ 从 ActiveBOM 中复制单元格内容，将值从外部数据表编辑器粘贴到定制 ActiveBOM 栏内。

⑥ 单击基础视图内的 ↓≡ |▾（设置行号）按钮，为每一行添加行号。单击按钮右侧的下三角按钮，打开行号选项对话框，在对话框中定义起始值和增量值。

⑦ 单击 Add new 下拉按钮，在弹出的下拉菜单中添加新的行或栏。

3）自定义 BOM 条目和列

PCB 设计项目的 BOM 管理要求对布局在原理图和 PCB 之外的元器件和 BOM 条目进行管理。在 PCB 设计项目中，有许多使用自定义 BOM 条目或参数的情况。对于这些情况，ActiveBOM 支持添加其他 BOM 条目和列（参数），随后可将这些条目和列纳入生成的 BOM。单击 Add new 下拉按钮，在弹出的下拉菜单中自定义 BOM 条目和列，如图 20-151 所示。

图 20-151　自定义 BOM 条目和列

下拉菜单中各选项含义如下：

（1）Managed component：管理元器件。

（2）Custom Item：附加的 BOM 条目，通常针对那些可能需要但尚未完全了解或不存在于元器件库中的条目。这可使这些条目的成本计入板的总成本估算中。

（3）Custom row：可以简单地的添加需要在设计中考虑的自定义 BOM 条目（裸板、胶水等）。自定义行中的所有字段均由用户限定。自定义行不受 ActiveBOM 管理，例如：如果器件数量设为 3，在“平面”视图中不会显示 3 个独立的条目。自定义行也不支持供应链搜索。

（4）Custom column：附加的 BOM 列，托管在 ActiveBOM 中，可包含任何用户定义的文本。

4）数据源

ActiveBOM 中可用的默认数据源是原理图元器件参数以及托管“条目”的保险库元器件参数。根据这些数据源，ActiveBOM 生成主要的项目 BOM 条目表格。在 ActiveBOM 的属性面板 Columns 标签卡中，可启用数据源并控制数据源的显示，如图 20-152 所示。

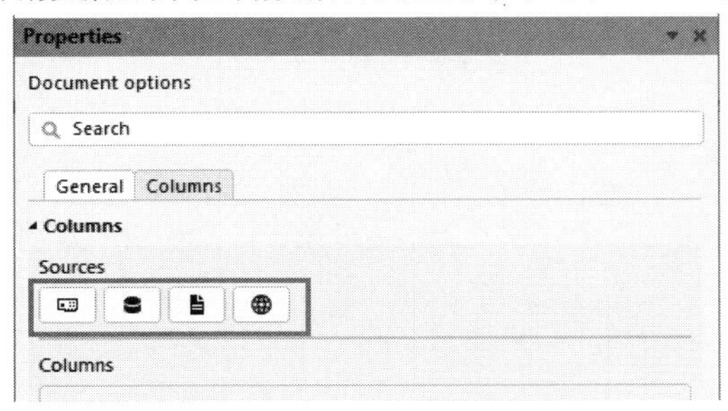

图 20-152　ActiveBOM 参数来源

（1）：PCB Parameters（PCB 参数）。针对每个元器件，使其将 PCB 位置/旋转/板面等数据归入可用的 Columns（栏）。

（2）：Database Parameters（数据库参数）。加载来自外部数据库的附加元器件参数（通过*.DbLib、*.SVNDbLib 或*.DbLink）。

（3）：Document Parameters（文件参数）。将 PCB 项目所有原理图中已检测的所有原理图文件参数归入可用的 Columns（栏）。

（4）：Altium Cloud Services（Altium 云服务）。对于已通过 Altium 元器件供应商识别并显示供应链解决方案的 BOM 条目，启用本功能可访问大量附加元器件数据。

5）行号列

对于有装配图的 PCB 设计，对于设计工程师、成本工程师或采购专员之间的 BOM 数据交换，BOM 行号（BOM 条目位置编号）是用于单独区分 BOM 行的简单方法，可用于明确识别或查找设计中对应的标注、元器件和描述。

作为项目 BOM 数据源，ActiveBOM 支持用户定义项目 BOM 的行号，且具有手动和自动“行号”（BOM 条目位置编号）管理功能。

如需自动设置所有项目 BOM 条目（元器件）的位置编号，单击 （Set line numbers）按钮，行号将显示在“行号”列，位于列的“条目详情”分组中。单击 （Set line numbers）按钮右侧的下三角按钮打开 Line # Options 对话框，可定义起始值和增量值，如图 20-153 所示。

如需重新编号或从自定义添加的编号继续编号，选择所需的条目“行号”，打开 Line # Options 对话框，在对话框中定义起始值和增量值。然后单击 ActiveBOM 窗口中的 （Set line numbers）按钮，在弹出的 Line numbering 对话框中选择 Renumber all 选项即可完成行号的重新编号，如图 20-154 所示。

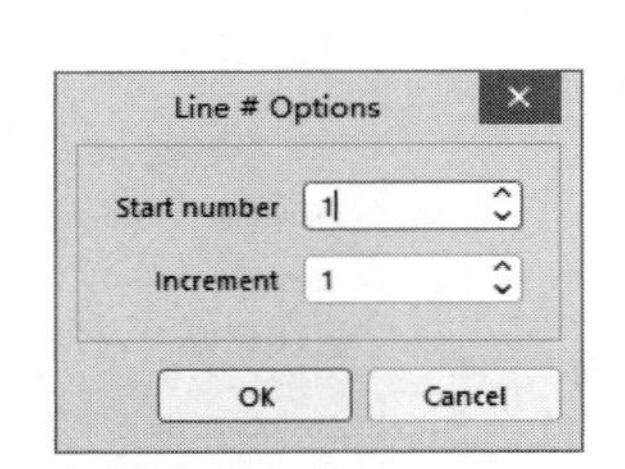

图 20-153　Line #Options 对话框

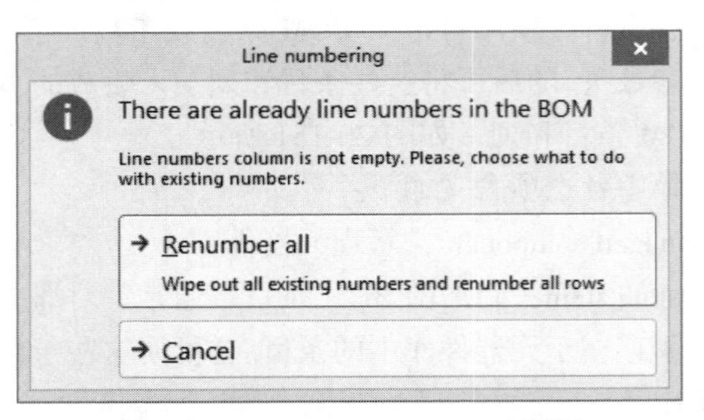

图 20-154　Line numbering 对话框

6）列组

ActiveBOM 在每个视图模式中均显示不同的列组，“基本”视图下的 ActiveBOM 如图 20-155 所示。

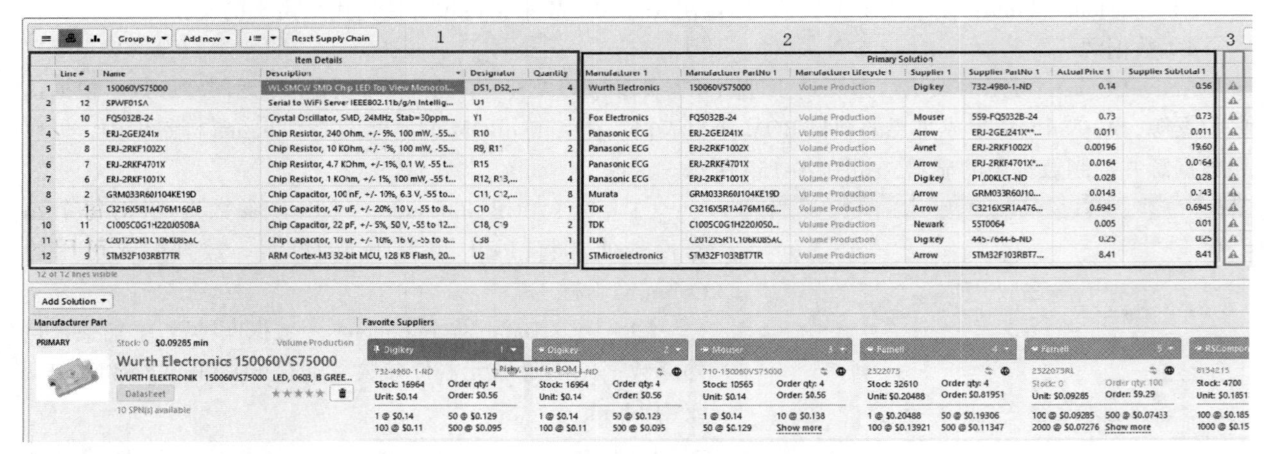

图 20-155　“基本”视图下的 ActiveBOM

BOM 条目表格主要分为以下几组：

（1）Item Details：显示详细的元器件参数，如标号、描述、元器件库参考和其他元器件参数。在图片中为红色框。

（2）Primary Solution：排名最高的制造商和来自供应链的供应商。解决方案（制造商元器件）的数量和各解决方案供应商的数量均可在 ActiveBOM 的属性面板中进行配置。这些信息均通过供应商名称的立体彩色旗帜标明。排名是自动的，也可以手动设定，如下文“供应链”部分所述。在图片中为蓝色框。

（3）BOM Status：表明与每个元器件相关的当前风险。将光标悬停在图标上了解详情，或者在属性面板中启用 BOM Status 列来显示描述。在图片中为绿色框。

7）BOM 检查

ActiveBOM 包含一套综合的 BOM 检查，且每次更新 BOM 时将自动执行此检查。

其中 BOM 状态检查每个 BOM 条目是否存在违规，其状态是否显示在 BOM Status 列中。本列在 BOM 条目列表右侧始终可见，并显示表明该条目状态的图标。注意，如果 BOM 条目在多次 BOM 检查中失败，图标显示最严重的故障。

不同 BOM 状态图标含义如下：

（1）清除。

（2）警告。

（3）错误。

（4）严重错误。

将光标悬停在图标上，即可查看该元器件的状态汇总。也可启用详细 BOM Status 列的显示功能，以显示详细信息。可通过以下两种方式启用该列：在 ActiveBOM 的属性编辑面板中查看元器件的状态，其中包含便于使用的搜索框；右击 BOM 条目列表的列标题区并在弹出的快捷菜单中执行 Select Columns 命令。

8）配置 BOM 检查

BOM 条目可对以下内容进行自动检查：

（1）与“设计条目”相关的违规行为：包括测试，如 BOM 参数与元器件库参数不一致（模糊参数）的元器件和重复的标号。

（2）与“元器件选择”相关的违规行为：包括测试，如未分级的 MPN（仅系统分配等级）、无供应商或缺失的目标价格。

在 Properties 面板中单击 BOM Checks 检测违规列表下方的（Checks options）图标，打开 BOM Checks 对话框，如图 20-156 所示。在 BOM Checks 对话框中配置每次 BOM 检查的严重程度（报告模式）。

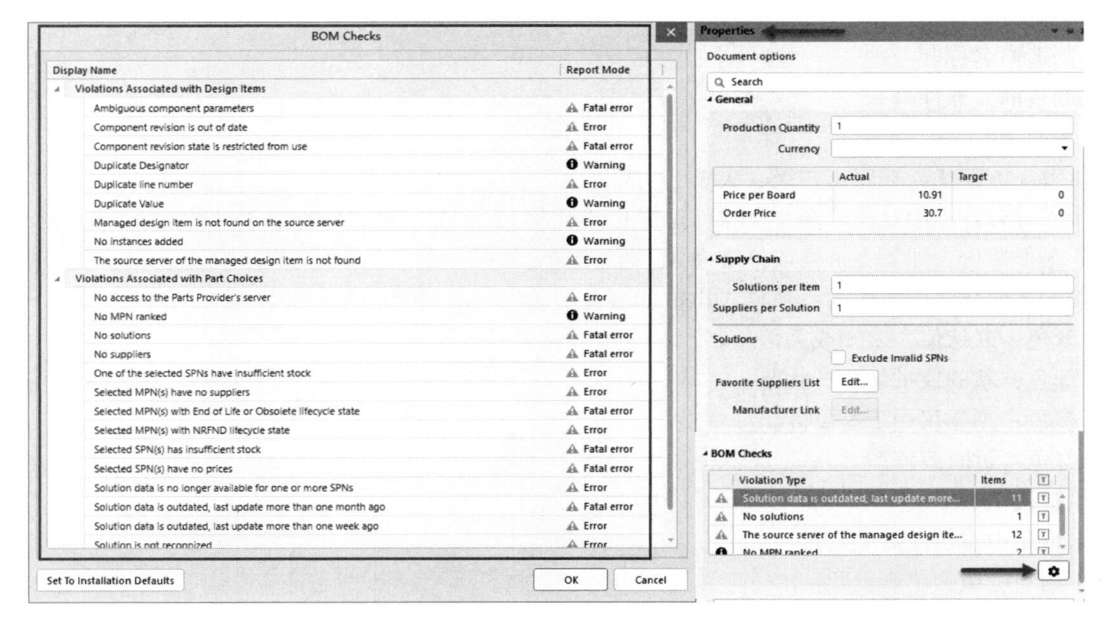

图 20-156　BOM Checks 对话框

9）供应链

元器件选择通常是兼顾可用性、单价和制造量的过程。ActiveBOM 最大优势之一是其能够将详细的、最新的供应链信息直接带入设计环境。访问此信息意味着工程师可轻松监测他们的元器件选择并根据需要采用元器件。

如果设计元器件包含识别的制造商元器件号（MPN），ActiveBOM 可访问 Altium Cloud Services（Altium 云服务器）并查找关于此元器件的供应链信息。云服务的主要功能是 Altium Parts Provider，可从广泛的外部供应商列表中汇总实时元器件信息，将价格、库存量、最小订单数量等信息发送到 ActiveBOM。

10）解决方案

在 ActiveBOM 中，在设计元器件可访问此供应链信息时，解决方案将出现在 ActiveBOM 界面下方区域。制造商元器件显示在左侧，而可用的供应商说明在右侧。

每一行称为一个“解决方案”。每个解决方案即为特定制造商和元器件，通常称为制造商元器件号（MPN），并具有可提供该元器件的一个或多个供应商的详细说明，如图 20-157 所示。

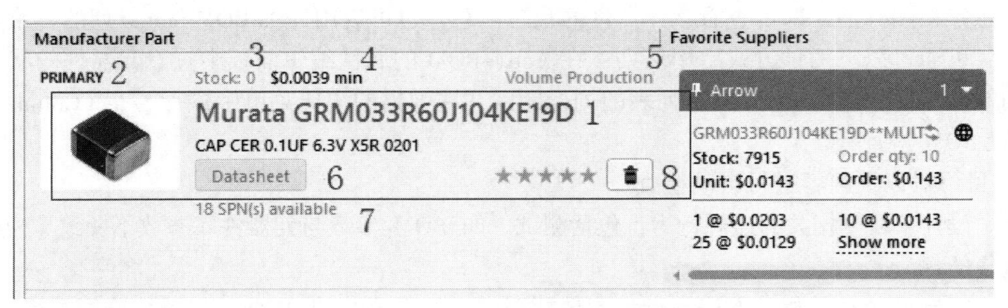

图 20-157　制造商的元器件和该元器件可用的供应商

制造商元器件号信息介绍如下：

（1）制造商详情：包含以下内容。

① 元器件图像。

② 制造商名称。

③ 制造商元器件号。

④ 说明。

（2）解决方案优先顺序（初级、次级 1、次级 2）。

（3）库存合计：中意供应商（全球可得）的可用库存的总量。如果库存小于订单数量，则为红色。

（4）最低单价：如果无价格或价格为 0，则为红色。

（5）制造商批量生产周期：来自 Altium 云服务的数据，不同颜色含义如下。

① 灰色：默认值、未知或无信息。

② 绿色：新的或批量生产状态。

③ 橙色：不建议用于新设计。

④ 红色：过时或停产。

（6）链接至数据表（Datasheet）。

（7）可用中意供应商的数量。

（8）用户等级：单击设置。

11）解决方案排名

如果有多个制造商元器件可供使用，即有多个解决方案，则这些解决方案将根据该元器件的可用性、价格和制造商的生产状态从高到低自动排序。

如果更倾向于使用排名较低的解决方案，例如使用特定的制造商，可以使用星号功能设定“用户排名”覆盖自动排名，如图 20-158 所示。

图 20-158　单击星号设定解决方案的用户排名

12）供应商

在制造商详情的右侧是可用的供应商，每个供应商均详述于单独的抬头上。这些抬头也称为供应商元器件号（SPN）。

供应商元器件号根据可用性和价格自动排序。每个供应商元器件号抬头包含一块彩色的横幅，如图 20-159 所示，颜色反映与选择供应商元器件号相关的风险（下文有详细说明）。因为可用性和价格数据可从 Altium Parts Provider 随时刷新，供应商元器件号抬头的顺序可能发生变化。

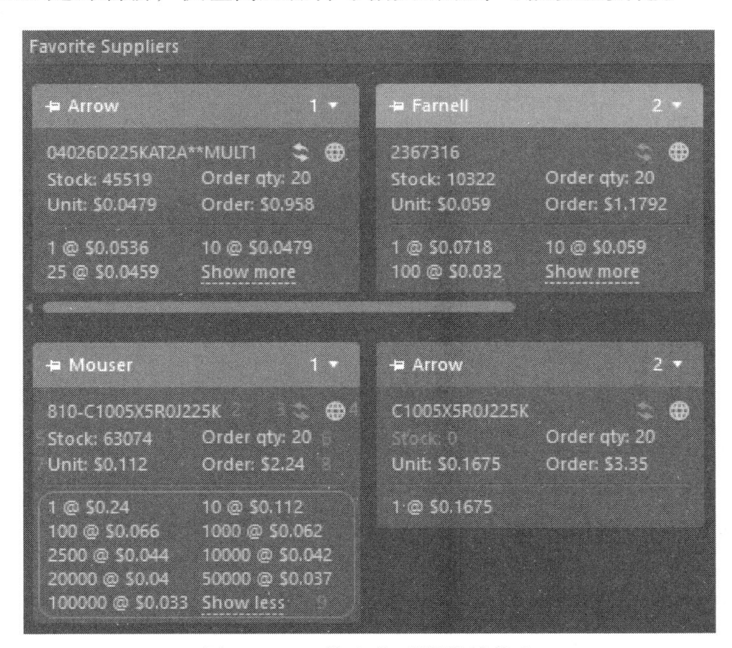

图 20-159　供应商元器件号信息

供应商元器件号抬头包含以下信息。

（1）图块标题，包括锁定引脚、供应商名称、图块顺序下拉菜单，其中不同标题颜色含义如下：

① 绿色：最佳。

② 橙色：可接受。

③ 红色：有风险。

（2）供应商元器件号（链接到供应商网站上的元器件）。

（3）具有详细信息的最后一次更新的图标在提示框中显示，其中不同颜色含义如下：

① 灰色：默认值、不到一周前更新。

② 橙色：1 周前<上次更新<1 月前。

③ 红色：上次更新>1 月前。

（4）元器件源详情在提示框中显示，可能值包括 Altium 元器件供应商、定制元器件供应商、手动解决方案。

（5）库存：如果可用库存小于订单数量，则为红色。

（6）订单数量：如果最低订单数量（MOQ）大于订单数量，则为橙色。关于多余数量的信息在提示框中显示。

（7）单价：如果无可用价格或价格为 0，则为红色。单价包括货币图标，货币在 ActiveBOM 属性面板中设置。

（8）订单价格：如果为 0（意味着无库存或无单价），则为红色。

（9）可用价格与最低订单数量偏离。

（10）供应商排名。新 BOM 条目的默认状态为自动排名“供应商”。请注意，因为特定元器件的价格和可用性将发生变化，本排名可能随时间发生变化。如有需要，可以通过单击供应商元器件号拼贴块横幅左侧的别针图片将供应商元器件号拼贴块锁定到特定位置。通过供应商元器件拼贴块横幅右侧的下拉列表来设置所需位置，也可手动覆盖供应商元器件号的自动顺序。如果使用下拉列表手动设置供应商元器件号拼贴块的位置，将自动启用锁定别针。

13）为元器件添加供应链信息

前文对 ActiveBOM 进行了详细的介绍，下面介绍如何为元器件添加供应链信息。很多情况下，工程师设计的 PCB 项目中使用的元器件尚未选择供应商。通过一组紧密联系的服务和团队，Altium 维护元器件和元器件供应链数据的庞大目录。该数据作为 Altium Cloud Services 的一部分提供，通过 Altium Parts Provider 扩展程序连接到 Altium Designer 软件。

除了支持已经包含供应链信息的托管元器件（如从 Altium Vault 布局的元器件），新的 ActiveBOM 也可以搜索其他元器件的供应链数据。

对于设计中使用的元器件，可通过以下方式获取其供应链数据：

（1）Parts placed from the Altium Content Vault or a Company Altium Vault (managed parts) ：自 Altium Content Vault 或公司 Vault 布局的元器件已经可通过“元器件选择列表”链接到全面的供应链数据。

（2）Parts placed from local libraries that include supply chain information：对于已经包含制造商名称和元器件号的元器件，例如从包含此信息的公司“数据库”布局的元器件，ActiveBOM 可通过 Altium Parts Provider 搜索该元器件。为此，ActiveBOM 需要知道哪些元器件参数构成这些制造商详情。在 ActiveBOM 的 Properties 面板中单击 Edit...（Manufacturer Link）按钮，打开 Define Manufacturer Link Fields 对话框，其中可以限定构成制造商详情的元器件参数，接着在 ActiveBOM 中单击 Refresh 按钮开始搜索。注意，如果有多个元器件，搜索过程可能需要一些时间。

（3）Parts placed from local libraries that have no supply chain information ：这些元器件可添加以下供应链信息。

① 在原理图绘制期间，可从 Part Search 面板使用“元器件（供应商）搜索”功能。

② 直接在 BOM 中，通过在 ActiveBOM 中添加手动解决方案。此方式的优势在于其将供应链定义过程从原理图绘制过程中分离。

14）配置可用的供应商

通过 Altium Parts Provider 提供供应链数据。Altium Parts Provider 可获取遍布全球的大量元器件供应商的详细信息。一组可用供应商可配置为两个层次。

（1）对于软件安装：在属性对话框的 Data Management – Parts Provider 页面中配置供应商。

（2）对于当前项目：在 ActiveBOM 的属性面板中单击 Favorite Suppliers List 按钮来定义在本项目中可用的供应商。

15）添加新的解决方案

（1）手动添加解决方案：除了 ActiveBOM 自动检测的解决方案，还可以将手动解决方案添加到任何 BOM 条目。若要添加手动解决方案，单击位于“供应链”解决方案上方的 Add Solution 按钮，在弹出的下拉列表中选择 Create/Edit Manufacturer Links 选项。在弹出的 Edit Manufacturer Links 对话框中单击 Add... 按钮，打开 Add Parts Choice 对话框，在对话框中可以搜索可用的制造商并添加合适的元器件，如图 20-160 所示。

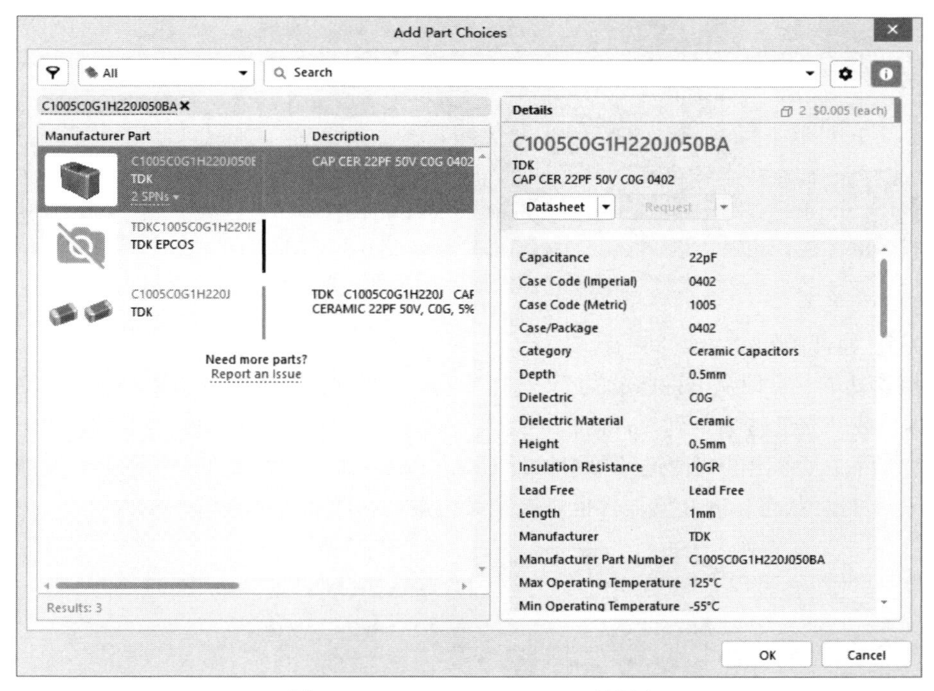

图 20-160 Add Parts Choice 对话框

在 ActiveBOM 中，手动解决方案以供应商为中心。即当用户添加元器件时，仅可添加选定供应商的元器件。通过添加另一个解决方案和选择相同的制造商元器件号（MPN），可将其他供应商元器件号添加到相同位置，如图 20-161 所示。图中已添加两个不同的制造商元器件号，用于创建两个解决方案，接着每个制造商元器件号均添加了第二供应商。

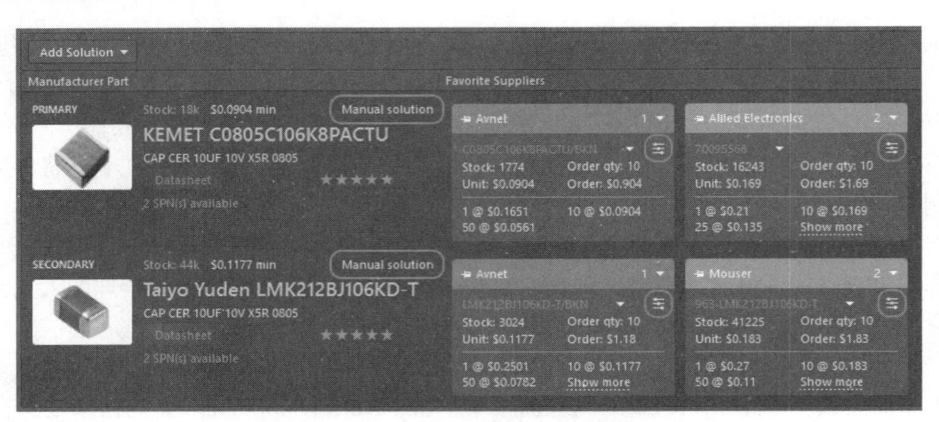

图 20-161　添加两个不同的制造商元器件号

（2）编辑或删除手动解决方案：通过单击供应商元器件号中的下三角按钮，可删除手动解决方案或编辑该方案的属性。执行 Edit 命令将重新打开与用于添加手动解决方案相同的对话框，在对话框中可以进行新的搜索以定位新的制造商元器件号和供应商，如图 20-162 所示。

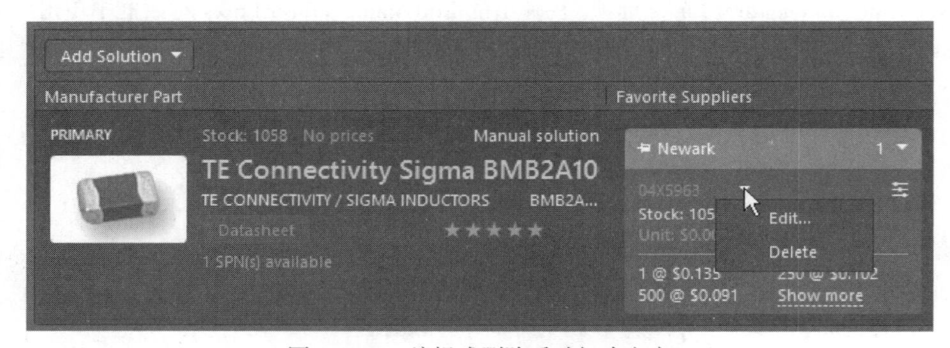

图 20-162　编辑或删除手动解决方案

16）BomDoc、原理图和 PCB 之间的跳转

利用交叉探索功能，可以从 BomDoc“交叉选择”或“交叉搜索”到原理图和 PCB，但不能从原理图和 PCB“交叉选择”或“交叉搜索”到 BomDoc。

右击 BOM 条目并在弹出的快捷键菜单中执行 Cross Probe 命令，即可在原理图上交叉搜索该元器件，如果 PCB 文件处于打开状态，PCB 元器件也将被交叉搜索，如图 20-163 所示。

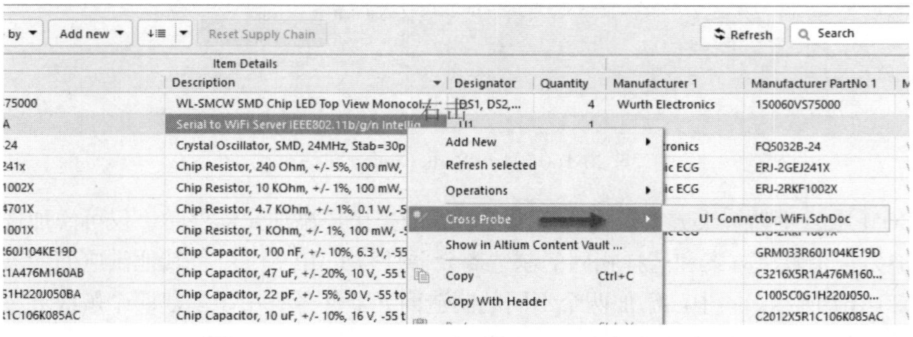

图 20-163　BomDoc、原理图和 PCB 之间的跳转

17）输出 BOM

直接从 ActiveBOM 编辑器中生成 BOM。执行菜单栏中的“报告”→Bill of Materials 命令打开 Bill of Materials for BOM Document 对话框生成 BOM，如图 20-164 所示。

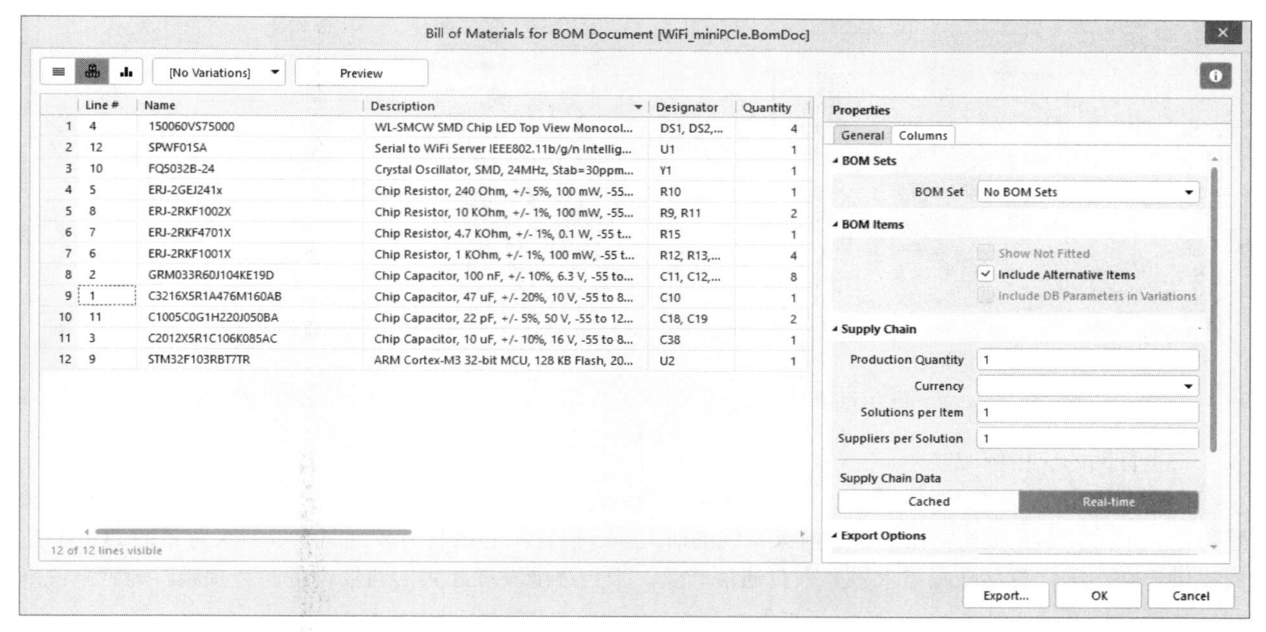

图 20-164　输出 BOM

Bill of Materials for BOM Document 是标准的 BOM 输出设置对话框，当从原理图或 PCB 编辑器的 Report 菜单选择 BOM，或将 BOM 配置到输出作业文件中时，也将打开对话框。

20.14　背钻（Back Drill）的定义及应用

1. 背钻的定义及作用

（1）背钻的概念。

背钻是一种特殊的控制钻孔深度的钻孔技术，在多层板（如 8 层板）的制作中，需要将第 1 层连到第 6 层。通常首先钻出通孔（一次钻），然后镀铜。这样第 1 层直接连到第 8 层。实际只需要第 1 层连到第 6 层，第 7 到第 8 层由于没有线路相连，像一个多余的镀铜柱子。这个柱子在高频高速电路设计中，会导致信号传输的反射、散射、延迟等，带来信号完整性方面的问题。所以将这个多余的柱子（业内称 STUB）从反面钻掉（二次钻），因此叫背钻。背钻孔示意图如图 20-165 所示。背钻的工艺流程如图 20-166 所示。一个好的制造商可以让背钻孔留下 7mil 的短截线（安全距离），理想情况下剩余的短截线将小于 10mil。

（2）背钻的作用。

当电路信号的频率增加到一定程度后，PCB 中没有起任何连接或传输作用的通孔端，其多余的镀铜就相当于天线，产生信号辐射对周围的其他信号造成干扰，严重时将影响线路系统的正常工作，背钻的作用就是将多余的镀铜用背钻的方式钻掉，从而消除此类问题。减少埋盲孔的使用，降低 PCB 制作难度，在降低成本的同时，减小杂讯干扰，提高信号完整性，满足高频、高速的性能要求。

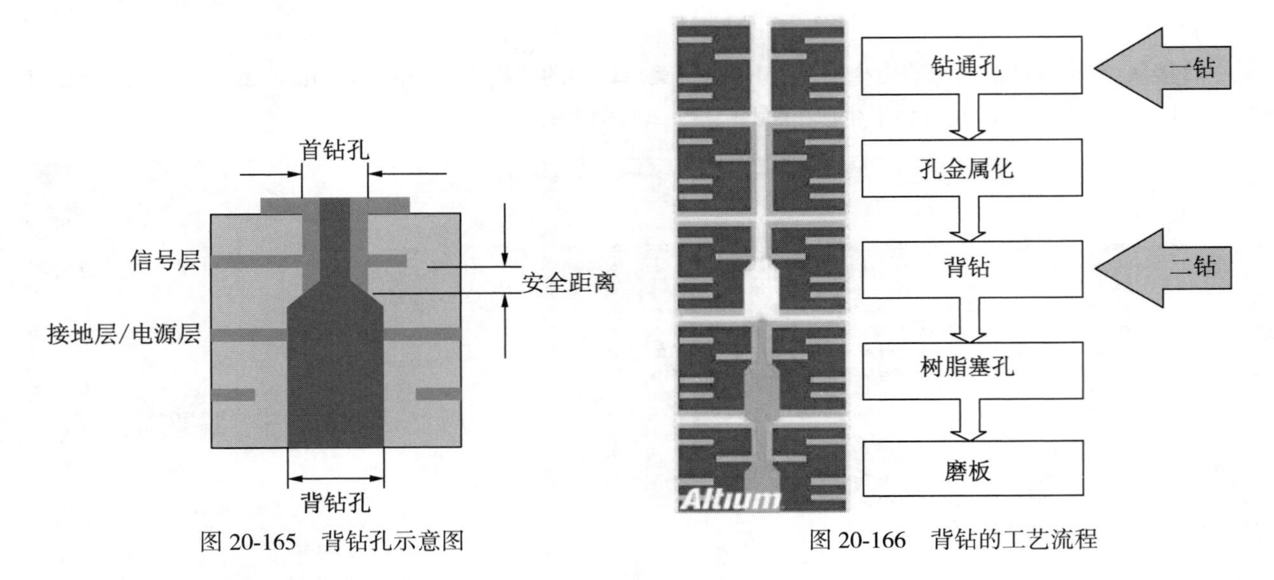

图 20-165　背钻孔示意图

图 20-166　背钻的工艺流程

（3）背钻的应用领域。

背钻孔板主要应用于通信设备、大型服务器、医疗电子、军事、航天等领域。由于军事、航天属于敏感行业，国内背钻孔板通常由军事、航天系统的研究所、研发中心或具有较强军事、航天背景的 PCB 制造商提供。在中国，背钻孔板需求主要来自通信产业，来自逐渐发展壮大的通信设备制造领域。通常来说，背钻孔板有如下技术特征：

① 多数背钻孔板是硬板。

② 层数一般为 8～50。

③ 板厚：2.5mm 以上。

④ 板尺寸较大。

⑤ 外层线路较少，多为压接孔方阵设计。

（4）背钻孔板设计需要遵循的规则。

① 一般首钻最小孔径≥0.3mm。一次钻的钻孔孔径推荐要求不低于 0.3mm，如图 20-167 所示，首钻钻孔孔径用 A 表示。

② 背钻孔通常比需要钻掉的孔大 0.4mm。背钻钻孔孔径一般推荐比一次钻孔径大 0.25～0.4mm，保险起见推荐大 0.4mm，如图 20-167 所示，背钻孔径用 B 表示。

③ 背钻深度控制冗余 0.2mm。背钻是利用钻机的深度控制功能实现的，背钻的钻刀是尖状的，钻到相应的层时由于钻刀的倾斜角总会保留有一小段余量。该背钻深度控制建议至少保留 8mil（约 0.2mm）。而且，在层叠设置时需要考虑介质厚度，避免出现走线被钻断的情况，如图 20-167 所示，背钻深度冗余用 S 表示。

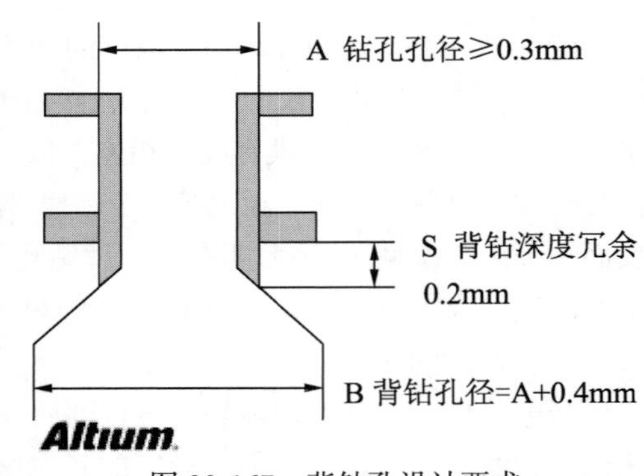

图 20-167　背钻孔设计要求

④ 如果背钻要求钻到 M 层，那么 M 层相邻未被钻掉的层之间介质厚度最小为 0.3mm。

⑤ 背钻与走线的间距。背钻孔的 Stub 钻掉层走线与背钻的距离推荐不小于 10mil（0.25mm）。如图 20-168 所示，虚线框圆圈距离背钻孔外沿的距离为 10mil，在虚线框外都是安全的走线区域。

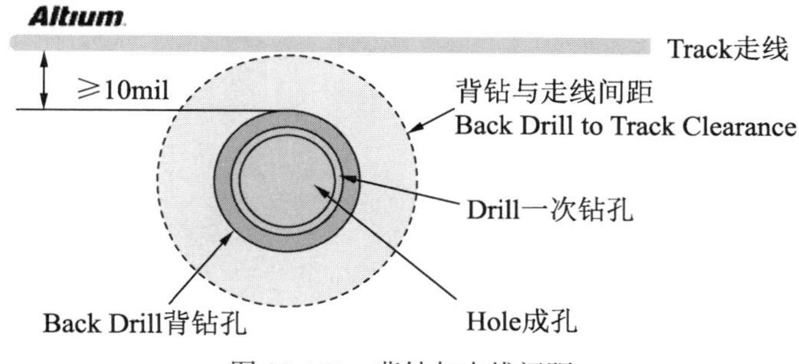

图 20-168　背钻与走线间距

2. 背钻的设置及应用

前文介绍了背钻技术及背钻设计时需要考虑的参数。在 Altium Designer 中该如何进行背钻设计中各参数的设置呢？下面用案例来展示 Altium Designer 中进行背钻设计的方法。

步骤 1：设置钻孔对。

首先打孔走线。例如一个 8 层板，从顶层（Top Layer）打孔，然后切换到第二层（Layer 2）来布线。剩下的第三层（Layer 3）到底层（Bottom Layer）需要背钻（Back Drilling）。此处通过执行“设计”→“层叠管理器”命令，打开 Properties 面板，在 Back Drills 选项组中设置。如图 20-169 所示，起始层为 8–Bottom Layer，终止层为 2–Layer 2。

PCB1.PcbDoc *　PCB1.PcbDoc [Stackup] *

#	Name	Material	Type	Weight	Thickness
	Top Overlay		Overlay		
	Top Solder	Solder Resist	Solder Mask		0.01mm
1	Top Layer		Signal	1oz	0.036mm
	Dielectric 1	FR-4	Dielectric		0.32mm
2	Layer 2	CF-004	Signal	1oz	0.035mm
	Dielectric 2	PP-023	Prepreg		0.254mm
3	Layer 3	CF-004	Signal	1oz	0.035mm
	Dielectric 3	PP-017	Prepreg		0.13mm
4	Layer 4	CF-004	Signal	1oz	0.035mm
	Dielectric 4	PP-022	Prepreg		0.208mm
5	Layer 5	CF-004	Signal	1oz	0.035mm
	Dielectric 5	PP-017	Prepreg		0.13mm
6	Layer 6	CF-004	Signal	1oz	0.035mm
	Dielectric 6	PP-022	Prepreg		0.208mm
7	Layer 7	CF-004	Signal	1oz	0.035mm
	Dielectric 7	PP-023	Prepreg		0.218mm
8	Bottom Layer		Signal	1oz	0.036mm
	Bottom Solder	Solder Resist	Solder Mask		0.01mm
	Bottom Overlay		Overlay		

BD 8:2

Properties
Layer Stack Manager
Search
Back Drill
Name BD 8:2
First layer 8 - Bottom Layer
Last layer 2 - Layer 2
Mirror
Board
Stack Symmetry
Library Compliance
Layers 8
Dielectrics 7
Conductive Thickness 0.281mm
Dielectric Thickness 1.468mm
Total Thickness 1.77mm

Components　Messages　Properties

图 20-169　添加背钻孔

步骤 2：确保信号层 Layer 2 与背钻起始层 Layer 3 间距不小于 0.2mm。

检查层厚（Thickness）栏，经检查满足要求。

步骤 3：确定背钻孔需要钻掉的镀铜柱长度。

通过 Layer Stack Manager 中搜索可知，从 Layer 2 到 Bottom Layer 之间的层厚加起来为 1mm 左右。考虑

到背钻深度控制冗余 8mil（0.2mm），在层叠管理器页面 Layer 2 与 Layer 3 之间的层厚正好为 0.254mm 介质厚度。因此可以设置需要钻掉的镀铜柱为 1mm 左右。当然这个数值在具体设计中根据要求可适当增减，如图 20-170 所示。

PCB1.PcbDoc * | PCB1.PcbDoc [Stackup] *

#	Name	Material	Type	Weight	Thickness
	Top Overlay		Overlay		
	Top Solder	Solder Resist	Solder Mask		0.01mm
1	Top Layer		Signal	1oz	0.036mm
	Dielectric 1	FR-4	Dielectric		0.32mm
2	Layer 2	CF-004	Signal	1oz	0.035mm
	Dielectric 2	PP-023	Prepreg		0.254mm
3	Layer 3	CF-004	Signal	1oz	0.035mm
	Dielectric 3	PP-017	Prepreg		0.13mm
4	Layer 4	CF-004	Signal	1oz	0.035mm
	Dielectric 4	PP-022	Prepreg		0.208mm
5	Layer 5	CF-004	Signal	1oz	0.035mm
	Dielectric 5	PP-017	Prepreg		0.13mm
6	Layer 6	CF-004	Signal	1oz	0.035mm
	Dielectric 6	PP-022	Prepreg		0.208mm
7	Layer 7	CF-004	Signal	1oz	0.035mm
	Dielectric 7	PP-023	Prepreg		0.218mm
8	Bottom Layer		Signal	1oz	0.036mm
	Bottom Solder	Solder Resist	Solder Mask		0.01mm
	Bottom Overlay		Overlay		SUM

BD 8:2

背钻深度控制冗余至少0.2mm

图 20-170　确定背钻孔需要钻掉的镀铜柱长度

步骤 4：设置背钻规则，设置背钻大小、深度以及网络。

按快捷键 D+R 打开“PCB 规则及约束编辑器[mm]”对话框，如图 20-171 所示，在“最大分叉短线长度”（Max Stub Length）中设置需要钻掉的镀铜柱深度，此处为 1.183mm（根据实际叠层厚度设置）。设置背钻孔尺寸比原通孔扩大 0.2mm，使得背钻孔比原通孔孔径大 0.4mm。再设置需要背钻的过孔网络即可完成背钻相关的规则设置。

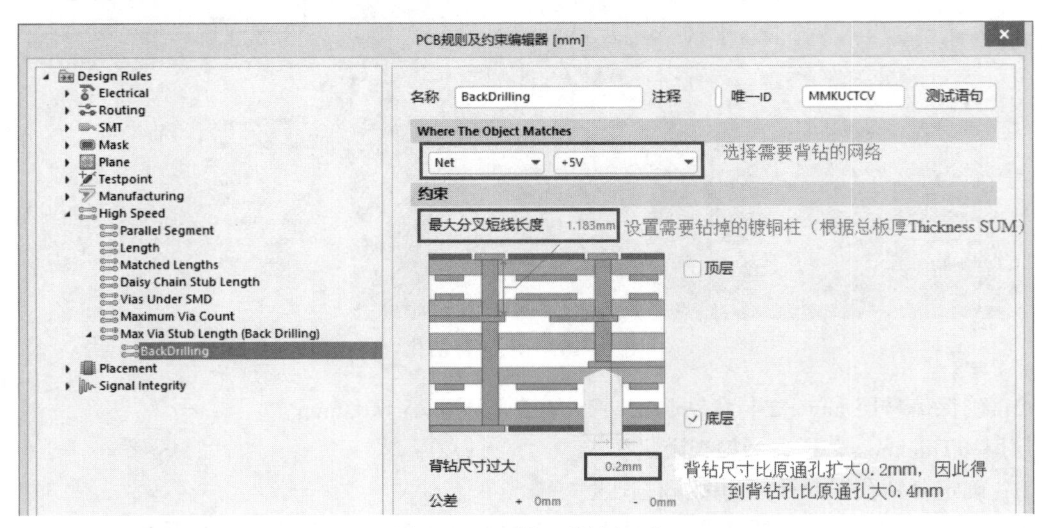

图 20-171　设置背钻规则

最终的背钻孔在 Altium Designer 中的 3D 显示如图 20-172 所示。

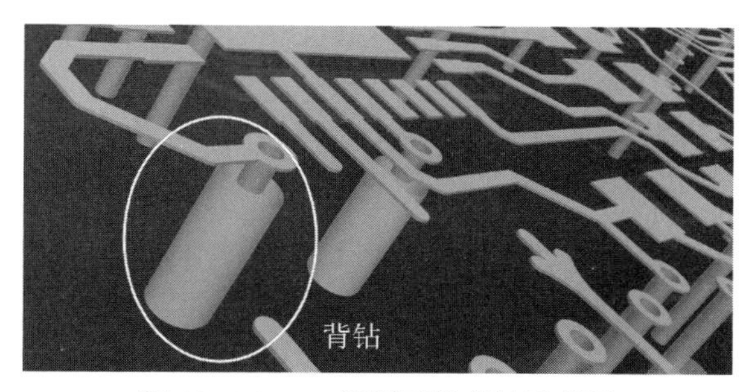

图 20-172 3D 视图下的背钻示意图

20.15 在 3D 模式下体现柔性板

1. 软硬结合板与柔性板的定义及作用

软硬结合板（Rigid-Flex Board），又称刚柔结合板，是将传统硬性线路板与柔性线路板，按相关工艺要求组合形成的同时具有 PCB 特性与 FPC 特性的线路板。硬性电路可以承载所有或大部分元器件，柔性部分作为刚性部分之间的互连。

PCB 的设计趋势是向轻、薄、小的方向发展，针对高密度的电路板、软硬结合板的三维连接组装等电路设计，使用柔性板不仅节省产品内部空间，减少成品体积，还可以通过大幅减少互连线路的需求来降低组装复杂性。由于互连硬件减少和装配产量提高，提高了产品可靠性；考虑作为整体产品制造和装配成本的一部分时，可降低成本。

柔性板通常分为静态柔性板和动态柔性板。静态柔性板是那些经受最小弯曲的电路板，通常在组装和维修期间使用。动态柔性使用是为频繁弯曲而设计的电路使用，可用于磁盘驱动器头、打印机头等，也可作为笔记本电脑屏幕中铰链的一部分。这种区别很重要，因为它影响材料选择和构造方法。

2. 添加和编辑新的子堆栈

刚柔结合板设计中，每个单独的刚性板或柔性板可能使用不同的叠层结构。为此，需要定义多个堆栈，这些堆栈称为子堆栈，如图 20-173 所示。

图 20-173 多个堆栈的体现

Altium Designer 22 中，Rigid-flex 功能正在持续开发中。改进包括在 PCB 编辑器中以 Board Planning Mode（板规划模式）工作时的新 Board Region 和 Bending Line 行为，以及在 Layer Stack Manager（层叠管理）中引入 Board 模式。这个新功能集称 Rigid-Flex 2.0。

旧版的 Rigid-Flex 1.0 和新版的 Rigid-Flex 2.0 可以在“高级设置”对话框中进行切换，启用旧选项会恢复旧模式（Rigid-Flex 1.0），启用新选项则会启用新模式（Rigid-Flex 2.0）。在 PCB 编辑界面按快捷键 O+P 打开“优选项”对话框，选择 System 选项下的 General 选项，单击 Advanced 按钮，在弹出的 Advanced Settings 对话框中勾选 PCB.RigidFlex2.0 和 PCB.RigidFlex.SubstackPlanning 复选框，即可启用 Rigid-Flex 2.0，如图 20-174 所示。

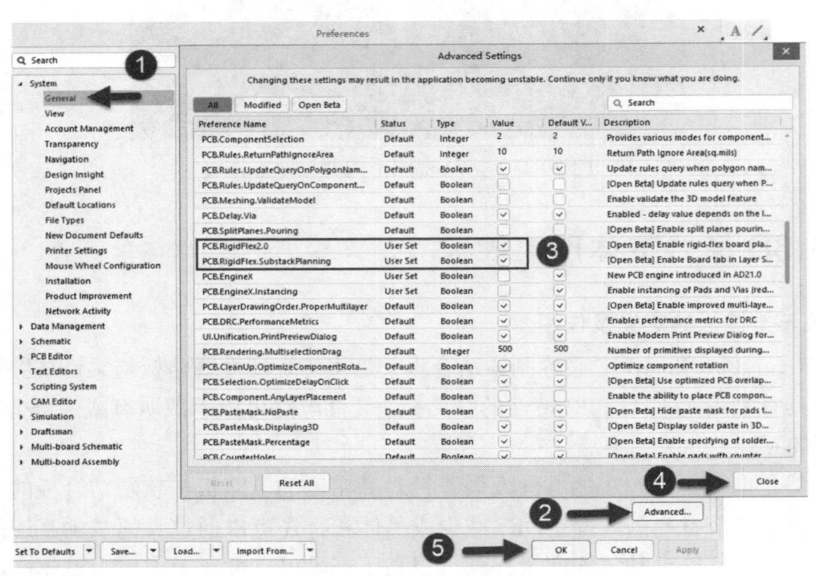

图 20-174 启用 Rigid-Flex 2.0

添加并编辑多个堆栈的步骤如下：

（1）按快捷键 D+K，打开层叠管理器，执行 Tools→Features→Rigid/Flex 命令，启用 Rigid-Flex 选项。界面显示将从常规的 Stackup（堆叠）模式变为 Board 模式，如图 20-175 所示。

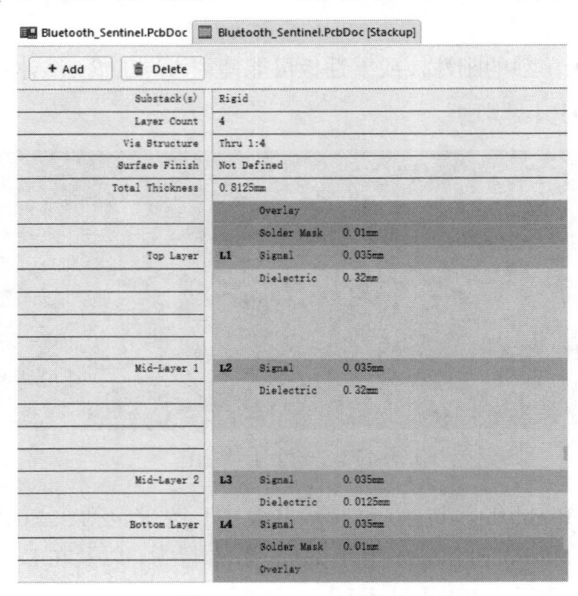

图 20-175 Board 模式

（2）假设需要添加一个 Flex Board，按住 shift 键，选中当前 Board 模式下的 L3～L4 并向右边拖动，即可添加名为 Stack2 的新堆栈，如图 20-176 所示。

Rigid			Stack2		
4			2		
Thru 1:4					
Not Defined			Not Defined		
0.8125mm			0.0825mm		
	Overlay				
	Solder Mask	0.01mm			
L1	Signal	0.035mm			
	Dielectric	0.32mm			
L2	Signal	0.035mm			
	Dielectric	0.32mm			
L3	Signal	0.035mm	L1	Signal	0.035mm
	Dielectric	0.0125mm		Dielectric	0.0125mm
L4	Signal	0.035mm	L2	Signal	0.035mm
	Solder Mask	0.01mm			
	Overlay				

图 20-176　新的堆栈

（3）双击 Stack2 堆栈，即可进入层堆叠模式，将弹出 Properties 面板。可将面板中的 Stack Name 更改为 Flex（可任意命名），并勾选 Is Flex 复选框，即可将 Stack2 堆栈定义为 Flex Board，如图 20-177 所示。

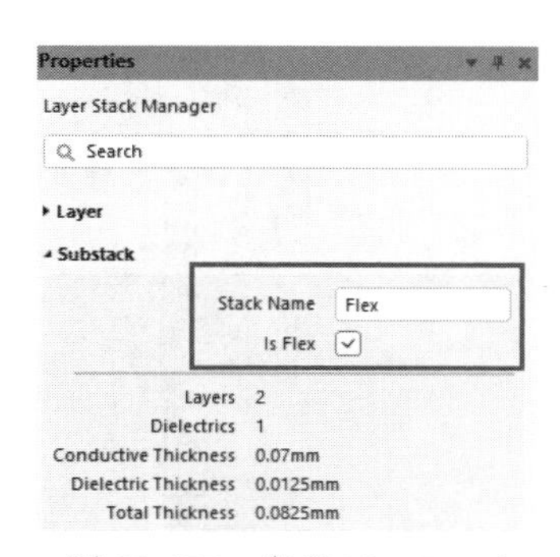

图 20-177　定义 Flex Board

（4）从图 20-176 中可知，新加的 Flex Board 与原来的 Rigid Board 是共享层（Common）的关系，层厚数据都是一致的。如希望解除共享关系，单击 Flex Board，在 Properties 面板中将 Material Usage（材料使用）更换为 Individual（个体的）即可，如图 20-178 所示。

（5）Material Usage 更换为 Individual 后，可以为新添加的 Flex Board 添加覆盖层（绿油）。双击 Flex Board，进入堆叠模式，在层位置右击添加覆盖层，如图 20-179 所示。添加完成的界面如图 20-180 所示。

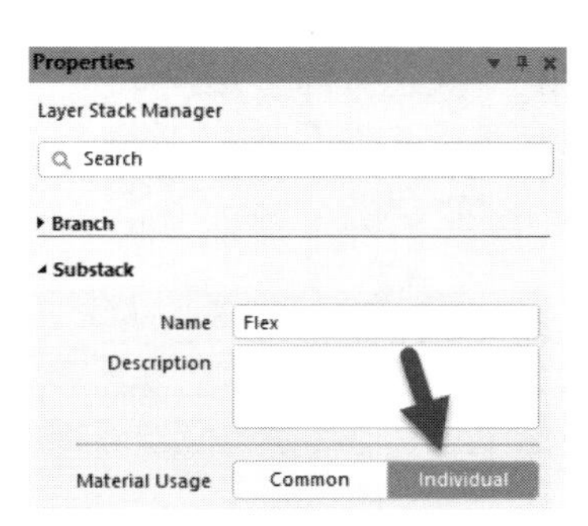

图 20-178　使用单独的材料

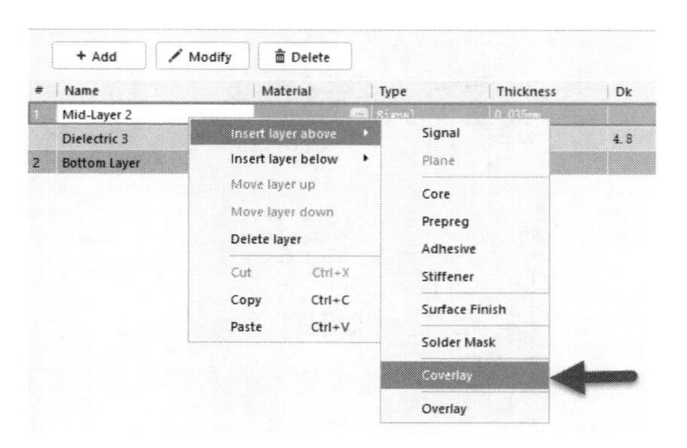

图 20-179　添加覆盖层

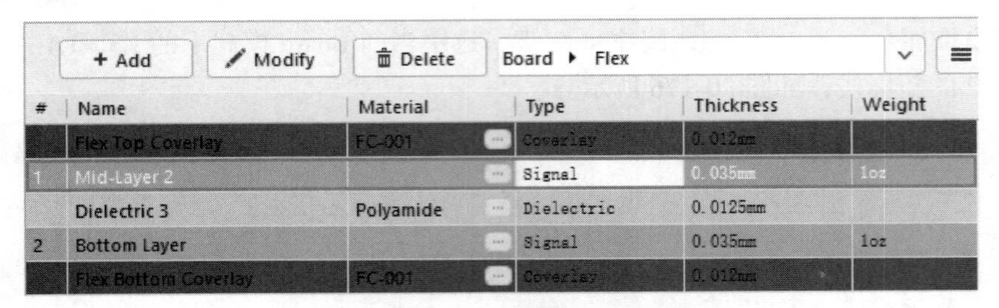

#	Name	Material	Type	Thickness	Weight
	Flex Top Coverlay	FC-001	Coverlay	0.012mm	
1	Mid-Layer 2		Signal	0.035mm	1oz
	Dielectric 3	Polyamide	Dielectric	0.0125mm	
2	Bottom Layer		Signal	0.035mm	1oz
	Flex Bottom Coverlay	FC-001	Coverlay	0.012mm	

图 20-180　添加覆盖层后的界面

若 Material Usage 的状态为 Common，在添加覆盖层后，会弹出 mismatch 警告。

（6）使用层叠管理器右上角的导航栏，可在子堆栈和 Board 模式之间切换，如图 20-181 所示。

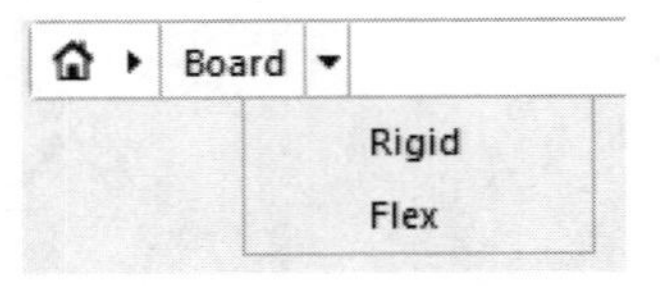

图 20-181　Board 导航栏

（7）还可以在一个部分中创建多个子堆栈，这是在创建 Bookbinder-style rigid-flex board（装订器式刚柔结合板，由多个柔性区域连接的两个刚性区域）时使用的功能。图 20-182 所示为由两个柔性区域连接的结合板，显示了两个弹性子堆栈，名为 Flex 和 Flex-a，位于层堆栈的中心部分。

Rigid	Flex_a, Flex	Rigid_CON
6	2, 2	5
Thru 1:6		
Not Defined	Not Defined	Not Defined
1.08337mm	0.39mm, 0.14112mm	0.75917mm
Overlay		Overlay
Solder Mask 0.01mm		Solder Mask 0.0254mm
L1 Signal 0.035mm		L1 Signal 0.035mm
Dielectric 0.32mm		Dielectric 0.32mm
L2 Signal 0.035mm	L1 Signal 0.035mm	L2 Signal 0.035mm
Prepreg 0.07112mm	Prepreg 0.07112mm	Prepreg 0.07112mm
L3 Signal 0.035mm	L2 Signal 0.035mm	L3 Signal 0.035mm
Prepreg 0.07112mm		Prepreg 0.07112mm
L4 Signal 0.035mm		L4 Signal 0.035mm
Prepreg 0.07112mm		Prepreg 0.07112mm
L5 Signal 0.035mm	L1 Signal 0.035mm	L5 Signal 0.035mm
Dielectric 0.32mm	Dielectric 0.32mm	Solder Mask 0.0254mm
		Overlay
L6 Signal 0.035mm	L2 Signal 0.035mm	
Solder Mask 0.01mm		
Overlay		

图 20-182　由两个柔性区域连接的结合板

（8）设计具有无法在 Board 视图中建模的叠层结构，如主板上有 3 个从不同层辐射连接的柔性区域，每个柔性区域的末端都有一个小的刚性区域。此时需要使用 Branch（分支）功能。

先选择主板结构，然后单击界面左上角的“+Add”按钮，添加分支功能，如图 20-183 所示。

按照上述步骤添加每一个分支的内容，添加完成的 Board 导航栏如图 20-184 所示。

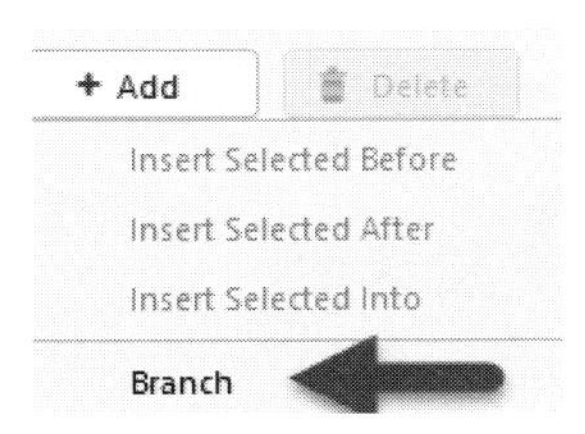

图 20-183　添加分支

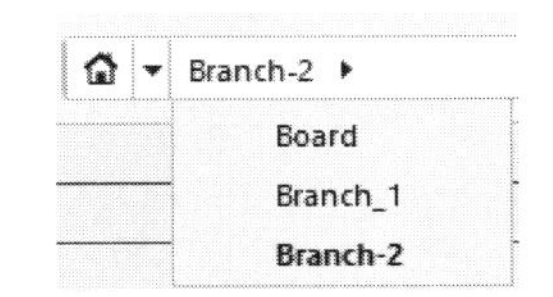

图 20-184　添加完 3 个分支的 Board 导航栏

每个分支的连接情况如图 20-185 所示。

Rigid			flex			CON		
6			2			4		
Thru 1:6								
Not Defined			Not Defined			Not Defined		
1.02874mm			0.416mm			0.90492mm		
	Overlay						Overlay	
	Solder Mask	0.01mm		Coverlay	0.012mm		Solder Mask	0.0254mm
L1	Signal	0.036mm	L1	Signal	0.036mm	L1	Signal	0.036mm
	Dielectric	0.32mm		Dielectric	0.32mm		Dielectric	0.32mm
L2	Signal	0.036mm	L2	Signal	0.036mm	L2	Signal	0.036mm
	Dielectric	0.32mm		Coverlay	0.012mm		Dielectric	0.32mm
L3	Signal	0.036mm				L3	Signal	0.036mm
	Prepreg	0.07112mm					Prepreg	0.07112mm
L4	Signal	0.035mm				L4	Signal	0.035mm
	Prepreg	0.07112mm					Solder Mask	0.0254mm
L5	Signal	0.035mm					Overlay	
	Dielectric	0.0125mm						
L6	Signal	0.036mm						
	Solder Mask	0.01mm						
	Overlay							

（a）Board 结合板（Ⅰ）

图 20-185　3 个分支的连接情况

Rigid			Flex_1			CON_1		
6			2			4		
Thru 1:6								
Not Defined			Not Defined			Not Defined		
1.02874mm			0.16612mm			0.65504mm		
	Overlay							
	Solder Mask	0.01mm						
L1	Signal	0.036mm						
	Dielectric	0.32mm						
							Overlay	
							Solder Mask	0.0254mm
L2	Signal	0.036mm				L1	Signal	0.036mm
	Dielectric	0.32mm					Dielectric	0.32mm
				Coverlay	0.012mm			
L3	Signal	0.036mm	L1	Signal	0.036mm	L2	Signal	0.036mm
	Prepreg	0.07112mm		Prepreg	0.07112mm		Prepreg	0.07112mm
L4	Signal	0.035mm	L2	Signal	0.035mm	L3	Signal	0.035mm
	Prepreg	0.07112mm		Coverlay	0.012mm		Prepreg	0.07112mm
L5	Signal	0.035mm				L4	Signal	0.035mm
	Dielectric	0.0125mm					Solder Mask	0.0254mm
L6	Signal	0.036mm					Overlay	
	Solder Mask	0.01mm						
	Overlay							

（b）Branch_1 结合板（II）

Rigid			Flex_2			CON_2		
6			2			4		
Thru 1:6								
Not Defined			Not Defined			Not Defined		
1.02874mm			0.1075mm			0.34754mm		
	Overlay							
	Solder Mask	0.01mm						
L1	Signal	0.036mm						
	Dielectric	0.32mm						
L2	Signal	0.036mm						
	Dielectric	0.32mm						
							Overlay	
							Solder Mask	0.0254mm
L3	Signal	0.036mm				L1	Signal	0.036mm
	Prepreg	0.07112mm					Prepreg	0.07112mm
L4	Signal	0.035mm				L2	Signal	0.035mm
	Prepreg	0.07112mm		Coverlay	0.012mm		Prepreg	0.07112mm
L5	Signal	0.035mm	L1	Signal	0.035mm	L3	Signal	0.035mm
	Dielectric	0.0125mm		Dielectric	0.0125mm		Dielectric	0.0125mm
L6	Signal	0.036mm	L2	Signal	0.036mm	L4	Signal	0.036mm
	Solder Mask	0.01mm		Coverlay	0.012mm		Solder Mask	0.0254mm
	Overlay						Overlay	

（c）Branch_1 结合板（III）

图 20-185 （续）

3. 定义并分配整板区域

1）定义整板的外形区域

无论板子是否为刚柔结合板，整板边框都被定义为板外形，如图 20-186 所示。选中外形，按快捷键 D+S+D 即可定义。

2）分割整板区域

刚柔结合板需要将单个板区域拆分为多个区域，并为每一个区域分配唯一的层堆栈。将图 20-186 的板区域分为 3 部分：上下两个圆形为刚性板，中心矩形设置为柔性板。具体步骤如下：

（1）在 PCB 编辑界面下，执行菜单栏中的“视图”→“板子规划模式”命令，或按快捷键 1，进入电路板规划模式。

（2）放置分割线，拆分整板区域。在规划模式界面中，执行菜单栏中的“设计”→“定义分割线”命令，或按快捷键 D+S，在中心矩形处放置分割线。分割之后的板区域如图 20-187 所示。

注：单击并按住其中一个端点，然后按 Delete 键即可删除分割线。

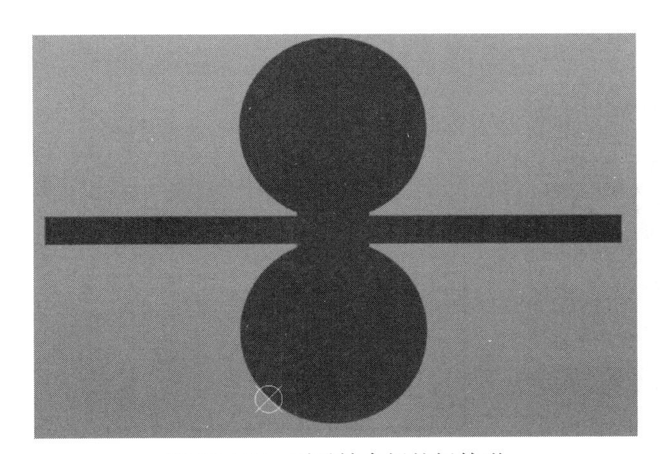

图 20-186　刚柔结合板的板外形

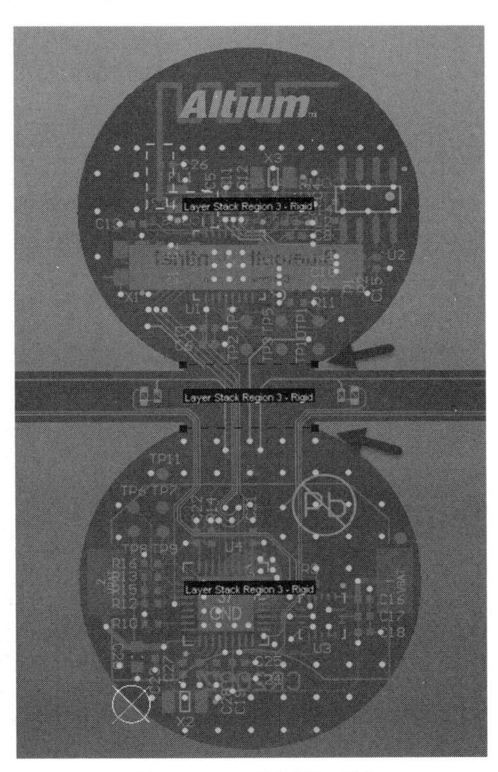

图 20-187　分割板区域

3）为各板区域分配层堆栈并重命名

左键双击相应的板区域，打开板区域对话框，设置“名称”，并选择层堆栈，如图 20-188 所示。将实例中的板子的两个圆形设置为刚性板，中心矩形设置为柔性板，如图 20-189 所示。

4）放置和定位弯曲线，实现柔性板的可弯曲性

在板子规划模式中，执行菜单栏中的“设计”→“定义弯曲线”命令，或按快捷键 D+E，根据实际需要放置弯曲线。放置好的弯曲线如图 20-190 所示。

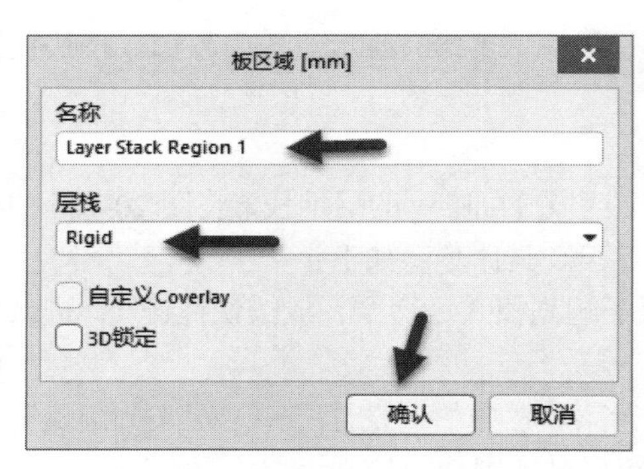

图 20-188　设置板区域

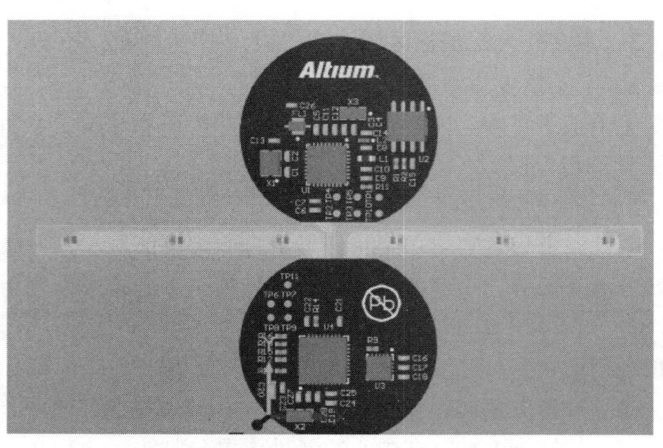

图 20-189　分配完成后板子的 3D 视图

注：

① 弯曲线只能放置在叠层管理器中配置为 Flex 的区域，如演示中的中心矩形区域。

② 弯曲线放置位置可使用机械层构造辅助，以便精确定位弯曲线的上下参考点。

5）配置弯曲线，设置弯曲线影响区域

具体步骤如下：

（1）在 PCB 面板中，在选择下拉列表框中选中 Layer Stack Regions，并在“层堆栈”中选择名为 Flex 的板区域，单击下方的区域名称，即可展开区域内所有折线，如图 20-191 所示。

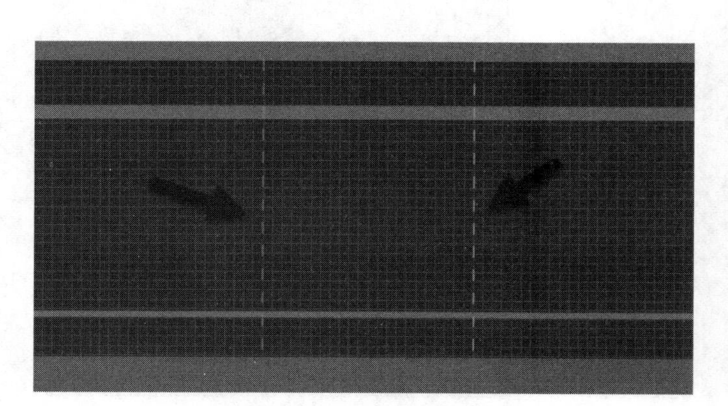

图 20-190　放置弯曲线

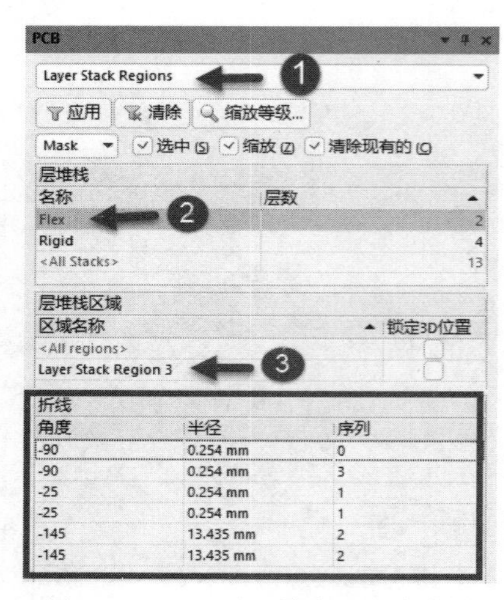

图 20-191　显示区域内所有弯曲线

（2）双击任意一个弯曲线，打开“弯曲线[mm]”对话框，如图 20-192 所示，设置相应属性。

相关参数含义如下：

① 弯折角：Flex 区域表面弯曲的角度。

② 半径：弯曲中心点所在的弯曲表面的距离。

③ 受影响区域宽度：根据给定的半径和弯折角，得到的弯曲表面区域的宽度。若弯折角为 A，半径为 R，受影响区域为 W，三者之间的关系为 W=A/360*2*π*R。

④ 字体索引：用于弯曲折叠操作时的折叠顺序。

注：选择任意一个刚性板区域，在“区域名称”中勾选“锁定 3D 位置”复选框，如图 20-193 所示，以定义 3D 显示模式的物理接地参考（其中 Z=0）。如果不启用，则不会显示每个定义的弯曲线的“受影响区域宽度”。显示的宽度区域如图 20-194 所示。

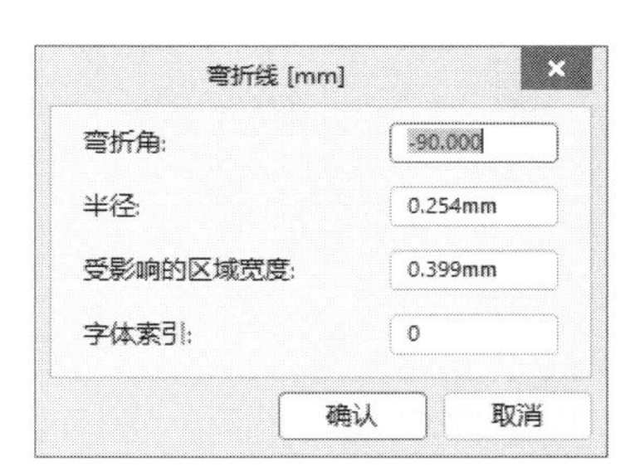

图 20-192　“弯曲线”对话框

图 20-193　启用“锁定 3D 位置”

6）折叠状态调整

将 PCB 切换到 3D 模式，拖动 PCB 面板的“折叠状态”进行折叠状态调整，折叠效果如图 20-195 所示。按快捷键 5 可实现展开/折叠操作。

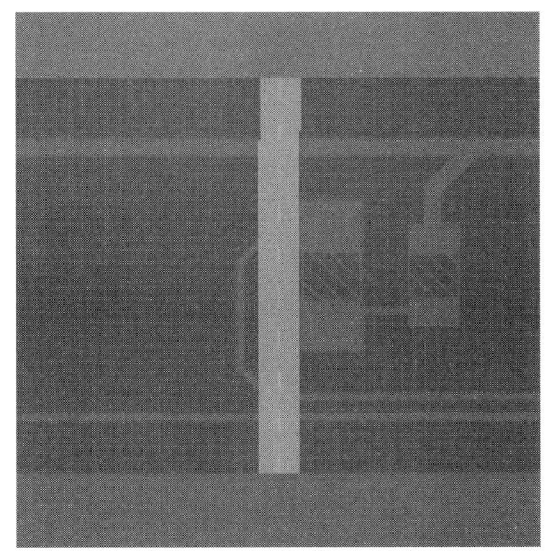

图 20-194　弯曲线受影响区域宽度

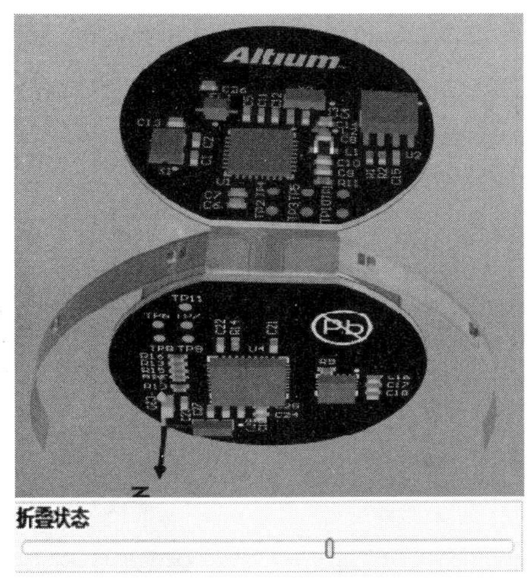

图 20-195　折叠效果图

4. 在Flex区域上添加Coverlay（覆盖层）

刚柔结合板的一个共同特征是有选择地使用覆盖材料（绿油），将覆盖材料切割并层压到板子的特定区域。由于这种选择性，覆盖层也称为活动层。

添加软板覆盖区域的步骤如下：

（1）添加覆盖层。PCB 编辑界面下按快捷键 D+K，进入层叠管理器。切换到 Flex 堆栈，在信号层处右击，在弹出的快捷菜单中执行 Insert layer above→Bikini Coverlay 命令或 Insert layer below→Bikini Coverlay 命令，在层堆栈中添加覆盖层，如图 20-196 所示。

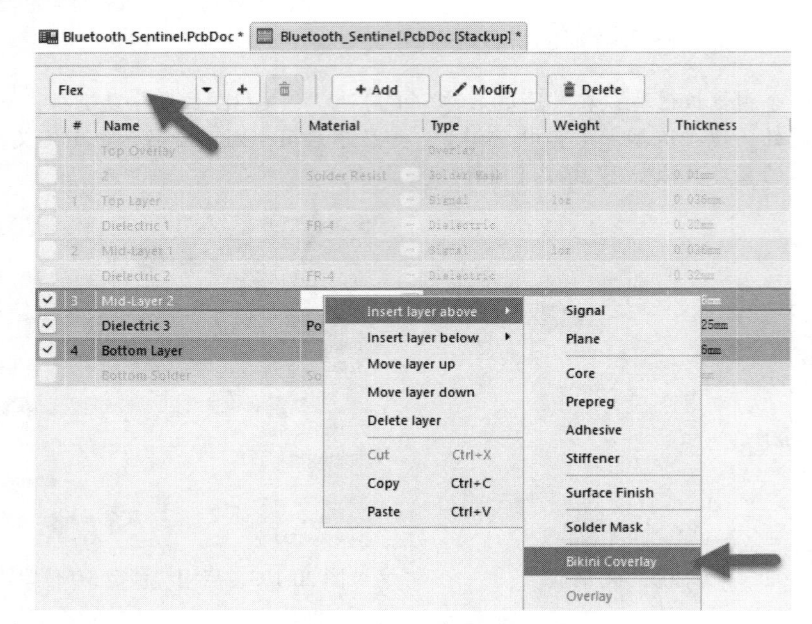

图 20-196　添加覆盖层

（2）可在 3D 状态下查看添加覆盖层的状态，也可按快捷键 1 切换到板子规划模式，在界面下方查看所添加的覆盖层，如图 20-197 所示。覆盖层的颜色由图层颜色定义，双击 Flex Top Coverlay（Flex）的颜色方框，可在弹出的“选择颜色”对话框中修改颜色。

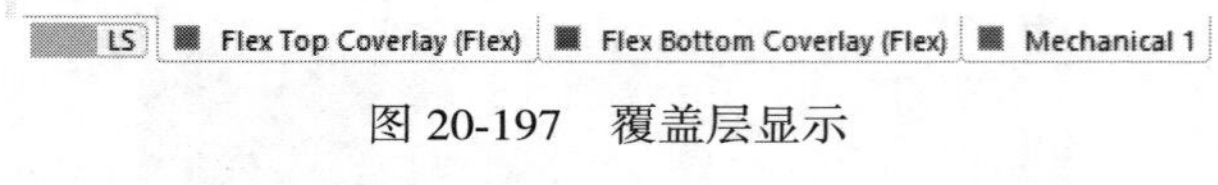

图 20-197　覆盖层显示

（3）添加覆盖区域。板子规划模式中，在 Flex 区域右击，在弹出的快捷菜单中执行 Coverlay Actions→Add Coverlay 命令或 Coverlay Actions→Remove Coverlay 命令，即可添加或删除覆盖区域。也可在 Properties 面板 Actions 选项组中单击 Add Coverlay 按钮或 Remove 按钮，如图 20-198 所示。

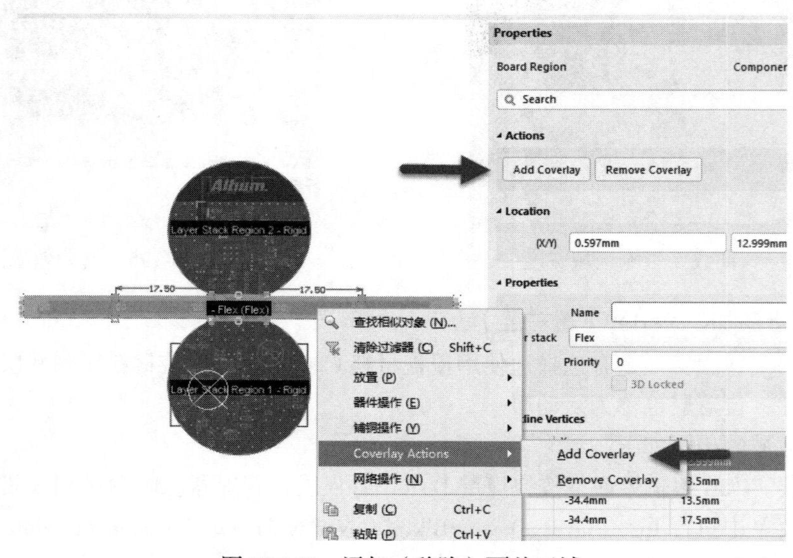

图 20-198　添加（移除）覆盖区域

20.16　PCB Printing Electronics（印刷电子）的设置

能够将电子电路直接印制到基板上，减少沉积和蚀刻等相应步骤，使其成为产品的一部分，在设计需要相互交叉的路径的情况下，在该位置印刷一小片介电材料，充分扩展到交叉之外，以实现不同信号之间所需的隔离水平，实现无层设计概念。这种面向表面的技术被称为 Printing Electronics（印刷电子）。印刷电子目前还处于产业发展的初期阶段，但是已显现其市场规模，具有很大的发展潜力。

Altium Designer 对 Printed Electronics 叠层设计的支持为设计人员提供了明显优势的新选择，Altium Designer 也将与使用印刷电子产品开发产品的公司密切合作，增强未来软件版本的功能。

在 Altium Designer 中设计印刷电子产品的步骤如下：

（1）定义图层堆栈。按快捷键 D+K 进入层叠管理器，在 Features 下拉列表中选择 Printed Electronics，如图 20-199 所示。由图中可看出，启用“印刷电子”功能后，板层移除了介电层，这是因为印刷电子设备需要每层的输出文件，不使用介电层，介电层不用于生成输出文件。

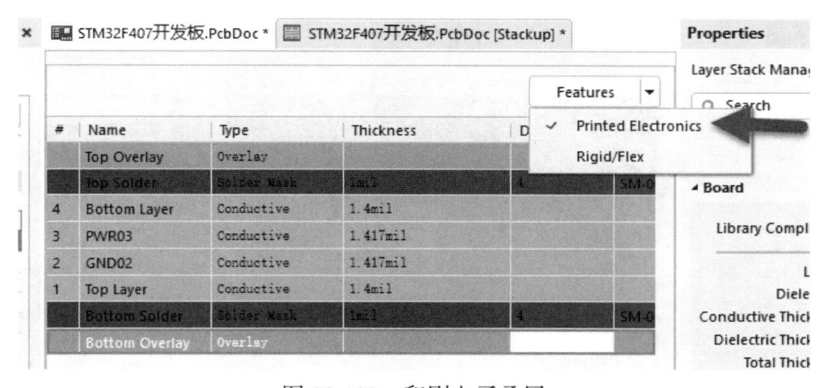

图 20-199　印刷电子叠层

（2）添加非导电层，在导电层之间插入非导电层，并定义介电贴片。右键单击一个图层，在上方或下方插入非导电图层，如图 20-200 所示。

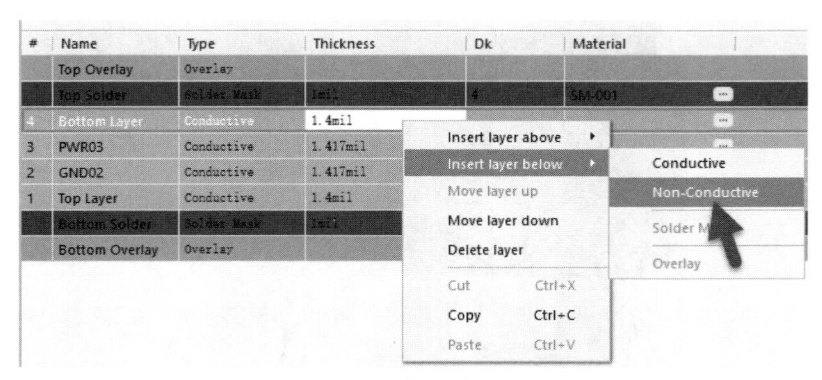

图 20-200　插入非导电层

印刷电子产品不使用底部焊料或底部覆盖层，可移除。最终叠层效果如图 20-201 所示。单击 Material 参数后的 按钮，可为每个图层设置材质属性。

#	Name	Type	Thickness	Dk	Material
	Top Overlay	Overlay			
	Top Solder	Solder Mask	1mil	4	SM-001
7	Bottom Layer	Conductive	1.4mil		
6	Layer 1	Non-Conductive	3.937mil		NCI-001
5	PWR03	Conductive	1.417mil		
4	Layer 2	Non-Conductive	3.937mil		NCI-001
3	GND02	Conductive	1.417mil		
2	Layer 3	Non-Conductive	3.937mil		NCI-001
1	Top Layer	Conductive	1.4mil		

图 20-201　印刷电子叠层效果

（3）对任意不同网络交叉处创建电介质形状。电介质形状须放到非导电层上，可手动定义，也可通过介电形状发生器自动创建。

① 手动定义。切换到非导电层，在走线交叉处可放置圆弧、直线、填充或实心区域，如图 20-202 所示。

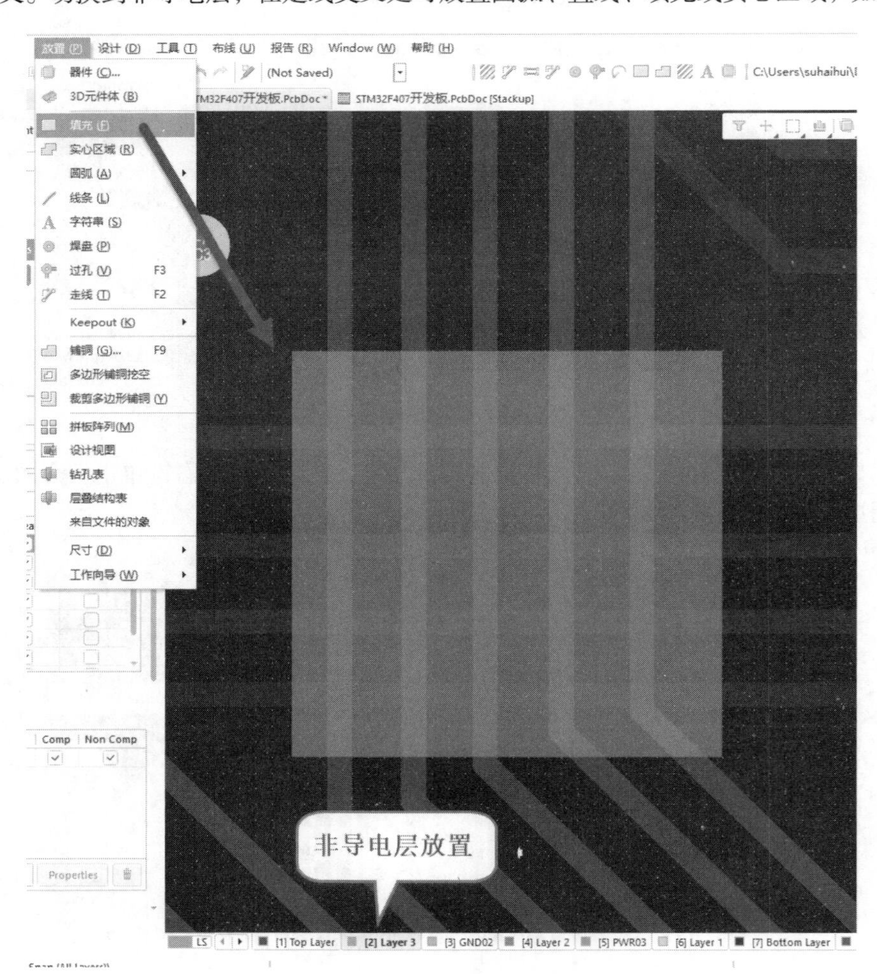

图 20-202　手动定义电介质形状

② 通过介电形状发生器自动创建电介质形状。在 PCB 编辑界面下，执行菜单栏中的“工具”→Printed

Electronics→Generate Dielectric Patterns 命令，即可进入 Dielectric Shapes Generator 对话框，如图 20-203 所示。

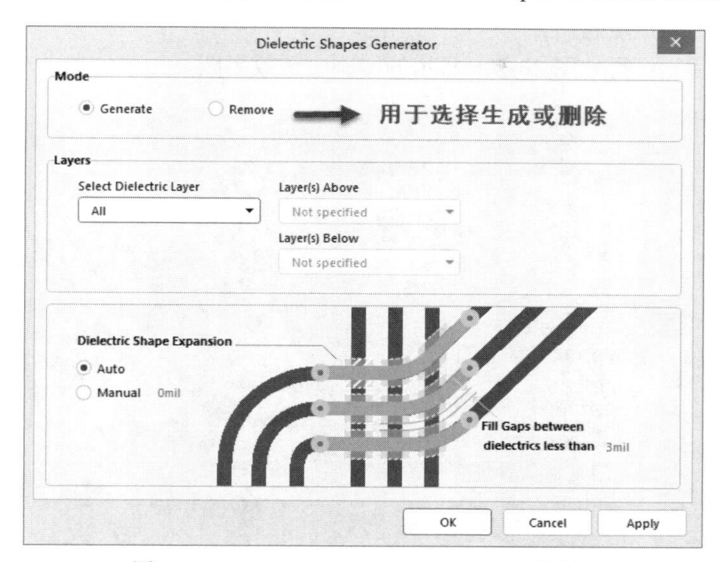

图 20-203　Dielectric Shapes Generator 对话框

相关选项组或参数含义如下：

- Layers：生成器将识别所有相交处并根据对话框中的设置添加电介质块。如选择 All，可以在介电层上所有层之间的所有交叉产生介电形状；如选择指定的介电层，则 Layer Above/Below 分别选择介电层的上下信号层。
- Dielectric Shape Expansion：介电形状扩展。选择 Auto，电介质形状会自动扩展，以满足适用的间隙约束设计规则的要求。选择 Manual，生成器将构建一个形状以匹配交叉对象形成的形状，然后根据输入的距离扩展该形状。
- Fill Gaps between dielectrics less than…：填充小于……的电介质之间的间隙。如果要在介于小于指定数字的电介质之间填充间隙，请指定间隙值。可以用于将相邻的电介质片合并成更大的片。

使用介电形状发生器的注意事项如下：

① 介电形状发生器需要安装扩展程序。单击菜单栏右侧的 ⊖ -（当前用户信息）按钮，在弹出的下拉列表中选择 Extensions and Updates…，如图 20-204 所示。

在 Extensions & Updates 页面下单击“购买的”按钮，在 Softwate Extensions 选项中选择 Patterns Generator 扩展程序，如图 20-205 所示。然后单击 ⤓ 按钮下载扩展程序。必须重新启动 Altium Designer 才能完成安装。

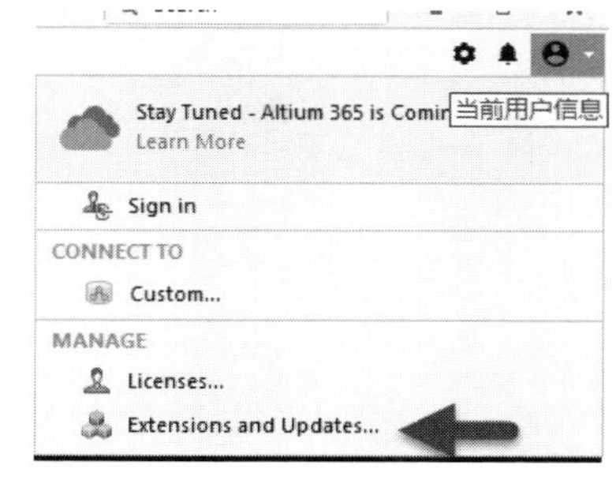

图 20-204　扩展程序的扩展和更新

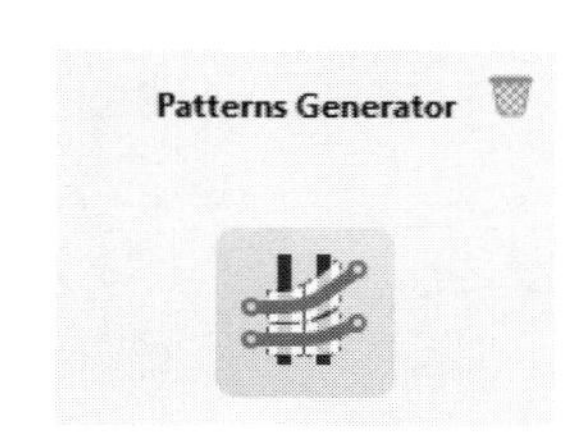

图 20-205　Patterns Generator 扩展程序

② 运行介电形状生成器时，它将删除目标层上的所有形状，然后重新创建。如果已手动定义形状，请在运行介电形状生成器之前锁定它们。

（4）通过上述设置后，可得如图 20-206 所示的印刷电子效果图。

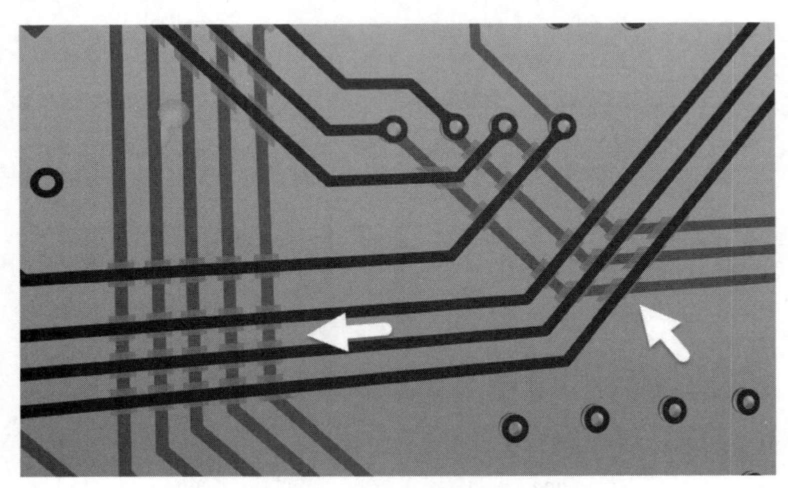

图 20-206　印刷电子局部效果图

第 21 章 不同软件之间文件的相互转换

CHAPTER 21

21.1 Altium Designer 原理图文件转换成 Protel 99 原理图文件

（1）在 Altium Designer 中打开需要转换的原理图，然后执行菜单栏中的“文件”（File）→“另存为”（Save as）命令，保存类型选择 Schematic binary 4.0(*.sch)格式，如图 21-1 所示。

图 21-1　另存原理图文件

（2）打开 Protel 99 软件，打开 Altium Designer 另存的原理图文件即可。可以先新建一个 Project（项目），然后再导入，也可以直接执行“File 文件”→“Open…打开”命令，如图 21-2 所示。

（3）在弹出的选择文件对话框中选择从 Altium Designer 中导出的文件，Protel 99SE 软件会弹出“新建工程”对话框，按照图 21-3 所示设置工程参数，单击 OK 按钮即可。

（4）导入后的原理图如图 21-4 所示。转换完成后，请仔细检查并确认原理图。

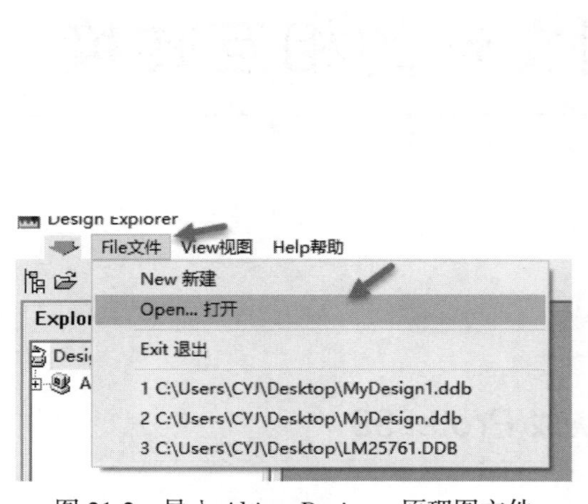

图 21-2　导入 Altium Designer 原理图文件

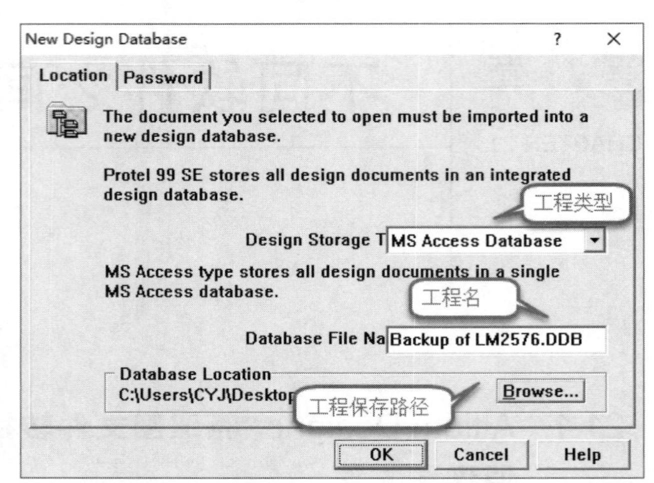

图 21-3　新建工程保存导入的原理图文件

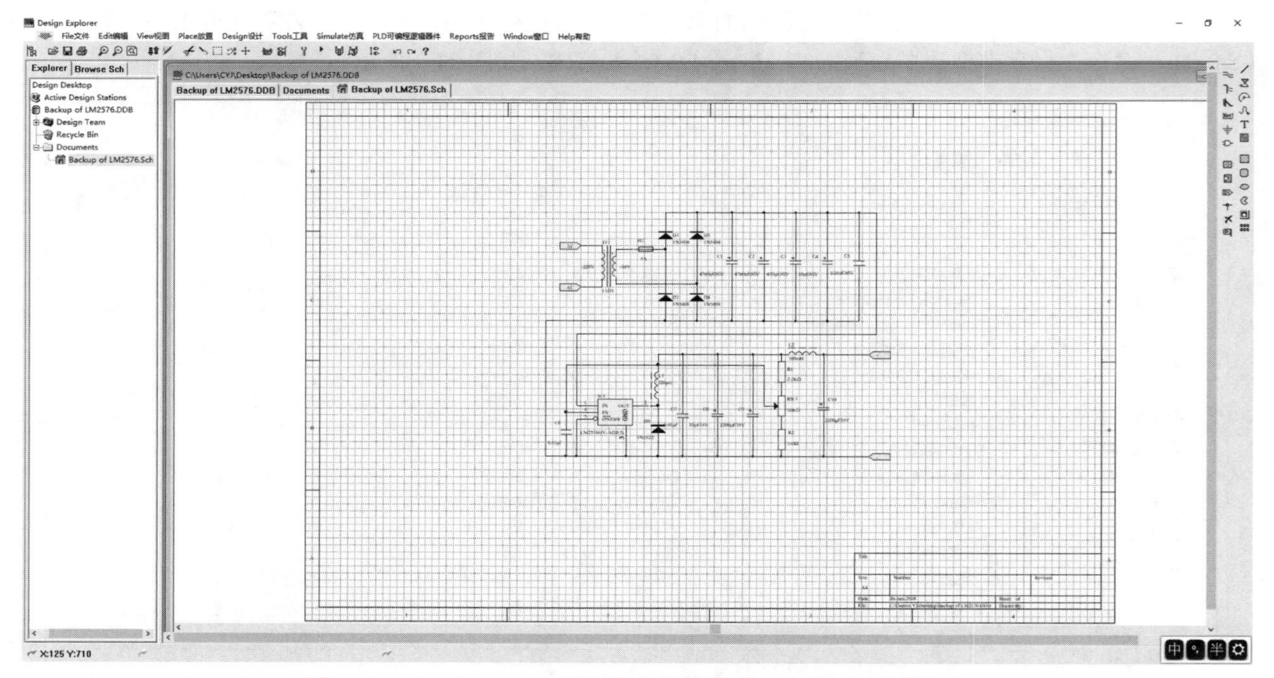

图 21-4　Altium Designer 原理图文件转换成 Protel 99 原理图文件

21.2　Altium Designer 原理图文件转换成 PADS 原理图文件

直接打开 PADS Logic，执行菜单栏中的“文件”→“导入”命令，选择需要导入的 Altium Designer 原理图文件，注意文件类型需选择 Protel DXP/Altium Designer 2004–2008 原理图文件（*.schdoc），PADS Logic 可以直接转换打开，如图 21-5 所示。转换完成后，请仔细检查并确认原理图。

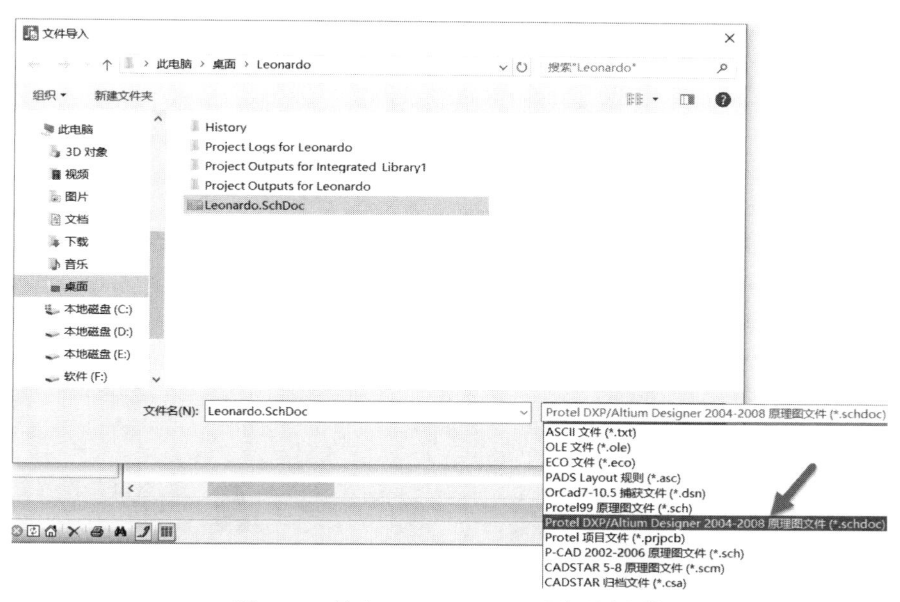

图 21-5　导入 Altium Designer 原理图文件

21.3　Altium Designer 原理图文件转换成 OrCAD 原理图文件

（1）准备需要转换的原理图，利用 Altium Designer 软件新建一个工程，将需要转换的单页或多页原理图文件添加到工程中，如图 21-6 所示。

图 21-6　添加已有文档到工程

（2）在工程文件上右击，在弹出的快捷菜单中执行“保存工程为”命令，把此工程文件另存为 dsn 格式的文件，如图 21-7 所示。在弹出的如图 21-8 所示的对话框中选中箭头所标记的两项后单击“确定”按钮。

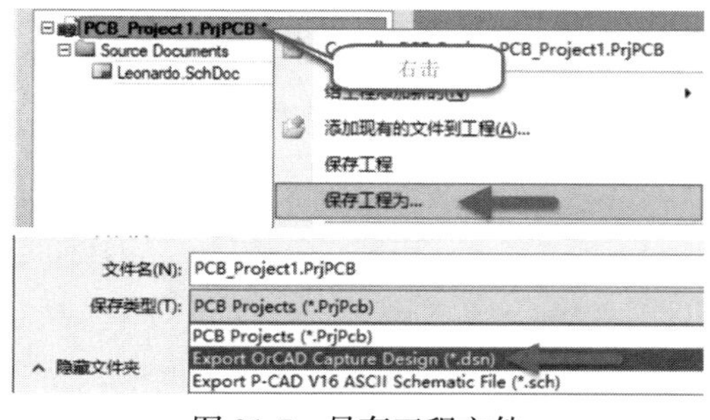

图 21-7　另存工程文件

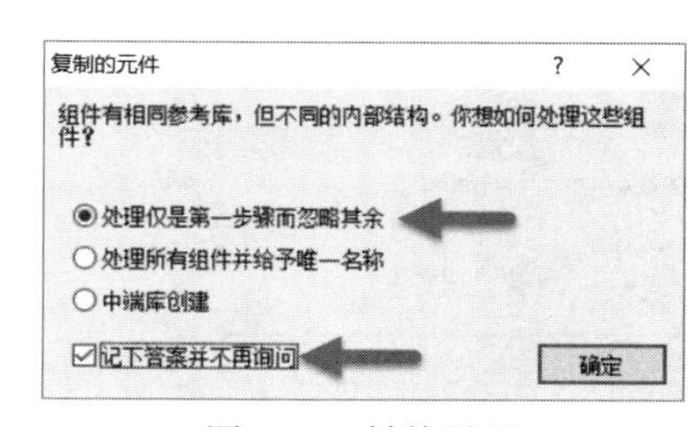

图 21-8　转换设置

（3）一般采用 OrCAD 11.5 版本打开转换后的文件。注意：在用低版本 OrCAD 打开之前，不要用高版本 OrCAD 打开这份文件，否则将无法打开。用低版本 OrCAD 打开后再保存一次，就可以用高版本 OrCAD 打开该原理图文件了。

（4）在 Altium Designer 22 中，文件转换功能更为快捷。可直接通过 File（文件）→Export（导出）→ORCAD 命令将 Altium Designer 原理图转换成 OrCAD 原理图。

21.4 PADS 原理图文件转换成 Altium Designer 原理图文件

（1）用 PADS Logic 打开需要转换的原理图文件，执行菜单栏中的“文件”→“导出”命令，导出一份 ASCII 编码格式的 txt 文档，如图 21-9 所示。

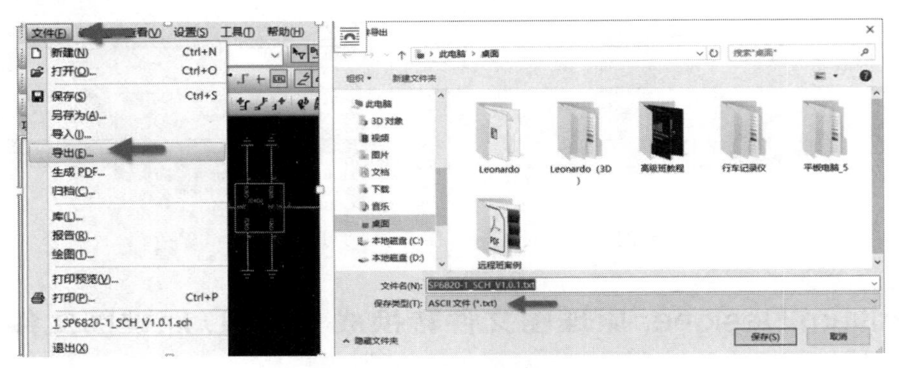

图 21-9　PADS 原理图的导出

（2）单击“保存”按钮，会弹出“ASCII 输出”对话框，勾选“选择要输出的段”选项组中的全部复选框，“输出版本”选择最低版本 PADS Logic 2005，如图 21-10 所示。

（3）打开 Altium Designer，执行菜单栏中的“文件”→“导入向导”命令，在弹出的“导入向导”对话框中选择 PADS ASCII Design And Library Files 文件类型，如图 21-11 所示。

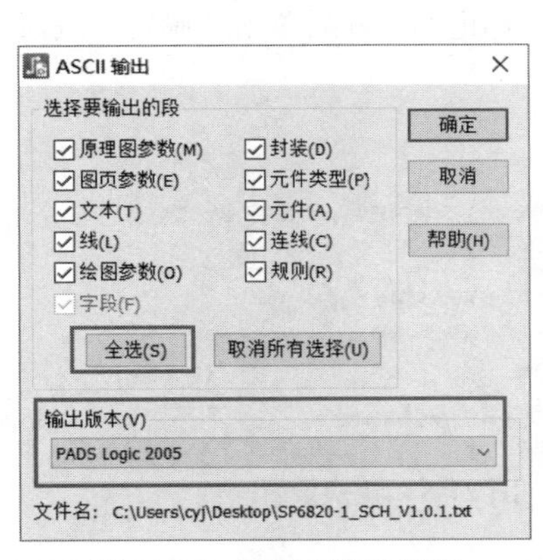

图 21-10　ASCII 输出设置

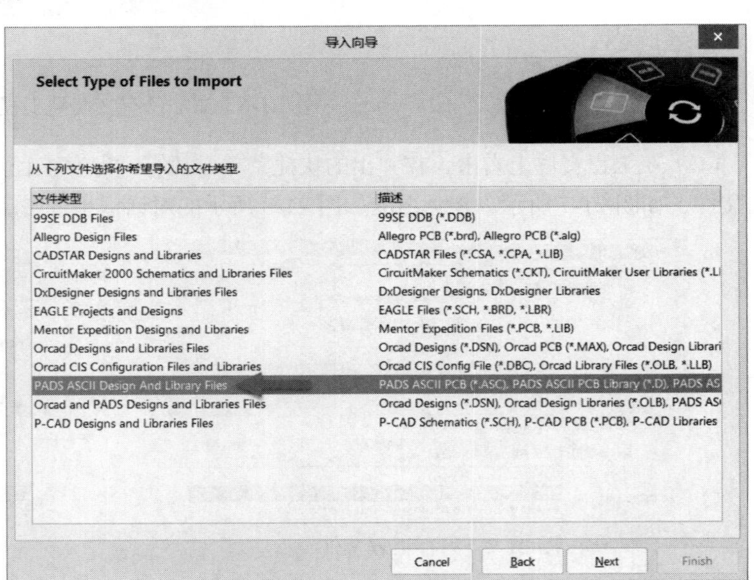

图 21-11　原理图转换向导

（4）单击 Next 按钮，选择之前导出的 txt 文档，如图 21-12 所示，然后单击 Add 按钮。

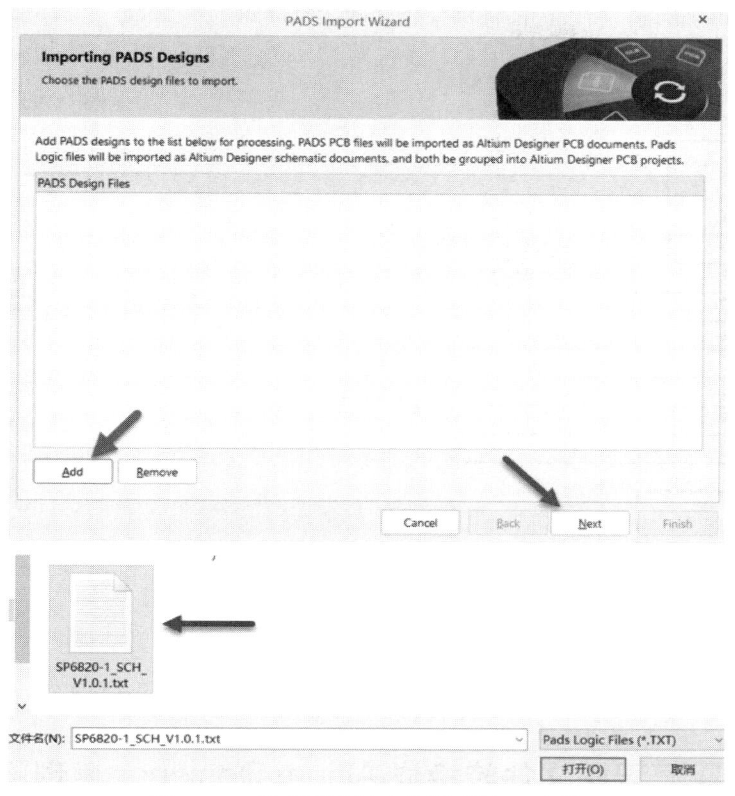

图 21-12　选择需要导入的原理图 txt 文档

（5）根据向导设置输出文件路径并预览工程文件，如图 21-13 所示。设置完成后继续单击 Next 按钮，根据向导进行转换，直到转换完成。

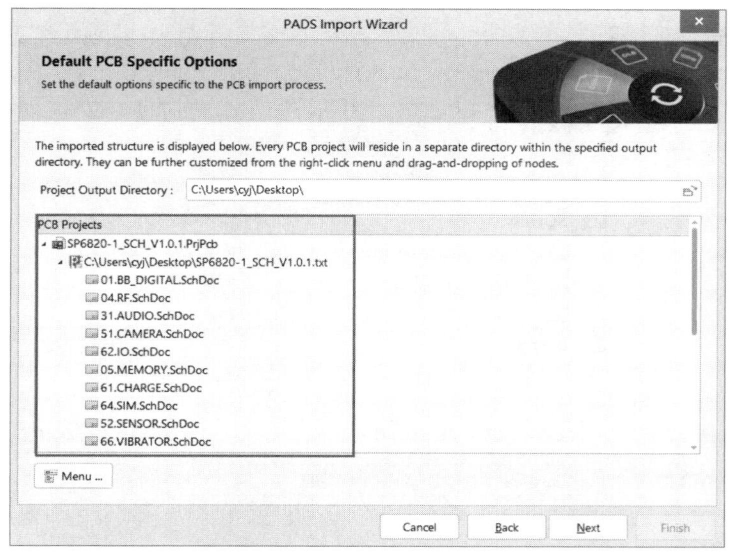

图 21-13　设置转换输出文件路径并预览工程文件

（6）转换后的 Altium Designer 原理图文件如图 21-14 所示。因为不同软件的兼容性不同，转换后的原理图可能存在不可预知的错误，所以还需仔细检查并确认原理图。

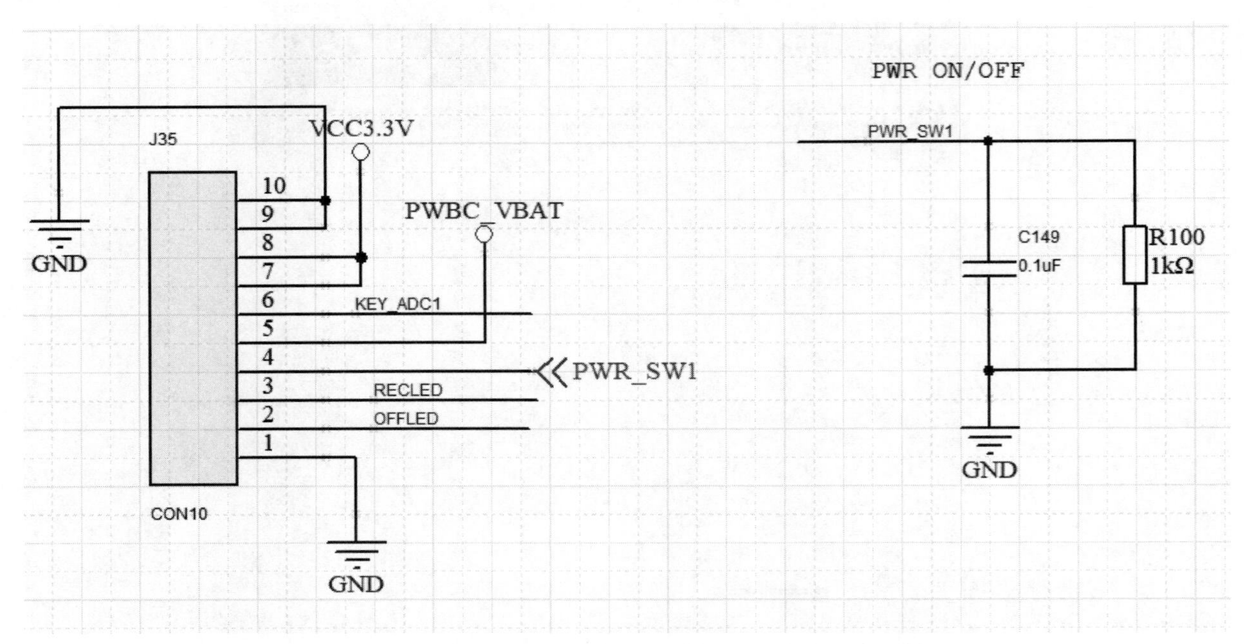

图 21-14　PADS 原理图文件转换成 Altium Designer 原理图文件

21.5　OrCAD 原理图文件转换成 Altium Designer 原理图文件

（1）OrCAD 原理图转换成 Altium Designer 原理图时，一般需要使用 OrCAD 16.2 以下版本。用 OrCAD 打开需要转换的原理图文件，在原理图文件上右击，在弹出的快捷菜单中执行 Save As 命令，另存为一个 OrCAD 16.2 版本的原理图，如图 21-15 所示。

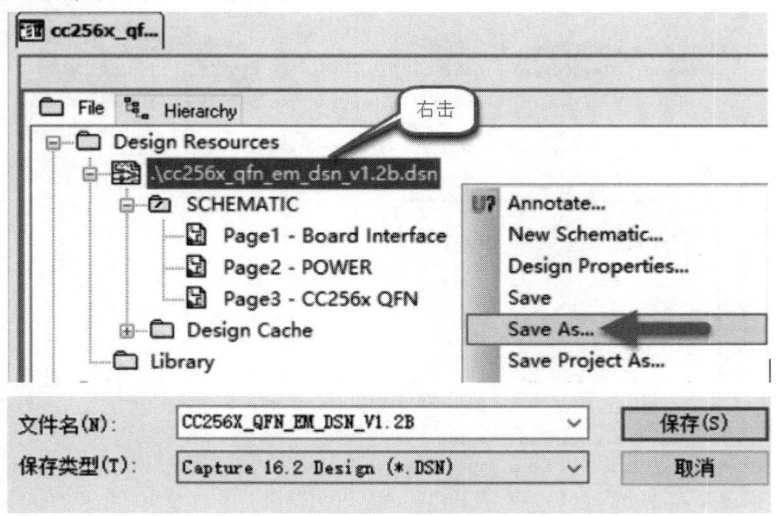

图 21-15　另存为 OrCAD 16.2 版本

（2）打开 Altium Designer，执行菜单栏中的“文件”→“导入向导”命令，在弹出的“导入向导”对话框中选择 Orcad and PADS Designs and Libraries Files 文件类型，如图 21-16 所示。

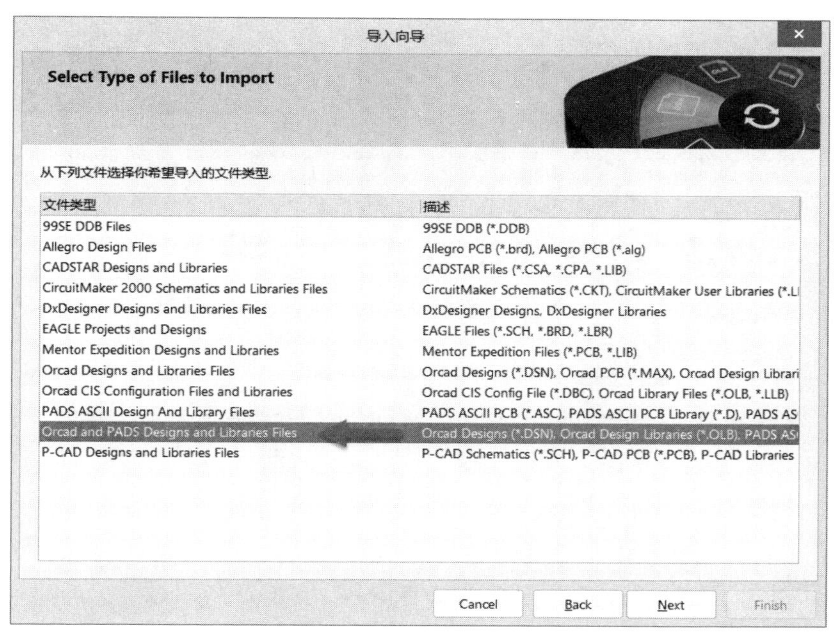

图 21-16　选择导入的文件类型

（3）单击 Next 按钮，选择之前另存的 OrCAD 16.2 版本的 OrCAD 原理图，如图 21-17 所示。然后单击“添加”按钮，按照弹出的转换向导进行转换。

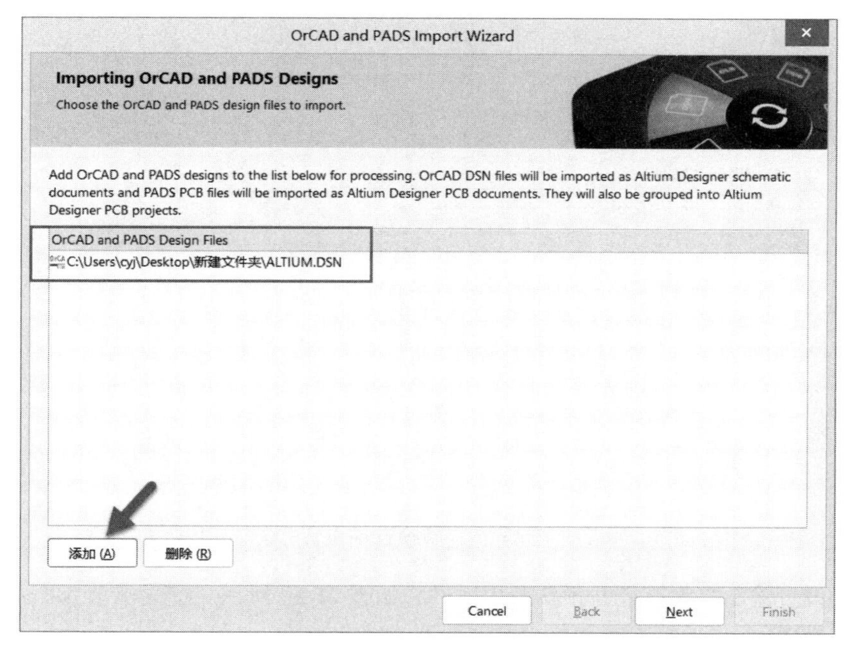

图 21-17　添加需要导入的文件

（4）在转换过程中，注意转换选项的设置，如图 21-18 所示。

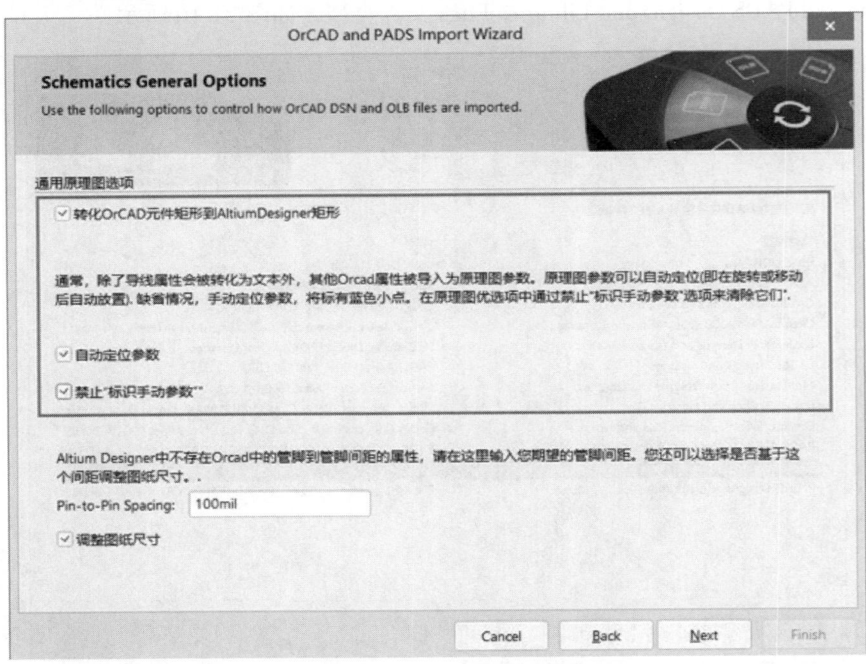

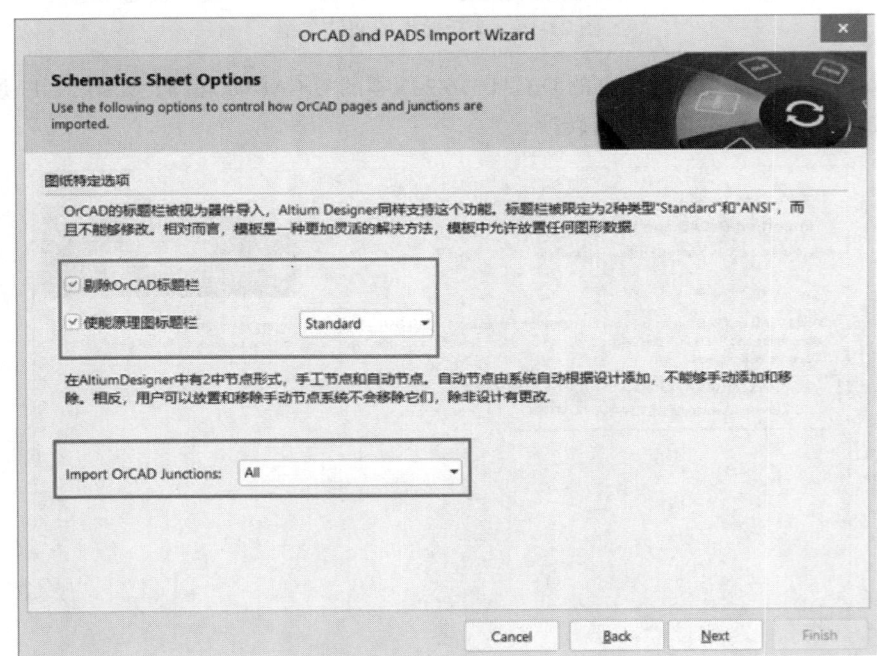

图 21-18　转换选项设置

（5）根据向导设置输出文件路径并预览工程文件，如图 21-19 所示。继续单击 Next 按钮，根据向导进行转换，直到转换完成。

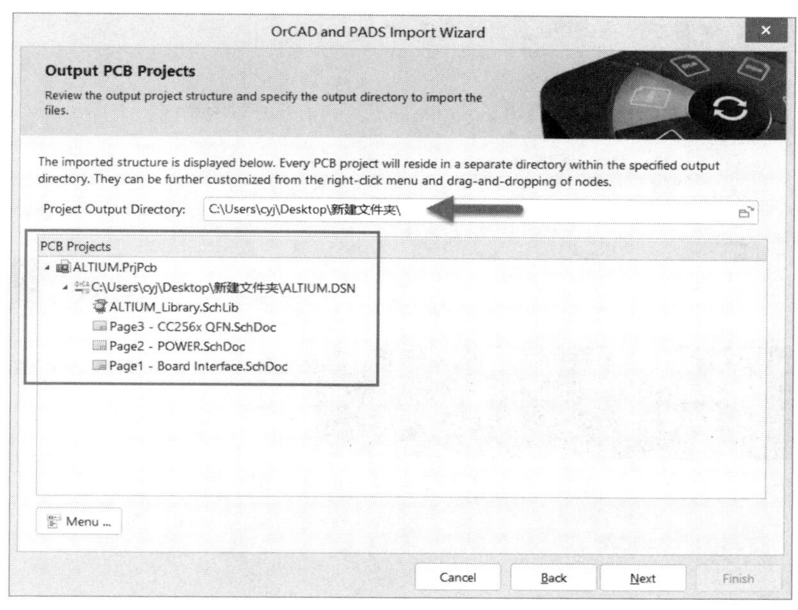

图 21-19 输出文件路径并预览工程文件

（6）转换后的 Altium Designer 原理图如图 21-20 所示。同样，转换的原理图可能存在不可预知的错误，转换完成后的原理图仅供参考，使用前需仔细检查及确认。

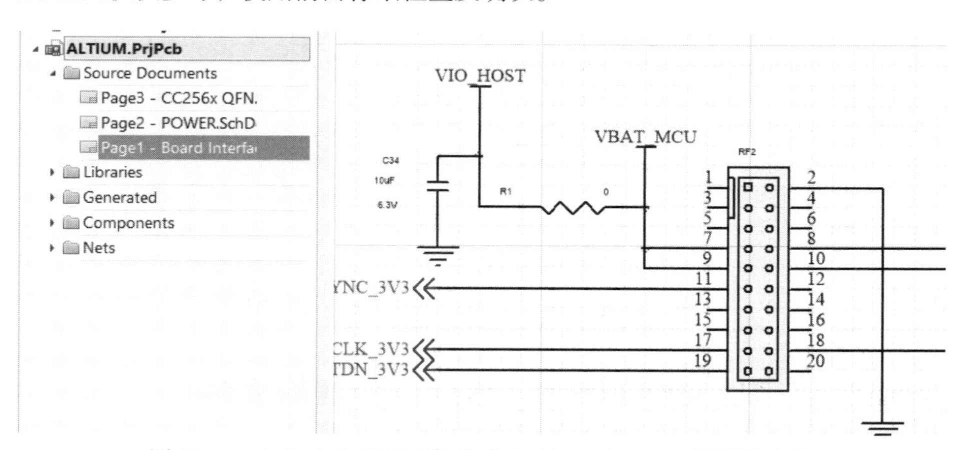

图 21-20 OrCAD 原理图文件转换成 Altium Designer 原理图文件

21.6 OrCAD 原理图文件转换成 PADS 原理图文件

（1）OrCAD 原理图转换成 PADS 原理图时，一般需要使用 OrCAD 16.2 以下版本。用 OrCAD 打开需要转换的原理图文件，在原理图文件上右击，在弹出的快捷菜单中执行 Save As 命令，另存为一个 OrCAD 16.2 版本的原理图。

（2）打开 PADS Logic 软件，执行菜单栏中的“文件”→“导入”命令，选择要导入的扩展名为.dsn 的文件，如图 21-21 所示。

（3）软件可以直接完成转换并打开，转换好的原理图如图 21-22 所示。

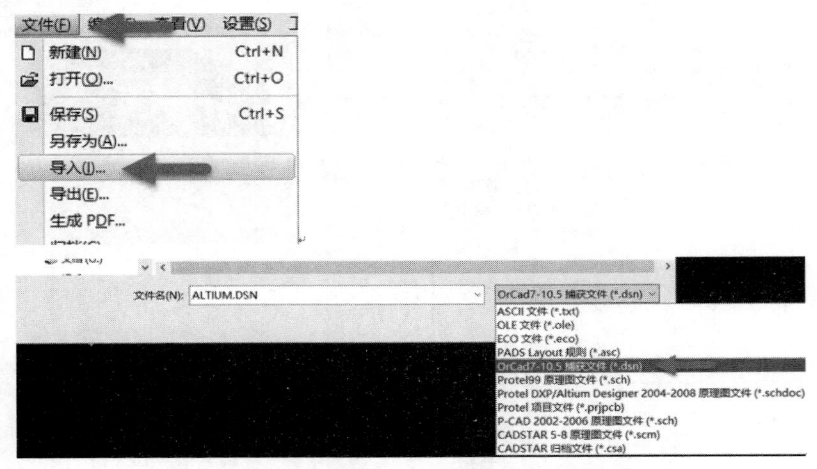

图 21-21　选择需要导入的原理图文件

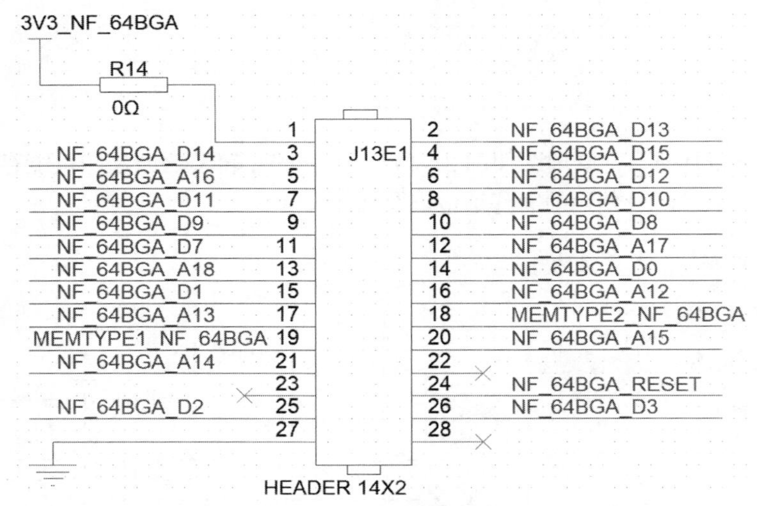

图 21-22　OrCAD 原理图转换成 PADS 原理图

21.7　PADS 原理图文件转换成 OrCAD 原理图文件

各软件之间的原理图转换具有相互性，如图 21-23 所示，利用各软件之间的原理图相互转换的功能，可以先把 PADS 原理图转换成 Altium Designer 原理图，再把 Altium Designer 原理图转换成 OrCAD 原理图，具体转换方法可参照前文的介绍。

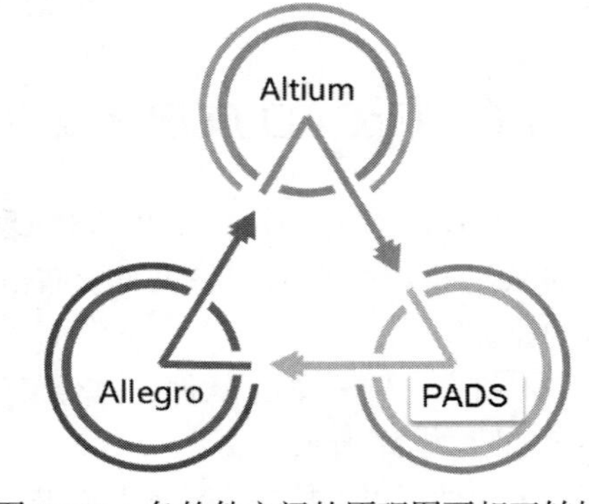

图 21-23　各软件之间的原理图可相互转换

21.8　Altium Designer PCB 文件转换成 Protel 99 PCB 文件

（1）打开需要转换的 PCB 文件，执行菜单栏中的“文件”→“另存为”命令，将 Altium Designer 的 PCB 文件另存为 PCB 4.0 Binary File(*. pcb)格式的文件，如图 21-24 所示。

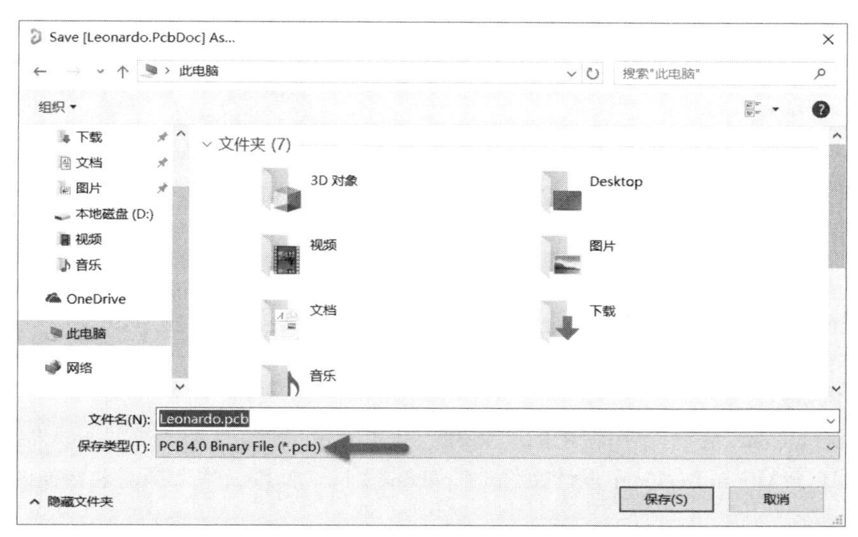

图 21-24　PCB 文件另存为 PCB 4.0 Binary File(*. pcb)格式文件

（2）打开 Protel 99 软件，执行菜单栏中的 File→Open 命令，打开之前从 Altium Designer 中导出的 PCB 文件，文件类型为 PCB98 files (*. Pcb)，如图 21-25 所示。

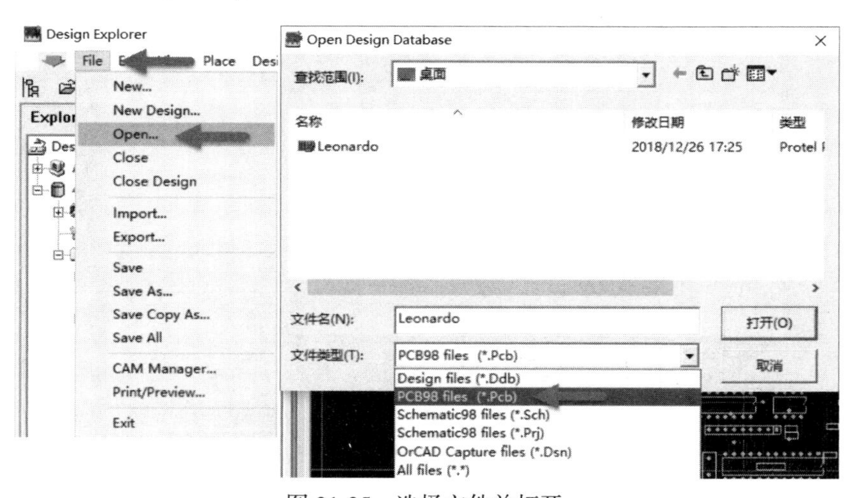

图 21-25　选择文件并打开

（3）在弹出的 New Designer Database 对话框中选择工程名和保存路径，然后单击 OK 按钮，如图 21-26 所示。

这样即可将 Altium Designer PCB 文件转换成 Protel 99 PCB 文件，效果如图 21-27 所示。

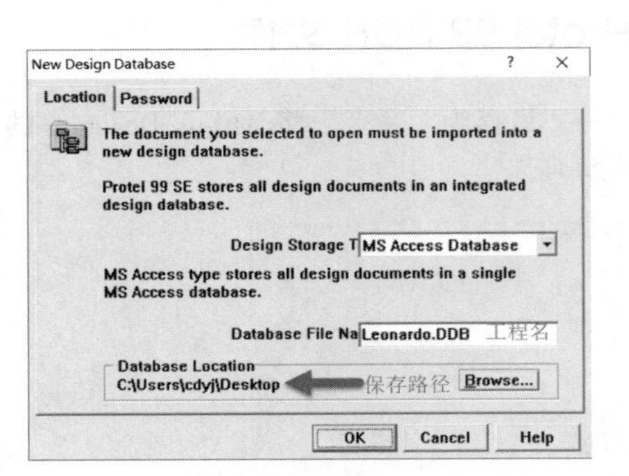

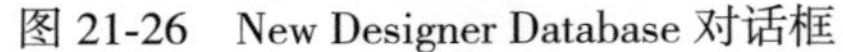
图 21-26　New Designer Database 对话框

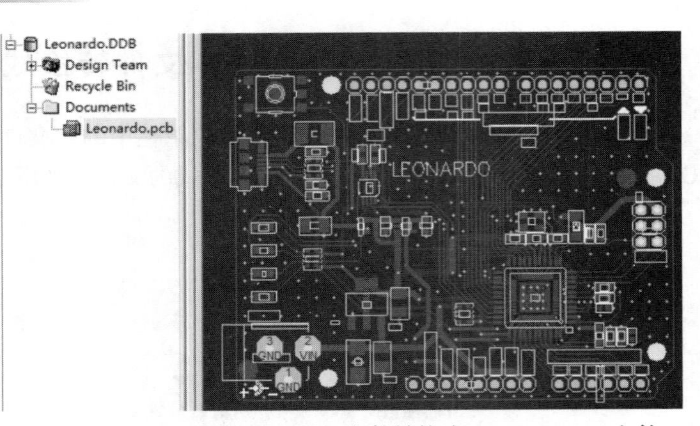

图 21-27　Altium Designer PCB 文件转换成 Protel 99 PCB 文件

21.9　Altium Designer PCB 文件转换成 PADS PCB 文件

1. 直接导入法

（1）打开 PADS Layout，执行菜单栏中的“文件”→“导入”命令，打开文件导入对话框，如图 21-28 所示，选择 Protel DXP/Altium Designer 设计文件（*.pcbdoc）格式文件，并选择需要转换的 PCB 文件，即可开始转换。

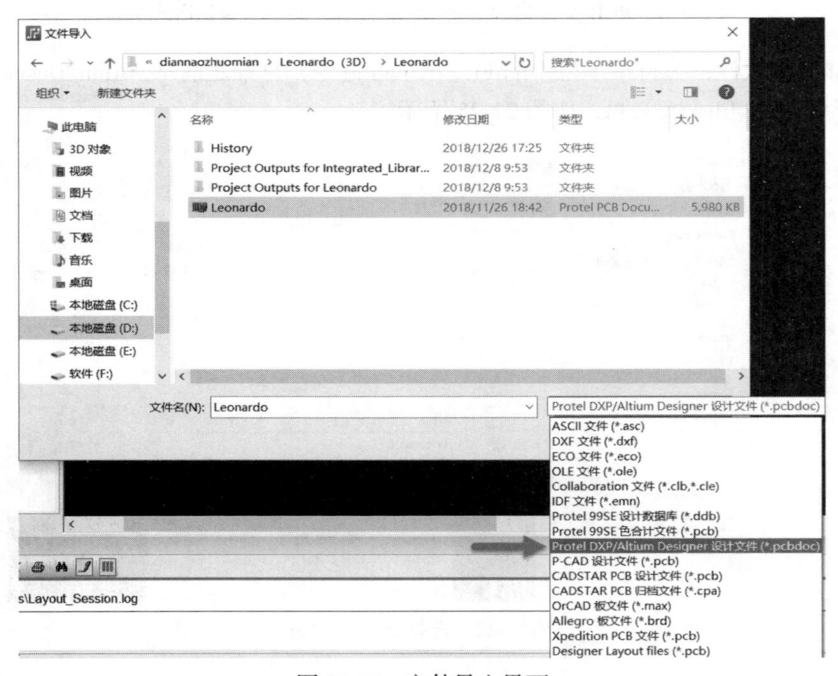

图 21-28　文件导入界面

（2）转换后的效果如图 21-29 所示。转换后的 PCB 中会有很多飞线，铺铜也需要重新调整，转换完成的文件需仔细检查核对方可使用。

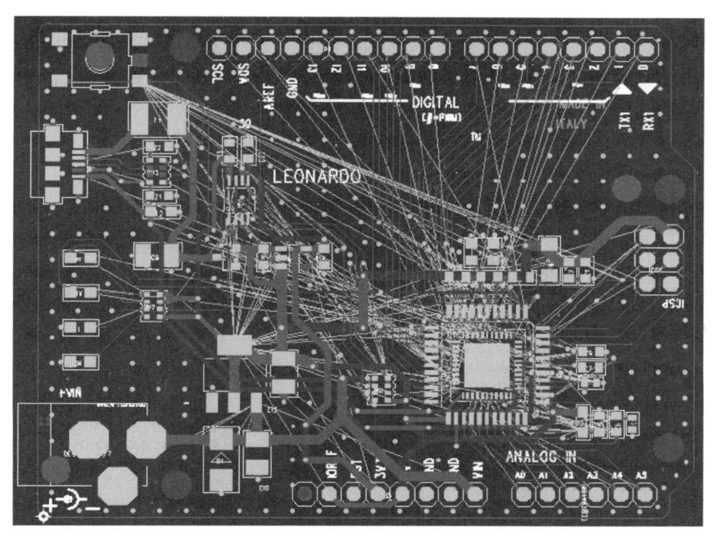

图 21-29　Altium Designer PCB 文件转换成 PADS PCB 文件

2. 利用PADS自带转换工具

（1）在 Windows 程序中找到 PADS Layout Translator VX.1.2 转换工具，如图 21-30 所示，也可使用其他版本。

（2）打开 PADS Layout Translator VX.1.2 转换工具，如图 21-31 所示。

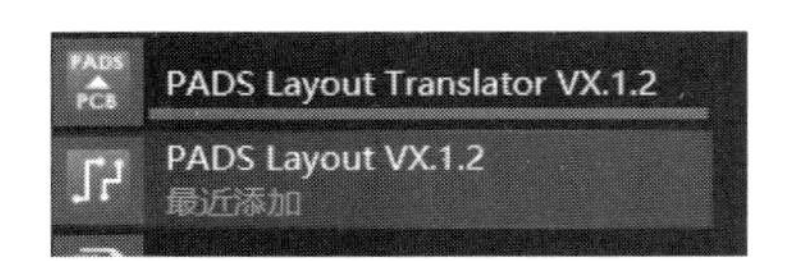

图 21-30　PADS Layout Translator VX.1.2 转换工具

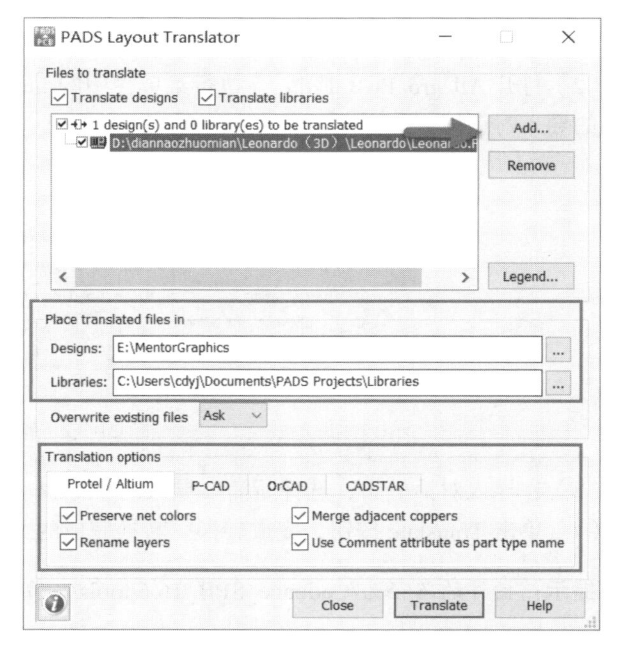

图 21-31　PADS Layout Translator 设置界面

① 单击右侧的 Add 按钮，添加需要转换的 PCB 文件。

② 在 Place translated files in 选项组中设置好文件路径和库路径。

③ 在 Translation options 选项组中选择 Protel/Altium，并勾选下方所有转换选项。

（3）单击 Translate 按钮开始转换，转换完成后单击 Close 按钮关闭对话框即可完成转换。转换过程中，会弹出如图 21-32 所示的 Translation Results 对话框，显示一些警告和错误信息，这些提示信息可以方便用户在转换之后进行检查及确认。

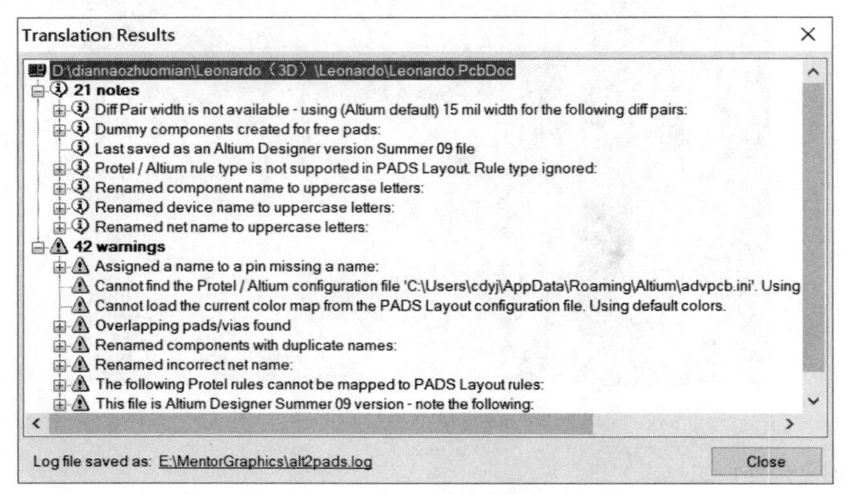

图 21-32　文件转换结果提示

21.10　Altium Designer PCB 文件转换成 Allegro PCB 文件

（1）先把 Altium Designer PCB 文件转换成 PADS PCB 文件，并从 PADS 中导出 5.0 版本的 ASC 文件。

（2）打开 Allegro PCB Editor，执行菜单栏中的 Import→CAD Translators→PADS 命令，打开如图 21-33 所示的导入对话框。

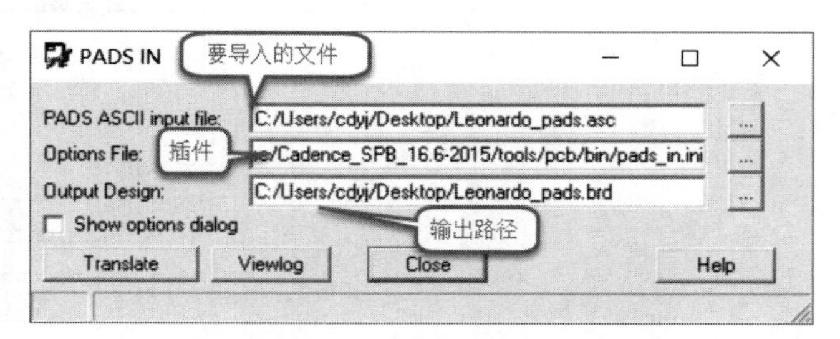

图 21-33　导入对话框

（3）在导入对话框中，选择所需要导入的 xxx.asc 文件，加载 pads_in.ini 插件，并设置好输出路径。

（4）单击 Translate 按钮，完成转换。转换完成的文件需仔细检查核对。

提示：插件的路径为/Cadence_SPB_16.6/tools/pcb/bin/pads_in.ini。

21.11　Protel 99 PCB 文件转换成 Altium Designer PCB 文件

（1）打开 Altium Designer PCB 文件，执行菜单栏中的“文件”→“导入向导”命令，打开“导入向导”对话框，选择 99SE DDB Files 文件类型，如图 21-34 所示。

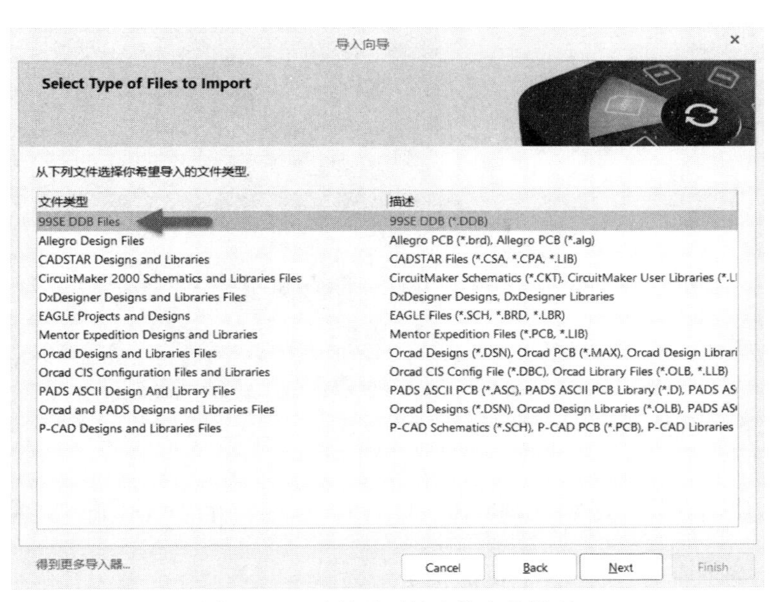

图 21-34　选择需要导入的文件类型

（2）单击 Next 按钮，打开“99 SE 导入向导”对话框，在“待处理文件”一栏添加需要导入的 PCB 文件，如图 21-35 所示。

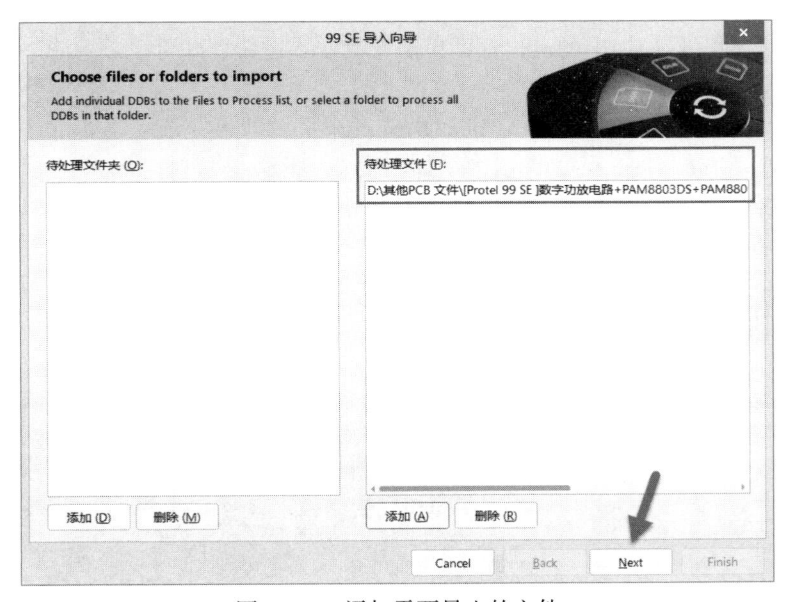

图 21-35　添加需要导入的文件

（3）单击 Next 按钮，设置文件的输出路径，后续步骤保持默认设置，一直单击 Next 按钮，直到单击 Finish 按钮完成导入。这样就能成功将 Protel 99 PCB 导入 Altium Designer。

（4）双击导入的 PCB 文件，将弹出“DXP 导入向导”对话框，单击 Next 按钮，选择板外框方式，一般保持默认选项，然后单击 Next 按钮直到完成。到此即可完成 Protel 99 PCB 文件转换成 Altium Designer PCB 文件的操作，得到的 PCB 文件如图 21-36 所示。需仔细检查核对转换出的 PCB 文件。

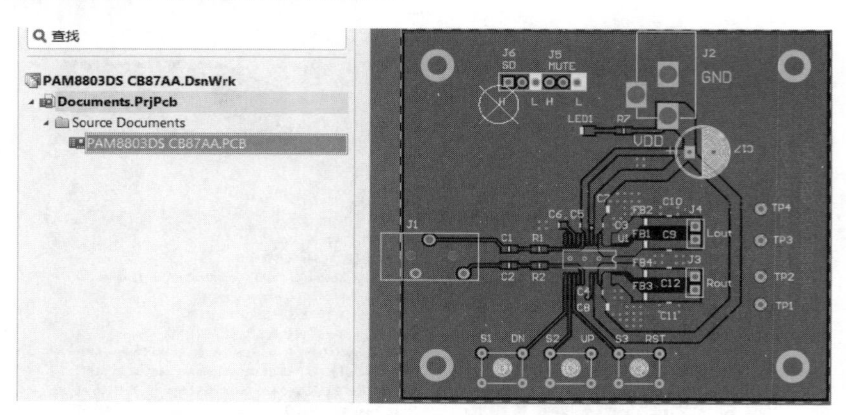

图 21-36　Protel 99 PCB 文件转换成 Altium Designer PCB 文件

21.12　PADS PCB 文件转换成 Altium Designer PCB 文件

Altium Designer 软件不能直接打开 PADS PCB 文件，需要转换之后才能打开。

（1）用 PADS Layout 打开需要转换的 PADS PCB 文件，执行菜单栏中的“文件”→“导出”命令，选择文件的导出路径，在弹出的“ASCII 输出”对话框中，勾选“段”选项组中的所有复选框进行输出，格式选择 PowerPCB V5.0，并勾选“展开属性”选项组中的复选框，单击“确定”按钮，即可导出“ASCII”文件，如图 21-37 所示。

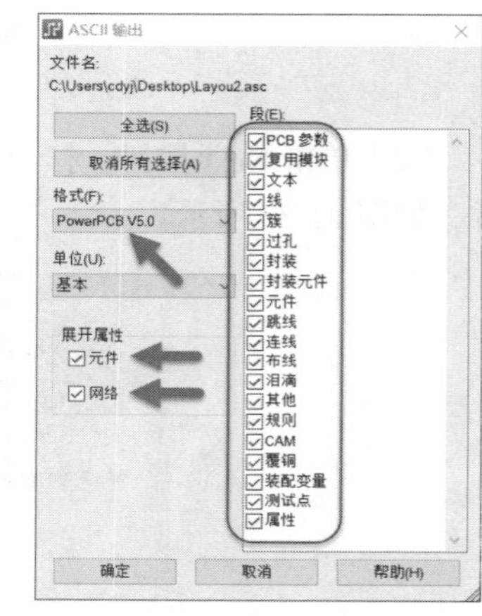

图 21-37　ASCII 文件的导出

（2）把导出的 ASCII 文件直接拖到 Altium Designer 中，即可完成 PADS PCB 文件转换成 Altium Designer PCB 文件，如图 21-38 所示。也可打开 Altium Designer 软件，执行菜单栏中的“文件”→“导入向导”命令，选择 PADS ASCII Design And Library Files 文件类型，通过导入向导将刚刚导出的 ASCII 文件导入 Altium Designer。转换出的 PCB 文件需要仔细检查，特别是通孔焊盘的网络。

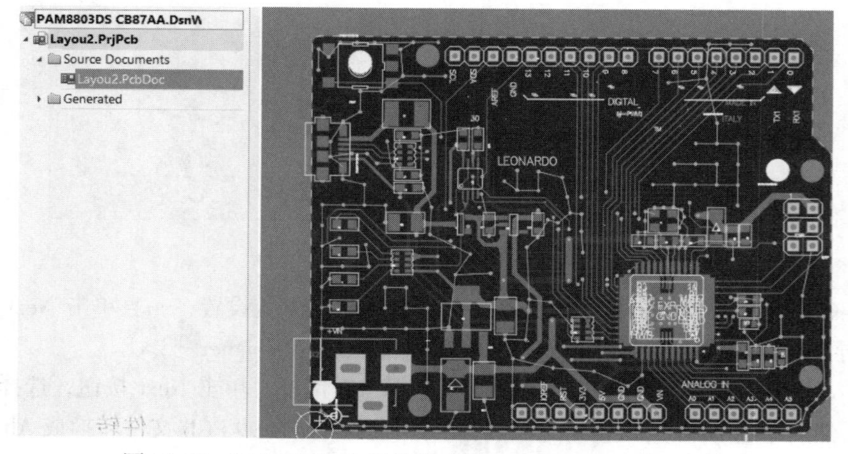

图 21-38　PADS PCB 文件转换成 Altium Designer PCB 文件

21.13　Allegro PCB 文件转换成 Altium Designer PCB 文件

（1）Allegro PCB 文件转换 PCB 文件之前，一般需要将其降到 Allegro 16.3 及以下版本，否则可能会转换不成功。用 Allegro 16.6 版本打开一个 PCB 文件，执行菜单栏中的 File→Export→Downrev Design 命令，导出 Allegro 16.3 版本的 PCB 文件，如图 21-39 所示。

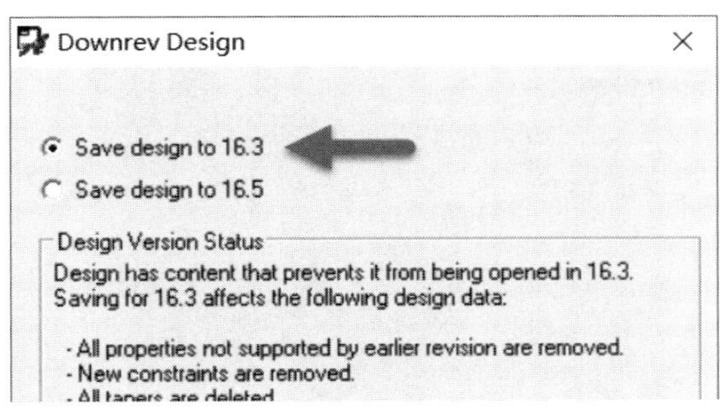

图 21-39　导出 Allegro 16.3 版本的 PCB 文件

（2）把转换版本的之后的扩展名为.brd 的文件直接拖到 Altium Designer 软件中，将弹出“Allegro 导入向导”对话框，单击 Next 按钮，等待软件处理文件。然后保持默认设置一直单击 Next 按钮，并选择工程输出目录，如图 21-40 所示。

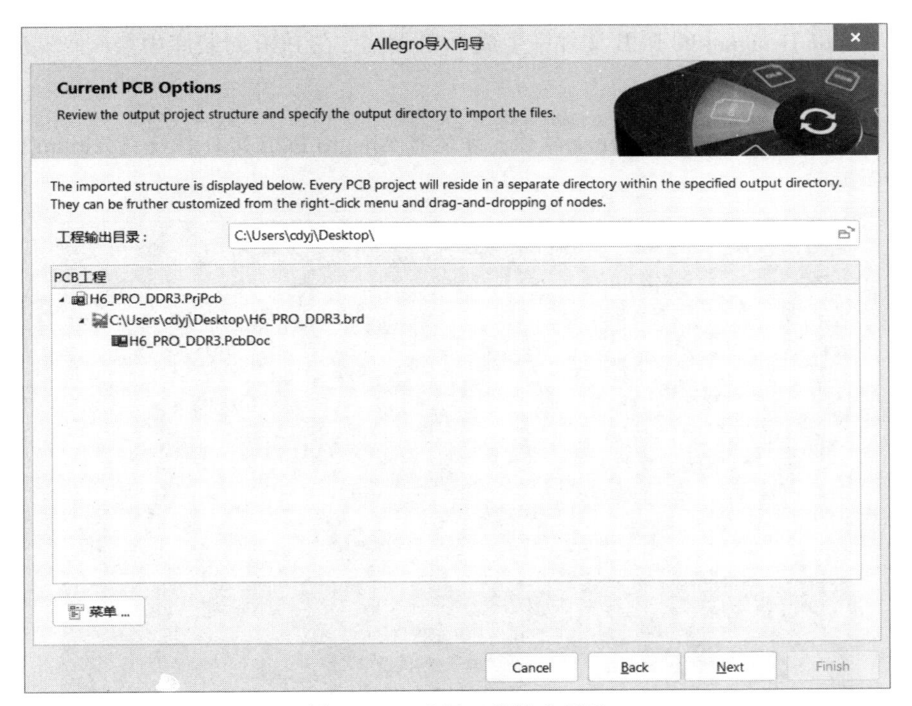

图 21-40　选择工程输出目录

（3）单击 Next 按钮，等待软件完全导入 Allegro PCB 文件，如图 21-41 所示。一般比较复杂的 PCB 文件转换的时间会更久，在转换过程中无须改变设置，按照向导默认设置转换即可。

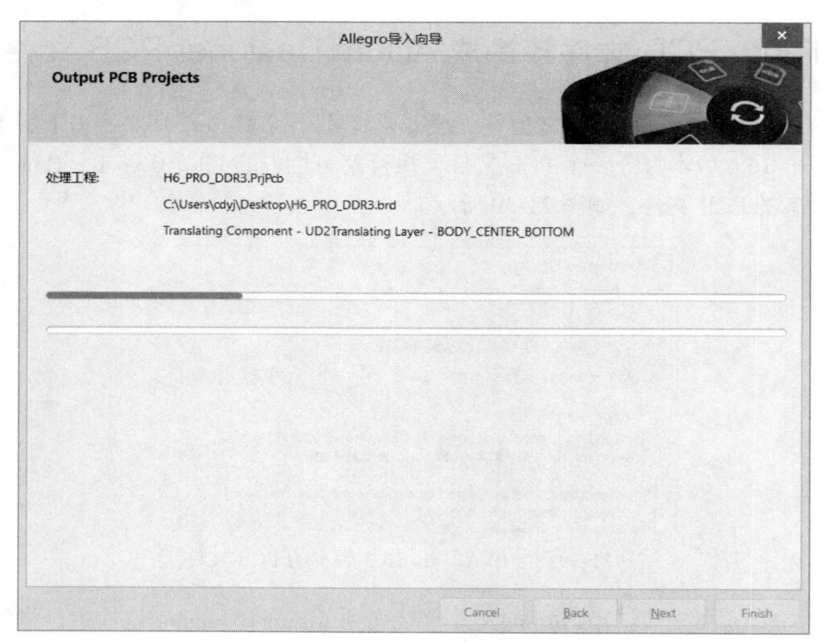

图 21-41　导入 Allegro PCB 文件

（4）转换完成后的效果如图 21-42 所示。需仔细检查转换过来的 PCB 文件，尤其需要对封装进行检查，可从得到的 Altium Designer 的 PCB 文件中生成 PCB 封装，在 PCB 封装库中修改封装后再更新到 PCB 中即可。

提示：只有在计算机上安装了 Cadence 软件，才能将 Allegro PCB 文件转换成 Altium Designer PCB 文件，否则转换将不成功。

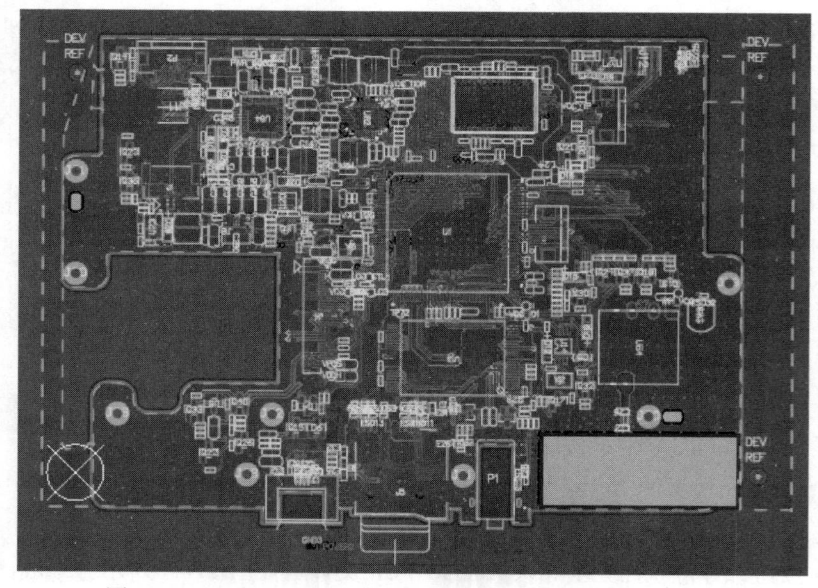

图 21-42　Allegro PCB 文件转换成 Altium Designer PCB 文件

21.14　Allegro PCB 文件转换成 PADS PCB 文件

（1）打开 PADS 软件，执行菜单栏中的“文件”→“导入”命令，在弹出的“文件导入”对话框中选择导入格式“Allegro 板文件（*.brd）”，选择需要转换的 PCB 文件，即可开始转换，如图 21-43 所示。

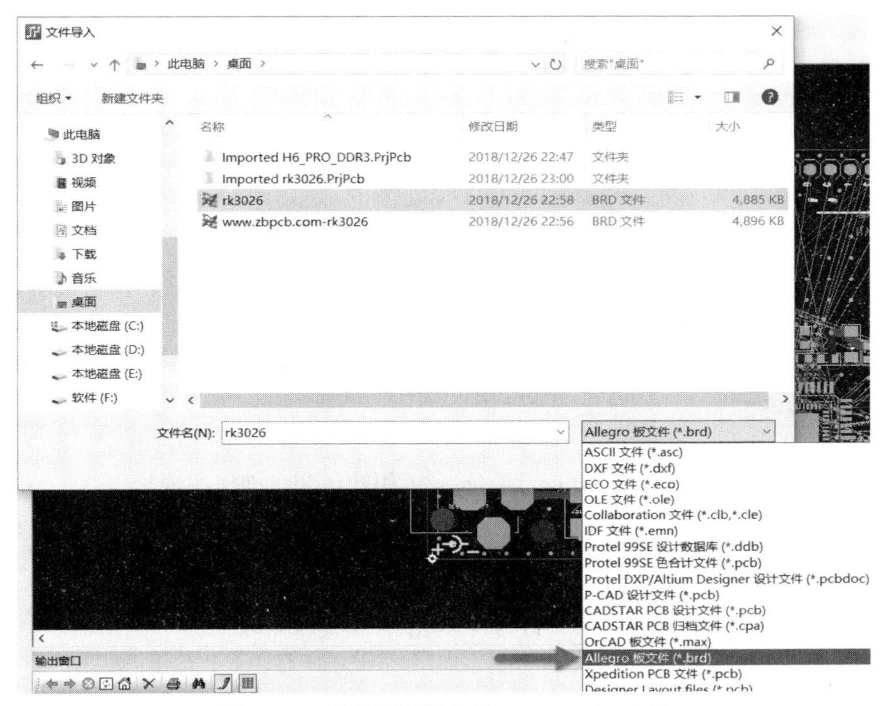

图 21-43　选择需要导入的 Allegro PCB 文件

（2）等待软件转换完成。检查转换过程中的警告和错误信息，转换完成后需对 PCB 文件进行仔细检查核对。

（3）还可以利用各软件之间 PCB 转换的相互性，把 Allegro PCB 文件转换成 Altium Designer PCB 文件，再把 Altium Designer PCB 文件转换成 PADS PCB 文件。

21.15　用 Protel 99 打开 Altium Designer 的 PCB 文件铺铜丢失，如何解决

将 Altium Designer 的 PCB 文件转换成 Protel 99 PCB 文件后，PCB 中的铺铜丢失，这是铺铜设置导致的问题。Protel 99 的铺铜选项中只有 Hatched 模式，如果 Altium Designer 的 PCB 文件铺铜选项为 Solid 模式，则转换成 Protel 99 后，铺铜会丢失。

解决方法如下：

在转换后的文件中双击铺铜，将弹出铺铜参数设置对话框，如图 21-44 所示。在 Grid Size 和 Track Width 选项中根据铺铜要求设置相应的参数（如需实现实心铜的铺铜效果，Grid Size 和 Track Width 可设置为较小的相同数值），单击 OK 按钮重新进行铺铜即可。

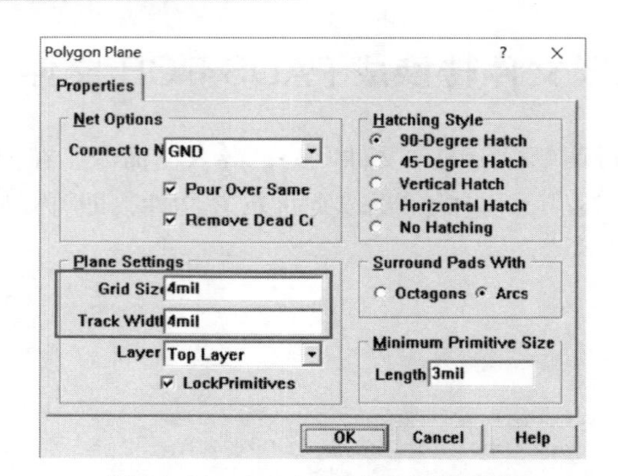

图 21-44 Protel 99 铺铜参数设置

若希望转换后的 Protel 99 文件不丢失铺铜，则需要在 Altium Designer 进行铺铜时采用 Hatched 模式。

21.16 Cadence 和 PADS 的 PCB 封装如何导出 Altium Designer 可用格式

Cadence 和 PADS 的 PCB 封装导出 Altium Designer 可用的封装，如何实现?

实现方法如下：

先将 Cadence 和 PADS 的 PCB 文件转换成 Altium Designer 的 PCB 文件，然后 Altium Designer 可以从 PCB 中生成 PCB 库，即可将 Cadence 和 PADS 的 PCB 封装导出为 Altium Designer 可用的封装。注意：转换过来的封装需仔细检查核对才能用于项目中。